人民美术出版社　　天津人民美术出版社
上海人民美术出版社　陕西人民美术出版社
安徽美术出版社　　　福建美术出版社
河南美术出版社　　　黑龙江美术出版社
江西美术出版社　　　新疆美术摄影出版社

联合推出

普通高等教育"十一五"国家级规划教材

程孟辉　主编

中国高等院校公共艺术课系列教材

现代西方美学

XIANDAI XIFANG MEIXUE

人民美术出版社

图书在版编目（CIP）数据

现代西方美学／程孟辉主编.－北京：人民美术出版社，
2008.11
ISBN 978-7-102-04334-0

Ⅰ.现… Ⅱ.程…Ⅲ.美学史－西方国家－现代－高等
学校－教材 Ⅳ.B83-095

中国版本图书馆 CIP 数据核字（2008）第 102925 号

高等教育"十一五"全国规划教材

编辑委员会

主　　任：常汝吉

副 主 任：欧京海　肖启明　刘子瑞　李　新
　　　　　曾昭勇　金海滨　李星明　曹　铁
　　　　　陈　政　施　群　周龙勤

委　　员：吴本华　胡建斌　王玉山　刘继明
　　　　　赵国瑞　奚　雷　雒三桂　刘普生
　　　　　霍静宇　刘士忠　张　桦　邹依庆
　　　　　赵朵朵　戴剑虹　盖海燕　武忠平
　　　　　徐晓丽　刘　杨　叶岐生　李学峰

学术委员会

委　　员：邵大箴　薛永年　程大利　杨　力
　　　　　王铁全　郎绍君

中国高等院校公共艺术课系列教材
现代西方美学

程孟辉　主编

出版发行：人民美术出版社
　　　　　（北京北总布胡同 32 号　100735）
网　　址：www.renmei.com.cn
联系电话：(010) 65593332　65256181
责任编辑：成　佩
版式设计：成　佩
责任校对：马　荣
责任印制：丁宝秀　赵　丹
印　　刷：北京彩桥印刷有限责任公司
经　　销：新华书店总店

版　　次：2008 年 11 月第 1 版
印　　次：2008 年 11 月第 1 次印刷
开　　本：787 毫米×1092 毫米 1/16
印　　张：53.5
印　　数：0001-3000
ISBN 978-7-102-04334-0
定　　价：98.00 元

谨以此书

献给中国学术界的朋友们!

现代西方美学是现代西方哲学的重要分支；

现代西方美学是 20 世纪科学、哲学和文艺学综合发展的产物；

现代西方美学的产生、形成和发展有其深刻的历史渊源和社会背景。

———程孟辉

导　言

　　本书所论及的 22 种现代西方美学思潮(或流派),它们基本上都是诞生和活跃于 19 世纪末至 20 世纪八九十年代这一时期。这些思潮(或流派)的代表人物们,其思想理论普遍透溢着一种独特的灵气和具有某种天才的"超前意识"。他们虽然立足于他们所处的那个时代,但他们都以其卓越的远见,提出了某种"闪光"的理论,从而给人类的美和艺术创造等活动指明了方向。20世纪的现代西方美学是以一种独特的观念、方式和理论展现在我们面前。任何一种理论形态,只要它存在,就一定有其存在的方式和理由(或曰合理性)。既然它有产生和发展之日,也就必然有其衰落和消亡之时,这是一条亘古不变的规律。现代西方美学也正是这种规律的产物,同时也将一定会成为在这种规律支配下的消逝物。任何一种学术思潮或理论形态都不可能永远占据雄霸地位。它总有其产生、兴盛、衰落和消逝的过程。这是正常的,符合历史发展规律。因此,随着实践的不断深入发展,理论也必须不断更新,才能使其自身具有其存在的价值。正是在这个意义上,我们可以说,20 世纪现代西方美学是对 19 世纪和 19 世纪以前传统美学的一种否定或更新。早在 19 世纪美学家们的"超前意识"中,人类就已经看到了 20 世纪美学发展的曙光。同样,20 世纪现代西方美学今天仍正以一种独特的风姿在迅速发展。从 20 世纪的现代西方美学中去发现 21 世纪的曙光和灵气——这就是我们今天的美学研究所必需具备的"超前意识"。

目 录

写在《现代西方美学》前面

程 孟 辉

现代西方美学是现代西方哲学的重要分支；

现代西方美学是 20 世纪科学、哲学和文艺学综合发展的产物；

现代西方美学的产生、形成和发展有其深刻的历史渊源和复杂的社会背景。

早在 19 世纪末和 20 世纪初，西方社会就已经开始发生剧烈的动荡和变化，尤其是 20 世纪初以来两次世界大战的爆发，使潜在的社会危机充分暴露。大战以前，西方的大国都处于侵略成性的国家主义状态。战争的结果，不但使西方的政治、经济和社会结构普遍发生了深刻的变化，而且也给人的心灵造成了巨大的创伤。那时，迷惘、焦虑、恐惧和绝望的情绪弥盖着欧美大陆，西方世界到处呈现一片思想和精神危机，人们面临着令人失望的现实，不得不对以往的传统重新进行哲学的反思。

西方人价值观念的转变导致了悲观主义和弗洛伊德学说的流行。到了 20 世纪中叶，尽管两次大战已经结束，但西方人在心理上仍然没有摆脱新的世界大战的威胁。于是，他们又千方百计地通过总结历史上的教训来寻求一种新的社会平衡，以有利于自身民族的稳定、繁荣和发展。这时的西方，已经不像大战时代那样，一味雄心勃勃地想征服全球，称霸世界，而是比较多地把注意力集中在整顿、治理国家和民族的内部事务上。他们也尽量把自己扮演成一个"较为不那么狂妄"的角色，并力图在社会、经济和文化形态方面充当"人类有经验的带路人"[1]。西方社会所形成的这种一反大战时代的理性和缓气氛，给科学主义和主体哲学的发展创造了有利条件，也给现代西方美学的发展提供了温床。

本书所论及的 22 个现代西方美学流

---

[1] H. S. 休斯：《欧洲现代史》，商务印书馆，1984 年，第 3—4 页。

派，它们基本上都是产生和形成于19世纪末和20世纪初以来各个不同的时期，分别代表了各种不同的美学理论思潮。这些流派有的历久不衰，有的风靡一时，有的至今余波未逝，有的则方兴未艾。20世纪是整个人类科学和精神文化生活进入迅速发展和重大变革的时代。要变革，就意味着对旧的传统观念和传统文化的批判和否定。精神领域里的创新者们，他们严格而又苛刻地审视着先辈的遗训，并对之重新作出取舍和评价。当然，作为反传统的意识形态，它早在19世纪就已经出现，但那时尚未形成一股席卷世界的浪潮，而到了20世纪，才真正成为一种独立的现代观念和巨大的理论思潮登上了社会历史发展的舞台。现代西方美学诸流派，从总体上来说，就是在这种全面的反传统的社会历史背景下产生、形成和发展起来的，同时也体现了这种反传统的时代特征和基本倾向。

作为现代西方哲学一个分支的现代西方美学，尽管它的内部派系林立，学说众多，但它的基本宗旨就是要对传统的美学进行反叛和否定。因为，在现代西方美学家们看来，旧的传统美学已经无法表现（反映）新的时代生活，而必须开创一种更鲜明更有生命力的美学形态来取而代之。这倒并不是说现代西方美学家们已经完全彻底地抛弃了传统美学，相反，他们已是在对传统美学作严格审视的基础上把理论研究的目光探向未来和新的领域。这就是

为什么20世纪现代西方美学流派众多、学说纷呈、百家争鸣、精英辈出的原因所在。不过，尽管这些流派学说纷纭，观点各异，他们的研究方法也各不相同，甚至同一流派内部的学术观点和研究方法也有差异，但有一点却是共同的，那就是他们都试图对传统美学中的一些重大理论问题作出新的思考和解释。具体地说，他们都力图摆脱对美作传统性的形而上学的沉思和解析，而转向对具体的艺术主题（其中包括对艺术和艺术的定义、艺术的本质、艺术的可界定性、艺术概括、艺术欣赏、审美判断、审美主体与客体、审美经验、艺术创造等）作出全新的考察和阐述。

以克罗齐（B. Croce）为主要代表的表现主义美学（Expressionistic Aesthetics）的诞生，揭开了现代西方美学的帷幕。这一学派的美学思想对现代西方美学产生了极大的影响。人们普遍把它看做是对以往长期存在的浪漫主义文艺创作的一种理论概括和总结。在西方美学界，人们一谈起表现主义，就自然同克罗齐的名字联系在一起。甚至在英美地区的哲学著作中出现了一个专名：Croceanist。这就足以说明，克罗齐表现主义学说对现代西方美学的影响及其在现代西方美学中所处的地位。科林伍德（R. G. Collingwood）、阿诺·理德（A. Reid）等美学大师均被当之无愧地冠以Croceanist名下，可见他们都是西方公认的克罗齐学说的后继者和表现主义美学的杰

出代表。克罗齐在哲学上严格说来属于新黑格尔主义者，承认绝对精神是世界事物的基础，并由此构建起他的所谓"纯粹精神哲学"体系。不过，他不太同意黑格尔关于"物质世界和自然界是绝对精神的异化"的观点，从而在对黑格尔这种观点予以修正的基础上重新提出所谓"精神就是整个实在"的学说。克罗齐表现主义学说的核心命题是"直觉即表现"。这一命题的提出是由他的哲学观所决定的。克罗齐哲学的基本性质是一种非理性主义和主观唯心主义。克罗齐的直觉，具有很宽广的内涵。首先，它是一切知识的基础，是各种感觉印象的内在反映。它与主体的感官有着紧密的直接联系。直觉也是美的根源。克罗齐把主体的直觉同客体的存在视为同一，这一点倒很像贝克莱的"存在就是被感知"。继克罗齐之后，科林伍德在克罗齐理论的基础上，发展了表现主义美学。科林伍德也和克罗齐一样，他认为，艺术即情感的表现，艺术是一种纯粹的主观想象活动，但他不赞成克罗齐的"直觉即表现"的理论。科林伍德认为，作为审美主体的人的审美活动，其实是一种思维在意识形式中使感觉经验转化为想象的活动。通过想象，主体意识到自己本来没有意识到的情感，并把它提升为自觉的情感，使其获得表现。故科林伍德十分强调，艺术想象不是对现存情感（指明朗的情感）的单纯表现，而是一种对本来不明朗的内在情感

的探测（或使之明朗化）的过程。克罗齐—科林伍德的表现主义美学理论对后来的小说（如卡夫卡的）和戏剧（如布莱希特的）等都深有影响。在更广阔的范围内，它对 20 世纪美学文艺学也都产生了极其深远的影响。

几乎与表现主义同时，以桑塔耶那（G. Santayana）为代表的自然主义美学（Naturalistic Aesthetics）在欧洲十分流行。这一学派大约形成于 19、20 世纪交替时期，其核心理论体现在桑塔耶那的代表作《美感》一书中。桑塔耶那受自然主义心理学的启发创立了这一学派。他主张把审美经验和审美判断当做生理心理现象和心灵发展的产物来加以研究，认为在人的天性中必定有一种审美和爱美的最根本最普遍的倾向，而美学的目的就是在于揭示出这种审美经验和欣赏力的根源。他试图通过《美感》一书创立一个完整的美学体系，从而把美学和伦理学严格地区分开来。桑塔耶那认为，审美判断是一种对美的积极的感受，而道德判断是对恶的消极的感受，美是一种积极的、固有的和客观化了的快感。桑塔耶那还指出，在主体的感觉中，视觉是最卓越的感觉。因为任何事物的"形式"差不多是"美"的同义词，而这种"形式"只能为视觉所感知。桑塔耶那美学理论的核心就是"美是一种价值"，是一种被"客观化了的快感"。这一学说强调审美主体的内省心理，由于它的创立，从而进

一步推动了人们从经验的角度去欣赏、审视和研究美的艺术。在西方，桑塔耶那被人们誉为第一位有影响的自然主义美学家。《美感》一书在现代美学史上所产生的巨大影响是不能低估的。桑塔耶那作为美国现代美学的代表，他的自然主义美学理论对实用主义美学代表杜威和艺术符号学代表苏珊·朗格等都产生过深刻影响。比如，苏珊·朗格就是借鉴了桑塔耶那的调和"本能"与"功用"的关系的方法调和形式美和表现美的关系，从而开创了艺术符号学理论。

约翰·杜威（John Dewey）的实用主义美学（Pragmatistic Aesthetics）理论是建立在"自然主义经验论"和"工具主义"哲学基础上的。在杜威哲学中，经验有两种，这就是认识的经验和非认识的经验（原始经验）。人的认识就是一种把原始的混沌不清的经验转变成明晰的对象的过程。由此出发，实用主义美学认为，艺术与经验，二者之间有着密切的联系，艺术是一种经验的延续。所谓独立于日常经验之外的"特殊的审美经验"是根本没有的。艺术的源泉存在于人的经验之中，一切美的形式只有依靠经验才能被理解和领悟。经验是进行美的享受的前提。因此，一切艺术鉴赏都必须依靠"经验"，这种"经验"是一种主客体兼收并蓄的混沌整体。它由"主体"和"客体"、"自我"同其"世界"

之间的相互作用所构成。其本身是一种既非精神又非物质的"超越物"。用这种超越性的"经验论"来解释艺术、艺术创作、艺术欣赏，其实就是否定艺术的客观性和美的客观性。杜威的主要美学思想集中体现在《艺术即经验》一书中，此书阐述的中心：经验的最完美的表现是艺术。应该承认，杜威的实用主义美学理论，有其积极的一面（如他批判当时西方流行的"为艺术而艺术"的观点等），也有消极的一面（那就是对经验作主观唯心主义的解释，否认艺术是客观生活的反映等）。尽管如此，杜威对现代西方美学的贡献是巨大的。比尔兹利在谈到实用主义美学的历史贡献时这样写道：杜威在76岁高龄时所撰写的《艺术即经验》一书，"就20世纪用英语写成的美学著作而言，甚至包括所有美学著作在内，是一部最有价值的著作"[①]，由此足见实用主义美学的历史地位和影响。

以美国著名美学家托马斯·门罗（Thomas Munro）为代表的新自然主义美学（Neo-Naturalistic Aesthetics）是在杜威哲学的影响下形成的。从新自然主义美学的基本内容和特征来看，它和杜威的经验自然主义理论体系几乎是一脉相承的。这两个美学流派的共同特点就是二者都用自然主义的生物学和进化论观点解释包括艺术在内的一切美和审美现象。他们把美、

---

① 比尔兹利：《美学》，转引自朱狄：《当代西方美学》，中国文联出版公司，1984年，第48页。

艺术和美感现象看成是生物性的个体对环境适应的产物，看成是基于日常的生活经验，从而否定了美的社会性和历史性。所不同的是，新自然主义美学较之杜威的实用主义美学更注重用科学和实验的方法来研究和解决美学问题。门罗是最早试图将美学发展成为一门独立科学的西方美学家之一。他的论文集《走向科学的美学》就是这方面的一种尝试。这些论文从不同的角度代表着门罗美学思想的主要观点和见解，用门罗自己的话来说："这些论文所探讨的是当前美学在向科学转化的过程中的各个方面。"① 在托马斯·门罗看来，传统美学只不过是思辨哲学的一个分支。那些对美的本质及其传统美学范畴的抽象探讨，只能使美学处于纯粹的知识状态，而于艺术实践没有什么好处。正因为此，门罗主张创立一种能适合于大众的"科学美学"——"新自然主义美学"。门罗的美学研究尤其注重其方法，它力图摆脱任何哲学体系对美的本质观点的影响，而着眼于对美感经验与艺术实践作出验证和描述。门罗将他的科学美学的研究重点放在以下三个方面：一、审美形态学；二、审美心理学；三、审美价值学，并分别对之作出界说：所谓的审美形态学，就是用科学的方法对艺术进行分析、描述和归类；审美心理学"则是把艺术作品放在更广阔的人类行为范围内进行研究。它感兴趣的是要弄清究竟是艺术家个性中的什么力量促使他创造艺术作品"。另外，审美心理学还要"理解这些创造活动和欣赏活动与艺术以外的其他人类经验的关系，以及它们与人类机体结构的关系"；至于审美价值学，鉴于以往对美学价值的讨论"大都过于概括和抽象"，而且，都把价值视为可以独立的自然事物本身秩序而存在的一种东西，认为对审美价值不可能进行经验的描述，故而门罗则强调："人们现在可以用更加带有描述性的方法对许多与审美价值有关的现象进行研究。""科学美学"是20世纪一门新创的科学，这门科学现"正处在一种迅速变化和发展的状态中"，众多流派间的意见分歧，使艺术家们无所适从，这是一个事实。在未来的研究道路上，艺术家、科学家和哲学家更应该一道有效地合作。这也是为了适应当代科学美学发展的需要。

20世纪初，是俄国社会变革和动荡最激烈的时期，这些激烈的变革和动荡也导致了俄国文坛进入重大的历史转折。俄国形式主义美学（Русская формалистичекая эстетика）就是这种历史转折的标志和产物。我们知道，美学文艺学的本体方法发轫于1915—1917年开始形成的"俄国形式主义"。"俄国形式主义"包括什克洛夫斯基（V. Shklovsky）领导的彼得格勒"诗歌

---

① 托马斯·门罗：《走向科学的美学》序言，中国文联出版公司，1984年。

语言研究会"和雅可布森（R. Jakobson）领导的"莫斯科语言学小组"等。它以关注文学形式、强调文学自立性、重视审美感受，并以建立一门独立、系统的文学科学为己任。由于俄国形式主义美学是从研究诗歌开始的，所以，该派更关注于语音的研究。俄国形式主义美学尽管在历史上出现的时间比较短暂，但它所产生的历史影响却不能低估。俄国形式主义美学十分注重文艺作品的研究，它认为，作为审美对象的文艺作品，它具有一种不依赖于其他东西而存在的独立性，它反对那种把文艺作品当做再现或表现的工具的看法。在内容与形式的关系上，俄国形式主义美学认为，形式是内容的载体，形式能制造内容，新形式制造新内容，不同的形式会有不同的内容和意义。正确解决文艺的内容与形式的关系的途径，就是以形式为轴心来调节内容与形式的关系。在对艺术的看法上，俄国形式主义美学强调文艺作品的自主性和独立性，反对把艺术作品作为一种服务性工具的说法，并认为，艺术既不是作为思维或认识的方式，也不是形象思维。不过，艺术作品作为一种审美客体，它所具有的艺术性与鉴赏者（主体）的感受能力相对应。这就是说，艺术作品尽管作为客体是一种独立的自主体，但它要真正成为审美对象，又必须与主体的感受能力相关联。我们由此看到，在俄国形式主义美学看来，审美主体的感受方式对作品是否具有艺术性起着至关重要的作用，而作品价值却仍存在于形式中，艺术家从事艺术创作的秘密也在于"形式"，俄国形式主义美学的形式统辖了传统的形式与内容，它成了主宰、决定艺术品是否具有艺术性的关键。其实，在俄国形式主义美学看来，所谓的"形式"就是指一种审美形式，一种给作品赋予艺术性，由此产生艺术感染力并唤起鉴赏者审美感的形式。俄国形式主义美学虽已成为历史，但它对当今西方美学的发展是有很大理论贡献的。西方有人甚至把俄国形式主义美学看成是整个 20 世纪美学文艺学的源头，不仅仅是指它所提出的诸如"陌生化"以及关于艺术的"形式"等重要理论，而且更主要的是指它所首倡的关于艺术的本体研究方法，是有其一定道理的。许多现代西方美学流派（如流行于英美的"新批评派"等）都从俄国形式主义美学中吸取了营养并受到启迪。

英国形式主义美学（Formalistic Aesthetics）在现代西方美学中也是一个较为特殊而又重要的艺术心理学流派。该流派产生于 20 世纪初，继而活跃于二三十年代，主要代表是英国著名的文艺批评家克莱夫·贝尔（Clive Bell）和罗杰·弗莱（Rogre Fry）。英国形式主义美学在现代西方美学之林中可谓独树一帜，被公认为西方

"三大美学"① 之一。著名英国美学大师奥斯本甚至称它是"当代艺术理论中最令人满意"的一种。英国形式主义美学与一般的现代西方美学流派不同，它更多地与艺术（尤其是与有形的视觉艺术［visual art］）有密切联系。更准确地说，现代形式主义美学是对以塞尚、凡·高、高更为代表的后印象派美术经验的概括和总结。作为一种美学形态，英国形式主义美学可谓源远流长。早在两千多年前的古希腊就已产生。那时，毕达哥拉斯学派就曾试图从几何关系中寻找美的规律，如他们认为一切立体图形中最美的是球形，一切平面图形中最美的是圆形等。形式主义美学发展到 20 世纪，由贝尔和弗莱在英国分析哲学和后印象派文艺思潮的影响下创立了一种新的形式主义美学理论。弗莱一生写有多部艺术论著，但最有名最有价值的是《视像与构图》一书，此书中的《论美学》篇集中体现了他的形式主义美学观。这篇著作给贝尔"有意味的形式"学说的确立产生了相当大的影响。贝尔本人曾称弗莱这一论著是"自康德时代以来对这门科学所做的最有益的贡献"。弗莱形式主义美学理论的形成同分析哲学的代表穆尔的影响有很大的关系。穆尔在伦理问题上提出了"通过直接的理解可以认识'善'"的理论，

被人们称之为"伦理的直觉主义者"。弗莱（也包括贝尔）深受穆尔的伦理观念和"直觉"学说的影响，强调伦理意义上的"善"和艺术意义上的"美"各自具有独特的性质和价值。并由此认为艺术与人的现实活动无论从目的和手段来讲都存在着本质的区别。作为具有审美感意义上的艺术，它应该凭借其美的形式取悦于人，由此唤起人的审美情感和心理快感。这种审美情感和心理快感的产生同任何现实生活内容无关。作为创造美的艺术家，他的主要任务是考虑如何表现，而不是考虑表现什么。作为一部有价值的艺术作品，它的全部意义就在于作品的形式结构。这就是弗莱的"纯形式"理论。这一理论与贝尔的"有意味的形式"（significant form）学说融会合流，从而构成了英国形式主义美学的基本内容和特征。

贝尔学说的核心命题是"有意味的形式"。对之，贝尔曾作了这样的界说："所谓'有意味的形式'就是我们可以得到某种对'终极实在'之感受的形式。"贝尔将这个"有意味的形式"与主体对某种对象（艺术作品）的感受之间画了一个等号。他在进一步的解释中说："当人们把审美对象本身看做目的，而不是达到任何其他目的的手段的时候，我们所获得的审美感受就

---

① 其余两大美学是以克罗齐、科林伍德为代表的"表现主义美学"和以卡西尔、苏珊·朗格为代表的"符号论美学"。

是对某种'终极实在'的感受。这种'终极实在'就是由形式表现出来的意味。"反言之，一切"有意味的形式"也必定仅存在于艺术作品之中，并且只为艺术家所创造。因为只有艺术家才能够在作品中组合和安排各种线、形、色，并以这种线、形、色为媒介，来表达自己的审美感受（或情感）。因此，贝尔的审美之美就是专指由艺术家所创造的那种"有意味的形式"——"艺术之美"。总之，英国现代形式主义美学所研究的不是艺术的社会性和艺术的自然性，而是艺术的主观性和艺术的某种"纯形式"价值。现代英国形式主义美学对于其他现代美学流派，如结构主义美学、格式塔（完形）心理学美学、符号论美学、现象学美学等都产生过较大的影响。

新实证主义美学（Neo-Positivistic Aesthetics），又称逻辑实证主义美学，是一个形成于 20 世纪 20 年代的美学流派。主要代表是理查兹（I. A. Richards）。所谓的"新实证主义"，主要是为了与 19 世纪孔德等人的实证主义相区别。新实证主义从经验主义出发，把对科学语言的逻辑分析和经验的实证结合在一起，强调尊重事实和经验，并认为一切科学知识均起源于经验。理查兹在哲学上坚持新实证主义的基本原则，并由此出发，认为只有对语词、句子和意义作出科学的分析，在此基础上讨论与审美判断有关的问题才有意义。因此，他们一般都以语言问题和意义问题作

为美学讨论的中心，强调对美学术语作语言学的分析，以消除美学用语上的含混性。理查兹不主张对美和艺术的本质进行研究，认为传统美学中所做出的努力已经证明，这种研究没有意义。因此，他始终将美和艺术、艺术与客观现实事物的联系等传统性的研究主题排斥于他的美学研究范围之外。相反，理查兹却十分注重对艺术传达和艺术价值等主题的研究，他认为，艺术是交流活动的最优越的形式，艺术的价值在于"能够满足一种欲望"，艺术的作用还在于它能使审美主体的冲动条理化和经验的秩序化。理查兹这里所说的"冲动"既是一种潜意识的生理本能的需要，又是一种有意识的心理欲望的需要。审美经验与日常经验的区别只在于冲动的程度不同而已。在对艺术作品的分析问题上，理查兹认为，作为审美对象的艺术作品，其实是一种封闭性体系。这种体系与客观存在的实在世界没有任何联系。作为一个高水平的优秀的艺术评论家，他必须具有下列条件：①他必须善于准确地体验与艺术作品相关的心灵状态；②他必须能够区分经验之间不甚明显的特征；③必须对价值有稳健的判断。理查兹不但把艺术作品同客观的实在世界割裂开来，而且从根本上认为，艺术是一种主观的心灵反应，心灵之外是没有什么特殊的审美特质可言。对于理查兹的这种美学理论，哈罗德·奥斯本（H. Osborne）曾作了这样的评价："理查

兹专心致志于这样一种理论，即除了一种主观的情感反应外，美不可能是其他任何东西，这种理论企图使我们相信，鉴赏是一种下意识的和非反省的冲动，一种在情感的平衡中的想象状态。"① 不难看出，新实证主义美学的主观经验论明显带有生理学意义上的自然主义色彩。在西方美学研究界，对新实证主义美学的评价也很不一致，有的鉴于理查兹在对实验心理学方面所表现出来的兴趣，将其理论归之于"心理语言学"的名下，有的则认为，理查兹过分强调艺术中的情感效能而导致了对审美主体领悟力的低估，有的甚至根据理查兹的语言使用理论而认为新实证主义美学具有唯名论的倾向，等等。新实证主义美学对维特根斯坦和魏茨为代表的分析美学产生了极大的影响，它的理论主要为分析美学在逻辑的表述上提供了一种崭新的方式。这一点，我们可以从"分析美学"的主体理论中清楚地看到。

新批评派（The New Criticism）是第一次世界大战后流行于英美文学和评论界的影响较大的一个文学批评流派，得名于美国兰塞姆的论文集《新批评》（1941）。这部文集赞扬艾略特等人的批评见解和以文字分析为主的批评方法，称之为"新批评"，以别于19世纪以来学院派的传统批评。新批评派是西方现代形式主义文学理论发展过程中的一个重要环节，其活跃时期是在20世纪的20年代至50年代，其理论在现代西方文学和美学史上占有重要的地位，主要代表是英国诗人艾略特（T. S. Eliot）和理查兹（I. A. Richards）。20年代初，艾略特和理查兹分别以象征主义的诗歌主张和文学分析的批评方法奠定了新批评派的理论基础。艾略特提出了文学的"非个人化"观点，认为作品中的情感不是作家个人的产物，而是借助"客观关联物"所表现的普遍性情绪。对作家进行传记式的研究毫无意义，"诚实的批评和敏感的鉴赏都不是指向诗人，而是指向诗"。针对浪漫派直接抒情的手法，艾略特认为，"在艺术形式中唯一表现情绪的途径是寻找'客观对应物'"，即"一套文物、一种形势、一串文件"，它们是你想表现的那种特殊情绪的公式，只要这类东西一出现，那种情绪也就引发了。新批评派还提倡以"字义分析"为文学批评的具体方法。他们认为，文学在本质上是一种特殊的语言形式。理查兹提出了语言的两个功能的区别：语言的象征或指代功能在于利用语言描绘客观世界，即显示事物。语言的情感功能，表现在利用词语并通过词语带来的联想唤起情感和态度。后者的最有说服力的例证就是诗歌。理查兹等批评派的批评家认为，诗歌的价值完全在于运用词语的情感功能。

---

① H. 奥斯本：《美的理论》，伦敦，1952年，英文版，第133页。

词语的客观意义一方面包括它的字典意义（字面含义），另一方面包括它们的联想意义（或具有的含义）。理查兹关于诗歌语言是一种特殊的、不反映客观真实性情绪的语言以及诗歌文字同受上下文的影响而且有复杂意义等理论观点，促使新批评派强调文字分析和诗歌含义的丰富性和复杂性。同时，新批评派在批评实践中崇尚象征派，对弥尔顿、雪莱等诗则持贬抑的态度。新批评派的理论和实践，对现代派诗歌的发展起了很大的指导和促进作用。英美新批评派，作为20世纪西方文学批评和美学领域的一个重要流派，它的理论影响相当深远，它的一些基本论点和方法已在西方文坛，尤其是在美国文学批评和文学教学方法中留下了无可消除的印记。大约进入20世纪60年代之后，新批评派开始逐渐走向衰落。

精神分析美学（Psychoanalytical Aesthetics）是20世纪影响最深广的美学流派。其主要代表是著名奥地利心理学家西格蒙德·弗洛伊德（S. Freud）。弗洛伊德的精神分析理论发端于19世纪末和20世纪初。弗洛伊德虽然不是一个美学家，但在他的精神分析学说影响下，产生和形成了一个独立的、影响巨大的美学流派。所谓精神分析美学，其实就是指将精神分析运用于对艺术心理学、艺术批评理论和审美教育等方面的研究。弗洛伊德学说的主体由无意识、婴儿性欲、恋母情结、抑制

和转移五大支柱所构成。其中与美学关系最为密切的是"无意识"（或曰下意识或潜意识）。其核心内容就是"性爱"。从某种意义上我们也完全可以这样说，所谓精神分析美学，其实也是一种"泛性主义"的文艺论。在弗洛伊德看来，无意识是由一种本能欲望所控制的潜在冲动，它比有意识的心理过程更为复杂，这种本能要求满足的冲动以各种奇妙的无意识过程表现出来。精神分析的目的就是要探索这种精神现象的深层根源。因此，精神分析美学也被称之为"深层心理学美学"。弗洛伊德把人分为"原我"、"自我"和"超我"。所谓的"原我"是指最本原的一种本能冲动；"自我"是指受社会伦理等原则抑制的伪装了的本能；所谓"超我"是指受伦理原则支配的道德化了的"自我"。他的"里比多"（libido）指的就是那种被压抑在"原我"中的性本能。按照弗洛伊德的观点，无意识和性本能是文艺创作的原动力，是本能冲动的净化和升华。因此，文艺是为了表达作者不能满足的欲望，是通过以艺术的形式使原被压制的本能欲望得以满足。艺术家之所以从事创作是因为欲望得不到满足，他要从现实转开，并把他的全部兴趣、全部本能冲动转到他所希望的幻想生活的创作中去。正是在这个意义上，弗洛伊德认为，艺术无异于"白日梦"。人们在梦中可以幻想的形式使欲望得到满足，使压抑的情感得到宣泄。不过，弗洛伊德认

为，艺术家通过创作，不仅使自己的潜意识欲望得到满足，而且，他与众不同的地方就在于他能在艺术创作过程中把性本能纳入一定的轨道，并转变到另一些事物（艺术作品）中去，由此激发并满足艺术品鉴赏者的潜意识欲望，因此，弗洛伊德认为，许多艺术作品都是"求看和求被看"的性本能冲动的升华。如果被压抑的原始本能得不到排解或宣泄的机会，那它势必在寻找发泄的过程中会走上犯罪或精神错乱，艺术品是一种比较好的和比较高级的东西，它可以通过将人的压抑的情感宣泄出来，达到内心平衡，从而引导人们的心灵走向健康。

精神分析学派的另一著名代表是瑞士心理学家荣格（C. G. Jung），此人原先是弗洛伊德学说的信奉者，后来在"里比多"（无意识本能）理论问题上与弗洛伊德发生了观点上的分歧而彼此分道扬镳。荣格反对弗洛伊德片面夸大个体的性本能冲动作用，认为人的性格可以分为外倾型和内倾型两种，前者倾向于有形的现实世界，它主要关心的是社会关系。后者则专注于其内心的幻想世界。人的基本心理活动有四个领域，即感觉活动、情感活动、思维活动和直觉活动，而每一个领域的这种活动又都具有内倾型和外倾型两个方面。它们都受本能所制约。艺术家属于内倾型性格者，但荣格又认为，艺术家在创作过程中也并不一定完全显示其所属的性格类型。

在弗洛伊德的学说中，"无意识"仅仅是指"性本能"，而荣格的"无意识"理论则包含着比弗洛伊德更宽泛的内涵，他把"无意识"区分为"个体的"和"集体的"两种，"集体无意识"是由遗传保存下来的一种普遍精神，它是长期的社会经验的积累在人脑结构中留下的生理痕迹，为人人所具有。这种由人类经验的积淀而得的"集体无意识"对艺术家的创作发生着作用。作为艺术家，他一方面是具有个人生活经验和具有个性品格的个体之人，但同时又是具有"集体无意识"的"集体之人"。在艺术创作中，它受"集体无意识"的使唤，创作出带有反映整个集体（人类）共同意愿的艺术作品。因此，艺术家（除了代表他个人外）同时也是"集体无意识"的代表。他的作品也就是"集体无意识"的象征和标志。总之，荣格是以一种普遍的人性来解释艺术，但他却抹杀了在艺术（无论是创作还是欣赏）问题上的个性特征。

以维特根斯坦（L. Wittgenstein）和莫里斯·魏茨（M. Weitz）为代表的分析美学（Analytical Aesthetics）是现代美学思潮中一个最为奇特和最为引人注目的流派。将近半个世纪以来的美学争论大多是在分析美学的名义下进行的。分析哲学乃是20世纪最流行的哲学思潮之一，它包容了新实证主义、逻辑语义学、新实用主义和批判理性主义等派别。其主要特征是在反形而上学的同时，否定研究精神与物质、思维与存在的关系等问题的传统哲学，认为哲学的根本使命就在于对科学的语言作逻辑的分析，从而阐明其意义。分析美学正是从上述基本哲学原则出发，从否定方面来对"艺术"和"美"作语言上的分析，从而得出结论认为："艺术是没有也不可能有一种必需和充分的特征以便对它作出明确的规定。"以往的传统美学在关于艺术定义问题上的争论一无所获这一事实本身就足以证明：美学不可能成为一门科学学科。他们仅仅把美学的任务局限于澄清语言、消除由于语言的含混性所引起的困惑，以及理解语言的特殊作用、意义和方法上面。在对美的问题的解释上，维特根斯坦深受该派创始人穆尔学说的影响，穆尔首创对概念进行逻辑分析的方法并提出对"美"不能下定义的理论。维特根斯坦也同样认为，像"什么是美"、"什么是善"这类命题是没有意义的，它们同属于"语言批判"之外的无意义命题。因此，"美"这种东西是不能表述的。在"全部哲学就是语言批判"的口号下，维特根斯坦对美学完全采取一种消极的立场，甚至将"美"也列入不能说的命题而予以沉默。

魏茨是紧跟维特根斯坦亦步亦趋的分析美学的又一杰出代表。他基本上全面继承了维特根斯坦的美学思想。他从维特根斯坦的"游戏分析"中得到启示，从而提出了艺术也和游戏一样，表现了一种"开放性结构"（open-texture）概念。这种开放性结构概念是不可能对艺术下真正明确的定义。因此，在魏茨看来，对于"艺术"这种现象，我们首先不是要研究"艺术是什么"，而倒是应该弄清"艺术"属于何种概念，以及对这一概念的实际用途和使用条件等作逻辑的描述。魏茨认为艺术无法下定义的主要理由是：艺术是在日新月异地发展变化，并以复杂多变的形式出现，而这种形式的出现，对艺术特征的理解的条件也在随之而发生变化，因此，难以给艺术下定义，所谓的"能为艺术的必要的特征作出规定和能给艺术下一个定义的设想，全都是错误的"。艺术的性质正如游戏的性质一样，在那种被我们称之为"艺术"的东西之间，并没有共同的特质，有的仅仅是些类似的因素。要想去知道艺术是什么，并不是去理解某些宣言或那种隐而不见的本质，而是能够去认识、描述并解释艺术仅有的这种相似性，而这种概念之间的基本的类似就是它们的开放性结构[①]。这是魏茨美学思想的基本核心。对分析美学做出理论贡献的还有美国美学家乔治·迪基（G. Dickie）、玛格丽特·麦克唐纳（M. Macdonald）等。

与分析美学差不多同时兴起的符号论

---

① 莫里斯·魏茨：《美学中的难题》，第 176 页。

美学（Symbolist Aesthetics），在 20 世纪四五十年代达到了它的顶峰。该派的主要代表人物是德国的恩斯特·卡西尔(E. Cassirer)和美国的苏珊·朗格(S. Langer)。卡西尔是德国新康德主义马堡学派的代表，同时也是符号论美学的奠基者。在哲学上，他将康德的"先验"原则应用于感觉领域，否认事物的客观实在性，主张不研究客体和世界本体论，而研究认识客体的方式。他把人类的整个文化形态看做是人类从事符号活动的结果，并认为，人与动物的根本区别就在于人能创造符号，并以之交流思想和认识对象，而艺术就是人创造出来的一种直观形式。它不同于逻辑概念一类抽象语言，它是一种直觉语言。卡西尔对符号的基本解释是：所有在某种形式或其他方面能为知觉所揭示出意义的一切现象都是符号。符号不仅是意义的载体，它本身也创造意义。基于上述原则，卡西尔认为，美必然是，而且本质上是一种符号。文艺是表现情感的符号形式，而符号形式一般都蕴涵着"物质的呈现"和"精神的意义"这样两个方面。由两者联系的不同而决定了人类精神文化活动的三大符号体系，这就是：①表现功能的艺术与宗教；②直观功能的日常语言；③概念功能的科学。与其他现代西方美学相比，卡西尔的

符号论美学缺乏一种"美的价值"论，卡西尔只是承认符号有一种"功能的价值"，这就是符号能揭示意义。卡西尔美学理论虽然不够系统全面，但它却为苏珊·朗格的后期符号论美学思想的发展奠定了基础。

苏珊·朗格是现代最杰出的女性美学家，卡西尔的学生，她是沿着其老师的研究足迹继续前进。西方有人称她是当代美国"最伟大的哲学家之一"[1]。朗格继承和发展了卡西尔的符号论学说。为了更全面更深刻地阐述"艺术是人类情感的符号形式的创造"这一符号论美学的核心命题，朗格将符号区分为"推理符号"和"表象符号"，并从艺术创造的角度对表象符号的性质和特点作了重点的考察和研究。她认为，艺术本身是一种具有表象形式的独立符号。这种符号与推理的形式截然不同。它是一种直观的、表现情感的符号。此外，朗格对科林伍德的表现主义学说也提出了否定性的论点，这就是她不同意那种所谓的艺术是个人情感的表露的说法。而强调艺术的使命在于表现那种为艺术家"所了解的人类情感"[2]。换一句话说，艺术作为一种情感符号，它不是要表现艺术家的个人情感，而是要揭示人类的情感。通过对科林伍德表现主义理论的否定，朗格将

---

① 埃尔莫·曼编：《美国哲学辞典》，1973 年。
② 苏珊·朗格：《艺术问题》，英文版，第 26 页。

"表现"和"自我表现"作了概念上的严格区分。这是朗格对符号论美学的又一贡献。朗格符号论美学的代表作《情感与形式》，从"艺术符号"、"符号创造"和"符号的力量"三个方面全面地阐述了人类情感符号的理论。应该看到，苏珊·朗格的符号论美学在 20 世纪中叶曾风靡一时。美国著名文艺评论家理查德·科斯特拉尼茨在谈到朗格学说时曾这样写道："战后十年，在美国几乎没有一种艺术哲学比苏珊·朗格所阐述的理论占据更大的优势。"托马斯·门罗也认为，符号和符号论在当时是一种占统治地位的美学理论。尽管符号论美学到了 20 世纪六七十年代逐渐开始衰落，但它的历史地位和影响我们都是不可低估的，更何况这一流派的思想影响至今余波未逝。

存在主义美学（Existentialist Aesthetics）兴起于 20 世纪 30 年代的法国，它以存在主义哲学为其理论基础，创始人是德国哲学家海德格尔（M. Heidegger）和雅斯贝尔斯（K. Jaspers）。二次大战期间，存在主义传到了法国，并很快成了法国哲学中影响最大的流派。在法国的主要代表有萨特（J-P. Sartre）和梅洛-庞蒂（M. Merlean-Pouty）等，其中萨特哲学声望为最高。存在主义哲学的基本观点是"存在先于本质"，它把孤立的个人的非理性意识活动当做最真实的存在，并以此作为其全部哲学研究的出发点。它自称是一种以人为中心、尊重人的个性和自由的哲学。整个存在主义美学也都体现了上述精神。存在主义美学认为，艺术的存在决定艺术作品和艺术家的本质。艺术作品及其形式有其自身存在的独立自主性，它们必须通过鉴赏者的想象才能得以显现。美不在现实世界之中，美只是运用想象于事物的一种价值。想象在存在主义美学中占有极其重要的地位。萨特认为，想象有四个特征：一、想象是一种意识，是对象在意识中的表现方式；二、想象是一种准观察，它与知觉和概念不同，不像知觉那样需要连续观察，它也不像概念、法则那样有合理的性质；三、想象意识把对象设定为虚无，使对象虚无化、非对象化、非现实化；四、想象是自发的，是自发地在自己的形象中作出并保持对象的，所谓"美感"，本身就是想象意识的一种，是包含在想象里面的一种意识。在艺术家与个性问题上，存在主义美学认为，艺术家首先是有个性的生存，才能成为艺术家。在艺术和现实的关系问题上，存在主义美学认为，艺术作品不停留在单纯对现实世界的陈述上，艺术作品必须是以"未来的名义"对现实的审判。艺术基于现实，超越现实。艺术就在以超越现实世界为目的的运动中去把握世界。用文学的形式来阐明哲学观点乃是存在主义美学的一大特征。从克尔凯郭尔开始，他就喜欢用形象思维的方法，以小说、戏剧等文学形式，间接地表达其哲学观点。而到了萨特，则以更高明的手法出现。萨特是把哲学和文学紧密糅合的典范，从而形成了一种既有生动形象，又具鲜明哲理（存在主义）的与任何流派都不同的流派——存在主义文学。在戏剧创作方面，萨特强调"境遇"，即不是按照传统戏剧的原则处理环境与人物的关系，而只是给人提供一定的环境，让人物在其特定的环境中自由地选择自己的行动，造就自己的本质，表现自己的性格和命运。在文学创作方面，存在主义美学尤其注重"真实感"。他们认为，以往的作家所塑造的各种类型的典型人物其实是经过加工了的"失实"的人物，存在主义就是要排除这种先入为主的理性观念，忠实地再现个人的内心生活，恢复其真实的精神面貌。总之，存在主义美学是对当代西方的形式主义、表现主义、伤感主义、颓废艺术、理念的（古典的、浪漫的）艺术、追随的艺术的逆反。它以一种独特的方式提出并解释了艺术与生存、艺术与现存、艺术与存在、创作与欣赏等一系列重要问题。同时提出了观察这些问题的新的角度。存在主义美学对现代文艺产生了较大的影响，如"荒诞派戏剧"就是这种影响的产物。

兴起于 20 世纪 30 年代以胡塞尔创立的现象学哲学为基础，至今仍在产生着影响的现象学美学（Phenomenological Aesthetics）是现代西方美学中最为艰深晦涩的派别之一。主要理论代表是法国的杜夫海纳（M. Dufrenne）和波兰的英伽登（R. Ingarden）。现象学的基本口号是"回溯到事物本身中去"，意即要人们通过直接的认识去把握事物的内在本质，其方法是现象学的还原法。现象学美学就是根据这一还原法来研究审美对象和审美经验。它一方面并不否认审美对象初始阶段的"实在性"和最终对它的审美价值的理智判断；一方面则强调感觉知觉的直观性在审美经验各阶段的决定作用和本质特征，如英伽登所认为的审美过程的最有趣和最难把握的部分就是从对一个实在对象的感觉向审美经验诸方面的过渡和转变，而要实现这种过渡或转变必须诉诸（或唤起）一种"预备情绪"。这种"预备情绪"的唤起，标志着已纳入审美经验发展的轨道。随着这种"预备情绪"的发展，我们对审美特质的直觉更加强烈，对审美满足的寻求更加急切，这样就有可能对原有对象的特质有更多的发现，从而使对象变得丰富，给人以更新更强烈的情感刺激和审美快感。

杜夫海纳的现象学美学理论集中体现在《审美经验现象学》一书，他强调感觉和知觉的意义，并把审美对象和审美经验作为其主要的研究任务。杜夫海纳认为，审美对象不只是一种自在自为的对象，它是一种为我们而存在的自在自为的对象。它既不是一种理想意义的对象，也不是一种纯粹意义的对象,而是一种感觉的对象,它仅仅在感觉中才能被真正了解。[1] 杜夫海纳十分看重知觉的重要性,因为唯有知觉才使我们对审美对象产生感动,审美对象只有在知觉中才能完成,而审美经验只能是一种知觉经验的形式。杜夫海纳之所以十分强调感觉和知觉的地位和意义,是为了给审美经验提供一个坚实的基础。无论是英伽登还是杜夫海纳的现象学美学,尽管本质上都是唯心主义的,但内中也包含着不少辩证因素。比尔兹利曾评价杜夫海纳的《审美经验现象学》和英伽登的《文学的艺术作品》是当今"两本最杰出的现象学美学著作"。现象学美学从其源流关系来说,它与存在主义系同源。它对以后的结构主义美学和接受美学产生过较大的影响。

格式塔心理学美学(Gestalt Psychological Aesthetics)是建立在格式塔心理学基础上的现代西方重要美学流派。其主要理论代表是鲁道夫·阿恩海姆(Rudolf Arnheim)。阿恩海姆是格式塔心理学创始人之一韦特默的学生,他把格式塔心理学具体运用于艺术研究,从而创立了格式塔心理学美学。"格式塔"是德文 Gestalt 一词的音译,在德文中,它是"形式"或"形状"的同义词。奥地利心理学家埃伦菲尔斯(C. Von Ehrenfels)在他所撰的《论格式塔特质》一文中首先提出"格式塔特质"(Gestaltqualitat)一词。他通过对乐曲的研究,得出结论认为,一首乐曲决非仅仅是乐音的总和,音乐中的曲调旋律,除了若干乐音的总和外,还有一种十分重要的东西,那就是"格式塔特质"。阿恩海姆将格式塔心理学具体而系统地运用于对艺术的分析研究,认为艺术作品的意义是基于知觉,因此,要认识艺术首先必须认识人的知觉结构,而概念和知觉又是密不可分的。人的心灵具有把概念和知觉联系起来的功能。正是在这个意义上,艺术家的知觉模式能解决艺术作品的主题。格式塔心理学美学的最主要贡献,就是阿恩海姆对审美知觉的系统研究。阿恩海姆认为,眼睛对外物的观看,其实就是一种视觉判断。在这种视觉判断中,知觉的"简化原则"在起作用。所谓的"简化原则"就是眼睛在观看外物时在条件许可的情况下尽力将外物改造成最简单的形状的规律。阿恩海姆美学理论集中体现在其代表作《艺术与视知觉》一书中。此书除了阐述知觉的简化原则外,还阐述了下列三个原则:①似动运动原则,即几个位置不同的静止的刺激所构成的刺激模式可以产生似动的特征。静止的部分相加不等于静止的全体,而是产生新的东西,只有对这种整体性形成完整的形象才能创作和欣赏艺术。[2]方

---

① 朱狄:《当代西方美学》,人民出版社,1984年,第90页。

向性张力原则。艺术对象在审美知觉中会产生运动的幻觉，这是由于对象的形象或结构有"方向性张力"（directed tensions）所造成的。③艺术的表现性在于形体结构之中。艺术要善于发现人物的表现特征来造成结构完形，来唤起人们身心结构的类似反应。①总之，格式塔心理学美学主要是从心理学角度对人的审美知觉进行探索，而在阿恩海姆那里，主要是对视觉艺术进行研究分析。当然，格式塔心理学美学也一直是在演进发展的，例如该流派的后继者 L. B. 迈耶在其《音乐中的情感和意义》(1956) 一书中，用格式塔心理学的观点去解释音乐作品，这种新的研究方法迄今仍在发展中，并一直为研究界所关注。

人本心理学美学（Humanist Psychological Aesthetics）是在 20 世纪五六十年代兴起于美国的一个美学流派，它是人本心理学在美学中的延伸和运用。人本心理学在五六十年代是作为与当时影响最大的行为主义和精神分析学派相对立的面貌出现的，故又被人们称之为"第三势力"或"第三思潮"。人本心理学的主要代表是马斯洛（A. H. Maslow）、奥尔波特（G. W. Allbort）和罗杰斯（C. R. Rogers）等。尽管这些代表本身都不是严格意义上的美学家，但他们都有良好的艺术和美学修养，

尤其是他们注重对人的动机、需要、情感、创造力、价值观、审美经验和审美活动等方面的研究，致使其心理学理论中含有大量的美学内容。同时他们在心理学领域中所提出的原则、方法、范畴和主题对美学文艺学也具有极其丰富的启示意义，从而形成了声势颇大、影响深广的美学流派。人本心理学美学把主体的审美活动看做是健康人整个自我实现过程中不可分割的一部分，是一种主体的"自我观照"。"自我"不再是受动物性的本能欲望所驱动的存在，而成了永不停止追求、在创造中实现自己的一切潜在力的存在。存在的最终状态不是像弗洛伊德所说的死亡和沉默，而是自我实现得到完成后的平衡与和谐。②人本心理学美学，它不同于精神分析美学那样，将文艺创作和审美活动完全归结为性欲冲动的结果，也不同于行为主义美学那样把审美活动视为动物式的刺激，更不同于格式塔（完形）心理学美学那样仅仅侧重于对审美活动中知觉反应的研究，但它同时又吸取了这三者所运用的内省论、价值论和整体论，从而把审美活动和文艺创作确认为人在自身的整体发展中要求发挥内在的潜能、获得充分的自我实现、到达最高的生命价值的超越性需要，并以此为核心总结出一整套理论原则、研究方法、概念

---

① 蒋孔阳主编：《二十世纪西方美学名著选》（下），复旦大学出版社，1988 年，第 309 页。
② 《文艺美学辞典》，第 1350 页。

范畴和重要结论。因此，在现代西方众多的心理学美学流派中，人本心理学美学似乎更能代表和预示着未来的发展方向。①

大约在 20 世纪 60 年代初，正当以艾略特和理查兹为代表的英美新批评走向衰落的时候，以法国为中心的结构主义美学（Structualistic Aesthetics）却以一种独特的风姿登上了西方文坛。所谓结构主义美学，其实就是指结构主义哲学在美学领域中的运用、延伸和发展。早在 50 年代，法国的一些文艺批评家由于受列维-斯特劳斯（C. Lévi-Strauss）结构主义人类学的影响而再次把文学研究的重点放在作品的语言符号上，并用结构主义的方法对文学作品的语言单位进行分析、归类、组合，试图由此找到艺术作品形成的根源。结构主义美学的主要代表是罗兰·巴尔特（R. Barthes）和佛莱（N. Frye）。结构主义美学从理论上否定形象内容的审美价值，只注重结构技术的功能，主张以形式结构来取代文艺反映现实的基本特性，也就是说，创作或思考并不是为了重视客观世界，而是要用结构模式"重新制作一个客体"，艺术的目的在于通过创作活动来创造一种形式。罗兰·巴尔特还借用结构主义语义学、神话学和符号学的方法来研究文艺作品、探索艺术作品的结构成分和规律。巴尔特十分重视"可写的文本"，因为他认为，文学的价值不在于它如何表现或解释世界，而在于它对人们理解这个世界的思维方式所提出的挑战。当读者发觉他们无法读懂某些作品时，便开始对他们仅有的思维方式以及许多传统观念进行反省和检讨，并努力探讨新的"密码"，这就使阅读成为积极的活动，使读者参与了创造和变革，从而和作者达到同一。巴尔特的理论和方法在法国批评界享有很高的地位，尤其是对"新小说派"作家的创作产生了很大的影响。70 年代后，巴尔特的思想出现了重大的转折，成为后结构主义的理论先驱。②

"西方马克思主义"美学（Western Marxist Aesthetics）是以匈牙利著名文艺理论家卢卡契（G. Lukács）为代表的美学理论思潮，产生和形成于 20 世纪二三十年代，从 60 年代开始逐渐流行。卢卡契早年受康德主义哲学思想的影响，主张文学表现异己和与现实敌对的非理性心灵，并持一种悲观主义的宇宙观。在美学上，他第一个证明马克思主义美学是一个体系，是马克思主义哲学的有机组成部分。卢卡契美学思想的一个重要部分是他的现实主义理论。卢卡契以马克思主义经典作家的美学理论为依据，继承俄国革命民主主义美

---

① 参见本书第 10 章，第 4 节。
② 蒋孔阳主编：《二十世纪西方美学名著选》（下），复旦大学出版社，1988 年，第 399 页。

学和普列汉诺夫的现实主义美学理论，吸取了德国古典（尤其是黑格尔）美学的合理成分，在对艺术现象进行大量研究的基础上，提出了"整体性"、"客观性"和"典型性"等一系列美学范畴，从而构成了其现实主义的美学体系。卢卡契虽然注重文艺的整体意识，但他更强调文艺的创造作用。他不同意"模仿论"或"再现论"的文艺主张，认为这种观点只是强调了文艺必须能客观地反映生活，却违背了艺术的规律。因为艺术的根本目的不是在于机械地模仿或再现自然中的客观事物，而是在于在不排斥"模仿"或"再现"的前提下重新获得一种创新。在对艺术作品的要求上，卢卡契主张作品要有完整性，即它必须表现出整体性的人物或整体性的社会结构。卢卡契认为，最伟大的艺术家都是那些能恢复和再创造和谐的人类生活的整体的艺术家。"① "整体意识"是卢卡契美学理论中的一根主要支柱。从这种"整体意识"出发，卢卡契还提出了他的"典型"理论。他说："按照马克思恩格斯的看法，典型不是古典悲剧中的抽象化的类型，也不是席勒式的理论化概念化的人物，更不是左拉和仿左拉的文学和文艺理论炮制出来的'平均数'，可以这样来说明典型的性质：一切真正的文学用来反映生活的那运动着的统一体，它的一切突出的特征都在典型中凝聚成一个矛盾的统一体，这些矛盾——一个时代最重要的社会的、道德的和灵魂的矛盾——在典型里交织成一个活生生的统一体。"② 卢卡契的这种"典型"理论的核心是客观性，其特点在于它揭示了典型的运动性、发展性和统一性。③ 此外，把人道主义作为现实主义理论的核心乃是卢卡契美学思想的一大特色，在卢卡契看来，"人道"是艺术的本质，因此，艺术的根本使命就在于写人。在一切伟大的艺术中，现实主义和人道主义是互相紧紧伴随的。任何现实主义的作品，都首先必须应该如何从人的本质、从人的完整性上来描写人，表现人的本质力量，捍卫人的完整性。以卢卡契为代表的"西方马克思主义"美学尽管其理论有许多缺陷，但对于他们追随马克思主义，并为马克思主义美学思想的传播、发展所做出的成就和贡献，我们还是应该加以肯定的。当然，在介绍和论述以卢卡契（也应该包括本雅明和葛兰西等）为代表的"西方马克思主义"美学思想的同时，我们理所当然地应重视对该流派最主要的分支——法兰克福学派——的研究和介绍。

在"西方马克思主义"美学中，以马

---

① T. 伊格尔顿：《马克思主义与美学批评》，人民文学出版社，1980年，第32页。
② 《卢卡契文学论文集》，第2卷，第536页。
③ 胡经之、张首映：《西方二十世纪文论史》，中国社会科学出版社，1988年，第326页。

尔库塞（H. Marcuse）和阿多尔诺（T. W. Adorno）为代表的"法兰克福学派"的影响为最大。法兰克福学派的主要创始人是霍克海默（M. Horkheimer）。由于这一学派源于莱茵河畔法兰克福大学的社会研究所得名。由于马尔库塞、阿多尔诺等主张用精神分析学来"补充"和"发展"马克思主义，用黑格尔的理性武器批判现象学和存在主义，故也被人称之为"弗洛伊德主义的马克思主义"和"黑格尔主义的马克思主义"。法兰克福学派产生于20世纪30年代，但活跃于60年代。社会批判是法兰克福学派理论的基本倾向。在美学理论方面，也始终贯穿着这一以人道主义为中心的社会批判倾向。他们认为，资本主义现代文明是以人性的异化与丧失为代价的。真正的艺术应当对现存社会持彻底批判与否定的态度，以拯救和恢复丧失了的人性，并要求艺术同现存的社会相对抗，成为人的解放工具。[①] 法兰克福学派的美学认为，以前的马克思主义者过分强调现实对艺术的决定性作用，这是很片面的。其实，文艺不仅由现实所决定，而且，它还反作用于现实。文艺虽然不能直接改造世界，但它能间接地帮助人们改造世界，成为人们改造世界的一种潜在的能量。70年代后，法兰克福学派美学开始逐步走向低潮。

解释学美学（Hermeneutic Aesthetics）是传统的哲学解释学在艺术研究领域中的运用。"解释学"这个词本身就与美学有着至密的联系。解释学美学的主要代表伽达默尔（H. G. Gadamer）所著的《真理与方法》不仅被人们誉为现代哲学解释学的代表作，而且也被誉为现代解释学美学的经典。这一流派兴起于20世纪六七十年代，至今仍呈现着一种继续发展的势头。

解释学美学注重研究文艺的意蕴和精神价值，认为文艺作品作为精神产品，可以促进人际的交流。文艺是一种在长期的社会历史发展中形成的一种精神形态，是人的生命之流的象征和表现。解释学美学的最高目的是在于发现文艺中的美，并对其进行理性的把握，从而发现其内在的精神价值。在对文艺的阐述过程中，解释学美学十分强调解释的先验图式、社会历史（包括文化）条件、个人的学识修养等。伽达默尔等人认为，对文艺的解释离不开历史、文化条件，否则就是一种无稽之谈。但由于每个人的先验图式、历史文化状况不同，所以，在对文艺解释时就会出现各种各样不同的情况。解释学美学所研究的中心问题是文艺作品与读者的关系。在这种关系中，读者的地位比作品更重要。作品本身不具有固定的永恒性意义，它的精神（美学）价值取决于在与读者建立起关系之后，读者在理解方面所发挥作用的效

---

① 蒋孔阳主编：《二十世纪西方美学名著选》（下），复旦大学出版社，1988年，第421页。

果程度，而各种读者本身由于受不同的社会历史条件的影响和由于受他们自身的学识修养程度的限制，他们对作品的理解也是各自有别，故从读者理解千差万别这个意义上，解释学美学认为，文艺作品永远不可能有固定的含义，对它的认识也是永无穷尽。正是从这一思想的发展中，派生出了一种以研究读者为中心的接受美学理论体系。

接受美学（Reception Aesthetics）是20世纪60年代末70年代初在联邦德国出现的一个美学流派，在西方影响很大。它在方法论上开创了新的文学批评方式，即从鉴赏者对作品的"接受"过程中来评论文学。其创始人是德国的五位青年文艺理论家，他们是：姚斯（H. R. Jauss）、伊泽尔（W. Iser）、普莱森丹茨（W. Preisendanz）、弗尔曼（M. Fuhrmann）和斯特里德（J. Striedter）。由于接受美学诞生于联邦德国南部的博登湖畔的康斯坦茨，故也被人称为"康斯坦茨学派"。姚斯和伊泽尔的观点比较全面集中地体现了该派的基调。他们认为，读者对作品的接受、反应、阅读过程和读者的审美经验以及接受效果等应成为美学研究的主题。通过问答和解释的方法去研究创作和接受以及作者、作品、读者之间的动态交往过程，对于存在主体方面的审美经验，也应该历史地社会地去考察。接受美学尤其强调读者的文学地位和作用，认为文学史不仅是作家创作的历史，更是读者阅读和反应的历史。读者方面的接受意识决定了文学作品的价值和地位。姚斯认为，文学的产生、流通和被（读者）接受，构成了接受美学实践的基本内容。接受不是一种被动的影响过程，而是读者借其审美经验进行创造作品的过程，它发掘出潜藏于作品之中的种种底蕴。艺术作品本身并不具有永恒性，它对于在不同时代和不同社会条件下阅读它的读者来说，具有不同的意义，甚至经典性的作品也只有当它被读者接受时才存在。作家只有当其作品被读者阅读时，才与读者建立起一种对话关系。因此，在接受美学看来，阅读是一切文学作品存在的前提，只有阅读才能给作品灌注以活力和生命，从而将作品从机械呆板的语言材料中拯救出来。作品的意义和价值取决于整个阅读过程。一部作品只有进入了读者的接受过程，才算真正进入完成阶段。因此，接受美学认为，不是作家创造和影响读者，而是读者创造和影响了作家。他们把读者视为推动创作、促进文学发展的决定性因素。总之，接受美学的理论特征主要有以下三个方面：第一，强调读者在文学（史）发展中的至上地位；第二，注重对读者的审美经验及其有关条件的考察和研究；第三，注重作品、读者与文学史的关系的研究，从而提出了"接受的文学史"的理论。接受美学的核心是把作家、作品和读者联系起来，放在一个总的框架里进行综合考察，但同时又着眼于对"读者"的研究。在现代西方文论史上，接受美学占有相当重要的地位。如果说表现主义、精神分析学和新批评派、结构主义美学分别于 30 年代和 40 年代、50 年代在西方文论史上各领风骚的话，那么，以姚斯、伊泽尔学说为主体的接受美学则代表了最近 40 年来西方文论研究的重要倾向。它有助于我们从一个全新的视角去观察和研究文学历史的发展，从而拓宽和深化对文学史领域的研究。值得指出的是，我们上面介绍的许多西方美学流派，尽管在历史上有过闪光的时期，但随着时代的发展，有的早已不可避免地成为过时了的东西，但唯独接受美学，自 70 年代中期以来，则显示出越来越快的发展势头，其影响面也越来越大，无论是比较文学、比较诗学，还是文艺传播学、文学未来学等新兴学科，都有接受美学的思想渗透并发生作用。总之，接受美学在灿若群星的西方美学流派中，还在闪烁着奇异而又耀眼的光彩，为世界文坛所瞩目，它生机勃勃，方兴未艾，对之，我们不但有理由要予以更多的关注，而且更有理由另眼相看。

* * *

以上是我们对现代西方美学各主要流派的理论观点作一个鸟瞰式的大致勾勒，旨在为读者在进入这个派系林立的"现代西方美学大观园"之前提供一张入门的"导游图"。应该承认，现代西方美学不但流派众多，而且各流派间的关系纵横交错，极其复杂，真可谓"剪不断，理还乱"。因此，在对这些流派的界限划分和现代西方美学家的流派归属以及对每一个流派的理论主旨的概括、提炼和对其理论来源的探索等方面，研究界历来感到十分棘手。如果要对这些流派作一刀切的划分，这种武断的做法是绝对不可取的。我们只有根据这些流派的产生、形成和发展的实际情况，采取一种灵活的方式，对其划而不死，引"派"入"流"。现代西方美学从其表面上看，似乎与传统美学彻底决裂，但只要我们深入研究，就会发现，现代西方美学中的唯心主义理论往往都是在西方传统唯心主义的一个断面上加以扩张、变形发展而来。因而有"流"就有"源"，并且各流派之间尽管争论得十分激烈，但深入探究其理论的深层根源，又往往是"你中有我"，"我中有你"。我们这里所论及的 22 种现代西方美学思潮，它们基本上都是诞生和活跃于 19 世纪末至 20 世纪八九十年代这一时期。这些思潮的代表人物们，其思想理论普遍透溢着一种独特的灵气和具有某种天才的"超前意识"。他们虽然立足于他们所处的那个时代，但他们都以其卓越的远见，提出了某种"闪光"的理论，从而给人类的美和艺术创造等活动指明了方向。20 世纪的现代西方美学是以一种独特的观念、方式和理论展现在我们面前。任何一种理论形态，只要它存在，就一定有其存在的方式和理由（或曰合理性）。既然它有产生和发展之日，也就必然有其衰落和消亡之时，这是一条铁的规律。现代西方美学也正是这种规律的产物，同时也将一定会成为在这种规律支配下的消逝物。任何一种学术流派或理论形态都不可能永远占据雄霸地位，它总有其产生、兴盛、衰落和消逝的过程，这是正常的，符合历史发展规律。因此，随着实践的不断深入发展，理论也必须不断更新，才能使自身具有其存在的价值。正是在这个意义上，我们可以说，20世纪现代西方美学是对19世纪和19世纪以前的传统美学的一种否定或更新。早在19世纪美学家们的"超前意识"中，人类就已经看到了20世纪美学发展的曙光。同样，20世纪现代西方美学今天仍正以一种独特的风姿迅速发展。从20世纪的现代西方美学中去发现21世纪的曙光和灵气——这就是我们今天的美学研究所必需具备的"超前意识"和"控制论思维"。

总之，现代西方美学是现代西方哲学和西方文化的重要组成部分。我们编著这部《现代西方美学》，旨在为我国的专家、学者和其他有关读者的美学研究提供新的论据和材料。尽管西方资产阶级学者的艺术理论和美学观念不可能为我们所全盘接受，但在某些方面毕竟还是有独到之见（或者说真知灼见），这正是我们所需要、所应吸取的精华所在。在这里，我们同时还应该指出，在如何对待外国（尤其是西方）文化问题上，我们历来是十分谨慎的。

对于这个问题，历史的经验已经反复告诉我们，一个国家、一个民族如果自我封闭，对外来的文化一概排斥，那将是没有出路的。对于西方文化，我们的态度是既不盲目崇拜，也不一概排斥，而是应该本着实事求是的精神加以科学的分析和判断，从而作出合理的取舍，以便为我所用。我们不是国粹主义者，也不是全盘西化派，我们坚持以马克思主义一分为二的观点和实事求是的科学分析方法来对待西方文化。这是我们介绍和研究现代西方美学所应遵循的原则。《现代西方美学》正是在这样一种思想指导下撰写而成的。

由于众所周知的历史原因，在我国，对现代西方美学的研究一直比较薄弱，直到最近二三十年来，学界才开始比较重视对这个领域的探索和研究。全面系统地研究和介绍现代西方美学，这对我们来说还是第一次。建国以来，我国学者在这方面做了一些研究，并取得了一些成就，本书正是在总结迄今为止国际国内的研究成果（就我们目前的视野和所掌握的资料水平而言）的基础上撰写而成的。因此，它在一定程度上反映了我国学者目前对现代西方美学领域研究的水平。但是，尽管如此，我们也深深感到，由于我们在这个领域的研究起步较晚，加之国内目前资料比较缺乏，这些都给我们的研究和撰述带来了一定的困难。比如对于目前在美学界深受关注的后现代美学，本书就未及收入，这不能不说是一种遗憾。但福柯、德里达、利奥塔、波德里亚……这些闪光的名字对 21 世纪美学界、哲学界乃至文化界的影响无疑将是深远广阔的。总之，书中的某些观点和结论难免有失之偏颇乃至错误的地方，我们恳望学界和读书界的同行和朋友们给予批评指正。

本书共 22 章，分别由下列同志具体撰写：

第一章、第七章——孙津(鲁迅文学院)；

第二章——樊波(北京大学)；

第三章——方珊(北京师范大学)；

第四章、第十九章——程孟辉(北京商务印书馆)；

第五章——罗筠筠(中国社会科学院)；

第六章、第十八章——吴琼(中国人民大学)；

第八章、第二十章——杜卫(浙江师范大学)；

第九章、第二十二章——霍桂桓(中国社会科学院)；

第十章——姚文放(扬州大学师范学院)；

第十一章——陈庆祝(北京师范大学)；

第十二章、第二十一章——王才勇(广东省社会科学院)；

第十三章——杨茂义(北京师范大学)；

第十四章——李树峰(北京师范大学)；

第十五章——张卓玉(山西教育学院)；

第十六章——宋绍兴(北京师范大学)；

第十七章——黄卓越(北京师范大学)。

第一章 表现主义美学

第一节 表现主义美学的兴起和流变

把表现主义（Expressionism）作为一个美学流派来看待，其含义是比较复杂的，它至少有这样几层意思：一是某种美学理论的描述词；二是某种美学理论的某种历史状况；三是艺术思潮的特征。然而，不管在哪个意义上讲，表现主义不仅不是美学流派的专用词，甚至表现主义本身就不是一个确定的思想或理论。这种情况，显然为我们的论述带来很大困难。

从被称之为表现主义或表现论的美学观点之出现和实际发展变化来看，我们的讨论大致可以分为两个方面，一是作为哲学体系的一部分（或作为某种哲学观点）的美学理论；二是各种艺术活动中所体现出的某种大致相近的美学和艺术观。在我国美学界，大多比较注意

前一方面而相对忽视后一方面，这可能是由于前者理论形态的完备和抽象思辨的高水平更容易为人所关注的原因吧。不过，尽管这两方面共同体现出叫做"表现主义"的美学全貌，然而，在论述中可能还是分别加以讨论更为方便些，线索脉络也会更清楚些。

从哲学角度来讲的表现主义美学（Expressionistic Aesthetics），大约是 20 世纪初开始形成的。一般地说，这种美学属于新黑格尔主义哲学思潮的一个方面。新黑格尔主义开始在英国和美国产生并流行，后来其影响又扩展到了德国、意大利和法国。这一哲学思潮也不是明确作为流派而成立的，其中各位代表人物的观点也多有分歧。比如被人们称之为英国新黑格尔主义的创始人和主要代表之一的布拉德雷（Francis Herbert Bradley, 1846—1924）就认为，他自己"绝不认为可以算作黑格尔学派中

的人"①。当然，说是一回事，具体观点的大体一致又是一回事。而且，布拉德雷的话本身就有两个含义，其一是为了突出他的哲学的"新"，即不同于黑格尔哲学的地方；其二是表明这种新的哲学并不是一个观点完全相同的流派。不过，新黑格尔主义并不像国内大多数学者所介绍的那样，是从所谓"右的方面"改造了黑格尔哲学，主张主观唯心主义。这一点我们将在讨论中具体加以分析。现在要明确的是，新黑格尔主义哲学思潮的出现，大致有两个主要原因，因为这和理解表现主义美学是有直接联系的。

其一是哲学本身对于哲学史上科学理性中存在的种种僵化方面的不满。新黑格尔主义大体上是柏拉图传统的，主张精神的第一性，但却更强调精神自身实践的作用，即从价值判断来描述实际存在，从而否认有什么绝对精神和绝对物质的存在，比如英国牛津大学的道德哲学教授格林（Thomas Hill Green，1836—1882），最早以新黑格尔主义者的身份强调了事物的整体联系对存在所具有的意义，他说："时空中每一个因素都与其他因素相关联，它既是别的因素的前提，又以该因素为自己的前提。"②就表现主义美学的代表人物来讲，克罗齐（Benedetto Croce，1886—1952，意大利哲学家）把任何绝对的存在都看做是某种"超验"的哲学实体加以否

定；另一个意大利的代表人物金蒂雷（Giovanni Gentile，1875—1944）则认为，真正实在的东西只是"进行着思考的思想"。另一个原因，则是垄断资本主义出现后，哲学与政治的一种新的关系的表现。这种表现就新黑格尔主义者个人来讲是很复杂的，他们有为集权的法西斯专政和国家干预社会生活提供哲学根据的，也有从自由主义观点反对集权统治的，比如，克罗齐本人甚至先后表现了这两种态度：他的历史哲学宣扬超人和天才，认为群众不过是这些杰出人物的思想和活动对象，并且在上议院投了墨索里尼的信任票，但从1925年起，克罗齐开始反对法西斯专政，在任教育部长的金蒂雷发表《法西斯知识分子宣言》时，公开发表了《抗议》，与他的同人彻底决裂。

当然，就表现主义美学来讲，它与新黑格尔主义有关的显然在于哲学思想方面，而不是政治态度。这种关系突出地反映在对一种"整体"或"全部"的理解上，即反对人为地设立前提，分裂范畴，尤其是克罗齐，不仅各种因素中的矛盾在他那里被一概降为差别，而且一切认识都在"直觉"的方式下统一起来，以至于在克罗齐的《精神哲学》中，我们常常可以见到一些等式，比如直觉等于表现，等于美；艺术等于科学，等于语言；历史等于哲学，

① 布拉德雷：《逻辑学原理》上册，商务印书馆，1960年，第28页。
② Collected Works of Green（《格林全集》），London，1899，vol. I，p. 91。

等于艺术，等等。这里的新黑格尔主义特征，并不仅仅在于反对黑格尔的绝对精神，即认为他的这个作为绝对前提的东西本身就是需要前提的，而且，这种"新"更在于与黑格尔哲学相同的地方，即反对形式与内容的割裂。实际上，新黑格尔主义并不是要重新找到一个绝对前提的前提，而是认为这种前提性根据就在于精神活动（包括实践与理论两方面）本身。这是新黑格尔主义的主要哲学特征，也是表现主义美学的立论基础。著名美学家也是英国新黑格尔主义的一个主要代表人物鲍桑葵（Bernard Bosanquet，1848—1923）在他的《美学史》的最后一章中，就把他所处的时代的美学看做是"内容和表现在理论上重新结合的开端"。他讲这话针对于莫里斯（William Morris，1834—1896，英国诗人，批评家，社会主义者）所说的"人民享受，人民创作，对创造者和使用者都是愉快的"那种艺术，"已经不复存在，而且随着文明的蔓延，在它原来存在的地方，它也逐渐不复存在"①。要求形式与内容、理论与表现、创作与欣赏的统一，尽管给理论的自身体系造成一定的混乱，但它在此还有一个突出的积极意义，即对艺术活动和审美活动中的特权的破除——我们很快将看到，这一点更多地体现在作为艺术思潮的表现主义美学中。也许正是没看到这一点，李斯托威尔（Earl of Listowel）在他旨在接着鲍桑葵《美学史》写下去的《近代美学史述评》中，严厉地批评了表现主义美学的求同特征。出于对克罗齐的渊博知识的尊敬，李斯托威尔向他表示了有保留的赞扬，而对于被认为是克罗齐的后继人和理论重复者的科林伍德（Robin George Collingwood，1889—1943，英国哲学家），李斯托威尔就毫不留情地写道："他对于美学上一些重大问题的探讨可以说是浅薄极了。"他还认为，金蒂雷"在经验美学这个领域中所得出来的结论，显而易见，是毫无价值的"②。另一位英国哲学家缪尔赫德（J. H. Muirhead，1855—1940），则强调了新黑格尔主义作为一种哲学思潮所具有的批判作用，他认为，新黑格尔主义的兴起在于，一些哲学家从黑格尔哲学中找到了"打击政治上的无政府主义、宗教上的传统主义以及科学上的自然主义这个三头怪物的武器"③。

作为一个新黑格尔主义的哲学家，克罗齐的研究领域是很宽的，从哲学、美学、伦理学、历史学、政治学直到考古学，可以说他的兴趣无所不在。他还专门研究了马克思的哲学和经济学。作为一种具有完

① 鲍桑葵：《美学史》，商务印书馆，1985年，第591页。
② 李斯托威尔：《近代美学史述评》，上海译文出版社，1980年，第131页。
③ 转引自刘放桐等编著：《现代西方哲学》，人民出版社，1982年，第222页。

备的理论形态，即自身有一套相互联系的概念和范畴，并给出了这个体系中一些主要的命题，表现主义美学是由克罗齐在第一次世界大战前后建立的。他先后写了四本书：《作为表现科学和语言学的美学》（1902）、《作为纯粹概念科学的逻辑学》（1905—1906）、《实践哲学》（1909）、《作为理论和历史的史学》（1914），这四本书合在一块儿，就是后来的《精神哲学》。在此期间，他还专门写了一本《美学原理》①（1910），而我们对表现主义美学的分析，就是以他这本书为主的。另外，要提到的两位表现主义美学的代表人物是科林伍德和理德（Louis Arnaud Reid，英国哲学家），前者在克罗齐的思想基础上写了《艺术理论》（1937），成为克罗齐美学的公认继承者，后者在1931年写了《美学研究》一书。整个说来，表现主义美学作为一种具有思潮特征的理论，大约在40年代便不再有新的进展了，尽管其影响可以在诸如苏珊·朗格这样的形式主义美学家那里见出。

艺术活动体现出的表现主义美学，情况就更为复杂得多了。大体说来，表现主义在此是指第一次世界大战前后到30年代，西方许多以反传统为特征的艺术派别和思潮，以及具有反传统特征的艺术现象，比如所谓野兽派、立方主义、表现主义、未来主义、风格派、构成派、实验戏剧等这样一些绘画、文学现象和思潮。它们之所以被称为表现主义，大致有这么几个原因：其一，这些艺术流派很喜欢谈"表现"，并将此作为审美和艺术活动的基本特征；其二，这些艺术流派都标举与传统艺术方式不同的一些做法，显示出对艺术创作和批评中理性主义的一种冲击；其三，也许是出于偶然，表现主义作为一种思潮的名称得到了正式确认和赞扬。这就是德国诗人、批评家瓦尔登（Herwarth Walden，1887—1941）提出来的，他在1910年办了一个批评杂志《暴风雨》，开始用"表现主义"一词来指某一类艺术现象和美学思潮。瓦尔登后来专门写了一篇文章，题为《究竟什么是表现主义》（1929），其中明确说明了表现主义就是艺术观念上的革新，是生活的新形式。

大致说来，作为艺术思潮的表现主义，表达了下述三个主要美学观点：第一，就是艺术革新。以往的艺术都是由少数知识精英所从事的，他们所创作的即使是好作品，也是与人民大众相异的。这就是说，这些作品的来源是人民大众，但作为作品却成了一种奢侈品，或者博物馆中的陈列品，大众既无钱也无时间欣赏它们。因此，要有一种大众艺术，而使艺术不再作为某个阶级的附庸品或某个有钱人的私有财富。

---

① 克罗齐：《美学原理》中译本，作家出版社，1958年，下面引文不注出处者均来自此书。

第二，要求艺术形式的革新。瓦尔登坚持认为，表现主义并不是指发明了什么新的艺术样式，这里的革新在于以美学态度表达了一种生活的新形式，即把一切都艺术形式化。第三，艺术的美学性质与社会进步是一致的，这在瓦尔登来讲就是艺术的社会主义方向。表现主义在此成了艺术活动中反抗资本主义制度下的生产方式和劳动分工对人的异化的一种态度和手段，其目的是伸张每个人的审美自由，反对艺术创作和艺术批评中的一切特权。

艺术思潮中的表现主义美学，一般说来并没有系统的和专门的理论著述，而且，作为一种含义丰富、涉及面宽的思想倾向，也不可能以某一种理论体系的面目出现。在这些艺术思潮和流派中，建筑设计上的"包豪斯"（Bauhaus）学派，其设计观点也是属于表现主义美学范畴的。所谓"包豪斯"，是德国建筑家和设计师格鲁比亚斯（Walter Gropius, 1883—1969）在 1919 年任校长时的一所学校，全名是"国立魏玛建筑学校"。格鲁比亚斯办学的宗旨是要形成一个新的设计学派，用以影响本国的工业界。这种宗旨本来带有很大的商业性质，是为了争夺欧洲市场而提出来的，但其对设计的理解和思维方式的改变以及操作程序的训练，都体现了表现主义美学要求生活艺术化的特征，这反映在格鲁比亚斯理论中就是要求"科学为艺术服务"。其结果，"包豪斯"不仅作为一个建筑流派，而且在理论和设计风格上成了一个美学含义很强的专业范畴，并且在世界范围内造成了广泛的影响。

艺术活动领域的表现主义美学，我们以瓦尔登的著作作为理论分析对象，他还写有《对艺术的考察》（1917）、《表现主义、未来主义、立体主义》（1917）、《表现主义——艺术的转折》（1918），等等。他本人于 1932 年去莫斯科，参加了苏联关于表现主义的理论大论战，并于 1941 年遭到流放，似乎是死于流放地。其他一些艺术批评界的表现主义作家、诗人、戏剧家有贝恩（Gotterfied Benn, 1886—1956）、布莱希特（Bertolt Brecht, 1898—1956）、埃德施米特（Kasimir Edschmid, 1890—1966），等等。在他们的批评中，并不总是能归纳出对于表现主义的完整理论描述，因为瓦尔登本人就一再强调，关键不在于维护表现主义这个词，而在于艺术改革的精神。在此意义上讲，表现主义在艺术活动中并不像克罗齐那样旨在构造一个美学体系，它更多有实践的指导作用。因此，对这种现象或这一层含义的表现主义美学，论述中不可避免地较多涉及具体的艺术批评。不过总的说来，作为一种现象，对它们的考察大致也以 40 年代为其下限。

第二节　表现主义美学的主要理论

一、美学的位置

美学在表现主义理论体系中是排在哲

学的第一部分的，但这并不意味着美学的重要性，而是指精神活动自身发展的阶段。科林伍德把这些阶段看成是连续的，它们共分五个，即艺术、宗教、科学、历史、哲学，因为艺术是一种"想象"，处于一切带有逻辑判断的活动之先。这里的"艺术"，就是根据克罗齐的理论来理解和定位的，也就是美学在精神活动中的位置。不过，这种定位在克罗齐却是从属于他的整个精神哲学体系的，而且也更为复杂。

在克罗齐《精神哲学》的四本书中，前三本谈到了由精神的形式所造成的四个基本范畴，即美、真、益、善。克罗齐是以精神本身为世界存在的根据，他说："精神就是现实"，而且，"除了精神以外没有其他现实，除了精神以外没有其他哲学"①。现实本身就是精神辩证运动的体现，这些活动可分为四个阶段，它们在认识水平和活动方式上互相区别，但又共同构成了统一的精神历史，而且这些阶段之间的相互联系并不完全是线性序列的从低到高，而是各阶段的不同方面互相构成另一阶段的活动特征。因此，序列的前后或者认识水平的高低，只是对精神活动不同形式的描述，并不具有真实比较的含义。美学就是在这个意义上得到了自己的存在位置。

在整个精神活动中，精神本身可分为智力和实践两大范畴，这两大范畴表明了精神活动不同形式所体现出的认识维度。智力活动是第一维度的精神活动。实践活动是第二维度的精神活动。实践活动是以智力活动为假设的，而且实践离不开智力，智力却可以离开实践。在智力和实践两大活动形式中，又各分为两个维度或阶段，于是便有了：一、"美学"，它涉及第一维度的精神活动，其形态是纯粹的直观表现，是内容和形式的"先天综合"；二、"逻辑学"，涉及第二维度的精神活动，其形态是纯粹的概念；三、"经济学"，它涉及第一维度的实践活动，其形态是效用，并形成政治的实质；四、"伦理学"，涉及第二维度的实践活动，其形态是道德，并使效用上升到一般概念。精神活动的这四个维度或阶段，就构成了精神哲学的四个基本范畴，即美、真、益、善，它们都是现实的"永恒创造者"。

在精神哲学的这种构架中，精神阶段或维度的划分使美学占有十分突出的地位。首先，一切活动都是从审美开始的，也就是从智力活动中的直觉形态开始的。第二，往后诸活动阶段尽管在逻辑序列上比审美阶段高，并且包含它，但却不能离开它而存在，所以，如果说概念不能离开表现而独立，效用不能离开概念与表现而独立，道德不能离开概念、表现与效用而独立，

---

① 克罗齐：《实践哲学》，转引自《现代西方著名哲学家述评》，三联书店，1980年，第53页。

那么，这三者就都是有所依傍而成立的，逻辑的活动依傍最少，道德的意志依傍最多，而唯有审美的事实，即表现本身是可以自我独立的。因此第三，不仅按照这种序列划分各自的存在条件，经济学的或者有用的形态就好比是实践活动中的美学，伦理学和道德的选择就好比是实践活动中的逻辑学，而且更进一步，统辖和包容所有这四个维度活动形态的历史学，也就在最高级、最恢弘的意义上具有了美学意义，美学对于人的全部生活具有第一要义的道理也就在于此。

就美学在精神哲学体系中的位置来讲，智力活动作为知识可以成为实践活动的指南，而智力活动中最基础的审美当然也就是一切活动（包括认识真理和实际应用）的准则了。就较后一维度的活动要借用较前一维度的活动为自己的形式才能得到具体的体现来讲，美学的绝对地位就在于它是一切活动得以具体化的基本形式。

二、直觉即表现

直觉即表现，这是表现主义美学的核心命题，它表明了表现主义美学的基本内容和特点。所谓直觉，克罗齐是把它作为审美活动和艺术活动的一个基本特征来对待的，它作为一个美学范畴，同时也具有认识论和心理学的含义；表现同样是审美和艺术的基本特征，但它更多的是指某一活动的性质、目的和动因，因此比直觉更具有哲学本体论和方法论的含义。这两者

的同一，表明了表现主义美学对精神活动自身的完整统一的辩证法。

就认识的含义来讲，直觉是一种不涉及概念的认识维度，它表明了人获得知识的某种方式和水平。直觉获得的知识叫做"直觉的知识"，是指当人面对一个事物时，头脑中没有思索，不作分别，不考虑意义，也不形成语言称谓和表述，而只是感知或体认到那个事物的形象或意象。如果对此进一步寻求其意义，确定它与其他事物的关系，以及由此进行推断，等等，就成了概念的知识了，而概念的知识是属于逻辑维度的。从心理学角度讲，直觉就是整体感知和体认对象所形成的意象，所以直觉又等于知觉。在直觉阶段，心理一般不起意念，更谈不上概念推理。但是，不管从认识还是从心理上讲，直觉却都可以凭其本身而下判断，因为直觉可以离开理性知识（也就是离开逻辑推理）而独立。这种独立就其作为审美来讲，同样具有认识论和心理学的含义，直觉之所以可以成为知识，可以独立下判断，因为它已经超出了感觉阶段，从对于对象的诸种感觉中分离出来了——这种看法，是表现主义美学区别所谓感性学美学的一个方面。因此，直觉可以表现主体所直觉到的形象，并且就在表现中掌握形象。在此，直觉就是表现，因为表现所表现的形象是直觉所感知到的表象，而这表象作为形象被直觉，本身也就是表现的过程或形式。在这两方面之间

没有任何中间环节。直觉表明着审美活动和艺术活动的认识特征和心理特征，但这些特征的表现方式的自足自为，就使直觉本身成了美学范畴，表现给直觉赋予形式，而直觉作为一种形式特征又体现了表现本身的性质、目的和作用。表现与直觉不可分割，是同一的，它表明了内容在形式过程中的真实含义。所以，克罗齐说："直觉就是表现，而且只是表现（没有多于表现的，却也没有少于表现的）。"

在克罗齐从美学角度论述了表现之前，表现一般有两层含义，一是自然科学意义上的；一是语言学意义上的。就自然科学来讲，表现大抵指人和动物的生理和心理功能，比如面部表情、情绪流露、手势含义，这些状态和行为都是非言语的，但却都具有思维的可理解、可表述性质。人激动时可能面红耳赤，而"面红耳赤"本身却并不是一个具有明确含义的陈述，但在具体的场合和环境中，人们可以理解面红耳赤这一现象是为什么出现的、它所表达的是什么心情以及它要求什么等。就语言学来讲，表现就是一般讲的表示、传达，即把某种思维结果、指令、要求等向对象表示清楚。当表现在克罗齐那里成为美学范畴时，它指的都不是上述那两种含义，而主要是指人的精神活动的某种性质，它和直觉、审美、艺术活动等是同一的。

克罗齐的表现有三个主要特征：第一是自为性。在审美和艺术活动中，表现必须本身就是动因，就是目的。表现作为某种活动的性质，本身无所谓是否为了其他目的而存在，准确地说是表现本身赋予某种活动以性质的确定。第二是表现的完整性。当人的某种念头刚刚开始出现时，表现就作为过程开始活动了，这个过程一般说以把这个念头付诸具体的行为或物理的结果为终端。比如心中构思一幅画是表现，等到该画制作完毕，表现亦即结束；或者构思写一首诗，等到诗写出来，表现过程也就完毕了。这样，表现有些像一般所谓的"腹稿"，不过腹稿是有明确的外在目的和对象的，也就是作品的最终完成，而表现过程的完整性却在于作品的制成对表现本身来讲是无所谓的。在此，表现的完整性和自为性是一致的。第三是表现活动中精神的形象性。这一特征又有些类似于形象思维，但它所强调的不是用形象来思维，而是指形象在精神活动中本身的表现性质。人对于对象先有感受，这种感受不一定来自对物质对象的反映，也可以来自某种观念意识，但只有把这种感受作为完整形象来把握，或者说某种形象成为感受本身的内容，才形成克罗齐所说的"直觉"。这种直觉形象就是艺术，也就是表现。科林伍德对此补充说，这种形象是一种内心的事实，它本身无法也无须用语言来描述，而仅仅是人希望摆脱某种局限或压迫感而采取的一种自我解救方式。这种感受和所表现的形象特征，一方面在于人知道自己在感受什么，在寻求表现，但并不知道所感受和所要表现的内容是什么；另一方面在于一旦感受和表现呈现为具体行为和物理结果时，总是采取具体的形式。在此意义上讲，不仅表现赋予某一活动以审美的或艺术的定性，而且也赋予作品以形式，只不过作品本身是在表现过程完结之时才制成的。作为表现结果，作品的形态或形式可以变化多样，但表现本身却是不变的、不可分类的。

就表现的第三个特征来讲，克罗齐和科林伍德都认为，在一定程度上每个人都是艺术家，因为几乎人人都能够以形象的方式起念头，生成心理活动，尽管不一定都能够把它们做成作品。在此意义上，表现论美学认为表现只有一种，那就是审美的表现，凡不是审美的表现根本就不是表现。然而，直觉既然就是表现，为什么又要分开来说呢？这在表现主义美学中多少是由于语言表述的迫不得已。在审美和艺术活动中，一定的形式是必需的，否则某一活动就无法与其他活动在特征上加以区别了，而这个形式，就是直觉。但是此种形式如果有许多类型，那么诸种活动之间的区别就只是形式上的外在特征，各活动自身仍无法在性质上加以区别，所以又提出表现，认为直觉的形式是靠表现本身为依据、目的、动因甚至手段而得以成立的，也即是表现赋予直觉的形式以一种定性的存在，这个性质，就是该活动的美学性质。

直觉与表现的同一，在于它们在审美和艺术活动中的互为存在、互为确证、互为目的。如果只讲直觉，就可能停留在认识和心理的某种特征描述上，或者说知识获得的某种水平上；而只讲表现，表现本身就可能失去范畴的自为性和普遍适用性，或者使表现混同于一般意义上的表示、传达、指令等行为。正是由于既强调了直觉就是表现，同时又把它们作为两个范畴来对待，表现主义美学就使一些心理学和语言学的概念、范畴，比如感觉、情感、想象、语言等，都具有了特定的美学性质。

感觉作为美学范畴，在表现主义美学中有着丰富的含义，但都不是在精确心理学意义上来使用的。首先，感觉不同于感受和知觉，它仿佛处于感受和知觉之间。当感受到事物时，大抵指感官领受，并没有"觉察"到什么；知觉则已多少有些对事物的认识了；感觉的"觉"却还谈不到知了什么。其次，感觉又能用来表示被动状态的心灵，在美学范畴中与印象同义，也就是有待直觉来处理或把握的材料或内容。第三，感觉在表现主义美学中有时又被作为直觉来使用，这时感觉既是非逻辑的也是非历史的，是既不界定概念又不肯定事实的一种真实，即审美状态的真实。

最贴近克罗齐对感觉的理解的是上述第三种含义，而且它所强调的是感觉作为一种特殊的精神活动所引起的效果。这种效果分为快感和痛感两极。克罗齐认为，感觉的自然特性是不成立的，因为感觉既然作为一种活动，就是一种心灵的性相，也就是精神活动的一种形式，而且非精神的活动或自然的活动在定义上只能是被动的、惰性的、机械的、物质的。因此，即使活动不是指精神活动，至少非精神性活动也是不具有美学的定性的。之所以说感觉旨在表示感觉引起的效果，即快感与痛感，正因为感觉中的快感与痛感两极就其显出具体的感觉形式来讲，是一种生动的、积极的、主动的活动。这种美学意义上的感觉，本身是一种简单的、基本的实践活动，它只起于要达到私人目标的欲念和意志，不经过道德的决定，因此与伦理的活动无关。所以，感觉一方面是从效果（快感、痛感）的角度来说明直觉的；另一方面，则超出智力活动之外，自身作为一种实践表明了任何活动都可能具有美学性或者都可能成为审美活动的功能性依据。

感觉活动虽不能代替一切其他形式的精神活动，但却可以陪伴它们。实际上，任何精神活动都伴随有感觉。因此就感觉来讲，有经济学的实用性满足，有伦理学的道德性满足，有美学的表现性满足，有逻辑学的真实性满足。这四者虽各有联系，但却是不一样的，至少不是在同一维度上成立的。如果说这些满足都是快感，那么痛感不过是这些满足的失缺。然而无论快感还是痛感，它们与审美事实的关系无所谓原因、结果以及时间上的先后次序。感觉是处在精神活动的整一体之中的，而且，既然各种感觉有不同的含义，感觉本身的性质如何，是视其作为表现的形式而定的，在此，审美的、道德的、实用的、逻辑的等各种感觉，仅仅具有精神哲学体系中诸方面的分类学意义。

情感不同于感觉，它含有情绪的成分，又有感受的成分，同时也不是全无知觉的感官反应。不过总的说来，情感与感觉在表现主义美学中的区别并不明确，有时也混用。比如，当科林伍德说艺术是一种情感的表现时，其侧重在于表现本身的形式，而不是如浪漫派所强调的情感本身的自然流露。情感就是意识到内心有一种扰动，但却不知道它的性质，这体现了直觉的一种特征。表现情感，就是意识到有这种扰动的人，想从既没有希望搞清楚这种扰动，又感到有沉重压迫感这样的条件下摆脱出来，于是，便做些事情以解救自己，这叫着自我表现，其行为未必就是指艺术创作，而更多的就是指言语活动。当用言语来表现自己时，此活动是有意识的，这种被表现的情感的性质因此就不再是无意识状态下的东西了；而在做这件事时所能感觉到的情感，就是具体的表现。当情感还没有得到表现时，一个人所能感到的就是那种没有希望的和沉重的压迫；而当情感得到表现时，他便感到这种压迫在表现方式中消失了。因此，情感由于表现才被作为有确切含义的情感，这便是所谓"内心的事实"。

克罗齐并不完全在生理学和心理学意义上使用情感，因为当情感被作为艺术创作的一种成分时，这种成分可能成为推动力，也可能作为原因或者本质。对情感的处理作为某一活动的定性，使情感可能具有范畴的意义，如果一件艺术作品表现了艺术家的情感，而且作为真正的艺术品，它只能是成功的表现，那么，情感本身就不是指被表现所"表达"或"传达"的什么事实，而是与这情感有关的人的一种规定。欣赏者在这种情感表现中同样也能够感到自己对那情感的反应，或者说一种参与，这时情感也就不仅成了欣赏者的情感，而且这种情感本身表明了具体的审美活动的内容。表现情感与泄露情感不同，前者具有审美定性的活动，后者则是自然的、生理的活动。泄露情感只是表现情感的一种原始形式，而有意识地控制情感的表现就是语言，因此语言与艺术具有同一性。表现某种情感，就是成功地表现情感。表现的失败就是非艺术的活动。但是，每一种艺术形式特定的情感表现的具体性，就是它的完整性和独立性，其他艺术形式是不可替代的。

想象在克罗齐美学中是表明艺术形象的存在方式的，换句话说，艺术形象是在想象中成立的。艺术作品之所以是实在的，就因为它是想象出来的，所以艺术欣赏并不等于追求作品的含义。根据想象的原理，

作品的含义根本不能追寻，因为意义是概念性的，而概念只能被构想出来，却不能被直观，概念不可能与它的感性载体相融合或相同一。意义的不可追求和艺术作品自身表现的具体完整性是一致的。如果"艺术作品"是指本来意义上的艺术品，那么，一般艺术品就不是自然对象，比如说，一段乐曲就不是什么可以听到的东西，而是某种独立存在于音乐家头脑中的东西。这里的"音乐家"当然也包括听众、作曲家，因为他们在欣赏和创作音乐时的精神活动和音乐家是同一的。他们的想象总是在补充、修正，也就是在判断、鉴赏他们实际所听到的东西。这样，他们在现实中当做一种艺术品来欣赏的音乐，根本不是他们在感觉上或者实际上所听到的东西，而是他们所想象到的东西。但是，这种想象到的东西又不是自然的声音，在绘画中也不是想象到的颜色、几何形体等，而是某种对总体活动的想象的体验。艺术形象就是在这种想象中生成并被体验到的，因此，一件真正的艺术品就是一种欣赏它的人由于运用想象所意识、体验、理解到的总体活动。

想象作为艺术形象生成的必要方式，也可以说是欣赏者对对象的一种鉴赏性接受，但是想象并不与感知对立。相反，想象是获得、识别感觉所得来的材料或对象，并使这些材料或对象以形象的方式组构起来或相互关联的基本功能和要素。这样，

想象既是审美和欣赏的一种主要功能，同时又是审美和欣赏活动中内容的实际构成。想象所得来的情感，是被意识所修改的情感，正是这种情感，才是艺术所真正表现的东西，也只有在这个意义上，艺术才是情感的表现。

与此相关联，克罗齐认为，语言就是艺术。语言不是人想象出来的一些工具，放在词典里供人取用，而且也不可能有什么"普遍的语言"。寻求语言的统一，就是寻求审美的绝对性，也就是审美中的教条主义。就语言学来讲，艺术的和科学的语言都是一回事，而就普通语言学的内容可以转化为哲学来讲，其实就是美学。语言的哲学就是艺术哲学。在这些等式中，关键在于语言的存在方式就是人自身的表现形式，语言学的研究对象和美学的研究对象一样，都是表现。表现，从本质上讲不过是一种审美事实的存在方式，而语言的发音，正是这样一种存在方式。语言是声音为着表现才连贯、限定和组织起来的；而且，表现本身的不可分类，也决定了语言不能够从表现的美学中独立分类。

语言的性质是表现，这有几层含义。首先，语言并不是自然现象，也即是说，语言作为表现本身是非物理性的，符号本身并不是语言的形式。其次，语言也不是心理现象，因为虽然没有统一的语言，但有语言存在这一现象本身所具有的普遍性，并不等于具体言语表达中特殊的经验性。

第三，语言也不是生理反射的感觉，因为这种感觉没有表现的意义，甚至也不是清楚地表达和传达。第四，语言的诸意象是一个整体，而不是它们的复合体，复合不能解释表现，反而必须先假定那些尚待解释的表现。这样，语言的性质也就不可能在于联想或约定俗成。第五，语言不能追问起源，因为"起源"是指某一事物或现象的本质或性格。如果说语言是一种联想或者精神的创造，那么语言就永远只是联想或精神的创造而已。第六，语言在被运用时，永远是把言语的诸具体含义降低到印象的水平，才能产生新的言语含义。这就好比表现品必须降为印象，才可能产生新的表现品一样。我们开口说新字时，往往已改变了旧字，变化或增加了旧字的意义。但是，语言的这种表现性并不是联想，而是人的一种创造。第七，文法的独立性体现了语言的美学性，因为形式逻辑不能离开文法的形式（也就是审美的形式），而文法却可以离开形式逻辑。

语言本身是表现，语言就必定是一个不可分的整体。但是，动词、名词、形容词等都不存在在这个整体中，而是抛开唯一的语言实体（句子）以后所得到的抽象。文法作为句子的一种特性，就是表现品的特性，正像审美特性一样，是智力活动与实践活动的对立。实践活动可以凭规矩来教学，智力活动则不行，因此，文法本身又是不可能加以规范的。这在克罗齐来讲，就等于说"智力活动的技巧"这种自相矛盾的词一样。语言虽然有文法在里面，但它的整体性和艺术一样，都是由它们具体存在的面貌来成其为具体的表现的。

三、审美与艺术问题

作为表现主义美学，审美与艺术问题都是以直觉就是表现这个命题为核心来展开的，比较重要的问题涉及审美、美与丑、艺术与非艺术、具体与抽象、形式与内容等。

就美学在一般美学史意义上来讲，是指对一些感性问题的研究，也就是主要关心审美的诸问题。在克罗齐的美学理论中，核心问题是从感觉而来的直觉的知，至于美本身，则被当做超验的实体，成为与美学这门"学"无关的东西。审美并不是一个必然的现象和活动，即是说，一切感受或印象都可以进入审美的表现，但是并没有哪一种感受或印象必定要如此。传统的美学认为，人的感官有高级和低级之分，高级的如视觉和听觉，低级的则是其他感官，比如嗅觉、触觉，而审美是高级感官的功能，低级感官即使参与审美，也是次要的。克罗齐反对这种说法，不过他并不反对这种感官高低级的区分，而是强调一切活动只要具有表现的形式就可能是审美的。审美的表现形式是综合的，各种感官之间的活动既不是截然独立区分起作用的，感官印象进入审美活动时也不存在直接和间接之分。表现以印象为起点，关于印象经过怎样的生理途径达到心灵，与表现本身并无干系。在审美活动生成之前，一切印象、对象等因素不过是与审美无关的自然事实或概念，是审美活动将它们综合统一起来的。甚至，对审美经验从诸种角度和层面所作的反省的或理论的探讨，与审美活动的实际形态也毫不相干。

简单地说，审美就是表现形式的活动特征，这主要是指精神自身活动的形态，在更宽泛的意义上讲，它就是人的一切活动形态的特征。直觉和表现虽是等同的，但直觉更多指审美活动的典型形态（艺术）的特征，而表现则指各种活动的美学定性。表现的定性之所以是指形式而言，不仅因为一定的形式决定了尚无定性的各种自然存在和现象的具体含义，而且还因为形式本身是不可分割的。形式本身作为表现的定性是整体的、单一的，即使是对某一艺术作品的欣赏，在表现的意义上，审美活动的性质也是单一的，用克罗齐的话来讲，就是"旧的表现品必须再降到印象的地位，才能综合在一个新的单一的表现品里面"。就欣赏来讲，旧的表现品就是艺术作品，新的表现品则是审美经验。

克罗齐讲的审美活动是排除实践的，他主要侧重某一活动的定性，尽管智力与实践的两个维度只是一种假设的序列，但实践在此多少有一种"时间"上在审美之后的意味，好像是智力活动的一种结果。表现品之所以也作为一种自然的存在，是指它的尚无性质确定而言。从审美实现的现实性来讲，表现品在审美活动中固然是一个不可缺少的方面，但它究竟是什么，要看对待它的人的历史的与心理的情境而定。在这个意义上讲，审美是人的一种主动的、积极的活动，其含义在于对表现形式的经验或体验。

如此说来，单纯讲什么为美或为丑，只在"表现"的水平上才能得到自身的界定。美就是成功的表现，或者说就是表现，因为不成功的表现从本质上讲并不成其为表现；而丑就是不成功的表现，或者说表现的失缺。但是，从没有不成功的表现来讲，丑是不能成立的。因此，丑作为不成功的表现，不过是相对美来讲的，其实际含义在于讲各具体审美活动和艺术活动在美学水平上是有差别的。这种差别，就是美的完整性中的繁杂和不统一，也就是存在着矛盾，具有反价值。在此意义上讲，丑其实也只是美的活动的缺陷，丑本身是没有独立存在的意义和真实内容的。

从表现来讲，科林伍德认为美就是成功地表现一种情感，而理德则认为美是完满的表现，是富于表现力的明证，是表现的形式。完满即是一定的客体对于想象而言完全地表现了其意义，在这种情况下，形式就变为整体和意义的一部分。这种复杂的自我完成的表现就是美。但美本身作为一种终极存在在表现主义美学中是没有意义的，它只在成为美的感受和体验时才

被加以确定，并用来表示某一审美或艺术活动的性质。这样，美才作为表现的成功尺度而体现为某种价值参照。审美的、理智的、经济的、伦理的价值，有许多一般语言的称谓，比如美、真、善、有用、方便、公平、正确，等等，这是指精神活动的自由伸展，即成功的行为、科学研究、艺术创造等。它们的反价值，于是就被称为丑、伪、恶、无用、不方便、不公平、错误等，用以指迷惑或失败的活动。因此，美的对立面不是丑，而是现实的、特定的美的不完满，也就是审美的反价值。

丑不可能有独立的存在，那么它就只是一种依附性或陪伴性的存在。当人以直觉的方式或表现的方式进行审美时，人的其他活动并不是完全停止或与此隔绝了，这时审美活动可能就会混入其他因素，比如实用、道德、存真，等等。丑作为审美的反价值，就作为一种美的消耗而在其他因素中生成，尽管审美以外的其他因素并不必定成为丑。

丑之不可能独立具有意义，在克罗齐看来还在于无法说什么是"丑到极点"。当我们说某事物"美到极点"时，其评价的无意义，在于美的存在性质是单一的，既然讲到美，也就讲到了表现，再说什么"极点"就无意义了。但丑却是由于某种性质上的变化才不能说"极点"的。丑本来起于人的主动性、积极性活动与被动性、消极性活动之间的矛盾，也就是不能在主

体与客体之间形成具体的表现形式，或者说表现形式的价值成了反价值。如果丑到极点，这种矛盾反而没有了，反价值就会变成无价值，活动就会让位给不活动，没有争斗，没有冲突。

实际上，没有矛盾，丑便没有根据，那么既不美也不丑的表现品也是不存在的。可是，如果有矛盾才可能有丑，美是否就意味着没有矛盾呢？克罗齐认为这也不可能。美就是表现，关系到审美事实的某种价值，因此只有在各特定价值的比较中才见出丑，也就是对于审美事实的反价值。这本身是一种矛盾，但是，不能反过来说美就没有矛盾，或者说审美事实本身没有矛盾或不是由诸种可能相互矛盾的因素组成。美由于是表现，也就只是形式；丑作为美的不充分其实也只是指表现形式的失缺。所谓丑到极点的说法不成立在于这样讲意味着无矛盾，并不等于一般哲学意义上讲的任何事物都包含矛盾，而是说某种形式没有达到具体的表现。实际上，作为新黑格尔主义者，克罗齐是反对讲矛盾无处不在的，哲学辩证法意义上的矛盾在他看来只是"差异"，这差异是非此即彼或"你死我活"的关系，而不是矛盾的相互包容、对立统一。① 因此，美与丑的矛盾对于克罗齐说来只不过是讲价值与反价值的不相容罢了。那么，是否所有没有达到具

体的表现形式，或者说所有不成为表现的形式都是丑呢？也不是。一方面，克罗齐讲到了多种价值，审美只是其中一种，其他价值未必都有表现的形式；与此相联系的另一方面，美与丑的存在不是外在于人的东西，却是以人取什么态度和方式来对待事实而成立的不同价值形态。但这又并不是说主观唯心主义，而是结合表现本身来谈的，如果以审美态度来对待事实，而那事实并没有以表现的方式存在，它就可能仍成为丑的，而如果不用审美态度对待那事实，那么它的存在是没有美学定性的，也就无所谓表现与否或美丑问题了。总之，美与丑虽彼此有差异，但在判断时却无绝对界限，而且非审美的现象和事实并不就是丑的。

如果说艺术都是具有审美价值的，那么再问艺术是什么，这在克罗齐来讲似乎就是一个假命题了：在回答此问题时他说，"任何人把艺术理解成什么，艺术就是什么"。这样说的根据在于，当一个人提问时，问题本身就包含着对所问和所指的东西的了解。不过，克罗齐在此更是从艺术的表现性质讲的，即表现在性质上的单一不可分，使人在具体表现时，让任何活动具有艺术形式成为可能。历来讲艺术是什么，在克罗齐看来无非是以作品为分析对象，因此必然答案繁杂，但这些答案可能

---

① 克罗齐：《黑格尔哲学中的活东西和死东西》，商务印书馆，1959年。

都不具有艺术问题的美学含义。

首先，如果给出一个简单的公式，那么艺术就是直觉，直觉就是表现。前一句话为艺术存在形态的特征确定，后一句话则是艺术存在性质的美学确定。其次，每当谈到艺术特征时，往往会出现许多词汇，比如直觉、幻象、凝神观照、想象、情感、形象，等等，所有这些词汇在艺术理论中的使用都缺乏心理学意义上的精确，而且由于各种理论要说的意思不同，这些词汇的含义也就更为混乱。克罗齐于是排除了心理学在此的介入，认定直觉是介乎于感觉（sensation）和知觉（perception）之间的一种精神活动，个别意象、幻象、表象、形象等都是由直觉产生的，而且其特征在于都是具体的；知觉则被作为对直觉材料的处理，由此形成艺术形态之外的概念。第三，说直觉就是艺术，在于直觉的具体性意味着直觉把形式给了最初的感觉和印象，与此同时，直觉就以其具体的形式成为表象了，也就具有了美学性。在直觉之前的东西和在直觉作为表现而存在之后的东西，都是非艺术的。在此意义上讲，追问艺术是什么，这就是撇开艺术作品的物质存在才具有其真实含义的问题，甚至艺术作品本身也只是一种非艺术的存在。第四，一般地说，克罗齐讲的非艺术，并不是指不成其为艺术的艺术，而是指对艺术的不正确理解，或者非美学性理解。所谓存真、实用、道德都是非艺术，指的是艺术本身无须这些东西而能够独立存在，它们的共同点在于都是有外在目的，其自身都不作为自身而具有价值。因此，艺术只有本身就是目的的时候才可能成为艺术而不是非艺术。显然，这种独立性是指某种关系而言的，而作为自为关系的、不可分类的东西，就是"绝对"，或者"绝对关系"，其他活动依此而得到确定，而这个绝对本身意味着自明、自为、自决、自定。

艺术本身无所谓是否真诚。因为第一，如果真诚作为艺术家的一种责任，那么它就是伦理学的问题。第二，如果不真诚意味着欺骗，那么艺术不欺骗任何人，它只是给感觉和印象以形式。即使是欺骗的言行，作为一种感觉和印象被赋予形式而进入审美活动，那么这种艺术仍具有其艺术性质的真诚。第三，如果真诚指艺术与现实的一致，那么艺术就成为某种已然存在的复制品，其本身的艺术性质与此无关。因此，考虑并且确定存在真诚与否的艺术活动，本身就是非艺术性的。第四，艺术的功能既然是精神活动的一个维度，它实际上不可能为假，也不可能被消灭，艺术的不朽，也只在于艺术作为人的功能的必然性。艺术不是模仿自然，而应该是自然服从艺术家，因为艺术家并不改变自然的物理事实，而只是从自然的印象出发对此加以表现。第五，只有两种艺术是假的，一是"娱乐的艺术"，一是"巫术的艺术"。尽管娱乐的艺术并不都是坏的，但娱乐的和巫术的艺术之所以都是假的，在于它们只是一种技艺的形式。巫术的艺术与真正的艺术有很多相似之处，但无论巫术的艺术还是娱乐的艺术，它们与真正的艺术之区别在于，前者激发感情，后者则表现感情。

艺术必须是具体的，但这种具体的含义，在克罗齐那里基本上是黑格尔的说法，即"具体"是指全体、完整，而与此相对的"抽象"则指局部、分散。一切活动尽管从本质上讲都是精神活动，但如果没有物质，精神活动就不能脱离它的抽象状态而变成具体状态，不能成为一个具体的内容，也不能成为某一个确定的直觉品或艺术品。这有以下几层含义：

第一，具体尽管也指真实存在的事物，但其美学性质并不由这事物的物质状态所决定，而是取决于这种自然的存在是否以表现的方式得到了自为的存在，后一种存在才是"具体"的美学含义。同理，表现如果没有自身的内容，仅仅是一种描写性说明或表示，那就是抽象的表现，在克罗齐来讲其实就不成其为表现，也不可能具有美学含义。第二，具体的完整性往往体现为内容与形式的融合统一。这种统一不是内容加形式，而是任何一方的独立存在都只具有抽象的意义，也只在抽象的意义上才可能。因此，当我们面对一个真实的物体、艺术品或什么现象时，我们对它的美学性把握总是具体的。第三，一切活动都是精神的活动，这种说法并不是指物质世界的不存在，而是说当物质参与人的活动时，其性质的确定总是精神性的。表现之所以只能是具体的，原因也就在于此。表现并不是心灵反映了什么对象才起了把它表现出来的意念并实际付诸行动，而是说表现本身借以生成的东西（比如感觉、形象、意象等）就是与表现形态一体的活动过程。在此意义上讲，表现总有具体的、确定的内容和形式，作为表现品的艺术作品或描写文字是在这一具体的表现活动完结之后的另一种存在或活动，它们又有它们自己的具体与抽象问题。

在以上这几层含义中，表现主义美学关注的始终是具体，并且以排斥抽象来保证审美和艺术活动自身的具体特性。科学在克罗齐看来就是以抽象的方式处理现实的东西，而哲学和历史的表现方式则力求尽量具体，力求尽量接近人的积极的活动精神，这样，具体本身就是内容与形式的统一过程。然而在审美和艺术活动中，内容与形式的统一，在于形式就是一切，内容在那里并无自身的存在位置。

第一，内容与形式也称为材料和形式，是美学和艺术理论中争论最多的问题。克罗齐认为，内容指未经审美作用阐发的情感或印象，形式则是精神的活动和表现，由此便排除了这样两种看法，一是认为审美的事实在于内容，再是把审美的事实看成形式与内容的结合。在克罗齐来讲，前一种看法中的内容，不过是单纯的印象，未经过表现形态的审美，因此不具有美学意义，或者说，这种内容无论是物质材料还是粗糙杂乱的印象，总之都是片面的，没有具体定性的，对它们的描述也只能是抽象的。在审美事实中，表现的活动并不是外加到印象的事实上去的，而是诸印象借表现的活动得到形式和阐发。诸印象好像是再现于表现品之中，所以审美的事实就是形式，而且只是形式。反过来，既然作为表现品的艺术作品已生成，而它是由于得到表现的形式才生成并具有美学和艺术的定性的，那么如果再追问艺术品的内容就是不得要领的了。第二，这并不等于从实际含义上否定内容的存在，或者认为内容是多余的东西。恰恰相反，内容就其作为成为具体表现的材料来讲，是审美和艺术活动的必要起点。问题在于，内容本身的各种属性并没有一种途径可以使它转变为形式的诸种属性。在此意义上讲，对内容加以选择是不可能的，因为选择本身就是一种形式。因此，讲审美和艺术只在形式，就是"为艺术而艺术"这一说法的正确意义。艺术如果是贫乏的无力的，那么，这是由于艺术没有达到表现，也就是艺术处理方式上的贫乏无力不能掌握内容，而这一切都与内容本身的质料和含义无关。第三，形式的如此重要性，还在于形式并不等于技巧，而是表现本身的存在形态。只有在此意义上，才可能说内容与形式是

统一的，比如就表现形态中的情感和意象来讲，没有意象的情感是盲目的情感，没有情感的意象是空洞的意象，这两者并不是人为地被结合在一起，而是具体地作为表现的确定含义而成立的。第四，没有形式的内容，就是物质，也就是抽象，因为心灵尚未认识它，只是对它具有粗糙杂乱的感受。心灵要认识这种内容，只有赋予它形式，把它纳入形式才行。单纯的物质对于心灵来讲并不存在，或者至多只是抽象的、片面的存在，只不过心灵必须假定有这么一个存在，以此作为直觉得以开始的一个界限。强调形式由心灵赋予特性，目的在于指出审美和艺术活动的创造性，也就是精神活动的积极性和主动性。

四、历史与超验实体

我们已经在克罗齐的精神哲学中弄清了美学的存在位置，而《精神哲学》中的第四卷，即《作为理论和历史的史学》，不仅表明了克罗齐对历史的看法，尤其表明了美学在历史中得到了它的最高原则和体现。精神哲学讲了四大范畴，即美、真、益、善，即精神活动的四种形态或四个维度，历史是对精神、生命和人类活动的具体研究，上述四种形态的活动及其含义都为这种具体研究所把握和运用。因此，历史学在克罗齐来讲最宏伟、最深奥，与哲学本身同义，而且是哲学的具体化，它所讨论的是对已成事实的直觉——这是哲学具体的最高美学原则和方法论。

克罗齐把精神活动分为智力和实践两种，历史因此并不是第三种形式。历史不是形式，只是内容本身，但历史作为直觉品和审美的事实，使这种内容成为具有最完整、最具体的形式的内容。历史不推寻法则，也不形成概念；历史不用归纳，也不用演绎，它只管叙述，不管推证；它不建立一种共相和抽象品，只安排一些直觉品。历史是具体的，各种"这个"或"那个"事实都有确定性的个体，这是历史的领域，也是艺术的领域。历史作为内容，即作为表现品，是包含在艺术这个普遍概念里面的，因此，历史"经常是一种艺术品"①。

历史具有美学性，在于历史作为内容，从来就不是指自然事实，而是事实的再现。但是这种再现，是历史已作为认识活动的内容来存在的。这里的"内容"，就是表现品或表现的事实。历史的自然事件作为已逝时间中的东西，已不再具有物理的形式了，其在精神活动中的再现或存在只能是一种表现。比如，历史只能把拿破仑和查理大帝、文艺复兴和宗教改革、法国大革命和意大利统一等人和事当成具有个别面貌的个别事物再现出来，这种再现，就是在逻辑学家说我们不能对个别事物有概念而只能有表象（再现于心理的形象）这个意义上的再现。所谓个别事物的概念总不免是一个共相或普遍概念，尽管充满着极为丰富的特殊性，但仍不能具有只在历史知识同时又是审美知识的时候才具有的那种个别性，那具体的表现。历史并不建立真实的与非真实的概念，只是利用它们。光是概念或分析无补于确定我们生活史中某一事件是真实的还是想象的，我们必须把诸直觉品在心中加以再现，如同它原来初现时那样完整。这就是说，历史最突出地表明了认识活动的表现性质，并且也只以表现的形式存在。所以，当克罗齐讲了美学、逻辑学、经济学和伦理学之后，把历史看做所有这些活动的最高和最具体把握，这种具体，也就是完整和"当下"——一切历史都是当代史。

历史的美学性质，在克罗齐看来是以反对经验论美学为针对性的。经验论美学在此被认为是关于自然界的东西的一种实证，并且仿佛自然科学是哲学在回答事实时的唯一思想形式。克罗齐的"历史"，同时是作为一种思想形式来使用的，因为并不存在在思想以外的任何东西的历史，而且只有表现的思想，才能作为思想的历史在历史精神中重演或再现。

正是克罗齐的这种历史观必然反对一些绝对的前设，并且神被认为是缺乏表现的具体性特征，而由历史代替了神的绝对地位。因此，与把"美本身"作为与美学

① 克罗齐：《黑格尔哲学中的活东西和死东西》，商务印书馆，1959年，第76页。

无关的东西加以摈弃相一致，克罗齐在否定"超验实体"（super-substance）这一点上中断了柏拉图的哲学和美学传统。

无论克罗齐还是科林伍德，他们拒斥形而上学，主要是针对康德（而不是黑格尔）而发的，这实际上是 20 世纪分析哲学中唯心论一支的开端。直觉和表现的同一性表明，无论从认识论还是心理学意义上讲，审美和艺术活动中哲学思维的实质或内容都是心理的、精神的现象，或者是借助物质对象而产生的知觉本身。作为分析哲学中实在论的一种理论，穆尔（George Edward Moore，1873—1958，英国哲学家）从常识的角度认为，存在着的椅子和桌子肯定不是精神。然而在克罗齐看来，这种说法是不得要领的，因为当我们说椅子和桌子存在时，已经是一种判断了，这种判断本身只作为一种心理学和精神活动存在。这种活动有两个基本维度，一个是感知的、直觉的，属于审美判断；另一个是推理的、概念的，属于逻辑判断。所有这两个维度之外的经验或超验实体都是不存在的。克罗齐在这里否定了康德所说的"先验综合判断"，同样也否定了先验（apriori）存在物的存在和被设想为现象界后面的物自体的存在。用物质的存在来证明哲学思维中心理或精神活动之先（或之外）有实体的存在之所以不得要领，就在于这种证明已超出了思维活动当下的此在性。这一点对于审美和艺术活动中的直觉与表现的同一性显然是极为重要的，因为超验实体是直觉和表现所不可想象的，它破坏了直觉和表现的自为自足。在此意义上，黑格尔关于"美是理念的感性显现"说也就被否定了，因为那理念作为绝对精神也是一种超验实体。

科林伍德则把超验实体看做一种逻辑命题，这个命题不管是科学的、哲学的（或智慧的）、神学的，总之只有两种意义。一是指关于纯存在的假设，另一是表述作为普遍科学基础的那些预设的理论。科林伍德排除了第一种意义的命题的成立，因为所谓"纯存在"从逻辑上讲不过是"抽象过程的极限情况"，其中任何内容都被抽掉了，等于乌有。但是，第二种意义上的命题，永远只是一种预设，不可能作为答案，因此便不是命题。预设本身无所谓真假，或者说没有真值。在康德，超验实体的逻辑可能，在于一个假设作为范畴提出时的模态特性，也就是具有可能性、现实性和必然性的观念都可以适用于可感知的或自然的世界。科林伍德反对这种说法，认为这不过是研究工作的三个阶段：当人们把某事物描述为实在的时候，只不过说此事物已被观察到；而把它描述为必然的时候，无非是说此事物与它事物的联系已被发现；在把它描述为可能的时候，则是说它正在被寻求，也就是说它不是实在的，而是正在被追问的问题。当科林伍德在逻辑命题的意义上否定超验实体的存在时，他并不认为心理学可以作为一门思维科学，他所关心的仍是直觉与表现在当下的此在性和真实性。因此，当他从表现主义美学的角度来理解艺术时，认为语言与艺术是同一的，其中没有中间环节，因为不仅作为概念的语言符号已进入逻辑范畴，而且符号与其所指称的东西的关系不过是一种绝对预设的问题而已。

由于否定了超验实体的存在，实践的活动和形式在克罗齐看来就是"意志"。这种说法在表现主义美学中是在反对叔本华和柏格森对意志的看法的意义上成立的。一方面，意志在克罗齐看来并不是宇宙的基本、事物的本原、真正的实在，而是一种心灵的活动，它所产生的不是知识而是行动。另一方面，意志也不是心理学意义上的心灵活动的动力，即并不是说心灵的每一活动都是具有意志的，或者都是意志的一个行为或指令结果。前一层含义，实际上是为了否定有超验实体的存在，后一层含义，则是避免在任何行为上滥用意志，而这两层含义，都是为了维护直觉即表现作为美学和艺术活动的独立特性的。审美和艺术活动是属于精神活动的，人们面对一件艺术品或审美对象时，他们所涉及的实际上是一种实践的事实和意志的事实，而直觉与表现是在这些艺术品或审美事实被确定之前就产生的活动或行为。审美和艺术活动在此意义上与历史的一致，也正在于历史本身是排斥超验实体的，因为历史也是用直觉来对待已存事实的。历史学要理解、估价事件，这就必须用直觉或表现的方式使它们再现和复活历史的最高原则，在此使整个精神哲学的出发点或基础成为美学性的，而人类知识和一切活动得以成为一个协调整体的依据同样也是美学性。

第三节 艺术活动中的表现主义

20世纪初，被宽泛地称之为表现主义的各种艺术流派和思潮，在强调艺术的表现性质方面与克罗齐的美学有一致的地方，特别是克罗齐从表现的角度讲每个人都可以有自己所理解的艺术，给艺术活动中的各种解放要求提供了理论根据，也就是提供了表现主义的美学观念。但是，艺术活动中的表现主义几乎完全不是从理论上提出的美学思想，而是各种艺术创作和批评中所体现出的一些美学倾向。在这些倾向中，有些观点（比如对建筑、绘画等风格的理解）虽然可以纳入美学范畴，但也缺乏专门的阐述。因此，本节只能就艺术活动中所体现出的、作为某种思潮的表现主义美学的一些问题加以讨论。

一、艺术的社会性

表现主义在20世纪初的艺术活动中，首先是被作为对艺术的社会性的要求而提出来的。艺术当然被当成一种社会存在，但在表现主义中的实际含义，其"存在"并不仅仅指实际存在的自然物，而且尤其重要的是指生活、生存本身的实际状况。这里的"社会",也不仅仅指实际存在的某个社会,而尤其重要的是指各种存在所具有的社会性。

当瓦尔登说社会的存在决定社会意识时,其含义一方面是指认识论上的反映论,即物质存在是认识的基础和对象,然而就社会存在在表现主义美学中的美学性质来讲,指的却是作为认识活动中的审美和艺术的社会性质,也就是作为历史的社会是如何将其价值实现在各种具体的表现形式中的。表现主义所说的具有美学范畴意义的认识,并不是指某个个人的认识过程或特性,而是指审美和艺术活动中认识的共同性。由于艺术创作不是模仿,也不是对自然物体的感性反应,而是一种表现性的活动,因此就这种活动的认识特征来讲,任何思维材料都不是某个个人头脑中自己生出来的,也不是与人无关的自然物,而是从他人,从众多的他人,也就是从整个具有社会性的观念中被艺术家所捕捉得来的。这是瓦尔登讲社会存在决定社会意识的一个基本含义,艺术作为观念的操作活动,其存在本身和含义都不可能不是社会性的。认识对象在瓦尔登来讲也不是自然物,而是人活动其中的实际社会,尤其是人的观念本身,因此艺术是以社会的某种观念为其创作对象和目的的,这便使艺术

有了变革社会现实的作用,表现主义就是艺术家要求变革的一种社会艺术观。艺术作为表现,当然表明了审美和艺术活动本身的行为特征,而艺术活动的社会性,则在于这种表现过程和形式本身就是社会存在和社会意识。所以,瓦尔登在《究竟什么是表现主义》[1]中说,"艺术家从未发明什么色彩、形式或节奏,他只是依据自己的感觉上的联想组合它们罢了"。

艺术表现形式的社会性,还在于构成这种形式的基本元素只能是社会性的,比如说语言或者词汇,当它们作为言语而具有表现形式或表现特征时,它们是在整个社会的感觉印象而不是某个个人的感觉印象上成立的。因为只有整个社会的印象才能作为言语存在,它们是整个社会的产物。即使个人的东西表达得比较完美,比较恰当,至多也不过成为语言材料而已,而且从个人乃至每个人的总体来讲,感觉印象只是从偶发性事件中产生,其中的必然性却在于,只是由于人们的社会存在所支配着人们的那些活动经验和规律,才使人们有可能把个人的感觉印象当成个人自己的东西。在此意义上讲,语言本身就成了社会形态的某种直接表达。瓦尔登强调这些,是和他要求艺术的人民性或人民大众化分不开的,表现主义在他那里不仅是反对为艺术而艺术的唯美主义的一种美学观念,

---

[1] 伍蠡甫、胡经之主编:《西方文艺理论名著选编》(下),北京大学出版社,1987年,第348页。

而且还是艺术的根源来自人民这种批评思想的理论基础。

艺术活动中的表现主义，还意味着艺术作品的存在基础和深层含义的社会性，在哥特弗里特·贝恩来讲，就是他所寻求的艺术作品背后的那些有关时代的、艺术的、我们现实的人们的存在基础等诸问题。艺术的表现形式使艺术作品成为艺术家探讨自我的过程，但这个自我乃至探讨自我的过程本身，都是社会性的，并且有着具体的社会性内容和含义。当瓦尔登说这就意味着艺术作品的内容必然受到社会现实制约时，他所说的社会现实就指当时资本主义与社会主义的矛盾冲突，表现主义的革命性质就在于使艺术在表现这种矛盾冲突时对人具有某种解放作用。

从世界万物存在和活动都是精神自身的运动来看，表现主义美学把艺术看做智力的认识活动，而具体艺术活动中的表现主义美学则更为强调这种认识活动的实践特征。这样，艺术活动的表现性，就被看成人在实践中如何使现实生活具有形式的问题了，也即生活本身的艺术化问题。第一次世界大战前后的各种艺术流派之所以被宽泛地称为表现主义，在艺术批评的层次上讲，就是指它们的一个共同特征，即反对理性主义那种把艺术家依一定规则处理对象的活动作为艺术活动的理解，反过来却强调艺术活动本身的表现性质。这就是说，生活作为与人一体的存在，在艺术活动中是被表现性地赋予各种存在形式的，而人对这些形式的选择并不是心理学意义上的自由意志，而是一种审美和艺术要求的体现。在此意义上讲，实践活动的美学意义在表现主义艺术思潮中显然带有生活方式之选择这样一种范畴的规定了，因为各种新的艺术流派所集中反对的，就是艺术创作、欣赏和批评中的一切规则和特权，而强调艺术是以表现的方式体现着艺术家的生活态度和生活方式。对此，瓦尔登明确地说："艺术一定要成为每一个人都能创造或者说都能为每一个人所接受的东西，亦即艺术必须能为每一个人所理解。"他这样讲，表面上看起来是与 20 世纪初各种"现代主义"的艺术作品之不可理解相矛盾的，但从其美学实质上讲，瓦尔登更强调的是艺术作为生活方式之选择的社会性，即从整个艺术现象来把握的某种社会意识。正是在这种艺术活动的美学性质而不是具体作品的批评标准意义上，瓦尔登又说："为什么表现主义这种新型艺术在世界大战以前的年代里引起了如此巨大的反响呢？这是因为它不得不轰动一时。并不是因为它发明了新的形式，而是因为它表达了生活的新的形式。他们从个别走向典型，常常采用一些变幻的手法来表达普遍的意志。他们寻求能将时代表现出来的表达方式。""'表现主义'一词包含有艺术改革的意思，要寻找使进步人类的普遍意志得以感性化的那样一种艺术表现方法"。显然，这里所讲的艺术的社会性，是指一种对待艺术的美学观，而不是要求艺术作品在形式技巧上和表现内容上具有某种庸俗的社会功利目的。

二、艺术风格

在艺术活动中，表现主义对艺术风格的看法不完全是一个批评标准的问题，艺术风格就其表达了对某种共性加以概念化抽象的规范来讲，已经具有了美学范畴的性质。但是，表现主义所关注的并不是艺术活动中对风格的论述，倒是在有关艺术的一些看法中，潜在地要求着风格的范畴作用。

在风格的形成中，风格究竟指形式还是指内容，这是一个关键的问题。瓦尔登对此是取一种完整的艺术观念的看法，即风格是作为艺术观念在历史中逐渐形成的，而不是哪个艺术家的人为追求。瓦尔登说："在大众中只存在一种艺术，即人民的艺术。只有那些无名艺术家们才表达了大众的感情和他们要说的话，也才为大众所理解，因为这些无名艺术家只会说他们要说的话。"其实，艺术家是否有名，本不是关于艺术风格的问题，关键是瓦尔登要强调那些属于表现主义的新艺术家的人民性和社会性。当社会认识了这些艺术家的作品之后，某种艺术观念才被作为社会的美学意识被确认下来，成为人们心中的财富，再也不会被任何特权夺走。这时，风格的形成在于"艺术家的形式手法把大众艺术的形式消融了"，于是某种艺术手法或特征在规范的意义上成了风格。

瓦尔登这样讲，其根据当然还在于20世纪初的艺术现状，被称为表现主义的各种新艺术家确实是说着他们自己要说的话。这种开端，大约是从被叫着"野兽派"的画家们那里开始的，比如马蒂斯，他的作品最终扫荡了残留在后期印象派绘画中的最后一点理性规则和科学方法。色彩不再遵从光学原理，造型的意义也不再是三度空间中的视觉形象，这两者都成了马蒂斯表现自己活动态度和方式的形象。当毕加索在第一次世界大战期间画出所谓"立方主义"的绘画作品时，艺术创作的基本元素实际上已成为人们得以用视觉进行感知的那些根据了，也就是一切造型都还原为造型得以成立的几何单位，艺术家完全是把这些几何单位作为表现形式本身的，而不再赋予它们以其他目的。这些艺术实践，体现了表现主义美学对形式和内容的理解，即是说，自然物质只是一种未定性的抽象，它们尚不成其为表现的内容。精神作为人的某种基本属性和功能，使得抽象的内容或物质存在与人构成某种关系，在处理这种关系时，物体的自然形象不再是内容的必需，也就是说，内容不再是以往绘画中从物体自然形象到自然形象的模仿还原，也不再靠文学性的情节来叙说内容，内容将在精神自己的活动中突破自然形象的局限而在表现中生成。审美和艺术的定性在表现形式中见出，这就是表现主义生活艺术化的根本方式，也就是说，作为生活对象如果对人具有意义，那就必定是以人的某种要求加以处理并生活其中的生活。在此意义上讲，表现主义美学对超验实体的摈弃，是风格形成的前提，更是艺术变革的前提，即在艺术活动中把未经形式化的存在当做与人没有确定关系的一种预设，这个预设尽管可能成立，但其本身并不具有物体的确切内容和含义。

这里直接涉及的问题，就是什么是艺术与非艺术的界线，以及艺术中的真是指什么。里尔克（Rainer Maria Rilke, 1875—1926，法国诗人）用"自然的"和"必然的"来确定艺术的特性。在他看来，只有自然的、非造作的，以及必然的、非外在目的的表现才是艺术。瓦尔登也否定艺术是物理的事实，但却认为真正的艺术与形而上学毫无关系。在他来说，艺术不过是一种新的、尚未被理解和认识的物理学，即是说，事物的客观性并不能加以否定，但对它们的处理才是艺术。这种处理就是表现的形式，也就是东西的形式化，感觉印象的形式化。艺术在此之所以是表现，在于人通过表现把自己从最初的杂乱感觉和印象中"解放"了出来，把这些思维着的东西外射为对象，人从对象里面移了出来，使人自己成了它们的主体。所以，艺术活动中的表现主义尽管承认存在着审美客体、艺术客体之类的东西，但整个审美

和艺术活动仍是精神性的。这种精神活动本身是解放者，也是解放过程，因为它征服了思维活动的被动性，即是说，它既不是反映什么，也不凭空幻想什么，而是具体地表现精神自身以及精神活动过程中的诸种关系。

真实的艺术被作为真实的表现，它使生活艺术化这一审美方式有了独立的目的含义。这就是说，手段与目的的统一在某种形式中获得了真实的内容，而不是说艺术如何反映了对象的自然真实。真实的另一含义，在瓦尔登就是指是否表现了人民大众的艺术要求，使艺术本身成为人民大众的艺术——这一点和艺术的社会性质是一致的。各种艺术的优劣高低，并不在于是否符合某种批评所悬挂出的标准，而在于是否具有具体的表现形式，也就是是否具有真实的真正含义。这并不是批评的相对主义，相反，恰恰是由于强调了审美的完整和单一性质，各种活动的审美真实性才能在范畴的意义上是等价的，而不是具体所指都相同。就艺术家的个人真实来讲，如果这是指不欺骗人，那么这就成了道德问题，与艺术审美无关。因此，真实在此只在指表现的真切恰当和充分完整意义上才具有美学性质。风格的真假，同样服从这一道理。

风格历来在理论上有许多含糊不清的解释，但在表现主义美学中，它却具有强烈的规范性和普遍适应性。风格绝不是审

美活动和艺术作品的某种特征，也不是所谓艺术个性，在瓦尔登等诗人批评家的实践中，风格大抵是对这些特征、个性加以归纳、分析、抽象，使之成为人认识和把握某种现象的依据和参照。这就是把风格提升到范畴的高度，从而使人得以依此规范来认识和分析审美和艺术活动。这种归纳、分析和抽象的具体含义，就是找出审美和艺术活动之所以具有不同特征和个性的社会根据，也就是共同性。换句话说，风格作为范畴，一方面是具体的认识结果，另一方面又是某种认识活动得以进行的方式规范。

风格表明了某种具体的、现实的形式对一定社会内容和历史过程的确定。瓦尔登说，任何艺术作品的内容必然要受到社会现实的制约，人民大众也就是受到社会条件的限制才没有可能从事艺术创作的，而对于瓦尔登自己来说，这种制约还包括社会现实的要求。正是由于这种社会对艺术的制约，瓦尔登说："社会现实的艺术感性化要通过被称之为形式的媒介来实现。内容改变形式，内容决定形式。""形式必须与内容相适应，它必须表达内容，否则就不会产生艺术作品。"这话看起来仿佛是主张内容决定形式，但瓦尔登这里讲的内容并不是具体艺术作品中与表现形式相分离的内容，而且，他实际上正是在形式主义批评分离形式与内容的意义上讲内容决定形式的，因此，他所说的内容，是指社

会性对艺术活动的要求，或者说艺术的社会性总是具体地表现出来的。这样，风格本身在艺术的社会性和历史性意义上，是生成于艺术的形式与内容之统一中的。因此瓦尔登又说："形式必须与内容相适应，它必须表达内容，否则就不会产生艺术作品。内容上的变化越少越慢，形式的发展也越少越慢。以后人们称这种逐渐形成的一致性为艺术上的'时代风格'。"就作品的独立性来讲，马拉美说的格言是"不是感情，而是词汇构成了诗"。霍夫曼斯塔尔则说"词就是一切"。当艺术中的表现主义重复这两句格言时，它们所强调的显然是指内容必须以一定的形式而成为具体表现的内容。另一方面，词汇本身又是社会形态的直接表达，也是社会存在的美学形式，社会存在的变化导致了词汇的变化。表现主义艺术特别注重第一次世界大战后西方语言中新造词汇以及俚语、俗语的变化和增加。就风格表征着使社会存在具有形式特征方面的某种共性来讲，风格自身才具有了美学性质，用瓦尔登的话来讲，"艺术形式在作为整个历史现象来回顾时就被称为风格"。

风格不仅仅被认为是审美和艺术活动的共性抽象，风格本身也是有多种对象和多层含义的。第一，风格虽不是个性，但却可以有个人的气质，其基本含义就是个人气质的表现。风格之所以不是个性，在于如果它只指具有表现性质的人格，那么

风格即个性一说就无实际含义；如果风格作为一种认识，以为就此可以推断某个人的意志，那么，这个逻辑关系在现实中是不存在的。因此，说个人风格，并不意味着风格的个人所属性质，而是指关于个人气质的风格。第二，风格也可以指时代或民族等社会状况的风格。由于社会存在对风格的制约，个人风格实际上必定在与社会存在的相互作用中见出，或者说具有真实含义。这些社会风格不管是否作为时代或民族的特征，都只是在它们具有表现形式的时候才具有美学性质，也才真正可以称之为风格。因此，时代或民族的风格无非就是指在审美和艺术活动中逐渐形成的某些一致性规范，当然这些规范并不是静止的和不变的，而且它们属于认识活动的维度。不过，风格一经形成，各不同时代的艺术活动必能在某些与此风格有关的方面找到风格的普遍参照域，这也是风格作为范畴的一种普遍适应性。第三，个人气质和社会特性的表现虽然是认识活动的主要美学特征，也是使艺术作品具有美学性质的重要因素，但毕竟还不是审美和艺术活动本身的质的规定。因此，风格范畴化的最根本含义，还在于表现方式本身的风格，也就是使对象成为审美对象、使原材料成为艺术作品的形式化过程的风格。在个人、社会以及表现方式这三者的相互作用中所形成的具有范畴意义的风格，在表现主义美学中就是指生活艺术化的一般性

或共同性，它包含各具体艺术化过程的形式特征，但在认识的层次上却大于形式化特征的概念。

风格具有超前性和革新性。风格的规范意义之所以大于特征，就在于风格作为范畴不仅仅是对某些现象进行归纳、分析和抽象的结果，风格本身还具有构成新的时代内容的作用。就风格的形成来讲，它总是与以往审美规范不同的方式产生的，也就总是体现为各种艺术创新；就风格属于认识活动来讲，它又总是在一般社会意识尚不自觉到某种风格的确定时就开始影响一定社会中的审美和艺术活动了。艺术中表现主义对风格的强调，正是从伸张表现主义的改革或革命意义出发的，在此意义上讲，表现主义艺术思潮或流派，本身就是从个人到社会、从认识到实践的一种风格上的变革。

三、艺术设计

艺术中的表现主义对于"设计"（design）形成了真正美学性理解，这主要是在以包豪斯学派的设计实践为主的艺术设计活动中形成的。艺术设计的美学性在实践中是指两个方面而言的，其一是所谓艺术性的设计活动，比如美术设计、工业设计、工艺装潢，等等，另一是指设计活动本身的艺术性质和美学性质。由于设计作为使被设计的东西具有艺术审美特征，艺术设计往往是在所谓"装饰"（orna-ment）的意义上来使用的。针对这一点，

包豪斯在建筑设计方面提出一个著名的口号，叫做"无装饰的装饰"，它在设计标准上具有范畴的含义，而其美学性质，则是指设计活动中的表现特性而言的。

在 19 世纪下半叶，英国艺术家和批评家莫里斯、拉斯金（John Ruskin, 1819—1900）等人发起并实践过所谓"工艺美术运动"，其主旨在于反对资本主义劳动分工和大工业生产方式对人的艺术和审美要求的忽视乃至抹杀。但是，工艺美术运动强调产品的艺术特征和审美特征，是通过把这些特征当成实用产品的外在装饰这一途径来达到的，也就是要求实用加上艺术或审美。再者，工艺美术运动所采用的手工操作生产方法，是与大工业的必然前途相违背的。包豪斯学派反对这种美学观点，其创始人格鲁比亚斯认为，"我们没有别的选择，只能接受机器在所有生产领域中的挑战，直到人们充分利用机器来为自己的生理需要服务。"[1] 格鲁比亚斯在此直接把大机器生产与艺术活动的美学特性和表现方式结合起来了。这里所说的"生理需要"，既指实用性的物质生活，也指审美性的精神要求。包豪斯学派把大机器工业和科学技术与艺术活动结合在一起，提出了"科学为艺术服务"的美学观点。艺术，就表现主义美学来讲，其实就是一切表现形式的典型特征。所以，科学为艺术服务并不是把科学和艺术看做两个互相分离的存在，而是说大工业时代的科学本身也可以成为人的美学性活动，只有这样，装饰才不是外在于产品的艺术手段，而是产品本身的一个构成因素。这就叫做无装饰的装饰，其含义是突出了艺术的表现形式本身即为产品的一部分，在美学上讲，就是以表现形式本身使生活艺术化。格鲁比亚斯在 1913 年写的《论现代工业建筑的发展》一文中写道："现代建筑面临的课题是从内部解决问题，不要做表面文章。建筑不仅仅是一个外壳，而应该有经过艺术考虑的内在结构，不要事后的门面粉饰。"[2]

作为实践，无装饰的装饰同样不把装饰看做外在于实用的艺术或审美特征，而是看成实用产品本身的功能和表现特征。这是一个价值转换的问题，即以表现的形式使物质生产和现实生活具有美学价值。装饰历来被写成一种附加的东西，没有它，产品本身并不缺少什么。在包豪斯学派看来，这种观点是非美学性的，在此活动中的设计也不成其为艺术性的设计或设计本身的艺术。无装饰的装饰，就是使装饰在设计过程中作为某一产品形成的必须因素存在，产品的艺术或审美特征在此已不是一种装饰（无装饰），而是产品本身固有的

① 《外国近现代建筑史》，中国建筑工业出版社，1982 年，第 75 页。
② 《外国近代建筑史》，第 70 页。

特征和价值（无装饰的装饰）。只有装饰内在于产品，装饰才成其为艺术，而产品作为艺术作品，也才"永远同时又是一个技术上的成功"。

无装饰的装饰表明的是一种全新的美学观点，即设计作为艺术是人对自己生活的设计。在此意义上，艺术中的表现主义在对待具体的设计对象上又有了新的看法，也就是更着重这种设计使对象所成为的艺术表现形式，而不是把对象只看成自然物的存在。这种观点突出地体现在表现主义艺术对"建筑"（architecture）的理解，即这个词汇本身所表示的艺术风格意义。在传统的看法中，建筑可以有两个含义，一是指"房屋"意义上的空间结构，再就是指某种艺术样式。这两种理解都是在现实存在的自然特征上成立的，并不足以使建筑具有风格的美学范畴意义。在包豪斯学派的设计实践中，建筑逐渐作为一种艺术观念而成为美学风格。

就具体的建筑设计来讲，第一次世界大战之后，科学技术的发达和生产力水平的提高，使得建筑设计把功能因素和经济因素放在最重要的位置上。但是，这绝不意味着建筑作为美学范畴的全部含义，相反，功能和经济因素如何具有了美学性质，这才是建筑成为艺术观念的关键因素。格鲁比亚斯一再强调，合理化和机械化只是20年代以后新建筑的一个特征，但它并不能使建筑具有艺术性，或者说并不等于建筑的设计就是美学的表现形式了。他说，建筑作为艺术起源于人类存在的心理方面超过构造和经济的功效之处，它发源于人类的某种观念要求。对于充分文明化的社会生活来讲，人类对美的追求和满足比单纯的物质需求更为重要和突出。这就是说，首先，建筑是一种精神要求的产物，是观念的特征；其次，建筑只在充分满足人类精神文明的时候才是真实的表现形式，即不仅仅作为空间结构存在，也不仅仅是分类学意义上的艺术样式。

说建筑是一种观念，或者是一种心灵的活动，这在表现主义美学看来是强调了建筑设计的表现特征。在此意义上讲，建筑即使作为一种艺术样式，也只是作为设计活动的某种风格而具有美学范畴的性质。具体的建筑过程，从设计到施工，当然需要各种专业知识、材料以及技术，但这些因素的被构想和被运用、被组合结构，才是建筑的本身含义。同理，建筑作为实体的自然空间和物质结构，就等于是与在心灵中已完成的建筑表现不同的实际操作过程和结果了，在这一点上，表现主义对建筑的理解大致同于对艺术的理解。

建筑只是工业设计的一个突出方面，而艺术中表现主义对设计的美学性质的看法，主要是针对20世纪初出现的工业设计这一职业活动而发的。表现主义美学区分了艺术和技艺，实际上是区分了表现和操作。表现是美学性的活动和形式，而操作本身必须同时是表现才可能具有美学性质，否则不过是一种技术方式。当设计在大工业生产中日益具有决定性作用时，表现主义美学看到了设计作为人的自身再生产的表现特征。但是，设计作为美学范畴所强调的并不是一种感性的直觉，而是一种理性精神——当然不是传统美学所遵从的哲学理性。当勒·柯布西耶（Le Corbusier，1887—1965，瑞士建筑师）把立方主义美学观念引入建筑设计中时，他所想到的正是工业生产中的逻辑性。他在《走向新建筑》中解释这种理性的设计时认为，建筑艺术应超出实用的需要，建筑艺术本身就是造型艺术的一种形式。建筑设计的过程，是艺术家精神活动中一种纯粹的程式。因此，理性作为设计活动的特征，其艺术性质并不在于具体的设计必须依据各项科学原理和计算数据，而在于人是自觉地设计自己的社会生活的。

设计的另一个重要含义，在于美本身并不是一个静止的抽象概念，这和表现主义美学反对有超验实体存在的看法是一致的，但却从人设计自身的角度进一步使任何超验的绝对前设成为无意义。格鲁比亚斯在《全面建筑观》中着重强调，从历史上看，美的观念是随着思想和技术的进步而变化的。从来就没有什么永恒不变的美，设计也从来不在于对传统的模仿，相反，传统是在人的自我设计中对人具有文化价值的。设计在此成了人将生活在一切方面

艺术化的基本美学特性。如果说"直觉"更多体现了艺术活动的特征，那么设计则是生活艺术化的自觉形式。

设计之所以指工业设计，在于它是工业生产和商品销售本身的产物。当格鲁比亚斯刚开始考虑设计的重要性时，他的目的就是如何生产出具有最强竞争力的产品。包豪斯的成立，就是为此目的的。这样，设计本身既不仅仅指技术构想、操作规划，也不仅仅指为产品增加一些美观的外形，而是包括科学、技术、实用、审美、艺术等各种因素在内的整体活动。从效果上讲，设计除了考虑材料、施工、技术、成本、实用等生产因素外，还要考虑生理、心理、习惯、审美、生活方式等许多日常生活中对产品的综合要求，以及由使用反馈带来的可能的修改余地。这些当然具有商业销售的功利性，但就设计作为艺术观念性的美学风格来讲，这些考虑所指的是人从构想到实践各方面的美学表现或自我实现。工业设计在此意义上成了某一时代中人的生活方式的必然特征，设计也由于工业生产和科学技术已成为现代社会自我再生产的主要方式而具有了范畴的性质。也就是说，设计成了生活艺术化的基本特性和表现形式，也就是尽最大可能使科学技术成为人实现自己的自由的主要手段。在此，科学技术作为某种生产活动中的手段就成为偶然的了，而科学技术（主要落实在工业生产中）本身的美学性质却由设计而日

益艺术化了。

第四节　简要的评价

对表现主义美学作评价的困难，并不仅仅在于表现主义美学理论和艺术活动中的表现主义美学思潮与艺术思潮是有区别的，而且在于克罗齐美学的体系性。

作为艺术思潮的表现主义美学，既无体系也无对概念、范畴的精确定义和论述，对此加以评价，显然必须是针对这种艺术思潮的美学性质而发的。简单地讲，这种美学性质就是人对生活艺术化的追求。瓦尔特很清楚地说明了这一点，他说："'表现主义'一词包含有艺术改革的意思，要寻找使进步人类的普遍意志得以感性化的那样一种艺术表现方法。随着精神上非象征性的真正的言论上的政治自由的获得，随着当代更先进的技术知识的运用，随着使时代的气息真正得以形象地表现出来的艺术形式的产生，时代的表现不仅会在文艺作品中得到形象的表达，而且在生活本身中也会得到感性的表现。与当今的时代气息相一致的这样一种形式，也赋予生活中的事物和对象以形式。这就是说，没有什么需要'掩饰'的，不过把一切都艺术形式化而已。"① 生活艺术化是 20 世纪初艺术流派和艺术思潮所表现出的美学思想，实际上也是 20 世纪艺术在性质和特征上的

真实含义。不过，40 年代之后，艺术批评的形式化，美学理论与其他学科的融合，却使生活艺术化的倾向不再为理论所重视，尽管批评和美学的这些倾向本身就是生活艺术化的一种体现。

现在来谈一下克罗齐的表现主义美学。人们一般认为，构造完整体系的工作，在哲学和美学方面都以黑格尔为终结。这种说法并不正确，也不符合实际。哲学方面体系的构造仍在不断进行自不待说，美学方面体系构造的最后一个人则是克罗齐。我们已经在讲美学在克罗齐精神哲学中的位置时，极为简单地介绍了克罗齐的哲学体系，美学体系在这个精神哲学构架中既是人类活动的基本出发点，又是价值最高原则的归宿。美学，从性质、特征、概念联结到范畴运用以及关于审美和艺术活动中的各种问题，统统为克罗齐表现主义美学所涉及。克罗齐构造的美学体系和黑格尔美学的根本不同在于，黑格尔的美学是屈从于哲学的逻辑构架的，而且整个哲学构架的逻辑前提仍是人的形而上学本身——绝对理念；而克罗齐的美学是哲学（在克罗齐那里其实是历史）的根本原则，而且人的形而上学是由人的精神实践本身来使之失去意义的。在这个意义上讲，克罗齐的美学不仅是最后一个有体系构架的美学，而且这种美学的体系特征必将使体

---

① 伍蠡甫、胡经之主编：《西方文艺理论名著选编》（下），北京大学出版社，1987 年，第 348 页。

系的构筑成为不可能和无意义——实际上，克罗齐以后的美学已被各种各样的学科，比如哲学、神学、心理学、批评学、解释学、人类学、符号学等消释或分解了。克罗齐的美学终结了人为的美学体系构造，同时又预示了生活艺术化时代美学将有可能不再作为理论对象而独立的倾向，这一点，看一下克罗齐美学中一些主要矛盾便可以知道。

首先，当克罗齐认为人的审美态度决定某一活动是否为美的活动时，这里的循环论证是显而易见的。因为美本身作为超验实体是不存在的，美的实现就是指审美本身，而这是由直觉或表现所决定和标志的，那么，什么是"审美态度"呢？难道它本身不也要由直觉或表现来规定吗？这样，问题又回到了主体与客体这个老困难上来了，即表现（或直觉）同时在主体与客体两方面都有，那么，主客体结成的美学关系又是如何形成的呢？如果直觉或表现本身是唯一的标准，必然出现两个问题：或者直觉或表现本身又成了一种变相的超验实体；或者一切具有真实含义的活动都是审美的（至少可以是审美的）。从克罗齐的整个论述来看，他不得不选择后一种可能，因此，他的著作中才会在不同的范畴中出现许多等号（这一点前面已谈到了）。

然而第二，这些等号是极其有意义的。美学在 20 世纪的根本变化，就是从哲学的体系构架中解放出来，成为必须不用"美"来表示的某种参照系。① 有了这个参照系，美即无所不在，人为地构架美学体系也将由生活艺术化的实际进程而失去意义，克罗齐并没有明确论述这一点，但他至少在两个重要方面谈到了这一转变可能：其一是认为语言是人自身的表现，其二是说任何人如何理解艺术，艺术就是什么。就"其一"来讲，克罗齐多少把问题搞反了，至少是描述反了：不是语言表现人自身，而是人生活在言语之中。至于其二，倒正是生活艺术化的本真形态。不过这两点倒是作为艺术思潮的表现主义美学所同意的，或者说 20 世纪初的艺术活动已使这两点成为日益明显的事实。

第三，克罗齐美学的转折意义，还在于它体现了人为体系构造在逻辑强制性方面最后残余。比如克罗齐认为艺术形象是在想象中成立的，但对艺术作品的含义如何，克罗齐不从艺术的具体状况去分析，却用"想象"本身的直觉性与意义的概念性相矛盾来加以逻辑的否定。又比如，丑在克罗齐美学中是以"反价值"来界定的，显然，这里的反价值既不等于无价值，更不等于没有真实含义。那么，价值与反价值是由主观态度来决定呢，还是另有客观依据或标准？诸如此类的问题，在克罗齐美学那里仿佛都是体系本身的逻辑性大于问题的实际存在方式。

当然，克罗齐美学的重要意义并不在于美学是否还能够以及是否还应该构架体

---

① 孙津：《在哲学的极限处——自由美学论纲》，中国文联出版公司，1987 年。

系，而在于体系美学的论证本身表明了美学作为一门学科的转变，即向着生活艺术化活动的参照系转变。克罗齐的特点，在于他是从以人的精神实践替代人的形而上学的方法来展示这一转变的。作为一种尝试，他和黑格尔美学是正好相反的。遗憾的是，克罗齐的研究者们很少看到这一点，这也许和表现主义美学在 40 年代便不再以思潮的方式存在相一致的吧。

第二章　移情学派

第一节　移情学派产生的科学背景

移情学派（The Empathist School）的产生和发展，若从1809年老费肖尔诞生算起，一直到1914年立普斯逝世为止的一百多年间，正是在这个历史时期中，人类的精神领域包括美学在内的众多学科正孕育着一场革命。表现在美学研究中，其方法和方向已经发生了深刻的变化。吉尔伯特和库恩在谈到这种变化时指出："约在1870年，思辨哲学学派就似乎无声无息了。新的科学方法，其宣言常常同旧方法的墓志铭结合在一起。"[①] 他们对思辨哲学的故乡——德国在纯粹思维领域中建构起来的形而上体系所濒临的摇摇欲坠的局面，转述了德国思想家恩斯特·格罗斯的评论："如

果用严格的科学标准来衡量它们，我们就不得不承认，它们的毁灭是不可避免的。我们也许会赞美他们声名显赫，但是，我们绝不能为了这个缘故而看不到，这些正在摇摇欲坠的机体无充分的事实作基础。""于是一种完全能够反映近代科学发展趋势的宣言出现了，一切科学都是建筑在观察基础上的。艺术科学也是如此。……真理最终也是从详细比较大量的、各种各样的历史中呈现出来。"[②] 以上这些论述表明：与传统形而上学的"自上而下"的研究方法不同，一种新时代的科学美学在排斥形而上的各种假说的斗争中使"自下而上"的研究方法逐步确立起来了。费希纳所开创的实验美学就是科学时代新美学、新方法的第一个先范。后经冯特和铁钦纳的努

---

① 吉尔伯特、库恩：《美学史》，上海译文出版社，1989年，第689页。
② 同上书，第689页。

力，使费希纳的科学方法在心理学领域中得以大大巩固和完善。移情学派正是在这种科学的实验心理学背景中展开自己的理论建设的。

科学的实验心理学的第一个特征是：直接考察人类的心理经验。而在旧哲学体系笼罩下的心理学历来都是以假设中的灵魂作为其研究的对象，甚至将这种精神幽灵视为他们具有复杂逻辑形式的思想大厦的根本性的预定基点。从柏拉图一直到笛卡儿、莱布尼茨和黑格尔无一例外地表现出这种思想特征。但是，科学的实验美学（或心理学）深深确信："在我们还没有弄明白这些形式的本质和存在条件之前，绝不要试图去说明各种较为复杂的形式。"① 也就是说，他们认为一种思想学说的建立，必须以人类直接经验到的感觉、情感等心理事实为出发点，必须"从各种事实出发，然后谨慎地逐渐地上升到综合概括"。② 简言之，他们以人类基本的心理经验作为自己的研究对象，辅之以相邻学科——物理学、生理学、生物学、人种学和社会学等各种科学方法，从而建立起自己的学说。当然，移情美学并不是科学的实验心理学的直接产物，但是实验心理学和美学把人类的心理经验作为直接加以研究的对象，从基本的美感经验出发去探究美的现象和

规律，却是为移情美学规定了一个完全崭新的方向。在吉尔伯特和库恩看来，移情学派的重要人物谷鲁斯本属于早期的实证主义者。对此，我国学者李泽厚先生也在他《美学的对象与范围》一文中曾作过比较确切的概述："自19世纪费希纳提出自下而上的美学与自上而下的美学的区分，要求美学从哲学体系中解放出来之日起，美学在审美心理学方面确实开拓了无比丰富的新领域、新方面。美学作为美的哲学日益让位于作为审美经验的心理学；美的哲学的本体论让位于审美经验的现象论；从哲学体系来推演美、规定美、作价值的公理规范让位于从实际经验来描述美感、分析美感、作实证的经验考察。例如在中国享有盛名的移情说、距离说，都是以某种美感经验的特征来确定审美规律。"③ 当然，移情美学的研究方法、思想倾向在许多方面与实验心理学（或美学）是大相径庭的（这一点将在后文中论述），而且从严格意义上说，移情学派是英国经验主义的后裔。休谟的观念联想说不仅成为打破形而上学的理性迷梦第一次隐约的雷鸣，而且他的"同情说"还直接构成移情学派的理论先声。但是自从实验心理学和美学诞生以来，人类的心理经验才真正摆脱形而

① 吉尔伯特、库恩：《美学史》，上海译文出版社，1989年，第690页。
② 同上书，第690页。
③ 《李泽厚哲学美学文选》，上海译文出版社，1989年，第201页。

上学的束缚，才真正在科学的庇护下成为直接加以研究和考察的对象，移情学派受益于此是很显然的。

科学实验心理学的第二个特征是实验与内省相结合。吉尔伯特和库恩曾说："对于费希纳来说，关于科学美学（各种现成的定义都曾经轻描淡写地对它加以说明过）的一般观念，充分地体现于一系列'审美原则'中。然而，这些审美原则，大多数与其说是专门的美学原则，倒不如说是广义的心理学原则。"[1] 这就是说，费希纳的科学方法不仅贯穿在美学研究中，而且还贯穿在心理学研究中，对之作进一步的深层透视，我们还可以看到，它还为冯特和铁钦纳的实验心理学奠定了方法论基础。而继费希纳之后，冯特在发展和完善实验心理学的过程中，将实验方法与内省方法相结合，又为美学研究提供了方法上的新的契机。冯特认为，心理经验从根本上看是依赖于经验者本身，因而要使实验成为可能绝不能脱离人的内省、脱离人的自我观察，正是这种内省和自察为实验提供了严格分析所需要的基本的心理元素和材料。当然、这种内省方法不同于传统的思辨化的内省，而是一种实验、实证性的内省——这种对个人内在心理经验加以内省和实验相结合的方法，也显然影响了立普

斯等人的移情学说在研究方法上的特征。我们只要阅读一下立普斯的《内模仿和器官感觉》一文就可以发现，他对内在心理的体察和对各种不同的心理经验的分析、界定，既表现出不同于传统内省的内省特点，也体现出科学的实证精神。李斯托威尔在他的《近代美学史述评》一书中曾指出，移情学派所"采用的是心理学的方法……它完全是内省的，既建立在哲学家本人对自然美和艺术美那种广泛而又敏锐的反应上面，又建立在艺术家……的判断和自我省察上面"，这种心理学的方法也是一种"实验的研究的方法"。[2] 朱光潜先生也指出："立普斯原是一位心理学家……他研究美学，主要是从心理学出发……他的研究对象主要是几何形体所生的错觉，他的移情说大半以这方面的观察实验为论证。"[3] 这一切都充分说明了，内在的心理反省和科学的观察实验在移情学说的研究中达到了一种新的结合。

科学的实验心理学或美学与移情说的相互影响关系，还表现在移情说作为实验心理学（或美学）的纠偏倾向而出现。对实验美学在研究中所陷入的困难窘境，吉尔伯特和库恩评述道："费希纳为了把自己学说中的意义和表现这种概念合为一体，

---

[1] 吉尔伯特、库恩：《美学史》，上海译文出版社，1989年，第695页。
[2] 李斯托威尔：《近代美学史述评》，上海译文出版社，1980年，第149页。
[3] 朱光潜：《西方美学史》（下卷），人民文学出版社，1979年，第605页。

曾求助于为英国经验主义所发展的联想观念。"① 然而他指出，这种联想活动并不能把人们直接感受到的心理印象和元素实行有效的黏合，相反，联想原则如同一块生硬的木板插在心理经验之中。因为联想只意味着拯救出沉浸在下意识中的潜在的回忆因素，只意味着将先前的观念与当前的心理活动进行不协调的简单的混合。进一步看，艺术的想象力和对形式美的感受无法以联想说从根本上加以阐明。因此，"联想因素的介绍，没有使费希纳的学说更完善，却使他学说中难以医治的缺陷更加突出"。"于是，提出移情心理学的另一个思想流派，便是适应弥补元素心理学片面性的需要而出现了。"②

第二节　移情学派产生的理论渊源

　　正如美学由于鲍姆嘉敦的命名而标志着它作为一门学科的诞生，然而美学思想却早在古代哲人那里作为十分重要的理论课题包含在他们的学说中了。同样，移情学派的产生，人们总是把它联系到它的主要代表人物立普斯，然而移情观点也早在中外古代哲人的学说中萌生了，在各个民族的宗教事迹和神话形式中也大量地贯穿着移情论的原则。因此，立普斯虽然作为

移情学派的创始人，并且正是他以及他的同道系统而又详尽完备地阐发了移情美学的基本原则，但是，立普斯等人的移情美学思想绝非是凭空的偶然独创，而是在前人思想的基础上又一次更加深入和完整的发掘和建构。在此，我们有必要探讨一下移情学说的理论渊源。

　　什么叫"移情作用"？吉尔伯特和库恩说："移情的意思是，人的感情、情绪和观点投射到无生命的物体中。"并且说："这种事实早已为亚里士多德所熟知，他在议论隐喻问题时讨论了这一事实。"③ 朱光潜先生也指出："在西方，亚里士多德也早就注意到移情现象。他在《修词学》里说到用隐喻格描写事物应'如在目前'，并且解释'如在目前'说，'凡是带有现实感的东西就能把事物摆在我们眼前，然后举荷马为例说，荷马也常用隐喻来把无生命的东西变成活的，他随时都以能产生现实感著名，例如他说，'那块无耻的石头又滚回平原'，'箭头飞出去'和'燃烧着要飞到那里'，'矛头站在地上，渴想吃肉'，'矛头兴高采烈地闯进他的胸膛，'在这些事例里，事物都是由于变成活的而显得是现实的。"④

　　意大利思想家维柯，在探讨原始人的

---

① 吉尔伯特、库恩：《美学史》，上海译文出版社，1989 年，第 704 页。
② 同上书，第 704 页。
③ 同上书，第 705 页。
④ 朱光潜：《西方美学史》（下卷），人民文学出版社，1979 年，第 598 页。

思想特征时，表明原始人由于"人心的不明确"，因而在看待其周围事物时，就会凭借天然本能，以己度物，在想象力的虚构中把周围事物一概赋予了他们自身生命和情欲的特征。他说："当人们对产生事物的原因还是无知的，不能根据类似事物来解释它们时，他们就把自己的本性转到事物身上去。""心的崇高劳动是赋予感觉和情欲于本无感觉的事物，儿童的特征在于他们把无生命的事物拿在手里，和它们戏谈，好像它们和活人一样。"① "人用自己来造事物，由于把自己转化到事物里去，就变成那些事物。"而最初的语言，也是这种以己度物的想象化的产物，是在隐喻方式中把语言所指称的事物与人的生命特质相联系。他说："在一切语言里，大部分涉及无生命事物的表现方式，都是从人体及其各部分以及人的感觉和情欲那方面借来的隐喻。"② 正是在这种隐喻化的语言中，人与外在事物交融合一成为诗的创造。并且，维柯还极富意味地指出，原始人的这种原始想象和移情作用，是在无知无觉状态下的一种虚构，是排斥理智功能的创造活动，而且"他们一旦虚构出，就信以为真"。仿佛"人把自己变成整个世界"。③ 这种移情作用也是原始神话和宗教发生的心理根据。

近代英国经验主义著名代表休谟，在论述形式美感时，同样接触到了移情理论的重要方面。他对对称、平衡诸种形式所以造成人心某种特殊感受——如安全的快感和危险的痛感等现象作出了解释，认为这绝非仅仅是由于对象本身所处某种实际的状态而引起的，倒是在于对象的某种形状激发了人的相应的观念，使人们能够设身处地与对象打成一片，以致产生一种同情之感。朱光潜先生对"同情"一词曾作了这样的诠释："'同情'（sympathy）在西文里原义并不等于怜悯，而是设身处地分享旁人的情感乃至分享旁物的被人假想为有的情感或活动。"应该说，休谟的同情说是十分接近立普斯等人的移情理论，甚至可以认为，移情说在很大程度上是"同情说"的进一步衍变和发展的结果。

德国作为移情学派诞生的故乡，同样以它丰厚的艺术土壤和思想宝库，为移情学说的建立和完善提供了不可或缺的前提。从温克尔曼、康德、赫尔德一直到黑格尔、费肖尔父子，都从不同的哲学立场出发，将移情现象置于自己的体系中，并给以深刻的说明。

康德在论述崇高审美现象时，认为人的审美判断力不足以解释崇高感。作为巨大的无形式的自然对象仿佛是对人的判断

① 朱光潜：《西方美学史》（上卷），人民文学出版社，1979 年，第 340 页。
② 同上书，第 341 页。
③ 同上书，第 341 页。

力施行暴虐，崇高感就是这种施暴的结果。在这里，崇高对象在数量和力量上的无限形式并不直接构成崇高感的根源。与优美对象诉诸人的想象力和知解力从而引起某种惬意不同，崇高是对象对心灵的激发，是在激发过程中的一种"偷换"活动——在这里康德就是用移情作用的观点去解释崇高感——认为"偷换"就是把人类的理性观念和道德属性赋予对象，于是对象的巨大形态转而就焕发出主体企图超越它的人的光辉，成为一种崇高的表征。他说："一个人必须先在心中装满大量观念，在观照海景时，才能激起一种情感——正是这种情感本身才是崇高的，因为这时心灵受到激发，抛开了感觉力而去体会更高的符合目的性的观念。"因此"对自然的崇高感就是对我们自己的使命的崇敬，通过一种'偷换'的办法，我们把这崇敬移到自然事物上去（对主体方面的人性观念的崇敬换成对对象的崇敬）。"①

赫尔德，作为康德的学生，他"曾以炽热的想象的热情维护过内在生命的自由而又完整的表现"，② 显示了与老师哲学主张大相径庭的思想倾向，他也在浪漫的思考中对移情学说做出了十分卓越的贡献。李斯托威尔指出："如果我们到 19 世纪的哲学中去探寻移情论的根源，那么，在赫尔德（Herd-er）反对康德美学那种冷酷的形式主义的雄辩的论战中，我们就会发现它的最初萌芽。这位哲学家带头对民间的传统诗歌进行欣赏和研究，维护了对美的浪漫主义的看法，认为美是在艺术对象和自然对象中生命和人格的表现。例如在植物界里，花的美就在于它们表现了自己特有的最大量的生命力和幸福，而青年人则在挺拔向上的树枝上感到了他自己。人的美，则在于他的精神在四肢、动作和姿态上，都得到了富有特征的、精力充沛的表现。至于音调，则不外是运动中的物体所发出的声音，向我们这些和谐地调节声音的人传达出它们的抗拒，它们的忧愁，它们的活动的力量。正因为这样，所以音乐具有不可抗拒的感染力。"③ 这就是说，一切自然、人物和艺术之所以富有美的魅力，完全在于人格的生命和精神力量在其中的体现和透露，是人把自身的性格和特征移入对象并与之结合、交互渗透所造成的结果。

这种对移情作用所作的类似的深刻精辟的见解，我们在洛慈（Lotze）的《小宇宙》那段极富形象的文字描绘中发现："我们不仅进入自然界那个和我们相接近的具有特殊生命感情的领域——进入到歌唱着的小鸟欢乐的飞翔中，或者进入到小羚羊优雅的奔驰中；我们不仅

---

① 朱光潜：《西方美学史》（下卷），人民文学出版社，1979 年，第 559 页。
② 李斯托威尔：《近代美学史述评》，上海译文出版社，1980 年，第 144 页。
③ 同上书，第 40 页。

把我们精神的触觉收缩起来，进入到最微小的生物中，陶醉于狭小的生存天地及其一张一合的那种单调的幸福中；我们不仅伸展到树枝的由于优雅的低垂和摇曳的快乐所形成的婀娜的姿态中；不仅如此，甚至在没有生命的东西之中，我们也移入了这些可以解释的感情，并通过这些感情，把建筑物的那种死沉沉的重量和支撑物转化成许许多多活的肢体，而它们的那种内在的力量也传染到了我们自己身上。"①

如果我们把上述的理论观点加以系统整理和重新阐发，便可以勾勒出移情学说的基本特征了。然而我们同时看出，由于上述的移情见解多半淹没在或统一于哲学家们更高的学说和原则中，或者说，他们皆从自己的思想体系和艺术主张出发而涉及这一审美现象，并没有将这种移情原则提高到审美的普遍法则的高度，并且"更为详尽地将这一理论应用到艺术和审美鉴赏的每一个方面去"，"从而使这一理论，比起任何其他理论来，得到了更为普遍的承认"。② 使移情论作为普遍的审美法则和规范确立起来，这正是以立普斯为代表的移情学派的特殊贡献。然而，真正细究起来，我们可以进一步说，"移情作用"这个词，对移情作用首先作系统、深入研究也

绝非仅仅是肇始于立普斯，而是继黑格尔之后的费肖尔父子率先进行了这项工作。老费肖尔乃是黑格尔学派中的一个重要的美学家，著有一部六卷本的《美学》巨著。早年他沿袭黑格尔客观唯心主义体系，认为"美是理想与现实的统一"，而理想作为神意力量，必须克服自然或现实界中"偶然机会的王国"，从而以客观存在的典型样式显现出隐匿在事物内部的本质。据此可知，这只不过是黑格尔三卷本《美学》的进一步发挥。从根本上没有离开黑格尔哲学所划定的思想范围，但是，费肖尔在晚年，其思想倾向有了一定转变。他致力于心理学研究，并从心理学角度去阐释审美现象，并且较为明确地提出了关于移情作用的观点。他在《论象征》、《批评论丛》等文中将移情作用称之为"审美的象征作用"。这种作用就是"对象的人化"，他说："这种对每一个对象的人化可以采取很多的不同的方式，要看对象是属于自然界无意识的东西，属于人类，还是属于无生命或有生命的自然。通过常提到的紧密的象征作用，人把自己外射或感入到（fühlt sich hinein）自然界事物里去，艺术家或诗人则把我们外射到或感入到（fühlt uns hinein）自然界事物里去。"③

① 洛慈：《小宇宙》。
② 李斯托威尔：《近代美学史述评》，上海译文出版社，1980年，第144页。
③ 朱光潜：《西方美学史》（下卷），人民文学出版社，1979年，第601页。

可见，对象的人化而具有象征作用，就是一种移情，即人把自己外射或感入到无生命或有生命的自然对象中——这种因移情而使外在对象获得象征的功用可分为：第一级，是神话和宗教迷信所采用的象征作用，其时，象征体和象征观念之间关系尚处于十分朦胧的状态中，具有某种神秘的意味；第二级，是寓言所具有的象征功能，其时，象征体与象征观念的联系比较直接和明确，观念可以清楚地从形象中识察出来，而审美活动就是介于这两级之间的一种象征作用，象征体与象征观念的关系若隐若现，半是朦胧，半是清晰，宛若黄昏晚照，暮色迷人，使我们在观照中感到形象与观念是如此浑然交融、无从辨析。费肖尔认为这是因为我们"半由意志半不由意志地、半有意识半无意识地灌注生命于无生命的东西"之结果。这就是审美的象征功能。

这种审美的象征活动实质上就是移情作用。老费肖尔在对移情主体与客体关系上以及主客体交融一体、不分轩轾的状况的说明方面，他比前人都无疑大大推进一步。由此出发，他的儿子劳伯特·费肖尔在《视觉的形式感》一文里明确提出了"移情作用"的概念。他以对象形式与主体活动之间象征的关系出发，十分精微地描述了外在物象的形式与我们的视觉活动所构成的相互引发、相互作用的移情关系，他说：外物的形式组织就是"我自己身体组织的象征，我像穿衣一样，把那形式的轮廓穿到我自己身上来，那些形式像是自己在运动，而实际上只是我们自己在它们的形象里运动"。① 在这种物我交流的移情中，我可能随着对象形象的大小，而相应产生缩小或扩大的心理感受。他说：在看一朵花时，"我就缩小自己，把自己的轮廓缩小到能装进花里去"。② 反之，"在看庞大事物时，我也随它们一起伸张自己"。③ 这就是移情活动，这是"一种奇妙的本领，能以自己身体的形式去代替客观事物的形式，因而就能使自己体现在那种客观事物的形式里"。④

在小费肖尔关于移情过程的描述中，我们已经可以觉察到那个时代的科学气息——实验心理学对他的深刻影响。他已不再将人的心理视为神意授予下的主观活动，不再用先验方式去说明人的心理、人的移情，而是将移情的心理活动与生理机能的说明结合在一起，用科学的经验方法去分析移情发生的心理过程及其相伴随的神经反应。他认为，一切活动都或多或少地涉及外射作用。在低级的感性的审美感

---

① 朱光潜：《西方美学史》（下卷），人民文学出版社，1979 年，第 602 页。

② 同上书，第 602 页。

③ 同上书，第 602 页。

④ 同上书，第 602 页。

觉阶段，包含着逐渐递进的三级感觉进程：第一级谓之"前向感觉"，其时眼睛只是注意到对象的光线和颜色，而对对象的整体形式并没有呈现在视觉的把握中，在这种感觉印象中，只伴随着知觉神经活动，这是视觉的准备阶段；第二级谓之"后随感觉"，其时对象的形式完全落入视觉的统摄之中，在这种感觉印象中，由于眼睛追随着对象的整体轮廓，因而神经活动就逐步占有优势；第三级叫"移入感觉"，其时视觉不仅把握了对象的整体形式，而且"对象的全部形状"，"它的全部造形的生动性和鲜明性"，在"感觉神经活动和运动神经活动"① 的有机配合下，实行了完整的模仿，并且观照主体也仿佛深入到对象内部进行模仿。在这一级感觉水准上，知觉达到了高度完备的阶段。

在小费肖尔看来，感觉的低级阶段必须发展为情感的高级阶段，或者说，上述三级递进的感觉必须进一步上升到情感的想象领域，这是一种更深刻、更亲切的心理活动，是一种在情感和想象的基础上所构成的更高的移情活动。这种情感亦可分为三级：第一级是"前向情感"，这种情感所涉及的对象也是光和色的现象，但是这种现象中已经可以显现出人的情调，并富有某种象征的意味和特征而不是停留在纯

粹的感觉印象中；第二级是"后随情感"，这种情感所涉及的对象已经扩展到它的形式轮廓，并且这种形式由于情感的投入而赋予了某种生命活跃的迹象，如其形式仿佛显得在奔腾、翻滚或蜿蜒等；第三级是"移入情感"，其时"我们把自己完全沉没到事物里去，并且也把事物沉没到自我里去；我们同高榆一起昂然挺立，同大风一起狂吼，和波浪一起拍打岸石"。② 这是审美活动最完满的阶段，也即移情作用的最高水准。在移情作用中——小费肖尔指出，其情感和想象或审美的象征功能并不依赖于回忆或联想，它们是本然的、自发的外射作用。正如李斯托威尔指出的那样："它不仅只是主观的感受，而是把真正的心灵的感情投射到我们的眼睛所感知到的人物和事物中去。一句话，它不是 einempfindung（感受），而是 einfulung（移情），外射的动作是紧接着知觉而来的，并且把我们的人格融合到对象中去，因此，它不可能被说成是一种联想或回忆。"③

综上所述，我们可以看出，从亚里士多德一直到费肖尔父子，已经为立普斯所开创的移情学派奠定了丰厚坚实的思想基础，而特别是费肖尔父子更堪称是移情学派的理论先驱，他们对移情理论所做的贡

① 朱光潜：《西方美学史》（下卷），人民文学出版社，1979 年，第 603 页。
② 同上书，第 604 页。
③ 李斯托威尔：《近代美学史述评》，上海译文出版社，1980 年，第 43 页。

献可以概括为如下三点（这一切都在立普斯等人的移情理论中得到反映和发挥）：一是移情作用这个概念的明确提出和对这个概念的解释，即"把情感渗进里面去"；二是移情作用所达到的审美状态是物我交融，主体与客体在相互渗透、相互牵引的关系中达到浑然统一，并且这种统一中的审美意象具有丰富的人格象征意义；三是无论是移情的发生或是移情中的想象，都是在无意识支配之下进行的，而不凭借回忆或联想的经验性质。因此，我们现在可以得出结论，如果没有上述的理论准备，立普斯的移情学说的创立是不可设想的，没有从亚里士多德一直到维柯、休谟、康德、赫尔德、洛慈和费肖尔父子的历史努力而形成的理论渊源，移情学派的创立以及它们在思想界所造成的广泛而又深刻的影响也是不可设想的。

第三节　移情理论的艺术基础

　　移情学说作为一种审美观照理论不仅仅是一种单纯的理论上的逻辑嬗变和发展，一种审美理论之所以具有广泛的影响，应该是与它能够比较有力地说明和解释大量的艺术现象分不开的。进一步说，这种理论如果不能说明和解释艺术现象，那么它的存在根据就会遭到怀疑。此外，正是由于移情学说十分准确和贴切地说明了艺术

经验的某一方面，这就表明了它的产生显然与艺术实践所提供的感性基础息息相关。移情与艺术之间的精神联系如此密切以至于我们可以这样认为，移情所作的理论描述工作已经首先在艺术领域以另一种方式十分出色地加以完成了。移情理论是艺术经验在人类精神中的一次理智的移情，在艺术家和诗人眼里，大自然的一切现象仿佛都充满了某种意蕴，都具有某种不可言说的神秘力量，整个世界仿佛成为无数精灵活动和住宿的场所，大至宇宙星象、山河风云，小至花草树木、飞禽走兽，都是与人心相通并能与之感应的精神对象。所谓天籁、地籁、人籁皆是由神意贯通起来的整体世界。这种泛神主义在西方已经深深浸透在艺术家的观念之中，支配了他们对世界和自然的理解和对艺术的基本态度。这也表明，艺术家所面临的对象由于被认定内含了可以沟通灵犀的精神因素，因而他们之间的相互交流、相互移情显然是不言而喻的。朱光潜先生对此曾作了这样的评述："诗人、艺术家和狂热的宗教信徒大半都凭移情作用替宇宙造出一个灵魂，把人和自然的隔阂打破，把人和神的距离缩小。"从而"以为宇宙全体是神的表现，神无处不在，大而时代的推移、山河的更改，小而昆虫的蠕动、草木的枯荣，都只是一个神的显圣，这就是泛神主义。"[1]

---

① 《朱光潜美学文集》第 1 册，第 15 页。

因此，我们亦可以进一步说，移情学说不仅与艺术而且还与艺术中的泛神论观念存在着精神上的间接的历史关联。当然，泛神论并没有直接构成移情学说的思想来源，而是它通过信仰的方式影响了艺术家的审美态度，并通过艺术家的创作方式及作品表现出来，这样就构成了移情学说为之立论的丰厚的感性的思想基础。在艺术中运用移情的浪漫手法，或者说艺术中存在着移情化的心理经验，这已经是一个已然的事实，对此，吉尔伯特和库恩评述道："移情学说，最早见于浪漫主义中，特别是诺瓦利斯的'魔术式的唯心主义'（magic idealism)，并且它已自然而然地返回到它的浪漫主义的本原中。"[①] 李斯托威尔也指出："移情论……在某些浪漫主义派诗人和散文家的作品中却早已有了预示。雪莱在他反对皮可克（Peacock）的清教式的攻击而替诗所作的著名的辩护中，第一次把诗的艺术——他自己是其中一位不可比拟的大师——界说为'想象的表现'。然后，又极力主张……诗需要一种非常广阔而又生动的想象的同情力量。"他还指出："奥斯卡·王尔德（Oscar Wilde）从一个受了折磨的然而在致命的烦恼中得到了清洗的灵魂的痛苦叫喊中……以深刻的真理告诉我们：基督在整个人类关系中认识到，那种

想象的同情在艺术的领域中是创作的唯一秘诀。"[②]

勃兰兑斯在讨论海伯格作品时，曾对浪漫主义文学的移情心理特征作过十分精彩的论述。他认为，浪漫主义的移情手法，不仅将个人投向过去，也不仅将个人投向来世并安插上华美宽大的孔雀尾巴，而且它还将自我加以分解和剖裂为各种元素，分布在时空之维中。这种把自我二重化、分裂化是移情极端的、典型的事例。勃兰兑斯在摘引霍夫曼的一段日记时的描述，突出地展示了移情的浪漫情状："一八〇九——在六日的舞会上突发奇想，我通过一个万花筒设想我的自我——在我周围活动的一切形体都是一些自我，他们的所为和所不为都使我烦恼。"[③] 这种移情以致造成十分离奇怪诞的幻觉：自我的分解、对象的变形以及两者之间相互替代、彼此交错，构成了一个近似恐怖而荒唐的艺术氛围。在对霍夫曼《狗柏尔甘礼新近的奇遇》这篇故事的评论中，勃兰兑斯说："首先，我们弄不清楚，这只狗是不是变形的人，他自己说：可能我真是孟蒂埃尔，受到惩罚而不得不变成一只狗……其次，即使这只狗作为狗也看见自己二重化，意识到自己统一的生命在分解。有时我当真看见自

---

① 吉尔伯特、库恩：《美学史》，上海译文出版社，1989年，第709页。
② 李斯托威尔：《近代美学史述评》，上海译文出版社，1980年，第45—46页。
③ 勃兰兑斯：《十九世纪文学主流》第2分册，人民文学出版社，1981年，第163页。

已躺在自己面前，像另一个柏尔甘礼，这另一个柏尔甘礼也还是我——柏尔甘礼看见另一个柏尔甘礼被巫婆所虐待，于是我向他猖猖狂吠起来。"[1] 勃兰兑斯对此进一步评述道："浪漫主义绝不满足于这样扩张和分裂自我，把自我在时间和空间中分布开来，它还把自我溶化成各种元素，这里取一点，那里补一点，使它成为自由幻想的玩物。"[2] 可以看出，移情手法在浪漫主义文学中是一种十分普遍的现象。虽然浪漫主义文学的移情手法中多多少少与催眠、梦幻、想象、错觉甚至包括疯狂的心理经验交织在一起，而这些心理经验是否在严格的意义上皆可称之为移情作用，当然有待商讨，但是有一点却可以确定：自我与对象在相互作用的心理活动中打成一片、融合一体并且构成一个新的审美艺术的幻象，这都是移情论和浪漫主义文学一致认可的共同的精神特征。对此我们还可以摘引其他作家的艺术经验笔录作为例证。法国女作家乔治·桑在她的《印象和回忆》里谈道：

> "我有时逃开自我，俨然变成一棵植物，我觉得自己是草，是飞鸟，是树顶，是云，是流水，是天地相接的那一条水平线。觉得自己是这种颜色或是那种形体，

瞬息万变，去来无碍。我时而走，时而飞，时而潜，时而吸露。我向着太阳开花，或栖在叶背安眠。天鹅飞举时我也飞举，蜥蜴跳跃时我也跳跃，萤火和星光闪耀时我也闪耀。总而言之，我所栖息的天地仿佛全是由我自己伸张出来的。"

象征派诗人波德莱尔也说：

> "你聚精会神地观赏外物，便浑然忘却自己存在，不久你就和外物混成一体。你注视一棵身材挺拔匀称的树在微风中荡漾摇曳，不过顷刻，在诗人心中只是一个很自然的比喻，在你心中就变成一件事实：你开始把你的情感欲望和哀愁一齐假借给树，它的荡漾摇曳也就变成你的荡漾摇曳，你自己也就变成一棵树了。同理，你看到在蔚蓝天空中回旋的飞鸟，你觉得它在表现一个'超凡脱俗'的终古不灭的希望，你自己也就变成一个飞鸟了。"

这种艺术经验中的移情例证不胜枚举。艺术中的移情现象为移情理论提供了如下的启示性经验：第一，审美观照或艺术创作就是艺术家自己人格在外物中的体现和

---

① 勃兰兑斯：《十九世纪文学主流》第 2 分册，人民文学出版社，1981 年，第 165 页。
② 同上书，第 169 页。

流露，当这种人格因素如悲愁哀乐或者紧张、激动扩展到对象上时，对象仿佛也俨然成为一种人格写照和属人的存在；第二，移情往往是艺术家在本能驱使下的心理行为，是自然而然的、在顷刻间就发生的一种审美现象，其时，艺术家本人就会处于一种忘我的境界之中；第三，艺术家的移情作用往往呈现出多种多样的方式，有自我人格剖析和分裂地、通过想象的途径将个体散布在不同对象上，也有自我人格在与对象的作用中发生彼此移置、变换，从而表现出交错复杂的艺术效果。还有在创作中，艺术家与描写中的人物生活、心理感受相互贯通、牵引和同情——而不只是面对自然的移情，等等。

但是，艺术的移情经验较之移情学派的理论，依然在许多方面须加以廓清和梳理。一是艺术家的移情心理多半是在泛神主义的观念笼罩下发生的，或者说艺术家所持有的移情观念依然带有传统思维那种形而上的神秘倾向和含糊不清的痕迹，因而与其说他们在艺术中主动采用移情和想象的手法，倒不如说他们在泛神论观念支配下，不期然而然地那样做了。使他们深信不疑的不仅是自己人格的外射，而且更是一种神意无处不在的显圣。二是他们的移情作用与其他心理现象，如梦幻、催眠状态、疯狂中的错觉以及人生经验的联想

因素并没有区别开来，或者说没有将人的多种多样的心理活动在"移情作用"的名义下作出细密的分析和完整的界说。三是没有对一般的移情作用与审美的移情作用加以严格的区分，正如李斯托威尔所说的那样，"没有打算对这种经验作出任何心理学上的说明……把过去的经验与当前的经验浑然融合在一起的艺术的同情，与普遍的回忆联想混淆在一起。……不打算分清楚艺术的同情与普遍的同情"[1] 之区别。四是艺术家不可能深入到移情现象中去联系生理因素而对其考察，而只是停留在一般艺术感受的心理层面加以描述而已。

尽管如此，艺术中的移情现象已经为移情学派的理论建设奠定了丰厚的感性基础。正是因为艺术史实中涉及如此大量的移情现象，也因为艺术家已经或多或少地把这种移情的心理感受淋漓尽致地表述出来，所以我们完全有理由说，移情理论的深刻而广泛的影响，移情作用作为审美活动一个重要因素甚至作为一种具有普遍意义的审美原则而被概括出来，这与艺术实践的贡献是息息相关、不可分割的。

第四节　移情学派的主要代表及其理论内容

一、立普斯

立普斯（Theodor Lipps，1851—1914）

---

[1]　李斯托威尔：《近代美学史评述》，上海译文出版社，1980年，第161页。

作为移情学派的创始人乃是名副其实。继他之后，无论是谷鲁斯、浮龙·李，还是伏尔盖特和巴希，他们所做的理论工作都是沿着立普斯所开辟的道路前进，都是在立普斯所勾勒的基本理论框架中进行的。他们或者在局部观点上作为对立面出现，或者将立普斯观点的某一方面加以深化。然而，在对审美观照的性质把握上，在对审美移情的心理特质的缜密分析和严格界说上，立普斯的理论制定工作是那样的准确、深入和完整，以至于他的后人在实质上没有能够真正地超越他，而只是做了一些修修补补的工作。立普斯对移情美学所做出的杰出贡献是与他长期从事心理学研究分不开的。他在慕尼黑大学当过20年的心理系主任，对休谟学说和费肖尔父子的美学思想，都做过十分深刻的研究。上述的诸种因素：科学的心理实验方法和前人的理论渊源以及丰富多彩的艺术经验，都在他的学说中留下了难以磨灭的痕迹。在美学方面，他的主要著作有《空间美学和几何学·视觉的错觉》、两卷本的《美学》。他还在德国《心理学大全文献》中发表了《论移情作用，内模仿和器官感觉》和《再论移情作用》等文章。

立普斯的移情学说是从对希腊建筑中的道芮式石柱所引起的视觉感觉展开讨论的。所谓道芮式石柱，是指那种上细下粗、柱面刻有凹凸形的纵直槽纹，它们支撑着希腊的平顶建筑。这种石柱首先在人们视觉中有一种纵直伸延的感觉，它仿佛"会永远取这种姿态。顶盖支撑着它上面的墙壁"。——石柱的俨然耸立是它的一种"特有活动"。

这种"特有活动"是由活动和反活动两种力量构成。朝纵直的方向去看，石柱耸立向上，升腾而起，给人一种充满力量的特殊模样。然而这种耸立向上的石柱如果没有相反的活动与之抗衡，那么，这种升腾的力量强度就会大大削减。这种相反的活动就是盖压在石柱上的建筑平顶的重量。正是"重量"与"升腾"两者构成一种张力关系，所以石柱的耸立就意味着要克服和抵抗来自顶盖的重量，否则，石柱就会猝然倒塌。然而石柱正是在克服和抵抗重量的耸立活动中显示出昂扬挺立的姿态，以至"使我们觉得从地面上从耸立上腾到一定高度的并不是那重量而是反抗重量而自腾起的'力量'"。① 或者说，由于反抗重量的耸立活动是如此强烈地显出它的努力活动，以至于使我们完全忽略了重量的压力，而只会感到石柱那种特有的纵直延伸的活动存在。

朝横宽的方向去看，石柱也在延伸，但是这种延伸并不是扩展而是收敛和聚集。否则石柱也会在重量的盖压之下化为崩溃

---

① 马奇主编：《西方美学史资料选编》（下卷），上海人民出版社，1987年，第839页。

的碎片。也就是说，"石柱在朝宽的方向所完成的工作却不是延伸，而是凝成整体或界定范围"。① 只有这种凝成整体和界定范围的活动，才使石柱有保持它的形式的可能。因此，在此石柱的特有活动并不是挺立向上而是收敛凝聚，从而克服和压缩住石柱因重量的缘故而要挣扎地冲破它所界定的范围的倾向。因此，这里横向扩展与界定范围之间的对抗活动同样构成一种张力关系，这就是石柱的另一种内在情况。但是，石柱的收敛和界定活动如此成功地保持了它的整体形象，以至于我们同样感到："界定范围的活动在这里是石柱所特有的活动。"②

接着立普斯询问：石柱作为一个意象，"不顾重量而且在克服这重量中自己凝成整体或耸立上腾……在概念上石柱所要完成的是什么运动？"③ 作为一个心理事实，我们可以从两个方面加以分析和细究。

一方面，立普斯首先作了"机械的解释"。他说："石柱的形式实际上只是存在着，对于我们的观念来说，却由某种机械的条件而获得它的存在。"这些机械的条件是指从力量、运动、活动、倾向等方面来看待石柱的特有活动。但是石柱成为一种机械的解释对象，并非出自于我们的意志

和经过我们的反思，而是一旦我们对石柱起了知觉并结合这种形式的特有活动，就立刻对石柱作了机械的解释。

另一方面，是作"人格化的解释"。这种解释表明：第一，在我们自己自身发生的事件和外在的事件具有某种可以相比拟的类似性质。从而外在事件就成为与我们更加密切相关的事件；第二，我们就会按照在我们身上所发生的事件，即我们的切身经验去类比和看待我们身外发生的事件，这样，"我们把亲身经历的东西，我们的力量感觉，我们的努力，起意志，主动或被动的感觉，移置到外在于我们的事物里去，移置到在这种事物身上发生的或和它一起发生的事件里去。这种向内移置的活动使事物更接近我们，更亲切，因而显得更易理解"；第三，"这种向我们周围的现实灌注生命的一切活动之所以发生而且能以独特的方式发生"，是因为"我们都有一种自然倾向和愿望，要把类似的事物放在同一个观点下去理解，这个观点总是由和我们最接近的东西来决定的"。④

机械的解释和人格化的解释在看待石柱的方式上虽然可以分辨，但却是不可分割的。也就是说，在对石柱发生知觉时，两种解释方式不可能在反思中将它们作为

---

① 马奇主编：《西方美学史资料选编》（下卷），上海人民出版社，1987年，第839页。
② 同上书，第840页。
③ 同上书，第840页。
④ 同上书，第841页。

相互独立或彼此继起的方式分别完成。立普斯说:"我们并非先看到石柱而后按照机械的方式去解释它,那第二种方式的解释即人格化的解释……也并非跟着机械的解释之后才来的。石柱的存在本身,就我所知觉到的来说,像是直接的、就在我知觉到它那顷刻中,它已显得是由机械的原因决定的,而这些机械的原因又显得是直接从和人的动作的类比来体会的。"①

立普斯在说明这种以己度物的类比情况时,是以休谟的"同情说"加以阐发的。道芮式石柱之所以给人一种空间形式上的喜悦感和愉快感,我们会在石柱中发现出一种镇定自持的内在生气,完全是因为同情感的作用——这种同情感即是一种移情作用,虽然这种移情作用距真正的审美移情尚有一段预加超越的离程,但是"以上所提出的情况虽不能产生道芮式石柱的全部审美印象,却也产生了其中的一部分",因而在某种意义上看,"一切审美的喜悦——都是一种令人愉快的同情"。②

但是需要进一步讨论,且继续以道芮式石柱为例,我们对石柱的知觉何以造成这种移情作用?或者说,我们何以将自己的生命情感灌注到石柱对象中?再或者说,我们与石柱之间的移情作用所基于的相类似的性质究竟是以什么因素构成的?

从石柱这个对象来看,立普斯说:"石柱自己耸立上腾的不是那石柱本身而是石柱所呈现给我们的空间意象,现出弯曲、伸张或收缩那些动作的是线、面和体形。""空间对于我们要成为充满力量和有生命的,就要通过形式。审美的空间是有生命的受到形式的空间。它并非先是充满力量的有生命的而后才是受到形式的,形式的构成同时也就是力量和生命的形成。"③ 因此,石柱的"那些线所撑持的、由那些面所围成的或把一种物体空间填塞起来的物质堆",④ 并不是造成审美移情的根源。这里立普斯向我们勾勒了三个层次的意义:一、审美移情的对象不是某种实体的材料;二、审美移情的对象是实体材料表现出来的空间形式,唯有这种形式作为禁闭在空间中的生命象征体才构成审美移情的对象;三、这种审美移情的形式对象并不是孤立地客观存在着,它存在着并作为移情对象同时也就是表征着某种人格的生命力量和情感意味。概言之,形式与人格是统一的。

从主体人格方面来看,向这个石柱外射、灌注的移情人格,也不是一个"实在"的自我,而是一个观照的自我。第一,当自我与对象发生关系时,我感觉到我在欣

---

① 马奇主编:《西方美学史资料选编》(下卷),上海人民出版社,1987年,第842页。
② 同上书,第843页。
③ 同上书,第844页。
④ 同上书,第843页。

赏对象，并且我在欣赏中也感到某种欢乐和愉快、体验到由欣赏而引起的种种心理活动和反应。然而，一旦我不是在对象中感觉，不是在活动中活动，不是在感觉中感觉，而是把这种感觉——欢乐、愉快、意志或力量等体验到的心理活动作为一种与我的人格相分离的客观对象，那么，这种被客观化处理的自我感觉就不是一种审美情感，这种在回忆中加以观照的自我活动也不会成为审美的欣赏对象。第二，当自我与对象发生关系时，我感到我在欣赏对象并且我在欣赏中产生了某种欲念即对对象加以模仿的欲念。这种欲念也不应作为一个客观的对立方面而被我感到，不能作为一种经验的实际的满足要求而被我体验。一旦它们被我感觉和体验，那么，这与审美移情的要求就会相去甚远。第三，器官感觉及其他身体状况都是一种客观的经验。这种注意到的"身体状况和身体器官活动过程所感到的快感，和我在不注意器官活动过程而全神贯注到审美对象上面时感到的欣喜，绝不能全体地或部分地同一起来"。[①] 因为"一个对象的美在任何时候都是这一对象的美，从来不是这一美的对象以外的另一事物或不是这对象的某一组成部分的事物的吸引力"。[②] 总之，身体状况以及身体器官活动都是和审美对象毫不相干的。综上所述，在主体与对象的移情作用中，无论是主体的心理感觉，无论是主体的模仿欲念，也无论是主体的器官活动，都不能构成真正的审美对象，因为它们都是在反思中、在回忆中成为一种不仅与对象而且与主体相对立的客观的东西，成为一种单纯的孤立的理智的自我对自我的体验，它们是一种"实在"的自我，而不是审美观照中的自我。

因此，审美移情是一种观照中的自我。首先，我的心理活动和体验并不是面对着对象或和对象对立的，而是自己就在对象里面，或者说，"审美欣赏的特征在于在它里面我的感到愉快的自我和使我感到愉快的对象并不是分割开来成为两回事，这两方面都是同一个自我，即直接经验到的自我"。[③] 因此，那种与主体相对立的自我感觉应该从审美欣赏或审美移情中加以排除；其次，"按照向这种审美模仿活动的冲动的本性，要有自我活动的欲念也可以在对解除模仿欲念的那种动作所进行的观照中得到满足。这样，这种模仿欲念就无须再求满足"。[④] 因为我一旦聚精会神地在观照中，自我的模仿欲念就可以消除仅仅局限于自身而产生的障碍，从而得到一种自由

① 马奇主编：《西方美学史资料选编》（下卷），上海人民出版社，1987 年，第 855 页。
② 同上书，第 855 页。
③ 同上书，第 847 页。
④ 同上书，第 854—855 页。

的解放，一种在观照中的满足和解放。这就是不同于模仿欲念倾向的审美模仿。因此，自我的模仿欲念也应该从审美欣赏或审美移情中加以排除。再次，在审美移情中，"我愈在观照中把全神贯注到审美对象上，我也愈逐渐不大意识到筋肉的紧张或一般器官的感觉。对这类感觉的关注在我的意识中完全消失。""我的身体状况的感觉也就愈从意识中消失去"。"我是完完全全地被带到这类经验的领域之外了。"① 这就是说，身体状况或器官感觉也应该从审美欣赏或欣赏移情中加以消除。最后，立普斯还强调指出，审美移情并不是一种经验和观念的联想，而是一种想象的表现，是一种象征性的表现，他说："说一种姿势在我看来仿佛是自豪或悲伤的表现……这和说我看到姿势时自豪或悲伤的观念和它发生联想，是很不相同的。"② "如果我看到一块石头，软硬之类观念就和这一知觉发生了联想，但是我绝不因此就说，我所看到的石头或者在我想象中的石头表现出硬或软。"③ 这就是说，我们对于事物的想象并非基于经验和联想，立普斯认为：一个事物"和它所表现的东西之间的关系是象征性的，这就是移情作用"④。但是立普斯也并非绝对以为，观念的联想在审美移情中毫无作用。他指出，审美的联想方式与一般的联想方式是有所区别的。这就是说，观念的联想以及它所赖以发生的经验在审美移情中并不是作为个别的孤立的因素有意识地发挥作用，而是作为一种规律，作为一种凝成整体的性质在审美移情中发挥作用，并且是在无意识之中发挥作用。从这个意义上来看，一般的普通的观念联想亦应该从审美欣赏或审美移情中加以消除。

对于凡此种种的"实在自我"的消除，绝非仅仅是有意识地排斥在我的审美意识之外，而是由于我完全沉浸在对象之中，我完全就在我自己的活动之中，或者说，我与对象完全在观照中融为一体，从而根本没有有意识地将它们再作为一个客观对象加以欣赏，加以联想和反思，加以回忆和体验，因此，它们仿佛从我的审美意识中完全消失或自动化解了。

对此，立普斯总结道："我愈聚精会神地去观照所见到的动作，我的模仿也就愈是不出于意志的，倒过来说，模仿动作愈不出于意志的，观照者也就愈完全地处在那所见到的动作里，如果我完全聚精会神地去观照那动作，我也就会完全被它占领住，意识不到我在干什么，即意识不到我

<hr>

① 马奇主编：《西方美学史资料选编》（下卷），上海人民出版社，1987年，第854—855页。
② 同上书，第857页。
③ 同上书，第857页。
④ 同上书，第859页。

实际已在发出的动作，也意识不到我的身体里所发生的一切，我就不再意识到我的外现的模仿动作。"①

因此，第一，"我所感觉到的活动，据我的体验，是完全来自对所见到的动作的观照；它直接地而且必然地和这观照联系在一起，而且只和这观照联系在一起。"第二，"我的活动的对象并不就是我自己的活动……而只是我所看到的这个活动。我感觉到我在这动作里或在这动作的形体里活动，并且由于我把自己外射到那个动作的形体里，我感觉到我自己在使力完成那个动作。"于是，"我被转运到它里面去，就我的意识来说，我和它完全同一起来了，既然这样感觉到自己在所见到的形体里活动，我也就感觉到自己在它里面自由、轻松和自豪，这就是审美的模仿，而这种模仿同时也就是审美的移情作用。"②

其实，在早期的美学著作中，立普斯就已经用同情说和移情说来解释悲剧艺术的性质。首先，他以"心理堵塞"这个法则去说明悲剧所唤起的价值感。他认为，悲剧是与灾难相联系，悲剧所引起的种种怜悯感觉也是以灾难为其媒介的。那么，什么是心理堵塞法则呢？他说："一个心理

变化，一个表象系列，在它的自然发展中，如果受到遏制、障碍、隔断，那么，心理运动便被堵塞起来。"③ 而灾难事件就是人生经历中的一种障碍、隔断，在心理上就会造成堵塞感受。因为，我们在一般常规意义上，总是期待和"注视"某人的发展过程的延续，而灾难降临却使这一个过程的延续成为中止和间隔，而人是一切事物中最具价值的。"一个人，即使他是最大的罪犯，对于我永远是人、和我一样的人。他身上有着人性和人的贵重性。"④ 但是，不仅他人有可能招致灾难，而且"我在某种情况下也可能招来灾难。"⑤ 这就是说，灾难会落到和我一样是人、同我一样具有人的价值的人身上。在这种情况下，一旦灾难发生，我就会对人的价值毁灭发生同情或同感。他说："这种对另一个人的人的价值的感觉，是同情或同感。"因此，"对异己的人的评价，无非是客观化的自我评价，对异己人格的价值感，无非是客观化的自我价值感。"这种"被我看到的灾难在我身上造成的对人的价值的感觉，叫做同感。同感就是感情移入、共同体验。"⑥ 而一切悲剧性的本质"就是由于看到灾难而

---

① 马奇主编：《西方美学史资料选编》（下卷），上海人民出版社，1987年，第851页。
② 同上书，第852页。
③ 同上书，第807页。
④ 同上书，第809页。
⑤ 同上书，第810页。
⑥ 同上书，第811页。

被引起的从而是最亲切的、对异己人格的共同体验"，而悲剧的快感则是使悲剧的怜悯从属于积极的、令人鼓舞的精神因素。概言之，悲剧感就是人类对于一切降临于人身上的灾难、毁灭人的价值的积极的同情和移情作用。

当我们大致介绍了立普斯的移情学说后，我们不由想到李斯托威尔对他的评价是十分中肯的，他说："立普斯的著作的一个突出优点是，他非常详尽而又细致地在艺术和自然的各种形式中对移情作了探讨。这一工作比分析和解说这一心理学现象本身要更为艰苦和复杂得多。"① 他还列举了立普斯对移情类型所作的细致的区别：第一，一般的统觉移情；第二，经验的或自然的移情；第三，气氛移情；第四，生物感性表现的移情，以及对支配一切审美形式的规律所作的三大方面的归纳，即整一律、多样统一律、主从律等。这些都表明立普斯通过对移情作用的考察与探究，从而将其上升到一般的美学原则的高度，以此对一切自然的、艺术的审美现象作出普遍和统一的说明。总之，他对美学理论的贡献是毋庸置疑的。对于他以及整个移情学派的评价，我们将在最后一节中展开讨论。

二、谷鲁斯

谷鲁斯（Karl Groos，1861—1946）也是德国移情学派的著名代表，几乎和立普斯齐名。我们将在下面的介绍中可以看到，在立普斯移情学说中被否定的因素，在谷鲁斯的移情理论中却给以了肯定。在立普斯以物我同一的移情论对审美心理作出统一解释的地方，谷鲁斯则以独立快感的游戏论对这种心理现象作出了迥然不同的阐说，从而将移情作用置于一种新的目光下加以考察。与立普斯不同，谷鲁斯深受席勒的影响。席勒在《审美教育书简》中提出了艺术源于游戏冲动的观点，谷鲁斯也是从游戏冲动这个角度去阐发移情学说的。在当时，受席勒学说影响并对游戏论作出发挥的，还有斯宾塞和朗格。他们分别或者把游戏和艺术视为一种剩余精力的无目的的自由发泄，或者把艺术和游戏看做一种人为的有意识的自欺活动，一种人们似乎十分情愿地佯信地掉入了的自我虚构和编织的活动。虽然在个别细节上，两人略有不同，但是无论是斯宾塞或者朗格都一致认为，艺术与游戏在本质上都是一种与实用的生活目的全然无关的活动，或者说是一种在满足了实用生活要求之后的虚幻的生活，并将此视为审美活动的基本性质。

谷鲁斯从席勒出发，然而却不完全赞同斯宾塞和朗格对游戏和艺术本质的解释。他认为，很显然，如果游戏和艺术仅仅是一种无目的的虚构活动，那么，这种活动

---

① 李斯托威尔：《近代美学史述评》，上海译文出版社，1980年，第57页。

就不会因时因地和其他条件而改变它的基本属性和存在方式。相反，他通过对艺术和游戏活动作了大量观察和分析，认为游戏总是随着种属、性别以及年龄的不同而显出它的差异。这就表明，游戏总是具有某种特定的内容，总是具有超出游戏本身之外的目的。比如在儿童时期，女孩游戏喂木偶是为了练习做母亲，男孩游戏打仗是为了未来战斗所做的学习准备，概言之，游戏是包含人生目的的实用练习。在成人阶段，人类的游戏本性依然保持，但游戏的方式已经过渡和转变为较高级的艺术活动。这种艺术活动也依然具有一种外在的目的，而不是为艺术而艺术的虚幻活动，这种外在目的就表现为人对自身力量的一种肯定以及在肯定中的快感和满足。或者说，人在艺术游戏中，也就是在一种他的能力所能扩展的范围内对自身才能的欣赏和炫耀。他说："就连艺术家也不是只为创造的乐趣而去创造，他也感到这个动机，不过他有一种较高的外在目的，希望通过他的创作来影响旁人，就是这种较高的外在目的，通过暗示力，使他显出超过他的同类人的精神优越。"①

进一步看，艺术作为游戏的一种高级形式，是基于本能的模仿活动，特别是知觉活动更以模仿本能为基础，如一个人看见一个圆形物体时，他的眼睛也会不由自主地模仿而随作圆形运动。这种一般的知觉模仿活动多半呈现于外部的筋肉动作，而审美的知觉模仿活动则不一定诉诸外部形式，而是转化为内在的模仿活动，谷鲁斯将其称为"审美的内模仿"。对此谷鲁斯论述道："例如一个人看跑马，这时真正的模仿当然不能实现，他不愿放弃座位，而且还有许多其他理由不能去跟着马跑，所以他只心领神会地模仿马的跑动，享受这种内模仿的快感，这就是一种最简单、最基本也最纯粹的审美欣赏了。"②

在立普斯看来，这种内在的模仿活动就是身体的内部状况即运动器官的感觉。这种感觉包含"动作和姿势的感觉（特别是平衡的感觉）、轻微的筋肉兴奋以及视觉器官和呼吸器官的运动"。③ 以这种内模仿的器官运动感觉为核心所构成的审美移情活动，可以解释如下种种审美心理现象：

第一，审美的内模仿活动可以将过去经验与感官知觉融合一体。他说："内模仿是否应看作一种单纯的脑里的过程，其中只有过去动作、姿态等的记忆才和感官知觉融合在一起呢？绝不是这样。其中还有活动，而活动按照普通的意义是要涉及运动过程的，它要表现于各种

① 朱光潜：《西方美学史》（下卷），人民文学出版社，1979 年，第 615 页。
② 同上书，第 616—619 页。
③ 同上书，第 616—619 页。

动作，这些动作的模仿性对于旁人也许是不能察觉到的。依我看来，就是对实际发生的各种动作的瞬间知觉才形成了一个中心事实，它一方面和对过去经验的模仿融合在一起；另一方面又和感官知觉融合在一起。"①立普斯对于这种过去经验的联想作用只作了纯粹的心理学解释。也就是说，过去经验在审美移情中，并不是作为一种个别因素而是作为一种整体性的规律，这种规律在移情的观照中直接参与进来，成为人格化解释的显现因素。立普斯还着重指出，过去经验的参与并不为欣赏者本人完全觉察，毋宁说，这种参与是在下意识中进行的，而不是在反思观照中完成的，而谷鲁斯则强调，审美移情是以人的器官感觉为轴心，围绕这个轴心使得过去经验与当前形象构成一个完整一体的审美意象。

第二，审美的内模仿是一种独立快感。他说："我们不可能想到石柱的上腾运动而不想到自己的过去经验。这当然是不证自明的。但是我认为在审美的知觉里，当事人有意识地抱着这个印象流连不舍，只是为着它的一些产生快感的性质，这也就是说，他是带着游戏的态度而抱着这种印象流连不舍。"②立普斯对于这种基于身体状况的快感或感觉并将此作为一种对象化的

东西加以欣赏的看法是坚决拒斥的。他认为在真正的审美移情中，当事人与对象、与自己内在感觉并不是彼此对立和相互分开的，而是人就在对象、就在自己活动中进行欣赏。但是谷鲁斯认为，他并不反对"把自我转移到另一个人的情境中和他同一起来"，③但是如果止步于此是远远不够的，因为这仅仅是一般的快感，而不是具有特殊喜悦的审美知觉。内模仿是在此基础上前进一步，走向把模仿冲动加以精神化。使人们以游戏的态度来对待这种独立化的快感，也就是说，人们可以对审美模仿而产生的印象进行有意识地观照欣赏而流连不舍，比如野蛮人对雷声而产生的恐惧，但是，沉溺于恐惧本身并不是审美，只有人们转而复对这种轰鸣天际的雷声所产生的恐惧感的时刻，才意味着真正的审美态度和审美欣赏。

第三，基于运动感觉的内模仿具有加强审美同情和感受的内在力量。实际上，立普斯并不反对内模仿，但是他认为内模仿并不与器官感觉相联系，因为对于人的意识来说，这种内模仿只是在能见到的对象里发生。努力、挣扎成功的感觉就不再和人的动作联系在一起，而是只和所见到的那个客观的物体动作

---

① 朱光潜：《西方美学史》（下卷），人民文学出版社，1979年，第616—619页。
② 同上书，第618页。
③ 同上书，第619页。

联系在一起。谷鲁斯认为，撇开运动器官以及感受就不能解释"审美性的同情所具有的那种温热亲切的感受和逐渐加强的力量"。对此，李斯托威尔曾有过十分准确的评述："在完满而又强烈的欣赏中，总会有一种模仿性的运动过程。一般说来，这种过程不外是外物的姿态在内心中的再现。因为，除非在十分强烈地参与的情况下，身体的动作历历可见之外，这种实际上发生的肌肉的变化都不过是微露端倪而已。例如，当我们对于愤怒的表情所产生的同情的震动，最初达到最为强烈的美感经验的那种生动性的时候，就是我们在我们自己身上再现了这种情绪在身体上表现的时候。"

谷鲁斯与立普斯的分歧乃是移情学派内部的争论，这些争论、分歧只是细节上的区别。从总体上看，由立普斯所创立的移情论已经提出了全部的争论问题，只是在如何对待、解决这个问题的方法和途径上，各自有差异而已。

三、浮龙·李

在英国，浮龙·李（Vernon Lee, 1856—1935)的移情理论只是动摇于立普斯和谷鲁斯之间的矛盾的产物。虽然在她写《美与丑》这部著作时，还没有接触到立普斯和谷鲁斯的学说。她的思想多半是受当时关于情绪的"詹姆士—朗格说"的影响。在一般心理学家看来，情绪的产生导致了人体的器官变化。所谓情绪是因，器官变化是果。但是在詹姆士和朗格看来，人们对于事物的知觉是直接诉诸（并造成了）身体器官的变化，而这些变化所产生的总体感觉才表现为情绪。因此，上述对于情绪与器官的一般关系的看法，就必然要倒转过来，也可谓之器官变化是因，情绪产生是果。浮龙·李将这种理论运用到审美欣赏中，认为人们在知觉事物时所造成的身体器官的变化相应就会产生审美活动中特有的喜悦情绪。这种对内模仿所涉及的身体器官变化显然是与谷鲁斯的理论十分相近。但是，与谷鲁斯所强调的筋肉运动的感觉不同，浮龙·李则侧重于内脏器官的感觉，如呼吸循环系统的变化等。在她与汤姆生合著的《美与丑》一书中，一方面是由汤姆生提供了大量的在审美活动中生理和心理反应的内省材料；另一方面是由浮龙·李从理论上加以分析和总结。下面这段文字就是对于内模仿活动中身体内脏器官感觉的描述：在观照花瓶时，如果"双眼盯着瓶底，双足就压在地上，接着随着瓶体向上提起，她自己的身体也向上提起，随着瓶体上端展宽的瓶口的向下压力，自己也微微感觉到头部的向下压力……有一套完整的平均分布的身体适应活动伴随着对瓶的观照。正是我们自己身上的这类动作的完整与和谐才是和感觉到瓶是一个和谐的整体这个理智的事实相适应的"。① 她甚至认为"我们不可能聚精会神地圆满地欣赏一座像《麦底契爱神》那样身体微向前弯的雕像，如果我们昂首挺胸，全身筋肉紧张地站在雕像面前"。② 从她的全部言论中有几点是我们值得注意的：第一，这种内模仿活动更多是由外物形式所引发并且一直支配着身体器官相应的运动感觉，而不是主体的情绪或思想观念的外射作用并由此而达到与对象的统一。因为很显然，她将审美内模仿的根本原因落实到人的内在器官上，而这些器官本身若无外物的引发是不会自动产生变化并继而造成情绪反应（当然，内在器官由于生命新陈代谢过程所构成的活动不在我们的讨论范围之内）。第二，对对象的完整和谐的形式的知觉与平均分布在我们身体中的完整和谐的运动感觉是同构的。并且这个同构事实是为我们的理智所认识的。也就是说，审美欣赏与其说是对象形式的模仿和欣赏，倒不如是对我们身体器官的感觉的反省和体验，或者说，如果没有身体器官与对象形式相适应的完整和谐的同构活动，审美欣赏就是不可思议的。第三，对象形式所以能够造成有益于生命的器官变化，就是因为美。反之，对象形式若造成了有害于生命的器官活动，就是因为丑。进一步说，对象形式与身体器官是否能够形成

一种完整和谐的同构关系，是判断美与丑的根据。

在后期，浮龙·李放弃了在《美与丑》一书中的看法，特别是在受到立普斯的批评后，她承认审美情绪不能仅仅归结为身体器官的变化所造成的感觉总和。下面这段文字表明她变化了的观点，她说：

"由于我们有把知觉主体的活动融合于对象性质的倾向，我们从自己移置到所见的山的形状上去的不仅是现时实际进行的'立起'活动的观念，而且还有一般'立起'观念所涉及的思想和情绪，正是通过这种复杂的过程，我们才把我们活动的一些长久积累的、平均化过的基本形态，移置到（这完全是不知不觉的）那座静止的山，那个没有身体的形状上去。正是通过这种过程，我们使山抬起自己来。这个过程就是我所说的移情作用。"③

这样，浮龙·李的观点就从谷鲁斯转到了立普斯的一边，尽管她所指责的物我同一说，有落入隐喻的陷阱的危险，但是我们只要仔细分析，浮龙·李并没有击中立普斯理论的要害，而是依然在立普斯的移情理论框架中进行词语上的修修补补。李斯托威尔曾

---

① 朱光潜：《西方美学史》（下卷），人民文学出版社，1979年，第621页。
② 同上书，第621页。
③ 同上书，第622—623页。

对浮龙·李作过这样的评价："她是一个纯粹的感觉主义者，坚决主张只有运动神经的感觉，才被我们投射到外物中去；一会儿——无疑受了立普斯的影响——她又承认，我们的心情、感情和意图，也可以投射到外物中去。"① 这就把她在理论上动摇不定的情形十分准确地描绘出来了。

四、伏尔盖特

伏尔盖特（J. Volkelt，1848—1930）是德国另一位移情论者，著有《美学体系》（三卷本）。应该说，他的移情理论与立普斯并无二致。移情作用在他看来，是一种特有的富于创造性的心灵活动。在这个活动中，感知对象与它所表现的情感内涵是在无意识心理的化合作用下直接地瞬时地交融一体，因此联想因素是不可能成为联结两者的环节而被排斥在移情过程之外。但是，他并没有将自己仅仅局限在"移情"这种特定的美感经验中，而是更为广泛地，不仅将对艺术和自然的观照态度，而且也将艺术品创造的实际过程都在他的理论研究中加以涉猎。另外，我们还可以看到，他站在较为客观的立场上，将谷鲁斯关于运动器官在内模仿中的作用的观点，置于一个新的理论角度作了较为公允的解释。

他认为，无论是艺术鉴赏还是艺术创作，都是心灵的活动。因而美学研究应该理所当然地采用心理学的方法。他着重强调，这种心理学方法不是实验的，而是内省的即对自己的美感经验和旁人所描述出来的类似经验进行反省和分析。

因此，无论在艺术或自然中，虽然美感经验都有主观和客观两个方面，但是客观对主观的刺激以及由此所造成的心灵反应，恰好表明客观仅仅是一种被动的条件的存在。美感经验的特征并不能由客观方面而只能由主观心灵的活动加以说明。对此，李斯托威尔作了如下评述："由于全部经验的主要特征，都是经常发生在主体方面的，所以严格说来，客观的美学只是处于附属的地位，它的功能只是替主观的美学服务"，"正因为这样，所以客观的美学，或者说艺术科学，就很自然地成了主观的美学的补充和完成"。但是另一方面，客观方面依然是不容忽视的，我们对主观的心灵、情感以及冲动的探究也必然涉及主观所感知的客观对象，必然导向审美规范所涉及的客观方面，涉及到这些规范中所体现的一般价值的规定。但是伏尔盖特又指出，"每一种价值，不管它是来自宗教道德、美或真的领域，都要求通过人类的努力和活动"来加以实现。因此，对于一般价值的探究也依然部分地归属于心理学范畴，或者说只有在"分析和描述了美感经验的全部丰富性和多样性之后，美学家才终于能够制定最一般的规范。根据这些规范，美可以创造出来，可以加以评判。而丑则可以避免，

---

① 李斯托威尔：《近代美学史评述》，上海译文出版社，1980年，第162页。

或者加以贬斥"。

伏尔盖特认为，对于美感经验的主观性所作的心理分析和描述，事实上就是对其中最重要的审美移情心理的探究和把握。这种移情的特殊的心理状态如何呢？伏尔盖特认为，它首先表现在客观情感的突然显现上。也就是说，一旦我们把自身的情感投入到外界某个对象上——比如，当我们的目光伴着情绪投入并沉浸在维纳斯或摩西雕像中，它们仿佛立刻把那种特有的情感内涵：维纳斯沉静典雅的气质、摩西怒不可遏的愤懑一下子就传播给了我们，这种情感属性并不能仅仅归属到我们身上，不能归属到主观范畴，而应归属于对象的客观范畴，我们是那样密切地将引发而来的感情、姿态变化的感觉归之于对象本身并和它们融合一体。这种客观化的情感显现是那样迅捷、那样直接，因而我们并不是先对对象的形式、对象的姿态加以观审尔后体察出某种相应的情感或感觉，而是在触及对象形式和姿态本身时就立刻进入情感的表现。或者说，对对象形式的知觉与对象的情感表现是在瞬间完成统一的。

伏尔盖特把这种审美移情与一般的普通移情是严格区分开来的，日常生活中移情现象也是经常而普遍的。李斯托威尔对此评述道："对我们来说，当我们看到旁人或听到旁人说话，而不把他的声音和身体外貌当成是心理过程和心理事实的表现，这是不可能的。"[①] 但是这种一般意义上的移情现象的发生多半是与我们切身的利害和爱好相联系，也多半是与我们过去的经验生活以及从中所获得的抽象观念和知识形态相联系。而这些恰恰是作为审美移情发生的障碍和阻塞的不利因素，真正的审美移情是不将知识和经验因素充塞其中或显露出来，它总是强烈地、完满地、不假思索地沉浸在感情的笼罩中。

接着，伏尔盖特又将审美移情分为两种类型，一种是单纯的移情，它表现为对客观对象实在中包含的意蕴的同情体验；另一种是象征的移情，它表现为由于客观对象与其他事物的相似而由此所构成的类比关系，从而在移情中获得一种象征意蕴。这种象征的移情普遍适用于整个自然界以及艺术中的大部分存在。在这种象征的移情中，我们总是倾向于将无生命的存在赋予生命，将近似人的东西加以人化，这是比单纯的移情更为广阔和更为重要的审美移情作用。

在这种移情现象中，伏尔盖特并没有完全排斥人的运动器官感觉所起的作用，他甚至像谷鲁斯一样，将运动感觉视为审美移情中不可或缺的中介因素，同时，也没有彻底排斥过去的经验知识在某种限定条件下会对审美移情发生作用。他反对和排斥的只是将这种经验知识及联想作为审

---

① 李斯托威尔：《近代美学史评述》，上海译文出版社，1980年，第64页。

美移情发生的决定性因素，或者用这些因素来说明审美移情心理产生的性质。进一步说，过去的经验并不是孤立地单独地作为联想产物充塞在移情心理活动中，而是作为一种被唤醒和复活了的感情因素转换和融化在移情观照活动之中，渗透和统一在目前的情感表现中。对此，李斯托威尔曾有过十分详细的分析和解说："当我们在戏院里看到一群舞蹈者跳舞，或者看到一个发怒的人的那种姿势和周身的扭动时，我们想用我们自己的身体来模仿我们所看到的动作。我们并没有完全再现他们的身体状态，我们是在我们自己的肌肉和四肢上感觉到紧张或收缩，在这种情况下的运动感觉，就是加速移情的动作的中介物。此外，我们还常常将我们所看到的东西，联系到过去经验中所取得的知识，例如一个绝望的姿势可以因类比而唤起过去所看到过的这种姿势。过去的这种姿势，又反过来，在我们的心灵中复活了它当初所表现的那种感情。这些都是我们把我们周围世界加以生命化和人化所采取的不同道路。"① 这段论述表明，伏尔盖特说明了由一般普通的移情向真正高级的审美移情的转换和统一的过程。只有在这种转换和统一的过程中，过去的经验知识或者运动器官的感觉，才或作为复活的因素、或作为中介的因素参与并融化到移情的审美活动中。

通过讨论移情的审美心理，伏尔盖特又着重讨论了移情的客观条件，也就是说，美学研究不仅是心理学的，而且也是价值学的。甚至可以说，心理学的探究必须以价值学的探究为其前提。或者说必须使美学的心理研究与美学的价值研究结合起来，才能为审美欣赏和移情提出某种规范。下面我们转引李斯托威尔对伏尔盖特的四种规范的论述：

"第一种规范，给主体设立一种充满感情的观照态度。……给客体则规定了一种形式与内容的统一，既反对物质形式不能恰当地表现精神主体，也反对只有物质形式而完全缺乏精神内容。

第二种规范，是形式上的。它说明主体在集中、组合和统一艺术作品或自然事物的各个部分时，所表现出来的那种在有关活动上异乎寻常的紧张；至于客体，则必须把自己表现成为一个完整的有机整体，表现出部分与部分，部分与整体之间相互的亲和关系。

第三种规范，要求主体减少他对现实的感情，暂时排除那些支配着他日常生活的个人主义的冲动，甚至暂时放弃他在思辨、

---

① 李斯托威尔：《近代美学史评述》，上海译文出版社，1980年，第65页。

道德和宗教等价值领域中所作的努力，从而采取一种态度，突然把外部世界，把整个艺术和自然的王国转化成为一种纯粹是知觉外观的世界。

第四种规范，则坚决主张客体应当通过它的内容显示出一定的人类价值，宗教的、道德的、科学的或艺术的价值；而不是某种无聊的、琐碎的、无关紧要的或者十分例外的东西。它要求观赏者把他的意识从特殊扩大到一般，从与人类生活的理想无关或者相反的那些东西，扩大到纯粹是人类的东西，扩大到人类文化价值的广阔天地。"①

我们从伏尔盖特第四种规范中可以看出，他已经从纯粹的心理领域过渡到客观的价值领域，从一般的美感经验的移情探究过渡到对人类美感中包含着的形而上学含义的追求。或者说在审美现象中，人类特殊的、有限的自我价值必须上升到绝对的、无限的客观价值这个永恒的价值规定中。他还以美、真、善、圣、爱来规定这个最高价值的性质和品格。从另一方面看，这个价值规定亦是建立在人类本性中那种符合目的的要求之上，或者说，正是宇宙的符合目的，使得人类个体的一切要求和目的只不过是作为它的绝对性的表现而已。这样，我们从哲学上去看，伏尔盖特就从经验论过渡到唯理论，过渡到莱布尼茨的和谐宇宙的预定论中了，这正如李斯托威尔所说的那样，"把美学从精密的科学转变成为思辨的哲学"，转变成一种形而上学，并企图以此"把人们经验中的各个不同方面完满地协调起来"。② 这是一种为其他移情论者所不具备的思想倾向。

五、柏格森

柏格森（Henni Bergson，1859—1941）是法国哲学家，也是对美学和艺术有独到见解的思想家。著作有《物质和记忆》、《创造进化》、《笑的研究》等。从严格意义上看，他称不上移情论者，而是一个直觉论者，一个以生命的研究去贬斥科学的研究的非理性主义者。但是在他所竭力宣扬的生命直觉论中，却包含着大量的与移情论相类似的观点。进一步看，他的整个哲学倾向还不如说是一种艺术化的精神，是一种以艺术方式把握世界并将这种方式抬高到唯一可以通达真理堂奥地位的艺术哲学。在这种哲学中，它必然涉及艺术中的移情现象。

柏格森认为，人类认识现实有两种基本方式：一种是科学的理智的机械方式，

① 李斯托威尔：《近代美学史评述》，上海译文出版社，1980年，第66页。
② 同上书，第157页。

它或是从理性范畴出发，以几何化公式和逻辑形式将具体内容纳入其轨道并进行推演，或者把现实中的丰富多样的趋势，加以简化、归纳，然后归复到一个毫无个性的、空洞的原则之中。这种认识方式在根本上是由实用目的所支配，它造成了世界和生命中许多奥秘和真谛都不为其所觉察。另一种是艺术的直觉的体验方式。这种认识方式决定了它将整个世界、整个生命乃至整个思维状态都视为一种绵延性的川流。对于这个绵延性的川流，柏格森作了如下描述："我发现有一股连续不断的流，我所见到的任何一种流都不能同它相比。这是一系列的状态，其中每一个状态都预告着随之而来的状态，也都包含着已经过去的状态……它们是由一种共同的生命紧紧地结合着、深深地鼓动着的。我根本无法说这一个到哪里为止，那一个从哪里开头。事实上它们中间的任何一个都是无始无终的，全都相互渗透、打成一片的。"[1]

对艺术家而言，这种绵延性的川流，一方面是潜藏在现实事物背后的内在旋律，是隐匿在自然世界内部的深沉的音乐，是雕刻在我们身体内部的美的塑像；另一方面是我们自己意识状态中那种"亲切的、个人的、他人所未曾体会过的东西"，"是人的内心生活的最细微的活动"，"是那个纯粹朴素的精神状态"，"纯粹朴素的情感"。[2] 但是柏格森指出："在大自然和我们之间，在我们和我们的意识之间，垂着一层帷幕，一层对常人说来是厚的而对艺术家和诗人说来是薄得几乎透明的帷幕。"[3] 这道帷幕就是以功利化的、实用化的理智态度所织成的，这种态度常常把我们的认识和行为预先地规定了某种道路，从而使我们无法进入那个绵延的川流，那个内在的现实，那个精微的情感世界和难以理喻的生命状态。只有直觉能够"突然地看出处于对象后面的生命的冲动，看到它的整体，哪怕只是在一瞬间"。[4] 那么，这种直觉又是什么呢？柏格森指出，这是这样一种心灵和这样一种认识方式，即"一些与生活较为脱离的心灵"，"这是一种自然的脱离，是为感官或意识的结构本来就有的东西，并且立刻就以一种观看、听闻和思想的童贞的方式涌现出来。正是这种直觉化的艺术方式使我们能够设身处在事物的内部"。[5]

柏格森还进一步指出，正是这种直觉方式和艺术态度，具有催眠和暗示的功能，

① 柏格森：《形而上学引论》，转引自《西方现代资产阶级哲学论著选辑》，第138页。
② 马奇主编：《西方美学史资料选编》（下卷），上海人民出版社，1987年，第887页。
③ 同上书，第883页。
④ 同上书，第872页。
⑤ 同上书，第884页。

使我们能够从日常生活的功利轨道中摆脱出来，进入到艺术的幻境，达到一种审美的同情状态。这样，我们就被艺术所鼓励，"就把那个介于我们的意识和我们自我之间的帷幕拉开了一会儿"，"把我们引到我们自我的真正面目之前"。也就是说，我们以直觉的方式，身心交合地融进、移入到生命绵延的川流之中，并与之打成一片，无可辨识。

柏格森的哲学思想以及由此生发而来的艺术见解，至少与立普斯等人的移情说有如下异同：一是他们都认为艺术态度或审美移情是一种超越功利、不假思索和无须反省的纯粹知觉（或直觉）的把握，是在无意识作用下的突然的情感显现；二是他们都认为艺术欣赏或审美移情都是处于主客体相互交合、浑然一体的状况。主观的内在情感与对象的内在现实在同情中达到完全统一。但是我们可以看出，柏格森不只是在谈论艺术，不只是在谈论审美情感，而只是把这种艺术的审美的认识方式提高到哲学本体的高度。也就是说，他把整个世界的真实意义的存在以及对这个存在的把握完全等同于艺术状态和审美方式。也就是说，把现实直接等同于心理，等同于生命，等同于类似音乐旋律那样地存在于时间形式中的绵延之流。这就远远超出了立普斯等人所界定的审美理论范围了。

六、巴希

巴希（V. G. Basch, 1865—1944）是法国移情学派的重要代表，他在法国巴黎大学任美学教授。他在其巨著《康德美学批判》中，一方面批判了康德的美学思想，另一方面也阐发了他自己的美学观点。他关于移情理论的见解更多地接受了费肖尔父子的影响，同时也接受了谷鲁斯的内模仿说。从总体上说，他的移情观点也没有多少独到的建树，他只是在综合前人观点的基础上，明确提出了如下几点较为新鲜的见解：

第一，他认为，一般情感与审美情感的区别在于：除了强调视听作为审美欣赏的高级感官以及摒除功利在审美情感中的影响之外，审美情感是一种同情的社会情感。这样，他就使移情理论突破了局限在纯粹心理的考察范围，将审美心理与社会意义联系在一起。当然，我们并不是说立普斯等人完全忽视了社会生活对审美的影响。我们在立普斯的悲剧理论中可以看出，他总是将悲剧性质同人的价值、人的社会灾难事件相联系，并由此说明人的悲剧的同情心理产生的根源。然而，立普斯在分析移情现象时，甚至在讨论悲剧性质时，其着重点还是在于对人的心理特征和物我交融的统一状态的探究和把握，并没有像巴希那样将同情感或审美情感明确地界说为一种社会性情感。

第二，他在分析和解释审美的同情心理时，明确指出有两种快感，一种是感官快感；一种是理性快感。前者亦可视为由"感性因素"所引起的快感，后者则是由"形式因素"所引起的快感。这在立普斯等人那里虽然也有不同程度的论述，但也没有像他这样加以明确的区分。他这种区分显然是受了康德和席勒学说的影响，特别是席勒的"理性冲动"和"感性冲动"学说，在他的同情说中显然留下了无可置疑的思想痕迹。

第三，他在分析和解释审美的同情心理时，认为人不仅可以在无生命的事物中灌注自己的热情和情感，使之人格化，而且更为着重强调"我们的同情还由作品转到艺术家，是他才把我们从日常猥琐事务生活中解放出来，我们对他的敬慕使我们有一种倾向，要从他的天才所放射出的人物中去寻找他自己的灵魂中的一丘一壑，去过着艺术家所描绘的那些人物的生活"。[①] 我们由此可以从德拉克罗瓦的作品中感受到法国大革命的热情，可以在米开朗琪罗的作品中去感受文艺复兴时期的英雄生活，我们还可生活在陀思妥耶夫斯基的小说所描写的男人和女人的痛苦生活中，可以感受舒曼短歌中的喜悦、缱绻和失望，感受到贝多芬交响曲或瓦格纳歌剧中的巨大热情和气势以及巴赫圣乐中那种宗教的虔诚。总之，我们可以从艺术家和他们的作品中分享到已经远远遥离我们的另一个时代的生活，从而领略到一种完全不同于我们琐屑的日常生活和当下的心境的另一

个时代的氛围和气息。

巴希的以上三个方面的论述，对移情理论的确具有一定贡献，但是由于移情理论的一些最基本的原则已由他的先辈和同辈们十分出色地加以制定了，因此，这种贡献总的说来依然是有限的。

第五节　简要的评价

移情学派在 19 世纪后期的西方美学界，一直保持着广泛而深刻的影响。人们对其评价，也是众说纷纭。我国学者对移情学派的评价也不尽一致。

对移情学派曾作过详尽介绍和评价的应首推朱光潜先生。早在 20 世纪 30 年代朱先生留学英法时期，在他所著的《文艺心理学》一书中，就对移情学派这一美学流派作了理论上的分析和介绍，并结合中国文艺中的实例加以引证和发挥。后来在他所著的《西方美学史》（二卷本）中对移情学派作了比较系统而又完整的介绍和总结。概括起来说，朱光潜先生对移情学派的评价大致有如下几个方面：

第一，他认为移情学说"总的精神是强调审美者的主观能动性以及形式表现内容的必然性，反对当时美学上的形式主义，在这一点上它还是有积极意义的。"[②]

第二，他认为移情现象"是很原始的

① 朱光潜：《西方美学史》（下卷），人民文学出版社，1979 年，第 624 页。
② 同上书，第 628 页。

普遍的。我国古代语文的生长和发展在很大程度上是按移情原则进行的。特别是文字的引申义。我国古代诗歌的生长和发展也是如此，特别是托物见志的兴。最典型的运用移情作用的例子是司空图的二十四诗品以及在南宋盛行的咏物词。"① 这就表明移情现象在中外文艺活动中是一种常见的、带有规律性意义的心理经验和审美方式，因而这种学说在某程度上揭示了人的审美心理之奥秘。

第三，他对移情学说也作了批评，认为立普斯将"美感的起因归之于不在对象而在对象所引起的主观情感"，这显然堕入了主观唯心主义。

第四，他还提出，"是否一切审美欣赏和艺术创造都必然带有移情作用呢？"他反对移情论者把审美的移情作用，与审美的情感直接等同。或者说把移情作用看做审美活动的最高阶段，认为这是与事实并不相符的，移情作用"在审美活动中是一个相当普遍并且也不是绝对普遍的现象"。② 所以，把审美的移情作用和审美活动等同起来是不妥的。

另外，李泽厚先生对移情论也作了某些评论。总的看来，他认为，移情学派是美学突破传统形而上学哲学体系的束缚，

走向对美感心理经验的实证研究的一个突出例证，同时我们亦可看出他的美学论著或多或少已经融合了移情论的观点。宗白华先生对移情学派也作了这样的评价："移情应当是我们审美的心理方面的积极因素和条件"，"移我情，移世界是美的形象涌现出来的条件"。③

国外学者对于移情学派的看法，就我们可以接触到的资料来看，并不为多。吉尔伯特与库恩合著的《美学史》曾作过如是评述：他们认为，移情学说与艺术表现是紧密联系的，当艺术表现在美学研究中已经占据了一个相当重要的位置时，移情学说企图以自己的理论去解释这种艺术现象以及超出这种现象以外的各种艺术问题，显然是勉为其难的。而且，十分明显的是，移情的投射活动本身是无法观察到的，因而这种投射活动在理解的可能性上，带有极大的随意性："同一种云的形状，一些人可能感到是不祥和恐惧之兆，另一些人则可能感到是愉悦和成功的象征。"④ 对于艺术和艺术家而言，"依赖怎样的规律，才能够通过作品唤起读者拥有自己在艺术创作过程中所赋予作品的那些情感呢？对于看不到的活动（如移情）所作的那种假定，比另一种对于真正充满生气的宇宙的假设

---

① 朱光潜：《西方美学史》（下卷），人民文学出版社，1979年，第597—598页。
② 同上书，第609页。
③ 宗白华：《美学散步》。
④ 吉尔伯特、库恩：《美学史》，上海译文出版社，1989年，第709页。

更有根据吗?"因此"只有当知觉同情感之间存在着一种合乎规律的联系时，才有可能理解艺术作品"，否则，这个学说的基础就要加以修改。

李斯托威尔所著的《近代美学史评述》一书对移情学派及其各代表人物的思想倾向也作了论述和评价。该书认为，移情理论"在20世纪中，在欧洲大陆的美学思想中，取得了支配地位。其所以这样，一半是由于它对整个心理学方法的挑战所激起的反应，一半也由于它在心理学的美学家中间所获得的声誉和喜爱。"① 李斯托威尔特别赞扬伏尔盖特在20世纪美学中的特殊地位以及对移情学说的贡献："在20世纪所有美学家中，没有一个人比伏尔盖特具有更深刻、更广泛的审美经验；并在这个基础上建立起他的理论；也没有一个人比他具有更大的天赋能力，能够对错综复杂、细微曲折、丰富多彩的有关美感经验的观点，进行冷静的科学分析；或者对人类各种伟大价值的性质和范围，具有更为深刻的哲学领悟的能力。"② 尽管李斯托威尔的上述评价有点过头，但它至少可以从一个侧面说明移情学说的价值和历史地位。

李斯托威尔对立普斯的观点，除了肯定之外，则作了较为准确、公允的批评和责备，认为他立普斯"他企图把丰富多彩的美感经验归结到一个单一的方面，不管这个方面意义多么重要，多么深刻，都不可避免地只能代表整体中一个微弱的方面"③。而美感经验的许多重要方面，是无法用艺术的同情说加以替代和涵盖的。他还进一步指出，若用这种移情论的公式和规范去衡量艺术、把它们推广到艺术创造活动的领域，那么，更加明显的荒谬也会暴露出来。他说："我们却不能像立普斯那样，把审美的规范与其他科学的规范的类似推广到这样的程度，以至认为美学科学与艺术的关系，就像力学与土木工程，或者生理学与医学的关系一样"，"因为没有一个真正伟大的艺术家是靠大量知识的传授产生出来的。"④ 在某种程度上看，审美规范对于专业的艺术家来说，几乎是没有用处的。

同样，他对伏尔盖特也作了指责，认为他的著作和体系无论怎样宏大，包容量怎样惊人，但就其高度的完备来看，还是相当不足的。在方法上，他过分重视了心理学而忽视了对发生学方法的有效运用。他说："作者差不多完全把自己局限在成人和文明人的审美意识给他所提供的资料当中了，并且除了曾一度试图探讨移情在儿童心灵中的

① 李斯托威尔:《近代美学史评述》，上海译文出版社，1980年，第144—145页。
② 同上书，第149页。
③ 同上书，第145页。
④ 同上书，第147页。

发展之外，也完全忽略了儿童的艺术创造和审美鉴赏，以及艺术在史前民族和原始民族之中的起源和发展。"① 这也是导致他的美学大厦具有重大缺缝的原因之一。

如果要我们对移情学派作一评价的话，很显然，我们必须承认这个学派及其思想所具有的广泛影响是与艺术和人类的审美现象中普遍存在着的事实相联系的，并且移情论对人类处在审美中的心理状态——物我交合、主客体在一种审美知觉中达到高度统一的把握也是十分准确的。在西方美学史上，它纠正了或只偏重主体、或只偏重客体的二元分立的局面。但是，我们也必须看到，无论是立普斯还是其他追随者，从总的倾向上看，他们仅仅局限在对一般的抽象人格的讨论上，停留在纯粹心理乃至生理机制的感觉层面上，这显然是不够的。因为他们明显忽视了人格中所包含的巨大的社会性质，忽视了艺术作品中所包含的特定的时代、历史的内容和精神要求——它们即使在艺术中已经成功地转化为一种审美形象，也必然会深深烙下不可磨灭的思想印记，因而，与此相关的审美教育对人类精神境界和道德品格所具有的巨大的感染、熏陶和优化的作用，也都未能加以深入探讨。而且，他们如果仅仅局限在移情论的观点和方法所固有的范围内，也就不可能进行成功的探讨。

---

① 李斯托威尔：《近代美学史评述》，上海译文出版社，1980 年，第 150 页。

第三章　俄国形式主义美学

20世纪初，正当一系列的革命旋风席卷俄国之时，俄国文坛也发生了剧烈的动荡和重大的转折。作为这个革命时期的产物——俄国形式主义美学（Русская формалистичекая эстетика）是一股关注文学形式、强调文学自主性、重视审美感受并以建立一门独立、系统的文学科学为己任的美学思潮。它极力主张从文学内部来研究文学的一般规律，要求人们把文学作品看做是唤起人审美感受的审美对象。

第一节　俄国形式主义美学的三个主要发展阶段

俄国形式主义尽管历史短暂，却是当代最有影响和最富活力的重要文学美学流派之一。它像其他美学流派一样，有着自己的起源与形成、发展与演变的历史过程。在此，我们把俄国形式主义的演变过程分成三个时期：孕育时期、兴盛时期与衰落时期。

一、孕育时期

20世纪初，俄国文坛有史以来第一次发生最重大的转折，这一转折的一个重要标志就是，在俄国文学运动中突然冒出了五花八门的新流派。过去，文坛往往只是现实主义与浪漫主义的派别之争，而现在，众多的新流派都一涌而出，诸如象征派、未来派、意象派、阿克梅派、超现实派、虚无派、宇宙派、"西叙亚"派等，它们不仅各派之间争吵不休，有时甚至一派内部也大动干戈。他们以反传统为旗号，以标新立异自居。当自然主义要求以科学的确实性，记录生活、陈述现象时，象征主义则要求深入到生活现象的秘密和本质中去探索那不可感知、只可"象征"的永恒绝对，从而揭示生活的神秘性。而未来派不仅批判自然主义，而且也对象征派深为不满。它们崇尚创新，斩断过去，迎接未来。

各种文学派别的争奇斗艳，表明他们在文学园地中不约而同并自觉地在从事一种新的大胆试验，为复兴艺术而寻求新的文学形式，力图对文艺作品做出不同于传统观点的新阐释。他们渴求为艺术寻找新的表现形式，寻求新的创作技巧，运用新的文学语言，以表达急剧动荡的暴风雨时代以及这代人的激动人心的新经历、新感受和新心理。

毫无疑问，文学确实需要表现、描写和评价现实生活。另一方面，文学又要以对客观世界的描绘作为背景，鲜明地突现人们自身的内心世界和精神境界。因此，作为自己时代的重要作家，不仅要揭示或表现后人无法重复的活的现实生活，而且更重要的是要以自己独特的艺术技巧，展示出人类精神发展的艰难而又独特的漫长历程。

20世纪20年代，俄国文学创作上的创新和探索精神是当时一股势不可当的潮流。马雅可夫斯基、叶赛宁、帕斯捷尔纳克等人在进行新的诗歌尝试；梅叶尔霍尔德、泰洛尔等人在戏剧上进行革新；扎米亚京、皮里尼亚克、费定、卡维林、列昂诺夫、巴别尔、爱森堡在探索新的创作技巧，并大胆地对人物性格描写和小说语言进行新的技巧试验。这种创新精神与暴风雨时代的那种勇于破旧立新的革命精神倒是吻合

一致的，或许应该这样说，文坛上的创新精神是弥漫于整个时代的革命精神的一种表现。文学创作上的革新试验，迫切需要理论给予说明、解释和指导。

这种复兴艺术、要求创新的探索精神不仅表现在文学派别的相互竞争上和文学创作的革新上，更重要的是鲜明地体现在文艺理论的探索上。

1910年，俄国最主要的象征派诗人、诗学理论家安·别雷出版了自己的大部头著作《象征主义》。该书用了三分之一的篇幅来研究诗学，主要研究诗歌节律学的问题，认为对诗歌的节奏和格律必须进行详细地研究，以确定它们在诗歌创作中的作用是当前诗学研究的迫切任务。别雷的著作不仅着重指出研究诗歌艺术的必要性，而且也使俄国诗韵学得以发轫。雅各布森后来回忆道，别雷的著作唤发出人们的灵感，"特别是他对诗歌写作技巧的精心研究，使我发生了浓厚的兴趣。"[①] 由此，雅各布森对诗歌节奏、格律等诗学问题进行深入地研究。维·伊凡诺夫组织起《文学语促进会》，即《诗苑》，使许多诗人和语文学家热衷于研究诗歌形式和诗学原理。亚·维谢洛夫斯基和阿·波捷勃尼亚提出的历史诗学和理论诗学等问题，对俄国文学理论界产生了广泛而深远的影响。

俄国形式主义孕育和起源于一种庞杂

① Роман Якоъбсон. Цзбранные работы. Москва《Прогресс》. 1985. p. 239.

繁复的精神氛围中。它曾经深受日内瓦语言学派、胡塞尔现象学、象征主义、未来派、立体主义等的影响。由于象征主义和未来派我们拟放在下文谈，故这里只简略地介绍其他三派。

德·索绪尔是20世纪三大语言学巨匠之一，他的名著《普通语言学教程》是语言学史上划时代的著作。他认为，首先应该在言语活动中区分出语言和言语两种现象，它们代表了语言学的两个不同领域。其次需要注意区分语言的内部要素和外部要素。语言是一个系统，它有自己的固有秩序，要改变这种固有秩序，必须是内部因素。再次语言研究必须分出共时性和历时性。为了更好地研究和理解语言，特别是为了阐明语言交流的本质，必须把语言研究的重点从历时性转入到共时性上来。最后，索绪尔还把音位学与语言学明确区分开来，使音位学在语言学研究中日趋重要。这些观点都深刻地影响到俄国形式主义。

胡塞尔现象学是当代西方最重要的哲学思潮之一。它的目的是为了要摆脱独断主义和一切未经考察的假说，强调以一种科学态度来对待客观事实，探寻直观凭借何种方法才能直接研究和描述意识到的现象。因此胡塞尔强调要严密描述现象，摆脱各种理论假说的诱惑；要仔细观察所有现象，并对实际作出承诺，而不作任何理论承诺；要审视一切现成的概念和方法，不把任何现象当做是自己熟悉、理解的东西，必须逐一审核和仔细阐明。

俄国形式主义者则声称："我们决心以对待事实的客观的科学方法，来反对象征主义的主观主义美学原理。由此产生了形式主义者所特有的科学实证主义的新热情；哲学和美学的臆想被抛弃了。"[1] 形式派强调，在诗学研究上必须抱客观的科学态度，务必考察各种现象，观察和描述事实，而不要未经考察就从现有的理论出发。应该去发现诗学研究的新态度、新出发点和新方法，而不是沾沾自喜于某种结论和固定模式的获得。

立体主义是一种跨国、跨艺术门类的国际思潮。不仅有法国立体主义，也有俄国立体主义，它不仅存在于绘画中，也波及文学和音乐。立体派强调对材料自然秩序的破坏和自觉的再造，反对摹写事物和复制物质世界，反对肖似于所绘事物，提倡通过组合和重建，使之阻断与外部世界的联系而构建为一种意义的综合体。立方体、小平面都只是艺术品的构成要素，它们按一定艺术法则进行编配，于是艺术品的构成要素与构成方式的问题就成为艺术研究的重要问题。俄国形式派则进一步把这些问题作为自己研究的中心问题，并把

---

[1]　埃亨巴乌姆语。转引自布洛克曼：《结构主义》，商务印书馆，1980年，第41页。

这些问题的解决作为自己的任务。

二、兴盛时期

这一时期实际上包括俄国形式主义的兴起一直到它们的全盛。它可以分成两个阶段：前期和后期。

（1）前期：从 1914 年到 1920 年

1914 年，莫斯科大学语文史系的七位大学生正式宣告成立莫斯科语言学小组。他们在小组章程中宣称，他们要"研究语言学、格律学及民间文学等方面的问题"。① 这就是后来著称于世的莫斯科语言学派。它以罗曼·雅各布森为首，其著名代表有维诺库尔、勃里克、托马舍夫斯基。与此同时，彼得堡大学的大学生组成了彼得堡小组，全称为"诗歌语言研究会"，俄文缩写为《ОПОЯЗ》，简称为奥波亚兹。它以什克洛夫斯基为首，著名代表有埃亨巴乌姆、雅库宾斯基、鲍里瓦诺夫、梯尼亚诺夫、日尔蒙斯基、维诺格拉多夫等人。尽管这两个小组分处两地，但由于他们的理论倾向一致，因而他们共磋诗艺、相互配合，形成了后来名之为"形式主义"的宏大思潮。

这一时期，小组的活动是紧张而繁忙的：小组会议、学术报告、私人交谈、民间调查以及与马雅可夫斯基等诗人进行热烈讨论，促使小组成员去深刻理解文学的独特性质。他们出版发行了自己的理论刊物——《诗学语言理论文集》，从 1916 年出版第一集起，到 1923 年共出版了六集。尽管只出版了六集，但这个刊物是形式派的重要理论阵地，他们的重要文章几乎都曾刊载在这个刊物上，这不仅保证他们前期的理论批判活动的蓬勃开展，而且也使形式派的观点在理论界引起重大反响，产生广泛的影响。

一般说来，一个新学派的兴起，往往是破字当头，重在批判旧观念。形式派的早期活动也是破字当先，强调对旧文艺和审美观念的批判。他们的矛头所指首先是俄国资产阶级学院派文艺学和象征派。

俄国资产阶级学院派文艺学形成于 19 世纪中叶，在 19 世纪下半叶达到空前的繁荣。学院派是一个统称，它包括好几个学派：神话学派、历史文化学派、历史比较学派、心理学派等。这些学派的大多数著名代表都是俄国学术界权威：不是科学院的院士或通信院士，就是大学中赫赫有名的教授。

学院派的主要文艺观点是俄国革命民主主义者的某些文艺思想与欧洲实证主义方法论的混杂，受别林斯基和法国学者泰纳的影响尤其明显。他们的一个重要原则就是把文学视为社会生活和社会心理的反映，认为文学作品是产生它的那一时代的历史文献，它必然会忠实地记录历史时代、

---

① Роман ЯкоъбсоН: Цзбранныe работы. 1985. p. 240.

生活环境和社会生活状况。他们十分强调文学与现实的必然联系，文学成了研究历史时代和社会生活的极好手段。

如历史文化学派，他们就把文学看做是民族的历史生活与历史发展的反映，并把确定影响作家和整个文学风气的社会状况当做自己的重要任务。这样，文学的价值就不在于它是否具有艺术性，而在于它具有社会教育意义和认识作用的大小。由此，研究文学就不能只限于经典作家，而更要重视那些尽管没有重大审美价值，但对社会历史风貌的研究能提供丰富材料的二三流作家的作品。

对一部作品或一个作家作评价时，首先要看作品对社会现实反映的程度。为了使这种评价公正而客观，就必须研究其全部作品，必须掌握有关这位作家的大量原始资料：作家的书信、自传、回忆、札记、回忆录、文集、各种手稿、日记等。这就造成烦琐考证之风弥漫于文坛。

他们还把文学研究的范围和对象弄得模糊不清。一方面，他们把文学研究的范围和对象变成包罗万象。在他们眼里，所有人类思想的作品和创作，包括哲学、政治、宗教、伦理以及其他科学学术著作，统统都被纳入文学史的研究范围。他们不仅把文学作品视同历史文献，而且还把文学史与文化史相等同，把文学史与社会思想史、书面文献、宗教社会运动相等同。另一方面，他们把文学研究的范围和对象缩小到极限。因为，实际上他们把文学史只是作为历史学的一个分支，或把文学史当做社会学的一个分支来看待。当他们要研究历史、社会、思想史、宗教等情况时，文学作品就是最方便的文献，就是最好的材料。这就无怪乎，当时许多历史学家为了研究历史而去研究文学，文学成了历史研究的资料，甚至由历史学家来撰写有关文学史和文学方法论的问题。普列汉诺夫几乎根据文学材料写作了多卷本《俄国社会思想史》，也就不足为怪了。与其说他们在进行文学研究，倒不如说他们在研究历史文献更为恰当。他们往往不是研究文学，而是去研究作家传记、社会思想史、文化史、历史学等。

对此，形式派从两个方面进行批判。第一，文学不是去模仿或再现作者所处的时代，也不是作为历史文献供人进行文学之外的研究，更不只是忠实地去描绘某一社会状况。第二，在文学研究上既不能把它变成历史学、政治学、社会学等人文学科的一个分支，又不能把它变成历史、思想、传记、哲学、文化等研究的大杂烩。形式派认为，把文学研究的范围和对象随意扩大或缩小，都有损于对文学进行科学的研究，因此，弄清文学研究的范围和对象是文学研究的首要问题，也是形式派所要首先解决的问题。

与历史文化学派不同的是，心理学派以心理学为根据来研究文学作品。他们把文学看做是作家精神活动和心理情绪的表现，认为研究文学的任务不是去揭示文学演变的规律，而是去寻求心理学的规律。文学作品又被看做是心理学研究的材料。

心理学派的著名代表奥夫相尼科-库利科夫斯基把心理学方法与社会学方法相结合来研究文学。他在《俄国知识分子史》一书中，根据文学作品来研究俄国知识分子的心理。奥涅金、皮却林、罗亭等文学主人公都被他拿来作为"社会心理典型"进行研究，文学又成了研究知识分子史的材料。

心理学派的著名代表波捷勃尼亚把艺术看做是一种思维和认识方式，认为艺术就是用形象来思维，没有形象就没有艺术，提出了艺术即认识的命题。他把词汇与艺术作品进行类比，认为词的三要素恰好与文学作品的三要素相类似：词的发音相当于作品的外部形式，词的内部形式相当于作品的形象，而词的意义相当于作品的内容或思想。例如，一座雕像在波捷勃尼亚面前，他会看到："'这是一座代表正义裁判（内容）、手里拿着剑和天秤（内部形式）的大理石女人像（外部形式）'。原来艺术作品中形象和内容的关系，一如词中表象和感性映象或概念的关系。我们可以用'思想'这个较通常的用语来代替艺术作品的'内容'。"①

这样，他不仅把词的形象性等同于文艺作品的诗意性，把思想、概念等同于作品的内容，而且也把艺术活动变成了借助形象来认知的认识活动，变成了由未知间接进入已知的纯智力活动。艺术成为认识或思维的工具。

心理学派形成于19世纪末，兴盛于20世纪初，影响极大。象征派就赞同他们"艺术就是用形象来思维"的观点，把波捷勃尼亚的所谓"诗意等于形象性"公式换成"形象性等于象征性"的理论公式，以作为自己的重要理论前提。另外，普列汉诺夫和卢那察尔斯基也受到不同程度的影响。

形式派批判的主要矛头是针对心理学派的。什克洛夫斯基的《作为程序的艺术》（《Искусство как прием》）著名文章就是着重批判波捷勃尼亚的"艺术就是用形象来思维"的定义，并在文章中提出了形式派的重要观点。什克洛夫斯基还另撰写了《波捷勃尼亚》（《Потебния》）一文，对波捷勃尼亚的主要观点专门进行了批判。日尔蒙斯基也在《诗学的任务》（《Задачи поэтики》）一文里详细地批判了波捷勃尼亚的观点。当然，形式派重视波捷勃尼亚把诗学研究与语言学研究相结合的方法，以及他提出的理论诗学的问题。

学院派的一个重要观点即形式与内容

---

① 波捷勃尼亚：《思想和语言》，转引自维戈茨基：《艺术心理学》，中译本，第34页。

二元论也是形式派批评的重要对象。如历史比较学派亚·维谢洛夫斯基就认为，文学内容源于社会生活。由此，文学史应视为是社会思想史、文化史，这是文学研究首先必须注意研究的。另一方面，生活内容应渗透到形象中去，表现到必要的形式上。因此内容决定形式，形式依赖内容。

形式派既批评维谢洛夫斯基把文学看做是生活现象的再现或是某种社会关系的回忆，又批评他把文学人为地分成内容和形式两部分，由于他重内容轻形式，而对文学本身的规律和作家的独创性活动估计不足。什克洛夫斯基曾撰一篇著名的专文对之进行批评，提出了"形式为自己创造内容"① 的原则，认为从情节性的角度去看待艺术，内容这一概念就毫无用处。日尔蒙斯基则批评他过于强调原始诗歌的历史状况，并未完成根据诗体勾画文学史的设想。不过，形式派对他重视诗歌研究，注意诗歌发展的特殊规律以及所提历史诗学等方面的问题也表示出关注。

总之，学院派的实证主义文学研究，使文艺研究变成了烦琐的考证和浅薄的注释，变成了各人文科学任意求证的历史文献材料。因此形式派尖锐地批判学院派使文艺研究的独立性丧失殆尽，只注意文艺的认识和教育价值，只关心文艺对社会反映得怎样，根本忽视了文艺的审美价值，忽视了文艺本身所具有的特殊性质。

由此，埃亨巴乌姆批评道："在形式主义者出现之前，'学院派'的科学完全忽视理论问题，并且死板地运用陈旧的美学、心理学以及历史学的'定理'，已经丧失了研究的对象感，以致这门科学本身是否存在都值得怀疑。跟'学院派'的科学几乎没必要作斗争：用不着破门而入，因为连门也没有。我们看见的不是堡垒，而是一个穿堂大院。"②

在对学院派的批判中使形式派明确地意识到，他们首先面临的任务是为捍卫文学科学的独立性而斗争。他们认为，文学研究的首要问题是要创立一门独立的文学科学，弄清文学研究的对象和范围，然后才是方法问题。所以他们从批判学院派入手来构建自己的理论原则和前提。

象征主义在俄国的出现，本是对自然主义和现实主义的一种反叛。他们反对自然主义刻板地记录生活和如实地陈述生活现象，而要去发现生活现象的内在秘密和本质。他们以揭示生存的隐秘和神秘性为己任。

19世纪末，象征主义在俄国开始形成一个独立的文学派别。这以巴尔蒙特的诗集和勃留索夫编印《俄国象征主义者》的

---

① 参见 B. щкповскцй: O теории прозы. 1984. pp. 37、62.
② 埃亨巴乌姆：《文学》，转引自《世界艺术与美学》第7辑，文化艺术出版社，1986年，第7页。

出版为重要标志。俄国象征主义者大致分为两代人，如巴尔蒙特、勃留索夫等"老一代"象征主义者深受尼采、叔本华影响，并从法国象征派诗人波德莱尔、魏尔伦、马尔美等人那里吸收了丰富营养。他们为认识存在的"本质"而努力寻求新的解释方式，并为艺术寻求新的表达手法和表现技巧。他们讲求诗歌韵律、富于节奏，音调铿锵，推崇艺术形式。勃留索夫就曾潜心研究普希金、丘特切夫及其他诗人的诗文技巧，并为捍卫艺术自身的价值而斗争。

20世纪初，"新一代"象征主义者亚·勃洛克、安·别雷、谢·索洛维约夫等则接受斯拉夫主义，对俄国历史和民族性深怀兴趣，并带有强烈的宗教神秘主义。

象征派也曾接受过学院派观点的一些影响。如勃留索夫就曾断言，任何艺术作品都能以特殊的方法导致科学证明过程所得到的认识结果。如读者读普希金《先知》这首诗所体验到的东西，也可以用科学的方法求得证明："普希金的《先知》和原子不可分割的学说一样，仅仅是一个历史事实罢了。"[1] 巴尔蒙特和别雷也曾从俄语字母之中确定一定的情绪含义，并由此寻找语言的象征意蕴。

另外，象征派深受波捷勃尼亚的所谓"艺术就是用形象来思维"说法的影响。他们认为"犁沟和田界"等形象就是诗歌的主要特征，并把心理学派的"艺术性等于形象性"公式换成"形象性等于象征性"公式，认为"象征性"才是诗歌艺术性的根源。正是由于象征派极为关注作品之外的象征含意，而对作品本身注意甚小，所以亦如伊凡诺夫声称的那样："象征主义是在审美范畴之外的。"[2]

形式派与未来派都对象征派的非科学观念大为不满。他们认为，象征派对文学作品所作的随心所欲的思辨抽象，有时甚至非理性的解释是主观随意的，不科学的。象征派对存在的非理性和神秘性的解释，也导致主观主义，对文学必然产生一种非科学的形而上学观点。

形式主义者则声称："我们决心以对待事实的客观的科学方法，来反对象征主义的主观主义美学原理。由此产生了形式主义者所特有的科学实证主义的新热情；哲学和美学的臆想被抛弃了。"[3] 形式派想把诗歌语言从象征派所散播的哲学和宗教的教义中解放出来，让它显示出自身的艺术魅力，从而摆脱象征派所作出的神秘主义抽象玄论。

在形式派看来，尽管象征派重视诗学问题，重视对艺术技巧的探索，但由于象

---

① 勃留索夫：《诗歌综合法》，转引自维戈茨基：《艺术心理学》，中译本，第45页。
② B. 伊凡诺夫："《沟与界·美学和批评试验》，转引自维戈茨基：《艺术心理学》，第46页。
③ 埃亨巴乌姆语。转引自丁·布洛克曼：《结构主义》，商务印书馆，1980年，第41页。

征派没有看到文艺创作具有自我目的，没有看到艺术形式的独立审美价值，而是在文艺中去寻找文艺之外的某种"暗示"和"象征"，断言文艺只是为了表示另一世界才有价值，实际上这就说明象征派并不懂得艺术，正如形式主义者嘲讽道：

"他们的体系——这是一只由图拉的军械匠钉上马掌的英国跳蚤，这只跳蚤跳不起来。象征派和图拉的军械匠们都不懂算术。"[①]

形式派认为，象征派在诗学问题研究上之所以肤浅，一个重要原因是由于他们对现代语言学的发展缺乏应有的了解，从而导致以主观臆测取代了科学研究。

不过，需要指出的是，象征派重视探索艺术技巧和诗学问题，尤其是安·别雷的《象征主义》和勃留索夫的一些著作对形式派的影响亦不小。

（2）后期：从1920年到1927年

由于形式派在前期活动中锋芒毕露，在俄国造成了广泛的影响。他们的尖刻批判尽管使之在俄国文坛成为一支声势显赫的生力军，但也使他们的理论观点带来一定的偏激，这就引起了两方面的批评：一方面是形式派外部亦即社会上的批评，如卢那察尔斯基、托洛茨基、巴赫金、维戈茨基等人的批评；另一方面由于内部各种倾向不同，也开始出现争论。

形式派面临这种复杂的内外争论局面得到了充分的发展，并由此带来了形式派理论上的黄金时期。什克洛夫斯基的《关于散文理论》（О теории прозы）、《情节分布的拓展》（Развертывание сюжета）、埃亨巴乌姆的《透视文学》（Сквозы литературу）、《诗的旋律构造》（Мелодика стиха）、日尔蒙斯基的《抒情诗的结构》（Композирчия лирических стихотворений）、《韵脚，它的历史和理论》（Рифма，ее история и теория）、《诗韵学引言·诗的理论》（Введение В метрику · Теория стиля）、梯尼亚诺夫的《诗歌语言问题》（Проблемы стихотворного языка）、雅各布森的《现代俄罗斯诗歌》（Новейшая русская поэзия）、《捷诗与俄诗的比较研究》（О чещском стихе преимущественно в сопоставлении с русским）、托马舍夫斯基的《文学理论》（Теория литературы）等名著都相继出版，显示出形式派不仅要在文学上打破前人的旧观念，而且更主要的是要系统地建立一种新的文学理论，树立一种新的文艺观念。

1. 外部争论

卢那察尔斯基于1924年撰文批评形式派。他说："十月革命前，形式主义只不过是时鲜蔬菜，而现在这是不易根除的旧事物的残余；……马克思喜欢确切知道各种意识形态的阶级底蕴，因此它在参加实际斗争以前就明确地断言：无论是艺术中的

---

① 转引自《世界艺术与美学》第7辑，第7页。

还是艺术学中的形式主义，都是已被传入俄国这一个血缘环境中的资产阶级晚熟或过分早熟的产物。"①

如果说卢那察尔斯基主要从阶级根源上来批判形式派，认为形式主义思潮是一种资产阶级文化现象；那么，托洛茨基则侧重于哲学批判。托洛茨基在《文学与革命》一书里用了将近一半的篇幅来清算形式主义和未来主义。他认为，形式派的思想根源来自新康德主义，犯有哲学唯心主义的错误。然而托洛茨基没有看到，形式主义是激烈反对主观任意性的，强调要尊重客观的艺术规律，主张主体的移心化，因而批评形式主义为新康德主义并不准确。

实际上，形式主义持一种相对主义的哲学，他们打破了美学基础有一种既定秩序的看法，正如埃亨巴乌姆所说："形式主义并不把自己和马克思主义'对立起来'，它只是反对简单地把社会经济问题搬到艺术研究的领域中来"，因为"在马克思主义和形式主义之间存在着接触点"。② 形式派一方面与资产阶级学院派、象征派对峙，一方面又与庸俗社会学相对立，他们并不与马克思主义相对立。把形式派简单地划入资产阶级和主观唯心主义的产物是过于简单化了。当然，这不否认卢那察尔斯基

和托洛茨基有些批评，如批判形式主义割裂文学与社会生活的观点是合理的。更何况，托洛茨基也看到了形式派的一些优点。

2. 内部争论

形式派是由彼得堡诗语研究会和莫斯科语言小组组成。一般说来，诗语研究会对文学理论问题更感兴趣，莫斯科小组则对语言学问题更感兴趣。他们在对学院派和象征派的批判上，在基本理论前提上都是一致的。随着时间的推移，由于各人的研究重点不同，也就产生了一定的分歧，从而引起了内部论争。实际上，这种内部争论是一个学派发展的正常现象，也是一个学派充满活力、富于生气的标志。内部论争更能开拓视野，丰富和发展学派的理论观点。大致说来，后期形式派有三种倾向：

A. 以雅各布森、什克洛夫斯基和埃亨巴乌姆为代表，他们坚决主张艺术的自主性，强烈地反对从政治、历史、文化等方面来说明文学的演变，要求从文学内部来阐明文学的发展规律。但是，他们也有过极端的说法。例如，什克洛夫斯基就声称："艺术永远是独立于生活的，它的颜色从不反映飘扬在城堡上空的旗帜的颜色。"③ 这就表现出完全割裂文学与社会生活间密切

---

① 转引自《世界艺术与美学》第7辑，第20—21页。
② 埃亨巴乌姆语。转引自《世界艺术与美学》第7辑，第20页。
③ 什克洛夫斯基：《文艺散论：沉思与分析》，1961年，俄文版，第6页。

关系的倾向。什克洛夫斯基还说："艺术中形式就是一切,而材料是没有任何意义的。"① 这种宣称形式就是一切,完全否定文学材料的观点,其实质也就是把文学封闭起来,使之变成绝对真空,割断文学与社会的多方面的复杂联系。当然,后来他们的观点也有所变化。雅各布森后来申辩道,形式派并非不懂艺术与社会生活间的广泛联系,也非沿袭康德美学的旧套宣扬为艺术而艺术,他们只是强调文学审美功能的自主性,同时,也看到文艺是整个社会系统中与其他子系统相联系着的一个子系统。

B. 以勃里克为代表,不排斥把"形式方法"理论同关心艺术内容相结合的可能性。他极力把形式派拉向"左翼艺术战线",并与这一文学团体的代表们宣称要建立一门以形式派原则为核心的新美学,并把形式派的方法与社会学方法相结合。

C. 日尔蒙斯基则不太赞同什克洛夫斯基的过激说法。他在处理问题和提出理论原则时,富于灵活性,往往注意到问题的多方面关系。例如他认为诗学除了材料和程序两个基本概念外,还应加上"风格"。因为在日尔蒙斯基看来,"风格"概念作为艺术程序的系统,与整个社会的精神文化是密切相关的。"风格"的演变把艺术与审美经验、审美鉴赏力、时代的处世态度的变化紧密相连。据此,他对什克洛夫斯基和埃亨巴乌姆提出了批评,认为他们把艺术视为独立的发展,并把这种发展说成是艺术程序的新旧代替过于简单化了。他也批评埃亨巴乌姆在研究诗歌风格时,忽视了艺术心理学。

形式派的内部论争公开化,说明形式派绝非像某些人所想象的那样,是铁板一块、僵化顽固、死气沉沉的派别,而是表明形式派是一个富于个性、富于开放性的派别。正因为如此,形式主义思潮才使欧洲的许多文学美学派别深受其影响,并从中吸取了有价值的观点。

3. 与未来派、"列夫"等的关系

俄国未来主义作为一个文学运动形成于 1910 年至 1912 年,以谢维里亚宁、马雅可夫斯基、赫列勃尼科夫、克鲁乔内赫等人为代表。他们以"未来"为旗帜,主张与"过去"和"现在"的传统文化和艺术彻底决裂,标榜艺术的完全革新、摧毁学院派和象征派的文艺观、提倡"语言首先应当是语言,如果说它应当像点什么,那么多半像野人的锯子和毒箭","爱用拆散的词、半句话以及故弄玄虚的离奇词组(莫名其妙的语言),从而达到最大的表现力",② 强调无意义的语言在文学中的重要

---

① 什克洛夫斯基:《罗扎诺夫》,1921 年,俄文版,第 8 页。
② 《文艺理论研究》,1982 年,第 2 期,第 135 页。

作用、重视文艺的表现技巧，等等，都曾使形式派受到极大影响。

无怪乎托马舍夫斯基说："形式主义来自何方？来自别雷的论文，来自捷尼舍夫斯基礼堂，正是在这个礼堂里，未来派在博杜恩·德-库尔捷涅的主持下大吵大嚷的。"① 这说明二者关系密切。确实，他们两派在反对学院派和象征派上是有着共同的任务，两派的活动有时也在一起进行，马雅可夫斯基和帕斯捷尔纳克都是形式派的贵宾，他们曾一起共磋诗艺，携手共进。

不过，我们也应看到两派的明显区别：①未来派重视诗歌创作，理论兴趣不浓，而形式派恰恰重视理论上的创新和系统建构，更重视文学科学的建立。②未来派只着眼于自己的诗歌创作实践活动，对过去的古典遗产以及同时代其他派别的创作一概否定，几乎可以说是排斥一切，唯我独尊，而形式派却很重视优秀的古典文艺，也很重视除未来派之外的像阿赫玛托娃这样著名的同时代诗人，常常以俄罗斯著名艺术家的优秀杰作为例来说明自己的理论。另外，形式派也很注意吸收和批判地继承学院派、象征派以及同时代的阿克梅派、立体派等其他派别的一些研究成果。所以，形式派远较未来派视野开阔、胸怀博大。它能兼收并蓄，取人所长，补己之短。因此，如果说未来派是封闭型的派别，那么，

形式派则是开放型的派别。③未来派意在寻找一种新的艺术表现形式，而形式派则旨在建立一门独立的文学科学，这是二者的根本不同。由此才决定形式派在一系列问题上与未来派的立场不同、观点不同，即便是在共同批评学院派和象征派之时，二者仍然是同中有异。

未来派在 20 世纪 20 年代初就已基本结束，它的一些理论观点得到某种改造后仍然流行于俄国文坛。原未来派的某些成员又重新组成了"列夫"即左翼艺术阵线。"列夫"所提出的诸如为革命艺术而战，为"建设生活的艺术"而战，主张"纪实文学"，否定艺术虚构，鼓吹"社会订货"理论等观点，实质上与形式派的基本观点是格格不入的。但由于马雅可夫斯基是其领袖，勃里克是其重要成员，什克洛夫斯基等人也不时为"列夫"撰稿，所以两派关系还是密切的。然而，这只不过是朋友交往上的关系，而非理论原则上的一致。

三、衰落时期

这一时期的一个显著标志是，1927 年 3 月什克洛夫斯基在一次辩论会上作了轰动一时的名为《捍卫社会学方法》的报告，该报告连载在《左翼战线新艺术》上。几乎同时，托马舍夫斯基也严正声明："……现在形式主义者正在向社会学方法靠拢，我认为，在他们看来，社会学方法在解释

---

① 转引自《世界艺术与美学》第 7 辑，第 12—13 页。

体裁时是必须采用的。"① 什克洛夫斯基还开始对托尔斯泰的《战争与和平》和一些18世纪的俄国文学作品作了社会学的分析。

其实，早在1925年，就有人主张把形式方法与社会学方法结合为"综合法"，说什么"形式主义者和社会学家的协同工作，就是用唯一的马克思主义方法来研究文学"，② "列夫"支持形式主义与社会学结盟。他们甚至向形式派发出号召：

> "诗歌语言理论研究学会会员们！形式方法是研究艺术的钥匙。每个跳蚤——韵脚都应该考虑周到。但怕的是在真空里捉跳蚤。只有用社会学的方法来研究艺术，你们的工作才不仅是有意思的，而且是需要的。"③

然而，这种"综合法"却受到形式派的嘲讽，他们认为它是一种折衷主义的混杂，尽管"综合法"的拥护者自称为"形社者"即形式主义者—社会学家。

这一时期仍是形式派的一个重要活动时期，什克洛夫斯基出版了《汉堡纪事》，还有埃亨巴乌姆的《文学》(Лнтература)、日尔蒙斯基的《文学理论问题》(Вопросы теорнн Лнтературы)、梯尼亚诺夫的《仿古者和革新家》(Архансты ц новаторы) 以及他与雅各布森合写的《语言和文学研究的问题》著名一文，都是形式派的重要著作，尤其是《语言和文学研究的问题》一文既可视为形式派的理论总结，又可看做是捷克结构主义的理论纲领。

"科学本身在变化——因而我们随之变化。"④ 埃亨巴乌姆于1925年就明确谈到形式派的理论需要发展。他认为，需要打破形式概念的自我封闭性，这不仅必须联系到程序和功能问题来考察形式概念，而且还必须使形式演变、程序方法和功能都相互关联，处于一个系统之中。

雅各布森和梯尼亚诺夫则在其著名的提纲里强调以下几点：

①必须坚决摈弃学院式的折衷主义、流行的机械装配式研究和烦琐的"形式主义"，因为文学和语言学一样都是系统性的科学。

②文学与其他系统间的关联关系的分析研究，有助于揭示文学演变所选择的演变方向问题，但在研究各系统间的相互关系时如不考虑每系统内的规律，那就将犯大的错误。

③对文学的素材只有从功能观出发才能进行科学考察。

---

① 转引自《世界艺术与美学》第7辑，第25页。
② 米·列维多夫语。转引自《世界艺术与美学》第7辑，第22页。
③ 《左翼战线新艺术》，1923年第1期第11页。转引自《世界艺术与美学》第7辑，第23页。
④ 埃亨巴乌姆语。转引自布洛克曼：《结构主义》，人民文学出版社，1979年，第69页。

④共时与历时两种分析方法应结合起来，因为共时中有历时，历时中也有共时。

⑤语言与言语也应结合起来应用于文学研究。

⑥每个系统都有自己特殊的复杂结构规律，这是研究每个系统首先必须阐明的。①

由此可见，后期形式主义者特别是雅各布森和梯尼亚诺夫等人已开始强调系统、功能、结构等问题，并开始向结构主义过渡。1930 年初，什克洛夫斯基发表了《学术错误志》（Памятник науцной ошнбке），正式宣布："对我来说，形式主义是一条已经走过的路。"② 这标志俄国形式派作为独立派别的运动正式结束。

由什克洛夫斯基 1914 年发表《词的复活》（Воскрешенце слова），提出形式派纲领开其端，到 1930 年发表《学术错误志》为其终结，形式派运动历时 16 年，不仅在前苏联产生了广泛深远的影响，而且也波及到捷克、波兰等东欧诸国，由此也影响到法国和西欧。

第二节　俄国形式主义美学的基本内容和特征

上面通过对形式派历史发展线索的大致勾画，我们对形式派已经有了一个初步

的了解。下面我们将进一步介绍它的主要学术观点。

一、自主观与工具观

俄国形式派认为，文艺作品作为审美对象具有一种不依赖于其他东西而存在的独立性，他们强烈反对那种把文艺作品当做再现或表现某种东西的工具的看法。

众所周知，西方把文艺作品视为某种工具的看法源远流长，从文学记载可追溯到古希腊时期。古希腊时期盛行的文艺模仿说就是把艺术看做是一种模仿，文艺作品被视为是一种模仿的最好工具。

且不说赫拉克利特把艺术看做是对自然的模仿，也不说柏拉图把艺术的基本特征看做是模仿，就连探讨艺术自身规律的开创者亚里士多德，也仍然是把模仿论作为自己文艺理论体系的基石。亚里士多德不仅以模仿的媒介、对象、方式来对艺术进行分类，并把艺术本身的原理建立在模仿说的基础上，而且他还把人的天性和创作活动本身看做是模仿，他是古希腊模仿论的理论完成者和集大成者。

尽管亚里士多德的模仿说不同于柏拉图的消极模仿论，它不像柏拉图那样，把艺术看做是一面静止的镜子，仅仅消极地去照出事物的外形映象，对事物的本身并

---

① 《文学和语言学研究的问题》，见《左翼战线新艺术》，1928 年，第 12 期。
② 什克洛夫斯基：《学术错误志》，转引自《世界艺术与美学》第 7 辑，第 25 页。

无深知，艺术与事物本身"隔了三层"，而是承认艺术能揭示事物的必然性与普遍性，肯定文艺能真实地模仿现实，因而艺术品亦具有认识和教育功用，但在亚里士多德看来，艺术品终究仍是一种模仿品。

古希腊的艺术模仿论对西方文艺美学的影响极为深远，雄霸了欧洲文坛达两千余年。其后，西方兴起的种种流派往往是建立在模仿论的基础上。它们常常在自己的宣言里塞进"忠实于生活"、"忠实于现实"或类似的东西。古典主义强调的是要忠实于现实和如实地表现作者的人格；文艺复兴亦对"艺术模仿自然"的观点坚信不疑。布瓦洛在捍卫古典主义时，仍打着忠实于现实生活的招牌。18世纪百科全书派在捍卫"市民体裁"时，也是这么做的；19世纪的浪漫主义亦是以忠实于"不加粉饰的自然"的名义来反对晚期古典主义。再现说和典型论也是在古希腊模仿论上产生和发展起来的。俄国19世纪的革命民主主义者对文艺的基本看法就是，艺术是现实生活的再现。

以模仿论为中心辐射出来的有关文艺的看法，基本上是围绕着作者（模仿者）和自然与社会（模仿对象）二者，其理论中心问题是文艺与社会的关系问题。它所关注的是作者在描绘对象时是否真实，是否客观，文艺品的描写是否逼真，如此等等。模仿论的一个重要理论原则就是把文艺作品当做模仿工具来看待，它的好坏与否全在于它作为工具是否有效地发挥了其工具性功用，在于它作为工具是否能很好地服务于模仿的目的。正是这种把文艺作品视为某种外在目的的工具的态度——此种态度无以名之，姑且以工具论名之——把模仿论与后来兴起的再现说、表现说等紧密联系起来了。

再现说把文艺作品视为再现作者所处的那个社会时代的产物，表现说则把文艺品看做是作者个性和世界观的表现，然而无论是再现说还是表现说，抑或是把文艺品既视为再现又视为表现，它们都对文艺作品抱着一种工具论的态度，尽管它们不把它当做是一种模仿工具，但仍是再现的工具，表现的工具，或是既再现又表现的工具。总之，文艺作品总被看做是一种为其他目的服务的工具。

工具之所以为工具，就是说它自身不是目的，它必须为超出其自身之外的某种东西服务。因此，工具不仅连自身的价值需要也要由它者来决定，而且就连其存在也要由它者来决定。作为工具存在的东西是不具有独立性的，它只具有依赖性，它需要依赖别的东西。

一旦把文艺品视为模仿工具、再现工具、表现工具，文艺作品本身就无独立存在的价值了，人们也就不会把它作为独立的审美对象来看待，不是把它当做模仿自然与社会的工具，就是把它当做再现作者所处的历史时代的工具，或是把它当做表现作者自身的工具，要求文艺具有社会功用，把文艺当做一种必须于社会有用、有益、有利的实用品。

这样，文艺作品既可以是政治思想的斗争工具，又可以是改革社会的锐利武器，也可以是宣传教育的标语广告，还可以是劝善惩恶的形象福音书。当柏拉图认为文艺有害国家，不利统治，从国家政治的角度否定文艺时，他所持的是一种工具观；而俄国革命民主主义者要求文艺积极地干预生活，揭示沙皇制度的黑暗和不合理，唤起民众来改变社会，把文艺作为一种社会批判武器来使用，也仍然是持一种工具论的态度。

对此，形式派进行了尖锐的批评。什克洛夫斯基通过其书信体小说《动物园：或不是情书》（Zoo или письмо не люови）指出：

"对待艺术有两种态度。

其一是把艺术作品看做世界的窗口。

这些艺术家想通过词语和形象来表达词语和形象之外的东西。这种类型的艺术家堪称翻译家。

其二是把艺术看做独立存在的事物的世界。

词语和词语之间的关系、思想和思想的反讽，它们的歧异——这些是艺术的内容。如果一定要把艺术比喻为窗口，那么，它只是一个草草地勾勒出来的窗口。"①

如果把文艺作品仅仅作为"窗口"看待，以通过词语与形象来表达词语与形象之外的东西，这就是一种典型的工具观态度，持这种态度的艺术家只能是"翻译家"，把词语与形象之外的东西翻译成词语与形象，把文艺品之外的世界译成文艺品，文艺品被视为是翻译的工具和手段。形式派对此种态度嗤之以鼻。

形式派针锋相对地提出了另外一种态度。这种态度就是把文艺作品看做是一个独立的世界，也就是说文艺作品不是作为别的世界之窗口，而是把它本身当做一个世界来看待。我们把这种态度姑且名之为自主观。什克洛夫斯基特别明确地把这两种态度对立起来。

显然，自主观强调文艺作品作为人的一种审美对象是一个自足体，它要求人们把文艺品首先作为艺术品来看待，而不是当做为某种别的东西服务的工具或"窗口"。文艺品作为审美对象具有自己的独立性，这种独立性就是文艺品赖以存在的根据。俄国形式派为了打破工具观、树立自主观而进行了尖锐的斗争。由此引发了形式派与波捷勃尼亚、象征派的争论。

---

① 转引自特伦斯·霍克斯：《结构主义与符号学》，上海译文出版社，1987年，第148—149页。

波捷勃尼亚基于工具观，认为"艺术就是用形象来思维"，其公式就是艺术即认识。他把艺术看做是一种思维和认识方式，把文艺当做思维和认识的手段和工具来使用。在他看来，文艺与哲学、科学等的思维活动没有本质的区别：①它们都是人类的思维和认识活动，都是通过分析和归纳，由已知解释未知；②它们达到的目的相同：解释未知，认识真理；③它们都是认识事物的方式和进行思维的手段。

当然，波捷勃尼亚也看到了文艺与科学、哲学有不同之处，但他认为它们的区别仅仅是在方式和手段上，科学和哲学是用概念或概念体系，用抽象思维来认识真理，而艺术则是用形象来思维，即借助形象思维来认识事物。尽管在俄国别林斯基就有过这种看法，但波捷勃尼亚却作了充分的发挥。

波捷勃尼亚明确指出："诗歌和散文一样，首先并且主要是思维和认识的一定方式。"① 这种方式就是用形象来思维，其任务是让人比较轻松地对之进行分类，并通过已知来说明未知。这就是一种典型的工具观，文艺成了人类思维和认识的工具，它与把文艺当做模仿、再现或表现的工具

的看法并无轩轾，如出一辙。

波捷勃尼亚的"艺术是形象思维"的看法得到了象征派的拥护和支持。象征派就是力图以艺术来表达艺术之外的东西，从艺术中去领悟艺术所要象征的东西。在象征派看来，那种神秘的永恒绝对是无法感知和把握的，只有通过艺术的"象征"去领悟去捕捉。这样，艺术活动成了一种纯智力活动、思维活动，而其他一切（包括审美）却成了艺术中偶然、次要甚至可有可无的现象了。这就无怪乎波捷勃尼亚的弟子奥夫夏尼科-库利科夫斯基所说的一句名言："艺术是一定的思想活动。"② 难怪象征派代表勃留索夫断言，任何艺术作品都能以特殊的方法导致科学证明过程所得到的认识结果：

> "普希金用诗的方法，即用综合表象的方法，证明了同样的思想。因为结论是谬误的，所以证明必然有错误。的确，我们不能接受六翼天使的形象、我们不能容忍心被石炭所替换，如此等等。……普希金的《先知》，和原子不可分割的学说一样，仅仅是一个历史事实罢了。"③

① A. 波捷勃尼亚：《语言学理论札记》，转引自什克洛夫斯基：《俄国形式主义文论选》，三联书店，1989年，第1页。

② 奥夫夏尼科-库利科夫斯基：《语言和艺术》，转引自维戈茨基：《艺术心理学》，上海文艺出版社，1985年，第36页。

③ B. 勃留索夫：《诗歌综合法》，转引自维戈茨基：《艺术心理学》，人民文学出版社，1979年，第45页。

普希金的《先知》竟由于六翼天使等形象，被视为如同抛弃的错误的科学理论那样，那么，世界上绝大多数艺术作品都将由于虚构、夸张、想象等而付之一炬。这种理论导致多么荒谬的结果。

俄国形式派认为，所谓"艺术就是用形象来思维"，把艺术视为思维和认识的工具，其要害就在于把艺术看做是世界的"窗口"，没有看到艺术作品本身就是一个独立的世界。艺术作品本身就已经说了它所要说的东西，而不是说了超出作品之外的别的什么。

况且，由"艺术就是用形象来思维"所引发的"没有形象就没有艺术"的说法也是一种生拉硬拽、牵强附会。什克洛夫斯基指出，从艺术分类来看，如果说绘画、雕塑等艺术门类是有形象的，那么很难把音乐、建筑、抒情诗等划入有形象的艺术门类中去，就是说很难理解为用形象来思维。如果说这些艺术门类是无形象的艺术，它们又与有形象的艺术相似：同样需要运用艺术媒介，同样要产生审美感受等，难道说这些艺术门类没有形象就不是艺术？或者说这些艺术门类没有用形象来思维就不属于艺术？可见，形象思维不能说明艺术的一切种类，就连语言艺术的一切种类也不能很好地说明，它能成为艺术的定义并与非艺术相区别吗？

另外，把形象作为艺术的根本性质也是大谬不然。什克洛夫斯基分析道，形象可分二种，一种是作为思维手段，即把事物联结成类的手段的形象。这是一种抽象手段，就像用西瓜代替圆灯罩，或者用西瓜代替脑袋，都是对事物（西瓜、圆灯罩、脑袋）的品格之一——球形的抽象，因而与西瓜＝脑袋＝球形这种等式几乎毫无区别。另一种是诗歌形象，它是一种产生强烈印象的手段，在使用上与排偶法、比较、对称、重复、夸张等艺术程序是一样的，都是为了加强对事物感觉的方式，都是为了产生艺术感觉。

可见，波捷勃尼亚不仅把两种形象混为一谈，而且还把艺术程序之一种提升为艺术的根本性质。这就导致了两个严重后果：

其一：由于把两种形象混为一谈，这就把艺术中的形象等同于抽象思维中的形象，因而把艺术也看做是一种思维和认识方式，从而最终导致把艺术视为思维和认识之工具，仍然陷入工具观之泥坑，并且也并未真正把艺术活动与科学活动等区别开来，所谓"没有形象就没有艺术"以及"艺术就是用形象来思维"的定义和说法都是站不住的。

其二，由于把一种艺术程序等同于艺术的根本性质（这里姑且认为波氏所谈是艺术形象），实际上就消解了艺术的根本性质，从而使艺术丧失了自己的独立性。

因此，什克洛夫斯基宣称：

"那种被称为艺术的东西的存

在，正是为了唤回人对生活的感受，使人感受到事物，使石头更成其为石头。艺术的目的是使你对事物的感觉如同你所见的视象那样，而不是如同你所认知的那样；艺术的手法是事物的'反常化'手法，是复杂化形式的手法，它增加了感受的难度和时延，既然艺术中的领悟过程是以自身为目的，它就理应延长；艺术是一种体验事物之创造的方式，而被创造物在艺术中已无足轻重。"①

艺术的目的不是让人去更好地认知或进行思维，而是让人去感受去领悟，并且艺术中的感受如同视象，其领悟过程也是以文艺品本身为目的。正是由于被创造物在艺术中已无足轻重，所以去寻求艺术品之外的东西也就超出了对艺术品本身的研究。在形式派看来，恰恰是对艺术品本身的研究才是文艺研究的重心，正是对艺术本身的欣赏才是审美的真正开始。因此，在形式派看来，艺术既不是作为思维或认识的方式，也不是形象思维。他们强调文艺品的自主性、独立性，是为了摆脱传统的艺术与社会的关系问题，也是为了不致使对文艺的外部关系因素的研究淹没或吞并了对艺术的内部构成因素的研究，而且还是为了说明艺术既不能当做思维和认识

的方式，又不能当做形象思维，因为一旦人们把艺术看做是思维和认识的方式，说艺术就是形象思维，就会容易导致工具论（模仿工具、认识工具和思维工具等），也就容易忽视或者看不到艺术品本身的价值和意义，因而艺术品也就不成其为艺术品，变成了别的什么东西，读者在欣赏时也就不是审美欣赏，而是伦理道德或政治方面的批评了。对此，托马舍夫斯基有极为中肯的批评：

> "不应忘记，对主人公的情感态度是作品中既定的。作者要人们去同情的主人公，其性格在实际生活中也许会引起读者的反感和嫌恶。对主人公的情感态度属于作品艺术构成方面的事实，它只是在朴素的形式上，才与道德及社会生活的传统规范相吻合。
>
> 然而，19世纪60年代的批评家们却常常忽略了这一点，他们不顾作品对主人公既定的情感态度，总是把主人公从艺术作品中硬拖出来，以主人公的性格和思想是否有益于社会为准绳来大加臧否。……显然，如果读者都用自己的生活或政治情感去揣摩作品的情感系统，那么这种对艺术的以己度人的妄断，就会在读者

---

① 什克洛夫斯基：《俄国形式主义文论选》，三联书店，1989年，第6页。

与作品之间筑起无法逾越的鸿沟。"①

日尔蒙斯基对把诗歌当做形象艺术的说法追溯了历史根源,认为这种说法最早始于德国赫尔德和洪堡。波捷勃尼亚的错误在于把形象性同诗意性、艺术性混为一谈。他以普希金的诗为例说明,读者在欣赏诗时既产生了形象,又唤起了激情,而且还渗透有思想、意志的趋向和评价,并不是只产生形象而没有其他。正因为如此,诗学的任务就应"从绝无争议的材料出发,不受有关艺术体验的本质问题的牵制,去研究审美对象的结构,具体到本文就是研究艺术语言作品的结构。"② 他要求要紧紧抓住文艺作品这个审美对象,而不要像维亚契斯拉夫、伊凡诺夫所声称的那样:"象征主义是在审美范畴之外的。"③ 如果不把艺术品作为审美对象来看待,如果在艺术品之外去寻求别的什么东西,那就会把艺术品当做某种工具来看待,这恰恰毁掉了作品的艺术性。

因此,俄国形式派明确地摆出对艺术的两种态度,主张自主观而反对工具观,并把自主观的树立当做研究文艺的理论前提,要求首先要把文艺品作为独立的审美对象来看待,而不要把它视为为别的什么

东西服务的工具。他们认为,只有这样才有可能从文学本身去寻找构成文学的内在根据和理由,只有文艺本身的特有的规律才能恰当地说明文艺作品。否则,对文艺品的审美研究就无从谈起。

二、审美感受

俄国形式派强调文艺作品的自主性,甚至如什克洛夫斯基宣称:

"我的文学理论是研究文学的内部规律。如果用工厂方面的情况来作比喻,那么,我感兴趣的不是世界棉纱市场的行情,不是托拉斯的政策,而只是棉纱的支数和纺织方法。"④

似乎形式派只重作品本身的分析,研究的只是文艺本身的内部规律,完全排除了作品之外的其他因素(如作者、社会等)。实际上,这完全是一种误解。形式派之所以要把文学美学的研究重心转入到文艺品上,是因为他们要同传统的传记—社会学式的研究方法,同以作家为中心,以文学的政治、道德等为主要社会功能的文学美学观彻底决裂,从而突出强调文艺品是一个独立的自主体,要求把文艺品当做审美对象来看待。

然而,形式派也看到,艺术品作为客

---

① 什克洛夫斯基:《俄国形式主义文论选》,人民文学出版社,1979 年,第 137—138 页。

② 同上书,第 219 页。

③ 维戈茨基:《艺术心理学》,上海文艺出版社,1985 年,第 46 页。

④ 什克洛夫斯基:《关于散文理论》,苏联作家出版社,俄文版,1984 年,第 8 页。

体，它所具有的艺术性与读者（主体）的感受能力相对应。这就是说，艺术品尽管作为客体是一独立的自主体，但它要真正成为审美对象，又必须与主体的感受能力相关联。因此，什克洛夫斯基指出：

> "因此，作品可能有下述情形：一、作为散文被创造，而被感受为诗；二、作为诗被创造，而被感受为散文。这表明，赋予某物以诗意的艺术性，乃是我们感受方式所产生的结果；而我们所指的有艺术性的作品，就其狭义而言，乃是指那些用特殊手法创造出来的作品，而这些手法的目的就是要使作品尽可能被感受为艺术作品。"①

这就告诉我们，在形式派看来，主体的感受方式对作品是否具有艺术性起着十分重要的作用。

为什么有些作品是作为散文创作的，然而却被读者感受为诗歌？为什么有些作品是作为诗歌而创作，却被人感受为散文呢？为什么同一作品在不同的条件下会给人们以不同的感受呢？为什么由同一个莎士比亚式的哈姆雷特却可引发出成千上百个哈姆雷特呢？诸如此类的问题可以提出一长串，但问题的症结就是，在对一部作品的感受上真是仁者见仁，智者见智，各有千秋。

这里，什克洛夫斯基首先说明了主体感受对作品的诗意性、艺术性的生成有着举足轻重的作用。

在什克洛夫斯基看来，作品之所以具有诗意性、艺术性，从而使自己变成名副其实的艺术品，需要两方面的因素来决定：一方面是作品的艺术性受艺术手法（特殊手法）所决定；另一方面是它主要受读者的感受方式所决定。作品的艺术性是这两方面因素的合成。

什么才是艺术手法（或称艺术程序)？什克洛夫斯基告诉我们，艺术手法不是一般的手法，而是指那些以使作品尽可能被感受成艺术品为目的的手法。它包括对现成材料的一切旨在引起一定审美效果的艺术安排，就此而言，我们宁愿称之为程序。因为通常意义上的手法往往单指对材料的加工技巧，可形式派的手法则从音的选择、词的选择开始，到选材、词的组合与配置、主题、情节的布局、结构安排、加工技巧、叙述方式等，凡一切对材料进行"变形"处理的方式都统统囊括在内。因此，艺术程序使素材变形为艺术品具有决定性意义。艺术研究的重要任务就是要对艺术程序进行系统的研究。因为只有对艺术程序进行分析研究，才能找到艺术性产生的根源，也才能说明艺术品之所以为艺术品的根本

---

① 什克洛夫斯基：《俄国形式主义文论选》，人民文学出版社，1979年，第3页。

原因。这一点是作品形成艺术性的客观基础。

正因为如此，形式派非常重视对艺术程序的研究，认为艺术程序是解开艺术之谜的关键所在。不过，形式派也看到，艺术程序"不像自然历史的事实，它不是某种独立自在的、富于自我价值的东西。所谓自在的程序——为了程序的程序——不是艺术的程序，而是魔术。程序是为着艺术的目的，并从属于自己的任务的事实：在这个任务里，也就是在艺术作品的风格统一中，程序获得了自己的审美根据。"①

这就告诉我们，艺术程序不仅相互制约，相互作用，统一在艺术作品这个系统里，而且还从属于共同的艺术任务，并在这一任务里取得自己的地位和根据。因此，只有那些使作品产生艺术性的程序才称得上是艺术程序。

然而，尽管艺术程序的使用使艺术作品产生审美效果有了物质保证，但审美效果的真正实现还有待于主体的接收，这就关涉到主体的感受方式问题。

俄国形式派认为，采用艺术程序创作出来的艺术作品，其目的是要使作品尽可能被读者感受为艺术作品。这样，读者的感受方式便具有举足轻重的作用。读者，这是一个相当泛指的对象，包括不同时代、不同阶层、不同年龄的各种各样的人。作者在创作作品时，对读者的期望总占有重要的席位，他希望创作出令人感兴趣的作品，力图以自己的作品唤起读者的注意力，激发出牵其魂意的情感，引起其共鸣，从而深深地扣住读者的心弦，产生艺术魅力。

感受是主体与客体相互联系、相互作用的门户，也是审美和认知的必经之途。什克洛夫斯基在对感受进行了一番研究后指出，人类的感受有一种惯常化现象，就是说一旦人对客观事物进行数次感受后，就开始进入认知，此时即便事物摆在我们面前，我们仍会对它无以感受：

　　"经过数次感受过的事物，人们便开始用认知来接受：事物摆在我们面前，我们知道它，但对它却视而不见。因此，关于它，我们说不出什么来。"②

在日常生活中，我们囿于实用、物质功利和各种利害关系，迫于生计，对周围世界缺乏应有的感受能力。各种各样能唤起人们美感的东西往往一晃而过，甚至就连多看一眼也没有，人们丧失了对周围世界的好奇感和应有的注意。我们的感觉已麻木不仁，昏昏欲睡，表现出来的就是对自己的周围毫无兴趣，即使有点反应也是迟钝、僵化、呆板。

① 什克洛夫斯基：《俄国形式主义文论选》，人民文学出版社，1979年，第234页。
② 同上书，第7页。

什克洛夫斯基指出，只要对感受的一般规律作出分析，就不难看到，一切行为、动作、言谈等，一旦经过多次反复，就会成为一种习惯性的东西，变成带有机械性、自动化的东西。也就是说，我们的一切极为熟悉的行为、动作、姿势、言谈，都会由于惯常化而沉入无意识领域中去，我们也就很难意识到它。这就像步行，由于我们每天走来走去，它就成为了一种习惯性的动作，我们对步行已经熟悉到无须再去感受、意识它。这样，它就变成为一种机械性、自动化的动作，我们每天仅仅是机械地走啊走，对步行已经没有感受了。

什克洛夫斯基认为，这种由于惯常性而产生的机械性、自动化现象是人类活动中普遍存在的现象。只要有谁能回忆起他第一次走路、第一次写字、念书、握钢笔、第一次讲外语、第一次看电影等的感觉，并把这种感觉同他经多次重复后所体验的感觉作一番比较，就不难看出二者差别之大。

语言中也同样存在这种自动化现象。在日常的实用语中，字音就是无意识发出的、不自觉地念出来的，就好像一块块巧克力糖从自动化机器里抛出来似的，我们的一些不完整的句子和说到一半即止的话语都是这种机械化的表现。由于实用语仅仅是传递消息的手段，只具交际功能，其目的是为了表达思想，只要明白易懂就可以采用任何一种表达形式。实用语不包含

表达意向，往往使用一些司空见惯、呆板僵化的话语形式，仿佛在麻痹着我们的注意力。当人无事可谈而又必须谈点什么时，就会借助通常的"套式用语"，以便为自己言之无物的话语装点门面。听者也由于习惯，只是机械地听听，并不去注意对方所讲的意思和表达方式。

什克洛夫斯基认为，这种普遍存在的自动化现象，使人对人生、对世界毫无可感，这就阻断了审美感的生成。因为这种自动化现象使人进入机械性领域，人的反应活动成了一种机械反应，因而不是把人带入麻木不仁的状态，就是越过感觉而直指认知。人的存在竟变成人生旅途上的匆匆过客，除了对周围事物和世界的这种机械、自动的无意识反应外，竟空空如也，哪里还谈得上对人生、对世界的深刻体验和诗意的感觉？有丰富感觉潜能的活生生的人竟会麻木得就像一具丧失一切感觉的僵尸，这难道不是一桩极可怕的事情？

针对这种可怕的自动化现象，什克洛夫斯基提出了著名的"反常化"。

反常化（остранение）在中文里通译为"陌生化"，它是从英文转译而来的。什克洛夫斯基的原意是通过此词，说明它出乎意料之外，给人一种新奇、异乎寻常之感，通俗点说就是不平常，意要推陈出新。但由于什克洛夫斯基少写了一个字母而弄得众说纷纭。

什克洛夫斯基提出反常化的目的是要

打破自动化现象，使人由对世界的机械化反应回复到人的活泼生动反映，让人去真正感受体验人生、感受世界，去真正领略人生是怎么回事，真正看清世界是什么样子，从而感受到人生的乐趣、专心致志、聚精会神、流连忘返、乐而忘归，重新唤起对人生的热情，唤起对世界的敏锐感觉。

因此反常化是一个人类学本体论的问题，它要力图克服人的存在和发展所产生的异化，使人从感觉的自动性中解放出来，从那种看来正常实际上是由于惯常化（或麻木不仁）引起的机械状态中猛醒过来。显然，只有克服了异化现象，人才可能获得自由与解放，才可能对人生、对世界怀着诗意的感觉，才可能丰富和发展自己的审美感。

在文学美学中，反常化是一个双向发展过程。一方面它要求摆脱主体感受上的自动化，使主体的感觉方式来一个革新；另一方面它也要求艺术作品本身能克服自动化、机械性，令人读后有耳目一新之感。因此，反常化是主体与客体交互作用、相互融合的结果。没有客观对象，主体的感受就无从引发；而没有主体的感受，客观对象就不成其为对象，只是一个孤零零的它物。

艺术作品要获得读者的兴趣和注意，要变得新鲜可感，就必须采用反常化程序。

这种反常化程序才是真正的艺术程序，因为"那种被称为艺术的东西的存在，正是为了唤回人对生活的感受，使人感受到事物，使石头更成其为石头"。[1] 在艺术品中，正是通过采用各种艺术程序，才使事物摆脱知觉的机械性，更新人对世界的感受。

如果说步行往往使人由于惯常化而产生自动化，那么舞蹈则可以说是一种具有反常化的东西。由于步行只是机械地走啊走，人不仅对步行已无感受，而且也把自己幼年时刚开始学步的那种原初的感受业已遗忘殆尽。当我们去跳舞时，舞蹈就不仅使我们专注于舞蹈的步伐、姿态、动作，而且也使我们对舞步、舞姿产生陌生新鲜之感，使我们把舞蹈作为舞蹈来感受，唤起我们幼童时刚开始学步的那种纯真新颖之感，并且也使人们感觉到步行的惯常性、自动化，感觉到舞蹈就是舞蹈，从而唤回了我们对生活的感受，打破了由于步行的惯常性所带来的机械性、自动化。因而舞蹈是一种艺术，是一种具有反常化的艺术。

日常实用语里常出现自动化现象，使人对语词本身没有感受。可艺术语（或称诗歌语言）是对实用语进行"扭曲"、"变形"、"施加暴力"等艺术加工的语言，也就是对实用语进行"反常化"，其目的是使语言本身在诗歌等艺术作品里变得异乎寻

---

① 什克洛夫斯基：《俄国形式主义文论选》，人民文学出版社，1979年，第6页。

常地突出和显赫。无论在诗歌语的语音和词汇构成上，还是在措辞和由词组成的表义结构的特点上，都可发现这种"反常化"程序的使用，它们是专门为使感受摆脱机械性而引人注目的艺术程序。

什克洛夫斯基指出，在艺术作品里，语言是一种独特的表达，它重视的是表达本身，而非去关注表达的是什么。我们去感受艺术语时，就应注意到构成表达的语词及其相互搭配，因此艺术语是一种注重语词的选择与配置，以表达为自身目的的话语形式，是一种"以曲为贵、难以理解、使诗人变得笨嘴拙舌的诗歌语"，它是由"奇奇怪怪、不同凡俗的词汇和不同凡响的措辞"[1] 所组成的语言。这样，诗歌语与实用语的不同，不仅是因为前者可以有实用语中没用过的词汇和句法，而且是因为前者可以采取异乎寻常的用词方式和各种组词手段，使人对语言本身产生了新颖的感受。

什克洛夫斯基还以列夫·托尔斯泰为例来说明反常化程序的使用。托尔斯泰在自己的作品中往往"不用事物的名称来指称事物，而是像描述第一次看到的事物那样去加以描述，就像是初次发生的事情，同时，他在描述事物时所使用的名称，不是该事物中已通用的那部分的名称，而是像称呼其他事物中相应部分那样来称呼"。[2] 托尔斯泰总是拒绝去认知事物，描述事物，如同初次打交道，他称圣餐为一小片白面包，或者着重渲染某一细节，改变平常的比例。

托马舍夫斯基也指出，当把文字之外的材料引入作品时，为了不致使其从文艺作品中脱落，应在材料的表现上具备新颖和个性的根据。这就需要"把旧的和习惯的东西当做新的和尚未习惯的东西来谈；要把司空见惯的东西当做反常的东西来谈"。[3] 他认为典型的例子有，托尔斯泰在《战争与和平》里描写军事会议时，从一个乡下小姑娘的眼睛来描写；《量粗麻布的人》中通过马的心理来折射人际关系；契诃夫的《醋栗》则从狗的心理来折射人际关系；斯威夫特的《格列弗游记》为讽刺欧洲社会制度，大量运用反常化程序。如格列弗到贤马国向马主人讲述统治人类社会的制度，这就使批评政治制度这一文学外材料在艺术叙述中获得了根据。

然而，程序也会经历诞生、发展、衰老、死亡的过程。它会随着不断的使用变得僵化，不可感，也就逐渐丧失自己的功能和活力。为克服程序的僵化，就要使程序在功能和意义上不断翻新。程序的翻新，

① 什克洛夫斯基：《关于散文理论》，人民文学出版社，1979年，第26页。
② 什克洛夫斯基：《俄国形式主义文论选》，人民文学出版社，1979年，第7页。
③ 同上书，第132页。

无非是对前辈作家的东西给以别致的使用并赋予崭新的含义。翻新的手法可以隐蔽程序，使其显得"自然"，并在不知不觉中展开文学材料。更常采用的是裸露程序，即把程序毫无掩饰地自觉显露出来。当有意识裸露他人的程序时，往往是因嘲弄并带有喜剧意味而成为闹剧。斯特恩派就是由闹剧文学发展而来的独树一帜的艺术流派。

可见，尽管形式派很重视分析文艺品的构成要素和构成方式，把艺术程序的研究作为文学美学中的主要目标，然而他们在分析研究时的主导原则却是依据感受方式来进行的。在他们看来，艺术的功能就在于使我们的感受摆脱机械性、自动化，从而复活对象，使人按事物本来的面目去仔细感受，获得那种诗意感觉。所以，接受者的感受方式显得异常重要。从这一角度看，只有那些能唤起人的审美感知，使人摆脱机械性、自动化的感受的作品，才是真正的艺术品。

因此，反常化的实质与艺术的功能是相一致的。它们都是要更新人对生活和世界的感觉，把人从那种狭隘的实用、认知以及其他种种利害关系的束缚中解脱出来，摆脱习以为常的惯常化的约束，摆脱无意识性的机械化、自动化的控制，摆脱麻木不仁、昏昏欲睡的状态，使人面临各种事物时不断有新的发现，总是感觉到对象的异乎寻常、非同一般，使人为之震颤，返

璞归真，重新回到观察世界的原初感受之中，去充分领悟世界和人生的丰富底蕴。总之，它们丰富人的感受能力，发展人的感觉，促进审美感的生成与发展。

三、审美形式

众所周知，形式与内容是传统文学美学中的一对重要范畴。古往今来，许多美学家对它们的界定和关系作了种种说明，形成了二元论。俄国形式派认为，文学是一个复杂的有机系统，要研究文学之所以成为文学的根据，必须要深入到文学系统内部去研究文学的形式与结构，找到文学的内在构成规律和秩序化原则才有可能。由此，他们对艺术形式与内容的传统二元论发难，认为传统二元论人为地割裂了文艺品作为审美对象的统一性。

如果把文学作品的内容当做情节（如《奥赛罗》的内容被视为：丈夫由于嫉妒而杀妻）这种肤浅的观点抛开不算的话，那么，在艺术内容与形式之对立上最流行的见解就是，形式与内容的区别被归结为对统一的审美对象进行分析的不同方式。一方面提的问题是：这部作品表达了什么？回答这一问题便成了内容。另一方面提的问题是：这种东西是怎么表达的，它用什么手段作用于我们，使我们对其发生感知？回答这一问题便成了形式的东西。

在形式派看来，这种所谓"什么"与"怎么"（内容与形式）的划分，只是人为的抽象。因为实际上，艺术品需要表达的

东西，诸如爱情、生与死、某种观念、哲学思想、伦理道德观等，不是作品自然而有的，也不是独立存在的，它们总是必须存在于借以表达的具体形式中，换言之，任何内容总是一定形式中的内容，否则，它就什么也不是。任何形式也总会表达一定的内容，否则，它也不成其为形式。

日尔蒙斯基在《诗学的任务》里对形式与内容的传统二元论进行了批判。他认为，形式与内容是统一在审美对象上的，二者只是约定的对立，实际上是融为一体的。他说：

> "在艺术中任何一种新内容都不可避免地表现为形式，因为，在艺术中不存在没有得到形式体现即没有给自己找到表达方式的内容。同理，任何形式上的变化都已是新内容的发掘，因为，既然根据定义来理解，形式是一定内容的表达程序，那么空洞的形式就是不可思议的。"[1]

他指出了形式与内容的相互依存性，不可分离。如果把形式与内容一定要划分为两个部分，不仅会使这种划分显得苍白无力和十分牵强，而且也无法弄清形式在艺术结构中的特性。

另外，把形式与内容人为地划分开来也是含混不清的。它容易使人产生把形式当器皿，所盛的液体才是内容；或者把形式当做服饰，认为它只是一种可有可无的外表装饰，用服饰包裹的躯体才是内容；或者形式是外壳，内容是内核等种种错误观念。这些错误观念导致了重内容轻形式的普遍流行，从而使人们误认为，重要的只是看内容，至于形式嘛就无所谓了。

不仅如此。由于形式与内容划分的含混，它还导致了一个易被人忽视的灾难性恶果，就连那些素称富有理论修养的研究者们也难以避免。传统的文学美学理论家们在研究艺术内容时，往往把内容在艺术中所处的状态与其在艺术之外所处的状态完全相等同起来，这就造成把内容当做艺术之外的现实性去研究，也就把艺术中所描写所表现的世界等同于客观的现实世界。这正是模仿说、再现说的理论前提。

无论是模仿说还是再现说，它们都有一个共识，那就是认为文艺作品所描写的东西正是客观世界存在的那个东西，亦即"文艺品忠实于现实"，并以文艺品是否真实地模仿或再现客观现实为评价标准。既然认为客观现实性在艺术里仍保持自己原来的面貌，保留自己从前的性质，那么，它进入艺术也就不是按艺术的特有规律，而是按经验世界的规律来构成。于是，这就无怪乎有些人去比较达吉雅娜的性格与俄罗斯少女的心理，用文艺作品为纯粹材

---

① 什克洛夫斯基：《俄国形式主义文论选》，人民文学出版社，1979年，第211页。

料去撰写俄国知识分子史、俄国文化史等方面的专著。

然而，在日尔蒙斯基看来，这就把艺术作品所描写的世界与客观世界相混淆了。正是这种莫名其妙的混淆抹杀了文艺品的创造性与独特性，使文艺品不是被作为审美对象来看待，而是被沦为进行其他人文科学研究的历史文献，或变成认识世界的工具。他认为，艺术内容是不能脱离艺术品而存在的，也不能把它从艺术整体中抽象出来，更不能把它从艺术品中割裂出来当做客观现实中的内容，他说：

> "……在艺术内部，这类所谓内容的事实，是不会脱离艺术创构的普遍规律而独立存在的；它们是富有诗意的主题，是艺术的旋律（或形象），它们进入了诗作的整体之中，参与了审美意象的创造，如同其他形式事实一样（如该诗作的结构，或韵律、风格）。简言之，如果说形式成分意味着审美成分，那么，艺术中的所有内容事实也都成为形式的现象。"①

显然，形式与内容的传统划分，导致艺术中审美成分与非审美成分的区别。日尔蒙斯基认为，诚然用非审美的观点研究文艺作品仍有可能，如把艺术问题当做社会事实问题或艺术家精神活动产品的问题，把艺术品当做宗教现象、道德现象和认识现象来研究，但是仍要注意不能把艺术品外的事实与艺术品内的事实混为一谈，更不能把艺术内容与艺术形式以及艺术整体相割裂。与其把艺术品中的形式与内容相分离，倒不如把艺术内容的因素看做是艺术形式的构成因素。

从这一角度出发，我们才能理解形式派对形式的特殊偏好和重视。因为形式派所理解的"形式"已与传统的"形式"概念大为不同。首先，它不是传统观念把形式与内容二分并相对立的那个"形式"。因为这一形式是与内容相区别的形式，而形式派则把内容包括于形式之中，把形式看做是与内容相互关联、密不可分的那个"形式"。由此，形式派才把情绪评价、主题选择、情节组织、意义、题材等通常视为内容的因素都看做是作品的构成要素，从而将其纳入艺术形式的领域。其次，它也不是由内容决定其存在或变化与否的无足轻重的东西。传统观念正是从把内容视为高于一切主宰一切的无上地位出发，轻视对形式的研究，从而造成一种只要一谈形式就是"形式主义"的假象，致使长期以来对艺术形式缺乏应有的研究。而形式派则针锋相对，他们为形式正名，认为作品中的一切都可看做是形式，这就把形式

---

① 什克洛夫斯基：《俄国形式主义文论选》，人民文学出版社，1979年，第212页。

本身视为一个系统，并把形式置于研究的中心地位，内容则消融于形式之中，成为形式的构成要素。形式的存在与变化都由形式本身所决定，而不是由形式之外的内容来决定。这正如什克洛夫斯基所说："形式为自己创造内容。"[①]

埃亨巴乌姆也认为，艺术家的真正秘密就在于用形式"消灭"内容（注意不是达到和谐），这样，艺术才会达到成功。观众不是请求接受"内容"，即为主人公的苦难本身而伤心流泪，而是注视着用以唤起痛苦的艺术结构过程，从而被引向艺术享受。因此，他赞同席勒的看法，认为完美的悲剧与其说是内容的结果，还不如说是成功地运用悲剧形式的结果。

形式派的"形式"概念由于统辖了传统的"形式"与"内容"，变得至高无上了，它成了主宰艺术品是否具有艺术性的关键，它成了艺术品产生审美感的源泉。由此，我们才能理解什克洛夫斯基的如下说法：

"文学作品是纯形式，它不是物，不是材料，而是材料的对比关系……因而，作品的规模是无关紧要的，它的分子与分母的算术意义也无关紧要，重要的是它们的对比关系。戏谑作品、悲剧作品、世界作品、室内作品、把世界与世界进行对比或者把猫与石头进行对比彼此都是相等的。"[②]

形式派为何要这样抬高"形式"？要讲清这一问题需要一定篇幅，但我觉得其中的一个重要原因就是，形式派把"形式"看做是审美形式。他们不能容忍那种把形式视为器皿、外表装饰、外壳等之类的可有可无的东西的种种观点，而是认为艺术中的形式就应该是能唤起读者审美感的形式，是给作品赋予艺术性带来审美感染力的形式，这种形式本身就蕴涵丰富的内容，从而给人带来艺术享受。因此，艺术形式就是艺术品整体，它不仅是艺术品的徒有其表的外在装饰，而且更是艺术品的从里到外，从内到表，从语音、语词、词组到整个作品的构成，总之一句话，作品的一切都是形式。换言之，作品要成为审美对象，成为真正的艺术品，就必须从头到尾、里里外外组成整体，都作为唤起审美感受的艺术形式而存在才有可能。

当然，形式派也看到，仅仅是批判传统的形式与内容二元论，用形式来取代二者，并把艺术作品中的一切都视为形式的构成要素来建构自己的"形式"概念仍是不够的，因为这仍然没有说明，形式在艺

---

① 什克洛夫斯基：《关于散文理论》，俄文版，第37页。
② 什克洛夫斯基：《Б. 罗扎诺夫》，转引自《俄国形式主义文论选》，人民文学出版社，1979年，第369页。

术品中怎么会摇身一变而为审美形式？或许应该换一个问题更为明确，那就是，审美形式是怎样在艺术品中创构出来的呢？

形式派认为，当对艺术品进行艺术分析时，应该区分出材料与程序。艺术品的材料既可取自自然界和人类社会，又可取自人的思想、感情、心理、观念等。因此，艺术品的材料是源自客观世界和社会生活中的各种事件、事物、形象甚至语词等一切东西。然而，这些东西仅仅是有待艺术加工处理的素材而已，它们还不是艺术品。只有经艺术家使用艺术程序对之进行特殊处理，使之扭曲、变形，才可能赋予其艺术形式，成为艺术作品。这样就可以看到，艺术程序对艺术形式的产生有着决定性的作用，因此，形式派把对艺术程序的分析作为文学美学研究的主要课题。

例如，音乐的材料是音符等，它们在音乐作品里具有了一定的高度、长度和力度，作曲家把它们按一定的顺序关系并列或组合，编织成节奏、和声及旋律等艺术形式，就会产生音乐的审美效果。

可见，审美形式的产生是艺术程序对材料进行加工、变形的结果。同时，作品的形式只有在能唤起读者的审美感受、具有审美感染力时，才能称之为审美形式。一旦作品的形式由于惯常化而变得自动化时，形式的变革就来到了：

"艺术作品是在一定背景下并通过与其他艺术作品联想的方式被领会感受的。艺术作品的形式取决于它对在其之前存在过的形式的态度。文学作品中的材料必定是着力强调了的，亦即突出和'加强了的'。不光讽刺性模拟作品，而且所有的艺术作品都是作为某一样板的比较物和对照物而创作出来的。新的形式不是为了表达新的内容，而是为了取代已经丧失其艺术性的旧形式。"[①]

这就是说，形式本身构成一个系统。这个系统的内部机制就在于不断推陈出新，不断地以新形式取代旧形式，使形式本身构成动力发展。而这种形式的推陈出新目的是为了不断地展示审美形式，使作品具有艺术性：

"现在旧艺术已经死亡，新艺术又还没有诞生；物也已经死亡，——我们失去了对世界的感觉；我们像丧失了对弓和弦的触摸感的提琴手，已经不再是日常生活中的艺术家；我们不爱我们的房子和我们的衣裳，并容易地与我们不能感触的生活告别。只有新形式的创造能够把对世界的感受归还给人，使物复活，清除

---

① 什克洛夫斯基：《关于散文理论》，人民文学出版社，1979年，第31—32页。

悲观主义。"①

这实际上就是告诉我们，旧形式导致艺术的死亡，使人丧失对世界的感觉，也就使人失去了审美感。而新形式则使人恢复对世界的感觉，唤醒人的审美感，给作品带来艺术性。艺术品的重要功能是在于其审美价值，它会唤起人对生活的热爱，积极进取、蓬勃向上，对世界和人生亦会怀有一种诗意的感觉，消除悲观厌世。从这一意义说，形式派触及到了人类学美学的根本问题。

形式派正是基于自己对形式的看法，认为《项狄传》是"世界文学中最典型的小说"。② 因为什克洛夫斯基告诉我们：

"艺术的形式由其艺术规律来解释，而不是由生活动因来解释。艺术家制止小说情节发展，不是通过写主人公离别的方法，而是通过各部分重新编排的方法，这样他就给我们指出了两种结构手法后面的美学规律。

一般都断定《项狄传》不是小说。对说这样的话的人来说，只有歌剧是音乐，而交响乐是杂乱无章的东西。"③

艺术形式要由艺术规律来解释，而不能由超出艺术之外的东西来解释。这是形式派的基本理论原则。它要求人们从审美的观点来看待和研究形式问题，应该说，有其合理之处：

"斯特恩在形式方面是极端的革新者。他的典型做法是裸露手法。艺术形式的运用没有任何依据，只不过当做艺术形式来使用而已。斯特恩的小说和一般小说的区别，与用选音法写的一般的诗和未来主义者之无意义语言写的诗的区别完全一样。"④

形式派总是强调：艺术形式本身就是目的，它不是手段，不是为其他目的服务的工具，它的唯一任务就在于产生审美效果，唤起审美享受。

由于形式派极为重视艺术形式，因此对艺术形式的组成要素和组成方式作了精心的研究，前面我们已经谈到了形式派对艺术程序和诗性语言方面的研究。然而形式派对材料的研究却遭到不应有的忽视。

什克洛夫斯基就曾说过："艺术中形式就是一切，而材料是没有任何意义的：'裁缝施塔乌勃用自己的料子缝制燕尾服和用顾客的料缝制燕尾服，索取的价钱是一样

① 转引自巴赫金：《文艺学中的形式主义方法》，1989年，漓江出版社，第72页。
② 什克洛夫斯基：《关于散文理论》，人民文学出版社，1979年，第161页。
③ 同上书，第161页。
④ 同上书，第139页。

的。他只要求为形式付酬，材料自给'。"① 可是，并非所有裁缝都像施塔乌勃那样把材料自给，顾客同样要为材料付酬。在艺术作品中也是如此，艺术家不得不仔细地选材，挑选那些能引起广大人民兴趣的重大题材。因为每个时代都有自己的禁用题材，也有自己新开拓的题材，题材的选择并非无关紧要。

材料概念在形式派那里是一个比较含混的概念，它是艺术家进行艺术创作时所取的现成素材，如事件、思想、情感、心理、观念、意象、语词等。什克洛夫斯基就曾指出：

> "情节安排的方法和手法起码同语音选择的手法是相似的，基本上是一样的。文学作品乃是语音、发音动作和思想的交织。文学作品中的思想，或者就是像词素的发音或语音成分一样的材料、或者就是异体。"②

并以此得出结论："童话、短篇小说、长篇小说是素材的组合；歌曲是风格主题的组合；因此，情节和情节性就是像韵脚一样的形式。从情节性的角度去分析艺术作品，用不着'内容'这一概念。"③

在形式派看来，思想要么就像材料，要么就是异体。艺术创作只是组织各种材料，给以艺术安排，如同诗人不造词，只是把语词组织并安排成诗句一样。

各种心理情感也是如此。如果说哈姆雷特迟迟没有去杀死国王，就不应在犹豫不定和优柔寡断的心理中，而应在艺术结构的规律中去寻找其原因。这是因为莎士比亚需要按纯形式的规律拖延悲剧，因此，悭吝、嫉妒、同情等只能是艺术结构的材料：

> "就其本质来说，艺术是外在于情绪的……艺术是无所谓怜悯的或外在于怜悯的，除非是选择了同情感作为结构的材料。然而就是在这方面，也必须从布局的角度去考察艺术，如同您想了解机器，就必须把传动带视作机器的零件，而不能从素食主义者的角度去看待传动带。"④

然而，我们也应看到，艺术形式也不会存在于由形式定形的材料之外。因此，形式在艺术品中异常重要，没有这种独特形式便没有艺术品，就很难唤起读者的审美感受。不过，材料在艺术品中绝非毫无作用，它同样会参与审美客体的创造。这一点不仅鲜明地体现在不同材料构成的艺

---

① 转引自维戈茨基：《艺术心理学》，人民文学出版社，1979年，第70页。
② 同上书，第64页。
③ 同上书，第64页。
④ 同上书，第66页。

术品就会产生不同的艺术效果上，而且也表现在材料本身的审美效果上。我们必须记住，材料的任何变形同时也就是形式本身的变形。因此，把艺术品这个整体分为形式和材料两部分仍是牵强的，以至于梯尼亚诺夫也觉得不妥：

"在这种情况下，忽视了材料因其作用和用途不同而产生的成分和意义上的不同。忽视了在词语内有不平等的成分，根据其功能，一个成分可以用压低其余成分的办法而提高自己，结果这些其余的成分发生变形，有时被压低或为中性的东西……'材料'的概念并不越出形式的范围——它也是形式的东西；把它与非结构成分混淆起来，是错误的。"①

埃亨巴乌姆则认为，不仅要把材料划入形式范围，而且还要求建立艺术形式的动力学理论。他说：

"某个单一成分可能优于一切其他成分。（但是）'材料'的概念仍在形式范围里，它本身就是形式的。把它和非构成性成分混淆是一个错误……一件作品的统一性不是一种封闭的、匀称的统一性，而是一种逐渐展开的，因而也就是动力学的统一性。在其各部分之间，适用的不是相等或相加法，而是相关的统合法。一部文学作品的形式是动力学的。"②

把材料纳入艺术形式，把艺术品视为是开放的、逐渐展开的，并力图说明艺术形式的动力演变，这就已经预示文学的结构观了。

第三节 俄国形式主义美学的历史影响和发展趋势

上面我们只是简略地介绍了俄国形式派的几个主要观点。这里我们主要是谈谈俄国形式派的发展趋势及其影响等问题。

20世纪30年代末，由于多方面的原因，形式派开始分化瓦解。雅各布森定居捷克布拉格，筹建布拉格小组。1926年，布拉格学派首次正式集会，一些莫斯科学派的成员也参加了活动。雅各布森与穆卡洛夫斯基被并称为布拉格学派之父。

形式派不仅筹建并积极加入布拉格学派，而且更重要的是以其理论观点深刻地影响着布拉格学派。1926年，雅各布森的《论捷克诗》的捷文译本发表，影响了在捷克所进行的那种有关捷诗中是质的还是量的韵律系统更为合宜的辩论。雅各布森认为，从语言学看，量的韵律系统是合宜的。

① 巴赫金：《文艺学中的形式主义方法》，人民文学出版社，1979年，第159页。
② 布洛克曼：《结构主义》，商务印书馆，1986年，第55页。

他的研究还表明了诗性语言中音素成分间的关系，因为正是这些音素成分区分出词的意义。

1928年，雅各布森与梯尼亚诺夫在《左翼战线新艺术》上发表了《文学和语言学研究的课题》的著名提纲，它不仅是对俄国形式派的理论总结，而且也是布拉格学派的重要理论文献。他们在这一提纲里，再次重申了语言学与诗学相结合的研究道路，以克服和摆脱独断形式主义的各种局限，并力图把文学及其演变问题纳入到社会及其演变这一大系统中来进行考察。这些都预示了结构主义的发展趋势。穆卡洛夫斯基曾说：

> "预言完全不关心哲学问题的诸科学流派，干脆放弃了对它们的前提的一切有意识的控制……结构主义既不是一种存在于经验材料界限之先或超越这一界限的人生观，又不只是一种方法（即一系列只能用于一种研究领域里的研究技术）。宁可说它是一种今日实行于心理学、语言学、文学理论、艺术理论和艺术史、社会学、生物学等学科中的理智原则。"[1]

穆卡洛夫斯基的基本见解，显然与提纲中提出的"诸系统中的系统"的社会和文学演变观有着密切的联系。

另外，穆卡洛夫斯基认为，诗性语言理论的根本旨趣在于标准语言与诗性语言间的差异。诗性语言是把标准语作为自己的背景，以便表现出其对语言构成的有意扭曲，因此，诗性语言的功能就在于最大限度地把言辞"突出"。所谓"突出"，就是把一次构成放到前景的显赫位置上，就是反自动化。实际上，穆卡洛夫斯基的"自动化"与"突出"的对立，也就是什克洛夫斯基的"自动化"与"反常化"的对立。所以当穆卡洛夫斯基说："诗的新语汇以美学为目标新形式出现，其基本特征是出人预料、标新立异，不同凡响"[2] 时，可以明显看到与俄国形式派的一脉相承。

布拉格学派的提纲的执笔人雅各布森，概述了语言应表述为功能系统和音位学系统的结构原理，把共时性与历时性结合起来研究文学，认为文艺品形成了一个功能结构，它的各个要素只能在此统一的框架之内才能理解。这种结构主义的功能观，实质上就是布拉格结构主义的主要标记。

20世纪30年代末，德军侵占捷克，雅各布森移居美国。40年代初，雅各布森与列维-斯特劳斯是纽约社会研究新校的学术同事。雅各布森的音位分析风格及二元对

① 布洛克曼：《结构主义》，人民文学出版社，1979年，第68页。
② 《西方文艺理论名著选编》，北京大学出版社，1987年，第426页。

立模式对列维-斯特劳斯有着重要的影响。

第二次世界大战后，法国巴黎出现了结构主义的小团体，这类似于俄国形式派小组。法兰西学院、高等研究学校都开始出现结构主义活动中心，而"太凯尔"(Tel Quel)团体更以文艺批评使文学研究成为注意的中心。以罗兰·巴尔特为代表的法国新批评与传统学院式旧批评之间的争论，使法国结构主义文艺批评以俄国形式派的理论原则为出发点：不能借助文学之外的类比来阐释文艺作品，而应把它视为一个自足的结构；语言学模式是研究的基本方法，"首先就是语言学，要是离开了语言学，譬如说，无论是拉康的精神分析学还是罗兰·巴尔特的文学批评都是不可想象的。对于艺术、文学、哲学、心理学和社会科学等领域中结构主义所作的认识论的研究来说，现代语言学所起的作用，某种程度上相当于一种数学的作用。"①

1965年，巴黎结构主义者兹韦坦·托多罗夫翻译出版了《文学理论·俄国形式主义文论选》一书，使俄国形式派的观点广为人知。技巧、本文、文学性、反常化、结构、功能等概念在结构主义美学中得到再次拓展和深化，引起了法国结构主义者的广泛兴趣。

俄国形式主义美学也大大促进了接受美学的形成和发展。尽管在审美对象的自立性和审美形式方面，以及关注文艺品的艺术构成、关注语言的本质，执著于文本分析，俄国形式派似乎与结构主义美学的联系更为密切，然而，俄国形式主义对德国接受理论的意义也极为重大。这正如霍拉勃所说：

"在德国，意义重大的还不是集中于对艺术作品或语言源流的研究，而是转向注重研究作品—读者关系。俄国形式主义者提出了一个与接受理论密切相关的、全新的解释方式，他们把形式概念扩大到包括审美感知，把艺术作品解释为作品'设计'的总和，把注意力转向作品的解释过程本身。在文学史问题上，形式主义者们提出'文学演变'的概念，包括不同学派的相互竞争，亦在当时德国理论界引起巨大反响。的确，大多数德国观察家自然而然地把早期形式主义者与他们的民族心理联系起来，于是，必然得出这样的结论，思想史存在两条互相呼应的发展线索：从莫斯科到巴黎的结构主义；从形式主义者到现代德国理论家。"②

---

① 转引自布洛克曼：《结构主义》，人民文学出版社，1979年，第95页。
② 引自 H.R. 姚斯、R.C. 霍拉勃：《接受美学与接受理论》，辽宁人民出版社，1987年，第292—293页。

在俄国形式派美学主要观点的介绍里我们已经知晓，俄国形式派将文学研究的重点从作者—作品关系转入到作品—读者关系是当代文学研究的一个重要转折。由此，俄国形式派强调读者的重要性，强调审美感受对作品艺术性的生成的重要性，成为德国接受美学的理论前驱。

俄国形式主义美学不仅在西方尤其是对欧洲当代美学思想的发展有着难以估量的重要作用，而且对前苏联国内以及后来的俄罗斯等独联体各国的美学思想的进程亦有极为重要的作用。

当俄国形式主义解体时，庸俗社会学开始在前苏联泛滥成灾。本来，20世纪二三十年代前苏联庸俗社会学就是一股不可低估的势力，它以弗里契和彼列威尔泽尔为代表。他们一方面承继了学院派一些陈旧过时的观点，另一方面又简单地套用马克思主义的词句，以此乔装打扮一番，粉墨登场。

他们认为，文艺创作直接地（不依任何中介地）依赖于经济关系和作家的阶级属性；用经济因素来解释文艺品的艺术构造特点，把艺术品当做是现实生活的消极记录；文学形象成了直接揭示普遍的政治经济学范畴和抽象的阶级传声筒；把文学变成社会学的形象化图解。

庸俗社会学者错误地认为，艺术品的生产服从于物质生产规律，文学风格也随着生产方式而更替，每个时代都有相适应的风格，因此作品形象、风格都是社会规律在艺术上的等同物，作品几乎被看做是阶级的等同物，连艺术家的灵感都鸣响着阶级的呼声。在他们看来，完全可以用作家的阶级存在直接解释作品，甚至断言，作品的艺术性是由作者的阶级属性决定的。不用说，这些观点自然会遭到形式派的激烈批评。埃亨巴乌姆就曾指出，形式主义并不和马克思主义对立，"只是反对简单地把社会经济问题搬到艺术研究的领域中来。"①

一般说来，庸俗社会学并非是形式派的有力对手。在形式派看来，用阶级性、环境、经济生产等概念来研究文学，只不过是应时政论那种可怜的情状。20世纪30年代后，形式派已经结束，庸俗社会学虽一度也遭批评，但庸俗社会学的倾向仍一再顽强地表现出来，并在30年代至50年代泛滥于前苏联，令人反省。

俄国形式派还带来了其他学术成果。普罗普的《民间故事形态学》是形式主义诗学迈向结构主义叙事学的关键一环。因为普洛普对民间故事的研究关注的是结构和功能。他认为，神话、童话是任何叙述的重要原型，在童话中，最重要并起统一作用的因素不在故事中的人物身上，而在

---

① 转引自《世界艺术与美学》，第7辑，第20页。

人物的功能上。功能是指根据人物在情节过程中的意义而规定的人物的行为，因此童话尽管人物繁多，千奇百怪，然而它却千篇一律，如出一辙。由于童话的特征是把同一行动分配给多种人物，因此童话研究也应从功能方面来研究。普洛普对民间故事的富于开创性的研究不仅影响到列维-斯特劳斯的人类学研究，而且也影响到格雷马斯等人的叙事学研究。

前苏联杰出学者维戈茨基对俄国形式主义是持批判态度的。然而维戈茨基给自己提出的问题和解决的方式却受到俄国形式主义的强烈影响。维戈茨基认为，艺术研究的根本问题是要解答：什么东西使作品获得艺术性，使之成为艺术创作？这个问题正是形式派所关心的问题。当然，维戈茨基作为心理学家不满意形式派轻视心理情感方面的东西，因而他一方面批判把艺术功能单纯归结为纯认识论的观点，另一方面又不同意艺术的本质和功能就在形式本身的说法。在他看来，只有通过艺术品结构特点的分析来说明艺术品所可能引起的感受，才能洞察伟大艺术品的不朽奥秘。这恰恰与形式派把作品的艺术性视为艺术程序加工和读者感受的结果是相似的。正因为如此，维戈茨基在作品艺术结构的分析上借助了形式派的一些观点和原则。不过，维戈茨基更强调主体感受时的心理活动状态。

巴赫金也是批判形式主义的著名学者，他在《文艺学中的形式主义方法》一书里指出："形式主义总的说来起过有益的作用。它把文学科学的极其重要的问题提上日程，而且提得十分尖锐，以至于现在无法回避和忽视它们。尽管没有解决这些问题，但是它们的错误本身，这些错误的大胆和始终一贯，更使人们把注意力集中到提出的问题上。"[1]

巴赫金也是极为关心语言的，但他不是强调一般语言学的语言，而是关注在社会环境中的语言即话语。在巴赫金看来，文艺品、诗歌语言都必须在社会交流中来研究，因而不能不看到艺术品与社会及意识形态的复杂关系，不能不看到诗歌语言与实用语言的密切关系，尽管诗学的研究可以也应该是艺术品的结构，但绝不能把文学与现实生活或社会相对立，也不能把诗歌语言与实用语言相对立。巴赫金研究陀思妥耶夫斯基的小说时，就从作品的诗学结构出发，认为陀思妥耶夫斯基创立了一种"复调小说"，详细考察了陀氏小说中的话语。

20世纪60年代，由于前苏联国内结构主义和符号学美学兴起，早年形式派的著作和理论又开始重新受到人们的关注和研究，形式派呈现出另一番面貌。随着形式

---

① 巴赫金：《文艺学中的形式主义方法》，漓江出版社，1989年，第234页。

派著作的再版，形式主义所带来的丰硕理论成果得到了认真的研究和批判地继承。以洛特曼为首的前苏联结构主义就是力图把诗歌当做结构来研究，在艺术品诸方面的统一中来进行考察，以研究艺术品的艺术本质。

洛特曼的基本出发点就是把艺术看做为一种语言。在他看来，语言可分为自然语言、人工语言和第二性语言。艺术是特殊地组织起来的语言，艺术品是以第二性语言写成的本文。作家的思想只有通过一定的艺术结构表现出来，绝不能脱离这种结构，思想与结构并存，绝不能将思想独立于结构之外。因此，他认为，艺术研究的重点是艺术本文的结构。不过，在研究本文内部的结构和关系时，也要考虑本文外部的结构和关系，因为艺术结构的本文外部部分是艺术整体的完全现实的成分。

由此可见，俄国形式主义美学是20世纪最有影响、最富活力的重要文学美学理论流派之一，它不仅是结构主义美学的真正发源地，而且也是接受美学的理论前驱，甚至可以这样说，当代欧洲的许多美学流派都不同程度地受其影响，从而各自有所吸收，有所拓展。

值得指出的是，当代西方美学的总倾向仍然在舍弃传统的"自上而下"的思辨方法，而采取"自下而上"的经验主义方法。由此美学家们已不太津津乐道于美的哲学问题，而更重视对审美经验以及文艺中的专门问题进行探讨。俄国形式派美学的倾向也正是如此，这无疑促使西方美学更带有经验主义的色彩。

美学对文艺的研究是从哲学角度进行的，这是传统美学着重强调的。它要求把文学放在与美、丑等一些一般性概念的关系上来进行研究，因而尽管过去文艺批评时常借助美学，但美学与具体的文学研究往往脱节，而且也经常使文艺批评转入社会批评、政治批评、哲学批评，从而导致审美评价的失落。

当代文艺理论却要求紧密地与文艺品的具体研究相结合。尽管它并未要求从一般美学概念来分析，然而它却强烈要求摆脱从社会学、政治、哲学等方面来研究文艺，更注重文艺品的特殊性质，注重研究文艺品的艺术性、从而更突出了文艺品的审美价值，这就在实际上促使美学与文艺研究的紧密结合，使人感到这些文艺理论尽管以文学科学独立为出发点，其结果是导致了文学与美学的结合。这是一种活生生的具体结合，而非那种抽象词句的结合。

俄国形式派美学就鲜明地具有这种特点。初看起来，他们强调文艺的独立自主性，关注文艺品的内部规律的研究，认为必须从语言学入手抓住艺术品的形式结构，以找到文艺品的艺术性究竟怎样形成的奥秘，似乎纯粹是一种文艺研究。然而，它要求把文艺当做审美对象来看待，认为首先必须去研究文艺与其他东西相区别的审美性质，并把艺术品的审美性质视为是审美形式与审美感受相互作用、相互影响的结果，这就无异于强调从美学角度去研究文艺，寻找文艺品审美价值何以生成的原因。实际上，这倒更像是从美学方面来研究文艺。

因此，从这样一个角度来看，俄国形式派不仅顺应了当代文艺发展的要求，而且也顺应了当代美学发展的要求。

我们知道，从 20 世纪开始，世界文坛发生了历史性的大转折。这充分表现在文艺创作、文艺理论和文艺批评上。在文艺创作上，各种文学流派、各种创作手法和风格都出现了百家争鸣的局面，都在层出不穷、不断创新之中。这与过去的一家或两家独尊的文学时代已有了根本不同。在文艺理论方面，开始明确地对文学的研究对象、范围、性质、方法等进行认真地反思、由于文艺创作上的繁荣极需进行理论上的总结和指导，迫切需要理论从一个新的层面上来进行说明和概括。于是理论研究就愈来愈摆脱陈旧教条和烦琐考证的各种束缚，呈现出一种鲜明的自立倾向，并具有多元化的特征。随之而来的是，文艺研究方法也发生了天翻地覆的变化。人们再也不能忍受那种烦琐考证、牵强附会的实证方法，也不能容忍那种不着边际的抽象玄谈。他们要求把文艺品看做是一种艺术现象，应当立足于文艺品，把它作为审美对象来研究的呼声日益高涨。文艺品作为自足体、作为艺术本体的地位愈来愈显赫地突出在人们面前，这些都标志着一种新的文学观念和美学观念在迅速崛起。

与此同时，文艺批评的自觉意识也在猛然觉醒。它要求文艺研究不能立足于作者的个人经历、生平传记及其政治、道德、哲学观、个性心理因素，也不能依据文学与社会背景、文学与历史学等的关系来说明，而是要根据文学本身的理由、立足于作品本身，也就是要根据作品的语言、技巧、程序、形式、结构等因素来进行研究。认为只有从作品的内在构成要素和构成方式的分析出发，才有可能真正揭示作品的艺术魅力之所在。

这是文艺理论自身发展的要求，俄国形式派显然是顺应了这种发展要求应运而生的。正因为如此，文艺理论的创新意识，文学的独立自主性以及寻求文艺的审美性质的种种要求，也就成为俄国形式派的理论出发点，同时它们也就是当代西方文学美学理论的基石。因此，当俄国形式派在这方面疾声呼喊时，才有可能产生巨大的反响。因为这是在宣告新文学观念的正式诞生，宣告文学批评自觉意识的觉醒，宣告当代西方文学美学思想发展的新趋势，从而不能不产生重要而又深远的影响。

这样，或许可以毫不夸张地说，当代文学美学新观念的崛起，当代文艺批评新浪潮之勃兴应当说是从俄国形式主义思潮开始。这就无怪乎美国著名学者韦勒克和沃伦在其所著的《文学理论》中指出，过去的文学研究由于种种缺陷已使自身陷于一筹莫展的困境，近来一些全新的研究方法进入文学研究，有法国的"原文诠释"派和德国的瓦尔策尔形式分析法，"特别精彩的还有俄国的形式主义者及其捷克和波兰的追随者们倡导的形式主义研究方法。这些方法给文学作品的研究带来了新的活力，对此我们仅仅开始有了正确的认识和足够的分析"。[①]

然而，我们也不能不看到，俄国形式派美学也带有自身的历史局限。当它强调把文艺品当做审美对象来看待时，它往往是孤立地对之进行分析研究，尽管它还注重了读者的接收状态，但它却忽视了文艺品与社会、文艺品与作者的关系。当它要求对文艺品本身的规律进行研究时，它往往是只见文艺内部规律，忽视了文艺的外部因素；只注重艺术的形式结构，忽视了文艺的意义。这诚如什克洛夫斯基自己宣称的：

> "我的文学理论是研究文学的内部规律。如果用工厂的情况作比喻，那么，我感兴趣的就不是世界棉纱市场的行情，不是托拉斯的政策，而只是棉纱的支数及其纺织方法。因此，全书整个是谈文学的形式变化问题。"[②]

这种只管内部规律，不管外部情况；只重"方法"，不重"市场需要"；只谈形式演变，不谈意义的做法，其结果只会导致独断形式主义。当然，形式派对独断形式主义是有所警惕的，而且他们的实际行动与口号也有所不同，特别是后期，也注重把文学的内部与文学外部两方面结合起来研究，其结果只能导致形式主义的解体。这或许就是形式主义的后起之秀——结构主义、符号学、接收美学——在吸收形式派的理论观点时，也不断对之进行批判的原因吧。

今天，俄国形式主义已经过去半个多世纪了，尽管它在当代西方文学美学的发展史上享有开拓和奠基的重要地位，对后来文学美学发展的方向具有重要的指导作用，它的理论和各种观点也已成为人类文化的一笔丰富遗产，使当代西方的许多新流派从中得到营养和启发，然而，我们也不能忘记，它的一些理论带有鲜明的历史痕迹，也包含有不足和偏颇，这就需要后继者进行审慎地研究，从而开拓自己新的前进道路。

---

① 韦勒克、沃伦：《文学理论》，三联书店，1984年，第146页。
② 什克洛夫斯基：《关于散文理论》，苏联作家出版社，1984年，第8页。

第四章　英国形式主义美学

大约在 20 世纪初的 20 年代前后，在英国产生了一个新的艺术心理学流派，这就是我们通常所说的现代（英国）形式主义美学（Formalistic Aesthetics）。这个流派的全盛时期是在二三十年代，主要代表是英国著名文艺批评家洛杰·弗莱（Rogre Fry，1866—1934）和克莱夫·贝尔（Clive Bell，1881—1964）。形式主义美学在现代西方美学之林中独树一帜，被公认为西方"三大美学"① 之一。著名英国美学大师奥斯本甚至称它是"当代艺术理论中最令人满意"的一种。英国现代形式主义美学与一般的现代西方美学流派不同，它更多地与艺术（尤其是与有形的视觉艺术）有密切联系，更准确地说，现代英国形式主义美学是对以塞尚、凡·高为代表的后印象派美术经验的概括和总结。这一理论对以后的艺术发展也产生了相当大的影响。因此，要了解和研究现代西方艺术和现代西方美学，必须重视对英国形式主义美学理论的研究。

第一节　现代英国形式主义美学的产生

先让我们简略地回顾一下形式主义美学的历史发展进程。作为一种美学形态，形式主义美学可谓源远流长。早在两千多年前的古希腊，毕达哥拉斯学派就曾试图从几何关系中寻找美的规律，如他们认为，一切立体图形中最美的是球形，一切平面图形中最美的是圆形，等等。18 世纪英国画家和艺术理论家荷迦兹（William Hogarth，1697—1764）在其代表作《美的分

---

① 其余两大美学是以克罗齐、科林伍德为代表的"表现主义美学"和以卡西尔、苏珊·朗格为代表的"符号学美学"。

析》一书中提出了形式的变化和数量关系决定着美，如他提出的美的六要素（或六原则，即适宜、变化、一致、单纯、错杂和量的和谐合作产生美）的理论，在美学史上很有影响。启蒙运动时期的德国古典美学家文克尔曼（Winckelmann）从几何学的观点探寻美，他在其《古代造型艺术史》和《关于在绘画和雕刻中模仿希腊作品的一些意见》等论著中都反复强调"美在形式"的理论。德国古典美学的奠基人康德更是明确强调形式的审美功用，他说："在一切美的艺术中，最本质的东西无疑是形式。"康德之后，形式主义美学继续得以发展，如德国的赫尔巴特（Herbart）及其学生齐美尔曼（Zimmermann）提出，美只能从形式来检验，而形式则产生于作品各组成要素的关联中。英国新黑格尔主义者，著名美学史家伯纳德·鲍桑葵（Bernard Bosanquet，1848—1923）也十分重视"形式"的研究，他说："当我们说审美态度是体现在'形式'上的情感时，我们到目前为止对审美态度所观察到的一切，都概括在一个词里面了。这个'形式'就是我们看见在审美态度里的不同程度、不同层次存在着的，而且只要是不存在审美态度的地方，也就不存在形式。"[①] 鲍桑葵始终是把审美态度同形式紧密地联系在一起。奥地利的乐理学家爱杜阿德·汉斯利克（Eduard Hanslick）还提出了"音乐就是声响运动的形式"的理论，认为音乐是一种不依附、不需要外来内容的美，它存在于乐音的以及乐音的艺术组合中。优美悦耳的音响间的巧妙关系，它们之间的协调和对抗、追逐和迎合、飞越和消逝——这些东西以抽象的形式呈现在我们直观的心灵面前，并且使我们感到美的愉快。[②] 汉斯利克的上述理论对当时音乐理论研究产生了相当大的影响，这一理论把形式主义美学推向了一个更新的高峰。

进入 20 世纪后，弗莱和贝尔在英国分析哲学和后印象派文艺思潮的影响下发展出了一种新的形式主义美学理论。当然，真正能比较全面完整地代表形式主义美学理论成就的是贝尔理论。为了叙述的方便，我们在全面介绍贝尔的形式主义美学理论之前，先对弗莱的美学理论作一简要的叙述。因为弗莱的理论对贝尔学说的形成产生过积极重大的影响，之后又和贝尔一起就许多形式主义美学理论问题进行了共同的探讨。因此，我们在评价弗莱和贝尔的理论贡献时，要看到他们二位对形式主义美学理论贡献的侧重点：弗莱的"纯形式"理论影响了贝尔学说的形成（乃至发展），并且也和贝尔一道在总结后印象派艺术的

① 鲍桑葵：《美学三讲》，上海译文出版社，1983 年，第 7 页。
② 汉斯利克：《论音乐的美》，人民音乐出版社，1978 年，第 49 页。

基础上创建指导现代派艺术发展的形式主义美学。但贝尔学说则比弗莱学说更深刻、更全面地总结了后印象派艺术的实践，对后人发生了更大的影响。现在，我们先介绍弗莱学说。

上文已经简略提到，洛杰·弗莱是当代英国著名的画家和艺术评论家，形式主义美学的主要代表，与克莱夫·贝尔齐名，他生于伦敦，早年曾先后在克利夫顿公学和剑桥大学英王学院就学。他的绘画作品大部是风景画，以描写江河山川见长，尤其注重构图的形式意味，造诣精深。弗莱是现代英国少有的艺术理论和艺术实践兼备，并且在这两个领域作出卓越成就的画家和艺术评论家。他的早期艺术评论的主要对象是意大利文艺复兴时期的艺术，在当时就已经展露出与众不同的才华和审美鉴赏力。后来，在将后印象派绘画向英国观众介绍的同时，他与贝尔一起，以后印象派艺术为基础，构建起形式主义美学理论体系。弗莱一生著述甚丰，但主要的有《视像与构图》(1920)、《艺术家与心理分析》(1924)、《变形》(1926)等。其中的《视像与构图》是弗莱形式主义美学理论的代表作，尤其是书中的《论美学》篇，集中体现了他的形式主义美学观。这篇著作给贝尔的"有意味的形式"学说的确立产生了相当大的影响。贝尔本人曾称他的这一论著是"自康德时代以来对这门科学所做的最有益的贡献"。

弗莱形式主义美学理论的形成与分析哲学的代表穆尔的影响也有很大的关系。我们知道，分析哲学是现代西方最主要的哲学流派之一。它的影响几乎遍及西方各国，它是当今在英国、美国和北欧一些国家中占主导地位的哲学。在德国和法国，虽然自第二次世界大战后，现象学和存在主义等非分析的哲学已压倒了分析哲学，但又不等于说分析哲学在那些国家已经销声匿迹，相反，在相当一部分大学中，分析哲学仍然很活跃。分析哲学的历史最早可以上溯到 19 世纪末和 20 世纪初的伯特兰·罗素（Bertrand Russell, 1872—1970）和穆尔（George Edward Moore, 1873—1958）（以他们对在英国占统治地位的新黑格尔主义的反叛为标志）。分析哲学反对传统的思辨哲学方法，创立一种与之相对的哲学——分析哲学。他们反对建立一种像黑格尔哲学那样的庞大的哲学体系，而是主张像自然科学那样，逐个解决现实中的问题。穆尔是最有影响的实在论哲学家。他对于伦理学问题的系统研究和对于哲学的极为细致精深的探讨使他成为现代英国最杰出最富有影响的思想家。他的《伦理学原理》(1903)、《判断的本质》(1899)、《反驳唯心主义》(1903)等论著旨在清除德国古典哲学（尤其是康德和黑格尔）对英国哲学的影响。他在伦理问题上提出了"通过直接的理解可以认识'善'"的理论，被人们称之为"伦理的直觉主义者"。这些都给弗莱的形式主义美学产生了不小的影响。弗莱（也包括贝尔）深受穆尔的伦理观念和"直觉"学说的影响，强调伦理意义上的"善"和艺术意义上的"美"各自具有独特的性质和价值，并由此认为艺术和人的现实活动无论从目的和手段来讲都存在着本质的区别。作为具有审美感意义上的艺术，它应该凭借其美的形式取悦于人，由此唤起人的审美情感和心理快感。这种审美情感和心理快感的产生同任何现实生活内容无关。作为创造美的艺术家，他的主要任务是考虑如何表现，而不是考虑要表现些什么（指现实生活内容）。作为一部有价值的艺术，它的全部意义就在于作品的形式结构，而不是在于其说明了什么，表达了什么。人类历朝历代世传下来的艺术珍品，其价值和意义全部在于作品本身的形式结构。这种形式结构是艺术品的本质和精髓，是人类获得审美快感的真正源泉。任何人只要将愉快和快感这样一些审美情感和对象（艺术）的形式结成唯一的关系，并在这些形式中去激发自己强烈的快感，就会获得真正的具有高度美学价值的"纯粹的美感"。这是弗莱和贝尔全部美学理论的核心和前提。

除了穆尔分析哲学的影响外，康德以来的"纯形式"理论对弗莱和贝尔美学理论的形成也产生过重大影响。比如，弗莱把"纯形式"理论推向一个高峰，具体地说，就是他把美和美感同现实生活隔离开

来，把艺术作品纳入了"纯形式"价值的范畴，一切艺术都是建立在"纯形式"的基础上，而一般的大众往往受各种生活经验的影响，他们这种在现实生活中所积累起来的经验往往会干扰审美鉴赏，从而领悟不到"纯形式"美中所潜藏着的美感内容，从而有碍于审美情感的激发。另外，受现实生活干扰（或制约）的普通人，他们的现实生活经验还会干扰审美联想，导致审美内容与形式结构脱节，而他们所追求的只是简单平淡的生活趣味，而不再是复杂丰富的审美趣味。弗莱把由之而产生的艺术称之为"不纯的艺术"、"通俗的艺术"和"商业化的艺术"等。而那些具有独特审美情感的艺术家则不同，他们不像普通人那样受日常"利害"经验的干扰，他们的心理已经达到一种超越，他们不受一般生活经验的制约。在艺术创作时不受"实利趣味"所支配，而只是专注于单独孤立的形式关系，从中获得独特杰出的艺术价值。这就是弗莱把"纯形式"推向独尊的标志。下面，我们就弗莱的形式主义美学理论，作一详细的考察。

第二节 形式主义美学主体之一：弗莱学说

一、双重生活理论的提出——艺术和想象

在《论美学》篇中，弗莱是从论述人的双重生活，即现实生活和想象生活开始来论述艺术和美学问题的。他认为，人的

这两种生活存在着巨大的本质差异。在现实生活中，人们（甚至也包括动物）要经历各种困苦危难的境遇，如灾年闹饥荒，人们就有面临着冻死饿死的危险；如一个不会游泳的人不慎失足落水，就有面临淹死的可能；房屋起火，就有烧死人的可能，如此等等。总之，在现实生活中，这种来自不测的危险性给人的生活构成了巨大的威胁，这种威胁也是一种生存环境中的自然淘汰，它客观存在，不可避免。而这种自然淘汰过程"使诸如躲避危险之类的本能反应成为整个生活进程中的重要组成部分，人把他的全部有意识的努力都集中在这一方面。然而，在想象生活中，这种'反应行动'是不需要的。因此，人的整个意识都可以集中在他的生活经验的知觉方面和情感方面。在这种想象生活中，我们以这种方式获得一组不同的价值，获得一组不同的知觉。"[1] 把人的意识能力集中于对付自然的威胁和集中于属于生活方面的知觉和情感方面是人的现实生活和幻想生活的根本区别。艺术就是与后一组的意识能力发生联系，也就是说，艺术与人的知觉和情感发生联系。这种知觉和情感的产生，由此就构成了一种艺术活动。弗莱正是以这种与知觉和情感有着血肉联系的艺术活动作为他全部艺术和形式主义美学理论研究的考察基点。

弗莱在阐述现实生活和幻想生活时，他也意识到这里的关键是人的意识（在现实中的意识和幻想中的意识）。这两种意识功能是在两种截然不同的境况下产生的两种截然不同的结果：前者（现实中的意识）产生带有现实利害感的本能的反应行动，后者（幻想中的意识）则产生知觉和情感，从而获得一种（艺术）价值。弗莱以通常人们观看电影的情形为例。他说，人们从电影中看到某种行动（如惊险行动：一匹失控的马和马车），人们对之的反应结果是：不必迅速躲开现场或去上前勇敢阻拦。因为，这毕竟不是现实生活中的危险。这种虚幻的危险场面并不构成实际的危险，恰恰相反，人们倒是可以从这种情景（非现实境况）中更清楚地看见这些"非常令人感兴趣而又不相干的人物"。因为，作为电影观众，当他观看银幕上的场景时的感受与他在现实生活场景中的感受是不一样的。因此，他的意识反应也是截然不同。弗莱以自己的一次亲身经历加以说明：他说，当他在一次看电影时，看到影片中的一辆列车驶入某外国车站，但那儿没有站台，当列车一停稳，从车上下来的人立即都向右转，好像朝东边的方向跑去，这种刚下火车，乘客队伍乱哄哄的景象反映在电影银幕上，自然有点像滑稽表演。这种情景一搬到银幕上，观众看了似乎显得很

① 蒋孔阳主编：《二十世纪西方美学名著选》（上），复旦大学出版社，1988年，第176页。

滑稽，但是，在现实生活中，凡是去火车站乘坐过火车的旅客都有这种亲身体验。但当人们身临其境（生活在现实中）时，像银幕上所展现的这种滑稽事物"无法进入我们的意识"，而这时一般人的意识往往是集中在与他本人的现实生活有关的问题上，如忙于寻找行李，忙于办理中转签字手续，忙于打听到了某城后的下榻处在哪里，等等。他实际上所关注和所看到的仅仅是那些与他的利害有关的或有助于他作出"恰当反应行动"的这样一些事情。

既然现实生活与幻想生活所引起的意识差异如此之大，所以，弗莱以此（电影）作为观察人类的想象性生活本质的一个侧面。人们可能又要问，为什么一定要从电影这样一种艺术入手？这是因为电影是现实生活的综合概括和提炼，它"几乎在各方面类似于现实生活，除了心理学家称做我们对感觉的反应的意动部分，即作为结果而发生的恰当的行动是被去掉的"。但是关于电影幻想，贝尔也指出："由于这些幻想引起的无论什么情感，虽然好像要比普通生活中的那些情感更加微弱，却能够更加明确地提供给意识。如果呈现在感官面前的景象是偶然事件的景象，由此所引起的我们的怜悯和恐惧的情感，虽然是弱的，却由于我们知道没有人会真正受害，而能够感受得非常充分。因为，这些情感不会

像在生活中那样，马上变成援助行动。"[1]这里提出了人们在现实生活中对（实际存在的）环境的意识反应和他对在观看电影银幕（推而广之，延伸到戏剧表演或其他动态艺术）上的那种环境的意识反应是截然不一样的，而导致这种意识反应上之差异的最基本前提是：前者建立在身临其境的"实在存在"的基础上，而后者则是建立在一种明知是对自己不构成任何威胁感或安全感，因而也无须采取反应行动的基础上。尽管身临其境的场面轰轰烈烈，但由于自己身临其境而难免有点"当事者迷"，就像上文所述的在车站上的情形那样，而当人们在观看电影中的场面时，由于自己是全心观看银幕的观众，故对他来说，银幕中的虚幻的场面一览无余，却能引起更强烈的意识反应，人们对这种虚幻场景的感受就更加深刻。

在列举了电影的例子后，为了进一步阐明幻觉生活的本质，弗莱又以镜子中的镜像为例。镜像与电影效果是相似的，但区别点在于：电影是艺术而镜像不是艺术，它是现实生活的机械、呆板的反映。而当人们在观看这种机械、呆板的反应（如当人们从一面镜子中观看街景）时，他是把镜像中的一切作为一个整体来看。现实生活中，往往有这样一种情形，人们在街上走，他所关注的是与他有关的东西，如肚

---

① 蒋孔阳主编：《二十世纪西方美学名著选》（上），复旦大学出版社，1988年，第177页。

子饿了，他想找家饭馆，遇到多年不见的熟人或朋友，他会仔细端详这几年来对方的容貌变化，是胖了还是瘦了，是变白了还是变黑了，是变美了还是变丑了，如此等等。在这种时间的瞬间性连续中，他虽身临街境，但对街景的其余部分一概无意去注意。弗莱认为，这种街境本身的吸引力的被剥夺的原因，是由于人们在现实生活中"正在对生活本身作出反应"。但是，对镜像的反应就不同了。人们往往把镜像看做一个整体，自己也像看电影一样观看内中的一切，也无所谓选择。弗莱说："那时，镜子中的景象立刻具有了幻觉性质，而我们则成了真正的观众，不再选择我们愿意看的，而是相同地观看每一样事物。我们由此开始注意一些外貌和种种外貌之间的关系。这些东西从前（指在现实生活中——编者注）常常逃脱了我们的注意，其所以如此，是因为我们对于我们所愿意吸收的印象的选择，造成了那种永久性的节省。在生活中，我们的这种节省是经由无意识的过程完成的，而这面镜子的镜框，在某种程度上把所反映的景象从原来属于我们现实生活的景象变成属于想象生活的景象。"[1] 这是镜子能制造幻觉的天然功能。这种幻觉的效果和电影等艺术一样，不直接导致人的"反应行动"，而却能够导

致人们将其意识集中在与其生活经验有关的"知觉和情感方面"。因此，正是在这个意义上，弗莱指出："这种镜子的镜框使它的镜面成为一件非初步的艺术作品，因为它帮助我们达到艺术幻觉。如同你（泛指读者——编者注）可能已经猜到的，这就是这次我所要得出的全部结论，即：艺术作品与人们或多或少地过着的这种占第二位的想象生活有密切的联系。"[2] 弗莱的上述论断同时也说明了这样一个道理，艺术与想象生活的关系是密不可分的，想象创造了艺术，艺术反过来又刺激了想象，从而在新的更高层次上的想象将会产生更高层次的艺术。一个缺乏想象力的艺术家，要想创造出惊人的艺术杰作是不可思议的。同样，没有艺术的发展，要想提高和丰富人们（包括艺术家在内）的想象也是不可能的。

在深入论述艺术和想象的关系问题的同时，弗莱认为，不仅电影是一种想象艺术（或曰经验艺术），一切造型艺术也都是想象生活的表现，而绝不是对现实生活的简单模仿。关于模仿，美学史上不乏论证，两千多年前的柏拉图就认为，模仿乃是人的天性，"人从孩提时候起就有模仿的本能（人和禽兽的本质区分之一，就在于人最善于模仿，他们最初的知识就是从模仿得来

---

① 蒋孔阳主编：《二十世纪西方美学名著选》（上），复旦大学出版社，1988 年，第 178 页。
② 同上书，第 178 页。

的），人对于模仿的作品总是感到快感。"[1]弗莱则认为，模仿和再现不是艺术的根本，像造型艺术一类东西是一种想象生活的表现，更不是对现实生活的复制和模仿。弗莱以儿童绘画的情形为例，他说："如果让儿童们自己作画，我相信，他们绝不会复制他们所看见的，绝不会像我们所说的那样'取自自然'，而是以可爱的直率和真挚，表现内心的各种形象，这些形象组成他们自己的想象生活。"[2]由此看到，弗莱的"想象生活"指的是一种知觉和情感，指的是一种经验。由于这种"想象生活"不导致"反应行动"，因此是同现实脱离的。而在现实生活中，凡是产生的"反应行动"都是与道德责任有关。而在"想象生活"中，由于不产生反应行动，故不存在道德责任问题，也不会受到实际生活的制约。

二、想象与宗教、道德

想象不导致反应行动，它与现实生活脱离。那么，想象生活对道德情感有没有影响呢？按照严格意义上的清教徒观点，想象生活同追求感官快乐的生活一样，因此，它应该受到谴责。而按照另外一种与之相对的观点（如道德家罗斯金们所持的那种观点）则认为，想象生活是绝对需要

的。弗莱说，沿着罗斯金道德家们的观点延伸，就会涉及一种"非常难以对付的特殊辩护，甚至会导致一种自我欺骗。这种欺骗在道德上完全是令人不快的。这里其实触及到了宗教问题。因为宗教也是一种想象性的东西。"宗教经验也是一种同人的本性中的某些精神能力相一致的经验。且不说这些能力的运用对于现实生活的影响，这种运用在本质上就是善和合乎需要的。弗莱接着又说："因此，我也认为，如果艺术家喜欢的话，他能采取一种神秘的态度，并且能声称，他所述的这种想象生活的丰富与完满，可以相当于一种实在，这种实在比我们所了解的尘世生活中的任何实在都更为真实和重要。"[3]弗莱的这段话说得比较玄妙，但是，只要我们把握住了他的"想象生活"的本质，对此话的理解就比较容易了。弗莱的这段话的主旨是要表明这样一种观点：想象生活高于现实生活。具体地说，它比现实生活更丰富多彩，更完满，也更概括，因此，"由艺术产生的愉快，同单纯感官的愉快相比，具有一种完全不同的特征，并且显得更为重要。"[4]由于想象比实在生活更凝炼，更丰富，更概括，所以，从某种意义上说，它可以涵盖实在生活。正是基于这一点，弗莱说："我

---

① 《西方美学家议美和美感》，商务印书馆，1980年，第41—42页。
② 蒋孔阳主编：《二十世纪西方美学名著选》（上），复旦大学出版社，1988年，第178页。
③ 同上书，第179页。
④ 同上书，第179页。

们甚而至于倒应该以现实生活对于想象生活的关系来为现实生活辩解，以自然类似于艺术来为自然辩解。我的意思是说，由于想象生活最后能够或多或少地体现那种人类所感受到的他自己本性的最完整的表现和他所固有的种种能力的最自由的运用。因此，我们可以根据现实生活在各个地方与更自由的和更丰富的想象生活近似来解释现实生活，为其辩护，而不管这种近似是怎样不完全和不充分。"① 当然，尽管想象与道德有关，但是，想象与道德并非始终在同一水平线上。这一点，弗莱本人也是承认的。

三、想象与知觉、情感

在现实生活中，出于功利的需要（也就是说出于作出行动反应的需要），视觉变得很专门化。视觉的一大功能就是在形形色色的场景中按照自己的生活需要作出选择，选择有利于自己生存需要的人和物，舍弃那些对己无关紧要的东西。因此，现实生活中，视觉所接触或关注的范围其实是相当狭窄的。而且，被视觉所选中的人或事物都被"归入我们的理智所区分的某个类别中，而我们事实上也就不再去观看它们了"，因为这种人或事物除了同实用功利有关外，不存在反复让人看的观赏价值。但另一种情况就不同了，一件精美的工艺

品，它的存在并非基于实用功利，而是完全为了人们的观赏而被制造出来的。只有与这种艺术品建立起来的观赏关系才真正构成一种审美观照。弗莱说："只有当一个事物仅仅为了我们的观看这一个目的而存在于我们生活中的时候，我们才真正地去观看它，就像看一件中国的装饰品或是一颗宝石那样。对于这样的东西，即使最普通的人也会在某种程度上采取脱离一般需要的纯观照的艺术态度。"② 在对艺术的纯审美观照中，感官知觉具有极大的重要性，它直接与审美情感的激发有联系。但是，在现实生活中，某种更强烈的情感，反而会产生某种麻木的影响，弗莱把这种情形看做与某些动物身上的恐惧情绪所产生的麻木影响差不多。这种由某种强烈情感所产生的麻木影响由于需要作出行动反应，正是这种"反应行动的需要，催促着我们，妨碍我们充分地认识到我们所感受的情感是什么，妨碍我们将这种情感状态与其他的状态很好地协调起来。"③ 因此，现实生活中的情感感受是受反应行动的制约，在功利条件支配下，知觉感受和在想象情形下的情感感受是完全不一样的。因此，弗莱所说的"我们实际地体验的种种情感动机，对于我们是太密切了，致使我们不能

---

① 蒋孔阳主编：《二十世纪西方美学名著选》（上），复旦大学出版社，1988年，第179页。
② 同上书，复旦大学出版社，1988年，第181页。
③ 同上书，第181页。

明确地感受到它们。"① 这是指在实在生活中，由于出于功利必须作出反应行动（指某种强烈的情感）而导致感受上的麻木。相反，在想象生活中，没有功利原则的制约，没有反应行动，人的整个意识可以全部集中在与经验有关的知觉和情感方面。所以，人人都可以"既能够感受到情感，又能够观照到这种情感。当我们真正为戏剧所感动时，我们总是既在舞台上，又在观众席上。"② 在这里，弗莱指的是在想象生活中所获得的某种升华或超越，这种升华或超越是当我们在观赏艺术达到一定程度时所常常产生的现象。

在解释艺术与情感的关系时，弗莱还以托尔斯泰的观点为例进行分析，并提出自己的理论主张。托尔斯泰把由艺术所唤起的情感看成是对现实生活的情感反应。正是在这种观点的支配下，托尔斯泰把文艺复兴时期米开朗琪罗、拉斐尔、提香等绘画作品和贝多芬的作品视为坏的和虚假的艺术来加以否定。弗莱说，托尔斯泰的这种观点"会使任何一个缺乏英勇气概的人望而却步"。③ 在这里，弗莱同托尔斯泰存在着根本的艺术观上的分歧。按照托尔斯泰的观点，衡量一切艺术价值的标准在于现实生活（其中当然也包括宗教和道德标准）。比如，在用什么方法来区别作品的优劣好坏这个问题上，托尔斯泰认为，艺术的使命就在于用"善良的、为求取人类幸福所必须的感情"去代替"低级的、较不善良的、对求取人类幸福较不需要的感情"，艺术"越是能完成这个使命，它就越是优秀"，④ 反之，则低劣。托尔斯泰进一步又从人类的宗教观念角度来衡量艺术作品的优劣好坏，他指出："艺术所表达的感情的好坏往往就是根据这种宗教意识加以评定的。只有根据一个时代的宗教意识，我们才能经常从所有各个艺术领域中选拔那些传达出把这一时代的宗教意识体现在生活中的感情作品。"⑤ 因为，在托尔斯泰看来，唯有宗教意识才是"促使人类和上帝结合，并促使人们互相团结的那种感情"。⑥ 也只有这种感情才能完成艺术的使命。在艺术创作方面，托尔斯泰的观点是要创作出有助于艺术使命完成的、具有强烈的艺术感染力的作品，首先要求艺术家本身必须具备多方面的优良条件（其中包括艺术家本身的学识修养和阅历等），同时还必须要求艺术家站在时代的高度，即要求他"必须处于他那个时代最高的世界观

① 蒋孔阳主编：《二十世纪西方美学名著选》（上），复旦大学出版社，1988 年，第 181 页。
② 同上书，第 182 页。
③ 同上书，复旦大学出版社，1988 年，第 184 页。
④ 托尔斯泰：《艺术论》，人民文学出版社，1958 年，第 152 页。
⑤ 同上书，第 153 页。
⑥ 同上书，第 158 页。

的水平，他必须体验过某种感情，而且他有愿望，也有可能把这种感情传达出来。"① 总之，托尔斯泰的艺术观要旨是艺术只是人与人在现实生活中相互交际的一种手段，艺术的核心问题是传达感情，艺术的创作过程，也就是艺术家把他自己心里所唤起的曾经一度体验过的感情，用动作、线条、色彩、声音和言辞将之传达出来，从而使别人也能体验到这种感情而已。对此，托尔斯泰用这样一句话作了概括，他说：所谓的艺术创作活动，其实就是"一个人用某种外在的标志有意识地把自己体验过的感情传达给别人，而别人则为这些感情所感染，也体验到这些感情"。② 这是托尔斯泰全部艺术观的核心。弗莱站在截然不同的角度审视和批驳了托尔斯泰的上述观点。首先，他指出，托尔斯泰的所谓"用对现实生活情感的反映"的标准来衡量艺术，客观上是对伟大的文艺复兴时期许多人类最优秀的艺术家作品的否定。另外，按照他的那种"合乎道德需要"而创作出来的艺术作品，其艺术价值又如何呢？弗莱说："托尔斯泰的理论甚至也未能使他稳妥地摆脱自己著作中的困难。因为，在他所列举的一些合乎道德需要的因而是好的艺术例子上，他不得不承认，它们大部分是在质量低劣的作品中找到的。"③ 这

就从客观上说明，除了道德标准之外，还有别的标准，而且必然有更好的标准。因此，弗莱主张："我们必须放弃这样的尝试，即放弃用艺术作品对生活的反映来评价艺术作品。我们必须把艺术作品看成是以自身为目的的情感的一种表现。这个观点使我们回到已经得出的见解上来，即艺术是想象生活的表现。"其目的就是为了表现（或传达）在艺术家心中被唤起的为艺术家早已经验过的情感体验。弗莱的这一观点，其实就是一种"纯艺术"观点。根据这一观点，艺术家的创作目的始终是"为艺术而艺术"。这一观点为贝尔的"有意味的形式"理论的确立无疑起着重大影响。

四、艺术构图中的多样化和秩序感

前面已经说到，弗莱的艺术其实就是一种想象生活的表现。因此艺术是一种同反应行动无关、并且超越于利害关系的东西。在对作为想象生活表现的艺术的观照时，首先需要具备下列两个条件，即艺术的多样化和秩序感。没有这两个前提，我们的感觉就会混乱，审美观照也就无法进行。多样化和秩序感是（艺术）形式美的基本法则。具体地说，它们是对形式美中对称、平衡、整齐、对比、比例、虚实、

① 托尔斯泰：《艺术论》，人民文学出版社，1958年，第113—114页。
② 同上书，第47—48页。
③ 蒋孔阳主编：《二十世纪西方美学名著选》（上），复旦大学出版社，1998年，第184页。

变幻、参差、节奏等规律的集中概括。它应该是各种艺术门类所必须共同遵循和追求的法则。其基本要求是，在艺术形式的多样化、变幻性中，见出内在的和谐统一关系，使艺术形式既具有鲜明独特性，又表现出本质上的整体性，从而更充分地表现艺术内容。而这个和谐统一关系，就是一种符合艺术内在规律的和谐的"秩序感"。弗莱的"多样化和秩序感"理论是他形式主义美学的相当重要的组成部分。对于他的这部分理论，我们必须重点阐述。

先谈谈鉴赏判断过程中的审美心理层次。弗莱指出："自然中的许多事物，比如花朵，具有高度的秩序与多样化这两种特性，这些自然物体无疑能够激起和满足那种作为审美态度特征的明显无利害关系的观照。这种看法也许会遭到人们的反对，但是在我们对一艺术作品的反应中，却有更多的东西——有被意识到的目的，有被意识到的特殊性同情关系，即对于创造这件作品以便明确唤起我们的感觉的那个人的特殊同情关系。当我们见到比自然更高级的艺术品如此调整我们的感觉，以致在我们身上唤起深刻的情感时，这种关于同创造者之间的特殊联系的看法，就变得非常强烈了。我们感到，他表现了某种一直潜伏在我们身上的东西，而这种表现是我们从来未能实现的。他在展现他自己的同时，也把我们展现给了我们自己了。"[1] 弗莱强调艺术的纯形式化，强调艺术与纯粹的想象生活等同，强调艺术与反应行动和实际利害关系。因此，尽管自然界中的花朵很美，很有秩序感，但它们毕竟不是艺术家别具匠心的创造物，它们无法像艺术作品那样去让人产生一种同反应行动和实际利害无关的审美情感。因为，在自然界的花朵中，没有创造者（艺术家）的意图、情感体验和表现意识，没有一种含蓄的内在意蕴。相反，只有当人们从一幅画中欣赏"花"这样一种自然物时，由于这种艺术中的多样化和秩序感的特征调整了人的感觉（或曰对感觉发生影响），才有可能唤起一种自然界中真实的花朵所无法唤起的深刻的审美情感。正是在这个意义上，艺术鉴赏者与艺术创作者意义上的艺术家，他们之间具有某种潜在的天然联系，尤其是作为鉴赏者，他所被激发起来的那种情感，与艺术创造者的创作目的和表现意识之间的联系就更加密切。当然，这种联系是极其内在和极其深层的。在这里，弗莱还涉及这样一个问题，即作为被创造出来的、并已展示在鉴赏者面前的这部已被完工了的艺术作品，作为艺术家的一种经验、感受和情感的流露和表现，它本身并没有等级层次，但是，在相对于正在进行审美鉴赏的主体来说，对该艺术品的感觉（感

---

① 蒋孔阳主编：《二十世纪西方美学名著选》（上），复旦大学出版社，1988年，第185页。

受）的深度如何，主要取决于其自身对作品多样化和秩序感的敏感性程度和领悟力。比如，有十位艺术鉴赏者，在各种条件和机会均等的情况下鉴赏塞尚或凡·高的同一幅绘画，但我们可以断言，在这十位鉴赏者的心里所唤起的审美情感的程度必定有差异（有的甚至有巨大的差异）。这里的问题就牵涉到每个鉴赏者本身对艺术作品多样化和秩序感的敏感程度（或曰知觉领悟上的层次差异）。而这种敏感程度或领悟上的层次差异的根源又是极其复杂的，它几乎是同人的整个存在环境条件和经历（如包括每个人的学识修养、社会背景、自身经历、生活条件、所从事的职业、所处的现实环境、精神意识［其中包括心理变态或神经质等］、道德水平、宗教信仰等的条件和经历）有关。这种对艺术的知觉领悟意识水平，其实早已定型，只是没有合适的对象，它不会表现出来。一旦有合适的对象，这种对象就会在鉴赏者（或领悟者）的一定的审美心理层次上发生有效的联系（共鸣）。弗莱称这种有效的联系（共鸣）是感知者从对艺术的鉴赏中领悟了自己，展现了自己。弗莱把这种过程看做是一种人"对于目的的认识"，并把这种认识称之为"是恰当的审美判断的一个基本组成部分"。[1] 当然，弗莱同时也指出，艺术家是通过创造具有"多样化和秩序感"的艺术作品来作用于审美者的感知，从而唤起人们的审美感情，也正是因为这样，弗莱才强调说："如果我们的情感是靠感觉来唤起，我们也要求这些感觉具有有目的的秩序和多样化。"[2]

弗莱也十分注重艺术形式的多样化统一，并把它看做是艺术创作的重大原则。他说："艺术作品中的秩序的一个重要方面，是统一性。为了使我们能够舒适地把艺术作品视为一个整体，某种统一是必不可少的。因为如果缺乏统一性，我们就不能从整体上去观看艺术作品。我们的注意力会转到其他那些对完成这个作品的统一不可缺少的东西上去。"[3] 弗莱的以上论述，旨在强调艺术作品的统一。这种统一就是作品的多样化和秩序感。完成（或实现）了这个统一，作品就是和谐完整的。那么，现在的问题是，用什么标准来衡量作品的和谐和统一（或曰完整）呢？标准就是两个字——平衡，即知觉感官与艺术对象之间的和谐与平衡。换一句话说，就是当知觉者把注意力集中到艺术对象时，他的注意力对于他所关注的艺术对象的各部分是均衡的和等距离的。如有失衡，和谐和统一一定被破坏（或者说无法形成）。为

① 蒋孔阳主编：《二十世纪西方美学名著选》（上），复旦大学出版社，1988 年，第 185 页。
② 同上书，第 185 页。
③ 同上书，第 186 页。

了进一步强调说明这一点，弗莱以人们在欣赏绘画时的情形为例，他说："一幅绘画作品的这种统一性，应归于眼睛与画中的主要线条之间的吸引力的平衡。吸引力的这种平衡的结果是：目光乐于停留在这张画的范围内。这是关于绘画构图统一性的一种类型（一张平面图，观赏者可以一目了然）。还有另一种绘画统一性的类型，就是与之相反：同是一幅绘画，不能同时作用于我们的视觉。如面对一幅很长的中国历史画卷，鉴赏者对之不能做到一览无余，而必须在连续性的过程中逐步分段鉴赏。"那么，在这种情形下，是否有失去统一平衡的可能性呢？弗莱认为，那也未必。他说："在一幅中国画里，长度如此延续着，以致我们根本不能马上看完一整幅画，我们也没有被要求这么去看。一幅风景画常常画在如此长的一卷丝绸上，致使我们只能在相继的各个部分中看它。随着我们将这张画从一端铺开，又从另一端卷起，我们能够横越连绵不断的广阔区域，也许能够追寻某一条河流从发源地到入海口的一切变化。然而，当我们看完以后，我们都能够从这张画中得出一种非常强烈的统一印象。"① 这里的统一和平衡的前提与一整幅可以一览无余的小型绘画不同。鉴赏画卷的情形犹如读一篇长诗或聆听音乐那样，

强调主体知觉领悟中的上下（或前后）的连贯意识，正是在这种连贯意识中，人们看完一篇小说，聆听完一首乐曲，"阅读"（鉴赏）完一幅历史画卷。那么，这种连贯意识的被提醒又有赖于某种秩序的呈现形式。这种秩序就是一个有机的和谐。因此，使鉴赏者觉得每一个相继的组成部分与其前面的部分有一种基本的连贯和协调的关系。"我们观看绘画时对画的统一性所产生的感觉，主要具有这种性质。在我们看来，如果这幅画是一幅好画，那么，随着我们的目光扫向每一根线条，这根根线条的调整，就会把秩序和多样化提供给我们的感觉。尽管这幅画几乎完全缺乏我们习惯上要求于绘画的那种几何学的平衡，但它们仍然具有显著的统一。"② 以上是弗莱所重点研究的绘画鉴赏过程中的两种不同类型的多样化的统一、平衡问题。前者是普遍意义上的绘画鉴赏，后者则是属于带有特殊性的（不是在几何学平衡意义上的）绘画鉴赏。但是，不管是哪种类型的构图统一性鉴赏，它们都是从多样化的统一的形式展示在鉴赏者面前，并以此通过知觉来唤起鉴赏者的审美情感的。所不同的是，后者不具备几何学意义上的平衡，而这种缺陷在鉴赏者的惯赏意识中得到补偿。因此，从鉴赏者的感觉和唤起审美情感这个

---

① 蒋孔阳主编：《二十世纪西方美学名著选》（上），复旦大学出版社，1988 年，第 187 页。
② 同上书，第 187 页。

意义上，它们二者其实是殊途同归。弗莱还以美国艺术理论家罗斯的研究为例，来进一步论证他的上述理论，他说："哈佛大学的德恩曼·罗斯博士在他的《纯构图理论》中，也已经进行了最有价值的研究，这种研究是由关于对平衡的一些初步的思考组成的。"罗斯博士把它的结论总结在这样一条公式里："一件作品的价值是与它所显示的有秩序的连接关系的数目成比例的。"① 这里我们看到罗斯所强调的平衡是一种纯粹的艺术抽象和形式抽象。在这种抽象中仅蕴涵着作为艺术生命力基础的"意味价值"。这种"意味价值"就是一种为"纯形式"所拥有的"全新价值"。当然，抽象的纯形式始终是排斥再现的，因为，几乎在所有的绘画中，都由于再现的原因，引起对于纯形式结构的干扰和损害。

多样化和秩序（或者说多样化的和谐统一）是事物对立统一规律在人的审美活动中的具体表现。人类自从懂得对美的追求的那一天起，就已懂得对多样化统一的追求。厌恶单调、呆板和杂乱乃是为不同时代和不同民族的人类所共有的审美心理。在西方美学史上，毕达哥拉斯学派是最早发现多样化统一法则的哲学学派，当时的美学家和数学家们从数的原则出发，认为美是数量比例关系见出的和谐，和谐是对

立因素的统一。此后，经过古代罗马、中世纪，尤其是文艺复兴和启蒙运动历代艺术家的不断探索，多样化统一才成为公认的形式美的基本法则。当然，各个时代的美学家对于多样化统一的解释也是各不相同的。如中世纪和理性主义美学家们认为，多样化统一是与神学目的论联系在一起，它是上帝意志的体现。德国古典美学的集大成者黑格尔则认为，多样化统一是内在生命在繁多形式中的灌注，在内容和形式的辩证关系上强调多样化统一法则。弗莱之所以如此推崇罗斯的"一件作品的价值是与它所显示的有秩序的连接关系的数目成比例"这一绘画研究结论，是因为这一结论与他的纯形式理论十分合拍，用他自己的话来说，在艺术中，表现出来的东西并不重要，真正重要的是"这些东西是如何被表现的"，② 是通过一种什么样的形式来表现绘画构图中的多样化统一的，这才是衡量一部艺术作品的关键所在。

五、五种艺术构图的情感要素

艺术家是如何将自己的情感体验表达出来，他是如何利用艺术作品来使我们的知觉得到满足，从而唤起我们的审美情感。这个过程就是艺术作用过程。弗莱把这个转变过程的各种方法叫做构图的情感要素，这种要素共有五种：

---

① 蒋孔阳主编：《二十世纪西方美学名著选》（上），复旦大学出版社，1988 年，第 186 页。
② 奥尔德里奇：《艺术哲学》，（程孟辉译本），中国社会科学出版社，1986 年，第 139 页。

第一种：用来描绘外形的线条韵律；

第二种：块面；

第三种：空间；

第四种：明暗度；

第五种：色彩。

弗莱在提出了上述构图的五要素后，分别对它们进行了具体的解释，他认为，上述五种构图要素尽管功能不一样，但它们都有一个共同点，那就是都同人的肉体生存的基本条件有关：韵律诉诸肌感觉；块面诉诸对重力的适应；当空间判断应用于生活时，它同样是意味深长和普遍的，比如对斜面的感受，同我们对地球构造的判断有关；光线是我们生存的必要条件，因此，我们对之特别敏感；色彩相对来说，它是上述诸要素中一种对生活需要并不具有关键或普遍的重要性的要素，它的情感效果既不像其他的要素那样深刻，也不像它们那样确定。总而言之，由于上述的构图五要素都是直接同我们的身体的某种需要有着密切的联系，因此，同诗歌等其他非造型艺术相比，造型艺术具有极大的天然优势，"这种优势在于，造型艺术能够更直接和更迅速地诉诸我们赤裸裸的肉体生存所伴随的情感。"① 这里，弗莱强调了造型艺术的特殊地位，在弗莱看来，造型艺术与音乐、诗歌艺术是不同的，它们对人所产生的感觉作用也是不同的。比如，造型艺术的那种能够对人的肌感觉产生刺激的线条的韵律，比起音乐提供给耳朵的韵律要微弱得多。但是，造型艺术尤其使鉴赏者感到秩序和多样化。当造型艺术描述的是自然外貌（尤其是人体外貌）时，将会在人的心灵深处激发起一种强烈的共鸣情感。如当人们鉴赏米开朗琪罗的《大卫》雕像时，这一作品的立体结构（包括色调）使人认识到大卫这个人物的动作形态蕴涵着为正义事业而奋斗的崇高精神，大卫的精神气质象征着一种英勇无畏和不可战胜的力量。而在这种认识产生和形成之前，还必须先经历这样一个知觉环节，那就是首先使人感到这尊雕像的多样化和秩序感。只有在这个感觉前提下，人们才能获得种种情感要素。

六、艺术创造及其目的

前面讲到，弗莱承认自然中存在着美，同时也承认艺术家创造美。但弗莱尤其重视艺术家创造的美——艺术作品。因为，艺术美是旨在唤起人的审美情感。艺术作品中蕴涵着创作者（艺术家）的创作目的和经验。艺术家创造艺术绝不是为了让人们有实用价值，而是为了让人们摆脱实利的目的去鉴赏和领悟它，从而获得某种有利于陶冶人的情性的审美价值。艺术本身是超功利的，故人们应该把它仅仅看做是一种审美对象，而不是有"实用价值"的

---

① 蒋孔阳主编：《二十世纪西方美学名著选》（上），复旦大学出版社，1988年，第188页。

东西。弗莱说，这是"恰当的审美判断"的最基本特征。基于这种特征，艺术家在将自己的某种纯粹的感觉变为由感觉唤起的情感时，"他使用那些打算激起人的情感的自然形式，他以这样一种方式展现这些形式，致使形式本身在我们身上引起各种情感状态，这些情感状态是建立在我们肉体和生理本性的各种基本需要之上的。因此，艺术家对待自然形式的态度，按照他所希望唤起的情感不同，必然是无限多样的。"① 多样化这是对艺术家创作的基本要求，而艺术创造中的基本目的乃是通过多样化和秩序的形式创造能唤起审美情感的对象，这种形式绝不是对自然的简单描绘、复制或再现，而是浸透了艺术家的创作目的和意图（展示艺术家自身感受，并以之唤起人们审美情感的一种"纯形式"艺术。

七、对艺术作品的形式和本质的解释

弗莱形式主义美学理论在相当大的程度上是建立在对后印象派艺术总结的基础上的。首先，弗莱推崇以塞尚为代表的后印象派绘画。他认为，印象派绘画缺乏结构性构图，而后印象派艺术正是在结构性构图方面极大地优胜于前者，其中最典型、最有代表性的是塞尚和凡·高的作品，他们的作品表现出了一种崭新的划时代的风格。1911 年，弗莱在英国格拉夫顿画廊举办过一次别开生面的后印象派画展，这些作品反映了一种创作新潮，用弗莱自己的话来说，他借此机会"挑选合乎新方向的作品介绍给英国公众"。② 这些合乎新方向的作品，弗莱首次将其冠以"后印象主义"的名称，并认为，这个名称"是一个最含糊、最暧昧的字眼"。在当初来说，这一字眼本身原先并不包含更多的实际内容，而仅仅用来标明一种时间上的界限——一种与印象派运动既有关联，但又与之脱离的艺术运动方向。以后，谁也没有料到，后印象派成了一种崭新的艺术流派的响亮称呼响彻整个环宇（至于后印象派，我们在下文阐述贝尔学说时将有更详细的叙述，故这里暂且从略）。

后印象派运动的最基本特征是对原始艺术的复归（或曰对形式构图观念的复归）。后印象派在人们普遍追求一种时尚——艺术的自然主义再现——的情况下，不满足于印象派对自然的客观描写，它们毅然冲破了印象派绘画原则的束缚，从而强调艺术家主观感受的再创造。这是对以往传统绘画原则的重大挑战，因此也遭到了来自各方面的攻击。也有人将后印象派运动称之为"一种无政府主义运动"。弗莱则完全竭诚支持这种运动，并始终认为它是一种艺术进步的革命运动。后印象派绘

---

① 蒋孔阳主编：《二十世纪西方美学名著选》（上），复旦大学出版社，1988 年，第 190 页。
② 同上书，第 192 页。

画对于当时那些所谓有教养的"公众"来说，似乎是大逆不道，难以容忍，但在一些年轻的英国艺术家及其朋友们中间，却引起了强烈的共鸣。弗莱的许多艺术观点都是在同这些年轻的艺术家的讨论过程中提出的。

弗莱的形式主义美学思想也是经历了一个逐步完善的发展过程，他也曾对他自己早期的某些观点作过自我批判。弗莱早期的美学研究主要集中在对美的本质等方面的探讨，他说，那时，"像我们的前辈那样，我试图寻找出判断艺术美或自然美的标准。这种寻找总是导致混乱不堪的矛盾，或是导致某些形而上学的观念，这种观念如此模糊不清，以致不能适用各种具体事例。"① 弗莱也承认托尔斯泰的艺术理论具有重大的美学价值，正是托尔斯泰的艺术理论使他从早期的迷惘中清醒起来，并高度评价《艺术论》一书的发表是一种"富有成果的美学思考的开端"。托尔斯泰艺术理论的价值并不在于他对艺术作品所作的那些评价，而是在于他对各种传统美学体系所提出的批评和质疑。托尔斯泰认为，尽管前人学者关于"美"的解释汗牛充栋，但关于美的定义归结起来不外乎两种：一种是客观的、神秘的；另一种是主观的、简单明了的。一切在人的心灵深处产生快

感的东西就是美。而艺术只是一种用来"表现美的活动"。但是，上述这些论点都不正确，因为，它们都从根本上忽视或歪曲了美和艺术的意义和作用。他说："为了正确地给艺术下定义，首先应该不再把艺术看做享乐的工具，而把它看做人类生活的条件之一"，"艺术是人与人相互之间交际的手段是之一"，② 它是用来作为传达人的情感的一种手段。这是艺术的本质所在。弗莱非常赞赏托尔斯泰的上述观点，认为这是托尔斯泰理论中的"极为重要的观念"。

在对艺术的本质问题作了阐述之后，弗莱对艺术作品的形式问题作出了解释。弗莱认为，艺术作品的形式是艺术作品最基本的东西，它是艺术家对现实生活中的某种情感加以理解的直接结果。因此，情感与形式始终是形影相伴，不可分割地联系在一起的。鉴赏者是通过形式来领会、感受和理解艺术家原先所获得的那种情感。请注意，在这里，弗莱已经引出了他的美学理论的核心主题——"形式"。他说："正是对这些属于纯形式反应的事例的观察，使得克莱夫·贝尔先生在《艺术》一书中提出这样的假设："不管生活情感看来会对艺术作品起多大的作用，艺术家实际上并不关心它们，而只关心一种专门的和

---

① 蒋孔阳主编：《二十世纪西方美学名著选》（上），复旦大学出版社，1988年，第194页。
② 托尔斯泰：《艺术论》，人民文学出版社，1979年，第45页。

独特的情感——审美情感——的表现。一件艺术作品具有传达审美情感的特殊性质，它之所以能够传达审美情感，是因为它具有'有意味的形式'，他还声称，自然的再现与这种特殊性质毫不相干。一张画完全可以是非再现的。"① 贝尔这一假设的核心是否定艺术对自然形式的描绘，即艺术不是现实生活情感的反映，而是表现一种纯粹的"审美情感"。而这种纯粹的审美情感的表现不是诉诸对自然的再现或模仿，而是诉诸一种"有意味的形式"。后印象派绘画的实践，正是体现了这一艺术原则。弗莱十分赞赏贝尔的这一艺术创作原理，他说："关于艺术作品中的情感表现，我认为贝尔先生对于通常所公认的艺术即生活情感的表现这一观点所作的尖锐挑战，具有重大的价值。它导致这样一种尝试：使纯粹的审美情感脱离所有复合的情感。"②

弗莱的形式主义艺术美学理论，到了后期显得更为成熟完备。他的那些在1909年发表的《论美学》中所提出的观点，在后来的《回顾》（发表于1920年）中阐述得更为详细，尤其是对生活情感和审美情感作了详细的阐述和明确的区分，并明确提出：审美情感是一种纯形式的情感反应，这种反应形式绝不会与任何其他的情感反应融合。这是弗莱整个美学理论的基本点。也正是在这个基本点上，他与贝尔的"有意味的形式"学说融会合流，从而构成了现代英国形式主义美学的基本内容和特征。

第三节　形式主义美学主体之二：贝尔学说

克莱夫·贝尔（Clive Bell），生于1881年，幼年和青少年时代曾先后在英国公立学校和剑桥大学受教。正当他刚步入成年时代，20世纪的钟声也随之敲响。在介绍贝尔美学理论的时候，我们有必要追溯到1874年4月15日，那天，印象派画家们在巴黎卡普辛大街摄影师纳达尔的摄影棚里展出了他们的"独立画展"，之后，类似的画展又举办多次。以此为开端，后印象派和以塞尚为开路先锋的现代派绘画的思潮纷纷涌现。克莱夫·贝尔当时就是在这样一种艺术实践的环境中熏陶、成长起来的。和弗莱一样，贝尔也深受康德以来的哲学和美学上的"纯形式"论和"直觉"说的影响，也接受了英国分析哲学和穆尔以及后印象派的一些观点。但是，就其核心思想的命题"有意味的形式"的提出来看，他更直接地接受并发展了弗莱的"纯形式"理论。也正是在这个意义上，我们可以这样说，弗莱的"纯形式"理论，是贝尔"有意味的形式"得以确立的一块基石。对

---

① 蒋孔阳主编：《二十世纪西方美学名著选》（上），复旦大学出版社，1988年，第196页。
② 同上书，第196页。

于弗莱和贝尔的美学贡献，我们可以这样说：弗莱为贝尔学说的确立奠定了基础（当然不是全部），贝尔则把弗莱的"纯形式"学说推向一个更新的高峰。下面，我们拟从九个方面谈谈贝尔学说。

一、一个卓越命题（假设）的提出

20世纪早期，是贝尔艺术理论的主要活动时期。《艺术》（*Art*）一书就是那时的产物。此书一出版，首先在英国，其次是在整个欧洲大陆都受其影响。贝尔的《艺术》共由下面五个部分组成，它们是：一、"什么是艺术?"；二、"艺术与生活"；三、基督教艺术"坡道"；四、[当前艺术的诸]运动；五、[瞻望]未来。其中第一部分是全书的核心，而第一部分的核心内容集中于一个美学假设——"有意味的形式"。这个假设成了现代英国形式主义美学的理论标志。由于"有意味的形式"始终涉及同美有关的艺术问题，因此，在具体展开对这一假设的论证之前，我们有必要对贝尔所指的"艺术"一词作一简要的说明，这对了解贝尔的整个形式主义美学理论颇有裨益。

我们知道，英语中的"art"历来有"美术"（狭义的）和"艺术"（广义的）两种解释。狭义上的解释，一般仅指绘画、雕塑、建筑和工艺美术等。而广义上的art，一般除了指以上所述的"美术"范畴

的几种艺术门类外，还包括诗歌、音乐、舞蹈、戏剧表演等，而像在黑格尔的古典美学中所用的美的艺术（fine art），其基本内涵与我们这里所说的广义上的art大致等同。因此，可以这样说，黑格尔整个美学体系是以研究广义上的art（fine art）为基本对象的。正如黑格尔在构建他的庞大的美学体系时，开宗明义第一句话所申明的那样，他所研究的对象"就是广大的美的领域，说得更精确一点，它的范围就是艺术，或则毋宁说，就是美的艺术。"① 因此，正是在这个意义上，我们完全有理由说：黑格尔的美学本质上就是一种艺术理论。而且是一种在"广大的美的领域"这个意义上的"艺术理论"。那么，黑格尔研究的领域是这样，形式主义美学（贝尔）的研究领域又是怎样呢? 恰恰相反，贝尔的艺术理论是在一个与黑格尔艺术理论完全不同的狭窄的意义上进行的。黑格尔的fine art，除了建筑、绘画、雕塑，还包括音乐、诗、乃至作为崇高的诗范畴的悲剧在内，而贝尔的艺术理论的对象是建筑、雕塑和绘画。我们基本上可以用有形艺术或视觉艺术（visual art）这个词来加以概括。因此，贝尔的"艺术"不是fine art意义上的"艺术"，而是visual art意义上的"艺术"。他的《艺术》一书的研究对象就是在这样一个视觉艺术的范围之内。下文

① 黑格尔：《美学》，第1卷，商务印书馆，1979年，第3页。

中提到的 art，一般都是指 visual art，如没有另外的特殊意义，文中不再另作说明。

"有意味的形式"，英文为 significant form。significant，在英文中是"（富）有意义的"、或"意味深长（含意深长）的"，用在语言词缀方面指某种带有实义的性质。其次还有"重要的"、"重大的"（important）等各种解释，内中还有 suggestive 等含义，因此，从总体意义上把握，将 significant form 译成中文"有意味的形式"（也有译成"有意蕴的形式"）应该说在英汉语义的对应转换表达上是相当精确适切的。我们对这个词不宜再存有什么疑虑。

"有意味的形式"这一命题，构成了贝尔理论的核心，也是整个形式主义美学的核心。上面我们已经提到，贝尔是在接受并发展了弗莱纯形式的基础上提出了"有意味的形式"这一美学假设，这只是从其总体理论而言的。我们现在来看看这一命题是在一种什么样的具体条件下提出的。

贝尔，作为一个艺术理论家和艺术批评家，他是十分重视对艺术的研究和解析，而这种研究和解析的前提是建立在评论性的鉴赏基础上的。他希望有人能在艺术论问题上提出一种系统的令人信服的艺术审美理论，而能提出这种理论的人，必须具备下述两个条件（或能力），这就是对（视觉）艺术的敏感性和清晰的思维能力。这两种品质对艺术家或艺术理论家都是至关重要的。他认为，如果一个人没有对艺术的敏感性，那么，所谓的审美体验就无从谈起。而没有以广泛的和深刻的审美体验作基础的艺术理论是不会有任何价值的。此外，他还认为，对一件艺术作品（如塞尚的《玩纸牌的人》或凡·高的《星光之夜》或布德尔的《持剑的赫拉克列斯》）很快作出敏感反应的人，其思维不见得就很清醒。他们一般都缺乏某种理智地从作品之外提供的那种真正的"材料"中得出正确结论的能力。他称这种"反应敏感"与"思维不清"的分离现象是艺术理论家的"不幸"。正是在这个意义上，贝尔认为："事情往往是这样：最严格的思想家往往欠缺审美经验。"① 在同智力有关的思维和同知觉有关的敏感之间，贝尔在个人感情上更倾向于后者，因为只有具备后者，才有可能使人在奇特美妙的审美客体面前如痴如醉。这种如痴如醉的情感是由艺术作品中的那种特殊的性质（要素）所决定（激起）的。贝尔指出，"所有美学科学的出发点，必须是某种独特情感的一个体验"。这个理论就其严格意义来说，是有其道理的，因为，它内中包含着承认个人的"经验"。但是，贝尔的总体思想却不然，他心目中的"某种独特情感的个人体验"全部是一种纯粹呈现性的东西，他认为，任何一种

---

① 　贝尔：《艺术》，中国文联出版公司，1984 年，第 3—4 页。

美学体系都不具有客观的正确性，那些所谓的以客观真实性为基础的美学体系，都是荒谬的。这里，贝尔理论中的主观唯心主义性质暴露得非常充分。正是在充分强调了个人审美体验的主观性基础上，他认为，视觉艺术作品会激起一种特殊的情感。而人们如果能在激起这种特殊情感的作品中发现某种普遍性，人们就可以从中发现艺术作品的根本性质。因而，美学中的根本问题也就能迎刃而解了。那么，这种性质是什么呢？能激起我们审美情感的所有对象中所共有的性质又是什么？"在圣·索菲亚（大教堂建筑）、在莎特儿（大教堂建筑）的窗户中，在墨西哥的雕刻、一只波斯陶碗、中国的壁毯中；在帕杜瓦城的乔托的壁画中，以及普桑、弗兰切斯卡、塞尚的（绘画）杰作中，普遍存在着的一种性质是什么呢？有一个可能的回答——significant form（有意味的形式）。在上述每件作品中，激起我们审美情感的是以一种独特的方式组合起来的线条和色彩，以及某些形式及其形式之间的相互关系。这些线条和色彩之间的相互关系与组合，这些给人以审美感受的形式，我称之为'significant＋form'，而'significant form'则是为所有视觉艺术中普遍存在的性质"[1]。

二、作为"终极实在"之感受的"有意味的形式"

上面我们已经阐述了"有意味的形式"产生的缘由和这一命题与广义和狭义两种"艺术"的关系。下面我们来看看这一命题与主体的审美感受（主体对作为审美对象的艺术作品的鉴赏）的关系。在《艺术》第36页，贝尔写道："所谓'有意味的形式'就是我们可以得到某种对'终极实在'之感受的形式。"这里，贝尔将这个"有意味的形式"与主体对某种对象（艺术作品）的感受之间画了一个等号。他在进一步的解释中说，当人们把审美对象（艺术作品）本身看做目的，而不是达到任何其他目的的手段的时候，我们所获得的审美感受就是对某种"终极实在"的感受。这种"终极实在"就是由形式表现出来的"意味"。反言之，一切"有意味的形式"也必定仅存在于艺术作品之中，并且只为艺术家所创造，因为只有艺术家能够在作品中组合和安排各种线、形、色，他借这种线、形、色为媒介，来表达自己的审美感受（或情感）。因此，贝尔的审美之美就是专指由艺术家所创造的那种"艺术美"。由此贝尔提出，在艺术鉴赏中，只需具有一种形式感和色彩感以及一些有关三度立体空间的知识，[2] 而"无须从生活中携带什么，无须

---

① 贝尔：《艺术》，人民文学出版社，1979年，第8页。
② 贝尔：《艺术》，第27页。

具备有关生活观念与事物的知识，无须熟悉生活中的各种情感"。① 上述这两段话，我们可以把它理解为是审美鉴赏中激发主体审美情感的一种必要前提。这个前提反映了贝尔的纯艺术（为艺术而艺术）观。在贝尔的艺术论中，艺术就是一种"有意味的形式"。因此，这个核心观念也反映了贝尔的纯形式（为形式而形式）观。基于这种观点，贝尔以造型艺术中的"描述性绘画"为例进行批判性剖析。在"描述性绘画"（descriptive painting）中，形式不是作为情感的对象，而是作为传达消息的媒介（或手段）。贝尔写道："我们都熟悉一种图画，这种画使我们感到有趣，引起我们的称羡，却并不作为一件艺术作品而感动我们。这种类型的画就是我所说的'描述性绘画'，那就是说，在那种画中，形式不是作为［审美的］情感对象，而是作为一种手段而暗示［日常生活中的］情感或传达知识见闻。表现心理状态的或有历史价值的肖像画，描绘风土地形的作品，讲述故事和情景的画，以及各种各样的插图，都属于此类……这类作品也使我感到有趣，它们也会以一百种方式感动我，但是它们不在审美上感动我，依据我的假设，它们不是艺术作品。"② 因此，人们从中也永远不能获得那种"终极实在"。

三、对"描述性绘画"的贬斥——对传统艺术的挑战

应该说，贝尔的艺术理论比较严格，他从心眼里轻视"描述性绘画"，其理由是：这种绘画很俗气，很直露，情节性很强，作品的情节即是内容，用我们通俗一点的话来说，作品很不含蓄，缺乏深沉感，没有什么潜在的暗示意味，人们看了一目了然，也许能在一定程度上勾起一些人的好奇心，但它不能唤起（审美的）情感。贝尔对"描述性绘画"的批判原因也正在于此。不过，贝尔的这个理论可谓具有独创性。这一理论的提出，意味着同传统绘画的挑战。应该看到，在贝尔之前，无论是在西方绘画史上，还是在东方绘画史上，描述性绘画历来处于相当重要的地位。在人们的传统观念中，所谓的绘画，相当程度上就是指"描述性的叙事绘画"。它的内容是要表达建筑和雕塑等造型艺术所无法承担的使命。在艺术理论家的心目中，一般也往往把绘画的情节与绘画的内容相等同的。这种似乎是自古以来就成定律的绘画观念（或曰绘画法则）受到了贝尔的挑战，这不能不说是一惊人之举。贝尔认为，任何一幅如描绘欢乐热闹场面的画，尽管里面的内容能打动人，勾起人们的欢笑，受人欢迎，但毕竟不是"有意味的形式"。

① 贝尔：《艺术》，人民文学出版社，1979 年，第 25 页。
② 同上书，第 16—17 页。

正因为此，这样的画可能使人产生惊奇，但绝对无法使人从中获得审美的狂欢。另外，就描述的功能来说，日益发展、日趋完善的摄影艺术完全可以取代这种"学院派"的写实绘画。

使贝尔感到颇为棘手的是他对绘画中的"再现因素"（或"写实因素"）同"有意味的形式"之间的关系的处理上。我们知道，所谓的描述性绘画，它一般离不开再现或写实，而这种明明白白、一览无余的描述方式同富于暗示和含蓄的"有意味的形式"是绘画中的两个极端，很难将其圆满调和、撮合。面对着传统绘画的强大的描述势力，贝尔尽管在艺术论中反复论述这一点，但也不得不在理论上作出一些通融和让步：在谈到描述性的再现因素时，他这样写道："在许多伟大的作品中存在着一种多余的再现成分或描述成分，那是毫不足怪的。……'再现'未必十分有害，而高度写实的形式也可能是极其有意味的。然而再现的手法往往标志着一个艺术家的弱点。一个画家（的创造力）过于薄弱以致无法创造出多少能激发审美情感的形式，他就将借助于对于生活情感的暗示，以便稍作弥补。而既然要激发起生活中的情感，他就必须采用再现的手法。"从这一论断上，我们看到，贝尔在一定程度上陷入了自相矛盾的困境。他的所谓的"严格理论"中包含着许多不严格的因素。这种因素使他的美学理论在一定程度上打了折扣。

四、对"美"的解释

从上文中，我们已经对贝尔的 significant form 命题作了基本的阐述。贝尔的 significant form 其实就是指具有审美性质的"美"，即指艺术意义上的"美"。因为，在贝尔看来，原来那个"美"（beauty）用得太多、太滥、太俗，这个概念就其内涵来说，覆盖面太宽，它可以指艺术中的美，也可以指自然界中的美，也可以指人的社会生活、精神领域里的美（如精神品格高尚范畴的那种崇高境界和道德美），心里产生快感意义上的愉悦之美，压抑的情感得以宣泄之后，情感得到新的昂扬振奋之后的心理平衡之美，等等。贝尔之所以用 significant form 这一概念，旨在用来区别广义之美，而仅仅指艺术之美（艺术中的狭义［视觉艺术］之美）。在《艺术》一书中，贝尔开宗明义地指出：所谓"有意味的形式"实是一种审美意义上的假设（aesthetic hypothesis）。他的整个艺术论就是在这个"审美假设"的基础上全面展开的。

由于贝尔的 significant form 这个审美假设内涵极窄，因此，不但史诗、音乐等美的艺术被排斥在外，一切自然之美（如湖光山色、鸟语花香等）和社会之美（如崇高、伟岸、英勇、仁义、宽容、善良、智慧等）也都不在此内。为了说明与"有意味的形式"等同的那种美，贝尔指出，人们日常生活和平时一般所谈论的那种美，如这位姑娘长得真漂亮，牡丹花儿开得真美，晚霞多绚丽等都是指一般意义上的"美丽事物"，但它们不具有"艺术"意义上的"美"的价值。在贝尔看来，一切自然生成的美不具有"审美价值"，即不具有"有意味的形式"，而所谓"有意味的形式"，必须具备下述两个条件：第一，它必须是出自于艺术家之手的艺术作品（带有艺术家创造活动的印记）；第二，它必须是有形的视觉艺术（如绘画、建筑、雕塑等），总之，要体现艺术家的审美情感。这样的艺术之美与上面说的那种山美、水美、花美、草美、母爱之美、人情仁爱之美有着本质的区别。我们在这里不妨将其谓之"俗美"（尤指自然之美等）和"雅美"（由艺术家创造的视觉艺术）。与俗美不同，但也进不了"雅美"范畴的诗歌、音乐等非有形（非视觉）艺术，贝尔也一概予以重视。比如，他对音乐这样一种艺术持不屑一顾的态度。我们知道，像对音乐这样一种抽象艺术，美学史上，多少美学大师倾心膜拜，就拿德国近代美学大师叔本华为例，他就认为，音乐是一种尤为特殊的艺术，它完全独立于其他一切艺术之外。它和别的艺术不同，音乐仅仅是表出理念，那就是意志的客体性，是意志的直接表出。音乐是一种可听得见的意志。音乐对于世界的那种复制关系是一种极其内在的、无限真实的、恰到好处的关系，"音乐的效果比其他艺术效果要强烈得多，深入得多，因此其他艺术所说的只

是阴影，而音乐所说的却是本质。"[1] 叔本华的这段精彩论述道出了音乐艺术的特殊本质。然而，贝尔则相反，除了视觉艺术范围内的"美"之外，其他艺术同"significant form"没有关系。而至于音乐，在贝尔看来是根本没有审美力的。而没有审美力的艺术是进不了他的"美"的伊甸园的。音乐、诗歌这样的艺术进不了贝尔的"审美的"世界。同样，反映人类崇高伟大的社会美也进不了他的"审美的"世界。这种在"纯美术"化的艺术基础上建立起来的美好理论，我们不能将它称之为"广义的美学"，其实，它是一种狭义的美学（或曰贝尔的"形式主义视觉艺术美学"）。

在对艺术（广义的艺术和狭义的艺术）和"美"的类型（自然美、艺术美和社会美等）作了上述区分之后，我们基本弄明白了贝尔的艺术论范围和"有意味的形式"构成的条件。而那种具有审美情感的"雅美"艺术，又是怎样产生的呢？贝尔认为，这种艺术只有通过艺术"意匠"（design）才能在作品中创造出来（才有一种"有意味的形式"出现），这种形式才是最严格意义上的审美之美。由此可见，"意匠"在贝尔形式主义美学理论中的地位至关重要。那么，贝尔所指的艺术创作中的"意匠"又是一种什么样的东西呢？

---

① 叔本华：《作为意志和表象的世界》，商务印书馆，1982 年，第 363 页。

五、"意匠"——展现审美之美的媒介（手段）

首先应该说明，"意匠"这一概念并非是贝尔先生的独创。早在康德那里就已经采用了这一概念，贝尔只是继承和发展了康德的"意匠"说。在《判断力批判》一书中，康德曾这样写道："在绘画、雕塑艺术，以至一切造型艺术中，在建筑、庭园艺术，就它们是美的艺术而论，本质的东西是意匠。只有它才不是单纯地满足感受，而是使人愉悦它的形式，因此，这才是审美趣味的先决条件。"[①] 贝尔的美，既不是指一般人理解的那种"自然美"，也不是那种涉及人的观念（如异性之间的倾心爱慕等）那种美。艺术中的那种带有再现因素的东西也不是一种审美之美。它像康德所说的审美不涉及任何的功利和欲念，不沾染感官的吸引力。贝尔的"意匠"说充分体现了康德的这一思想，并有所发展。因此，贝尔的"意匠"是一种与再现和功利欲念相异的，而同"有意味的形式"相一致的展示真正美的价值的东西。"意匠"的英文原词是 design，这个词的基本原意是构图（构思）、（用心）设计，一般意指心中已构成图谱的意思。作曲家的音乐构思、画家的构图都是这个意思。这里可以指艺术家创作中的那种旨在表现其审美情感的

创作"匠心"。正如贝尔自己所说的："一件艺术作品的每一个形式，必须使它具有审美的意味，每一个形式也必须成为有意味的整体的一个组成部分。因为，正如通常的情况，诸部分组合成一个整体，其价值大于诸部分相加之和。如果是这样的话，那么，把诸部分有机地组合成一个有意味的整体，就叫做意匠（design）。"[②] 这就是贝尔对"意匠"所下的基本定义。因此，我们也可以换一句话说，贝尔的"意匠"，就是艺术家为了创造"有意味的形式"而所进行的一种"整体性的组合构思（或设计）"。值得指出的是，以往的艺术家们也注重"意匠"，但他们一般都是过于在作品的具体情节和内容方面下功夫。而贝尔所说的"意匠"，是比较明确地指注重作品形式的组合安排。例如，就拿绘画来说，画面要有严密的有机组合，尽量给人以紧密感，以便更有利于那种"有意味的形式"的表示。因此，贝尔所谓的"意匠"实际就是一种抽象的艺术家创作中的构思组合。它与"模仿性的"写实艺术有着根本的不同。这二者之间的关系是矛盾的。

视觉艺术基本可以分为两大类，这就是再现性的模仿艺术和非再现性的形式艺术。所谓的再现性的模仿艺术，一般是以写实为主，通常见之于绘画、雕塑，其基本特

---

① 康德：《判断力批判》上卷，商务印书馆，1964 年，第 1 部分，第 1 章，第 14 节。

② 贝尔：《艺术》第 4 部分，第 2 章。

征一般都是模仿具体物象。如雕塑，它的主要表现对象是自然界中最有灵性的人，通过人的姿态、神情的特定涵义来表现某种自然现象和社会关系。绘画则与雕塑不同，它主要是通过占有一个平面，运用各种绘画语言让人的感官产生错觉，从而使二度空间产生三度空间感。绘画表现比雕塑具有更广阔更丰富的自然和社会生活内容。非再现性的形式艺术一般没有再现的任务，主要是追求形式意蕴和形式美。因此，它的形式是一种抽象化的含有"有意味的"要素组合，也就是贝尔所说的那种"意匠"。

现在，我们已经基本明白，贝尔的"意匠"同再现性的模仿艺术存在着根本的矛盾。艺术作品如果过分追求酷似，那么，势必损害"意匠"要求。而如果一味追求"纯形式"，即"意匠"的要求，那么，创造逼真的艺术也就成了一句空话。这两者在创作上是互相排他的。

六、对叙述性作品的批判和否定

由于贝尔强调艺术作品的"有意味的形式"，因此，他喜欢一切按照"意匠"要求创作出来的非表现性的艺术，而轻视一切与之相悖的叙述性作品。他认为，所谓的叙述性作品，尽管它们画着具体的反映现实生活的事物和情景，但这种画的"叙述性"决定了它们不是用来唤起人的审美感情，而只是用来传达某种信息，表达某种思想观念。

贝尔列举当时很有名的"意大利未来派"的作品，认为那些出于"意大利未来派"的有胆有识的青年画家之手的、堪称叙述性绘画典范的作品，其实与艺术不太相干。因为，未来派艺术常有颇为强烈的政治色彩，故从某种意义上说，这种强烈的政治色彩损害了艺术的"意味"价值。未来派艺术的特征在于"它旨在用线条、色彩来揭示某一特殊时刻心理上的混乱状态。它们的形式不是为了引起审美情感，而是为了传达信息"。因此，未来派绘画作为一种艺术并不值得称道。而这种作品的名声如此之大，其原因在于它通过线条、色彩来揭示某种有趣而又复杂的心理状态。它的主旨并不在于展示其艺术性，而在于揭示各种不同的心理状态。所以，与其说未来派绘画是一部成功的美术作品，倒不如说是一篇出色的心理学文章。从"叙述性"这个意义上来说，叙述性程度越高，对"艺术"的纯审美意义的损害就越大。

叙述性的写实手法，在中世纪和中世纪以前，一直是很流行的。但自进入了文艺复兴时期，追求逼真的写实手法开始受到挑战。正如贡布里希所说的："文艺复兴时期的画家们为之奋斗的课题，始终是怎样把写实的要求与意匠的要求结合起来。"① 这种将"写实和意匠"两者巧妙地结合起来进行创作的尝试可谓开辟了一代艺术创作的新风。达·芬奇就是这种尝试

_____

① 贡布里希：《艺术发展史》，第226页。

的成功者。他的传世杰作《最后的晚餐》无论是从其"写实"角度看其逼真性，还是从其"意匠"角度看其"有意味的形式"的美妙性，都是天衣无缝，无懈可击，令人倾倒。然而，贝尔却不能容忍这种折中性的平衡化艺术。他认为，这种"写实和意匠"的平衡结合，结果还是在一定程度上破坏了"有意味的形式"的创造和表达。如果要真正地全面地激发起审美情感，那就必须让写实绝对服从意匠的需要。由此我们不难看到，贝尔是在寻求一种纯而又纯的审美（创作）形式，但这又是难以做到的，连他自己也难以阐述清楚。贝尔这种理论与实践上的矛盾，使他的这一学说陷入了困境，故他也不得不在强调"写实"绝对服从"意匠"需要的同时，承认"再现性的写实因素"可以作为某种艺术创作中的赘物而给以勉强保留。

七、对原始艺术的推崇和礼赞

贝尔从其艺术的"纯形式"的思维逻辑基点出发，轻视一切描述性艺术及其创作手法，一切写实性很强的作品，都被看做是严重破坏美感的作品。相反，他很推崇人类早期的原始艺术作品，其理由是：原始艺术通常不带有叙述性质。原始艺术中看不到精确的再现，而只能看到"有意味的形式"。原始艺术中很少有"矫饰"的成分，这是原始艺术之所以感人的主要之点，这一点，也是为别的任何艺术所无法媲美的。当然，贝尔同时也指出，并不是一切原始艺术都是好的艺术，相反，原始艺术中也有不好的作品，如它的装饰过分、比例失调、制作粗糙、结构臃肿、烦琐等。但总体来说，原始艺术作品含有更高的艺术趣味。贝尔素来反对艺术家去追求艺术的逼真和酷似。他认为，如果逼真、酷似是艺术家所追求的目标的话，那么，一架照相机就可以解决比绘画更酷似、更逼真的问题。贝尔主张一种富有节奏感、色彩感和空间感的"意匠"和富有表现力的"变形"。而这些特征都为后印象派绘画所具有，故贝尔是十分欣赏塞尚等艺术家的作品。由此出发，贝尔同样喜欢"原始艺术"①。他列举了为他所喜欢的七种"原始艺术"。这就是：1. 古代苏默尔艺术；2. 王朝以前的埃及艺术；3. 古风时期的希腊艺术；4. 中国魏、唐诸大师的艺术；5. 日本古代艺术；

---

① 这里值得作一补充说明的是：贝尔所指的"原始艺术"，并非仅指远古时代原始部落民族和格罗塞、利普斯、博厄斯等艺术史家所考察过的亚洲、非洲、美洲等地区尚存的"活化石"原始民族的艺术。19世纪，西欧一些艺术理论家们为了将中世纪和文艺复兴初期的那些比较稚拙但又具较高艺术价值的作品同文艺复兴顶峰时期的艺术相区别，故把这些稚拙艺术称为"原始艺术"。如"意大利的原始派艺术"就是这种区分的产物。20世纪初，"原始艺术"的概念扩展到更广大的范围，即区别于"古典艺术"意义上的艺术都是原始艺术。我国吴甲丰先生甚至说："在欧洲、中近东乃至全世界，除了发源于希腊的'古典艺术'之外，其余的都被列入'原始艺术'的名下。"不管原始艺术的概念是窄是宽，我们在这里作上述说明，旨在有利于对贝尔"原始艺术"观的论证和阐述。

6. 第 6 世纪原始主义风格的拜占庭艺术（及其在西部诸蛮族中的发展）；7. 白种人尚未来临之前的中南部美洲的艺术。这七种原始艺术具有下列共同特征：第一，写实性欠缺；第二，创作技法上没有故弄玄虚；第三，具有卓越的、给人以深刻印象的形式。① 在这三种基本特征中，其实，贝尔最感兴趣的是第一种。写实性欠缺，用贝尔的艺术趣味标准来衡量，恰恰是一个莫大的优点。在写实性欠缺的背后，正是潜藏着"原始艺术"创作者深刻的"意匠"用心。在"原始艺术"中，之所以很少有再现，更少那些矫饰性的故弄玄虚。这一是因为"原始艺术"作者的创作能力，达不到去创作幻想性艺术，二是因为出于他们本身的欲望。原始艺术的作者他们没有别的希冀，仅仅是出于他们要表达形式感的强烈愿望。他们对创造幻想或者不感兴趣，或者没有能力，② 他们"也不去显示其高超的技艺，却集中全部精力于一件必要的事实——形式的创造。因而他们创造出了人类拥有的最卓越的艺术。"③

在上述理论中，除了贝尔肯定"原始艺术"的"形式意义"和由之产生的审美价值外，毋庸讳言，贝尔的理论中仍然存在着矛盾。因为，即使是上述七种"原始艺术"，也并不是全部建立在"纯形式"基础上的。其中相当程度的"原始艺术"也是具有"再现性"因素的艺术，而贝尔一方面把艺术中的再现性视为与审美情感无关的赘物（只允许其勉强保留下来），一方面又把"原始艺术"的那种形式创造称之为拥有人类最卓越的艺术价值。显然，由于贝尔所强调的艺术形式是一种纯粹的形式，他容不得任何意义上的"写实和再现"，而作为写实性很强的视觉艺术，要在贝尔的理论中彻底使"再现"消逝，这似乎是难于上青天的事。正因为贝尔在"有意味的形式"这个意义上对艺术的"意匠"如此苛求，故最终他的理论必然是陷于矛盾和玄虚神秘的复杂境地。这不能不说是贝尔理论的令人遗憾之处。

八、贝尔与后印象派艺术

稍有美学史常识的人都知道，任何一个时代的美学和文艺理论的发展都是建立在当时的文艺实践基础上的，同时又指引该时代及其后来的文艺发展方向。贝尔的艺术理论正是如此。它不仅是对后印象派艺术实践的总结，而且对整个现代派艺术产生了巨大深远的影响。

后印象派的形成。后印象派可以有广义和狭义两种解释：广义是指继承印象画派，并加以变革的各个不同的流派。狭义是

---

① 参见贝尔：《艺术》第 1 章中有关"原始艺术"部分。
② 马奇主编：《西方美学史资料选编》下卷，第 1062 页。
③ 同上书，第 1054 页。

指塞尚、凡·高、高更等人的创作方法。我们在这里所说的后印象派，上述二种都包括，但又以塞尚的后印象派艺术为主。

1885年，印象派画家在第八次画展后，观点上发生了分歧。一部分画家对从前那种对客观事物表面上的色光现象的视觉再现提出了异议，他们主张以视觉为媒介，来表达创作者对客观事物的认识、解释和由此产生的内心情感。艺术家们普遍注重自身感情的自我表现，因而形成了一个艺术家一种风格的局面，他们之间的绘画作品很少有共同之处。他们中的画家大多是法国人，原先都是印象派画家，但他们都反对印象派的束缚（印象派的最基本原则是客观地描绘自然中稍纵即逝的光与色的效果），后印象派画家正是抛弃了这一狭隘的目标，强调主观感受的再创造（自我感受的再表现），即追求一种更高层次的表现热情。反映在具体的创作实践（手法）上，一般不表现光，而是注重色彩的对比关系、体积感和装饰性等。当然，后印象主义画家之所以能自由地选择传统题材以外的主题，运用色彩分解小笔触描绘确定形体的技法，是与印象派的纯色表现有关。后印象派的萌生，大致可以从印象派内部的意见分歧开始算起，但真正从印象派独立衍生出来则要从1878年算起。在该年，塞尚以"使印象派像博物馆的艺术那样牢固和持久"为由而脱离了印象派运动。其实，我们也可以把这一理由看做是塞尚与印象派分道扬镳的独立宣言。印象派画家的作品的最基本特征是描写瞬间的印象，而塞尚的作品往往与之大相径庭。他的作品（尤指风景画和静物画）总是蕴涵着某种值得怀念的永恒性。塞尚认为，绘画的主旨就在于对形、色、节奏和空间的探索，并企图借助色彩的配合而不依赖明暗效果表现体积等。比如，他极善于运用明朗欢快的色彩，这一原理我们可以从《玩纸牌的人》、《静物》（作品存于巴黎卢浮宫）等作品中看到。此外，塞尚作品十分注重自然形体的内在结构和物体表面与深层的关系。塞尚艺术对20世纪立体主义的发展产生了很大的影响。后印象派的另一位杰出画家修拉在1884年巴黎独立者沙龙上也提出了与塞尚基本相同的绘画主张，这就是要比印象派更注重构图和着色技巧，更深刻地研究色彩的功用。修拉以印象派惯用的分解色块为出发点来表现光的闪烁，通过光学公式探索色彩的发光效率。他以微小的色点连续敷施对比色，使不同的颜色从一定的距离看逐渐融合，变成主色。这种被称之为点彩主义的纯理性技法被当时许多画家所接受，并促使20世纪的画家作类似的实验。后印象派的另一特征就是完全抛弃自然主义的态度，对20世纪以后的立体主义和野兽派产生了巨大的影响。塞尚毕生追求表现形式，尤其是对运用色彩造型有新的独创，故素有"现代绘画之父"的美称。

我们在阐述弗莱的形式主义美学理论特征时就已经谈到，后印象派（post-impressionism）一词是英国画家和艺术评论家罗杰·弗莱在一个偶然的机会（画展上）首先提出的，以后就约定俗成，正式被推广应用，直至今天举世闻名。①

贝尔和弗莱都十分重视和推崇后印象派绘画，并认为塞尚是开创新风的杰出画家。贝尔和弗莱在塞尚以前的作品中已经感受到了那种"有意味的形式"。贝尔说："由于种种原因，当时出现的后印象派并没有引起革命。艺术传统也仍处于昏睡状态。但是，也间或出现一两个敢于同根深蒂固的传统习惯搏斗，并且创造出了有意味的形式的天才。仅举这样的几位艺术家为例：尼克拉斯·浦桑（N. Colas Poussin）、克劳德（Claude）、埃尔·格列柯（El Greco）、查尔丁（Chardin），还有英格莱斯（Ingres）和雷诺阿。这几位艺术家的作品与乔托和塞尚的作品同样的感人。"②"有意味的形式"是贝尔衡量一切艺术品优劣的基本标尺，而在塞尚之前，最富有这种"有意味的形式"的是那些"原始艺术"作品。"原始艺术"作品的诞生。使贝尔喜出望外，激动不已，从而使他更坚定了自己的那种"有意味的形式"的审美假设。他说："塞尚作品使我感到极为兴奋，而后，我发现他的作品最鲜明的特点是坚持把创造'有意味的形式'作为至高无上的目的。当我意识到这一特点时，出于对塞尚及其门徒的崇拜，更加坚定了自己的审美理论。自然，我很容易便喜爱上这些后印象派作品了，因为，从这些作品中，我可以看到我从其他别的作品中见到的最使我感动的某种东西。"③后印象派作品是最能充分体现"有意味的形式"的艺术高峰。

在贝尔的眼中，后印象派艺术不是一种孤立的神秘的艺术。它和别的艺术流派的艺术一样，也是艺术史发展的产物。后印象派作为有反传统的成分（矫印象派画风之正），但它绝不是一种完全反传统（或割裂传统）的艺术。它只不过是一种"有意识地反对某些对现代艺术发展起阻碍作用的旧传统。它坚决否认艺术必须永远沿袭过去的程式。但是，这一点绝不仅仅是后印象派的标志。它恰恰是艺术生命力的最一般标志。"④正是在这个意义上，贝尔认为，"一幅后印象派的佳作，其精彩处也

---

① Post-impressionism，出自弗莱的《视像与意象》（Vision and Design）一书的最后一章，该章其中写道："我抓住这个（展出的）机会，选出合乎新倾向的作品介绍给英国观众。为了方便，有必要给这些艺术家们定一个名目，我就选择了一个最含混最笼统的名称，叫做'后印象派'。"
② 马奇主编：《西方美学史资料选编》下卷，第1062页。
③ 同上书，第1062页。
④ 同上书，第1063页。

正是其他优秀绘画作品的精彩之处。因为艺术的基本性质是永恒不变的。"① 这个基本性质就是艺术的内在生命力——"有意味的形式"。

任何艺术都不是孤立地产生，而是有其源流关系，即使是远古时期的原始艺术，它们的产生和形成也同样与原始人的生存方式有着密切的联系。更何况人类进入了文明时代以后的艺术形式。任何艺术之间都具有某种共同点和差异点，由此构成形形色色、纷繁复杂的艺术形态（风格）和艺术流派（指创作手法不同而言）。用贝尔的话说："艺术就像永不枯竭的溪流，那源远流长，世代流淌的溪水时而宽，时而窄，时而深，时而浅，时而快，时而慢，连它的颜色也始终变化着。然而，又有谁能确切地标出这些变化的分界线呢？19世纪初期，艺术溪流处于低潮，到了印象派兴旺时期，它已经丰富得多了。当前的艺术运动在某种意义上只是对印象派画家起了反对作用。任何想要阻挡艺术溪流的企图，任何要确切划出某个派别或运动，并说：'艺术从这里开始，到那里结束'的企图都是荒唐透顶的。这是纯粹的学院派做法。在现今的优秀画家中，不受塞尚影响或在某种意义上不属后印象派的寥寥无几。然而，不远的将来，就会出现一个伟大的天才，就会制造出表面形式不同于塞尚作品

的'有意味的形式'。"贝尔的这种艺术（史）观应该说是合理的。衡量一切形式艺术（假定其他艺术也是如此），不能割断历史，不能抛开艺术生成的环境条件，否则就不会得出正确的评判。后印象派艺术与其他任何艺术一样，它从印象派中衍变出来，但又冲破了印象派的束缚，它既有印象派艺术的胎记，但又是一种崭新的更为新颖进步的艺术，用贝尔的话来说：它更富有"有意味的形式"，更具美学价值，更能唤起审美情感。世上的艺术千姿百态，千差万别，表现风格各不相同，但衡量艺术质量优劣的分野只有"好与坏"两种。贝尔在推崇后印象派绘画的同时，他没有割断历史，他也承认艺术史发展长河中不乏许多富有意味形式的作品，相反，贝尔倒是强调要人们"全面地看待艺术史，把艺术品多产的各个时期看做整个艺术史中各个独立的阶段"。贝尔客观上也承认后印象派是艺术史发展的必然产物，为他的"有意味的形式"这一美学假设提供了强有力的佐证，从而更坚定了他的这一美学理论。但贝尔也看到艺术的发展将会导致具有更新形态的更高价值的东西出现，在"有意味的形式"这一美学标准衡量下，贝尔的视野虽以后印象派艺术为主，但同时也把衡量的目光伸向更广泛的艺术领域，并且也同样预示到了继塞尚之后定将会有

① 马奇主编：《西方美学史资料选编》（下卷），第1063页。

更新更富有美学价值的艺术产生。他说："首先，我赞赏后印象运动。这个时期是优秀艺术家层出不穷、艺术兴旺发达的时期。我也深信，构成后印象派的基础并导致它兴起的那些因素，比现代艺术史中记载的任何其他运动的因素都更能激励艺术家充分地表现他们的才华，也更有益于培养出优良的艺术传统。但是，我对后印象派运动的兴趣及对它产生的很大敬意，并未使我忽略其他运动中出现的伟大艺术品，我也不希望今后将出现的表面上反塞尚传统的新形式会使我对任何新形式的创造之伟大视而不见。"① 这里，我们也可以说，作为 20 世纪现代英国形式主义美学代表的贝尔，他在美的形式上确实把目光探伸得比较广大深远。他不仅看到了历史上艺术作品中的形式美价值，而且预示着在继塞尚之后将仍有可能会产生更伟大的"有意味的形式"作品，"形式"是一切艺术的永恒共性，贝尔正是在这个永恒的艺术共性面前，主张一切艺术在"有意味的形式"审美评判标准面前，一概都是平等，不管这种艺术作品是原始的、古典的，还是现代的和未来的。

在强调后印象派艺术的创新价值的同时，贝尔指出，后印象派艺术其实也是一种"视觉艺术的伟大传统的复归"。② 后印象派的出现，对写实性艺术无疑也是一种挑战。因为，该派画家，反传统的描实写实手法，不注重再现和技巧，而注重创造"有意味的形式"，注重创造能充分激起审美情感的艺术。后印象派承认艺术创造是一种十分浩繁的劳动，艺术家无须把精力耗费在酷似和技巧方面，而应该重在表现"有意味的形式"。因为，任何一种人为地追求作品的再现的努力，都会削弱"有意味的形式"，从而相应地减少作品的艺术价值。后印象派的最基本原理就是不主张作品的再现和技巧，而是主张按"意匠"要求创作"有意味的形式"的作品。因此，"后印象派远非是一般人所认为的那种无礼的革命。事实上，它是一种复归。这个伟大的传统将把曾经呈现于原始艺术家面前的理想又一次呈现在当今的每个艺术家面前。自 20 世纪以来，只有极少的几个天才抱有这个理想。后印象派恰恰对艺术的基本戒律做了重申。这个基本戒律就是艺术家要创造形式。后印象派正是因为遵循了这个戒律，才得以同拜占庭的原始艺术以及艺术产生以来奋斗发展起来的各个重要艺术运动联系起来。"③ 前面我们已经就贝尔所说的"原始艺术"作了简要的论述。可以这样说，贝尔推崇如拜占庭这样一类的原始艺术是因为那种艺术的功夫在于其"有意味的

① 马奇主编：《西方美学史资料选编》（下卷），第 1064 页。
② 同上书，第 1065 页。
③ 同上书，第 1065 页。

形式"，而不在于叙述性的描绘上，不在于酷似上，总之，不是写实性的艺术。而后印象派艺术在 20 世纪初成为一种巨大的新的艺术浪潮席卷欧洲，这种巨大的艺术革命浪潮汹涌澎湃，声势浩大。它确实冲击着一切旧的传统艺术中有碍于"有意味的形式"的表出的东西。所谓的后印象派艺术是原始艺术的复归正是在这个意义上说的。

"有意味的形式"这个假设本身，其意义就很深刻。任何一部作品都是通过形式得以展示的。现在，问题的关键是：这种形式必须有意味，没有意味就不成其为艺术作品。因此，形式有意味或意味的深刻程度，决定了艺术作品的价值、地位和命运。形式主义美学正是在这一点上恪守原则，寸步不让。他们衡量作品，统统要在"有意味的形式"标尺面前见高下。正是由于这个原因，在形式主义美学家看来，一部作品是怎样被创造出来以及艺术家的创作意图和技巧，都是无关紧要的，而关键的问题是看作品是否能激发起人们的审美情感。粗看起来，一幅优秀的后印象派作品和其他一切艺术作品都是十分相似，但它们毕竟区别于一般的优秀艺术作品，它们摒弃了传统画法中的那些有碍于感情表出的画法。当然，就后印象派前身来说，也有质量不高的作品，但那不是真正的后印象派绘画，贝尔列举了在巴黎举办的

"秋季沙龙画展"或"独立画展"后认为，这些同时出于后印象派之手的数百幅作品，其中也有不少是毫无价值的，这些无价值的画之所以失败，就是这些作品的形式没有意味。不能引起人们的审美反应。而人们带有贬意地把这些作品统称为"后印象派绘画"，则是"后印象派绘画"的不幸。应该看到，在以塞尚为标志的后印象派运动同这一运动中应运而生的大批惊人的优秀作品的产生，全应归功于后印象派的解放和革命的学说。当然，在这种大量的涌现和后印象派名声大震的情况下也难免会有一些滥竽充数的东西冒充后印象派作品。但这无关紧要，"后印象派艺术不是专为反对人类的愚蠢和无能才存在的，它所能做到的不过是将艺术的起码要求展示在画家面前（指'有意味的形式'的作品的诞生——编者注）。它只能告诫那些天才人物和聪明的学生：'不要把时间、精力浪费在无关紧要的事上，全神贯注于重要的工作。集中精力创造'有意味的形式'吧！'"①

的确，作为一种贝尔在后印象派艺术实践基础上总结出来的形式主义美学理论，一旦确立，就会对现实产生巨大深远的影响。尽管塞尚以及他的有成就的同行们的艺术风格在他们生前并没有得到一致的公认，然而，贝尔和弗莱成了塞尚艺术风格的理论概括者和总结者。弗莱为塞尚派艺

① 马奇主编：《西方美学史资料选编》（下卷），第 1067 页。

术取名"后印象派"，贝尔不但加以承认，而且还极力推广，一直沿用至今。贝尔的《艺术》一书，通篇洋溢着对后印象派的推崇和礼赞。贝尔把后印象派的艺术视作是他所处的那个时代的艺术顶峰（当然，贝尔倒是看到并承认，这种艺术的发展只是源远流长的艺术历史发展过程中的一种流变的结果。他也断言，在塞尚后印象派之后，还将会有更伟大的艺术出现）。贝尔形式主义美学思想的核心就是提出了"有意味的形式"这一美学命题，并以此作为衡量一切艺术作品优劣的标准，并同样以此来审视和研究人类整个（视觉）艺术发展史。

贝尔也承认塞尚之所以能画出如此有价值的"艺术作品"是由于塞尚开创了一种独特的合乎其目的的绘画技巧。这显然是对于画家的技艺要求，而对于绘画艺术本身，关键的问题是如何表现艺术主题（如何表现艺术价值本身），衡量的标准只有一个，这就是看艺术作品能否激起审美感情。这一点，也是艺术作品的美学价值所在。贝尔在 20 世纪初就已预见到后印象派将继续发展和产生影响，预见到它有一个理想、宏伟的未来，当这种未来一旦成为现实时，塞尚将不仅是作为后印象派的代表，而且是定将成为像乔托和马萨丘一样的伟大的艺术家。贝尔的预见不愧为英明正确，在塞尚身后，他被后人公认为"现代艺术之父"。

保罗·塞尚（Paul Cezanne，1839—1906），生于法国南部普罗旺斯的埃克斯，早年受过优良的高等教育，曾在大学攻读法律，后来进巴黎私立的"斯维塞学院"，并与印象派画家莫奈等人建立了友谊。但是，他从一开始就与莫奈等人的观点发生分歧。莫奈等人曾长期探索光、色与空气的表现效果，追求光的变幻，他们常常在不同的时间和不同的光线下，对同一对象作多幅的描绘。从自然光色的变幻中抒发瞬间的视觉感受。塞尚则不然，他把精力集中在对客观形态的内在结构的探讨上。他说："莫奈只不过是用眼睛画画"，而"我的方法是对虚幻的痛恨，它是现实主义，它充满着现实里的英雄气概"。他崇尚培根的名言："艺术家就是人加自然。"但要使艺术家真正忘情地超越自我而进入自然境界，其难度是很大的。由此，他得出结论认为："在自然里，一切物体均形成为近乎球体、锥体和圆柱体。人们必须在这些单纯形象的基础上学习绘画，然后才能画一切想画的东西。"塞尚在这里强调一种画家对绘画现象对象的认识方法，通过这种认识方法，来达到艺术家的某种带有"升华"性的独特的艺术感受，从而去寻求到合理的表现（或抒发）情感的渠道，创造出如贝尔所说的那种美学假设——"有意味的形式"。从塞尚的风景画中，如《圣维克多山上的松树》、《爱斯塔克看马赛港》中，人们可以看到塞尚对艺术作品的结构的追求甚于对光影和空间深度表现的追求，使作品所呈现的复杂的空间画面呈现出一种深沉的力度感。如《穿红背心的少年》、《塞尚夫人》等作品，更是透溢出一种纯净、简洁、明快的和由色彩的变幻所生成的构图的坚实感。在塞尚的艺术作品中，静物画是塞尚艺术的集中体现，它尤其体现出了塞尚的造型观念。在塞尚的静物画中，他往往利用双眼的视点差异，造成令人不易觉察的视角差，故意把同一平面上的静物画得不在一个透视面上。这种能体现多视角的造型，是塞尚艺术的一大独创。这一技巧对现代派绘画艺术产生了很大的影响。正如前面已经略略提到，塞尚艺术一开始并不为人所注意，直到他去世后的第二年才逐渐为人们所重视，并得到巴黎画坛的承认，此后便名声大震。令人遗憾的是，尽管塞尚艺术上的成就很高，但他本人没有建立起自己系统的绘画理论。真正为塞尚后印象派艺术加以概括总结的是贝尔（也包括弗莱）。因此，在谈论塞尚艺术时，可以不涉及贝尔，但是在介绍和论证英国现代形式主义美学理论时，抛弃塞尚及其后印象派艺术是无论如何说不清楚的。因此，我们在这里将塞尚生平和艺术成就（看来似乎不属本文论述范围的题外话）

作一简要介绍的目的也正在于此。

九、艺术与宗教之关系

在贝尔的形式主义美学理论中，艺术与宗教十分相似。因为这种相似都是建立在这样一个基础上：二者都相信有某种所谓的"终极价值"存在，贝尔说："按我的理解，宗教是表达个人对宇宙的情感意味的感受。如果说，艺术也是相同的表达，我不会感到惊奇。无论如何，这两者所表达的情感都不同于和超越于生活中的情感。"这里，艺术与宗教之间都拥有一个共同点，这就是它们二者都是通过非人世精神状态（终极实在）的途径，用贝尔的话来说就是："艺术和宗教是人们摆脱现实环境，达到迷狂境界的两个途径"，它们二者"都是达到同一类心理状态的手段"。[①] 正是在这个意义上，艺术与宗教同在，他们同属一个世界，这个世界，就是贝尔所说的"精神信仰"。那么，这种精神信仰又是怎样产生的呢？理由很简单，就是因为人们相信世上存在着比一般事物更重要的东西。而且这种相信无须任何的证明和根据，也无须人们去解释，它是一种人们对无条件的、普遍的东西的意识。宗教和艺术在"信仰"问题上全然是相通的。换言之，艺术也和宗教一样，是一种信仰的东西。宗教上的信则灵，不信则不灵，反映到贝尔

---

① 贝尔：《艺术》，第63页。

的艺术理论上，只要你所信的，就可以显灵（发现"有意味的形式"），反之，就不显灵，你就很难发现"有意味的形式"，故你的审美情感也就无法唤起。在作了上述论述之后，我们现在就明白了贝尔的艺术与宗教的关系以及它的"有意味的形式"与宗教信仰的关系。总之，"有意味的形式"离不开信仰。正是基于这种信仰，贝尔才提出了审美经验是一种纯粹的主观性东西，任何客观性的标准都是在被排斥之列。我们知道，一切宗教都是带有不同程度的神秘主义色彩，贝尔把艺术同宗教相提并论，致使其美学理论也带有一定程度的神秘主义色彩。

第四节 简要的评价

以贝尔和弗莱为代表的形式主义美学是现代西方美学的重要流派之一。这一流派将美学史上的形式主义发展到了一个崭新的阶段。换一句话说，现代形式主义美学是传统形式主义美学发展演进的结果。无论是贝尔还是弗莱，他们都从视觉艺术领域出发，以后印象派画家的创作实践为基础提出了自己的美学理论主张。记得我国有位学者在谈到现代形式主义美学的源流关系时说过这样一句话：如果说后印象派是现代形式主义美学理论得以形成的现实之源，那么，自古希腊罗马以来的形式主义美学传统无疑就是它的理论之源。我认为，这句话说得恰如其分。由于现代形式主义美学理论是对后印象派的总结和概括，并且还与以毕加索为代表的立体派等艺术流派合拍、呼应。并极力地为这些现代派艺术的出现辩护，故被现代派艺术大师和艺术理论家们推崇为"现代艺术理论中最令人满意的"一种。在弗莱和贝尔的美学思想的形成过程中，他们都是深受康德以来的"纯形式"化和"直觉"说的影响，他们都主张一种"纯形式"化的美和美感理论，即美和美感是同一种纯粹的审美情感，它与现实生活没有关系。由此将这两个重大的美学概念纳入了纯粹形式价值范畴。弗莱从"纯形式"出发，认为现实生活中的大多数人是受各种现实关系的制约，并且在这种现实生活的条件下积累了大量的关于现实生活的观念和情感。这种现实化的观念和情感是同实利有着密切的关系。当人们在对艺术作品进行纯审美观照时，这种观念和情感将会在审美中产生一系列有碍于审美的联想。导致审美内容与形式结构无关的状态，追求的只是生活的趣味而不是审美的趣味。弗莱把由此而产生的艺术称之为"不纯的艺术"，总之，这种不纯是同现实生活的经验、观念和情感有关。另一类情形则与此截然不同，那就是有极少数的人（这些人都是一些伟大的艺术家们），他们对形式结构有一种独特的感知方式。他们在对形式结构（一部艺术品）的感知时，可以不受任何现实生活中的联想的干扰，而只是对单个独立的形式结构特别敏感，由此领悟到某种杰出的审美价值（如贝尔所说的那种"有意味的形式"）。弗莱对形式美的重视和对艺术规律的强调，使他的形式主义美学颇具特色。但是，他在强调形式结构时走向了极端，过分地夸大了形式结构的作用，从而割裂了形式和内容的关系。直到从根本上否定内容、否定艺术的社会价值和功用。

贝尔的观点构成了整个形式主义美学的主体。弗莱虽然对于贝尔提出的"有意味的形式"是赞成的，同时也承认要将这个"假设"解释清楚是很困难的，并且一再含蓄地表示，由这个"假设"所引起的问题是十分复杂的。尽管弗莱与贝尔在"形式"问题上观点一致，但他们之间仍然存在着一定程度的理论差异（如弗莱对贝尔在完全否定艺术的再现问题上也存在着很大程度的保留）。贝尔美学理论形成的时代背景条件与弗莱差不多。贝尔美学理论的主干可以用这样一个图式来表示：艺术——"有意味的形式"——"终极实在"（物自体）。而他极力推崇后印象派作品是因为他欣赏该派艺术创作中的"简化"和"构图"原则。在《艺术》一书的其他几章中，如"艺术与生活"、"基督教艺术"、"坡道"和"运动"、"未来"中他都分别论及到艺术与宗教、艺术与历史、艺术与伦理、艺术与社会、艺术创作与自由等问题。对所有这一切问题的论述，都是紧紧围绕着艺术是"有意味的形式"这个审美假设

展开的。贝尔认为，一切东西，只要它是美的，它的各个部分就被组合在一个特殊的方式中，它们共同的通性便是"有意味的形式"。线条和色彩在特殊方式下组成某种形式或形式的关系，激起人们深刻的审美情感，这线和色的关系和组合就是"有意味的形式"。一切艺术的本质，只在这种"有意味的形式"中。贝尔的"有意味的形式"理论，给整个现代西方美学和西方现代派艺术产生了深远的影响。它一方面强调艺术的形式美作用，另一方面又割断艺术与现实的联系，使之成为"纯艺术"或"纯形式"，从而成为少数艺术家自我欣赏的产物。由于贝尔的艺术论是仅仅建立在对后印象派艺术作分析、评判和总结的基础上，仅仅以绘画的审美特征来概括一切艺术种类的共同规律，从而陷入了片面性。他的美学上的"纯形式"观点和审美活动中的神秘主义的"直觉"说，都反映出贝尔学说的理论局限。

从现代形式主义美学的实际内容和基本特征来看，这一理论的产生和形成同19世纪流行于欧洲的文艺思潮——唯美主义也有着至关重要的联系。唯美主义不主张艺术承担社会教育的义务，而是主张"为艺术而艺术"，即艺术不反映生活。在绘画艺术方面，表现为作品脱离现实生活，内容空虚，外表结构形式复杂华丽。在现代形式主义美学理论中，我们基本上可以找到上述特征。历史上的形式主义美学，尽

管在不同的时代是有不同的理论内容和特征，但是有一点几乎是共同的，即这些理论都不外乎是或者力图为艺术形式寻找科学的论据，或者就是走向神秘主义。以贝尔、弗莱为代表的英国形式主义美学理论，是继承了康德的神秘主义。它以"信仰"作为出发点来解释艺术，从而无视乃至抛弃科学。现代形式主义美学理论概括起来，大致有以下几个主要特征：

第一，以审美体验为基础，这是形式主义发展的一大进步。但这种审美体验强调的是审美主体的主观情感。这种情感同现实生活中的利害无关。现代形式主义美学不懂得审美体验是一种主客体相互作用的过程，不懂得审美体验的源泉和对象是客观存在的美，这种体验是受对象美的特性的制约，并随着对象的发展而发展。不懂得这种体验的内在依据和主观条件是人在实践中产生的审美需要和一定的审美观点、审美能力，并发挥着人的能动性和创造性，而是一味强调审美经验的主观性。由此，我们看到，现代形式主义美学同18世纪英国经验主义哲学的影响是很有关系的。如贝克莱就认为，感觉观念不以外物为原因，也不是外物（指客观事物）的反映，反之，外物的观念的集合，其存在即在于被感知。贝克莱把一切感觉经验都看成是纯主观的事物。现代形式主义美学在

这一点上同贝克莱的观点没有什么两样。

第二，强调艺术自身的美学价值。现代形式主义美学继承古典美学的传统观点，强调艺术是以其自身为目的。康德在谈到审美判断理论时曾经这样说过："一个关于美的判断，只要夹杂着极少的利害感在里面，就会有偏爱而不是纯粹的欣赏判断了。"[1] 这里明显是指要激发起一种纯粹的审美情感，前提必须是建立在对艺术的纯粹的审美欣赏判断基础上，而如果受与现实生活有关的利害的影响，就会干扰这种欣赏判断，从而就会产生偏爱。在这里，形式主义美学与康德美学的区别只在于，康德强调的是鉴赏判断中的审美主体那种纯粹的不夹杂任何功利欲念的判断，而现代形式主义美学则是从审美对象（艺术）角度，强调一种"纯形式"——一种与现实生活中的"反应行动"无关的"有意味的形式"。

必须看到，现代形式主义美学在强调艺术具有与其他事物不同的审美特征这一点上，它是对的。但是，由于这种理论无视艺术与现实生活的密切联系，否认艺术是对现实的反映，片面夸大艺术的形式价值，从而使艺术成为一种脱离现实生活，仅仅依赖于人的主观审美体验的东西。这不能不说是现代形式主义美学的一大缺憾。

第三，现代形式主义美学与其他美学

---

[1] 康德：《判断力批判》（上卷），第2节。

理论明显不同的一点是：它的理论代表人物本身都是从事艺术实践的艺术家和艺术评论家，他们的美学理论都是在对艺术实践考察的基础上提出来的，而不像别的美学理论，往往是从哲学的角度来阐述其学说。而且，现代形式主义美学所论及的艺术范围仅仅限于视觉艺术（主要是以后印象派运动为重点研究对象）。同时，作为现代美学流派，形式主义美学由于缺乏从哲学的高度来看艺术，因此，其理论概括的深度相对也受到限制，特别要指出的是，现代形式主义美学所研究的对象是一种"纯形式的艺术"，这种艺术几乎是与人们的现实生活无关的东西。因此，在现代形式主义美学理论中，对于艺术与自然、社会等领域的关系阐述得是相当少的，可以这样说，现代形式主义美学所研究的不是艺术的社会性和艺术的自然性，而是艺术的主观特性，艺术的某种"纯形式"价值。

现代形式主义美学对于其他现代美学流派，如对于带有科学倾向的结构主义、格式塔心理学美学、符号论美学、现象学美学等产生过较大的影响，它的许多理论观点，至今仍在产生着影响，有的继续为我们今天的人们所关注和重视。

第五章　新批评派美学

"新批评派"（The New Criticism）是第一次世界大战后流行于英美文学及美学评论界的一个文学理论及文学批评流派。它于20世纪20年代肇始于英国，30年代形成于美国，在40年代至50年代，这一派的理论在美国文坛占统治地位。新批评派是西方现代形式主义文学理论发展过程中的一个重要环节，其理论在现代西方文学和美学史上占有相当重要的地位。

"新批评"这一术语现在一般认为是源于美国诗人、批评家约翰·克娄·兰塞姆（John Crowe Ransom, 1888—1974）于1941年以《新批评》为名出版的一部著作。但"新批评"这个术语早在兰塞姆之前，在西方文学史上就有人使用过，如：1910年美国文学批评家斯平加恩（J. E. Spingarn）就曾发表过一篇冠以"新批评"之名的文章，他杜撰这一术语的目的是为了抗议美国学术界存在的令人难以忍受的学究气，在当时引起很多人的注意，他的这一文章也成为美国文学批评史上的重要文献之一。但是，斯平加恩并没有形成一个派别。此后，1930年美国批评家埃德温·倍里·伯根（Edwin Berry Burgum）也以此名发表了一本关于文学批评和美学的论文集。20世纪50年代，在法国出现了一股反传统的文学理论浪潮，也有人将之称为"新批评"（la nouvelle critique）。但上述这些都不属本文所要介绍的"新批评派"，我们这里所要介绍的"新批评派"是特指20世纪20年代至50年代，在英美文学界存在的一个派别，它以致力于把批评从业余的印象和情感式批评及文学史研究的意图主义中解放出来，并提出一种把诗歌"首先当做诗而不是别的什么"来考虑的美学原则而著称。

尽管我们所介绍的这一派中的许多批评家对"新批评"这一名称不甚满意，一直试图以自己理论中的某些概念为其正名，如称为"本体论批评"（ontological criticism，兰塞姆）、"反讽批评"（ironical criticism，布鲁克斯和沃伦）、"张力诗学"（tensional poetics，维姆萨特和布鲁克斯）、"结构批评"（structural criticism，布鲁克斯和沃伦）、"语境批评"（contextual criticism，克里格）、"分析批评"（analytical criticism，奥克诺），也有人建议用"本文批评"（textual criticism）、"客观主义理论"（objective theory）、"诗歌语义学批评"（semantic criticism of poetry）等。在其发展的极盛时期，布鲁克斯甚至不客气地自许为"现代批评"（modern criticism），但上述名称都没成功地叫响。在介绍该派的理论及其产生发展的过程之前，我们首先对其名称的词源作此交代，以免读者张冠李戴，另外，在阅读文献时如果遇到上述术语也能与该派联系起来。

第一节 新批评派的产生、发展及主要代表人物

英国当代著名的马克思主义文学理论家和评论家特利·伊格尔顿（Terry Eagleton）在其1983年出版的《二十世纪西方文学理论》一书中写道："新批评运动本来是作为技术主义社会的人文主义补充或替代物开始其生涯的，但它却在自己的方法中重复了这种技术主义。"这可以说是对新批评派产生背景及其特征的最为言简意赅的描述。无论是从新批评派最初萌芽产生的英国来看，还是从其后来壮大发展的美国来看，它的诞生从时代背景上不能不说是与当时日益发展的工业资本主义的精神贫困有关。当然与第一次世界大战所造成的深刻的精神创伤和精神饥饿也不无关联。从文学本身来说，从19世纪末开始，英国文学开始失去以往的天堂状态，现代世俗社会中蒸蒸日上的科学、民主、理性主义、经济个人主义的力量冲击着传统的英国文学，正如后来艾略特所描绘的那样，英国文学的"感觉性"解了体，有些诗人能想而不能感，有的诗人则能感而不能想，整个英国文学堕落成为两种风格——浪漫主义和维多利亚风格："诗的天才"、"个性"和"心灵之光"这些异端邪说此时已经根深蒂固，这些被当时一些主张恢复传统文学的人视为丧失了集体信仰，堕入个人主义深渊的影响。新批评派正是开始于对这一现象的拯救。1915年，新批评派的直接开拓者之一，英国著名诗人、剧作家、批评家艾略特（Thomas Stearns Eliot, 1888—1965）来到伦敦，这个"贵族化"的圣路易家族的后代在这里感到，他们家族那传统的文化领袖的角色正在受到国内工业中产阶级的侵蚀，精神上的无依无靠，文化上的背井离乡使他出走美国，想在血统和教养还比较举足轻重的美国南方所谓的"有机社会"中，开始他对文学传统进行的一项全面的拯救工作。艾略特的这一举动，

使 17 世纪玄学派诗人和詹姆斯一世时代的剧作家的身价骤增，而使弥尔顿和浪漫主义作家的地位陡降。从根本上说，艾略特攻击的是整个中层资产阶级自由主义的意识形态，也即整个工业资本主义的官方统治意识形态。自由主义、浪漫主义、新教主义、经济个人主义——所有这些都是像艾略特这种遭到其有机社会放逐的人所反感的，因为这一切都别无长处，只是求助和发展了渺小的个人才智。正因为如此，艾略特采取了一种极端的权力主义的态度，无论在生活还是在文学创作中，人们必须牺牲一切微不足道的"个性"，这正是他后来著名的新批评派理论"非个性论"的缘由。无独有偶，恰恰就在艾略特所向往的经济落后的美国南方，20 世纪 20 年代末由于北方资本主义垄断集团的侵袭，也开始经历迅速的工业化过程。但是，传统的南方知识分子——以兰塞姆、布鲁克斯、维姆萨特、退特、沃伦等人为代表仍然希望为工业北方枯燥气味的科学理性主义找到一种美学的替代物。正因为如此，兰塞姆首先在 20 世纪 20 年代发起所谓"流亡者"运动，致力于宣传南方传统中最美好的东西，上述其他人也汇集在他的旗帜下，一心幻想光大所有即将逝去的光荣传统，以至于在 1930 年他们共同发表了《站好我的立场》这篇宣传"南方农业主义"文化的强有力的宣言，在这部论文集中，它的所有撰稿人的共同观点是：在"现代社会"中，人的精神被割碎，人只能生活在抽象概念中，因此找不到秩序和经验的完整性，而南方生活传统之所以宝贵，就在于它提供了这种伦理的宗教准则以限定和调节人的社会行为，因而南方落后的经济反而是使人性完整，使思想避免抽象化的保证。

两个同是生于 1888 年的新批评派的巨匠，兰塞姆和他的北方同胞艾略特，一个自许是"举止上有贵族派头，宗教上崇尚礼仪，艺术上服从传统"（兰塞姆 1938 年发表的论"利希达斯"的文章中说的），一个强调自己"政治上是保皇党，文学上是古典派，宗教上是盎格鲁天主教派"（艾略特 1928 年在《致兰格洛特·安德鲁斯：文体与体系随笔》的前言中说的），正是他们的对"现代文化"的反感和对传统文化的怀恋，促使了新批评派意识形态的逐渐成形：科学的理性主义正在蹂躏古老传统的"审美生活"，人类经验的感觉特性正在被剥除，而诗是一种可行的解决这一问题的办法。与科学不同，诗的反应尊重对象感受上的完整性，它不是理性认识，而是一种情感活动，这种情感活动以一条从本质上来说具有宗教性的纽带将我们与"世界的本体"联结起来。通过艺术，可以把异化的世界原有的全部丰富多样性交还给我们，诗，作为一种冥想方式，是一个挡开工业资本主义异化而使人可以怀旧的避风港。

新批评派的发展历史大约持续了四十多年，大致可以分为三个时期：前驱期

（1915—1930）；形成期（1930—1945）；极盛期（1945—1957）。

新批评派的远祖可追溯到英国美学家休谟（T. E. Hulme, 1883—1917），这位战死在第一次世界大战战场的年仅三十四岁的批评家，在其短促的一生中为英国文学的发展做出了巨大的贡献。他不仅是英国现代诗歌最重要的派别——意象派（imagism）的前驱，而且他的《古典主义与浪漫主义》一文也成为现代英美文论的晓歌，它宣布了浪漫主义时代的结束，一个"新古典主义"的时代即将来临。他在恰当的时候重新举起反浪漫主义的旗帜，认为浪漫主义尽是些"湿漉漉的"作品，整个浪漫主义围绕着一个词"飞"，而古典主义之宝贵就在其"有限意识"，这一看法对新批评派来说倍感亲切。他的文学与美学著作于1924年由赫伯特·里德（Herbert Read）编成《意度集》（*Speculations*）出版，1956年海因斯（H. Hynes）又从其遗稿中辑编出《续意度集》（*More Speculations*）。美国诗人、文论家埃兹拉·庞德（Ezra Loomis Pound, 1885—1972）是新批评派的另一祖师。1908年他在意大利出版了第一部诗集《灯光熄灭之时》。1909年庞德来到英国，在伦敦开始了极为人们称道的热情参加并积极支持当代文学运动的生涯。他曾发表意象派美学纲领，成为意象派的直接缔造者。他认为，诗歌应该描绘"意象"，而所谓"意象"，即一种在一刹那间

表现出来的理性和感情的集合体。意象在任何情况下都不只是一个思想，而是一团相互交融，具有活力的思想。他主张在诗歌创作中，以客观的准确意象代替主观的情绪发泄。他对诗歌语言技巧的极端关注和自称是取法中国的"象形文字论"（ideogrammic method），造成了英美现代文论中对语言的重视。在伦敦期间，他还热心帮助和提携了许多著名的当代作家，爱尔兰著名诗人、剧作家叶芝（William Butler Yeats, 1865—1939）对这位年轻的美国人给他的影响极其称赞，庞德还安排发表了乔伊斯（James Augustine Joyce, 1882—1941）的自传体小说《青年艺术家的肖像》，艾略特的著名长诗《荒原》及他早年一些短诗的问世也得益于庞德的帮助。尽管庞德由于在二次大战中吹捧墨索里尼和他的反犹太主义始终没有得到人们的原谅，但他对当代西方文学发展所做的贡献仍旧受人尊重。他的批评著作主要有《文学论文集》、《罗曼斯精神》、《严肃的艺术家》等。

新批评派直接的开始者艾略特早年提出的文学创作和批评的"非个性论"（impersonality）对新批评派产生了重要影响，在后面我们将详细介绍它。在《批评的功能》中，他阐述了其文艺美学的总体论观点，认为世界文学不是作家作品的汇集，而是有机的整体，作家和作品只有同这个整体联系起来才有意义。文艺批评主要是

从理想秩序的变化和新旧适应这些方面来衡量艺术家。批评是为了解说作品和培养读者的鉴赏能力。批评家必须努力克服个人的偏见和癖好，追求正确的判断，与最大多数人协调一致。另外，批评应以"外在权威"或古典主义批评原则为标准，与创作活动结合的批评是最高的、真正有效的批评。他发表于 1920 年的第一部论文集《圣林》中的一些文章成为新批评派理论的重要思想源头。他的文章中的某些用语，如："感受性解体"（dissociation of sensibility）、"客观对应物"（objective correlative）很快成了风靡批评界的通用语。他的主要批评著作有《传统的个人才能》（*Traditional Individual Talent*，1917）收在《圣林》中，《玄学派诗人》、《批评的功能》（1923）、《诗歌的用途与批评的用途》（*The Use of Poetry and the Use of Criticism*，1933）、《论文集：1917—1932》（Selected Essays，1917—1932）等。许多人把英国诗人、批评家理查兹（Ivor Armstrong Richards，1893—1979）同艾略特并列为新批评派的开拓者，并把他于 1924 年出版的《文学批评原理》（*Priniciples of Literary Criticism*）一书列为新批评派的纲领性文献。但是也有人根据其理论中的实证主义观点及他在某些观点上与后来新批评派的区别，将其单列为"新实证主义"美学理论的代表。然而无可否认，理查兹对文学，特别是对诗歌理论的许多看法，如他特有

的诗歌语言是纯情感性的看法，他对作者（writer）—作品（writing）—读者（reader）之间的所谓"三 R 关系"的看法，他的经验主义和人道主义主张，他的"有机论"原则及他的许多概念、术语的创造和使用均在英美文学界，特别是对新批评派理论的最初形成产生了重要影响。对新批评派来说，他的贡献还不只在他的许多观点的宝贵价值，而且在于因他的影响直接造成了他的学生威廉·燕卜荪（William Empson，1906—1984）成为新批评派的代表人物。理查兹有影响的著作还有：《科学与诗》（*Science and Poetry*，1926）、《实用性批评》（*Practical Criticism，a Study of Literary Judgment*，1929）、《柯勒律治论想象》（*Coleridge on Imagination*，1934）、《互补原理：集外集》（*The Complementarities：Uncollected Eassys*，1976）等。

新批评派虽源出于英国，却繁荣于美国。兰塞姆、阿伦·退特（Allen Tate，1888—1979）、燕卜荪等人是 20 世纪 30 年代新批评派理论的有力倡导者。兰塞姆前面介绍过是美国当代著名的文论家和诗人，在"新批评"文艺美学派别中是一个杰出的人物。他在著名的《新批评》一书中，通过逐个考察以往各种文学特异性的理论，如道德论、情感论、感觉论、表现论等，认为所有这些理论都未解决诗歌与科学的分野问题，从而他提出了自己的关于文学本质的"本体论"（ontology）理论，为新

批评派方法论奠定了美学基础。在文学批评方面，他更注意诗的形式与风格，而非其内容。他认为艺术应强调美的形式，因为它控制着卢梭所谓"自然人"的冲动。他攻击科学的价值，因为科学是向满足人的更大的物质欲望的方向发展。他认为，一个批评家应该是"本体论"者，关心的只是诗本身，不应把"意义"和"形式"当做相互独立的东西来探讨，既然它们在诗里融合在一起，那就应该这样来接受它们，他相信读者是可以通过它接近"世界的躯体"的。为此他提出了他认为最符合新批评"本体论"要求的"构架—肌质"(structure-texture) 的理论。他自己的诗歌创作就十分符合他的理论的要求，他的诗行文考究，精雕细琢，用词古奥，格调粗犷，具有一种奇妙的令人难以忘怀的力量。他的主要批评论著还有：《诗歌：本体论笔记》（*Poetry，A Note on Ontology*，1934）、《世界的躯体》（*The World's Body*，1938），《旁敲侧击：论文集 1941—1970》（*Beating the Bush：Selected Essays 1941—1970*）。燕卜荪是英国诗人、批评家和教师。他以用科学方法写诗歌和评论而闻名，所以伊格尔顿认为"把他理解为新批评的主要理论的无情反对者其实更令人感兴趣。使燕卜荪看似一个新批评家的是他那挤柠檬式的分析方式，以及那种惊人的、信手拈来的创造力，他借此阐明文学意义的最细微的差别"。这正是新批评派理论发展到中期所发生的深化和变形。燕卜荪于二十四岁时发表的《含混七型》(*Seven Types of Ambiguity*，1930) 是 20 世纪前半叶最有影响的评论文章之一，在当时的文学评论界引起轩然大波，在文学批评史上也占有重要的地位。受其影响，新批评派倾向于把所有文学作品看做是语言结构，相对来说对一些传统概念，如体裁、人物、情节等不感兴趣。并且从此，以新批评派为代表，在评判文学作品时，模糊语言成了该作品好坏的确切标志，能否判别它们成了"像样的"文学批评的必要条件。燕卜荪所代表的是以冷静的理性主义和实验精神来研读文学作品的所谓"科学化"批评。他自许为"分析性批评家"，而反对"欣赏性批评家"，他的名言是"无法解释的美使我愤怒"，他的这种看法代表了大多数中后期新批评作家的观点。他认为，从严格的语义学角度看，任何句子都可能有歧解，但文学批评所关心的只是具有审美价值的含混，也即诗的含混，而不是作为语言必然性质的含混。正是诗本身的含混，才是文学作品的美之所在。燕卜荪还著有几篇颇有名气的文章：《田园诗的几种变体》（*Some Versions of Pastoral*，1935）、《复杂词的结构》（*The Structure of Complex Words*，1951）。在燕卜荪身上我们可以看到新批评派发展过程中的变化。他是一个老式的启蒙主义的理性主义者，他对于正当合理的普遍人类同情和信仰既热爱又存疑，他对于自己的智力敏感性与单纯的共同人性之间的差距不断进行自我批评性的探究，他本身所用的反讽与他所心爱的"田园诗"形式的反讽之间存在着矛盾。它标志着20世纪20年代到30年代中有自由主义倾向的文学知识分子所处的进退维谷之境：他们意识到了已经高度专业化的批评智力与它将研究的文学的"普遍"成见之间的差距。田园诗也并不真是燕卜荪的"有机社会"，吸引他的只是其松散和失调的形式，是它的贵族与农民、世故者与单纯者的反讽的并列。田园诗给他提供的是一个解决一些迫在眉睫的问题的虚构方法，这些问题诸如：知识分子与共同人性的关系，宽容的理智怀疑主义与压迫性的信仰的关系及专业化的批评与一个危机四伏的社会的关系。阿伦·退特是美国现代批评家和诗人。他是兰塞姆的学生之一，曾积极参加兰塞姆发起的"流亡者"诗派的活动并撰写了不少倡导新批评派理论的文章，其中最有影响的算是《诗的张力》（*Tension in Poetry*，1938）一文，在该文中他借"张力"（tension）这一物理学概念，用它双关地将"外延"（extension）和"内涵"（intension）这两个词结合起来，用以形容文学作品各种辩证关系的总结，"张力论"的提出使新批评派大为兴奋，他们不仅大为赞同，并且将其引申，使其成为一个更普遍化的规律。此外，他还强烈地批评"研究生院的封闭式历史考证"，认为这

种批评遵循的是实证主义的观点，即文学作品表现的不是别的，而是"它的环境、时代或作家的个性"。他认为批评应当反对这种考证式研究而专注于文本的纯文学研究。退特的其他主要批评论著还有：《关于诗和思想的反动文集》（*Reactionary Essays on Poetry and Ideas*，1936）、《疯狂中的理智》（*Reasons in Madness*：*Critical Essays*，1941）、《诗的语言》（*The Language of Poetry*，1942）。

第二次世界大战后，新批评派在美国进入极盛期，"新批评"方法似乎成了文学批评世界中最自然的事物。从它产生的"流亡者家乡"——美国南方的田纳西州的纳什维尔，到美国东部的名牌学院，新批评派几乎在所有大学的文学系占了统治地位，大批文论家、美学家都归附到新批评派的旗帜下。此时新批评派的一大批理论家，成为"第三代"新批评论者。这些人当中最出色的首推威廉·K·维姆萨特（William K. Wimsatt，1907—1975）和雷奈·韦勒克（Renē Wellek，1903—　），二者都是新批评派后期中心"耶鲁集团"（Yale Group）的核心人物。此外，这一集团中的克林斯·布鲁克斯（Cleanth Brooks）罗伯特·潘·沃伦（Robert Penn Warren）也对新批评理论做出了独特的贡献。维姆萨特是美国诗人兼批评家，自1939年起一直执教于耶鲁大学。他与美学家门罗·比尔兹利（Monroe Beardsley）合作写出了两

篇著名的新批评论文，一篇关于"意图谬见"（the intentional fallacy），另一篇关于"感受谬见"（the affective fallacy），这两篇论文的宗旨是为建立一种可以取代实证主义考证的新批评方法奠定理论基础。他们提出了一个对文学批评家极有吸引力的观点，即，批评的对象必须是文本本身，认为这种针对文本的纯文学特点，一样可以达到传统的文学考证所达到的那种客观和严格程度。他的观点勇敢地打破了"伟大文学论"，他坚持认为，作者写作时的意图即使可以被发现，也与解释其作品毫不相干。同样，特定读者的情感反应也不应与诗的意义混为一谈：诗就意味着它所意味的东西，并不在乎诗人的意图或者读者由之获得的主观情感。意义是公开的和客观的，它是镌刻在组成文学作品的那些语言之上的；意义既不是一个去世已久的作者头脑中的某些被人假定的、幻影般的冲动，也不是一个读者可能附会到他的文字上去的武断的、一己的会解（significance）。在另一本著名的批评著作《词语的图像：诗歌意义的研究》（The Verbal Icon：Studies in the Meaning of Poetry，1954）中，维姆萨特提出"诗歌是一种复杂的词语结构，在这种结构之中，各种各样的寓意技巧极大地增强了诗歌的内聚性，从而产生与现实的新的对应，即象征或类似的对应"。他的一系列文论，诸如：与布鲁克斯合著的《文学批评简史》（Literary Criticism：A Short History，1957）等，在20世纪中叶为振兴新批评理论做出了很大贡献。韦勒克是当代著名的美籍捷克裔文论家。他在30年代就注意到，许多对19世纪末、20世纪初批评态度反动的文学研究方法所面临的危险。与此同时，他着手对文学研究中的种种概念进行新的阐述，其研究成果在他与奥斯丁·沃伦（Austin Warren）合著的《文学理论》（Theory of Literature，1949）中有集中反映。这本书就方法论而言可以说是对新批评文学理论的一次总结。该书十分强调以新批评派为代表的艺术形式分析的美学意义和价值，通过对文学的性质、功用、文学理论、文学批评、文学史及总体文学、比较文学、民族文学等各方面的定义和研究，力图廓清文学研究方法论上存在的各种问题。通过大量的资料准备，韦勒克讨论了文学与诸多相邻学科，如传记学、心理学、社会学、哲学的关系，最后构建起自己的一套理论。其核心思想认为，应该把文学艺术品设想为一个符号和意义的多层结构，它完全不同于作者在写作时的大脑活动过程。也和可能作用于作者思想的影响截然不同。在作者心理与艺术品之间，在生活、社会与审美对象之间，存在着某种"本体论的差距"（ontological gap）。而他所考察过的那些其他文学研究方法，都过分致力于作家个性、社会环境、心理素质、时代精神、历史背景等"因果性"的"外在因素"的研究，而这类研究方法没有一个能够恰当地分析、描述和评价一部文学作品。为此必须代之以"文学的内部研究"的方法，使文学研究的出发点转向解释和分析文学作品本身，对经典的修辞、批评和韵律等方法必须以现代的术语加以重新认识和评价。韦勒克的作品甚丰，其理论和批评方法比大多新批评派视野宽阔，他自己尽管不愿意承认是一个新批评家，但从上述观点看，其看法与其他新批评派作家的看法无疑是不谋而合，实际上他是新批评派后期的核心人物。韦勒克的重要批评论著还有：《批评的诸种概念》（Concepts of Criticism，1963）、《鉴别力：批评的深层概念》（Discriminations：Further Concepts of Criticism，1970）、《对文学和其他杂文之批判》（The Attack on Literature and other Essays，1982）等。布鲁克斯也是美国当代著名的批评家，兰塞姆的学生之一。同退特、维姆萨特等人一同作为新批评派的杰出代表活跃于20世纪五六十年代的美国文坛。他的一部颇有影响的著作《精致的瓮：诗歌结构的研究》（The Well-wrought Urn：Studies in the Structure of Poetry，1947）集中地反映了他的思想。布鲁克斯认为，新批评"关心的是作为诗的诗的结构"，其结构指的是作品的意义组织。诗歌的主要特性是一致性（coherence），这种一致不是逻辑上的一致，而是相互对立的意义或态度的和谐结合。他还将古典文学中"反讽"这一概念挖掘出来，并赋予新的含义，使之成为新批评理论中最基本的范畴之一。他指出"反讽"（irony）是诗歌的一大特性。在文学研究中它是一个最为广泛的术语，我们要用它来表示语境（context）对存在于其中的各种成分的限定。此外，布鲁克斯还著有《现代诗歌及其传统》（Modern Poetry and Tradition，1948）、《隐藏的上帝：关于海明威、福克纳、叶芝、艾略特和沃伦的研究》（The Hidden God：Studies in Hemingway，Falkner，Yeats，Eliot and Warren，1963）、《具体化的快乐：作家技巧之研究》（A Shaping Joy：Studies in the Writers' Craft，1971）并与潘·沃伦合著有《理解诗歌》（Understanding Poetry，1938）和《理解小说》（Understanding Fiction，1943)两篇名著。

20世纪五六十年代后，新批评派开始衰落，但仍有一些人试图重新确立新批评在文学美学界的地位。新起者中出色的有墨雷·克里格（Murry Krieger），他著有《美学问题》（The Problems of Aesthetics，1953）、《诗歌的新辩护士》（The New Apologists for Poetry，1956）等发挥新批评理论立场的文章。但后来他转向了结构主义与现象学文论，与维姆萨特等坚持新批评观点的人展开了激烈争论。此外还有布莱克默（R. P. Blackmur，1904—1965），他是使用新批评理论进行实践的批评家，提出了著名的"姿势论"（gesture）及埃利西奥．维瓦斯（Eliseo Vivas），他被称为"立场最坚定的新批评派美学家"，主要著作有《创造与发现》（Creation and Discovery，1955）、《艺术事务与文学理论》（The Artistic Transaction and Essays on Theory of Literature，1963）。

从新批评派各期主要代表人物观点的不断变化、发展来看，新批评作为一场运动及作为文学批评的一种方法，它并不是一成不变的，随着时代背景、人们意识形态以及文学实践的不断发展，新批评理论也试图在不断修改和完善自己。新批评的祖师休谟及创始者艾略特等人，在新批评诞生前就给了它保守主义的染色体。新批评派作为一种特殊的形式主义文论，它与19世纪那些"片面、狭隘"的"为艺术而艺术"的形式主义有所不同，19世纪的"唯美主义"形式论根本不愿谈内容，而新批评派在重视形式的同时，也给内容以一定的地位。新批评派和与它几乎同时产生的"俄国形式主义"及在它之后的法国结构主义也有着很大区别，这一点我们将在后面详细介绍。总之，新批评派在产生之初很少带有"激进"的色彩，这与20世纪资本主义进入帝国主义阶段后，在某些资本主义国家中资产阶级的统治权相对稳固有关。这时候，艺术的资产阶级道德化固然能为资本主义的上层建筑服务，但艺术的自足论、非道德化也无损于资本主义制度的稳定，相反却能使艺术离开革命。新

批评派正是这样一种政治上保守的形式主义。所以，无论是休谟的"有限意识论"，还是艾略特的"传统论"，乃至兰塞姆等"流亡者"诗派的对美国南方落后经济下的所谓传统文化的怀恋，大多仅仅表现在其内容上。尽管他们的文论中一再要求承认传统，追求秩序，甚至把被冷落了两个半世纪的17世纪"玄学派"诗歌发掘出来，并奉为圭臬，但实际上在他们自己的诗歌创作中却仍然追求形式的创新。这种最初的较为有限的形式上的"革命"，随着新批评派的不断发展也日益明确化了。人们往往对新批评这种带有反资本主义倾向之保守主义"染色体"的学术思潮如何能在第二次世界大战后资本主义飞速发展的美国文论界占主导地位许多年而感到奇怪，而实际上这正反映了新批评派发展过程中的微妙变化。新批评中后期一些主要代表的思想实际上已经日益适应了科学和理性的社会需要。这时的新批评家开始培养最为实用的批评解剖技术。他们坚持强调作品的"客观"身份，并提倡一种严格"客观"地分析作品的方法，燕卜荪就是代表之一。他先是不理睬、后来干脆整个抛弃了他的老师理查兹的情感理论，并以一种多重定义的技巧发展了理查兹关于诗歌语言的灵活性和多义性的理论。新批评理论在战后美国文学界大受欢迎还有两个原因，一是它为学院的教授们提供了一种方便的教学方法，以应付数量日益增加的学生。把一

首短诗发给学生们去领悟当然要比开设一门世界伟大小说的课程要省事得多。二是新批评视诗为冲突态度的微妙平衡和相反冲动的公正调和，这种观点对于持有怀疑态度的自由知识分子具有深深的吸引力，因为这些人已为许多互相冲撞的教条搞得不知所措。而以新批评的方式阅读诗就意味着不对任何事情做出承诺：诗所教给你的一切就是"无为"，即对任何特定事物的冷静的、无可指责的公正地拒绝。这是新批评为人所欢迎之处，恰恰也是其局限所在，这种局限本质上仍是自由和民主的局限。对立物之所以应该得到容忍，是因为它们最终将融为一体。可以说，新批评这种泯灭个性，企图在文本的艺术形式中得到理性与感性平衡的秩序的做法，至少部分地反映了美国统治阶级在动乱的世界中占有稳定的价值这种自欺欺人的自信心，这正是新批评派大行其道的客观的社会思想背景。

新批评派在进入 20 世纪 60 年代后开始走向衰亡，许多在战后匆忙附庸于新批评派的年轻一代诗人此时又要花很大力气从新批评传统中解脱出来。单单从学术上并不能完全说明新批评派从 50 年代到 60 年代突然衰亡这种戏剧性的变化。究其原因，这种衰亡既有其内在原因，也有外在的因素。从内部来讲，我们说"新批评"作为一种诗歌理论并不一定有什么错误，并且作为一种方法它已经给当代西方文学和美学界打上了深深的不可磨灭的烙印。

人们完全可以赞同他们否定实证主义的历史考证方法，赞同他们在文学文本研究中要把阐释与评价相结合的主张，人们甚至认同他们把对立之协调，诸如张力、构架—肌质等原则作为理解和评价文学作品关键的看法。但是与此同时，人们也不能不承认，阐释与评价决不是对文学作品的完全客观的陈述，它只是文本与读者之间相互作用的结果，因为批评家不可能不对他们所研究的文本施加自己的观点和偏爱。相形之下，在 60 年代，一些其他理论开辟了一条更有前途的道路，它们在描述文本的结构的同时，又阐述读者在阅读过程中运用了哪些知识和态度及他们是怎样应用的。现象学理论和结构主义理论就是这样做的。就连新批评派中立场最为坚定、一向不搞折中的维姆萨特在晚年也承认结构主义"有合理成分"，并且渐渐更改他的新批评概念。如 1962 年，他提出了一个新的关于新批评的概念，试图将新批评搞成一个集其他学派之大成的理论。这概念可以表述为：

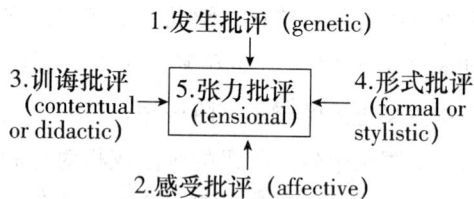

```
                    1.发生批评 (genetic)
                          ↓
3.训诲批评           ┌─────────┐           4.形式批评
(contentual  ──→    │ 5.张力批评 │    ──     (formal or
or didactic)        │(tensional)│           stylistic)
                    └─────────┘
                          ↑
                    2.感受批评 (affective)
```

在这里，连他一向反对的"感受主义"也被列入其中。然而，新批评派这时已成强弩之末，其本身的发展已经停滞了，维姆萨特的努力并不能挽救它，它的文坛霸主之位必然地要让给其他学派了。新批评派的衰亡还有其外部原因，这就是学步者过多。克里格曾说新批评派"受朋友之害过于受敌人之害"。新批评本来是一种特殊的文学理论和文学批评方法，可是由于人人都趋赶其时髦，把它变成了一种一成不变的教条，结果物极必反加速了它的灭亡。尽管新批评派的灭亡已成为历史的必然，但它的影响却是持久而深远的，直到今天一些新起的文论派别仍然不能不频频回顾新批评派，许多人仍怀着浓厚的兴趣阅读新批评派作家的论著，因为他们所提出的关于文学和文学批评的一系列假设至今在学术界仍有重要作用，它至少可以被并列为结构主义、现象学之外的另一种有效的理论。

第二节　新批评派的主要学术观点及与其他学派的关系

尽管新批评派代表作家在有些问题上观点不甚相同，其后期发展中的许多观点与其创建时也不一致，但是作为在 20 世纪文坛上影响极大的一个文艺美学派别，它仍旧有着相当突出的特点。在关于文学的基本性质，文学作品的辩证结构及其社会效果等方面有着不同于其他文学批评理论的看法；为了表达他们对文学研究中各类问题的看法，新批评派创造并从传统文学研究中改造了一批新的概念范畴，赋予它

们特定的含义，形成了一套完整的理论体系，新批评派作为一种特殊的形式主义文论，与其他形式主义文学流派既有相似之处，也有很大差别，要彻底了解新批评派对此也必须有所了解。

一、新批评派关于文学基本性质的观点

文学作为意识形态的一部分，有其特异性。新批评派在研究文学作品时采取的方法与传统的运用史料或自传性材料来对一部作品进行解释的评论式方法不同。他们强调艺术品的内在价值，并把注意力集中在单独作品作为有独立意义的单位上，他们的主要方法是认真细致和有分析的研读。这一方法同亚里士多德《诗学》的历史一样悠久，但是新批评派对这种方法做了精心的改进。他们在对诗歌，特别是现代诗歌的研究中，将注意力集中于考察作品的文本。他们强调一部作品的特殊性，认为一部作品是相对独立于其历史、作者生平和文学传统等多方面背景的。在他们看来，诗歌（文学作品）是一种特殊的交流方式，一种传达任何其他语言都无法传达的感情和思想的手段，它与科学或哲学的语言有着本质的区别。诗歌的本质就在于将对立物协调或和谐，在于对词的客观意义进行客观的组织，这种组织的具体方式就是隐喻。因为，在他们看来，诗歌词语的客观意义不仅包括它们的字典定义（也就是字面意义），而且包括它们所引起的联想（也就是它具有的含义）。维姆萨特

曾说，"诗歌是这样一种文字结构，它使指代性或对应性真实与内聚性真实达到最大程度的融合，或者说它使外在和内在的关系能充分地相互反映"。正因为如此，新批评派十分重视对文学语言与科学语言及各种实用语言之间区别的研究。如：兰塞姆认为，科学只有"构架"，而文学兼有"构架"和"肌质"；燕卜荪认为，科学语言语义单纯，而文学语言语义复杂；退特则指出，科学只要外延而不要内涵，文学则兼需两者；布鲁克斯也提到，科学语言语境单一，而文学语言综合冲突经验，因此科学文本能意释，文学文本则无法意释。他们还利用仔细研读这种技巧，对文学作品中词语的含蓄意义、联想价值及形象语言的多种功能，如象征、借喻、象喻等予以特别强调，以便对诗的构思和语言立下明确的界说并作出定论。新批评把注意力集中于文本，尽管他们的措辞有所不同，但从根本上看他们均把作品看成一种内容与形式的辩证结构。无论是用"反讽论"来概括诗歌的辩证结构，还是更进一步将这种辩证结构总结为"张力论"，总之在新批评派看来一首好诗（一部好的文学作品）都必须具有复杂、多义、对立统一的特征，它必须能经得起"反讽的观照"（ironic contemplation），他们还把这一点作为诗歌创作的必要条件。在对文学艺术的感染力及社会效果上，新批评派也有自己独特的看法。他们坚持反感觉论，认为以有无艺术感染力来区分真正的艺术与虚假的艺术的做法是一种"感受谬见"。同时，他们坚持反传达观，对古老的文学艺术的"寓教于乐"的社会作用持否定看法，认为把诗作为传达某种思想的工具是旧式文学教学的特点，是研究中最要不得的东西。他们的"反感受论"又是与他们的反意图主义密切联系在一起的。由于新批评派评论家视文学作品本身为其"本体"，认为它包含了全部的价值和含义，因而在进行文学批评时也应只把目光注视于作品本身，只从作品本身寻求答案，如果在研究中提到作者的"意图"，则是批评家与作品主旨失去了联系的标志，因为批评家不得不向作者求援，这实际上是批评家的失败。既然批评家从作者的意图来寻找答案是不明智的，那么从读者对作品作出的情感反应来评价作品则更是不可取的，因为一部作品所引起的情感反应既然是变化不定和因人而异的，文学研究最好是弃之不管。

新批评关于文学基本性质的看法，通过我们后面对其重要概念和范畴的介绍，会有一个更深刻的认识。

二、新批评派关于批评方法论

新批评派的批评方法论用一句话来概括就是"文本中心式批评"。从理查兹提出排除一切"非文学因素"的"纯批评"（pure criticism）的口号以来，新批评派评论家都自觉或不自觉地采用这种方法，因而对一切靠文本以外的材料来研究作品的方法他们都予以反对，如：有的批评家关注作品产生的过程，努力追寻作者的个人经历与作品的关系，这被新批评斥为"传记式批评"，无疑是一种"意图谬见"；有的批评家在研究作品时考虑它所产生的具体的社会历史背景，这被新批评派贬为"历史—社会式批评"，也是"意图谬见"的一种；而如果批评家关心作品对读者的影响，重视读后感，这又是犯了"印象式批评"的错误；批评家若是再重视各种读者对作品的反应，就更是陷入了"文艺社会学"的泥坑了。此外，即使是批评家把目光注视于文本，也有令新批评派不满意的地方。例如：20 世纪 40 年代末与新批评派发生争论的"芝加哥学派"（The Chicago School），尽管也重视研究文学作品，但由于他们认为文学批评最应注意的该是文类，而不是单个作品，所以被新批评派称为"文类批评派"（Generic Criticism）。因为，新批评派的批评方法是只论孤立的作品，不顾及文学作品的群体，不谈文类的"个体批评"（atomised criticism），所以，芝加哥学派的从文类入手的批评方法是"新古典主义的类别谬见"（fallacy of neoclassic species），从根本上讲还是犯了"意图谬见"的错误。新批评派的"文本中心式批评"固然为研究文学作品提供了一种崭新的方法，在当时也的确为人耳目一新，如果把它与其他上述文学批评方法共同使用无疑会使人们对文学作品的研究更全面、

更周详。但新批评派在批评中对其他方法往往采取强烈的排斥态度，这在我们今天看来不能不感到遗憾。因为他们越是大张旗鼓地宣扬自己的方法，反对其他方法，就越是适得其反，使它的狭隘性暴露无遗。文学作品是社会意识形态的反映，脱离了社会历史背景来研究文学作品不可能不是片面的。同时，无可否认，任何一个作品都不免带有作家的个人影响，就是新批评派这些诗人兼评论家们的作品也同样如此。如果在文学研究中完全割断作者、读者与文本的关系，那么所研究的作品只是一堆由语词构成的死的东西，它只是一个作品而已，无论它的词语多么符合新批评派的要求，多么具有辩证的张力结构，多么经得起"反讽的观照"，它也只不过仅此而已，它最多只不过可以作为文学创作的一个示例，却完全失掉了它的生命力和永久的魅力。说得更为深刻一点，尽管新批评派一再将自己的批评称为"科学化批评"，一再申明自己尊重"文本"的客观主义态度，而实际上他们割断了作品与作者及社会背景的联系，单单谈论作品，因而在许多问题上不能不说是带有主观唯心主义的臆想。

三、新批评派的一些重要概念范畴简介

要真正理解新批评派的观点，看懂其文献，必须牢固掌握新批评派作家自创和借鉴引申的许多概念范畴，因为它们正是

新批评派理论体系之网上的"纽结"。由于新批评派作家较多，概念范畴也较复杂，我们不能面面俱到，只能挑选其中最重要和有代表性的来介绍。

1. 反讽

反讽（irony）是一种用来传达与文字表面意义迥然不同（而且通常相反）的内在含义的说话方式。反讽是西方文艺理论中最古老的概念之一。来自希腊文 eirônia，原为古希腊戏剧中的一种角色典型，即佯作无知者。这种人在自以为高明的对手面前说傻话，但最后却证明这些傻话即是真理，从而使"高明"的对手大出洋相。所以反讽的基本性质是假象与真实之间的矛盾及对这一矛盾的无所知：反讽者佯作无知而口是心非，说的是假相，却暗示真相。

新批评派所使用的"反讽"概念比其原意发展甚远。新批评式的反讽理论的主要阐述者布鲁克斯在《反讽与"反讽"诗》（*Irony and Ironic Poetry*，1948）一文中，给"反讽"下了一个最普遍的定义：反讽，是承受语境的压力，因此它存在于任何时期的诗中，甚至是简单的抒情诗里。反讽是一种用修正来确定态度的办法。因此，反讽成了诗歌语言最基本的原则。认为"反讽"是诗歌的一个突出的特点，这是新批评派大多数人的共同看法，许多新批评派理论家都试图用反讽论来概括诗歌的辩证结构。理查兹首先把反讽论挖掘出来，并赋予它以现代意义。他认为"引进对立

是人的补充冲动"，于是用"反讽"这一术语来概括它，并认为这是所有伟大诗篇的共同点，因而也就成为诗歌创作的必要条件，"通常互相干扰、冲突、排斥、互相抵消的方面在诗人手中结合成一个稳定的平衡状态"。布鲁克斯则以高明的技巧将诗歌作为一个由对立面构成的，具有"张力"的反讽结构来加以分析。他认为，所有的好诗也即具有复杂内涵的诗都存在这种矛盾的对立和统一关系。一首诗必须经得起在反讽的意义上的阅读。他在分析 17 世纪玄学派诗人邓恩（John Donne）、莎士比亚、艾略特和叶芝的诗歌时出色地运用了这一手法。例如，他分析叶芝在《驶向拜占庭》一诗中向希腊圣贤发出请求时，出色地说明了"反讽"是如何进行的。诗中讲：

> 把我的心烧尽，它被绑在一个垂死的肉身上，为欲望所腐蚀，也不知它原来是什么；请尽快把我采集进永恒的艺术安排。
>
> ——查良铮译

布鲁克斯认为，叶芝竟然讲起了"永恒的艺术安排"，这明显地削弱了他向希腊圣贤请求时的激情和虔诚，因而可以说是造成了一种具有讽刺性的协调，即他对于摆脱自然的自由生活的向往和他对于自己作为人的局限的认识之间的协调。而在《精致的瓮》一书中，他甚至表示连华兹华斯（William Wordsworth）、格雷（Thomas

Gray）和蒲柏（Alexander Pope）的诗歌也适宜作这样的分析。维姆萨特则把反讽界定为一种认识原理，并坚持把"新批评"改名为"反讽诗学"。

新批评坚持说"反讽"是诗歌的基本特征之一是有其原因的。首先，这是由诗歌的"本性"所决定的，因为诗人把他的词在语境中赋以确切的含义时，不得不持续地、稍微地修改其含义，它记录下诗中不相容成分的张力关系，这些张力关系被合成为一个整体。反讽承认强制因素。其次，反讽又是由于文学语言这一工具本身的不顺手决定的。诗人必须考虑的不仅是经验的复杂性，而且还有语言的难控性，它必须永远依靠言外之意和旁敲侧击，使语词具有新鲜感。此外，反讽通常还指一种限制过程，即对某一断言的内容进行限制。这种限制之所以得以实行，或是由于读者认为作者有着截然相反的意图，或是由于读者知道某些与所断言的内容相冲突的因素。

2. 本体论批评

本体论本是 17 世纪唯理论者为了证明"存在的本质"的终极真理而引入哲学体系的一个哲学名词。兰塞姆把这一概念引入文学理论中，称自己的批评理论为"本体论批评"（ontological criticism）。兰塞姆的本体论概念有两层互为矛盾的含义：一是说，诗自身是本体存在（"本体，即诗歌存在的现实"），文学作品是自成一类、有本

体地位和认知力的客体，把文学作品视作独立于作者和读者经验与意识之外的存在。另一层含义是说，诗的本体性来自它能完美充实地"复原"世界的存在状态，能使我们更意识到外界的生活，因而文学作品是能表现世界本质的具体存在。

兰塞姆通过引入这一概念作为其理论的核心，构成了他整个的理论框架，即以"本体论批评"为中心的理论体系。实际上他搞的是一种"平行主义"（parallelism），或者说采取的是一种折中主义的理论立场。既要强调文学的特异性、而又怕它失去了根基。从根本上看，兰塞姆认为：批评的任务就在于研究文学作品本身，就作品本身加以阐释并作出评价。因此，历史学派的研究、印象主义的鉴赏及其他各类以文学作品的抽象的思想内容为中心的批评都应加以排除。被他排除出文学批评范围之外的研究方法有：①批评家阅读文艺作品之后的个人感受的记录。因为文学批评应该是客观的，在于剖析客体本身（作品）的素质，而不在于它对主体的影响。②作品的梗概与释义。他认为，批评家在分析小说和诗时并非绝不能用这一类方法，但不应把情节梗概与作品内容等同起来，情节只是内容的一种摘要。③历史研究。包括一切与文学背景、作者生平、作品本身有关，涉及作家自传成分以及文献书目校订、考证、比较文学有关的东西。对于批评分析来说，虽然比较文学原来是最能发

人深思的，但假如只是勉强比附，或者只满足于平行类比引证，那就肤浅而不足道了。④语言学研究，如罕用词语、外来语及典故的研究等。⑤道德研究，即作品思想内容方面的研究。⑥其他特殊研究。如：乔叟对中世纪科学的知识，莎士比亚的法律知识，哈代小说中的地名研究等。总之，本体论批评排除一切外缘的批评方法，而采用内在的方法。就诗的文本，它本身的语言结构，包括声响、节奏、格律（听觉现象）、意象（视觉形象）等要素来分析诗，并以此作为评价的依据。

此外，本体论批评不同意那种把作品看做作者个人思想情感或个人经历再现的观点。在兰塞姆看来，这属于一种"个人邪说"（personal heresy），是传记学派的研究方法。因为根据这种观点，莎士比亚必定当过兵、做过律师，或者当过老鸨或妓女，至少也是一个眠花宿柳的花花公子。

本体论批评在新批评文论中可以说是一种最具代表性的关于文学本质的看法。新批评派其他许多学说都与之相关。因而要理解新批评派的观点，必须首先要搞懂"本体论批评"的含义。

3. 构架—肌质论

这是兰塞姆在 1941 年的讲演稿《作为纯思辨的批评》中详细解释的，他认为这一范畴最符合新批评的"本体论"要求。他指出，一首诗可以分为构架和肌质两个部分。所谓"构架"就是能用散文加以转述的东西，是作品的意义得以连贯的必不可少的逻辑线索。但是，构架的逻辑不可能严谨到像科学技术文献那样的地步，其作用只是在作品中负载肌质材料。所谓"肌质"则是作品中无法用散文转述的部分，是非逻辑的部分。它与构架无关，不是构架的附属品，二者是分立的。兰塞姆认为，诗的本质和精华，诗表现世界本质存在的能力都在于肌质，而不在于构架。肌质才是具体的"世界实体"，是世界的质的丰富性所在。诗的特异性就在于肌质和构架分立，且其重要性超过构架。相反，科学文体只有构架，没有肌质，即使有细节的描写，也是附属于构架，不能分立。既然在诗中，肌质与构架是分立的，那么构架又有何作用呢？兰塞姆解释说，诗本体的肌质与构架的唯一关系就是相互干扰。肌质干扰构架的逻辑清晰性，因此，作品的构架像是在做障碍赛跑，诗的魅力就在这层层阻碍中产生。

兰塞姆的"构架—肌质"（structure-texture）论深受柏格森主义的影响。兰塞姆的抽象批评、他对诗歌的构架与"不相干"的肌质的区分、他对柏拉图式的诗歌的攻击和对描写具体事物的诗歌的推崇，都是柏格森式的。此外，对于"构架—肌质"的解释，兰塞姆本人也曾尝试过几种不同的方法。如一段时间内，他为其关于诗的"构架—肌质"学说找到了一种弗洛伊德理论的类比，认为诗作为构架，作为思想的产物，作为散文的价值方面属于"自我"（ego），而潜在的、供人猜测的内容，也即肌质则属于"原我"（id）。但后来兰塞姆又放弃了这一观点。此后，他又为其"构架—肌质"说找到了一个建筑学上生动的比喻。他认为，诗的"构架"如同建筑的结构，而"肌质"则如同建筑的内部装修。他说："一首诗有一个逻辑的间架，有它各部的装修。……我住的屋子的墙，显然是属于间架的，梁和墙板各有它的功能，墙皮也有它的功能，墙皮只是最外层的能看得见的墙的一部分。墙皮本来也可以是光光的，纯属功能性的。但上面有颜色，或着糊着墙纸，那么它就既有色彩又有花样，虽然这些东西对于构架不起任何作用。墙上也可以是挂着画幔，作为'装饰'。"从他的比喻中我们可以看出，构架只是一副逻辑骨架，一部作品的美之所在是它各具特色、不可能雷同的装饰——它的肌质。

4. 非个性论

这是艾略特所创用的术语，用来说明文学作品并不表现作者的个性。之所以如此，是因为文化史的积累对文本的影响远远超出了作者"创造力"对文本的影响。整个文化史的沉重压力比诗人自以为凌驾一切的"个性"重要得多。艾略特的"非个性论"（impersonality）主要包含这样两层意思：

一方面，在他看来好的诗在于情与理的融合，也就是庞德所说的"思想与情感的综合体"。17世纪玄学派诗人最好地做到了这一点，故他们的诗也最为上乘。而在这以后的诗歌发展中，情感与理智分离了，这种分离导致了诗歌的枯竭衰微。18世纪的诗人唯理，如丁尼生、白朗宁是诗人，他们思索，但他们不能像闻到一朵玫瑰的芬芳一般地迅速地感受到他们的思想；而浪漫派诗人重情，认为诗出于强烈的个人感情的自然流露，如华兹华斯在《抒情歌谣集》序言里所说的，故二者都不足取。他认为，进入20世纪，他和庞德等人的"意象派"诗歌重又把情与理融合为一体。因而，他的"非个性论"可以说是对浪漫派的表现论和感伤主义的反对。

另一方面，他还说明个性和情感只是作品的语言媒介，是一种特殊工具，而非本性。在《传统与个人才能》一文中，他说："我的意思是，诗人并没有一种可以表现的'个性'，而只有一种特殊的媒介物，而且只是一种媒介物，而不是个性。在这种媒介物中，印象与经验便以特殊而意想不到的方式组合起来。对于诗人来说，具有重大意义的印象与经验，也许在诗歌中毫不发生作用；而在诗歌中很有意义的印象与经验，在诗人，在其个性中也许只是起着一种颇不足道的作用。"

但艾略特的非个性论也并不是认为诗人就没有个性，而是认为这种个性对创作并无多大作用。他形容诗人个性在创作中的作用，并不像化学反应中作为一种成分参加反应，而只是一种催化剂，在创作中是在不断地泯灭自己的个性。他说："这样，对于一些更有价值的东西，诗人便需随时随地准备不断抛弃自己。一个艺术家的进程便是一种不断地自我牺牲，不断地消灭个性的进程。……艺术正是在这种消灭个性中，才说得上是接近于科学的地位。因此，我要求你们将下述比喻作为一种足供参考的事实加以考虑：如果拿一块精细的白金，放进一个含有氧气和二氧化硫的容器里，它将发生什么作用。""诗人的精神就是这块白金。它可以一部分或整个地影响于诗人本身的经验；但是一个艺术家越完善，他本身那种作为感受者的人和作为创造者的心灵就越是完全分离，心灵越是能把热情加以融合、消化和转化。"

5. 客观对应物

这是艾略特在《哈姆雷特与他的问题》一文中所创用的一个术语，其目的是为了对其"非个性化"批评理论进行进一步解释和发挥。在艾略特看来，诗不是传达个人情感的工具，真正优秀的诗人是不通过诗来直抒胸襟的。既然一个诗人不能将他头脑中的思想和情感直接传达给读者，那么他就必须要寻找某种媒介物，这就是所谓"客观对应物"（objective correlative）。他说："艺术形式中唯一表达情绪的方式是找到一种'客观对应物'，换句话说，就是一系列物体，一种情景，一连串事件，将

其作为那种特殊情感的程式。由于这些外在事物必然以感觉经验为终点而宣告结束，所以它们一经提出，感情就立刻被唤起了。"艾略特曾以莎士比亚如何表达麦克白夫人梦游中的心理状态和麦克白听到他的妻子已死的消息时的悲叹为例来说明这一问题。

艾略特之所以要在客观现实世界中为诗人所要表达的一切找到一个"客观对应物"，目的是要将诗人所要说的一切客体化，也就是将文学作品本身客体化。因为，他把文学作品看做特殊的语言形式、语言结构，它是独立于外部世界的有机体。进而他认为，批评家所要关心的，正是这一客体化了的作品的形式和特点，换句话说，也就是作品的文本本身，而并非诗人个人的情感与思想。在1978年重新出版的《圣林》序中，艾略特再次强调了这一观点："我们只能说，一首诗在某种意义上有着它自己的生命。它的不同部分形成了某种东西，迥然不同于一批整理好了的传记材料，从诗中产生的情绪、情感或幻象，完全不同于诗人头脑里的情绪、情感或幻象。"这样，他就把批评的领域完全局限于"作品"这个"客观对应物"上了。

6. 感觉性解体

该术语是艾略特在《玄学派诗人》一文中创用的，用来指感性和理性的分裂现象，尤其指"玄学派"之后的英国诗歌发展中的这一现象。该文最初匿名发表于

1921 年的《泰晤士报文学增刊》上，是一篇评论格里厄森（Sir Herbert Grierson）选编的诗歌集《十七世纪玄学派诗歌》的文章。1924 年，艾略特将此文署名重新发表，从此它变得极为有名，他所使用的"感觉性解体"（dissociation of sensibility）这一概念在文学批评领域也变得颇为流行起来，特别是新批评派理论家对它很欣赏和重视。《玄学派诗人》结尾的一段话，集中表述了"感觉性解体"的内涵："17 世纪的诗人们……具有能兼容并蓄一切经验的感受力。但 17 世纪中，一种感觉解体的现象出现了，直到现在我们还没有从那种状态中恢复过来；这种解体，很自然地由于受到那个世纪两个最权威的诗人弥尔顿（John Milton）和德莱顿（John Dryden）的影响而愈加严重，这两位诗人在发挥其某些诗歌功能方面的巨大成就，恰恰掩盖了另一些诗歌功能的丧失殆尽。诗歌语言仍然被沿袭，在某些方面还有了提高……然而，当诗歌语言变得越来越精雕细琢时，感觉却变得越来越粗糙不堪了。"据艾略特看来，英国诗歌的这种弊病源于诗人感情与思想的离异，即由于在诗歌创作的综合活动中，诗人缺乏调和二者的能力。或者像丁尼生、白朗宁那样只注重思考，或者像浪漫派诗人那样只顾抒情。新批评派常常拿来做反面例子的是 19 世纪浪漫派诗人雪莱，艾略特曾详细地分析过他的名诗《致云雀》。他说，在雪莱的这首名诗中，

有些时候"语言的声言存在，但却毫无意义"，如"清晰、锐利，有如晨星射出了银辉千条，虽然在清澈的晨曦中，那明光逐渐缩小，直至看不见，却还能依稀感到"。而当雪莱有什么明确的东西要说时，"他却把意象和意义完全分开来谈"，如"我们总是瞻前顾后，对不在的事物憧憬。我们最真正的笑也充满某种痛苦，对于我们来说，写出最悲伤思想的才是最甜的歌声"。这后面一段的说理，与前面一段关于"晨星"的意象的描写似乎丝毫没有联系，可见感情和思想相离甚远。这种对思想或情感的偏颇，造成了英国诗歌的变质和枯竭。诗人只有具备一种统一的感受力，也即像玄学派诗歌大师约翰·邓恩那样的感觉力，才能"像闻到一朵玫瑰花的芬芳"那样使人立即感受到他们的思想。艾略特认为，现代派诗歌在经历了漫长的"感觉性解体"之后，正在竭力重新获得这种感受力的统一。他自己的诗《荒原》，就是一首力图把种种根本不同的因素融为一体的诗。另外，在波德莱尔（Charles Baudelaire）、拉法格（Laforgue）和科贝叶（Corbiere）等人身上，艾略特也看到了这种类似的感受力的统一。他认为，他们"比任何一个现代英国诗人都要更接近邓恩派"。

7. 含混七型

含混七型（seven types of ambiguity），此概念为燕卜荪在 1930 年发表的《含混七型》一书中所提出的一种对文学批评中语

言本质研究看法的概括语。该书与许多英国文学论著一样主要关心的是批评方法而不是理论。正如燕卜荪所说："批评家应该像猎狗那样信任自己的鼻子，如果他让任何理论或原理分散他嗅觉的注意力，他就不是在履行自己的职责。"他在该书中以大量的例子证明，复杂意义是诗歌的一种强有力的表现手段。他在书中通篇所做的就是分析和解释那些构成诗歌效果的文本手段，也即对诗歌中的所谓"含混"进行逐字逐句的分析。他给"含混"所下的定义是"能在一个直接陈述上添加细腻意义的语言的各种微小效果"。后来，他又对此进行了修改，将"含混"定义为"任何有可能使读者对同一语言单位作出不同反应的文字细节"。可以看出，所谓"含混"也就是晦涩、隐喻的诗歌中所包含的种种诗的与社会的复杂含义。燕卜荪将含混分为七种类型，即：

第一型：说一物与一物相似，但它们却有几种不同的性质都相似。例如莎士比亚《十四行诗集》第73首中"荒废的唱诗坛，再不闻百鸟歌唱"的诗句。树林中鸟的歌唱与教堂中的唱诗班，其类似之处燕卜荪可以找出七点，诸如：都有歌声；都是排队唱歌；唱诗坛与树一样都是木头的；教堂的围墙与彩色玻璃如同树林与花和叶一样；荒废的教堂如冬天的树林一样等。燕卜荪认为，仅此一型就"差不多把文字上有价值的东西全包括在内了"，并说明含

混的机制存在于诗的根基之中。

第二型：指上下文引起的数义并存，包括词本身的名义和语法结构不严密引起的多义。燕卜荪通晓汉语，曾在燕京大学英语系任教。他认为这类含混在翻译中很难保存，只有少数诗在翻译时仍可以保持原文的含混结构，如他举艾略特的诗"不朽的低语"为例。燕卜荪很为英语语法的含混性而得意，而认为汉语的语法结构之松弛比英语相去甚远。

第三型：是两个意思与上下文都说得通，存在于一个词之中。双关语是这一型中最典型的例子。

第四型：一个陈述句的两个或更多的意义互相不一致，但能够结合起来反映作者的一个思想综合状态。如莎翁《十四行诗集》第83首"我从来不觉得你需要打扮，所以从不用色彩给你化妆，我发觉你远胜于感恩的诗人敬献的贫乏诗章"，这里是褒是贬并不清楚。

第五型：作者一边写一边才发现他自己的真意所在，所以一个词可能在上文是一个意义，在下文又有另一个意义。

第六型：陈述句字面意义累赘而且矛盾，迫使读者找出多种解释，而这多种解释也互相冲突。

第七型：一个词的两种意义，一个含混语的两种价值，正是上下文所规定的恰好相反的意义，如济慈（John Keats）的《忧郁颂》中：

当忧郁猛然从天而落，

好像来自哭泣的云彩。

当云滋润了垂首的花朵，

用四月的尸衣把青山遮盖。

这里春山被裹在灰色的尸衣中；天边的淫雨霏霏，却又充满希望，使花复苏的美却是云的哭泣所使成。燕卜荪称这一型是可以想象得出的最含混的情况。

韦勒克曾盛赞燕氏的这种"含混说"，在"近来欧洲文学研究中对实证主义的反抗"一文中，讲到理解艺术作品的整体性和它的多层意义时他说："W. 燕卜荪在《含混七型》中作得比任何人都好。他创造了一种精细的，有时甚至是极富天才的对诗歌语言和意蕴的分析。他的分析方法在今天英、美两国开花结果。"

8. 意图谬见

意图谬见（intentional fallacy）这一术语原是意大利 19 世纪批评家桑克梯斯（Francesco de Sanctis）所创，并为克罗齐所盛赞，指的是天才的施展不依赖思想系统，而是经常违反作者的思想系统。新批评派在六七十年代的主要代表维姆萨特把这一概念沿用过来。在他与美学家门罗·比尔兹利合写的两篇文章《意图谬见》(1946)、《感受谬见》（1948）中，他试图以此来给新批评的客观主义以理论上的彻底性。

新批评派所说的"意图谬见"与桑克梯斯有所不同。新批评派所使用的"意图

谬见"之意，是指一种从作者的创作意图、写作过程来评价作品的文学批评方法。新批评派认为这种方法是错误的，因而其方法论是反意图主义的。他们认为，作品与作者的任何意图都无关，文本词语的意义，本来且也应该被看做是属于公众知识的。他们举出大量论证来说明作品意义与作者的自觉不自觉是两码事。如：维姆萨特认为，在广义上讲，一首诗（或一部文学作品）实际上是属于公众的，而不是某一个人的私人创作。作家创作时的个人经验和意图纯属历史问题，而不是像"意图主义者"所说的那样能决定文本的意义、效果或功能。关于作家的经验，从批评的角度看，只有体现在文本中才有价值。而这种资料是任何懂得文本的语言和文化的人都可以从文本中获得的。关于作家的意图，只消看他的创作是否成功，这也同样可以从文本本身看出来。因此，文学考证的大部分内容，诸如作家的生平、环境、创作观及文本的原始素材，都是不属于文学批评范围的。批评家所必须掌握的唯一的历史是词语的历史。他必须掌握作品语言的全部历史意义，包括其联想意义，还必须掌握那些可以指代客观事物的名称的意义。维姆萨特还认为，无论从作者的意图，还是从读者的心理感受（感受谬见）来解释诗，都是离开了诗的本体，走入了歧途。他说："意图谬见将诗与其起源相混淆……其始是试图从诗的心理起因求得批评的标

准，终则成为传记式批评与相对主义。感受谬见将诗与其结果相混淆……其始是试图从诗的心理效果方面求得批评标准，终则成为印象主义与相对主义。"韦勒克也曾说："说作家的'创作意图'就是文学史的主要课题这样一种观念，看来是十分错误的。一件艺术品的意义绝不仅仅止于此，也不等于其创作意图。作为体现种种价值的系统，一件艺术品有它独特的生命。一件艺术品的全部意义是不能仅仅以其作者和作者的同代人的看法来界定的。"

反对从作者的创作意图来评价作品的思想在新批评派那里由来已久。维姆萨特的集中论述实际上是从艾略特和兰塞姆等人早就提出的理论中发展起来的。艾略特的"非个性论"、兰塞姆的"本体论批评"实际上都含有这种反意图的意味。是否犯了"意图谬见"还常被新批评派文论家当做评价他人作品的标准。如：布鲁克斯评价拜伦，退特评价哈特克兰与肯明斯，布莱克默评价桑德堡都以其为标准，认为这些作家错误地把其个性作为作品的核心，从而导致了他们某些作品的失败。

现代文学批评的总趋势也是越来越少地考虑作者的创作意图。新批评派则第一次明确地把它作为一种批评方法论来加以论述。

9. 感受谬见

感受谬见（affective fallacy）是新批评派反对传统文学研究的客观主义批评的又一种观点，它与意图谬见是密切联系着的。新批评派认为，文学作品是独立存在的，它不仅与作者的意图没有任何内在联系，同时也与它的读者没有任何外部联系。读者的情绪反应是不应该与诗的意义混为一谈的，诗的意义就在其文本本身的意义，不管诗人的意图如何，也不管读者从诗所引起的主观情绪怎样。在新批评派看来，用一部作品是否具有"艺术感染力"来判断其是真正的艺术品，还是虚假的艺术品，这是经不住推敲的。他们认为，读者反应是文学活动中最不可靠、最易变的因素，"感觉式批评"会导致相对主义的无政府状态。

对于"感受谬见"这一问题，新批评派内部观点也不尽相同。一些早期的新批评派文论家对此并没有直接的涉及。相反，有时他们自己在批评时也暴露出这种从读者感情出发的评论特点，因而受到后期新批评派的指责。如，兰塞姆在《新批评》中就批评理查兹、艾略特、温特斯（Yvor Winters）、燕卜荪等人犯了"感受式批评"的错误。兰塞姆说，他们这种把判断作品的标准放在读者的心理之中，而不是在作品的结构之中的观点，必然使分析作品变成徒劳，从而导致了"批评的毁灭"。维姆萨特和比尔兹利也批评理查兹持有的"诗歌是语言的情感性应用，批评家首先关心的是诗歌对读者产生的效果"的观点。他们指出，诗歌不仅仅是传达情感的媒介，而是有着自己鲜明特点的独立物。只研究事物的结果，而不研究其本身，那是本末倒置。因为产生效果的原因只能在事物本身中寻找。再有，文学对象的效果因人而异，因时而异，这是众所周知的。因此，将效果与意义或"认识结构"区别开来是十分必要的。只有意义才是文学批评所必须研究的，因为意义是大家都能获得的，因而也是文本的客观内容。效果既然是变化不定和因人而异的，文学研究最好是弃之不管。韦勒克也反对从读者的体验来谈论诗的意义的观点。他说："认为读者的心理体验是诗本身的观点，必然导致荒谬的结论。……这样说，就不只有一种《神曲》，而会有许多种《神曲》，因为过去、现在、将来都有人读它。这样最终的状态，就将是怀疑和混乱"，因为"每个人读一首诗的体验包含了一些纯属个人气质与特征的东西。这种体验带上了个人情绪与精神准备的色彩。每位读者的教育程度、个性，一个时代总的文化风气和每位读者的宗教的、哲学的或者纯技术方面的定见，每读一次都会给一首诗增加一些即兴的、外在的东西。同一个人在同时间的前后两次诵读就可能有相当大的差别，或者因为他可能心理上成熟了，或者由于疲劳、忧虑、心不在焉等暂时性的因素减弱了他的智力。这样，对一首诗的每次体验不是遗漏了一些东西，就是增加了一些属于个人的东西。"所以，"读者的心理无论何等有趣，

或者教学上何等有用，它总是处于文学研究的对象（具体的文学作品）之外的，不可能与作品的结构和价值发生联系。"

10. 传达谬见

传达谬见（fallacy of communication）是新批评派阿伦·退特所创造的术语，用来反对文学的客观效果论。反传达观是与新批评派的反意图论、反感受论密切相关的。文学中的传达理论几乎从文学一产生就存在了。文学艺术作为社会意识形态的一部分，它所达到的社会教化效果，从一开始就受到了文艺理论家的重视。从亚里士多德的"宣泄"、"净化"，到古罗马文论的"寓教于乐"，直到近代文论家的移情说、功利说等，文学的社会效果一直被看成是判断一部作品的价值的标准之一。

但是新批评派从他们强调文学特异性的观点出发，坚持反对文学的传达理论，他们认为，把诗作为传达某种思想的工具，是旧式文学教学和研究中最要不得的东西。而退特对此作了集中的论证。他认为，艺术来自人们对绝对经验的渴求，这种渴求在现实中无法满足，艺术经验只能在艺术形式本身中得到理解。这样，艺术虽然"创造了经验的整体性，但却与一般的行为方式没有任何有用的关系"，因而他得出结论：诗的真正有用性在于其彻底的无用性。他的这种观点与中国古代道家美学中"至乐无乐"、"至誉无誉"的理论颇有相似之处。他还进一步论证说，"传达谬见"是

"企图用诗歌来传达本该用科学或其它文体所传达的思想或感情"。在退特看来，整个19世纪英语诗歌全是传达诗，20世纪的诗歌中，他也选了一些代表进行批评，如女诗人埃德娜·米蕾的诗，被他说成"完全是一种传达工具"。

其他新批评派理论家对这一问题往往采取折中的态度。如布鲁克斯认为，虽然应有"纯批评家"，但是批评家的工作却从来不是纯粹的。艾略特还专门撰文《诗歌的社会功能》来阐述其观点，虽然他认为诗歌最基本的功能在于"它包含的能量和它所达到的完美程度对整个人类语言和领悟性所起的作用的能力"，诗人的义务首先是为自己的"语言"尽义务，即保护、完善、丰富这种语言。同时，他也承认，诗人"在表述个人感情的同时，也改变着这种感情本身，使之更易于被人意识到；他能引起人们对于他们在当时所感觉到的东西的更清晰的联想，从而也教给人们对人本身形成一定的概念"。

11. 张力

张力（tension）是指互补物、相反物或对立物之间的冲突或摩擦。这一概念源于辩证法的思想方法，后来在各个领域里得到广泛的应用。在文学批评中它也是一个应用很广的术语。如：它曾被用来分析浪漫派的感受力；分析古典主义与浪漫主义的对立等。在20世纪的文艺理论中，该术语频频出现，这反映了当代作家和批评家越来越清楚地认识到存在于心理、社会及作为其表达手段的语言结构之间的辩证关系。

在新批评派文论和美学中，"张力"也是一个相当重要的概念。新批评派许多人阐述他们的理论时，常常使用这一概念来说明某种辩证关系。如燕卜荪对于意义含混的类型研究，即是对同时存在的意义之间张力的种种不同表现形式的研究。又如：兰塞姆认为，在一首诗的逻辑主题和局部肌质（构架与肌质）之间存在着张力；维姆萨特则含蓄地指出，在具体与普遍（特殊与一般）之间存在着张力；布鲁克斯关于"反讽"的理论，实际上也就是说诗歌所包含的张力的力量的大小，是评价诗歌优劣的标准。他与维姆萨特合写的《文学批评简史》几乎把从古希腊到当代西方的整个欧洲文论史写成了一部"张力论"的发展史，新批评派的"张力论"则是这部发展史的峰巅。这部《文学批评简史》最后的第32章"卷后语"的最后一句总结性的表述是这样的："显然，我们要辨明，一部公允的和优美的文学或文艺理论，该有异于上述各派的作为。它必须不断地以各种论述方式，各种策略，并遵循时代的辩证推理要求，以强调Y（诗或文学）的特性，即创作与言说视见之间富于张力的结合。"

但最成功地总结了新批评派对文学辩证结构问题的见解，并且也颇有一番新意地阐述了该理论的，还应推阿伦·退特的"张力论"。他在 1938 年发表的《诗的张力》一文中提出，诗歌语言中有两种经常起作用的因素，即外延与内涵。当然，退特这里所说的外延与内涵与形式逻辑中的外延（指适合某词的一切对象与范围）和内涵（指反映此词所包含的对象属性的总和）的意思完全不同。他完全是根据语义学的思想来解释这两个概念的。他认为，外延是词的"辞典意义"或称"指称意义"，即辞典中把一个词分解为若干意义；内涵则是指"暗示意义"或附属于文辞上的感情色彩。退特将外延（extension）与内涵（intension）这两个词的词头省略，而剩下后面的核心词 tension，即张力，来说明这就是语义学上外延与内涵的协调关系。也就是说：文学既要有内涵，也要有外延，也即，既要有明晰的概念意义，又要有丰富的联想意义。诗应该是"所有意义的统一体，从最极端的外延意义，到最极端的内涵意义"。他认为，最优秀的诗作都是联想、暗示与明晰的概念之间的结合。如柳宗元的"千山鸟飞绝，万径人踪灭。孤舟蓑笠翁，独钓寒江雪。"不仅富于联想，且把自己的审美旨趣、道德追求与自然风光融为一体，而且正是在这一体化的境界中，体现了柳宗元的苦闷、矛盾与孤独的内心世界。

12. 具体共相

具体共相（the concrete universal）是黑格尔哲学辩证法中一个重要的命题。在黑格尔看来，理念一方面具有概念的普遍性，是内容，是本质；但另一方面，它又具有实在的具体性，是形式，是现象。他认为，在最杰出的艺术里（如古希腊的雕塑），"神由普遍性转入个别形体。但在个别形体里，神还保持着他们的普遍性"。黑格尔这一关于概念的辩证结构的看法，被新批评派维姆萨特所接受，并用来说明文学作品中感性和理性融合的原因。他认为，用这个理论可以说明"艺术表现的价值和意义在于理念和形象两方面的协调统一，所以艺术在符合艺术概念的实际作品中所达到的高度和优点，就要取决于理念和形象能够相互融合而成统一体的程度"。

维姆萨特试图用"具体共相"这一理论解决文学作品的辩证结构问题，这实际上与退特企图用"张力"来说明这个问题出于相同的目的。但是他的这一理论对兰塞姆的"构架—肌质"论提出反驳，从而掀起了他与其老师之间长达 20 年之久（从 20 世纪 40 年代到 60 年代），也是新批评内部最为激烈的一场争论。在维姆萨特看来，兰塞姆虽然也想用"构架—肌质"论来解释作品的结构问题，但他却把"构架"与"肌质"看成是相互对立的东西，这实际上是把内容和形式分离，是传统文学中把形式只当做内容的装饰物的理论的变体。对于维氏的指责，兰塞姆立即著文反驳，直到 1972 年他还指出，黑格尔之所以用"具体共相"这一概念，从而把本来与构架无关的肌质硬纳入一个逻辑统一体中，使他无法理解复杂共相。他还说明，他与维姆萨特的争论，实际上是要康德还是要黑格尔的争论，并表示，他是康德的学生，康德比黑格尔更接近于我们的批评感觉。他说："如果我没有把康德理解错的话，他的灵魂是诗的灵魂，而且虔诚得多。我认识到，他是我们最根本、最重要的诗歌发言人。"对于兰塞姆的这种看法，他的另一个学生布鲁克斯也不以为然。相反，他却对维姆萨特的"具体共相"理论表示了同感。在1962年的《反讽作为一种结构的原则》（*Irony as a Principle of Structure*）一文中，他这样写道："诗人必须首先通过特殊的窄门才能合法地进入普遍性。诗人本不是选定抽象的主题，然后用具体的细节去修饰它。相反，他必须建立细节，通过细节的具体化而获得他能获得的一般意义。"新批评派另一后期理论家布莱克默也有同样看法。认为诗体现概念，但又不忘具体事物，是使两种经验变成一种秩序，一种和谐。总之，后期新批评派理论家，对黑格尔的辩证观念给予了普遍性的重视。

13. 印象式批评

印象式批评（impressionistic criticism），顾名思义是一种局限于个人瞬间反应和判断的批评方法。这种理论认为，文学的本质是神秘的，不可究诘的，"只可意会，不可言传"。文学作品是天才灵感的产物，对

艺术我们只能谈感受，而无法分析。这一批评观点有悠久的历史，维姆萨特和布鲁克斯的《文学批评简史》中说："印象式批评，早在拉姆（Charles Lamb）和黑兹利特（William Hazlitt）的时候已出现于英国，且相当有其分量。"直到20世纪初，它在批评领域一直占主要地位。19世纪的反理性主义将其发展到极点，黑兹利特关于批评的名言是："我说我想的，我想我感觉的。我无法不对事物采取某些印象，且我有足够的勇气说出我的印象。"英国唯美主义的狂热倡导者奥斯卡·王尔德（Oscar Wilde）曾说："重要的不在于批评家关于美应有一个正确的抽象定义，而在于一种气质，一种被美的事物感动的能力。"而法国批评家佛朗士（Analole France）更是直言不讳："坦白地说，批评家应该声明：'各位先生，我只是借着莎士比亚，借着拉辛来谈我自己。'"印象式批评家根据自己的印象和感受来进行艺术批评，因而没有任何标准和规范，他们甚至把文学批评和文学创作混为一谈，主观主义色彩颇为浓厚。

印象式批评受到极力主张文学批评科学化的新批评派的反对。新批评派文论家主张对文学作品进行细致深入的分析，将文论科学化。这一传统从理查兹到燕卜荪、兰塞姆，一直延续到布鲁克斯等人。在他们看来，印象式批评家"回避比较困难与抽象的问题，对理性分析诗歌的可能性抱

怀疑态度，因而对方法论问题完全缺乏考虑"。艾略特在《批评的功能》中曾说："从事批评，本来是一种冷静的合作活动。批评家，如果是真正名副其实的话，就必须努力克服他个人的偏见和癖好——这是每个人都容易犯的毛病——在和同伴们共同追求正确判断的时候，还必须努力使自己的不同观点和最大多数的人协调一致。"可见，艾略特不仅认为那种单凭个人主观印象来评判作品的人不符合一个真正批评家的资格，同时也透露了认为文学批评有一定标准的看法。就连对过分苛求批评"科学化"不以为然的韦勒克，也对"印象式批评"提出了批评，认为它脱离了美学的标准，容易导致主观主义和相对主义，他在《哲学与第二次世界大战以后的美国文学批评》一文中，对美国当代文学批评的各种流派及理论作了简要的概述，在最后的总结中他说："我们回头来看看现代批评的全貌……一种粗暴的反理性主义和反批评的态度四下流传。这种倾向时而表现为一种市侩式的对批评的公开而且粗俗的否定；时而表现为对玩票态度、印象主义和情感主义的轻率的辩解；时而表现为一些学者的怀疑主义和历史相对主义。这些学者把各种批评理论都看做某些转瞬即逝的感受的合理化。……我不赞成批评中的玩票态度和反理性主义，因为我关心的是建立一种文学理论，关心的是一种能够应用自如地处理文学及其价值问题的方法以致方法论的发展。我知道文学批评需要不断地从相关的学科中吸取营养，需要心理学、社会学、哲学和神学的洞察力。"

14. 姿势论

姿势论（gesture）是由新批评派中最出色的批评实践者、出色地应用新批评理论的布莱克默所提出的关于诗歌语言的理论。他说，这一理论的目的在于"说明象征如何使语言中的行动具有诗的真实性"。这是通向艺术语言的意义的最终的奥秘。

布莱克默给"姿势"所下的定义是："语言中的姿势是内在的形象化的意义，得到向外的戏剧的表现"，此时"文字暂时丧失其正常的意义，倾向于变成姿势"，"摆脱了文字的表面意义而变成了姿势的纯粹意义"。

从他给"姿势"所下的定义可以看出，他认为，文学中的象征的使用，使语言本身的字面意义被超越了，在文学中变得不重要了，他把这种现象就称为一种"姿势"。那么，语言的字面意义是如何被"超越"的，它究竟怎样才能获得这种"姿势"呢？布莱克默的论述很复杂并且有些混乱，但从大致上可以看出有以下几种超越途径：第一种接近美学上的内模仿说，自然物的状态或运动变成我们内心的一种姿态，姿态表现了语言。他说："姿势产生于语言之前。"第二种途径接近音乐，布莱克默说："音乐属性……就是姿势，音乐的其它属性不过是表示姿势的手段。"他认为诗歌语言具有韵律、节奏，接近于音乐，所以"任何词或词组都可以通过单纯的重复，或重复与其他变化的结合而进入姿势状态。"他举莎士比亚《麦克白》的台词，"明天，明天，明天，……"和《李尔王》的台词"绝不，绝不，绝不，绝不，绝不……"为例，认为若改为"今天，今天，今天……"和"是的，是的，是的，是的，是的……"，字面意义完全不同，但其所具有的"姿势意义"却极为相同，因为在这里"文字已摆脱了字面意义而成为姿势了"。第三种超越途径是语象的重复。他举了许多例子来说明，如哈姆雷特"死就是睡眠"的独白中，短短八行中重复了五次"睡眠"一词，麦克白的一段八行的独白中也四次重复"睡眠"一词。他说："这是利用发现了或引发出来的姿势的力量把'睡眠'这个简单的名词转化为丰富而复杂的象征"。

布莱克默用"姿势"理论来解释象征机制，只是部分与新批评派主流的意见相合。把象征看成一种语言技巧是新批评派的基本态度。由于文字意义是新批评派的出发点，超越语言分析可能性的任何理论都会令新批评派感到为难，所以，新批评派作家对"姿势论"的评价也褒贬不一。

四、新批评派与当代西方其他文学批评流派的关系

当代西方文艺理论发展迅速，流派繁多。大致说来可以分为三条主要发展线索：一是从形式主义到结构主义及后结构主义；一是从现象学、阐释学到接受美学；一是精神分析理论。新批评派作为20世纪上半叶最重要的文学批评和文艺理论流派之一，作为形式主义文论发展的一种特殊表现，它对其他文学理论和美学流派都或多或少地有一定影响。它不仅与和它同时存在的各派文艺理论，如俄国形式主义、精神分析学派有关系，并发生过争论，而且其理论对后来一些流派来说也起了承上启下的作用，后来许多流派的代表人物在阐述自己的理论时都吸收了新批评派的优点，弥补了其某些方面的不足，因而显得更全面。

首先，新批评学派虽然是20世纪形式主义美学和文学理论发展的一部分，但它却独立于俄国形式主义和布拉格结构主义之外，与它们既有基本类似的地方，也有不同之处，有人将它们称为"最近的亲戚"是个很形象的比喻。在反对实证主义的文学考证，要求加强对文学本身的研究，坚持把文学与其他类型的写作区分开来，并且在理论上确定文学的特异性及强调以结构观念和相互联系观念为核心来界定文学特性，并且坚持批评的客观性，把文本视为独立于作家与历史背景的研究对象等方面，新批评派与俄国形式主义及布拉格结构主义很接近。将文学作品看成独立存在的、同其作者的意图和读者的情感无关的东西，这并不是新批评派在攻击"意图"理论时所使用的绝招，而是整个形式主义理论的基本原则，它是形式主义关于文学

史和关于实用语言和诗歌语言之间不同的观点的合乎逻辑的结果。但新批评派对其他形式主义流派却采取了不苟同的态度。他们对19世纪唯美派"为艺术而艺术"的形式主义极端轻视，认为它是"缺乏实质的无目的的艺术自足论"，并且显得"片面、狭隘"，但实际上新批评派在许多问题的看法上，特别是关于文学作品内容与形式关系的问题上，仍然与唯美主义一脉相承，其"形式赋予生活以秩序"，"人创造形式用来把握世界"等观点，与唯美主义的"内容从形式中产生"的口号本质上是相同的，当然一些后期新批评派理论家试图从唯美主义的幽灵笼罩中摆脱出来，在这个问题上尝试采用黑格尔辩证法来理解，也有一些出色的看法，这正是它的独特之处。在关于作品结构方面，新批评派就离19世纪形式主义更远了，他们对唯美主义高度推崇的"纯诗"深恶痛绝，提倡"不纯诗论"，认为诗中的不纯因素正是诗中原有的相反相成的各种矛盾因素的辩证统一，正是在这种对立面的冲突和调和中完成了诗的进程。新批评派与俄国形式主义及布拉格学派的不同之处，主要表现在它关于文学与现实的关系的看法上，这也是它与所有形式主义文论不同的最突出的一个特点。无论是俄国形式主义，还是布拉格学派在这一问题上都是采取的一种唯心主义的立场。认为文学与现实无关，如俄国形式主义的核心人物什克洛夫斯基（Виктор Шкповский）就认为"文学不是理解客体的一种手段，而是创造客体的幻象"，布拉格学派穆卡洛夫斯基也声称："真实性问题，对诗歌题材不适用，毫无意义……它只能决定作品有多少文献价值，而于美学价值无关。"新批评派在这一问题上即使不是完全的唯物主义、起码也是一种折中主义的态度，这在兰塞姆的"本体论"中暴露得很明显。此外，还值得一提的是，从整个形式主义文论发展的由"非理性主义"到逐步理性化的过程看，新批评派从中也起了推动作用。从近二三十年来兴起的后结构主义及英美解构主义的理论来看，新批评理论对他们也有较大的影响。例如：耶鲁解构批评学派坚持文本的暧昧的看法，正是一种对新批评的复归，当然在许多方面对新批评派进行了改进，在许多方面它比新批评派走得更远。阅读不再像新批评派认为的那样，是两个不同的，然而是确定的意义的融合问题，而成了既无法调和也无法拒绝的两个意义之间的东西。对新批评派来说，文学还可以某种间接的方式谈论诗以外的现实；而对解构学派来说，文学证明，语言除了像一个酒吧间的讨厌鬼一样谈论自己的缺陷外，不可能再做更多的事情。总之，在形式主义文论中，新批评派的确点有一个独特的，为其他学派所无法取代的地位。

其次，由于新批评派坚持"反意图主义"，结果与20世纪西方文学发展的另一条主线现象学——阐释学——接受美学的理论发生冲突。这集中表现在50年代，新批评派与现象学派的几次争论上，例如：韦勒克与德国女学者凯特·汉姆布尔格（Kate Hamburger）之间的论战，维姆萨特对从新批评转向现象学的墨雷·克里格的指责，布鲁克斯与现象学文论在美国的最主要代表赫施（E. D. Hirsch）的对驳等。仔细想来，新批评与现象学文论发生矛盾是必然的。因为，从现象学的哲学立场出发，主体与客体在各种经验层次上的交互活动是受到相当的重视的，因此现象学文论家在批评活动中不免要追踪作者的主体意识，因为在他们看来，作者的主体经验正是作品的源头。现象学的鼻祖胡塞尔认为，意义乃是"意向的对象"，根据这种看法，一部文学作品的意义永远是确定的：它与作者写作时心中存在的意欲的对象是同一的。赫许在1967年的《阐释的有效性》中坚持了胡塞尔这一观点，尽管他并不认为，一部作品的意义与作者写作时意欲的东西相一致，因而文本就只有一种解释。但是，他认为，虽然文本可以有多种不同的有效解释，但它们却全都在作者意义所能允许的"典型的期待与可能性的系统"之内活动。这种观点，与坚持"文本"中心论的新批评派完全是大相径庭，南辕北辙的。所以它们之间也必然发生冲突，而实际上这种冲突可以理解为20世纪这两股不同道路的文学理论发展潮流的冲突，

因为从整个形式主义文论来说，反意图主义是它们共同的看法。随着接受美学的产生，把文学批评从作者的意图转向了读者的反应，这仍与新批评全神专注于文本的方法相悖。实际上，从对文学作品进行认真彻底的分析来说，上述几种方法各有长短，批评家可以从自己独感兴趣的某一方面，或是作者的意图，或是文本本身，或是读者的反应来对作品加以分析，它们可以共同存在，只是批评的角度不同而已，并非是完全排斥，舍此即彼的，因而它们之间的争论也完全是没有必要的，如果一定要说出是新批评，还是现象学，或是接受理论孰高孰低来，本身就是一种一刀切的形而上学做法。

第三，由于对"反理性主义"持反对态度，新批评派对以弗洛伊德为代表的另一当代文学理论的发展潮流——精神分析学说也颇为不满。在新批评派学者看来，弗洛伊德认为文学"是潜意识中被压抑的性本能的表现"的说法，只不过是浪漫主义的"自我表现"说的花样翻新而已。认为心理分析派至多只能搞搞作家的心理分析，谈到具体作品时提出的就只能是完全站不住脚的假设。所以，精神分析学派的方法也成为新批评派反"意图谬见"的主要矛头指向。另外，新批评派还认为，弗洛伊德派把艺术等同于梦或精神病症状，都只是人的潜意识的流露，那么就失去了评价作品的优劣的标准。因为，梦或精神

病症状是无好坏优劣之分的，将艺术等同于它，无疑是降低了艺术作品的价值。其实，弗洛伊德本人对文学并无大的兴趣，而且一直承认精神分析并不能解决艺术问题，只是他的追随者们不厌其烦地试图系统地运用他的方法来解释文学，他们致力于研究作品的潜意识意义和作家虚构的文学人物的潜意识动机，乃至作家本身的潜意识意旨。通过潜意识来研究文学作品无疑是开辟了一条研究文学作品的道路，然而如果把文学研究仅仅局限于这一条路之上，未免过于狭窄，一些保守的弗洛伊德派文学批评家就往往由于过分沉溺于对象征性的不厌其烦的探求中，结果经常曲解作品的意义，破坏了艺术的完整性。从这一意义上讲，新批评派对精神分析学派的批评是有一定道理的。

第三节 新批评派的历史地位

英美新批评派作为 20 世纪西方文学批评及美学领域一个重要的流派，其理论的影响相当深远，它的一些基本论点和方法已在西方文坛，尤其是在美国文学批评和文学教学方法中留下了无法消除的痕迹，一直到 80 年代，美国许多新起的文论派别仍然不得不时常回顾新批评派，在与新批评派的比较中确立自己的立足点。美国当代评论家弗兰克·兰屈里齐亚（Frank Lentricchia）在其著名论著《新批评之后》(*After the New Criticism*, 1980) 中评论

了四个学派：存在主义、现象学、结构主义和后结构主义（符号学），并且分析了美国当代四个重要的文论家——克里格、赫许、德曼（Panl Deman）、布鲁姆（Harold Bloom）的思想发展过程，认为这些作家及其理论的发展无不是由于受新批评的启发和影响而完成了它的历史使命。伊格尔顿在《二十世纪西方文学理论》中，论及每一个派别时，也经常谈到其与新批评派的关系，如他在谈到佛莱（Northrop Frye）的理论时，就首先谈及新批评派对他的影响。在伊格尔顿看来，弥补新批评理论的缺陷，将其发展得更完善乃是佛莱理论的初衷，也即佛莱所要创立的理论"一方面它要保持新批评的形式主义癖好，紧紧盯住作为美学对象而非社会实践的文学，另一方面又要由这一切中创造出某种更系统，更'科学'的理论。"正因为如此，"佛莱理论的优点是，它以新批评的方式使文学免受历史的污染，而将文学视为作品的封闭生态循环。但是，与新批评派不同，他在文学中发现了一个具有历史自身的全部跨度和集合结构的'替代的'历史。"

任何一种理论都不可能是永远在理论界占统治地位的，它总有其产生、强盛直至衰微的过程，这是正常的，符合历史发展规律的。因为随着实践的不断深入发展，理论必须不断时常更新，才能使自身具有存在的价值。新批评文学理论像其他理论一样，随着时代的变迁，随着文学实践的

不断发展，日益显得陈旧。但是，有价值的东西是永远不会陈旧的，新批评理论中许多闪光的思想也将在今后的岁月中不断被人们提起。最后，我们以韦勒克的话来结束我们对新批评派的评价，作为新批评派理论的倡导者，同时又能以局外人的眼光来看待新批评派的批评家，韦勒克的总结是十分恰如其分的，他说："我认为新批评派的基本认识对于诗歌理论是有价值的，但目前它无疑已经智穷力竭了。在某些地方，这个运动一直未能摆脱其固有的局限：它对欧洲作家的选择范围是相当狭窄的。它缺乏历史眼光。文学史的研究受到忽略。批评与现代语言学的关系未得到应有的重视与研究，结果它对风格、修辞、韵律等的研究都是浮光掠影的，它的基本美学观念常常缺乏一个稳固的哲学基础。尽管如此，这个运动仍然极大地提高了美国文学批评的认识水平，使之趋于精微严谨。它形成了分析形象和象征的富于独创性的方法，哺育了一种与浪漫主义传统相反的新的艺术趣味，在一个由科学主宰的世界里为诗歌提供了一种有力的辩护。"

第六章　精神分析美学

1895 年，奥地利医生弗洛伊德和布洛伊尔合著的《歇斯底里研究》一书的发表，标志着精神分析学说的创立。精神分析学说又称弗洛伊德主义。创始人为奥地利精神病医生、著名心理学家西格蒙德·弗洛伊德。精神分析学说不仅是现代西方心理学的一个主要流派，也是现代西方哲学和人文科学的一个重要理论分支。它是一种用不同于先辈的、独特的精神分析法来阐述关于人性、人格、人的本质的理论，它有自己的一整套理论体系，其中包括心理结构论、人格结构论、心理动力论等。它不仅探讨了精神的动力源泉、人的行为动机、人格模式和精神治疗与教育，而且广泛涉及社会生活中的各种问题，影响到多种学科研究领域。正如苏联哲学家 B. M. 雷宾指出的那样，精神分析的理论观点和原则"不仅有机地渗入到新弗洛伊德主义者以及与他们在世界观上相近的作者（他们探讨在现代文明条件下人的实质和存在问题）的观点中去，而且通过相应的观点和观众的中介折射之后，成为存在主义、结构主义和人格主义这些资产阶级哲学流派的武器，并且也成为许多具体科学，其中包括人类学、社会学、历史学、刑法学和文艺学等学科代表人物的方法论。"[1] 精神分析理论应用于艺术和美学领域形成了在当代西方美学中颇有影响的精神分析美学（Psychoanalytical Aesthetics）或称心理分析美学流派。

第一节　精神分析学的理论来源

精神分析学说的产生有其深刻的社会历史原因。19 世纪末和 20 世纪初，西方开

---

[1]　B. M. 雷宾：《精神分析和新弗洛伊德主义》，社会科学文献出版社，第 Ⅴ—Ⅵ 页。

始进入垄断资本主义阶段，社会矛盾日益尖锐，战争、经济危机及革命运动不断发生，社会动荡不定，因而人们的心理充满着焦虑、恐惧和不安。

在这个充满着道德精神分裂症的时代氛围中，知识分子开始对传统的价值观念进行系统的反思。易卜生和斯特林堡对家庭中的道德虚伪性的抨击、福楼拜对资产阶级的讨伐、印象派画家对传统绘画语言的反叛等，这些气氛对弗洛伊德的思维方式和观念的形成都潜在地发生着影响。

精神分析学说保存和发扬了西方思想中的人文主义传统。关于物质与精神、肉体与灵魂的关系的讨论，几千年来构成了许多哲学体系的出发点，古希腊哲学家苏格拉底"认识你自己"的名言，几乎原封不动地成了精神分析的座右铭。弗洛伊德说："你想追究你自己许多显然无意的错误和疏忽吗？走上德尔斐阿波罗神殿门口的铭言'认识你自己'所照耀的坦荡大道吧！"[1] 尤其是 19 世纪后半叶，哲学家叔本华、尼采、爱德华·哈特曼等对无意识在每个人的生命活动中的重要性的探讨，为精神分析学说的产生奠定了基础。精神分

析学说正是把无意识这一问题作为自己理论研究和实践研究的中心。所谓"认识你自己"不过是寻求"你自己"的那个深藏心灵底层的无意识和本能冲动。虽然弗洛伊德力图把精神分析学说同所有的哲学都划清界限，[2] 但对他与以前哲学家之间的关系，他还是供认不讳的。在庆祝弗洛伊德七十诞辰的仪式上，有人恭维他是"无意识的发现者"，他当时立即纠正这种说法，辞谢了这一荣誉，他说："在我之前的诗人们和哲学家们就发现了无意识，我发现的是研究无意识的科学方法。"[3]

精神分析学说的产生与文学的影响也是分不开的。美国著名文学评论家莱昂内尔·特里林认为，弗洛伊德与文学之间的影响是相互的，弗洛伊德影响文学，文学也以同样的力量影响弗洛伊德。弗洛伊德的精神分析理论的核心概念"俄狄浦斯情结"就直接取材于古希腊悲剧家索福克勒斯的名作《俄狄浦斯王》。弗洛伊德还经常引用文学作品来验证他的一些理论，或者直接用精神分析方法来分析艺术作品和艺术家（如他对达·芬奇、陀斯妥耶夫斯基、易卜生等艺术家及其艺术作品的精湛分

---

[1] 弗洛伊德：《日常生活的心理分析》，上海文学杂志社编印，第 124 页。

[2] 苏联哲学家雷宾认为："弗洛伊德的所谓'摈弃'哲学，可以作如下的解释：他希望摈弃当时流行的关于人性的哲学唯心主义思辨，而强调自己的理论是以临床观察的事实为基础的科学性质。显然，那种认为精神分析理论的形成，既决定于自然科学，又决定于哲学观念的看法，更为正确。"（见《精神分析和新弗洛伊德主义》第Ⅳ页）。

[3] 莱昂内尔·特里林：《弗洛伊德与文学》中译文，湖南文艺出版社出版：《弗洛伊德心理学与西方文学》，第 147 页。

析）。尤其是浪漫主义文学，对弗洛伊德影响至深，无怪乎特里林说："精神分析是19世纪浪漫主义文学的顶峰之一。"特里林认为，弗洛伊德与浪漫主义文学的共同性主要表现在：他们都强调自我的力量，都认识到了人性中的潜藏成分即无意识力量，以及这种成分与理智之间的对抗；浪漫主义中的反理性成分，浪漫主义者雪莱、施莱格尔、乔治·桑等对性的革命的疾呼，诺瓦利斯、陀思妥耶夫斯基等人对反常悖理的自我毁灭的冲动的认识，象征主义者对暗喻和梦境的性质的兴趣，都无疑启发了博览群书的弗洛伊德的思路。弗洛伊德本人也说过文学家是他的学说的先行者和合作者，因为他们领悟了隐秘动机在生活中所起的作用。

自然科学的很多概念对精神分析学说的形成也有着不容忽视的影响。例如，弗洛伊德受当时力学的力和能的概念的影响，指出人的精神活动依赖于有机体所提供的能量，这种能量在一定程度上必须加以释放，以维持有机体的生命平衡。弗洛伊德还深深地迷恋着达尔文的进化论，他在自传中回忆说，他在大学里曾产生过学法律和参加社交活动的愿望，"但是，就在同时，当时最热门的达尔文进化论却也深深地吸引着我。因为那些理论撩起了我对世界更进一步了解的愿望。"[1] 可以说，达尔文的进化论是弗洛伊德此后奠定精神分析学的指导思想之一。正是达尔文的物种变异理论使弗洛伊德牢固地树立了关于有机体有规律发展的观点。正是由此出发，弗洛伊德坚决地认为人的精神活动是有规律的，就连"梦"这样一种表面上极为紊乱或虚幻的精神现象也是有规律可循的。连达尔文的学说中包含的某些局限性也同样影响了弗洛伊德。尤其值得注意的是，由于自然科学的影响，弗洛伊德的精神分析方法也是实证的、理性的。

精神分析学的产生是对传统心理学的反叛。它在目的、对象和方法方面，从一开始就背叛了心理学思想的主流。这一背叛尤其表现在其无意识理论和性的理论的提出。弗洛伊德曾把精神分析的理论概括为两个命题：第一个命题是认为"心理过程主要是潜意识的，至于意识的心理过程则仅仅是整个心灵的分离的部分和动作"。[2] 弗洛伊德不满意于传统心理学的"心理的即意识的"这一说法，指出无意识（或潜意识）才是人的心理活动和心理结构的动力和基础。第二个命题是认为"性的冲动，广义的和狭义的，都是神经病和精神病的主要起因，这是前人所没有意识到的。更有甚者，我们认为这些性的冲动，

---

① 高宣扬：《弗洛伊德传》，作家出版社，第25页。
② 弗洛伊德：《精神分析引论》，商务印书馆，1986年，第8页。

对人类心灵最高文化的、艺术的和社会的成就作出了最大的贡献"。① 但是，精神分析并不是在心理学内部产生的，正如舒尔茨所说："弗洛伊德和其他心理学的创始人之间不但是彼此附和，还是互相反对，并无实质上的联系"、"精神分析既不是学院讲坛的产物，也不是纯科学……精神分析从来不大关心传统的领域，这主要是因为它的目的是治疗情绪失常的人。"② 就是说，精神分析学是直接产生于神经病临床治疗中。当时医学界对神经病患者主要使用的是催眠疗法，弗洛伊德在实践中发现：催眠法疗效并不彻底，尤其是催眠法不可能深入地理解神经病的真正原因，从而他提出了取代催眠术的"自由联想"法：就是让病人躺在一张舒适的安乐椅上，身心放松，发挥想象，想到什么说什么，不必因微不足道或荒谬卑鄙而加以隐讳，然后，医生则对患者所谈的材料进行分析和解释。由此弗洛伊德发现，在神经病的症候背后总隐藏着某种意义，即被压抑的经验，这种被压抑的经验，构成了潜意识的精神历程，它就是无意识。而后他又发现，这种被压抑的经验中的主要力量是性本能冲动。并且将其无意识理论由对变态心理的解释推广到对常态的、日常的心理的解释中，

他说："在人心深处，有一股潜流存在，从前我们追究梦中隐藏的意义时，触及了它们的惊人力量；如今，我们已拥有更多的证据，发现它并不是只有在睡梦中才大肆活动，它在人们清醒的状态下，也不时地表现在过失行为中。"③ 进而弗洛伊德又用其无意识理论和性本能冲动理论去解释人类的文化的、科学的创造活动，包括艺术的创造活动。"由此可见，影响弗洛伊德思想的来源是多种多样的。可以这样说，弗洛伊德的大部分天才就是有能力从不同的思想来源吸取资料，借以发展他的体系。"④

第二节　精神分析美学及其理论基础

精神分析美学（不管是在创始人弗洛伊德那里，还是在另一位代表荣格那里）并没有一个完整的理论体系。其美学思想主要散见于他们的一些心理学、哲学论文中。因此，不搞清楚他们的心理学、哲学观点，也就无法理解他们的美学观点。

西格蒙德·弗洛伊德（Sigmand Freud，1856—1939），奥地利心理学家，精神病医生，精神分析学创始人。著有多种心理学著作，其中对美学和西方当代艺术及艺术理论产生重大影响的主要著作有：《梦的解析》

---

①　弗洛伊德：《精神分析引论》，人民文学出版社，1979年，第9页。
②　舒尔茨：《现代心理学史》，人民教育出版社，第321页。
③　弗洛伊德：《日常生活的心理分析》，人民文学出版社，1979年，第9页。
④　舒尔茨：《现代心理学史》，人民教育出版社，1979年，第32页。

（*The Interpretation of Dreams*，1900）、《作家与白日梦的关系》（*The Relation of the Poet to Day-Dreaming*，1908）、《机智与无意识的关系》（*The Relation of Wit to Unconsciousness*，1905）、《列奥纳多·达·芬奇和他童年的一个回忆》（*Leonardo da Vinci and a Memory of His Childhood*，1910）、《图腾与禁忌》（*Totem and Taboo*，1913）、《文明及其不满》（*Civilization and Its Discontents*，1929）、《摩西和一神教》（*Moses and Monotheism*，1939）、《米开朗琪罗的摩西》（*The Moses of Michelangelo*，1914）等。

弗洛伊德的精神分析理论大致可归结为三大部分：心理结构论、人格结构论、生命本能论。这三大部分构成了弗洛伊德美学理论的基石。

弗洛伊德认为：一切精神过程实质上都是无意识的，有意识的过程只不过是我们的全部精神活动的个别表现。从这个前提出发，他得出一个结论：人的心理是由各种不同成分构成的聚集物，这些不同成分就其性质说来不仅是有意识的，而且也是无意的和前意识的。所以弗洛伊德学说的"无意识"、"前意识"和"意识"构成了包括人的全部精神生活领域的三个系统。

何为无意识？弗洛伊德认为："一种历程若活动于某一时间，而在那一时间之内我们又一无所觉，我们便称这种历程为'无意识的'。"[1] 无意识是心理结构的基础和心理活动的动力源泉，它包括各种本能冲动和被压抑的欲望、经验、意向等，它具有强烈的心理能量。无意识不包含怀疑、否定因素，它总是寻求各种时机，渗透到意识领域，从而获得快乐的满足。无意识没有时间的特性，它是超时间的，是在时间之外发展的。意识则是心理结构的外表部分，由于它始终处在与无意识的冲突之中，所以意识是暂时的、脆弱的和相对的。弗洛伊德认为，在意识和无意识之间还存在一个前意识领域，即意识与无意识之间的过渡领域，无意识进入意识领域必须经过前意识领域。由此，无意识、前意识、意识构成人的精神过程，它们的关系可形象地比喻作一座漂浮在大海中的冰山，意识是露出表面的部分，但只是这座冰山的一小部分，前意识是介于表面和水中的部分，随海水起落时而露出、时而埋入水中，无意识才是这座冰山的主体，它深藏于水中，表面上是看不到的，实际上却主载着整个冰山。

但是，弗洛伊德精神分析学对西方当代艺术和美学理论的影响并不在于他对人的心理结构的这一揭示，而在于他的从无意识向有意识转换机制的揭示。弗洛伊德认为，无意识总是试图进入意识领域，但并不一定都能变为有意识的心理过程。在

---

[1] 弗洛伊德：《精神分析引论新编》，商务印书馆，1987年，第55页。

这个过程中，需经历两道"检查机制"，它们力图把无意识压抑回去。只有在一定条件下，无意识才会过渡到有意识系统。形象地说，我们可以把无意识系统比做一个大厅，无数的本能冲动、欲望，彼此喧闹，相互拥挤在这里。从这个大厅通向另一处，则是一个类似会客室的小房间，意识就居住在此。住在大厅里的各种无意识冲动都希望进入意识的房间内，于是彼此冲撞着，争先恐后地向会客室的门口挤去，但是在这两个房间之间的门槛上却站着一个"看守人"，必须由他来传递信息并严格检查。如果没有得到看守人的允许，就不能进入会客室。当一些冲动已成功地向前挤到门槛边上，却又被看守人遣送回来的时候，就意味着它们是不适于意识的，这样实际上就被压抑。然而那些已被看守人准许跨过门槛的冲动也并非必须变成意识，因为只有它们成功地吸引意识召唤它们时，它们才会成为意识，也就是说，当它们被召唤的那个时候，即成为"前意识"系统，从前意识系统才有可能进入意识领域。当一个人在无意识领域的冲动被压抑后，它会寻求其他的途径，生成一个"替代性概念"，以求通过这两道检查机制。

弗洛伊德精神分析美学的第二个理论基石是他在无意识理论基础上提出的"人格结构论"，即认为人格是由"本我"、"自我"和"超我"三部分组成。他认为本我是一种混沌状态，是一锅沸腾的激情，它产生于躯体活动中的种种本能需求。本我没有组织，也没有统一的意志，只有一种使本能需求按快乐原则保持满足的冲动。本我中没有逻辑。相互矛盾的冲动同时存在。本我没有什么善意、道德、价值观念，快乐原则支配一切。自我则不同，自我承担了复现外在世界以及因之保护本我的任务，它遵循的是现实原则，以推迟本我能量的释放。超我是道德化了的自我，是人格中最高的层次，它包括两个方面："良心"和"自我理想"，"自我理想"确定道德行为标准，"良心"负责对违反道德标准的行动进行惩罚、谴责自我，超我的主要功能就在于用良心和犯罪感等去指导自我，限制本我的冲动，所以自我要服侍三位暴君：外部世界、超我和本我，这三位暴君水火不相容，使自我既受本我的驱使、遭超我的包围，又受现实的排斥。所以难怪人们会发出感叹："生活真是不易啊！"

精神分析学是以无意识为核心的动力心理学，无意识是一个复杂的能量动力系统。弗洛伊德认为，人的一切潜在驱动力都来自本能。什么是本能呢？本能就是由躯体的内部力量决定着人的精神活动方向的一种先天状态。本能刺激是来自生物体内部的冲动和需要，它和外部刺激具有不同的心理效应。任何本能都有其目的，其最终目的就是在于消除该本能的根源，即消除人体的需要状态，或者说消除由需要表现出来的兴奋状态或紧张状态。本能还具有对象和能量的特点。本能的性质具有保守性、倒退性和重复性。

弗洛伊德把本能划分为生的本能和死的本能两大系统。生的本能是一种表现为个体生命的、发展的和爱欲的本能力量，它代表着潜伏在生命自身中的一种进取性、建设性和创造性的活力。生的本能又称爱的本能。"我们所说的性本能的里比多相当于诗人和哲学家眼中的那种使一切有生命的事物聚合在一起的爱的本能"。① 与此相对应，还存在一个死的本能，它是一种破坏的冲动，一种毁坏自己或伤害别人，从而趋向死亡的力，这种死的本能"是有机体生命中固有的一种恢复事物早先状态的冲动"。② 所以说，生命是由两个对应的本能合成的，一方面是身体内部促进生长、抵抗死亡的建设性的力，即生的本能；一方面是身体内部的保守的、惰性的因素，要求回到事物的初始状态、引向死亡的力，即死的本能。

在弗洛伊德的本能说中，尤其重视性本能问题。弗洛伊德认为，性本能冲动（又称里比多）是无意识的基础和动力，它被压抑而成为俄狄浦斯情结，和与被压抑的性冲动有关的一切经验一起组成一个深广的无意识领域。性本能冲动含义很广，它不仅指肉体之爱，而且包括所有可以用"爱"这个字眼来形容的含义，如父子之爱、朋友之爱等。弗洛伊德还认为：性有不同的发展时期：口欲期、肛欲期、生殖器崇拜期和生殖期，其中与其美学、艺术理论联系紧密的是他在"生殖器崇拜期"提出的俄狄浦斯情结理论。弗洛伊德认为，幼儿的第一个性对象是自己的双亲，"男孩子早就对他的母亲发生一种特殊的柔情，视母亲为自己的所有物，而把父亲看成是争夺此物的敌人；同理，小女孩也认为母亲干扰了自己对父亲的柔情，侵占了她自己应占的地位"。③ 也就是说，男孩以母亲为爱的对象而女孩则是以父亲为爱的对象。弗洛伊德认为，这是一种异性爱的本能倾向的表现，多由母亲偏爱儿子和父亲偏爱女儿促成。弗洛伊德利用古希腊神话传说中俄狄浦斯无意识地杀父娶母这个故事的内容来说明这一情形。他认为，俄狄浦斯无意识地杀父娶母，正是男孩所具有的情结，故而称之为俄狄浦斯情结（女孩的这种本能倾向称之为伊赖克缀情结）。"对父亲的态度充满矛盾冲突和对母亲专一的充满深情的对象关系在一个男婴身上构成了简单明确的俄狄浦斯情结的内容"。④

弗洛伊德指出，完整的俄狄浦斯情结

---

① 《弗洛伊德后期著作选》，上海译文出版社，第 55 页。
② 同上书，第 39 页。
③ 弗洛伊德：《精神分析引论》，人民文学出版社，1979 年，第 160 页。
④ 《弗洛伊德后期著作选》，人民文学出版社，1979 年，第 180 页。

具有双重性即肯定性和否定性，它最初必然在儿童身上呈现出"双性倾向"，"这就是说，一个男孩不仅仅有一个对其父亲有矛盾冲突心理和对母亲深情的性爱对象选择，而且同时他的所作所为也像一个女孩，对其父亲表现出充满深情的女性态度和对其母亲表现出相应的妒忌和敌意。"反之，女孩表现的情形也是如此。弗洛伊德用"情结"这一概念表示蕴藏在潜意识中的、具有情绪意义的一组互相关联的欲望或冲动，这种情结在其潜意识中居主导地位。晚年，弗洛伊德又用俄狄浦斯情结去解释人类社会，认为社会宗教、道德、艺术最初都渊源于人类的俄狄浦斯情结，起源于人们对于凶杀和乱伦这两种罪恶的赎罪感，尤其是他用俄狄浦斯情结去分析艺术创造和艺术品，对后来精神分析美学影响极大。

对人的行为动机的分析一直吸引着那些力求了解人性本质的、人类中有求知精神人们的注意。我们知道，有些理论家企图在引起人的机体反应的外在环境中去寻找人的行为的原因。弗洛伊德认为，那些制约人的行为动机结构的一切心理活动过程，都是在内部刺激之下运行的，是无意识欲望（或者说本能欲望）刺激的结果。弗洛伊德的独特性并不在于用无意识欲望去解释人的行为动机，而在于他把性欲看做是无意识的动力的基础，错误地认为，性本能冲动不仅是神经病产生的原因，而且是正常人的创造性活动和社会文化成就的强有力的刺激物，它最直接地参与人类精神的高级文化、艺术、伦理、美学和社会财富的创造活动。

根据弗洛伊德的构想，揭示无意识欲望的本性，必将促进对于全部心理过程的动态和运转方式的理解。根据他的假说，人的心理是依据于其本身的规律起作用的，本能冲动受"快乐原则"驱使，以追求快乐、寻取满足为目的，但在人的心理中还有一种与"快乐原则"相对应的自我限制原则，即"现实原则"，现实原则并不排斥快乐原则的寻求满足这一最终目的，只是延续获得直接满足的可能性，也就是通过迂回之路获得满足。可见，弗洛伊德的现实原则无非是快乐原则的变种。那么现实原则是如何限制快乐原则、延续快乐原则的满足呢？弗洛伊德提出了抑制与转移这一对概念。人的本能冲动总是力图冲进意识层次、寻求满足，但由于这些本能冲动为社会习俗、道德所不容，而被压抑到无意识层次。本能冲动受到自我的抗拒而被压抑到心理结构底层，而成为无意识，这并不意味着消失，它仍寻求别的渠道渗入意识领域，这就是转移。弗洛伊德认为梦、日常生活中的过失、神经症等都是本能冲动的转移形式。神话传说、艺术创造、科学发明等也是无意识本能转移的形式，弗洛伊德又称这些转移形式为升华，因此，在弗洛伊德那里，艺术被看做是通过排除人的意识中不被社会所接受的冲动，来调和"现实性"和"快乐"这两个对立原则的一种特殊方法。艺术有助于消除人生活中的现实冲突和保持心理平衡。在艺术家的心理中，这一点是通过他的创作的自我净化和把无意识欲望消融在社会可以接受的艺术活动中来达到的。

弗洛伊德对艺术和美学的兴趣，既不同于学院派教授那样关注于建立一些关于艺术的普遍原理和美学系统，也不像批评家们那样急切地为了解释艺术而构架一些公式、规则，他旨在探索和揭示沉积在人的心理底层的、为社会习俗和规范所不容的心理源泉。

一、性欲升华与文学艺术

艺术作为审美对象，可以满足人的欲望，给人带来美感，那么美是什么？弗洛伊德认为，美导源于性感的范围。"唯一可以肯定的便是美是性感情领域的派生物，对美的热爱是目的受到控制的冲动的最好例子。'美'和'吸引'最初都是性对象的特性。"① 美根源于性感，也即从美的对象身上获得性欲冲动的满足，而美的对象就是性的对象，只要是可以引起性感、有吸引力的，都是性的对象，也就是美的对象。所以，一件事物是否美，不在于事物本身而在于它对人的性的意义。"一切美和完善的价值都要依其对我们的感性生活的意义

来确定。"② 既然如此，我们也就不必担心美的对象的相对性、非永恒性。弗洛伊德认为，虽然美的对象的存在永远也逃不脱非永恒性的命运，但性力是永恒的，其欲求也是永恒的，只要我们具有蓬勃的生命力，就会以另外的东西来取代所失去的对象，而不必因大自然美景的瞬间即逝和战争对美和艺术的毁灭而黯然神伤。相反美的非永恒性会提高美的价值。战争毁灭了美，使爱的本能蒙受创伤，反而会引起我们更为强烈的感情，并且，美的这一对象消失了，还会以另一方式继续出现，因为我们性力欲求仍然存在。

艺术是无意识的升华，正如前面所说，在弗洛伊德那里，性欲冲动是人的最基本的本能冲动，其唯一目的在于求乐，但在现实生活中，这种欲望常受到压抑而退回到无意识层，因而产生不幸和痛苦，于是人们放弃一种追求快乐的方式而代之以另一种与现实原则相符合的方式，以求满足其被压抑的欲望，解脱痛苦，寻求满足，这就是性欲冲动的升华。艺术就是一种转移和升华，在艺术升华中，人类原始本能冲动找到了实现的途径和方式。弗洛伊德说：艺术家和神经病人差不多，"他也为太强烈的本能需要所迫使；他渴望荣誉、权势、财富、名誉和妇人之爱；但他缺乏求

---

① 弗洛伊德：《文明及其缺憾》，安徽文艺出版社，第23页。
② 弗洛伊德：《论非永恒性》，转引自《美学译文》第3辑，中国社会科学出版社，第325页。

得这些满足的手段。因此，他和有欲望而不能满足的任何人一样，脱离现实，转移他所有的一切兴趣和里比多，构成幻念生活中的欲望……"①，艺术家有"润饰"幻想的本领，使其欲望失去个人的色彩，而不易为人所发现，并且把强烈的快乐附加在幻念之上，这样他就可以通过自己的幻念而"赢得从前只能从幻念中才能得到的东西：如荣誉、权威和妇人之爱了"，就是说，艺术创作的动机在于被压抑欲望的转移和升华。

二、白日梦与作家

艺术是被压抑的欲望的满足，而艺术表现的被压抑的欲望，又是借幻想来实现的。弗洛伊德认为，文学艺术家都是些梦幻者，他们类似于精神病患者，创作活动就是潜意识活动或自由联想。艺术家和精神病患者一样，也受超乎常人的强烈的本能欲望冲动的驱使。但不同的是，艺术家具有一种升华能力，他能从现实中逃脱出来，把自己全部的激情、兴趣和所有的本能冲动升华到他所希望的幻想生活的创造中去。

弗洛伊德把处在创造活动过程中的文学艺术家与在游戏的儿童作了比较，他说："难道我们不该在儿童时代寻找想象活动的最初踪迹吗？孩子最喜爱、最热衷的是玩耍和游戏，难道我们不能说每一个孩子在玩耍时，行为就像是一个作家吗？相似之处在于：在玩耍时，他创造出一个自己的世界，或者说他用使他快乐的新方法重新安排他那个世界的事物。"② 儿童在做游戏时非常认真，他真诚地对待那个被他创造出来的世界，并倾注了大量的热情，但即使如此，他的游戏世界与现实之间还是界限分明。和游戏中的儿童一样，艺术家创造的也是一个幻想的世界，他十分严肃地对待这个幻想的世界，并付诸巨大的热情。同样他也把幻想的世界同现实世界严格区分开来。在弗洛伊德看来，文学艺术家的幻想与儿童的游戏有两点共同方面：一方面，都是充满激情地去创造一个幻想的世界，在这里他可以尽情地满足自己的欲望冲动；另一方面，都努力将本来痛苦的事情转变成快乐的源泉。但幻想与游戏又有不同之处，首先，儿童在游戏时，总喜欢把想象中的事物和情景与真实世界中可见的事物联系起来，总要依赖真实的对象世界，而艺术家们"抛弃了与真实事物的联系；他现在用幻想来代替游戏。他在空中建筑城堡，创造出叫做白日梦的东西来"。其次，幻想比儿童的游戏更难于观察。一个孩子独自或跟同伴一块游戏，尽管他可能不在大人面前做游戏，但他并不在大人

---

① 弗洛伊德：《精神分析引论》，人民文学出版社，1979年，第301页。
② 《弗洛伊德论美文选》，知识出版社，第29页。

面前掩饰自己的游戏。相反，成年人却为自己的幻想害臊，并在别人面前把它们当做最秘密的私有财产隐藏起来。再次，"游戏者和幻想者在行为上的不同是由于这两种游动的动机不同。"① 孩子游戏的愿望是希望长大成人，他没有理由掩饰这个愿望。成年人则不同，一方面，他明白自己不应再继续游戏和幻想，而应在真实世界中行动。另一方面，他又为自己的不被容许的、孩子气的幻想而感到羞耻，因而必须把幻想的愿望隐藏起来。

幻想与白日梦很相似，因为他们都建造了一个真实的幻想世界，在这个幻想世界中又都包含过去、现实和未来的因素。弗洛伊德说："幻想似乎徘徊于三种时间之间——我们的想象包含着的三个时刻。心理活动与某些当时的印象，同某些当时的诱发心理活动的场合有关，这种场合可以引起一个人重大的愿望。心理活动从这里追溯到对早年经历的记忆（一般是儿时的经历），在这个记忆中愿望曾得到了满足，至此，心理活动创造出一个与代表着实现愿望的未来有关的情况。心理活动如此创造出来的东西就是白日梦或幻想。"② 就是说，白日梦和幻想都是现实生活中某一动因诱发的，唤醒了过去被压抑的愿望，然后创造一个满足这一愿望的未来世界，"这样，过去、现在和未来就串在一起了，似乎愿望之线贯穿于它们之中"。③

但作为艺术的幻想又与白日梦不同：白日梦者对自己的幻想感到害羞而把它掩藏起来，这种幻想即使表露出来，也不会使我们感到快乐，相反会引起我们的反感，至少是不感兴趣。艺术家们的幻想也包含许多隐私，但艺术之所以能带给我们快乐，就在于艺术家有一种"克服我们心中的厌恶的技巧"。④ 这个技巧表现在"其一，作家通过改变和伪装他的利己主义的白日梦以软化它们的性质；其二，在他表达他的幻想时，他向我们提供纯形式的——美学的——快乐，以取悦于人。我们给这类快乐起了个名字叫'直观快乐'或'额外刺激'。"就是说，艺术家能创造纯粹的形式来克服人们的厌恶感。

弗洛伊德还将艺术同夜梦进行了比较。在他看来，文学艺术家就像做梦者，他们的创作活动就是梦的工作，而文学艺术作品就好像是梦。这里：我们不妨结合弗洛伊德的梦的理论来对这两者进行比较。

首先，两者都是被压抑的欲望的满足。弗洛伊德关于梦的解释的理论集中体现在他的名著《梦的解析》一书中，他一再强

---

① 《弗洛伊德论美文选》，第31页。
② 同上书，第32—33页。
③ 同上书，第32—33页。
④ 同上书，第37页。

调，梦是被压抑的无意识愿望的达成。梦有三种类型：儿童的梦、化装的梦和焦虑的梦。他说："儿童的梦是梦者所承认的欲望的公然满足，普通的化装的梦是被压抑的欲望的隐秘满足，至于焦虑的梦的公式，则为被压抑的欲望的公然满足。"① 文学创作也是一种愿望的满足，只是梦完全属于私人的一种精神活动，是个人的满足，而文学艺术则可以被人们所享受，作者和欣赏者都能在这样的作品中获得满足。梦丰富个人生活，文学艺术创作却丰富了人类精神生活。

其次，文学艺术创作与梦都起源于受到压抑的本能欲望。尤其是起源于儿童时的被压抑的本能欲望，即俄狄浦斯情结。这些欲望为社会习俗和规范所不容，因此，它们无论是进入梦还是文学艺术作品中，都需进行一系列的加工、改装，以获得隐蔽的表现形式。梦的工作经过了凝缩、移置、象征和润饰四个步骤，文学艺术创作也要经过与此类似的一系列过程。首先，文学艺术作品中出现的人物、事件、情节等内容，实际上都是现实生活中与此相应的东西的复合物。如《蒙娜·丽莎》中的主人公就是作为模特的妇女与达·芬奇母亲的形象的复合。另外，文学艺术并不是直接表达其本能冲动或儿时的被压抑的经

验，而是借助于可以为社会所承认的内容用幻想去间接地获起满足，这就是文学创作中的能量转移过程。弗洛伊德说："他（指艺术家——引者注）那最个性化的、充满欲望的幻想在他的表达中得到实现，但它们经过了转化——这个转化缓和了幻想中显得唐突的东西，掩盖了幻想的个性化的起因，并遵循美的规律，用快乐这种补偿方式取悦于人——这时它们才变成了艺术作品。"② 再次，文学艺术经常采取戏剧化或形象化方式来传达其无意识的心理活动。最后，文学艺术创作也需要最后的"二级加工"，以形成一个完整的形象整体。

最后，释梦的方法也同样能够解释文学作品，探讨其中的"真正含义"，释梦的目的在于揭示精神生活中无意识的东西，通过类似释梦的方式对文学作品加以分析，同样可揭示出文学艺术家的创作动机的无意识的本能冲动。例如，弗洛伊德就利用精神分析方法对达·芬奇和陀斯妥耶夫斯基等艺术家及其作品进行了详细的分析。

三、性与审美快感

弗洛伊德对艺术欣赏的解释同对艺术创造的解释一样，也是以性理论为核心。他说："精神分析学一再把行为看做是想要缓解不满足的愿望——这首先体现在创造性艺术家本人身上，继而体现在听众和观

---

① 弗洛伊德：《精神分析引论》，第 169 页。
② 《弗洛伊德论美文选》，第 139 页。

众身上……艺术家的第一个目标是使自己自由，并且靠着他的作品传达给其他一些有着同样被抑制的愿望的人们，他使这些人得到同样的发泄。"① 就是说，艺术欣赏者和创造者一样，都受无意识本能的驱使，他们都是通过艺术形式这一途径来满足或升华其欲望，从而获得审美快感。

为什么艺术品能激起人的审美快感，打动欣赏者的心灵呢？弗洛伊德认为，这是因为观众或听众身上具有和作者一样的本能冲动，《俄狄浦斯王》之所以能感动现代观众，并不在于像人们常说的，它表现了命运与人类意志的冲突，而在于表现这一冲突的题材的特性——我们童年时代被压抑的愿望，俄狄浦斯王的命运打动我们，"只是由于它有可能成为我们的命运，——因为在我们诞生之前，神祇把同样的咒语加在了我们的头上，正如加在他们头上一样。也许我们所有的人都命中注定要把我们的第一个性冲动指向母亲，而把我们第一个仇恨和屠杀的愿望指向父亲。……俄狄浦斯杀了自己的父亲拉伊俄斯，娶了自己的母亲俄卡忒斯，他只不过向我们显示出我们自己童年时代的愿望实现了。"②

我们在对艺术作品的欣赏中实现了童年时代的最初愿望，从而在感情上得到宣泄和欢乐，这种快乐或享受，一方面与彻底发泄所产生的安然相和谐，另一方面无疑与伴随而来的性兴奋相对应。弗洛伊德认为，审美的快乐是建立在幻觉上的。"这就是说，他的痛苦被这样的肯定性所缓和：首先，是另一个人而不是他自己在舞台上行动和受苦，其次，这毕竟只是一个游戏，这个游戏对他个人的安全不会造成什么危害，在这些情形中，他可以放心地享受做'一个伟大人物'的快乐，毫不犹疑地释放那些被压抑的冲动，纵情向往在宗教、政治、社会和性事件中的自由……"③ 例如，《卡拉玛卓夫兄弟》不仅使作者陀思妥耶夫斯基本人的本能欲望得到宣泄，也使它的读者的本能欲望得以宣泄，一方面，正是由于弑父这种罪恶感驱使作者创造了这部小说，而在创作中，他的罪恶感得到宣泄、内心紧张得到放松；另一方面，读者阅读这部小说的时候，也经历了一次同样性质的内心矛盾冲突和感情的紧张，宣泄了自己仇视父亲的无意识愿望，从而获得心理上的平衡。

弗洛伊德对幽默的审美快乐也专门作了论述，他认为，幽默的快乐来自于听众的感情消耗的节约。幽默的基本特征在于现实要求的拒绝和快乐原则的实现。就是说，在幽默中，自我绝不因现实的挑衅而

---

① 《弗洛伊德论美文选》，第 139 页。
② 同上书，第 15 页。
③ 同上书，第 21 页。

烦恼，不愿使自己屈服于痛苦，自我坚信它不会被外部世界施加的创伤所影响。所以说，"幽默不是屈从的，它是反叛的。它不仅表示了自我的胜利，而且表示了快乐原则的胜利，快乐原则在这里能够表明自己反对现实环境的严酷性。""借助于这种态度，一个人拒绝接受痛苦、强调他的自我对现实世界是所向无敌的，胜利地坚持快乐原则。"① 亦即是说，在幽默中，人的意识状态让位于无意识冲动，而以一种本我的态度看待现实世界，以体现出快乐原则，排斥现实原则。

那么，审美快乐产生的凭借是什么呢？弗洛伊德指出是一种纯粹的形式。他认为，幻想是艺术家返回现实的一条道路，就是说，一方面，艺术家借幻想把现实中的欲望转为幻想中的欲望，另一方面，艺术家还可以使幻想返回现实，因为艺术家有一种特殊的"禀赋"，即一种对被压抑的欲望进行改装、转移的本领，艺术家借助于他的这种禀赋或者说升华能力，对幻想加以"润饰"、"处理"，并以"强烈的快乐附丽在幻念之上"，使他个人的幻想世界变为大家的共同欣赏对象，使别人也可以共享无意识的快乐，艺术家则由此受到人们的尊敬和爱戴，并在现实中获得了以前只能从幻想中得到的东西，这就是从幻想返回到

现实。弗洛伊德认为，艺术家在表达他的幻想时，在从幻想返回到现实的过程中，向我们提供的是"纯形式的——美学的——快乐，以取悦于人"。② 他称这种快乐为"直观快乐"。我们借助这种纯粹的形式可以在没有任何指责、没有任何嘲笑的情况下尽情欣赏我们自己的幻想。弗洛伊德认为，艺术的纯形式虽不是审美快感产生的根本原因，但对精神分析学说，它却是一个很有趣的，也很有发展前途的研究课题。

四、精神分析与艺术批评

美国评论家特里林曾指出：弗洛伊德本人曾意识到精神分析运用于艺术方面的限度及局限性，如弗洛伊德反对人们把精神分析庸俗化，"他也承认精神分析'关于美简直是最最没有发言权的'。他还承认自己只限于讨论艺术的内容，他的学说对于艺术的形式不感兴趣。他不考虑色调、感情、风格以及各部分的映衬。他说'外行人可能对于分析寄予了过高的期望……必须承认，分析根本没有说清外行人或许最感兴趣的两个问题，它既不能阐明艺术天赋的性质，又不能解释艺术家的工作方法——艺术技巧'。"③ 由此可见，我们不能轻易指责说弗洛伊德对文学艺术作品的分析是不严肃的。

---

① 《弗洛伊德论美文选》，第143—144页。
② 同上书，第37页。
③ 特里林：《弗洛伊德与文学》。

弗洛伊德写下了一系列有关文艺批评方面的论著，其中《列奥纳多·达·芬奇和他童年的一个回忆》一文被誉为西方文学批评中精神分析学派的基石。

弗洛伊德十分强调对作品中的俄狄浦斯情结和乱伦欲望的主题的分析，强调文学艺术家儿时的经历与作品的关系。他分析了达·芬奇、莎士比亚、歌德、陀斯妥耶夫斯基等文学艺术家及其作品，认为决定这些艺术家创作冲动和作品题材的，是人类无意识领域中普遍存在的俄狄浦斯情结及乱伦欲望，他说："很难说是由于巧合，文学史上的三部杰作——索福克勒斯的《俄狄浦斯王》、莎士比亚的《哈姆雷特》和陀斯妥耶夫斯基的《卡拉玛卓夫兄弟》都表现了同一主题——弑父。而且，在这三部作品中弑父的动机都是为了争夺女人，这一点也十分清楚。"①

弗洛伊德还曾处心积虑地揣摩了莎士比亚的戏剧《威尼斯商人》中三个珠宝匣子的主题与诺思三女神、②命运三女神③的关系，这些三位一体的女神与李尔王三个女儿的关系，死神如何变形为爱神，以及狄利娅与死神和爱神的同一化，由此他得出结论说：《李尔王》的意义在于一位老人不甘心放弃爱，但最后却选择了死亡、委心于死亡的必然，从而造成了悲剧。除了致力于揭示作品的主题，弗洛伊德还通过对达·芬奇、陀斯妥耶夫斯基、米开朗琪罗等人的生平、经历和他们的作品的分析，揭示了艺术家的创作动机。他研究了达·芬奇身上的科学热情与艺术冲动之间的关系。他认为达·芬奇早年对科学研究的兴趣，不过是他被压抑的性冲动的代替物，是他成功地把里比多的绝大部分升华为对科学研究的迫切需要。虽然研究艺术家一生的各个阶段的精神状态并在此基础上更加全面地了解这位艺术家的不朽创作，是完全合情合理的，但弗洛伊德对达·芬奇传记的研究显然是先入为主的。他对达·芬奇的传记考察的只是这样一些事实：从中可以得出性欲对人有影响、关于儿童早年生活对个性有决定意义、关于双亲的对人的活动仿佛起预先决定作用的所谓"情结"等结论。弗洛伊德得出结论说：《蒙娜·丽莎》那谜一样的微笑再现了达·芬奇对自己的母亲卡塔丽娜的儿时回忆，在这种再现中，达·芬奇对自己童年时被母亲抚爱的种种回忆得到了满足。达·芬奇笔下的女性形象，尤其是女性形象脸上那神秘的微笑，都体现了他对母亲的迷恋和缅怀。弗洛伊德说，当达·芬奇处于艺术创作困境时，"他遇到了一个女人，她唤醒

① 《弗洛伊德论美文选》，第160页。
② 诺思三女神指北欧神话中代表过去、现在和将来的三女神，决定人与神的命运。
③ 命运三女神指希腊罗马神话中的克罗索、拉切西斯和阿特洛波斯。

了他对他母亲那充满情欲的欢乐的幸福微笑的记忆；在这个复活了的记忆的影响下，他恢复了他艺术奋斗开始时引导他的促进因素，那时他也是以微笑的妇女为模特儿的。他画出《蒙娜·丽莎》、《圣安妮和另外两个人》和一系列神秘的画，这些画以谜一般的微笑为其特征。在他最久远的性冲动的帮助下，他享受了再一次突破艺术中压抑的胜利喜悦。"[①]

在《米开朗琪罗的摩西》一文中，弗洛伊德引用了他之前的各种对《摩西》塑像的解说，然后指出，这些解说可从广义上分为两类：一类主张米开朗琪罗是想要进行"一种对于性格和情绪的永恒研究"，另一类正相反，认为《摩西》是对"他个人生活中特殊时刻"的描绘，但弗洛伊德对这些说法并不信服，认为它们常常相互矛盾，并且对他认为的有内在含意的细节也视而不见。因此他极为强调这座塑像的次要细节的重要意义，例如手指甲、耳垂和光晕，他尤其注意了右手的姿势和《十诫》的位置这两个细节，并把它同《圣经》中关于摩西的传说相比较，得出结论说，米开朗琪罗的摩西"高出于历史上的和传说中的摩西"，米开朗琪罗给《摩西》塑像加上了某种新的和更富人情味的东西。作者借助于《摩西》塑像表明了对自己的使命的执著，拒绝让自己沉溺于激情之中，

因此，为了自己的事业，他同内心的感情进行着殊死的搏斗。这正是米开朗琪罗创作这件塑像的真正动机。

第三节　荣格学说

卡尔·古斯塔夫·荣格（Carl Gustav Jung，1875—1961），瑞士心理学家、哲学家和美学家。他学识渊博，兴趣广泛，除了心理学、哲学和美学外，还研究神经病理学、宗教、炼金术、教育、星相学等学科。美国普林斯顿大学曾编辑出版了《荣格文集》19卷，其中关于艺术和美学的主要著作被放在第15卷《人，艺术和文学中的精神》中。荣格是弗洛伊德的得意门生，曾被指定为心理分析运动的继承人。弗洛伊德亲昵地称他为"王太子"，可荣格对于他老师的观点却有相当程度的保留。1912年底，终于因观点上的分歧而与弗洛伊德分道扬镳。接着便创立了自己的"分析心理学"，在许多方面修正和发展了弗洛伊德的学说。这种修正和发展尤为突出地表现在对艺术的看法上。

荣格对弗洛伊德文艺观的批判首先表现在对里比多的实质的理解。他认为弗洛伊德把里比多的性质归结为儿童早期的受压抑的欲望和经验是不科学的。儿童最初寻求快乐与满足不是出于性的饥饿，而是出于营养、生长的需求，只是到了儿童性

[①] 《弗洛伊德论美文选》，第99—100页。

机能成熟，营养、生长机能才联结上性的情感。里比多这个概念应说是和精神能量同意义的，是一种普遍的生命力。它在人的所有活动中都显示出来，尤其是艺术的创造活动，生命力在那里可得到最清晰、最完满的表现。

荣格与弗洛伊德的根本理论分歧表现在对无意识的理解上。和弗洛伊德一样，荣格也认为艺术创作是一种无意识活动，但他否认无意识是由本能（尤其是由性本能）统治的王国。在研究了各种类型的原始文化后，荣格发现，全人类都有着共同的继承物，他注意到：某些表现在古代神话、部落传说和原始艺术中的意象，反复出现在许多不同的文明民族和野蛮部落中，例如，在许多民族的远古神话中都有力大无比的巨人或英雄、预卜未来的先知或智慧老人、半人半兽的怪物和给人们带来罪孽与灾难的美女……这些神话意象往往具有结构学上的类似。此外，在宗教和原始艺术中，还常常有以花朵、十字、车轮等图形所象征的意象。荣格称它们叫"曼荼罗式样"，认为它遍布世界各地。荣格举例说，在罗得西亚旧石器时代的岩石画中，有一种抽象的图案——一个圆圈内画有一个双重形的十字符号，这种名为"太阳轮"的图像，它在每一种文化中都曾经出现过，今天我们不仅在基督教的教堂内，而且在西藏的寺院里也能找到它。令人困惑的是，这个图像产生的年代远在车轮发明之前，

这就是说，它不可能来自任何外部世界的经验，唯一可信的解释是：它来自于人的内心，是人的某种内心体验的象征。荣格据此推断：在这些共同的、神秘的原始意象背后一定有它们赖以产生的共同的心理土壤。为了揭示这一秘密，荣格跨入人类学、考古学的领域对原始人的心理展开了研究，发现在史前时期，原始人处于一种蒙昧混沌状态，他们没有有意识的个体活动，只有无意识的集体活动，因而个人不具有独立意识，只有集体的无意识；同时，原始人与客观世界融为一体，不存在主客体的分离与对峙。他们分不清何为物理现象，何为心理现象，与客观世界保持着一种物中有我，我中有物的神秘的交互感应。因此，原始人的意象具有约定俗成的集体性和变幻莫测的神秘性，原始人的集体无意识和神秘感就是那些意象产生的温床。正像神经病患者的梦、幻觉和想象揭示了病人的无意识心理一样，那些"集体的"梦、幻觉和想象，那些反复出现的、超个人的原始意象，也揭示了人类共同的、普遍一致的深层无意识心理结构，就是说，那些凝聚着人类祖先欢乐与悲哀的原始经验和意象至今仍存在于我们这些独立了的个体中，否则，我们就无法解释艺术幻觉中那些反复出现的同一形式的神奇意象。他说，"我们在《赫尔麦斯的牧羊人》、《神曲》和《浮士德》中捕捉到了最初的爱情经验的回声——这种经验是由幻觉来使之

完整并将它完成的。"① 这三部跨越了近两千年历史的作品中的意象同出一源，这种从人类祖先那里继承来的，使赫尔麦斯、但丁、歌德联结在一起，也使他们三人和我们乃至于整个人类联结在一起的心理纽带，就是集体无意识（collective unconscious）。

如同把里比多由性力扩充为生命力一样，荣格大大地拓宽了无意识的国土，他把无意识分为个人无意识和集体无意识，"或多或少属于表层的无意识无疑含有个人特性，我把它称为'个人无意识'，但这种个人无意识有赖于更深的一层，它并非来源于个人经验，并非从后天中获得，而是先天地存在的。我把这更深一层定名为'集体无意识'。选择'集体'一词是因为这部分无意识不是个别的，而是普遍的，它与个性心理相反，具备了所有地方和所有个人皆有的大体相似的内容和行为方式。换言之，由于它在所有人身上都是相同的，因此它组成了一种超个性的心理基础，并且普遍地存在于我们每一个人身上。"② 这种集体无意识容纳着所有从祖先遗传下来的生活和行为模式，所以每个人一生下来就潜在地具有一整套能适应环境的心理机制。这种本能的、无意识的心理机制总是先于意识而存在，并始终存在和活跃于成人的意识生活中。无意识也像意识一样知觉、感受和思维，也像意识一样具有目的和直觉，但意识和无意识又有着本质的区别。荣格认为意识尽管精确集中，但同时也短暂易逝，并仅仅指向直接存在和直接注意的领域，它容纳的不过是个体在几十年经验中接触到的那些材料，无意识的情况却完全不同，它并不清晰集中，而是显得模糊暧昧，它的内容十分广泛，能够以最相互矛盾的方式，同时容纳最杂乱的因素。不仅如此，它除了容纳着不可胜数的阈下知觉外，还容纳着从我们祖先的生活中积累而来的丰富财富。如果允许我们将无意识人格化，则可以将它设想为集体的人，"既结合了两性的特征，又超越了青年和老年、诞生与死亡，并且掌握了人类一二百万年的经验，因此几乎是永恒的。如果这种人得以存在，他便超越了一切时间的变化。对他来说，当今就如公元前100世纪的任何一年。他会做千百万年前的旧梦，而且由于他有极丰富的经验，又是一位卓越的预言家。他经历过无数次个人、家庭、氏族和人群的生活，同时对于生长、成熟和衰亡的节律是有生动的感觉。"③ 可见荣格的集体无意识是先天生成的、与生俱来的，它具有超越时空，甚至超越人类的特性。

① 荣格：《心理学与文学》，三联书店，第 133 页。
② 同上书，第 52—53 页。
③ 同上书，第 43 页。

荣格认为，个人无意识的内容主要由名为"带感情色彩的情结"所组成，它们构成心理生活中个人和私人的一面，而集体无意识的内容则是所谓的"原型"，即通过大脑遗传下来的先天的原始心理模型，是一切心理反应的具有普遍一致性的先验形式，它是人类亿万次的生命经验的积淀和浓缩。原型的功能是调动和凝聚原始经验来形成表象，这个表象具有神秘的象征意味，荣格称之为原始表象，荣格认为，那些在神话传说、文艺作品中反复出现的原始意象，实际上是集体无意识原型的"自画像"，这种自画像具有"象征"和"摹本"的性质，象征和摹本可以有变化，但它们所象征和摹写的原型却是不变的。总之，荣格的原型只是一种空洞的纯形式，是一种先天的表示可能性的能力，他说："无穷无尽的重复已经把这些经验刻进了我们的精神构造中，它们在我们的精神中并不是以充满着意义的形式出现的，而首先是'没有意义的形式'，仅仅代表着某种类型的知觉和行动的可能性。当符合某种特定原型的情景出现时，那个原型就复活过来，产生出一种强制性，并像一种本能驱力一样，与一切理性和意志相对抗……"[1]

荣格还认为，生活中有多少种典型环境，就有多少个原型，但最主要的有四个：人格面具、阿尼玛和阿尼姆斯、阴影和身性。[2]

荣格引入"集体无意识"、"原型"这两个概念，并不是要像弗洛伊德那样从心理学和生理学方面考察无意识的本性和内容，而是从人的结构表象的象征意义和图式化定形的观点出发的，在这一点上，他的立场同法国结构主义者列维-斯特劳斯、奥科、拉康等的观点较接近。

和弗洛伊德一样，荣格也没有一部美学著作来专门阐述其美学理论，他的美学观点大致可归结为如下几个方面：

一、原始意象与艺术本质

原始意象是沟通荣格基本理论——集体无意识与原型——和文艺思想的一座桥梁。荣格认为，原始意象来源于人类祖先重复了无数次的同一类型的经验，它们是同一类型的无数经验的心理残迹，它们为日常的、分化了的、被投射到神话中众神形象中去了的精神生活，提供了一幅图画。他说："每一个原始意象中都有着人类精神和人类命运的一块碎片，都有着在我们祖先的历史中重复了无数次的欢乐和悲哀的一点残余，并且总的来说始终遵循同样的路线。它就像心理中的一道深深开凿过的河床，生命之流在这条河床中突然奔涌成一条大江，而不是像先前那样在宽阔然而

① 荣格：《心理学与文学》，第101页。
② 霍尔：《荣格心理学入门》，三联书店。

清浅的溪流中向前漫淌。无论什么时候，只要重新面临那种在漫长的时间中曾经帮助建立起原始意象的特殊情境，这种情形就会发生。"[1] 可见，荣格的原始意象是一种来自于内心经验而产生的幻想，他说，"当我说到'意象'的时候，我指的并不是外部对象的心理反映，而是……一种幻想中的形象（一种幻想）。这种幻想只是间接地与对外部对象的知觉有关。实际上，意象更多地依赖于无意识的幻想活动，并作为这一活动的产物，或多或少是突然地显现于意识之中。"[2] 如此看来，审美意象也只是间接地与审美对象有关，美不仅不等于审美对象，而且也不是对这对象的反映，它是一种幻想，这种幻想不仅是主观的，而且是自发的，是无意识自发活动的产物。

也正因此，荣格认为艺术的本质就是艺术幻觉。这种幻觉具有某种神秘的与生俱来的象征意义，也就是说，任何一部真正的艺术作品都有某种东西始终存在于他的作品中，隐藏在一种象征里，这种隐藏着的东西就是那来自人类心灵深处的某种陌生的、超越了人类理解力的原始经验，它仿佛来自人类史前时代的深渊，又仿佛来自光明与黑暗对照的超人世界，所以，只有随着时代精神的更替，艺术作品才对我们揭示出它的意义，所以荣格认为，只

有那些隐含着象征意义的作品才对人类富有永恒的魅力，而那些只提供纯粹的审美享受的、缺乏言外之意的作品总是昙花一现。

艺术的本质就是要表现人类的原始经验，这种原始经验我们无法直接认识到，只有通过艺术幻觉，借助于象征，或者说只有通过艺术手段将原始经验"外象化"，使它呈现在人类面前。荣格说："幻觉代表了一种比人的情欲更深沉更难忘的经验。我们绝不可将这种性质的艺术作品同作为个人的艺术家混淆起来，在这种性质的艺术作品中，无论理性主义者们怎样说，我们却不怀疑这种幻觉是一种真正的原始经验。幻觉不是某种外来的、次要的东西，它不是别的事物的征兆，它是真正的象征，也就是说，是某种有独立存在权利，但尚未完全为人知晓的东西的表达。"[3] 荣格认为，幻象的对象即原始经验，是未知的和隐蔽着的，我们的感官和意识无法认识它，虽然如此，幻觉本身仍具有心理的真实性，它同样是真正经历过的真实体验，只有艺术家们、先知们、领袖们才能接触到它，并借助于神话想象、宗教仪式等来赋予它形式，使之得到最恰当的表现。

二、艺术品、艺术创作与艺术家

《论分析心理学与诗歌的关系》和《心

---

① 荣格：《心理学与文学》，第121页。
② 同上书，第11页。
③ 同上书，第133—134页。

理学与文学》这两篇论文在荣格的美学思想中占有重要的地位，在这里，荣格集中讨论了艺术品、艺术创作与艺术家三者之间的关系。

荣格曾把人的心理类型分为内倾和外倾两大类。所谓内倾的特点是："把自我和主观心理过程放在对象和客观过程之上，或者无论如何总要坚持它对抗客观对象的阵地。因此这种态度就给予主体一种比对象更高的价值……客观对象仅仅不过是主体心理内容的外在标志"，而外倾的特点则是："使主体屈服于客观对象，借此客观对象就获得了更高的价值。这时候主体只具有次要的性质，主体心理过程有时看起来只是客观事件的干扰或附属的产物。"① 荣格认为，内倾和外倾这两种不同的心理倾向，在人类全部历史文化领域乃至日常生活中都留下了明显的印记。哲学中理性主义与经验主义的对立，唯心主义与唯物主义的对立，艺术中浪漫主义与现实主义的对立，乃至现实生活中实干家与空想家的对立，实际上都不过是内倾与外倾这两种不同的心理气质的对立。内倾与外倾的对立，反映到艺术作品中，就是"内倾型艺术"与"外倾型艺术"的对立。他说："席勒试图用'感伤的'和'素朴的'概念来对艺术作品和创作方式进行分类，心理学家将把'感伤的'艺术称为'内倾的'艺术，而把'素朴的'艺术称为'外倾的'艺术。"

内倾型艺术的特点是："它们完全是从作者想要达到某种特殊效果的意图中创作出来的。在这里，作者让自己的材料服从于明确的目标，对它们作特定的加工处理。他给它增添一点东西，减少一点东西；强调一种效果，缓和另一种效果，在这儿涂上一笔色彩，在那儿涂上另一笔色彩；自始至终，作者都小心地考察其整体效果，并且极端重视风格和造型规律；他运用最敏锐的判断，在遣词造句上享有充分的自由；他的材料完全服从于他的艺术目标，他想要表现的只是这种东西，而不是别的任何东西；他与创作过程完全一致。且不管究竟是他有意使自己做了创作过程的开路先锋，还是创作过程使他成了它的工具以致他根本不能意识到这一事实。不管是哪种情况，艺术家都完全符合于他的作品，以致他的意图和才能不可能从创作过程中区分出来。"② 荣格认为，席勒的戏剧以及许多诗歌就属于这一类型的艺术。荣格认为，这类作品无论如何不会超出我们的理解能力，它们的效果为作者的意图所限制，并且不可能超越那个限制。

外倾型艺术的特征是：这些作品或多

---

① 荣格：《心理学与文学》，第16页。
② 同上书，第110—111页。

或少完美无缺地从作者笔下涌出。它们好像是完全打扮好了才来到这个世界，就像雅典娜从宙斯的脑袋中跳出来那样。这些作品专横地把自己强加给作者："他的手被捉住了，他的笔写的是他惊奇地沉浸于其中的事情；这些作品有着自己与生俱来的形式，他想要增加的任何一点东西却遭到拒绝，而他自己想要拒绝的东西都再次被强加给他。在他的自觉精神面对这一现象处于惊奇和闲置状态的同时，他被洪水一般涌来的思想和意象所淹没，而这些思想和意象是他从未打算创造、也绝不可能由他自己的意志来加以实现的。"① 尽管如此，他却不得不承认，这是他自己的自我表白，是他自己的内在天性在自我昭示，在表达那些他任何时候都不会主动说出的事情。他只能服从他自己这种显然异己的冲动，任凭它把他引向那里。他感觉到他的作品大于他自己，它行使着一种不属于他、不能被他掌握的权力。在这里，艺术家并不与创作过程保持一致，他知道他从属于自己的作品，置身于作品之外，就好像是一个局外人，或者，好像是一个与己无关的人，掉进了异己意志的魔圈之中。荣格认为，《浮士德》第二部可以用来说明外倾态度。尼采的《查拉图斯特拉》也是一例。荣格认为，这类作品具有某种超越

了个人、超越了我们的理解力的东西，在那里，"我们将期待形式和内容的奇特，期待那只能凭直觉去领悟的思想和富有含蓄意义的语言，期待这样一些意象，这些意象由于最可能表现某种未知的东西而成为真正的象征——那通向遥远彼岸的桥梁。"②

荣格认为，不管是内倾的艺术，还是外倾的艺术，艺术家在创作过程中，都要为创作冲动所操纵。虽然在内倾的艺术中，诗人们深信自己是在绝对自由中进行创造，其实这不过是一种幻想，"他想象他是在游泳，但实际上却是一股看不见的暗流在把他卷走"。荣格认为，这股创作冲动的力量以及它那反复无常、骄纵任性的特点都来源于无意识，或者说一种"无意识命令"和"自主情结"。

荣格认为，创造性冲动常常是专横独裁的，它吞噬艺术家的人性，无情地奴役他去完成他的作品，甚至不惜牺牲其健康和普通人所谓的幸福。"孕育在艺术家心中的作品是一种自然力，它以自然本身固有的狂暴力量和机敏狡猾地去实现它的目的，而完全不考虑那作为它的载体的艺术家的个人命运。创作冲动从艺术家得到滋养，就像一棵树从它赖以汲取养料的土壤中得到滋养一样。因此，我们最好把创作过程

① 荣格：《心理学与文学》，第 110—111 页。
② 同上书，第 114 页。

看成是一种扎根在人心中的有生命的东西。在分析心理学的语言中，这种有生命的东西就叫做自主情结。它是心理中分裂了的一部分，在意识的统治集团之外过着自己的生活。依靠其微量负荷，它可以表现为对意识活动的单纯干扰，也可以表现为一种无上的权威，驯服自我去完成自己的目的。这样看来，那种与创作过程保持一致的诗人，就是一个无意识命令刚开始发出就给以默许的人，而另一种诗人，既然感到创造性力量是某种异己的东西，他也就是一个由于种种原因而不能对此加以默认的人，因而也就是一个出其不意地被俘获的人。"①

"情结"理论也是荣格的"分析心理学"的一个组成部分，它也是被组成一定系统的对人的生命活动经常起作用的构成物的无意识的心理力量，它是一种心理上的魔鬼，是打破心理过程平静定向流动的无意识动作的自发游荡，它是一种难以驾驭的力。荣格认为，所谓情结，是指一种维持在意识阈下，直到其能量负荷足够运载它越过并进入意识门槛的心理形式，它并不隶属于意识的控制之下，因而既不能被禁止，也不能自愿地再生产。情结的自主性表现为：它独立于自觉意志之外，按自身固有的倾向显现或消逝。创作情结同

其他的情结一样，也具有这些特性。

荣格认为，正是自主情结，或者说创造情结这样一种心理的力，迫使艺术家通过艺术画面背后蕴涵的原始意向的含义来展示人类的集体无意识，因为，在一般情况下，集体无意识并没有显示出要变成意识的倾向，它也不可能通过任何分析技术被带进回忆，因为它既未遭受压抑也没有被遗忘。集体无意识并不是一种自在的实体，它仅是一种潜能，一种饱含观念的天赋可能性。它们只有在艺术的形成了的材料中，作为一种有规律的造型原则而显现，也就是说，只有依靠从完成了的艺术品中，我们才能重建这种原始意象的古老本原。而激发这种原始意象的就是那种客观存在的力，荣格说："一旦原型的情境发生，我们会突然获得一种不寻常的轻松感，仿佛被一种强大的力量运载或超度。在这一瞬间，我们不再是个人，而是整个族类，全人类的声音一齐在我们心中回响。个体的人不可能充分发挥他的力量，除非他从我们称之为理想的集体表象中得到援助。"②正因如此，一部真正的艺术品将必然具有永恒价值，它不再是个人的成果，而是代表着全人类在说话，"一个用原始意象说话的人，是在同时用千万个人的声音说话。他吸引、压倒并且与此同时提升了他正在

<hr>

① 荣格：《心理学与文学》，第113—114页。
② 同上书，第121页。

寻找表现的观念，使这些观念超出了偶然的暂时的意义，进入永恒的王国。他把我们个人的命运转变为人类的命运，他在我们身上唤取所有那些仁慈的力量，正是这些力量，保证了人类能够随时摆脱危难、度过漫漫长夜。"①

所以，按荣格的说法，艺术的创作过程就在于从无意识中激活原型意象，并对它加工造型精心制作，使之成为一个完整的作品。通过这种造型，艺术家把它翻译成了我们今天的语言，并因而使我们有可能找到一条道路以返回生命的最深的泉源。在这里，荣格涉及了他对艺术品的社会作用的看法。

荣格认为，真正的艺术作品应该实现个人命运向人类命运的转化，表现永恒精神的永恒往昔。就是说艺术具有永恒的意义，在一个历史时期中，我们因自身的各种限制而只能理解他那深邃的意义的一个方面，不可能完整地窥其堂奥，艺术作为一种象征，暗含着某些超越了人类理解力的东西，只有当时代精神发生演变、只有当人类认识水平发展到一个新的高度，才有可能揭示这些隐藏的意义。这就是为什么已经死去的诗人又会突然被重新发现的缘故。因此，真正的艺术品是万古常新的，需不断以新的眼光去看待它。总之，伟大的艺术作品是一种永恒的、不朽的、有生

命的存在，它历久弥新、辉煌闪耀、永不会被时间所湮没，因为它象征和揭示的是人类心灵中最深邃、最广阔无垠的东西。由此出发，荣格阐发了他的"自我超越"思想，他认为，艺术作品之所以能感染人并不在于它补偿了我们受挫的愿望，而在于它拨动了我们无意识深处那最深沉的心弦。当我们在欣赏艺术作品时，那些在作品中变形的原始意象会在一刹那间激活隐藏在我们内心深处的原型，于是迸发出一道震慑你全身心的闪电，一种生命的原动力生动地展现在你面前：遥远的人类童年、自古的生命尽头……你燃烧、你沉醉，有如安琪儿似的忘形。在这一瞬间，全人类的声音一齐在你灵魂中呼喊，整个历史的回声一齐在你胸中激荡，你不再是将生将死的个人，而是永恒古老的整个族类。这就是审美的高峰体验——自我超越。正是它使我们灵魂得以净化、胸怀得以博大，摆脱了个人患得患失的忧虑，度过人生的漫漫长夜，悟到了作为人的存在的价值和意义。而艺术的社会作用及其意义也正是在这种自我超越中辉煌地闪现。因为我们所处的时代较之那自从文化黎明时刻起就蛰伏在无意识深处的原型不过是极其短暂的一瞬，难免有受到伤害的时候，因此需要加以调整和治疗。"一个时代就如同一个个人，它有它自己意识观念的局限，因此

---

① 荣格：《心理学与文学》，第122页。

需要一种补偿和调节",① 而艺术正好可担此重任,它能给每一个盲目渴求和期待的人,指出一条获得满足、获得拯救的道路,它能唤醒流淌在人类血液中的记忆而达到向完整的人的复归。因为只有它是站立在永恒的制高点上鸟瞰具体的时代和历史的片断,能发现时代的病症和历史的局限,所以,每当时代脱节,人类社会出现不调时,原型就会苏醒过来以原始意象的形式出现在艺术家与先知者的幻觉中,让他们充当号角和代言人去唤醒社会,拯救人类的灵魂。荣格说:"艺术的社会意义正在于此:它不停地致力于陶冶时代的灵魂,凭借魔力召唤出这个时代最缺乏的形式",② 亦即艺术家把从无意识深处捕捉到的原始意象纳入到我们意识中的种种价值关系之中,在那儿对它进行改造,直到它能被同时代人所接受。例如,毕加索绘画中那些喧嚣的、不和谐的甚至是粗野的色彩和那些布满整个画面的断层的线条,不仅表达了现代人心底涌起的反基督的、魔鬼的力量——从这些力量中产生出了一种弥漫着一切的毁灭感,它以地狱的毒雾笼罩白日的光明世界,传染着、腐蚀着这个世界,最后像地震一样地将它震塌成一片荒垣残堞、碎石断瓦——而且表达了在单面性中迷失了自身的当代人对"完整的人"的渴望和向"完整的人"的复归。

① 荣格:《心理学与文学》,第 138 页。
② 同上书,第 122 页。

荣格还把艺术创作划分为两种创作模式:心理的创作模式和幻觉的创作模式。在心理的创作模式中,作者加工的素材来自人的意识领域,例如人生的教训、情感的震惊、激情的体验以及人类普遍命运的危机,这一切构成了人的意识生活,尤其是他的情感生活。诗人在心理上同化了这一素材,把它从普遍地位提高到诗意体验的水平并使之获得表现,从而通过使读者充分意识到他通常回避忽视了的东西和仅仅以一种迟钝的不舒服的方式感觉到的东西,来迫使读者更清晰、更深刻地洞察人的内心。在这里,诗人的工作是解释和说明意识的内容,解释和说明人类生活的必然经验及其永恒循环往复的悲哀与欢乐。这类作品没有给心理学留下任何东西,在它们周围,一切都解释得清楚明白,没有任何模糊朦胧的地方。这类作品多得不可胜数,包括许多爱情小说、环境小说、家庭小说、犯罪小说、社会小说和说教诗等。荣格说:他称这种艺术创作模式为心理模式,"因为它在自身的活动中始终未能超越心理学能够理解的范围,它所包含的一切经验及其艺术表现形式,都是能够为人们所理解的。即使基本经验本身,虽然是非理性的,也并没有任何奇特之处;恰恰相反,它们作为激情及其命定的结果,作为人对于命运转折的屈服，作为永恒的自然及其美与恐怖，从时间的开端上就已为人们所共知了。"①

荣格认为，对心理学家具有更深意义的是另一类作品，即通过幻觉模式创作的作品。在这类作品中，作者对他的人物并没有作心理学的阐说，作者所使用的素材不再为人所熟知。这是来自人类心灵深处的某种陌生的东西，它仿佛来自人类史前时代的深渊，它是一种超越了人类理解力的经验，对于它，人类由于自身的软弱可以轻而易举地缴械投降。荣格认为，这种经验的价值和力量来自它的无限强大，它从永恒的深渊中崛起，显得陌生、阴冷、多面、超凡、怪异，它是永恒的混沌中一个奇特的样本，用尼采的话来说，是对人类的背叛。它彻底粉碎了我们人类的价值标准和美学形式的标准。这些怪异无谓的事件所产生的骚动的幻象，在各方面都超越了人的情感和理解所能掌握的范围，它对艺术家的能力提出了各种各样的要求，唯独不需要来自日常生活的经验。因为日常生活的经验不可能撕去宇宙秩序的帷幕，不可能超越人类可能性的界限，也不可能显示出人类内心深处那永恒的经验，因此，无论它可能对个人产生多大的震惊，也仍能符合时代的要求，为人们所理解，正如

前面讲的心理的模式的作品。然而原始经验却把上面画着一个秩序井然的世界的帷幕，从上到下地撕裂开来，使我们能对那尚未形成的事物的无底深渊给予一瞥。这类作品也是多得不可胜数。我们在《赫尔麦斯的牧人》、在但丁的作品、《浮士德》第二部、在尼采的《勃勃生气的狄奥尼索斯》、在瓦格纳的《尼伯龙根的戒指》等之中都可以发现这样的印象。

荣格认为，面对幻觉模式创作的作品，我们感到惊讶、迟疑、困惑、警觉甚至厌恶，我们要求对此作出评论和解释，它不是使我们回忆起任何与人类日常生活有关的东西，而是使我们回忆起梦、夜间的恐惧和心灵深处的黑暗——这些我们有时半信半疑地感觉到的东西。这些东西实际上就是人类的原始经验，而不是弗洛伊德的所谓被压抑的个人经验。前面我们已经说过，荣格认为，幻觉是人类真正经历过的真实的内心体验，它是隐秘的、形而上学的和深不可测的，幻觉艺术的创作者的创作力正是来源于他的这种原始经验。荣格说："原始经验本身并不提供词汇或意象，因为它'仿佛是在黑暗中从镜子里'看见的幻象。它不过是一种拼命要获得表现的深沉预感。它就像一股旋风，把一切能抓到手的东西抓住，在把它们向高处提升的

① 荣格：《心理学与文学》，第128页。

过程中形成一种看得见的形式。"[1] 并且诗人为了表现他的幻觉的怪诞和荒谬，他还必须借助于一种很难掌握的充满矛盾的意象。例如，歌德必须在作品中写进伯劳克斯伯格和希腊古迹中的阴森区域；瓦格纳需要全部北欧神话；尼采回到神圣的风格，重新创造出史前时期的传奇预言；等等。也只有在这一类的作品中，才包含着那种可以说是世代相传的信息，才能拯救我们这个含有特殊偏见和精神疾患的时代。

荣格批评了弗洛伊德用艺术家个人的气质来解释艺术作品的本质的观点，荣格认为，要通过艺术作品对艺术家作出结论，或者反过来要通过艺术家对艺术作品作出结论，都是不太可能的。知道歌德和他母亲之间的特殊关系，或多或少有助于我们懂得浮士德的叫喊："母亲们——母亲们——听起来是多么奇怪哟！"然而这并不足以解释，从歌德对母亲的依恋中，如何能产生出浮士德戏剧本身，同样，尽管尼伯龙根所生活的充满英雄气概的男性世界，与瓦格纳身上具有的某种病态的女性气质之间虽有某些潜在联系，但在《尼伯龙根的戒指》这部作品中，却没有任何东西可以使我们辨认和推断出瓦格纳偶尔喜欢穿女人服装这一事实。所以说，渗透到艺术作品中的个人癖性，并不能说明艺术的本

质。"事实上，作品中个人的东西越多，也就越不成其为艺术。艺术作品的本质在于它超越了个人生活领域而以艺术家的心灵向全人类的心灵说话。个人色彩在艺术中是一种局限甚至是一种罪孽。"[2] 基于这一点，荣格特意区分出了作为个人的艺术家和作为艺术家的个人这两种性质截然不同的存在。

荣格认为，每一个富有创造性的人，都是两种或多种矛盾倾向的统一体。一方面，他是一个过着个人生活的人类成员；另一方面，他又是一个无个性的创作过程。艺术是一种天赋的动力，它抓住一个人，使他成为它的工具。艺术家不是拥有自由意志、寻找实现某种个人目的的人，而是一个允许艺术通过他实现艺术目的的人。他作为个人可能有喜怒哀乐、个人意志和个人目的，然而作为艺术家，他又是更高意义上的"集体的人"，是一个负荷并造就人类无意识精神生活的人，为了实现这一使命，他有时必须牺牲个人幸福、牺牲普通人认为使生活值得一过的一切事物。因此在他身上始终有两种力量在相互斗争，"一方面是普通人对于幸福、满足和安定生活的渴望，另一方面则是残酷无情的，甚至可能发展到践踏一切个人欲望的创作激情。"[3] 因此，一方面，作为个人的艺术

---

① 荣格：《心理学与文学》，第 136 页。
② 同上书，第 140 页。
③ 同上书，第 141 页。

家，他们有种种不良的癖性：残忍、自私和虚荣。他们可以是市侩、庸人、极端利己主义者，性欲倒错者、精神病患者，可以表现得疑神疑鬼、狂妄自大、冷漠内向、怯懦胆小，也可以表现得或者是终生幼稚无能，或者是肆无忌惮地冒犯道德准则和法规。但是另一方面，作为艺术家的个人，他们的作品又超越了这些个人局限而具有全人类的意义和价值，在这时他作为一个艺术家，从出生那天起，就被召唤着去完成一种较之普通人更为伟大的使命。

荣格认为，艺术家由于受不可遏止的创作激情的驱使，必然要不顾一切地去完成他的作品，从而导致其个人生活的破坏，因此，艺术家的生活即便不说是悲剧性的，至少也是高度不幸的，这倒不是因为他们不幸的天命，而是因为他们在个人生活方面的低能，所以说，艺术家个人生活中的冲突和局限，不过是一种令人遗憾的结局而已。但艺术家又必须超越他个人生活中的不幸和缺陷。每当创造力占据优势，人的生命就受无意识的统治和影响而违背主观愿望，意识到的自我就被一股内心的潜流所席卷，创作过程中的活动于是成为诗人的命运并决定其精神的发展，所以说，"不是歌德创造了《浮士德》，而是《浮士德》创造了歌德"。① 艺术家通过作品，召

唤出人类心灵深处的原型意象，以及人类集体精神中的治疗和拯救的力量，迎合了社会的精神需要。这样，他的作品就比他个人的命运更具有意义。

荣格认为，既然诗人本质上是他的作品的工具，他也就不能不从属于他的作品，而我们也就没有理由期待他对我们作出解释。因为诗人通过赋予作品以形式，已最大限度地发挥了他个人的才能，他必须把解释留给别人、留给未来。伟大的艺术作品就像梦一样：尽管表面上一切都明明白白，然而它却从来不对自己作出解释，从来都是模糊暧昧的，所以，我们要想把握艺术作品的意义，就必须让它像感染艺术家本人那样地感染我们，只有那样我们才能理解艺术家的体验的性质。总之，"艺术创作和艺术效用的奥秘，只有回归到'神秘共享'的状态中才能发现，即回归到经验的这样一种高度，在这一高度上，人不是作为个体而是作为整体生活着，个人的祸福无关紧要，只有整个人类的存在才是有意义的。正因为如此，所以每一部伟大的艺术作品都是客观的而非个人性质的，但同时又丝毫不影响它深深地感染我们每一个人。正因为如此，所以诗人的个人生活对于他的艺术是非本质的，它至多只是帮助或阻碍他的艺术使命而已。"②

---

① 荣格：《心理学与文学》，第 143 页。
② 同上书，第 144 页。

三、审美态度：抽象与移情

前面说过，荣格把人的心理类型区分为内倾与外倾两种，内倾与外倾见之于审美活动，就形成了抽象与移情两种审美态度。

荣格吸收了德国美学家沃林格尔的观点，把抽象与移情当做两种对立的审美心态。荣格认为，抽象与移情的对立主要表现在：第一，移情预先有对于对象的主观信心和主观任性的态度，这是一种迎接对象的准备，一种主观的同化作用。从而导致主体与对象之间一种善意的、至少是伪装出的一种善意的理解，这时对象是消极的，它同意将自身同化于主体。但对象的真实性质并没有因此而改变，而只是被掩盖了，所以移情虽然能创造出相似的和外观上共同的性质，但事实上它们并不存在。抽象的态度则不同，这种态度并不主动去迎接对象，而宁可从对象退缩回来以保护自己不受对象的影响。它在主体中创造出一种心理活动，让这种心理活动来抵消对象的影响。第二，移情作用总是预先设定对象是空洞的并且企图对它灌注生命。抽象作用却总是预先设定对象是有生命的、活动的并且企图从它的影响中退缩出来。所以说，抽象的态度是向心的即内倾的，而移情的态度是向外的即外倾的。第三，抽象与移情都是一种无意识的投射活动，

但两者投射的实质不一样。移情的投射是主观内容的投射，它是一种对于对象的否定，使对象不起作用。通过否定，对象被挖空了，甚至可以说，被劫走了它的自发的活动。这样它就为主观内容造就了一个合适的容器。移情的主体要想在对象中感受到自己的生命，对象的独立性以及对象与主体之间的差别就不能太大。所以，在移情态度中，"对象的主权由于移情前导的无意识活动而被削弱了，或者不如说被过分地补偿了。因为主体直接在对象上获得了优势。"[1] 而这只有通过无意识幻想或削弱对象来使其降低价值，或增加主体的价值和意义这样无意识地发生。抽象的无意识的投射则不同，"抽象态度赋予对象以一种可怕的、有害的性质。它不得不保护自己以抗御这种性质。这种仿佛是先天的性质，无疑也是一种投射作用，然而却是一种否定的（消极的）投射作用。"[2] 因此说抽象作用的前导，也是一种无意识的投射活动，是它把否定的内容输送给了对象。第四，具有移情态度的审美主体发现自己是置身于一个空洞的世界之中，这个世界需要他用自己的主观感情给予它生命和灵魂，他满怀信心，要通过自己来使这个世界变得充满生气。具有抽象态度的人则发现自己是置身于一个可怕的充满了生气的

---

① 荣格：《心理学与文学》，第 224 页。
② 同上书，第 223 页。

世界之中，这个世界企图压倒和吞没他，使他感到恐惧，使他意识到自身的软弱，他因此退缩到自身之中，以便设计出一种补救方案来提高他的主体价值，使他可以掌握住自己以抵御对象的影响。因此，抽象型的人在对象的神秘感面前总是充满疑惧地退却，并且建造起一种用抽象构成的、具有保护性的、与之对抗的世界来，他希望能够在这个世界中站稳脚跟。第五，荣格认为，移情是西方人对待世界的态度，抽象是东方人对待世界的态度，在东方人看来，对象世界一开始就是灌注了生命并对他占有压倒优势的，如佛陀的"火诫"。正是这种可悲可怕的世界景象，迫使东方人和佛教徒进入抽象的态度。荣格认为，列维-布留尔的"神秘参与"是对这一状况的确切表述。因为它确切地表述了原始人与对象世界的原始关系。原始人的对象世界富有活力和生气、充满灵魂的内容和力量，因此它对原始人有一种直接的心理影响，对抽象态度来说也是一样，对象在这里从一开始就是活的和自主的，不仅没有移情之必要，相反，它还具有如此有力的影响以致主体不得不采取内倾态度。这样"抽象就成了同神秘参与的原始状态进行战斗的心理功能，它的目的在于打破对象对主体的控制，它一方面导致艺术形式的创造，另一方面也导致对对象的认识"，① 移情则不一样，在移情的人那里，对象显得毫无生气，所以为了认识对象的性质就必须移情，赋予对象以生命和灵魂。荣格认为，在审美创造和审美欣赏中，抽象与移情两种态度都是需要的，都能给审美主体带来快乐。最后，荣格还吸收了沃林格尔的这一看法：审美体验的这两种基本形式的共同根源是"自我异化"，是那种挣脱自身的需要。但同时，它们各自异化的方式不大一样。在抽象中，我们把充满生气的世界抽象为一种固定的形式或普遍意象，然后，又让自己的整个身心沉浸和迷失在对这一意象的观照中，使自己同这一意象和抽象物打成一片，生命由于会干扰对这种抽象美的欣赏而遭到了完全的压抑，主体放弃了他的真实的自我，把自己全部的生命投入到他的抽象物之中，在这种抽象物中，他可以说是完全结晶化了。移情型的人的"自我异化"中则没有形成抽象物的过程。既然他的活动、他的生命已移入到了对象之中，他本人也就当然进入到了对象之中，因为那移入的内容乃是他自己最基本的部分，"他变成了对象，同对象打成了一体并以这种方式挣脱了他自己。通过使自己转移到对象之中，他把自己客观化了。"② 但这并不是说，抽象和移情会导

---

① 荣格：《心理学与文学》，第 227 页。
② 同上书，第 229 页。

致人的自我异化，相反，它们是克服自我异化的自卫机制，"抽象和移情，内倾与外倾，是适应和自卫的机制。就其有利于适应而言，它们给人提供保护以避开外部的危险；就其是种种定向功能而言，它们把人从偶然的冲动中解救出来，它们确实是抵抗这些冲动的自卫手段，因为它们使自我异化成为可能。"①

荣格在这里还提出了一个值得注意的现象：抽象与移情中的定向功能的两重性。一方面，定向功能确有许多好处，人们可以通过它最好地适应集体的需要和期待，何况，它还通过自我异化使人得以摆脱他那种低劣的、未分化的、非定向性功能的公式，此外，从社会道德方面看，"忘我"也始终被认为是一种美德，但是另一方面，我们的心灵又不能不因此蒙受由于把自己等同于定向功能而蒙受的巨大损失，即个性的衰退。因为我们越是把自己等同于某一功能，越需把里比多投入其中，也就越要把里比多从其他心理功能中撤退出来，从而使得这些功能因里比多的枯竭而逐渐沉沦于意识阈限之下，丧失了与意识的联系，并最终消逝于无意识之中。荣格认为，这是一种"逆向"发展，是精神返回到童年并最终返回到古代水平的倒退。但这些被剥夺了里比多的心理功能的原始模式在无意识中仍然极其强健和容易复活。这一

状态最终造成了人格的分裂。因为这些心理功能的远古模式与今天的意识无法直接沟通，其结果，自我异化走得越远，被剥夺里比多的无意识心理功能也就越深地沉陷到远古的发展水平，无意识的影响也就越大，它开始引起对定向功能的骚扰，从而产生了人格的分裂。因此，一方面，每一种定向功能需要严格排除一切不适合其性质的东西。但另一方面，为了维持生物有机体的自我调节和平衡，我们又必须注意那些很少受到关怀的心理功能。

第四节　精神分析美学的历史影响

可以这么说，在弗洛伊德和荣格之后，精神分析美学从来没有形成过一个有统一组织和核心的流派，但它对 20 世纪西方文艺创作和文艺批评所产生的影响却是不可估量的。正如特里林所说："弗洛伊德对文学的影响仍是十分巨大的，其中大部分内容影响之广甚难估计，它往往以反常的或歪曲的简化形式在不知不觉中渗入我们的生活，成了我们文化的一部分。"② 这种影响主要表现在两大方面：艺术创作和艺术批评。另外，值得注意的是，弗洛伊德和荣格两人对后世的影响是不同的。

一、对艺术创作的影响

弗洛伊德对西方现当代作家有着十分

---

① 荣格：《心理学与文学》，第 230 页。
② 特里林：《弗洛伊德心理学与西方文学》，湖南文艺出版社，第 152 页。

重大的影响，不仅现代派作家受其影响，连一些具有社会主义倾向的现实主义作家也受其影响。即使有些不赞成弗洛伊德艺术观的作家，在创作中也难免有受其影响的痕迹。

超现实主义文学是受弗洛伊德主义影响最大的一个流派。在理论上，超现实主义的作家们公开宣称弗洛伊德的观点是自己的创造基石。超现实主义文学的创始人、理论家、法国作家布洛东，1922年曾在维也纳会见过弗洛伊德，全面接受了精神分析的思想，尤其是弗洛伊德关于梦和欲望的理论。1924年他在《超现实主义宣言》中，宣称潜意识、梦境、幻觉、本能是创作的源泉，认为艺术的目的是创造一个超越的、幻想的现实。超现实主义还将弗洛伊德的理论付诸实践，他们的创作手法"下意识书写"实际上就是在潜意识支配下的，在不受任何意向、逻辑和已知事实约束的状态下进行的。

意识流文学也深受弗洛伊德主义的影响，强调通过内心独白（实即"自由联想"）来表现无意识的心理过程。其中意识流大师乔伊斯和诺贝尔文学奖得主福克纳所受影响最深，如乔伊斯在其名著《尤利西斯》中，不仅创造性地运用了弗洛伊德的自由联想、梦幻等理论，而且吸收了荣格的"集体无意识"和"神秘"的成分。

整个作品晦涩难读、扑朔迷离，犹如多股纵横交错的"意识之流"顷刻间倾泻而出，作者借此表现了当代人的危机感和迷惘情绪。又如，福克纳强调在文学创作中，应着力表现自我冲突中的人的心灵问题，他在其名作《喧嚣和骚动》中，就描写了康普森一家的变态心理和无意识的性本能冲动。

美国伟大的现实主义作家杰克·伦敦与精神分析的关系也十分密切，可以说，杰克·伦敦本人的经历就是一部精神分析的历史。他在《我的生活观》一文中说：他出身于工人阶级，早年就胸怀大志、富有理想，但他又生活在一个"浅陋粗俗、缺乏教养、没有文化的环境里"，在社会的最底层，"在这里：肉体和精神都备受饥饿和苦难的折磨……我知道自己唯一的出路就是努力攀登，所以我自幼就下定决心要向上爬"，[①] 以满足其本能的欲望。1916年，他读了荣格《无意识心理》一书后，大为兴奋，以为这是人类认识中又一次革命，并根据荣格关于梦、神话、原型象征等的解释写了《红神》和《在马卡洛河席垫上》两本故事集。尤其是他在弗洛伊德里比多学说的影响下创作的小说《大房屋里的小女人》中，"完全是关于性欲的，从开始直到结束"。

受弗洛伊德主义影响的作家还有卡夫

---

① 《杰克·伦敦研究》中《我的生活观》一文，漓江出版社，第344页。

卡、托马斯·曼、劳伦斯、尤·奥尼尔等。

从20世纪20年代开始，弗洛伊德主义在法、英、美等国还逐渐渗入电影界——电影创作、导演和评论工作中。如法国勒耐·克莱拍了不少超现实主义短片，用慢动作来表现潜意识的活动；我国观众所熟悉的悬念大师、英国导演希区柯克（拍过《三十九级台阶》、《夫人失踪》等）也熟练地运用弗洛伊德理论制造紧张气氛；还有美国的"梦幻电影"等。

二、对艺术评论的影响

我们说精神分析美学没有一个统一的组织还包含这样一层意思：精神分析美学的发展集中表现为它在艺术批评中的应用，以致形成了一个在20世纪西方颇有影响的批评流派——精神分析批评学派。也就是说，精神分析美学的发展集中体现在它对艺术批评的影响过程之中。这种影响我们大致可把它归结为如下几个方面：

1. 精神分析学与作品分析

弗洛伊德认为，艺术作品是未满足的欲望在伪装的形式中的实现。艺术作品就像是一个梦，包含着众多的必须加以解释的象征符号，这个思想奠定了精神分析学家们用来研究艺术的基本观点。

奥托·兰克（Otto Rank, 1884—1939），英国人，弗洛伊德的得意弟子，是一位公认的最正统的弗洛伊德信徒，主要著作有《诞生的创伤》、《艺术与艺术家》。在《诞生的创伤》一书中，兰克认为，人的出生是有创伤的：一个机体在分娩过程中从母体脱出，经历了可怕而痛苦的震动，这是人的心理的种子。对诞生的恐惧是第一个被压抑的体验，同恐惧一起还产生了对后退的渴望，渴望回到娘胎时那个逍遥自在的天堂。这种恐惧和渴望决定了人对母亲怀抱的双重态度，最后只有通过各种文化创造途径，运用层层替换形象去克服诞生的创伤。所以兰克认为，一切文化，无非是在各种途径上和用各种手段来克服诞生的创伤。并且一切文化都具有象征性，这些象征都可归结为一点：母亲怀抱（实际上就是子宫）和回归之路。原始洞穴、建筑、故乡、国家，甚至安葬等都不过是保护我们的母亲怀抱的替换形态和象征。

20世纪50年代，美国精神分析学家恩斯特·克里斯（Ernst Kris）提出了"自我心理学"，他在《对艺术作品的精神分析研究》一书中指出：梦与艺术都是欲望的满足，但在梦中，作为冲动和欲望的储藏库的本我居支配地位，而在艺术作品中，是作为心灵组织功能的自我居支配地位。无意识活动中的欲望和冲动在作品中要受自我的控制，因而只能以象征的形式表现出来。另外，梦是内部心理过程，而艺术是人与人之间的过程，艺术家在创作过程中已超越了本我而走向自我，超越了内心而走向人际。艺术不仅是欲望的满足，而且是一种传达活动，作品的风格和形式具有暧昧性和多重性。

另一位美国文艺批评家诺曼·霍兰德（Norman Holland）则着重对文学作品的内容和形式结构进行了分析。他认为，作品的含义就是"被一部作品的所有特定细节所'围绕'的一种观念"。他区分了两个层面：一个是作品的常规含义层面，另一个是显示无意识幻想的含义层面，任何一部作品都是无意识幻想向社会的、道德的、理智的和神话的词语的一种转换（这些词语为意识所理解），无意识幻想是作品的本质，是其他一切含义的基础。关于形式，霍兰德把它定义为"各部分的有序化和组织化"，并认为形式是对无意识幻想的防御。因为无意识幻想是一种威胁和危险，形式通过使之与理智发生关联而将它变为令人愉快的东西。总之，由于冲动或欲望寻求满足（本我），却要遭到心灵的价值观念的反对（超我），因此，这些欲望必须被熔铸到一个和解的形式中（由自我来进行）。

除了对艺术品的内容和形式作理论的分析外，后人还运用弗洛伊德主义对具体艺术作品的主题进行了揭示。莎士比亚、陀斯妥耶夫斯基、杰克·伦敦等作家的作品是他们经常讨论的对象。在这些分析中，弗洛伊德传记的权威作家、英国心理学家欧内斯特·琼斯（Ernest Jones）的《哈姆雷特与俄狄浦斯情结》（1910）一文可堪称为一篇杰作。在这篇文章中，她着重分析了哈姆雷特为父亲报仇时迟疑的原因。她认为，哈姆雷特在童年时代就把父亲当成自己的情敌，并暗地里祈祷他早日死去，但这种幻想被压抑了。现在他父亲死于一名令他嫉妒的情敌之手，使他早年的愿望终于变成了现实，因而一方面，为父报仇是他虔诚的使命，对他来说，这是道德的，也是社会性的，并被他的意识所认可，但另一方面，叔父现在取代了父亲的地位，杀死叔父意味着杀死父亲，而犯弑父罪，并且，哈姆雷特自己的无意识欲望又阻止他彻底痛斥叔父的邪恶，由于继续处在压抑之中，他就必须忘却、宽容。琼斯说，"在现实中，他的叔父在他的个性中成了埋得最深的一个部分，以至于如果他不杀死自己也不能杀死叔父……只有在他作出最后的牺牲、把自己带到死亡的大门前时，他才自由地履行了自己的义务，为父亲报了仇，杀死了自我的另一个部分——他的叔父"①，这就是哈姆雷特为父复仇时迟疑的原因。

弗洛伊德和琼斯对哈姆雷特的解释虽富有一定的独创性，但并不恰当，正如特里林指出的"任何艺术作品都不是只有唯一的一层意义"，并且对艺术的理解并不是事实的问题，而是一个价值的问题，因为历史背景和个人心绪的变动会改变艺术作

---

① E.琼斯：《哈姆雷特与俄狄浦斯情结》，转引自《当代西方文艺批评主潮》，湖南人民出版社，第324页。

品的意义。

实际上，弗洛伊德主义关于艺术是欲望的满足的看法的最大缺陷在于：他们把行为的意义和文学艺术作品的意义简化为唯一的、真正的意义，它本质上是一种还原主义，即把一切事情都归并为内心冲突。

2. 精神分析学与作家分析

弗洛伊德认为，通过文学艺术作品，我们能揭示其作者内心的某种东西，此后这种方法变得流行起来。在关于哈姆雷特的研究中，琼斯指出，正是一个活生生的人在想象哈姆雷特的形象——他的行为、他的反思、他的情欲，所有这一切都产生于莎士比亚的内心最深处，因此我们必须探讨哈姆雷特的冲突与莎士比亚内心活动的关系，她认为，哈姆雷特的内心冲突正是莎士比亚自己内心一个类似冲突的回声。

在琼斯之后，这种研究泛滥成灾，其中最为著名的是弗洛伊德的朋友和弟子玛丽·波拿巴（Marie Bonaparte）的《埃德加·爱伦·坡的生平和作品：精神分析学的探索》。她把爱伦·坡笔下的女人以及她们在死亡中的生活与爱伦·坡三岁时死去的母亲联系在一起，把爱伦·坡故事中被谋杀的老人与其继夫约翰·爱伦·坡联系在一起，她企图将故事的主题与作者童年的幻想联系起来，她推测爱伦·坡幼时曾

沉迷于这些幻想，并且用释梦技术去解释坡的作品，寻找那推动作家创作的"情结"。波拿巴在许多地方把弗洛伊德主义庸俗化了，受到人们强烈的批评。

奥托·兰克在《艺术与艺术家》一书中，对作者的人格作了理论上的分析，他认为艺术家是一种创造型的人，他可以通过艺术放弃个人生活，并将其整个创造性力量奉献于生命和生命创造，这种放弃的回报将是一种丰富的创造性和表现性人格，因而享有更大的幸福。

还有许多评论家自觉利用心理分析方法去评论作家及其作品，例如，马尔科姆·考利（Malcolm Cowley），他运用弗洛伊德和荣格学说分析海明威等"迷惘的一代"作家早年的痛苦和精神危机。[①] 他的论著已成为当代研究者的必读著作，在西方被视为"犹如圣经一般"。赫伯特·里德（Herbert Read）认为，心理分析学对美学的重大影响在于：它要求批评家去注意诗歌形式的"有机来源"，他自己还创造性地从心理分析的角度来研究雪莱和华兹华斯的诗歌，但同时他又指出，文学批评与对艺术家心理分析是两种截然不同的活动，尽管这两者可以互相帮助。和弗洛伊德一样，里德也认为，艺术家最初是个精神病患者，但在成为艺术家后，他便逃避了这

---

① 考利：《流放者的归来——二十年代的文学流浪生活》，上海外语教育出版社。

个结局，而通过艺术找到了返回现实的途径。① 爱德蒙·威尔逊（Edmund Wilson）则在论著《创伤与治疗》中运用心理分析方法对狄更斯等作了颇有建树的研究。

精神分析学通过对作品的分析来揭示作者的创作动机，透视作家的人格，这对我们更好地理解作品，提供了一个新的角度。但这种分析因过分集中于幻想和本能而使我们远离艺术独特的审美因素，它势必会把艺术视为纯个人的激情和隐私。

3. 精神分析学与读者

弗洛伊德认为，作家通过艺术作品隐藏伪装了他的幻想，同时，也让欣赏者欣赏到同样的幻想。克里斯发挥这一观点，在他看来，欣赏者在作品中寻找的是他的不被接受的欲望的罪恶感的缓解。根据他的"自我心理学"，艺术家在创作中经历了一种转换，即从本我的原始过程到自我的转换。他认为，同艺术家一样，欣赏者也经验到一种心理层面上的转换。同时读者欣赏作品的媒介是象征符号，但在艺术家那里，象征符号表现着多重的动机，而在读者那里，象征符号能产生多重效应。②

霍兰德将克里斯的这些洞见作了详尽阐述，使之成为一种关于读者对文学作品反应的全面系统理论。他在《文学感应动力学》一书中认为，读者与文本的关系是一种本我幻想（idfantasies）与自我防御（ego-defences）的关系，就是说，他认为我们从文学中获得的快乐来自于文学作品的转换功能——把我们潜在的欲望转变为社会所容的内容。审美快乐的关键在于"文学作品所支配的幻想以及情感的内容"和对这些幻想的控制，读者将自己投入到文学作品中，投入到它的幻想（内容），它的所有防御和它的对那些幻想的支配（形式）之中，并使这一切都成为自己的。③

霍兰德还认为，文本仅是书页上的文字，它不改造什么，读者完全可以根据他自己的"个性主题"（indentit theme）主动地去理解或改造文本，所以，阅读首先就是个性的再创造，当我们阅读作品时，我们都用作品来象征并最终再现我们自己，这样阅读成了纯粹的一种从主观到主观的作用过程。④

精神分析学对审美快乐与文学价值之间的关系的阐述，对于我们来说，虽然具有一定的启发意义，但是，在实际的阅读过程中，我们喜欢不喜欢某部作品，不仅仅是因为它们在我们身上激起了无意识的冲动，而且还因为我们同样感受到其中有意识和理智所承担的责任，这两者之间的

---

① 参见里德：Collected Essays in literary Criticism London，1938，p. 125&140。
② 参见克里斯：Psychoanalytic Exploration in Art，New York，1952。
③ 参见《文学感应动力学》（*The Dynamics of Literary Response*）。
④ 参见《五位读者阅读》（*Five Readers Reading*，1975）。

关系是十分复杂的，有待我们对之作进一步的研究。

这里，我们有必要讲一下美国当代文艺批评家哈罗德·布鲁姆（Harold Bloom）的观点，英国文艺批评家特利·伊格尔顿认为，布鲁姆"运用弗洛伊德的著作，提出了过去20年来最大胆最有创见的一套文学理论，布鲁姆所做的实际上是按俄狄浦斯情结重写文学史"、"布鲁姆的文学理论代表了一种充满热情、蔑视一切的精神……布鲁姆是现代创造性想象力的预言家……"[①] 布鲁姆的代表著作有：《影响的焦虑》（已有中译本）、《诗歌与压抑》、《谈误读》等，他认为当代诗人就像具有恋母情结的俄狄浦斯一样，面对着"诗的传统"这一父亲形象，两者绝对对立。后者企图压抑和毁灭前者，而前者则试图用各种有意无意的"误读"方式来贬低前人和否定传统价值观念，从而达到树立自己的诗人形象的目的。所以，任何一首诗都可看做是企图通过误读前人的诗而摆脱这种因为影响而生的焦虑。诗人总是处于俄狄浦斯式的抗争之中，力图用修正、置换、改造前驱诗作的方法进行写作，他说，"一部诗的历史就是诗人中的强者为了廓清自己的想象空间而相互'误读'对方的诗的历史。"[②] 所以说，每一个诗人都是"迟到

的"，是传统的倒数第一名，作为一名强者的诗人，他就有勇气承认自己的这种迟到，并倾注于削弱前驱的力量。任何一首诗的确都不过是这样一种削弱——是为了取消并超过另一首诗的一系列手法，既可以看做修辞手法，又可以看做精神分析的防御机制，一首诗的含义就是另外一首诗。

4. 精神分析学与神话—原型批评

从严格的意义上看，荣格的美学观点很难说是正统的精神分析美学，并且他与弗洛伊德在许多具体观点上是对立的，但不管怎样，在以无意识作为理论基石这一点上，他们是共同的。而恰恰又因为他们对无意识的理解的不同，导致了他们二人对后人的影响也不同。

荣格对当代文艺批评的影响主要表现在对作品中的象征符号的作用、意义及其与作者的关系的分析上。例如，美国当代著名的批评家、小说家哈维纳·里柯特（Harvena Richter）在其论文集《弗吉尼亚·伍尔夫——再评价与延续性》中的《追扑飞蛾：弗吉尼亚·伍尔夫与创造性想象》一文中，以荣格的集体无意识和原型学说为基础，论述了象征在伍尔夫的创作中的地位和象征与伍尔夫生活经历的关系。里柯特认为，飞蛾的形象不仅是伍尔夫创作本身的象征，而且是她想象活动的象征。

---

① 伊格尔顿：《文学原理引论》，文化艺术出版社，第215页。
② 布鲁姆：《影响的焦虑》，三联书店，第3页。

要追寻飞蛾象征的含义，首先必须了解伍尔夫的童年生活、疾痛、亲属关系等。在1895—1922年间，伍尔夫先后有五次精神崩溃，伍尔夫本人回忆疾病与飞蛾象征的关系时说："有几次，我感觉到头脑中有翅翼拍打的呼呼声，产生这种现象是因为我经常生病……我深信是那只飞蛾在我内心深处翩翩飞舞，于是我开始构思我的故事，不管会编成什么样子。"里柯特认为，这个飞蛾象征了创造性想象力发展的始末。飞蛾都是以悲剧形象出现的。飞蛾的另一象征来源是伍尔夫与姐姐文尼莎的关系。文尼莎（Vanessa）又是一种蝴蝶类的动物。伍尔夫与姐姐虽然关系密切，但相互之间存在着一种竞争。最后里柯特指出飞蛾这一象征对伍尔夫本人来说，是使她摆脱灾难的手段，对读者来说，飞蛾又暗示着一种创造性运动，体现了意念从无意识转化为有意识时的活动，或者说，飞蛾象征着我们创造形象时所作的无休止的努力。①

当然荣格的理论的影响更多地是表现在神话—原型批评学派之中。我们知道，集体无意识原型是荣格的理论基石，在他看来，艺术的意义就在于从无意识的深渊中抓住原型和原始意象，并经过转化使之能为人们所理解和接受。不过荣格基本上是从心理根源和象征方面考察原型的。原型批评学派（代表人物有：弗莱、威尔赖特、鲍特金等）则发展了原型的符号性、历史性和社会性方面，认为原型是文学中反复出现的一种独立的结构单位，原型也体现着文学传统的力量。例如，鲍特金分析说：《俄狄浦斯王》之所以能打动古今观众，因为剧中潜伏着几乎同人类本身一样古老的牺牲仪式的中心主题，或者说是剧中表现出一种原型性冲突：即遭受瘟疫的社会群体与导致了这场瘟疫的主人公个人之间的冲突。进而她又用贯穿于西方文明的一些基本原型（如天堂与地狱、死而复活等）的心理功能去阐释但丁的《神曲》、弥尔顿的《失乐园》、柯勒律治的《老水手之歌》等一系列文学杰作，试图从审美心理方面描述艺术家和读者对潜藏在素材或作品背后的原型内容的认同感受。

最后，我们简单地谈一下精神分析美学与其他流派的关系。

从哲学的角度看，精神分析学同存在主义、法兰克福学派、人格主义哲学等都有密切的关系，但在美学上，与之关系最紧的可能要算拉康等人的结构主义。在西方，有人又称拉康的理论为"精神分析的结构主义"。拉康与弗洛伊德相比，其最大特点表现在对无意识的理解上。在拉康看来，无意识不是生物的需要，而是某种文

---

① 参见 Virginia Woolf：Revaluation and Continuity 一书中的 Hunting the Moth：Virginia Woolf and the Creative Imagination 一文，加利福尼亚大学，1980 年。

化化和社会化的东西，它不是杂乱无章、不可推翻的，而是有序的和有结构的。无意识像语言一样是有结构的。拉康把无意识语言化，结果就走向了语言中心主义。在20世纪六七十年代，法国青年一代结构主义者步拉康等理论家的后尘，开始把弗洛伊德的精神分析思想积极应用于文艺学，并把它们同艺术作品文句的语言学分析、同对作品内容的神话式的理解结合起来。

精神分析学说自产生以来，对之的争论一直不断，赞扬者称它为人类自身认识的一次革命，堪与哥白尼的日心说和达尔文的进化论相媲美。贬斥者则大肆攻击其为泛性欲主义，说它对西方的性解放、性泛滥起了推波助澜的作用。我们认为，精神分析学说强调人的无意识，这的确是人类对自身认识的一大进步，虽然它也强调性冲动的作用，但说它是泛性欲主义并不确切。弗洛伊德是位激进的二元论者，他一贯主张用"自我"这一自我克制的本能、这种非性欲冲动来和性冲动相对抗，当然，弗洛伊德把性欲看做人类生命的核心这一点显然是错误的。

第七章　神学美学

神学美学（Theological Aesthetics），在这里指的就是基督教神学美学，而且，这里的基督教也是广义的，即不区分天主教、新教以及它们当中各宗派之间在具体教义解释和信仰规范上的差别。所谓神学，就其实际含义来讲，其实就是用各种当下的哲学、伦理学等思想理论对宗教问题加以分析、解说、评论，因此，不仅基督教各宗之间的区分在此并无必要，甚至在神学家本身，也是可以有某些非神学乃至无神论的观点的。神学美学作为概念或作为命题使用，都有两个主要含义，其一是指某一种神学思想本身所具有的美学性质，其二是指从神学观点来理解美学。至于神学美学是否一定由神学家提出和论述，对于这种美学的性质并无关紧要，而且20世纪神学美学实际上并不都是神学家们的思想和理论。比如雅斯贝尔斯（Karl Jaspers，1883—1969，德国哲学家）就不是神学家，但却是神学美学的一个突出代表人物。然而，无论从什么意义上讲，神学美学从来都不是一种美学流派或思潮，毋宁说它是与一般作为学科存在的美学有着很多不同之处——有些方面甚至是本质区别的美学，而正因为如此，才有必要并且也可能把它放到"现代西方美学"的大标题下来论述。

显然，这里要处理的是一个相当困难的课题：既不是流派述评，也不是某一专门的美学体系的阐述，甚至连"神学美学"这个词，也未必有人将它作为美学或神学的一个专门术语。实际上，本章的确是在做一种美学思想上新的归类划分，其归类和划分的标准，在很大程度上具有挖掘、梳理和阐释的性质。因此，本章打算从神学美学的产生及主要内容和20世纪神学美学的主要观点及代表人物这两个方面来论述"神学美学"的实际含义以及它的一些基本概念和范畴。显然，这样做将使论述中的许多方面并不是"现代"的美学所提出的，但这种论述对于使读者能够比较全面和清楚地明了确实存在于思想界的一种美学观，即神学美学，却是十分必要的。

第一节　神学美学的产生及其主要内容

神学美学作为一种美学见解或基本的美学态度，产生于基督教神学家、哲学家以及僧侣们的一些理论论述中。从时间上讲，大致在 4 世纪到 13 世纪，也就是常说的欧洲中世纪。但是，在那时神学理论中形成的一些具有美学性质的概念、范畴，直到 20 世纪仍是神学美学的核心问题，当然其含义和所指对象都有了不同程度的变化。

罗马帝国的灭亡原因当然是多方面的，并且是难以说清楚的，但是它的灭亡的迅速和彻底，则是没有疑义的。撇开帝国灭亡的原因不谈，只就它的崩溃本身来讲，却给了基督教一个偶然的机会，使它能够以教会的实体形式，在此后 1000 多年的政治、经济、军事、文化中发挥着举足轻重的作用。所谓"偶然"意味着灭亡后的罗马已没有任何力量可以抵抗北方的蛮族入侵者，而这些入侵者的文化水准之低下，却又使他们必须从被占领的土地上寻找执政建国、繁荣文化的根据和准则。也正是历史上的这种偶然性，才使得本来就具有

美学性质的各种宗教和神学，以基督教的规范形式充当了 1000 多年中的官方主导意识形态。这样，基督教思想理论和信仰实践便不知不觉地淡忘了它自己所具有的美学性质，长期蒙蔽于教义的论辩和权势的争斗之中。然而，在僧侣、宗教哲学家，以及神学家的理论著述和身体力行中，却深深地潜藏着神学的美学特性。这些美学特性把古希腊感性学美学的"美"，转变成了基督教理性主义的"信仰"，从而以对人的安身立命和行为指归，以及人之间的博大爱心的自觉关注开辟了美学的新纪元，即形成了一种从神学角度，或者说以神学的方式来体现的美学观。

基督教在尼西亚会议（公元 325 年）正式成为官方宗教之后，其实也就成了主导的意识形态，而神学美学的特征则在于，它以基督教信仰和教义规范的方式来言说人自身自由的可能和极限。这是西方思想史上人第一次自觉地反思自身的存在根据和自由实现，而美学的核心含义，原本就是指人自身的自由实现之完满型态的根据和方式，以便使美学作为一种价值参照系，维系着人对自身自由的要求及其实现形式。[①] 因此，基督教思想理论虽然看起来并不直接言说美学，但其一些基本神学观点，已经从本质上穷尽了美的可能和实现。

---

① 孙津：《在哲学的极限处——自由美学论纲》，中国文联出版公司，1988 年。

一、人的存在

比尔兹利在论述中世纪美学时曾认为，基督教关于上帝创世造人，造成肉身的理论以及对新旧约全书的解释，本身就具有明显的美学性质，它本应对美学史产生重大影响，甚至使美学史以另一种面貌为我们所认识，只是由于教父和神学家们忙于对付异教敌人的挑战，所以才忽略了对这些理论和活动的美学性质作本质性思考。[①]比尔兹利并没有说明，为什么基督教理论中的这三个至关重要的基本问题具有美学性质，以及它们的美学含义是什么，但是，神学美学的主要内容，的确就是包含在这三个基本问题之中。简单地说，在早期基督教教父那里，西方人第一次为自己的安身立命和行为指归及相互博爱，找到了一个绝对的、处于人的经验世界之上的、超验的形式根据和本质保障。这个根据和保障其实就是人追求自由实现（美）的一个结果，但在人第一次反思非存在对人自身的意义时，却必然地作为人的前提被设定。这个根据、保障和前提的三位一体，就是那超验的上帝，舍此人所固有的美的本性便无从着落。这是神学用形而上学本体化的方式，在对信仰的实践中消解了"美是什么"这个本体论难题。

当神学确定了上帝这个先设时，它同时也就是人的行为结果和保障（这点稍后将会有分析）。但首先需要解决的问题则是这一先设对人的存在的根据和意义，于是便有了上帝创世造人的说法。在基督教神学理论中，人和万物的存在之由上帝造出，完全是一种无中生有的创造，它根本不在于解决古希腊存在哲学中概念与现象如何统一这种理性问题，而在于确信上帝的绝对美善、完满或无限能力，以使人的存在得到伦理根据和现实保护以及精神安稳。神在古希腊是人放大了的自己的英雄形象，是人所创造的一种实体性结果，而在教父和神学家那里，神不仅是至尊的和超验的，而且，人必定是由神来造出的。人必须先将自己的属性异己化，然后再在对这异己的绝对形式的信仰中慰藉自己，并给"美"以存在的现实性。在这一二律背反的转化过程中，神学美学所建立的是一种全新的价值观，即人的本性被作为超验的形式与人的实际存在所结成的必然的和现实的关系。这种关系，其实就是20世纪德国宗教哲学家马丁·布伯（Martin Buber, 1878—1965）所说的那种"我—你"存在关系。[②]

在古希腊，自然和人都是本然就存在的，无须追问它们何以能够存在，在此意义上讲，包括人在内的万物存在，都是与

① 参见 M. C. Beardsley（比尔兹利）：Aesthetics from Classical Greece to the Present（《从古希腊到今天的美学》），The univ. of Alabamma, 1970. pp89、105—106.
② 参见马丁·布伯：《我与你》，三联书店，1986年。

人的自我存在意识无关的一种"他在"。就神是人造的来讲，希腊的神也只是诸英雄相互区别的一个"他"而已。当教父们确立了上帝六天内创世创造人的绝对能力时，这种奇迹之所以并不因为它违背常识和科学而令人不信，其原因就在于，人并不将此作为在人的经验水平上的真实事件，而是把它作为某种超验的存在本原和形式的自身活动和伟业，而上帝便是成全了人的"我"的那位绝对的"你"。奥古斯丁知道这一点，他在《忏悔录》中称上帝为"你"。上帝作为人的存在根据和自由保障（对人的"成全"），以一种超验的形式与人同在，人从此可以在与这种超验的形式的对话中，安顿自己必有一死的肉体和慰藉自己漂泊无定的灵魂。

上帝是按自己的形象来造人的，超验的形式的价值对人来讲，首先就是上帝与人的一元性伦理存在的关系，这在 4 世纪最著名的东方教父尼撒的哥里高利（Gregory of Nyssa，355? —395）那里已表述得相当清楚了。上帝尽管是超验的，但它作为人和万物存在的先设与它们同处一条伦理链环上。人在这条链环中处于高于自然而次于上帝的位置。当人欣赏自然时，人与自然构成"我""你"的互存关系，这里，自然是为人而设的；当人信仰上帝时，

人与上帝则构成"我""你"的伦理关系，这里，人的存在是为了向往上帝的至美至善的。[①] 在柏拉图和亚里士多德谈到人的时候，人应具有三个组成部分，即由营养供给的质料，由感官提供的感觉，以及心灵所具有的理智，而所有这些，都是已然的自然物质或人天生就有了的属性。哥里高利则认为人的这三个方面是上帝所造的人性的组成部分，即是说，"用'身子'（sōne）一语代表人的营养部分，用'魂'（psyche）字代表人的知觉性，又用'灵'（pneuma）字代表人的理智。"[②] 这样，人的存在在实体、精神和功能等各方面都有了一个来源和根据，因此历来哲学对于"存在"所做的艰苦思考，便被一种具有伦理价值的实践所代替，实体的存在（substance）被现实的存在（being）所代替。这就使哲学对于存在所作的冷漠思辨，成了人自身存在之根据的价值参照系，也就是在哲学的极限处生成了美学的存在位置。

然面，上帝造人并不是为了人，而是为了他自己。这是人第一次反思自己时对精神作为精神本身而存在的要求，也是彼岸物自存的必然性。奥古斯丁在《忏悔录》开卷语中说："你创造我们，是为了你自己。我们的心是不安定的，除非它们安息在你里面。"这句话集中表明了神学美学的

---

① 哥里高利：《人的造成》（二），载《东方教父选集》，基督教辅侨出版社，1962 年（下同）。
② 同上书（四）。

一大内容，即人的自由实现的前提，在于找到那与现实的人的"我"互为存在的某种超验的"你"，也就是找到具体的自由实现形态（实现了的美）的本体论形式根据（美本身）。德尔斐神庙里铭刻的那条据说是神谕的箴言"认识你自己"，在希腊哲学中从来没有被做到，甚至没有从美学角度真正认识到它的含义。因为希腊哲学家所认识的并不是作为"我"而存在的"你自己"，也从来不是把对象当成与"我"互为存在的前提的"你"的。在这里，神只要人认识"他"自己，却不要求"他"认识神本身。与此一致，希腊哲学研究的只是作为第三者的人或物的"他"；而"我"本身也是作为"他"而归属于"灵魂"（柏拉图）、"城邦国家动物"和"理性动物"（亚里士多德）、"快乐"（伊壁鸠鲁）之类的种或类的存在。至于"你"，希腊哲学几乎从未考虑过，柏拉图式的理念和各种神以至于人本身，都只是一些茕茕孑立的存在，它们孤苦零丁，无所依傍。在古希腊，哲学对于美的乐观推崇和感性愉悦不过是一种孩童的天真，待到国运不佳家道中衰之时，"我"必然就变得无依无靠，无着无落了。教父们神学思想中的美学特性，因此也必然要首先关心人的"我"的存在根据了，并以此排遣孤独和担忧之心情。

当奥古斯丁面对上帝称"你"时，突出反映了中世纪的神学家们就是在这种孤独和担忧中才去寻找人的存在根据的——这一点和我们后面将要谈到的 20 世纪神学美学之提出十分相似。这个根据作为"我"得以存在的"你"，又只能取一种超验的形式。"认识你自己"于是不再是上帝作为神而谕令人的指示，而是人与上帝的同在中所把握的"我—你"关系。这种关系的伦理性质当然是由上帝造人所决定的，然而其中的美学性质并不在于人真的就是由什么东西造出来的，而在于通过这种创世造人的一元性伦理链环，使超验的本原性形式（上帝）和物质的实体（自然、尤其是人）都能够作为"你"而成为现实的人的"我"的存在根据和活动对象，人于是也才得以实现了他的安身立命。仅仅就这一美学特性便可以说，神学美学实际上是在中世纪基督教思想理论中以宗教信仰的形式，也就是以把异己的力量作为人的自由极限的形式得到诞生的。

不过，这种神学美学对人自身存在的根据的关切，并不意味着确认一个实体的祖先。实际上，各种把上帝作为原初物质的看法，历来就是被作为异端的。自然神论者斯宾诺莎对神的证明，在基督教神学来讲已是一种非宗教的形而上学了。他说，"神是一个被断定为具有一切或无限多属性的存在物，其中每一种属性在其自类中皆是无限圆满的。"① 不过，这种说法是神学美学摆脱它诞生其中的基督教教义束缚的一个过渡，它意味着，人的存在根据，实际上在于人总是同某种超验的形式共存着，人追求这个形式，用这个形式鼓舞和慰藉人的自我确证，并且依赖或参照这个形式实现人的自由。所以雅斯贝尔斯才把神或上帝当成一种绝对的"大全"。人的生存固然就是其自身的存在，但重要的是人知道自己的生存是由超验存在的东西所给予的，并且以超越现实的存在为根据。② 蒂利希 (Piul Tillich, 1886—1965, 德国宗教哲学家) 在他的《系统神学》③ 中提出了所谓的"新教原则" (the protestant principle)。在他看来，人的存在本质必然引导人去设定一个上帝作为人的存在基础，因此这种"新教原则"反对基督教义中具有人形的"位格的上帝" (personal God)，但却肯定上帝存在的现实性。就上帝作为人的形而上学的"你"以确证人自身存在的活力论来讲，蒂利希显露了谢林对他的影响，而就他企图帮助人类在信仰中掌握自己的存在来讲，则明显回到了斯宾诺莎的传统。所以蒂利希说他所谓的"新教原则"的目的，是揭示一种不可名状的形式，它作为人的希望和准备，成为人的现实的存在的根据。显然，如果这些无限、完满、大全、自由等就是人的美的本性的话，那么，在神学美学来说，人的存在根据其实就是美的形而上学。

神学美学有一个明智的地方，使它摆脱了哲学美学的本体论困境。神学美学并不先定美的存在，而是用人自身存在的绝对的、超验的形式来揭示人的美的本性，这一形式便是信仰本身——而不是去信仰什么实体存在的东西，无论这东西叫"美"还是叫"上帝"。正是在这里，显示了神学美学与哲学理性全然不同的一种理性主义态度，也就是说，神学美学并不认为理性本质就是人的存在本性，而是把人与他的某种形而上学的互为存在，看做一种对人具有意义的"客观的"规律。因为在基督教神学中，理性 (ratio nality) 并不仅仅指原因和道理 (reason)，也不只是古希腊哲学所认为的人所生来具有的认识功能。当人的存在的形而上学以一种"我—你"关系被加以本体化时，理性尤其表示着一种"关系"。这个关系就是一切事物得以联系的规律，但这种规律并不是抽象的，外在于人的，只不过它的存在本身是"理性的" (rational) 罢了。因此，理性又指实体的一种基础或原因 (raisondetre)，还指一种知识的原则和潜在的能力。在此意义上，当神学美学以人与他的超验之间的关系来确

---

① 斯宾诺莎：《神、人及其幸福论》，商务印书馆，1987 年，第 138 页。
② 参见《存在主义哲学》，商务印书馆，1963 年，第 166—167 页。
③ Piul Tillich：Systematic Theology（《系统神学》），3vols. Chicago, 1967.

定人的存在根据时，它所反对的"理性"，不过是哲学理性的僵化独断而已——后面我们将看到，这在20世纪神学美学体现得更加清楚。

二、行为指归

当然，人在与自身的美的形而上学那里找到存在根据，还只是解决了人的安身立命的前提——这也是人具有美的本性的前提。要保证人实现其自由的结果为美，还必须有一个绝对的行为指归。这是神学美学的第二个主要内容。

人和自然万物都是上帝造的，而且上帝已由他的圣子基督示范了人的向善道路，因此处于与上帝同一伦理链环的人必须按上帝的旨意去行为，便是人最根本的伦理和道德准则了。所以，尼撒的哥里高利认为，人在被造同时，也就使人获得了在行为目的上的一个绝对来源。然而，这显明的道理要从教义变为现实的可能，就必定要回答人的行为结果是何以为善的。神学美学中美与善的一体不可分之道理，也就在于此。

就具体的审美来讲，美感之产生未必在主体、对象和效果上都为善，正好比一件美的艺术作品未必一定在道德上都是好的一样。但是，美既然是自由实现的完满形态，它就必然在普遍的意义上有一个绝对为善的形式，或者说，人的行为结果可以为善，必然因为有一个善的形而上学作为人的行为指归。这种善的形而上学的绝对性由于超出了（但却包括着）具体行为的功利含义和价值形态，因此，恶必然失去它在本体论意义上与善的对峙自存。正是在对于善恶位置的安置上，神学美学使必然为善的美的形而上学对人的实践具有了一种行为指归的意义。下面的分析将使我们看到，这并不是美善不分的一种美学幼稚病，恰恰相反，它一方面超出了审美活动中具体善恶的价值功利问题，另一方面又超出了（但却包括着）操作意义上的形式主义美学观，并使超验的美的形式的绝对参照性质，对具体的审美活动具有了人自身的实践意义。实际上，正是美学史忽视了这一点，才往往抱怨中世纪神学家们总是美善不分的。

神学美学主要从两个方面讨论了善对于人的行为指归的必然性和可能性。就必然性来讲，恶并没有独立的本体存在，它不过是善的不完全；就可能性来讲，则是人具有向善的灵魂。不过，这两个方面其实是二而一的。

在基督教神学中，作为绝对的善并不就是具体的道德规范，而只是万物化生存在、运行演变的终极保证乃至规律。正因为如此，上帝造人的善行并不与人的犯罪和过错（恶）相矛盾：后者只是人自己滥用自由意志的结果。丢尼修（Dionysius，此为一匿名神学家，经考证认为是5世纪末的一位叙利亚教父）在《神的名称》中认为，恶是一种非存在，它是善的不完全或失缺，因为恶不能有自己独立的本原，也不能从善而来。尽管只有善才是本原性的存在，但是"每一事物之善性，须以它接近至善的程度如何为比例"，"所以纯粹的恶是属于'非存在'"，同时也"只是不完全的善罢了"。甚至魔鬼本来也是天使，他们固然是一种存在，但他们的存在与否却与善恶无关。魔鬼"之所以被称为恶，无非由于对固有之善的一种消耗、丧失和过错"。这就是说，魔鬼之为恶在于他们"不守本位"，企望得到超出他们按其与至善的接近程度所应有的东西。[1] 在这里，至善作为上帝的本性，以及上帝对所造的东西（包括人）的要求，其实就是把善的形而上学绝对化和本体化，使之成为人的行为指归的超验形式。但这并不是康德的"道德律令"，而是人的自由实现在道德意义上的绝对形式，否则具体的功利价值将使善成为乌有。

那么，人是如何达到绝对的至善，或者说使自己的行为指归为善的呢？这就要归于人的灵魂的功能了。灵魂和肉体同时由上帝给出之后，灵魂并不就是人的精神和心灵，也不是一种纯粹形而上学的概念。灵魂是人达到绝对至善的一个中介和一种功能。灵魂作为精神本原既可以与肉身结合，也可以离开肉身而独在。但这种独在本身并不就是灵魂不朽，事实上，亚里士多德就是把灵魂看做人的物质有机体的一种潜能形式，所以不朽的灵魂在他那里并不对肉体具有本体存在的含义，倒可能是另一种没有死亡的东西。[2] 但是在神学美学中，灵魂不仅是形式，如托马斯·阿奎那一再强调的，而且尤其是肉体的本原，是行动本身。波依修斯（Boethius，480—525，罗马哲学家）就已经阐明了灵魂的三种力量或功能："在有生气的身体里，可以找到灵魂的三种力量。在这三种力量中，一种力量支撑着身体的生命，它由诞生所生成并由营养所组成；另一种给知觉（perception）以判断的能力；第三种力量提供了心灵和理性所能达到的程度。"[3] 因此，灵魂本身不过是人的理性的本体依据，理性的运用（包括感性认识）不过是灵魂自身功能的实现。波拿文图拉（Saint Bonaventura，1221—1274，巴黎红衣主教）在《心灵进入上帝的路程》中详细阐述了这一点。他认为灵魂所具有的三种功能，即记忆、智力、选择，使我们能够感知外界，欣赏美物，认识善行，乃至达到由认识上帝而获得的喜悦有福。灵魂不仅作为人类理性的功能性本体，尤其使人逐步完

---

① 参见《东方教父选集》，第116—123页。

② 参见 Etienne Gilson：The Spirit of Mediaeval Philosophy（《中世纪哲学精神》），London，1936，pp. 175—178。

③ R. Mckeon：Selection from Mediaeval Philosophy（《中世纪哲学文选》），New York，1929 vol. I，p. 71.

善自己达到自由的完满实现形态得以可能。①

灵魂使人的行为向善的功能，必然导致基督教神学提出灵魂不朽的说法。它主要包括两层含义，即不朽的灵魂是上帝永恒的"道"（words）之体现，以及是符合绝对至善的人的活动的文化延续。这两层含义显然从前提和结果上都确证着人的行为指归的向善性。灵魂固然使人能够运用自由意志去选择他的行为，但并不就能保障这种选择必然为善——否则人就不会堕落，现实生活中也就没有罪、恶行和过失了。灵魂依其本性，是得自造物主的恩典，它之被突出地强调，实际上是神学美学要求精神作为精神本身而存在的一种表现。作为精神本身，就必有一个绝对的形式为依据，这就是上帝的道。把灵魂的不朽归于某种物质不灭或某种轮回，这和把上帝看做某种原初物质一样，都是异端的说法。② 灵魂之所以能够不朽，是由于体现了上帝之道的永恒。这样，灵魂虽在躯体之外独立成一完整的本体论存在，但其本质却是神性的个性化，也就是非物质实体性的存在。③ 这种看法，其实和肯定上帝与人的一元性伦理存在在前提上是一致的：这种前提所保证的是人自身存在的安身立命，而灵魂不朽在于上帝之道的永恒这一说法所保证的，是人的行为指归的向善性或人的自由实现之完满形态的可能性和现实性。

另一方面，与肉体相分离而独立存在的灵魂，由于承载着凝结的文化，当然是不朽的。因此，这种不朽的灵魂虽然作为一种超实体意义上的实体，但它实际上从不真正地"存在"而是不断地"发生着"。这正是灵魂不朽所具有的深刻的美学性质。因为灵魂在此成了人类理性能力的一种保证和证明，这种保证和证明从其活动位置上来看是处于上帝与人之间的；但就它对人的自由实现的善行目的性来讲，毋宁说它是人自己为自己的理性能力和自由活动所设立的属人的根据。从结果上讲，不朽的灵魂是提炼和凝结了文化中被认为是"好的"和"美的"东西的一种文化结晶，是"好的"文化的一般抽象，也是"美的"东西的一种象征。但是，灵魂的不朽，一方面表明灵魂对于人的自由实现来说永远是作为一种形式、一种运动而成立的，也就是不断发生着的；另一方面，认识和实践只是对活着的人而言的，那么灵魂只能落实在活着的个体的人的实践之中，灵魂由此也才具有了个性的人格。

灵魂作为一种中介，使人的行为符合上帝之美善动机或意图，这就解决了人不能直接认识上帝，但人的行为又是依上帝之道

---

① 《中世纪基督教思想家文选》，基督教辅侨出版社，1962年，第401—407、415页。
② J. Gonzaltz：A History of Christian Thought（《基督教思想史》），Abbingdon-Nashvillen，1974. vol. 1，part I.
③ F. 甘兰：《教父学大纲》第4卷，台湾光启出版社，第1334—1335页。

为准则的困难。因此，就灵魂作为人的理性之理性来讲，灵魂体现了作为人的实践之善行目的这个形而上学概念的本体化，也就是精神作为精神本身得到了存在。这是从人的行为指归（人的具体实践）意义上给了人直接面对他善行实践的绝对参照系以一种可能和根据。这种根据，便是认为在作为文化本体的人的自由实现的完满形态的背后，潜存着一种功能性的终极本原。

如果说，人把自己的异己力量作为人的安身立命的客观根据，体现了神学美学的理性主义态度，那么，灵魂所联结的人与善的形而上学的直接面对和参照，由于排除了恶的独立本原存在，便体现了神学美学在人的行为指归方面的乐观主义信念。达马色的约翰（John of Damascus，700—754，东方最权威的教父）在阐明灵魂对人的自由所负责任时认为，人之所以具有自由意志，就在于人有灵魂作为自由意志的本原。他说："上帝造人，人的本性是无罪的，又天赋有自由意志。至于无罪，我不是说他不能犯罪（因为只有上帝才是如此），而是指罪恶不在人的本性里，毋宁说是在他的自由意志里。"① 实际上，直到20世纪的存在主义哲学，不管有神论的还是无神论的观点，都肯定自由是人的存在之本义，善恶只在于人的选择。康德的"道

德律令"如果具有强制性，那么，在基督教神学中仍不能算作德行。美和善必须是自愿的行为，这是灵魂对人的自由意志的负责，同时也就消释了存在主义哲学认为自由是人的唯一被迫的行为这一困惑。

神学美学在此所显露出的这种乐观信念并不是盲目否认实践中可以有恶行存在，就灵魂与肉体的同在，以及概念与现象的统一来讲，恶当然是存在着的，但是所谓恶的不能独立存在，在实践中则是指灵魂所固有的向善性。这种看法固然是中世纪基督教神学对人的非存在的一种直观把握，但在恶向善的转变中都反映出人对战胜恶以实现完满自由的信心。奥康的威廉（William of Occam，约1300—1350，英国僧侣）在《七个细微的论点》中认为，奥古斯丁的乐观主义并不否认恶的存在，而是说人的灵魂天生与上帝的至善至美一致，奥古斯丁所不允许的恰恰是说存在两个灵魂，一个来自上帝，另一个来自魔鬼。② 因此新托马斯主义的主要代表马里旦（Jacques Maritain，1882—1973，法国神学家）宣布，他所讲的宗教目标，就是进入具有共同的、永恒的善的社会，而认为存在主义哲学由于渴望"虚无"本身，所以否定了人的存在和放弃了人的自由。波亨斯基（Joseph Bochenski，瑞士籍波兰神学家，新托马斯主义代表人物之一）进一步阐

① 《东方教父选集》，第360页。
② R. Mckeon 编：《中世纪哲学文选》，第2卷，第402页。

述说，所有"假定的善"和"实用的善"都仅仅是"绝对的善"的一种功能。美学正由于处于阶级社会中，实用的善将使具体的审美和艺术只具有相对的善意，在绝对的善的形式成为人的现实实践中，宗教便实现为人的价值。[①] 这些说法实际上已表明，美学不过是一种非宗教的信仰，如果宗教真的可以消失，美学之从宗教中诞生这一历史过程也许可以看得更加清楚了。

三、爱心

美和善的统一，并不等于说美就是善，上述分析不过是说，作为美的活动的绝对参照的超验形式，必然在自由实现的完满和圆全意义上是为善的。因此，美学对于人的实践价值的绝对要求，就不可能在于各种具体的感性形式。这些感性形式不管有多少可能的取向，它们都必须在一种绝对要求中才得到具体的美的定性。作为这一绝对要求的美，便是神学美学的第三个主要内容，即是说，它对于自由之完满实现的具体形态来讲是非功利的，而在其含义上却是功利内在于具体自由实现之本身的。这一内容的理论表述，便是神学美学（以及基督教教义）所要求的普遍的"爱心"，这其实也是所谓"上帝保佑"（providence）的真实含义。

早在奥古斯丁和伯拉鸠（Pelagius，360—430，英国修道士）的争论中，奥古斯丁就坚持一种预定论，也就是上帝保佑。奥古斯丁认为，由于原罪（original evil），因此人人生来皆有罪，人的得救只能靠上帝的恩典，不能靠人自己的善行。上帝的恩典是通过神甫为中介所带来的洗礼，这样讲加强了教会的权力，所以受到教会的欢迎。但是，这里的"因此"（拉丁文 in quo；英文 in which［whom］），其意思是指人"在（亚当）里"犯了罪，并不就等于说人的现实活动必然只能为罪。所以，奥古斯丁的预定论说法一方面过于严格，人们由此可能对善的难以企及和没有报答而感到心灰意懒，也可能自暴自弃地对自己的恶行不负责任，故而后来的神学家大多不严格遵守奥古斯丁的说法。另一方面，这种预定论反过来指示人们必须具有爱心，实践爱心，才符合上帝的预定。换句话说，得救虽难以自选，但上帝保佑的意思却不过在于人通过互爱而得到的自我保佑和相互和谐。

就爱心的美学特性来讲，必须是超出纯粹伦理和道德含义的，这意味着对责任和义务的超出。这种超出并不是超越，而是在一种圆全的活动中包含了责任和义务，这便是中世纪神学美学的爱心所达到的一种至善至美。在这种至善至美中，爱心本身就是动机、手段和效果的整一。比如对于恶行和罪人，并不依它们的恶和罪来惩治它们，而是要求爱心对它们所施与的爱负有更大的责任

---

① 《西方现代资产阶级哲学论著选辑》，商务印书馆，1982年，第404、第443页。

和更多的义务，这也就是爱敌人、拯救下地狱的人所具有的美学意义，即是说，以美本身所具有的自由实现之圆全性质，作为这种爱心活动的一种参照系，以此为标准而使爱之活动具有美的性质。

但是，爱心从本质上讲比美具有更深的自由含义和更大的自由价值，在此意义上讲，爱心本身又是美的活动的标准之一了。爱心之所以必须是超出责任和义务水平的东西，在于责任和义务是针对某种功利关系或命定的强制关系而言的，比如对上级、下级、业务伙伴、老师、同学、父母兄弟、路人过客等，我们之爱心每每是有明确的责任和义务，它们来自情愿与不情愿、意识到与没有意识到的功利关系，来自人不得不负有责任和义务的命定缘联。这样，人虽然也能够通过爱心达到自由实现的某种完满形态，但就爱心本身存在性质的普遍性来讲，其自由仍是不完满的，因为功利或命定的责任和义务是作为外在于爱心的异己客体而成为主体活动的对象的。同理，在这种情况下，自由意志的选择表面上看来是可以为善或为恶的，但这种善恶只是作为自由意志的结果与自由意志本身相对待而存在，由此，灵魂作为自由意志的一种精神本原，其自身并不具有包含善恶的性质。因此，为了给灵魂、自由意志和爱心这三位一体式的精神本体之

存在以完满的性质，就必须使它们能够具有一种超出责任和义务的性质。因此单就爱心来讲，它保证着美的活动中现实存在所具有的"我—你"关系，这样，在非功利的形式和功利内在自身的内容的同一中，人通过对爱的信仰，才使在美的活动中实践上帝成为可能。

从奥古斯丁到波拿文图拉以及到托马斯·阿奎那，对上帝的看法已不再是静止的（static）各种逻辑推论，而是一种活力论的（dynamic）生存需要了。奥古斯丁深信上帝是处于主动地位的，如果寻求上帝的人找不到上帝，只要有爱心，那么上帝也一定能找到他们的。这固然是从上帝造人的善意角度来讲的，但是从人对至善至美的找寻来讲，至善至美本身已不再是一种静止的绝对形式，它在人的自由活动中成为人不断实现自我的一种生存过程——这一点在 20 世纪神学美学中得到了十分突出的强调。这一过程的活力论基础，正在于它就是自由实现本身。托马斯·阿奎那在从宇宙论（cosmology）角度对上帝的证明中，使上帝具有了目的论（design 或 teleology）的含义。①

这种目的论表明，上帝关乎于我们人的并不是那静止的概念，而是上帝的理念（idea）自身含义的不断丰富和展开对人的活动所具有的意义（meaning）。正是这种

① John Hick：Philosophy of Religion（《宗教哲学》），New York，1937. pp. 20—23.

意义，保佑着人的自由完满实现；而上帝的理念之不断丰富和展开，又构成了人对上帝的实践。在上帝保佑中，人在存在中与上帝的关系已不仅仅是将后者作为自己存在的绝对前提和保证，而且还作为一种结果，象征着人自由实现的绝对目的和完满形态。所以尼采要求人寻求他自己的呼喊同样也具有基督精神，因为这使他那反潮流的叛逆精神在美学上与中世纪神学美学有了直接的接续。

实践上帝的最根本含义，就是爱心的实现。这是神学美学中的人道主义，也是人道主义在中世纪基督教思想中形成的本真含义。人之间超阶级、超种族、超性别、甚至超宗教信仰的博爱，是基督教人道主义最富有美学性质的部分，它表明，就美的本义，即人的自由实现之完满形态来讲，其实就是一种爱的极致。一般地说，神学家对于为什么要爱并不感到为难，而是追问爱是什么，爱的可能性何在。

在神学美学中，爱就是向善的最普遍、也是最高级的方式。但爱又是具有本体论含义的一种固有存在，即绝对的善的必然要求。当我们把上帝作为一个绝对的存在（being）时，这个存在在"有"的意义上同时也就是绝对的善（good）。对于人来讲，这种绝对的善便成了被爱的形而上学对象，在此意义上讲，爱只是为爱而爱，

不存私欲和功利，但却本体化地使爱心作为美的实践落实在人与人之间，丢尼修对此已有论述说，我们的爱心来自绝对的至善，而且由于美与善在本性上的一致，人和天地万物也都各因渴慕其本身的美而存在。[①]"美"（kallos）是与善同一的本体，但爱美来自对善的爱，这成为人之为人的原因和目的，因此人作为一种具有美的性质的类存在，必定也是善的。这便是爱心得以实现的可能性。

但是，爱心之所以具有本体论意义，在于人所实践的爱与至善至美所固有的爱不同，后者是上帝的善意，也是上帝造人的意志和统治人的慈爱。上帝的爱作为至善至美所固有的"爱"（agape），就是爱心实践的本原性依据和形式；因此，人之间互爱一旦形成，实际上就成了对于至善至美的爱慕。但是，"爱慕"（eros）本身是人的属性，包括欲念情爱，所以只有以agape为依据，爱慕才能成为真正的博爱。正是这两种爱（指 agape 和 eros）在人的互爱依据上帝的至善至美来进行这层意义上，才具有相同的性质和含义，也就是超验的博爱形式和具体的人间互爱的一致——当然这也是基督教人道主义的本义。据此，圣·贝尔纳德（Saint Bernard, 1089—1153，法国僧侣）才有理由认为，人间博爱的基础在于人的自然之爱，它由于上帝

---

① 《东方教父选集》，第104、108页。

圣宠的指引而与爱的超验形式统一。①

这样，人的互爱便可能完全是属人的和现实的爱，即以自我爱欲为出发点而推及他人的普遍博爱。这种博爱的另一层本体论含义，是指它作为一种人生态度构成了人的自由实现——这一点又是为 20 世纪神学美学所突出说明的，因此也必然是超出直接的功利要求的爱。圣经《利末记》中说，"要爱自己的同胞，像爱自己一样"，指的正是人的美的本性在博爱中的极致状态。正如贝尔纳德（pstudo-Bernard）所说的："如果你看见你自己，你也就看见了我，我于是与你无别；而如果你最爱上帝的形象，那么作为上帝的形象，你就最爱我；而我也就是在爱上帝，也爱着你。这种寻求自我认为，以及对自我认同的趋向，在我们是体现为各自的区分，但在上帝中，我们相爱。"② 这里美的极致中的人类大同，也是神学美学的最高理想——将此与萨特那种"他人是地狱"的存在主义相比较也许可以更清楚地表明这一点。爱心在此作为一种本体化了的超验形式，成为人实现美善的自我保障。其实，这也是具体的艺术活动的审美特性之根本含义，即一种主体与对象（包括他人）共同达到的一种理想境态。

四、小结

我们已经从人的存在、行为指归和爱

心这三个方面，论述了神学美学的形成和主要内容，这些看起来似乎和一般人们所理解的"美学"很不相同（这一点留待"评价"一节去讲），但却不难发现，各方面的论述都围绕一个核心，即人的自由实现。总括起来，人的自由实现在神学美学中有三个主要含义。

第一，自由是人自身存在的本义。人的本性并不是抽象的，与个体的人的具体状况无关的，但是，本性作为人之为人的根据，却是作为人自身的前提而具有意义的。当人自觉反思自身时，便为自己设定了一个绝对的前提，以保障人的安身立命的伦理意义。这个绝对前提在其本体论的意义上就被称为"神"或上帝。然而就具体个人的生存来讲，这个上帝不过是人自己的形而上学，人的自由，就生成于人与他的形而上学所结成的互为存在的"我—你"关系之中。

第二，自由是人的意志的选择。人的行为指归依一种绝对的善的形式，使人的自由意志所造成的行为结果成为"美的"，而这个绝对的善的形式，就是上帝的道，是人设定上帝后人对自己的最高要求。美的结果的实现，使人把美的形式作为一种绝对的价值参照系，从而使之对具体的美的活动具有了实践意义，自由意志之所以

---

① F. 甘兰：《教父学大纲》第 4 卷，台湾光启出版社，第 1062—1063 页。
② E. Gilson：《中世纪哲学精神》，第 218 页。

能使行为为美，在于人的本性与绝对的善的一致性。

第三，自由实现是人的绝对要求。美作为人自身的绝对要求，使人的自由实现本身是超出责任和义务之外的活动，其非功利特征正在于它的功利是作为内容包含于具体的自由实现本身的。这种美的实现的极致，在于人依据上帝旨意而实行的普遍博爱。

神学美学形成于基督教神学中，但其本质并不局限于宗教信仰，相反，它通过对哲学理性的迷信和盲目崇拜及神秘主义的迷信的破除，启示了一种非宗教的信仰，即把人与物（包括被作为物的"他"而存在的人）的互为对待，转变为人与自身形而上学的互为存在。正是在这个意义上，神学美学把古希腊传统的哲学感性学意义上的美学，即对感性形式的欣赏和研究，以宗教信仰的方式转变成了人对自己与超验形式之间关系的把握。因此，人的自由实现之诸问题，特别是自由实现的完满形态，必然成了神学美学的核心课题——尽管这是在神学的形式之下生成的。

第二节 20世纪的神学美学

神学美学在中世纪基督教思想理论中产生之后，它所关注的核心问题，即人与他的存在、自由之间的诸种关系，不仅构成了20世纪神学美学继续深入讨论的基本问题，而且神学美学的一些概念和范畴，

也只有在明了它们形成的历史过程，才能准确理解其含义，尽管这些含义的变化是我们更为关心的。不过，神学美学作为一种学术思想（有时形成一定程度的思潮）的存在，在20世纪比之以前有了更为明确和更为详尽的论述，不仅其美学性质更为肯定，而且也有着更为关注社会现实问题的世俗化特征。所有这些，其实都表明着20世纪神学美学比之在中世纪更为从神学和宗教哲学中显突出来的一些原因。这些原因大致可以从两个方面来讨论。

第一个原因可以看做是美学本身的要求。在美学史的进程中，理论和实践的不断变化，尤其是现代文明的各种观念和生活方式所要求的美学解释，使美学面临着许多新问题需要探讨，也使一些老问题具有了新的含义。这种情况不仅很自然地为神学家所关注，而且也使神学本身的一些美学含义显得突出起来。实际上，20世纪的神学家和教会有着他们自己的美学论著。比如马里旦的《艺术与经院哲学》（*Art et Scholastique*，1920），德·布鲁依纳的《艺术哲学概论》（E. de Bruyne：*Esquisse d'une Philosophie de l'Art*，1930），培鲁兰利的《艺术哲学》（N. Petruzzellis：*Filosofia dell，Aste*，1944），斯丹法尼尼的《美学概论》（L. Stefanini：*Trattato di Cstetica*，1955）。罗马梵蒂冈传信大学也有自己的拉丁文《美学》（*Aesthetice*，1958）讲义，是由大学教授维吉利诺

(H. Viglino）编写的。同时，也有艺术家以教徒身份写的美学论著，比如法国诗人和剧作家克劳德（Paul Claudel，1868—1955）写的《诗论》（*Art Poetique*，1907），并且他说自己是以一个天主教作家来写这本美学著作的，目的是为了把思想引向天主。

但是，这些美学论著往往并不就是神学美学。这里有一个历史的误解需要指出，即是说，神学理论本身所具有或涉及的美学性质或含义长期以来一直未被自觉认识到，以至于神学家们谈到神学的美学时自己常常并没意识到，而在一些专门的美学论著中反倒是在一般的美学含义上（也就是非神学美学的含义上）来谈美学的。因此，20世纪的神学美学，其许多主要观点、概念和范畴，仍是在神学家们一些不是专门论美的著作中见出的。但是，20世纪神学美学与中世纪神学美学的一个最大不同，是神学本身的世俗化倾向。当然，神学的世俗化在宗教改革的15世纪就开始了，但那时候文艺复兴的人文主义理性传统，仍然使改革中的宗教更多关心与哲学理性相抗衡的神学和教义问题，却没有自觉关注美学问题——这也是文艺复兴打断了神学美学自身延续的一个历史原因。在20世纪的神学美学世俗化倾向中，诸如对上帝的理解这类问题，越来越与美学的一些核心问题，比如人的生存、美的根据、审美实现、自由的限度等紧密联系起来。

一些20世纪宗教改革家，比如马丁·布伯、保罗·蒂利希，都在阐述自己的神学观点时，广泛地讨论了社会各方面的现实问题，同时也就明确地涉及了新的时代的美学问题。这些都使美学自身的要求包含着从神学（或世俗化的神学）角度解释美学的可能性，同时也使神学本身的美学含义有可能得到专门的讨论。

第二个原因则是思想史本身的要求，即对哲学理性主义的怀疑和反对，而这一要求本身在很大程度上又是20世纪社会现实在神学美学中的反映。理性主义作为西方哲学传统，从古希腊就开始了，其核心含义，就是把"本质"（essentia，托马斯·阿奎那用语）看做是一切存在的根据、本原和实体，它规定事物的现实存在（esse）。这种本质是恒定不变的，哲学如果使人把握了本质，便可以评价事物的得失和价值，并决定人的行为选择。这种理性主义哲学，一般认为是在黑格尔那里得到了最充分的体现和表述。然而，理性作为近代哲学的突出特征，是文艺复兴最为强调的，而且是以反对神学，或者把世俗理性提高到神性的方式来强调的。在此意义上讲，20世纪神学美学，实在是美学史跨过了600年历史，直接接续了中世纪的神学美学。不过，神学美学之随着哲学上怀疑和反对理性的倾向而显突，还由于理性本身在20世纪的幻灭，因为事实表明，根据人的理性活动，社会文明和现实生活并没有保证人的行为对人都是"好的"，或者说，不断发生的失望使人认为理性本身并不就是"合理的"。

这种对理性的怀疑，由20世纪的各种天灾人祸，特别是两次世界大战而深深地加剧了。国际社会的种种危机，比如资本主义异化、战争、道德标准的混乱、集权以及社会主义进程中诸如官僚主义等问题，都使美学不能不面对现实，思考人类的一些终极问题。比如人与神的关系、自由实现的限度、美的行为与道德等，都使美学对自己在性质和结构上要求有很大的调整，而且更突出了美学的道德含义。在神学家和宗教哲学家看来，现代哲学的趋势有两大特点，一是反对系统化，要求注重解决实际问题；另一是反对科学实证主义，要求从形而上学本体论的高度，对事物作具体的现象学研究。① 这两大特点，不仅表明了现实社会对思想史的影响，而且也说明了所谓本体论回归的必然性，同时也都成了神学美学作为一种理论显突出来的思想基础，因为这两个特点合在一块儿，正好就体现了诸如有限自由如何实现无限，或者说无限如何实现在有限存在之中这种神学美学所关注的核心问题。

由于上述两个主要原因，神学美学就有可能被历来困于人的美的形而上学和美感的具体经验之间的紧张关系中的美学认为是一个解脱之途径了，因此，20世纪神学美学的代表人物并不都是标准的神学家，反过来，真正的神学美学也未必只在标以"美学"字样的论著中才有。在论及神学美学的各种观点中，有两个共同特征，一是神学的世俗化价值突出了，另一是对人的自身选择意义被强调了。这两者其实都是尼采说"上帝已死"之后的神学思想中突出的普遍倾向，不过这并不意味着神学美学就是非理性或反理性主义的。恰恰相反，神学美学所怀疑的正是资产阶级理性本身的价值，并由此显得神学美学具有非理性或反理性的论述形式；而神学美学所反对的，则是黑格尔式的理性神话——实际上，"上帝已死"本是黑格尔先说的，尼采不过是受了他的启发，但由于这句话在黑格尔是以一种恶作剧的口吻来故作残酷状的，所以哲学史原谅了黑格尔，却揪住尼采不放，还要殃及与尼采思想有"缘联"的其他思想。

当我们明了20世纪神学美学的特定成因和思想特征之后，也许就不至于对神学美学并不作为一个自觉的流派而存在感到不理解了。不过，为了论述的方便，下面仍打算以一些代表人物为线索，介绍20世纪神学美学的主要观点。

一、雅斯贝尔斯

雅斯贝尔斯于1883年2月出生于德国

---

① 罗光：《士林哲学·实践篇》，台湾学生书局，1981年，第388页。

的奥登堡，他是从医学、经由精神病学的现象学研究和心理学研究进入哲学领域的。他所使用的一些概念和范畴之独特，可能与他在学术研究中这种学科的转向过程有关，而且也部分地影响了他对精神活动中超越各种局限的活动的关注。不过，他从来都不是一位神学家，他的大部分生涯是作为大学教授度过的。第二次世界大战后，他似乎成了一个自由派思想家，呼吁人类和平，反对国家垄断统治，因此颇遭当权者忌恨。终于，他在1967年放弃了德国国籍，成了瑞士公民，并一直到1969年2月逝世之前都自由地发表着自己的各种观点。

不少哲学家都认为，雅斯贝尔斯的思想主要来自克尔凯郭尔（Soren Kierkegaard，1813—1855，丹麦神学家和哲学家），比如华尔就说过，"我们可以认为雅斯贝尔斯的哲学是克尔凯郭尔的哲学的一种世俗化和概括"。① 其实这种看法未必不是一种普遍的误解，至少它没有看到，这种世俗化可能正是雅斯贝尔斯神学美学的一个特征。神学美学在雅斯贝尔斯那里的确十分世俗化，但却并不易为人理悟，因为他虽然关心各种现实问题，但都把它们提高到人与他的超越对象如何打交道的水平来对待。"神"在他那里与其说是一种信仰的对象，毋宁说是象征着人的各种超越活动的终极根据和指归，而他的美学思想，

也就围绕着这种意义上的神与人的诸种关系而展示。

第一，关于大全（das umgreifendes）。

大全这种说法，神学意味极浓，它在雅斯贝尔斯那里，主要表示一种包括、涵有，其本体论含义在于有一个无所不包的存在者。大全本身虽不是一个实体，但作为各种局限中的活动所能达到的境地来讲，它却是一种"超越的存在"（ein transzentents sein），或者作为既是根据又是目的的存在来讲，是"超越的唯一者"（das transzentents sein）。雅斯贝尔斯的神学美学就建立在如何理解和对待"大全"这一前提之上。

为什么会有"大全"呢？其实这是神学思想史上的老问题，亦是神学美学关心人的自由限度的老问题。在早期教父那里，思想已认识到非存在对人的意义，但却直接把它作为异己的力量称为本体论的神，而在雅斯贝尔斯，这一老问题是经由康德为中介获得新的含义的，当康德论述"物自体"时，他是联系时空理论来谈的，即是说，时间和空间本身都不是知觉的对象，但一切能够知觉到的东西都在时空中出现，这样，知觉到的东西作为现象界的东西，其背后还有更为本原的、不可知的物自体。雅斯贝尔斯则认为，大全就是那既非知觉对象，亦非思想对象，但所有这些对象都

---

① 让·华尔：《存在主义简史》，商务印书馆，1964年，第6页。

是从它那里出现的那个东西。这样，本体论的物自体，就由事物背后的本质，变成了一切所由生成的源头和所指向的归宿的大全。萨特在批评存在主义的有神论时，就针对此说，例如雅斯贝尔斯的思想就是一种不敢说出自己名称的神学。当然，雅斯贝尔斯未必是"不敢"说，不过他可能并不情愿这样说，因为作为神学美学，它所关心的并不是神学意义上的神，而是美学意义上的自由极限。大全，就是从认识自身局限的一种体验而来的。

很显然，我们凭经验知道我们在不断地认识对象，但对象作为被人认识的对象，仿佛并不是存在本身——至少从它对人的价值来讲是这样，而且，当我们与对象发生各种关系时，这些关系作为现象同样也指向超出经验存在之外的东西。于是，认识就以为自己总是不断把握某种"整体"的各个部分，这些部分就成了把我们的知识联成一体的"地平线"（horizon，这个词在雅斯贝尔斯又有"眼界"、"视域"的含义）。惟其地平线并不是整体本身，即是说不是人的自由的极限，因此它对人来讲总是尚未结束的、延伸着的。于是，经验告诉我们，一切给予我们的东西和被我们作为对象认识的东西，好像都被某种更为广大的东西包括着。这个东西就是大全，它既不是地平线，也不是对象，但它却只在地平线和对象中显示自己，而且地平线和对象也总是指向它——这就是任何事物都从大全内部出来又都指向大全的根本含义。

如果可以从两个方面分开来谈的话，那么，从神学上讲，大全就是作为根据和指归的神，而从美学上讲，那就是自由实现的极限和根本参照。因为，对于大全来讲，一切知识之间的区别和对待都仿佛是"透明的"，自由虽实现在具体的活动中，但永远指向自由的活动本身则使作为具体的东西不断消融在对自由的追求中。大全作为存在，当然也是一种形而上学的本体化，因为它是存在之存在或存在本身，如雅斯贝尔斯说的："这个存在，我们称之为无所不包者，或大全。"① 但是，大全本身在什么情况下都不应看做是自由本身，否则人的自由活动就没有必要了，或者甚至可以说也不可能了。自由只是作为人的生存价值和状态而成为实现了的大全。

大全作为自由极限，具有美学性质；同样，对大全的体验也是美学性的。首先，人不能靠概念认识大全，而只能部分地体验它。这种体验明显区分出大全的两种显现方式，一种作为存在自身的大全，即我们所说的世界，另一是作为个人的我或类的我们所体验着的大全，叫意识一般。这也就是说，大全同时是客观的、主观的、物质的、精神的。其次，人达到大全的过程，是一个不断

---

① 雅斯贝尔斯：《存在主义哲学》，第 166 页。

超越局限的过程。这也是大全的第三种显现方式。而大全作为超越活动（自由活动）的根据和指归，是超越者（transzendenz）本身（关于"超越"后面将专门讨论）。正是在这种超越的活动中，大全向人显现出它的三个基本存在方式，而且人也是在这三种方式中实现他现实的具体自由。雅斯贝尔斯说："无所不包的大全，就是按照它在我们上述的这三个分化步骤而发展出它的不同样式的：第一步，从一般的大全分解即是我们的大全和即是存在自身的大全；第二步，从即是我们的大全又分解为即是我们的实存、意识一般和精神；第三步，从内在存在达到超越存在。"①

如果人试图从认识上说明大全的内容，那么他所抓住的总是部分或某一方式，雅斯贝尔斯认为这些方式可以归为七种。就我们自身作为存在来讲，当然是大全的一部分，它体现为四种方式，即现存在、意识一般、精神、实存；就存在本身作为存在来讲，则有两种方式，一是世界，另一是超越者，在这两种方式中，世界可以是物质的，但超越者则不可以；最后一种方式是理性，理性当然也是属人的性质，它作为大全的一部分，是联结人的知识的纽带。在这七种方式中，自由实现的限度就很清楚了：现存在、意识一般、精神、世界，这四种方式是我们人存在其中并得以生存的大全部分，人的经验可以达到它们；而实存与超越者这两种方式，则是只有通过"超越的飞跃"（transzendierender sprung）才能达到的存在，它们与前四种方式对立。使这对立的两部分相互联结的能力，是理性，即大全的第七种存在方式。我们不妨认真地思考一下"理性"在神学中的含义，便可以知道雅斯贝尔斯为什么说理性也是大全的一种存在方式了。不过，从美学角度讲，雅斯贝尔斯更重视的并不是对理性作形而上学本体化的神学意义，而是更为世俗地指人的一种基本功能和自由取向的基本态度。理性的基本态度就是无限开放，只有它才使达到大全成为可能，它是一种不安分的力量，它要求人从一切局限的、被决定的现状中解脱出来，并安宁在那"唯一的存在"（das eine sein）即大全向人的敞开之中。明白理性的这层含义，也许我们就不会认为神学美学本身是非理性的或者反理性主义的美学观了。

第二，关于实存（die existenz）和超越（transzendente）。

雅斯贝尔斯认为，哲学所关心的应是人的存在，即是说："从人的存在这单一的基础上从事哲学探讨"。② 但是，存在不过是一种概念，或者说是没有具体定性的存

---

① 雅斯贝尔斯：《存在主义哲学》，第167页。
② Walte kanfmann 编：Existentialism from Dustoevsky to Sartre（《从陀思妥耶夫斯基到萨特的存在主义》），The New American Library, 1975, p. 165.

在（sein），存在只有在现存在（das da-sein）中达到实存，才是实现了真正的存在，或者说是定性的存在。这种定性的存在其实就是超越的过程，即所谓超越的飞跃，从而使超越者（transzendenz）对人的存在显现它的本义。这种存在于是可以算是一种真实的存在（das wahresin），因为它不仅使人的具体存在具有意义，而且使超越成为人自己的价值。实存的美学性质，在此就是这样通过它与人的定性存在、超越者以及超越的关系而显出来的，这其中的含义，在于表明美的形而上学本身是属神的，但关于美的知识、体验以及美的实现则是属人的。

超越本来是宗教术语，它在宗教经验中至少可以有两个方面具有美学性质。这两种经验是说，超越或者指一种克服局限和挫折的"过程"，当然也就是一般所说的"自我超越"；或者指宗教经验的"对象"，即超越者。超越的方式很多，比如有向上、向深处、向根源、向依归等方向的超越。就前述"过程"意义上的超越来讲，无论方向和量度如何，总是指任何事物超过或多于个体的即暂时的意识的含义，也就是在过程中总要"多出"一些过程的诸因素之和的东西。然而就基督教神学来讲，超越的含义更在于"对象"的超越，即某种被奉为终极的东西。由于超越是指对所经验的事物的超出，因此汉译又有叫"超验"的，但这却不同于"先验"。先验（a prio-ri）的本义是指"在前的一个"，即从原因推出结果的那个东西，超越（或超验）在终极的意义上包括着先验，但却大于先验，因为它作为原因是一种先在，作为结果则是超越本身。

实存作为使一般的存在具有定性的东西，本身就具有超越的性质，但实存本身并不是超越者。首先，超越者作为超越的对象，本身是一个绝对的他者，只有实存才能听见它的声音，达到它的本质。我们可以怀疑超越者，因为它没有现实的形体，而且它只能通过大全的其他方式显现自己。但是我们不怀疑实存，因为通过实存，人才知道自己，并使自己成为自由的，也就是使一般存在得到定性。其次，实存恰恰是让超越者得以显现自身的一种方式，因此人要得到实存，必须有一个超越的存在，或者说在与他者的一定关系中才能实现。这是雅斯贝尔斯与萨特那种无神论存在主义不同的地方，因为萨特讲的是人靠自己现实的选择而自由的。尽管如此，实存本身是一种状态的抽象表述，或者是一种价值，而不是绝对的他者。实存干脆就是一种超逻辑的形式，它表明这么一种状态或关系，即现实中的个人只有通过某个与他所不同的他者才能成为自由的。第三，正是在超越中，超越者是实存的终极根据，是实存的唯一依托。雅斯贝尔斯之所以不直接用"神"来代替超越者，只是因为他在此强调的是实存对超越者的特定关系。

在抽象的思辨中，超越者可以看做一种永恒的存在；如果在生活中信仰并分享超越者的显现，那么超越者无疑是一种神性；倘若在直觉体验中以人格与超越者相遇，并认为它也具有某种人格，那么它就是神，或上帝。

实存的美学性质于是便十分显突了，即是说，它作为一种参照系，标示着人的真实的、定性的具体存在之可能，而唯因这种存在只有通过人的自由决定才能实现，这个参照系的含义就是指自由实现的方式和价值标准。正是在这一点上，也就是在神学美学的意义上，雅斯贝尔斯与整个存在主义哲学思潮的基本态度是相反的。几乎所有谈到存在主义的人都认为，存在主义的第一命题就是"存在先于本质"，然而实存这一大全存在方式的提出，在雅斯贝尔斯来讲，是本质先于存在，因为存在是后于自由的，后于实存的，必有自由的定性而后才有存在（我们将在以后的论述中看到，保罗·蒂利希正是在此意义上批判存在主义的虚无论的）。这一观点既不是奥古斯丁的预定论，也不是贝克莱的唯心主义，更不是唯物主义的实践论，它就是20世纪神学美学的一个核心命题。自由在此再一次被强调了，因为人作为实存的自身存在，必须在人想要超越现实存在的局限而达到自由的永恒冲突和选择中得到实现，而且是在当与人有关的诸他者的关系中得到实现的。神学美学在此不过是以"实存"

再次标示了人对他自身形而上学的把握，因为实存的真实含义，不过是人本然的自我存在，这种存在之所以是定性的，又在于它是只有通过人的自由的、无条件的决定才能实现的。所以，实存对于一般存在来讲，只是它的可能性（ein seinkönnen），现存在固然属于人，但它只有在被实存的人所把握并对它加以改造时，现存在才被赋予生命。

然而，自由总是具体的。康德以物自体为不可知，在于我们企图把世界本原在理念的意义上来把握时，我们总是不得不陷入逻辑上的二律背反或自相矛盾。但是，这在雅斯贝尔斯恰恰有了一个积极的美学意义：我们在把握知识的不肯定或不完全状态中，便知道我们的自由总是可以感知和体验的，我们于是也不仅仅把可感知的、体验到的有限作为最终目标了，因此我们无论对于我们的世界还是处于这个世界之中，我们本身都成为自由的了。超越的重要性于是也就在于，我们在面对超越者以及处于我们与它的关系中，我们对我们自己来说是自由的。

超越本身既不是一劳永逸的，也不是实体存在的。超越作为自由的价值形态是人在真实的时空活动中所"多出"来的东西，这种东西既不存在于时空中，又不游离于人与大全的各种存在形式的关系之外，而是以实存的方式确证着人对他的活动的参预、负责和成功。实存永远只是作为个体的我的实存，是我的自由，因此它是不可再阐释的。被实现了的实存本身是沉默的，因为它就是结果，而且是向无限敞开的一种自由状态。每一个具体的自由都是不可替代的，因此大全的个别方式本身就不再是各特定关系中的不同对象，而就是大全的具体实现——这里我们再次碰到了超越，因为所有这些范畴都只能被超越地使用。

第三，关于密码（chiffre）。

密码是作为真理的诸种形态之一被提出的。真理在雅斯贝尔斯看来就是指意识一般的真理，真理是同一的，但由于我们绝不能全部把握大全，真理也就总是以各种不同的方式向我们显现，并具有不同的意义。这样讲，并不等于真理作为意识一般的认识而不具有客观性，恰恰相反，真理的客观性并不在于诸如存真、价值肯定、逻辑正确等含义，而在于真理的同一性并不能给予我们。同样，密码也不仅仅是认识真理的一种方式，而且它还是真理本身的存在方式。这样，密码有两个含义。其一，密码是现实与超越者的中介。因为超越者本身不是真理而是向人显现真理的根据，这样各大全的存在方式作为与人亲自在场的存在者，就成为密码。其二，密码具有客观性，因为人并不仅仅通过破译密码而达到超越者，在更为本质的意义上讲，是由于密码的存在才使理性的运动有了自己的支点。密码的美学性质于是在于，它就是超越者的象征，超越者通过它对实存体验显现。

密码虽是超越者的象征，但是在神学中用一些事物象征上帝的道，并不意味着这些象征就都是美学性的。比如十字架和图案象征耶稣基督的为人类蒙难、船象征生命之舟、锚象征信仰之根和十字架、孔雀的肉体象征廉洁和不朽、橄榄枝象征和平、棕榈叶象征胜利等，这些不过是一种释义。在此意义上讲，教堂里的装饰和雕像也许可以看做是一部给文化水准低的老百姓"看"的圣经图解，但却并不具有神学美学意义上的象征性质——尽管它们本身作为艺术形象也可以具有审美价值。另一种情况，就是不可把象征物作为信仰的对象，因为这就导致了偶像（idol）崇拜。偶像崇拜不仅从教义来讲是不允许的异端，而且从美学角度讲，也是把美的无限性局限为有限的实体，把密码本身当做大全，从而使美的终极性堕落为感性审美了。象征的美学性质，在神学美学中是指一种释义的自由形式，就是说，是人把握无限的一个途径。这在基督教神学中，最为典型的就是对"三位一体"的理解。所谓"三位"，是指圣父、圣子、圣灵每位都有自己的位格（personal），但这并不意味着他们是三个不同的实体，而是说他们在性质上是"单一"（unit）的。耶稣基督之所以是人的榜样，就在于他的单一性质体现为既有上帝神性又有人的肉身的具体存在。这种解释本身就是一种象征，而作为人与他自己的形而上学的关系，只有美学的象征才能解释。在雅斯贝尔斯的神学美学中，密码作为一种象征的存在方式，使神、艺术和哲学都具有释义的自由维度，在此意义上，密码的象征性质本身就是美学的迫不得已，或者说必定是美学性的。

由此，雅斯贝尔斯把密码分为三种。第一种是超越者的显现。因为这种显现本身就是真理的同一性，所以是不可言说的。如果对此密码加以破译，那么实际上已使密码的存在具体化了，也就是使密码在另一种方式上作为超越者的象征了。第二种是用概念来思维的密码，这时密码便以思维的象征方式成为哲学或形而上学的对象。第三种密码，是以与超越者的直观交流为特征的，因此采用的方式就是艺术性的。比如它可以作为神话的诸神（sondergestalter mythus）、作为彼岸的启示（qffenbarung eines jeneits）、作为神话了的现实（mythische wirlickeit）等——由此也可以看出，艺术在神学美学中并不是指一般意义上的艺术创作和作品欣赏，而仍然是神的一种显现方式（这一传统可以追溯到柏拉图），或者人与他自己的形而上学的一种运动关系。

艺术的超越价值与艺术的存在方式是一致的，即是说，艺术作为人生存和活动的某种密码而存在，这种密码是人自身的谜，而艺术的欣赏和创作就是对此的解谜活动。密码的依据，来自大全以亲临的方式向人的显现，也就是非言语的意义传达。由于这种显现的非言语性，人在与大全的超越活动中必然要受挫折，也就是有局限。艺术之所以能打破这种局限，在于艺术的特殊存在方式，即使其自身完全成为形象，成为离开现实而直接照亮人的精神的东西。在此意义上讲，艺术在雅斯贝尔斯看来并不意味着作品的现实存在，而在于如何对人与大全之间的隔阂的破除。因此，艺术的美学问题决不仅仅是欣赏、感受等审美现象，而是艺术家的一种生活方式，而且只有以这种生活方式构成作品的基础，作品才作为超越者的密码而具有艺术性。

艺术的表现方式有两种，一种是作为超越的幻象而被直观的，二是从现实中把握某种内在的超越。前者是指艺术作品作为区别于自然现实的幻象世界，是从每个个体的存在中分离出来的共性，即赋予存在以定性的存在根据，也就是神性；后者则把现实本身作为密码，也就是用艺术形象的价值来照亮人生。艺术的这两种方式的美学性质，都在于它能够捕捉住存在者的根据，即存在本身的含义，使人感受、意识和发现大全作为一种终极对人所具有的价值参照作用，在此意义上讲，艺术本身成了生存的功能。

在把艺术作为一种密码来破译时，有两点美学含义需要特别注意。第一，以往各种艺术定义都可以归结为两个标准，一是艺术的传达性（mitteilbarkeit），另一是艺术的普遍性（Zugänglichkeit）。这两个标准在雅斯贝尔斯看来都是错误的，因为它们都是从各种媒介物（medium）的本质来规定艺术的。这种规定仍然是一种间接的把握，没有达到实存的本质或根源。雅斯贝尔斯认为，从根源上看，艺术是通过直观地表现现实存在中的实存的一种确认功能，它照亮了或本身就释义了人的生存。第二，真理的把握虽不能达到大全的整体，并永远指向未完结，但艺术却是一种直观形态，艺术本身是离开了现实而存在的东西。因此，艺术一旦实现，处于艺术活动中的人是生存在艺术之中的。正是由于这两点，雅斯贝尔斯坚决反对为艺术而艺术，而主张艺术是一种生活方式或生存状态，人在破译艺术密码时，人与他的艺术实际上是一体的。

第四，关于悲剧（tragik）。

悲剧作为神学美学的范畴，并不是指一种艺术样式，而是人的生存现实——这在雅斯贝尔斯尤其如此，因为他主张哲学是从人的生存开始的，究其原因，也正在于超越就是人的生存与超越者之间的紧张关系。生存本身不是客体，它只是人赖以思维和活动的根源，人用与概念认识完全不同的方式，即体验的方式表明了生存的意义。因此，生存与人的实存和人的超越紧密相关，悲剧也由此而生。

由于人的实存是在人与他者的关系中

实现的，现实的我们就还不是生存，而是通过人的自由的抉择才成为生存的。现实的人永远处于一种此在之中，它作为生存实现的可能，是处于某种状况中的存在。各种状况以种种意义的关联逼近我们，给我们以生活的现实性，具体的状况作为现象是可以改变或回避的，但状况本身却像一种不可改变的压力制约着我们的认识和行为，这就是前面讲过的"地平线"。理性使我们想超越这地平线，克服这种局限，于是便产生挫折（scheitern）。挫折并不是结果，而是寻求超越本身，因此这个状况就叫做限界状况（grenzsituation），而挫折本身则成了寻求超越的意识。这就是人生命定的悲剧，而且是生存艺术的典型。

悲剧并不指悲惨、不幸，相反，悲剧作为一种密码，同样是大全对理性显现的一种方式，它表现了依赖于限界状况的人的变革。当人以悲剧的方式掌握真理时，悲剧便是人自我超越的一种方式，是在超越中的一种解放（befreiung）方式。人为了自由的充分实现就要不断超越现实局限，因此真正意义上的悲剧只是对人而言的。但是，对悲剧本身的解释，无论如何都不可能充分，因为凡有悲剧存在的地方，处于冲突中的各种力量的每一方对于自身都是真实的，悲剧的基本状况于是也只能是真理的分裂，是真实东西的分裂。我们对于大全的达到，从来就不是把大全当成对象，也不是把已有知识的总和当成全部真理（即使是某一阶段的全部真理）。相反，我们只有全部放弃已有的知识，也就是超越限界状况，才可能达到大全。这是悲剧的否定方式，也是悲剧对人的解放意义。

悲剧还表明了超越的历史性，即任何事物都不会再重复，作为自由实现它总是在一个限界中发生并完成的。北欧的神话、文艺复兴和古典主义时期的悲剧、启蒙时代的悲剧甚至存在主义的悲剧，这些作品在雅斯贝尔斯看来都不成其为悲剧，至少不是人生存状态的艺术典型。因为它们或者只讲神话而不质问，或者过于理论化，或者寄希望于基督教的恩宠得救，或者诉之于局限中的理性，或者宣扬虚无论的不负责任。这些悲剧作为已存在过的艺术样式，只能是美学的堕落，是单纯的欣赏，却缺乏生存基础。真正的悲剧是索福克勒斯和莎士比亚的一部分悲剧，因为在那里人本来的自我生存（实存）是通过挫折表现出来的，是人对限界状况的一种斗争。

人在悲剧中没有胜利和失败，因为悲剧是罪（schuld）的结果，或者是罪的本身。指望神的恩宠是不会得救的，只有毁灭本身才是赎罪。悲剧之为罪，其一在于人的此在的无定性，即是说现存在即为罪，尤其人的性格本身作为一种命运就构成了罪；其二在于人的行为（handlung）。

人在获得实存中得到超越。因此无论悲剧有多少种类和样式，获胜者只有一个，那就是超越者本身。但这并不是说人不能在悲剧中得到解放，相反，人可以从悲剧中得到解脱，这时悲剧仍在，但人已把它作为一个可以战胜之或变革之的他在了；人也可以让悲剧本身得到解放，这时悲剧性则消失了。这两种方式，都是在有限东西的没落中，显示出无限自由和现实真理。

二、新托马斯主义者

新托马斯主义，是19世纪末叶形成的一种神学和哲学思潮，以后其势力和影响都有日益增强的趋势。基督教神学，在13世纪被认为是最终完成了对上帝存在的论证，这就是托马斯·阿奎那的宇宙论证明。在教会来讲，托马斯的论证也被认为从理论上最终确定了神学和教会对世俗社会的统治权。然而，13世纪作为中世纪的结束，其中一个主要的特征和原因，也正在于经院哲学对信仰本身的松动和瓦解——它用不属于信仰的逻辑来论证本来只能靠信仰才存在的神。到了19世纪末，宗教的世俗化使教会的权力遭受到危机，于是重申托马斯·阿奎那的理论就被提到议事日程上来，作为一项亟待解决的头等大事了。这就是教皇列奥十三（Lio Ⅷ，1879－1905年在位）向全世界发布的"通谕"，题为《永恒之父》（Aeterni Patris，又译为"天父圣谕"），以恢复和重申托马斯·阿奎那的神学和哲学之独尊地位。为了建立理论中心和培养神职人员，教会还在罗马成立了"圣托马斯学院"，西方其他一些国家和地区也相继成立了类似的高等院校和研究机构。就 20 世纪来看，新托马斯主义几乎是西方各哲学流派中人数最众、组织最完善、活动最频繁、出版物也最多的一个流派，它所讨论的问题已远远超出了神学的范围——当然各种课题都不同程度具有神学的性质和特征。

第二次世界大战以后，新托马斯主义同样也出现了日益明显的世俗化倾向。以神学面目或以神学家身份编写的美学论著，大多也是属于新托马斯主义流派的。不过，就"神学美学"来讲，它在新托马斯主义那里也并不是以专门的美学体系出现的，而更多的同样是从其神学、哲学、政治、伦理、文化等各种论述中显露出来的，因此，为了能比较清楚地说明神学美学在新托马斯主义那里的含义，本节将以那些构成神学美学的几个主要概念及其作为范畴的运用为线索来论述，其中主要涉及的代表人物即是马里旦和波亨斯基。

第一，关于美。

美作为美学中的第一概念，一直是美学史感到困惑的课题，然而它作为新托马斯主义神学美学的一个概念，却一直是在托马斯·阿奎那的定义基础上加以发挥的。马里旦本人在《存在与存在者》①中认为，他自己与其被称为是新托马斯主义者，还不如说就是一个老式的托马斯主义者——当然他这话不能当真，不过是表明了一种心态而已。

托马斯·阿奎那在《神学大全》中给美下的定义是"悦目的对象"，但同时他又坚持认为"美在上帝"。其实，正是这两种含义，使对美的看法作为一种美学理论由神学理论中沿着世俗化的方向生发出来了。托马斯·阿奎那对上帝的论证大意如下：宇宙万物显然可以分为两种存在方式，其一为被动的，另一是能动的。被动的是原始物质的存在方式，能动的是生物界的存在方式。由这两种方式的存在可以推出，必有一使它们都能够存在的东西，它作为根据和动力，使世界万物存在并运行。这个东西就是上帝——当然它作为创造者和推动者是不能被看做一个实体的，否则就降为世界万物的水平了。因此，悦目的对象是具体的美之存在的形态，而美在上帝，则表明对于对象产生美的体验，是由于有这种体验得以成立的根据，以及这种体验本身的美的性质是超验的和永恒的。

在上述基础上，20 世纪新托马斯主义者对美的一般看法可归结为："美是实体的特性，实体充实而有光辉能激起欣赏时，便称为美。"② 在这种命题表述中，并见不

---

① 本节引文均来自英译本或中文摘译资料，为免去转引的繁复，一般不采用原文直述的形式。

② 罗光：《士林哲学·实践篇》，台湾学生书局，1981 年，第 408 页。

出什么神学意味来，然而，当美作为范畴来运用时，"美在上帝"仍是新托马斯主义者论美的前提。这个前提有几层含义。其一，美是上帝的本性，即圆全；其二，美的根据在上帝，因为上帝具有创造性的"观念"，这观念是一种"形成性质"，并且使万物得到形成；其三，一切宗教的或世俗的美的东西或现象，都是由于分享了上帝的美，即美之所以为美的根据或原因；其四，美本身既不是一种实体，也不是具体事物的特性，而是使实体具有美的特性的先验形式；其五，当我们说"美"的时候，并不能言说美本身，而只是表达了某种主体对客体的体验关系，因此是"称之为美"的。

美的这几层含义，似乎使美成了一种先定的东西，而神学美学在此的解释也就是一种非理性主义态度了。其实不然。首先，就美的先定性质来讲，它在神学美学一方面是保持与教义的一致，另一方面恰恰说明了美只有在人的具体活动中才对人显现，并由人来实现——称某种情况下的对象特性为美。其次，新托马斯主义者与各种存在主义不同，他们自称是反对非理性的——不过同时又反对逻辑实证主义的哲学理性和各种经验理性。美在上帝，其理性主义的根据，正在于新托马斯主义对

上帝的论证是理性的。波亨斯基说，在新托马斯主义来讲，"上帝的存在是必须承认的，因为非理性的东西是不可能存在的（因为存在与真实紧密联系），所以，如果不承认造物主，就无法承认由经验所体认到的东西的存在"。[①] 马里旦则认为，上帝的"再发现"，正是由于人理性地认识到自己一再在冷酷的现实面前所感到的"孤零与软弱"，人才一再认识到上帝的无所不在和唯一希望。[②]

上帝存在的必然性，决定了美的必然，而上帝的无所不在和全能，则使美的实现在任何方面有了可能。于是，在新托马斯主义那里，"美在上帝"的实际含义——尤其是它的世俗化含义——就是指美只在作为人的自由活动的价值参照系时才有意义，因为美的充实性和激起悦愉功能，就是自由状态的某种特征化。上帝不过是美对人具有价值的绝对参照作用以及这种参照存在之本身。正是在此意义上，马里旦才在《艺术和诗中的创造性直觉》[③] 中认为，美本身作为一种先定，是人的"彼岸的目的"。人尽管具体地实现着各种美的活动，但"美在上帝"作为一种观念，却是在美之实现"之前"就存在了的。但是，这种"之前"是指一种逻辑关系，而不是时间意

---

① 波亨斯基：Contemporary Philosophy in Europe（《当代欧洲哲学》），1965，p. 245.
② 马里旦：The Range of Reason（《理性的范围》），New York，1952. p. 88—89.
③ 此文的摘译载《现代西方文论选》，上海译文出版社，1983年。

义上的先后顺序——这也是美本身不可言说的主要原因之一。

"美在上帝"其实是新托马斯主义神学美学的前提——否则也就不成其为新托马斯主义了，而在此前提下，前述新托马斯主义对美的表述大致可概括为四层含义，从这四层含义也可以看出神学美学的世俗化特征。

其一，美是实体的特性，不是实体本身，由于万物的被创性存在，其特性的先在根据只能在于上帝。而且，这根据作为美本身，是上帝的某种观念，因此作为实体特征的美是现实实现了的美的状态，不是美本身。其二，这种特性之所以成为美的，必须是充实的。所谓充实，指不缺损、完满、和谐、统一、圆全等性质和特征，它们不仅具有善的含义，而且是一种形式的自为。这里涉及上帝创造万物的完满性，以及人对形式的主观感受。形式不是由内容决定的，相反，上帝创造万物是依一定形式进行的，这给了形式自身独立含义以一种逻辑的保证，也是形式不涉及功利（美不关功利）这一说法的内在根据。其三，特性所具有的光辉，在神学美学中不仅主要指的是事物、活动、现象、行为本身的特征是否突出，而且还在于充实的事物所具有的善的性质，在奥古斯丁写《论美与适宜》那个时候，美（pulchro）就有"好看"和"道德"两个意思。这里有一个价值问题，即是说，使人为善的特性总是具有光辉的；而人的美的活动也总是以一种理智之光为保证的。人在这种光辉中充分调动了自己的直觉，可以越过一般的感性和理性水平，达到美的境界，马里旦将此境界称为"和神相见"（la vision béatifique）。其四，美本身作为一种超越，是人所不可言说的，因此人所体验和认识乃至言说的美，只是作为结果的"美的"东西和现象，这一结果的生成，就是主体的欣赏活动。在此，美只是一种关系，体现在人与其对象的关系活动之中。这种活动不仅仅是一种感性活动，也不仅仅是认识活动，当然也不仅仅是一种精神性的愉悦，这种活动中形式的因素，本身就表明着审美欣赏也是一种理智的活动，是人的理性运用的证明。

第二，关于艺术。

艺术在神学美学中的含义有其历史的根源，而这种历史延续对于新托马斯主义来讲尤其突出。一般来说，中世纪所谓的艺术（拉丁文 ars），是从希腊文 τεχυλ 翻译而来的。它指的并不是现代意义上的艺术，而是一种"自由艺术"。自由艺术一说固然是沿用了古代希腊的概念，但它在中世纪是指不依赖物质材料的纯粹精神活动，其自由含义与人的天赋意志有关。因此，古代希腊表示地位尊贵和解放权利的"自由"（liber），就成了表示精神作为精神本身而独立活动的"自由"（free），而且就其本性来讲，这种活动是任何人都可以并有权利从事的。自由艺术被正式确定为七种，是在7世纪学者塞维里的伊斯多尔（Isidore of Seville，570—636）的《语源学》中作出的。从此，七种自由艺术由高级的"四科"（quadrivium），即算术、几何、天文、音乐和较低级的"三科"（trivium），即文法、修辞、逻辑组成。"七艺"的根据，来自旧约圣经中的《箴言篇》（Proverbs），其中写道："智慧女神砍伐了七棵树作为柱子，建造了她的宫殿。"显然，这种意义上的艺术，是指精神性的智慧活动，而其中的"音乐"，的确就是在现代"声学"的意义上来讲的。

新托马斯主义者们所讲的"艺术"，大多是指一般世俗艺术学意义上的艺术，但就其对艺术的看法来讲，却是坚持中世纪神学美学那种认其为智慧活动的态度。因此，艺术虽不再作为科学意义上的某种"学问"——马里旦强调了科学与艺术的区别，但就其美学性质来讲，却是把艺术作为人超越活动的一种选择方式，是在人的现实生活中结合了人的具体行为的有限和上帝之美的无限，从而达到的自由状态。这种超越之实现的根据，并不在于艺术是一种被动的、可以像工具那样被人任意采用的东西，也不在于艺术是人可以从事某种精神创造的对象，而在于人所具有的共同人格。人的超越，实际上就是人格的超越，即达到人与上帝之间在内心上的交往。人格在神学美学中并不是指个人的性格、

品德、气质、操行，而是一种全世界的人类性。因为人作为上帝的创造物，其人格只能在类存在的意义上成立，正如上帝的存在在于上帝的本性一样。因此个人性格特征意义上的"个性"（character）尽管可以是艺术特征化的一个直接根据，但却不能作为终极原因成立。人格（personality）是在类概念意义指统一本性的个人（human person）的理性素质，而不是指某一个体的人（an individual）的某种特性。由人格保证的艺术超越之所以不同于一般的理性活动，在马里旦看来（《艺术与经院哲学》），是由于它不同于哲学那样为了"如实"说明某种概念，艺术虽然也是体现着艺术家的概念，但这些概念无论来自生活还是模仿自然，都是为了能使这种概念在某种操作方式中达到理想上的无限。无限在马里旦来讲是上帝的本性，艺术在追求并可以达到（但并不就是）无限这一点上来讲，与上帝的本性是一致的——这与美在上帝是二而一的问题。然而，在具体的活动中能否达到此种无限则是不能绝对保证的，因为这种保证不属于艺术本身，否则艺术的超越功能就是多余的了。艺术的美学性就在于，艺术本身是以一种直觉的方式，并作为直觉的产物，即心灵与上帝相通时所产生的智慧，达到超越现实的无限理想。因此，当马里旦谈到艺术作品时，仍把它看做操作意义上的技术；也就是有对象性局限的不自由活动或存在，艺术的

无限性是指直觉本身的无限性，舍此艺术便无美学性可言。

这样，新托马斯主义关于艺术的超越大致有四层含义，从这四个方面也可以看出此种艺术观与一般艺术理论或艺术哲学的区别。首先，超越本身虽然既是行为方式又是活动结果，但因其作为艺术是从行为或活动的存在性质和价值含义来讲的，所以新托马斯主义的神学美学就撇开了艺术是理性活动还是感性活动的问题。艺术只是超越活动中直觉的一种典型化体现，就其价值来讲，是包括理性和感性两个方面的。第二，超越旨在人现实活动的局限之打破，其达到的境界或状态本身就具有自由实现的性质、形态和价值。因此，神学美学尽管也讲形式的作用，但却并不认为形式的功利是对内容而言的。相反，说艺术的非功利或非对象性目的，仅仅是指艺术本身就是一种功利内在自身和对象的非本体存在的活动。这一点是不同于形式主义美学的。第三，艺术并不是一种逃避现实的代用品。神学美学坚决反对脱离现实和不关心社会问题的唯美主义艺术观，而十分强调艺术对人的解放作用。第四，这种超越作为一种活动状态，其本身虽是超出言语表达水平的，但却不是无意识的和盲目的。马里旦特别反对弗洛伊德主义那种用性欲冲动对艺术的解释，纯粹的情感，也被认为是审美上的堕落。

第三，关于诗。

诗作为范畴，在神学美学中很少指艺术分类学意义上的形式和样式，它是一个自身成立的美学特性。在圣经中，先知们就是大诗人，是他们的话语造就了诗，而不是他们按某种艺术形式意义上的诗去说话。因此，诗在基督教神学中历来就是心灵忏悔和先知预言的一种形式。这种预言的性质并不是算命，其目的也不是真实地预测什么事将要发生，而是指灵魂接受了上帝的旨谕，因此能在一般人之先与上帝相通。诗于是从来就不是艺术，它高于艺术，诗的美学性质，也就在于这种忏悔和预言对人的超越价值，因为这超越不仅是指对现实存在的局限，更是对言语本身的超越——诗是在言语达不到的地方生成的。

马里旦在《艺术和诗中的创造性直觉》中，明确阐述了诗与艺术、科学和美的关系。

首先，诗既不是艺术，也不是科学。就诗不是艺术来讲，马里旦大致是在艺术作品的创作这一意义上来理解艺术的。就科学与诗而论，它们都有其对象，并服从这个对象。可是科学的对象是无限的，因为科学存在的责任在于不断地征服对象，而艺术的对象则是有限的，因为艺术创作本身是一种实践性操作。在此，"科学"就意味着传统"七种自由艺术"意义上的精神性活动，属于理智认识范畴；而"艺术"的含义则又回到了作为技巧熟练和实践操作的传统水平上来了，也就是成了感性对实体的某种操作。就对象的无限性来讲，科学与诗相同，但诗本身的直觉性创造才是科学所不具备的美学性质。艺术的美学性质，也在于它与诗的联系，即诗的直觉一旦进入实践，就成了艺术。这一方面可以说艺术不仅仅是技巧，同时也有灵魂的智慧活动这一美学性质，另一方面则可以说诗的实际存在也具有艺术特征。但是，艺术比诗"低"的含义，在于诗本身就是美的典型存在方式，"因为在诗中，精神的创造性是自由的创造性"，这个"自由"，指的就是精神作为精神本身而存在，在此意义上讲，艺术仿佛成了诗的衍生物。

其次，诗的美学性质在于它的自由创造是一种自我生成和自我规定。诗所依靠的是直觉，也就是心灵对上帝启示的回响和觉醒，从而达到忏悔和预言形式的生成。这种灵魂直觉的根源在于上帝的理念之光，由于这种理念之光是超言语的，因此诗作为对上帝之"道"（words）的把握和领悟，其形式必然是直觉性的。因此诗尽管是一种认识，但这种认识却不是对象性的，而是本身就是认识。诗的这种自我生成和自我规定，在本质上是与上帝本身作为"本质"、"认识"和"创造"而存在相一致的。

最后，诗于是又是人的精神本质的基本表现。诗与美的关系，在于美是诗的彼岸目的。虽然诗是非对象性的、自成目的的，因此美也不可能是诗的对象和目的，但这只是指现实中的写诗活动而言的。就诗之所以存在来讲，"美不规定诗，诗也不从属于美"。诗就是美的现实。但是，诗的本性不仅仅使它能产生艺术的运动（写诗和艺术创作中所显示的诗意），而且诗由于以忏悔和预言的形式保持着灵魂与上帝的沟通，因此诗又有一个超越的目标，或彼岸的目的。美就是诗的这种"先验的和超越的关联物或对应物"。美是诗的非对象性之外的一种必要的关联物和目的。诗和美的关系于是在于，"诗之所以不能缺少美，并非由于诗以美为对象而从属于美，而是因为诗爱美，美爱诗"。正是在这里，诗作为终极之美的具体实现形式，成了联结上帝与世界万物（包括人）的一个自为的中间环节。

第四，关于人道。

人道作为美学范畴，与人格并不相同。人道不仅仅是美之实现的普遍根据之一，而且就是实现了的美的基本内容，在这一点上，人道与爱相同。

人道在基督教神学中的提出，是以上帝造人的善意为前提的。上帝造人对人的伦理价值，不仅在于人的存在有了一个逻辑的起点，更在于人在本性上成为一致。这就给人的相互仁爱和帮助以一种先在的和终极的根据与保证，在此意义上讲，人道在基督教神学中的首次提出，原本就是超阶级、超种族、超性别、超信仰的一个原则和理想。但是，人道在此不是一个中性的词，它的取向是"善"，这不仅符合上帝按人的形象造人所具有的善意，而且使美的实现必定要求人道的实现。

人道与美的同一性，还在于美的价值对人来讲就是人在人道中的再生。不过，马里旦所强调的并不是人的原罪堕落，而是一种全社会的危机，即伦理价值的丧失。马里旦认为，人类历史和政治生活的本体论根据和保证，都是以信仰为原则的伦理。从这个角度出发，他在《理性的范围》一书中提出要用"以神为中心的人道主义"来代替人们常说的"以人为中心的人道主义"——他的这一说法的针对性是指存在主义对人的虚无论看法。以人为中心，将使人道主义本身成为没有根据的、任意的、功利的和个人主义的不负责任，它必将（并已经）使世界上美的事物减少，丑恶的行为增多。因此，"对人的信仰如果建立在超人的信仰上，就会得到再生。对人的信仰是要由对上帝的信仰加以挽救的。"[1] 在这种再生意义上的人道主义看来，人道的美学含义显然已经远远超出了关于美的思辨根据，而是直接以人道作为一种美育手段而对现实具有价值。人道作为美育的内容，则要求一种终极的根据和普遍适用性，这和美的根据和普遍适用性是一致的。波亨斯基在批评苏联的辩证唯物主义时认为，

唯物主义由于把物质看得比人更为基本，更为重要，因此是非人道或反人道的。[2]

第五，关于爱。

我们在第一章中已知道了基督教神学关于圣爱（agape）和人爱（eros）的含义和关系，马里旦在《天主教教会与社会进步》中再次重申了这一点。他说："现代世界的一个最严重的毛病是二元论，亦即神圣的东西与世俗的东西的分裂。世俗的东西属于社会生活、经济生活和政治生活的范围，完全受肉欲规律的支配，离开福音的要求很远，其结果与福音越来越不能生活在一起。同时，基督教的伦理，也由于没有介入人民的社会生活，于是变成了一套公式化的空话，受到了那种脱离基督教的世间精神的支配。"[3] 在这种二元分裂中，美的普遍实现既无根据也不现实。要消除这种二元论，就要靠对神的信仰，但这种信仰只有在对爱的要求中才是属人的。马里旦认为，"人要求享受被爱的权利，然而这种权利只能在上帝身上得到。人只有与上帝联系在一起才能受到尊重，因为他的一切——包括他的尊严在内——都是从上帝那里得到的。"[4] 这种与信仰联系在一起的爱，并不是一种消极的态度，而是人以爱为方式参与上帝拯救此世的事业，美

---

[1] 《西方现代资产阶级哲学论著选辑》，第423页。

[2] 同上书，第447—452页。

[3] 同上书，第416页。

[4] 同上书，第415—416页。

的超越性质在爱当中成为人的自由。

爱的美学性质并不在于说爱如何转变为美，却是说爱就是美。神学美学从来就从两个含义上来谈美，其一是一般的审美欣赏，以艺术为主要对象，另一是人类生活中各种行为本身的含义。神学美学更重视美的后一层含义，而且在此意义才说美就是爱，就是善，无视这层含义，单纯的审美不仅受到指责，而且本身就是一种堕落。只有怀着对圣爱的信仰，对人类的善意，对他人的关怀，才能以人的本性去实践圣爱与人爱的具体结合，行为才丰满，充实，富有光辉，作为艺术家，他的美的实现也才能够达到在艺术中生存。爱（love）在此既是美的结果，也是美的方式，因为它就是终极与现实结合的自由形式。由此也可以看出，一般美学理论对感性的强调，是与神学美学所要求的爱格格不入的。

三、激进的神学家

所谓"激进的"（radical）神学家，当他们以各种"新"的态度来解释基督教时，世俗化倾向是他们共同的特征，甚至他们大多都认为上帝已不在了——当然，有的认为必须另造一个上帝（比如保罗·蒂利希），有的则认为上帝作为价值对世俗社会已无真实含义（比如美国 20 世纪 60 年代以来的一些神学家）。这些神学家更多关心的并不是美的诸实现形式，而是美的性质，因为当他们以各种激进态度冷落了上帝之

后，形式已为一种尽可以开放的态度所决定或理解，但性质却需要重新讨论了。这些美学问题，在他们的关注中也有一个共同之处，就是都是随着对人的生存和境况的关注而产生的。对此，本文无力涉及得太多，只分析几个在思想界影响较为突出的问题。

第一，蒂利希的"终极关怀"。

保罗·蒂利希是从人的存在来看待终极关怀的，即价值标准的确立。终极关怀（ultimate concern）的含义大于一般的关心（care），它还要求一种积极的参与。在神学美学来讲，美的活动首先是人对自身自由的关注、忧虑、担心；其次是人的一种责任；第三是自由实现本身。这三层含义的统一，就体现为人的某种终极关怀。

终极关怀首先涉及人对自身存在的认识，蒂利希在这方面批评的存在主义的虚无论，肯定了有一个"本质"的根据和价值。他批评萨特时说："萨特说人的本质就是人的存在，然而他说这话是指人不可能得到拯救和解脱。"在蒂利希看来，既然萨特说自己的存在主义为人道主义，"那就意味着他知道，人的本质是什么，因此也就必须考虑人本质上的'有'——因为人的自由可能会失去。"同样，海德格尔也是认为人的本质在于人制造自身，但当他区别真实的存在和不真实的存在时，就又涉及本质的自身存在了。因此蒂利希认为，"即便是最彻底的存在主义者，如果他想说话，

就必须倒退到某种本质论水平上去，否则他简直连话都说不成。"① 但是，蒂利希并不想从哲学本体论意义上论证人的存在，在他看来，人的存在涉及人自身自由的价值，人如果把握了这个价值，就表明了一种存在的勇气。这样，尽管"存在的勇气"对人的自由价值来讲已具有了本体论意义，但它更作为一种态度要求人正视现实，参与打破局限的超越活动。这种转变，在蒂利希看来是由基督教神学提出的。在《存在的勇气》② 中，蒂利希分析了人对自身存在的把握：斯多噶学派以对苏格拉底的推崇，肯定了人可以用自杀来选择自己的肉体存在，这种积极态度不过是实体的否定；但是早期教父却看到了道德的善恶可以超出肉体的生死而成为人的存在本体。在20世纪，对道德的关注是随着价值标准丧失时人对自身存在的无意义而开始的，为了争取存在的意义，首先就要参与存在。他说："没有世界的自我是空虚的；没有自我的世界是死寂的。"③

参与存在，就是人对自己的终极关怀，它通过对于人的形而上学的把握来实现，这就涉及对上帝、信仰、爱等问题。蒂利希认为，尼采说上帝死了，其世俗含义是说"良心"死了。《哈姆雷特》的一句台词"良心使我们每个人成为懦夫"，在蒂利希看来是近现代文明弃绝良心的开始，到了尼采，价值标准就成了"强力意志"了。为了再次给"良心"以存在的理由，蒂利希在《系统神学》中提出了他的"新教原则"（the protestant principle），要求人通过自我揭示生命过程中的某种神圣精神（holy spirit）来解脱经验的局限。在这种超越活动中，基督的存在之所以是必须的，只在于终极关怀旨在相信人自身自由实现的无限性。上帝既与基督一体，它就必然也存在于一切信仰的生命之内，基督在此不过是一种示范，而信仰本身并不是崇拜作为象征的基督的。信仰的价值于是在于人对自己自由所负的一种责任和义务，言说信仰所必须采用的象征和神话，使美的活动超出了有限的哲学和科学范畴的任何描述，因为这种活动把认识对象作为自己生活其中的必须条件来加以关怀。

在终极关怀中，人拆除了各种主—客体的分立对峙，盲目的信仰和作为对象的上帝，在蒂利希看来都是非终极关怀的。信仰之所以成为人的信仰，是美的实现，在于信仰作为终极关怀不能命令人对它只取"唯信勿问"的态度。在《存在的勇气》中，蒂利希指出，终极关怀的参与性质在于，"'自我'离开了参与世界活动就成为

---

① 蒂利希：Theology of Culture（《文化神学》），Oxford，1959，p. 121.
② 蒂利希：《存在的勇气》，贵州人民出版社，1988年。
③ 蒂利希：《系统神学》，Chicago，1967，vol. Ⅰ，pp. 171、201.

一个空壳，这只不过是一种可能性。"美的活动不仅仅是一种人生存其中的参与活动，而且如果不始终保持一种终极的关怀，生存的内容就可能反过来制约人——这是盲目信仰的根本含义，也是蒂利希所批评的基督教。在盲目信仰中，内容不管是观念的、物质的，还是形式的内容，如果不在终极关怀中成为人的自由内容，就可能是与人相异己的。这是分裂主体与客体的美学理论和艺术理论的一般通病。

但是，尽管人们对蒂利希的这些说法指为无神论，而他本人则更愿意说他是处在神学和哲学之间的。他认为，我们对终极关怀所能说的一切，不管我们是否称之为上帝，都具有一种象征的意义。这种象征指向其本身之外，同时又在其所指向的任何事物中有份。对于上帝的属性，我们的把握来源于有限的经验，这些属性又被象征地运用于超越有限与无限之外的事物。因此，对于有关上帝的事，信仰并不相信它们作为真实的故事，而是把上帝的作为表现我们的终极关怀的象征来接受。这样，蒂利希就提出了一种"上帝的上帝"，即信上帝而把上帝作为终极关怀，或者不信上帝但把它作为必然。这种"上帝的上帝"的提出，是蒂利希新教原则的一个内容，它提醒人们，不要把任何终极当成任何有限的象征或有限象征的总和，终极只是现实的运动过程。在美的活动中，有限和无限是被超越的，实现了的美作为一种解释，

将越过具体的活动指向终极。这就是美对人的价值，而终极关怀所要实现的也正是这个价值，它使美在理性目的和实践结果方面的善性成为一种真实的内容。在此意义上讲，终极关怀使神学美学成为一种非宗教的信仰。

正是在非宗教的信仰这个水平，蒂利希否认圣爱与人爱的区别。他认为爱只有一个，任何地方和任何圣人都有生的本能。问题在于，作为美之实现的爱是一种对人具有价值的终极道德，它的原则不是正义，而是仁爱。仁爱包含正义，但大于正义，而且不像正义可以是抽象的，仁爱总是具体的。仁爱作为道德的动力，本身是超道德的；终极关怀作为恩典，不需要命令，也不需要挣扎着去服从命令。美与善的同一性，在此是由仁爱的超道德性决定的，而上帝的上帝，作为活动着的、不断生成的终极关怀而使存在具有意义。

第二，马丁·布伯的"我—你"关系。

我们已经谈到过人与上帝的"我—你"关系了，但是，当马丁·布伯强调这种"我—你"关系时，这两者并不是分立的两种存在、实体、方面，而是实际活动中个体本身的超越"关系"。在《我与你》中，马丁·布伯把关系作为创世时就有的东西，它作为先验的存在，是一种范畴，但在人的存在和行为中，它就是作为、形式、灵魂。

神并不是一个对象，但在"我—你"

关系中，我们却实践着神对我们的恩惠，这样，彼岸的目的全部落实在此岸的生存中。这种关系，和艺术的永恒源泉是同一的：因为艺术不是作为对象来被人创作或欣赏的，而是人的本质存在。在艺术中，形象的神性，在于它总是惠临于人的，而且人只是被艺术作为艺术主体的。形象也不是人的主观构想的产物，它只是在超越活动中向人呈现，并要求人在把握它的时候激发出创造力来。人无法从经验上来掌握艺术，也不可用言语来描述它，但人必定要实践它，因为这是人自己的超越，是"我—你"关系的典型特征。

艺术的形式本身是作为关系而具有意义的，是人的超越活动使艺术由形式转化为艺术作品。因为人虽用言语来说话，但语言并不在于人之中，而是人在语言中生存，用马丁·布伯的话说，就是"人站在语言当中向外说话"。这种"向外"，就是人向自身局限的超越，是精神的本真形态。因此，美本身是伫立于"我"与"你"之间的，是"我—你"关系本身。美的超验只在于人凭借美而实现美的行为。人之所以要追求美，就在于人对精神所犯下的"言罪"：人要言说，但那言说的东西之本性却是超出言语之外的。正是在此意义上，艺术的美学性质在于艺术是自我生成的——这一点马丁·布伯其实和马里旦一

致，不过马里旦将此解释放在"诗"身上，而对艺术作了另一种解释罢了。

当艺术以自己的美与人相遇时，形象是在人的观照中敞亮自身的，单纯的审美于是成了人禁闭自己的结构。这并不意味着摈弃感性世界，但也不是说艺术审美的感性特征。在马丁·布伯看来，根本就没有什么现象界，仅仅有一个处于"关系"之中的世界，感性与理性的区分在此原就是美学本身的误解，因为它是人寻求超越的一个障碍。当我们把一切都作为"我"之存在的"你"的时候，我们什么也没舍弃，而只是给这世界以真实含义，使一切对我们来说成为"现时"。所以马丁·布伯反对讲"神我合一"，也反对各种神秘主义的与神相见，他讲的就是"我即你，你即我"的超越活动本身。这种"我—你"关系也是最根本的人道主义，它使以人为中心还是以神为中心的说法都失去意义。因此，印度哲学家 I. C. 沙尔玛认为，这种"我—你"关系作为人的"自我同一"和"自我亲证"，"印证了人的内我的至善至美"，"这个内我同时也是宇宙之我；在那里，人和自然停止了彼此的对立和毁灭"。[①]

第三节　简要的评价

不难看出，神学美学讲的东西与一般

<hr />

① 沙尔玛：《当代危机中的哲学》，载《哲学译丛》，1986 年，第 6 期。

所认为的美学很不一样。其实，这的确不仅是角度不同，更在于美学历来为哲学和艺术所迷惑，没有想到，美学本是在哲学、科学、宗教的边缘上才具有真实含义的。

20 世纪的神学美学所讨论的问题，主要可归结为人如何打破现实的局限而达到自由，这是"超越"的真实内容。这里所涉及的自由的含义、根据、限度、价值等问题，既不是哲学意义上的表述清楚，也不是科学意义上的存其真实或改造对象，亦不是宗教意义上的信仰，但是，所有这三种意义显然又都包括在神学美学之中，所以，神学美学实际上是把美学作为对人的自由的一种参照系的把握。这种参照系之所以显得具有神性，主要在于它作为一种价值标准是在哲学和科学的论述之外的；同样，它作为对现实问题的一种参与，又使其神学特性大大地世俗化了。

把 20 世纪神学美学的特征加以归纳分类，这几乎是办不到的事，因为它本身是与这种归纳分类的做法相对立的。我们也许只能这样讲，神学美学抛弃了神学在论述宗教问题时的简洁性，尤其它不指望用质朴而生动的语言来鼓动人去信仰什么，因此它显得十分艰深难懂——这一点又由于它本身所讨论的是超出言语之外的课题而更其突出。神学美学对于人们对美学的理解和把握来讲，很可能将有一种突破性的启示意义和作用；但就其避免把终极问题降低到具体现象的努力来讲，却可能使人对美的实现感到无从捉摸，甚至陷入绝望。比如，且不说人格完善的困难，就说对自然物的审美罢，从美的本性来讲，如果人不与对象构成超越的关系，审美便成为一种堕落，因此自然如何为美，在一般人来讲恐怕是很难理解的。

也许应该说明的是，人格主义哲学流派也是公开以神学为主旨的，而且它大约在影响上仅次于托马斯主义。所以没有介绍这一哲学流派中的神学美学，主要在于这种介绍不会比我们已作的讨论提供什么更多的东西了——至少在一些基本问题上是这样的。

第八章　存在主义美学

第一节　存在主义哲学概述

存在主义美学（Existentialist Aesthetics）是存在主义哲学的重要分支。存在主义（法：Existentialisme，英：Existentialism）是现代西方主要的人本主义哲学流派之一。20 世纪 20 年代形成于德国，40 年代至 60 年代盛行于法国，并广泛地流传到整个西方世界，对现代西方人的思想方式、生活方式及文学艺术均有深刻影响。

一、存在主义哲学的形成和发展

存在主义哲学是现代西方社会、文化危机的产物，具体地说，它是一种抵制和反抗一切非人性化势力的人本主义思潮。进入 20 世纪的西方世界，社会矛盾进一步激化。周期性的经济危机，两次世界大战的爆发，法西斯主义的肆虐，科学技术高度发展造成对人类生活的支配无限扩大等，使资本主义文明的内在危机空前大暴露。

启蒙运动时期发展起来的理性主义、科学主义和乐观进取精神受到严重挑战和普遍怀疑。人们在动荡的社会生活中愈来愈感到存在不可理解、人生无意义、历史无前途、精神无依托、个人软弱无力。甚至在原先颇引以为自豪的物质繁荣和科技进步前面，也深感人性的丧失和精神的沉沦。人们对理性失去信心，对上帝的存在产生怀疑，对科技怀有戒心，对人类的命运悲观失望，意识形态的危机迅速蔓延。存在主义思潮就是在这种历史条件下产生和发展起来的。它建立在对社会、文化危机的感受、惊恐和反省的基础之上，是一种危机的哲学。它试图从现代西方社会人被抛入非理性、物性的境况，从人在充满挫败、考验并面临抉择的现实生活中来研究人，并从中寻找人生的意义。在这个意义上讲，存在主义是一种人生哲学。

存在主义者普遍认为，丹麦的宗教思

想家、哲学家、神秘主义者克尔凯郭尔（Soren Kierkegaard，1813—1855）是存在主义的思想先驱。他对存在主义哲学的最重要影响是提出了孤独个人的、主观内心体验的"存在"观。西方哲学史上的"存在"范畴的探讨古已有之，但克尔凯郭尔却对"存在"作了独特的理解。他认为，哲学应该把孤独的个人的存在状态作为研究对象。所谓"孤独的个人"是指一个精神个体，一个主观的思想者；它与物质环境是分离的，只与他自身发生关系。这种关系就是自己以非理性的方式领会、意识到自己的存在状态。在克尔凯郭尔看来，只有个人的主观非理性体验才是人的真正存在，个人无限制的内心体验就是人的存在的基本意义。由此出发，他把笛卡儿的"我思故我在"改造为"我在故我思"，把主观个人的内心体验作为哲学的出发点。他的存在观以及把存在作为出发点的哲学研究方式为存在主义哲学奠定了理论基础。另外，他还研究了人的存在状态，阐述了恐怖、厌烦、忧郁、绝望等一系列关于主观情绪体验的概念，对人生境况作了悲观的描述。他还提出人生的三阶段：审美（感性）、伦理、宗教，认为人只有通过自己纯粹主观自由的选择，才能从低级的生存阶段（审美）进到高级阶段（宗教），以实现真正的人的存在。这些学说对后来的存在主义哲学也有深刻影响。

存在主义哲学的又一思想来源是德国哲学家、唯意志论者尼采（Friedrich Nietzsche，1844—1900）的哲学。尼采把人生的意义作为其哲学探索的中心问题，并把人理解为非理性的、独一无二的个体，由此认为，人生的意义不能通过理性思考去获得，而只能从审美和艺术中去寻找，生命通过艺术而自救。同样，艺术家比不关心人生问题的哲学家更正确，因为艺术家懂得每个人都是一个独特的自我。尼采向往着在一种近乎本能冲动的"醉的状态"中体验人生、实现人生，以此来同理性、科技和旧道德规范等"非人性"力量抗争。他宣布，上帝死了，人从此自由了，成了一切价值的创造者和一切责任的承担者，每一个人应该积极地超越一切现存价值和规范，去创造新的人生，享受生命的快乐。尼采的这种浪漫哲学思想对存在主义有直接影响。由于他的许多重要观点与存在主义哲学很相似，所以有些研究者就把他归入存在主义者的行列。

存在主义哲学还有一个重要的思想来源，那就是德国哲学家、现象学的创始人胡塞尔（Edmund Husserl，1859—1938）的现象学方法。胡塞尔认为，作为严格科学的哲学不应从任何未经证明的前提出发，而应面向事情本身。"事情本身"不是指客观事物，而是指纯粹的意识活动本身。他认为，只有这种意识，才能作为科学的哲学的出发点。因此，他提出"回到事情本身"的原则。认为哲学研究应采用直觉在现象中直接发现本质的方式，即"去看而不是去猜测"。由于现象与本质被理解为是纯意识性的，所以，直觉的发现要把事物存在的观点和历史的观点悬置起来，以达到纯粹的意向性意识。这一过程是为直觉发现本质的准备性步骤，亦即"回到事情本身"。胡塞尔的这一原则为存在主义展开对个人意识性的"存在"的研究提供了方法，不过存在主义者进一步把纯粹意识上升到本体论的高度，"回到事情本身"成了"回到存在"。

存在主义者还从胡塞尔那里吸取了意向理论。胡塞尔认为，一切意向都包括意向指向和意向对象两个极。其中，意向指向是积极主动的、创造性的，它解释、统一、丰富和构成了对象；而意向对象是消极被动的。于是，意向性意识便成为世上一切意义的来源。存在主义者吸收了这种意向结构模式，并把它改造成为具有本体论意义的意向（存在）结构。例如，"存在于世"、"自为—自在"，都是从胡塞尔的"意向指向—意向对象"结构演化而来的。总之，胡塞尔的上述两个现象学理论为存在主义者建立本体论的哲学提供了重要方法。

存在主义哲学一般可划分为两个发展阶段。第一个阶段是存在主义哲学在德国形成，代表人物为海德格尔（Martin Heidegger，1889—1976）和雅斯贝尔斯（Karl Jaspers，1883—1969）。人们一致把海德格尔称为存在主义哲学的创始人，而海德格尔则称雅斯贝尔斯为"德国存在主义的创立者"。存在主义哲学的第二个阶段是法国存在主义，主要代表人物是萨特（Jean-Paul Sartre，1905—1980）。值得注意的是，存在主义哲学创立之时，德国正处于第一次世界大战以后的各种危机之中，而存在主义在法国发展和传播之时，法国正受着第二次世界大战的巨大灾难，这不是偶然的巧合，存在主义的产生和发展正是以西方人对自身生存危机的感受、恐惧和反抗为内在动力的，也因为此，存在主义哲学具有鲜明的时代特征。

二、存在主义哲学的主要内容和特点

存在主义是一种主观唯心主义的本体论哲学。存在主义者把划分物质与精神、客体与主体之前就已存在的、更为原始的实在作为第一性的、本原性的东西，并试图以此作为其哲学研究的基本出发点。这个被称作"主体与客体原始同一"的"实在"便是存在范畴。存在主义者一般把"存在"理解为人的主观感受中那些尚未意识到思维与存在之对立的形式，它与个人的感觉、情绪、体验密切联系在一起。在存在主义者看来，只有个人才能领悟自身的存在以及其他事物的存有。也就是说，只有个人才是存在，而且世上一切事物也只是由于个人的存在才有意义。所以，只有揭示了个人的存在状态和存在方式才能揭示其他一切事物的意义。这样，在存在主义哲学中，个人、主观的存在是世上一切意义、秩序、价值的根源或赋予者，是本体论的存在的呈观点。由此出发，存在主义者反对对物作客观分析和评价，因为物无非是意向性对象；同时，他们也反对把人作为对象（客体）来研究，因为人的基本意义正是个人、主观的存在，是纯粹意识性的。

存在主义哲学主张一种非理性的情绪认识论，个人对自身存在的认识不是理性思考，而是情绪性的体验、领悟。存在主义者并不一般地否定理性，而是认为理性在理解存在方面无能为力；而他们把存在作为哲学研究的基点，这就决定了将内省体验、直觉主义的认识论提到首位。在他们看来，"真理"是个人与世界直觉的、情绪的接触而产生的主观经验，是个人深入到内心中体验的产物，不是客观的，也不是理性思维的产物。由此出发，存在主义者主张一种现象学的描述态度，推崇诗意和形象化的哲学语言，并对艺术表现出极大的兴趣。他们当中有些人（如胡塞尔、萨特、卡缪等）还直接用文学来揭示"存在真理"。这种把认识归结为个人主观内省、直觉和领悟的观点充分表明了存在主义认识论的非理性倾向。值得注意的是，存在主义的认识论也被赋予了本体论意义，是认识与实践的统一。人对自身存在状态的领悟，既是一种认识，是对存在真理的"澄明"、"揭示"；同时又是一种实践，即

实现了自身的存在。存在正是个人对自身的认识，是自身关联。

存在主义哲学把存在理解为个人的存在。个人的存在是一个时间过程，也是一个自我设计、自我造就、自我实现的过程。人与物不同。物是被预先决定了的，一粒树种里预先存有未来的树木。而作为主观意识的人则不受任何先天的决定，他来到世上是空无，在面临多种发展可能的选择、筹划中，自己造成了自己的本质。人的这种自己决定自己本质的存在证明了人是自由的。存在主义者不是把自由理解为人对必然的掌握或人要追求的目标，而是理解为人的存在或本性的一个基本事实。人生而具有的选择的可能性就是自由。人的选择、设计不是一次性完成的，而是一个连续的过程，所以，人不能被固定在一个存在状态中，而是要不断地变革自身。这样，个人的存在就是不断超越现存状况，人的自由本性正表现在这种不断的超越之中。存在主义是一种证明与唤醒人的自由本性的哲学，体现了它与一切非人性化势力相抗争的特征，而这种自由观又具有浓重的个人主义色彩。

个人对非人性化势力的抗争总显得软弱无力，所以存在主义者对人的生存境况的看法总是悲观的。他们认为世界上一切事物都是非理性的、杂乱无序的、盲目的、荒谬的。它体现了一种非理性的、不可克服的力量，这种力量统治着人、支配着社

会。而人的力量十分有限，无法摆脱挫折、荒谬（无意义）和死亡的命运。因此，人经常处于"烦"、"畏"、"恶心"和"荒谬感"的包围之中，他的生存没有根基，生命失去意义，人生即荒谬。根据存在主义者的观点，社会与个人之间的关系也不可调和，这首先是由于人与人之间无法交流和理解。他们根据现象学的意向理论，把人与人之间的关系描述为"疏离"。每当我把他人当做对象来认识时，他就不是他自己了；因为人不能被当做客体来对待。其次，个人自由选择的结果必然是对社会的介入，对他人的干预，对他人的自由选择设定了界限。因此，存在主义者认为，只有当个人处于孤寂、烦恼、畏惧、绝望，甚至面临死亡时，方能领悟到自己真实的存在。不过，存在主义哲学又主张对个人生存之不幸境况采取积极的态度。具体说来就是要正视这种悲剧性的生存现实，同时在个体对它的领悟和揭示中，尽可能穷尽个体生命，以不断的自由选择实现超越性的存在，从而获得人生的意义。从精神实质上说，存在主义是一种自由人对一切威胁自由主体的势力的反抗的学说。但是，它既不主张回避严峻现实的虚幻反抗，也不主张现实的社会革命，而是倡导个人以确认自己悲剧性命运不可改变为前提，并从中获得生存的真理和勇气的主观意识中的反抗。事实上，这种反抗最终仍是悲剧性的。在这个意义上说，存在主义是关于人生之悲剧的哲学。

第二节　德国存在主义美学

存在主义美学是存在主义哲学在美学领域中的体现。存在主义者都比较关心艺术问题，但他们一般是以哲学家的立场来研究审美或艺术，由此阐发他们的哲学思想。因此，尽管有的存在主义代表人物（如海德格尔、萨特等）曾对艺术现象进行过专门的研究，但主要目的不在于建立一门相对独立的、有完整体系的美学（如黑格尔所做的）。指出这一点并不意味着否认存在主义美学思想的独特意义和深刻影响，而是要说明，存在主义美学并不把美或艺术的审美特征，以及审美经验内在规律等作为基本问题，而且也没有形成完整的理论体系，从总体上说，它是存在主义哲学的一个组成部分。

另一方面，存在主义哲学在某种程度上具有泛美学色彩。特别是德国的存在主义与德国浪漫哲学和美学传统有着直接继承关系。海德格尔与雅斯贝尔斯对艺术的浓厚兴趣及其哲学思维和语言的诗化特色都是深受上述传统影响的结果。因此，在讨论德国存在主义美学的重要内容之前，有必要回顾一下德国浪漫哲学和美学的传统。

一、与德国浪漫哲学和美学传统的联系

18世纪末、19世纪初以后，德国哲学和艺术领域几乎同时产生出一种浪漫倾向。

一方面，在文学艺术中呈现出哲理化沉思的倾向，如 F. 施莱格尔、诺瓦利斯、荷尔德林的诗，贝多芬、瓦格纳的音乐等；另一方面，在哲学中呈现出诗意化的倾向。这种倾向发源于康德的哲学，后经席勒、叔本华、尼采等人的发展，形成了一种浪漫哲学思潮。其特点是把思辨与诗意融为一体，具有一种泛美学的色彩。因此，德国浪漫哲学与浪漫美学在一定程度上是同一的：浪漫哲学把人生问题作为出发点，并认为审美状态是人生的最高境界；浪漫美学也把人生问题作为出发点，认为美的本质就是人的本质、生命本质，审美的意义就在于人生的实现。

席勒是浪漫哲学和美学的主要代表人物之一。按传统的观点，诗人应从感性出发，排斥抽象思辨；而哲学家应从事抽象思辨，而排斥感性经验。然而，席勒却兼有二者，所以他的一位朋友韩波尔特曾对他说："没有人能说你究竟是一个进行哲学思考的诗人，还是一个做诗的哲学家。"①席勒也意识到自己的这种"两栖"性格，在给歌德的信中，他写道：

> "我的知解力是按照一种象征方式进行工作的，所以我像一个混血儿，徘徊于观念与感觉之间，法则与情感之间，匠心与天才之

间。……每逢我应该进行哲学思考时，诗的心情却占了上风；每逢我想做一个诗人时，我的哲学的精神又占了上风。就连现在，我也还时常碰到想象干涉抽象思维，冷静的理智干涉我的诗。"②

席勒的这种状况与传统不相称，所以也遭到歌德的批评。然而，这恰恰是浪漫哲学家独特的气质。这种气质同样体现在海德格尔、雅斯贝尔斯、萨特、卡缪身上。

一般认为，席勒继承了康德的美学思想，并试图在较为现实的基础上解决康德美学中的某些二律背反论题，从而成为从康德美学到黑格尔美学之间的桥梁。这种看法自有合理之处。但席勒的美学还有更为独特的贡献，那就是直接把审美与人生联系起来，把审美从认识论范畴改造成为生存范畴。这不仅为浪漫哲学和美学开辟了道路，而且也成为存在主义美学的先声。

在席勒看来，美既是一个对象，又是主体的状态。因此，审美既是手段，又是目的。人只有通过审美才能克服人格分裂，达到自由，恢复人性原有的完整和谐。于是，审美不仅仅是一种鉴赏或判断，而且更基本的是人性的实现，同时，席勒通过把美学向人本主义美育学的推进，使美学成为一种人生哲学，或者说是一种美学化

---

① 朱光潜：《西方美学史》（下卷），人民文学出版社，1979 年，第 437—438 页。
② 同上书，第 437—438 页。

的人生哲学。在这种美学与哲学同一的学说中，美、艺术的本质是人的本质，而人生问题也是从审美的途径来加以思考和解决的。这种思维方式与海德格尔等人的美学颇为一致。

谢林与存在主义的联系是公认的。克尔凯郭尔听过他的哲学课，并深受影响。而谢林的浪漫哲学对德国存在主义美学也有影响。谢林把美和艺术放在很高的位置，他认为，在所有理念中，美的理念是最高的。哲学家应像诗人那样具有更多的审美力量，而精神哲学本质上就是审美哲学。艺术不是自然的模仿，而是抓住事物创生之瞬间，将其本质鲜明地表现出来，化瞬息为永恒。因此，艺术表现了真正存在的东西，即生命的永恒性。由于艺术具有这种高级的功能，因此，谢林要求以一种审美直观的方式去认识世界，把握真理。这种思想在存在主义美学中得到了直接响应和发展。

尼采把个性生命作为其哲学的出发点，并认为这种生命本体既是真、又是美。因此，他的生命哲学也可以说是一种广义的美学。尼采还直接创造了一种诗意化、音乐化的哲学思维和语言，对于海德格尔等人的哲学和美学都有深刻影响。

二、海德格尔与本体论美学

海德格尔出生于德国的梅斯基尔希。早年在弗莱堡上中学；1909—1937 年在弗莱堡大学攻读神学和哲学，1913 年获博士学位，1922 年起在马堡大学任副教授。从1919 年开始，任胡塞尔的哲学讨论班助教，与胡塞尔建立了密切联系，这种联系一直保持到 30 年代后。1927 年，他的名著《存在与时间》出版，他把此书献给胡塞尔。1928 年回弗莱堡大学，继任胡塞尔退休后的哲学讲座教授职位。1933 年，希特勒任总理后，海德格尔出任弗莱堡大学的校长，在任职期间的几次讲演中，表示拥护希特勒。他对纳粹的幻想不久便破灭了，于任职后十个月辞去校长职务。德国战败后，他被禁止任教，接受审查。1951 年又恢复教职，1957 年退休后，在黑森林区过着半隐居的生活。他晚年醉心于禅宗佛学，试图以此来丰富、改造和点化自己的哲学思想。1976 年逝世于梅斯基尔希。

海德格尔从未使用过"存在主义"这一概念，他的著作中只出现过"存在哲学"的提法。他受胡塞尔现象学观念和方法的启示，从对"存在者"的现象的解释走向对"存在"本身的探讨，从而确立了以存在为基点的本体论，开创了存在主义哲学的先河，被公认为存在主义的创始人。他的主要哲学著作有《存在与时间》(1927)、《康德和形而上学问题》(1929)、《形而上学是什么》(1929)、《真理的本质》(1943)、《论人道主义》(1947)、《林中路》(1950)、《形而上学导论》(1953)、《哲学是什么》(1956)、《尼采》(两卷本，1961—1962)。

从 20 世纪 30 年代中期起，海德格尔一直注重对艺术的哲学探讨，发表了不少论艺术的讲演和论文，分别收入各种集子。美国学者霍夫施塔特（A. Hofstadter）选择其中较有代表性的七篇译成英文，以《诗·语言·思》（*Poetry*, *Language*, *Thought*, 1971）为书名结集出版。海德格尔对德国诗人荷尔德林有浓厚兴趣，常常借他的诗句来点化自己的哲学思想，并写了《荷尔德林和诗的本质》（1936）、《荷尔德林的大地和天空》（1960）等专门研究论文。

海德格尔认为，哲学本体论的基本问题是"存在"（sein）的问题。"存在"与"存在者"（seindes）不同，存在者是既已存在并已显示出存在的东西。如山川大地、日月星辰，对它只有从它的存在方式中才能得到领会。因此，存在问题优先于存在者的问题。所谓存在，就是人的存在。人作为一种特殊的存在者，与物不同，他总是在此之在。对人来说，重要的是"去在"的行动本身，至于作为何物去在则是次要的。海德格尔又把人的存在称作"此在"（dasein），此在就是"自我存在"，它有两个要义：第一，它的本质蕴涵于个人的存在行动之中；第二，它是思维，但不是理性的，而是非理性的体验。由此，海德格尔确立了哲学本体论的基点，即个人、主观、非理性的存在，它作为真正的存在，是唯一的本体形式，是万物存在的基础和前提。在他看来，世界的存在归根结底是个人自我的存在，所以必须以自我存在的结构去解释世界。我们可以看到，海德格尔正是用现象学的方式来消融主客体之间的对峙，从而建立本体论的哲学的。

以存在为始基的本体论是海德格尔美学的出发点。在《艺术作品的本源》一文中，他通过对艺术作品之存在本质的探讨，提出了本体论的艺术哲学。他写道：

> "某物的本源即该物本质的来源。所以，追问艺术作品的本源，也就是追问其本质的来源。"[①]

这表明，他是试图揭示艺术作品本质的来源，澄明艺术作品的根基。所以，海德格尔最关心的不是作品，而是决定作品本质的东西。那么，为什么要从艺术作品入手呢？他说，一般人认为，艺术作品是艺术家创造出来的，似乎艺术家是作品的本源。但正是艺术作品才使创作者以艺术家的身份出现，这样说来似乎艺术作品才是艺术家的本源。这种循环论证仅仅说明了艺术家和艺术作品相互依存的关系，而二者必定都依赖于一个先于它们的第三者。这第三者便是艺术，它是艺术家和艺术作品本质的来源。不过，艺术的本性只有通过艺术作品才能具体地体现出来，所以要认识艺术，就应该探讨艺术作品是什么、

---

① 海德格尔：《诗·语言·思》，黄河文艺出版社，1989 年，第 25 页。

它如何成为艺术作品,即通过艺术作品的研究来揭示艺术的本质。

海德格尔以存在本体论的观点把艺术的本质归于存在。为了说明这一点,他首先根据存在与存在者的区分,也把艺术作品区分为物性的因素和作品的因素。作为物的艺术作品表现为作品可以像煤一样被运来运去,像猎枪一样被挂在墙上等。但海德格尔认为,从物性上去理解作品是肤浅,对艺术作品本源的探究恰恰要更注重作品与物的区分。

海德格尔认为,严格意义上的物有两种:自然物和器具。孤立地探询作为客体的物的本质是不可能的。纯然的自然物具有围闭性,它总是抵制或躲避着认识对它的接近。由于纯物有憩息于自身之中,使自己归于无的自持性,所以,纯物的本质是极难言说的。这种纯然的自然物类似于康德的"物自体"。"器具"的意义,即"器具"的"器具存在",在于它的有用性之中。海德格尔指出,传统的质料与形式统一说只描述了器具制作过程的某些特点,尚未说明器具因人而存在的意义。在他看来,器具的意义只有在人作用它的过程中才会获得,器具的意义亦即它的使用价值。但是,器具和自然物一样,它们的意义不是自动显示出来,它们只有被带入人的世界之中,才会显现出它们的意义。艺术作品正是这样的"世界"。

海德格尔认为,艺术作品的本质不是物性,而是它的艺术性。这种艺术性体现为,艺术作品是一个"人的世界",它显现了人和物的意义。他以凡·高的一幅画有农鞋的名作为例,认为这幅作品的价值在于使那双农鞋的器具性存在的意义第一次露出真相。他写道:

> "从这双穿旧的农鞋里边那成年累月磨损出的黑魆魆的洞口,可以直窥到农人劳苦步履的艰辛。在这双破旧农鞋的粗陋不堪、窒息生命的沉重里,凝聚着那遗落在阴风猖獗、广漠无垠、单调永恒的旷野、田垅上的足印的坚韧和滞缓。……这双鞋啊!它浸透了农人渴求温饱、无怨无艾的惆怅,和战胜困境苦难的无言无语的内心喜悦;同时,也隐含了分娩阵痛时的颤抖。"[1]

这里,海德格尔揭示了器具与艺术作品的重要差别:器具的存在意义因实际使用而获得,艺术作品的存在意义因对存在的理解而获得;在器具的存在中,器具把自己封闭死了,使用农鞋的农妇对农鞋的存在意义的意识愈淡薄、模糊,农鞋的器具性存在愈真,器具不能自我揭示,而艺术作品的存在是敞开的,它澄明、显现了存在

---

[1] 海德格尔:《诗·语言·思》,人民文学出版社,1979年,第41—42页。

者的存在真相和意义。艺术作品的这种性质恰恰是物所不具备的，貌似物的艺术作品在揭示存在意义之时，辩证否定了自己的物性，这正是艺术作品的价值所在。但这种价值不是作品本身具备的，而是源于存在，因此作品对存在的意识和揭示本质上是一种存在的行动。

为进一步阐明艺术作品的构成及其本体论意义，海德格尔提出了大地（earth）和世界（world）的概念。他认为，建立一个世界和大地的显现是艺术作品的存在的两个基本特征。作品中的大地是指构造艺术作品的物质材料，如石头、颜料、音响、语词等。人在现实世界中的大地是人筑居、栖居的世界的场基，而作品中的大地则是作品建立一个世界的场基。在此，大地近似于物质材料，它具有围闭性。作品所建立的世界不是普通质料的纯然聚合，也不是在想象的框架中给物赋形。它不是人直面的一个既定对象，而是人设立的一个对象，即人实现了他的存在。所以，在艺术作品中建立一个世界便意味着人在艺术活动中实现了他的人的存在。这是人的能动创造力的体现。

海德格尔认为大地与世界是辩证的关系。世界的建立离不开大地，即作品的创造离不开物质材料。但艺术作品中的大地因世界的建立而显现。如希腊神殿，它不描写什么，也不体现什么"理念"，只是建立了一个神圣的世界，它把生与死、幸福与灾难、胜利与屈辱、忍耐与崩溃等诸神人的命运加以综合地收集在自己之中。这个历史的、民族的世界呈现了希腊人存在的完整意义，而作为建立这一世界之场基的大地，也因这一世界的建立而显现出它们的意义：用来建造神殿的石头由于被带入作品的世界而显示出它的坚实与光泽，成为真正的石头，对人而存在的、有意义的石头。神殿四周的自然景物也因被带入艺术作品的世界而被注入人化内容，显得生机勃勃。甚至狂风暴雨、蓝天白云也因与神殿的世界的联系而显出意义，生动地呈现了它们的存在。这就是说：

"作品使大地成为大地。"[①]

这种隐喻式的语言比较难懂，但只要联系海德格尔依意向理论结构建立的存在本体论观点，就不难理解了。"大地"作为物，作为存在者，它的意义只是对主体的存在而言。艺术作品正是意识的存在活动的产物，它创造了一个人化的意识世界，而事物在这种意识世界中获得了意义。所以，海德格尔虽然对"大地"与"世界"的关系作辩证的理解，认为"世界把本身筑基于大地上，而大地则通过世界而突现出

---

① 海德格尔：《诗·语言·思》，人民文学出版社，1979年，第55页。

来"，① 它们二者相辅相成。但是，世界是积极、主动的，大地则是消极、被动的。建立一个世界的目的是为了实现人的存在，只有人的存在，大地的意义才可能显现出来，因此，它仅仅是从人的存在的意义中获得意义的。因此，"大地"只是从属于"世界"，它在世界中的显现也无非是说明了它对世界的归属性。在这一点上，海德格尔与其他许多主观唯心论者一样。注重作品的主观意识性，而轻视作品的物质构成。

海德格尔对艺术作品的本源的探究表明他的真正旨趣在艺术活动，他把艺术活动看做是既揭示存在真理，又赋予事物以意义的创造活动，而这种创造活动本身就是"去在"的行动过程。在他看来，存在本身就是一种创造活动，它包括了艺术家的创造性和欣赏者的创造性。它作为艺术作品的本源是自我意识、自我澄明的。离开了这一本源，艺术作品便成了物，只是一般的存在者，是自在之物，而非自为之物，这里，海德格尔把真正的艺术作品看做是只存在于艺术家或欣赏者创造性意识活动之中的意向性对象，同时又把作品看做是使存在得以显现的存在者。正由于艺术活动与艺术作品是一种辩证的关系，所以海德格尔要从作品入手去揭示艺术活动的存在本性，又赋予作品以本体论的意义。

如前所述，海德格尔把人的存在（"此在"）理解为"思维"，"去在"就是"去思"。所以，思维既是人的存在方式，又是存在真理之揭示。在他看来，诗也有思维特征，它以存在为本源，并呈现出真理。正如他在《诗人冥想者》中所吟唱的：

"吟唱与思是诗的嫡亲之邻。

它们从在那里出现并进入在

之真理。"②

在他看来，诗与思维是互以对方为必要条件的。一方面，一切诗的根源都是思维，诗的本质就寓于思维之中；另一方面，思维是一个诗意的创造过程，一切沉思的思维就是诗。这种诗与思维同一论基于他对诗与思维的独特理解。

根据德国古典哲学的传统观点，思维是概念地把握世界。而从谢林、尼采开始则强调哲学思维的感受性、直观性和体验性等非理性形式。海德格尔继承了这种思想，并要求把思维从本体论的意义上去理解。他认为，作为人的存在的思维，不同于一般认识论意义上的思维，它在方式上是非概念逻辑的体验，类似于诗的直观体验方式。从功能上讲，思维主要不是把握对象的手段，而是一种存在功能，是建立一个人的世界，使存在去蔽显真的存在方式。这种功能在本质上是创造性的，也近

---

① 海德格尔：《诗·语言·思》，人民文学出版社，1979 年，第 57 页。

② 同上书，第 23 页。

似于诗的创造性。对于诗也不能从单纯的美学角度去理解。海德格尔把诗看做是人领悟存在、揭示存在和实现存在的途径，反对把诗看做是纯粹的形式或脱离存在之根基的游戏、娱乐。他正是从诗的深刻性、严肃性，从思维的直观体验方式，以及诗与思维都源于存在、关注存在之真理的意义上强调诗与思维的同一性，并对诗和艺术怀有浓厚的兴趣。

海德格尔不仅认为诗与思维同一，还认为诗与语言有同一性，这种同一性正是前一种同一性的来源。

基于本体论的观点，海德格尔在《语言》一文中提出，语言是存在的家，因为存在的开放、显现即人对存在的领悟总是语言的命名，语言比人们使用语言的活动更基本，它与思维一样就是存在的基本状态。因此，不是人在说话，而是语言在说话；人运用语言来思维、命名在本质上只是应答着作为存在的语言的召唤。这种语言的本体论颠倒了语言与人的关系。他进一步指出，语言具有二重性，它是存在本身既证明又隐蔽着的到来。这里，他区分了两种语言。一种是"日常的语言"，这种语言总是去说别人说过的东西，这样，动态、个体的存在就隐匿了。另一种语言是"存在的语言"，这是语言的原始意义。存在的语言所要表达的不是具体的存在物或客体，而是"此在"凸显出来的"世界"，因此这种澄明存在真理的说话才是最纯正的语言本身。至于这种语言的说话形式，他描述说：

> "语言说话宛如寂静的钟声。寂静通过在世界和万物的呈现中实现世界和万物的意义和恒久性而平息下来。"[①]

由此可见，海德格尔所说的存在的语言是一种沉思冥想状态，即无言的存在本身，它是无限的，而可言说的语言总是有限的。

海德格尔继而提出，诗是最纯正的语言，充分表现了"语言说话"的性质，即它是一种召唤，而且在无言之中说出一切。因此他强调，"本体的诗从来不纯粹是日常语言的更高一级的形式。确切地说，它是日常语言的反向形式"[②]。这就是说，诗与"存在的语言"相同一，它是存在之呈现，也是存在之实现，因而就是存在本身。诗作为纯正语言的特征还表现在，它像寂静的钟声那样发出声音，在世人内心中唤起激动不安的焦虑，去体验自身的存在。因此，他认为，诗使人应答语言的召唤，居身于语言之中，实现其存在。总之，他认为诗的本质源于"存在的语言"，因为存在的语言保存着诗的原始本性，这种本性实

---

① 海德格尔：《诗·语言·思》，人民文学出版社，1979 年，第 208 页。
② 同上书，第 208 页。

质上就是直观体验的思维，亦即语言的命名，因此，诗与语言同一，并与思维同一。而且，由于艺术在本质上也是对存在真理的领悟和呈现，也具有思维和语言的基本性质与功能，因此他说：

> "作为真理设定在作品里，艺术就是诗。不但作品的创造是诗意的；而且，同样，作品的保藏也是诗意的，尽管是以其自身的方式。"①

这种论证方式充分显示了海德格尔的艺术本质观：艺术即存在，艺术是存在之领悟与显现，所以，艺术即真理。他正是通过把艺术的本质归于诗，把诗的本质归于思维与语言，从而得出了美与真的同一论。

海德格尔认为，真理是任何存在者的存在意义的泄示。所谓泄示就是使存在去除围闭性，表现于光亮的场所，显示自身。② 所以，"真理"也就是人在"此在"中领悟和揭示出来的人的存在本身。"真理"作为对存在之意义的体验，其本质是自由，它意味着人的存在的实现。海德格尔提出，美正是真理的显现：

> "真理是存在的真正面目。美的产生，既不依靠此真理，也脱离不了此真理。只有当真理自行设定到作品中时，美才显现出来。作为作品之中的真理的'在'和作为作品，显现就是美。因此，美就是真理的显现，就是真理获得其恰当的位置。当然，美并不是仅仅为了快感和纯粹作为其对象而存在的。事实上，美就存在于形式里，而这完全是因为此形式曾作为在者的在而从存在之中获得了其本身的光辉。"③

这就是说，第一，美与真同一，美以真为本源；第二，美是真理的形式化显现，是真理以形象的方式发生或置入作品的结果。他的这种"美是真理的显现"的命题在结构上与黑格尔的"美是理念的感性显现"有极相近之处，但是其内涵又有很大差异。

海德格尔认为，艺术作品的真理和美的显现是通过"建立一个世界"达到的，这种建立世界的活动是一个艺术创造过程。它是动态的，因为存在只是在时间中的存在，时间性是存在的基本特征。真理也不是静态、既定的东西，而是在创造性活动的过程中发生的，真理的发生是一种紧张的对立冲突及其克服和统一的过程。作品中真理发生的对立冲突主要是泄示和隐蔽的冲突，即大地与世界的对立。艺术创造实际上就是克服大地的物性，把它带入人

① 海德格尔：《诗·语言·思》，人民文学出版社，1979年，第84页。
② 参看姚介厚：《海德格尔的艺术论》，《外国美学》（4）第234—235页。
③ 海德格尔：《诗·语言·思》，人民文学出版社，1979年，第90页。

的世界之中，使它的意义呈现出来，同时，人的世界的建立本身也是对物（大地）的辩证否定的过程。艺术作品中真理的发生就是大地与世界的冲突与统一。海德格尔的这种观点与西方传统的质料与形式统一说有类似之处，他之所以用晦涩的语言和隐喻的术语来论述，主要是想赋予真理的显现以本体论意义。

通过上述紧张动荡的艺术创造活动，人对存在的意义的领悟——真理——得到了显现，美也由此而发生并显现。可见，美与真的同一论最终是基于二者都是在创造性活动中揭示存在意义的意识的显现。这种同一论与海德格尔的艺术作品本源论是基本一致的，它们共同表述了艺术与美根源于存在本体，艺术与美的本质即人的存在本质这一本体论的艺术观或美学观。

在海德格尔看来，艺术不仅有存在的本质，而且有存在的功能。在《人诗意地栖居》一文中，他提出了人的存在理想：诗意地栖居。"……人诗意地栖居"是荷尔德林的诗句，海德格尔以阐释学的方式对它进行了充分主体性的阐发，使之实质上成了他自己的命题。在他晦涩而神秘的论述中，我们可以领会到这一命题主要包含以下两点意思：（1）栖居是人的存在的本质。但对此不能按常理来理解。他认为，作为"诗意地栖居"，它置身于"集体的生存境遇"之外，也就是非现实的。因此，这种栖居并不意味着占有，事实上，人一味地追求占有反而会失去真正的栖居的本质。（2）诗意使栖居成为栖居，因为诗的创造是在大地之上筑居，建立人的世界，使人获得栖居之地。而这种诗意不仅是文学的一个因素，它是个体自由的沉思体验，是非现实、非科技的一个维度，是一种类似神明的尺规。诗意意味着恬然澄明。在这些意义上讲，"人诗意地栖居"就是个人主观意识性的、非现实性的、超越性的存在。

海德格尔强调人的存在的诗意性质直接蕴涵着对现代西方文明的批判。在《诗人何为》一文中，他借用荷尔德林的诗句"……匮乏时代，诗人何为"，批判了当代西方世界的匮乏性。他是一个激进的反技术主义者。他认为，当代西方是科技统治的时代。在这个时代，人总是将自己的意识投射为对象，通过客体来自我确定，这样就造成了存在的围闭。在把自我"对象化"为客体的技术和经济活动中，人随时都会丧失"存在"，被异化为物，又受物的支配。人性正是在这种人成为物和商品的异化社会中泯灭的，这就是当代西方文明的匮乏性。

他认为，造成这种匮乏性的根源在人的"计算意识"。所谓"计算意识"就是涉及时空数量计算的表象，它服从理性逻辑，这种意识的对象化，便导致人成为计算的对象。计算意识支配着科技与工业生产，最终支配着人自身。因此，人的异化、人性的匮乏均源于此意识。基于这种认识，他开出的药方也只能是拯救意识，具体地说，就是要实现"意识变革"，让人去沉思自己的存在，并由此领悟世界的存在，最终跃入自由心境，摆脱"计算意识"支配，实现人性复归。而实现意识变革的重要途径正是诗，诗使人进入对存在本身的自省、沉思，而人性的复归也就是"诗意地栖居"。可见海德格尔是把与思维同一的诗和艺术作为拯救当代西方人的"救世主"，以此来同科技以及一切异化力量对抗。这种观念与席勒的美育思想有明显的类似，都具有浪漫的、空想的色彩。

海德格尔的美学思想与他的本体论的哲学紧密联系在一起。他通过对艺术的存在性质与功能的一系列论述，确立了一种从个体的、主观意识的、非理性的存在本体出发的艺术（或审美）本体论，从而奠定了存在主义美学的哲学基础。他以主观唯心论的观点，强调了艺术活动的意识能动性、真理性和个体性特征。由于他把个人与社会、意识与物质完全对立起来，因此也把艺术理解成为脱离现实社会的纯粹个人内心的体验活动，这是片面的看法。他的美学理论本身有一种诗意化特征，他把艺术作品想象成为一个非现实、非物质的空间或维度，称之为"世界"，认为它是使人获得自身存在的场所。这种描述与其说是哲学思辨的，倒不如说是一种诗意的艺术想象。从总体上讲，海德格尔是作为一个哲学家来考虑艺术问题的，他侧重于探讨艺术、美与存在、思、语言、真理的内在同一性，而不是把艺术作品看做独特的审美经验的对象，对艺术的审美特征与独特价值几乎无意涉及。因此，他的美学只是一种泛美学，或者说是注重在艺术与外部世界的关联的美学。海德格尔在对艺术本质和功能的论述中，时时包含着对当代资本主义社会某些弊病的揭露与批判，但由于他看不到造成这些弊病的深刻现实原因，因而也不可能真正找到诊治的方法。

作为存在主义哲学创始人的海德格尔，他的美学思想充分体现了存在主义美学的一些基本特征。他的艺术本体论、艺术与思维、语言同一论，美与真同一论以及以诗和艺术拯救当代西方人等思想都在后来的存在主义美学理论中得到了反响。此外，他的关于艺术作品只存在于创造性意识过程的论述以及对荷尔德林诗作的解释也已显露出解释学美学的萌芽。

三、雅斯贝尔斯与悲剧论

雅斯贝尔斯出生在奥登堡。他自幼体弱多病，一生受着多种疾病的折磨。早年在海德堡大学和慕尼黑大学攻读法律，后在柏林大学、哥根廷大学和海德堡大学改学医学。1909 年获医学博士后，他在海德堡大学任精神病理学讲师和心理学副教授。1922 年被聘为哲学教授。纳粹执政期间，他因妻子是犹太人而受迫害，于 1937 年被当局解聘。1945 年复职，次年任海德堡荣誉评议员。1948 年迁居瑞士，任巴塞尔大学哲学教授，后入瑞士国籍，并逝于瑞士。

雅斯贝尔斯原先是一位精神病学家，早年的精神病理学研究对他的哲学有深刻影响，也影响到他对艺术家和艺术创造的看法。由于他先于海德格尔提出了初步和较为系统的存在主义学说，并且由于其哲学的内容较单一、完整地阐述了存在主义思想，所以人们认为他与海德格尔一样，也是存在主义哲学的奠基人。另外，由于他的哲学直言不讳地承认上帝的存在，所以他被归入有神论存在主义者的行列。他的主要哲学著作有《哲学》（三卷，1924—1931）、《理性与存在》（1935）、《生存哲学》（1938）、《真理论》（1947）、《当代人类的命运与哲学思维》（1969）等。

雅斯贝尔斯对艺术领域一直比较关注。在早期的精神病研究中，他就写出了关于艺术家病理学研究的著作《斯特林堡和凡·高》（1922）。在三卷本《哲学》中，他也时常讨论艺术问题。在后期的主要著作《真理论》中，他较专门地阐述了存在主义的悲剧论，较充分地展开了他的美学思想。另外，还有研究达·芬奇的著作《作为哲学家的列奥纳多》（1953）等。

雅斯贝尔斯也把存在作为哲学的根本问题，并且把存在称为"大全"（das umgreifende）。大全就是"自我"，也可称做"一般意识"。当大全、自我作为人的实存和精神出现于主体面前，成为世界现实时，它就变成客观的东西，成为可研究的对象。当大全被作为此在、即人的自我存在来思维时，它就是生存。于是，大全（存在）被展开为两个有机联系的方面：作为对象，它是一切现实对于生存的意义；作为自我存在，它是人的生存的生成和对生存的领悟。

雅斯贝尔斯的生存哲学把人的生存理解为一个动态和超越的过程：我不是生存，而是可能的生存。我并没有自身，而是趋向自身。总之：

> "生存必然是超越的，这就是
> 生存的结构。"①

他把超越看做是自由的，生存就是这种自由所赠予的，所以，生存以其超越性而是自由的。生存哲学的任务就是澄明生存，即澄明生存的可能性、超越性和自由。他说：

> "生存哲学是利用一切事实知识的、然而又是超越性的思维，由于此，人想要成为他自己。这种思维不认识对象，而是同时澄明和获得如此思维的人的存在。由于它超越了一切确定存在的世界知识，因而（作为哲学关于世界的态度）它是飘忽不定的；然而也因为此，它（作为存在之澄明）呼唤着自由，并且（作为形

---

① 萨尼尔：《雅斯贝尔斯》，三联书店，第150页。

而上学）通过召唤超越而创造它无条件行动的空间……"[1]

雅斯贝尔斯把可能的和超越性的个体存在作为生存哲学的基本问题，这一问题的构成主要依靠有限与无限这对范畴。关于人的生存中的有限性和无限性的矛盾关系，他用一个基本的概念来表达，它就是"临界境况"（grenzsituation）。

雅斯贝尔斯认为，一切此在[2]都在境况中。境况即心理和生理的、与意义有关的具体的现实。每个人都以其特有的方式在其中作瞬息的停留。此在境况由于人的作用而处于变化之中，它是偶然的、个别的、可变的，也是可认识的。与人的此在境况不同的是"终极境况"，它是不可改变、不可离开和不可克服的境况，例如：我必死、我必受难、我必奋斗等。它是包括了一切个别境况的基本境况。这种生存的基本境况即"临界境况"。

"临界境况"表明了生存所遭际的此在的历史性限制，它是一堵看不透的墙，我们要想抵抗、克服它，但必然以受挫告终。在日常生活中，人们由于害怕受挫，总对"临界境况"采取回避、忘却的态度，这种人永远无法领悟生存真相，故而无法实现自己的存在，而诚实的人却不能不承认这种绝对的挫折。

但是，雅斯贝尔斯认为，挫折不仅仅意味着失败，而且还暗示着醒悟。挫折的经验使人醒悟，从而意识到生存的界限。生存的真理就来自于个人直面"临界境况"而产生的强烈体验，这种体验迫使人对自己的终极问题发问，并作出自由的抉择，实现超越。在此意义上说，"挫折"也是作为界限之超越的意识。因此，"挫折的经验是哲学最深刻的来源，也是澄清生存真相，实现个人之存在的根本契机。

雅斯贝尔斯认为，真正的艺术家正是在对"临界境况"的强烈体验中成为生存的艺术家的。他们深刻地直观到生存之极限，勇于正视挫折，在回避、忘却或体验自己在临界境况中毁灭的多种可能中选择了后者。凡·高和荷尔德林就是这种真正的艺术家。他们在自己创造的艺术世界中遭到挫折，并毁灭自己于作品之中，从而也获得了超越的自由，实现了存在。而另一种类型的艺术家却对临界境况采取了回避的态度，仅仅满足于构筑一个形式上完整和谐的艺术世界。这种作品中没有对于临界境况的强烈体验，没有充满挫折和超越的对立冲突，只是试图从回避最终选择来达到生存的完满。但实际上他们不能把握生存真理，也不能实现其生存。雅斯贝

① 萨尼尔：《雅斯贝尔斯》，三联书店，第153页。
② 雅斯贝尔斯把"dasein"（此在）理解为经验性存在，指具体的、物理心理的个人；而真正的人的存在被称为"生存"。

尔斯指出，歌德就是这样一种艺术家。他为了保持自己世界的协调、统一，努力避免自己陷入毁灭性的临界境况的深渊。不过，他的《浮士德》又是一个例外，因为它表现了不知足的追求和挫折的主题。事实上，雅斯贝尔斯是主张一种表现有限与无限、个人与社会现实对立冲突的、充满挫折和超越的悲剧性艺术。这一点，我们在下面还要详细评述。

雅斯贝尔斯的"临界境况"概念也表述了人的生存的一种矛盾结构：有限与无限、挫折与超越的矛盾统一。生存的这种矛盾结构决定了生存的分裂性，亦即悲剧性，也决定了作为生存真相之澄明的艺术的悲剧性质。因此，雅斯贝尔斯不仅提出了艺术本体论，同时还进一步阐述了生存悲剧艺术论。

在《斯特林堡和凡·高》一书中，他从精神病理学的角度揭示了一个悲剧性的事实：现代西方文化的分裂症倾向已成为时代的病状，而艺术家只有在成为精神分裂症患者时才获得了真实的存在。他指出，凡·高正是一位"崇高的出于无奈的狂人"。他的艺术创作中体现出来的异常性正源于他个人的历史存在的荒谬性、分裂性之中，他的作品之所以伟大、真实，正是由于自己的灵魂被残酷地解体之时与时代特征、与真理的分裂性获得了某种契合。因此，雅斯贝尔斯并不把悲剧限于戏剧艺术，而是认为悲剧是一切伟大艺术作品的共同特征。

艺术作品的悲剧性还体现在作品的完成与未完成的矛盾之中。他认为，作品作为一个完整的东西是完成了的，但仍有其未完成的一面。这里讲的"未完成"不是就作品形式结构而言，也不是就作品的一次性创造而言，而是源于认识的有限与认识对象的无限的矛盾。在他看来，认识有两种相反的性质，其肯定的方面在于，它从总体上突出某种东西，并且又在被突出的东西中逐个进行区分。认识的否定方面在于总体永远不能被认识。认识的目标是总体，即包括一切的大全，但认识无法达到这一目标，没有一种认识是总体认识。于是，每一次认识都具有肯定和否定的二重性，这就决定了作为认识活动的艺术创造的二重性：既完成，又不完成。因此，作品成为艺术家受挫的标志，成为艺术家生存不安的根源。艺术家正是在永远无法完成的艺术创作中毁灭自己于作品之中。但受挫的体验又唤起了艺术家的超越意识，成为新的创作动机，这样，艺术家是越出他们作品的存在，他那种不断受挫和不断超越的创造活动本身是悲剧性的。

在《真理论》中，雅斯贝尔斯较系统地论述了悲剧问题。他认为，悲剧是对存在本质的意识。它产生于对根源（大全）的直观，是在无数可能性中遭受挫折的人的精神本质，其本质特征是超越。他说：

"崩溃和失败表露出事物的真

实本性。生命的真实没有在失败中丧失；相反，它使自己完整而真切地被感觉到。没有超越就没有悲剧。即使在对神祇和命运的无望的抗争中抵抗至死，也是超越的一种举动：它是朝向人类内在固有本质的运动，在遭逢毁灭时，他就会懂得这个本质是他与生俱来的。"①

因此，他指出，"死亡的事实和灵魂的隐秘"不是悲剧，幻想也不能产生悲剧，因为它们都不是挫折与超越的统一，而他实质上是把挫折和超越看做是悲剧的基本属性。

雅斯贝尔斯把作为生存的悲剧看做是悲剧的本性，并指出，对悲剧本体的理解应放在"大全"的多面性、复杂性和不可界定性的构架中来进行。他认为，人为了克服有限存在（此在）的界限，为了作为真正的存在接触事物，就必然在"临界境况"中遭受挫折，以实现超越。在这个意义上说，生存本身便是悲剧性的。悲剧意味着失败，又意味着觉醒和超越，这本来就是生存的矛盾分裂性的体现。他指出，生存因否定而运动，并成为悲剧。这否定运动的结构便是受挫—超越。因此，悲剧总是充满对立矛盾的，成功意味着失败，

受挫又意味着胜利。悲剧的这种特征源于悲剧本体的意识与能力（无限与有限）的矛盾。意识超出了满足它的能力的界限便会受挫，而对受挫的领悟却又产生了对界限的克服，即超越。我们可以发现，在雅斯贝尔斯关于挫折与超越的连环套式论述中包含着一个严肃的见解，即人对自身的认识、人的超越、人的存在的实现必定以挫折、失败甚至毁灭为代价。因此，他的悲剧论是以关于人的生存境遇之严峻性和人的主体自由性为基本内容的。

雅斯贝尔斯还把悲剧作为考察历史的一个尺度。他指出，历史由于"悲剧人物"的诞生而被拦腰截断。人只有在具有了对悲剧实在本体的领悟之后，才算真正地觉醒了。他说：

"无论原始与否，人只有在具有这种悲剧知识后，才算真正地觉醒。因为这样以来，他就要带着一种新的焦虑不安来面对他所有终极的限制，这一情境驱使他超出那些限制。他无法容忍任何一种四平八稳的事物，因为没有一件平稳的事物会使他感到满足。悲剧知识乃是不仅发生于外部活动，而且发生在人类心灵深处的历史运动的最初形态。"②

---

① 雅斯贝尔斯：《悲剧的超越》，工人出版社，1988年，第25—26页。
② 同上书，第12页。

他认为，在悲剧知识产生之前，人类的知识是"圆融、完整、独立自足的"。人们看到痛苦、毁灭和死亡，但对它们采取了回避或忍耐的态度，把它们看做是历史无限循环的一部分，如把死亡当做"回到归宿"。雅斯贝尔斯认为，这种认识基本上对历史毫无洞察。而悲剧知识的产生，即人的觉醒。这种认识包含着历史的成分，它把循环往复的模式仅仅作为背景，而觉察到生存的一次性和运动不居。

雅斯贝尔斯还从悲剧意识的角度对中国人与西方人的生活态度作了比较。他认为，在古代中国，由于人们成功地取得了对宇宙协调一致的解释，并在实际生活中与之保持一致，所以不可能产生西方式的悲剧观点。他指出，在中国古代的文明中，所有痛苦、不幸和罪恶均被视为暂时的、毫无必要出现的扰乱，人们总把晴朗、美好、自然和高尚的人性和有条有理的秩序看做更真实的东西。这使中国人产生了一种无悲剧意识的"安全感"。他写道：

"中国人舒缓、宁静的面孔仍然与西方人紧张而富有自我意识的表情形成对照。"①

雅斯贝尔斯从悲剧意识角度对中西方人的心态比较，对我们是有启发的。

在西方美学史上，对于悲剧冲突和悲剧人物性格的分析往往比较关注善恶等伦理因素，这是从亚里士多德一直沿续下来的传统。而雅斯贝尔斯却侧重悲剧的真理性。他的系统的悲剧理论就展开于《真理论》之中的一节，题为"根源直观中真理的完成（以悲剧知识为例）"。他认为，"悲剧知识"（tragische wissen）最关心真理问题，它向人们澄明了生存的真理，那就是，在人类的困境中，追求真理是项不可能的任务。

他指出，悲剧人物（如俄狄浦斯、哈姆雷特）都是追求真理的典型。然而，他们追问真实的过程再清楚不过地显示了人的能力的界限，从而进入到意识超出能力的"临界境况"之中。悲剧人物的这种对真实的知的不可能，恰恰显示了本来的生存真理，体现了对生存真理的领悟。悲剧艺术之所以伟大，正由于体验到"临界境况"而获得深刻的存在。依据这种理解，雅斯贝尔斯反对把悲剧看做是罪与惩戒的泛道德主义悲剧观。在他看来，悲剧的确是"罪"的结果，毁灭即赎罪。但与其说"罪"是道德的意义，还不如说它是真实的意义。因为，生存本身即是罪，一个人并非出于意愿地因出生而获罪，从而人的性格也是作为特定存在的罪。于是，真正源于生存自由的行为便也是罪，它本身超出

---

① 雅斯贝尔斯：《悲剧的超越》，工人出版社，1988年，第14页。

了道德选择的范围之外，只是生存的真实目面。所以他说：

"悲剧描绘出超乎善恶之外的伟大人物。"[1]

雅斯贝尔斯还从悲剧知识引发出悲剧的效果。他认为，悲剧的知不仅是认识，同时也是生存功能，它是"自我超越的一种方式"，是在超越中特有的一种解放。这种超越与解放就是悲剧的解脱。悲剧的解脱经由悲剧直观之途，而悲剧直观是在形而上学的基础上观察人的苦难的态度，悲剧只对这种直观态度而出现，也就是说，悲剧只是直面人生、试图超越的自由意识的直观现象。同时，观众也只有投入到作品中去，与主人公融为一体，才能体验到"临界境况"。这种主客体统一的悲剧直观不同于冷漠的旁观，当观众使自己进入到主人公的自我之中，就会产生出分享的同情，使观众由此而实现人的变革，成为本来的人。这就是超越了存在的界限，获得了悲剧的解脱。

雅斯贝尔斯进一步指出，解脱有两种方式：悲剧中的解脱和从悲剧的解脱。"悲剧中的解脱"指悲剧保持完整，人通过忍受它并在其中转变自己而达到自我解脱。观众通过悲剧而经验到在挫折中出现的生存本身，从而在悲剧体验中实现超出了悲惨和恐怖的超越。"从悲剧的解脱"指悲剧性被看穿、扬弃了，它成为过去而消失，似乎悲剧被克服，从而出现了解脱。实际上，雅斯贝尔斯强调在超越中克服和解脱，反对回避和忘却的、幻想中的解脱，因此他倾向于"悲剧中的解脱"。

悲剧对真理的展示也好，悲剧的解脱也好，在雅斯贝尔斯看来，它们都是未完成的。运动、挫折和超越的特征是悲剧知识的特征也是真理的特征。他指出，悲剧知识包含了哲学的精髓：

"运动不居、质疑、开放的心灵、情感、疑惑不定、真诚、没有幻觉。"[2]

这就是他说的悲剧的真理性。实际上，雅斯贝尔斯不仅认为悲剧知识与哲学同一，而且认为，艺术就是一种"哲学的器官"（organonder philosophie，谢林原话），真正的艺术就是"哲学研究"在其中成为可能的那种艺术。他所说的"哲学研究"也是一种诗意化的哲学思维，是一种精神自由的功能，包括了认识和实践：既揭示真理，又实现生存。由于艺术是一种哲学研究活动，那么艺术家也就是哲学家，只不过他是利用形象直观来澄明生存真理，引导人们实现其存在。因此，不仅是悲剧，而且是所有的艺术都具有真理性。

---

①　雅斯贝尔斯：《悲剧的超越》，工人出版社，1988年，第46页。
②　同上书，第112页。

雅斯贝尔斯的美学思想在许多方面与海德格尔相似。如从存在本体出发的艺术本质论，主张艺术的真理性、艺术与哲学同一性以及艺术的存在功能等。但他的美学思想围绕着有限与无限对立的悲剧论而展开，构成了自己的特点。这种悲剧论表达了身处逆境、不甘屈从，但又无力打破逆境的悲愤而清醒的正直哲学家的精神状态。他的悲剧论正是在第二次世界大战期间和战后形成的，是对纳粹及一切非人性势力的反抗。但这种反抗只是个人内心的精神抗议，悲剧（或艺术）的超越也只是个人的精神独立和升华，不是社会现实的变革。这种悲剧的人生哲学和美学观在法国存在主义美学中得到了进一步的发展。

第三节　法国存在主义美学

法国的存在主义是在第二次世界大战期间和战后兴起的。作为一种哲学，它与反法西斯的抵抗运动联系比较紧密。法国存在主义的主要代表人物萨特、胡塞尔、卡缪等人都同时兼有社会活动家的角色，对社会、政治问题比较关心。同时，他们又是有很大影响的小说和戏剧作家，这与海德格尔、雅斯贝尔斯的纯粹学者形象形成显明的对比。一般地说，法国存在主义的哲学及其美学与德国存在主义哲学及其美学相比，哲学的形而上学特性不那么突出，而现实性较强，且影响比较广泛。这同萨特等人把存在哲学与当时人们普遍关心的社会现实问题联系起来，并用文学语言加以表达是有关系的。

一、萨特与自由的美学

萨特是法国著名哲学家、文学家、评论家和政治活动家，是法国存在主义的主要代表，也是"二战"之后影响最大的存在主义者。他运用文学手段阐发存在主义思想，使存在主义迅速广为传播，并渗透到西方各种意识形态和生活方式之中。由于他试图把存在主义与马克思主义相"结合"，人们又把他的哲学称为"存在主义的马克思主义"。

萨特出生于一个海军军官家庭。1924年入巴黎高等师范学校主修哲学，1929年在全国中学教师资格考试中名列榜首。随后在中学任教，后去大学任教。1933年—1934年到德国柏林的法兰西学院学习，在胡塞尔指导下，研究现象学及海德格尔等人的著作，逐渐形成自己的哲学体系，第二次世界大战中，因参军作战被德军捕获，释放后回国在巴黎继续任教，并与梅洛-庞蒂、西蒙娜·德·波伏娃等组织成名为"社会主义与自由"的地下抵抗组织。1944年辞去教职，专心著述，主编颇有影响的《现代》杂志，并积极参加国内和国际的左翼政治活动。1955年曾到北京参加世界和平理事会，并在《人民日报》上发表了观感。1964年瑞典皇家学院授予他诺贝尔文学奖，但他以"一向拒绝来自官方的荣誉"为由谢绝受奖。70年代任《人民事业》、

《解放》两家左翼报纸的主编。1980 年 4 月 15 日因患肺气肿逝世，数万群众自动参加了他的葬礼。

萨特一生著作甚丰，除主要哲学著作《存在与虚无》(1943)、《存在主义是一种人道主义》(1947)、《辩证理性批判》(1960)等外，他还写了大量体现其哲学思想的小说和戏剧作品，主要有小说《墙》(1939)、《恶心》(1938)、《自由之路》(1945—1949)，剧本《苍蝇》(1943)、《死无葬身之地》(1946)、《肮脏的手》(1948)、《魔鬼与上帝》(1951) 等。

在美学方面，萨特的主要代表作是《什么是文学》(1947)，发表在他主编的《现代》杂志上。此文较系统地阐述了存在主义的美学理论和创作原则，以现象学的方法阐述了作家与读者的辩证关系，并提出了文学"介入"的著名命题。在集中研究想象意识的《想象心理学》(1940)中，萨特由想象的自由本性进到艺术作品的分析，指出了作为审美对象的艺术作品的非实在性质。另外，他撰写了研究、评论象征派诗人波特莱尔、荒谬派剧作家让·热奈和现实主义小说家福楼拜的三部专著。

与德国存在主义者不同，萨特接受了由胡塞尔提出的"存在主义"的名称，自称是"存在主义者"。他认为，哲学的基本问题是"存在"问题，并把存在划分为两个截然不同的领域：自在存在与自为存在。"自在存在"就是外在世界，它是无意义的，不可认识的，而且由于它是偶然发生的，没有存在的理由，所以是荒谬的。"自为存在"是人的主观意识，它是真正的存在。自为存在的最大特点是非实在性，即"虚无"。它不受任何束缚，是主动的、自由的。自为存在也是自在存在得以说明、获得意义的前提和根据。萨特用他老师胡塞尔的现象学方法来阐明人的意识与世界的关系，意识是积极主动的，而客观世界只是意向性对象，它是在意识之中生成的。这样，人的意识性的存在便成为"第一性"的了，宇宙也只是人类主观性的宇宙。这就是萨特的本体论"人学"。

萨特的学说旨在证明一种本体的存在、实在的存在及存在的最一般方式，由于把真正本体的存在归为人的自由的存在，因此，他的学说在相当程度上是关于人的自由的学说。他自己曾说：

> "存在主义的核心思想是什么呢？是自由承担责任的绝对性质；通过自由承担责任，任何人在体现一种人类类型时，也体现了自己，……以及因这种绝对承担责任而产生的对文化模式的相对性影响。"[1]

这里，自由与责任不是两个分离的东

---

[1] 萨特：《存在主义是一种人道主义》，上海译文出版社，1985 年，第 23 页。

西，毋宁说是一个东西的两面，二者是有机关联的，它们一起形成了人的自由存在的结构。

萨特提出了"存在先于本质"的著名命题，这一命题的意思主要是说，人来到世上首先是存在着，他空无所有，后来，人按照自己的意愿造成了他自己。这一命题之所以可能是由于萨特否定上帝的存在，既然没有设定人类本性的上帝，世上便没有人类本性。人是绝对自由，或者说，自由就是人。但是，正因为人是自由，他的本质是由于他按自己的意愿自由选择的结果，所以"人就要对自己是怎样的人负责"。萨特说：

> "存在主义的第一个后果是使人人明白自己的本来面目，并且把自己存在的责任完全由自己担负起来。还有，当我们说人对自己负责时，我们并不是指他仅仅对自己的个性负责，而是对所有的人负责。"①

这样，萨特所说的自由就不是一个人绝对的随心所欲，他通过"责任"把个人的自由与他人的自由联系起来的。他说：

> "显然，自由作为一个人的定义来理解，并不依靠别的人，但

只要我承担责任，我就非得同时把别人的自由当作自己的自由追求不可。我不能把自由当作我的目的，除非我把别人的自由同样当作自己的目的。"②

萨特一方面强调了个人存在的绝对无拘束，他完全按自己的意愿作出选择，造就自己；另一方面，他又强调了个人对自己和他人的责任，个人只有在把他人的自由作为自己的目的之时，他才可能获得真正的自由。这种自由与责任相统一的理论表达了萨特的一种矛盾的思想：一方面，他用个人的绝对自由来对抗一切非人性的势力（如法西斯主义、集体主义、专制主义等），另一方面，他又用个人自由与他人自由的统一性来给个人自由赋予合理性，但由于个人必须为自己和他人负责，他的选择就不可能有完全从自我出发的自由，他的自由受到了限制。

萨特关于人的自由的学说是他的美学思想的哲学基础，他的关于审美自由性和文学介入性的论述都是在自由与责任有机联系的结构中展开的。

萨特认为，审美与艺术的本质是自由。这种自由植根于人的意识性存在的自由本性，所以也可以说，审美与艺术的自由基于人的意识的自由。在他的《论想象的现

---

① 萨特：《存在主义是一种人道主义》，上海译文出版社，1985 年，第 8 页。
② 同上书，1985 年，第 27 页。

象学心理学》①（L'Imaginaire-Psychologie Phénoménologique de l'Imagination，1940）当中，萨特着重分析了想象意识的自由性质，并由此导出了审美的性质。

萨特对想象力的研究依据现象学的方法。他认为，想象力是一种意识，具有意向性。想象力意向其对象的独特方式就是"非现实"（又译"非实在"），它通过作为意向化对象的一个"相似的替代品"所给予的物理或心理内容，具体地指向一个不在场或非现实的对象。因此，想象性意识的对象是作为并不实际在场的东西而呈现出来的。想象力把对象设定为虚无，它是一种虚无化功能。想象力的这种意向其对象的虚无化方式，是它的根本性质和功能。

萨特通过对意识的三种形式（知觉、概念和想象）的比较，更细致地剖析了想象力的特征。第一，知觉是一种观察，是逐步学习的多方面的综合，概念思维是进入对象中心的有关对象自身的认识，而想象则一下子获得综合性的意象，但又没有告诉我们任何东西，它实质是贫乏的。第二，知觉设定对象的存在，概念和知识设定普遍的本质存在，但不关心对象的实际存在。而想象力把对象设定为不在此时此地存在，乃至非存在的东西，即虚无。第三，与现实存在的对象相关连的知觉，具有被动的综合性质，而想象性意识则具有

自发性，"一种产生并把握意象对象的自发性"，这体现了想象性意识的创造性。因此，在他看来，想象力最充分地体现了意识的基本性质，即虚无。所谓"虚无"是指意识只是纯粹"呈现"，而非实体性的意识自身不具存在，它是存在的"缺乏"。所以，意识即虚无。而想象正是体现了意识的虚无性质和功能。它作为对自己的对象的揭示和否定，使自己与对象永远保持距离，不断形成否定，从而把人引向自由。

萨特认为，人在世界上的行为自由，体现为他不仅可以感受到事物的存在，而且也可以感受到事物的非存在，为给特定境况的可能的存在作出评价，并有所选择，他才具有为改变世界而有所介入的能力。这种对既定现实的超越性意识正是想象性意识的本性。想象力与它所建构的世界和它过去的活动根本不同，因为它总是在建构世界的同时，通过虚无化的功能，超越世界。想象力的这种本质正是人的本质。在萨特看来，人正是在不断选择、超越的行动中，成为自由的。"人之所以能够从事想象，也正是因为他是超验性自由的。"人的超越性自由与想象力的虚无化和超越性是根本一致的。

萨特认为，想象力对现实世界的虚无化和摆脱是一种辩证的否定。意识能够从事想象的基本的先决条件，便在于它要

---

① 该书的英译本名为 *The Psychology of Imagination*（《想象心理学》）。

"存在于世界之中"。这个存在于世界中的境况，是想象性意识的具体和个别的现实性，也是任何非现实对象构成的动因，而非现实对象的本性则是为这种动因所制的。所以，虚化和超越性的想象力恰恰要从既定的现实境况中获得生命力，而非现实的、不在场的对象却预示着在场，暗示了现实性。非现实的东西和现实的东西的关系就体现为，现实的世界总是想象性意识的特定基础，非现实的东西必然总是以它们否定的世界为依据而构成的。因此，想象力绝不是脱离现实、虚无缥缈的意识，而是以现实世界为根基和动力的。它否定过去，指向未来，"每时每刻都表现着现实所蕴涵的意义"。值得注意的是，萨特把想象力的自由规定为对现实辩证否定中的超越，而不是对现实的脱离，因此，这种自由同时也包含着对现实的介入。正是在这种辩证关系中，萨特把艺术的非现实性与介入性统一了起来。

萨特从自由的想象力出发，论述了艺术作品的存在方式，其基本命题是：

"艺术作品是一种非现实。"[①]

这就是说，作为审美对象的艺术作品，它的本质是想象力意向的对象，因而它是被虚无化了的，不是实在之物。

与海德格尔一样，萨特在论证艺术作品的存在本质时，首先对艺术作品与物作对比和区分。他以一幅画为例，来说明艺术作品的非物性。当我们只观察到画布和画框本身时，艺术作品这个审美对象并没有出现。要使一幅画呈现为审美对象，意识要发生根本性的改变，而现实世界就在这一改变中被否定了，这种意识正是想象性的。一种传统的误解是认为，艺术家最初便有一种以意象为形式的观念，然后把它体现在画布上，这就把艺术作品中现实的东西与意象的东西相混淆。事实上，艺术家并没有完全将他的心理意象在物质材料上实现出来，他只是构筑了一种物质的类似物，而每一个人都可以在看着这个类似物的条件下，把握那个意象。因此，"美"的东西是某种不能被知觉经验到的东西，它的本性是在世界之外，即非现实性。审美愉快尽管有现实的色彩，但它本质上是了解非现实的对象的一种方式。它并不指向作为物的、现实的作品，而是实现着从现实的作品到意象的对象的过渡。萨特认为，想象性意识把审美对象假定为非现实的东西，是"审美经验的那种著名的非功利性的根源"。

"艺术作品即非现实"这一命题又意味着美与善的区别。"美是一种只适于意象的东西的价值"，这种价值的基本结构意味着对世界的否定。"善的价值被假设为存在于世界之中，这些价值涉及对现实的东西的

---

① 萨特：《想象心理学》，光明日报出版社，1988 年，第 284 页。

作用。"① 这就是说，现实的东西绝不是美的，而非现实的东西绝不是善的。所以，将道德的东西与审美的东西混淆起来是愚蠢的，当我们对现实的事件或对象采取审美观照的态度时，我们都可以感到自己在同观照对象的关系中有一种后退，同时，对象也在不知不觉中归于虚无。此刻，原先被知觉的、现实的对象被转化成它的类似物，成为一种非现实的意象。这就产生了"审美距离"。在有"审美距离"的审美观照中，艺术作品产生了"纯粹的提示"（pure presentation），即对现实的意义的表现，欣赏者则从疏远和束缚自身自由的东西中摆脱了出来，获得自由的审美享受。因此，在萨特看来，审美对象、审美距离、审美享受都以对现实有否定和超越性的想象为本质。由于他把想象性意识的本性理解为自由，因此，他理解的审美活动无非是体认、实现自由的活动。自由是萨特美学的核心。

在《什么是文学》这部著作中，萨特进一步阐述了文学创造活动（包括写作与阅读）的自由本性。他首先分析了"什么是写作"，并提出了著名的"介入说"。他认为，文学写作本身就是一种干预的行为。写作的这种本性形成于"话语"（discours）的性质和功能。作家是一个说话者。他运用语言，确定、论证、安排、拒绝、质询、恳求、攻击、说服、影射。这是作家向他人传达自己体会的过程，在这一过程，作家作为说话者，对对象和听众选择自己的态度，并期望施加某种影响。由于"说话"只有在特殊的行动中才能形成和理解，所以说："说话即行动。"这种行动具体体现为"命名"。说话就是对事物进行命名，即揭示它的真相。由于观念不可能是不偏不倚的，所以给事物命名就是对事物的改革。我们给某人的品行进行命名，便是揭示了他的品行，这等于向其他人揭示了他的品行。因此，他在自己看到了自己的同时，也意识到被他人看到了，于是他不能不改变自己的行为。萨特说："在说话的同时，我通过改变这一境况的计划揭示了这一境况；我对我本人和其他人揭示了它以便改变它。"② 因此，"说话"就是命名、就是揭示，揭示就是变革。作家在运用语言"说话"之时，就是采取了"介入"这个世界的行动。作家就是一个选择了揭示的行动方式的人：一旦你开始写作，不管你愿意不愿意，你已经介入了。

萨特认为，"介入派"作家是自觉意识到"说话"的"介入"本性的人。他选择了这种揭示和变革的行动：他"决定了向

① 萨特：《想象心理学》，光明日报出版社，1988年，第292页。
② 蒋孔阳主编：《二十世纪西方美学名著选》（下），复旦大学出版社，1988年，第212页。

他人揭示世界、尤其是揭示人，以便使这些人面对着如此袒露在其面前的事物能够负起他们的全部责任"。① 他之所以能揭示，正是由于他具有变革人的境况的愿望和决心。作家的这种选择体现了他的自由和责任。

由于作家是选择了"变革"和"揭示"的行动方式的人，他对既存社会不仅没有实用之处，而且时常是有害的。"作家使社会产生一种不愉快的内疚心理，因此，他总是和那些要保持平衡状态的保守势力处于永无休止的对抗之中。作家的目的是要打破这种平衡。"② 因为"揭示"就是点破被日常生活习惯和种种制度埋没的人的本来面目，其目的正是要打破既有的平衡状态，以否定的方式实现变革，不断开创新的未来。所以，文艺是对"一个处于不断革命的社会的主观的自我意识"。基于这样的思想，萨特反对唯美主义及其"为艺术而艺术"的主张。在他看来，"为艺术而艺术"的艺术实践实质上根本没有过。所谓为自己而作画，或者作画是为了创造艺术的说法纯属胡言乱语。只有为了他人，并通过他人，才有艺术。艺术首先就是一种同他人的联系和交流，这就是对话，亦即介入。

萨特的"介入"理论，在思想根源上受克尔凯郭尔的选择理论、黑格尔的哲学是时代精神的代表和否定的辩证法、马克思的哲学家是它所属的阶级的代表等思想的影响，而更直接的理论基础是他的"存在先于本质"的基本命题。他认为人不受任何既定的东西的规定，人是自由的，他自由地选择自己的本质，并由此担负起存在的责任。存在的本质就在于不断否定过去，投向未来的自由选择行动之中。作家的"介入"也正是一种具有否定和超越意义的选择，他通过"揭示"而实现"变革"，并呼唤读者采取"变革"的行动。所以，文艺创作的"介入"本性正是存在的自由本性的体现。

既然一切写作都是为他人的写作，因此，写作是作家与他人、与世界发生联系的一种方式。萨特认为，文学创作的主要动机之一是这样一种需要：感觉到在人与世界的关系中，我们是本质的。作家在创作活动中感受到"在我与作品的关系中，我是本质的"。但是，他创作出来的作品却作为一个客体，离他而去，成为非本质的。创作就是这样一个矛盾的过程：在创作者的观念中，客体的东西成了本质的东西；但同时，就作品的产生而言，主观的东西由于客观化而成为非本质的东西。要使这种非本质的作品重新成为本质的东西，必

---

① 伍蠡甫主编：《现代西方文论选》，上海译文出版社，1983年，第213页。
② 《文艺理论译丛》(2)，中国文联出版公司，1984年，第387页。

须使作品作为客体重新成为观念意识的存在，这就需要阅读行为。创作行为的上述矛盾性，决定了写作活动包含着阅读活动。决定了创作者只能为他人，并通过他人而创作。因此，他指出，创作行为在作品产生中只是一个不完整的抽象瞬间，只有在阅读中，创作行为才臻于完备。这等于是说，创作活动是由作家和读者共同完成的。这样，从作家方面来说，他必须委托读者来完成自己所开始的工作，他所创作出来的作品是"作为一个有待完成的任务而出现"，因此他说：

"作家在创作自己的作品时，向读者的自由提出吁求，要求进行合作。"①

从读者方面来说，阅读同时包含着主体和客体的本质。客体（作品）之所以是本质，是因为它是超验的，它带来了自己的结构，人们必须等待并观察它。在这个意义上讲，阅读是在某种指导下进行的活动。主体（读者的意识）之所以是本质，是因为不仅需要他来揭示客体，而且需要它使这个客体成为"存在"。主体的接受水平、能力和角度如何，作品也就如何存在。在这个意义上说，阅读是一种创造，这种创造与产生作品的创造一样新鲜，一样有独创性。正因为阅读包含着上述主客体的辩证关系，所以说："阅读是一种有指导的

创造。"在这种对阅读能动性的论述中，我们可以发现接受美学的萌芽。

如果说萨特的上述阅读理论主要还是现象学理论在美学中的应用的话，那么他关于阅读的自由本性的论述，则给这一概念注入了存在主义的独特内涵。萨特指出，写作作为一种吁求，是对读者的自由提出吁求。作家在吁求读者完成由他开始的创作行为时，是把读者当做一种纯粹的自由来看待的。没有这样一种信念，写作行为是难以为继的。另一方面，读者的阅读行为则是对自由的吁求的应答，他意识到作者对他的自由的吁求，仅就他打开书本这一事实就说明了他对作家自由的承认。因此，读者对作者的纯粹自由也是完全信赖的。在这个意义上说，阅读是作者与读者对双方自由的信任的一个契约。这样就出现了另一个阅读的辩证关系：对自己的自由的体验、确认和要求，同时也是对他人的自由的体验、确认和要求。萨特认为，这正说明，文学创作是一种对人的自由寄予信任的行为，因此，作家负有道德责任。艺术作品也由于是对自由的吁求，所以有价值。因为价值是对人的自由的吁求，在于不断地选择和创造，而作品正是向读者的自由意识开放，需要被超越和重新创造的东西。

萨特还对康德"无目的的合目的性"

---

① 伍蠡甫主编：《现代西方文论选》，上海译文出版社，1983年，第198页。

的命题作了重新审视。他同意艺术作品不具有目的，但理由是它本身就是目的。康德认为艺术作品首先作为事实而存在，然后才被人看见。萨特认为，康德忽视了作品的吁求。事实上，作品只有在被阅读时才存在。它首先是对纯粹存在的吁求。它所献身的目的就是读者的自由。

萨特在《什么是文学》中表达了一种强调社会功能的文学观，这恐怕是存在主义美学中最入世的、最具有社会学色彩的艺术论。从表面上看，他的"介入说"与他强调艺术作品的非现实性是矛盾。但从实质上讲，作家的介入无非是他的自由以及由此而带来的"责任"的体现。因为，这种"介入"作为一种选择与揭示是自由的；作为一种行为是意识性的，而不是现实的。另外，他并不把文学介入看做是利用文学手段直接进行抽象政治宣传，而是从文学自身的自由性引申出介入的性质。我们在讨论萨特的想象理论时就曾提出，由于否定性的想象力与现实是辩证的关系，所以，超越与自由的想象力本身就包含着对现实的介入。由此可见，萨特的文学介入说仍是以想象性意识的虚无化和自由本性为基础的，也正因为此，介入性的写作才可能是对读者自由的吁求。

不过，萨特似乎也注意到不同艺术形态所具有的介入性质和功能是不同的。他在"介入"的意义上对诗、音乐、绘画与散文（主要指小说、戏剧）作了区分。他认为，诗、音乐、绘画由于把语言或物质媒质作为目的，不具备传达和交流思想感情的性质和功能，因此，不能要求它们"介入"。这种区分当然是勉强的，但萨特注意到在表达思想和社会批判方面，小说、戏剧与诗、音乐、绘画等艺术形态的区别，仍有一定的合理性。他从社会意识功能的角度划分艺术类型的方法对我们的艺术形态研究也是有启发的。

总的来说，萨特提出了以意识自由为核心的存在主义美学，他把审美与艺术看做是人的自由的体现和实现自由的途径，这是近代以来西方美学中审美自由观的进一步发挥。但他在高扬人的意识能动性的同时，却把审美自由与现实自由割裂了开来，这是源于其个人主观意识的存在本体论的根本失误。他对想象力的现象学研究，从心理学上讲并没有重要的创见，但把审美对象看做是想象性意识的对象，而非单纯知觉的对象，突出了审美的意识内涵和心理综合性质。这对于当代西方心理美学中只在知觉水平分析审美经验的倾向，也不失为一种必要的反拨。萨特在主张艺术创作自由的同时，又强调作家的社会责任，倡导为他人的文学，注重文学的社会批判性质，提出了为什么写作、为谁写作等问题，这在存在主义美学理论中是独树一帜的。但由于他把自由建立在个人的意识性存在的基础之上，实际上并没有真正解决个人自由与他人自由的矛盾，从而使他的审美（艺术）自由理论仍带有个人主义的色彩。

二、梅洛-庞蒂的审美知觉论与卡缪的荒谬艺术论

除萨特之外，法国存在主义者梅洛-庞蒂和卡缪也从各自的基本哲学观出发，提出了独特的存在主义美学理论。

梅洛-庞蒂（Maurice Merlean-Ponty，1908—1961）出生于法国南部的一个天主教家庭。第一次世界大战时迁居巴黎。1926年入巴黎高师，1930年毕业后通过全国中学哲学教师资格考试，后在中学任教多年。他曾两次服兵役。1935年任巴黎高师助教。"二战"期间参加地下抵抗运动，1945年与萨特等人共同创办《现代》杂志。1949—1952年在里昂大学和巴黎大学任教授。1952年继柏格森之后，任法国最高学术机构法兰西学院的哲学教授。1957年被授予表彰对法国有特殊功勋者的荣誉团成员称号。1961年5月，他在工作台旁猝然去世。主要哲学代表作为《知觉现象学》(1945)等。

梅洛-庞蒂的哲学既接受了存在主义从个人主观意识出发构造世界的基本前提，又试图给个人的存在提供一个客观基础，他把人以及人的活动看做是没有精神和形体之分界的灵与肉的统一。这种调和的倾向集中体现于他的知觉理论中。他在名著《知觉现象学》中提出，哲学的任务或核心问题是揭示存在的奥秘，而存在的意义产生于人与世界的最基本接触。这种接触不是理性的、逻辑思维的认识，而是肉体的。肉体是一种对世界开放并与世界联系的结构。它存在于世界之中，是人与世界之间的中介，也是知觉的基础。对象作为存在的某种方式，它的可触知的、活生生的表现或标志就在与肉体的相互渗透的同一性联系中，向肉体显露着自身。因而，在关于世界的任何形式的概念化和反省理解发生之前，世界早已对人的肉体而存在，并为肉体所感觉、知觉和记录着。在这个意义上说，我们对于存在的理解是前反省的（prereflective）和前科学的，也是先于客观性的，这正是知觉的特征。

梅洛-庞蒂强调，真正的哲学的知就是知觉。只有通过表现或揭露现象的朴素的直觉的知觉，才能把握存在的意义。他说：

> "哲学的第一个行动应该是深入到先于客观世界的生动世界，重新发现现象，重新唤醒知觉。"①

在他看来，知觉是一切认识和意义的根源，因为它是对存在之根源的最根本的把握。

梅洛-庞蒂认为知觉虽然是直接性的，但不同于感觉，而是一种"感觉的综合活动"。知觉不是去发现某种既已存在的

---

① 祁雅理：《二十世纪法国思潮》，商务印书馆，1987年，第65页。

东西，而是把不明晰的感觉材料显现为较明晰的形象，并把对象表达为意义。这个持续不断的过程，可以被描述为一种"现象显现的动力学"。在这个意义上说，知觉不仅是与存在之意义的遭遇，而且更是意义的创造。具有哲学认识功能的是创造性知觉，能于可见之物中揭露不可见的意义，并能发现一种与之相适应的语言，即"能够使事物说话的语言"。这种语言是诗的语言、形象化的语言，它通过词汇与现象之间的表面意义，揭露事物的真相。在这里，哲学和艺术由于凭借创造性的知觉和形象化、隐喻式的语言而具有了同一性。

梅洛-庞蒂指出，艺术家的作用就是突破存在尚未充分表达出来的真相，揭示存在的意义，并使之成为感觉和想象可以理解的东西。事物的真相或意义隐藏在事物的物质现实之中，只有通过知觉才能体验到。它们永远由于晦暗而保持其神圣状态。而艺术则是一种事物自己说话，自己显现其意义的"语言"。在其美学论文《眼与心》（1961）中，他认为艺术家内心里有一只眼睛是第三只眼睛，亦即发现和创造意义的知觉，它有去蔽显真的功能：

　　　　"绘画让外行人认为看不见的东西有一个看得见的存在。"①

"可见"的事物外表与"不可见"的事物真相或意义之间是相互规定和依赖的关系。任何在知觉中成为"可见"或"可说"的意义，只有在人与世界的接触的"不可见"或"缄默"的背景上才能被界定。艺术让"不可见"部分地成为"可见"，就是使"存在"外在化。所以梅洛-庞蒂断言，任何艺术作品都不是对事物的再现，而是一种变形。艺术作品中知觉现象的意义只能来源于同某种"不可见"的东西的接触。作家是通过他选择的、在情境中最重要的"不可见"关系的脚手架，建构起可见的意义，即故事情节。画家是通过获得不知来自何处的深度，而使视觉形象具有意义。艺术作品只有在表现了"不是事物的事物"时，即把事物的外表扯破时，才能真正表现出事物的成因，即它的意义。总之，艺术作品通过创造性的知觉，通过"可见"（物质的具体事物）的否定，展示了"不可见"，即整体的感性世界。所以说，艺术是一种手段，它使我们在真实对象不存在的情况下，看到犹如生活中看到的真实对象。

梅洛-庞蒂审美知觉论强调了审美与艺术的真理性质，审美知觉与哲学认识一样，是一种去蔽显真的手段，同时，由于知觉被理解为一种肉体与世界的接触，所以，审美知觉对事物真相的领悟

---

① 蒋孔阳主编：《二十世纪西方美学名著选》（下），复旦大学出版社，1988年，第237页。

也是存在的实现。这种见解与其他的存在主义美学理论没有多大差别。但是，梅洛-庞蒂的独特之处在于通过肯定知觉的肉体性质，来给个人的存在赋予一个客观基础，在肉体与精神的混沌统一之中揭示知觉和存在的本质。由于他不否认知觉的客观性，所以不像海德格尔和萨特那样完全排斥艺术作品的物性。在他看来，艺术创作是一种运用物质媒介的创造性知觉活动，艺术媒介规定了知觉与表现的方式，形成了知觉的样式化。① 所以，物质媒介对内心形象的产生和艺术作品的构思均有重要影响，它是知觉与对象之间的中介，是知觉借以进行审美观照和艺术创造的重要手段。这种观点与萨特把艺术作品看做意象的类似物的观点有重要差异，体现了梅洛-庞蒂试图调和主观论与客观论的哲学意旨。

卡缪（Albert Camus, 1913—1960）生于阿尔及利亚，青少年时代在贫困和疾病中度过。1934 年入阿尔及利亚大学攻读哲学，1936 年获得学位。同时，他也开始了文学创作。1940 年移居巴黎，参加法国地下抵抗运动，创办了影响很大的地下刊物《战斗报》。自此时至 50 年代初与萨特有密切交往，后因观点分歧而分手。1957年获诺贝尔文学奖，1960 年死于车祸。

卡缪首先是一位存在主义作家。他的小说《局外人》（1942）、《鼠疫》（1947），剧本《正义者》（1949）等，形象地阐发了他的存在主义思想。主要哲学著作有《西西弗斯神话》(1941)和《反抗者》(1951)。他的美学理论也主要在这两部著作中得到了阐发。

卡缪的哲学集中在道德价值领域。他把人生与世界的基本状况界定为“荒谬”（absurd），又倡导直面“荒谬”而创造新的人生经验的“反抗”。由于他全面和独特地论述了“荒谬”范畴，因此他的哲学被称为“荒谬哲学”。

荒谬是存在主义哲学中常用的术语。萨特把它理解为“无意义”之物，而卡缪则用荒谬来概括人与世界的基本状况。这种“荒谬”既是一种事实状态，又是人对这种状态的感受，也就是说荒谬与荒谬的体验（荒谬感）是一致的。从知的意义上讲，荒谬是人与世界之间的关系。他写道：

> “……荒谬既不存在于人之中，又不存在于世界之中，而是存在于二者共同的表现之中。荒谬是现在能联结二者的惟一纽带。”②

这表明，“荒谬”是人与世界关联的整体，他说：

---

① 《西方学者眼中的西方现代美学》，北京大学出版社，1987 年，第 59—60 页。
② 卡缪：《西西弗斯的神话》，三联书店，1987 年，第 37 页。

"……（荒谬）的主要特征就是：它不能自我分解。只要破坏了它其中的一项，那就是破坏了它的整体。人不能够在精神之外获得荒谬感。因此荒谬和任何事物一样是随着死亡而告结束。但是，我们同样不可能在这世界之外找到荒谬。"①

我们发现，荒谬的结构类似于雅斯贝尔斯的存在结构，荒谬就是人存在于同世界相联系的境况之中的本质，也就是说，荒谬即存在。由于荒谬取决于人和世界，二者缺一就不成其为荒谬。人的意识之外不可能有荒谬，世界之外也不可能有荒谬。荒谬就是世界的不合理性与人的灵魂深处竭力追求清晰之间的冲突。

卡缪指出，荒谬起源于人对生命意义的追问和怀疑。生活在平庸、常规中的人一旦对自己的生存状态提出"为什么"的问题，便领悟到了荒谬。此刻荒谬就开始了，同时，人也就觉醒了。面对荒谬的人，首先觉醒的是他的感觉，人对自己与世界的分离的感受就是荒谬感，在智力上的觉醒则是认识到理性的局限性。人的智力要求清晰，但它只能把握到瞬息即逝的个别真理，它追求世界的和谐与统一，但结果却是世界的分裂与矛盾。理性的清晰与局限的对立，就是荒谬本身。因此，荒谬又

是人与世界、意识与自然、有限与无限、生与死的悖理和分裂。

在卡缪看来，感受和认识到荒谬只是一个起点，问题在于对荒谬采取什么态度。既然人的生存状态是如此的悲剧性，我们应该如何行动呢？他分析了两种出路，一种是自杀，另一种是反抗。所谓"自杀"是指：（1）一般意义上的自杀；（2）以企求死后永生来进行精神上的自杀。自杀实质上是逃避，它想清除荒谬，但实际上荒谬永远不会被消除。自杀只是以消除人对荒谬的真切体验和清醒认识来回避荒谬。卡缪认为，自杀是一种犯罪，人应该以反抗来赋予荒谬的人生以意义，从而获得幸福。反抗的人"从不肯拔一毛以利永恒"，他从荒谬中深知，没有明天，没有来世，只有穷尽短暂的人生，才能从荒谬中获得幸福。实际上，反抗的人也就是在悖理、分裂中行动的人，所以卡缪称之为"荒谬的人"。

卡缪以西西弗斯作为荒谬的人（反抗的人）的典范。西西弗斯受诸神的惩罚把巨石推上山顶，而石头由于自重又重新滚下山来，西西弗斯又走下山去，重新把巨石推上山去。西西弗斯意识到自己荒谬的命运，但仍不停地重复着这一艰苦的劳作。因为他深知自己是命运的主人，他不会为这无效的劳作而放弃对命运的抗争。卡缪

---

① 卡缪：《西西弗斯神话》，三联书店，1987年，第28页。

认为，西西弗斯体现了对命运的蔑视和反抗。这个神话是悲剧的，因为主人公是有意识的，也就是说，西西弗斯完全清楚自己所处的悲惨境地，他不是凭着希望成功的幻想来反抗命运的，他明知反抗之无效，却凭着对命运的蔑视，重新走下山去，推动巨石。卡缪说：

"造成西西弗斯痛苦的清醒意识同时也就造就了他的胜利。"[1]

这里，我们发现卡缪把悲剧理解为对荒谬境况的领悟和超越，这同雅斯贝尔斯的悲剧论基本一致。

卡缪认为，艺术家也是一种荒谬的人，他从荒谬的境况中获得超越的能力，从事着荒谬的创造。荒谬的创造是荒谬的激情的迸发，这种激情产生于正视世界的紧张状态，是从荒谬中产生出来的快乐。荒谬的创造是一种不抱希望不思未来的创造，是对人至高无上的尊严的最激动人心的证明：即不屈不挠地与其环境作斗争，虽然这种斗争的努力被看做是无效的。真正的哲学和艺术都是一种荒谬的创造。卡缪认为，艺术作品标志着一种经验的死亡和这种经验的繁衍。它不是荒谬的避难所，而是一种荒谬的现象。它产生的前提是清醒意识到荒谬的思想，但在创造的时刻，只是荒谬的激情的迸发，而荒谬的推理却在此停止了。也就是说，艺术作品产生于思想却又否定了思想，它本身就是思想与创造的矛盾，它象征着"知的悲剧"。艺术作品的创造弃绝了使具体事物理性化的智慧，它标志着肉体的胜利。

卡缪把只进行感性现象之启示的艺术作品称作"形象的哲学"，它是想象的产物，但从本质上说是一种难以表达的哲学的结果，就它只是描绘而言，它是一种模仿；就它是从荒谬中获得生存真谛，是荒谬的快乐的产物而言，它是一种伟大的模仿，即创造。这种艺术的作用在于揭示存在真理并实现存在：

"伟大的艺术作品的重要之处与其说寓于自身之中，不如说是表现于它要求一个人所遭受的经历之中，表现于它所提供的克服他的幻想并且更加接近他的赤裸裸的实在的机遇。"[2]

由此可见，卡缪也是从存在（荒谬）的本体出发，来看待艺术的。他把艺术家看做是"荒谬的人"，把艺术作品看做是荒谬的创造的产物，因此，艺术根源于荒谬，显现了荒谬之真相，又促使人们实现其真正的人的存在，即荒谬的存在。这种本体论的艺术观，以及从人与世界的分裂、冲突关系中把握艺术产生、本质和功能的方法

---

①　卡缪：《西西弗斯神话》，三联书店，1987 年，第 158 页。
②　同上书，第 151 页。

与其他几位存在主义哲学家是基本一致的。

在《反抗者》一书中，卡缪从荒谬哲学基础上进一步论述了反抗以及反抗的艺术的理论。他认为，反抗（révolté）就是对荒谬境况的积极反应，是对世界既说"不"又说"是"，就是面对荒谬而人为地建立一个世界，同时又反映出获得这种统一的不可能性。所以，反抗亦即荒谬的创造，它体现了真正的人的存在本质。卡缪认为，真正的艺术也是一种反抗。他说：

> "反抗就是人为地制造一个世界。这也是对艺术的一种规定性。的确，反抗的要求，部分地也是美学要求。"①

作为反抗的艺术又是一个历史范畴。卡缪对"认同文学"和"离心文学"作了区分。"认同文学"是古代和古典时代的产物。古代和古典的艺术悠然自如，具有莫扎特音乐的那种神圣的自由。而"离心文学"则始于现代，这种文学的代表是小说，小说的繁荣同现代反抗精神、同批评运动和革命运动同时发生。现代艺术家失去了往日旁观者和施惠者的舒适地位，他"站到了竞技场中"，再也不能希望置身局外，继续其心爱的沉思和想象了。他与其说是自愿介入了荒谬，而不如说是被卷入了荒谬。反抗成为他不可回避的责任和义务。

在这种历史境况中，艺术家如果不考虑到历史的苦难，那么他就是在撒谎或者无病呻吟。因此，现代艺术在本质上只能是反抗的艺术。

卡缪从反抗既否定又肯定的特征引发出反抗的艺术的基本特征，他说：

> "艺术也是对现实既颂扬又贬斥的运动。"②

所谓艺术对现实的"贬斥"是指艺术创造通过选择必然对现实有所修正，并建造一个统一的形象世界。所谓对现实的"颂扬"，是指艺术不是纯粹想象、虚构的东西，它不仅利用现实生活的材料，而且，从根本上来说，荒谬的现实世界正是创造激情的源泉。所以说，真正的艺术对现存的东西是既不完全拒绝，也不完全赞同的，它同时是拒绝和赞同，这就是艺术总是一种不断更新的分裂的原因。

从这种观点出发，卡缪反对两种对立的美学倾向。一种是虚无主义，这种艺术整个儿地排除现实，使作品成为逗乐或形式的东西。这种艺术家幽居在他的梦幻之中，导致脱离活生生的现实的艺术。另一种是"现实主义"，这种艺术采取歌颂一切现实的态度，一味地赋予世界以统一性，而抹去了一切特殊的景观。这是一种为了统一宁肯退却的态度。由于完全否定或完

---

① 《文艺理论译丛》（3）中国文联出版公司，1985年，第438页。
② 同上书，第438页。

全赞同的艺术回避荒谬的人生，它是在撒谎，因而不可能是积极的反抗。与此相似的是萨特的艺术观。卡缪认为，萨特把艺术创造看做否定现实，指向未来的活动，这种艺术不能承担起激励人们直面现实，并坚定和快乐地生存下去的责任，因而也是一种逃避现实的艺术。这里，卡缪与萨特的分歧主要在于，萨特把自由理解为对现实的辩证否定，因为，审美与艺术不可能在现实中存在，现实本身不可能美。而卡缪在对现实持否定态度的同时，又认为要有所肯定，即"颂扬"。因此，艺术和美也可以存在于现时的现实之中，不像萨特总把艺术与美看做是向未来超越的过程。卡缪的这种观点源于他热爱自然、留恋古代田园牧歌式生活的浪漫诗人气质，构成了其美学思想的特色。但就卡缪突出了艺术是对存在境况的超越而言，"反抗"就是对现实的否定，与萨特讲的"介入"在精神实质上又是一致的。萨特曾在《答卡缪书》中写道："使我们接近的事情多，使我们分离的事情少。"① 这是很中肯的。他们二人不仅在哲学和现实斗争中是如此，在美学上也是如此。

卡缪以"荒谬哲学"为基础的美学思想突出对社会现实的贬斥和反抗，但这种反抗是个人内心精神的活动，它不是真正的现实革命，因此，他自己也承认，这种反抗是无效的。他认为，明知无效，仍要反抗，这出于真正的人的本性，实际上，这体现了卡缪和一代存在主义者对社会现实既不满又无奈的心态。卡缪以"荒谬"二字宣判了人生之无意义，但又试图用"荒谬哲学"在无意义的人生中发掘出意义来，这种哲学本身就是"荒谬的"，它不可能真正找到人生的意义，也不可能真正揭示艺术的本质与功能。

第四节　结　语

存在主义美学理论没有统一的概念术语，而且在一些基本问题的论述上各有差异，但从上述几位存在主义哲学家的美学理论中，我们仍可总结出它们的基本特点和共同倾向。

存在主义美学的基本特点在于，它是一种本体论的美学或艺术本体论。它吸收了德国浪漫哲学和美学中将美和艺术同人的生命本质直接相联的观念，吸收了现象学的方法，从存在这一本体出发，来解释艺术或审美现象。存在主义者舍弃了把美和艺术作为静态、客观、既定对象来研究的传统美学方法，把它们看做是意向性的对象，亦即纯粹意识性的东西。但存在主义美学又不同于现象学美学，后者较注重揭示艺术作品作为意向性对象的存在方式，而存在主义美学则在此基础上，把美与艺

---

① 柳鸣九编：《萨特研究》，中国社会科学出版社，1981 年，第 25 页。

术这种纯粹意识性的存在理解为以人的存在为本质。因为，存在主义真正关心的不是艺术作品，不是作为客体的审美对象，而是作为存在方式的艺术活动。例如，海德格尔从艺术作品入手探索艺术的本性；萨特从想象性意象的自由本性去揭示艺术作品的存在（自由）性质。他们虽然论证的方式有别，但基本的观点是一致的：作为存在方式的艺术活动是艺术作品本质的来源。同时，艺术作品有别于物，它是主体性的，是自为的存在，它的本质是自由的，超越性的。这种本体论美学理论的主要目标就是揭示艺术的存在性质和功能：艺术的本质即存在，艺术的功能即存在的实现。

存在主义的本体论美学体现了西方美学中的人本主义传统，并真正以人本主义为核心来建立美学理论。在康德等人的美学中，人本主义倾向主要体现在美和艺术的功能方面，而美的本质却又往往是用认识论的范畴来界定的。而从海德格尔开始，美和艺术的基点被安放在人的存在之上，于是，美和艺术的本质和功能在人本主义的基础上获得了统一。这种本体论美学的意义在于：康德提出的审美无利害关系、审美无目的的合目的性、美是自由的象征等命题，不再仅仅从认识论或功能论的方面去理解，而可以在审美和艺术的出发点上来认识。由于审美活动是人的存在方式，因此它必然从人的内在本质出发，而最终指向人的目的。

另一方面，我们应该看到，由于存在主义者把存在理解为个人的、主观的、非理性的意识状态和过程，例如，海德格尔把现代西方人存在的实现界定为"诗意地栖居"，萨特把以自由的想象为本质的艺术活动与人的存在等同起来。在我们看来，人的合乎人性的存在全面地展开为人与自然、个人与社会、肉体与精神统一的整个领域，而不仅仅限于个人主观意识的方面。以情感和想象为特征的审美活动只是人的存在的重要领域之一，它虽然也能促进人在其他活动领域存在的实现，但不能代替或总括人的存在的全面本质。存在主义美学以哲学化的艺术活动作为实现人的存在的过程，实质上是承续了席勒、尼采等人建立一个"审美王国"，并以此拯救现代西方人的"现代神话"，在相当程度上是浪漫的幻想。存在主义美学夸大了艺术与现实、艺术家与社会、感情与理性的对立，分裂、疏远和排斥现实的美，这与西方古典美学追求人与自然、个人与社会、感性和理性和谐统一的传统很不相同。我们认为，人的存在是社会的存在，而且人的存在活动也不仅仅是意识性，因此，本体论的美学应当认真探讨个人与社会、意识与现实之间的辩证关系，克服存在主义美学只偏重个人主观意识的片面性。

由于强调了艺术的本体论意义，存在主义者一般都反对"唯美主义"和"形式主义"的美学观。他们关心艺术甚于关心审美，对艺术的探讨又超出了传统美学的框架，往往把艺术问题还原为更基本的哲学问题。他们强调艺术有助于实现人的意识变革的功能，强调艺术的超越，"介入"、"反抗"，但往往忽视了对艺术审美特征的深入研究。因此，存在主义美学有"超美学"的特征。① 为此，存在主义美学受到一些批评。如结构主义美学家巴尔特就曾批评萨特是从文学之外去解释文学的特征，这种批评还是中肯的，尽管结构主义美学在一定程度上走到了另一个极端：唯文本论。

与上述"超美学"特征相一致，存在主义者十分重视艺术的认识功能。事实上，存在主义的本体论与认识论有相对程度的同一性，因为存在的实现、超越、自由都是以对现实境况的领悟、体验、惊醒等情绪认识为前提的。所以，在存在主义哲学家心目中，作为存在功能的艺术同时也是作为认识功能的艺术。他们从非理性主义的立场出发，把艺术看做是哲学研究的一个重要途径或"器官"，因为在他们看来，对存在的认识本来就是一种诗意的认识。真理本身就是一种诗意的东西。一般地说，他们都比较重视文学，如海德格尔和雅斯贝尔斯推崇诗，萨特和卡缪推崇小说和戏剧，这同他们对语言的本体论理解和诗意化运用有密切关系。由于把审美和艺术活动看做是对存在真理的直观把握，所以，存在主义美学主张美与真的统一，但是实质上是把真作为美的本质，把美和艺术的价值归于真理的领悟和展示。这种美学观的积极意义在于，要求艺术家清醒地面对自己的生存境况，充分表现自己对生活的真实感受和理解。但是，由于要求艺术（特别是文学）承担起哲学认识的任务，所以存在主义的真与美统一论在一定程度上抹杀了哲学与艺术的区别，而这一点在萨特和卡缪等人的文学作品中也得到了体现。

存在主义美学由强调艺术的主体性而把艺术作品看做是为人的存在，为人的意识能动性的存在。因此，艺术欣赏不是一种旁观，而是一种投入，一种积极参与作品创造的活动。海德格尔关于"大地"只有在人建立的世界中才能获得意义的论述和关于艺术欣赏是作品之真理的创造性保存的论述，在萨特关于真正的艺术作品存在于欣赏者想象性意识之中的论述和关于艺术作品最终完成于阅读活动的论述，都充分肯定了艺术欣赏的能动创造性特征，显露出"接受美学"的萌芽。但是，他们相对忽略了在客体的艺术作品转化为审美对象的过程中，客体方面的根据和条件，这又是不足之处。

存在主义者对社会现实的评价基本上是否定性的，他们把客观世界描绘成无意

---

① 今道友信：《存在主义美学》，辽宁人民出版社，1987年，第51页。

义、荒谬、非人性的现实，从而充分揭示了当时人的生存境况的严峻、悲惨。总的来说，他们对人类的命运并不乐观。但是，他们的哲学和美学并不一味地宣扬消极的悲观主义，而是要求人们既清醒地认识到这种悲剧性的生存境况，不要对生活虚抱幻想，又要有勇气，敢于正视和反抗这种境况。存在主义美学基本上把艺术看做是对人的悲剧性生存境况的真实显现，从而认为艺术具有悲剧性和促使人们实现超越的功能。在这种意义上说，存在主义美学是一种以悲剧为基调的美学：它强调世界的分裂，人与社会、理想与现实的对立和疏远，重视艺术的对立冲突和紧张情绪，以及引人正视现实的功能，特别强调艺术家要敢于直面严峻的人生，而且不屈从、不回避，努力保持人格的独立和精神的自由。这种美学观在当代资本主义社会中堪称是一种正直坦诚、追求自由的美学观，它体现了一批资产阶级哲学家和艺术家的良心和社会责任感。而且，他们把悲剧视为人的自我意识觉醒的产物，并把表现人生之挫折和超越视为悲剧之精髓，在相当

程度上揭示了近、现代西方悲剧性艺术的特征。与黑格尔和叔本华的悲剧理论相比，存在主义美学的悲剧理论更突出了人本主义和正视现实、积极进取的意义。悲剧正是以对人的生存状况和命运前途的关切、以高扬人的主体精神和超越力量而动人心魄、发人深省。然而，由于存在主义者看不到人的自由解放与现实社会的深刻变革的内在联系，因而看不到前途，只能把悲剧的超越归于纯粹个人的主观精神自由，最终使悲剧人物的反抗成为没有实际效果的个人内心中的精神自由，这在卡缪的理论中表现得尤为显著。事实上，雅斯贝尔斯和卡缪等人对悲剧主人公的描绘正是存在主义者既向往自由又自觉前途渺茫的痛苦、挣扎心态的写照。

存在主义美学作为一种现代西方颇有影响的美学思潮，有待于我们认真、深入地加以研究。我们不必把它捧到天上，也不应把它打入地狱，而是应该立足于当代中国的现实，以马克思主义的观点和方法为指导，去加以分析、批判和吸取。

第九章　现象学美学

现象学美学（Phenomenological Aesthetics）是当代西方诸美学流派中内容最丰富、影响最大、持续时间最长的美学流派之一。从学术渊源上看，它是由德国现代著名哲学家埃德蒙德·胡塞尔（Edmund Husserl，1859—1938）创立的现象学哲学的一个分支，直接继承了现象学的基本观点、基本方法、基本特征；从学术特征上看，现象学美学突出强调研究人的审美活动必须从审美主体和审美客体的直接统一入手，对审美活动的各个方面进行现象学描述，努力从审美主体和审美客体的"意向性"关系角度揭开审美之谜；从学术阵营上来看，现象学美学的代表人物不仅包括波兰现代著名美学家罗曼·英伽登（Roman Ingarden，1893—1970），法国当代著名美学家米凯尔·杜夫海纳（Mikel Dufrenne，），而且还应当包括第一个对现象学美学做出实质性贡献的德国著名现象学美学家莫里茨·盖格尔（Moritz Geiger，1880—1937），以及对现象学美学做出过贡献的鲁道夫·奥德布莱希特[1]（Rudolf Odebrecht，1883—1945）和海因里希·吕采勒[2]（Heinlich Lützeler）等。限于篇幅，我们在这里只能概括叙述盖格尔、英伽登以及杜夫海纳的现象学美学思想，并以此为基础，从总体上对现象学美学进行分析评价。

这里需要指出两点：第一，虽然盖格尔、英伽登和杜夫海纳对现象学美学的形成和发展都做出了突出贡献，但是，他们不仅着手研究现象学美学的年代先后不同

---

① 奥德布莱希特的重要著作为《审美价值论的基础》，1927年，德文版。
② 吕采勒的主要著作为《艺术认识诸形式》，1924年，德文版。

（其中盖格尔最早，英伽登次之，杜夫海纳最后），而且他们的研究角度、研究对象、研究结果也有所不同。盖格尔的研究处于现象学美学研究的开创阶段，他虽然运用现象学方法对"审美享受"、"艺术的精神意味"等方面进行了具体研究，但是总的说来，他的研究主要通过为现象学美学构筑一般理论框架表现出来；作为胡塞尔的嫡传弟子，英伽登的现象学美学研究则侧重于运用现象学方法，具体深入地考察人们认识和欣赏文学艺术作品的方方面面，在这种具体研究部门艺术的基础上建立起系统庞大而又严谨的现象学美学理论体系；与盖格尔和英伽登直接师承胡塞尔不同，杜夫海纳用于研究美学诸方面的现象学是经过萨特和梅洛-庞蒂改造的现象学，虽然如此，他却通过研究审美经验的两极——审美主体和审美客体——及其相互作用过程，建立了系统全面综合的现象学美学体系，成为现象学美学研究的集大成者。可见，从盖格尔、英伽登到杜夫海纳，现象学美学的研究发展呈现了一条从一般抽象到深入具体、再到系统综合的线索。这也是我们评述现象学美学所要遵循的线索。

第二，尽管盖格尔、英伽登和杜夫海纳研究现象学美学的年代先后、研究深度以及研究结果各不相同，但是他们进行研究所运用的方法——现象学方法——却是前后一贯的。虽然人们可以只重视黄金而不重视点金术，但是，对于任何一门科学

的研究发展来说，方法的变革都与研究的深入息息相关，决定着学科研究能否不断得出有价值的结论；对于以建立"严格的科学"为己任的现象学和现象学美学来说，方法尤其重要。因为在研究对象不变的情况下，学科的变革从根本上取决于研究方法的变革。因此我们说，方法不仅是现象学美学发展演变过程中的不变因素，而且是现象学美学理论之"纲"；我们指出它"从主体客体直接统一处着眼"研究美学的各个方面，就是为了突出表明这一点，表明其具体研究成果、得失都与方法论的变革直接相关。正因为如此，我们要在分析现象学美学的过程中"纲举目张"而不拘泥于某些具体结论，就必须先考察一下这种方法论变革的肇始者及其理论——胡塞尔的现象学哲学；之后再结合对上述三位现象学美学家研究成果的概述，做一番分析研究评述工作。

第一节 胡塞尔的现象学哲学

什么是现象学？胡塞尔为什么要竭尽毕生精力创建现象学呢？这两个问题共同构成了我们理解、分析和研究胡塞尔现象学以及其后的现象学美学的出发点。因为只有把握了这两个问题并且从这里出发，我们才有可能恰当地从哲学（和哲学美学）的高度比较深刻系统地理解现象学的要义和基本特色，进而抓住理解评析现象学美学之"纲"。也只有这样，我们才能把握现

象学美学具体结论的来龙去脉，全面领会这些结论并做出恰当的分析评价，使之便于为我所用。

胡塞尔时代的欧洲是一个灾祸不断、危机深重的欧洲。政治上战乱频繁、兵连祸结，经济上动荡不安，困境一直难以改变；而对于一个思想家来说，最难以忍受的是精神文化方面的危机：实证主义思潮四处泛滥、冲击一切学术领域，把与主体有关的一切问题拒之科学大门之外；人文科学则带上了浓重的相对主义、唯心主义和反理性主义的色彩；于是，素来以"科学之科学"自居、以揭示绝对知识和真知为己任的哲学就只能在实证主义和相对主义的夹缝中徘徊，失去了哲学作为科学所具有的神采。一言以蔽之，欧洲的时代危机有深刻的精神文化根源，而后者又通过实证主义把追求事实客观性倾向推到极端而拒斥主体、彻底割裂主体客体统一关系，通过人文科学（特别是历史主义）的相对主义和唯心主义色彩体现出来。胡塞尔正是在这种时代背景下，以恢复和弘扬寻求普遍的（包含主体诸领域在内）绝对知识的西方哲学正宗为己任，提出要把哲学建设成一门精确的科学，恢复其以前所具有的科学王国王后的地位。在胡塞尔看来，只有现象学哲学堪此重任，能够通过主体性追求绝对性，真正克服实证主义和历史主义各自的缺陷，探索并且获得普遍的绝对知识，恢复西方哲学传统。

现象学的基本原则和出发点是"诉诸事物本身"，亦即哲学家不应当接受任何事先的假定，而应当努力回到真实的开端上去；这个基本原则与新康德主义以来人们提出的"回到事物本身"是一脉相承的，它所针对的正是造成当代哲学科学危机的主体客体分裂对立倾向。因此，现象学的基本原则也就是主体客体直接统一的原则。黑格尔早在胡塞尔之前就充分强调过主体和客体的统一，并且结合主体和客体辩证的历史发展把两者的统一作为一个过程来论述，把两者相互沟通、融合所达到的境界称为"绝对"。但是，处于当代西方哲学背景下、又深受笛卡儿、休谟和康德影响的胡塞尔，不仅反对把现象和本质、知性和理性区别开来，而且反对黑格尔论述主体客体统一所表现出来的思辨性和历史性，因而强调"诉诸事物本身"，强调主体对客体的直接体验（Erlebnis）——强调主体与客体的直接统一；他认为只有在尽量排除未经验证的前提的情况下直接研究和描述主体直接体验到的现象，人们才有可能洞察这些现象的本质、基本结构和实质性联系。就这种主体客体直接统一而言，胡塞尔认为现象学的研究对象是意识本身，特别是研究意向性活动。意向性是意识的特点，是意识指向客体对象。因此，意向性活动不仅包括意识主体的意向作用（noesis），而且也包括意向对象（noema）。进行现象学研究的目的就在于通过对各种体验进行直接细致的描述和分析，把握其中稳定不变的结构，进而把握世界知识通过主体的发生方式，获得普遍绝对的知识。

可见，胡塞尔确立现象学的基本原则和出发点完全是有所指的，他充分强调了主体客体直接统一在现象学研究中所处的根本地位。虽然他是从"真"（"求知"）的角度出发的，但是他这样做却直接为现象学美学的研究奠定了基础，因为现象学美学所研究的审美活动是真正的主体客体直接统一（审美主体领会并且体验审美客体）。因此爱德华·凯西明确指出："在现象学方法的主要手段和审美经验的主要特征之间存在着明显的联系。……现象学家们只要把自己的方法用于研究审美现象，他们就有希望成功。"① 具体说来，无论盖格尔、英伽登还是杜夫海纳，其现象学美学研究都是从胡塞尔确立的上述基本的现象学原则出发的；他们既反对客观论美学也反对主观论美学，突出强调审美主体对审美客体的直接体验、构造和再创造，强调通过直接细致地描述分析审美现象把握和揭示审美之谜，都表明了这一点。所以从方法论的角度来看，胡塞尔为研究建立现象学哲学所确定的这种基本原则和出发点就成为现象学美学新研究方法、新研究倾向的滥觞。因为尽管黑格尔也是从主体

客体统一的角度论述人类审美活动，但是他不仅把这种论述纳入对绝对观念的论述之中，而且他的论述侧重于艺术的历史演进而非审美主体与审美客体的直接统一（"审美体验"），所以，我们认为现象学美学的研究表现了美学新研究倾向、新研究方法的崛起，胡塞尔对现象学美学的影响也由此突出表现出来。

胡塞尔对现象学美学的影响不仅表现在上述基本原则、基本出发点方面，而且也表现在他进行现象学研究所运用的立场方法方面。实际上，由于"哲学……处于一种全新的维度中，它需要全新的出发点以及一种全新的方法"，② 由于"现象学同样并且首先标志着一种方法和思维态度"，③ 所以立场方法方面的影响更直接更明显。具体来说，胡塞尔指出，现象学研究的真正主题不是存在着的世界，而是关于世界的知识的产生方式。这就需要哲学家在具体运用"现象学还原"方法进行研究之前，首先运用描述现象学的"悬置"（epoché）方法，即把所有有关客观事物和主观事物实在性的问题，把一切存在判断都括在括号里，存而不论、不予考虑。这样不仅可以避免源于自然科学的经验主义和实证主义倾向，避免历史主义的相对主

<hr>

① 《审美经验现象学》英文版前言，第ⅩⅧ页；西北大学出版社，埃瓦斯顿，1973年。
② 《现象学的观念》，中文版，上海译文出版社，1986年，第25页。
③ 同上书，第24页，着重号系本章著者所加。

义、唯心主义倾向，而且更重要的是为主体和客体的直接统一扫清了障碍，为现象学研究的普遍确定性奠定了基础。需要指出的是，胡塞尔讲"悬置"首先针对的是实证主义，因为正是后者对经验客观性的极端强调使活生生的世界变成了肤浅片面抽象的世界，不仅用抽象的理智概念把世界割裂得支离破碎，而且又用抽象的形式规则把它僵化地编织起来。所以，试图从纯粹内在的、意向性角度整体把握世界本质的胡塞尔，拒斥实证主义倾向是理所当然的。从这种意义上抨击胡塞尔是唯心主义的显然有些简单化，这不仅由于胡塞尔讲"悬置"包含了对唯心主义的拒斥，而且他把有关世界存在的问题"悬置"起来并不等于说他否认客观世界的存在。

当然，这并不是说胡塞尔的学说不是唯心主义的。实际上，与上述"诉诸事物本身"的基本出发点一样，他在这里讲的"悬置"的基本立场与其说适于描述认识活动，还不如说更适于描述审美活动。因为审美主体要想在审美活动中静观审美客体、体验审美情境，就必须通过"悬置"对审美活动无益且没有直接关系的各种条件，构成审美距离；也就是说，人的审美活动实际上最符合胡塞尔就"悬置"所作的规定和描述。因此，他在这里所涉及的主体实际上像审美主体那样，是一种"静观者"，他认为人只有采取了这种静观态度，才能从自然的一部分转化成为自然的直接

对应物，使自然成为人能够对它进行构造的"环境"。但是，胡塞尔在这里讲的并非人类审美活动，而是人类认识活动。胡塞尔的失误和唯心主义在这里表现出来。他不仅否认认识由感性经过知性向理性的飞跃，而且也否认他所谓"理智直观"（主体通过直接体验把握现象的整体本质）依赖于人的经验知识，却反过来认为主体通过"悬置"和"理智直观"获得的普遍的绝对"知识"，构成了人类各种经验知识和实证科学的绝对可靠的基础，这无疑是错误的。不仅如此，他还在此基础上强调"意义"（他认为它沟通和融合主体和客体，是西方哲人一直在寻求的"本原"）是由主体赋予客体的，而主体直接体验的"环境"则是由主体"构造"的。在这里，唯心主义倾向更昭然若揭了。后来的现象学美学家们（特别是英伽登）在继承他的现象学研究成果、运用现象学方法研究美学的过程中对胡塞尔表示不满的，正是这一点。

实际上，胡塞尔从反对实证主义和唯心主义、强调主体客体直接统一的角度阐述"悬置"原则，在逻辑上是前后一贯的；但是就认识而言，经过这样的"悬置"，主体与客体的直接统一就失去了现实基础，主体由此而获得的普遍的绝对知识也就成了无源之水。因为没有主体的现实生活以及主体在其中获得的丰富的经验知识，没有长期的知识积累作背景和基础，主体就不可能形成关于客体的"理智直观"。如果

我们仿照西方哲学关于"真、善、美"（亦即"知、意、情"）的提法把人类活动分为认识层次、社会实践层次和审美层次三个依次递进、相互影响和转化的领域，那么我们可以说，只有在审美层次上，主体才具备了实施"悬置"的资格和条件，主体和客体才能够达到直接统一，因而主体也才能够最充分地对客体进行"理智直观"。也就是说，审美活动是"后实践的"，它不仅以认识活动和实践活动为基础，而且超越了它们。胡塞尔通过论述"悬置"把本应属于人类活动审美层次的主体客体直接统一硬说成属于认识层次，其谬误是显而易见的。后面我们将看到，盖格尔、英伽登和杜夫海纳在各自的美学研究中都贯彻了"悬置"原则，把审美现象孤立起来分析描述，从而留下了未能揭示审美现象深层社会历史根源的基本缺陷。

现象学的基本出发点和基本原则贯彻到具体研究过程之中就体现为现象学方法，也就是现象学的"还原"方法。胡塞尔认为应用这种方法主要有三个步骤：其一是"现象学的还原"，即通过使已知的东西转化成存在于感觉之中的现象，使主体的视野由面对客体转化成面对意识，使主体由普通的自然观察态度转化成反思的观察态度，通过直观去直接领会对象。其二是"本质的还原"，即主体在头脑中对直观到的各种映象进行还原，由此从复杂多变的意识中直观到各种现象的固定不变的结构

和本质，在现象的变化过程中把握同一的东西。第三步则是"先验的还原"，即为了使现象学的还原深化为"纯粹自我"或"纯粹意识"，使知识的"客观性"建立在纯粹主观性的基础上，排除所有各种经验性内容，只留下"先验意识"（包括"先验自我"、"意向作用"和"意向性对象"），从而揭示心理活动和产生知识结构的总根源。需要提及的是，现象学"还原"方法的第三个步骤是胡塞尔后期现象学研究的焦点，其学说的先验唯心主义特征从这里最充分地体现了出来。也正因为如此，包括盖格尔、英伽登和杜夫海纳在内的许多现象学家都在这一点上背离了胡塞尔后期现象学研究所遵循的路线。

因此，这三个现象学美学家在美学研究中所运用的方法只是胡塞尔现象学方法的第一步骤和第二步骤。结合我们概述的现象学基本出发点和"悬置"原则可见，这两个方法步骤正是从现象学的基本出发点和"悬置"原则中引申出来的。因此我们可以说，现象学美学从胡塞尔现象学这个总的方法论武库中主要借鉴了以下四个方面：①强调从主体客体直接统一的角度出发研究描述审美现象。无论盖格尔、英伽登还是杜夫海纳，其现象美学的研究论述都既反对片面强调客观性的自然主义，也反对片面强调主观性的心理主义，强烈要求美学研究从审美主体和审美客体的直接统一出发。就此而言，现象学美学是主

客观统一美学。②与这个出发点密切相关，现象学美学突出强调运用"悬置"法研究各种审美现象，强调对人的审美活动本身进行研究，排斥从其他方面，尤其是从审美活动的现实基础和社会历史根源角度论述分析审美现象。③突出强调运用现象学"还原"方法研究审美现象，强调以反思的态度对待各种审美现象，通过直观对其进行直接的现象学描述，揭示审美现象的内在结构和本质。④突出强调审美主体在审美活动过程中发挥的能动作用。这一点虽然带有胡塞尔"主体构造客体"观点的色彩，但是重要的是这样做切合人类审美活动实际，因此含有科学的成分。下面我们就来具体看一看上述诸现象学美学家在学术建树过程中体现出来的基本特色。

第二节　盖格尔的一般现象学美学理论

一、现象学美学的创始人

就现象学美学而言，人们一般只谈论英伽登和杜夫海纳，甚至把英伽登视为现象学美学的创始人，而很少谈及盖格尔的美学思想；盖格尔所受到的这种待遇与现象学社会学创始人阿尔弗雷德·舒茨①所受的待遇颇为相似。他们都由于自己对现象学研究的贡献得到胡塞尔的赞赏，并且成为后者学术研究方面的支持者；他们都运用现象学的观点和方法研究各自关心的

具体问题，为开辟新的现象学具体研究领域呕心沥血、披荆斩棘，做了大量工作；而且他们的学术研究成果在生前都没有引起人们广泛的注意，只是在去世后由于后继者的努力才逐渐引起人们的重视，呈现出自身的理论价值。我们认为，与其说英伽登是现象学美学的创始人，还不如说盖格尔更无愧于这个称号。因为盖格尔虽然没有像英伽登那样，以自己的现象学美学的煌煌巨著使现象学美学举世瞩目、产生巨大的影响，但是这并不等于说只有英伽登才有资格作为现象学美学的创始人。恰恰是盖格尔把现象学的观点和方法运用于美学研究领域，并且首先做出了实质性贡献，所以我们说，盖格尔才是现象学美学的创始人。

实际上，仅从时间上看，盖格尔也不是第一个运用现象学方法研究美学的人。在他之前，瓦尔德玛尔·康拉德（Waldemar Konrad）和理查德·哈曼（Richard Hamann）都曾经运用现象学方法研究审美对象。前者认为应当根据意向性体验的例证而不应当根据因果规律研究探索审美对象，后者则认为美学应当研究对象知觉内容中由于自我的个别参与而产生的含义。可见，他们虽然最先将现象学方法用于美学研究，但只是小试锋芒而已，既没有对美学诸方面进行系统全面的研究，也没有

---

① 舒茨（Alfred Schutz, 1899—1959），奥地利著名学者、现象学家和现象学社会学创始人。

做出实质性理论贡献。盖格尔在这个方面则比他们更胜一筹。下面我们将看到，盖格尔不仅把全部研究精力倾注于现象学美学研究，在"审美享受"、"艺术的意味"以及"现象学美学"方法方面做出了突出的实质性贡献，而且在晚年为把自己的现象学美学观点系统化，建立一般的、系统全面的现象学美学理论体系耗尽了全部心血。虽然他尚未实现自己的目标就离开了人世，但是由于他的学生和挚友克劳斯·伯尔格（Klous Berger）的努力，我们最终还是看到了盖格尔穷毕生心血建立的一般现象学美学体系。① 所以我们说，盖格尔作为现象学美学的创始人是当之无愧的。

盖格尔的学术生涯是从学习心理学开始的。但是，他的兴趣不久就从心理学的具体内容转到了心理学的基本原理上，继而又转到哲学上去了。在这期间，有两个人对他的思想发展产生了重大影响：一个是著名心理学美学家特奥多尔·立普斯，② 他从心理学角度对美学的阐述给盖格尔留下了极为深刻的印象；即使在晚年的总结性著作《艺术的意味》中，盖格尔依然不时论及立普斯的心理学美学思想，可见这种影响之深。另一个则是现象学哲学的创始人胡塞尔，他对盖格尔的影响远甚于立

普斯。这突出表现在盖格尔与胡塞尔的相知相交直接促成了他从现象学的观点出发、运用现象学的方法研究探索论述美学问题，以此作为自己毕生的事业，并且因此成为现象学美学的创始人。在结识了胡塞尔以后，盖格尔从 1913 年开始和胡塞尔一起主持著名的《哲学与现象学研究年鉴》的出版工作，并且在 1913 年该杂志第一卷上发表了他的《审美享受的现象学》，这不仅标志着他将以现象学美学作为毕生辛勤研究的事业，而且也标志着一个新美学流派的诞生。此后，盖格尔又被邀请参加《当代文化》（*Die Kultur der Gegenwart*）新版的编写工作，负责对当时美学研究的一般状况进行综合评论。这意味着他在当时德国美学界的地位已经超过了立普斯，成为最突出的代表人物之一。需要指出的是，盖格尔和大多数现象学者一样没有始终追随胡塞尔；当胡塞尔后期转向先验唯心主义以后，盖格尔就与他分道扬镳了，与马克斯·舍勒尔（Max Scheler）、亚历山大·普凡德尔（Alexander Pfänder）等人一起组成了著名的"慕尼黑现象学小组"，把研究重心从对方法的细枝末节研究转移到对各种实体性价值以及对个人实现价值的研究上来。

---

① 这部著作名为《艺术的意味》（*Die Bedeutung der Kunst*）。盖格尔去世后，伯尔格根据他拟好的提纲和文字材料完成了全书并译成英文（*The Significance of Art*），由华盛顿高级现象学研究中心和美国大学出版社于 1986 年联合出版；此书中译本已交中国人民大学出版社出版。

② 立普斯（Theodor Lipps, 1851—1914），德国著名心理学家，移情说美学的主要代表。

作为现象学美学的创始人，盖格尔不仅是一个思想敏锐、卓有建树的思想家，同时也是循循善诱、富有魅力的师长。他从1908年起开始在慕尼黑大学任教；从1909年起，他开设的美学系列讲座成为该大学最引人注目的事件之一。他的讲演真诚坦率，妙趣横生，不拘一格，使晦涩抽象的理论具备了生命的魅力，产生了巨大的影响；不仅吸引了沃尔夫林①的追随者，而且也吸引了大批学习哲学、艺术史以及文学的学生。这不仅是由于盖格尔的讲演亲切生动，而且也由于他知识渊博（他除了讲授美学之外，还分别讲授过哲学史，欧几里德几何学原理，以及心理学等），后者为他在现象学美学研究中突飞猛进奠定了坚实的基础。从某种程度上来说，盖格尔的现象学美学著作是"讲"出来的，而不是"写"出来的——它们不仅产生于他那富有魅力的演讲，而且还通过他和他的学术密友们的对话得到展开、系统和深化。也正因为如此，他的现象学美学著作在不失系统严谨的前提下，比其他人的现象学美学著作更具有深入浅出、生动晓畅的特色。

二、一般理论

1. 现象学美学的基本方法

前面说过，现象学从根本上来说是一种方法——当然，这里所谓"方法"是从哲学方法论的高度来说的，它不仅包括进行学术研究所运用的具体方法，而且也包括与它密不可分的基本立场和基本原则。我们认为，在盖格尔的现象学美学中，方法比结论更重要。② 仅仅从他把后来发表的、专门论述现象学美学方法的"现象学美学"一章置于《艺术的意味》一书篇首，我们就可以充分看出这一点。盖格尔这样做至少表明了以下三个方面的意向：①突出表明现象学美学方法本身的新颖独特性。他从当时美学研究的现状出发，不仅反对从抽象哲学原理出发研究审美活动的"自上而下"的美学研究方法，而且也反对实验美学、心理学美学表现出来的"自下而上"地研究审美活动的方法，突出强调现象学美学的方法"处于自上而下的方法和自下而上的方法之间"，③ 指出现象学美学方法是一种崭新的美学研究方法。②表明现象学美学方法对于现象学美学而言所处的首要地位。与其说现象学美学屹立于当代美学之林是由于观点，还不如说是由于方法。其实，如果研究的对象、材料没有发生变化，那么，学术研究要取得进展就只能依赖研究方法的变革和创新，现象学美学突出表明了这一点。③表明我们只有

---

① 海因里希·沃尔夫林（Heinlich Wölfflin，1864—1945），瑞士美学家，著名艺术史学家，最主要著作为《艺术史原理》；他曾于1912—1924年在慕尼黑大学任教。
② 我在《艺术的意味》中译本译者前言中曾经详细论述过这一点，有兴趣的读者可以参考。
③ 《艺术的意味》，英文版，第13页。

掌握了现象学美学方法这个"纲",我们才能领会他的一般现象学美学理论体系,从而把握其中真谛。

具体来说,美学既不是哲学的分支,也不是心理学等其他学科的应用领域,而是一门独立自足的科学;正是审美价值及其特征把它的领域与其他科学的领域区别开来了。因此,美学的任务就是运用现象学美学方法分析审美客体和艺术对象,揭示其一般结构,进而揭示出属于审美现象的审美价值的一般法则。而只有把握了现象学美学的方法,人们才有可能真正做到这一点。盖格尔指出,这种方法具有以下四种特征:

①它强调美学以研究审美现象作为自己的根本任务。

②它表明自身存在于主体领会审美对象的过程之中;在这里,主体所要领会的不是审美现象个别、偶然的方面,而是通过领会个别审美现象领会它们的本质特征。

③它要求主体既不通过演绎、也不通过归纳领会审美现象的本质特征,只能通过直观来领会这种特征。

④它对主体提出这样的要求:不仅单纯地观察复杂的审美现象,而且还要对它们进行反思分析;主体不能在毫无准备的情况下静观审美对象,而是必须为直观各种审美对象做大量而紧张的准备工作。①

可见,盖格尔对现象学美学方法的论述是开拓性的,也是系统全面的(联系我们前面讲过的现象学美学对现象学研究参照的四个方面,这就显得昭然若揭了)。他的根本意向在于,通过运用现象学美学方法研究审美现象的各个方面,确定"美学是一门价值科学——是一门关于审美价值的形式和法则的科学",② 最终从现象学的立场出发把这门科学完全建立起来。不用特别加以说明我们就可以清楚地看到,审美价值本身就是既涉及审美主体、也涉及审美客体的,盖格尔强调运用现象学美学方法研究它,充分贯彻了现象学要求从主体客体直接统一的角度进行学术研究的根本意旨。需要指出的是,盖格尔在这里从根本上确立了现象学美学的研究角度和探索方向,并且结合对审美享受和艺术价值的系统分析建立了现象学美学的一般理论框架,但是他却没能更具体地结合分析艺术作品、特别是结合具体分析审美过程诸方面,把这种根本意向更深入地贯彻下去。后面我们将看到,英伽登和杜夫海纳在这个方面做了更深入更具体的研究。

2. 审美享受

从"美学是一门价值科学"这个基本观点出发,盖格尔首先研究论述了审美享

---

① 《艺术的意味》,英文版,第8—13页。
② 同上书,第61页。

受问题，即审美现象的主观方面。他明确指出："我们必须把注意力转移到人们对艺术作品作出的反应、转移到审美享受上来；艺术作品的审美价值就存在于它的效果之中。"① 可见，对审美效果的研究探索本身构成了他的现象学美学理论的有机组成部分。他认为，审美享受首先与一般的享受不同；因为后者的突出特点不仅在于主体直接体验享受客体，与对象不可分离，而在审美享受中，主体对客体的享受是一种有间隔而非功利的"观照享受"；而且还在于，一般享受只能影响主体的"生命自我"和"经验自我"，而审美享受却能通过影响主体的"生命自我"和"经验自我"，影响最深层的"存在自我"，从而使主体在一瞬间获得至大永恒的幸福。这样，盖格尔就结合他对主体人格构造的区分，从现象学角度把审美享受与一般享受明确区分开来，在这个问题上做出了独特贡献。

在审美过程中，快乐时时伴随着审美主体对审美客体的享受，这是显而易见的。但是盖格尔在论述审美享受的过程中对这两者作了严格的区分。他认为，审美享受是主体对艺术作品作出的情感反应，审美快乐则是主体对艺术作品所提出的问题的回答。具体来说，这两者有以下三方面的不同：1. 享受是事实，而不像快乐那样是一种态度，它不具有直接对立面；2. 享受

是被动的，而作为主体对客体所持态度的快乐则是主动的；3. 享受是盲目的，是主体对强加到自我之上的效果的享受，快乐则是明智的，是主体由于艺术作品的价值而快乐。盖格尔在此基础上指出，美学研究由于注重快乐和注重享受的不同而分为关于事实的美学和关于享受的美学，实际上审美经验是这两者的混合物，只不过有时享受处于支配地位，有时快乐处于支配地位。我们认为，盖格尔对审美享受和审美快乐的区别论述对于研究论述主体在审美过程中所经历的不同阶段、不同境界是有启发意义的。实际上，主体获得带有理智色彩的审美快乐，表明它尚处于审美过程的初级阶段，它与客体尚未达到完满同一的审美境界；只有审美过程在此基础上进一步拓展延伸，主体才有可能随着审美情感的深化，由获得审美快乐过渡到完全陶醉于审美快乐之中，获得真正完满的审美享受。当然，这已经是我们对盖格尔美学观点的引申和发挥了。

关于审美享受，盖格尔还指出，虽然一切审美享受均属于"观照享受"，但是它们还可以分为"外在的专注"型和"内在的专注"型。前者指的是主体在审美过程中对艺术作品诸构成要素的专注，后者指的是主体对由审美客体引起的诸内心情感的专注。在盖格尔看来，只有从体验者的

---

① 《艺术的意味》，英文版，第67—68页。

立场来看，对比这两种"专注"才具有审美意义。只有在"外在的专注"中，艺术作品才能够确实表现某种特殊的东西，人们才能够根据艺术作品的特殊结构来理解它，这样，艺术作品才能充分发挥其效果。因此，"只有外的专注才是真正的审美态度"，[①] "不论对于哪一种艺术来说，外在的专注都是合适的态度"。[②] 盖格尔认为，正因为"外在的专注"是审美主体对审美对象的专注，所以，对于这种审美主体来说，艺术作品的每一个基本细节都是重要的。可见，他在这里对"外在的专注"的重视和强调是与他进行现象学美学研究的根本意向（从现象学的角度揭示审美价值的结构和一般法则）分不开的，是这种根本意向的具体体现。

关于"内在的专注"，盖格尔认为，审美主体在这种情况下关注的是自己被审美客体激发出来的情感，是从审美的角度对这些情感的享受；因此，作为审美对象的艺术作品在这里是无关紧要的。主体只是在审美过程的最初阶段掠它一眼，之后就沉醉到被它激起的情感之中去了。由于强调对主体领会艺术作品的审美价值进行研究，所以盖格尔表现出贬低这种审美享受类型的倾向，认为它很容易流于想入非非的趣味主义。他指出，审美主体形成"内

在的专注"有三个方面的原因：①是追求以最少的心理努力去领会对象，这是由缺少教育造成的趣味不纯；②是由类似青春期心理的心理造成的，主体在这种情况下富于幻想并且多愁善感；③是由一种自然天性造成的，那些具有女性柔弱人格的主体易于自然而然地形成这种审美享受，这一点从根本上来说是由社会和人们的世界观促成的。

我们认为，盖格尔区分这两种"专注"对审美享受所作的深入研究，在体现其现象学美学研究根本意向的同时反击了主观色彩浓厚的趣味主义，兼具开拓性和启发性。不过，他在这里没有看到这两者的相互联系和相互转化，特别是主体在审美过程中由"外在的专注"向"内在的专注"的转化。实际上，这种转化不仅存在，而且表明了主体审美享受的发展和升华；因为只有实现了这种转化，主体才能进入"观古今于须臾，抚四海于一瞬"[③] 的审美境界，获得完满的审美享受。

3. 艺术价值

盖格尔贯彻其现象学根本意向不仅表现在对审美享受的研究论述上，而且更清楚地表现在他对艺术作品艺术价值（也可谓"审美价值"）的分析论述上。在《艺术

---

① 《艺术的意味》，英文版，第80页。
② 同上书，第83页。
③ 陆机：《文赋》。

的意味》一文中，他提出艺术作品具有三方面的价值：①形式价值；②模仿价值；③积极内容价值。

关于艺术作品的形式价值，盖格尔指的是艺术作品所具有的节奏模式、和谐律动的价值。他指出，和谐律动在艺术中具有三层意义：其一，它在构造审美客体形式的过程中把秩序和各部分的联结方式表达出来；这样，它就能够帮助审美主体从外部来领会和把握审美客体。但是，和谐律动作为帮助主体领会审美客体的手段的同时，它本身也是一种积极内容价值，因为和谐、多样统一和平衡构成了自我最深刻的需要。① 其二，它把艺术表现与艺术所表现的对象区别开来，这样就使对象的本质带上主体意味，从而能够使审美主体体验它。其三，它由于它确立节奏的方式而构成了能够把艺术家的概念付诸实施的最根本的要素之一。② 我们认为，盖格尔在这里对艺术形式价值的分析是具体深入的；不过，我们在这里可以清楚地看到现象学美学论述的基本特色：直接描述，既不挖掘事态的来龙去脉，也不努力揭示有关同一事态的诸结论之间的联系转化。实际上，艺术的形式从两个角度与人的生命密不可分地连在一起；它不仅是生命"物化"、具体展现自身的方式，而且也是生命本身律动的轨迹；正是围绕人的生命演变这个轴心，艺术形式价值的诸方面有机地联系起来。

艺术所具有的第二种价值是模仿价值。盖格尔指出，艺术模仿包含两个方面：其一是所有各种模仿性艺术表现出来的、表现对象存在的模仿；他把这种模仿所具有的价值称为"纯粹模仿性价值"，并且强调指出，正是这种模仿使艺术意象具有了强烈的主体意味，可以比现实中真实存在的东西更真实。但是，由于每一种事物都具有自己特定的本质，所以，艺术模仿不仅指模仿对象的存在，而且还包括模仿对象的本质——它对对象本质的表现凌驾于对象存在的表现之上，③ 这表现了艺术模仿所具有的第二种价值：审美主体借助于艺术模仿对本质的这种表现就可以从对象内部领会对象。盖格尔指出，尽管科学和艺术都与人们领会同一个对象的本质有关，但是它们所涉及的却不是对象的同一种本质；人们可以从理智的角度理解和把握对象的本质和规律，但是，通过艺术而表达出来的本质却只能由人们体验。④ 科学真

----

① 《艺术的意味》，英文版，第 120 页。

② 同上书，第 135 页。

③ 同上书，第 126 页。

④ "体验"这个词在文化中具有多种含义；这里仅用于指审美主体达到的身、心、境合一的状态或境界。

理和艺术真实①的根本区别就来源于此。因此，通过艺术家的创造性活动，艺术模仿所展示出来的本质比科学揭示的本质更具有主体意味，更意味深长。

艺术模仿是有史以来最重要、也是最众说纷纭的美学问题之一。盖格尔在这里从形象和本质内容的角度对这个问题进行的论述，同样也体现了现象学美学论述的基本特色。我们认为，艺术模仿对象的形象和艺术模仿对象的本质内容不仅通过艺术家的素质联系起来，而且其各自的优劣差异、地位高低完全是由艺术家的素质决定的。正是艺术家在现实生活中所经受的"真"的磨炼、"善"的陶冶和"美"的感化决定了他在艺术创造过程中、在艺术模仿过程中是偏爱"形似"还是侧重"神似"。而就科学真理与艺术真实的根本区别而言，从根本上来说它是由主体生活经历所处的层次和境界（"求真"与"审美"）不同决定的，是由主体客体关系的不同类型决定的，是由主体在人类社会实践中经历的磨炼决定的。

盖格尔指出，艺术除了具有形式价值和模仿价值以外，还具有一种更重要、更根本的价值——积极内容价值。他认为，审美主体欣赏审美客体，不仅感知审美对象所具有的可以感知的方面，而且还由此

出发领悟其中包含的至关重要的生命成分和精神成分；而这些至关重要的生命成分和精神成分"确实构成了审美世界真正的核心"，"属于审美对象的本质"；②这些成分不仅决定了所有自然美的价值，而且也决定了所有各种模仿性艺术的本质。所以，正是这些成分构成了艺术的积极内容价值。但是盖格尔接着指出，这些成分只从内容的角度表现了艺术所具有的积极内容价值；而把它们表现出来的艺术家的观念和表现方式则从形式的角度展示了艺术所具有的积极内容价值；因为艺术家的艺术概念和表现方式是由其内在人格诸价值决定的，艺术家在创造艺术作品、展现审美客体至关重要的生命成分和精神成分的同时，揉进了其自身经历的喜怒哀乐，③所以，构成艺术作品积极内容价值的，不仅有审美客体所包含的这些成分的价值，而且也有艺术家表现这些成分的方式和观念的价值。

我们认为，盖格尔以艺术家的艺术创造为支点对艺术积极内容价值的阐述是深刻的，也是富有开拓意义的。因为他这样就从积极内容价值的角度把审美客体的内容及其表现有机统一起来了，打破了人们把艺术作品的内容及其表现形式割裂开来的俗规陋见。不过，他论述这个方面也和论述其他方面一样，保持了现象学美学直

---

① "truth"既有"真理"的含义，又有"真实"的含义，通常译为"真理"。
② 《艺术的意味》，英文版，第132页。
③ 同上书，第133—137页。

接描述的特色，这无疑是一个缺陷。因为仅仅揭示出艺术创造与艺术积极内容的关系，并没有、也不可能揭示艺术如何以及为什么展现至关重要的生命价值和精神价值，因而使人获得至高无上的幸福。

三、小结

需要指出的是，盖格尔的现象学美学研究除了涉及上述"审美享受"和"艺术价值"两大方面外，还涉及"艺术的表层效果和深层效果"、"审美态度"、"审美判断"、"审美意味的本质"诸方面，这样就以关于"人的最深层存在"的学说为基础，建立了完整的一般现象学美学理论体系，限于篇幅，这里不再一一赘述。需要指出的是，虽然盖格尔确立了现象学美学的比较完整的理论体系，无愧于现象学美学创始人的荣誉称号，但由于主客观条件的限制，他的思想还停留在一般论述的层次上，有待于深入和具体化。后面我们将会看到，英伽登和杜夫海纳实际上正是从各自的角度出发做了这种具体化工作。

第三节 英伽登的文学本体论和文学认识论

一、引言

如果说我们指出盖格尔是现象学美学的创始人尚需进行一番论证的话，那么，我们说"英伽登是现象学美学的最杰出代表"则根本不需要这样做了——英伽登已经以他深入研究文学艺术作品诸方面为基础写成的宏篇巨制《文学的艺术作品》（*The Literary Work of Art*）及其姊妹篇《对文学艺术作品的认识》（*The Cognition of the Literary Work of Art*）① 赢得了这种地位。仅从这两部著作的标题我们就可以看出，英伽登的现象学美学研究与盖格尔的研究相比要深入具体得多了，这不仅是因为他的注意中心集中在文学艺术作品这个具体艺术领域之上，而且也因为他仅仅从这个研究角度出发就建立起系统严谨庞大的现象学美学理论体系。除了这两部著作以外，英伽登的其他重要著作还有：《艺术作品的本体论研究》（*Untersuchungen zur Ontologie der Kunst*，具体研究音乐、绘画、建筑以及电影等艺术形式的存在问题）、《体验，艺术作品与价值》（*Erlebnis, Kunstwerk und Wert*），以及《关于世界存在的争论》（*Der Streit um die Existenz der Welt*）② 等，这些著作使他获得了国际声誉。

与盖格尔作为胡塞尔的学术助手和密友开始现象学研究不同，英伽登首先是作为胡塞尔的嫡传弟子在现象学研究崛起的。

---

① 这两部著作的英文版均于 1973 年由美国埃文斯顿的西北大学出版社出版。

② 这三部著作由西德图宾根的玛克斯·尼麦耶出版社分别于 1962 年、1969 年、1964 年—1966 年（三卷）出版德文版，可以参见。

他早年曾经师从波兰著名学者特瓦尔多夫斯基（Twardowski），不久即投在胡塞尔门下，成为最热心的追随者之一（胡塞尔迁居弗莱堡时，英伽登也一同前往），直到1918年以一篇题为《柏格森论理智和直觉》的论文获得博士学位。这给英伽登带来了以下两个方面的影响，使其现象学美学研究独具特色。

第一，英伽登接受了正规严格的现象学训练，成为一个正统的现象学家，这对于他来说是得天独厚的。这首先表现在他和胡塞尔一样，都把哲学视为给其他科学结论的确定性提供基础，对其他科学的概念和研究过程提出解释的"严格科学"，视为关于认识及其结果的哲学；认为现象学是一种专门分析意识对象的哲学研究方式，通过分析确定这些意识对象具有哪些根本特色、如何呈现给意识以及我们从它们那里能够获得哪些知识。需要强调指出的是，这一点对于我们理解英伽登现象学美学的基本特色十分重要。仅从《文学的艺术作品》和《对文学艺术作品的认识》两部巨著我们就可以看到，英伽登通过研究文学艺术作品诸方面表现出来的对现象学美学的关注，完全是按照认识哲学的模式——先论客体（本体论）后论主体认识（认识论）——论述出来的；他的宏伟目标是通过使文学研究变成一门严格的科学，建立

真正科学的，关于文学的现象学哲学。换句话说，虽然他半数以上的学术著作是有关现象学美学的，但是，它们贯彻了他始终关注现象学本体论的根本意向。① 他首先着重研究论述文学艺术作品的存在方式、一般结构及其特征，之后深入分析与此相关的人们认识文学艺术作品的诸方面，只是到后来才对艺术价值问题表现出越来越浓厚的兴趣，这个实际发展过程充分说明了这一点。如果说盖格尔的现象学美学研究是从价值论的角度入手的话，那么，英伽登的现象学美学研究则是从本体论入手、把现象学哲学运用到现象学美学之中了。这是他的现象学美学理论的最根本的特色。当然，从理论角度来说，这是由他既继承胡塞尔现象学哲学的衣钵、又不满于后者的先验唯心主义造成的。

另一方面，我们说英伽登是一个正统的现象学家，不仅指他把现象学的观念和模式运用到现象学美学研究之中，而且也指他在研究和论述文艺美学诸方面问题的过程中严谨而又忠实地运用了现象学的方法——现象学描述法。他既不评价他所考察的那些文学艺术作品的审美价值，也不从正统的立场、社会历史的立场、或者政治的立场出发对这些文学艺术作品进行判断。从前面我们对胡塞尔和盖格尔现象学思想的论述可以看到，英伽登在研究和论

---

① 关于他为什么这样做，后面我们还会谈到。

述文艺美学问题的过程中采取的这种避免作出任何评价的立场，充分表现了他对现象学研究的基本立场和独特方法的忠诚和执著。当然，也正是这样做决定了他在摆脱胡塞尔先验唯心主义倾向的同时，没有克服由现象学研究方法"只描述不剖析"带来的种种缺陷。

第二，与上一点密切相关，正是由于英伽登经历了正统而且严格的现象学训练，并且以本体论为注意中心，所以，他对文学艺术作品诸方面的研究从根本上来说是为了以此为基础完善由胡塞尔创立的现象学哲学，特别是从本体论上做到这一点。这可以说既是英伽登学术研究的出发点，也是贯穿于他的现象学美学研究活动中的最深刻的动机。具体说来，我们知道，胡塞尔认为我们要想指导现象学分析获得不证自明的知识，我们就必须设定先验自我是知识的最终基础。英伽登反对这样做；他认为，我们的认识只有适应对象才能够存在，我们认识对象的方式不仅取决于对象的存在方式，而且也取决于对象的形式结构；所以，我们只能通过分析认识对象的存在方式和性质来为我们分析研究认识奠定基础。从这种意义上来说，对象相互之间形成多少种关系，我们的意识与对象构成多少种联系，我们对对象的直接体验就会有多少种类型；阐明了前者，自然也就为分析论述后者奠定了基础。这样，英伽登就在修正胡塞尔先验唯心主义本体论、

摒弃其露骨的唯心主义倾向的同时，为他自己的现象学研究确立了明确的目标：运用现象学方法，通过研究对象剖析主体，最终为知识奠定坚实的基础。显而易见，虽然英伽登无愧为胡塞尔的嫡传弟子，但是他这样做已经与后者"以主体性求绝对性"的初衷大相径庭了。

当然，促使英伽登通过研究文学艺术诸方面问题完善现象学本体论的，不仅有他对胡塞尔上述观点的背离，而且还有更重要的现实原因；后者一方面表现在当代艺术演变过程中无政府状态横行、传统的标准规范分崩离析，因而确定什么是艺术、区分艺术与非艺术成为每一种美学、每一种艺术理论必须回答的关键性问题；同时正是由于这种状况，理论界对艺术作品存在方式的问题莫衷一是就不足为奇了。这刚好为英伽登实现他的研究目标提供了绝好的领域和机会。因为就对象存在方式的诸表现形式而言，艺术作品的存在与主体关系最密切、最富于主观色彩、引起人们的争议也最多。正因为如此，所以英伽登选定文学艺术领域作为贯彻其基本研究倾向的实验场，力求从这里取得突破，通过使文学研究成为一门"严格科学"而使现象学真正成为一门"严格的科学"。

正像胡塞尔在现象学哲学领域中极力抨击实证主义和心理主义那样，英伽登在研究文学艺术作品的过程中也批判了这两种倾向在文学研究领域中的延伸。前者认

为艺术作品与其物理基础没有什么不同，后者则认为艺术作品也就是欣赏者的心理体验。英伽登指出，前者把文学艺术作品完全混同于其他印刷品，后者则使文学艺术作品等同于读者的心理体验，它们都异曲同工地否定了文学研究的必要性和可能性，所以必须反对这两种倾向，把文学作为一种认识对象牢固确立起来。显然，英伽登的现象学美学研究同样是从反对主体客体分裂、强调其直接统一入手的。他指出："主体和客体之间的关系将成为论述审美经验以及与之相关的审美对象结构的根据。分析这种关系可以为美学研究揭示各种现象和本质，限定种种基本概念。它还有助于在美学领域中进行系统整体的研究，防止所谓'主观性'美学和'客观性'美学的片面性。"① 这段话的确是一针见血、鞭辟入里的。我们的美学研究也应当以此为基点深入展开，以期打破沉闷的现状，取得长足的发展。

具体来说，英伽登的现象学美学研究只是为了回答以下两个问题：①文学艺术作品是一种什么样的客体对象？它有什么结构、如何存在？②我们运用什么方式、经过哪些过程才能认识文学艺术作品、由此又能得出什么结果？他在《文学的艺术作品》和《艺术作品的本体论研究》中回答了第一个问题，并且通过《对文学艺术作品的认识》回答了第二个问题。

二、论文学作品的存在

在《文学的艺术作品》一书中，英伽登开宗明义地指出："这里呈现出来的研究主题是文学作品，特别是文学艺术作品的基本结构和存在方式。"② 他认为，就文学艺术作品的存在方式而言，文学作品既不同于真实存在的物质实体，也不是观念性的客体，而是"纯粹意向性客体"（the purely intentional object），也可以叫做"纯粹意向性构造"。它产生于作者意识的创造性活动，并且以书面本文的形式（或者其他物质复制形式）表现出来。所以，我们既不能把它归结为单纯的物质要素，也不能把它等同于读者的心理现象。它既具有物质的一面——把作家的艺术创造物化，使之既超越作家的意识经验也超越读者的意识经验，同时又有意识的一面：它是处于主体之间的（intersubjective）实体，是只有通过读者的意向性创造才能完全实际存在的纯粹意向性客体。我们认为，英伽登在这里提出的观点是完全正确的。任何艺术作品都既是主体和客体相统一的结果，又是主体之间（作家和读者）共同创造的结果。这样，英伽登不仅为他下面的论述

---

① 《论哲学美学》，载波兰《辩证法与人道主义》杂志，英文版。
② 《文学的艺术作品》，英文版，第 LXXI 页。

奠定了基础，而且也为接受美学的崛起铺设了一块基石。

关于文学作品的形式结构，英伽登指出，文学作品是由性质不同的四个层次组成的一种分层整体结构。这四个层次即"语音构造层"，"意义单位层"，"图式化的方面层"，以及"再现的客体层"。这些层次之所以不同，不仅是因为构成它们的成分各不相同，而且也由于它们在文学作品整体结构中所处的地位、所发挥的作用各不相同。但是英伽登强调指出，不论这些层次多么不同，文学作品也不是由它们拼凑起来的松散的东西；相反，文学作品表现出来的一致性就是以各层次的独特性作为前提的，正是这些性质迥然不同的层次构成了文学作品的有机整体结构。需要指出的是，英伽登在《文学的艺术作品》中用3/4以上的篇幅对文学作品的层次结构进行具体详尽的论述，这不仅会使那些指责他的论述抽象的人感到羞愧，而且也使我们在篇幅有限的情况下只能粗线条地勾勒他的学术思想的轮廓，在此基础上进行分析评价，而无法一一剖析他的主要观点。

构成文学艺术作品的第一个层次是"语音构造层"。英伽登指出，任何文学作品都是由语词、句子以及句子复合构造而成的，其中最基本的是语词，它实际上就是负载着意义并且得到具体化的语音。但是在文学作品中，真正独立存在语音单位是句子，即由语词构成的具有统一意义的句子。由于句子以及句子复合是由各不相同而又前后相连的、包含着意义的语音构成的，所以句子及其复合会产生各不相同的节奏，产生押韵以及准押韵等语音现象，从而造成能够表示"忧愁"、"欢乐"等各不相同心境的特性。因此，"语音构造层"不仅是文学作品中意义的载体和物质基础，而且也是表现文学作品情调使读者感受的手段。正因为如此，"语音构造层"是文学作品中最基本的层次，打乱了它（或者取消了它），不仅意义无法存在，而且作品也会失去存在的前提。

建筑在"语音构造层"之上的是"意义单位层"。英伽登认为，语词的意义即其通过意向性所指的客体，亦即"意向性对应物"。因此，由语词构成的句子以及句子复合的意义也是意向性的，其主要功能即创造出句子的对应物（或者叫做"事态"）。由于文学作品中的句子创造出的"事态"与现实世界中客观存在的"事态"有所不同，所以英伽登把前者称为"纯粹意向性事态"或者"纯粹意向性句子相关物"。正是从这种意义出发，他认为文学作品中的句子不同于科学著作中的句子，因为后者是严肃认真的判断，非真即假；而前者创造的"事态"是一种貌似真实、可以以假乱真的幻象，所以前者是貌似真实判断的"准判断"。在文学作品中，正是由句子的意义单位创造的"事态"构成了作品"独具特色的世界"，为构成作品的审美价值特性发挥推动作用。所以，英伽登认为"意义单位层"对于构成作品其他两个层次来说具有决定性作用。需要指出的是，虽然英伽登在这里一再强调句子通过主观意识活动创造"事态"并不是说"事态"等同于这种主观意识活动的心理内容，但是由于他严格遵循"悬置"原则，所以他的解释并不十分具有说服力。

由"意义单位层"描绘的世界是由"再现的客体"组成的，这种"再现的客体"在作品中主要是由名词通过意向性表现出来的事物。英伽登指出，"纯粹意向性客体"可以分为"原始纯粹意向性客体"和"派生纯粹意向性客体"，前者是由人的直接意识活动产生的，后者则依赖于意义单位，所以，文学作品中的再现客体都属于"派生纯粹意向性客体"。由于它们在文学作品中都是由"准判断"表现出来的，所以它们的内容的实体性也发生了相应的变化——它们作为作品描绘出来的真实事物只具有实际事物的外貌，而不具有实际存在于时空之中的特性。正因为如此，英伽登指出，由"再现的客体层"描绘出来的"再现的世界"在时空上才具有异乎寻常的特性：它虽然具有实际时空的某些特性、特别是连续性，但是却没有把两点之间的时空全部实际展现出来，这样就留下了"不确定性的点"或者叫做"空白"，等待读者通过阅读、发挥自身的想象力填补它，从而把文学作品"具体化"成为文学

艺术作品。可见，英伽登正是从这里提出了有关文学作品"具体化"的重要创见；这种观点不仅对于他完善现象学本体论而言至关重要，而且在文艺美学领域中产生了极其深远的影响。毋庸赘言，这当然是与它的精辟性分不开的。

文学作品再现的客体虽然可以通过句子所描绘的"事态"显示出来，但是，由于这样表现出来的东西是经过作者的观念化创造并包含着"不确定性的点"的，因此，"再现的客体层"实际上是由这些概括表现客体诸方面、诸要素的"图式化的方面"表现出来的。英伽登所谓"方面"，指的就是客体在文学作品中的显现方式；他认为，当我们一次又一次地感知客体的某一"方面"时，我们会意识到我们先后感知的是同一个"方面"。这就表明"方面"是观念化的、概括的东西，它针对各不相同的感知呈现为固定不变的"图式"，它包含了我们在实际感知一个具体内容方面时所感觉到的全部要素。可见，在英伽登看来，作为文学作品的一个独立层次的"图式化的方面层"是描绘"再现的客体"的手段，正是它使文学作品作为一个纲要式的创作结果、作为一个表现世界的图式结构展现在读者面前，等待读者通过欣赏予以补充。关于"图式化的方面层"的功能，英伽登主要指出以下三方面：①为读者通过阅读欣赏把文学作品"具体化"为文学艺术作品奠定现实基础。②它能够在作家

正确运用的基础上，通过读者的"具体化"构成文学艺术作品本身具有的审美价值属性。③在此基础上，它还能进一步展示它表现的情景和事件的意味，如崇高、悲怆、恐惧、哀怜、神圣、怪诞、妩媚等；英伽登认为这是文学艺术作品所能展示的最高审美价值，因为它们能够揭示人类生存的深层意义。

最后，英伽登指出，从本体论角度来看，我们可以把文学作品看做是由以上四个层次组成的图式化结构，其中许多构成要素处于潜在状态；只有这些要素得到了读者的"具体化"，文学作品才能成为文学艺术作品，成为审美客体。而从审美的角度来看，文学艺术作品则是一个能够产生由审美价值属性构成的"复调和声"的有机整体构造。"复调和声"不仅是由每一个层次所特有的审美价值属性造成的，而且也离不开各个层次的相互联系和相互作用。英伽登在这里突出强调只有审美价值属性的多样性才能构成"复调和声"，只有这种"复调和声"才能使文学作品成为审美客体。由此可见，英伽登是深谙哲学上"一""多"关系之道的。

我们认为，英伽登通过论述文学作品的存在方式和基本结构具体做出了三个方面的贡献：①明确肯定了文学作品是"纯粹意向性客体"，从而在严格坚持现象学立场方法的前提下，恰当地解决了文学艺术作品的存在方式问题，不仅为他进一步展

开论述他的现象学文艺美学奠定了基础，而且基本实现了他完善现象学本体的基本愿望。②他对文学作品四层次有机结构的论述虽然主要以分析传统的文艺作品为基础，但是，他提出的这种结构模型却具有巨大的开拓创新意义，不仅确立了他作为现象学美学最主要代表的地位，而且对文艺美学的研究产生了极其深远的影响。③同样影响深远的是英伽登对"具体化"的论述，它不仅使英伽登在文艺美学界闻名遐迩，使人一提到"具体化"就想到英伽登的现象学美学，而且是推动接受美学崛起的巨大杠杆之一。而总的说来，解决了文学作品的存在方式、基本结构问题，就为英伽登分析论述第二个问题——我们如何认识文学作品——奠定了基础。

三、如何认识文学作品

一般来说，《文学的艺术作品》论述的是文学作品的存在方式和基本结构，《对文学艺术作品的认识》论述的是我们如何才能认识文学作品。但是细究起来，英伽登实际上已经在《文学的艺术作品》一书的第三部分《补充与结论》中，通过论述文学作品的具体化、论述文学作品如何在读者填补空白的过程中变成审美客体，涉及了"如何认识文学作品"这个问题（更准确地说，英伽登在这里论述的是人认识文学作品的一种形式——构造审美客体的审美态度）；这个问题在《对文学艺术作品的认识》中得到了全面深入系统的论述。

英伽登认为，人们面对文学作品可能会采取多种各不相同的态度，但是，与人们认识文学作品密切相关（或者说，称得起是人们对文学作品的认识）的态度主要有以下三种：①把文学作品具体化、构造成审美客体的审美态度；这是英伽登论述的重点。②前审美态度，旨在获得有关文学作品本身（而不是文学作品的具体化）的知识，其核心问题是我们的认识能不能确定我们对文学的重构忠实于原作品，并且提供有关原作品的客观知识。③后审美态度，其目的在于获得有关文学作品具体化、有关审美客体的知识。限于篇幅，我们在这里主要概括论述英伽登有关审美态度的思想。需要强调指出的是，英伽登在此所谓"认识"涵盖的范围极为广泛，它不仅用于指读者作为审美主体对具体化的文学艺术作品的欣赏，即审美主体对审美客体的"反映"，① 而且也表示学者从理智的角度对文学作品及其具体化的深入研究。这就需要我们仔细把握两者之间的本质区别。从英伽登的基本意向来看，他更倾向于强调"认识"的理智意义而非审美意义，这对于通过考察人类审美活动而建立相应理论体系是不可或缺的。但是，我们切不可由此而把"认识"的两种含义等同起来而失之毫厘，谬以千里；因为认识和审美

虽然都可以是主体对客体的"认识"，但是这两种活动的性质和结果是大相径庭的，所以绝不能把它们混为一谈；我们认为，从某种意义上来说，审美之谜之所以成为人类久攻不克的堡垒，与人们长期以来把这两者混为一谈不无关系。

前面曾经提到过，英伽登认为，只能根据被认识的客体来确定最适当的认识方式；在此基础上，他认为人们对文学艺术作品的认识不仅是由一些性质各异的过程组成的，而且也是在时间过程中完成的。这样，他就循着两条线索展开主体认识文学艺术作品的过程：其一是文学作品结构层次由低到高的线索；其二是认识主体所经历的时间线索（因为任何读者认识文学作品都要经历一个时间过程）。

文学作品的第一个层次是语音构造层次。英伽登认为，由于语音是意义的载体，所以当读者看到、理解了作品的语音符号之后，马上就可以进入意义单位层。作者由此把自己的意向表现在文学作品之中，读者则通过这个层次重新理解作者的意向。在他看来，所谓"理解"一个句子的意义也就是使包含在句子之中的意义成为现实的、可以体验的东西。实际上，英伽登在这里所讲的就是读者在阅读文学作品的过程中所进行的共同创造活动，亦即"主动

---

① 顺便指出，国内美学界对"反映"一词的使用是极不严格的：既指认识主体对客体的理智认识，也指审美主体对客体的欣赏；而从主体客体关系类型上看，这两者有本质差异。

阅读"。这样，读者就可以通过领会文学作品的意义，充分发挥自己的想象力、调动自己以往获得的经验，把文学作品"图式化的方面"具体化，把句子描绘出来的事态具体化；消除文学作品再现的客体所包含的"不确定性的点"，填补包含在"再现的客体层"之中的各种"空白"；在进行综合的基础上把文学作品具体化成为审美客体，使它可以作为一个活生生的"有机整体"呈现在作为欣赏者的读者面前，使他获得审美享受。可见，英伽登在这里对读者把文学作品"具体化"的过程进行了更详尽的描述；他对"主动阅读"的强调是正确的——但是，就读者的实际阅读欣赏过程而言，读者的综合、创造活动是在不知不觉中完成的；所以，这里说它是"主动阅读"是不完全恰当的。

就其本身而言，文学作品是一个完成了的、同时拥有各种有机组成部分的实体，但是，读者阅读文学作品却不是一蹴而就的。从理论上说，他要依次涉及文学作品的各个层次，最终把它具体化；从实际过程上说，他必须经过一个时间过程才能做到这一点。英伽登指出，读者只能够通过在时间上延续的一系列意向性活动接触作品，这样，作品各个组成部分在具体化的整个过程中就构成了读者阅读欣赏的不同阶段；所以，当读者实现作品的具体化时，虽然只有目前阅读的部分作品生动地呈现着，但是由于"积极记忆"已经把以前读

过的部分以"再现的客体"的形式概括保存在脑海之中了，所以，读者目前的阅读经验就与以前的阅读经验融合成为一体了。只有这样，文学作品所描绘的世界才能够通过阅读过程的"时间视野"的不断变化呈现给读者。可见，英伽登这里的论述同样把读者的心理参与活动摆在十分重要的地位上，不仅贯彻了现象学高扬主体性的宏旨，而且产生了巨大的影响。不过，他对"积极记忆"的论述仍然和论述"主动阅读"那样，侧重强调主体的主动努力，没有突出主体的自由特征，是其美中不足之处。

那么，就读者把文学作品具体化的过程而言，他怎样把作品"再现的世界"转化成为审美客体呢？英伽登指出，只有当读者在阅读过程中受到作品某种属性的感染、形成某种情感时，他的审美经验才会开始。这种情感就是"最初的情感"；它改变了读者在日常生活中所持的态度，使读者只注意作品属性本身而忘却其实用性。正是在这种情感的推动下，读者进一步寻求与这种属性相和谐的其他属性，通过体验把它们具体化，在达到审美经验的极致的同时，把文学作品具体化为"审美客体"，从而获得审美的享受和启迪。实际上，英伽登在这里提出了两个有价值的理论见解：其一是把文学艺术作品与其具体化，尤其是与审美客体区别开来，这一点虽是其题中应有之义，但是具有开拓意义

并产生了深远的影响。其二是有意识地开始确定审美经验的起点。在这一点上，虽然他对"最初的情感"的论述没有摆脱现象学方法直接描述的局限性，但却可以启发我们从发生学的角度出发去探索审美经验的起源和具体发展，他在这一方面也是功不可没的。

四、小结

可见，英伽登的现象学美学是具体化、专门化的现象学美学——他只是运用现象学的立场、观点和方法对文学艺术作品诸方面进行了系统全面的研究，以此贯彻他对完善现象学本体论的关注。所以我们完全可以说，英伽登是一个现象学文艺美学家，而不像盖格尔和杜夫海纳那样从现象学出发关注美学的整个领域。当然，这并不是贬低英伽登的研究成果。恰恰相反，他的影响和对美学的突出贡献正是在这个角度表现出来——他对"纯粹意向性客体"、文学作品分层有机结构、"具体化"、三种认识类型以及"最初的情感"的论述不仅在文艺学领域影响极为深远，而且也为人们深入系统地研究其他门类艺术树立了典范。不过，也正是因为他的研究过于专门、具体，所以现象学美学的进一步发展必然以更高水平上的系统综合为目标。这个任务是由杜夫海纳来完成的。

第四节　杜夫海纳的审美经验现象学①

一、从经过改造的现象学出发

如果说盖格尔和英伽登作为现象学美学著名代表，是在胡塞尔现象学哲学的直接影响下崛起的，基本上继承了胡塞尔的衣钵，只是在最后观点上离开了胡塞尔，那么，作为现象学美学杰出代表的杜夫海纳则有所不同。这不仅表现在他作为出发点的现象学是经过萨特、梅洛-庞蒂改造过的现象学，而且也表现在他从不专宗某一个主要思想家，而是博采众家之长，通过他所把握的现象学熔炉铸造出系统全面博大精深的现象学美学理论体系。

在胡塞尔的众多门徒之中，海德格尔无疑是最突出的一个，同时也是与胡塞尔决裂最彻底的一个；他不仅在 20 世纪 20 年代末由于突出强调研究意识经验背后的更根本的结构——前反思、前理解的"此在"（dasein）的本体结构，开辟了解释学的现象学领域，而且由此将现象学研究从德国扩展到法国和其他地区。以萨特和梅洛-庞蒂为首的法国现象学运动就是在这种前提下兴起的。萨特批判了胡塞尔的先验自我和反思意识，指出前者是没有必要存在的；他指出，现象学还原应当像把世界

---

① 本节不用书名号的"审美经验现象学"指杜夫海纳的现象学美学思想，用书名号的《审美经验现象学》则指他最重要的美学论著。

存在放到括号内那样把自我也放到括号内，使自我和世界都真正成为意识的对象。这样，意识就由于排除了所有内在固有的内容和本质而成为"虚无"，成为"纯粹意识"；同时，意识由于自身具有的意向性而不断向外展开，它在显现世界的过程中同时也显现了自身，所以，"我"的意识就把我的"本质"显现出来——正是从这种意义上说，人的存在先于人的本质。另一方面，萨特认为现象学的还原过程本身就是人通过"自我设计"悬置与过去的必然性因果联系、从未来回到现在的自由过程。由此我们可以看出两点：①萨特的主体已经不再是寻求普遍绝对知识的理智主体，而是一个具体生存着，具有七情六欲的人；这样，他就把现象学的研究领域扩大到历史、政治、文化等与人的生存相关的领域。这不仅开创了独立于现象学运动的法国存在主义运动，而且也为杜夫海纳拓展现象学研究范围，专门研究美学领域产生了重大影响。① ②萨特在此对"存在先于本质"的论述实际上已经包含了发生学的倾向，也许这对杜夫海纳依次论及人类活动真、善、美三个方面不无影响。

与萨特同时的另一个法国著名现象学家是梅洛-庞蒂。虽然他承认哲学的基本问题是意识结构问题，但是，他不仅反对胡塞尔把人还原成为先验意识，反对海德格尔把人还原成为神秘的"此在"，而且也反对萨特把生存还原成对生存的意识。他认为，"知觉世界"是人与世界关系的最初表现，所以，主体必然"镶嵌"在世界之中；现象学还原只能得出先验的"知觉世界"，因此，"知觉世界"是意义的最终根源。可见，与萨特全面拓展现象学研究领域、创立法国存在主义相比，梅洛-庞蒂还是比较忠实于现象学的原本意义的；如果具体考察梅洛-庞蒂对杜夫海纳现象学美学思想的影响，那么我们可以说，他对主体与世界间知觉意义关系的充分强调无疑给杜夫海纳以很大启发；因为与盖格尔和英伽登相比，杜夫海纳在全面研究审美经验诸方面的基础上对主体与世界的关系给予了更多的关注，甚至认为"审美经验揭示了人类与世界的最深刻和最亲密的关系"。当然，这并不是说梅洛-庞蒂对杜夫海纳的影响仅此一点，而只是说这一点最突出。实际上，他对杜夫海纳的影响和萨特对杜夫海纳的影响大同小异，可以具体归结为以下三个方面：①完成了对胡塞尔"先验自我"、"先验意识"的批判，使他不必像盖格尔和英伽登那样，直接从与胡塞尔分手开始自己的研究。②最根本的是，杜夫海纳的现

---

① 现象学美学研究有两种角度：其一是英伽登所循的角度——把美学研究视为现象学研究的完善和补充；其二则是杜夫海纳和盖格尔所循的角度——运用现象学方法拓展新领域。萨特对杜夫海纳的影响在这里表现得比较突出。

象学是经过萨特和梅洛-庞蒂改造、经过存在主义洗礼的现象学，其最突出的特点是更关注人生存的诸具体方面，而不再唯一关心理智主体。这种影响像一股清新的气息，弥漫在杜夫海纳的整个现象学美学体系之中，使之焕发出更令人神往的魅力。③通过用存在主义改造胡塞尔的现象学，萨特和梅洛-庞蒂都突出表现了对人与世界诸方面关系的重视和探索（虽然各自的角度有所不同），这无疑对杜夫海纳把现象学主体客体直接统一的根本意向具体深入地贯彻到整个美学领域之中产生了巨大的示范作用和推动作用。

当然，我们必须指出，我们说杜夫海纳的现象学是存在主义化了的现象学，并不是说他不再像盖格尔和英伽登那样从现象学基本立场出发、运用现象学方法研究人类审美活动诸方面，而是说他在此基础上有了更深入、具体、全面的发展。从某种意义上我们甚至可以说，杜夫海纳的现象学美学之所以能够集现象学美学研究之大成，之所以能够比盖格尔和英伽登的现象学美学理论更博大精深系统全面，原因就在于此。总之，杜夫海纳针对存在主义化了的现象学形成的是这样一种观念：现象学作为哲学，其首要任务就在于以尽可能细致的方式描述人类经验的各个领域；而且他通过对审美经验诸方面的直接描述

和研究，在审美这个特定的人类经验领域实现了这种信念。

除了接受萨特和梅洛-庞蒂的思想影响之外，杜夫海纳实际上还间接地受到过存在主义的著名大师雅斯贝尔斯和德国古典哲学开山祖师康德的影响。前者不仅表现在他与利科（P. Ricoeur）合作出版了《雅斯贝尔斯与存在哲学》，而且也表现在他在构造审美经验现象学理论体系的过程中，吸收了雅斯贝尔斯对"交往"的论述，使之成为其理论框架的有机组成部分。后者则突出表现在杜夫海纳对审美经验所具有的先验性的关注和研究，表现在他从现象学的立场观点和方法出发，对康德有关趣味判断的论述进行再认识、再评价；① 这样，杜夫海纳就从美学的角度代替胡塞尔进一步把现象学和康德哲学具体联系起来。当然，此外显而易见的是，杜夫海纳在学术研究的过程中也接受过英伽登现象学美学思想的影响；不过，我们这里需要强调指出两点：①杜夫海纳是在新的哲学背景、在从现象学到存在主义的转变中吸收这种影响的，这就必然意味着他对英伽登现象学美学思想的吸收同时也就是对它的改造。②正因为着眼点和角度不同，所以，杜夫海纳全面扩展了英伽登以文学艺术作品为中心的艺术哲学思考领域，全面提高了其他艺术门类——诸如舞蹈、音乐、戏剧等

---

① 限于篇幅，我们在这里无法展开论述这一点，只好暂付阙如了。

——在美学思考中的地位。这样，杜夫海纳就在广采各家学说的基础上，通过系统全面地研究诸艺术门类在审美经验中所处的地位、所发挥的作用，建立起规模和深度都远胜于盖格尔和英伽登美学理论的、博大精深的现象学美学体系。

实际上，衡量一个美学理论体系考察两个方面就够了：一是深刻性，一是系统性。所谓深刻性指的是美学理论所特有的哲学深度、哲学理论方面的开拓性；正是这一点把美学与具体艺术理论区别开来，①使美学真正作为一门学问立于学林之中。就此而言，盖格尔、英伽登以及杜夫海纳的现象学美学理论是有资格存在的。所谓系统性指的是美学理论必须对人类审美活动诸领域、诸阶段、诸方面进行系统全面的研究概括，在此基础上形成系统全面的理论体系。从这种意义上说，英伽登的现象学美学是现象学文艺美学（有关文艺这个部门艺术的现象学美学），而不是真正全面的现象学美学。从上述可见，杜夫海纳的审美经验现象学是完全符合这两个尺度的，所以我们说他是现象学美学的集大成者。

作为最杰出的现象学美学家，杜夫海纳的美学著作不仅在数量上比英伽登的美学著作毫不逊色，而且在开拓性和深度上更是比英伽登的著作有过之而无不及。除了久负盛名的《审美经验现象学》（*The Phenomenology of Aesthetic Experience*，西北大学出版社，1973）以外，还有补充说明这部名著基本思想的两部美学专著《诗学》（*Le Poetique*，巴黎法兰西大学出版社，法文版，1963）和《美学与哲学》（*Esthétique et Philosophie*，巴黎，克林克西克出版社，法文版，1967），后者到1981年已经出版了三卷。另外，就理解他的现象学美学思想而言，《先验的概念》（*The Notion of the A Priori*，西北大学出版社，英文版，1966）是极为重要、不可不读的著作。可见，杜夫海纳的现象学美学思想不仅是不断丰富深化发展的，而且这种深化发展充分体现了其美学理论的博大精深。可惜的是，我们在这里限于篇幅，只能概括勾勒出杜夫海纳现象学美学思想的大致轮廓和要点，并且在此基础上略加分析评述。此外，由于《审美经验现象学》是杜夫海纳最主要、最杰出的美学著作，他此后的美学著述只不过是对此书所述思想的深化发展，所以，我们完全可以根据他在《审美经验现象学》中表现的论述顺序来概述他的现象学美学思想，这种论述顺序即：审美客体，审美知觉主体，审美客体与审美主体的和谐。

---

① 国内外都有许多人讲"美学是艺术哲学"，实际上美学与艺术理论交叉的部分才是"艺术哲学"，所以真正的美学领域比"艺术哲学"宽广得多。

二、从艺术作品到审美客体

虽然杜夫海纳用作理论基础的现象学是经过存在主义洗礼的现象学，但他仍然是一个真正的现象学家——从基本立场和方法来看莫不如此。胡塞尔曾提出"诉诸事物本身"作为现象学的基本立场，通过现象学还原最终获得绝对普遍的知识；杜夫海纳严格遵循了"诉诸事物本身"的基本立场，但是，他是根据人与世界的相互关系去探索这种绝对普遍知识的，他认为这种绝对普遍的知识通过人与世界关系的原始形式表现出来；而审美经验处于人类所走的各条道路的起点上，处于根源的位置上，"审美经验揭示了人类与世界的最深刻和最亲密的关系"①。所以在杜夫海纳看来，审美经验不仅是他自己首先要研究的问题，而且整个美学的核心任务也在于研究审美经验；通过研究审美经验，美学不仅可以帮助哲学寻根溯源，而且也可以使哲学的分析研究方向更明确、条理更清楚。

另一方面，就现象学研究方法（现象学还原法）而言，杜夫海纳认为描述意识及其本质结构没有必要进行现象学还原。他指出："我们敢说，审美经验在它是纯粹的那一瞬间，完成了现象学的还原。对世界的信仰被悬置起来了，同时，任何实践的兴趣或智力的兴趣都停止了"，② 所以，

要获得纯粹意识的本质结构，只要深入细致地分析审美经验和审美知觉就可以了（因为只要对审美知觉进行深入分析，我们就可以清楚地展示"意向性"中所包含的主体与客体关系的特殊差异性）。需要指出的是，杜夫海纳在这里强调的是纯粹的审美经验就可以完成胡塞尔赋予现象学还原法的任务，就可以把人们有关世界的信念暂时悬置起来，就可以暂时排除人们对于认识方面和实践方面所持有的兴趣，形成对审美客体的直接体验，继而通过这种体验得到比理智认识更真实、更具有普遍绝对性的认识。所以，杜夫海纳在这里强调的是纯粹审美经验的作用和意义，而不是全盘否定现象学还原法另辟蹊径。事实刚好相反，杜夫海纳在论述审美经验诸方面的时候，完全像盖格尔和英伽登的论述那样，严格遵守和运用了现象学的原则和方法。换句话说，杜夫海纳认为并非只有用现象学还原法才能获得绝对普遍的知识，这并不意味着他在研究论述中不运用现象学还原法，更不意味着他已经在方法论上改弦更张了。

实际上，杜夫海纳在现象学基本立场和基本方法方面对胡塞尔提出的异议，清楚地表明了这位全凭自己努力崛起的现象学美学家对现象学做出的贡献。他不仅使

---

① 杜夫海纳：《美学与哲学》，中国社会科学出版社，1985 年，第 3 页。
② 同上书，译文略有变动。

"诉诸事物本身"这个现象学基本立场在审美领域得到了最现实最扎实的基础，而且也在审美经验领域中为现象学方法（其核心即"现象学还原法"）找到了最有理有据的证明；而这两者的统一——获得真正的、绝对普遍的知识、"以主体性求绝对性"只有在审美经验领域中才有可能实现。所以，杜夫海纳不像海德格尔那样由反对胡塞尔而另立门户，而是通过对审美经验的全面研究发扬光大了现象学哲学。具体说来，他的现象学美学研究是从研究审美经验的一极——审美客体开始的。

审美经验无疑是由审美主体和审美客体这两极构成的；杜夫海纳不仅首先论述审美客体，而且在这方面着力甚大。这是因为：①从现象学分析的角度来看，进行"意向性分析"的现象学方法最适合于分析客体或者主体体验的内容，其次才适合于分析作为行为的体验，亦即它强调通过分析主体创造的东西来分析主体的创造；在杜夫海纳看来，审美客体正是经过审美主体再创造创造的东西。②与此相关并且更重要的是，杜夫海纳对审美经验的现象学分析是从欣赏者的角度入手的；因为只有欣赏者对审美客体的体验才有可能形成真正的审美经验。若从艺术家的角度出发，虽然有可能分析审美客体，但更可能突出

强调艺术家的创作行为而非已经创作出来的作品，① 这样就有陷入自胡塞尔以来许多现象学家极力抨击的心理主义的危险，杜夫海纳当然不会这样做。③从现象学追求精确描述的意向来看，作为一个封闭完整的有机体呈现给审美主体的审美对象，不仅比审美经验本身更容易理解和把握，而且也比审美经验更容易分析论述。所以杜夫海纳首先从审美客体入手。

自然美的对象和艺术美的对象都可以由于审美主体视野所及而成为审美客体，但是杜夫海纳分析审美客体却优先选择了艺术作品。这并不是因为他也像当代大多数艺术理论家和美学家那样忽视自然美（与此相反，他推崇自然，强调"美是自然产生的"②)，而是因为与自然美的对象相比，艺术作品能够"充分发挥趣味、引起最纯粹的审美知觉"；③ 所以为了便于分析，他选择艺术作品作为分析审美客体的前提。但是，杜夫海纳强调艺术作品与审美客体有以下三点不同：①艺术作品是不依赖于主体体验的稳定的存在，而审美客体则只能作为被欣赏者体验的外观而存在，所以，艺术作品是审美客体存在的物质结构。②与此相关，艺术作品作为实际存在的东西就像肖像画一样，可以用于与审美

---

① 更不必说艺术作品并非真正的审美客体；后面我们将叙述这一点。
② 杜夫海纳：《美学与哲学》，中国社会科学出版社，1985 年，第 7 页。
③ 同上书，第 33 页。

的目的不同、甚至相反的目的，诸如认识目的、实用目的等。③之所以如此，是因为艺术作品在没有审美知觉触及它的时候不具有审美之维，因此它不是审美对象。他强调指出："只有当艺术作品被知觉的时候，它才是审美客体。"① 可见，杜夫海纳在这里没有讲艺术作品的"具体化"，而强调审美知觉使艺术作品变成审美客体。这并不是因为他想标新立异，而是要进一步发展完善英伽登关于文学艺术作品"具体化"的观点。英伽登的"具体化"旨在针对文学艺术作品是一个分层有机结构，强调读者的阅读欣赏是一个参与创造审美客体的过程；而杜夫海纳强调艺术作品只有通过审美知觉才能成为审美客体，不仅没有忽略主体欣赏艺术作品的过程是其参与创造的过程（知觉本身就是主体发挥能动性的过程，主体构造客体也是现象学题中应有之义），而且把这种强调拓展到文学艺术作品以外的其他艺术作品领域，这是他做出的重要贡献之一。那么，艺术作品怎样通过审美知觉变成审美客体呢？

杜夫海纳指出，主体欣赏和感受艺术作品涉及的不是构成艺术作品本身的物质材料，而是构成艺术作品外在特殊形式的成分，诸如色彩、音调、和谐对称的形式结构等；这些成分在主体审美感知的作用下就成为构成审美客体的"审美要素"。他认为："艺术作品只有通过呈现为审美要素才能存在。审美要素的呈现使我们得以把艺术作品理解为审美对象。"② 可见，杜夫海纳在这里提出"审美要素"概念，不仅把艺术作品与审美客体区别开来，而且通过强调审美感知的作用，强调了审美客体是欣赏主体和艺术作品美的形式成分直接相互作用的结果。这样，他就有根有据地在美学研究领域中彻底贯彻了现象学"诉诸事物本身"的根本意向，为主体和客体的直接统一找到了真正的家园。

艺术作品由于"审美要素"而成为审美客体，但是"审美要素"却不是构成审美客体的唯一成分，尽管它能够保证后者的充实性和表现形式的唯一性。杜夫海纳指出，另一种关键性成分是"意义"。意义充满了审美客体，它是审美要素内在固有的东西；其作用在于向审美主体展示审美要素内在固有的结构，使其集中注意审美要素本身，因此，任何一种意义都不会存在于审美要素之外或者超越审美要素而存在。正是在这种意义上，杜夫海纳把人类审美活动与认识活动和实践活动区分开来——他认为在后两种情况下，意义会使我们超越审美要素而采取相应的行动，在审美活动中则绝不会如此。这一点是很富

---

① 杜夫海纳：《审美经验现象学》，英文版，第232页。
② 同上书，第44页。

有启发意义的，但是杜夫海纳未能进一步论述其根本原因，则是不足之处，这是由现象学方法（直接描述）造成的。

杜夫海纳认为，意义在艺术作品转化为审美对象的过程中通过先验的时空图式排列审美要素，这样就通过使审美客体的时空相互转化，使其时间空间化、空间时间化，从而使审美客体变成把时空关系内含于自身的"准主体"，具体呈现为一种活生生的"氛围"（atmosphere），呈现为充满着被表现世界的特定情感属性的"被表现的世界"，成为审美主体真正可以体验的审美客体。我们认为，杜夫海纳对审美客体时空要素内化的论述是十分重要的。审美主体只有通过内化的时空才能更深切地体验审美客体的情感特性；另一方面，也只有在审美领域之中，时空才有可能完全和主体客体融合成一个活生生的、真实存在的世界。

三、知觉主体和知觉过程

艺术作品可以在审美知觉的作用下变成审美客体，但是，审美客体不仅只有在审美感知之中才能存在，而且它的存在也只是为了审美主体的审美感知、审美体验。另一方面，对于艺术作品的欣赏者而言，为了在欣赏过程中使艺术作品转化为审美对象，欣赏者就不能采取单纯静观的消极被动态度，而必须积极参与到艺术作品的世界之中去。杜夫海纳强调指出，主体这种参与只能采取知觉的形式，因为"审美客体只是推动我们去感知"，[①] 所以审美经验在他看来始终只能是审美主体通过知觉对审美客体的体验。具体说来，这种过程包括前后相继的三个阶段：①呈现阶段；②表现和想象阶段；③反思和情感阶段。

杜夫海纳指出，审美知觉在"呈现阶段"的具体表现为，总括性的、前反思的知觉大量产生出来，这些知觉是与主体身体方面的感受相一致的。正因为如此，审美主体才能够切实体验"审美要素"所具有的无法抗拒的力量，通过身体方面的感受不知不觉地服从这种力量的支配和调遣。可见，杜夫海纳在这里突出强调审美主体通过知觉对审美客体的体验，强调主体在这个阶段对审美情境及其力量的服从，这是既深刻又正确的，尽管他是从现象学的立场出发。审美知觉由此继续深化发展，则进入"表现和想象阶段"；在这里，由于审美主体发挥了具有先验功能的想象力，因而扫清了一个时空统一的地盘，使大量知觉走向客体化，使最初被知觉的客体对象的内容转化成特定的实体、对象和事态，就像以往发生的行为在头脑中再现一样。实际上，杜夫海纳在这里叙述的是审美主体由切身体验到想象、再由想象到真实体验审美情境的过程；也就是说，审美主体

---

① 杜夫海纳：《审美经验现象学》，英文版，第86页。

在获得了大量知觉、在切实体验审美要素力量的基础上发挥想象力，从而使自身切实加入到审美情境之中去。需要指出的是，他在这里对想象的作用作了意味深长的限制："真正的艺术作品可以使我们不必花费许多想象力。"① 这就是说，审美客体出现时已经很清楚了，所以想象力在这里起不到什么关键作用。这种观点是很精辟的。我们认为，想象力在审美过程中确实存在并且发挥重要作用，但是，它在这里发挥作用的突出特征为自发性，突出表现为它是在审美客体的激发引导下自然而然地发挥作用的。杜夫海纳论述想象的真意莫过于此。

审美知觉的最后一个阶段是"反思和情感阶段"，也是杜夫海纳论述得最精彩的部分。他指出，审美知觉充分发展就会进入这个阶段；在这里，知觉可以沿着两个方向发展。其一是按照一般正常的程序发展，成为对客体进行理智反思的形式，进而形成有关客体的理解和认识；其二是他所强调的向情感的方向发展，这样，审美知觉就会发展成为"移情的"反思而非知性的反思，从而形成与情感的辩证关系，既澄清情感又支持情感。因为在这种情况下，主体内心深处产生出来的情感使他与审美客体的深层存在（"被表现的世界"）

保持了和谐状态，并分别通过激情和对显示"被表现世界"特征的特殊情感属性的领会表现出来；而且主体只有通过情感才能接近和理解审美客体，所以，只有在这里，审美知觉才变成了真正的审美知觉——其中不仅包含了审美客体对审美主体的呈现，而且也融汇着审美主体对审美客体的呈现。杜夫海纳指出："审美知觉的真正顶点存在于情感之中，正是情感揭示了艺术作品的呈现性。"② 可见，杜夫海纳对情感是予以最充分强调的，下面我们会看到，他认为情感不仅是审美感知的顶点所在，而且也是审美主体与审美客体相和谐的基础和前提，这是十分深刻的。一方面，真正自由而又恰如其分的情感（鲍姆嘉敦所谓"完善的感性认识"）只有在人类的审美活动中才能出现并得到充分发展，而它在人类认识活动和实践活动中则无法完全实现；另一方面，这种真正的审美情感却是与人类关于世界和人生的普遍绝对的知识融为一体的，这就突出表明了审美的情感阶段在人类审美活动中（推而广之，在人类所有活动中）处于最高境界、最高阶段——主体客体和谐同一的境界。不过，杜夫海纳在这里与其他现象学美学家一样，揭示出审美为不同于认识、实践的人生最高境界功不可没，但没有进而阐明其所以

---

① 杜夫海纳：《审美经验现象学》，英文版，第 366 页。
② 同上书，第 49 页。

然则是功亏一篑了。

四、审美主体与审美客体的和谐统一

虽然在具体分析论述中分别对审美客体和审美主体有所侧重，但是，杜夫海纳从来没有（也根本不会）把这两者割裂开来，这首先是由他的基本理论立场决定的，他所考察的对象——审美经验也决定了这一点。于是，在分别论述了审美客体和审美主体之后，他就转到问题的核心和实质上来了，这就是这两者的和谐。

审美客体和以知觉进行欣赏的审美主体怎样才能共同形成审美经验？这是任何研究这两者的理论都必须回答的根本问题，也是杜夫海纳审美经验现象学研究的核心问题。他的基本思想是这样的：只有通过相互作用，这两者才能形成审美经验。[①]具体说来，审美客体和审美主体的相互作用是通过"审美要素"表现出来的："审美要素是正在感觉的存在与被感觉的存在的共同活动。"所以，作为联结这两者的中介，"审美要素"不仅是审美主体和审美客体相互作用的产物，而且把这两者的深层存在联系起来，使之通过相互作用达到和谐状态。在这里，这两种存在不仅都是感性的东西，而且也是饱含着情感的东西，因此，审美主体和审美客体的相互作用过程是饱含着情感的过程；审美情感不仅是审美知觉的顶点，而且也是一种关节

点——正是在这里，审美主体和审美客体融汇在审美经验之中，从而实现了一种特殊的"交流"（communication）。从实际情况来看，杜夫海纳这里提出的审美主体与审美客体深层存在相互作用并且达到和谐的模式是很重要的；在审美领域之中就和在其他活动领域之中一样，主体和客体也存在着由相互作用到和谐统一的过程。杜夫海纳提出了这一点，并且突出强调了这一点所具有的情感特征，这正是他慧眼独具之处。

审美主体和审美客体的和谐还可以通过审美经验的"先验"方面表现出来。杜夫海纳认为：如果审美客体所具有的情感属性不仅描绘出它再现的世界的特征，而且也构成了这个再现的世界，那么，审美主体和审美客体就可以通过审美经验的"先验"方面达到和谐。需要指出的是，杜夫海纳所谓"先验"指的是并非由当下审美经验给定而又具有必然性的情感和意识成分，实际上也就是人在以往实践基础上形成的意识（包含情感）的"积淀"。从这种角度出发，杜夫海纳指出，审美客体的情感属性以这种方式构成被表现的世界，这说明它拥有一种先验的地位，拥有一种从宇宙学的角度安排被表现的世界的先验地位。另一方面，从审美主体的角度来看，只有当其心灵中含有某些情感范畴，有能

---

① 参见《伦理学与形而上学评论》，法文版，第432页。

力把审美客体的情感属性作为某种特性（诸如"悲剧"、"崇高"等）来认识的时候，他才能领悟和把握被表现的世界的先验结构，即其构造性氛围（或者其情感属性）；因此，审美主体对这种情感范畴的认识本身就具有"先验"的特色；它们是主体以前就拥有的"实质性的"知识，主体一旦唤醒它们，它们就会清晰明澈地呈现出来。杜夫海纳强调指出，这种"实质性的知识"是主体全部存在的重要组成部分，由于它从客观的、宇宙学的角度体现了"先验"，所以主体和主体所体验的内容实际上是密切联系在一起的，这就从根本上保证了审美主体和审美客体通过审美经验的"先验"方面达到和谐。

实际上，杜夫海纳这里所谓审美经验的"方面先验"、所谓审美客体的"情感属性"，就是审美情感所具有的"意味"。这种"意味"是审美主体与审美客体相互作用、融合成为审美情境的产物，其根源则存在于主体广阔的生活实践之中。主体只有在现实生活中经历了求真的磨炼、求善的陶冶，有了对人生、对世界、对宇宙的真切感悟，他作为创造者才有可能通过他所创造的审美客体的"情感属性"构造出"表现的世界"，他作为欣赏者才能够真正领悟"被表现的世界"的"意味"，从"先验"的侧面与审美客体达到和谐境界。

不过，杜夫海纳指出，审美主体和审美客体不仅要从上述两个方面达到和谐，而且还要达到统一——从本体论的角度达到统一。他认为，人与世界——亦即这里的审美主体和审美客体——不仅可以达到和谐，而且还可以在更高的水平上达到统一、融合成为一体，这里的更高水平即本体论上的最高境界——存在的统一。他指出："艺术表现真实的东西，是因为艺术和现实都从属于存在"，[①] 而艺术之所以能够达到真实并不是通过再现（或者模仿）真实的东西，而是用它自己的语言、从自身内部表现出真实的东西所具有的情感本质。这样，审美主体通过审美经验、通过领悟审美客体的"情感属性"，最终与审美客体达到了统一，从而获得了关于存在的绝对普遍的知识。不过，杜夫海纳在这里还是作了一点保留：他指出，虽然艺术可以使主体通过情感体验感受存在，但是，这种通过情感揭示出来的存在只是存在的一些侧面，而不像形而上学概念理论那样，能够揭示出存在的各个方面。

这里需要补充说明的是，虽然杜夫海纳为了便于分析论述审美经验诸方面以艺术作品作为审美客体的物质前提，而把自然和自然美的对象放在一边，但是这绝不意味着他重艺术美轻自然美。实际情况刚好相反，杜夫海纳实际上把自然美看做是

---

① 杜夫海纳：《审美经验现象学》，英文版，第539页。

美的最高境界。他指出："所有艺术都像自然那样富有表现力，但是艺术表现自然，而自然只表现自身"；① 他还指出："在这世界里，人在美的指导下体验到他与自然的共同实体性，又仿佛体验到一种先定和谐的效果，这种和谐不需要上帝去预先设定，因为它就是上帝：'上帝，就是自然'"，② "自然就是必然性"。③ 可见，自然是艺术的母体、始因，所有艺术都模仿自然，只不过这种模仿不是单纯的再现，而是把自然转化成与人类同在的世界；而就这个世界而言，审美主体在这里可以体验到最高境界的审美效果，获得绝对普遍的知识——有关存在的知识，实际上也就是直观地感悟存在演进的必然性。这样，杜夫海纳就从全面分析审美经验诸方面发展到对自然的分析论述。他的基本思想是：虽然艺术可以更鲜明突出、更纯粹地表现自然，但是自然却在本体论上处于优先地位，是艺术、也是人类和世界的最终源泉。这样我们可以看到，杜夫海纳在完成对审美经验的全面分析之后再来分析论述自然和自然美，这在理论上是完全符合逻辑的。实际上，在《审美经验现象学》中未能得到充分论述的"自然"，在《诗学》中真正受到了"公正"对待，变成了核心主题，

只不过我们由于篇幅所限，这里无法展开论述了。

综上所述可见，杜夫海纳的现象学美学研究从研究审美经验诸方面（审美客体、审美主体以及二者的和谐）入手，经过研究其"方面先验"最终回到本体论问题上来了，并且通过对"自然"的论述充分发挥了这种观点。这里我们至少可以指出层次不同的三个方面：

①从现象学美学研究的角度来看，杜夫海纳不仅在论述审美客体的深入全面上超过了英伽登对文学艺术作品及其具体化的论述（英伽登着重论述的是文学作品与其"具体化"的区别，杜夫海纳则深入全面地把艺术作品与审美客体区别开来），④而且从系统深入地研究审美领域诸方面（特别是在审美主体深层存在研究、审美活动的形而上研究以及自然美研究方面）来看，其论述的深入精辟具体全面远远超过了具有开拓性意义的盖格尔现象学美学，因此，说杜夫海纳的审美经验现象学集现象学美学研究之大成是恰如其分的。顺便指出，杜夫海纳研究现象学美学也和英伽登一样，怀有通过现象学美学研究发展完善现象学的宏愿；只不过这种愿望不像英伽登的愿望那样强烈、那么具有独特性罢

---

① 杜夫海纳：《诗学》，法文版，第180页。
② 杜夫海纳：《美学与哲学》，中国社会科学出版社，1985年，第51页。
③ 同上书，第46页。
④ 当然，又通过审美经验把两者统一起来。

了，但是，这已经足以使我们考察杜夫海纳现象学美学的哲学特色了。

②从哲学的角度来看，虽然杜夫海纳并没有把以现象学美学研究完善现象学哲学研究作为其学术研究的唯一动机，以往现象学研究既没有对美学领域表现应有的兴趣，更没有取得相应的成就，这也推动他去进一步开垦耕耘这块沃土，但是，无论如何，他都是真正的、做出重大贡献的现象学美学家。这不仅表现在他完全从我们前面讲到的现象学的基本立场出发、运用现象学的基本原则和方法具体深入地研究人类审美经验诸方面，而且他以自己的研究表明，与其说现象学的基本立场、基本原则和方法适宜于从纯粹理智的角度（就像胡塞尔所做的那样）寻求绝对普遍的知识，还不如说它们更适宜于从审美的角度揭示绝对普遍的知识。从这种意义上我们可以说，杜夫海纳不仅是现象学发展历程中的"守业者"，而且是朝气蓬勃的创业者——正是他以自己坚实的现象学美学研究充分体现了胡塞尔"以主体性求绝对性"的根本意向（英伽登则没能做到这一点）；因此，他确实以自己学术努力推进了现象学研究；尽管这种推进带有明显的存在主义特色，但是这不正好表明任何一个学术流派的发展都以吸收扬弃其他学派的成果为前提吗？

③从哲学的理论基础——本体论的角度来看，杜夫海纳也表现出与当代西方绝大多数哲学家、美学家的意向大相径庭的意向。这不仅表现在他并不顺应"潮流"而拒本体论于理论探索视野之外，反而以本体论方面的探索论述作为其审美经验现象学理论的基础和前提（这是哲学美学的基本特征），而且也表现在他从主体客体直接统一出发、从研究审美情感入手，结合剖析自然——前一方面是由其现象学基本立场决定的，后两方面则是他的重大贡献——对本体论问题的论述方面。我们认为，拒斥本体论的美学（包括艺术哲学）是残缺不全、没有理论归依的美学，近代西方美学力求"自下而上"地解开审美之谜而未果、当代西方艺术哲学（转向以艺术为研究核心的美学）研究的徘徊不前，从根本上表明了这一点。从这种意义上来说，美学的突破依赖于哲学的突破，后者又是与本体论研究的科学突破分不开的；所以我们说，杜夫海纳现象学美学的远见卓识之处即在于此。

不过，杜夫海纳在现象学美学研究方面比盖格尔、英伽登彻底，这只是问题的一个方面；与此相关的另一个侧面在于，现象学的基本原则和方法（"悬置法"、"还原法"）带来的缺陷也在这里彻底暴露出来：他严格遵循现象学的基本原则，没有从主体和客体社会历史发展的角度、必然与自由的相互关系及其演进的角度理解审美主体和审美客体，更不用说从上述角度出发去全面分析论述审美经验了。这不仅使其现象学美学理论缺乏应有的历史感和充实感，而且也由于没有坚实的现实基础而在解释审美之谜的过程中力不能支、功亏一篑了。

＊　＊　＊　＊　＊

现象学美学也像现象学哲学一样，自产生以来影响广泛、长盛不衰——它对后来的存在主义美学、结构主义美学、接受美学以及文学评论中的日内瓦学派和新批评派都产生了极为重要的影响。对于我们来说，我们更感兴趣的当然是从马克思主义的立场、观点、方法出发扬弃现象学美学，为发展和完善马克思主义美学增添活力。现在，不仅西方的现象学马克思主义研究方兴未艾，而且杜夫海纳本人在理论阐述过程中也多次表现出肯定马克思主义某些理论及心向往之的意向，这也许预示着我们的扬弃工作前景辉煌灿烂吧！

第十章　人本心理学美学

第一节　人本心理学美学的产生

人本心理学美学（Humanist Psychological Aesthetics）是以人本心理学为理论基础的重要的美学流派。人本心理学（Humanistic Psychology）于 20 世纪五六十年代兴起于美国，它是作为当时影响最大的心理学派别行为主义和精神分析学的对立面而出现的，因此又被称为"第三思潮"。人本心理学的代表人物马斯洛（A. H. Maslow）、奥尔波特（G. W. Allbort）、罗杰斯（C. R. Rogers）、梅伊（R. R. May）等人虽然都不是美学家，但他们都具有较好的艺术修养和美学修养，特别是与该学派的宗旨有关，他们十分注重研究人的动机、需要、情感、创造力、价值观、艺术观、审美活动等方面，使他们的心理学理论中包含着大量的美学内容，同时他们在心理学领域中所提出的许多范畴、命题、

原则、方法，对于美学文艺学也具有极其丰富的启示意义，从而晚近以来逐步形成了一个影响广泛、声势浩大的美学流派。

一、人本心理学美学产生的时代背景和哲学基础

人本心理学，顾名思义乃与发祥于欧洲文艺复兴时期的人道主义（humanism）有着显而易见的渊源关系。文艺复兴时期的人道主义以人为中心，强调人的权利，肯定人的价值，歌颂人情和人性，鼓吹人的欲望和需求的合理性，旨在反对黑暗中世纪基督教神学所宣扬的神权思想，以及禁锢人的健康情感和合理欲望的禁欲主义，从而成为新兴资产阶级反对封建制度和教会统治的思想武器。人本心理学在当代的历史条件下继承了西方哲学史上的人道主义传统，旨在对于第二次世界大战以来的西方"社会病"加以抨击。战后西方工业国家虽然经济发展迅速，社会物质生活水

平有了大幅度的增长，但其固有的症结不仅没有治愈，反而愈演愈烈，战争、失业、犯罪、吸毒、性病……像梦魇一样压抑着人的心灵，活画出一幅人类道德沦丧的黯淡图景。值此艰难时世，人本心理学家痛感人类的进步和幸福并不能依托于财富的积累、技术的先进和物质享受的满足之上，仍然应该到人心中去寻找驶向理想境界的方舟，从而有着重提人的价值、尊严和自我实现的必要。

人本心理学的出现也是对于西方当代文化中普遍存在的机械主义倾向的逆反，在西方当代这个加速理性化、彻底系统化的社会中，人被降格为巨大的社会机器的一个零件，人已不再被看做人，而只被看做统计学意义上失去了任何特征的平均化的人了，人必须靠机器编码来证明自己的存在，一旦丢掉了编码，人就什么都不是。这种机械主义的文化使人严重丧失了人性、人格和个性，从人走向非人。这一可悲的状况理所当然地引起了一部分具有远见卓识的思想家的忧虑和抵制，而人本心理学就是打着"把人作为人！"的旗帜登上历史舞台的。在这场反对机械主义文化潮流的思想斗争中，人本心理学从现代物理学的巨大进展中获得启示，20世纪以来的物理学从具体观点到理论体系都较之牛顿创立的经典物理学有了质的飞跃，同时在对于客观事实的观察方法上也有了重大的变更，即改变了过去那种将认识主体置于无能为力的被动地位，将认识对象视为完全排斥认识主体的主观因素的孤立存在的眼光，如海森堡的"测不准原理"和玻尔的"几率波"概念，就有力地昭示了在认识活动中认识主体的主观因素嵌入认识对象的可能性和必要性，正如海森堡所说的"量子论不容许对自然作完全客观的描述"，"我们所观测的不是自然的本身，而是由我们用来探索问题的方法所揭示的自然"，"所发生的事情依赖于我们观察它的方法，或者依赖于我们观测它这个事实"。[①] 而这一崭新的观念与人本心理学反对把人看成一部机器以及将人的主观经验的丰富内容作为心理学研究对象的主张正是完全吻合的。

在当代西方心理学的众多派别之中，人本心理学可以说是存在主义、现象学气息最浓厚的一派，以致有人直接称之为"存在——人本主义心理学"。存在主义主张把西方近代哲学中"我思故我在"的传统命题颠倒过来，变成"我在故我思"，以非理性主义的"在"取代理性主义的"思"而悬为整个世界的本原，他们所说的"在"或"存在"并不是指客观世界不依人的意志为转移的存在，而是指人的存在，是指人的那种以个人的情感、情绪、体验为中心的孤独的存在，它不为客观世界所决定，

---

① W. 海森堡：《物理学和哲学，现代科学中的革命》，商务印书馆，1984年，第62、24、18页。

恰恰相反，客观世界却为它所照亮，人只有通过个人在内省和直觉中取得的主观经验才能真正认识现实、把握真理，而那种力图对现实进行非个人的客观思考的做法，只能导致对现实的歪曲。存在主义还强调"存在先于本质"，指出人之不同于动植物之处就在于人能够进行自由选择，通过一次又一次的选择来确定自身的存在方式，而人选择了自身的存在，也就是选择了自己的本质，总之，人是一种自我选择、自我设计、自我规定、自我创造的存在物。现象学则与存在主义相辅而行，主张将整个现实世界放进"括号"之中加以"搁置"，即将其放在一边存而不论，而把人的心灵世界和观念意识作为一种自然呈现的现象来研究，并通过一种先验反思和神秘直觉来把握这种"纯粹现象"的本质，因此人始终是生活在这种主观性的现象世界之中，也只有凭借主观性的神秘直觉才能认识人的本质。至于人与认识对象的关系，则是"自我创造了非我"，即由人的主观意识构成了意识活动的对象。总之，存在主义和现象学认为传统哲学的一大失误就在于无视人的存在，只是抽象地探讨客观世界的本质、认识活动的本质以及人的本质。毋庸置辩，存在主义和现象学的这些思想唯心主义、神秘主义和非理性主义的色彩是非常浓厚的。然而旨在为人的价值、尊严和自由张目的人本心理学却从中找到了自己所需要的东西，当罗杰斯、罗洛·梅伊等人在克尔凯郭尔、海德格尔和胡塞尔的著作中寻得某种思想渊源的时候，他们简直是欣喜若狂！罗洛·梅伊指出，每个人都是此时此地的存在物，都有一种本能的需求，这种本能的需求促使他鼓起勇气，肯定和维护自我的存在，即使在压力、挑战、威胁、死亡面前也是这样，只有通过肯定和维护自我存在，他的生活才是有意义的。罗杰斯也指出，所有的人都生活在自己知觉的主观世界中，这个世界也只为他们自己所知晓，它是一种现象的实在，而不是物质的实在，正是这样一种现象的实在支配着人们的行为。存在主义和现象学的思想极为深刻地影响了人本心理学的理论，在马斯洛的"存在价值"说、罗杰斯的"现象场"理论和罗洛·梅伊关于"人所存在的三个世界"的理论中，都可以看出从存在主义和现象学脱胎而来的明显胎记，从而也不可避免地濡染了主观唯心主义、神秘主义和非理性主义的因素。

另外还需要特别地指出人本心理学与中国的佛教、禅宗特别是道家思想的渊源关系。到古代东方哲学中寻求某种启示，是当代西方思想界的一大时尚，人本心理学在这方面显的尤其突出。罗杰斯曾经有过到中国来旅行的经历，在6个月的旅途中他接触到了完全不同的文化，这对他的影响至为深远，他后来写道，"近年来我发现我确实十分赞赏佛教及禅宗使用的一些方法，尤其是生活在2500年前的中国哲学家老子的警句"，他特别欣赏老子的"无为"思想，认为"它道出了我们西方社会迄今尚未完全领悟的真理"。① 在罗杰斯的心理学理论中随处可见这一思想的痕迹。马斯洛虽然没有像罗杰斯那样直接感受古代东方文化的经历，但他对于道家思想的崇尚和吸取却更胜于罗杰斯，可以说是在人本心理学之中运用道家思想最纯熟、表述形式最貌似、最富于道家美学精神的一人。他说："'道的'意味着不干预，'任其自然'。道学不是一种放任哲学或疏忽哲学，不是拒绝给予帮助或关怀的哲学。"② 老庄有关"天人合一"的宇宙观、"无为而为"的政治观、"心斋"、"坐忘"的认识论、"至人"、"真人"的人格理想，以及原始乌托邦式的社会理想，都为马斯洛的心理学带来了极其深刻的影响，在他的需要层级说、自我实现说、高峰体验说和创造性学说之中，道家思想已经成了其中血肉相融的有机组成部分，特别是其中关于美和艺术的分析，对于道家思想有着更多的吸取和运用。然而不得不指出的是，由于时代的悬殊和文化的隔膜，马斯洛、罗杰斯等人对于中国道家思想的理解终究是不确切的，他们对于道家思想的具体运用也常常令人有隔靴搔痒、不得要领之感，可以说这是命中注定的，因为和大多数西方

当代思想家一样，他们从一开始就以"六经注我"的态度借这种古代东方的异端思想来表达自己对于当代西方的社会弊端的不满和抗议，至于注释得是否准确、合理，那就是另一回事了。

二、人本心理学美学与其他心理学流派之关系

人本心理学作为与精神分析学和行为主义心理学相对立的"第三思潮"，它的规定性就存在于它对前两种"思潮"的扬弃和对晚近的其他心理学派别的吸收之中。

弗洛伊德所开创的精神分析学是一种泛性主义的动力论心理学，它认为人的性本能是一种永恒的原动力，尽管人不一定都明确意识到，但它在人的一切活动中都起作用。据此，弗洛伊德把人格结构分为本我、自我、超我三个部分，"本我"即在无意识中涌动的性本能，它只受快感原则的支配；"自我"受现实原则的支配，在本我与社会环境的冲突中起调解作用；"超我"则是社会价值的内化，用以监视和压制本我的冲动。在这三个部分之间进行着无休止的冲突和斗争，而精神病就是过于不切实际的超我压抑本我所造成的激烈冲突的结果。精神分析学就旨在通过释梦、回忆、联想和交谈把无意识转化为意识，

---

① C. R. 罗杰斯：《我的人际关系哲学及其形成》，见马斯洛等：《人的潜能和价值》，华夏出版社，1987年，第125—126页。

② 马斯洛：《自我实现及其超越》，见《人的潜能和价值》，华夏出版社，1987年，第266页。

通过减少犯罪感和改变受压抑的本能冲动的方向，而使病人得到治疗。总之，精神分析学致力研究的只是精神病患者这类不健全的人，关注的只是动物性的性本能，而这种研究方法恰恰是人本心理学所不能同意的，马斯洛指出，"如果一个人只潜心研究精神错乱者、神经症患者、心理变态者、罪犯、越轨者和精神脆弱的人，那么他对人类的信心势必越来越小，他会变得越来越现实，尺度越放越低，对人的指望也越来越小"，[①] 因此他进一步指出，对畸形的人进行研究，只会产生畸形的心理学和哲学。

如果说精神分析学注重对研究对象进行主观分析的话，那么行为主义心理学则注重对研究对象进行客观的科学测定，如果说精神分析学把人的动机视为内在本能冲动驱策的结果的话，那么行为主义心理学则把人的动机视为外在环境影响的产物，因此对精神分析学而言，行为主义心理学是从一个极端走向了另一个极端。行为主义心理学受到巴甫洛夫心理学的深刻影响，按照"S→R"即"刺激→反应"这一公式来看待人的心理活动，着重研究人的外显行为，认为人格就是一切行为的总和，无视人的内部意识活动，把外部环境对心理活动的制约作用绝对化，行为主义心理学

的创始人 J. B. 华生说得明白："行为主义者把诸如感觉、认识、意向、欲望、目的甚至思想与感情等一切主观定义的词汇都从他的科学词典中剔除了出去。"[②] 与此相应，这一派别主张把人还原为无个性的"刺激→反应"单元，用科学的方法作出精确的定量分析。可见行为主义心理学存在着严重的机械主义、还原主义和原子主义的倾向。由此带来的严重的偏颇就是这一派别普遍把人降低到动物的水平，认为在心理学的视界中，人只是一个动物种类，与其他动物并无本质区别，华生说："我们在当时就像现在一样相信，人是一种动物，与其他动物的唯一区别在于他所表现出来的行为类型"；斯金纳说："我所能观察到的老鼠的行为与人的行为之间的唯一区别（除了在复杂程度上的巨大区别之外），只在言语行为方面。"[③] 这种观点同样是人本心理学所不能同意的，马斯洛认为，人与动物有着本质的不同，动物除了生理本能之外几乎别无所长，而人却不然，因此行为主义心理学的结论尽管可以适用于动物，但绝不适用于人类，把人看成完全消极被动、无法主宰自己命运的思想必将导致理论的狭隘性、片面化和谬误，他说："用动物来进行研究一开始就注定要忽视只有人

---

① 弗兰克·戈布尔：《第三思潮：马斯洛心理学》，上海译文出版社，1987年，第14页。
② 同上书，第5页。
③ 同上书，第7页。

类才有的那些能力，如殉道、自我牺牲、羞辱、爱情、幽默、艺术、美、良心、负疚、爱国、理想、诗情、哲学、音乐和科学。"① 这一见解显然构成了马斯洛的心理学理论特别富于美学气质的某种原因。

既反对精神分析学将病人作为研究对象，又反对行为主义心理学将动物作为研究对象，这一鲜明的态度和立场已经昭示了人本心理学的方法论原则，即以人为中心、以健康人为中心、最好是以杰出的人为中心的研究方法，马斯洛说"我的论点主张动机理论必须以人为中心，而不是以动物为中心"，"任何值得关注的动机理论除讨论有缺陷人的防御手段外，还必须讨论健康强健的人的最高能力。同时，还必须解释人类历史上最伟大最杰出人物所关心的全部最重要的事情。仅仅从患病者那里我们永远不会取得这种认识。我们还必须将注意力转向健康人。动机理论必须具有更积极的研究倾向。"② 从马斯洛对于历史上最伟大、最成功的思想家、政治家、科学家、哲学家和艺术家的研究兴趣以及从而获得的重要发现来看，他无疑是自始至终坚持自己的这一信念的。

但是如何在这一信念的引导下着手进行研究呢？这里就显示出人本心理学在学术上的兼容并包态度，它是在吸收和整合当时所有有成就的心理学派别的长处基础上形成自身的特色的。马斯洛明确主张，应该向每个人学习，拜每个人为师，他宣称从不参加任何狭隘的派别组织，拒绝关闭任何门户，在他所提及的对他产生重大影响的心理学家当中，包括荣格、阿德勒、弗洛姆、狄尔泰、韦特海默等人，当然也不排除弗洛伊德和华生。然而，在众多的心理学派别中，对于人本心理学研究方法的形成影响最大的，要数冯特的内省法、狄尔泰的整体论和韦特海默的完形论。出于对行为主义心理学就人的外显行为作纯客观化、数量化的"科学研究"的反感，人本心理学对于冯特的内省意识分析更容易生出知己之感，冯特所提出的"自我观察法"在近代实验心理学创建伊始便昭示了日后"向内转"的苗头，给了人本心理学莫大的启示。然而，冯特将人的意识分析为感觉元素的原子主义却一直受到一些心理学派别的攻讦，格式塔心理学在这场辩论中提出的异议尤为激烈，韦特海默指出，人的心理是一个整体，而作为整体便具备了孤立的元素所不具备的特性，总之整体不等于部分之和，整体大于部分之和。这一完形论的眼光也使人本心理学获益匪浅，但是韦特海默所说的整体性只是知觉的整体性而不是全部心理经验的整体性，

---

① 弗兰克·戈布尔：《第三思潮：马斯洛心理学》，上海译文出版社，1987年，第16页。
② 马斯洛：《动机与人格》，华夏出版社，1987年，第32、39页。

它还不足以说明心理学的人文科学内容，不足以解决在人文科学领域内心理学的特殊问题，而这一缺陷又为狄尔泰的整体论所补救。狄尔泰在韦特海默之先就提出了人的心理体验是一个完整的整体的看法，并从这整体出发谋求心理学通往社会生活的途径，从而他的心理学因其人文科学色彩而被称为"人文科学心理学"。狄尔泰整体论的人文科学倾向也为人本心理学所承袭，所不同的是，人本心理学开始用"人格"这一概念来表示人的心理体验的整体结构，并将其安放在全部理论的中心地位。这样，人本心理学便整合了当时心理学发展中所取得的各项成就，提炼出不同于精神分析学和行为主义心理学的研究方法和思想原则，向着更高的层次跃迁。这一发展在马斯洛的理论中得到了充分的显示。马斯洛指出，对于人格的研究有两种方法，一种是"还原—分析"法，一种是"整体—分析"法，而通过后一种方法所得到的认识较之前一种方法要有效得多，他采取的就是后一种方法。他宣称这种"整体动力学"的方法是整体论的而不是原子论的，是功能型的而不是分类型的，是能动的而不是静态的，是动力学的而不是因果式的，是目的论的而不是简单机械论的。然而他又进一步指出，应该将这种整体人格研究扩展到更广阔的精神领域中去，摆

脱以往心理学所坚持的客观性、技术性和实用性的限囿，把科学主义和人本主义结合起来。他指出："当代心理学因为过于实用主义，所以放弃了一些本来对于它关系重大的领域。众所周知，由于心理学专注于实用效果、技术和方法，而对于美、艺术、娱乐、嬉戏、惊异、敬畏、高兴、爱、愉快，以及其他'无用的'反应和终极体验很少有发言权，因而，对于艺术家、音乐家、诗人、小说家、人道主义者、鉴赏家、价值论者、神学研究者，或其他追求乐趣或终极目的的人也绝少有用或者根本无用。这等于指责心理学家对现代人贡献甚少，现代人最迫切需要一个自然主义或人本主义的目的或价值体系。"① 尤其值得注意的是，马斯洛认为，是否重视人的审美意识，乃是心理学能否做到科学主义和人本主义相结合，亦即能否取得现代进展的一个重要标志，他说："对于高级的复杂的人，审美体验的问题也同样重要。许多人的审美体验非常丰富，非常有价值，因此，他们会蔑视或者嘲笑任何一种否认或者忽视审美体验的心理学理论，无论这种忽视可能具有什么科学根据。科学必须解释所有现实，而不仅只是现实的已被穷尽的部分。审美反应的无实用性和无目标性，我们对它的动机一无所知的现状，这些事实只应该向我们指明我们的正统心理学的

---

① 马斯洛：《动机与人格》，华夏出版社，1987年，第151页。

贫乏。"①

通过以上对于人本心理学与其他心理学派别之关系的梳理可知，人本心理学美学作为当代西方美学中一个重要派别的出现，它的研究对象和范围的确定，它的理论特质、体系、方法、原则、范畴的铸成，乃是受到心理学发展的现代进程的推动，乃是诸心理学派别对峙与交融、分化与综合所得出的必然结论，它似乎代表着这样一种趋向，即马克思在《1844年经济学—哲学手稿》中所说的："正像关于人的科学将包括自然科学一样，自然科学往后也将包括关于人的科学：这将是一门科学。"②当然在人本心理学美学这里还仅仅是一种趋势，与马克思所构想的理想境界尚不可同日而语，但这一事实本身即已表明，在人本心理学美学中所取得的这一进展，其意义已经超出了单纯的心理学，也超出了单纯的美学。我们是否可以从中获得某种有益的启示呢？

第二节 人本心理学美学的理论体系

一、人本心理学美学的理论原则

关于人本心理学的理论体系，美国的人本心理学会曾发表过一篇纲领性的文件，概括了以下四个方面的要点：

（1）把注意的中心放在经验着的人的身上，因此在研究人时也把注意力集中在作为主要现象的经验上。对于经验本身及其对于人的意义来说，各种理论解释和外显行为都被认为是第二位的。

（2）把重点放在人类所特有的这样一些特性上，如选择性、创造性、价值观、自我实现，反对根据机械论的和还原论的观点来思考人类的问题。

（3）根据意义来选择研究问题和研究步骤；反对首先把重点放在客观性上而牺牲意义。

（4）主要是关心和重视人的价值和尊严，并对发展每个人的先天潜力感兴趣。

同时也有不少心理学家对人本心理学的理论体系进行了总结，有利于人们对这一问题作进一步的认识。美国人本心理学会第一届主席布根塔尔（Bugental）指出人本心理学的理论有以下六个要点：（1）对人类本性的正确理解不能只是根据研究动物的结果；（2）所选择的研究课题必须是对人类有意义的，而不是仅仅根据它们是否适合实验室的研究和数量化而作选择；（3）主要的注意力应集中于人的主观的内部经验，而不应放在外显行为的要素上；（4）应该承认所谓纯粹心理学和应用心理学的不断的相互影响；（5）应该重视单独的个案研究，而不是侧重团体的平均作业成绩；（6）应当探索可以扩大或丰富人的

---

① 马斯洛：《动机与人格》，华夏出版社，1987年，第280页。
② 马克思：《1844年经济学—哲学手稿》，人民出版社，1979年，第82页。

经验的那些东西。美国纽约大学心理学教授沙弗也就此提出了五个要点：（1）人本主义是现象学的或依据经验的，其出发点是意识经验；（2）它坚持人的整体性和不可分割；（3）承认人的有限存在，但坚持人保留着基本的自由和主动；（4）它的倾向是反对还原论的；（5）认为人性不可能完全限定，人格的发展是无限的。

以上从不同角度所得出的结论其实也概括了人本心理学美学的理论体系，包括它的本体论、认识论和方法论等方面的问题。总观人本心理学美学的理论体系，可知它存在着这样一些理论原则：

首先，尽管人本心理学美学也论及美、审美价值、艺术、艺术价值等概念并试图对这些概念下定义，但它的主要倾向不是客体研究而是主体研究，研究的重点仍然落实在审美经验之上，而且它是从现象学的框架出发看待人的主观经验的，认为人在本质上就是生活在作为现象而存在的主观经验之中，这种经验现象左右着人的行动。这就以特定的方式反映了当代西方美学的研究中心从美的本质向审美经验转移的大趋势。其次，人本心理学美学所研究的审美经验还有它的侧重点，它所关注的主要领域乃是价值、自主性、存在、自我、爱、创造性、同一性、生长、心理健康、有机体、自我实现、基本需要的满足等，简言之，就是审美动机、审美需要、审美意向、审美目的等问题，而这一切恰恰是近代以降审美心理学很少涉及甚至完全忽视的，因此它大大地拓宽了审美心理学的理论空间，充实了审美心理学的学科内容，而且预示了建立起一门审美心理动力学的可能性。再次，人本心理学美学所理解的审美经验是整体性、一体化的，无论是审美动机、审美需要、审美体验、审美意向，还是潜能和创造力，都处于自身内在诸层级，诸水平的有机联系之中，因此不能像尸体解剖一样将其肢解为零件和碎片，而应像对待活生生的生命体一样保存其自然状态，不能满足于对其作出机械性、定量化的分析，而应力求对其获得完整性、有机性的认识。由此可见人本心理学美学在当代西方美学中不同凡响、亦即高出于其他一些美学派别的地方，当代西方美学在研究方法上的主导倾向是以自下而上的经验主义代替德国古典美学以来传统的自上而下的思辨方法，即以孤立静止的分析方法代替整体性的综合方法，然而在人本心理学美学中却呈现了与此相反的趋势，不用说其中当然潜伏着某种新的动向。第四，人本心理学美学在当代西方美学中是比较富于人文科学气质的一派，它反对将审美经验视为自然性、形式化、数量化的东西，而主张对审美经验社会的、历史的、文化的属性进行确认，在社会、历史、文化的广阔背景前审视审美经验，不过这种社会、历史、文化因素终究是在人本心理学美学的现象学视界中得到确认的，所以不免带有抽象的性质。最后，人本心理学美学认为人的审美经验的发展和完善并非在某天早晨就完成的事，它有着无限发展的可能性，人的潜能是无限的，人的需要水平的提升是无限的，人所能达到的自由境界是无限的。因此在当代西方美学中，人本心理学美学是最富于理想主义和乐观主义的，但是由于这种美好的主观构想往往在冰冷顽硬的现实之岩上撞得粉碎，所以终究是一种乌托邦式的空想。

人本心理学美学的代表人物是阿伯拉罕·马斯洛。马斯洛（A. H. Maslow，1908—1970），当代最著名的心理学家之一，1967—1970年间曾任美国心理学学会主席，以其在人本心理学方面所取得的成就而有"人本心理学之父"之称。他的主要著作有：《动机与人格》（*Motivation and Personality*，1954）、《人性发展能够达到的境界》（*Further Reaches of Human Nature*，1971）等，在这些著作中，他提出了人本心理学美学的主要观点，构成了独树一帜的理论体系，对当代西方美学的发展做出了重大的贡献。[①]

二、审美需要论

研究人的需要的动机理论在马斯洛的理论体系中占有核心的地位。在马斯洛以前，关于动机的理论有两派意见相互对峙：一派意见认为，动机起因于生理上的缺乏，如排除饥渴和逃避危险的需要等，这种动机可以称为"缺乏性动机"；另一派意见则认为，某些动机起因于寻求刺激和获取满足的欲望，如对于探索、理解、创造、成就、游戏、美、艺术等的渴望，这些渴望（也可谓之欲望）并不完全以排除饥渴和危险为前提，表现为超出直接的生存和安全需要的丰富状态，因而可以称为"丰富性动机"。这两派意见坚持自己的理由各不相让，一直缺少一种强有力的理论将二者统一起来。然而，这一情况到马斯洛手中得到了改观，他完成了将缺乏性动机和丰富性动机统一起来的尝试，这就是他的"需要层级"说的提出。

马斯洛将人的需要区分出五种水平，从低级的需要到高级的需要排列为宝塔形的层级（见图1），它们依次是：

①生理需要。即对于食物、饮料、住所、性交、睡眠、氧气等的需要，这是维持人的生命的最起码的需要，因此在人的一切需要中，它是最优先的。只要这种需要还没有得到满足，人就不会考虑其他需要或把这些需要统统推到后面去。"对于一位极端饥饿的人来说，除了食物，没有别的兴趣，就是做梦也梦见食物"，"在这种极端情况下，写诗的愿望，对美国历史的兴趣，对一双新鞋的需要，则统统被忘记或退居第二位"。但是一旦这种生理需要得

---

① 以下行文中所引马斯洛的论述，均出自于上述著作，不再注出。

图1　马斯洛的需要层级说示意图

到满足，那么，它在当前情境中就显得不太重要了，另一种更高的需要就马上出现并要求得到满足。

②安全需要。一旦生理需要相对地满足了，就会出现一组新的安全需要，即在战争、疾病、自然灾害、罪犯的袭击、社会动乱等紧张状态中积极的动员力量，马斯洛认为："整个有机体是一个追求安全的机制，……接受器、效应器、智能和其他能量主要是寻求安全的工具。"而这种安全需要在不善于掩饰的儿童身上表现得尤为明显。

③爱和相属关系的需要。如果说以上两级是低级需要，为生物和人所共有的话，那么后面三级就是高级需要，只为一部分接近人类的动物和人所有。高级需要的第一个层次就是与朋友、妻子、孩子、同事等建立某种深情的关系的需要。马斯洛强

调指出，这种爱与性并不是同义的，"性可作为纯粹的生理需要来研究。爱的需要包括给别人的爱和接受别人的爱"。

④尊重的需要。这是希望自己有稳定、牢固的地位，希望别人的高度评价，自尊、自重，或为他人所尊重的需要，这一需要的满足使人产生自信的感情，觉得在这个世界上有价值、有实力、有能力、有用处。

⑤自我实现的需要。马斯洛在《存在心理学探索》一书中进一步将人的需要区分为匮乏性需要和成长性需要，将以上四种需要归入匮乏性需要，而将自我实现的需要界定为成长的需要。他指出，后者的产生有赖于前者的满足。所谓自我实现的需要，就是指促使人的潜力得以实现的趋势，即希望自己越来越成为所期望的人物，完成与自己能力相称的一切事情。他说："音乐家必须演奏音乐，画家必须绘画，诗人必须写诗，这样才会使他们感到最大的快乐。是什么样的角色就应该干什么样的事。我们把这种需要叫做自我实现。"

以后马斯洛又加进了两个需要层级，即认识和理解的需要与美的需要。所谓认识和理解的需要即人对于理解、组织、分析事物、使事物系统化的欲望，寻找诸事物之间的关系和意义的欲望，以及建立价值体系的欲望。所谓美的需要即人对于完善、秩序、对称、简洁、结构、闭合性、规律性等的需要。马斯洛指出，在人的身上，美的需要产生很大影响，丑会使人生

病，而美能使人更健康。对于美的热情几乎在所有健康儿童身上都有体现，也可以在所有文化、所有时期见出，甚至可以追溯到史前洞穴人时代。

这样，在马斯洛的理论中，生理需要、安全需要、爱和相属关系的需要、尊重的需要、认识和理解的需要、美的需要、自我实现的需要便构成了一个整然有序、循序渐进的需要层级系统。马斯洛指出，在这一系统中，各种需要的上升运动有自身的特殊规律：首先，在高一级的需要出现以前，低一级的需要必须得到适当的满足，一个人只有在生理需要得到满足以后，才谈得上安全的需要；在安全需要得到满足以后，才谈得上爱和相属关系的需要；……如此等等，而在所有的需要全都满足以后，才能上升到自我实现的需要。其次，尽管如此，人的需要的上升过程并非界限分明的逐层跳跃，即低一级的需要必须百分之百地得到满足，高一级的需要才会出现。这一上升过程更像波浪式的交替演进，即低一级的需要并不一定完全得到满足时，高一级的需要就已出现并且在起作用了。再次，需要层级的这一排列顺序并不僵固刻板，它甚至可能出现层级颠倒的情况，经常包含着许多例外，特别是具有创造天赋的人，其创造性的驱力似乎比其他任何因素更重要，他们的创造性可能不是由于基本需要满足后的自我实现，尽管缺乏基本需要的满足，但他们仍然能从事创造。更有甚者，那些具有高尚的理想、社会准则和价值观的人往往会成为殉道者，他们为了追求自己的理想和价值，甚至甘愿牺牲自己的一切。最后，历来的动机理论都把需要、动机和驱力看成是人们所讨厌并急欲摆脱的消极的东西，因此这一理论认为人们总是力图满足需要、消除驱力，缓解紧张以达到心理平衡，如精神分析学就认为冲动是危险的，必须将其引向其他方面使之得到发泄。然而这种理解只适用于匮乏性需要而绝不适用于成长性需要，就成长性需要占优势的人而言，他希望和欢迎更多的需要、动机和驱力，如果说它们构成了紧张的话，那么也是令人愉快的紧张，他并不谋求紧张的缓解，而是自觉地维持紧张甚至制造紧张以利于发挥潜能和实现自我，例如艺术家和创造者就是如此。

马斯洛的上述动机理论对于理解人的审美需要颇富启发意义。首先，从发生学的角度看审美需要的产生，无论就整个人类还是就个体人而言，都是建立在满足生理、安全等较为低级的需要的基础上的，这就从人的动机出发验证了"实用观念先于审美观念"这一结论的正确性，所谓"食必常饱，然后求美；衣必常暖，然而求丽；居必常安，然后求乐"① 的现象，可以在这一动机理论中得到更确切的说明。其次，诸层级需要交替演进甚至需要层级颠倒的情况昭示了探讨审美活动非功利性的新途径，尽管审美需要的产生以前面较低级的功利实用性需要的满足为必要前提，但是一旦这些低级需要得到满足，那么它在高级的审美需要中就显得不重要了。人们在欣赏着美的时候，往往并不去考虑它的实用价值，正如普列汉诺夫所说："一定的东西在原始人的眼中一旦获得了某种审美价值之后，他就力求仅仅为了这一价值去获得这些东西，而忘掉这些东西的价值的来源，甚至连想都不想一下。"② 原始人如此，文明人就更是这样了，他们甚至能够为了审美价值而牺牲实用价值，为了审美的考虑而抛弃功利的考虑，出现美学史、艺术史上的"伽利略现象"，无数的美学家、艺术家正是像伽利略那样怀着坚定的信念用自己的热血和生命去殉执著追求的审美理想的。这样来理解审美意识的非功利性问题，显然比康德的"审美非功利"说更少一些抽象性，更多一些历史感。再次，马斯洛将"美的需要"亦即人对于秩序、对称、完善、简洁等形式美的需要排列在"自我实现的需要"的前面较低一个层次，表明了他所理解的美之理想并非像

形式主义美学、唯美主义美学那样仅仅归结于形式美，而正如他自己所说的是在自我实现水平上所达到的"真善美的三位一体"，显示了他的美学思想的人文倾向，在当代西方美学中形式主义泛滥的情况下起着补偏救弊的作用。最后，马斯洛将审美活动和艺术创造的需要划归"自我实现的需要"这一最高层级，并视为"成长性需要"以与生理性、本能性的"匮乏性需要"相区别，表现了理想主义、乐观主义的积极倾向，对在当代美学中盛炽一时的精神分析美学是一帖有效的解毒剂。弗洛伊德把美和艺术的本质视为性欲冲动的升华，即被压抑的原始欲望的替代性的满足，认为"美的观念植根于性刺激的土壤之中"，"'美'和'吸引力'首先要归因于性的对象的原因"，就把美和艺术的层次压得很低，把人对美和艺术的需要归入了缓和生理紧张的"匮乏性需要"的水平，剔除了人的理想、希望和美德，而仅仅提供了心理中病态的一半。而马斯洛则以补充人的心理中那健康的一半为己任，他说："如果人类行为的动机只是被动地克服令人烦恼的紧张，如果缓和紧张的最终目的只是被动地等待更多的紧张的到来，再去克服它们的话，那么还谈得上什么变化、发展、运

---

① 《墨子佚文》。
② 普列汉诺夫：《论艺术》，三联书店，1964 年，第 125 页。

动、前进呢？人类还有什么必要去进步，让自己变得更富于智慧呢？又怎样谈得上对生命的热望呢？"他认为每一个人，甚至包括新生儿"都是有一种对健康的积极向往，一种希望发展，或希望人的各种潜力都得到实现的冲动"。现代心理学的研究成果证明，一个人所能实现的只是全部潜力的一小部分，人的潜力之大令人难以置信，人类的创造力可能是无限的。与人类充分发展的可能性相比，一般人差不多只处于半睡半醒的状态。如果人脑有一半有效地工作起来，我们就能毫不费力地学会 40 种语言，把百科全书从头到尾背下来，完成几十个大学的必修课程。① 很显然食色一类的匮乏性需要并不能促进人的这种充分发展。充分发展的人首要的一条就是必须忠实于他为之奋斗的价值。当一个艺术家为审美理想所感召而全身心地沉浸在美的创造之中，以至为之殚精竭虑、废寝忘食时，他是处于生命力的高涨和丰满状态，这也就是他把内在潜力有效地付诸实现的鲜明标志，其结果就是美的价值的创获，也是一个自我实现者的诞生。

三、艺术家论

马斯洛多次强调，对于有缺陷的人的研究只会产生有缺陷的心理学，而健全的心理学应该建立在对于健全的人的研究之上，最佳的选择则是对那些最正常、最健康、最杰出的自我实现者的研究，它必将为一门更具有普遍意义的心理学奠定基础。

关于自我实现者，马斯洛作了如下定义："自我实现也许可大到被描述为充分利用和开发天资、能力、潜能等。这样的人似乎在竭尽所能，使自己趋于完美。这使我们想到尼采的告诫：'成为你自己！'他们是一些已经走到，或者正在走向自己力所能及高度的人。"他将自我实现放在整个需要层次的顶端，乃是鉴于它与基本需要的一个重要区别，即基本需要的满足仅仅是自我实现的一个必要条件，自我实现意味着基本需要的满足再加上最起码的天才、能力和人性的丰富。因此，杰出的艺术家与杰出的思想家、哲学家、政治家、科学家一样，都是一个自我实现者。在马斯洛关于自我实现者的调查对象名单中，就赫然列着歌德、济慈、贝多芬、史蒂文森、惠特曼等人的名字。

马斯洛曾就大量的调查对象所提供的资料总结出自我实现者的 15 条特征：①对现实的更有效的洞察力和更加适意的关系，即能够准确地领悟现实；②对自我、他人和自然的接受纯真如童心；③行为自然流露；④以问题为中心，而不以自我为中心；⑤喜欢超然独立和离群独处；⑥对于文化和环境表现出独立自主性和意志自由；⑦欣赏的时时常新；⑧感受到一种神秘体

---

① 弗兰克·戈布尔：《第三思潮：马斯洛心理学》，上海译文出版社，1987 年，第 170 页。

验，即"视野无限的感觉，从未有过的更加有力但同时又更孤立无助的感觉，巨大的狂喜、惊奇、敬畏，以及失去时空感的感觉"，后来马斯洛又将这种神秘体验改称为"高峰体验"；⑨对人怀有很深的认同、同情和爱的社会感情；⑩具有特别深厚的人际关系；⑪具有显著的民主特点；⑫区分手段与目的，即把手段看成目的本身，能够比较纯粹地欣赏手段本身并从中享受到莫大的乐趣；⑬富于哲理性的，善意的幽默感；⑭富于创造性和独创性；⑮能够抵制文化适应，即内在地超脱于包围着他们的文化。最后，马斯洛也附带指出，金无足赤，人无完人，尽管自我实现者只占人类总数的极小比例，有如凤毛麟角，但是他们仍然是有缺点的，经常流露出一些诸如易怒、暴躁、乏味、自私、沮丧等弱点，因此对他们也不应抱有不切实际的幻想。

从以上所概括的种种特征的有关内容可知，马斯洛认为作为自我实现者的艺术家必须具备这样一些素质和能力：首先，他必须在艺术上具有异乎寻常的洞察力、预见性和感受力，他比一般人更敏捷更正确地看出隐藏和混淆在现实中的意义，他对于未来的预测其准确程度也总是较之常人更高，同时也比别人更为轻而易举地识别那些新颖、独特的东西，总之他以像儿童那样纯真无瑕、晶莹澄澈的目光来看世界，具有一双赫伯特·米德所说的"明净

的眼睛"，这也就是平常所说的卓越的鉴赏力和判断力。另外他也具有强烈的求知欲望，与已知事物相比，他更喜欢未知的事物，不仅能够容忍这些意义不明、结构涣散的事物，而且能够由此激发起钻研和追求的兴趣，正如爱因斯坦所说："我们能够体验的最美的事物是神秘的事物，它是一切艺术和科学的源泉。"同时他在那些杂乱无章、散漫不定、朦胧未明的状态中也表现出更强的整合能力。其次，作为自我实现者的艺术家在审美欣赏中表现出永无衰退的新鲜感、纯真感和率直感，他永远怀着敬畏、兴奋、好奇和狂喜，精神饱满、天真无邪地体验人生，对于他来说，"每一次日落都像第一次看见那样美妙，每一朵花都温馨馥郁，令人喜爱不已，甚至在他见过许多花以后也是这样。他所见到的第一千个婴儿，就像他见到的第一个一样，是一种令人惊叹的产物"。尽管他们的审美趣味互有出入，但他们在审美活动中所取得的喜悦、鼓舞和力量都绝非那种参加夜总会，或得到一大笔钱、或一次丰盛的宴会所带来的快感所能比的。这种欣赏体验乃是一种丧失自我、超越自我的体验，在专注于审美对象时进入一种忘我、献身的境界。再次，由于成长性需要是一种没有终极状态的连续、稳定地向上发展的过程，这时一个人得到的越多，他希望的也越多，所以在自我实现者那里手段和目的常常是相互分离的，而且那种不可致及的目标的

重要性常常相对地降低，而追求目标的过程却变成了自我实现的主要内容，于是出现了"只问耕耘，不问收获"的情况，手段上升为目的，行为转化为目标，这时手段和行为也失去了它机械的、刻板的甚至是艰辛的性质而变得富有趣味、欢乐和艺术性。马斯洛指出："他们较常人更有可能纯粹地欣赏'做'的本身，他们常常既能够享受'到达'的乐趣，又能够欣赏'前往'本身的愉快。他们有时还可能将最为平常机械的活动变成一场具有内在欢乐的游戏、舞蹈或戏剧。"惟其如此，许许多多艺术家才能在艰难困苦甚至贫病交加的境况中披肝沥胆、呕心沥血地从事伟大的创造，甚至到了乐此不疲、虽九死而犹未悔的地步。最后，所有的艺术家也一无例外地表现出非凡的创造力和独创性，"创造者"也可以说是艺术家的代称。但是马斯洛进一步指出，这种自我实现型的创造力与莫扎特那种先天禀赋型的创造力不一样，因为这种被先天赋予的冲动和能力与人格的其他部分关系甚微，它不取决于心理健康和基本需要的满足，因此是人们所不理解的东西，不在人格理论讨论的范围之内。而自我实现者的创造力则表现为一种与生俱来的推动心理发展和需要增长的潜力，大多数人随着对社会的适应而逐渐泯灭了这种潜力，而艺术家却始终保持了这种以新奇、单纯、率真的眼光看待世界的方式，因此能够获得重大的建树。与此相应，马

斯洛也认为天才并非完全由先天获致，它也必须依靠后天的勤奋，伟大的艺术家必须同时也是一个勤奋的人，他说："灵感一角钱就可以买一打。但是，从灵感到托尔斯泰的《战争与和平》这样的最终产品之间还需要大量艰苦的工作，严格的自律以及大量的训练……能导致产生实际作品，如伟大的绘画、小说、桥梁、新发明等的那种创造，既依赖于创造的个性，又依赖于其他品质——如执著、耐心、勤奋等。"由此可见，注重人的后天心理发展的自我实现理论使马斯洛对于艺术家的创造力和天才形成了比较现实的眼光。

马斯洛还总结出趋向自我实现的八条途径，与艺术家相关的有这样几条，其一，充分地、活跃地、无我地体验生活，全身心地专注于这种体验而忘怀一切，忘记了伪装、拘谨和畏缩，甚至彻底地献身于此；其二，把生活设想为一系列的选择过程，然而每次选择都有前进与倒退、成长与畏缩之分，做出成长、前进而不是畏避、倒退的选择就是趋向自我实现的运动，他必须使自己的每一次选择都成为成长的、前进的选择，因此自我实现是一个连续进行的过程；其三，具有独立的艺术见解，倾听自己审美趣味的声音，对于别人的意见不附和、不盲从，有勇气表达自己的真实看法，甚至敢于与众不同，宁愿成为不受欢迎的人；其四，自我实现不只是一种结局状态，而且是在随时随地点点滴滴地实

现个人潜能的过程，"自我实现不是某一伟大时刻的问题。并不是说，在星期四下午4时，当号角吹响的时候，你就永远地、完完全全地步入万神殿了。自我实现是一个程度问题，是许多次微小进展一点一点积累起来的。"因此自我实现并不是一件十分遥远而不可企及的事，而是使人通过学习更好地发挥自己聪明才智的过程，它意味着必须经历一个艰苦、勤奋的准备阶段。总之自我实现就是指努力做好自己想做的事，只想担当二流角色的人不会找到通向自我实现的正确途径，处处要求自己成为第一流的人才有希望获得巨大的成功。

马斯洛上述关于自我实现者的理论对于研究艺术家以及培养和促进艺术家的创造精神无疑具有很大的启发意义。首先，在当代西方美学众多派别关于艺术家问题的理论中，马斯洛比较全面地从人格理论的角度探讨了艺术家的审美心理结构。黑格尔曾经指出，艺术家必须具备许多条件，具备各种素质和能力，他要靠"生活的富裕"，要"看得多，听得多，而且记得多"，既要有"常醒的理解力"，又要有"深厚的心胸和灌注生气的情感"，要"熟悉人的内心生活"，还要加上熟练的创作技巧。[①]以此衡量下来，当代西方美学中关于艺术家的许多理论显然存在着片面化、绝对化的弊病，它们或是对艺术家的某些素质和能力作了错误的理解，或是抓住一点不及其余，将这一点无限地加以夸大和吹嘘，在这方面马斯洛的理论显然是略高一筹的。尤其是他反对对艺术家的禀赋、天才和灵感作先验论或超验论的理解，而强调勤奋学习和艰苦磨炼的作用，对于针砭时弊显然更富有现实意义。其次，马斯洛对于艺术家独立的艺术见解的提倡不仅出于对艺术创作规律和艺术欣赏规律的确认和把握，而且也是对当代西方艺术不健康的倾向有感而发，具有现实的针对性。他指出，现在艺术界已被一小群舆论和趣味的操纵者所把持，他们以为可以将自己的趣味强加给别人，而大多数人也不能做到自出心裁，以我为法，例如在画廊里一幅令人费解的绘画作品前，很少能听到观赏者的非议，对于超现实主义和达达主义的音乐舞蹈，人们虽然觉得怪诞离奇，但也只是存而不论，没有人公开表达自己的意见。马斯洛认为这种害怕承担责任的畏缩性选择是不明智的，它将严重妨碍人们走向自我实现。再次，将自我实现理解为一个连续不断的过程而不是一个某时某刻便能到达的终点，注重达到目的的手段而不过分强调借助一定手段所达到的目的，这一思想富于辩证法因素，它指出了艺术家的创作道路是一个由低向高不断发展而且永无止境的过程，没有一蹴而就的成功，也没有无法超越的

---

① 黑格尔：《美学》第1卷，商务印书馆，1979年，第三章，C。

境界,一切都在向上攀援的努力之中,这就是说,自我实现的正确途径在于"努力做好自己要做的事"。这些思想对于激发艺术家的事业心、进取心和社会责任感来说其主导方面无疑是积极的,在当代西方艺术领域中社会责任感日益淡漠,审美理想日益低落甚至艺术家的职业道德日益沦丧的情况下尤显其进步意义。当然这里面内含着存在主义的观念,也是不能不细加辨析的。

四、审美体验论

马斯洛在谈到自我实现者时曾指出,感受到一种强烈的"神秘体验"是自我实现者的一大特征,后来他又把这种神秘体验改称为"高峰体验"。所谓"高峰体验",即一个人在各种需要都得到满足,处于最佳状态时所产生的奇妙、完美而又激动人心的体验,它是转瞬即逝的无比强烈的幸福感,或者是一种欣喜若狂、如痴如醉、欢快至极的感觉,这时人摆脱了一切怀疑、恐惧、压抑、紧张和怯懦,而沉浸在一片纯净而完善的幸福之中,他的自我意识也悄然而逝,感到自己与整个世界已经完美地融为一体,他也感到自己似乎已经揭开了遮掩着知识的重重帷幕,而窥见了终极的真理、事物的本质和生活的奥秘,总之,他似乎突然升到了天堂,到达了为之长期努力奋斗的目的地,进入了尽善尽美的境界。与其他所有最健全最有代表性的人一样,艺术家、创造者和欣赏者都曾经经历过这一生中最欣喜、最幸福、最完美的时刻。

马斯洛指出了高峰体验具有 16 条特征:①处于高峰体验中的人有一种比其他任何时候都更加整合如统一、完整、浑然一体的自我感觉;②当他更加纯粹地获得自身的整体协同时,他也更能与外部世界,与以前非我的东西相互融合;③这时人感到处于自身力量的顶峰,正在最有效最充分地发挥着自己的潜能;④他是在一种得心应手、驾轻就熟的状态中发挥着自己的力量,实现着自己的潜能,一改以往苦苦挣扎、疲于奔命的窘况;⑤处于高峰体验中的人比其他任何时候更富有责任心,更富有主动精神和创造力,更加感到自己是自身行动和感知的中心;⑥他最大限度地摆脱了阻滞、抑制、谨小慎微、畏惧、疑虑、控制、自责、制动;⑦他在行动时更具有自发性和纯真性,即正直、天真、诚实、公正、坦率、童真、朴实、无防备、无防御;⑧他能以道家那种顺应自然的方式进行创造;⑨他还达到了充分的个性化;⑩他也最大程度地摆脱了过去的陈规陋习和未来的空洞构想的干扰,最富于此时此地之感,最接近全在的人;⑪他已不完全是受世界法则支配的尘世之物,更多的是一种纯粹的精神,就内在精神规律和外在现实规律而言,他更受前者而不是后者的支配;⑫他的行为表现出非努力、非需要、非欲求的性质,一切皆自然而然,不期而至，而且源源不断、不绝如缕；⑬表达和交流常常富有诗意，带有一种神秘与狂喜的色彩，这种诗意的语言仿佛是表达这种存在状态的一种自然而然的语言，这时人似乎变得更像诗人和艺术家；⑭这时人的行为处于这种情况，即彻底的释放，宣泄无遗，倾泻一空，爽然若释，登峰造极，大功告成，完美极致等；⑮他处于一种由最高的存在价值所引起的欢悦；⑯这时他有一种承蒙神恩、三生有幸的特殊感怀。

马斯洛还进一步总结了高峰体验形成的规律：经历过高峰体验的人都是健康正常的人；高峰经验都是自然产生的，绝非迷信，它属于人的知识范围，绝非彼岸世界的神秘，因此完全可以对它进行科学的研究；高峰体验具有普遍性，可以在不同的人身上出现；导致高峰体验的产生有许许多多根源，这些根源也许就埋伏在平凡的日常生活之中。不管导致高峰体验的根源是什么，产生高峰体验的是谁，但是主现感受却彼此相似，所有的高峰体验都有同样的结构。高峰体验不是主观意志的产物，它是不期而至的，突如其来的；高峰体验也意味着主体与客体、人与自然、我与物的相互契合和往复交流；高峰体验并非永驻不变，而是转瞬即逝的。高峰体验最终是一种"大同意识"，它昭示了人类向往的"大同世界"绝不是梦想，它就在每一个人身边。

马斯洛所谈的高峰体验在很大程度上就是审美体验，因为他更多地从审美活动和艺术活动中去寻求产生高峰体验的根源，而他所描述的人人都有切身体会的这种完满、沉醉而又激越的感受本身无疑就带有审美的性质，因此在这一问题上也能比较集中地反映出马斯洛美学思想的倾向和特质。首先，他认为高峰体验并非艺术家和欣赏者的特权和专利，普普通通的平常人也能产生这种神奇的感受，一个家庭主妇在阳光明媚的厨房里为丈夫和孩子准备早餐时为一股不可遏止的爱笼罩了整个心灵，她会产生高峰体验；一个医学院学生靠在爵士乐队里演奏谋生，当他演奏得十分成功时，他也会获得高峰体验；一个女主人顺利举办一次宴会后，想到度过了一个十分愉快的夜晚时，也进入了高峰体验。而且马斯洛还认为，由于在不同人身上所产生的高峰体验结构完全相同，人同此心，心同此理，因此一个女人在生下孩子时的一瞬间所产生的狂喜心情与艺术家在灵感降临时所感受到的审美冲动和创造激情并无二致，陶醉在贝多芬第九交响曲的柔板中的听众与手持橄榄球冲向底线的运动员如出一辙。他说："艺术家和家庭主妇之间并非相去甚远，他们不仅生活在同一世界上，而且有时会产生共同的语言和共同的体验。"马斯洛这一思想的长处是改变了当代西方美学中普遍存在的贵族化倾向，即把审美活动和艺术创作活动视为一部分天才、超人的特权而将广大群众拒之门外的做法，或者将文艺作品供奉于象牙塔之中仅供少数人赏玩的做法，马斯洛确认每一个人都有发生审美体验的可能，都有进行审美活动的权利，从而不同的人都能在审美和艺术的领域中达到彼此同情、相互理解，这无疑具有民主性和进步性。然而这一思想的缺陷也是明显的，那就是将审美体验大大地泛化了，以至于丧失了它自身的特殊性和固有的界限，从而使之显得过于稀松平常，显得过于廉价，而他将审美体验的某些特性如完成感、释放感简单比拟为日常生活中的生理现象，与吸空的乳房、泻空的前列腺、畅快的排便、大放悲声的哀痛所获得的快感相提并论，则更是难免庸俗化之嫌了。

其次，马斯洛对于高峰体验的研究在一定程度上也揭示了灵感产生的奥秘。他指出高峰体验的涌现是无法预料的，人们期待着它的出现但无法预计它什么时候出现，人们通过各种途径去招邀它但无法保证哪一条途径就能奏效，鉴于这种情况，他主张不要直接在高峰体验本身下工夫，而是把它视为一种副产品和副现象，通过长期的积累、思索、学习和训练自然而然地获致它，这样就很有必要采取像道家那样听其自然、不加干涉的态度，放弃那种控制欲、操纵欲和支配感，使自己处于最容易进入这种体验的良好精神状态。很有

意义的是，马斯洛批评了那种将高峰体验的不可言喻性过分夸大的做法，指出"不可言喻"的真实含义是"不能以理性的、逻辑的、抽象的、可以表述的、可以分析的、意义确切的语言来传达和交流"，然而这并不符合实际情况。他认为如果做到这样两点，那么人们就完全可以谈论、描述和交流这类体验，即其一，交流双方都曾经有过这样的体验；其二，双方都能够用诗一般形象的语言来交谈。总之，虽然人心相互隔绝，彼此感到孤独，但毕竟可以通过思想交流而填平那道将人与人无情地隔离开来的巨大鸿沟。马斯洛的这一思想对于理解审美活动和艺术创作中的灵感现象具有深刻的启示意义，他确认灵感的特殊性，但指出了灵感又不是不可理解的，强调了灵感的理性基础，扯开了一些美学理论刻意披在这一问题上面的神秘外衣，批评了它们将灵感问题引向非理性主义歧途的做法，这是非常及时也非常必要的。黑格尔曾经指出：灵感"它不是别的，就是完全沉浸在主题里，不到把它表现为完满的艺术形象时绝不肯罢休的那种情况"，人们不应该指望那些古怪的刺激灵感的方法，而"应该从外来材料中抓到真正有艺术意义的东西，并且使对象在他心里变成有生命的东西。在这种情形之下，天才的灵感就不会自招而来了。"[1] 马斯洛的有关

---

① 黑格尔：《美学》第1卷，商务印书馆，1979年，第365页。

思想与黑格尔的这些论述恰相一致，当然马斯洛在灵感理论中谋求沟通人孤独的心灵的途径，借此对当代西方社会中冷漠的人际关系开具治世的药方，这就不是黑格尔所能梦见了。

再次，马斯洛也指出了在高峰体验中人的心理结构与客观世界的结构之间存在着异质同型的关系，这一关系使得审美活动成为可能，这里可以看出他受格式塔心理学的影响，但与格式塔心理学又不尽相同，后者仅仅确认人的知觉结构与对象的形式结构的同型，而马斯洛则把这一同型关系推向人的整个心理领域和整个世界的结构，从而确认这二者有可能以此为桥梁而相互冥契和往复交流，他说："一个善良、真诚、美好的人比其他人更能体会到存在于外界中的真、善、美。同样，如果我们自己具有统一谐和的心理状态，那我们就能比较容易觉察到世界的统一性。"另一方面，"外界反过来也要对感知者产生影响。世界愈谐和、美好、公正，它便愈能使人也变得如此"。对于马斯洛的这一思想还必须作进一步的理解，那就是它表述了一种存在主义的美学观，马斯洛继承了海德格尔关于"此在"派生出世界的思想、胡塞尔关于事物的存在与存在者不可分离的思想、特别是萨特关于"自在"与"自为"之关系的思想，提出了在高峰体验中

感知者必须与被感知的对象相互契合相互匹配的思想。萨特认为，客观世界只是一种"自在"，而"自在"是一个巨大的虚无，它混沌一片，没有任何存在的原因目的和必然性，也没有任何秩序、和谐和美，它仅仅表现为"是其所是"，即现在所是的样子。而无所谓过去和未来。而人的意识、人的自我则是一种"自为"，它处在不息的流动之中，不断地否定自己，同时也不断地否定虚无，并从而将"自在"展现为世界，这就是说，客观世界的结构、意义、秩序，包括真、善、美，统统都是自为的意识所赋予的，他说，真、善、美可称为"不存在的自在"，[①] 只有在它们与"自为"即人的意识相结合时，才成为一种"存在"。因此，在"存在"的意义上可以说，"自在"与"自为"密不可分，审美对象与审美者密不可分，没有审美者就没有审美对象，没有审美对象也就没有审美者，而这二者的统一就是存在，也就是自由。马斯洛接受了这一思想，连表述都是萨特式的了："在高峰体验中，'是什么样'与'应当怎么样'已合二为一，没有任何差异和矛盾。感知到是什么，同时就应该是什么。"毫无疑问，一旦破译了这种绕口令式的文字表述，就可以清楚地看到，马斯洛对于高峰体验中人的审美心理结构与客观世界美的结构之间的同型关系的构想其核

---

① 萨特：《存在与虚无》，巴黎版，1957年，第133页。

心乃是一种存在主义式的主观唯心论。

五、艺术创作论

在马斯洛看来，创造性是自我实现者的又一特征，而这一特征本身，就是值得专门讨论的重要问题。他指出，在创造性被激发起来的时候，自我实现者忘记了自己的过去和未来，只生活在此时此刻，他完全沉浸于眼前的情形而忘记了时空和自我，摆脱了社会和历史的限制。在这时他会发生这样一些情况：①抛弃过去，即摆脱过去的经验、习惯、知识、规矩、法则的限制；②抛弃未来，即不把现在仅仅视为获得某种未来结果的手段，不因替未来做准备而贬低现在；③纯真，即像儿童一样在感知、理解和行为上表现得襟怀坦白，光明磊落，质朴率真，无偏无私；④缩小意识范围，即摆脱了他人的影响，找到了真正的自我，没有任何做作的必要，从而能够集中精力解决问题；⑤自我的遗忘，自我与自我意识的丧失，即不再像一个旁观者那样观察自己，而在纯粹的自我体验中达到忘我的境界；⑥对自我意识力量的抑制；⑦恐惧、忧虑、冲突、懊丧归于消失，充满了信心和勇气；⑧防御和戒备的减弱；⑨顽强、独立、自信、自傲、性格的力量等都得到了充分的表现；⑩积极的接受态度，即抛弃那种否定、反对或挑挑拣拣的接受态度；⑪对未知世界表现出高度的信赖而不是人为的控制、掌握和支配；⑫道家式的接受，即在接受、认知时采取

"任其自然"、"无为而为"的态度；⑬整个人趋于统一和整合，从而创造也是系统化、整体性的；⑭无意识和前意识的原发过程的恢复；⑮在心理活动中表现为审美和感悟而非抽象的论理；⑯最大程度的自发性，即以自发的、本能般的、不假思索、不加努力的方式进行创造；⑰充分表现出独特性；⑱人与世界的融合。马斯洛在具体论列以上种种情况时涉及了艺术创作中的无意识问题、思维定式问题、灵感与直觉问题、风格和个性问题、艺术创作无目的的合目的性问题，以及艺术创作与科学认识的区别问题等，都卓有见识。

马斯洛还进一步探讨了创造性的内在机制，他指出，人格是由三个层次构成的，第一层是原发过程，即弗洛伊德称之为"伊特（id）"的本能冲动；第二层是二级过程，即对原发过程加以检视的冷静思维；第三层是整合过程，即把以上两种过程恰到好处地融合起来的过程。与此相应，人的创造力也分为三级，即原初的创造力、二级创造力和整合的创造力。原初的创造力即凭着本能冲动所进行的创造，马斯洛认为这种创造力并不能创造出伟大的艺术作品，顶多创造出狂热的爵士乐和孩子式即兴而作的画；二级创造力即依靠长期训练、自我批评、艰苦劳动以及完美的规范而进行的创造，马斯洛认为这种创造力产生出世界上大部分的产品，包括大部分艺术作品；整合的创造力即以良好的融合或

交替的方式自然而然、合理完满地运用上述两种过程的创造力，伟大的、非凡的艺术作品就出自这种整合的创造力。最后马斯洛还强调指出，谈论创造性问题首先必须注意的是人格而不是其成就，成就只不过是人格放射出来的副现象而已，"文品即人品"，血管里流出的总是血，水管里流出的总是水，因而对于人格来说，成就只是第二位的。而马斯洛所推重的人格则是那种趋向整合的人，这种人能更好地将前二级过程转化为高级而广泛的统一体，在艺术创造中表现出大胆、自信、果敢、自由、自发性等的特征。

从以上扼要介绍的内容以及马斯洛的具体论述可以见出人本心理学美学关于艺术创作的理论有这样几个值得注意的方面：

首先，与高峰体验理论一样，马斯洛的创造力理论也存在着一个泛化的问题，他认为创造性并非艺术家独家专有的特权，家庭妇女在处理家务上能表现出创造性，医生在诊疗过程中能表现出创造性，运动员在表演擒拿格斗动作时也能表现出创造性，因此"创造性"这一概念不仅可以用于诗歌、小说和绘画，而且可以用于鞋匠、木匠、职员的产品，不仅可以用于一般产品，而且可以用于人的语言、行动和态度。他认为创造性属于人类全体成员，正如每一个人都有胳膊、腿、脑、眼睛一样，它以胚胎的形式存在于人的体内，问题在于如何用鼓励、促进的方法使这种胚胎形式

的东西变成实际存在的东西。这些观点用比较极端的方式否定了德国古典美学之后盛行起来的尼采式的天才理论，给陷于苦闷彷徨之中的当代西方人带来一丝慰藉和希望，使他们看到进取向上的一线生机，然而这种艺术创造的通俗性、大众性是以牺牲其本身的特殊性的代价而换取得来的。

其次，马斯洛关于创造者抛弃过去、抛弃未来以及缩小意识范围的思想乃是对创造性作了存在主义的规定，其核心就是把创造者视为一种既摆脱了过去经验的拘囿，又摆脱了未来构想的限制，也摆脱了社会和历史的影响而只是生活在此时此刻此境的"此在"，他认为这正是创造力勃发的最佳状态，这一思想显然是从存在主义哲学家海德格尔那里承袭而来的。海德格尔把人的存在提高到本体理论的水平来认识，认为人是一种特殊的存在，他称之为"此在（dasein）"。"此在"有两个基本特征，一是具体性，这就是说"此在"不是一种类型或样本，它是单一的，不可重复、不可替代的，它是我的，因此它不像类型性、一般性的东西可以听人摆布，而是可以自我选择、自我设计、自我创造，它是完全自由的；一是非预成性，这就是说"此在"没有任何预成的本质，它不被任何东西预先所限定，它是在自己的存在中取得规定、取得本质的，对它来说，存在先于本质。因此"此在"只与它自身的存在有关，只对它自身的存在说话，它通过自

己把存在显示出来，在这个意义上可以说，"此在"是人窥见存在的窗户，存在的光亮是通过"此在"放射出来的，"此在"笼罩在存在的澄明之中。这样，在本体论的意义上"此在"比其他所有的在者地位更高，同时"此在"之光也源源不断地照射到其他在者的身上，表现为一种开展性。马斯洛继承和改造了海德格尔的这一思想，意在通过对"此在"的确认提高创造性和创造力的地位。同时他在创造性问题中还强调人的素质比人所创造的产品更重要，他说，"我也强调过自我实现创造性的表现或存在的品质，而不是强调其解决问题或制造产品的性质。自我实现的创造性是'放射到'或散发到或投射到整个生活中的，正如一个振奋的人没有目的地、没有谋划地，甚至也不是有意地'放射出'兴奋一样，它像阳光照射一样，它传播到各个地方"，因此创造性必须定义为"实现最完全的人性，或实现这个人的'存在'"。马斯洛在创造性问题上从存在主义出发强调人的重要性更胜于物的做法显然反映了一种对当代西方世界中普遍存在的异化现象的逆反心理。

再次，马斯洛关于创造力三层次的划分直接脱胎于弗洛伊德，弗洛伊德把无意识称为"原发过程"，把意识称为"继发过程"（"二级过程"），但是在他的学说中，原发过程只是一种反常的、病态的现象，即本能的冲动，继发过程则是一种概念活动，表现为清醒的逻辑思维，这二者始终处于相互对抗和冲突之中，而创造力则产生于原发过程逃避继发过程的检查而借助一定伪装相变地宣泄本能冲动的努力之中，弗洛伊德称之为"升华"，而文艺创作就是一种"升华"。这样，无论原发过程还是继发过程都带有消极的性质，相应地文艺创作也是消极的。马斯洛借鉴弗洛伊德的区分方法，但公开宣称对弗氏的理论主旨持有异议。马斯洛认为，原发过程并非像弗洛伊德学说所描绘的那样危险，它往往并不是被强制压抑在潜意识之中，而是被遗忘在潜意识之中的，而在富足的社会中对它的遏制也是宽松的。同时把原发过程完全看成病态、反常的东西也是错误的，它是创造的源泉，是一切欢乐、热爱和能力的源泉，一旦完全取消了原发过程的作用，那么人就将变得平庸、僵硬、冷漠、拘谨，他的想象、直觉、感情就将全都被歪曲甚至扼杀。因此他指出，在减轻对原初过程的压抑并将它有机地整合到意识中去的问题上还有许多事情可做，艺术、诗歌、舞蹈的教育，在这方面是大有可为的。马斯洛的创造性理论与弗洛伊德的最大区别在于他对二级过程的积极意义的充分肯定，表现了一种鲜明的理性主义倾向，他认为伟大的作品不仅要靠直觉、意象、灵感，而且要靠思索、磨炼、劳作、批评，"继自发性之后是深思熟虑；继完全认可之后是批评；继直觉之后而来的是严密的思维；

继大胆之后而来的是谨慎；继幻想和想象之后而来的是现实的考虑。这时，这样一些问题就出现了：'这是实际情况吗?''这能被其他人理解吗?''它的结构是健全的吗?''它能经受得住逻辑的考验吗?''我能够证实它吗?'等等。这时，推测之后的冷静思维、比较、判断、评价、选择或拒绝的时刻就到了。"他把弗洛伊德的创造性理论称为"幻想主义"的，而把自己的这一见解称为"实际主义"的，指出以后者取代前者意味着"必要的灵感或高峰体验的被动性和感受性，现在就必须让位给主动性、控制以及艰苦劳动了"。马斯洛与弗洛伊德的又一不同之处就是他在原发创造力和二级创造力之上又增添了"整合创造力"的层次，这一层次在弗洛伊德的理论中是没有的，马斯洛将这一层次界定为最高境界，认为只有靠它才能创造出最伟大最卓越的作品，因此创造性理论必须日益增强对于这一层次的重视。这是完全符合艺术创作的实际情况的，艺术创作是一种复杂的精神生产，既不应完全排斥其中自发的天才、灵感、直觉以及潜意识的作用，又不应绝然否定理智、认知、思维等理性因素的意义，它是情感与理智、感性与理性、天才与勤奋的完美统一，否定或排斥了其中的任何一个方面，艺术创作都将是残缺不全的，起码也达不到一流水平。马

斯洛的这一思想也得到了现代创造学的印证，美国创造学家 S. 阿瑞提也把创造力分为原发的、继发的和三级的这三个层次，指出没有继发过程的原发性创造不会为社会所接受，顶多产生二三流的作品；没有原发过程的继发性创造只是一种逻辑论证和概念演绎，也产生不了上乘之作；只有暂时重新回到原发过程，离开通常的思维轨道而开掘更大的可能性，然后再折返继发过程加以思考、比较、评判、筛选和提炼，亦即在三级过程中得到完美的整合，这才能产生堪称一流的作品，文学艺术史上众多的第一流作品都是这种三级创造力的产物。[①] 由此可见，马斯洛的创造理论在当代西方美学中是一种得到普遍肯定的观点。

六、审美价值论

马斯洛在他的后期著作中提出了"存在价值"的概念，他也称之为"超越性需要"、"发展的需要"或"后需要"，以与"匮乏性需要"、"基本需要"相区别。他声称"存在价值"一词是在经历了长期探索以后终于找到的，他感到这一概念在众多不同的描述方式中是最贴切、最实用的一种描述，它恰当地概括了在艺术、宗教、科学、教育等不同领域内某种共同的东西，当然这种共同的东西已经脱离了低级的、匮乏的领域而进入了存在的、超越的领域，

---

① 阿瑞提：《创造的秘密》，辽宁人民出版社，1987年，第1章。

只能用存在语言来谈论。

马斯洛进一步指出了存在价值所包含的以下14个方面（见图2）：

①完整（统一，整合，一元的趋向，相互关联，单纯，组织化，结构，两极对立的超越，秩序）；

②完善（必要，正确，恰到好处，必然，合适，正义，完全，"应该"）；

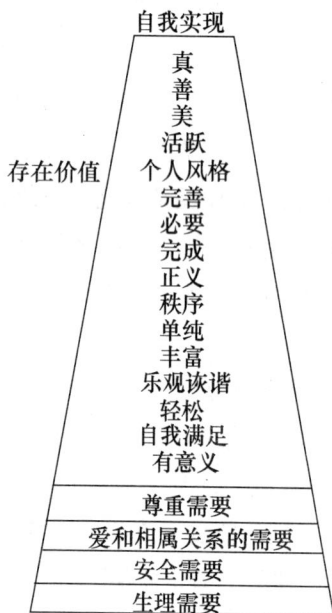

图2　马斯洛的存在价值说示意图

③完成（结束，终结，公正，"完成了"，实现，结尾与终端，定数，命运）；

④正义（公平，秩序，合法，"应该"）；

⑤活跃（过程，不沉寂性，自发，自律，充分作用）；

⑥丰富（差异，复杂，错综）；

⑦单纯（诚实，坦白，要素，抽象，本质，骨架结构）；

⑧美（正确，形式，活跃，单纯，丰富，完整，完善，完成，独特，诚实）；

⑨善（正确，合意，应该，公正，仁慈，诚实）；

⑩独特（独特性，个人风格，无可比拟性，新奇）；

⑪轻松（自如，不紧张，奋斗或困难，优雅，完善，美的作用）；

⑫乐观诙谐（玩笑，高兴，逗趣，欢乐，幽默，生气勃勃，轻松自在）；

⑬真实，诚恳，现实（坦白，单纯，丰富，应该，美，纯洁，干净，不掺假，完全，重实质）；

⑭自我满足（自动，独立，随遇而安，自己决定，超越环境，分离，按自身规律生活）。

马斯洛指出，以上种种存在价值处于同一水平，彼此之间并无等级之分，而且它们是相互关联，不可分割的，要给其中的某一个下定义就得用上其他几个，它们的内涵是相互交叉的，或者说它们原本就是融为一体的。因此存在价值的获得意味着人在各方面都超越了两极化而达到了完美的统一，这就包括内在需求与外在需求的统一。即自然需求与责任感、义务感的统一，"我意欲"与"我必须"的统一；工作与娱乐的统一，他的工作就是娱乐，他的娱乐也就是工作；目的与手段的统一；

内在价值与存在价值的统一，即人的生理、心理特征，包括体质、气质、能力和内在需要与存在价值的统一；自我与非自我的统一，即自我与外部世界、他人的统一；人与自然的统一，即在同型关系基础上人是自然的一部分，自然也是人的一部分等。

在这里马斯洛对审美价值形成了特有的看法，首先是一种整体观，因为所有的存在价值都处于同一水准，而且处于一种整体联系之中，某一种存在价值可以用其他的存在价值来完满地说明，或者说一种存在价值换一个角度看就是另一种存在价值，所以对于审美价值也应作是观。马斯洛指出："要给真下一个充分的完全的定义，就得这样说：真是美、善、完美、公正、单纯、有序、合法、生动、易解、一致、超越分歧、松弛、愉悦。美的完满定义是：真、善、完美、生动、单纯等。"对于审美价值的这一界定表现了一种理论上的宽容态度和整体眼光，其内涵的丰富程度甚至超过了"真善美三位一体"这一柏拉图式的古老命题，特别是在当代西方美学中主观派仅仅把审美价值局限于诉诸某一种审美经验（如直觉、知觉、快感、情感、潜意识等）、客观派仅仅把审美价值归结为某一种形式结构（如平衡、对称、和谐、完形等）的情况下，确实很难找到这样全面、完整的美的定义。这一定义的更

深刻意义在于，它揭示了审美价值并不是一个单纯的心理学问题或形式美问题，而是广泛联系着社会、历史、文化的内容，是在社会、历史、文化的基础上所达到的合目的性与合规律性的统一，这无疑是有积极意义的。但是对此也不宜肯定得过了头，因为在这里马斯洛所说的真、善、美等仍然是一种存在主义的界定，在他看来，审美价值即存在价值，这是一种终极价值，也就是存在主义所追求的自由，这种自由是容他的而不是排他的，是开放性的而不是封闭性的，它既可以通过这一行动的途径达到，又可以通过那一行动的途径达到，不受必然性的约束，正如美国的存在主义哲学家 J. D. 怀尔德所说："如果我不能真正说我可以用另外的办法来行动，那我就没有自由地完成某一行动。"[①] 因此这种自由实际上是脱离了必然性、脱离了客观规律的一种主观设定和任意构想，与此相应，马斯洛对于审美价值这一终极价值的界定也不能避免主观主义、相对主义和非理性主义的弊病。

其次是成长观，存在价值作为一种终极价值，在一般人来说并不是一蹴而就的，而是逐渐成长起来的，审美价值亦然。一方面这种超越性需要必须建基于基本需要之上，否则整个塔顶就会倒塌；另一方面尽管基本需要的满足是这种超越性需要的

---

① J. D. 怀尔德：《存在和自由世界》，1963年，英文版，第127页。

必要条件，但是还远未构成它的充分条件，从基本需要的满足到超越性需要的提出尚有着遥远的距离，能够在这段路程中艰苦跋涉最终到达光辉顶点的人必须具备许多条件，其中最重要的一条就是能够为某一事业、号召、使命或工作上下求索、奋斗不息的献身精神，在艺术、宗教、科学、教育等领域内的存在价值所包含的某种共同的东西归根结底就是这点精神。这样，在不同的层级或水平上，人的价值观念就大异其趣，在最低级的基本需要层级上，人的价值观念表现为急需、渴求和驱动；在顺着需要层级向上升迁时，就表现为意欲、愿望、选择和要求；到了超越性需要这一最高层级时，就表现为向往、献身、追求、钟爱、景慕、赞美、尊敬、沉迷、入胜等。至于如何促使人的价值观念从较低水准向较高水准上升，这里艺术教育和审美教育就大有可为了。因此马斯洛的人本心理学作为一种成长心理学在本质上又是一种审美教育学，它对于人如何上升到审美价值的层次，如何成为一个"审美的人"所提出的具体构想、原则、范畴、方法对于美育问题具有深刻的启示意义。当然他把审美价值的最终获致归结为人的自身潜能的发挥，而无视人的社会实践活动培养和激发人的潜能的根本意义，因此他的美育思想难免要滑向先验论和神秘论的方面去。

再次是社会改良观，马斯洛认为人类性本善而不是性本恶，人生来就是真善美的追求者，他在需要层级上的逐级攀登是本能的，但是不同的人最终所到达的境界大相径庭，问题在于社会环境，社会环境决定着一个人能在需要层级上攀登多高，他反对弗洛伊德认为人类与社会始终相互冲突的观点，主张对社会进行精心设计以使人最大限度地达到自我实现。他的具体措施就是建立一个"心理学上的乌托邦"。在《动机与人格》一书的结尾，马斯洛宣称"在理论上建立一个心理学乌托邦一直是我的乐趣"，他说如果把一千户精神健康的家庭搬到一个他们能决定自己命运的荒岛上，就能建立起这种理想的完善境界，他把这一心理学乌托邦称为"理想精神国"（Eupsychia），这个词析义为：Eu＝理想、健全，psych＝精神、心理，ia＝国家，因此这个"理想精神国"乃是人人心理健康、精神优美的国度。那么，在这一国度里将发展出一种什么样的文化呢？马斯洛认为他对其中的某些事情尤其是经济情况还说不准，但他可以肯定这是一个高度无政府主义的群体，一种自由放任但是充满爱的感情的文化，在这种文化中，人们自由选择的机会将大大超出现存的社会，人们的愿望将受到比现存社会中更大的尊重，人们将不像现在这样互相干扰，这样随便将自己的宗教信仰、人生观以及在衣、食、艺术或异性方面的趣味强加给别人，总之，这时人们将表现出极大的宽容，尊重和满足他人的愿望，允许别人进行自由选择，在这样的环境中，人性的最深层次能够自己毫不费力地显露出来。这一"理想精神国"也就是人们能够最充分地寻找到自身的存在价值的国度，一种真善美高度统一的国度。由此可见，马斯洛并没有把自己的理论局限在美学或心理学的范围内，而是力图将其应用于实际社会生活之中，对此他自己也是确认的，他在逝世前曾说过，他的理论似乎比在实验室里得来的东西更符合真实生活。B. R. 赫根汉也指出："我们同意：在实验室和真实生活这两个场所中，真实生活才是他的理论的真正用武之地。"[①] 正因为如此，马斯洛才受到西方的某些偏狭观点的攻讦，一些批评者指责他把伦理观念和逻辑学相混淆，因此他在本质上只是一个社会改革者而不是一个客观的科学家。这种指责显然是没有道理的，无论是心理学还是美学，最终都不能脱离实际的社会生活，都不应以脱离现实生活为标准，它们最终都必须服务于实际社会生活、对实际社会生活起作用。问题只是在于，马斯洛将他在小范围的个体心理研究中所总结出来的人的心理发展模式扩大为全社会整个人类发展的模式，而排斥了包括生产力和生产关系在内的经济运动的根本决定作用，因此这一模式的实际应用性其实是极为有限的。另外最不切合实际

的就是他对于所谓"心理学乌托邦"的构想，尽管这一构想反映了在当今西方资本主义世界中人们厌弃恶浊现实和向往世外桃源的普遍社会心理，但它重复了近代以来无数玄想者反复提出但从未实现过的改良社会的空想，因此这一使人最大限度地获得存在价值和审美价值的设想注定是要落空的。

第三节　人本心理学美学与道家美学

一、人本心理学美学与道家美学比较的基础

马斯洛经常将自我实现者所达到的存在价值和所获得的高峰体验称为"道"或"道的"，将自我实现者的精神状态称为"道家式的"，一再引述老庄的言论并奉为警策，可见他受道家思想陶染之深，这同时也说明人本心理学美学与中国的道家美学有着非常深刻的渊源关系。

为什么人本心理学美学能够跨越时空的差距和文化的隔膜在道家美学中寻得某种渊源呢？其原因乃在于这两者有许多方面确实存在着共性。首先，二者都具有某种人道主义的倾向。促使人本心理学理论特质形成的一个重要原因就是当今西方社会中普遍存在的异化现象，人受到物的压迫和戕害，人变成非人，人降低到物的水平，这激起了人本心理学力图使人回到人

---

① B. R. 赫根汉：《人格心理学》，作家出版社、海南出版社，1988 年，第 420 页。

本身，高扬人的潜能、价值、意志、理想等的强烈愿望，把人从物甚至还不如物的可悲境地中解救出来。据回忆，1941 年 12 月 7 日日军偷袭珍珠港，太平洋战争爆发改变了马斯洛的生活方式，由于年龄太大，不能从戎，他转而决心贡献毕生精力去寻找一种"为和平会议桌所用的心理学"，这就是人本心理学，他说，"我想证明人类有能力完成比战争、偏见、仇恨更美好的东西"，"我要使科学开始考虑迄今为止一直不是科学家所处理的问题——如宗教、诗歌、价值观、哲学和艺术"。① 老庄所持的则是一种古代素朴的人道主义或原始人道主义，他主要针对新生的封建制度取代奴隶制度这一天崩地裂的时代无可避免的残暴杀戮、疯狂掠夺、阴险狡诈和腐化堕落现象而提出了强烈的抗议，在那个"争地以战，杀人盈野；争城以战，杀人盈城"（《孟子·离娄上》）的年代里，不仅大众百姓不被看做人，就是"杀人之士民，兼人之土地，以养吾私"（《庄子·徐无鬼》）的统治者，也"人为物役"而泯灭了自己的本性，从人走向非人了。对于这种人与物之关系颠倒淆乱的状况，庄子感到莫大的悲哀，他对那种"以物易其性"（《庄子·骈拇》）、"丧己于物"（《庄子·缮性》）、

"危生弃身以殉物"（《庄子·寓言》）的畸形现象表示痛心疾首，而竭力主张"物物而不为物所物"（《庄子·山木》）、"不以物害己"（《庄子·秋水》）、"不以物挫志"（《庄子·天地》），② 呼吁人恢复和返回自己的本性，而且与人本心理学一样，庄子也强调人的本性在于精神的自由发展。

其次，人本心理学美学和道家美学对现实生活其实都采取介入、参与和干预的态度。正如马斯洛所自许和别人所评价，他的理论应用于现实生活比应用于实验室更合适，他本人被称为社会改革家比称为客观的科学家更合适，他关于精心设计一个使人充分获得自我实现、达到存在价值的社会环境的思想，他关于乌托邦式的"理想精神国"的构想等，都是这种介入生活，干预现实倾向的表现，而他设想在"理想精神国"中推行的一整套管理方法亦即"尤赛琴（Eupsychian）管理法"已经广泛适用于西方的企业管理，并正向整个社会的管理机构推广，正像弗兰克·戈布尔所指出："尤赛琴管理方法适用于整个社会，而不仅仅是工业。"③ 而道家学说从根本上说也是一种介入学说、参与学说，无论老子还是庄子，都没有也不可能真正忘情世事、超绝现实，关于这一点马斯洛是

---

① 弗兰克·戈布尔：《第三思潮：马斯洛心理学》，上海译文出版社，1987 年，第 11 页。

② 一般认为《庄子》"内篇"为庄子所作，"外篇"、"杂篇"为庄子后学所作，但因后者与前者思想基本一致，故仍认为是庄子的思想，下同。

③ 弗兰克·戈布尔：《第三思潮：马斯洛心理学》，上海译文出版社，1987 年，第 110 页。

瞅得非常准确的，他称"道学不是一种放任哲学或疏忽哲学，不是拒绝给予帮助或关怀的哲学"，这是符合道家学说的实际情况的。尽管道家反对儒家那种孜孜以求、追逐外物，知其不可而为之的做法，主张无为、守雌、尚柔、外身，但最终无为是为了无不为，守雌是为了知雄，柔弱乃所以胜刚强，外身乃所以存身，后者才是目的、宗旨，前者不过是手段、方法，因此虽然道家在所有事物相互对立的矛盾面中总是取阴柔、虚无的一面，但其瞩意于社会功利、政治效益的根本态度则与儒家并无二致，只是途径、手段不同而已。正因为如此，所以有人将道家学说视为统治者治理国家的谋略和手段："道家者流，盖出于史官，历记成败、存亡、祸福、古今之道，然后知秉要执本，清虚自守，卑弱以自持，此君人南面之术也。"① 在长期的封建社会中，道家的这种柔之胜刚、弱之胜强的思想确曾被统治者用作争权夺利、治民固国和巩固自身地位的重要方略和基本原则。

再次，在学术思想上，人本心理学美学和道家美学都是作为某种通行的或正统的思想的批判者而出现的。人本心理学作为现代心理学中的"第三思潮"，本身就包含着反潮流的意思，它旨在反对精神分析学过分夸大人的病态心理的错误倾向，也

反对行为主义把人等同于动物或机械的片面主张，而力主将科学的结论建筑在对于健康人特别是杰出的人的研究之上，肯定了人类发挥潜能、实现价值的无限可能性，同时也扭转了那种将文艺视为某种原始冲动所驱使而产生的升华物或象征物，或将审美视为"刺激—反应"式的机械反映活动的流行观念，把审美活动和文艺创作理解为在人发挥自己的潜能、实现自身价值过程中逐步完善并在自我实现的自由之境中最终完成的超越性需要，在当代西方美学中具有重大的变革意义。道家学说则是作为儒家学说的"异端"而出现的，它主要针对儒家学说过于强调伦理、事功、有为，以致不惜牺牲个人的人性、情感和意志自由的偏执，而充分肯定人伸张自己的个性、根据个人意志进行自由选择以及自由地抒发个人情感的必要性，这就在美学上引起了一场重大的演变，从儒家把美消融在群体伦理政治关系中加以确认（"尽善尽美"）走向把美贯穿在个体生命运动规律中加以肯定（"法天贵真"），从儒家要求以理智限制情感以达到一种"中和"的心理状态（"乐而不淫，哀而不伤"）走向一种纯任情感的自然律动和想象的自由翱翔（"任其性命之情"、"心有天游"），从儒家强调伦理道德观念在文艺创作中的主导作用（"思无邪"）走向主张尊重审美心理的

---

① 《汉书·艺文志》。

内在规律以上升到艺术创造的自由之境（"依乎天理"、"因其固然"），从而较之儒家学说更富于一种纯粹的审美气质和艺术气质，这一重要转捩使得中国古典美学"伦理—审美"型的基本结构的铸成成为可能。

最后，在方法论上，人本心理学美学和道家美学都坚持一种整体观、运动观和发展观。人本心理学作为精神分析学和行为主义心理学的对立面，它反对后者对人所作的那种孤立、片面、静止的理解，马斯洛多次公开批评那种原子论的研究方法，指出应该把人作为一个整体和系统来研究，确认"整体大于部分之和"的原则，他的"需要层级说"、"自我实现说"、"高峰体验说"、"存在价值说"和创造性理论都始终贯穿了在运动、变化、发展中看待人的思想，同时他也令人信服地指出人的发展是无可限量、未有尽期的。在对于人的理解上，道家学说与人本心理学也有许多相似之处，它认为人的本性就是"道"的体现，而"道"就是"一"，就是"全"，就是"混沌"，并无有无、是非、生死、存亡之分，一旦人为地加以分开，就是对人性的破坏和毁伤，要到达与道同体、随道俱化的理想人格，就必须让人在毫无外力干预的情况下按其本性去活动和发展。庄子曾构想了一个人格发展的层级，这个层级极易使人联想到马斯洛的"需要层级"。庄子曰："吾犹告而守之，三日而后能外天下；

已外天下矣，吾又守之，七日而后能外物；已外物矣，吾又守之，九日而后能外生；已外生矣，而后能朝彻；朝彻，而后能见独；见独，而后能无古今；无古今，而后能入于不生不死。"（《庄子·大宗师》）贯穿在这整个心灵历程始终的就是运动、变化、发展的思想，而在这一历程的顶端，就是心境清明澄彻，与道合一的人格极致，即"圣人"、"真人"、"神人"的最高境界。马斯洛所说的"自我实现的人"那种绝对、无限的境界，与两千多年前我国古代庄子的人格发展的层级思想是十分的相似。

尽管人本心理学美学和道家美学具有以上诸多方面的共性，但由于二者不同的社会环境、文化背景和哲学基础，所以从根本上说二者终究是大异其趣的。

二、关于美的本质

在马斯洛的著作中，找不到对于美的本质的直接界定，他对于这一问题的理解包含在有关需要层级、自我实现、高峰体验、创造性等问题的论述之中，其中又以存在价值理论中的表述最为充分。如上所述，马斯洛认为，存在价值是由真、善、美以及丰富、全面、单纯、圆满、独特、轻松等14个方面组成的整然一体的终极价值，它不能被还原为其中任何一个方面，也不能从它之中将任何一个方面分割出去，它作为一种普遍、共同的最高价值存在于文学、艺术、宗教、科学、教育等各个领域之中，存在价值所包含的这14个方面处在同一水平上，并无优劣高下之分，它们之间的整体联系使得其中某一个概念在本质上也就是另一个概念。对于这样一种最高的终极价值，马斯洛起初有些吃不准该如何称呼它，他曾一度称之为"老庄的'道'"。他还指出，对于这种"道"的把握，应采取"无为"的态度："道家'无为'的观念表达了我力求表达的论点，即感知可以是一无所求的而不是有所需求的，是静观的而不是主动的，在体验面前它可以是谦卑退让的，从不横加干预，它被动接受而不是主动占有，任凭感知对象保持其自身状态。"因此自我实现者"应该更具有道家精神"，"更少产生要去打扰，触动和改变美好的对象的冲动，愿意让它如其本然地存在。应该有的冲动就是凝视它、审视它，而非改变它或利用它"。这里马斯洛所说的"存在价值"也就是审美价值，从中表明了他对于美的本质问题的基本观点：一是真善美合理完满的统一；二是合规律性，即让事物在毫无外力强加干预的情况下按照其本性自由地发展；三是合目的性，即不把最终目的的实现看成外在于事物发展规律之外的东西，不在事物发展的规律之外寻求别的什么目的，把这一规律的充分体现就看成目的本身，他说，对审美对象采取道家式的"任其自然"的态度就意味着"它是被作为目的来对待的，它就是它，而不是达到某种目的的手段或者说是达到某种外在目标的工具"。这就是

说，将目的内在于事物发展的规律之中并在此基础上求得这两者的统一。基于这样一些观点，马斯洛与远在两千多年以前的老庄声气相通就有着某种必然性了。与儒家将美的本质纳入伦理道德规范之中加以理解恰相扞格，道家将美的本质凝结在无形无为但无所不在、无所不有的"道"之中加以确认，在道家看来，作为世界和宇宙最高本体的"道"，其本身就是真善美三位一体，任何事物只要"得道"，那就既是真又是善也是美，老子说："天得一以清，地得一以宁，神得一以灵，谷得一以盈，万物得一以生，侯王得一以为天下贞。"（《老子》第三十九章）在老子这里所说的"一"亦即"道"中，真、善、美三者也是无差等的，它们也是天衣无缝地共存于同一个整体之中，在它们之上并无更高的终极价值，同时"道"或"一"也不能被简单还原为其中的某一个方面。这就与儒家把美视为外在于善、从属于善、依附于善，念念不忘把美还原为善的做法大相径庭了，在"道"的最高水平上，美即是它自身，又是真和善，而不只是善的表现、形式、外观了，这一认识有力地促使美回到了它的本真地位。然而道家对于美的本质的确认终究是为了促使人向自身本质的回归，具体途径就是师法"道"那种自然无为的特性，进入自由的境界。庄子说："吾师乎！吾师乎！万物而不为义，泽及万世而不为仁，长于上古而不为老，覆载天地

刻雕众形而不为巧。此所以游已。"（《庄子·大宗师》）在庄子看来，"道"之真之善之美都在并不刻意追逐和标榜"义"、"仁"、"老"、"巧"等外在名分的自然无为状态之中实现的，完全是"道"本身合规律性的运动的结果，这种顺应规律的自然无为的本性也就是"天地有大美"的根本原因，这也是人所应效法的最高楷模。同时庄子认为，"道"的合乎规律的运动又无不趋向最高的目的，人的目的的最终实现有赖于规律的充分发挥作用，也有待于人对于规律的充分尊重、顺应和把握，他说："若夫不刻意而高，无仁义而修，无功名而治，无江海而闲，不道引而寿，无不忘也，无不有也，澹然无极而众美从之。此天地之道，圣人之德也。"（《庄子·刻意》）这种既合规律性又合目的性的自由境界的到达也就是理想人格的实现和人向自身天然本性的复归。

由此可见，人本心理学美学和道家美学都把美的本质理解为真善美的统一、合规律性与合目的性的统一，然而如何理解这两个"统一"，人本心理学美学和道家美学又各有宗旨，马斯洛对于这一问题的存在主义和现象学的界定并非老庄所说的"道"之本义所能涵盖，老庄对于这一问题的论述处处透露出反拨儒家伦理主义美学的弦外之音，这又并非马斯洛所说的"存在价值"所能囊括。

三、关于美感

在对于美感问题的认识上，人本心理学美学似乎也在道家美学中找到了某种启示。在谈到高峰体验时，马斯洛声称自己的发现与道家更吻合，远远超过其他任何宗教神秘主义，他指出，没有任何一种途径能够确保产生高峰体验，但如果抱有"道家那种对万事万物听其自然、不加干涉的态度时，你们便处于最易于形成这种体验的精神状态"。

细说起来，马斯洛所理解的美感包括以下几个方面，而这些方面都与道家美学有关。首先，他认为美感是一种无古无今、忘物忘己的静观，他指出，在高峰体验中，人摆脱了过去和未来，具有最强的此时此地之感，成为一种"全在的人"；他已不受外在世界法则的支配，而更偏于纯粹的精神；同时就其内在精神而言，他又是没有需要、没有愿望、没有匮乏的，什么也不缺少，所有方面都得到了满足。总之"他能够从道家那种顺应自然方式……来造成自己的认识和行为"。这种静观的精神状态也就是老子所说的"涤除玄览"、"虚静"的境界，老子说："涤除玄览，能无疵乎？"（《老子》第十章）"致虚极，守静笃。万物并作，吾以观复。"（《老子》第十六章）这就是说，人只有清除杂念，才能静观远照；而要达到对于最高本体"道"的观照，则必须保持完全虚寂清静的心境。至于如何做到这一点，庄子作了进一步的具体说明，提出了"心斋"、"坐忘"的命题："若一志，无听之以耳而听之以心，无听之以心而听之以气。听止于耳，心止于符。气也者，虚而待物者也。惟道集虚，虚者，心斋也。"（《庄子·人间世》）"堕肢体，黜聪明，离形去知，同于大通，此谓坐忘。"（《庄子·大宗师》）概观庄子所论，他对于审美观照的认识包含了这样一些内容：其一，审美观照是充分调动五官感觉作用的形象直观，但仅止于此是不够的，"无听之以耳而听之以心"，对于"道"的把握还必须依靠"心"，亦即依靠理智，审美观照乃是一种内涵着理性的形象直观。其二，在审美观照范畴内的理性既不是概念化的纯粹理性，又不是功利性的实践理性，而是一种非思理、超功利的直观的理性，因此仅止于一般意义上的"心"仍是不够的，"无听之以心而听之以气"。这里所说的"气"并非老子在本体论意义上所说的"精气"的"气"，而是指"心"的活动所到达的精纯之境，或者说就是高度修养所得到的空灵明觉之"心"，[①] 审美观照就是用这种无概念、非功利的理性直观自然无为地应接万物。其三，这种理性直观本身也不是人为地致达的，所谓"堕肢体"即忘却自己形体的存在，所谓"黜聪明"即忘记了自己精神的活动，总之是从精神到肉体统统归之于"忘"，这也就是庄子在别处所

说的"忘己"、"吾丧我"的意思，这里所说的"忘"并非遗忘、忘记，而正是十分准确地揭示了审美观照超越主观心理必然规律的和谐感、自由感和解放感。总之，老庄所确认的美感也是一种忘乎天、忘乎物、忘乎己的自由的理性直观，这也就是马斯洛有关论述之所本。

其次，马斯洛认为美感是在主客同型同构关系基础上所达到的一种冥契默合。他指出，处于高峰体验中的人更能与整个世界、与外在于他的东西达到一种非常和谐的融合，他借用宗教哲学家马丁·布伯的说法把这种主客一体的融合称为"'我—你'一元关系"。马丁·布伯把人生分为"我—它"、"我—你"两个领域，当人处于"我—它"关系中时，他与别人以及别的事物相互外在，他把别人以及别的事物当做工具来使用；当人处于"我—你"关系中时，他把别人以及别的事物当成自己的生命，并把自己的一切无条件地奉献出来。在马斯洛看来，审美关系就是一种"我—你"关系，欣赏者总是与欣赏对象融为一体，他把这种状况称为"东方人的自我超越、自我消失、摈弃自我意识和自我观照、与世界相融、达到天人合一、物我一体"，于是又追溯到了老庄。老庄宇宙观的根本立足点是"道"，在他们看来，"道"是"天地之母"，是世界万物的本原，世界万

① 陈鼓应：《庄子今注今译·人间世》，中华书局，1983年。

物都是由"道"繁衍而来，于是主与客、物与我都是"道"的派生物，天道与人道、物理与人情就不相乖违，就具备了相通相同的基点，正是在这个意义上，庄子说："天与人不相胜也"（《庄子·大宗师》），"天地与我并生，万物与我为一"（《庄子·齐物论》）。老庄所推崇的这种主客一体、物我交融的境界从根本上说就是审美的境界，因为在这里主与客、我与物并非像理性认识或功利实践那样相互对峙相互扞格，而是在和谐协调的情感观照中自由自在地往复周流，在庄子所谓"与物为春"（《庄子·德充符》）、"万物复情"（《庄子·天地》）、"与之为悦"（《庄子·则阳》）、"乘物以游心"（《庄子·人间世》）、"独与天地精神往来，而不敖倪于万物"（《庄子·天下》）、"与天和者，谓之天乐"（《庄子·天道》）等说法中，正可体味出审美情感的强烈律动。由此可见马斯洛及其主客同型说祖述于老庄并不是没有道理的。

再次，马斯洛认为美感是一种无利害，非实用的审美反应，这是从他的"需要层级"说所达到的一个必然的结论，高峰体验作为在最高层级上所产生的体验，那些低级的功利性、实用性需要对它就失去作用、毫无意义，它在本质上就成为非努力、非需要、非欲求的了。马斯洛指出，在这时人所产生的神秘、敬畏、愉快、惊异、赞赏等体验都带有审美的性质，它是被动性的、无偏执的，也不是手段性的，并不引起对象的实际变化，有如音乐的效果，使人沉浸其中。因此他针对正统心理学对"审美反应的无实用性和无目标性"一无所知的贫乏状况明确指出："被动地、无偏见地感知一个现象的多面性是审美感知的一个特点。"在谈到这一问题时，马斯洛仍然一再追溯到道家学说。庄子确实经常论及那种无利害、超功利、非实用的精神境界，将其推为最高的人格理想，他说："死生存亡，穷达贫富，贤与不肖毁誉，饥渴寒暑，是事之变，命之行也。日夜相代乎前，而知不能规乎其始者也。故不足以滑和，不可入于灵府。"（《庄子·德充符》）他所说的"安时而处顺，哀乐不能入也"（《庄子·养生主》），"不乐寿，不哀夭，不荣通，不丑穷"（《庄子·天地》），"知其不可奈何而安之若命"（《庄子·人间世》）等也是同样意思。这就把饥渴、生死、存亡、贫富、穷通、毁誉等马斯洛所说的"基本需要"置之度外，摆脱其限制和束缚而进入自由之境，庄子用素朴的语言描绘了人在这种无限自由之境中的特殊体验："使之和豫通而不失于兑；使日夜无郤而与物为春，是接而生时于心者也。"（《庄子·德充符》）就是说这时人整个沉浸在欢快愉悦之中，心灵随物所在而洋溢着融融春意，心与物与时推移而永存和谐的感应。这是一种审美的体验。

尽管马斯洛在美感问题上时时到道家美学中去寻求启示，二者在这一问题上也确有相通之处，但其认识从根本上说又是截然不同的。马斯洛强调审美观照忘古忘今，忘己忘物的特点意在肯定那种弃绝社会历史影响，通过自我选择自我设计而与"存在"合一的"此在"，道家强调审美观照忘怀一切的特点则意在肯定那种介乎纯粹理性与实践理性之间而澄怀悟"道"的直观的理性；马斯洛所说美感的主客异质同型关系立足于存在主义关于"此在"派生出世界的基本观念，道家所说美感的物我双融境界则脱胎于最高的"道"之本体繁衍出包括主与客、物与我在内的天地万物的总体思路；马斯洛确认美感非努力、非需要、非欲求的性质旨在印证"此在"不受任何事物限制而只在"存在"中获得规定的本质，道家强调美感的非功利性无实用性则旨在构想一条涤尘除垢、归于大道的途径。

四、关于艺术创作

马斯洛曾多次谈到创造性活动那种得心应手、左右逢源的神奇状态，他指出，创造性活动具有即席发挥、兴之所至、斐然成章、若有神助的特点，它更加新颖独特，远离陈腐平庸，不再束手束脚，它也更少准备、计划、设计、预谋、练习，总之无须三思而后行。同时创造性活动具有自发性和纯真性，这时人更倾向于自动地、本能地、非抑制地、非思考地、无意识地表现自己。另外这时一切都显得那样轻松自如，人的行动是驾轻就熟、举重若轻，

而成果的获得则是瓜熟蒂落、水到渠成。这就有如庄子笔下所描写的无数劳动者的创造性活动那种"得之于手而应于心"，"恢恢乎其游刃有余"的自由境界。

马斯洛认为，艺术创作中这种自由境界的取得，一是由于创造者抛弃了过去、抛弃了未来而专注于此时此刻，缩小了意识范围而排除了利弊得失的考虑，丧失了自我意识而能够忘我地献身于解决问题；二是由于创造者从理智的控制过于严厉的"二级过程"上升到"整合过程"，成为一个最完整、最统一的人，而人的整合过程如前所述是将原发过程合理完满、恰到好处地融合起来，因此从二级过程向整合过程上升在某种意义上说就是恢复原发过程的作用，就是恢复无意识和前意识的作用，于是处在理智严格控制之下的那些诗意的、隐喻的、神秘的、原始的和稚气的东西就在被整合而不是单纯被压抑的情况下得以对创造活动发挥作用，这时"如果我们对当前的情况专心致志，专注于事物本身，而心中又没有其他目的的话，我们就易于以自发的、不加努力的、本能般的、自动的和不假思索的方式……完全自立地充分发挥作用和表现出我们的能力。"

《庄子》中不少篇章都论及古代劳动者那种神妙造化的创造性活动，在庄子看来，他们之所以能够如此自由地从事创造活动，其原因可以用"用志不分，乃凝于神"（《庄子·达生》）八个字来概括，即一是心

志的精纯专一，二是精神的凝练畅达。在许多有关创造性活动的寓言故事中，庄子喻示这时首要的一条就是创造者的心志必须从功利实践的领域向自身内缩和退守，排除一切利害、得失、是非、功过的考虑，保持健全的生命和纯和的心境，如"大马之捶钩者"在捶钩时"于物无视也，非钩无察也"（《庄子·知北游》），梓庆在制鐻时"必齐（斋）以静心"，最初是"不敢怀庆赏爵禄"，后来是"不敢怀非誉巧拙"，最后是"辄然忘吾有四肢形体也"（《庄子·达生》）。相反地，如果不能摈弃利害得失之心，那就是"重外"，"凡外重者内拙"，将严重妨碍创造性的发挥，这就是"以瓦注者巧，以钩注者惮，以黄金注者殙"（《庄子·达生》），即赌注下得越大则竞技者越难发挥水平的情况。另一方面，庄子认为创造性活动是通过精神修养所达到的凝聚着感性与理性的活动，它介乎有意与无意、有法与无法、可言与不可言之间，有一种不假思索、随心所欲的自发性和本能性，"庖丁解牛"中所说的"以神遇而不以目视，官知止而神欲行"、"工倕旋而盖规矩"中所说的"指与物化而不以心稽"、"轮扁斲轮"中所说的"不徐不疾，得之于手而应于心"等，都昭示了创造性活动所本的心理结构既非纯感性（"官知"）的，又非纯理性（"心稽"）的，而是融合了感性与理性（"得之于手而应于心"）达到的新的更高的感性（"神"），即用一种空

灵澄明之心静观外物、妙悟规律，并以这种静观和妙悟本能似地指导行动，使之进入自由之境，像庖丁解牛那样"奏刀騞然，莫不中音，合于《桑林》之舞，乃中《经首》之会"，具有了强烈的美的意味。由此可见，这里庄子所谈的虽然不是艺术创作，但又与艺术创作一脉相通。

尽管人本心理学美学和道家美学在艺术创作问题上从基本思想到表达形式都有相近之处，但由于二者所处的文化背景不同，所以其文化内涵又是大异其趣的。马斯洛强调艺术创作忘记时空和自我、摆脱社会和历史的限制，最富于此时此刻之感，肯定在整合过程中充分发挥原发过程（潜意识、前意识）的积极作用是以存在主义来批判弗洛伊德主义，他确认原发过程并非像弗洛伊德所理解的那样危险、病态和具有破坏性，而是人性中固有的天真、淳朴、新鲜、坦率的基本特性，它是艺术创作的动力和源泉，虽然马斯洛也认为它必须受到二级过程中思维、理性的整合，但它主要是从积极方面肯定它在人的自我选择、自我设计、自我实现中的重大意义的，这就在某种意义上继承和发扬了自柏拉图、朗吉弩斯以来西方文化所重灵感、重天才、重禀赋的传统。庄子强调艺术创作必须守持纯气、修养精神则是以道家的"无为"哲学来扦格儒家"知其不可而为之"的人生观和艺术观，主张以直觉、妙悟、灵感来取代儒家所推崇的思理、人为、克制和

强求，从而熔铸出中国艺术精神中偏重情感表现、天赋心理和内心体验的文化品格。再者，马斯洛对于本真的原发过程的肯定也包含着对于西方现存文化的否定，他认为人欲横流的西方现存文化是对于天真淳朴的原发人性的戕害，艺术创造是一种儿童般新鲜、率直、纯真的创造力，是一种摆脱了陈规陋习的自由，但它往往"由于人适应社会上存在的文化，就被掩盖、或被抑制而大多丧失了"，因此他认为对艺术家来说重要的一条就是"对于文化适应的抵抗"。庄子重视艺术创作"形全精复，与天为一"的主张也表达了对于儒家文化的否定态度，他一贯认为儒家以伦理规范桎梏人心是违反人性的行为，只有挣脱了这种桎梏，艺术创造才能走向自由，因此他说："通乎道，合乎德，退仁义，宾礼乐，至人之心有所定矣！"（《庄子·天道》）庄子的这一思想后续于晚明李贽的"童心说"，李贽指出："天下之至文，未有不出于童心焉者也"，"然则六经、《语》、《孟》，乃道学之口实，假人之渊薮也，断断乎其不可以语于童心之言明矣！"[1] 尽管所指不同，但达到了与马斯洛相同的结论。

五、关于审美理想

人本心理学美学与道家的美学的又一相同之处在于二者所悬的审美理想如出一辙，体现为对于理想人格的追求和对于理想社会的向往。

马斯洛把这种理想人格称为"完人"、"至人"，用以指那种扬弃了所有基本需要而臻于需要层级顶峰的"自我实现的人"，这样的人能够充分发挥内在的潜力、经常获得高峰体验，到达了最高的存在价值，最富于创造性，因此他是那样逍遥自在、无拘无束、随遇而安和自得其乐。庄子也把心目中的人格理想称为"真人"、"至人"、"神人"，这样的人"无己"、"无功"、"无名"，"外天下"、"外物"、"外生"，所以能上天入地，独往独来地遨游于逍遥之境，"乘云气，御飞龙，而游乎四海之外"（《庄子·逍遥游》），"芒然彷徨乎尘垢之外，逍遥乎无为之业"（《庄子·大宗师》）。

马斯洛认为自我实现的人永葆童心，他们总是像儿童一样睁大了眼睛，用毫不挑剔和纯真无邪的目光来看待世界，看待自己和他人。马斯洛对于儿童那种淳朴天真、晶莹澄澈的心灵始终抱有十分褒爱和推崇的心理，这种崇拜心理甚至扭转了他的理论观点，他成立家庭后养育第一个婴孩的经验使他觉得以前为之醉心的行为主义显得十分愚蠢，那种"刺激—反应"的模式在这里不攻自破，他由此断言："任何有过孩子的人都不会成为行为主义者"。[2]

---

① 李贽：《焚书》卷三，《童心说》。
② 弗兰克·戈布尔：《第三思潮：马斯洛心理学》，上海译文出版社，1987年，第10页。

当然理想的人格并不就是孩童，但马斯洛认为他们必须做到保持童心，或恢复童心。无独有偶，道家也把"婴儿"、"赤子"视为人格理想，老子对此作了大量论述："专气致柔，能婴儿乎"（《老子》第十章），"常德不离，复归于婴儿"（《老子》第二十八章），"含德之厚，比于赤子"（《老子》第五十五章），老子认为，只有童心才是扫除尘垢、清洗瑕疵的极致，才是复归于"道"的人格境界，因此它能够做到柔弱胜刚强、无为而无不为，成为"常德"、"厚德"的表现。于是老子确认通往美之理想的途径就在于使人恢复童心："圣人在天下，歙歙为天下浑其心，百姓皆注其耳目，圣人皆孩之。"（《老子》第四十九章）这就是说，有作为的君主应让百姓放弃对耳目之知的专注，向无知无欲的婴孩看齐，复归于混沌未开的境界。

在马斯洛看来，理想的人格还具有超然独立的特性和离群索居的需要，可以称为有自主性的人，他们主要受自己的个性原则而不是受社会原则所支配，荣誉、地位、奖赏、威信等对他们都无关紧要，即使面临挫折、打击、剥夺等时也能保持安详和愉快，他们具有熟睡的能力，不受干扰的食欲，在面对难题、焦虑、责任时，仍然能够谈笑风生。他们也超脱于包围着他们的文化之外，敢于向通行的价值标准挑战，甚至"把官方或传统认为不美的东西看成是美的"，因此有时看上去他们更像

"怪人"或"狂人"。而这一切又与庄子笔下"至人"、"真人"的个性极其相似，在庄子看来，他们"不与物迁"，"胜物而不伤"，"无所待"，因此无论遭遇什么大灾大祸，艰难困苦，仍然能够悠然自得、无牵无碍，"之人也，物莫之伤。大浸稽天而不溺，大旱金石流、土山焦而不热"（《庄子·逍遥游》），"至人神矣！大泽焚而不能热，河汉而不能寒，疾雷破山飘风振海而不能惊"（《庄子·齐物论》）。既然如此，他们就能保持一种宁静淡泊的心境和安适平和的风貌，"古之真人，不逆寡，不雄成，不谟士。若然者，过而弗悔，当而不自得也；……古之真人，其寝不梦，其觉无忧，其食不甘，其息深深；……古之真人，不知说生，不知恶死，其出不䜣，其入不距，翛然而往，翛然而来而已矣；……若然者，其心忘，其容寂，其颡頯，凄然似秋，暖然似春，喜怒通四时，与物有宜而莫知其极；……"（《庄子·大宗师》）这样，他们便完全超脱了世俗，捐弃了常情，"有人之形，无人之情"（《庄子·德充符》），成为一般人眼中的丑人、怪人，如庄子笔下的王骀、申徒嘉、叔山无趾、哀骀它、闉跂支离无脤、瓮㼜大瘿等一大批五体不全、残废畸形的人，在常人看来是其丑无比、怪模怪样，但庄子却恰恰相反，是将这些德行完备的人奉为美之理想的。

不仅对于理想人格，而且对于理想社会，人本心理学美学和道家美学的构想也

多有一致之处，如前所述，马斯洛所设计的"心理学上的乌托邦"是一个高度无政府主义的社会，在这个理想社会中，人们相互尊重、相亲相爱，互不干扰、互不妨碍，从而每个人都可能充分发挥自己的潜力和进行自由选择，在各个方面取得辉煌的建树。道家关于理想社会的构想在《老子》中就多所论述，在《庄子》中就发挥得更加详切了，庄子称之为"至德之世"、"圣治"，指出这也是一个完全自由放任的社会，人们无党无私，无知无欲，各得其宜，相安无事："彼民有常性，织而衣，耕而食，是谓同德，一而不党，命曰天放"，"夫至德之世，同与禽兽居，族与万物并，恶乎知君子小人哉！同乎无知，其德不离；同乎无欲，是谓素朴；素朴而民性得矣"（《庄子·马蹄》），"卧则居居，起则于于，民知其母，不知其父，与麋鹿共处，耕而食，织而衣，无有相害之心，此至德之隆也。"（《庄子·盗跖》）在这种理想社会中，儒家勉力趋赴的仁义道德是在自然而然、无所用心的情况下完成的："至德之世，……端正而不知以为义，相爱而不知以为仁，实而不知以为忠，当而不知以为信，蠢动而相使不以为赐。"（《庄子·天地》）这时"义"、"忠"、"信"、"赐"等美德才不是从外面强加给人的东西，而是出于人的天然本性自由选择的结果。

尽管如此，马斯洛和老庄对于审美理想的认识仍然有着相当大的出入，因为二者所处的社会环境不同。马斯洛把美之理想寄托在那种尽善尽美的"完人"、"至人"、天真未凿的儿童和离经叛道的"怪人"、"狂人"身上，体现了他背离当代资本主义所造成的人的异化现象的鲜明态度，他把当代美国称为"不完美的社会"、"有缺陷的文化"，指出在这个社会中"过分社会化"（oversocialized）、"行为机器人化"（robotized）和"种族中心主义"一直将约束和限制强加于人，严重阻碍了人的自由发展，而把持着艺术界的舆论的人也专断地将自己的趣味硬塞给人，妨碍了人的潜能的充分实现，这就造就了大批扭曲的、虚伪的、循规蹈矩的人，这是对人性的毁伤，对美的戕害，美不存在于这些人之中。老庄把"至人"、"真人"以及"婴儿"、"赤子"奉为美之理想则是目睹奴隶制度为封建制度所替代这一必然进程所带来的纷争、倾轧和罪恶，对"人为物役"的畸形现象所作的反拨，庄子说："丧己于物，失性于俗者，谓之倒置之民"（《庄子·缮性》），"今世俗之君子，多危身弃生以殉物，岂不悲哉！"（《庄子·让王》）明确表达了对于日益发展的物质文明破坏了远古时代淳厚风气的不满情绪。马斯洛到远离人寰的荒原上去构筑他的"理想精神国"的打算也表明了他对于当代资本主义的厌弃，他认为这种理想境界并不遥远，任何人只要在需要层级上进行不懈的攀缘，登上光辉的顶点，就都能在高峰体验中直接窥见上帝，因此"天堂就在我们的身边，从大体上看，它在任何时候都可以达到，我们随时都可以步入天堂，逗留几分钟。天堂存在于任何地方，在厨房里，在工厂里，在篮球场上"。他指出，这种对于至善至美的理想的追求与宗教徒不一样，后者总是错误地以为至善至美的理想与肉体、欲望格格不入，为此不得不折磨肉体、压抑欲望，过一种苦行主义的生活，其实完全不必如此，"天堂不过像一个乡村俱乐部"。由此也正可见出马斯洛的乌托邦思想也是对西方基督文化宗教意识的一种改造。老庄把"至德之世"安放在远古时代也意味着对纷争扰攘的古代私有制社会的拒斥，而他们怀着浓重的感伤情绪将这种远古的乌托邦的解体归咎于仁义道德对人心的毒害，认为"及至圣人，屈折礼乐以匡天下之形，县跂仁义以慰天下之心，而民乃始踶跂好知，争归于利，不可止也。此亦圣人之过也"（《庄子·马蹄》），则是公然对儒家的伦理倾向提出了抗议。

六、小结

综上所述，尽管人本心理学美学的许多重要思想远绍于道家美学，但二者终究是同中有异，异中有同的。在学说性质上，二者都并非是系统完备的美学，但又特别富于美学气质，前者是从审美心理学的角度而后者是从审美哲学的角度揭示了有关美和艺术的许多重要规律；在学说倾向上，二者都是作为传统观念或正统观念的批判

者出现的，但前者是否定流行的精神分析学美学和行为主义美学的"第三思潮"，而后者则是抨击权威的儒家美学的"异端"学说；在本体论上，二者都悬有一个最高的美的本体，将其视为推演出所有美的事物的本原和人必须努力致达的真善美的顶峰，前者将这一美之本体设定为"存在"，后者则将其构想为"道"；在认识论上，二者都在审美主体与审美客体如何同一的问题上表现出唯心主义和神秘主义的偏颇，前者把审美活动理解为"此在"派生出世界的移情过程，趋于主观唯心论，后者则把审美活动理解为在"道"的统摄之下人与自然往复交流的自由境界，趋于客观唯心论；在价值观上，二者都带有鲜明的人道主义倾向，把那些不人道的社会现象视为美的反面，认为美就存在于人之本性的自由发展之中，但前者是把矛头指向西方现存制度下的异化现象，而后者则是痛心疾首于古代私有制下"丧己于物"、"人为物役"的黑暗现实；在艺术观上，二者都表现出通俗化甚至泛化的倾向，认为普遍群众和一般劳动者都能成为美和艺术的创造者，前者以此否定西方近代美学中流行的尼采式的贵族倾向，聊以告慰堕入苦闷彷徨中的西方社会大众，后者虽反映了古代艺术创作尚未从技艺活动中分化、独立出来这一事实，但也体现了把艺术创作从儒学强加的伦理道德标准中解脱出来，让其回到审美心理本位的努力；二者都具有

理想主义的色彩，致力于寻求那种桃花源式的美好社会，但是它们的美之理想终究不能不成为一种空想，因为前者是到隔绝尘世的天涯海角去构筑这种理想，而后者则是到远古蒙昧社会去寻觅这种理想；最后，二者骨子里都残留着它们所否定的传统文化的精髓，前者的思想深处仍然保留着西方基督文化的宗教意识，只是将"圣"与"美"在人的自我实现基础上结合起来，把天堂和上帝从云端搬到了地面，后者则常常以儒家提出的仁义道德作为立论的依据，只是将"善"与"美"在人的天然本性中融为一体，确认人的本性无须外力强制的自由发展本身就合乎仁义道德，这样，这二者就与它们所否定的文化仍保持着某种连续性，成为其合乎逻辑的发展。

总之，以上方方面面的比较，无疑有助于我们进一步认识中国古代美学的现代价值，也有助于我们更深刻地了解现代西方人热衷于到古代东方思想中汲取力量这一时尚的深层原因。

第四节　简要的评价

历来美学一直受到它之外的其他学科的影响，这一情况在当代西方美学中有了进一步的发展，这是与当代各种新学科的蓬勃兴起分不开的，除了哲学继续对美学产生深刻影响之外，心理学、社会学、语言学、逻辑学以及自然科学的渗透和交融也有力地促进了美学的变革，其中对当代西方美学促动最大的则当推心理学，形成了影响极其深刻、广泛的精神分析美学、行为主义美学、完形心理学美学和人本心理学美学，为美学的发展带来了生机和活力。然而在众多心理学美学之中，人本心理学美学较之其他派别显然登上了更高一层台阶，它不同于精神分析美学那样把文艺创作和审美活动完全归结为性欲冲动驱策的结果，也不同于行为主义美学那样把审美活动视为动物式的"刺激—反应"式的机械活动，又不同于完形心理学美学那样仅仅侧重于对审美活动中知觉反应的研究，同时又吸取了这三者所运用的内省论、价值论和整体论，把审美活动和文艺创作确认为人在自身的整体发展中要求发挥内在的潜能、获得充分的自我实现、到达最高的生命价值的超越性需要，并以此为核心提出了一整套理论原则、研究方法、概念范畴和重要结论，因此在当代西方众多心理学美学派别中，它似乎更能代表着未来的发展。杜·舒尔茨在《现代心理学史》一书的结尾曾提出"未来：人本主义心理学?"的问题，[①] 这同样适用于对当代西方心理学美学之发展状况的理解。当然包括人本心理学家在内的西方心理学界普遍认为人本心理学仍然是一种形成中的、过渡

---

① 　舒尔茨：《现代心理学史》，人民教育出版社，1985 年，第 403 页。

性的心理学，它还十分幼稚和贫弱，它为一种更高的心理学——"超个人心理学"（Transpersonal osychology）亦即"第四种心理学"提供了准备，后者从以人的需要和利益为中心走向了以整个宇宙为中心。可以预料，届时心理学美学也将呈现出一番崭新的气象。

那么，如何评价人本心理学美学的是非得失呢？与任何西方当代美学理论一样，人本心理学美学也是创见与局限并存，真理与谬误互见，需要对其正面与负面进行仔细的梳理和鉴别，才能得出正确的结论。

首先，人本心理学美学标举人道主义，主张"把人当做人"，表现了否定西方现存文化的进步倾向，它把社会改良的方案落实在发展人格这一基点上，也是在困境中求出路的表现，但是它把人格发展的动力视为先天的本能倾向，忽略了社会历史对于人的本质及其发展的决定作用，否定了社会实践对于人的需要、意志、情感和价值观形成的基本意义，从而无可避免地最终滑向唯心主义和神秘主义，相应地，它对于所有美学问题的理解也不能摆脱唯心主义和神秘主义的局限。这是与其现象学和存在主义的哲学基础分不开的，存在主义确认"存在"决定世界的思想和现象学主张对客观现实"加括号"的做法就是以取消社会历史的决定作用为宗旨的，而它们对于人的先验反思和神秘直觉的夸张和吹嘘也是以牺牲理性为代价的。人本心理

学美学对于这些思想观点的服膺决定了它所说的人格发展不能不是抽象的、虚幻的。

其次，人本心理学美学在当代西方美学中最富于乐观主义和理想主义色彩，它认为人的本性是善良的，人的潜能是无穷的，人的发展前景无可限量，"大同世界"的实现近在咫尺，这一切都表现了它建立一种"健康的心理学"的努力，这在当代西方学术界悲观主义、颓废主义和虚无主义泛滥的情况下尤其显得难能可贵，但是由于它所构想的理想人格缺乏社会历史的坚实基础，它所设计的理想社会只是在不触及资本主义现存经济运动形式下的小规模改良，因此它的乐观、自信就显得盲目、空洞甚至廉价，从当代西方学术思潮的大走向来看，它并没有也不可能遏止和扭转其颓势，因此盲目的乐观和虚幻的理想终究无法消除西方"社会病"所带来的浓重的悲观绝望情绪。

再次，人本心理学美学坚持整体性原则、动态原则和自组织性原则，在方法论上对当代西方美学普遍奉行的自下而上的经验实证方法是一种具有进步意义的逆反，显示了向更高的综合上升的趋势，符合现代思维发展的走向，然而这种综合与现代辩证思维的综合仍不可同日而语，现代辩证思维一条重要的方法论原则就是逻辑的与历史的相统一的原则。因此它必须密切联系社会历史现实，具有深刻的历史感，而人本心理学美学却做不到这一点，它对

于人格发展的整体性、运动性和自组织性的把握都是现象学的，这就恰恰割裂了人的心理活动与社会历史的深刻联系，因而对人的心理活动包括审美心理活动的认识就不能不是简单的、片面的、形而上学的，与其方法论中合理的部分不能不形成尖锐的矛盾。

第十一章 "西方马克思主义"美学

第一节 "西方马克思主义"美学概述

在 20 世纪众多的社会思潮中，产生于 20 世纪二三十年代，流行于 60 年代至今的"西方马克思主义"无疑是重要的一个流派。20 世纪马克思主义发展的最显著的特征有二：一是产生了以马克思主义为指导的一批社会主义国家，它们把科学社会主义由理论变成现实；二是在发达资本主义国家的特定历史条件下，产生了用马克思主义解释当代西方的社会现实问题的"西方马克思主义"。相对于传统的马克思主义，"西方马克思主义"有许多精辟的见解，也有不少谬说妄言，它们都是马克思主义在其发展过程中可贵的资料。伴随"西方马克思主义"而产生的美学、文艺学思想，自 20 世纪末以来在西方影响越来越大，"西方马克思主义"理论家在构建他们的哲学体系的同时，也对当代西方美学中

的许多问题提出独到的见解。为了发展马克思主义美学，对包括"西方马克思主义"美学（Western Marxist Aesthetics）在内的西方各种美学思潮进行介绍、评述都是十分必要的。

一、"西方马克思主义"的发展、演变及其历史背景

"西方马克思主义"是指开始于国际共产主义内部，随后又广泛流传于西方激进思想界的一种不同于正统的马克思主义，对马克思主义"重新解释"、"重新创造"和"补充"的思潮。一般认为，它的创始人是匈牙利共产党人乔治·卢卡契，意大利共产党创始人之一安东尼奥·葛兰西和德国共产党人卡尔·科尔施等人。

"西方马克思主义"这个名称最早是由捷克的第一任总统马萨里克（T. Masaryk，1850—1937）提出来的。早在 20 世纪 20 年代，当列宁领导苏联人民战胜外国的武

装干涉和国内的反革命，初步巩固了列宁主义时，他呼吁资产阶级思想家创造一种"西方"马克思主义来同列宁主义相抗衡，但他没有说他所设想的"西方"马克思主义就是后来在西方流行的卢卡契等人开创的马克思主义。50 年代，法国存在主义者梅洛-庞蒂在他的《辩证法的历险》（*Adventure of the Dialectics*，1955）一书又重新提起这一名称。在该书的第二章《"西方的"马克思主义》中，他阐述了一种对马克思主义的新解释，并和列宁主义对立起来，他将"西方马克思主义"传统的源头追溯到卢卡契的《历史与阶级意识》(1923)。从此，"西方马克思主义"这一术语在西方流行开来。

徐崇温在《"西方马克思主义"》一书中认为，"'西方马克思主义'虽然出现在西方，但却并不是一个单纯的地域概念，而是一个意识形态概念。它是指第一次世界大战以后，在十月革命胜利而西方革命相继失败的背景下，在西方资本主义国家中产生出来，既反对第二国际的新康德主义又反对共产国际的'机械唯物主义'，在对现代资本主义的分析和对社会主义的展望，在革命的战略和策略等问题上，提出了不同于列宁主义的见解，在哲学上则提出了不同于恩格斯和列宁等马克思主义者所阐述的辩证唯物主义和历史唯物主义

的见解，要求重新发现马克思的原来设计，主要表现为'左'的思潮的意识形态。"[1]

1923 年，卢卡契发表了《历史与阶级意识》，在该书中他提出了一个十分重要的问题：什么是正统的马克思主义？他认为，正统的马克思主义仅涉及研究的方法，与马克思主义的研究成果无关，他还对反映论、恩格斯的自然辩证法提出不同的看法。同年，科尔施发表《马克思主义和哲学》，表现了与卢卡契大致相同的观点。这两本书发表后，立即受到党内和共产国际的批评，他们也都作了自我批评，但这股思潮却在党外得到了发展。成立于 30 年代的法兰克福社会研究所，作为第一个在学院框架内研究马克思主义的团体，在半个多世纪内，使"西方马克思主义"在欧美得到了广泛的传播。

使"西方马克思主义"由独处一隅到名噪西方的是 20 世纪 60 年代末发生在发达资本主义国家的"五月风暴"。"五月风暴"是发生在巴黎尔后遍及法国的学生、工人反政府的造反运动。"五月风暴"所触及、所暴露和所反映的而又试图解决的，正是发达资本主义社会的状况和矛盾，而这些状况和矛盾又恰恰是半个世纪以来"西方马克思主义"在其著作中力图考察、分析或在朦胧中预示的；同时，由于"西

---

[1] 徐崇温：《"西方马克思主义"》，天津人民出版社，1982 年，第 22—23 页。

方马克思主义"者在行动上和以后的著作中支持同情学生运动，因此，"西方马克思主义"被运动中产生的"新左派"所信奉。

二、"西方马克思主义"美学的基本特征

英国《新左派评论》主编佩里·安德森指出："自20年代以来，西方马克思主义渐渐地不再从理论上正视重大的经济和政治问题了。""西方马克思主义作为一个整体，当它从方法问题进而涉及实质问题时，就几乎倾全力于研究上层建筑了。而且最常为西方马克思主义所密切关注的，拿恩格斯的话来说，是远离经济基础、位于等级制度最顶端的那些特定的上层建筑层次。换句话说，西方马克思主义典型的研究对象，并不是国家或法律。它注意的焦点是文化。"而"在文化本身的领域内，耗费西方马克思主义主要智力和才华的，首先是艺术。"① "西方马克思主义"由于将革命的总体战略由政治经济转到文化艺术，因此他们大都有较系统的美学思想，写下了大量的美学、文艺学论著。从他们的不同表述中，可以看出"西方马克思主义"美学的主要特征。

首先，"西方马克思主义"强调利用资产阶级思想的伟大成就。"西方马克思主义"被称为"发达资本主义国家的马克思主义"，他们面对西方的现实，在新的历史条件下，用现代西方的各种理论学说来"解释"或"补充"马克思主义。卢卡契的《历史与阶级意识》就是在资产阶级哲学家和社会学家韦伯、席美尔、狄尔泰等人的影响下写成的。他的美学著作，从早期的《心灵与形式》、《小说理论》到晚年的《审美特性》始终没有脱离黑格尔的影响。马尔库塞吸收了弗洛伊德的观点，把艺术同性本能的压抑和解放、社会解放联系起来，认为社会的解放在其根本的途径上是性本能压抑的解除，通过艺术、审美，使性本能上升为"爱欲"（eros），使之成为社会解放的动力。此外，还有用资产阶级哲学中某一流派的思想去补充马克思主义，形成各种不同的流派，如新实证主义马克思主义，存在主义马克思主义，结构主义马克思主义，弗洛伊德马克思主义等。他们的这些"结合"在其根本方向上是错误的，但其中也产生不少局部的真知灼见，不能一概弃之不顾。

其次，"西方马克思主义"美学注重对文艺主体性的研究和人道主义精神的高扬。"西方马克思主义"认为，传统的马克思主义美学是社会批评模式，它的注意力是在政治、经济社会领域考察艺术，并且取得了引人注目的成果。但是，他们认为马克思和恩格斯很少涉及艺术创造心理的研究，忽视了艺术创造中的主体因素。为此他们

---

① 佩里·安德森：《西方马克思主义探讨》，人民出版社，1981年，第96—97页。

提出总体性的原则作为重建马克思主义美学的中心。针对资本主义社会中人的异化的现实，不仅要在政治经济上，而且甚至更重要的是在文化心理和意识形态上解放无产阶级，实现人性的复归和解放。人道主义和主体性是"西方马克思主义"美学的核心，它们以马克思《1844年经济学—哲学手稿》中关于人的异化及其扬弃为前提，认为现实造成了人的主体性的异化，通过文艺和审美扬弃异化，实现人的解放。在"西方马克思主义"中，属于人本主义潮流的法兰克福学派和存在主义马克思主义美学较典型地表现了这种特征。

第三，在文艺的性质上，否认艺术的意识形态性质。"西方马克思主义"以卢卡契为代表对马克思的历史唯物主义提出了挑战。他们从反对第二国际和苏联的教条主义、反对"经济决定论"的庸俗马克思主义开始，进而否认经济基础决定上层建筑、社会存在决定社会意识等马克思主义基本原理。阿尔都塞的结构主义马克思主义认为，意识形态是与其他社会实践同等重要的人类世界的一个客体，它与社会存在不存在决定与被决定的关系。艺术不是意识形态，不是对作为社会存在的经济基础的反映，而是对意识形态的反映，是意识形态的再生产。其后的马谢雷和伊格尔顿发展了他的意识形态理论，形成了较系统的文学生产理论。从辩证的观点看，他们强调意识形态的独特性、对于经济基础的反作用和相对独立性（特别是更高地置于经济基础之上的艺术等意识形态形式），对于克服简单、片面、机械地理解历史唯物主义有一定的价值。但它在根本方向上却偏离了历史唯物主义，背离了马克思主义的基本原理，这是应当注意的。

"西方马克思主义"美学有其主要的共同特征，但其内部流派众多，在一些问题上有分歧，甚至对立，本章主要介绍卢卡契、葛兰西的美学思想、法兰克福学派、存在主义马克思主义美学，结构主义马克思主义美学。

第二节 卢卡契的美学思想

一、生平和著述

匈牙利两位作家对卢卡契作了这样的描述：匈牙利的大学生和青年作家认识到他们有卢卡契这样一位卓越的共产党员。他懂得文学、热爱文学，对文学有深刻的研究。聆听他的讲话总会受益匪浅，尽管人们同他有不同的看法。他向人们阐释马克思主义美学的意义，说明政治和文学之间的联系。卢卡契自身的形象、滔滔不绝的阐述、温柔的耐性、教授式的清高以及他的雪茄烟都对匈牙利的文化生活产生着决定性的影响。

卢卡契不仅对匈牙利的文化产生决定性的影响，被认为"匈牙利籍的德国作家"，是继黑格尔、费舍尔之后德国最重要的哲学家，而且是"西方马克思主义"的奠基者和继列宁之后最杰出的马克思主义理论家。

乔治·卢卡契（Georg Lukács，1885—1971）1885年4月13日生于布达佩斯一个大金融贵族的家庭。父亲是布达佩斯最大的银行的董事，母亲出身于维也纳的贵族魏尔特哈穆之家。他家当时是匈牙利文学艺术家经常出没的场所，与这些艺术家的交往和早年所受到的良好教育对卢卡契产生了很大的影响。1903年中学毕业后考入布达佩斯大学开始学习法律和国家经济学，后改学哲学。1904年与同学创立"塔利亚"剧社，演出易卜生、契诃夫等人的剧本。1906年大学毕业获法律博士学位，后又获哲学博士，曾三次去德国柏林、海德堡等地跟德国生命哲学家席美尔、社会学家马克斯·韦伯等学习，特别受老师青睐，席美尔收他为"私人学生"，并成为韦伯集团的成员。1908年2月，他的《现代戏剧发展史》获克丽丝蒂娜奖金。

同年，卢卡契开始接触马克思主义，学习了马克思的《资本论》和恩格斯的《家庭、私有制和国家的起源》等著作，他说："当时，引起我兴趣的是作为'社会学家'的马克思：我通过在很大程度上由席美尔和马克斯·韦伯决定的方法论眼镜去观察他。"（《卢卡契自传》P. 237，社会科学文献出版社，1986年）1911年发表美学论文集《心灵与形式》，1916年发表《小说理论》，这两部著作是卢卡契美学思想的萌芽。

匈牙利革命前后，卢卡契系统地研究了马克思主义，1918年加入匈牙利共产党。1923年《历史与阶级意识》（*History and Class Consciousness*）发表，立即在共产国际内部引起争论，它和1928年卢卡契为匈牙利共产党第二次全国代表大会起草的报告（通称《勃鲁姆提纲》）成为"西方马克思主义"的重要理论基础。

匈牙利革命失败后，卢卡契避难维也纳，1930年被奥地利驱逐出境，前往莫斯科，参加《马克思恩格斯全集》的编辑工作，这使他有机会读到了《1844年经济学—哲学手稿》等马克思未公开发表的著作。1931—1933年留居德国，认识了布莱希特。1933年希特勒上台，又流亡苏联，一直到"二战"结束，在此期间他主要致力于文学评论和哲学、美学的研究，开始形成了他的"伟大的现实主义"文艺观点，并同布莱希特、布洛赫、本雅明、阿多尔诺一起就表现主义、现实主义等问题展开争论。

"二战"结束后回到匈牙利，任布达佩斯大学美学和哲学教授、匈牙利科学院院士，在这一时期，他主要致力于德国文学的研究，发表了《德国文学中的反动与进步》、《帝国主义时代的德国文学》等文章，它们被认为"为战后马克思主义的德语的特有表达方式奠定了基础，规定了马克思主义的德语的特有表达方式在最近几十年的发展方向。"① 在以后几年里他又发表了《歌德及其时代》（1947）、《青年黑格尔》（1948）、《托马斯·曼》（1949）、《巴尔扎克与法国的现实主义》（1951）等论著，这些论著都围绕着一个明确的主题，以它们的完整性和系统性使人清楚地认识到了这样一个纲领：现实主义是任何真正伟大的文学作品的基础。

1956 年，卢卡契加入裴多菲俱乐部，同年 10 月至 11 月，出任纳吉政府的文化部长，匈牙利事件后被流放罗马尼亚，1957 年获准回国，但拒绝作自我批评，以至于 1957—1958 年掀起了关于他的修正主义的辩论。这次批判后，卢卡契埋头著述，1963 年《审美特性》（*Die Eigenart des Asthetischen*）出版，1970 年，卢卡契度过了他的 85 岁生日，并荣获"法兰克福市歌德奖金"。1971 年 6 月 5 日在布达佩斯逝世。

卢卡契的一生经历坎坷，思想复杂，他对各种思想包括马克思主义作过艰苦的探索，有成功，也有失败，他是 20 世纪最有争议的人物，波兰哲学家 K. 奥霍斯基在《关于乔治·卢卡契的争论》中说："在过去五十年的马克思主义思想史上，匈牙利哲学家占有一席特殊的地位。他在哲学和文艺理论方面广泛的成就以及他在马克思主义运动中的政治立场，引起了深远的

社会反响和热烈的争论。这位八十六岁高龄的哲学家死于 1971 年，他现在是再也不会说话了。但是他的精神遗产却仍然引起讨论，并且还有一定的魅力。"

二、《历史与阶级意识》："西方马克思主义"的开山之作

1923 年，《历史与阶级意识——马克思主义辩证法研究》出版，该书收集了 1919—1922 年写的八篇文章。这本书成为"西方马克思主义"的理论源头之一，它使卢卡契在国际上特别是在西方学者中获得了极大的声誉，也使他在党内和共产国际内屡受指责。《历史与阶级意识》是他争论最大的一部著作。

《历史与阶级意识》开创了对马克思主义重新解释的先导。在《什么是正统的马克思主义》的引言中，卢卡契为"正统的马克思主义"下了一个定义："让我们姑且假定，最近的研究已经一劳永逸地证明了马克思每一个个别的命题都是错误的，即使这样，每一个严肃'正统'的马克思主义者，将仍然可以毫不保留地接受所有这些现代结论，并由此不考虑马克思的任何一个单个的命题——然而，却一刻也未逼迫他们放弃其马克思主义的正统性。所以，正统的马克思主义并不意味着不加批判的接受马克思的一些研究成果。它不是对这个或那个命题的'信奉'也不是对'圣书'

---

① 《关于卢卡契哲学美学思想论文选译》，中国社会科学出版社，1985 年，第 89 页。

的解释。与此相反，正统的马克思主义指的只是方法。"① 这种方法，实际上就是指辩证法，辩证法的实质就是总体性，他认为构成马克思主义和资产阶级思想之间的决定性区别的，不是历史解释中经济功能的首要性，而是总体性的观点。

卢卡契在书中讨论了物化、异化的问题。他自称，异化的问题是从马克思以来第一次被他当做对资本主义的革命批判的核心来加以论述的。他从马克思《资本论》第一卷关于商品拜物教的论述中推断出物化、异化理论（此时他并未读到《巴黎手稿》）。他指出：由于商业形式使人与人之间的关系具有物的关系的虚幻形式，"人自身的活动，他自己的劳动变成了客观的、不以自己的意志转移的某种东西，变成了依靠背离人的自律力而控制了人的某种东西。"② 而当资本主义进入垄断资本主义阶段，整个社会存在着一种普遍的异化倾向，资本主义把"社会生活和存在的总体性"变成自己的统治对象，把一切主观性和活动都变成物化的客观性，把一切人类主体都变成他自己的异化存在的消极旁观者。为此，卢卡契提出了"对总体性的渴望"作为克服物化、异化的方法。"当面对着资产阶级毫无疑问地所持已有的，而且只要它们仍是统治阶级就会继续持有的知识、

文化和常规的时候，无产阶级唯一有效的优越性，唯一决定性的就是它能把社会的总体性看作是具体的历史的和总体性的；它能够把物化形式看作为人与人之间的发展过程；它能够认识到只是消极地表现在这种抽象形式的矛盾中的历史的内在的含义，从而认识到这个含义中的积极的一面，并把它用到实践当中。"③ 卢卡契认为，物化世界中的无产阶级，主要被归结为经济过程中的客体，它的残存着的主观性只是一个消极的和直观的旁观者的主观性。马克思主义的任务在于创造一个能体现主客体同一的无产阶级。

为什么无产阶级能够体现主体和客体的同一呢？卢卡契认为，无产阶级是整个社会的总体性基础，对于这个阶级来说，自我意识同时既是认识的主体，又是认识的客体，无产阶级由于其特殊利益和人类利益相吻合，所以就体现了历史中主体和客体的同一。卢卡契用"历史"和"阶级意识"两个词作为书的题目，两者实际上是同一的。他认为，历史的发展和无产阶级自身的命运将取决于无产阶级的阶级意识的建立，"只有无产阶级的自觉意志才能把人类从即将到临的灾祸中解救出来。换言之当资本主义最终的经济危机爆发时，

① 卢卡契：《历史与阶级意识》，重庆出版社，1989年，第2页。
② 同上书，第96页。
③ 同上书，第224页。

革命的命运（与此相关的人类命运）将依赖于无产阶级意识形态的成熟，也就是依赖于无产阶级的阶级意识。"①

卢卡契在《历与与阶级意识》中对恩格斯关于自然辩证法的观点提出了不同的看法。他认为，马克思主义辩证法的关键性的决定因素是主体和客体的相互作用，因而只存在于历史和社会领域，恩格斯把辩证法运用于自然领域，是因为恩格斯遵循着黑格尔的错误引导的结果。另外，卢卡契还对马克思列宁主义的反映论提出了自己的观点。他认为反映论以一种非辩证的方式把思维同存在分割开来，而不是把它们看做客观过程和主观意识在无产阶级活动中达到统一，"思维和存在的关系在以下这些含义上并不是等同的，例如思维和存在之间的相互'符合'，或者相互'反映'或者说二者是'平行发展'的，或者二者的相互'吻合'（所有这些看法都反映出僵硬的两重性）。思维和存在的同一性在于它们是一个而且同样真实的、历史的、辩证过程的诸多方面。"②

《历史与阶级意识》发表后，在共产国际和马克思主义理论界内外引起极大的争论。批评者认为，卢卡契在这本著作中把马克思和恩格斯对立起来，把马克思主义黑格尔化，否定哲学唯物主义，拒绝自然

辩证法，唯心主义地把客体解释成同意识相关联的概念。德国共产党人赫·顿凯尔在《一本关于马克思主义的新书》一文中，批评卢卡契把马克思主义仅仅理解为"研究的方法"，而与马克思的研究成果没有任何关系。匈牙利共产党领导人贝拉·库恩发表文章，指责卢卡契"企图修正辩证唯物主义，更确切地说，企图用取消唯物主义来阉割辩证唯物主义"。

《历史与阶级意识》的支持者如 B. 福加拉西、K. 科尔施等则认为，它是反对马克思主义中的机械论、宿命论和经济主义的一个正确论据。它是要对人和历史、对人作为历史创造者的作用、对无产阶级的历史使命以及意识在历史上的重要性重新确立辩证的理解。它强调马克思主义哲学的人道主义和能动主义的性质，它是使人们了解到马克思主义中最重要的东西即辩证法的第一部系统的研究著作。

卢卡契本人曾对自己的这部著作作过多次自我批评，认为这是他不成熟的青年时期的产物，是他从黑格尔向马克思和马克思主义发展中的一个阶段。然而，关于这本书的争论一直持续到现在。波兰哲学家奥霍斯基在《关于卢卡契的争论》中作了较全面的评价：

"我们确信，所争论的这个著

---

① 卢卡契：《历史与阶级意识》，重庆出版社，1989 年，第 79 页。
② 同上书，第 233 页。

作具有双重性质。它的价值在于它指出并批判了那种把马克思主义哲学同经济的和自然的唯物主义等同起来的倾向，坚决地拒绝了哲学中的直观主义和机械主义，提高了能动主义和哲学人道主义（关于能动的个性和表现出参与社会生活态度的人的概念）的价值和意义。他对商品拜物教、物化现象和辩证法的分析也具有同样的价值。

卢卡契这本著作的伟大和重要性就表现在这里，尽管他有各种错误，而且还是相当大的错误。虽然如此，但是指责他对恩格斯作了错误的评价，对马克思主义中的哲学唯物主义重视不够，否定自然辩证法和反映论，过分地赞赏黑格尔的辩证法，这些指责都是正确的。"①

《历史与阶级意识》一书对"西方马克思主义"影响极大。梅洛-庞蒂在《辩证法的历险》中认为它"复活了革命的青春和马克思主义的青春"，德国法兰克福学派的理论家在《历史与阶级意识》对物化批判的基础上，建立了他们的社会批判理论。这本书对主体意识的强调、以人为中心的总体性思想成为"西方马克思主义"美学

的人道主义精神和主体性思想的理论基础。

三、卢卡契的早期美学思想

1911 年出版的《心灵与形式》和 1916 年出版的《小说理论》是卢卡契美学思想的萌芽。

《心灵与形式》收集了卢卡契发表在《西方》杂志上的评论文章。《西方》是当时匈牙利一批激进的青年知识分子办的杂志。围绕《西方》这个小圈子，产生了以格奥尔格为代表的唯美主义、伊格诺图什为代表的印象主义的倾向。卢卡契针对这种倾向，常常在《西方》上发表批评文章，他的与印象主义展开论战的文章《分道扬镳》主要是针对伊格诺图什的。

卢卡契在《心灵与形式》中，从历史—社会学的角度来解释格奥尔格的唯美主义倾向。格奥尔格出生在这样一个时代，在这个时代里，形式感已经消失，形式被当做历史上某种固有的东西，因此也被当做由个人情绪而产生的某种舒适或无聊。他称格奥尔格的抒情诗是"现代理智的完全特殊的生活感情和气氛的一种表现，它不再借助于简单化和通俗化的方法，来努力表达它的'一般人性'方面，……至于内容格奥尔格一点也没有扩大抒情诗的体裁迄今为止的范围，但他却善于用纯粹的抒情诗来反映也许至今从未在诗中表达过

---

① 《关于卢卡契哲学美学思想论文选译》，中国社会科学出版社，1985 年，第 37—38 页。

的生活现象。"① 卢卡契用同样的方法和观点评论了一大批近现代作家，其中有鲁道夫·卡斯纳、克尔凯郭尔、雷吉耐、奥尔森·诺瓦利斯、特奥多尔·施托姆、理查德·贝尔-霍夫曼、拉夫伦策、施特尔内和保罗·恩斯特等。

在《心灵与形式》中，"形式"是卢卡契特别重视的一个审美范畴，这一点从标题本身就可以看出，他以"形式"做文章的标题，如《柏拉图主义·诗歌与形式》、《生活形式的破碎》、《片刻与形式》以及《财富、混乱与形式》等。"形式"问题是卢卡契从青年时期开始一直探讨的对象，他吸收了黑格尔哲学的成果，实现由以狄尔泰为代表的德国唯心主义向马克思主义的转化。他认为艺术是借助形式的暗示，因此，他在美学研究中始终注意对形式范畴的探讨。美国加州大学教授巴尔指出："形式始终是卢卡契的文学理论和美学理论的本质"，并认为，卢卡契早期"研究心灵与形式，后来研究精神与形式，而最后则探讨社会与形式。"②

写于1914—1915年的《小说理论》是卢卡契的第二部美学著作。在书中他用历史主义方法考察了小说代替史诗的形式演变的历史基础。卢卡契采用了黑格尔的关于希腊精神发展的三个阶段即史诗、悲剧和哲学的美学史观，认为在现代，史诗已不可能产生了，因为"伟大的史诗刻画了广博的总体"，而现代已不再有广博的总体了。小说取代史诗的根源在于历史的必然性，因为小说的形式比其他任何形式更能使作者的想象自由驰骋。小说和史诗有不同的主人公，小说中的主角是探索者，史诗中的英雄也可能是探索者，但是史诗中的道路和目标都是确定的，而且坚信这个目标一定能够达到。小说不直接规定出目标和道路，小说中的主角最终所寻求和达到的目标可能会使他和读者感到完全惊异或失望。在小说中不像在史诗里那样，对真实存在的关系或伦理必然性有明确的认识，而只有一种既与客观世界又与规范世界不一致的精神现实。

在《小说理论》中，卢卡契提出了小说形式的类型学。他认为小说有两种基本类型，主人公的心灵"或者比外部世界更狭隘，或者比外部世界更宽广"。在第一种情况下，产生的是细致描写行为、但缺乏心理活动描写的小说，如塞万提斯的《堂·吉诃德》，他称这部小说是世界文坛上第一部伟大的小说；在第二种情况下，产生的是一部描写行动少但却有大量心理活动描写的小说，如福楼拜的《情感教育》，他把歌德的《威廉·迈斯特》看做是这两种类型的结合，托尔斯泰的小说胜过

---

① 《关于卢卡契哲学美学思想论文选译》，中国社会科学出版社，1985年，第66页。
② 同上书，第66页。

了史诗，他创造了现实史诗的断片。

卢卡契在《小说理论》中通过论述史诗向小说过渡的历史必然性，预言了小说在更高层次上回归于史诗的人与自然的和谐。卢卡契在小说理论中明显地表现了对资本主义制度的谴责和文化批判的精神，这部著作写于第一次世界大战中，他说："《小说理论》把整个时代描绘成为绝对罪孽的时代。在道义上，我认为整个时代应受到指责，艺术由于反对这个时代应受到赞扬。""托尔斯泰和陀思妥耶夫斯基向我们表明了文学能怎样被用来彻底地谴责整个制度。他们的著作中根本不谈资本主义有这个那个缺点，在他们眼中，整个制度都是不人道的。"① 由于当时卢卡契还不是一个马克思主义者，所以他说："比《小说理论》抗议更多的任何东西，当时对我来说是不可能的。"②

四、《审美特性》——美学的总结

1963年，卢卡契的美学巨著《审美特性》出版。这部著作是卢卡契50年探索的结晶，是他的美学理论的高峰和集大成著作。《审美特性》原定为他的三卷本《美学》的第一卷，原定第二卷为《艺术作品与审美态度》，第三卷为《艺术是一种社会历史现象》，后因转入《社会存在本体论》的写作，后两卷未能完成，但《审美特性》仍是一部独立的、系统的马克思主义美学著作。

卢卡契在《谈话录》中指出，《审美特性》的中心问题是探讨"审美在人类精神活动构架中的地位问题"。他在书中提出了社会存在和艺术存在本体论的思想。他指出，不论什么人都是从日常生活开始自己的活动，"人们的日常生活既是每个人活动的起点，也是每个人活动的终点。"③ 社会存在作为本体就是人在日常生活中的态度，是第一性的，审美意识作为社会意识，只能是社会存在的能动反映。本体既不是纯粹的客观生活，也不是纯粹的主体—人，而是主体与客体的统一，甚而是以主体为基础的统一，这就是卢卡契提出的主观辩证法。

《审美特性》借用列宁的反映论思想，从日常生活中的反映入手，区分出日常实践的、科学的和审美的三种不同的反映方式。日常实践的反映是科学的和审美的反映的基础。科学反映和审美反映的区别在于前者的非拟人化和后者的拟人化倾向。"拟人化和非拟人化的区别正在于：究竟是从客观现实出发把现实本身所具有的内容、范畴等提高到意识中，还是由内部向外部，由人向自然界的一种投射。"④

卢卡契通过对巫术活动的分析，阐述

① 《卢卡契自传》，第80页。
② 同上书，第29页。
③ 卢卡契：《审美特性》第一卷，中国社会科学出版社，1986年，第1页。
④ 同上书，上海译文出版社，1987年，第170页。

了审美的历史形成。在巫术活动中，人们在创作和感受巫术模仿的形象时，人们的注意力由现实生活本身转向对现实生活的反映上。因此，模仿对象通过它的形式实现了与现实生活的分离，从而获得了一种新的特性，它不再是现实，而是现实的映象，即以单纯形式表现出来的形象。这是审美反映形成的重要条件。巫术模仿的主观意图是影响自然力，而客观效果却激发着人的思想感情，两者的矛盾正是审美由巫术分化出来的起因。

在审美的主客观关系上，卢卡契认为，一方面审美是以人为中心的，是以个体感受的方式对人类自我意识的体验，艺术是人类自我意识最适当的和最高的表现方式。另一方面，在个体的形象中，也包含着人类的典型，对象的偶然性联系被提高到必然性的高度。艺术是客观性和倾向性的统一。

"特殊性"是哲学的一个范畴，卢卡契把它借来并把它发展为审美的结构本质。在《审美特性》中，他使用了普通性、特殊性和个别性三个范畴，认为它们是客观现实各种对象之间的关系和联系的本质标志。特殊性不仅是由个别性通向普遍性或由普遍性通向个别性的道路，而且是普遍性和个别性必要的中介。这种中介不仅是简单的连接环节，而且具有独立的意义。

在审美中，既不能脱离现象的个别性，又必须包摄本质的普遍性；既要使主观的感受不再是一种特称判断，又要对客观事物的反映融合着人的情感。艺术作品要成为人的内在心理与外在世界的有机统一，这种内在和外在的统一，现象与本质的统一，正是特殊性范畴的主宰，也正是审美的拟人化本质。

卢卡契在《审美特性》中用大量的篇幅讨论"模仿"问题。他认为模仿是艺术的决定性源泉。各种反映——不论是科学的抽象形式，还是艺术的形象形式，"它们终究只是对同一种现实反映的不同方式而已。"① 他指出，模仿无非是把现实的一种现象的反映移植到自身的实践中。对于动物来说，依靠模仿把类的生存所不可或缺的经验维持和传递下去，模仿是适应环境和支配自己活动的重要手段。对于人来说，模仿不仅是生活中的基本事实，也是艺术活动的基本事实。审美的形成是与对被反映事物进行模仿的固定分不开的。审美所由以产生的巫术就是人类最新的较系统的对自然和劳动过程的模仿。

模仿是一个古老的概念，从古希腊的亚里士多德开始，在西方，模仿说形成了一个很强大的美学传统。但卢卡契的模仿说与亚里士多德不同，他肯定了模仿中的主观成分，并努力去揭示艺术中主观因素

---

① 卢卡契：《审美特性》第 1 卷，中国社会科学出版社，1986 年，第 294 页。

与客观因素的辩证关系。他认为，审美的主观因素表现在拟人化特征中，审美是以人为中心的，是以个体感受的方式对人类自我意识的体验。艺术除了包含再现成分外，总是包含着人的主观态度的，是客观性和主观性的统一。卢卡契的模仿说成为他的现实主义反映论的核心。

卢卡契在长期的美学探索中形成了系统的现实主义文艺理论。他认为现实主义不仅是一种创作方法，而且还是一切有价值的伟大的作品的基础，形成了"伟大的现实主义"文艺理论，他被美国当代著名文艺理论家韦勒克列为当代西方四大批评家之一。他还为了维护现实主义，同布莱希特、布洛赫等人就表现主义等现代艺术问题展开论战，这场论战被称为"马克思主义美学史上继济金根之争后最重要的一次论战"。

卢卡契的一生对马克思主义和为建立系统的马克思主义美学进行了辛勤的探索，有成功，也有失误，即使在现在，也众说不一，尚无定论。但无疑他是战后马克思主义和"西方马克思主义"最重要的美学家和理论家，他为我们研究和发展马克思主义美学提供了丰富的成果和宝贵的经验。

第三节　葛兰西：对意大利未来文化—社会的设计

一、生平和思想

安东尼奥·葛兰西（Antonio Gramsci,

1891—1937）是国际工人运动的杰出战士，马克思主义理论家和文学批评家。他生于意大利的撒丁岛，幼年时由于家境贫穷做过多年杂工，中学毕业后因获得都灵大学奖学金而于1911年入大学学习语言学、历史和哲学。1913年，葛兰西加入意大利社会党，在第一次世界大战中开始为社会主义报刊《前进报》等撰写文章。俄国十月革命和列宁主义的思想对葛兰西的理论和实践都产生了很大的影响，他积极从事工人运动，并在1919年与陶里亚蒂等创办了《新秩序》周刊，宣传社会主义思想，他自己也成为社会主义运动的领导人。1921年，葛兰西等人同意大利社会党的改良主义者和中派决裂，并建立意大利共产党。1922—1923年间，他作为意共在共产国际执行委员会的代表居住莫斯科，1924年返回意大利并被选进议会。同年6月，共产党人同其他反法西斯团体一起退出议会，1926年11月，他提出组织统一战线以恢复民主、反击法西斯的主张，赢得党内大多数的拥护。1926年11月，意大利法西斯政府逮捕了葛兰西，并于1928年6月判处他20年徒刑。他相继被监禁于许多城市，在一段时间以后才被允许写信和接受书籍。在狱中，在他的精神、肉体备受折磨因而健康状况很差的条件下，葛兰西把自己的全部精力用于阅读和写作，狱中10年，葛兰西写下两大卷《狱中书信》（*Letters from Prison*）和《狱中札记》（*Prison Notebooks*）。

1937 年，葛兰西在狱中病情恶化，他的好友斯拉发在英国组织声援葛兰西的国际委员会，高尔基、罗曼·罗兰、巴比塞等著名人士参加该委员会，英国坎特伯雷大主教也出面呼吁，要求释放葛兰西，在国际压力下，意大利法西斯当局把他转到罗马就医，并作出了至 1937 年 4 月 21 日满刑的减刑裁决，由于他备受摧残，治疗无效，于 1937 年 4 月 27 日逝世，终年 46 岁。

葛兰西为无产阶级的解放事业奋斗终生。在狱中极其艰苦的条件下，以惊人的毅力写下 32 本 2848 页的《狱中札记》。它是一部现代政治思想方面非常丰富多彩的著作。《狱中札记》内容广泛，思想深刻，涉及了极为广泛的理论问题，诸如历史唯物主义和其他的哲学问题，意大利的历史、教育、文化、知识分子、妇女地位问题，以及阶级和阶级斗争、工人阶级政党、建立社会主义国家等问题。西方有些人之所以会认为葛兰西开拓了适用于发达资本主义条件下的新马克思主义理论，一个重要的原因就是因为这个主题以系统的分析贯穿于《狱中札记》的片段和评论之中。

在《狱中札记》中，葛兰西提出了一个重要的概念："实践哲学"。《狱中札记》是在极端恶劣的环境中写下的，为了避免监狱当局的检查，葛兰西不得不避免使用一般通用的马克思主义术语，而用特定的名词来代替它们。例如："现代君主"（党）、实践哲学（历史唯物主义、马克思主义）、社会集团（阶级）、国家—力量（无产阶级专政）等。但是，从根本上讲"实践哲学"是经过葛兰西改造过的马克思主义，具有"西方马克思主义"色彩。

葛兰西把自己的实践哲学也称为"实践的一元论"。他说："（对于马克思主义者说来）'一元论'这个术语有什么意义呢？当然不是唯物论的一元论，或者唯心论的一元论，而是具体的历史行为中的对立物的同一性，换句话说，就是与某种有组织的（历史化的）'物质'、人所变革的自然不可分割地结合在一起的具体意义上的人的活动（历史—精神）。"

实践哲学绕开马克思主义的唯物主义前提，认为世界的统一性并不在于物质及其运动中，而是在于实践，即人的意志（上层建筑）与经济基础之间的关系。由于它强调具有人的意志目的的实践，由此形成一种人本主义的世界观。它突出人的主体地位，把世界的本质、历史的规律放在人的主观性、人的意志方面来理解，认为历史的发展是由人类的意志来描述的，不是世界本身就具有必然性，而是人形成了"信念和思想"的"成见"，即意志、意识、目的以后，本来是客观的规律才得以存在。

葛兰西还认为，意识形态与经济基础并不存在第一第二之分，不存在决定与被决定的关系，意识形态具有同物质力量同等的活力，它是一种明确的思想体系，一种表现在艺术、法律、经济活动以及个人和集体生活现象中的世界观。它不是纯粹思辨的理论，而是具有灌输思想和左右人们行为倾向的能力。因此，意识形态就成为各种社会事件的根源，成为历史发展的动力。

实践哲学在一定程度上反映了西方哲学在发展过程中对人的自我认识的重视和深化。但是把世界的基础放在主体意志方面，忽视或否定客观世界的物质性是世界人类的前提，没有始终把握住唯物主义的立场，同时单纯强调意识形态对世界历史、对革命的决定作用，有相当大的片面性。

二、《狱中札记》：系统的"民族—人民"的文学理论

葛兰西的实践哲学的核心是对资本主义社会进行文化批判和意识形态批判，针对资本主义社会中的全面异化、商品拜物教，葛兰西引入了"卡塔西斯"作为改造社会的方式。他说："术语'卡塔西斯'可以用来表明从纯粹经济的（或感情的—利己主义的）因素向道德—政治的因素的过渡，也就是向更高地改造经济基础成为人们意识中的上层建筑的过渡。""这样一来，据我看，'卡塔西斯'因素的确定就成为全部实践哲学的出发点；卡塔西斯过程是与完成每一个辩证发展阶段的综合的链条相吻合的。"[①] 所谓"卡塔西斯"（katharsis）

是希腊语"净化"的意思，它是由亚里士多德在论述悲剧的审美效果时提出的审美范畴。他认为悲剧的作用在于借引起怜悯和恐惧来使这种感情得到净化。葛兰西把"净化"引申到社会政治领域，认为在物欲压倒一切的资本主义社会，必须对它进行全面的文化批判，净化人的物欲，在伦理学上达到人的道德的完善和提高，实现人的自由和解放。

葛兰西认为，在整个社会的净化过程中，文学起主要的作用。这种文学不是传统的意大利文学，而必须是新型的"民族—人民"的文学。

"民族—人民"的文学是葛兰西文艺思想的核心，也是他对意大利未来新型文化—社会的设计的重要组成部分。在《狱中札记》中他详细地论述了他的"民族—人民"的文学理论。

葛兰西指出："在许多语言中'民族的'与'人民的'是同义词，或者差不多是同义词。"而在意大利，"'民族的'一词有很狭隘的意识形态意义，但无论如何，和'人民的'一词不相符合，因为意大利知识界远离人民，即是远离'民族'，而且正好相反，他们是和等级制度相联系，这种传统从来没有被下层强大的政治的人民运动或民族运动所打倒。"[②] 因此新文学应

---

① 葛兰西：《狱中札记》，人民出版社，1983年，第51—52页。
② 同上书，第472页。

当把全民族文学统一的基点放在人民之上，形成既是民族的，又是人民的文学。

首先，葛兰西提出意大利马克思主义的任务之一是建立新型的"民族—人民"的文学。意大利有着悠久的历史文化，但是它"从来不曾有过，现在依然没有民族—人民的文学，包括小说和其他艺术形式。"① 意大利的知识阶层完全脱离人民—民族，无力反映人民的理想和要求，因此意大利马克思主义的任务就是要把文学放在民族—人民的基础上，实现人民的精神解放。针对当时意大利精神生活中存在着对法国精神生活的模拟性，英法报刊连载小说充斥意大利报刊的现象，葛兰西明确反对一种所谓"世界主义"的文学传统，"民族—人民"文学要反映人民的深沉愿望，表现民族特性。而意大利资产阶级文化失败的原因，在葛兰西看来，是因为"他们没有承担教育和培养人民—民族的思想和道德意识的历史任务，他们未能满足人民的精神要求，因为他们不曾代表一个世俗文化，无力建立一个现代的、能够被最没有文化教养和最不文明的阶层所接受的'人道主义'，而从整个民族看来，这曾是必要的。"②

其次，实现"民族—人民"文学的关键是建立一支新型的作家队伍。葛兰西认

为，"民族—人民"文学在意大利一直不存在的原因在于整个"有教养的阶级"和它的精神活动完全脱离了人民—民族，按照他的设想，建立新的"民族—人民"文学，是建立一种新的关于生活与人的观念，这种职能必须由从事文学工作的专门知识分子——作家来担任。这新型的作家要用其作品唤起新的思想方式，塑造新的人性、人格。而这种新型作家队伍是不能人为地造就的，它的产生必须走同人民相结合的道路，接受革命实践的洗礼。

第三，通俗文学在"民族—人民"文学的建设中占有重要地位。葛兰西认为，通俗文学是新文学极其重要的组成部分。革命是一场总体的文化批判，也是总体的文化建设。旧的社会关系往往通过通俗文学的渠道来维系其统治地位，建设新文学存在着批判旧的通俗文学、建设新的通俗文学的问题。他认为：通俗文学表明了时代哲学是怎样的哲学，即在"沉默的"群众中间什么样的感情和世界现在占主导地位。通俗文学有时是了解时代思想动向的唯一标志。"'大众文学'问题，即是发表在'副刊'上的（惊险、侦探、'黄色'等）文学在人民大众中享有的成就问题——电影、杂志有助于这种成就。而所有这样的问题，代表着新文学问题的大部分，

---

① 《文艺理论译丛》，第 1 卷，第 124 页。
② 同上书，第 125 页。

因为它是智力与道德革新的表现：要知道只有从'副刊'文学的读者中才能选拔造就新文学文化基础必要的和足够的公众。"① 因此，"民族—人民"文学必须致力于通俗文学的建设。

葛兰西除了对"民族—人民"文学进行总体设计外，还对艺术的特殊性、特殊规律作了可贵的探索。在艺术与政治的关系问题上，葛兰西借鉴了意大利美学家克罗齐的思想，认为艺术有其独立的社会功用和特殊性，艺术不是功利的活动，也不是道德的活动。"艺术就是艺术，而不是预先安排和规定的政治宣传。"② 同时他又注意从政治的角度研究艺术，即注意艺术品的思想感情，"有两种事实：一种是属于纯粹艺术的美学方式，另一种是属于文化政策的即是仅仅属于政治的美学方式。"③ 艺术就是纯粹艺术的美学方式和政治的美学方式的有机结合。

与上述观点相联系，葛兰西提出了政治斗争、思想批评和艺术批评三结合的批评方法。他说："实践哲学的文学批评，必须以鲜明炽烈的感情，甚至冷嘲热讽的形式，即争取新的人道主义的斗争，对道德情感和世界观的批评，同美学批评或纯粹

的艺术批评和谐地冶于一炉。"④ 恩格斯在《卡尔·格律恩〈从人的观点论歌德〉》一文中曾提出马克思主义的批评方法是美学的观点和历史的观点相结合，葛兰西把"历史的观点"又分为政治内容和思想内容，并把它们作为批评的标准，也许能更为准确地评价艺术作品。

在《狱中札记》中，葛兰西列专条论述了内容与形式的关系。他认为，内容和形式是有机统一的，但又是有区别的。"假定说，内容同形式是二位一体、不可分割的，这还不意味着内容和形式之间毫无区别可言。"⑤ 内容和形式是有区别的，但它们又统一在艺术作品之中。葛兰西的这个观点是针对克罗齐的。克罗齐认为，艺术无所谓内容，艺术即直觉即表现，表现形式是艺术的全部内涵。葛兰西认为，内容是艺术作品的不可缺少的部分，内容是特定的文化、特定的世界观的表现，具有社会意义。他说："不妨说，谁坚持'内容'，事实上他就为争取特定的文化、特定的世界观，反对另外的文化、另外的世界观而斗争。"⑥ 内容决定形式，形式也有独立性，有它的历史继承性，因此不能把内容

---

① 葛兰西：《狱中札记》，人民出版社，1983年，第465页。
② 同上书，第461页。
③ 同上书，第462页。
④ 同上书，第457页。
⑤ 《文艺理论译丛》，第1卷，第114页。
⑥ 同上书，第114页。

对形式的决定作用绝对化。"可不可以说内容优先于形式呢？可以就如下的意思说：艺术作品是一个过程，并且内容的变化也是形式的变化；但谈内容比谈形式容易得多，因为内容在逻辑上能够被'总结'起来。"① 对内容与形式的关注是马克思主义美学和西方马克思主义美学的共同点，但西方马克思主义美学更侧重于研究艺术形式问题，这既表现了它与传统马克思主义美学的区别，也反映了它受当代西方科学美学思潮的深刻影响。

葛兰西的哲学思想和美学思想为"西方马克思主义"定下了主旋律，即对当代资本主义进行"文化批判"，一个阵地一个阵地地夺取资产阶级在意识形态和文化上的领导权；另一方面，要建立新型的文化—社会。在新文化的建设中，艺术和艺术家有不可推卸的责任，新型的艺术家和艺术必然产生于无产阶级在争取经济和意识形态的解放的伟大运动中，葛兰西认为："运动要产生新艺术家。新的社会集团以前所未有的自信心，以领袖、领导者形式登上历史舞台时，不能不从自己个体内部出现，而这种个体前此还没有找到足够的力量，以便在确定的方向表现自己。"②

葛兰西提出的"文化批判"的战略，对资本主义社会的意识形态具有一定的冲击作用，但也应该看到，葛兰西把资本主义社会的一切实践问题都归结为文化问题，把文化置于高于实践、高于政治革命的地位，与马克思主义的社会革命理论有根本的分歧，葛兰西的方向也是"西方马克思主义"的方向，事实也证明，文化批判对资本主义社会的批判也是有限的。

第四节　法兰克福学派

一、法兰克福学派的产生、演变及其主要理论观点

法兰克福学派是"西方马克思主义"中影响最大、持续时间最长的一个流派，它开辟了学院式研究马克思主义的先河。

法兰克福学派这个名称，来源于德国莱茵河畔的法兰克福城的"社会研究所"，该所 1923 年成立，它的建筑物和基金由一位富裕的谷物商提供，形式上隶属法兰克福大学。"社会研究所"的基金提供者在向法兰克福大学提交的《关于创建社会研究所的备忘录》中提到，研究所的宗旨是"在总体性上认识和理解社会生活"。所谓"总体性"是指从经济基础到制度和观念的上层建筑。备忘录强调，研究所的工作要"独立于政党—政治的考虑之外"来进行。

1923 年底，格律恩（Carl Grünberg，1861—1940）出任"社会研究所"首任所

---

① 葛兰西：《狱中札记》，人民出版社，1983 年，第 466 页。
② 同上书，第 459 页。

长，出版《社会主义和工人运动史文库》杂志，兼收并蓄东西方马克思主义的文章。1930年，霍克海默（Max Horkheimer，1895—1973）继任社会研究所所长，在就职演说中，他要求把"社会哲学"的研究摆在中心地位，就是说，要求同资产阶级社会学对资本主义社会研究方向的片面专业化相对抗，从哲学和社会学的角度对现代资本主义社会的整体进行跨学科的综合研究。在为《社会研究杂志》（1932）创刊号所写的前言中，霍克海默把"社会哲学"的研究任务进一步具体化，提出"要在研究历史和现状的过程中，把哲学理论和经济理论结合起来，用以研究社会和个人的问题，要把经验的研究统一到社会哲学中去，以开创一种'新型理论'（社会批判理论）的任务。"[①] 为此，他集合了一批哲学家和社会学家，最著名的有马尔库塞、阿多尔诺、本雅明、弗洛姆等人。当法西斯势力在德国得势时，社会研究所迁往美国，1949—1950年，受西德政府邀请，该所又迁回西德。60年代末在西方的工人和学生运动后，由于政治观点的分歧，该所开始分裂瓦解，但法兰克福学派的理论现在在西方依然影响很大。

使法兰克福学派闻名于世的是它的"社会批判理论"。开始，他们并未使用"社会批判理论"这一名词，而是以"唯物主义"自称。1937年，霍克海默在《社会研究杂志》上发表《传统理论和批判理论》一文第一次使用"社会批判理论"，并把它当做"马克思主义"的代名词。"社会批判理论"认为，科学技术的发展已使资本主义社会进入了晚期，革命的变革首先不是社会政治和经济制度方面的变革，而是文化的变革、意识形态的变革、心理的变革。革命的方式不再是推翻政权的暴力革命，而是爱的说教，进行一场人自身的审美革命。通过审美教育，净化心灵，获取自由。革命的基本力量已不再是无产阶级，而是持不同政治观点的知识分子和激进的学生，因为无产阶级已经被同化、融合到资本主义制度的维护者的营垒中去了。

社会批判理论是作为一种旨在推翻现存社会秩序的否定理论而出现的，正如该理论创始人霍克海默所说："批判理论除生来就对废弃社会不公正感兴趣外，没有什么特别的要求。"[②]

法兰克福学派对资本主义社会进行了系统的分析。该派主要理论家马尔库塞在其一系列著作中，对第二次世界大战以后的资本主义作了精辟的分析。他提出了"单向度"（one dimension）的概念。马尔库塞认为，发达工业社会一切都变成了单

---

① 徐崇温：《"西方马克思主义"》，天津人民出版社，1982年，第304—305页。
② 同上书，第317页。

向度，人成了单向度的人，丧失了批判、否定和超越的能力，这样的人不仅不再有能力去追求，甚至也不再有能力去想象与现实生活不同的另一种生活。现代文明使人无论在政治和经济中，还是在科学和技术中，以及在哲学和日常思维中都只有一个方面，而没有第二个方面，就是创造性的社会批评的唯一原则——否定的和批评的原则，也就是把世界的现状和由哲学的规范概念所揭示的真正的世界相对照，使我们能够理解理性、自由、美和生活的欢乐等的习惯。

法兰克福学派的社会批判理论，其核心是意识形态批判、文化批判。他们对资本主义社会的文化和艺术作了更细致的研究。霍克海默和阿多尔诺在《启蒙的辩证法》中提出"文化工业"的概念。他们认为，"文化工业"操纵了资本主义社会的意识形态，使资本主义文化、艺术也被异化了。"文化工业"所关心的不是艺术的审美功能和批判社会的功能，而是作品的上座率、发行量等直接的经济效益。它表面上是为人们提供娱乐和消遣，成为人们暂时逃避生活责任和单调乏味劳动的精神避难所，而实际却不断巩固现存的社会秩序，它使大众用一种消极娱乐的方式去欣赏，而不进行自己的思索。因此，必须重建否定性的艺术，进行审美教育，唤起人们的自我意识和否定思维，实现人的解放。

法兰克福学派所建立的一系列理论，在有些方面确实揭露了当代资本主义社会的某些实质，它对资本主义采取激烈的否定态度，对于认识资本主义的本质有一定的借鉴作用。但是，他们的某些观点实际上已经脱离甚至反对马克思主义的观点。他们认为工人阶级已经同资本家共同富裕，已被同化的结论，既不符合资本主义社会阶级力量的实际情况，也从根本上否定了历史唯物主义的基本原理，取消了工人阶级作为革命力量的历史使命，这是他们与马克思主义的根本分歧。他们提出的对未来社会的美学式的设计，也纯粹是现代乌托邦的幻想。

法兰克福学派由于形成了特有的文化批判理论，他们对美学、艺术问题十分关注，有的形成较系统的理论，但他们的观点并不一致，甚至存在重大分歧。重要的美学家有马尔库塞、阿多尔诺、本雅明。现分别介绍。

二、马尔库塞：自主的艺术对现实的超越与变革

马尔库塞（Herbert Marcuse, 1898—1979）是法兰克福学派影响最大的理论家。1898年7月19日生于柏林一个犹太人的家庭。1917—1919年，加入德国社会党左翼，后因党内意见分歧而退党，就学于柏林大学和弗莱堡大学，在存在主义哲学家海德格尔的指导下攻读哲学，1923年获博士学位，此后做海德格尔的助手，后来由于海德格尔政治上和思想上的右倾和日趋

保守，师生二人终于分道扬镳。30 年代参加法兰克福社会研究所，希特勒上台后，随研究所迁往美国避难，继续从事哲学和社会学方面的研究，1940 年加入美国国籍，50 年代，社会研究所迁回德国，马尔库塞留在美国，在各大学任教，1970 年退休并成为加利福尼亚大学退休荣誉哲学教授，1979 年在西德讲学时病逝。

马尔库塞一生著述甚丰，主要哲学、美学著作有：《理性与革命》（*Reason and Revolution*，1941）、《爱欲与文明》（*Eros and Civilization*，1955）、《苏联马克思主义》（*Soviet Marxism*，1958）、《单向度的人》（*One Dimensional Man*，1964）、《否定》（*Negations*，1968）、《论解放》（*An Essay on Libration*，1969）、《反革命与造反》（*Counterrevolution and Revolt*，1972）、《作为现实形式的艺术》（*Art as Form of Reality*，1972）、《论艺术的永恒性——马克思主义美学探源》，后改名为《审美之维——马克思主义美学批判》（*The Aesthetic Dimension*：*Toward a Critique of Marxist Aesthetics*，1977）等。

作为法兰克福学派理论家，对社会进行总体性的文化批判是马尔库塞的主要方向。由于这个原因，他对艺术问题、美学问题特别关注，在一系列著作中，他从文化批判的角度论述了一系列的美学问题，最后的美学著作《审美之维》是他一生美学思想的总结。

在《审美之维》的开篇，马尔库塞把流行的马克思主义美学观点总结为六点，并试图进行纠正。其中一点就是对艺术与物质基础、艺术和生产关系之间的辩证关系提出质疑。他认为，艺术是一个自主的领域，不能依赖于生产力、生产关系这些外在于艺术的经济基础的制约和规定，也并不屈从于特定的社会阶级的利益和观念。他说："美学形式、自主性和真实性是相互关联的。每一项都是一个社会—历史的现象，每一项都超越了社会—历史的舞台。虽说后者限制了艺术的自主性，它却没有否定作品所表现的超历史的真实。艺术的真实性在于它有力量打破现成事实（确立现实的人们）解释何谓真实的垄断权。这种决裂正是美学形式的成就，艺术的虚构世界正是在这种决裂中显得同真实的现实一样。"① 在马尔库塞看来，艺术有特定的对象、领域，这就是产生于社会现实但却与之对立的人的自身、人的内心世界。艺术的任务就是在主观与客观、社会存在与实践的一切范围内，解放人的感觉、想象和理智，形成与任何既定的传统的价值观念相决裂的新的感受力，来粉碎异化现实

---

① 《西方马克思主义美学文选》，漓江出版社，1988 年，第 254 页。

对人的奴役。① 艺术还要对在现代文明社会中受到压抑的性爱承担义不容辞的肯定义务，这种性爱是"生命本能在其反抗本能压迫和社会压迫的斗争中对自身的深刻肯定"，"艺术的永恒性，它在历史上经受千年毁灭之虞而不朽，证明了这项义务。"②

　　这种外在于经济基础和阶级斗争的自主的艺术，是对既存现实的否定，是在异化现实中被扭曲的灵魂的归宿，这样，艺术作为人的心理结构本能的自由形式，就成为人类解放的形式。因此，如果现实取得了艺术的形式，那么，社会就成了一个自由的消灭了异化的现实。这一观点，马尔库塞在《作为现实的形式》一文中作了详细的论述。他说："艺术的实现，即'新艺术'，只有作为建造一个自由社会的过程时才是可信的——换句话说，只有艺术作为现实的形式时，才是可信的。"③ 使艺术成为现实的形式，并不是要美化既成的现实，而是要建造一个完全不同的与既定现实相对抗的现实，把艺术自律变成现实生活的内容和本质，这是马尔库塞以美学改造社会的设想。同时，作为现实形式的艺术不是固定不变的，它将是创造性的，既是精神意义上的，同时也是物质意义上的

一种创造，"是总体的环境重建中技术与艺术的接合点，是最后从商品化的剥削和美化的恐怖中解放出来的城市与乡村和工业与自然的接合点。"④ 这样，艺术才能成为克服异化现实的自主的艺术。

　　自主的艺术既然是改造现实的力量，因此艺术就存在着超越现实的政治潜能。在《审美之维》的引言中，他说："这个命题的意思是，文学并不因为它为工人阶级或为'革命'而写，便是革命的。文学只有从它本身来说，作为已经变成形式的内容，才能在深远的意义上被称为革命的。艺术的政治潜能仅存在于它的美学方面。""艺术品越带有直接的政治性，便越是削弱了疏隔的力量，缩小了根本的超越的变革目标。在这个意义上说，波德莱尔和韩波的诗，比起布莱希特的说教剧可能更富于破坏性的政治潜能。"⑤ 在这里，马尔库塞提出了艺术的政治潜能与美学形式的关系也就是艺术的内容和形式的关系问题。他认为艺术品的政治潜能存在于艺术品的美学形式中，存在于内容向形式的转化之中，这种转化是一种"美学转化"。美学转化的过程是对现实的整合的过程，现实的材料按照艺术形式的要求被赋予了新的形式和

---

① 马尔库塞：《现代美学析疑》，文化艺术出版社，1987年，第47页。
② 马尔库塞：《审美之维》，转引自《西方马克思主义美学文选》，第260—261页。
③ 蒋孔阳主编：《二十世纪西方美学名著选》（下），复旦大学出版社，1988年，第436页。
④ 同上书，第437页。
⑤ 《西方马克思主义美学文选》，漓江出版社，1988年，第253—254页。

新的秩序，直接的内容要风格化，"素材"要重新加以定型和整理，使之符合艺术形式的要求，"艺术产生于既定现实而且为了既定现实，艺术用美与崇高、庄严与快乐把既定现实装备起来之后，它就同这一现实相分离，并使自己面对另外一个现实。"① 艺术对现实的"升华"又称为"艺术的异化"，正是通过对既成的异化现实的"异化"，艺术才达到了超越现实、变革现实、实现人的解放的目的。

马尔库塞的美学理论作为他的文化批判、意识形态批判的一部分，作为流行的对马克思主义美学的庸俗阐释的反拨，自有他的理论价值。他对艺术的意识形态的本质、艺术与经济基础的关系、艺术同上层建筑其他领域的关系都作了有益的探索，但是作为法兰克福学派寻求社会解放总体理论的一部分，它同马克思主义的历史唯物主义有根本的分歧，许多论者认为，马尔库塞等人为社会解放设计的道路是纯粹的乌托邦的幻景，但是，他们并不是没有认识到这种局限。在《审美之维》中，马尔库塞作了这样的解释："在悲惨的现实只能通过激烈的政治实践来加以变革的情况下，从事美学研究是需要解释一下的。这样来从事美学研究即退却到一个虚构的世界，现有环境只能在一个想象的领域加以

变革和克服，其中必然包含令人绝望的因素，否认这一点是愚蠢的。"② 他们从事美学研究是严格地限定在纯意识形态范围内的，美学研究不能影响激烈的政治实践，但可以影响参加实践的主体的意识，这是它的意识形态性质所决定的。"西方马克思主义"的主要特点之一是面对不同于马克思时代的社会现实进行理论探索，如果否认"西方马克思主义"对意识形态批判的局限的认识，就会对"西方马克思主义"产生简单化的认识，这也不利于发展我们的马克思主义美学。

三、阿多尔诺：艺术——对绝望的拯救

阿多尔诺（Theodor Wiesengrund Adorno，1903—1969）是法兰克福学派的著名哲学家、社会学家、美学家。1903年9月11日出生在法兰克福城的一个酒商家里，1924年在歌德大学学习作曲和进行音乐研究，以《论埃德蒙德·胡塞尔》的论文获博士学位，1934年在法兰克福大学任教，两年后迫于法西斯当局对犹太人的迫害而流亡英国，1938年应霍克海默尔之邀，前往美国哥伦比亚大学法兰克福社会研究所工作。第二次世界大战后和该所一起迁回联邦德国，任该所哲学和社会学教授。1953年起任该所所长，晚年一度卷入激进学潮的矛盾之中，遭到青年学生的指

---

① 蒋孔阳主编：《二十世纪西方美学名著选》（下），复旦大学出版社，1988年，第429页。
② 《西方马克思主义美学文选》，漓江出版社，1988年，第254页。

责和抗议，并于 1969 年 8 月 6 日在忧郁中去世。

阿多尔诺的著作涉及哲学、美学、社会学，他特别注意音乐美学的研究，主要著作有：《启蒙的辩证法》（*Dialectic of Enlightenment*，1947）、《新音乐哲学》（*Philosophy of Modern Music*，1949）、《多棱镜》（*Prisms*，1955）、《否定辩证法》（*Negative Dialectics*，1966）、《音乐社会学导论》（*Introduction to the Sociology of Music*，1968）、《美学理论》（*Aesthetic Theory*，1970）等。

阿多尔诺的美学理论以法兰克福学派的文化批判理论为出发点，从较早的《启蒙的辩证法》到有关音乐的论著直到晚年的《美学理论》，贯穿始终的两个主题便是对大众文化的批判和对现代艺术的弘扬。

作为法兰克福批判理论的代表人物，阿多尔诺的美学思想是马克思对资本主义社会批判的某种延续。在《启蒙的辩证法》中，阿多尔诺通过对近代欧洲文艺复兴以来的文化透视，开始建立他的文化批判理论。阿多尔诺认为，文艺复兴以来的思想启蒙运动，使人摆脱了自然的束缚，发展了人控制支配自然的权利，发展了工具理性。工具理性一方面带来了欧洲的繁荣，另一方面也带来两个可怕的后果，就是对人的内在自然的限制和人对外在自然的破坏。现代社会中人的异化和两次世界大战的血淋淋的事实，摧毁了工具理性所支撑的现代文明的神话，因此，必须建立一种"否定"的辩证法。

在《否定辩证法》中，阿多尔诺试图打破从黑格尔到卢卡契所形成的主客体统一的哲学传统，针对黑格尔哲学中的总体规范，他提出"一贯意义上的非同一性"原则。他认为主客体、个人和社会是无法同一的，主客体的同一就是社会对无法一致的个性的强制的一统化，是对无法调和的矛盾状态的表面的调和，因此，辩证法的内容应该永远是否定的，个性对总体表现为反叛、分裂和否定。

"反艺术"（anti-art），即否定的艺术，是否定的辩证法在艺术中的呈现。阿多尔诺认为，被资产阶级意识形态化了的文化工业，只生产出一种文化，这种文化与社会达到虚假的表面的同一，实质上是对现代不和谐社会的掩饰，是现代社会的谎言，"它不断地从它的消费者那里骗取它没完没了地许诺过的东西，它玩花招，弄手脚，无休止地延期支取快乐的约定的支票，这种允诺是虚幻的，实际上永远也无法实现。"[①] 因此，必须建立否定的艺术。阿多尔诺认为，艺术必须通过它的真理内涵体现对社会的批判性反思，撕破文化工业为现代社会设置的幻幕。他认为，以毕加索

---

① 《法兰克福学派的宗师——阿多尔诺》，湖南人民出版社，1988 年，"译序"第 11 页。

为代表的立体主义绘画，以贝克特为代表的荒诞派戏剧、卡夫卡的表现主义小说和勋伯格的无调性音乐等现代主义艺术，真正揭示了现实的本质冲突，它们不是在虚假的和谐中解决客观矛盾，而是通过它的内在形式中的纯粹和不妥协的矛盾，否定地表现和谐的观念，也正是在那种破碎的、死亡的和崩溃的艺术形式中蕴涵着对现实的拯救和反叛力量。

阿多尔诺早年曾学过音乐，因此在他的著作中有大量的有关音乐的论述，他对现代音乐的分析形成较系统的音乐社会学理论。阿多尔诺把贝多芬、瓦格纳和勋伯格看做现代音乐发展的三个阶段。贝多芬出现在高级资产阶级文化的英雄时代，他代表了资产阶级人道主义的最高阶段，代表了实践理性在感性关系中的最清楚的体现，代表了积极的主观性在客观音乐素材中的最伟大的实现，贝多芬使交响曲和弦乐四重奏达到了完美的统一。

贝多芬以后，随着资产阶级主体神话的破灭，以表现"能动展开的主体"的音乐高峰已成为历史。阿多尔诺认为瓦格纳代表了这种衰落。贝多芬的交响乐是连贯的总体化作品的范例，而瓦格纳的歌剧却缺少任何真实的发展原则或真正的主观性。瓦格纳发展了种种致幻技巧，但却放弃了音乐在时间的框架内进行的斗争，它意味着与无法控制的现实的妥协和音乐的衰落。

阿多尔诺认为，能拯救现代音乐的发展颓势、继承贝多芬那种用形式化的艺术语言诉说和反抗社会苦痛的精神的，是以勋伯格为代表的"新音乐"。勋伯格被看做是用音乐体现了否定的辩证法的艺术大师。勋伯格打破了整个西方音乐的有调和弦和声的传统，首创无调变奏的十二音体系，使不谐和音作为一个整体的诸片断而非偶然地出现。以勋伯格为代表的现代音乐是对传统音乐语言向商业堕落的反动，独立主体毁灭时的焦虑在无调性的不协和刺耳中得到了无情的表现，"十二音体系超出了美学技巧的领域，成为对社会集权的强烈抗议：在无可挽回的不协和音响里，一种永远无法驾驭的动力性不可遏制地企图前进；而在总体的构造内，这种动力性又永远无法逃避整体框架的范围。"①

阿多尔诺对现代艺术从马克思主义的角度作了较早的阐释，准确地抓住了现代艺术的美学原则。然而他对现代艺术的社会前途却忧心忡忡，他的哲学和艺术理论是以"否定"为基础的，从中很难看出任何希望的迹象，现代主义艺术只是"沉沦后余留下来的绝望的信息"，否定是无止境的，肯定的乌托邦是永远无法达到的。他说："已经不言自明的是，不论在艺术中还是在它对于总体的关系中，有关艺术的一

---

① 杨小滨：《阿多尔诺：最低限度的和谐》，见《文学评论》，1988 年，第 6 期。

切再也不是不言自明的了，连它的生存权利也不是。"① 同时，阿多尔诺的哲学是以反体系始，却以自成体系终，他的反体系原则最终变成了一种体系。欧文·沃尔夫特评论说："阿多尔诺日益缺乏自我终止的能力。……阿尔多诺没法不去巩固自己的财产。后来的哲学在前期哲学的基础上，倾向于无休止地玩弄花招，把其反体系的冲动引进一个封闭的体系，该体系就是在最宽松的时候，也有着它自身所诊断的病症。"② 阿多尔诺的哲学和美学一定程度反映了"西方马克思主义"的悲观主义思潮和理论上的困境。

四、本雅明：机械复制时代的艺术

本雅明（Walter Benjamin，1892—1940）是法兰克福学派的又一著名文艺理论家。他出生于德国一个富有的犹太人家庭，青年时代就学于弗莱堡、慕尼黑和伯尔尼，并积极参加激进的文学活动，以《德国悲剧起源》一文获博士学位，他与布莱希特、布洛赫交往甚密，并从他们那里开始接触马克思主义。1924 年在苏联导演拉西斯的影响下，进一步研究马克思主义，阅读了《剩余价值理论》，同时阅读了卢卡契的《历史与阶级意识》。本雅明逃往巴黎，法国沦陷后，他企图越境出逃，在逃往西班牙的途中被捕，被迫自杀。

本雅明的主要文艺论著有：《机械复制时代的艺术品》（*The Work of Art in the Age of Mechanical Reproduction*，1936）、《作为生产者的作家》（*The Author as Producer*，1934）等。

本雅明是以马克思在《剩余价值理论》中有关"艺术生产"的论述展开其艺术理论的。他把艺术品的制作过程看成是生产过程，把艺术家看做是生产者，艺术品是商品。他认为艺术的发展同物质生产的发展一样，受一定时代的生产技术的制约，这些技术是艺术生产力的一部分，一定的技术代表着一定的艺术生产的发展阶段。在艺术生产领域，也存在着生产力同生产关系的矛盾，生产关系就是艺术生产者同群众之间的社会关系，当生产关系同代表一定技术的艺术生产力发生矛盾时，就会发生艺术上的革命。艺术家不应毫无批判地接受现成的艺术生产力，而应该发展它，使它革命化，以建立新的艺术生产关系，从而把艺术变成人人都可以享受的东西。

基于"艺术是一种社会生产的形式"的观点，本雅明在他的一篇重要论文《机械复制时代的艺术品》中，探讨现代生产力的发展对艺术生产、艺术品的存在方式和美学原则的影响，他认为，艺术品的能否被机械复制是现代艺术和传统艺术的根

---

① 阿多尔诺：《美学理论》，转引自《西方马克思主义美学文选》，第 348 页。
② 《法兰克福学派的宗师——阿多尔诺》，第 207 页。

本区别。艺术品的机械复制同生产力的发展有关，艺术史在某种意义上是艺术品复制艺术的发展史。在论述机械复制的艺术品和非机械复制的艺术品的区别时，本雅明提出了"气韵"的概念。气韵是非全面复制的时代即19世纪以前的艺术品的基本审美标志，它来源于艺术品的非机械复制性。不能机械复制，或者说没有机械复制的艺术品是世界上独一无二的存在。他说："即使是艺术作品的最完善的复制物，也会缺少一种成分：它的时空存在，它在其偶然问世的地点的唯一无二的存在。艺术作品的这种唯一无二的存在，决定了它的历史。在它存在的全部时间里，它都是历史的主旋律。"[1]

本雅明认为，气韵被认为艺术作品的独一无二性同艺术的起源有关。最早的艺术作品起源于魔法仪式，而后是宗教仪式，仪式是艺术品的原始使用价值之所在，而在艺术的非机械复制时代对独一无二的艺术品的收藏使得这种仪式发展成为拜物的仪式。正是艺术品的机械复制才打破了对艺术品的"拜物教"，"机械复制在世界上开天辟地地第一次把艺术品从它对仪式的寄生性的依附中解放出来了。被复制的艺术作品在更大程度上变成了为了能进行复制而设计的艺术作品。"[2]

本雅明还从艺术的普及性角度来看待艺术品的全面机械复制。他认为，由于艺术作品被大量地复制出来，众多的摹本代替了独一无二的艺术品的存在，使原来只能被少数人观赏的艺术品恢复了活力，变成了人人在自己想观赏的任何地方都可以观赏得到的东西，现代艺术对传统艺术的扫荡，也就是艺术的解放，因此，"艺术的全部功能就颠倒过来了，它就不再建立在仪式的基础之上，而开始建立在另一种实践—政治的基础之上了。"[3] 艺术品的机械复制彻底打破了特权阶级对艺术的垄断，使艺术成为人民的精神产品，并且在艺术的制作领域开辟出自己的天地——电影艺术。本雅明认为，电影艺术使得艺术更贴近人民大众，它用艺术的展现价值取代了传统艺术的崇拜价值。电影对环境的多层次、多角度的拍摄，扩大了群众对生活的本质的理解力，这样更有利于人民的普遍觉醒和对现实社会的本质认识。

作为法兰克福学派的著名理论家，本雅明同阿多尔诺和马尔库塞不同，他不像他们那样认为科学技术是现实异化的根源，也不像他们那样贬低大众文化，他更注重于科学技术的发展对艺术普及的促进作用，在这一问题上，本雅明和葛兰西不自觉地

---

[1]　本雅明：《机械复制时代的艺术品》，转引自《西方马克思主义美学文选》，第241页。
[2]　《西方马克思主义美学文选》，漓江出版社，1988年，第247页。
[3]　同上书，第248页。

走到了一起。

第五节　存在主义马克思主义美学

20 世纪 30 年代，"西方马克思主义"在法国开始发生影响。当时，团结在法国共产党周围的一批进步作家，开始用马克思主义分析社会和艺术，并阐述他们所理解的马克思主义。60 年代以后，"西方马克思主义"在法国分成人本主义和科学主义两大思潮，以人道主义为基础的萨特的"存在主义马克思主义"在世界产生广泛影响，以科学主义为基础的"结构主义马克思主义"继存在主义之后，在法国迅速崛起，对其他国家特别是第三世界产生很大的影响。

"存在主义马克思主义"是一种企图把存在主义和马克思主义"结合"起来，按照存在主义的精神去解释马克思主义的思潮。法国的"存在主义马克思主义"包括两个部分：一是以列菲伏尔为代表的从马克思主义走向存在主义的思潮；另一是以萨特为代表的从存在主义走向马克思主义的思潮。本节主要介绍以萨特为代表的"存在主义马克思主义"的美学思想。

一、萨特把存在主义和马克思主义"结合"的尝试

让-保罗·萨特（Jean-Paul Sartre，1905—1980）1905 年 6 月 21 日生于巴黎一个海军军官家庭，两岁丧父，自幼由外祖父母抚养。在中学时代开始接触尼采、叔本华和柏格森的著作，这对他的哲学思想的形成和发展有较深的影响。1924 年入巴黎高等师范学校学习，1929 年夏在全国中学哲学教师资格考试中获第一名，第二名是西蒙娜·德·波伏娃，后与萨特结为终生伴侣。从 1931 年起，他在勒阿弗尔城的一所中学教哲学。1933 年至 1934 年，萨特到德国柏林法兰西学院进修胡塞尔的现象学和海德格尔的存在主义哲学，并逐渐形成他的存在主义哲学思想体系。

希特勒在德国夺权后，萨特于 1935 年回到法国，继续在原校任教。在这一时期，萨特一面经常接触和研究社会上各种类型的人物，一面开始写作，把存在主义哲学和实际生活揉合在一起，用小说去表现他的哲学观点。1938 年发表的小说《恶心》被认为是存在主义哲学、文学的代表作，另有小说《墙》（1939）、《想象力的问题》（*L'Imaginanire*，1940）。

第二次世界大战爆发后，萨特应征入伍，1940 年被德军俘获，被关 9 个月，在此期间，他写剧本、作曲、导演戏剧，次年获释回巴黎，作为一名新闻记者积极参加抵抗运动，为地下刊物《法兰西文化》、《战斗报》等撰稿。1943 年发表剧本《苍蝇》（*Les Mouches*）和哲学著作《存在与虚无》（*L'Etre et le Neant*），这给萨特带来了很大的声誉，前者被认为是"反抗（法西斯）暴政和信仰自由的剧本"，后者被称为"反附敌的哲学宣言"。第二次世界大战

对萨特的哲学思想和文艺思想影响很大，在 70 岁生日回顾自己的一生时，他说："战争正好把我的生活分成两截"，"你不妨说在战争中，我从战前的个人主义和纯粹个人转向社会，转向社会主义。这是我生活中的真正转折点：战前和战后。"①

战争结束后，萨特和梅洛-庞蒂等人一起创办《现代》杂志，发表哲学、政治、文学和人类学、精神分析方面的文章，传播存在主义思想，不久即成为法国最有影响的理论、评论杂志。同时萨特开始了从存在主义向马克思主义的探索，希望创立一种存在主义的马克思主义。发表于 1960 年的《辩证理性批判》（Critique de la Raison Dialectique）就是用存在主义去"补充"马克思主义的代表作。这本书是萨特本人"希望人阅读它，希望流传下去"的著作。

20 世纪 50 年代以后，萨特一面从事写作，一面积极参加左派的社会活动。50 年代以来，他接近法共，反对法国侵略阿尔及利亚的战争。1954 年和 1955 年，他先后访问苏联和中国。1956 年匈牙利事件后，他同苏联断绝往来。60 年代，萨特参加"罗素国际法庭"，谴责美国对越南的侵略。在 1968 年的"五月风暴"中他积极支持青年学生。1979 年，前苏联入侵阿富汗，萨特接受欧洲一台的采访，谴责苏联的入侵。

1980 年 4 月 15 日在巴黎逝世。

萨特其他哲学和美学著作还有：《想象》（L'Imagination，1936）、《情感教育初探》（Esquiss d'une Théorie des Emotion 1939）、《存在主义是一种人道主义》（L'Existentialisme est um Humanisme，1947）、十卷本的《境况种种》（Situations，1947—1976）、《波德莱尔》（Baudelaire，1947）、《圣·谢奈》（Saint Genet，1952）和童年自传《词语》（Les Mots，1963）等。

萨特首先是一位存在主义哲学家，在第二次世界大战中接触马克思主义并用存在主义去"补充"马克思主义，由此开始了他的哲学新探索。1944 年 12 月 29 日，法共的《行动报》发表了萨特的一篇短文，在这篇文章中，第一次提出"存在主义马克思主义"的概念，认为应当用存在主义的人学去"补充"马克思主义。1960 年出版的《辩证理性批判》是"存在主义马克思主义"的主要著作。萨特为什么要把马克思主义和存在主义这两种不同的哲学思潮结合起来？

先看看什么是存在主义哲学。存在主义哲学是作为理性主义哲学的逆反而出现的。存在主义哲学有一个由源到流的演变过程。有人把存在主义追溯到近代的帕斯卡尔（Pascal，1623—1662）、追溯到中世

---

① 《萨特研究》，中国社会科学出版社，1981 年，第 91—92 页。

纪的圣·奥古斯丁，甚至追溯到苏格拉底那里。19世纪丹麦神学家和哲学家克尔凯郭尔是存在主义的先驱，后来，胡塞尔的现象学方法，尼采、叔本华的唯意志论都对存在主义哲学产生影响。德国哲学家海德格尔、雅斯贝尔斯发展并完善了存在主义哲学体系。

"存在主义"（德语 Existenz）一词来源于拉丁语 exis-tentia，表示"实际存在"。作为现代资产阶级哲学的一个非理性主义流派，存在主义是垄断资本主义时代西方精神生活全面崩溃的产物，它以非理性主义——唯物主义为特征，它的哲学基础在于深感不安、危机、沉沦，但有决心超脱、设计自己的个人的存在经验。它认为，存在总是特殊的和单独的，存在问题首要的是存在，是对存在意义的研究。这种研究面对着多种多样的可能性，人必须从中作出选择，并受其约束，选择要受具体的和历史的情况限制。存在主义宣称人是被抛入世界的，无愿望而生，违意志而死。海德格尔论证了"存在"就是"烦、畏、死、绝对毁灭"的精神状态，认为"深刻的烦，密布于'存在'的深渊，它犹如一片无声的暗雾，把万物、万人和自己统统奇妙地混淆成分辨不清的一团。这种烦乃是存在者在其总体中的启示"。雅斯贝尔斯也认为

"世界进程无法窥测"，"整个人类命运不可捉摸"。由此看出，存在主义哲学从它一诞生就带有极端的悲观主义色彩。

萨特的"存在主义马克思主义"是存在主义发展的重要阶段，是存在主义的一个特殊形态。他用存在主义去"补充"马克思主义，同时又吸收了胡塞尔的现象学成果和弗洛伊德的精神分析方法，把它们熔为一炉，"具体而言，存在主义是他的思想的核心动力和形态，马克思主义是他的哲学构架，现象学是他的本体论，精神分析学说是他的思想的具体方法和中介环节。"①

萨特用存在主义"补充"马克思主义，来源于他对哲学和马克思主义的认识。他认为真正的哲学就是体现着时代的"上升"阶级的东西，是具有推动政治、左右社会实践的意义的。在17世纪和20世纪之间，有三个"哲学创造"的时代，马克思主义是第三个这样的时代，而且他强调："我把马克思主义看做我们时代的不可超越的哲学。"但他又认为，马克思主义已经停滞了，而存在主义是马克思主义自己产生了它却又同时弃绝了它的马克思主义中的一块"飞地"，它同马克思主义注意的是同一个对象，"但是后者把人吞没在观念里，而前者则在凡是人所在的地方——在他的劳

---

① 冯宪光：《西方马克思主义文艺美学思想》，四川大学出版社，1988年，第174页。

动中，在他的家庭里，在马路上到处寻找人。"① 所以要用存在主义去填补马克思主义中的人学的空白，把人恢复到马克思主义的体系中。

存在主义马克思主义认为，存在先于本质，自由是人的存在，人的自由先于人的本质，并且使本质成为可能；人的存在的本质悬置于人的自由之中。因此我们称为自由的东西是不可能区别于"人的实在"之存在的。人并不是首先存在以便后来成为自由的，人的存在和他"是自由的"这两者之间没有区别。② 人的自由又必须通过个人的选择来实现。每个人的自我互相为敌，任何科学无法从本质上认识人和客观世界的关系，人始终面对着虚无和荒谬的世界。人的存在是自由的，同时又是荒谬的。萨特把自己的上述理论称为"历史辩证法"或"人学辩证法"。实际上，萨特的关于人的观点是和马克思有分歧的，马克思主义有自己的关于人的学说。马克思认为，人是生活在社会中的社会存在物，是社会关系的总和。"自然界的人的本质只有对社会的人说来才是存在的。"③ 人的意志、人的自由不能不受到社会发展规律的制约，因此人不能不认识这些规律和按规律行动。从社会性考察人、人的自由是马克思主义与存在主义马克思主义的人学的

本质区别。

二、《什么是文学》

萨特首先是一位思想家、哲学家，其次才是一位文学家，他的小说、戏剧是他的哲学观的形象表现，他的美学思想中也始终贯穿着他的存在主义哲学思想。萨特一生著述甚多，横贯各个领域，他考察了大量关于美和艺术的问题，但很难说是从一定的体系观点出发的。他的美学论和艺术论，不采取解释美学上的普遍问题的形式，而是多用分析日常的实际的具体问题的形式进行论述，但是即使谈到个别的具体问题，他对问题的分析结果也没有限制在个别的框架中，而显示出向着更普遍更本质的东西的探寻。

《什么是文学》(*Qu'est-ce que la Litérature*)是萨特有影响的一部系统的文艺美学论著，1947 年首先发表在萨特任主编的《现代》杂志上，后收入《境况种种》第三卷 (1948)。全书共四章："什么是写作"、"为何写作"、"为谁写作"、"作家在 1947 年的境遇"。萨特从存在主义哲学出发，主张"介入"文学，作家应当介入社会生活，对各种社会问题和政治问题表明自己的观点。文学作品是作家介入实际生活的形式，必须同时代密切相关，起改造现实的作用。

---

① 萨特：《方法论若干问题》，转引自《"西方马克思主义"》第 462 页。
② 萨特：《存在与虚无》，三联书店，1987 年，第 56 页。
③ 马克思：《1844 年经济学—哲学手稿》，人民出版社，1979 年，第 78 页。

萨特在第一章里，首先论述了诗和散文的区别。虽然萨特主张一种"介入"的文学，但是他认为诗与绘画、雕刻、音乐相类似，并不打算让它们"介入"。对于诗人来说，语言是外部世界的构造，他在词汇中看到了世界某一方面的意象，对他来说，一切语言都是世界的镜子，其结果是在词汇的内部组织中发生了一个重要的变化，其中的响度、长度、男子气的或是女人气的结尾以及其外观，对他来说构成了有血有肉的面孔，这是在描述，而不是在表达意义。"情感和激情本身——怒气、社会义愤和公众仇恨当然地也包括在内——是诗的起源"，① 当诗人在诗中流露情感时，他便不再认出它们了，因为"词语抓住了它们，渗透到其内部并完全改变了它们的面貌。"② 所以诗不是介入。散文则不同，"散文从本质上说是实用的，我很乐意把散文家定义为使用语言者。"③ 散文写作首先是一种精神上的态度，对散文作家来说，"说话是一种行动"，也就是介入。说话或运用词汇是出自于想要改变状况的意图，它是一种"揭示"，指出状况，暴露状况，以便自己超越状况，向未来设计自己。为了改变状况，先要揭露状况；要揭露状况，必须参与状况，他说："说话就是开枪。他可以沉默，但是既然他选择了射击，就必须像一个男子汉一样，瞄准目标，而不能像孩子一样纯粹为了听枪声取乐而闭着眼睛开枪。"④ 因此散文的写作注定是为社会中的政治和道德行动服务的。

"介入"会不会损害了写作艺术？萨特认为，介入没有使艺术受到任何损失，而是恰恰相反，社会的或者形而上学的新要求会驱使艺术家找出一种新的语言和新的技巧，为艺术而艺术的理论是不合情理的，"人们完全清楚，纯艺术和空洞的艺术乃是一回事，而纯美学仅仅是 19 世纪资产阶级的出色的防御手段，他们宁愿看到自己被当成没有文艺修养的人，也不想成为开拓者。"⑤

《什么是文学》的主要部分是第二章：为什么写作。在这一章里，萨特从存在主义的哲学角度详细阐发了他的存在主义文艺美学思想。萨特认为，在作家的形形色色的写作目的后面，有一种更深入、更直接的选择，这对一切人都是相同的。"人类现实是一位展示者，只有通过人类现实，才有所谓存在"，"人是一个手段，通过人，

① 蒋孔阳主编：《二十世纪西方美学名著选》（下），复旦大学出版社，1988 年，第 210 页。
② 同上书，第 210 页。
③ 同上书，第 210 页。
④ 同上书，第 213、215 页。
⑤ 同上书，第 213、215 页。

事物才显示出来"，① 对于被展示的事物来说，人是非本质的。因此，"艺术创作的主要动机之一，当然是某种感觉的需要，那就是感觉到在人与世界的关系中，我们是本质的。"② 就是说，我们（生存）是先于本质的，人不受任何一种本质规定，人就是自我创造的物，自我设计的东西。人是完全自由的、超越的、虚无的，他是在完全自由的基础上每一个瞬间选择自己的。因而人是偶然的，一切必然的东西都是多余的。萨特把人的这种自由的存在称为"自为存在"（etre-pour-soi），这种绝对的自由、虚无，伴随着绝对的个人责任，就产生了个人的"不安"，人们为了避免不安，就投身于必然性、秩序，"不变的一致"，要成为无自由的从而无责任的"物在"，即"自在存在"（etre-en soi），由偶然到必然，意味着自为存在转向自在存在，完全放弃了自己的自由，把自己等同于物的存在，这与萨特的伦理观是格格不入的。他认为人应该在克服事实性中实现自由，把人从物的存在还原到人的存在，在自由的名义下，对自己的存在负全部责任，在改革状况中实现自我，向未来设计自我。

但是，创造艺术品的一个独自的世界，并不能使人回归到"自为存在"，因为对于创作者来说，作品"好像永远处于一种悬而未决的状态，我们总是可以改动一下这根线条，改动一下那片阴影，或是改动某个词。"③ 艺术作品有它独特的存在方式，艺术作品只对于读者才作为艺术品而存在，作品的世界仅是对于欣赏者才展现的，对于作者来说，那不可能是真正的对象，"因此，在知觉过程中，对象居于本质性地位，而主体是非本质的；主体在创造中寻求并且得到本质性，不过这一来对象却变成非本质的了。"④ 艺术是为他人的艺术。

这就涉及阅读、欣赏的问题。萨特认为，阅读欣赏是读者的自由创造，是在作品引导下的创造。作者为了引导读者而设置路标，但连接着路标向前迈进的是读者。"阅读过程是一个预测和期待的过程。人们预测他们正在读的那句话的结尾，预测下一句和下一页；人们期待它们证实或推翻自己的预测；组成阅读过程的是一系列假设、一系列梦想和紧跟在梦想之后的觉醒，以及一系列希望和失望"，"没有期待，没有未来，没有无知状态，就不会有客观性。"⑤ 写作活动包含着一种固有的准阅读，作者看到的词同读者看到的词不同，因为在这些词写下来之前他就知道了。作

---

① 《西方马克思主义美学文选》，漓江出版社，1988 年，第 448—449 页。
② 同上书，第 448—449 页。
③ 同上书，第 448—449 页。
④ 《萨特研究》，中国社会科学出版社，1981 年，第 4 页。
⑤ 同上书，第 4—5 页。

者不进行预测和猜想，而是进行设计，他等待的只是自己的灵感，他欣赏书中的某一种效果，但只是对别人的效果。他可以评价这一效果，但不能感受它，因此，人们说为自己写作，那是不真实的。阅读是感知和创造的综合，作者指导着读者，这就是他所做的一切。"阅读是被指导的创作"，创作也只有在阅读中才能完成，因此为了使作品作为作品而存在，有待于欣赏者的水平，作家只有通过欣赏者的意识才能感到自己作品的本质。作家为了使自己的创作作为作品而存在，必须呼吁读者的积极参与，"一切文学作品都是一种吁求。写作就是向读者提出吁求，要他把我通过语言所作的启示化为客观存在。"①

作家的创作是向读者提出吁求。吁求什么？萨特认为："作者在创作自己的作品时，向读者的自由提出吁求，要求进行合作。"② 自由，是萨特终生探索的主题。他认为，人为了实现自身的自由本质，就必须进行选择和行动，在行动和行动的对象上实现自我的本质。可见，作家选择了写作，艺术作品本身并不是目的，而是通过作品被阅读这一过程实现自身的目的。萨特对康德关于艺术的"没有目的的合目的性"提出了不同的看法。康德认为艺术中的纯粹美是被感受对象的主观感受和没有目的的，但形式上又是合目的性的形式。萨特认为康德并没有考虑作品的吁求，康德认为作品首先存在，然后被阅读。但是，"艺术品只是当人们看着它的时候才存在，它首先是纯粹的召唤，是纯粹的存在要求"，③ 作品召唤的是读者的自由，要求读者自由地对待他的作品，以读者的全部才华，以及他的激情、他的偏见、他的同情心、他的性格和他的价值标准。同时，作家也要求读者承认他的自由，这样作家和读者之间就建立了一种慷慨大度的契约：作家为了诉诸读者的自由而写作，他只有得到这个自由时才能实现他的作品的存在，实现他自身的存在。但他还不能就此止步，他还要求读者把他交给他们的信任还给他，要求他们承认他的创造自由，要求他们通过一项对称的、方向相反的召唤来吁请他的自由，这是一个辩证的关系。"我们越是感到我们自己的自由，我们就越承认别人的自由；别人要求于我们越多，我们要求于他们的就越多。"④

萨特还从现象学的角度对阅读中的审美喜悦作了探索。他认为，作家在和读者进行自由的双向交流的同时，还企图给读者一种审美快感的感情即审美喜悦，创造

---

① 《西方马克思主义美学文选》，漓江出版社，1988 年，第 455 页。
② 同上书，第 455 页。
③ 《萨特研究》，中国社会科学出版社，1981 年，第 10 页。
④ 同上书，第 13 页。

者的喜悦与观赏者的审美意识融为一体，是作品成功的标志。萨特对审美喜悦作了如下的结构分析。

首先，审美愉悦与对于一种超越性的、绝对的自由的辨认融为一体，在阅读的那一瞬间，审美意识超越了目的—手段和手段—目的循环不已的功利主义的价值意识，与另一种价值意识即对自由的召唤融为一体。

其次，审美喜悦是一个复杂的结构，包含着位置意识和非位置意识。[①] 萨特认为，阅读就是自由的创造，这种自由不仅作为纯粹的自主，而且作为创造活动向自己显现，在这里审美对象作为客体又给予了它的创造者，即读者享受了他通过阅读创造的对象，对这一客体的享受就是位置意识，享受这一位置意识伴随着一种非位置意识，即安全感，它是对享受的意识，正是这种安全感"给最强烈的审美情感打上了至高无上的静穆标记，它的根源在于确认主观性与客观性之间有严格的和谐。"[②] 同时，审美喜悦还伴随着这样一种位置意识，"即意识到世界是一个价值，也

就是说世界是向人的自由提出的一项任务"，[③] 萨特把它称为"人的谋划的审美变更"。

第三，在审美喜悦的结构中包含着人们自由间的一项协定：一方面，欣赏者对于作者充满信任，承认作者作为自由的本质的存在；另一方面，审美快感对欣赏者提出一项绝对的要求，要求在自由的意义上，任何人在读同一部作品时产生同样的快感——对自由的辨认，"就这样，全人类带着它最高限度的自由都在场了。全人类支撑着一个世界的存有，这个世界既是它的世界，又是'外部'世界"。[④] 萨特上述从审美主体和客体的双向交流角度对审美快感的分析，并没有超出接受美学和艾布拉姆斯的"文学四要素"说的范围，他的独特之处在于对审美的双向交流过程作现象学的结构分析，并且打上了存在主义的印记。

关于作家的写作对象，萨特在"为谁写作"中作了简述。他认为，乍看起来，人们似乎是为全体读者写作，作家通常向一切人说话，但这只是理想而已。作家为

---

① 注：位置意识和非位置意识，现象学术语。海德格尔认为，任何意识都是对于某物的意识，任何意识都不是一个超越的对象所占的位置。如对于一张桌子的意识，桌子本身并不在意识里面，它在空间里面，因此对某物的意识是"位置意识"（conscience positionnelle）。意识本身不占位置，对于意识的意识，即"前反省意识"，就是"非位置意识"（conscience inpositionnelle）转引自《萨特研究》，中国社会科学出版社，1981年，第19—20页。

② 同上书，第19—20页。

③ 同上书，第19—20页。

④ 同上书，第19—20页。

自由说话，但他的自由是不完全的，所以，无论他是否愿意，纵然注目于永恒的桂冠，作家总是在向他的同时代人，他的阶级和民族的兄弟们说话。读者不可能飞翔于历史之上，而是包含于历史之中，作家也是历史的，写作和阅读是同一历史事实的两个方面。

萨特把存在主义和马克思主义结合起来，形成一种独特的"存在主义马克思主义"哲学和美学理论，从开放的多元的角度看，他的探索是有益的，真诚的，他给我们提供了成功的经验和失败的教训，不能采取简单化的态度。

萨特的美学是行动的美学。他强调作家必须介入社会，干预社会。面对资本主义社会异化的现实，写作与民主制度休戚相关，艺术要为克服异化而斗争，要为保卫自由服务，"当一方受到威胁的时候，另一方也不能幸免。用笔杆子来保卫它们还不够，有朝一日笔杆子被迫搁置，那个时候作家就有必要拿起武器。"① 这种理论在当代资本主义社会反对剥削、压迫，反对人的异化的斗争中是难能可贵的。他是一位哲学家，同时也是一位国际活动家，他以他的著作、他的行动支持世界上的进步事业。他的美学和艺术理论是对 19 世纪以来批判现实主义传统的继承，他的"介入"

理论也是对 19 世纪下半叶以来泛滥的"为艺术而艺术"的唯美主义美学思潮的有力清算。

当然也应该看到，萨特把写作和阅读看做是个人实现自由的选择行动，这种自由在反对异化的现实和专制统治时有积极的一面，但它同时带有浓烈的个人主义、无政府主义的气味，"五月风暴"以后，萨特曾说，"重新阅读一下我所有的书，就会了解我并没有产生多么深刻的变化，一直是无政府主义者"，"我和无政府主义运动的距离很远，但我不承认任何权力，而且认为无政府的，即没有权力的新社会必须实现。"② 萨特的美学思想是丰富的，也是复杂的，因此研究吸收他的美学思想，必须坚持马克思主义美学的原则立场，这样才能对每个理论问题作具体的公正的、准确的评价。

第六节 结构主义马克思主义美学

一、阿尔都塞的"结构主义马克思主义"的崛起和他的美学思想

在"西方马克思主义"各流派中，有"人本主义"和"科学主义"两种思潮，法兰克福学派和萨特的"存在主义马克思主义"属人本主义的马克思主义，科学主义思潮包括意大利的"新实证主义马克思主

---

① 《萨特研究》，中国社会科学出版社，1981年，第29页。
② 转引自《"西方马克思主义"》，第421页。

义"和战后在法国迅速崛起的"结构主义马克思主义"。

20世纪60年代初，法国思想界开始流行结构主义的思潮，同时也出现了用结构主义解释马克思主义的尝试。阿尔都塞在这方面取得较大进展，建立了"结构主义马克思主义"的理论。它很快在法国取代了"存在主义马克思主义"，并在西欧和拉美各国风靡一时。"结构主义马克思主义"的崛起不是一个偶然的现象，而是因为人们对战后以来一直占统治地位的存在主义哲学的主观主义、个人主义已感到厌倦。同时，在国际共产主义运动中，人们对长期流行的教条主义、个人崇拜强烈反感，迫切要求寻找一条摆脱它们的出路。阿尔都塞的"结构主义马克思主义"声称要对苏共领导"二十大"以后在谴责"个人崇拜"中所未曾解决的问题作出积极的回答，要用纯科学去排除马克思主义中主观的意识形态要素，按照结构主义精神去使马克思主义理论现代化。因此，阿尔都塞的理论在法国知识界和新左派青年学生中赢得了众多的支持者和追随者。

结构主义在西方现代思潮中占有重要的位置。它不是一个统一的哲学派别，而是一种由结构方法论联系起来的广泛的思潮，包括语言学、社会学、历史学和文学理论中的某些派别和个人，也包括用结构主义思想方法来解释马克思主义的"结构主义马克思主义"。

结构主义的先驱是瑞士语言学家索绪尔（Ferdinand de Saussure，1857—1913），他制定了结构主义的一些基本原理，同19世纪的"历时态"语言学相对立，他提倡对统一语言系统作"共时态"研究。在索绪尔以后，捷克结构主义语言学家雅可布森（Roman Jakobson，1896—1982）系统地将结构主义原理用于音位学研究。第二次世界大战后，法国人类学家列维-斯特劳斯（Claude levi-Strauss）把结构主义方法用于人类学研究，他把各种文化视为系统，对系统的普遍模式，即人类思想的恒定结构进行研究。50年代，法国文艺理论家罗兰·巴尔特（Roland Barthes）用结构主义语言学、神话学和符号学的方法来研究文艺作品，认为文学创作与文学批评所涉及的只是文学作品的形式而不是内容，文学只是一种符号，由于符号的相对性质，因而文学作品的作者、读者、批评者的见解并不是一致的。在法国，围绕一个名为"太凯尔"（Tel Quel）的结构主义研究中心，形成了一个用结构主义研究文学的团体，并取得引人注目的成果。

结构主义在法国的传播始终与马克思主义有直接的联系，正是在这种文化背景下，产生了阿尔都塞的"结构主义马克思主义"。

路易·阿尔都塞（Louis Althusser，1918—　）出生在阿尔及利亚阿尔及尔近郊的一个小镇子上，父亲是一个银行的经理。1937 年 7 月，他考入巴黎国立高等师范学校文学院，学生时代先后参加了天主教青年运动和青年学生中的基督教徒组织。1939 年应征入伍参加第二次世界大战，1940 年 6 月不幸被俘，被关在法国一个战俘集中营里直到战争结束。1945—1948 年间，他进入国立高等师范学校攻读哲学，拜读于哲学家加斯东·白歇拉的门下，1948 年发表题为《黑格尔哲学中内容的观念》的博士论文，此后一直在那里执教。1980 年 11 月 16 日他因精神病复发，被送进精神病院监护。

在法国，最早提倡"结构主义马克思主义"的是塞巴格，他写下了《结构主义和马克思主义》一书，但由于他去世过早，他用结构主义改造马克思主义，没有获得多大的进展，在全面系统方面不足以成为"结构主义马克思主义"的代表。在 20 世纪 60 年代，阿尔都塞发表了论文集《保卫马克思》（*For Marx*，1965）和《阅读〈资本论〉》（*Reading Capital*，1965）一跃成为法国思想界的一颗明星，他的著作迅速传播，形成了一股取代"存在主义马克思主义"的潮流。虽然阿尔都塞再三申明自己不是结构主义者，希望读者不要把他当成结构主义者，但是从他的思想实质来判断却不能不把他看做是"结构主义马克思主义"的一个代表，而且是影响最大的

代表。阿尔都塞其他论著还有：《列宁和哲学以及其他问题》（*Lenin and Philosophy and Other Essays*，1960）、《政治和哲学》（*Politics and Philosophy*，1972）、《自我批评论文集》（*Eléments d'*，1974）以及部分文艺性的论文。

阿尔都塞用结构主义解释马克思主义的尝试，产生于前苏共"二十大"对国际共产主义运动和法国产生的思想影响。在《保卫马克思》的英文版序言《我为什么反对重新解释马克思主义》中他说："对'个人迷信'的谴责，这个突发的形势以及它所采取的粗暴的形式，不仅仅在政治领域，而且在意识形态领域，都具有深远的影响。"① 对斯大林主义"教条主义"的批判产生的"思想解放"，导致重新发现了"自由"、"人"、"异化"等哲学论题，而在马克思的早期著作中也确实包含了关于人、人的异化和人的解放哲学的全部论点。这些论点自 20 世纪 30 年代以来被用来解释马克思晚期的全部哲学，这种对马克思著作的"人道主义"的解释当时在西方和前苏联共产党内流行。为此，阿尔都塞认为，要同威胁马克思主义理论的小资产阶级和资产阶级世界观作斗争，首先反对的是"经济主义"及其"精神补充"伦理唯心主义（"人道主义"）；另一方面，他还认为，为了彻底摆脱"斯大林主义"的束缚，还

---

① 《西方学者论〈1844 年经济学—哲学手稿〉》，复旦大学出版社，1983 年，第 203 页。

必须用马克思主义的观点对马克思主义本身作全面的总结。为此，他用结构主义的方法提出对马克思的著作要进行"依照症候的阅读"的观点。

"依照症候的阅读"（lecture symptomale）是阿尔都塞从法国结构主义者拉康的语义分析和弗洛伊德的精神分析学说中借用来的。弗洛伊德在日常生活和梦境的谈论的错误、疏忽和荒唐中看出无意识的复杂和隐藏的结构的症状，拉康的语义分析则据此认为，没有说出的东西和已经说出的东西是同样重要的。阿尔都塞认为对马克思的著作要进行"依照症候的阅读"，因为一种理论的同一性不存在于理论所包含的任何特定命题中，也不在一种理论的作者的意向中，而在它的结构中，在它提出问题的方式中，在它的理论框架中。阿尔都塞认为，一种学说的理论框架是一个理论家著作最本质的东西，但它却很少以明显的形式存在于它所支配的理论的表层中，而是以一种无意识结构的方式埋藏在理论之中，而且一种学说的理论框架往往是复杂的和矛盾的，包含着不同方面的位置错乱，而这种矛盾又必然在原文表面的沟壑、沉默、缺乏等"症候"中表现出来。因此，在阅读理论著作时，不能仅仅对表面的论述作文字上的简单、直接的阅读，而必须把它同"沉默"的谈论，埋藏在原文中的无意识的理论框架的许多症候即空白、无和沉默等连续起来阅读，才能把一种学说

的理论框架从深处拖出来。

通过对马克思著作的这种阅读，阿尔都塞提出了马克思的认识论的决裂和马克思主义反人道主义的观点。他认为，意识形态与科学有质的区别，由意识形态发展到科学必须对意识形态作基本结构的彻底改变，这就叫做"认识论的决裂"。任何一门学说的发展都要经过从意识形态到科学的认识论上的决裂。马克思主义也是如此。阿尔都塞认为，马克思著作中的"决裂"发生在1845年，马克思1845年以前的理论属于意识形态，1845年以后的理论是科学，而意识形态和科学是互相对立的。通过"决裂"，马克思一方面清算了他以前的哲学信仰，一方面在创立历史唯物主义的同时，又创立了辩证唯物主义。阿尔都塞认为，马克思的《神圣家族》以前的一切著作属于青年时期的著作，这个时期的马克思不是黑格尔派，而是先由康德—费希特的理性人道主义，后由费尔巴哈式的人道主义所支配的。1845年以后的著作称为后期著作。他认为，马克思的"决裂"是逐步展开的，1845—1857年是过渡期，1857年以后的著作是成熟的著作，是科学。阿尔都塞的这种划分，涉及马克思的早期美学思想和人道主义的问题，按照这种划分，他提出两个历史阶段的人道主义观。他认为，在第一个历史阶段，即在阶级社会里，人道主义只能是"阶级人道主义"，"人的解放意味着工人阶级的解放，

首先意味着无产阶级专政"。在第二个历史阶段，即阶级已经消失，"人确实被当作人看待，就是说不再分阶级。在意识形态中，阶级人道主义的提法也被社会主义的个人人道主义所取代"。① 阿尔都塞认为，马克思所作出的新贡献就在于：不仅对历史唯物主义提出了新的概念，而且这些概念所造成的所预示的理论革命也是深刻的，"只有在这种条件下，才能确定人道主义的地位，即既反对把人道主义硬说成是理论，但又承认它具有意识形态的实际职能"。因此他认为，"就理论的严格意义而言，人们可以和应该公开地说，马克思否认人道主义是理论"。② 阿尔都塞的这种划分，把马克思的晚期思想和早期思想对立起来，是不符合事实的。马克思的晚期思想是早期思想的合理发展，前期关于人的异化、劳动的异化理论与后期的科学社会主义理论是一致的，后期的理论对资本主义社会的研究更加深刻，已不再借用费尔巴哈等人的术语，脱离了纯思辨的色彩。阿尔都塞的观点虽然包含着偏颇、错误，但对我们仍有参考作用。

阿尔都塞没有系统的美学文艺学论著，只有少量的关于艺术的论文：《皮科洛剧院：贝尔托拉兹和布莱希特》、《就艺术问题给安德烈·达斯普尔的信》、《抽象派画家勒莫尼尼》等。另外，他的结构主义的社会结构理论，意识形态以及意识形态同艺术的关系的论述，对以后的"结构主义马克思主义"的艺术批评及"西方马克思主义"美学都产生了较广泛的影响。

阿尔都塞依据结构主义的观点，认为社会结构是由许多不同却又互相关联的实践领域构成，这些实践领域包括经济实践、政治实践、意识形态实践。在实践中，决定性的因素不是原料，也不是产品，而是过程本身。阿尔都塞认为，在社会的不同层次的实践领域中，艺术有它特殊的位置。它不是意识形态，但是它可以成为意识形态的一个成分，就是说"它能够放到构成意识形态、以想象的关系反映'人们'（在我们的阶级社会中，即社会各阶级的成员）同构成他们'生存条件'的结构关系保持的关系的关系体系中去"，③ 正是在社会划分为不同实践领域的总体结构的构想中，阿尔都塞试图确立艺术在其中的位置，并找出艺术与意识形态和科学实践三者的区别。他认为，科学、意识形态和艺术这些不同的实践领域所造成的产品分别产生不同的效果：科学为认识效果，艺术为审美效果，意识形态为意识形态效果。艺术研究正是对审美效果的研究，按照"结构主

① 《西方学者论〈1844 年经济学—哲学手稿〉》，复旦大学出版社，1983 年，第 254—255 页。
② 同上书，第 263 页。
③ 《西方马克思主义美学文选》，漓江出版社，1988 年，第 537 页。

义马克思主义"的观点，审美效果的研究不能局限于艺术领域之内，必须放在社会结构内来研究。艺术的审美效果存在于艺术品自身的结构之中，而一件艺术自身的局部结构又要受到整个社会结构的制约，因此对审美效果的认识必须在全面性的结构即科学、意识形态、艺术的结构关系中去认识。阿尔都塞认为，艺术与科学、意识形态构成三位一体的上层建筑，它包括了人类认识现实的一切类型的实践，艺术介于科学实践和意识形态实践之间，艺术一方面并未产生严格意义上的科学认识，一方面又以不同于科学的方式让人看到艺术所来源的意识形态。"艺术……并不给我们以严格意义上的认识，因此它不能代替认识（现代意义上的即科学的认识），但是它所给予我们的却与认识有某种特殊的关系。"①

阿尔都塞在《就艺术问题给安德烈·达斯普尔的信》中对艺术认识和科学认识作了对比。他认为对艺术的本质的认识是文艺理论的重要任务，它是一门科学，而不是意识形态。他说："我们能够希望做到真正认识艺术，深入了解艺术工作的特性，认识那些产生审美效果的机制的唯一途径，正好是对'马克思主义的基本原则'多花时间，予以最大的注意，而不是匆匆'转

到别的一些东西上去'，因为如果我们过于迅速地'转到别的一些东西上去'，我们得到的将不是对艺术的认识，而是艺术的意识形态。"② 在这里，阿尔都塞给予文艺理论以科学的地位，但是文艺理论科学和一般科学又是有区别，因为文艺理论科学所研究的艺术是特殊的存在方式，它以独特的方式给我们以认识，它是使我们"看到"、"觉察到"、"感觉到"某种暗指现实的东西，"艺术使我们看到的，因此也就是以'看到'、'觉察到'和''感觉到'的形式（不是以认识的形式）所给予我们的，乃是它从中诞生出来，沉浸在其中作为艺术与之分离开来并且暗指着的那种意识形态。"③ 艺术和科学有不同的现实领域，与艺术相关的并不是它本身特有的现实，并不是现实中它享有垄断权的某个特殊领域，而是作家个人对意识形态的体验，艺术品就是艺术家"体验"的表象形式。科学的对象是现实的一个"不同的领域"，科学的结果是对整个结构包括意识形态、个人"体验"的抽象，"艺术和科学的真正不同在于特有的形式，同样一个对象，它给我们提供的方式完全不同：艺术以'看到'和'觉察到'的形式，科学则以认识的形式（在严格的意义上，通过概念）。"④

---

① 《西方马克思主义美学文选》，漓江出版社，1988年，第520页。
② 同上书，第525页。
③ 同上书，第520—521页。
④ 同上书，第522页。

在这封信中，阿尔都塞讨论了关于巴尔扎克现实主义的胜利问题。安德烈·达斯普尔对此的解释是：巴尔扎克由于他的艺术的逻辑迫使他在作为小说家工作时放弃了他的某些政治概念。这是关于世界观与创作方法关系的一般解释。但阿尔都塞认为，巴尔扎克从来没有放弃过他的政治立场，而且他的独特的反动的政治立场在他的作品内容的产生上起了决定性的作用。造成这种现象的原因是作品内部的意识形态的"分离"，即作为个人的作家的意识形态同作品中暗指的现实的意识形态的内在距离，存在于巴尔扎克作品中的是他的反动的政治立场同资产阶级必然取代封建贵族的现实世界的意识的分离。"只是因为他坚持了他的政治上的意识形态，他才能在其中造成这个内部'距离'，使我们得到对它的批判的'看法'"①。

阿尔都塞对社会总体模式的分析有他独特的角度，故给人以一定的启发性，但他对意识形态的分析与马克思主义是有分歧的。阿尔都塞认为，意识形态是一切社会所必需的基本形式，它不是意识的一种形式，而是人类世界的一个客体，是人类世界的本身。他明显地抹煞了马克思主义关于社会存在同社会意识的决定与被决定的区别。同时他认为艺术不是意识形态，是意识形态的反映和表现。这些论点是对马克思主义的历史唯物主义的曲解。阿尔都塞的文学生产理论对"西方马克思主义"美学产生了一定的影响，法国的马谢雷和英国的伊格尔顿的文学生产理论明显受到阿尔都塞的直接影响。

二、马谢雷：文学生产理论

皮埃尔·马谢雷（Pierre Mecherey）是法国当代著名文艺理论家，阿尔都塞的学生，是人们公认的阿尔都塞学派的第一位批评家，曾同阿尔都塞一起参加了《阅读〈资本论〉》的写作。1966年发表《文学生产理论》闻名欧美，以后又发表了《论文学作为一种认识：某些马克思主义的主张》和《反映论》等文章，对《文学生产理论》中的某些观点作了补充、完善。

《文学生产理论》是马谢雷的最重要的一部著作，它是阿尔都塞的意识形态理论的发挥和系统化，是马谢雷试图建立系统的马克思主义批评理论的尝试。他认为，马克思和恩格斯对文艺创作表现了一种持续的兴趣，但他们没有对艺术问题作过广泛详尽的研究，他们顺便提到或研究过一些艺术问题，却从没有发展过一种方法，甚至在20世纪初，除了普列汉诺夫的著作和拉法格论艺术和社会生活的一些论文外，仍然还没有系统的马克思主义美学。因此他用结构主义的方法研究列宁论托尔斯泰的一组文章，试图建立一种新的系统的文学批评理论。

---

① 《西方马克思主义美学文选》，漓江出版社，1988年，第523页。

正如书的题目所揭示的，马谢雷称自己的文学理论为"生产理论"。他认为文学创作是一种意识形态的生产，而不是一种创造，文学作品是作家对语言的运用，而语言及其所表达的意识形态早已存在于日常生活之中。语言和艺术品相当于生产过程中的原料和成品，但是原料和成品在形态和功用上有很大的差别，因此，作品中的语言和所表现的意识形态与日常生活语言和意识形态有很大的差异。文学批评的任务就是要在作家所加工的意识形态中辨认出作为现实存在的意识形态本身。

马谢雷对文学批评的论述是结合对列宁关于托尔斯泰的一组文章的分析展开的。他依据结构主义的系统分析方法，认为文学批评处理的是一个双重的辩证序列：

　　1. 历史进程　　　　
　　2. 思想体系　　　　　 (1)
　　3. 思想体系　　　　
　　4. 体现表达反映　　　 (2)

第一个序列是作家对历史进程的构想而提出的意识形态命题，这一序列对于作家艺术家来说并不具有决定的意义，决定一个作家的地位、成就的是第二序列，即作家精心创造的独一无二的形式对思想体系的"体现、表达、翻译、反映、表现"，文学批评的任务就是将文本中用形象显示的意识形态及其历史进程解读出来。他说："文

本的特权就在于它为了展示整体不必详尽叙述整体；它可以仅仅揭示整体的必然性，这是一种可以从作品中辨认出来的必然性。完成这一辨认，正是科学的文学批评的任务。"①

马谢雷认为，列宁论托尔斯泰的一组文章是科学马克思主义的历史中一部很不寻常的著作。它们是政治工作的产物，是列宁对 1905 年前后俄国农民革命的总结，"论述托尔斯泰的小说，既不是消遣，也不是离题，这并不是一个简单的向一个伟大人物表示敬意的问题，而是在这种文学作品还在发挥其效能的时刻，给它分派一个真正角色的问题。"② 列宁在托尔斯泰的小说中发现托尔斯泰对俄国的历史进程的设想（解放农民）和这一进程的实际之不可能，在这个意义上，"托尔斯泰的作品是俄国革命的一面镜子"（列宁语）。托尔斯泰的成就不是在作品中提出的意识形态命题，也不在于这个命题的正确与否，而是在于他对这个命题的形象的展示，作品或许正因为记录了自己反映中的偏见，记录了一些简单成分的不完全的真实，它才有独特的价值，才具有不可取代的地位。

马谢雷在《文学生产理论》中，依据阿尔都塞的"依照症候的阅读"方法，提

<hr>

① 马谢雷：《列宁——托尔斯泰的批评家》，转引自《西方马克思主义美学文选》，第 600 页。
② 同上书，第 584 页。

出了"文本的离心结构"的概念，并把它作为文本的唯一的结构模式。他认为，理论著作尚且存在着无意识的理论框架，那么，作品文本所表现的或暗含的意识形态则更是不能直接说出，而只能在矛盾、含混、朦胧中暗示了。这就使作品文本必然具有内在的、不协调的离心结构。作品文本与意识形态的分离造成的距离，使文本出现内在的距离。文本和它本身意识形态原料的分离，迫使文本陷入了无可解脱的困境和意义分割之中，这正是文学加工意识形态的结构特点。文学批评的任务不仅要指出文本中的意识形态内容，还要解释

意识形态处于这种无言状态的美学价值。马谢雷还认为，在伟大的作家身上往往存在着个人的思想体系同当时的社会意识形态的冲突、分离，这种冲突、分离不是作家的过错，而是"时代的缺陷"，托尔斯泰文本中存在的矛盾，正如列宁所说是"革命中的缺陷和弱点"。

马谢雷试图建立一种系统的马克思主义美学的尝试是有益的，虽然并未成功，但他的文本的离心结构模式是对"西方马克思主义"美学中以卢卡契为代表的封闭体系的一种冲击，它对于建设开放的"西方马克思主义"美学体系是十分有利的。

第十二章 法兰克福学派美学

法兰克福学派美学（Aesthetics of Frankfurt School）是现代西方美学的重要流派。法兰克福学派是在法兰克福社会研究所的基础上形成的。法兰克福社会研究所成立于1923年的德国，当时，该研究所的成立一方面是根据1923年2月3日德国教育部的一个命令，加上法兰克福大学的合作；另一方面，法兰克福社会研究所的成立是德国富商的儿子威尔（Felix Weil）所设想的一些激进研究计划的延伸。法兰克福社会研究所的成立并未马上形成一个流派，法兰克福学派的形成主要是在法兰克福社会研究所后半阶段的事。

在法兰克福社会研究所的历程中，它主要经历了四个阶段：第一阶段，1923—1933年。首任所长格律恩伯格（Carl Grünberg，1861—1940）是位经济与社会史学家。他主张，社会研究所的使命是研究社会实际。因此，该时期的法兰克福社会研究所具有明显的经验色彩。第二阶段，1933—1950年的流亡北美时期。这时，刚接替格律恩伯格的新任所长霍克海默尔（Max Horkheimer，1895—1973）重新为法兰克福社会研究所确定方向，主张综合研究社会历史现状，并要求把哲学理论与经济理论结合起来。该时期，整个法兰克福社会研究所内具有明显的哲学味。第三阶段，1950年返回联邦德国时期。该时期，社会批判理论出现，随之，法兰克福社会研究所便以法兰克福学派的面貌出现。第四阶段，1970年初以后的时期。该时期影响逐渐消弱，即所谓的后法兰克福学派时期。在法兰克福社会研究所这历时半个世纪的历程中，网罗了当时一批杰出的知识分子，像卜洛克（Friedrich Pollock，1894—1970）、本雅明（Walter Benjamin，1892—1940）、弗洛姆（Erich Fromm）、阿多尔诺（Theodor Wiesengrund Adorno，

1903—1969)、马尔库塞（Herbert Marcuse, 1898—1979)、哈贝尔马斯（Jurgen Habermas）等，是法兰克福社会研究所周围的一批杰出人物，这些人同时也就成了法兰克福学派的著名代表。这些代表所关注的共同问题不外三个，第一，对资本主义工业社会现状的描述和批判；第二，对人在资本主义工业社会中命运和前途的关注；第三，对社会文化问题的研究。法兰克福学派的一些代表们随着对这三个问题的探讨，就推出了著名的"社会批判理论"。在进行这种社会批判理论研究的同时，法兰克福学派的代表中有不少人还表现出了对艺术问题的兴趣，而且在这方面写了大量著作，尤其是本雅明、阿多尔诺和马尔库塞三人，因此，这三人也就自然地成了法兰克福学派美学的主要代表。法兰克福学派美学的具体内容主要集中在这三个人的著作中。

第一节　本雅明对现代艺术的美学思考

　　本雅明 1892 年 7 月 15 日生于柏林，早年攻读哲学并获哲学博士学位，此后便作为一名自由撰稿人进行写作。第一次世界大战期间，受当时著名的马克思主义思想家布洛赫和卢卡契的影响，接受马克思主义。1927 年，本雅明访问苏联，回国后便加入当时霍克海默尔任所长的法兰克福社会研究所，并积极为该所出版物撰稿。纳粹上台后，作为犹太人的本雅明便逃亡

到巴黎，并继续为法兰克福社会研究所效劳。1940 年 9 月 29 日在盖世太保的追捕下于法国和西班牙边境的一个小镇被迫自杀。在法兰克福学派的所有代表中，唯有本雅明是以专门的文艺理论家身份出现的，因此，在他所留下的为数不多的著述中，几乎全是有关文艺批评和美学方面的，它们是：《德国浪漫派中的艺术批评概念》(1920)、《歌德的亲和力》(1924)、《单行道》(1928)、《德国悲剧起源》(1928)、《机械复制时代的艺术品》(1936)、《德国人》(书信集，1936)、《彩灯集》(文集，1961)、《论武断的批评》(1965)等。

　　在法兰克福学派圈内，本雅明是最早一个关心艺术问题的人。他自觉地以历史唯物主义为原则，密切关注当时具体的社会和艺术实践，对 20 世纪上半叶的艺术实践进行了深刻的分析和总结。因此，本雅明的美学思想主要集中在对当时艺术实践的分析和总结上，并由此得出了一系列艺术美学方面的结论，从而对后人（尤其是对阿多尔诺）产生了深远的影响。

　　一、信息社会与古典艺术的终结

　　本雅明对他所处时代艺术的分析，首先注意到的是随着现代信息社会的形成，古典艺术随之走向终结这样一个艺术事实。在他看来，当时社会正处于一个重大的历史转折时期，即由手工劳动社会向信息社会的转变，这个转变也使与先前手工劳动社会相对应的以叙事艺术为主的古典艺术

走向终结。本雅明认为，社会这个重大历史转变具体表现在人的传播方式的变化上。在工业革命以前的手工劳动社会，人之间的主要传播方式是叙说，而在现代信息社会中，人之间的传播形式则由叙说变成了信息。信息的特点是，迅速到来的瞬间性以及无法对之进行后随检验；而叙说则有一个较长时间的展现过程，并在这过程中能不断地对之进行后随检验。本雅明说："信息的长处在于瞬间性，在瞬间中，信息就显得是新的。信息唯独离不开这种瞬间性，它必须完全依附于这种瞬间性中，而且不能离开时间性，并在时间性中展现出来；叙说则相反，它不耗费什么力量，它把力量积聚在一起，保存下来，而且在其展开的很长一段时间后仍有效力。"[1] 现代资产阶级社会使那种古老的以叙说为主的传播方式一去不复返了。"从前，人们效仿了（为达到完满的成形而）有耐心地对待自然的方式。精心制成的象牙雕刻上的小装饰画、经过抛光和模压后显得完满的石块、使细微的透明层次展现出来的清漆加工或涂脂活动……所有这些艰苦而经久的劳作早已不存在了。一切取决于时间的时代已一去不复返，现代人不再去致力于那些耗费时间的东西。"[2] 因此，随着信息社会的到来，以叙事性为主的古典艺术就自然而然地走向了终结。本雅明说："如果说叙事性艺术成了很少存在的东西，那么，导致这一现象的决定性原因便是信息的传播。"[3] 例如，随着对信息的接受，小说便陷入了危机。[4] 在本雅明看来，随着古典艺术在现代信息社会的终结，代之而起的便是与信息这种传播方式相对应的机械复制艺术。较之于传统的古典艺术，这种艺术从根本上来说就是一种新的艺术。因此，根据这种艺术样式的革命，本雅明就称现时代为"艺术的裂变时代"。

二、走向费解的现代艺术

在现代信息社会中走向终结的古典艺术是以一目了然和确定性为主导特征的，而现代艺术则丧失了这些特征，走向了费解。现代艺术所提供的作品并不是一目了然的，而是要经过一番探讨或思索方能领会的。本雅明认为，如此这般地走向费解的现代艺术，在布莱希特和波德莱尔身上得到了体现。

在本雅明看来，布莱希特主要以其著名的叙事剧理论指出了现代艺术走向费解的特点。布莱希特叙事剧理论的主要内容就是，要求戏剧通过对间离技巧（verfrem-dungstechnik）的运用达到一种间离效果

---

① 本雅明：《论文学》，莱茵河畔法兰克福，1969 年，第 42 页。
② 同上书，第 43 页。
③ 同上书，第 39 页。
④ 同上书，第 39 页。

(verfremdungseffekt)。间离就是与现实相异。这种对现实的间离就使观赏者对戏剧采取了一种积极探讨的态度。因此，用布莱希特的话来说，他的叙事剧就是通过抽掉一个过程或者一个人物形象的理所当然的、众所周知并明白无误的因素，使观众对它产生惊异和好奇心，引导观众对所表现过程或人物采取一种探讨的批判态度，从而把握剧情所展现的真实。对于这样一种间离现实的叙事剧，本雅明大加赞赏，他把这种间离技巧视为在新兴的电视和广播中广泛运用的先进技巧。他说，布莱希特的叙事剧颇具典型地把电影和广播的先进技巧"加以变形地纳入到剧作艺术之中"。① 这种对间离技巧的运用就使叙事剧与传统戏剧不同，成了不是一目了然的东西，而是要经过一番探讨和思索方能领会的东西，也就是说，这种安排使叙事剧走向了费解。本雅明指出，布莱希特叙事剧对间离技巧的运用，使观赏者"不是一开始"，而是最后"才领会剧情"，因此，在这种安排中，剧情对观赏者来说，"不是亲近的，而是疏离的。观赏者并不是像在自然主义戏剧中那样随着满不在乎的心情，而是随着极大的惊讶看到了剧情是一种真

实"。② 因此本雅明认为，布莱希特的叙事剧体现了现代艺术的典型特征：走向费解。③

本雅明用以论述现代艺术走向费解之特点的第二位艺术大师，则是在本雅明时代已谢世的 19 世纪法国诗人波德莱尔。本雅明对波德莱尔具有浓厚的兴趣，他除了在其著述中经常提到波德莱尔之外，还写有《波德莱尔——发达资本主义时期的一位抒情诗人》一书。此外，他还亲自把波德莱尔的作品介绍给德语地区的读者。

在本雅明看来，波德莱尔的抒情诗尽管与布莱希特的叙事剧一样，都体现了现代艺术走向费解的特点，但是，两者有着各不相同的特点。布莱希特叙事剧的费解性是由于它间离现实，而波德莱尔抒情诗的走向费解是由于它不同于传统抒情诗的使反思性在抒情诗中占了主导地位。本雅明指出，波德莱尔的抒情诗体现了艺术走向费解的特点，"波德莱尔考虑到了那些面对抒情诗显得难堪的读者"。④ 他使人们称之为"反思性"⑤ 的经验方式占了主导地位。由此，本雅明进一步指出："以反思性为主导特征的波德莱尔的抒情诗展现了现

① 本雅明：《试论布莱希特》，莱茵河畔法兰克福，1966 年，第 111 页。
② 同上书，第 10 页。
③ 同上书，第 10 页。
④ 本雅明：《波德莱尔——发达资本主义时期的一位抒情诗人》，莱茵河畔法兰克福，1969 年，第 113、139、123、120 页。
⑤ 同上书，第 113、139、123、120 页。

代人的刺激经验（schockerfahrung）。"[1] 他说："波德莱尔把刺激经验置于其艺术创造的核心。"[2] 波德莱尔的抒情诗展现了刺激经验，而刺激具有突发性和疏异性，因而，这种抒情诗的意义就不是一目了然的，需要消化。本雅明指出："对有生机体来说，消化刺激是一个要比接受刺激来得重要的任务。"[3] 因为，作为诗学原则的刺激不再使诗的对象出现在其作为"故土"的质量中，而只是出现在"观赏"和"疏异"的质量中。[4] 总而言之，在本雅明看来，波德莱尔的抒情诗展现了刺激经验，从而使他的抒情诗对观赏者来说具有了突发性和疏异性特点，因而，这样的抒情诗需要观赏者进行思索和消化。所以，波德莱尔的抒情诗使"反思性"的经验方式占了主导地位，从而体现了现代艺术走向费解的特点。

三、艺术生产理论

本雅明看到了现代艺术取代古典艺术的这个事实之后，便于1934年发表了著名论文《作为生产者的作家》（后收入《试论布莱希特》一书）。在该文中，本雅明以历史唯物主义有关社会基本矛盾运动的思想为楷模，描述了人类艺术活动的矛盾运动，从而推出了他有关艺术生产的理论。

本雅明认为，艺术创作过程与物质生产过程一样，艺术家就是生产者，艺术品就是商品，而艺术创作技巧就组成了艺术生产力。一定的创作技巧代表着一定的艺术发展水平。而艺术生产者与艺术品消费者之间的关系则组成了艺术生产关系。决定人类艺术活动特点与性质的就是艺术生产力与艺术生产关系的矛盾运动。在人类艺术活动中，当艺术生产力与艺术生产关系发生矛盾时，就会发生艺术上的革命。所以本雅明竭力推崇技巧在艺术中的重要作用，这个作用主要表现在，技巧因素决定了艺术的性质与特点，它是分析和把握艺术作品的关键所在。他说："我称技巧为这样一个概念，这个概念使文学作品能为直接社会分析所把握，由此也就能为唯物主义分析所把握。同时，技巧概念也展现了这样一个辩证的出发点，由此出发点，形式和内容的无益对立就得到了克服。此外，技巧概念也包含有对正确界定倾向与质量关系的说明。"[5] 而且，"只要一部作品正确的政治倾向一同包括了其文学质量……，那么，这种文学倾向就能存在于文学技巧的某种进步或倒退之中"[6]。根据本雅明的艺术生产理论，技巧是艺术的关

---

① 本雅明：《波德莱尔——发达资本主义时期的一位抒情诗人》，1969年，第113、139、123、120页。

② 同上书，第113、139、123、120页。

③ 同上书，第113、139、123、120页。

④ 《本雅明文选》，莱茵河畔法兰克福，1969年，第254页。

⑤ 本雅明：《试论布莱希特》，莱茵河畔法兰克福，1966年，第98页。

⑥ 同上书，第98页。

键所在，因此，本雅明要求艺术家应像布莱希特那样不断革新艺术创作技巧，只有这样才能推动艺术生产力的发展。

表面看，本雅明把构成艺术生产力的要素仅仅归结为技巧似乎有他的具体历史原因，即现代艺术的出现是由技巧革新所导致的。其实不然，现代艺术的出现尽管直接地由技巧革新所引起，但是进一步看，现代艺术技巧的革新最终又是由现代人所产生的新的艺术追求使然。现代人的形成应是现代艺术产生的深层根源。本雅明没有看到这一点；他一味地要求艺术家去关心新的生产工具，如电影、摄影等。他在《机械复制时代的艺术品》一文中，对基于新技巧的电影的关注，就是由这技巧一元论信念出发的。

四、电影——新崛起的艺术

与本雅明推重艺术技巧因素的同时，在当时艺术实践中存在着因技巧革新而出现的新的艺术门类：电影艺术。本雅明在其艺术思考中从其艺术生产理论出发，对这种由艺术生产力革命而来的新艺术投注了极大的热情。他通过与戏剧和绘画艺术的比较，勾画出了电影不同于传统艺术的特点，并由此特点出发揭示了电影的独特意义。

在将电影与戏剧艺术的比较中本雅明首先指出：电影不同于戏剧的一个总的特点就是，戏剧演员的表演是直接面向观众进行的，而电影演员则面对一些机械进行表演。[1] 这样就导致了电影不同于戏剧的四个具体特点：第一，"电影演员由于不是本人亲自向观众展现他的表演，因而，他就失去了舞台演员所具有的在表演中使他的成就与观众一致的可能"。[2] 戏剧演员在舞台上的表演则能随时随地直接根据观众的反应对他的表演进行调节，从而有效地激起观众的共鸣；而电影演员由于不是直接面对观众表演，因而，他无法直接根据观众的反应来对他的表演进行调节；第二，电影演员由于不直接面向观众进行表演，因此他的表演很少由他本人所操纵，而是由一系列机械所决定。本雅明说："电影演员的成就受制于一系列视觉检测机械。"[3] 而戏剧演员的表演则相反地主要由他自己所操纵；第三，电影演员的表演彻底地成了商品生产，不仅他的表演和整个肉身都投入到了由观众所构成的市场中，而且这个观众市场在他进行表演（生产）时很少为他直接把握；第四，戏剧演员的表演是一个完整的整体，他的表演必须进入到角色中，体会角色情感的整个连贯过程；而电影演员的表演则是按分镜头剧本进行的，

① 本雅明：《机械复制时代的艺术品》，转引自《西方马克思主义美学文选》（下同）第Ⅸ节。
② 同上书，第Ⅷ节。
③ 同上书，第Ⅷ节。

它不是一个连贯的整体，而是由一系列被分割的单个部分组成的，因此，电影演员的表演往往不需要沉浸到角色中。可见，本雅明在这个将电影与戏剧的比较中把握了电影艺术的一些固有特点。不仅如此，本雅明还在将电影与绘画的比较中进一步揭示了电影另一些特点。

在将电影与绘画的比较中，本雅明首先指出，画家与他所表现的对象是保持着一段距离的，他没有深入到该对象中去表现它的各个细部，而是保持一段距离地表现该对象的完整面貌；而电影摄影师则深入到了所表现对象中，他把对象分解成诸多部分，然后再按心目中的原则把它们重新组合在一起。其次，本雅明由此出发进一步认为，电影所展示的画面由于深入到了所表现物的各个细部，因而就要比绘画所展现的画面细微和精确得多，而且，由于电影将对象打碎，对之进行重新组合，因而，它就不像绘画那样只展现单一的视点，它能够被放到诸多不同的视点中去加以理解。最后，电影与绘画的不同处还表现在，绘画所提供的是个人观赏的对象，而电影则是被某个群体中的人一起观赏的。

本雅明对电影特点的所有描述，最终目的是为了揭示电影艺术所固有的独特意义。因此，在阐述了电影艺术的上述特点之后，本雅明就进一步指出了电影艺术所固有的以下两个方面的独特意义：第一，电影艺术通过它所特有的技术手段，丰富了我们的视觉世界，展现了我们日常视觉所未察觉的东西，这是其他任何艺术都无法与之相比的。本雅明说："电影摄影机借助一些辅助手段，例如通过下降和提升，通过分割和孤立处理，通过对过程的延长和收缩，通过放大和缩小，便能达到那些肉眼察觉不到的运动。我们只有通过摄影机才能了解到视觉无意识，就像通过心理分析了解到本能无意识一样。"[1] 由此本雅明进一步指出，电影通过它固有的技术手段所展现的那些为日常视觉未察觉的东西，实际上是一种异于既存现实的东西，它使现实世界中尚未出现的东西达到了超前显现。本雅明说："电影摄影展开了空间，而慢镜头动作则展开了运动。放大很少是单纯地对我们'原本'看不清事物的说明，毋宁说，放大使材料的新构造完满地达到了超前显现。慢镜头动作很少使只是熟悉的运动达到超前显现，而且在这种熟悉的运动中，还揭示完全未知的运动。……显而易见，这是一个异样的世界，它不同于眼前事物那样地在摄影机前展现。这个异样首先源于，在人们有意识地编织的空间

---

① 本雅明：《机械复制时代的艺术品》，第 XIII 节。

中，出现了无意识地编织的空间。"① 第二，电影艺术的另一个独特意义表现在，它通过其技术手段，通过对现实的分割和再组合，展现了现实中非机械的方面，而艺术对现实中非机械方面的展示，又是现代人所要求的。最后，本雅明称电影的出现是人类艺术活动中的一次革命。在电影诞生之前，照相摄影早已存在，但是，在照相摄影中，科学价值太浓，而艺术价值则不足。在本雅明看来，电影艺术的出现则富有意义地首次使两者结合起来。他说："电影的革命功能之一就是，使照相的艺术价值和科学价值合为一体，而在以前，两者是彼此分离的。"②

可见，本雅明对电影的特点及其独特意义的论述，不仅在内容上是相当丰富的，而且在某些观点上也是相当出色的，例如有关电影艺术展现视觉无意识、从而达到超前显现的观点，这个观点触及了现代艺术的一个重要的全新功能，即展现现实所未有的异样的东西。这一观点对后人，尤其是对阿多尔诺产生了深远影响，对此，我们在后面有关阿多尔诺美学思想的章节中可以清楚地看到。

五、艺术中的一系列两极运动

本雅明在前面阐述现代艺术取代古典艺术的部分已隐隐约约表现出将特征各异的古典艺术和现代艺术视为艺术的两极运动的倾向，而在《机械复制时代的艺术品》一书中，本雅明则明确地从不同角度阐述了艺术中的一系列两极运动。

1. 机械复制的艺术和有韵味的艺术

在本雅明看来，现代艺术对古典艺术的取代也就是从传统的有韵味艺术向现代机械复制艺术的转变。在他那里，有韵味的艺术就是泛指传统艺术，即展现出某种或某些韵味（aura）的艺术。本雅明所说的韵味是指"一定距离之外但感觉上如此贴近之物的独一无二的显现"。③ 因此，韵味具有两个鲜明的特点：若即若离和独一无二性。这样，有韵味的艺术在本雅明那里也就自然是指呈现出那种使人观之觉得若即若离的独一无二之物的艺术。本雅明认为，整个传统艺术就是以对物和世界的韵味经验为前提的。④ 而机械复制的艺术则主要指能以机械手段进行大量复制的艺术品，例如照相、电影等。

本雅明对机械复制艺术和有韵味艺术的区分主要在于表明，机械复制艺术在现时代的出现，使一直占主导地位的与之对立的有韵味的艺术崩溃了。本雅明说："在对艺术品的机械复制时代凋谢的东西就是

---

① 本雅明：《机械复制时代的艺术品》，第 XⅢ 节。
② 同上书，第 XⅢ 节。
③ 同上书，第 Ⅷ 节。
④ 本雅明：《波德莱尔——发达资本主义时期的一位抒情诗人》，莱茵河畔法兰克福，1969 年，第 157 页。

艺术品的韵味……复制技术把所复制的东西从传统领域中解脱了出来，由于它制作了许许多多的复制品，因而，它就用众多的复制物取代了独一无二的存在；由于它使复制品能为接受者在其自身的环境中去加以欣赏，因而，它就赋予了所复制对象以现实的活力。这两方面的进程导致了传统的大崩溃。"① 显然，本雅明在这里是怀着赞赏的态度去谈论机械复制艺术取代有韵味艺术的。在本雅明那里，有韵味艺术和机械复制艺术是迄今整个人类艺术活动的两极，从有韵味艺术向机械复制艺术的过渡因此也就成了人类艺术活动中所发生的一个总体上的两极运动，由这个总体上的两极运动也就导致了艺术在诸多方面的两极演变。

2. 艺术的膜拜价值和展示价值

在本雅明那里，艺术的膜拜价值（kultwert）和展示价值（ausstellungswert）指艺术自身内部的两个矛盾方面。本雅明认为，人类艺术活动从有韵味艺术向机械复制艺术的过渡，是由艺术内部的两个矛盾方面的运动所致。在有韵味的艺术中，艺术的膜拜价值占主导地位，而在机械复制的艺术中，则相反地是艺术的展示价值占主导地位。在本雅明那里，艺术的膜拜

价值就是艺术韵味的体现，其主要特点与韵味相同，也就是若即若离、感觉上如此贴近，但实际上又不可接近；而艺术的展示价值则是消除这种若即若离之距离感的东西，就是可以为人所直接把握和深入的东西。

本雅明认为，在最早的艺术活动中，艺术的膜拜价值占主导地位，它整个地在艺术中抑制了艺术的展示价值。后来，随着人类历史的演化，"随着艺术的世俗化，真实性便取代了膜拜价值"，② 最早被抑制的展示价值在艺术中便渐渐占了主导地位，这就是现时机械复制时代艺术作品的情形。本雅明说，"正是艺术作品的可机械复制性才在人类历史上第一次把艺术品从它对礼仪的寄生中解放了出来"。③ 而"随着单个艺术活动从礼仪这个母腹中的解放，其产品便获得了展示机会"。④ 这样，艺术的展示价值便占了主导地位。从另一个角度说，当艺术的展示价值在艺术中占了主导地位之时，就标志着一种具有全新功能之艺术的出现，即机械复制艺术的出现。

可见，本雅明对艺术膜拜价值和展示价值的论述，是对有韵味艺术和机械复制艺术的进一步阐释，它更详尽地从艺术内部矛盾运动的角度，说明了从有

---

① 本雅明：《机械复制时代的艺术品》，第Ⅱ节。
② 同上书，第Ⅳ节。
③ 同上书，第Ⅳ、Ⅴ节。
④ 同上书，第Ⅳ、Ⅴ节。

韵味艺术向机械复制艺术转化的内在机制。

3. 美的艺术与后审美的艺术

本雅明在对现代艺术的考察中，除了用有韵味艺术和机械复制艺术、艺术膜拜价值和展示价值来描述现代艺术中所发生的一些两极运动外，他还从审美角度描述了现代艺术从美的艺术（asthetische kunst）向后审美的艺术（nachasthetische kunst）转化的两极运动。

在本雅明那里，美的艺术就是指本身具有审美属性的艺术，而后审美的艺术本身则不具有这种直接的审美属性，它的审美属性是后人加上去的，是间接而来的。美的艺术具有自主性外观，而后审美的艺术则不具有这种自主性外观。本雅明认为，建筑艺术就是后审美艺术的典范，因为"建筑物是以双重方式被接受的：通过使用和对它的感知"。① 也就是说，建筑物本身最初并不是为了审美而被创造出来的，它的审美属性是后来产生的。由此出发，本雅明又进一步把人类艺术活动中从有韵味艺术向机械复制艺术的转变，视为从美的艺术向后审美艺术的转变。他认为，在机械复制时代到来之前，人类的所有艺术活动都是一种美的艺术，随着信息社会的出现，机械复制时代的到来，美的艺术便走

向终结，取而代之的便是一种后审美的艺术，这里，电影就是后审美艺术的典范。这种后审美的艺术"由于失去了膜拜基础，因而，它的自主性外观也就消失了"。② 具体来说，这种后审美艺术的存在不再是自主的，而是依附在其他价值上的，例如，在机械复制的艺术中就依附在展示价值上。

4. 对艺术品的凝神专注式接受和消遣性接受

本雅明在对现代艺术的分析中不仅从艺术本身中，而且还从对艺术品的欣赏角度区分出了艺术活动中所发生的两极运动。

本雅明在对艺术的膜拜价值和展示价值的描述中曾与此相应地就艺术接受指出："对艺术作品的接受是有不同侧重方面的，在这些不同侧重中，有两种尤为明显：一种侧重于艺术品的膜拜价值，另一种侧重于艺术品的展示价值……而且，艺术接受的历史演变就是从如上所述的艺术接受的第一种方式向第二种方式的演变。"③ 后来，随着思想的展开，本雅明对这两种接受方式作了进一步的具体界定。第一种，对艺术品膜拜价值的侧重，本雅明称之为凝神专注式接受，在这种接受中，接受者通过他的联想沉入到了作品中。这种接受

① 本雅明：《机械复制时代的艺术品》，第 XV 节。
② 同上书，第 VII 节。
③ 同上书，第 V 节。

以个人方式实现，例如对绘画作品的接受就是如此。另一种对艺术品展示价值的侧重，本雅明称之为对艺术品的消遣性接受，在这种接受中，接受者并没有沉入到作品中，而是超然于作品，沉浸在自我中。这种接受大多以集体方式发生，它最早体现在建筑艺术中，而现在尤其明显地体现在电影中。本雅明说："面对电影银幕的观赏者不会沉浸于他的联想，观赏者很难对电影画面进行思索，当他意欲进行这种思索时，银幕画面就已变掉了。"① 本雅明尤其以电影为例说明人类对艺术品的接受方式由凝神专注式接受向消遣性接受的转变。他认为，在现时机械复制时代，随着电影的出现，以前占主导地位的对艺术品的凝神专注式接受愈来愈被消遣性接受所取代，这种接受是顺应艺术中展示价值愈来愈取代膜拜价值的产物。本雅明说："消遣性接受随着日益对所有艺术领域的推重而受到人们的重视，而且它成了统觉已发生深刻变化的迹象，这种消遣性接受在电影中便获得了特有的实验地。……电影抑制了膜拜价值，这不仅是由于电影使观众采取了一种鉴赏态度，而且还由于这种鉴赏态度在电影院中并不包括凝神专注。观众成了一位主考官，但这是一位消遣性的主考官。"② 在本雅明看来，随着电影的出现，消遣性接受便取代了凝神专注式接受，从而占了主导地位。

可见，本雅明在《机械复制时代的艺术品》一书中对现代艺术中不同方面两极运动的描述，旨在说明和阐述新旧艺术的演变更替。他对有韵味艺术和机械复制艺术、艺术的膜拜价值和展示价值、美的艺术和后审美的艺术、对艺术品的凝神专注式接受和消遣性接受的所有这些区分，最终目的都在于描述从旧艺术向新艺术的演变更替。因此，我们完全可以说，本雅明对艺术的美学思考是旧艺术的一曲挽歌，新艺术的一首赞美诗。

当然，作为文艺理论家，本雅明理应关注当代艺术实践，并扶植新艺术的成长，但是，作为一名马克思主义文艺理论家，他关注现代艺术实践、推崇新艺术，具有着更广泛的革命意义，即通过对新艺术的赞赏来批判腐朽、没落的现实，从而指出新世纪的曙光。我们知道，本雅明对当时左翼知识分子用没落的资产阶级工具去反对资产阶级现实极为不满。他在1930年写成的一篇《知识分子的政治化》一文中，曾带有讽刺意义地用"一个拓荒者"的比喻去勾画当时左翼知识分子的状况。他说，当时的左翼知识分子宛如"这样一个拓荒者，他在革命的曙光中，提前撕破了思想

---

① 本雅明：《机械复制时代的艺术品》，第ⅩⅣ节。
② 同上书，第ⅩⅤ节。

和语言的碎片，并时不时地使已退色的这一块或那一块花棉布，如'人性'、'内在性'、'深刻性'等滑稽地在晨风中晃动"。①本雅明所主张的是要从对传统的批判性考察和分析出发，建立一个不同于传统的新起点，从而展现未来社会发展的方向。本雅明在对当代艺术实践的分析中，指出了传统艺术的过时，张扬新崛起的现代艺术，并从艺术理论的多重角度对之进行描述和肯定，这无疑具有并不仅限于艺术理论建设的广泛革命意义。这种广泛的革命意义在法兰克福学派圈内对后人产生了深远的影响。阿多尔诺的美学思考就深受着本雅明的影响。

第二节　阿多尔诺的现代主义美学理论

在法兰克福学派美学的代表中，阿多尔诺可以称得上是最出色的一位。他不仅从早期本雅明的美学思考出发推出了一套几乎无所不及的美学理论，从而把整个法兰克福学派美学推向了顶峰，而且在法兰克福学派的同人中，阿多尔诺更以通晓艺术，勤于美学思考而闻名于世。在现代西方思想界，越来越多的美学家和文艺学家已不再把阿多尔诺的美学著作当做哲学著作去读，而是作为专门的美学或文艺学著作去研讨。因此，我们认为，从美学角度来看，阿多尔诺无疑是法兰克福学派美学

的第一号人物。

阿多尔诺1903年9月11日生于美因河畔法兰克福的一位已被同化了的犹太人酒商家庭，母亲是科西加地区的一名歌唱家。早年，他的母亲和姨母阿多泰向他灌输了很多音乐方面的知识，使他在孩提时代就和音乐结下了不解之缘。1922年，阿多尔诺开始进大学学习哲学、社会学、心理学和音乐理论，1924年以一篇题为《论埃德蒙德·胡塞尔》的论文获博士学位。1925年去维也纳跟伯尔格、韦伯恩等著名音乐家学音乐理论和作曲，并谱写了若干音乐作品。1933年以一篇题为《克尔凯郭尔：美的构造》的论文在法兰克福大学社会研究所获得讲师席位；之后去英国；1938年又去了美国，并进入由德国迁至美国的法兰克福社会研究所工作。同时，阿多尔诺还被推荐到纽约的最大广播公司的音乐研究部去做音乐社会学的研究工作。1949年应联邦德国政府之邀随社会研究所返回美因河畔的法兰克福；1953年起主持该所工作；1963年出任德国社会学协会主席。在60年代末的学生运动中由于不支持左派学生的造反，与学生发生对立。造反的学生们攻击阿多尔诺脱离革命，在这种情况下，阿多尔诺迁居瑞士，不久后便去世，时间是1969年8月6日。

阿多尔诺一生著述繁多，这些著述大

---

① 转引自克拉特（Gudrun Klatt）：《三十年代五位大师对现代派的探讨》，柏林，1984年，第140页。

多集中在哲学和美学两方面，其中美学方面的主要著作有：《克尔凯郭尔：美的构造》(1933)、《新音乐哲学》(1949)、《多棱镜》(1955)、《音乐社会学导论》(1968)、《文学笔记》三卷(1966—1969)、《美学理论》(1970)等。其中《新音乐哲学》和《美学理论》分别是阿多尔诺在音乐美学和一般艺术美学方面的代表作。阿多尔诺的美学理论在内容上触及的问题比较广泛，它几乎触及了现代美学所普遍关注的所有问题。概括起来看，阿多尔诺的美学思考主要从他对现代美学的特定要求出发，以艺术经验为核心，对现代艺术展开了独特的反思，其中也包括对现代音乐的反思。

一、对现代美学的特定要求

阿多尔诺在美学上是一个明显的现代主义者，而对传统美学，他表现出了强烈的现代精神。他认为，传统美学与日益发展的现代艺术不一致，现代美学的发展不能依循传统美学的走向。① 在他心目中，美学的任务就是要把审美经验和概念反思统一起来。美学就是要辩证地沟通哲学反思和审美经验，并由此沟通达到艺术的真谛。因此，面对传统美学的两种极端形态（哲学美学和经验美学）阿多尔诺就认为，

现代美学应走介于哲学美学和经验美学之间的第三条道路，这条道路既不是抽象的哲学演绎，也不是单纯的经验分析。它是在经验中的演绎，在演绎中的经验。用阿多尔诺的话来说，它是一种"内在的审美反思"。在审美经验中去反思（演绎）它的内在逻辑。阿多尔诺以艺术品为例指出："内在地去观照艺术品，即从艺术品的创造性逻辑中去观照它，是现代美学唯一可能的形态——这种观照是寻视和反思的统一。"② 在阿多尔诺看来，这第三条道路不仅避免了哲学美学的抽象演绎，而且也避免了经验美学的单纯经验分析。

阿多尔诺继续指出，走第三条道路的现代美学是对审美经验的反思，在他心目中，这审美经验主要地就是指现代艺术经验。他直截了当地说道：美学就是"对艺术经验的反思"，③ 美学主要是随着对艺术的反思而形成的。④ 显然，在阿多尔诺那里，现代美学的核心课题就是现代艺术，尽管他并没有忽视自然美问题。

美学既然是对艺术经验的反思，这样一来，现代美学就似乎具有了用概念去探究非概念之物的困境。艺术和理论各有其自身的逻辑，如果两者相同，那么艺术就成了多余的东西。对于这个现代美学的困

---

① 阿多尔诺：《美学理论》"导言"，莱茵河畔法兰克福，1980年。
② 阿多尔诺：《文学笔记》，第Ⅱ卷，莱茵河畔法兰克福，1969年，第43页。
③ 阿多尔诺：《美学理论》，莱茵河畔法兰克福，1980年，第392页。
④ 同上书，"导言"。

境结构阿多尔诺首先承认，艺术和美学的理论思考是存在于两个不相叠合的领域中，但他同时又认为，两者是相通的，是不能分离的。就艺术自身的表达来看，离开了理论解释，它就无法传达其真实，艺术作品是通过理论解释来展开其"真实的"。① 同样，"艺术为了表达它无法表达的东西就需要有对它进行解释的哲学"。② 这个"无法表达的东西"就是艺术品的真实内容，正是"这真实内容才是与哲学解释相通的……因此，真正的审美经验必须成为哲学，否则，它就根本不是什么审美经验"③。

可见，阿多尔诺对现代美学的要求是相当注重它的哲学性质的。就像他在总体上这样要求美学一样，在其具体的美学思考中，我们也不难看出他对这一要求的贯彻。

二、艺术对现实的间离性模仿

阿多尔诺美学思考的主要目标之一，就是去把握现代艺术的本质特征，在这个把握中，阿多尔诺突出了现代艺术追求非现实之物这个特点。阿多尔诺指出，现代"艺术品由经验世界走了出去，并形成了一个与自身本质相矛盾的世界，似乎这个世界也是实存的一样"④。他进一步指出："现代艺术所追求的是那种尚不存在的东西"⑤，"是现实中未出现或尚未为人知晓的东西。艺术就是对这尚未存在东西的把握。这尚未存在的东西就是艺术的目标和主宰"⑥。因此，艺术作品与既存现实就不必具有同一性。阿多尔诺说："在艺术作品中发生并凝固在作品中的过程，不必被设想成与社会有着同一内容的过程。"⑦ "单纯与经验现实相比较的艺术就不成为艺术作品。"⑧ 艺术作品中所展现的东西必定是异于现实或大于现实的。这是问题的一方面，阿多尔诺在指出艺术追求非现实之物的同时，还进一步富有辩证精神地看到了问题的另一方面，即艺术也离不开对社会现实的模仿。

阿多尔诺认为，艺术尽管追求现实尚未存在的东西，但它离不开对现实实在性的模仿。阿多尔诺指出，"实在性尽管不是艺术的一切，但它是艺术中固有的"，⑨ "对艺术品的成功来说，实在性是根本要素

---

① 阿多尔诺：《否定辩证法》，莱茵河畔法兰克福，1968 年，第 24 页。
② 阿多尔诺：《美学理论》，莱茵河畔法兰克福，1980 年，第 113、197 页。
③ 同上书，第 113、197 页。
④ 同上书，第 10、203、204、350 页。
⑤ 同上书，第 10、203、204、350 页。
⑥ 同上书，第 10、203、204、350 页。
⑦ 同上书，第 10、203、204、350 页。
⑧ 同上书，第 281 页。
⑨ 同上书，第 281、280、52 页。

之一"①，离开这种实在性，艺术就不成其为艺术。由此，阿多尔诺还更深入地指出：艺术对现实实在性的模仿就使艺术驻足于活生生的经验中，就"使艺术与个人经验相连"②。然而，在阿多尔诺的模仿中，他更推重的是不同于古典主义模仿说的对现实中自在存在的模仿。他说："模仿是对自为在者的模仿。"③ 这"自为在者"就是艺术所追求的现实中尚未存在的东西。因而，阿多尔诺所说的模仿并没有整个地沉浸于"物"中，它具有创造性内涵，它是对审美创新的保证，"只有在创新中，模仿才抛弃重复从而获得了合理性。"④ 阿多尔诺进一步指出："模仿在艺术中是一种前精神，它一方面是与精神对峙的，另一方面又是引燃精神之火的东西。"⑤ 因此，这种模仿就是在对现实存在的间离中模仿了现实尚未存在之物。

因此我们说，阿多尔诺在艺术的本质特征问题上是富有辩证精神的，他既没有使艺术脱离社会，也没有简单地把艺术约简为社会现象。他认为，艺术从实存的经验现实中获取其要素，并使之进入到了一个新的关联中，即艺术是在实存物中去追求非实存的东西，"在者与非在者的共时并存就是艺术所具有的幻想性构造所在"⑥。可见，照阿多尔诺这种对艺术的界说来看，艺术就是一种对现实保持距离的模仿，这样的艺术对现实自然便具有了批判功能。

三、艺术的社会批判功能

整个法兰克福学派是以马克思主义的现代形态自居的，而马克思主义的主导精神之一就是要否定资本主义现实。阿多尔诺作为法兰克福学派的一员主将自然贯彻了这一精神，但是，他并没有像马克思主义那样，认为必须通过无产阶级革命实践去推翻资本主义，而是相反地从理论、精神上去反对资本主义现实。他认为，在达到相当程度之工业文明的资本主义社会不可能再产生进行革命实践的主体，因而，对资本主义现实的否定就采取了理论批判或精神批判的形态。在这样的情况下，如上所说的现代艺术就获得了一种新的含义，它能够通过其所追求的尚未存在的东西批判既存社会。因而现代艺术就获得了一种社会批判功能。"艺术通过其单纯的存在批判了社会"⑦。这里，艺术"对社会的批判

① 阿多尔诺：《美学理论》，莱茵河畔法兰克福，1980 年，第 281、280、52 页。
② 同上书，第 281、280、52 页。
③ 同上书，第 5 页。
④ 同上书，第 38、180 页。
⑤ 同上书，第 38、180 页。
⑥ 同上书，第 368 页。
⑦ 同上书，第 368 页。

就是认识批判以及批判认识"①，它通过这种批判创造了新的社会主体。

从另一角度来看，现代资本主义社会现实也要求艺术具有批判功能，从而拯救现实。在阿多尔诺看来，随着现代工业文明的发展，当代社会失去了真实内容，面对这样的社会，人们便处于绝望之中，因而只能把现实中所失去的真实内容推向意识，在意识中对其向往和追求，因而，生活在这样的社会中的人就要求艺术具有批判现实的功能，从而拯救人对现实的绝望。阿多尔诺认为，现代艺术之所以能在现代艺术消费实践中站稳脚跟，就是由于它能"中介性"地起到"拯救绝望"的作用，从而实现其批判现实的功能。

现代艺术"拯救绝望"实现社会批判功能的具体方式，主要表现在展现了现实中本应存在而实际上未存在的东西。"现代艺术补偿性地拯救了人曾经真正地、并与具体存在不可分地感受过的东西，拯救了被理智逐出具体存在的东西"。② 阿多尔诺甚至明确地指出："艺术就是对被挤掉的幸福的展示。"③

毋庸多言，在阿多尔诺看来，现代工业社会中所形成的现代艺术对当代现实具有显然的批判功能，它拯救了现代人对既存现实的绝望。那么，现代艺术何以具有这种功能呢？在阿多尔诺心目中，这便是由现代艺术所具有的审美特点使然。

四、艺术的审美特点

在阿多尔诺的整个美学中论述得最多的就是有关现代艺术的审美特点问题。在这方面的论述中阿多尔诺自创了很多术语，而且很不规范，经常出现一个问题有多种说法的情况。也许这样能更周密地把握同一问题的各个不同侧面。阿多尔诺经常谈到的现代艺术的审美特点主要有六个。

1. 异在性

在阿多尔诺看来，现代艺术的一个显著特征就是异于现实，它追求的就是一种异于现实的"异样事物"（das andere），④阿多尔诺甚至把异在性奉为现代艺术的主宰。他说："艺术只有在其异在性中才会获得其自身的规定，这规定甚至就是艺术的一种无形根系。"⑤ 这里，异在性所指的异于现实具体就是指不同于经验所感知的现实。阿多尔诺说："体现了异在性的艺术作品就是指：作品中没有什么是实在的，即作品缺乏造型上的实在性。"⑥ 所以阿多尔

---

① 阿多尔诺：《美学理论》，莱茵河畔法兰克福，1980年，第347页。
② 同上书，第335页。
③ 阿多尔诺：《提示语：批判模式之二》，莱茵河畔法兰克福，1969年，第158页。
④ 阿多尔诺：《美学理论》，莱茵河畔法兰克福，1980年，第24、208页。
⑤ 同上书，第24、208页。
⑥ 同上书，莱茵河畔法兰克福，1980年，第198、204页。

诺以悲剧为例指出："社会在悲剧中愈是真实地表现出来，它也就愈是少地是所指望的。"① 艺术作品只有在这种与现实的分离中成为异在的东西才成了批判现实的力量。在阿多尔诺看来，既存社会到处都呈现出由工业文明所导致的一体化，在现代社会中，一切都是"均一的"或"一致的"。因此，现代艺术所追求的"异在性"具体来说就是"非均一性"和"非一致性"。阿多尔诺非常强调现代艺术的这种"非均一性"和"非一致性"。

2. 超前性

异于现实可能有两种具体所指：其一指现实中已消失的东西；其二指现实中尚未出现的东西。前者落后于现实，已被现实所抛弃。后者超越现实，将转化为新的现实。阿多尔诺的异在性显然是指后者。这样，由异在性出发，现代艺术又具有了超前性特点。超前就是超越眼前现实，指向现实尚未有但可能出现的现实。阿多尔诺说，艺术作品所追求的就是现象、经验中尚未出现的非实存事物。"艺术就是要追求那种尚未出现的东西"②。在阿多尔诺看来，这种尚未出现的东西是由主体构想出的，它体现了主体的理想。他说："艺术创作中的审美映象就是被主体构想出或想象出的东西，……它把经验现实上升到了理想。"③

可见，现代艺术的超前性特点表明：艺术尽管异于眼前既存现实，但它通过对这种既存现实的超越，与尚未出现之现实具有了一种先期契合。

3. 否定性

由异在性、超前性，现代艺术必然走向否定性。阿多尔诺说：现代艺术中"没有一部艺术作品的真实是不伴随着具体否定的，现代美学必须阐明这一点"。④

联邦德国学者海泽（Wolfgang Heise）曾指出："阿多尔诺的美学就是否定的辩证法。"⑤ 否定概念在阿多尔诺那里居重要地位，它是阿多尔诺依据犹太教的形象戒律以及黑格尔的"具体否定"而得来的。受启于犹太教的形象戒律，阿多尔诺赋予"具体否定"以一种遗弃感性形象的意义。受启于黑格尔，他又赋予"具体否定"以一种否定现实具体事物的含义。这个否定虽受启于黑格尔，但与黑格尔所说的否定又不全然相同，他没有黑格尔的"否定"所包含的肯定意义。在阿多尔诺看来，肯定和否定是水火不容的，就像"同一"和

① 阿多尔诺：《美学理论》，第 198、204 页。

② 同上书，第 352 页。

③ 同上书，第 281 页。

④ 同上书，第 344 页。

⑤ 海泽：《阿多尔诺"美学理论"述评》，见联邦德国：《文学评论》杂志，1972 年，第 4 期，第 72 页。

"不同一"是根本对立的一样，这种摧毁一切的否定就是辩证法的核心。因此，现代艺术所具有的否定性在阿多尔诺那里就是指对既存现实的彻底否定，这个否定具体所指有二：其一，是对现实具体事物的彻底否定。阿多尔诺所说的艺术是辩证地被造成的就是指在现代艺术作品中"达到了对既存经验现实的具体否定"①。其二，是对感性外观的彻底遗弃。"艺术作品越是深刻地被塑造而成，它也就越是不易被理解地反对了人为设置好的外观"②。所以阿多尔诺认为，现代艺术为了追求那种精神上的成熟，便在感性上作出了牺牲。

显见，现代艺术是以否定性为特征的，但是这个否定性并不是指现代艺术抛弃了所有感性存在，而纯粹由抽象构成，而是指现代艺术否定了经验现实中的具体事物，而用不同于它的另一种具体事物来表现。现代艺术一方面否定了经验现实中的既存事物，另一方面又在这既存事物的造型上创造出了一种不同于该既存事物的东西③。这样一来，其中必有一种精神化过程存在。

4. 精神化

其实，在艺术的异在性、超前性和否定性中都贯穿着精神化的内容。所以阿多尔诺说：现代艺术的首要特点就是精神化。④ "精神就是艺术作品的天地，精神就是艺术作品所表达的东西，或者更严格地说，精神使得艺术作品有所表达"⑤。艺术中的一切都由精神化而来，例如，异在性就由精神化所致。"只有彻底地精神化的艺术，才有可能成为完全异在的东西"⑥。而艺术与社会的相连也是由精神见出的，即社会在艺术作品中不是直接地、而是精神性地表现出来的。⑦ 就连现代艺术中的一些感性要素在阿多尔诺看来，实际上也是一种精神化的存在，这不仅是由于感性要素在现代艺术中"是指向精神的"，⑧ 而且还是由于"艺术作品只有通过把作品的感性要素化为某种精神载体才会获得成功。"⑨ 因此，精神化是现代艺术的一个首要特点。阿多尔诺甚至称艺术所表现的精神就是像"色彩"和"音色"一样的材料。⑩ 当然，阿多尔诺所说的这种精神并

① 阿多尔诺：《美学理论》，莱茵河畔法兰克福，1980 年，第 18 页。
② 同上书，第 407 页。
③ 同上书，第 221 页。
④ 同上书，第 146、142、350—351、148、135 页。
⑤ 同上书，第 146、142、350—351、148、135 页。
⑥ 同上书，第 146、142、350—351、148、135 页。
⑦ 同上书，第 146、142、350—351、148、135 页。
⑧ 同上书，第 146、142、350—351、148、135 页。
⑨ 同上书，第 146、142、350—351、148、135 页。
⑩ 同上书，第 146、142、350—351、148、135 页。

不是指艺术中的精神吞并了感性要素，感性要素在现代艺术中还是存在的，否则，艺术作品就无从被感知，艺术所表现的精神也就无所依托，仅仅是精神了。阿多尔诺说："作品的精神并没有构成一个低于或高于外观显现的层次，它是在所显现事物的造型形象中被把握的。"①

5. 谜语特质

谜语特质也是阿多尔诺论述较多的一个现代艺术的审美特点。在他看来，现代艺术作品与谜语具有相同的认知结构，即确定性与非确定性的统一，他说："艺术品与谜语一样具有着确定性和非确定性这种两重性……比如，在谜语中答案是隐匿着的，而且要由结构去揭示，为此就需要有内在逻辑、作品法则，而且这就构成了艺术中目的概念的依据。艺术作品的目的就是去造就非确定物的确定性。"② 在阿多尔诺心目中，现代艺术品就像一个谜语，它既有其确定的一面，又有其不确定的一面。"艺术品本身不是一种绝对，但是绝对在艺术作品中又是直接呈现出来的。艺术品与绝对的关联是不定的，艺术品既把握了绝对，同时又没有把握它。"③ 所以阿多尔诺

又进一步用比喻方式说道，"作品就像童话中的仙女一般去陈述：你要达到绝对者，你就应使绝对难以辨认。理性认识的真实性是显而易见的，但是，艺术所属的那种认识则不具有这种显然的真实性，它的真实性是不可测定的"④。艺术的确定性在于其已实现的感性构造，它的不确定性就是感性构造中所显现的东西。这种显现在作品感性构造本身中是未实现的，这就构成了艺术的谜语特质。阿多尔诺说："未实现事物和实现事物间的不确定区域就构成了作品之谜。"⑤ "艺术之所以成了一个谜语，那是因为它显现着什么"⑥。

可见，在阿多尔诺那里，艺术品的谜语特质成了现代艺术的特点之一，现代艺术品的费解性就是这种谜语特质的体现。他甚至怀着深邃的辩证精神指出：越具有谜语特质的作品表面似乎越费解，实际上又是最易理解的。他说："封闭的艺术品被人指责的费解性是一切艺术所具有的谜语特质的体现。……明显地不可理解的作品突出了它的谜语特质，这样，它潜在地还是最易理解的作品。"⑦

6. 无概念性

---

① 阿多尔诺：《美学理论》，莱茵河畔法兰克福，1980 年，第 35 页。
② 同上书，第 194、191 页。
③ 同上书，第 194、191 页。
④ 同上书，第 179、185、511 页。
⑤ 同上书，第 179、185、511 页。
⑥ 同上书，第 179、185、511 页。
⑦ 同上书，第 186 页。

阿多尔诺认为，现代艺术就是对那种抽去所有确定概念的美的实体的"无概念认识"。① 这样，现代艺术就又具有了无概念性特点。阿多尔诺所说的这种无概念性具体所指有二：其一，指艺术无须对所表现对象有概念，它是无任何预定概念地对对象的表现。他说："哲学就是用概念去研究概念所及的东西。哲学都具有这种唯心主义的预先决定症。而现代艺术则理会到了对这种现象的不满，现代艺术所从事的所有蒙太奇式的剪辑都源于这种不满。"② 其二，现代艺术的无概念性是指："艺术的表现无任何关于艺术的概念。艺术的种类是独特地各不相同的，就像这些种类无确定界限一样。"③ "属于艺术的东西甚至不依赖于有关艺术品的观念。合适的形式、崇拜的对象也能历史地成为艺术。"④ 因此阿多尔诺认为，传统主义评论家所喜爱的这个问题，"这还是音乐吗？是徒劳无益的，现代艺术在突破它的集合概念之处显得最有效"⑤。

综上可见，阿多尔诺在现代艺术审美特点方面的论述是相当丰富的，而且其中不乏独到的精辟见解，可以毫不夸张地说，这些论述是阿多尔诺美学思想的合理内核

所在。他对一些美学范畴的重新界说也是与此相连的。

五、对一些美学范畴的重新界说

在阿多尔诺看来，现代美学是对艺术经验的反思，而美学要反思艺术首先就必须对其所用范畴进行论证。于此阿多尔诺又认为，传统美学范畴与现代艺术经验是相通的，这样，现代美学就必然要从传统美学范畴出发。基于此阿多尔诺说，现代美学的关键是要把传统范畴放在现代艺术经验中去加以重新界定。因此，阿多尔诺从现代艺术经验出发对一些传统美学范畴进行重新界说。

1. 艺术的真实内容

在西方美学史上关于艺术的真实内容一般有两种较典型的解释，一种以亚里士多德为代表，认为艺术的真实在于对客观之必然律的反映；另一种以黑格尔为代表，认为艺术的真实在于对某个客观精神、理念的感性显现。阿多尔诺从现代艺术特有的否定性、谜语特质等这些内容出发，对这一传统美学范畴进行了重新界说。

首先阿多尔诺指出，现代艺术的"真实内容在作品中只是一种否定性的东

---

① 阿多尔诺：《美学理论》，莱茵河畔法兰克福，1980 年，第 411 页。
② 同上书，第 382、271 页。
③ 同上书，第 382、271 页。
④ 同上书，第 272、271 页。
⑤ 同上书，第 272、271 页。

西"①，这否定性的具体表现就是现代艺术普遍具有的"费解性"②。所以在阿多尔诺看来，现代艺术的真实内容就是寓于现代艺术"费解性"中的一种否定性存在。"艺术的真实就是非显现之物的显现。"③ 因此阿多尔诺说：艺术的真实内容就是对非真实之物的具体否定。

由此阿多尔诺进一步指出：艺术的"真实唯一地只能是变动的东西"④。它是"对作品之谜的真正解决"⑤。作品之谜存在于未实现之物和实现之物的非确定区域，因而，艺术的真实内容就存在于这非确定区域中。这样，艺术的真实内容就必然成了一种变动的东西或历史的东西，也就是说，尽管艺术品是被制作而成的，但寓于其中的真实内容并不是一种被制作而成的凝固存在，而是一种历史地积淀于这所制成物中的变动着的东西。⑥

2. 形式

阿多尔诺的整个美学思考非常重视传统美学的形式这个范畴。他认为，艺术对经验存在的变形只有从形式角度才能理解。

因此他说，"鉴于美学在艺术给定物中总是以形式概念为中心的，因而，它就必须努力去思考形式这个概念"⑦。

在形式这个范畴上，阿多尔诺对历史上的内容论美学（黑格尔和克尔凯郭尔）和形式论美学（康德和瓦莱利）都进行了批判。对内容论美学阿多尔诺指出：这种美学把形式作为内容的附庸，没有看到形式的独立存在价值。而且这种内容论美学还遏止了艺术形式的历史发展，例如遏止了抽象画的出现。⑧ 对于纯形式论美学，阿多尔诺主要从以下两个方面进行了批判：其一，形式论美学没有看到形式中"历史地积淀的内容"⑨。阿多尔诺认为：形式不仅是自主的，它也来自于社会习俗及日常行为方式。他说：形式论美学把"形式概念曲解成与经验生活截然对立的艺术命题，这样，在经验生活中艺术的存在要求就成了没有保障的东西"⑩。其二，形式论美学以为有现代艺术作后盾，这其实是对形式问题的误解，阿多尔诺同样从现代艺术出发纠正了这种误解。他认为，形式体现了

① 阿多尔诺：《美学理论》，第 200 页。
② 同上书，第 196、199、11、143 页。
③ 同上书，第 196、199、11、143 页。
④ 同上书，第 196、199、11、143 页。
⑤ 同上书，第 196、199、11、143 页。
⑥ 同上书，第 199—200 页。
⑦ 同上书，第 213 页。
⑧ 同上书，第 18 页。
⑨ 同上书，第 15、213、211、216 页。
⑩ 同上书，第 15、213、211、216 页。

艺术作品所具有的独特审美要素，它确保了一部作品的独特逻辑，具体来说，它是艺术品由之与单纯在者区分开来的准则所在。① 每一部作品都是通过形式"否定了往日的作品与习作"。② 由此，阿多尔诺进一步指出，不能把形式理解成艺术家在疏异的材料上留下的主观印记，宁可说，形式是一种客观的规定。③ 基于此，阿多尔诺对形式界定道：形式是"每部艺术作品所呈现物达到多重含义的客观机制，它是对分散物的有效组合。然而，这种组合在分散物之间的离异和排斥中却保留了其所属的东西，而且基于此，它实际上就是一种对真实的展示"④。

可见，阿多尔诺美学在形式问题上克服了内容论美学的不足，赋予形式以相当重要的地位，同时，他也没有像形式论美学那样走向极端，从而否认形式中所历史地积淀的内容。

3. 技巧

阿多尔诺的美学思考对传统美学往往忽视的技巧概念也给予了相当程度的重视，他甚至认为，美学的任务就是要用理论去把握社会技术在审美领域的展开。他具体阐述道：美学把功能视为一个极其重要的概念。当对单个艺术品进行理论判断时，功能就落到了技巧上，一部作品在它使用审美技巧上才能被断定为在审美上是成功的。美学技巧对作品的审美要素产生了作用。

对于技巧概念阿多尔诺主要从两方面进行了论述：其一，艺术的发展和提高离不开技巧的发展和提高。阿多尔诺说："真正属于时代的艺术家（例如瓦莱利就是首当其冲的一位）并不单纯地依循艺术品的技巧化，而是促进它。而现代音乐自瓦格纳以来的整个发展，离开对最广泛意义上技巧要素的吸收则是不可思议的。然而，艺术并没有由此演变成技巧。（艺术中）技巧要素所努力的目标并不是真正地控制自然，而是在总体上对意义关联作显而易见的创造。……在审美领域中……技巧的含义就意味着功效，即节省劳动的功效。"⑤其二，技巧与内容相连。阿多尔诺认为，技巧与内容是相互融通的，在艺术中，技巧不顾及内容是无法被界定的，而内容只有通过技巧才得以实现。莎士比亚的戏剧艺术以及布莱希特的间离技巧就是内容与技巧彼此互为前提的明显例子。阿多尔诺还指出，技巧一方面只能在单个艺术品中

---

① 阿多尔诺：《美学理论》，莱茵河畔法兰克福，1980 年，第 15、213、211、216 页。
② 同上书，第 15、213、211、216 页。
③ 同上书，第 214 页。
④ 同上书，第 216 页。
⑤ 同上书，第 308 页。

去把握，另一方面它又超出了单个作品，因为美学技巧作为一种手艺是可以按规定去学会的。他还认为，技巧是达到作品审美内在性的关键。在他看来，观赏者正是在技巧上接近了审美特性的内在性。审美特性的内在性深入到了作品的技巧领域中。

可见，阿多尔诺对技巧概念的界说不仅包含着对美学生产力之进步的构想，而且也把技巧与作品审美特性的内在性连在了一起，这一点显然是与现代艺术经验相符合的。

4. 自然美

历史上有不少美学家主张美学的研究对象是艺术，因而把自然美问题拒斥在美学大门之外。阿多尔诺虽然也强调美学研究的中心是艺术，但他没有因此而拒斥自然美，他明确主张，美学中应置入对自然的审美经验，自然美理论符合审美的主体性精神，从这样的看法出发，阿多尔诺对自然美进行了界说。

首先他认为，对自然的审美感知使自然与人相通。他指出，对自然的审美感知使自然与人类世界彼此相协调的假定性外观展现了出来，尤其在对文化景观的感知中，文化景观实现了协调性地去沟通自然和人类世界的幻想。因而在自然美中，自然外观实际上脱离了其对人的危害力。阿多尔诺还指出，自然美具有非确定性特点。他说，对自然的审美经验是以既向自然靠拢，同时又以保持距离为前提条件的。自然引起我们关注的原因在于，"它的语汇具有谜语特质"①。"自然美拥有着无所不在之同一性魅力所呈现出的非同一性轨迹……自然美就像它所展现的东西超越了所有人类内在事物一样是散乱和不确定的"。② 此外，在阿多尔诺看来，自然美像艺术美一样，还具有超前性特点，它预示着某种东西，并且"与真实密切相联"③。阿多尔诺认为，在自然美中，自然是被作为一种尚未实存的东西去经验的，这种尚未实存的东西是无目的性地超然于现时理性和功利范畴之外的。④ 就像艺术品与商品社会中居统治地位的交换原则发生了冲突一样，在自然美中，自然也摆脱了对它的实用考虑。⑤ 所以阿多尔诺说，自然美并不单纯地是"体现渴望的虚假的抚慰"。⑥

可见，阿多尔诺对自然美的界说尽管具有企图去重新表述前古典主义时期自然

---

① 阿多尔诺：《美学理论》，第 131、114 页。
② 同上书，第 131、114 页。
③ 同上书，第 115 页。
④ 同上书，第 114、115 页。
⑤ 同上书，第 114、115 页。
⑥ 同上书，第 114、115 页。

美论的迹象，但是其中还是渗透着相当多的不同于前人的内容，尤其在他对自然美的非确定性和超前性的论述中。

以上所列举的这四个范畴都是传统美学早已有所论述的。阿多尔诺显然是从现代艺术经验出发，对它们作了程度不等的重新界说，这个重新界说虽然与传统美学显得遥远了，但是与现代艺术则更加切近。在阿多尔诺的原则中，他显然是宁舍传统界说，而不能脱离现代艺术实践。阿多尔诺就是这样一个充满着现代主义精神的美学家。他对音乐的美学思考同样贯穿着这一现代主义精神。

六、对现代音乐的美学思考

阿多尔诺从小就受到过音乐知识的熏陶，长大后专门学习过作曲。因此，他的一生始终对音乐具有着浓厚兴趣。这个兴趣自然也体现在他的理论思考中。在阿多尔诺的美学著述中，有相当部分是专门谈音乐的，因此，对音乐的美学思考也就成了他整个美学理论的一个重要组成部分。概括起来看，阿多尔诺对音乐的美学思考所关注的主要是现代音乐，而且这个思考主要集中在音乐的社会本源、拯救作用和超脱特征三个方面。

1. 音乐的社会本源

民主德国当代著名美学家普拉赫特

(Erwin Pracht) 曾指出："阿多尔诺并没有否认艺术和社会现实的联系。"[①] 同样，在其对音乐的美学思考中，他也明确指出了音乐与社会现实的内在辩证联系，并由此进一步指出了音乐表现内容及表现方式的社会根源。这一点集中地体现在他所提出的音乐和社会的整体性原则中。阿多尔诺认为，音乐和社会是一个相互制约的整体，在这整体中，音乐的存在和演变皆受制于社会现实。他说："音乐的经验不单纯是音乐的，而且还是社会的经验。"[②]

基于这样的原则阿多尔诺具体论述了音乐语言的社会内容。他指出，音乐语言是靠某种音乐材料来传导的，但这种材料不是"纯粹的自然物质材料"，而是"社会性内容"融于其中的"积淀的精神"，是一种社会性的历史材料，它处于永恒的发展变化之中。当这种材料能用某种形式去表现，并且由此形式能构成某种观念的造型之时，那么，这种材料就在作品中转化为音乐语言。[③] 显然，阿多尔诺是由社会本源来阐述音乐语言形成的，在他看来，音乐语言中就有某种社会性内容、观念融于其中。

对于不同于传统音乐的现代音乐，阿多尔诺也是立足于音乐和社会的相关性原

---

① 普拉赫特：《当代美学》，柏林，1978年，第115页。
② 阿多尔诺：《论流行音乐》，载《哲学与社会科学研究》，1941年，第9卷，第39页。
③ 阿多尔诺：《新音乐哲学》，德文版，第121页。

则来阐述其存在根基的。阿多尔诺在此主要指出了现代音乐赖以存在的社会心理基础。他认为，现代音乐之所以能在现代音乐消费实践中顶住听众退化了的反应方式，从而得以存在，根源就在于：一方面现实社会异化了，使人失望了；另一方面，现代音乐以其固有的特征能够间接地挽回人于现实中失去的希望，从而起到拯救绝望的作用，所以这种音乐能存在。阿多尔诺在其与霍克海默合著的《启蒙的辩证法》一书中就着重考察了成为现代音乐社会基础的使人失望的社会状况。阿多尔诺在分析勋伯格和韦伯恩的音乐所表现的恐惧不易理解时指出："勋伯格和韦伯恩所表现的恐惧并不源于他们失去了理解力，而是源于他们在现实中太真实地理解了这些恐惧。"①

可以说，在阿多尔诺的音乐美学著作中，对任何问题的考察都是由音乐和社会的整体原则出发的，正由于此，阿多尔诺赋予音乐以一种哲学推理的作用，即由音乐可以反推社会的真实内容；同样，也正是依据音乐和社会的整体原则，阿多尔诺发现了现代音乐所特有的拯救人对现实绝望的作用。

2. 音乐的拯救作用

阿多尔诺在其《启蒙的辩证法》一书

中曾指出：在现代工业社会，"人类没有进入一个真正的人的世界，反而陷入新的凶残之中。"② 现代工业社会一方面在很大程度上实现了人对自然的控制；另一方面也使人类社会的真实内容丧失殆尽，面对这样的社会现实，现代音乐就通过对音乐表现内容和形式的否定性处理，从而间接地挽回了人在现实中失去的希望，从而起到了拯救绝望的作用。

那么，现代音乐何以能起到这种拯救绝望的作用呢？对此阿多尔诺论述得较多。首先他指出，现代音乐之所以具有拯救绝望的作用，主要在于它有一种"先期出现的幻想要素"，也就是说，现代音乐展示了一种现实还未有、但期望它出现的人。这个"先期出现的幻想要素"具体来看有双重意义，它一方面拯救了"人性观念"，使人的真实内容在作品中显现；另一方面，它又告诉我们，这真实内容是幻想地显现的，在现实中还不存在。③ 人正是在对具有这种"先期出现的幻想要素"的音乐欣赏中，超脱了异化的现实，感受到了人性的真实内容，从而挽回了逝去的希望。其次，阿多尔诺还认为，现代音乐具有拯救绝望的作用还在于，它于欣赏中具有一种"指向他物"的特性，即在对现代音乐的欣

---

① 阿多尔诺：《不协调》，德文版，第44页。
② 霍克海默和阿多尔诺合著：《启蒙的辩证法》，德文版，第1页。
③ 斯茨勃尔斯基：《阿多尔诺的音乐哲学》，参见联邦德国格雷斯协会编：《哲学年鉴》，1982年，第88页。

赏中，作品能把欣赏者引向不同于所感知形象的"他物"，引向现实中非实存的希望，这个作为希望世界的"他物"就是那超越现实的真实世界。1929年，阿多尔诺在评贝尔格的歌剧《沃伊采克》时就这样写道："《沃伊采克》给人们，给每个人以这样的音乐，它使痛苦真正来到人身上，而这种痛苦又指向那超越痛苦自身的世界，人们正是通过进入痛苦中，他们才能指望摆脱在稳固的长久世界中不可避免地迫近的烦恼。"[1] 可见，正是由于现代音乐具有这种"指向他物"，即指向真实世界的特性，才使其获得了拯救绝望的功用。最后，在阿多尔诺看来，现代音乐之所以具有拯救绝望的作用，还在于它是一种无概念的艺术形式。阿多尔诺认为，现代音乐是一种无概念的艺术，它不像科学和哲学那样，一开始就是由某些预定概念决定并由这些概念来"调整的"，现代音乐不受任何对现实的预定概念的影响，它只是通过使所有人类意识客观化而"最真实"地表现了人们绝望的事实。现代音乐对概念的最大程度的摆脱，也就能使人摆脱摧残人性的现实，从而达到不同于现实的"他物"，达到现实中所丧失的真实内容，现代音乐的拯救作用显然也是在其无现实概念中实现的。因而阿多尔诺说：现代音乐"走向真实的

道路，就是作品内在反思的道路"。[2]

3. 音乐的超脱特征

在阿多尔诺看来，现代音乐之所以具有拯救作用，这集中地表现在现代音乐明显表现出的超脱性特征上，即现代音乐通过其特有的表现内容和表现方式，使人超脱了异化的现实，从而使人又和现实所丧失的真实内容相交往，进而挽回了人于现实所失去的希望。在这个音乐的超脱特征上阿多尔诺阐述得最多的并不是这超脱特征本身，还是创造这"超脱"特征的三个具体环节。

第一，"具体否定"。阿多尔诺认为，现代音乐之所以具有超脱特征，这首先来自于"具体否定"。阿多尔诺具体是由两条途径去揭示这种"具体否定"特点的。首先从理论上看，阿多尔诺认为，现代音乐之所以能存在，就在于它具有拯救作用，能挽回人于现实中泯灭的希望，而现代音乐这一拯救作用的实现，则取决于对现实意义的改变，即否定。只有这个对现实意义的否定，才能使人告别令人失望的现实，从而达到生活的真实内容，所以，现代音乐审美特性塑造的首要环节就是对异化现实的具体否定。其次，从音乐消费实践来看，阿多尔诺认为，传统音乐在现代音乐消费实践中之所以垮台，就在于它对现实

---

① 《反光灯——埃森三城市舞台漫笔》，1929/1930年，第4期，第5—11页。

② 阿多尔诺：《美学理论》，第336页。

持肯定态度，因而现代音乐如要存在就必须与之相对。阿多尔诺说：当从"肯定的意义"出发的音乐没有强大效力之时，它的否定的努力就有了意义，即"通过有意组织起来的无意义来校正音乐一无所知的被组织好的社会意义，……这就是现代条件下所从事的具体否定"。① 由此出发，阿多尔诺进一步指出了"具体否定"所具有的在否定中达到其"对立面反照"的特点，即对既存现实的"具体否定"同时也就成为既存现实对立面（失望的对立面）的反照，在这反照中就出现了现实所丧失的真实内容。现代音乐的拯救作用具体来说就是在此反照中实现的，这个对既存现实对立面的反照也就构成了现代音乐审美特性塑造的另一个环节："超验化"。

第二，"超验化"。阿多尔诺认为，"具体否定"的必然结果就是达到"对异化现实的绝对超脱"。这个对既存现实的"超验化"也是现代音乐的必然条件，因为，拯救作用就实现于超现实的"真实"中，欣赏者正是在对既存现实的超验中，才得以和现实中所失去的真实内容相交往，因而阿多尔诺经常把音乐的"真实"归于一种超验状态，并列举了现代音乐所表现的哀怨来说明这个"超验化"。他指出，现代音乐所表现的哀怨导致了哭泣，而哭泣则开启了人们的嘴唇，这样便驱除了人在现实受压抑而扼住的东西，因而，这哀怨不仅显示了人本身，而且还使人超脱了它既存的现实，于此超脱的同时也就挽回了现实中失去的希望。

第三，现代音乐创造其审美特性的最后一个环节是对真实内容表现得既显现又隐匿。这就是说，现代音乐对逝去的真实内容的挽回，一方面要显现非实存的真实，为此，现代音乐就运用了上述"具体否定"和"超验化"的方法；另一方面，要在音乐中挽回这真实又不能尽然显出这真实，它还必须在音乐形象中将此"真实"隐匿起来，因为在阿多尔诺看来，音乐是作为暗号，作为密码化的谱文去拯救人类真实内容的。因而阿多尔诺指出：现实所失去的真实内容是现代音乐所包含的，但它又是保藏于其中的，这一点在无调性的十二音技术的表现主义作品中表现得异常明显。②

由上可见，阿多尔诺不仅在具体的音乐美学思考中，而且在整个美学思想上都表现出明显的现代主义气息。现代主义是西方20世纪诸现代派运动的总称，它既可以指艺术思潮，也可以指艺术运动，它的主要精神是不满于现代工业文明，反对一切传统，崇尚自我表现。阿多尔诺作为一

① 阿多尔诺：《新音乐哲学》，德文版，第126页。
② 同上书，第121页。

名理论家，在美学思考中与现代主义艺术殊途同归地走到了一起。他在论述艺术的社会批判功能时所说的"艺术通过其单纯的此在批判了社会"，这个批判领域"就是产生不幸的领域"，而且他认为，这样的批判性艺术拯救了人对现实的绝望。此外，他还把否定性作为艺术的一个审美特点，多么显然的现代主义。如果说现代主义艺术通过艺术实践表达了对现代工业文明的不满，那么，阿多尔诺的美学就通过对这种艺术的肯定，在理论上批判了现代工业文明。现代主义艺术的另一特征就是反对传统，崇尚表现自我。这一特征在阿多尔诺的美学语汇中就转化成了艺术的精神化、异在性、超前性、无概念性，乃至于音乐中的指向他物、超验化等。阿多尔诺美学思考中的这股现代主义气息就使他的美学思想在理论观点上明显地推重艺术结构的不完整性，强调艺术与现实的非对应性，进而崇尚艺术意义（内容）的非确定性。总之，阿多尔诺的美学思想以其鲜明的现代主义色彩，把源于本雅明的法兰克福学派美学推向了顶峰。从本雅明到阿多尔诺，两人所关注的美学问题尽管不尽相同，但是，两人的美学思想中却贯穿着一条一脉相承的主线，这就是：美学研究要密切关注现时的艺术实践，而对20世纪的现代艺术，又推重其超脱现实的特征以及拯救绝望的功用。这一条主线在马尔库塞那里也得到了体现。

第三节　马尔库塞的艺术审美哲学

与本雅明和阿多尔诺一样，马尔库塞也具有着犹太人血统。他于1898年7月19日生于德国柏林一个犹太资产阶级家庭。早年在柏林大学和弗莱堡大学攻读哲学，先后受教于现象学宗师胡塞尔和存在主义鼻祖海德格尔。1922年在海德格尔指导下写成博士论文《黑格尔的本体论与历史性理论的基础》，次年获弗莱堡大学哲学博士学位。此后从事过一段时间的书籍出版和发行工作。后来在胡塞尔帮助下结识当时任法兰克福大学社会研究所所长的霍克海默尔，并加入了该研究所。1933年纳粹上台时，亡命于瑞士的日内瓦，供职于法兰克福社会研究所的日内瓦办事处，次年前往美国，分别执教于哥伦比亚大学、哈佛大学、勃兰第斯大学、加利福尼亚大学圣地亚哥分校，直到1979年7月29日逝世。

马尔库塞在其一生的学术生涯中，思想侧重发生了一些转折。早年，他的著述主要致力于将黑格尔的辩证法、海德格尔的存在主义与马克思主义结合起来；这方面的著作有：《历史唯物主义现象概要》(1928)、《论具体哲学》(1929)、《文化的肯定性质》(1937)、《理性与革命》(1941)。50年代后，他对弗洛伊德发生兴趣，并同时把思想重点转到了用弗洛伊德理论来补充和发展马克思主义，这方面的代表作就是著名的《爱欲与文明》(1955)一书。此后，他就用该书所奠定的弗洛伊德的马克思主义写了：《苏联马克思主义》(1958)、《单面人——发达工业社会意识形态研究》(1964)、《论解放》(1969)、《反革命与造反》(1972)、《作为现实形式的艺术》(1972)、《论艺术的永恒性——马克思主义美学探源》(1977)。[①] 在马尔库塞的所有这些著述中，除最后两篇系专门讨论美学问题的美学专著外，其他讨论美学问题较多的著作是：《爱欲与文明》、《论解放》、《反革命与造反》。马尔库塞在这些著述中对美学问题的探讨，明显地具有不同的侧重点，因此，本节对马尔库塞美学思想的阐述主要以这些著述的线索展开。

一、超越现实的艺术与审美活动——《爱欲与文明》中的美学思想

在《爱欲与文明》一书中，马尔库塞主要指出了现代文明的压抑性特点，并由此出发进而指出了艺术的审美的解放功能。

马尔库塞承袭弗洛伊德的思想认为，人天生就要追求各种需要的满足，而现实文明又不允许个人无条件地实现这种追求。在他看来，在现代文明社会中要真正地得到这种满足，就必须作出某种限制和让步。前者对满足各种需要的追求，马尔库塞称之为快乐原则，后者为满足这种需要所作

的限制和让步，马尔库塞称之为现实原则。马尔库塞认为，在现代文明社会中，人们愈来愈从快乐原则向现实原则转变，即从直接的满足走向延迟的满足，从追求快乐走向对快乐作限制，从消遣走向工作。这样一来就必然导致压抑。在马尔库塞看来，这种压抑性现实原则是现代文明社会中不可避免的，要真正做到抛弃一切压抑是不可能的，除非在艺术和审美活动中，由此马尔库塞就直接转入了对艺术和审美问题的论述。

马尔库塞认为，"艺术对现行理性原则指出了挑战：在表象感性秩序时，它使用了一种受到禁忌的逻辑，即与压抑的逻辑相对立的满足的逻辑"。[②] 基于这种逻辑，艺术就超越了现实、消除了压抑。马尔库塞说道，"艺术也许是最显而易见的'被压抑物的回归'。艺术想象形成了对没有成功的解放、被抛弃的诺言的无意识记忆。……自从自由意识觉醒以来，真正的艺术品无不揭示了这种原型的内容，即否定非自由"。[③] 现实原则主宰下的既存现实是不自由的，因而否定非自由就是否定既存现实。由此出发，马尔库塞进一步指出，艺术对现实的否定，就展现了一非压抑的世界，从而使人摆脱了压抑性现实原则的

① 这是该书初版时所用的书名（联邦德国，慕尼黑，卡尔·汉泽尔出版社，1977 年）。翌年，作者与其夫人亲自将该书译成英文，出版时更名为《审美之维》（美国波士顿灯塔出版社，1978 年）。
② 马尔库塞：《爱欲与文明》，上海译文出版社，第 135、104 页。
③ 同上书，1987 年，第 135、104 页。

支配。在艺术这种非压抑性条件下，人的本能，如性欲等，就得到了升华。马尔库塞说："在非压抑性条件下，性欲就'成长为'爱欲。"① 爱欲就是对性欲升华的结果，它从性欲的狭隘性转变成了广泛的爱。马尔库塞称性欲在非压抑性条件下的这种升华为"性欲的自我升华"。因此，在马尔库塞看来，艺术超越现实，创造了非压抑的世界。

在马尔库塞看来，与艺术活动相似，审美也具有同样的抛弃压抑性现实原则的功能。他首先指出，审美活动与现实原则是相对立的，他说："从审美方面是不能证实某个现实原则的，与基本的心理机能想象一样，美学领域本质上是'非现实的'。"② 它与现实逆向而行，因而在现实面前，它的存在受到了指责。马尔库塞说："理论理性和实践理性曾塑造了操作原则的世界，在这种理性的法庭面前，审美的存在受到了谴责。"③ 由此，马尔库塞沿用康德的术语进一步把审美活动的结构表述为"无目的的合目的性"。他说，审美活动伴有着快乐，"这种快乐来自对对象的纯形式的知觉，它与对象的'质料'和（内在与外在的）'目的'无关，在这种纯形式中得

到表象的对象是'美的'"④。这样一来，审美活动就具有了解放功能。马尔库塞说：在审美活动中，"对象的经验与日常经验和科学经验截然不同；理论理性与实践理性的对象同世界的所有联系都被割断了……它解放了对象"⑤。这个解放就是从现实原则中的解放。

可见，马尔库塞在其《爱欲与文明》一书中，基于其弗洛伊德主义的社会哲学原则，对艺术和审美活动的非现实特点，即超越现实作了阐述，并由此出发进一步指出了艺术的审美的解放功能。这一思想对马尔库塞以后的美学思考具有深远影响。

二、造就新感性的艺术和审美活动——《论解放》中的美学思想

继《爱欲与文明》一书之后，马尔库塞论述美学问题较多的著作是 1969 年写成的《论解放》一书。该书第二章以"新感性"为题专门从人的解放角度探讨了艺术和审美造就新感性的特点。

马尔库塞在《爱欲与文明》一书中已初步描述了人类获得解放的蓝图，而《论解放》一书则进一步指出了人类获得解放必须由一种政治实践去实现。在马尔库塞看来，这种政治实践的主要内容之一就是

---

① 马尔库塞：《爱欲与文明》，上海译文出版社，1987 年，第 164 页。
② 同上书，第 126 页。
③ 同上书，第 126 页。
④ 同上书，第 129、130 页。
⑤ 同上书，第 129、130 页。

新感性，正是这种新感性使人的视觉、听觉等感官获得了一些通向非攻击性、非剥削性世界的潜在形式，从而使人的感觉获得了解放。新感性是相对于旧感性而言的。旧感性是一种受理性所抑制的感性，是一种丧失自由的感性，而新感性则从理性的压抑中获得了解放，从而与理性建立起了一种新的关系。马尔库塞认为，这种新感性在审美活动中得到了实现，审美活动就使感性从理智的抑制中获得了解放，从而创造了一个自由世界。具体来说，审美活动一方面是感性的，另一方面它又具有理性内容，审美达到了感性与理性的一致，这样，它就能造就作为感觉获得解放的新感性。与此相似，马尔库塞进一步指出，艺术活动由于也是在感性和理性的汇合处诞生的，因此，它也具有这种功能。也就是说，艺术一方面是一种感性存在，另一方面它又不全然等同于感性经验存在，它是经过理智改造的感性，因而是一种新感性。具体来说，在马尔库塞看来，艺术对现实具有一种变形功能，它在想象中改变了人对现实的经验，从而造就了感性与理性融于一体的新感性。由此马尔库塞进一步指出，艺术通过这种对新感性的造就，其实对世界进行了重建，也就是说，艺术通过这种对新感性的造就，打破了旧世界，在人的脑海中建起了一个新世界。因此马尔库塞强调指出，在对世界的重建过程中，艺术所造就的新感性起着一种"规划"和"指导"作用。可见，在审美和艺术活动造就新感性这一点上，马尔库塞进一步使艺术和审美的解放功能得到了具体化。

三、艺术与革命——《反革命与造反》中的审美哲学

1972年，马尔库塞推出了其著名的《反革命与造反》一书，该书虽不是一本专门的美学著作，但较之于前此著作，该书则较具有专门性地探讨了审美哲学中的艺术问题。这个探讨主要见之于该书的第三章："艺术与革命"。概括起来看，该章围绕着艺术主要阐述了以下四个问题。

1. 作为异样存在的艺术

作为法兰克福学派的一员，马尔库塞在美学上同样步阿多尔诺后尘，他认为：艺术"不论是现实主义的，还是自然主义的，它始终是现实和自然的他物"。[1] 艺术就是"从现存的现实中创造出了一个不同的现实，永恒的想象的革命，在历史的长河中出现了'第二部历史'"。[2] 这种与现实历史不同的"第二部历史"就表明，艺术较之于现实趋向于疏异化，"艺术的这种疏异化就使艺术作品，使艺术世界成了某种根本不现实的东西，它创造了一个不存

---

① 马尔库塞等著：《工业社会和新左派》，商务印书馆，1982年，第150页。
② 同上书，第167、160页。

在的世界，一个表面世界，一个现象世界"①。在马尔库塞看来，艺术的这种异在性就具体地存在于一部作品的美学形式中。对于美学形式，马尔库塞说道："美学形式指的是质（意义、节奏和对比）的总体，这些质使一部作品成为封闭的、有着自己的结构和秩序（一定风格）的整体。凭借着这些质，艺术作品改造了现实中占统治地位的秩序。这一改造是'外表性的'，但是赋予要表达的内容以意义和作用，而这些意义和作用是不同于这些内容在传统评论中所具有的意义和作用的。"② "和谐的外形，即唯心主义的理想化，以及艺术因而和现实相分离，这一切都是这一美的形式的特征"③。

2. 艺术的否定和肯定

由艺术的异在性出发，马尔库塞进而指出了艺术中的两种辩证特质：否定和肯定。首先马尔库塞指出：艺术"具有一种'否定的'总体性：人的存在的'悲惨'世界和不断提出新的从这一世界中解脱出来的要求"。④ 这样，艺术对现实就具有了否定性。马尔库塞认为，艺术尽管否定了既存现实，但它同时又肯定了现实中未出现

的东西。他说，艺术的否定"对客体（人和物）并不施行暴力，而是为它的讲话，而是赋予在现存现实中沉默的、被歪曲、被压迫的东西以语言、以声调、以画面"。⑤ 这样一来，艺术中必然是肯定和否定的并存，通过对日常既存现实的否定，达到对现实中未显现之物的肯定。在马尔库塞那里，日常现实是丑恶的，而所肯定的现实中尚未出现的东西则是美好的。所以马尔库塞说：艺术中的"美学形式用对普遍人性的欢呼来对孤立的资产阶级个人作出反应，用对美好灵魂的褒奖来对肉体的堕落作出反应，用对内在自由价值的坚持来对外部的奴役作出反应"⑥。

3. 艺术的革命功能

早在阿多尔诺那里就已明确强调了艺术的社会批判功能，马尔库塞在此前的著作中也多次论及这一点。这里，他对艺术的革命功能则论述得更加明确和具体。他首先指出："艺术作品按照它整个的结构来看就是造反，想和它所描述的世界调和是不可能的。"⑦ 艺术用创造出一个不同于既存世界的东西对既存世界进行着抗议。由这个对现实的反叛，马尔库塞进而论及了

①　马尔库塞等著：《工业社会和新左派》，商务印书馆，1982年，第167、160页。

②　同上书，第167、160、146页。

③　同上书，第146页。

④　同上书，第152、159页。

⑤　同上书，第152、159页。

⑥　同上书，第155页。

⑦　同上书，第163页。

艺术的解放作用。他说，由于艺术是对既存现实的反叛，"艺术就打开了既存现实的另一方面：可能的解放的方面"①。这种解放就是使人从既存资产阶级现实中解放，从而获得一种新的生活方式。

4. 艺术的永恒性

在马尔库塞看来，艺术用其固有的美学形式摧毁了既存现实，建起了一个新的感性世界，这样，艺术中就必然有一种超越眼下暂时现实的普遍的东西，由此他就触及了马克思和恩格斯所探讨过的艺术的永恒性问题。

马尔库塞首先指出，马、恩所探讨过的那个古老的问题是"究竟是哪些质使希腊悲剧、中世纪史诗即使在今天仍有真实性？不仅从可以理解的角度来看，而且也从获得艺术享受的角度来看都是如此"。②对此，马尔库塞从"客观性"的两个方面作以解答，"其一，美学的转化揭示了人性的情况，说明了它在整个人类历史中（按照马克思的说法是前史）是如何坚持下来的，而不受特殊条件的损害；其二，美学的形式要求人的知性、人的感性和人的想象力具有一定的坚持不懈的质，传统的哲学美学把这些质解释为是美的理念"。③可见在马尔库塞看来，艺术的永恒性在于普遍人性，这种普遍人性是经久不衰的，不会由任何具体条件所改变，它是"人的知性、人的感性和人的想象力"中的"一定的坚持不懈的质"。当然，在马尔库塞那里，这种普遍人性是由具体的个人得到体现的。

可见，在《反革命与造反》一书中，马尔库塞的美学思想获得了初步成形。这样说的理由主要有三：第一，马尔库塞此前著作对美学问题的探讨，都是从属于整本著作所关注的社会哲学或文学哲学，因而不具有独立意义，而《反革命与造反》一书的第三章"艺术与革命"则是专门讨论艺术问题的，这一章是马尔库塞接受哈佛艺术基金会的委托为阐明一些艺术问题而专门写成的，只是出版时收在《反革命与造反》一书中，因此较之于此前著述，该章更具有独立的美学意义；第二，该章所涉及的问题基本完整地体现了马尔库塞美学思想的概貌，而此前著述部分则是对某一个问题，或某一个问题方面的论述；第三，从马尔库塞以后所写的二篇美学专著来看，这二篇美学著述所关心和探讨的一些问题，在"艺术与革命"一章中均已得到了不同程度的触及和展开。因此我们说，从《反革命与造反》一书的"艺术与革命"一章中，我们可以初步窥见马尔库

---

① 马尔库塞等著：《工业社会和新左派》，商务印书馆，1982年，第151页。
② 同上书，第151页。
③ 同上书，第151页。

塞美学思想的基本概貌，而这一点又可以在马尔库塞以后写成的两篇美学著述中得到印证。

四、按艺术的形式法则重建世界——《作为现实形式的艺术》

在《反革命与造反》一书出版后不久，马尔库塞在英国的《新左派评论》杂志上又推出了《作为现实形式的艺术》这篇著名论文，对"艺术与革命"一文中未及展开的形式概念作了较深入的探讨。

马尔库塞在此推出形式概念加以论述，主要目的是为了与当时文化革命中的反艺术论者针锋相对地捍卫艺术的独立存在价值。因此，他对形式概念的界定首先是把形式作为艺术赖以和其他活动区分开来，从而获得其自身存在的特质去加以论述的。马尔库塞在《作为现实形式的艺术》一文中推出形式这个概念之后，随即就对之界定道："我推出形式这一术语，指的是那种把艺术作为艺术来界定的东西，也就是说，指的是那种从本质上（本体论上）说，不仅和（日常）现实不同，而且也和另外一些智力文化与科学、哲学等不同的东西。"① 艺术之所以与其他人类活动区分开来就是由于形式这一概念。在指出了这一点之后，马尔库塞便着重论述了由形式所决定之艺术与现实的间距以及对现实的超越。他认为，这样一种形式得到规定的艺术尽管来自于现实，但是，它创造了与既存现实相分离的另一个现实。马尔库塞说："艺术来自于既定现实而且为既定现实服务。艺术用美与崇高、庄严与快乐把既定现实装备起来之后，它就同这一现实相分离，并使自己面对另一个现实：这就是说，艺术所呈献的美与崇高、快乐与真理等不仅仅是从真实的社会中获得的。不管艺术在多大程度上被占统治地位的价值、趣味和行为的标准以及经验的范围等所决定、所塑造、所命令，它总是比现实的美化、升华、创造性和合法性等具有更多的不同东西。甚至最现实主义的艺术品也构成了一个它自己的现实：它的男人和女人们、它的对象、它的风暴、它的音乐等都显露出了一些在日常生活中还未曾说过，未曾见过，未曾听到过的东西。"② 因此，马尔库塞心目中的艺术就是一种与现实保持距离的另一个世界，它尽管来自于现实，从现实中提取材料，但是它最终所造成的却是一个不同于现实的另一世界。马尔库塞以这样的观点反驳了反艺术论者所主张的艺术在当今社会与现实合一的状态。在马尔库塞看来，只有当艺术作为现实的形式时，艺术与现实的合一状态才可能实现。由此马尔库塞对作为现实形式的艺术这一

---

① 英国《新左派评论》杂志，1972 年，7—8 月合刊（总第 74 期），第 51—58 页。
② 同上书，第 51—58 页。

说法进行了界定，他说："作为现实形式的艺术这一概念的本意不是要美化既定现实，而是要建造一个完全不同的与既定现实相对抗的现实。"① 这个建造是按照艺术的形式规律去进行的。他说："这是马克思的一个想象，'动物只是按照它的需要来进行建造；人也按照美的规律来建造'。"② 这里，马尔库塞把他自己所说的按照艺术形式重建世界比做马克思说的按照美的规律来建造世界，这显然把艺术的形式法则视为了美的法则。他本人在《作为现实形式的艺术》一文中也指出：支配艺术的形式"是无限多样的，但是古典美学的传统已经给它们一个共同的名称：美"。

可见，马尔库塞在《作为现实形式的艺术》一文中，基于他一贯的美学原则：艺术对既存现实的超越，对 20 世纪 60 年代中盛行的反艺术论者进行了批判。这个批判不仅捍卫了他一贯的美学原则，而且还进一步将他有关艺术重建世界的观点具体化为按照艺术的形式法则重建世界，从而使他多次论及的形式这一概念得到了充实。

五、对正统马克思主义美学的批判——《审美之维》

《审美之维》是马尔库塞所留下的唯一一本美学专著，该书问世于 1977 年。早在 5 年前的"艺术与革命"一文中，马尔库塞就曾说过："当前的文化革命把马克思主义美学问题重又提了出来，对这问题，我前面发表了一些浅陋之见，要详细讨论这一问题就需要写一本书。"③ 看来，《审美之维》一书的问世实现了马尔库塞 5 年前滋生的念头。如果说"艺术与革命"一文是马尔库塞整个美学思想的初步成形，那么，《审美之维》一书的完成则是马尔库塞整个美学理论的最终成形。

《审美之维》一书的副标题是"马克思主义美学批判"。显见，作为一本论战性著作，他的见解都是在批判中展开的。马尔库塞对正统马克思主义美学的批判主要集中在以下三个观点上：

1. 批经济基础决定上层建筑的观点

马尔库塞早就对正统马克思主义美学的经济基础决定上层建筑的观点表示出不满，早在"艺术与革命"一文中，马尔库塞就说过："用抽象的基础和上层建筑（意识形态）的模式已不能恰如其分地来把握文化的变化。"④ 在《审美之维》一书中，马尔库塞对之展开了较系统的批判。

首先，马尔库塞认为，这个命题违反了马克思主义的辩证法，它屈服于物化的

① 英国《新左派评论》杂志，1972 年，7—8 月合刊（总第 74 期），第 51—58 页。
② 同上书，第 51—58 页。
③ 马尔库塞等著：《工业革命的新左派》，第 179 页。
④ 同上书，第 147 页。

现实，忽视了艺术超越特殊社会条件的永恒性品质。马尔库塞指出：马克思主义的决定论其实不在于认为社会存在和社会意识的关联上，"而在于认为社会意识包括个人意识的特定内容及其对于革命的主观潜能这个简单化的概念"。① 所以在马尔库塞看来，"艺术的基本潜能恰在于它的意识形态性格，在于它对'基础'的超然关系"。② 这样，马尔库塞又进一步指出，这个命题没有解答这样的问题，即"艺术有没有超越特殊社会条件的品质、这些品质又怎样同特殊的社会条件发生关系"。③ 马尔库塞显然是认为有这样的品质的。

其次，马尔库塞还认为，上述这个命题贬低了整个主观性领域，即不仅贬低了"理性主体，连内心、情绪和想象也变得一文不值"。④ 他认为，这样一来就否认了这样一个事实，即"革命的主要前提，即对于根本变革的需求必须扎根在个人的主观性中，扎根在他们的智力和热情中，他们的倾向和目标中"。⑤ 在马尔库塞看来，主体的主观性领域在艺术活动中恰是一个不可缺少的特质，它具有反对现实、超脱现

实的积极作用。他认为，在艺术活动中，"随着对主观内心的肯定，个人跨出了交换关系和交换价值的罗网，摆脱了资产阶级社会的现实，进入了另一种生活境界"。⑥

再次，由艺术活动中的主观性原则出发，马尔库塞还认为，这个命题取消了艺术的自主性。照马尔库塞看来，"艺术有一种抽象的、幻想的自主权：私自任意虚构新事物的能力"。⑦ 即艺术有一种独立于其对象的自身的规律。由于"艺术的自主性就是在美学形式中产生的"⑧，因而，作为艺术自主性的艺术自身规律就是"美学形式"的法则。这里马尔，库塞所论及的美学形式，主要强调了它的升华特点。他说："依据美学形式的规律，既成现实必然要加以升华。直接的内容要风格化（所谓风格化指内容在作品中必须具备艺术形式或与形式化为一体）、'资料'要重新加以定型和整理，使之符合艺术形式的要求。"⑨ 马尔库塞认为，正是艺术的这种对现实的升华，才肯定了人的主观性，从而表现了现实所未存的真实内容，进而使艺术获得了

① 中国艺术研究院外国文艺研究所编：《马克思主义文艺理论研究》第 2 卷，第 445、451、452 页。
② 同上书，第 445、451、452 页。
③ 同上书，第 445、451、452 页。
④ 同上书，第 445、451、452 页。
⑤ 同上书，第 445、451、452 页。
⑥ 同上书，第 445 页。
⑦ 同上书，第 453 页。
⑧ 同上书，第 447 页。
⑨ 同上书，第 447 页。

反抗现实的功能。

可见，马尔库塞对正统马克思主义美学的决定论观点，是从他对艺术的特有理解出发去进行批判的，这个特有理解总的来说就是：艺术尽管属于一种意识形态，但它并不为经济基础所决定。艺术有它自身的规律，有其特有的主体性内容，即超脱现实，表现异于现实的另一种复杂真实的存在。因而，艺术对现实具有绝对的独立性。

2. 批艺术的无产阶级革命论

正统马克思主义美学主张，艺术与社会阶级之间具有着直接联系，进步的艺术只能是上升阶级的艺术，在资本主义社会，唯有无产阶级代表了进步艺术的主体。[1]马尔库塞承认艺术是革命的武器，艺术有它的政治职能，但他不认为艺术的革命职能体现在无产阶级身上。他认为，艺术的政治职能体现在它的美学质量上，它不依赖于任何阶级。基于此，马尔库塞从两个方面对这个命题展开了批判。

第一，从理论上看，马尔库塞认为，一个作品表现了某个阶级的利益和观点，这还不能使它成为一个真正作品，这只具有"题材性"的质量，而绝不构成艺术品的要素。在马尔库塞看来，艺术品的要素是人性、是人的共性。马尔库塞承认，人在历史上的实际表现由其阶级地位决定，但他不认为阶级地位是人的命运的基础。爱与恨、乐与悲、希望与绝望，这样非属物质的东西，突破了阶级结构，"它们算不上'生产力'，但是对于每一个人，它们都是决定性的，它们构成了现实"。[2]同时马尔库塞还指出，阶级斗争是一个特殊的历史现象，它不具有普遍性，唯一具有普遍性的是人所共同的普遍人性。因此马尔库塞说："显然有些社会，人们不再相信神谕，还可能有些社会，没有乱伦的禁忌，但是，难以想象一个社会，会废除所谓的机缘或命运、歧途的偶遇、情人的邂逅，以及地狱的遭际。即使在一个技术上几乎十分完善的极权主义体制中，也只有命运的形式会改变。"[3]正是由于艺术的基础不在阶级性，而在共同人性，所以，马尔库塞才不满于正统马克思主义美学关于艺术的无产阶级革命论。

第二，从社会实际来看，马尔库塞认为，正统马克思主义美学的这个命题已经过时，它不适合于现时资本主义国家的状况。马尔库塞承认，在资本主义早期，无产阶级是既存现实的否定力量，但是，马尔库塞又进一步指出，到了发达资本主义时期，由于资本主义国家机器的剥削形式

---

① 见中国艺术研究院外国文艺研究所编：《马克思主义文艺理论研究》第2卷，第453页。
② 同上书，第457、484页。
③ 同上书，第457、484页。

发生了变化，无产阶级已和既存社会合而为一，从而丧失了它的否定性、相反地成了既成现实的肯定力量。马尔库塞指出："今天受支配的人们越复制那些压抑他们自身的力量，越避免同既有现实相决裂，革命理论便越取得一种抽象的性格。"①

由上述这个对正统马克思主义美学无产阶级革命论的批判出发，马尔库塞具体指出：艺术的革命职能体现在对人的意识的影响和改造上。他说："艺术不能变革世界，但却有助于变革能够变革世界的男女们的意识和倾向。"② 由此，马尔库塞进一步指出，艺术的这种政治职能并不是孤立的，它"是美学形式的一种特质"，③ 它体现在作品的美学质量上。

显见，马尔库塞对正统马克思主义美学关于革命艺术之阶级属性的批判，最终是为了维护或是阐述他自己的美学见解，这个见解就是，艺术植根于人所共有的普遍人性，它用其所特有的美学形式表现了这种普遍人性。

3. 批反映论的模仿说

马尔库塞承认，对于艺术要从社会现实出发去解释，但他不认为艺术是反映式地模仿现实，因此他对正统马克思主义美学的模仿说展开了批判。

在马尔库塞看来，艺术对现实的模拟是一种批判性的模拟，而不是直接的模拟。他说：艺术中所表现的已不是现实本身的直接性，而是一种"人造的、艺术的直接性"。"模拟是以疏离、推翻意识为手段的表现方式。经验被强化到破裂点。……感觉强化到歪曲事物的程度"。④ 这样，马尔库塞就指出："艺术有其特有的肯定与否定方面，这一方面是不能同社会生产过程相协调的。"⑤ 在此前的著述中，马尔库塞已对艺术中的肯定和否定作过阐述。这里，马尔库塞从另一个角度又对之作了论述。他认为，艺术的审美特质就在于否定既存现实，从而肯定属可能和想象的东西，也就是说，否定既存的理性，表现另一种理性，另一种感性。照马尔库塞看来，这另一种理性，另一种感性正是艺术真实的发祥地，因为，艺术"作为虚构的世界，作为幻想，它比日常现实包含更多的真实。……只有在'幻想世界'中，事物才显得是它本来有和可能有的样子"。⑥ 正因为此，所以马尔库塞才指出："艺术的世界是另一种现实原则的世界，是疏离的世

---

① 中国艺术研究院外国文艺研究所编：《马克思主义文艺理论研究》，第 2 卷，第 462 页。
② 同上书，第 462 页。
③ 同上书，第 470 页。
④ 同上书，第 469、456 页。
⑤ 同上书，第 469、456 页。
⑥ 同上书，第 475 页。

界——而且，艺术只有作为疏离才能履行一种认识的职能：它传达不能以其他任何语言传达的真实。"① 这就是说，"艺术打开了一个其他经验达不到的领域，人、自然和事物不再屈从于既定现实原则的领域。主体和客体遇到他们在社会上被拒绝的那种自主性的显现"。

可见，马尔库塞在艺术与现实的关系问题上，尽管承认两者的联系，但他否认艺术是对现实的直接模仿。他对艺术与现实的联系有其独特的理解，这个理解的核心就是，艺术的真实在于异于现实，通过否定现实而展现一种现实所未有的真实，从而使人从现实中获取解放。这个核心同时也就构成了马尔库塞整个美学思想的三个基本原则：其一，艺术是对既存现实的超越；其二，艺术展现了异于现实的另一个世界；其三，艺术使人从既存现实中获得了解放。马尔库塞所阐明的这三个艺术美学原则具体就通过他所说的"美学形式"得到实现。马尔库塞美学思考的这些基本点，同时也体现了整个法兰克福学派美学的一些基本特点。

从生活在不同时期，而且理论思考各有所异的本雅明、阿多尔诺和马尔库塞这三人的美学思考来看，他们似乎很难组成一个共同的法兰克福学派美学。本雅明主要生活在法兰克福学派的早期，他的美学

思考主要关注当时艺术实践中新诞生的机械复制艺术，以及由此所导致的艺术生活中所发生的一系列变化；阿多尔诺和马尔库塞虽共同生活在法兰克福学派的鼎盛时期，但由于一个生活在联邦德国，一个生活在美国，他们的美学思考也显出了各自的特点。阿多尔诺的美学思考具有着明显的思辨色彩，而且直接维护和捍卫艺术中的现代派运动；马尔库塞的美学思考则不具有阿多尔诺的那种纯思辨特点，他的美学更多地具有着美国的那种实践精神，即都是针对现实中或理论上的某些问题而发的。尽管如此，作为法兰克福学派美学的代表，他们三人还是共同体现了法兰克福学派美学的一些基本特点，这些特点是，在美学思考上都密切关注当代艺术实践，在理论观点上都推重艺术与现实的不一致，并且都强调艺术与现实的这种不一致使艺术获得了批判社会现实的功能。这个法兰克福学派美学的基本观点，最早萌发于本雅明对机械复制时代艺术作品的阐述，到了阿多尔诺那里，这个观点得到了直接而明确的充分表述，而马尔库塞则进一步维护和捍卫了这一思想。

法兰克福学派美学在西方现代美学中属于一种新马克思主义美学思潮，这就是说，他们对经典马克思主义美学既有继承的成分，也有批判和修正的成分。继承的

---

① 中国艺术研究院外国文艺研究所编：《马克思主义文艺理论研究》，第 2 卷，第 448—449、485 页。

成分主要表现在对历史唯物主义原则的运用和对资本主义现实的无情批判；批判和修正的成分则主要表现在强调艺术的主体性，具体来说就是强调艺术与现实的不一致，推重艺术对现实的超越和背离。显见，对于经典马克思主义美学，法兰克福学派美学所作的批判和修正远远超过继承。

自阿多尔诺逝世后，法兰克福学派美学开始走下坡路，马尔库塞的逝世，使这种状况更加明显。法兰克福学派美学流派今天尽管已不复存在，但是，它所提供的一套美学理论使之迄今仍稳稳地立足于西方美学讲坛。不仅如此，鉴于整个法兰克福学派美学的强烈的现代视野，它已越来越引起后人的兴趣。法兰克福学派美学中的一些富有价值的合理内核正在不断地被后人消化和吸收中。

第十三章 自然主义美学

自然主义美学（Naturalistic Aesthetics）是19世纪末产生、形成于美国的一个重要美学流派。它和19世纪自然主义文艺理论不是一回事。自然主义文艺理论主要把时代、环境和种族等因素作为建构文学的出发点。自然主义美学则很少考虑这些因素，它以自然主义哲学为基础，把美感经验和艺术活动作为美学探讨的着眼点，反对离开美感经验去规定美的抽象本质。它力图回避从认识论的角度讨论美，注意把自然科学的成果吸收到美学研究之中，从生理学、心理学以及人类文化学等方面研究美学，这使它成了科学美学的一个重要流派。

乔治·桑塔耶那（George Santayana，1863—1952）是自然主义美学的创始人和主要代表，也是美国现代哲学和美学的早期代表。1896年，他出版了《美感》（*The Sense of Beauty*）一书，此书堪称是美国历史上第一部美学著作。书中提出了"美是客观化了的快感"这一著名定义，并将审美快感和人的本能要求联系起来，初步显示了桑塔耶那的自然主义美学立场。这种立场在后来出版的哲学著作《理性的生活，或人类发展诸相》（*The Life of Reason，or The Phase of Human Progress*）一书中得到了最充分的阐述。本文将以《美感》和《理性的生活》中的《艺术中的理性》为主要依据，对自然主义美学作一简要述评。

第一节 哲学观念
——从自然主义到批判实在论

自然主义美学实际上是桑塔耶那的自然主义哲学在美学上的具体表现。桑塔耶那早期研究过黑格尔，对黑格尔以形而上的方式把人类的思想史抽象地描绘成精神的自我发展史的做法表示强烈的不满，同时他也不愿意像唯物主义那样将客观世界作为认识的本源来建立自己的哲学体系。他继承了西方19世纪实证主义和经验主义的传统，力图超越旧有的唯物主义和唯心主义之争，回避物质和精神、感性和理性、经验与实践等重大的认识问题，企图在感觉和经验的范围内寻找哲学的第三条道路。这使他的哲学始终都未能摆脱唯心论的束缚。

桑塔耶那的哲学分为两大系统，一是自然主义，一是批判实在论。早期哲学主要是自然主义的。在《理性的生活》等著作里，他将人的发展分为三个阶段。第一，自然阶段。这个阶段是个人的形成，人在其中可以得到许多材料，为将来的道德生活做准备。第二，自由阶段。这一阶段的价值是友谊和对他人不自私的同情，拿一种理想的兴趣来作为社会集合的基础，社会也就成了自由的、有感性的集合。第三，理想阶段。在这里，人类超出了偶然的、生理上的关系，甚至超越了自然。心灵里充满理想的兴趣，完全是为了真理、为价值、为美而生活的结合，进入一种宗教的、哲学的和艺术的绝对理想状态。人的这种发展，无不与人的自然本性有关。桑塔耶那认为，人是自然的一部分，人的心灵根植于自然。因而，人类的进步，各种高级精神活动的发展乃至理想社会的实现，只能从人的自然本性中，从人的兴趣、需要

和欲望以及人对环境的生存适应中去寻找依据。他十分强调类似于叔本华的"生命意志"的"动物性信仰"① 的作用，表现出明显的自然主义倾向。

桑塔耶那的自然主义多属于文化哲学和价值论，具有明显的泛自然论色彩。以此来涵盖一切显然是不可能的。为了弥补自然主义之不足，桑塔耶那准备从纯粹哲学角度建立一套有别于各种"存在"的"本体论"。在《存在的领域》（*Realms of Being*）等著作里，他将世界划分为"本质领域"、"物质领域"、"真理领域"和"精神领域"。"本质领域"是最高的实在领域。它是各种抽象本质的统一，永恒地存在于时空之外，犹如柏拉图的"绝对理念"。"物质领域"是现实的物质世界，它依存于本质领域，并通过本质领域才得以呈现，但物质领域处于时空状态之中，它是偶然的、无常的和易逝的。它独立于人的意识之外，是不可知的。因为意识对物质的认识要以"本质"为中介，而"本质"本身又是认识物质本来面目的障碍。与前两项相对应的"真理领域"和"精神领域"也大体体现了这些观点。于是，桑塔耶那也走向了一种彻底的怀疑主义。他怀疑一切，认为世界上的任何事物都是永远无法证明的。认识中的世界并非世界的本体，因为客观世界一旦进入人们感官到达心灵，就

---

① 贺麟：《现代西方哲学讲演集》，上海人民出版社，1984年。

受到了主观因素的歪曲，不再是真实的世界了。而记忆中的世界也难免被欲望所污染，已失去了其本来面目。因而，除了感觉或经验，世界上很难找到更可靠的东西。这一切，虽然和桑塔耶那早期的自然主义哲学有一定的区别，但其中所包含的经验论和怀疑主义却和他早期思想有相通之处，并渗透于他的自然主义美学中。

第二节　艺术与本能

正像强调人的本能欲望对人的发展的作用一样，桑塔耶那也竭力强调本能与艺术的关系。他认为，所有的艺术"都有一种本能的根源"。[①] 这是由人的生命活动的特点决定的。"生命是一种有时接受改造，有时又把改造加之于自然而形成的平衡。由于人用于一切活动的器官是一些和其他物质客体有力学关系的物体，人的本能经常迫使人适应和改造这些物质客体，人的习惯和追求的变化，在人所接触的无论什么事物中都留下了痕迹。"[②] 艺术也是人的"本能的习惯"所产生的结果。虽然桑塔耶那注意到了人与环境、物质的关系，但他并不十分注意物质世界的作用，而将一切包括艺术活动都归结到人的一种"动物性

信仰"。强调艺术和本能类似的那种"不自觉性"。

这种本能首先表现在它具有一种类似生物本能的非自觉性。桑塔耶那认为艺术活动就像鸟筑巢一样。"虽然筑巢的鸟不能时刻意识到自己的目的"，但它像其他工匠一样，是"被所从事的艺术的例行公事推向前进"[③] 的。鸟儿的筑巢实际上就是一种艺术，因为鸟儿是在一种不自觉的状态中按它的艺术的例行手续进行劳动的。艺术创造也基本如此，它不是由"思想产生"，而是根植于生物性的本能。

其次，桑塔耶那指出，艺术是自动发生的，是心灵内部运动自动向外扩展的结果。艺术家"不可能完全从外部知觉中获得他应创造或发明的思想"。[④] 在艺术构成完美的组织和思想之前，人们总有一种不安的欲望，一种对需要的事物的不确定的观念。这往往会给人一种错觉，以为思想产生作品，事实上，"发明创造是众多母亲的产儿"[⑤]。在创作前的愿望或焦虑中，包含着个人的天赋、生命的预感及对艺术的探索等众多因素。艺术及其思想都是这多种因素在心灵内部自动运动并向外扩张的结果。因而，"形象和满足必须从它们自己

---

① 蒋孔阳主编：《二十世纪西方美学名著选》（上），复旦大学出版社，1988年，第259页。
② 同上书，第259页。
③ 同上书，第259页。
④ 同上书，第259页。
⑤ 同上书，第259页。

中间产生，然后当盲目的渴望变成一种刚出现的愉快时，这种渴望第一次意识到了自己的客体"。①

另外，这种本能还表现为艺术表达的思想往往是"出乎意料"②的。桑塔耶那认为，思想自动产生，同时又变成了出乎意料的想象之物。虽然其中的一切必定类似于旧的知觉，由熟悉的材料按一种新颖的方式复制和组织起来，但它们都不是已知的。对此，桑塔耶那用寻找一个被忘掉的名称的普通例子加以说明。桑塔耶那说，当我们知道了与某一名称有关的语境，我们便要摸索被忘掉的名称的周围环境。后来由于周围的紧张关系，我们投入到其中的某一地方，重新认识那被忘掉的地方，或者是找到了我们要找的名称，或者是找到的正好不是我们要找的名称。这都是不能在事先预见的。艺术也是这样，"我们内部发生的事情在被接受及合并为我们的存在的主流之前，似乎并不是我们自己的作品，一切创造都是尝试性的，一切艺术都是实践性的。"③ 这正如人们追求拯救那样，总是带着恐惧和战栗去寻求。优秀的艺术往往是在这种无法解释的成功中获得一种不可思议的完美的。因而，对艺术的

思想，"不是在它们被设想出来之前就去设想它们（这在语词上是自相矛盾的），而是在它们一旦出现时就掌握和占有它们"。④

如果说这一系列观点与叔本华等提出的"生命意志"的"冲动"说有相通之处的话，那么桑塔耶那关于性本能对艺术创作的作用的观点更接近于弗洛伊德。在《美感》一书中，桑塔耶那强调了性本能对审美和艺术创作的作用。他认为："性的本能居于生理机能和社会机能的中间地带，如果自然界无须分化两种性别就解决了生殖问题，我们的感情生活就会根本不同。"⑤ 性机能所产生的影响是深远的，如果我们不探索性对我们审美敏感的影响，"就会暴露出我们对人性的观念完全不实际"。⑥ 两性的吸引首先是感官上的吸引。自然预先为人类所指定的追求对象必须能使眼睛着迷使耳朵舒适。因此便有了第二性征的发展。性的情感就会扩展到第二性征上，色彩、容貌等都成了性刺激性选择的向导。因而，性激情在完成生殖目的之前，就带有某种固定的魅力。美的追求实际上在此期间就形成了。但性追求并不是两性之情的唯一目的。当恋爱还没有明确

① 蒋孔阳主编：《二十世纪西方美学名著选》（上），复旦大学出版社，1988年，第260页。
② 同上书，第261页。
③ 同上书，第260页。
④ 同上书，第260页。
⑤ 桑塔耶那：《美感》，中国社会科学出版社，1982年，第38页。
⑥ 同上书，第38页。

的对象，或者已为其他兴趣而献身，我们便会看见被熄灭的激情之火向四面八方爆发开来。有人献身于宗教，有人热衷于慈善和博爱，有人则溺爱动物，但最幸运的应该是热爱自然和艺术。因为，自然是安慰我们失恋的第二情人。整个自然都可以说成是人类情欲的对象。对自然而生的美感大多是出于此种原因。艺术也是如此。

在强调本能的时候，桑塔耶那也强调理想或理性。虽然他坚持艺术创造依赖于一种动物性的天性，但同时他又认为艺术是一种"理性的行为"。因为艺术不能是单纯的自我表现，也绝不能是自由放任的。由于人的官能及各种激情具有的独立性，人的本能的混乱往往使得每一个自发行动都超出了合理的限度。生活因此就会反复摇摆于强制约束和非理性之间。为了抑制本能的混乱，伦理道德往往开始发挥自己的力量。但是，伦理道德往往表现为一种恶，而艺术又害怕丢失它的灵感而倾向于非理性。这一切所造成的结果是，伦理成了不可少的恶，艺术也成了徒劳无益的善。这是因为人们的各种冲动没有协调一致，"如果激情迸发的时机适宜，如果感觉只感受那些行动与之适应的事物，并在行动中转变成为观念，那么，一切行为都是开朗

的，一切想法都是实际的，一切感觉都是美的，一切操作都是美的，一切操作都是艺术的，理智的生活也就会是普遍的了"。① 总之，"意识伴随着艺术的形式化过程"，② 并调节着情感，使盲目的冲动和理想的冲动一致，使自动的表现变成自然的表现。但桑塔耶那所说的理性和先前理性主义所强调的理性是不一样的。它只是对各种冲动的一种调节，他认为，像人这样一种动物，他的生存方式是一种生命体验，而不是一种凝固的理想。理想或理性仅仅表现一个心灵的那些冲动和潜力的平衡，使艺术成为"有思考和有见识的本能"。③ 桑塔耶那最终还是将理性归结到生物学方面，正如他所声称的那样："理性的基础是一种动物性的本性，理性的唯一功能是为这种动物性服务。"④

第三节　功用与愉快

和"本能"相联系的是"功用"。桑塔耶那企图用"功用"一头连着"本能"，一头连着审美愉快，以此来建立自己的美学体系。

在桑塔耶那那里，功用就是对自然淘汰的一种适应。桑塔耶那认为，功用和人类活动密不可分，当然也和美密不可分。

---

① 《美学译文》第 1 期，中国社会科学出版社，1982 年，第 40—41 页。
② 蒋孔阳主编：《二十世纪西方美学名著选》（上），复旦大学出版社，1988 年，第 259 页。
③ 同上书，第 257 页。
④ 《美学译文》第 1 期，中国社会科学出版社，1982 年版，第 27 页。

人的规律和自然的规律是一样的。自然形态是依靠一种功用组织起来的，正如山的形状依靠一种重力的因素。人类的活动痕迹虽然是无意识之中留下的，但是"人的活动常常是有用的活动痕迹，这种活动这样地改变了自然界的事物，使得这些事物与人的愿望相符合"。[①] 我们发现一个箭头而不是一个脚印，一个较好的果园而不是一个杂乱的房间，都表明这些事物不仅透露出主人的习惯，而且服从了他的意图。"有用"总是导引着人的一切活动。艺术活动也不例外。

桑塔耶那认为，功用是艺术上的组织原则，虽然有用的东西未必就是美的，马腿的美未必就是因为它有益于飞跑。但美的产生确实和功用有关。他写道："我们的心灵是倾向于统一的，对于感受不到它的作用的东西是不知不觉的。但对它统辖范围内的东西却能起同化作用或感化作用。"[②] 艺术创造一方面受着某种功用的启示，另一方面也受到生理适宜感的调遣。建筑艺术首先要考虑到实用需要，此外还要增加一些装饰以增强人的视觉快感。基于这种观点，桑塔耶那进一步说，有用的东西都有可能成为美的东西，因为它们表现了人的选择和愿望。因而，自然美和艺术美都与功用有关，"自然美是我们感官和想象的功能适应我们环境中机械产物之结果，这种适应永远不会是完全的。因此种种艺术美就有活动的余地。艺术美就是机械形式有意适应我们感官和想象所已养成的功能之结果。"[③]

桑塔耶那的理论，使我们想起了康德关于美的非功利性的观点。康德强调过美的"无目的的合目的性"、"非功利的功利性"，但着眼点却在美与伦理及与功利无关。桑塔耶那正好与康德相反，把有用性作为审美快感的主要特征。这样他就面临着一种矛盾，那就是强调本能就意味着无目的性，反之亦然。为了解决这种矛盾，桑塔耶那一面强调"理性"的平衡作用。另一方面也将有用和经验与本能联系起来。桑塔耶那认为，经验和本能一样都是艺术的基础。高雅的审美情趣来自经验。"经验二字应以最好的意义来理解，把许多经历的果实在记忆中和性格中结合起来，这样就能够得到高雅的审美趣味。"[④] 这里，有用是促成经验或审美感觉的主要因素，并使经验呈现出一种自动性。因为，活动的合理性和有用性使人们产生了将其坚持下去的愿望，每一次继续都是对原有活动的重复和重新构成，这一切就形成了经验。

① 蒋孔阳主编：《二十世纪西方美学名著选》(上)，复旦大学出版社，1988年，第258页。
② 桑塔耶那：《美感》，中国社会科学出版社，1982年，第108页。
③ 同上书，第111页。
④ 《美学译文》第1期，中国社会科学出版社，1982年，第40页。

这种经验的不断重复，会使自身加强，变成一种习惯，一种清楚的回忆，它会和人们的冲动协调，造成一种有力的推断，使行为自动重复。这样，桑塔耶那便把功用统一到本能中。并将本能和功用作为艺术和美不可缺少的两个因素。他认为："艺术兼备有用性和自动性。"① 一方面它属于纯粹本能的幻想，另一方面它又是纯粹的有用。单纯的自动表现不是艺术。野蛮艺术家由于盲目的冲动或传统的习惯进行创作，他在黑暗中摸索，当他对自己的作品还没有理解的时候，就将它放在一边了。这些东西与其说是他的作品，不如说是他的分泌物。同样，仅仅为了某种功用而产生的东西也很难成为真正的艺术。"一位天才的艺术家特有的快感是自发的和人性的。但是当他的作品一旦献给他的赞助人，就成了国家的日常用品。"② 因此，在桑塔耶那看来，艺术不过是有用和本能这两种特征的复合体。

功用的另一面是愉快。美的艺术和美是不可分割的。桑塔耶那认为，"美是一种最高的善，它满足一种自然功能"。使人获得快感，它具有"一种内在的积极的价值"。③ 桑塔耶那认为，审美判断是"对好

的方面的感受"，而"道德判断主要地而且基本是消极的，亦即是对坏的方面的感受"。④ 在道德面前，人总是感到责任和尊严，陷入痛苦。在审美面前，人可以自由自在地追求快乐，避免一切来自道德的痛苦。

这种分辨有意义地表示出美感和道德观念的差别，同时也透露出桑塔耶那在美学上的精神享乐主义立场。桑塔耶那赞同"正确行为的目的在于享乐"⑤ 的观念。审美愉快所满足的正是人们追求快乐的要求。因此，审美快乐是人类生活中不可缺少的因素。桑塔耶那反对那些贬低审美活动（或游戏）的说法。他提出，人总是在某种违背本性的目的的强制下工作，使自我形同奴隶。但在这种"游戏"中，人可以摆脱苦涩的愁云，使精神在快乐中得到解放。审美活动是人的自我解放的方式。因此，"工作等于奴役，游戏等于自由"，⑥ 在这个意义上，对审美愉快的追求实际上也能表明一个种族的文明水准。桑塔耶那写道："我们根据一个种族在自由豁达的追求上，在生活的美化和想象力的培养上投入了多少精力，就可以衡量出它已达到的幸福和

---

① 《美学与艺术评论》，第 2 辑，复旦大学出版社，第 202 页。
② 《美学译文》第 1 期，中国社会科学出版社，1982 年，第 41 页。
③ 桑塔耶那：《美感》，中国社会科学出版社，1982 年，第 34 页。
④ 同上书，第 16 页。
⑤ 同上书，第 16 页。
⑥ 同上书，第 19 页。

文明的程度，因为人发现自己和找到快乐，正是在于他的才能的自由自在的发挥。"①

桑塔耶那对审美快感的强调，呼应了19世纪末阿伦和弗洛伊德等人所主张的快乐说，这种"快乐论"认为美感的特征在于给人以生命快乐，甚至包括生理快乐和本能快感。不过，桑塔耶那在从生理学角度讨论这种快乐时，又将审美快感和生理快感作了区分。他认为，审美快感不仅是一切知识判断科学判断无法比拟，也是一般生理快感所不能达到的。一切快感都有其固有的和积极的价值，但绝不是一切快感都是美感。快感固然是美感的因素，但它显然夹杂了其他快感所没有的因素。比如肉体快感就是一种远离美感的低级快感，它只能集中于人体的某个部分。而"审美快感的器官必须是无障碍的，它们必须不割断我们的注意，而直接把注意力引向外在事物"。② 审美快感是一种心灵的自由，在审美快感中"我们仿佛忘记它与肉体的关系，而且幻想自己能够自由自在地遨游全世界，正如它可以自由自在地改变其思想对象"。③ 审美快感的这一特质正是美的艺术自身的特点决定的。因为美所提供给人的只是一种外观、一种观赏对象。这里一切都是代替性的，人们喜欢谈冒险故事，往往是因为真实的故事不如小说更使人感兴趣，或者是因为小说更易于使他们进行梦想中的试验。因此，"艺术是理性生活的一种重排，艺术在观念中创造了一个我们在现实中无法重新创造的世界"。它使人们同物质分离，投入到艺术的兴趣中。因而，即使是其中有某些淫欲与迷信，也能够被美感的功能所抵消。④

第四节　美是客观化了的快感

桑塔耶那认为，赋予对象以人性并使其合理化的任何工作都可以称为艺术。这里重要的一点是要在事物上留下痕迹。所有的艺术都应该有一种"物质的体现"。一种相对无形状的质料对艺术的生存是不可缺少的。这一方面因为只有取得一种物质体现，精神的东西才能够保存下来。"如果最有用的活动的秘密还没有体现在结构中，它就不会重复出现。"⑤ 另一方面，只有外化为物质形式，艺术才能传播它自身。在艺术出现之前，所有的成就都在大脑内部，随着个人的死亡而消亡。艺术，由于在人的身体之外建立了存在手段，并造成外部事物和内部价值的一致，它就确立了一个

---

① 桑塔耶那：《美感》，中国社会科学出版社，1982年，第19页。
② 同上书，第24页。
③ 同上书，第24页。
④ 王又如：《桑塔耶那的艺术哲学》（载《美学与艺术批评》第2辑，第191—214页。
⑤ 蒋孔阳主编：《二十世纪西方美学名著选》（上），复旦大学出版社，1988年，第261页。

能不断产生价值的领域。并将这种价值传播给别人。正是这种体现于物质上的传播，艺术才将其感染力传达给每一代新人，使得合理化的进展成为可能。由此，桑塔耶那强调了物质进步对艺术和美的作用。他认为，现代工业虽然给人带来许多奴役，但在另一方面，高度的物质文明和技术也给艺术的存在和发展创造了良好的物质条件。

使美感体现于物质上的途径是审美愉快的客观化。桑塔耶那认为，美就是一种客观化了的快感。桑塔耶那后来也修改过这个定义，认为美感主要呈现出一种中性状态。但事实上，这个定义一直是支撑他自然主义美学的主要支柱。快感的客观化，就是将感觉因素转化为物的属性，化成与事物外观相类似的形式。桑塔耶那认为，只有美的快感才能被客观化，不能被客观化的快感不能成为美感。他写道："情感的客观化，在其他方面业已绝迹，但在美感方面还残留着。其原因是不难寻找的。事物所唤起的快感，多半是容易同对事物的感知区别开来的：物必先作用于一个特殊的器官，例如味觉，或者被咽下，例如酒，或者设法使用，快感才可以产生。所以，快感和其他有关的感觉因素之间的结合是微乎其微的，快感是及时地同知觉分离的，

或者落在另一器官上，于是马上被认为是事物的作用，而不是事物的属性。然而，当感知的过程本身是愉快的时候，当感觉因素联合起来投射到物上并产生出此事物的形式和本质的概念的时候，当这种知性作用自然而然是愉快的时候，那时我们的快感就与此事物密切地结合起来了，同它的特性和组织也分不开了，而这快感的主观根源也就同知觉的客观根源一样了。"[1]快感也由此客观化了。

桑塔耶那的这些论述，同时也表明了对客观化的强调，但并不意味着他对客观美的承认。作为一个经验论者，他十分赞赏"一切皆是感觉"的说法。他认为"美是一种价值，不能想象它是作用于我们的感官后我们才感知它的独立存在。它只存在于知觉中，不能存在于其他地方"。因此，"以为外物本身存在着美，这是荒谬的说法"。[2]快感的客观化归根结底就是内在情感对外物的投射，快感因此仿佛变成了事物的属性，美就是这样形成的。

这样，在桑塔耶那那里，美实际上被归结到主观感觉，对美的讨论也就成了对美感的讨论。基于这种立场，桑塔耶那否定了西方美学史上长期公认的美具有普遍性的说法。他认为，审美快感的特征不是普遍性，普遍的要求是一种"自然的误

---

① 桑塔耶那：《美感》，中国社会科学出版社，1982年，第32页。

② 同上书，第30页。

会"，"在审美中是找不到多少一致性的"。① 因为，美所满足的是一种人们发乎自然本性的要求，每个人的经历、性格、环境都有很大差异，对审美的要求也就有很大差别。一个人眼里看见是美的东西，在另一个人的眼里却淡然无光。人们通常所见到的一致性，是根据人们的经历、环境和个性的相同得出的，但这一切都无法排除审美的个别性。个人的偏见在审美选择中始终占主导地位，快感的客观化总是在个人偏见的支配下才能实现。因而，没有必要去寻找一个统一的审美标准。"审美趣味的衡量标准不过是以深思熟虑的形式表现出来的审美趣味本身。""它们是天然的属于个人的。"② 这种个人性对艺术创造具有至关重要的意义。艺术所需要的正是这样一种高度的专一性和排他性。因此，"艺术史上最伟大的时代也是最不宽容的时代。"③

这种对个别性的强调，把艺术活动及快感的客观化首先归结到个体，确实体现了审美活动的特点。问题是，在审美活动中，人们对普遍性的认同也是客观事实。于是桑塔耶那在强调个别性的时候，不得不指出，一个艺术家"如果只凭自己的喜好把一个形象强加在我们面前，这只能把

自己搞得令人讨厌不已"。因而，"建立一个审美趣味的社会标准还是必要的"，"审美趣味一定要使自己成为人类的解释者"，"不能脱离世间的传统和功利的愿望"，否则，"任何有功效的、积累性的艺术都是不存在的"。④

第五节　美的三要素

在《美感》一书里，桑塔耶那将美的材料、形式美和材料美作为美的三要素加以讨论，由此将他关于"美是客观化了的快感"的定义进一步具体化。同时，他也强调生理条件及内在需求对审美活动的作用，力图将美归结为经验的保存或感觉的结果，使他的自然主义美学观点得到初步的和具体的解释。

一、美的材料

美的材料在桑塔耶那那里首先是指审美活动所需要的生理机能。桑塔耶那认为，任何一种成分，只要有助于快感的客观化活动，它们就会对美有所贡献，就可以成为美的材料。在这个意义上，他认为，人体的一切机能都对美有贡献。因为，除了感觉能力易于客观化外，人体的生理机能包括性机能都是审美客观化所凭借的因素。他写道，"人体是一部机器，凭借某种生活

---

① 桑塔耶那：《美感》，中国社会科学出版社，1982年，第28页。
② 《美学译文》第1期，中国社会科学出版社，1982年，第28页。
③ 桑塔耶那：《美感》，中国社会科学出版社，1982年，第29页。
④ 《美学译文》第1期，中国社会科学出版社，1982年，第36页。

机能组合在一起，机能一中止，它就要解体"，[1] 我们心灵深处的一切活动和变化，都受到了这些生命力的影响。生理机能虽然"构成任何观念或情感的全部基础，但它们却决定这一切存在的性质和条件"。[2] 这种作用主要表现在，第一，健康的身体有利于产生纯粹的快感，"没有健康的身体就没有纯粹的快感"。[3] 第二，生理机能的活动状态也影响着人们的美感。"凡是有利于观念作用者，当然更易于授予观照的快感以亲切的温暖，因此加强了美感和思考的兴趣。另一方面，凡是由于生理原因易于阻碍观念作用者，使注意力淹没在无声无形的情感中，对审美活动就不大有利了。"[4] 比如，在昏昏欲睡的时刻，如果睡眠不再发展，人的脑海里往往会产生一些美丽的形象，诗意和艺术构思往往会在这一刹那间来临。但是如果睡得更沉一些，人就会处于无美感状态。其次，一些生理需求如性本能等因素，不仅是审美活动的动力，而且能以另外的形式实现客观化。总而言之，桑塔耶那要说的是，美感属于人的整体机能，人的生理机能总是影响着美感，因而它们往往就成了美的材料。

美的材料的第二个内容是指美的构成质料，或者是那种唤起美感的质料。在这里，桑塔耶那常常谈到色彩、声音等客观材料，但他最终还是将一切都纳入感觉之中，他对感觉材料的研究实际上是对各种感觉的研究。以能否客观化为标准，他将感觉分为低级感觉和高级感觉。他认为，触觉、味觉和嗅觉属于低级感觉，视觉和听觉则属于高级感觉。触觉、味觉和嗅觉虽然很发达，但不像听觉和视觉那样对人的知识追求大有帮助。它们常常躲在意识的幕后，不能对事物进行普遍的分门别类的区别，和美的快感相去甚远，对客观化活动贡献甚少。听觉和视觉则不然。声音有与低级感觉相同的缺点，它缺少固有的空间性，不能构成处在世界的一部分。但是声音中精密连接的音调层次以及其中可以测量的音值关系，都可以在感觉中造成一个近乎肉眼能见的事物一样的复杂的和可描写的事物。如果听觉发达，声音的世界还会扩张，在愉快的客观化过程中，"声音正如物质世界一样具有使我们感兴趣的打动我们情感的力量"。

视觉被桑塔耶那看做是最卓越的知觉。因为，视觉使人们同环境发生了最广泛的联系，把有关当前印象的警报最快地传达给人们，想象的材料都是视觉所提供的。

---

① 桑塔耶那：《美感》，中国社会科学出版社，1982 年，第 37 页。
② 同上书，第 37 页。
③ 同上书，第 37 页。
④ 同上书，第 37 页。

其次，"视觉的价值就是我们所谓的审美价值"。[1] 人们所期待的发现往往都来自视觉。桑塔耶那认为形式几乎是视觉的同义语，"是所见的综合。"[2] 第三，视觉能为审美欣赏提供潜能。视觉拥有丰富的色彩形式，也有丰富的内容，一旦人们的注意习惯了辨别和认识它的变化，就会欣赏它的形式。

美的材料的方式往往是个别的，单一的。但桑塔耶那认为它们是美的最原始、最基本、最普遍的材料因素，是构成美感的基础。"材料效果是形式效果的基础，它把形式效果的力量提得更高了，给予事物以某种强烈性、彻底性和无私性。""假如雅典娜的神殿巴特农不是由大理石筑成，王冠不是由黄金制造，星星没有火光，它们将是平淡无力的东西。"[3] 但桑塔耶那同时又指出，世界的美不能完全地或主要地取决于自身的个别感觉的快感，这样一些个别单一的快感只不过是"从感觉快感的抽象取出来的物质材料的美而已"。"最重要的效果绝不可归因于这些材料，而只能归因于它们的安排和它们的种种理想关系。"[4] 审美活动的最基本的目标应该是对由材料构成的"关系"的把握，或者说是由材料美上升到形式美。

二、形式美

形式就是各种材料或成分所构成的关系。桑塔耶那认为，对形式美的研究是美学上最显著和最有特色的问题。因为，快感的客观化就在于通过各种材料的关系构成某种感性形式。只有通过对感性材料的组合，一些平淡无奇的东西才能产生魅力。

桑塔耶那主要从生理学和心理学的角度去解释形式感或形式的产生。就生理学角度而言，桑塔耶那认为，形式感是外在事物对生理知觉刺激的结果。视觉形式就是这样。外界的任何一点惹眼的刺激，都会引起一系列肌感觉。当眼睛把对象带入视觉中心时，它就会刺激视网膜上一系列的点，使眼球的转动和肌感觉联系起来。由于肌感觉的苏醒，心灵便会对视网膜获得的每一刺激作出反应，会感觉到一种运动，感觉到被刺激的点与视觉中心之间的各点连成一线。这样就构成了一个联络网，所有的点就会连成一个平面。我们关于空间的观念也由此产生了。

这里，桑塔耶那从外在刺激入手，由生理反应过渡到心理反应，并不意味着他对外在形式的认可和重视。当他从心理学角度解释形式美时，这种倾向更为明显。

---

① 桑塔耶那：《美感》，中国社会科学出版社，1982年，第50页。
② 同上书，第50页。
③ 同上书，第52页。
④ 同上书，第52页。

他认为，外物的作用仅仅在于产生一种刺激，它本身不具备什么形式美。外在形式是由内在形式规定的。他说："在感觉中有一种刺激形式，有一种波动的拍子和节奏，关系着审美价值。所以，在对事物的知觉中，当回忆和心理习惯作出显著贡献的时候，知觉的价值就不仅由于外在刺激的愉快，而且由于统觉反应的愉快。"① 因为，这种统觉反应会根据经验给对象赋予形式。如果对象不明确，那么主观力量在确定对象的形式上将起到更大的作用。例如，每片云彩恰好都有它所具备的轮廓。但是由于我们不能把它列入任何一种几何图案，因而它时而像鲸鱼，时而像骆驼。但是，一旦我们断定它像一条鲸鱼，一种新的价值便出现了；这朵云彩不仅是云彩，而且也被看做是鲸鱼。这里起关键作用的不是对象，而是我们的心理结构，是我们关于鲸鱼的经验。外在形式的获得正是外在刺激物和内在感觉形式之间和谐的结果。但一旦我们设想某种外在形式不存在，它们的景象也会化为乌有。②

基于这种将形式美归于内在感觉的看法，桑塔耶那进一步说，审美价值依据两个形式因素。第一是被唤起的统觉形式即典型所取得的特性，它可能适合一种乐曲，也可能适合一类花草，当我们辨认出这些与内在形式适应的东西时，就赋予对象以审美的品格或情调，它会给人一种审美期待，这就是典型的价值。第二个因素是将内在的典型形式客观化为外在形式，"当心灵被调整以切合某一观念（比如说一个王后）的调子或节奏后，那就需要一种共鸣的体现来充实扩大或丰富这种形式，于是，我们就得到了一位真正的王后"。这种外在化了的"王后"③ 就是内在典型的范本，它体现了特殊印象对其感觉形式的关系。因而，外在的形式只是内在典型的范本，它的作用只在于显现内在形式和强化内在形式。

基于上述观点，桑塔耶那认为，任何典型形式都不是中性的，或者说都不应该是某种类的平均数。所有的形式都是经验的产物，都要受到主观兴趣的牵引，否则就不会产生美感。因为，人们的知觉表象往往偏向于实用兴趣方面，而人们对美满的要求则往往偏向于审美兴趣方面。任何事物，如果失去了人们的兴趣关注的那些特征，就会被识别为别种事物。典型形式正是依照人们对美满的要求所产生的。这种要求将人的注意力集中起来，迅速将各方面凡是美的因素结合起来并储藏于心中，使与生俱来的盲目的渴望具有了形体。于

---

① 　桑塔耶那：《美感》，中国社会科学出版社，1982 年，第 76 页。
② 　同上书，第 70 页。
③ 　同上书，第 78 页。

是，许多总体印象便充斥于人们的心灵，并以美为其属性，由此也形成了典型。因此，一切典型形式都是主观调遣的结果。理想的美的形式总是代表了这样一些特殊的快感，"除此以外，它们什么也不代表了"。① 那些有关美的说法，也不过是一种"迂回的"见解。由此，桑塔耶那得出了这样的结论，那就是，对于美，必须首先从个别印象入手才能产生愉快的形式。"如果我们让一般观点完全压倒了个别印象，因而使我们看不见个别印象可能拥有的新的未入品流的美，我们就不过是用语言代替感受，以空谈的分类冒充了审美的判断。"② 桑塔耶那把这种由个别感觉开始创造典型的过程称为"由中性状态转向快感"。

对于形式的美学要求，桑塔耶那认为形式应做到多样性的统一。某种形式如果有助于统一化，就获得一种价值。一个简单的知觉，如果不能领会到各部分之间的关系和区别，"就不是一种对形式的知觉，而是一种感觉而已"。③ 但统一不可能是绝对的，也不可能只有一个形式。形式内部的不同成分往往构成不同的集合体。因而，形式又是多样的。这种多样性取决于成分的性质和多种可能的统一方法。有时，这些成分可能完全一样，差别仅仅在于数量。

这样，它们的统一性只在于它们的一致感。有时，这些成分可能是性质不同，但又不至于使人被迫接受它的特定样式。其次，多样统一还可能产生于成分的特殊结构及其统一的设计。

桑塔耶那列举了许多多样之统一的形式构成方式。比如对称、无定型制作和形式的装饰等。但他尤其看重的是"一致之繁多"。这是桑塔耶那对空间感的描述。桑塔耶那认为，"一致之繁多"是人们对"天然的空阔"的一种较原始和较朴素的感觉。它体现了一种关系感。它使人觉察到种种方向和种种可能的运动，感觉到一种点与点的关系。因而它属于一种形式知觉。有时它凭借其表面诉诸人们美感，有时是凭借被限定的面和线引人愉快。这些广阔的空间往往给人一种庄严和无限的感受。但桑塔耶那并不想使这种美成为客观的东西。他认为这种空间美往往被我们的视觉所统一。只有为视觉所限定，一致之繁多才表现为形式。这里，桑塔耶那强调多样，但更强调统一。这种统一在桑塔耶那看来就是使成分间的组合定型。尽管他也反对"过早定型化"，认为过早定型会使艺术僵化平庸。但他又认为定型是必不可少的。因为他的"定型"意味恰如其分的和谐，

---

① 桑塔耶那：《美感》，中国社会科学出版社，1982 年，第 84 页。
② 同上书，第 84 页。
③ 同上书，第 64 页。

而且也只有创造一种恰如其分的和谐的形式才能获得良好的审美趣味。① 因而，他用批评的态度评论了"无定形制作"。虽然他也分析了无定形制作的优点，认为无定形制作是统觉自由运用的结果，它使那些支离破碎的模糊的和暗示的模棱两可的东西"具有了特殊的兴趣"，它培养了人们自发的想象力。但他又认为，无定形制作是那些"有太多压抑不住的才情但太缺乏艺术手腕"的人和民族所采用的方法。它对艺术有许多不利之处。首先，形式的不定也就意味着价值的不定，它需要欣赏者用自己的思想来补充，而这种能力并不是大多数人都具有的，因而无定形制作也只能为少数人欣赏。其次，无定形制作虽然能激起人们心灵的激动，但不能给心灵"赋予形式"，不能陶冶一种新的习惯。对于文学，无定形制作最不可取。因为在文学中，意义是用行文的层次和形式来传达的，而不是靠文字本身。一部作品就是一个"较长的句子"。② 如果它们是无形的，就会失去任何意义。因而，任何活动都要达到定形。"只有把形式引进来，我们才能看见美。"③ 但这种形式并不是当时新起的浪漫主义、感伤主义及象征主义的形式，因为

这些艺术都有一种无定形倾向，是"我们时代沉湎于任性"的结果。这表明，在形式美的评价上，桑塔耶那在感情上对古典艺术的认同。而这，在理论上却和他"本能"说中的反理性倾向有所抵牾。

当然，在对定型重视的同时，桑塔耶那也强调变化。他认为，多样之统一并不意味着一成不变。过多地重复某一种形式，将会导致千篇一律的单调，从而破坏人们的美感。因此，"雷同的成分必须稀少，它们不适于滥用，也不能表现许多思想"，④ 因为，形式是由人们的统觉所规定，因人因时而异，本来就要求多样和变化。基于这种观点，桑塔耶那认为要创造一种能包容一切的无限完善的形式只能是一种幻想。他说："所谓完善都是有限的同义语，不论在自然中或者是在幻想中，任何东西都不可能是完善的。"⑤ 因为，"没有统觉形式或典型，就没有完美；有多少统觉形式或典型潜伏在心中，就会有多少种类的完美"。⑥ 这样就会形成种种完美的对立。对立在相互排斥中存在，正如春与夏无法相互置换一样。所以，无限完善只能表示人们的一种良好期望，它能激起人们向完美

① 《美学译文》第 1 期，中国社会科学出版社，1982 年，第 27—45 页。
② 桑塔耶那：《美感》，中国社会科学出版社，1982 年，第 97 页。
③ 同上书，第 99 页。
④ 同上书，第 73 页。
⑤ 同上书，第 99 页。
⑥ 同上书，第 100 页。

的追求，但注定不能实现。

具体到每一种形式，桑塔耶那认为形式美包含着两个方面，或者说是有两种独立的效果来源。第一是合用的形式，这种形式产生典型，当人们强调典型固有的使人愉快的特征时，形式美也由此产生。第二是装饰的美，它来自颜色鲜艳或丰富多彩，或精雕细刻，对感官产生刺激。这样，形式的主题也被划分为结构主题和装饰主题。结构主题形成了形式的线条结构，装饰主题则增加一些外来的趣味以配合对象的固有趣味。艺术家往往较多地动摇于这种结构主题和装饰主题之间。有些艺术家迷恋于装饰，认为结构不过是最有利于炫耀装饰的背景而已。另一些趣味较严肃的作家则让装饰强调图案的主要线条，或者掩饰自然及其功用使其不易削除的那些不调和的因素。无论采用什么方式都对美有益处。掩饰结构和强调结构都一样合法，都有统一的理由，那就是实现一种"抽象的美"和"绝对的快感"。① 比如，希腊女神像盖住下部，掩饰了结构，而米开朗琪罗的塑像则在男性身上拔去毛发，暴露了结构。这都是为了改变自然使之更能适合人们的知觉能力。

桑塔耶那对形式的分析，较多注意自然物或一些抽象的线条，但也涉及一些社会意识方面的内容。他认为，在人们心中形成的每一观念，每一活动，每一种情感甚至包括一些社会观念，与人们的痛感或快感有着直接或间接的关系。如果这些流动的活动或情绪变成沉淀下来的某种"心理固体"，它们就会连同带来它们的快感一起或多或少地合并在一些具体观念里，使事物取得一种审美的润色。比如，民主主义思想，往往带有一种强烈的审美成分。由于这些理想是被看做实现幸福的愿望和建立良好的社会的手段的，久而久之会在人们心中形成一种固有的价值，于是也极易把它们纳入审美的形式之中。惠特曼的《草叶集》就产生了这样的效果。它体现了一种繁多之一致的魅力，不是鲜花而是草叶，不是音乐而是鼓声，不是英雄而是一般人，不是危机而是最平凡的时刻，凡此种种，都是这样坚决地罗列一些看上去无足轻重的东西，借此向人们指出一切不过是流动而无结构的整体的和暂时的悸动，由此也激发了人们的想象。桑塔耶那把这种民主意识转化为审美因素的现象称为"平民主义美学"。

桑塔耶那在讨论形式美时也涉及了文学的形式。他认为，亚里士多德把情节视为戏剧中心的时代已经过去了，现代戏剧及其他文学形式是以性格而不是以情节见长，情节的目的只在于使人透过事件看到人物的心灵。由此他强调了想象对创造性

① 桑塔耶那：《美感》，中国社会科学出版社，1982年，第111页。

格的作用。他认为，创造理想的性格，不能只凭借那些观察和综合，而是要靠虚构和想象。他说歌德塑造甘泪卿这个人物时没有原型依据，但他却通过虚构和想象的创造使人们想起生活中类似甘泪卿的原型。因而，虚构实际上是文学形式创造的重要手段。他写道："艺术家可以发明一种形式，这种形式适合于想象，就置身于想象中，成为一切观察的参照要点，成为自然性和美的一个标准。"① 因为，想象既能创造又能抽象；它有所观察又有所取舍，也有梦想，想象中的综合是自然而然地出现的。它们不是想象从感觉得来的各种平均数，而是感觉遗留在脑海里的兴奋扩散的结果。这些兴奋不断花样翻新，而且偶或取得一种无比美丽的形式，以致心灵以其慧眼看到举世无双的美丽而为之赞叹不已。如果这双慧眼是昭然若揭始终如一的，我们就获得一种审美的灵感，一种创造的才能。如果人们由此又能掌握相当的技巧，那么就会立刻体现那种灵感，去完成某个理想性格。通过想象，人们可以冲破理性的约束，依照没有极限的富于弹性的感情，可以将皇帝想象为乞丐，将圣贤想象为流氓。所以，诗人刻画一个性格就不必进行笔记式的观察。他"只需研究自己和表现自己的理想的艺术，就可以表现别人的理想。他只需自己去扮演他每个人物的角色。如果他具有构成天才的那种想象的柔韧性和明确性，他就可以为他的同胞表现出他们始终有口而难言的那些内心倾向"。② 显然，桑塔耶那注意的是创作状态而较少关心创作前作家的实践过程，因而才将虚构和想象当做创造理想性格的重要的甚至是唯一的手段。

三、表现美

形式美给人们构造了可以看见的统一体和可以认识的典型，也给人们带来了感性的愉快。但桑塔耶那认为，美感的极致不在形式美，而在于表现美。形式美还和人们尚未感知到的事物有着密切联系。人们通过联想就会发现它们的特征，就会在形式中体会到一种意义或情调。"事物这样通过联想而取得的性质"就是表现。

桑塔耶那认为，表现是美感的最高形式，或者可以说，审美的目的就在于获得表现美。他说："我相信现实世界并没有不朽的事物，……宇宙的精神以及它的能力，也就是我们生命的表现。犹如海的景色也就是海面的浪花，一个接一个的浪花随波逐流，绝不因为有人呼唤而有片刻的间歇。我们的权力只是去体验那层层翻腾的浪花，那一瞬间的景色，尽量享受，尽情鉴

---

① 桑塔耶那：《美感》，中国社会科学出版社，1982 年，第 122 页。
② 同上书，第 125 页。

赏。"① 于是，美的价值也就成了表现的价值。这种表现美和材料美及形式美的区别在于，形式或材料方面的美主要是直接凭借某种事物的构造和属性，只有一种事物及其效果，而表现主要凭借联想和暗示，它联系着两种事物。所以表现可以用暗示的方法使本身平平无奇的东西显得美丽，它可以提高事物原有的美。如果按康德将美区分为依存美和纯粹美的说法来理解桑塔耶那的美的三要素之间的关系，那么，材料和形式的美可以被看成依存美，而表现美则可以被理解为纯粹美。

表现所涉及的两种事物可以区别为两个项，这两项类似于结构主义语言学的浅层结构和深层结构。第一项是实际呈现出的事物，它或者是一个字，一个形象，或一件富于表现力的东西；第二项是所暗示的事物，它是更深远的思想、感情，或被唤起的形象，被表现的东西。桑塔耶那认为，并不是所有的形式都具有表现，如果价值全在第一项，那只能是单纯的呈现，而不是表现；如果价值只在第二项，没有第一项形式的转换，也不会有表现美。只有这两项一起结合在心灵中，才能构成表现。

表现美的获得与主观能力有直接的关系。因为表现美如同形式美一样，虽然是对象所固有的，但它依附于对象不是由于知觉的单纯作用，而是由于从对象中联系到更深远的事情。这样，表现就不只要依靠事物与事物之间的外在关系构成，而且更取决于每个人心中与之有关的思想范围、经验和敏感力。比如，一个人的作品，确实在读者心中唤起作者所想的东西，但这一切对这个人表现得多一些，对那个人表现得少一些，一切都取决于作品对读者唤起的程度。如果一个作品没有在人们心中唤起作者所想的东西，那么作者的思想就没有得到表现。所以，桑塔耶那说："表现依靠两项的结合，其中一项由想象来供给；但是心灵所没有的东西，也就无法提供了。因此，一切东西的表现力都是随着观察者的理解力之强弱而增减的。"②

于是，表现也就成了观察者心灵内部的事件，对象只是提供一个刺激的条件而已。桑塔耶那由此十分重视联想对于表现的作用。他认为，正是联想的作用，才使得第一项和第二项结合起来，使经验由一个形象唤起另一个形象，获得了表现力。联想的这种功能是由于它是属于关系感的那种快感。它不是以逻辑的方式按照必然性从事物的本质流入人们的心中，而是像任何器官的任何作用一样，直接流入人们的意识当中。这是一种整体性的因果错杂的类似本能的心理运动，因而能保证第一

① 朱狄：《当代西方美学》，人民出版社，1984年，第44页。
② 桑塔耶那：《美感》，中国社会科学出版社，1982年，第133页。

项和第二项的结合是愉快的和审美的。①

第一项和第二项的结合抵消了不快因素，这是取得表现美的重要原因。作为深层因素，第二项的价值可以是生理的，也可以是实用的甚至是消极的。但当它们转到第一项时，实用价值往往会变成审美价值，消极价值往往会转化为积极价值。这是因为，第一项虽然直接呈现为事物的一种属性，从表面上看对表现美无多大贡献。但它是刺激的来源，它有悦人的形式。它有一种尖锐性和愉快感，在很大程度上决定着所唤起的联想的性质和幅度。作为一种媒介，它以其可爱的形式抵消了深层含义的不快。表现本身即使是丑恶的、可怕的和不恰当的，也可以借助表现所运用的对象而受人谅解。这正如一副美妙的歌喉可以挽救一首庸俗的歌曲，一种美丽的色调和布局可以挽救一篇毫无意义的文章。总之，"媒介之可爱可以抵消含义之不快"。② 因此，桑塔耶那甚至认为，一些非审美的东西，只要被人们的愉快引向某种直观的形式，也会获得表现美。比如面对一幅地图，当我们只注意其中表示的山脉、河流和人口时，当然不会产生美感，但如果让地图的色调稍为巧妙些，线条更为精细些，海陆的图面稍为平衡些，人们就会获得一种形式美甚至表现美。再比如，价格作为抽象的东西与美无缘，它仅仅是一些数字或术语。如果人们仅仅停留在价值上，忘记最后还要把它转换为具体事物，那么它始终是枯燥乏味的。但如果人们对价格予以重新解释，把它还原为构成价值的事实，还原为所用的材料以及它们的质量和出产地、劳动技巧等，就会因为发现它所具有的表现（不是价格的而是人工价值的表现）而增加了对这些事物的审美价值。

基于上述看法，桑塔耶那对于悲剧表现灾难和不幸的说法提出了质疑。他认为，悲剧的快感不是灾难本身，任何灾难都不能给人快感。悲剧的快感首先来自人对真实和真理的追求，悲剧往往因其真实性使人获得一种得到真理的快慰。但真也需善和美的点缀，对灾难的描写也不能一味地停留在痛苦上，它必须通过装饰悲伤所用的语言，围绕悲伤所产生的联想，以及由悲伤所闪出的优美的情感和冲动，唤起人的崇高感，才能给人一种审美快感。因此，悲剧的本质不是灾难，而是崇高。

由于桑塔耶那将表现美作美感的极致，桑塔耶那将崇高、滑稽、幽默、怪诞、机智等美的范畴看做是表现美的效果，并且从他有关对表现的认识去解释它们。桑塔耶那不像许多人从对象本身的特征去理解它们，而是根据人们对对象的态度去解释它们。比如，他认为，在悲剧中，人们体

① 桑塔耶那：《美感》，中国社会科学出版社，1982年，第134—136页。
② 同上书，第138页。

会到别人的苦难如同身受了这种苦难，但同时由于附带而来的快感压过了它们，因而产生了良好的效果。滑稽则是人们把对象从种种关系中抽象出来当做一个独立的、奇妙的刺激而产生的。讽刺和幽默则产生于人们对别人不幸的不同态度。讽刺的乐趣接近残酷无情，而幽默却充满了同情的味道。幽默是让有趣的弱点和可爱的人的结合，这使得一切难免荒唐又不失可爱。这种忽略对象属性的解释从感觉的角度揭示了不同表现效果的特性，同时也印证了桑塔耶那的一种观点，那就是："整个世界不过是对我们的敏感能力的刺激而已。"[①]

在上述种种表现效果里，桑塔耶那将崇高作为一种最佳的效果。在崇高的感觉中，大灾大难的鲜明意象与发生崇高感的心灵的倔强自负之间构成了自然和谐的态势。在这里，恐怖揭示人们退而自守，带着一种安全感陶醉在一种超尘脱俗的境界和自我解放的感想中。所以，崇高是一种至高无上的美。由此他对美和崇高作了区别。如果说美是人们深入到对象之中而发现的美满，崇高就是完全不顾对象而发现的一种纯洁的、不可夺取的美满。崇高使人"愕然扩大了视野，骤然摆脱了我们日常的利害关系，而自比为永恒的和超人的事物，自比为较我们日常个性更抽象更不

可夺取的东西——这一切就使我们忘情于眼前一片朦胧的事物，而升入一种狂喜的境界"。[②] 正是由于这种效果，桑塔耶那才把艺术作为自我解放的手段，并把它列为理性生活的一部分。这对后来马尔库塞企图用艺术来逃避资本主义工业文明对人的压抑的想法产生过一定的影响。

第六节　简要的评价

综上所述，我们可以发现，桑塔耶那代表的自然主义美学，属于新起于现代的科学主义美学。他努力排除西方美学史上的"自上而下"的形而上学方法，力图从人的本性和人的经验入手，用心理学的实验性描述在感觉中寻找美。这给刚刚起步的美国美学产生了深远的影响，后来的新自然主义美学的代表人物门罗就坚持了桑塔耶那的方向，到了20世纪50年代，仍有人将他奉为"宗师"。作为一种实证色彩较浓的美学研究，桑塔耶那的理论在许多方面为人们提供了可以借鉴的成果。他对材料美、形式美和表现美的研究，使他的一些理论更接近艺术本身。他对于审美快感与生理快感的区分，也从心理学角度提出了新的和较为科学的结论。而"美是客观化了的快感"则是他美学理论中最有意义的部分。斯坦克劳斯（W. E. Steinkraus）

---

① 桑塔耶那：《美感》，中国社会科学出版社，1982年，第173页。
② 同上书，第166页。

曾经这样评论过这个定义："桑塔耶那从一种唯物主义观点出发进行他的研究，认为艺术本质在于它是一种'客观化了的快感'，这一立脚点在他那种对立于形而上学和道德问题的观点中，在他为争取（使美的问题）独立于形而上学和道德问题的努力中得到了发展。而传统理论则往往是纯推理的，在它涉及艺术本质时，并不充分考虑到人的感情问题，更不考虑生物学问题。而一种审美判断显然是有别于智力判断或认识判断的，它是种直接经验对积极的内在特质的感知。"[①] 这里对桑塔耶那生物学立场的认可并不可取，把他说成唯物主义也纯属误解。但桑塔耶那把美和快感联系起来的做法使他的理论比纯粹的客观论者更接近审美活动本身。同时，他强调"客观化"，把艺术和物质联系起来，也是对克罗齐"直觉即表现"说中的偏颇之处的有力修正。克罗齐把艺术归结到直觉，认为所有的艺术都是内在的，只存心灵之中。因而，凡是"外射"内心的直觉的传达活动，都超出了内心的范围，与艺术本质无关。这样，克罗齐便从根本上否定了艺术应有的传播性，否定了艺术活动的实践性和创造性。这一切正如桑塔耶那所说的那样，充满了先验论的色彩。[②] 桑塔耶那由此也将他和克罗齐区别开来。更值得

一提的是，桑塔耶那较早地注意到了工业文明对人的精神压抑，试图通过审美活动寻找精神自我解放的途径。因此，他夸大审美愉悦功能的思想包含了对工业文明对人性异化的敏感与反抗。这对当代西方美学也产生过深远的影响。

但是，桑塔耶那理论的优点只能表现在局部上。如果从整体角度去观察，人们就会发现他的一些基本观点存在着许多缺陷。由于他在哲学上坚持走第三条道路，努力回避唯物主义和唯心主义共同关心的存在与意识、感性与理性等基本问题，所以，他往往将本能"功用""感觉"从人类的实践活动中抽取出来，孤立地强调它们的作用，结果也将它们推向了极端。

首先，他的本能论表现了他从人的本性解释美，努力将审美判断和非审美判断区别开来的企图，但他总是把人的本性和生理的机能联系起来，轻视社会性而强调动物性，从而将他的合理方面也淹没在一种神秘主义的玄想之中。

其次，桑塔耶那并没有认真去探讨美的本质，他所研究的问题不是美而是美感。于是，美和美感在他的理论中实际上是同一回事。这种用美感取代美的做法是西方经验主义美学的共同特征。这也同时注定了它们的共同错误，那就是否定了客观存

---

① 朱狄：《当代西方美学》，人民出版社，1984 年，第 42 页。
② 《美学与艺术评论》第 2 集，第 206 页。

在的美。桑塔耶那正是这样，把客观对象的作用仅仅归结为刺激，而美则成了内在感觉形式的外射。这样，他就很难在理论上摆脱形而上学的迷雾。因为他的理论在一定的程度上接近柏拉图把现实当做"理念的影子"，把美当做"影子的影子"的做法。

再次，这种理论的极端化还表现在对美与功用的解释上。虽然他也承认过有用的不一定都是美的。但在更多的场合，他总是将美和功用等同起来。忽略了有用向美转化的过程。他甚至把欣赏一幅画与买画的欲望完全等同为同一美感。这种观点，和当时流行于美国的实用主义思潮是一致的。早在19世纪末，爱默生就反对把美和功用区别开来。杜威则把审美知觉和日常知觉混为一谈，认为文学艺术都是调整人们经验的工具。这种实用主义观点把审美因素和非审美因素完全混同了。对此，芒罗曾作过批判，他认为这种"抛弃审美的和实用的，美术和实用艺术之间"的"尖锐对立"的做法，使美国的美学和艺术走进了"过分注重狭义的、实用的"[①] 死胡同。

但这种极端性并没有使桑塔耶那的理论表现出统一性。他的论著中仍有许多难以自圆其说的矛盾。这种矛盾是由他走第三条路的立场和他所采用的实证方法之间的矛盾造成的。为了坚持他的第三条道路，他不惜将他的一些基本观点推向绝对推向极端，另一方面，实证的精神使他往往对一些具体问题作出合理的解释。于是，他以一种折中主义态度来调和这种矛盾，一方面他强调艺术的非理性和动物性本能，另一方面又强调艺术的有目的性；一方面认为道德对美是消极的，另一方面又认为艺术具有道德功能；一方面认为艺术的标准绝对是个人的，另一方面又认为需要一个社会标准；一方面强调除了主观感觉外不会有美，另一方面又强调物质体现，甚至说表现美存在于对象中。但是，他总是以前者为绝对前提，因而无法使这一系列"正题"和"反题"统一起来。但这种桑塔耶那式折中主义态度却使他的理论中混杂了各种各样的观点。后来的一些美学家从不同角度吸取了他的观点。比如苏珊·朗格就借鉴了桑塔耶那调和本能与功用的关系的方法来调和形式美和表现美的关系，建立了艺术符号学理论。

---

① 《哲学译丛》第3期，1958年，第82页。

第十四章　新自然主义美学

新自然主义美学（Neo-Naturalistic Aesthetics）是继自然主义美学之后的又一个较有影响的现代西方美学流派，流行于20世纪中叶的美国。在当时，由于现代科学技术的迅猛发展，改变了人们对许多事物的看法，一些有效的研究和实验手段逐渐被引入到了某些社会科学领域，从而极大地推进了这些学科的发展。作为研究审美和艺术活动之本质的美学学科也受到了冲击，开始向实验的和具体实证的科学方向发展。在此之前，美学一向被人们认为是一门玄妙的学科，是玄学中的玄学，充满了抽象的思辨。新自然主义美学就是在这种背景条件下产生并得到发展的。它也试图把科学的实验手段引入美学，对几千年来悬而未决的重大问题进行解析和论证，指明美的本质及其心理原因和客观条件。

新自然主义美学的代表人物是托马斯·门罗（Thomas Munro, 1897—1974），世界著名美学家，美国美学学会的组织者和创立者。早年在哥伦比亚大学跟随杜威学习哲学，受杜威的自然主义哲学思想影响很深。1918年毕业后留校任教，后在杜威的推荐下到费城的巴奈斯博物馆任职。在这里他对原始艺术发生了极大的兴趣，并用英文和法文发表了专著《原始黑人雕塑》。他曾先后担任西部雷泽福大学艺术系教授和克利夫兰艺术博物馆教育长，这为他的美学研究提供了许多实证的机会。他在1945年参与创办美国美学学会会刊《美学与艺术批评杂志》，并担任该刊主编20年。他一生著作甚丰，据不完全统计，仅从1933年到1964年，他发表的文章就达130余篇，重要的美学著作有：《走向科学的美学》（1956）、《艺术教育：艺术哲学与艺术心理学》（1956）、《艺术的进化与其他文化史学说》（1963）、《东方美学》（1965）、《论艺术的形式和风格》（1970）

等。门罗的著作几乎涉及了美学的各个方面。除着重论述科学美学外，还论及艺术家与美学家的关系和艺术教育等重大问题。此外，他通过对艺术史的考察，提出了建立"艺术史哲学"的设想。下面，我们对门罗的主要美学思想作一介绍。

第一节 自然主义的哲学基础和科学美学

门罗宣称，他信奉的是自然主义哲学。这种自然主义不同于左拉和19世纪法国推崇和流行的忠实于自然的自然主义，而是一种与杜威和桑塔耶那的自然主义一脉相承的反对理性、重视经验、认为美感来自自然的或日常感受的自然主义。其主要特点是把美感经验和艺术活动作为美学探讨的中心，反对离开美感经验去规定美的抽象本质，反对离开艺术活动单对美的概念作玄奥的演绎。从生理学、心理学乃至人类学、文化史等多种角度去研究美学，而不是单从认识论的角度研究美学。杜威认为美感经验与日常生活经验之间没有什么特殊的区别。"艺术在人们经验中的源泉，可以从打球者的优雅姿态对观众的影响，可以从家庭主妇栽花的愉快，可以从她丈夫在屋前耕种的强烈兴趣，可以从观赏者对拨炉火和注视火焰飞扬的高兴中看出来。"[①] 他进一步认为，"生命与环境不断地失去了平衡而重新建

立起平衡，由骚乱走入和谐的时刻是生命最强烈的时刻"，这一刻的经验就具有了美。如果把对过去的回忆和对将来的期望加入这经验之中，就成为完整的经验即理想的美。经验是艺术的萌芽。杜威的这套艺术观是他的实用主义经验哲学的衍化，他把作为社会历史现象的艺术说成是一种生物的和自然的东西，一种日常经验的完善。门罗继承了杜威的自然主义哲学基础，发展出一种新自然主义。这里所谓"新"，实质上是对杜威理论的进一步阐发和论证，只不过更加注意运用科学的、实验的方法使整个美学理论更加具有实用性、技术性和工具性而已。

门罗美学观点的特点是主张"科学的美学"。这种美学观按照门罗的解释，从广义上是与超自然主义、先验论、神秘主义、泛神论、形而上学的唯心主义或二元论相对立的。它认为艺术作品和与之有关的经验也同思想和其他人类活动一样，是一种自然现象（人类及其全部作品都是自然现象）。这种自然现象是物理现象和化学现象的后续，它产生于进化论中的物理化学现象之中，与它们并无根本区别，而只有程度上的差别。因此，审美现象并非科学研究和经验调查永远无法接近的东西，它可以用研究自然科学的方法去加以研究。当然也不意味着过去的自然科学中的概念和

---

① 杜威：《艺术即经验》，纽约，1958年，第5页。

方法，或生物学、心理学和社会科学中的某些概念和方法完全适用于分析审美现象。自然主义美学有自己一套新的概念和新的方法。"美学中的自然主义并不完全等同于形而上学的自然主义、唯物主义、机械论、无神论、不可知论，或这一领域的任何特殊理论。它和许多宗教信仰在形式上是极为一致的。它认为艺术不仅仅是模仿或感性表象，也不是单纯为了感性的愉快，或者详细地再现恶和丑。它也不认为艺术中对宗教和道德理想的表现是无足轻重的。它是和自文艺复兴以来西方文明的一般倾向一致的，即主张人们应该把注意力由那个假设中的另外一个世界的事物转向20世纪中那些以物质自然为基础的事物。……它不主张特别赞扬或偏爱任何一种特殊的艺术风格。"[①] 门罗劝诫人们坦率地承认彻底的自然主义哲学（如果他们信奉这种哲学），按照经验来建立美学理论，既尊重感性材料，同时也尊重感觉生活、身体的欲望和情感。他是想在传统的二元论与马克思主义这两个极端之间，走一条"富有活力"的经验实证主义的中间道路。

门罗认为，美学本质上是一门理性的和科学的学科，它的目的在于获得知识和控制，就像物理学和生物学一样。当然与物理现象和化学现象相比较，艺术与审美现象要更复杂多变一些，科学美学虽然无

法对它进行精确的定性定量分析，但可以不断地接近它、描述它。他解释科学美学："首先应该是一种描述性的探究"，"其次，它以一种极为尝试性的和相对的方式，试图解答关于一般和特殊的审美价值问题"。以此为基点，门罗为他的科学美学勾画了一个大致的轮廓。

门罗指出，在他所推崇的这种科学美学发展起来之前，美学只不过是思辨哲学的一个分支，美学家们长期纠缠于对美的本质的抽象争论，满足于玩弄辞藻和构造庞大的理论体系。大部分美学家都不打算，也没有能力去用它来指导艺术实践。他们一般坚持认为，美学只能停留在抽象的理论水平，它不是实用科学，只是作为一种纯粹的知识而存在。可是，当美学发展到20世纪时，指导思想和研究方法便产生了一系列的根本性转变。美学将"在现代心理学和人文科学的基础上，尝试科学地描述和解释艺术现象和所有与审美经验有关的东西"。形而上学让位于经验描述，神秘的玄学变成了自然的观察和描述，抽象的变成了日常的和可观赏的，远离艺术实际的变成了立足于实际并指导实际的，绝对的变成了相对的。门罗认为，这是一场革命性的变化，它使美学面貌为之一新，并一举跃入科学的行列。门罗追溯说，这种变革始于实验方法引入美学之时。实验

---

① 托马斯·门罗：《走向科学的美学》，中国文联出版公司，1984年，第164页。

美学的成功使那些过去统治美学界的传统观念瓦解了，人们不再迷信于审美现象的神秘。科学美学所需要的研究手段和资料从 19 世纪起就开始发展了，具体表现在以下三个方面：

首先是已经有了足够数量和种类的艺术作品，可以广泛地对人类艺术进行总结和从整体上观察世界艺术。

其次是社会科学的相互合作使艺术作品变成了历史的和文化的文献，帮助我们结合作品的文化背景来观看艺术。

最后是心理学对人的本质及其生理基础、动物的根源、内在结构和力量、学习的过程和成长的周期、个性和智力老化等问题所进行的全面的、自然主义的说明，对视听觉、情感等基本心理功能的说明，对有意识和无意识的想象以及情感与动机的本质的探讨和说明。这些都对艺术活动和艺术理论产生了明显而直接的影响，如弗洛伊德对小说《格拉底瓦》的分析，荣格对神话和曼陀罗的分析，等等。

门罗在追溯了科学美学所需前提条件之发展后为这种美学规定了原则，那就是，不带任何理论色彩，不受已往的任何哲学体系对美的本质的看法的影响，不管它们属于哪一个派别，它的任务只满足于对美的经验作现象的描述和解释。"自然主义拒绝超经验的价值和原因，因为这种理论妨碍科学的判断和证明。"[1] 门罗认为，"美学不仅仅是作为一门纯粹的科学发展起来的，而且还是作为一种真正的技术发展起来，发展起来后，它便对一种有限领域内的技能进行科学的研究和指导。"[2] 在这里，美学与艺术活动的关系，正如化学之于化学工程，心理学同精神医疗，成了一种科学理论与技术应用的关系，他甚至还说："艺术同我们现在称为'应用科学'的那些更加具有功能性的技术之间没有基本的和明显的差别。惟一的区别是：后者是科学首先接触到的领域，……"[3] 总之，他反对通过思辨去追寻美的终极原因，排斥对实际艺术和欣赏没有用的东西，"艺术就是一种应用美学"。当然，他也反对美学家对艺术家发号施令，强调美学家也应向艺术家学习。

综观门罗的哲学基础和科学美学，他的目标是远大的、积极的，在某种程度上揭示了美学研究的一般趋势和走向。但是，他的自然主义哲学基础是进化论。把生物的进化规律搬到人的审美活动中，这个基本的出发点是错误的。他混淆了人与生物的界限、审美经验与日常生活经验的界限。同时，他所强调的"联系实际"，无非也是

① 《美学与艺术批评杂志》，1961 年冬季号。
② 托马斯·门罗：《走向科学的美学》，中国文联出版公司，1984 年，第 394 页。
③ 同上书，第 394 页。

指联系人们的主观内省经验，为"现实服务"只能是为了个体更好地适应生存环境。他的科学美学实际上仍是一种中间立场。

第二节　门罗的实验论

1876 年，费希纳发表《美学导论》，促使了试验方法在普通心理学中的应用。他这种方法着重对审美趣味进行统计学方面的研究，尤其是在视觉形式、比例、颜色组合方面，统计大多数人的偏爱事实，然后得出结论。在试验中，用于判断对象的很少是完整的艺术品，一般是简单的几何图形、色点或色条的排列等。它的材料来自于被测人的行为反应和偏爱的外在表现。虽然他声称"自下而上"，但这种研究仍很抽象，没有解决具体的重大课题。

门罗认为，他自己的实验方法不同于费希纳的"自下而上"的方法，费希纳的方法应更准确地称之为心理测量美学。这种美学的研究方法只能说明简单的知觉现象，它不仅不能解释复杂的意志和情感现象，就连复杂的知觉现象也不能解释。试图"用精确的测量方法对美学进行研究，那是极为困难的，我们知道，单纯一件简单的知觉对象产生的效果，与这同一个对象处于更复杂的形式中产生的效果是大不相同的，两条并列的彩色线条或一个简单的弦音产生的效果，怎么能够与它们在一件作品中产生的效果同日而语？……此外，我们还应该记住：实验室的条件对于情感经验的自由和充分发挥并非总是有利的。还有另外一种困难：即这种实验要求人们在对某种客体或经验进行描述时，必须具有相当高超的语言表达技巧。"[1] 门罗否定了测量法，而改为描述法。"从广义上理解，美学研究中的实验态度，应该是那种尽量利用从各种可能的研究途径和方式中所得到的有关审美经验的本质的全部线索的态度，这就是说，要把一切可能得到的线索合并在一起，在此基础上，通过归纳和对假设的验证，提出一些初步的综合。"[2] 他呼吁要"不断地回到人们直接体验到的具体事实上面，不断地把它们当做新的东西观察，同时又注意那些容易被忽视的方面。……只有那种永远是尝试性的和不带成见的方法才称得上是实验的方法"。纯粹的观察态度只能客观描述事实，忠于个人感觉和内省经验，不能加入个人的评价褒贬，也不能从一种几乎不论自明的原理出发进行演绎。门罗所说的感受只能是一种自然感受，社会性没有突出地位。

门罗要求研究者要有科学的实验态度和科学的方法。他说："美学的科学方法绝不等同于对 X 光、比色图表、电表或其他

---

① 托马斯·门罗：《走向科学的美学》，中国文联出版公司，1984 年，第 75—76 页。
② 同上书，第 18 页。

任何特殊科学工具的使用；它也不同于绝对的逻辑证明或几何学所进行的一系列'必然性'的推理，也不同于数学测量的方法。"① 这些方法在大多数科学领域中是极其有用的，它们的发达程度也往往被看成是某种科学发展程度的主要标志。然而，"在研究复杂多变的现象（例如在生物学、心理学和社会科学中经常遇到的现象）时，这些方法往往就行不通。要使这方面的研究工作继续下去，就必须采用某些较为粗略的和近似的方法。"② 门罗把自然科学的基本思想方法概括为三个步骤：首先对具体的现象进行观察和比较，以发现它们之间的相似之处和不同之处。然后通过形成某些假设来解释它们的起因和反复出现的原因。最后再通过对具体事实的更加仔细的观察和实验来验证这些假设。他认为必须对这整个过程进行相当仔细和系统的思考，否则就不是"科学的"，他强调观察中应"永远是尝试性的和不带成见的"，他不主张把几何学中的形式逻辑简单地用于美学，也不主张把适合于研究简单现象的特殊实验方法用于美学。"美学要想取得进展，就必须对审美现象进行崭新的和深入的观察。而且要时时注意不要忽视那些特殊的现象"。门罗上述观点和主张对加强美学研究的科学性自然有很大益处，但这种

方法的具体步骤并不明确，他只提出一些概括性的要求。

门罗所主张的"实验态度"的另一种含义是："必须随时地和最充分地利用手头的材料（包括资料和假设两个方面）"，防止过分信赖资料的可靠性和客观性，过于匆忙地作出某种普遍有效的判断。因为科学研究者都认识到了自己作为人类一员是有着一定的局限性的，他们不过是通过带有局限性的结构的器官和组织进行观察和思维的，而且研究中所遵循的大多数原则都包含着许多偶然成分和有用的虚构成分。门罗认为，所谓"客观"标准也只是一种相对的和实用的标准。任何研究领域，包括美学，都可以根据新的经验对自己的理论进行系统的验证和修正。他提出美学研究应走一条中间道路：一方面，不能在一些无法达到精确程度的领域里过分持久地寻求精确的东西；另一方面，也不能完全依靠模糊不清的推测和感情来从事美学研究。而沿着这条中间道路，美学可以力争在现象的本质所允许的范围内尽可能系统地控制自己的观察和思维。

门罗进一步说明批评中的描述态度："每当批评家力图从整体上去清晰地观察某件艺术作品（通过自己对该作品可观察到的细微部分的反应来解释自己对该作品的

---

① 托马斯·门罗：《走向科学的美学》，中国文联出版公司，1984年，第5页。
② 同上书，第5页。

感情）时，那种对形式进行描述性研究的倾向便开始了。"① 这种态度是一种中间状态，处于以下两种极端态度之间：

第一种是随意欣赏和草率批评的态度。一般注意细节，即使注意到作品的整体，也是模模糊糊的。"换言之，仅仅是感觉到它，而不是观察它。"随后就产生了一种直接的情感反应，如喜欢它或者不喜欢它，根据这种反应，他总用"美的"、"丑的"之类的评价性词语来加以表达。事情于是到此为止，这时的判断于是成为最终的判断。注意力徘徊不定或者至多停留在一些零碎的和表面的现象上面。无法进入作品进行深入观察，得出可靠而较准确的结论。

第二种错误态度是企图对艺术作品进行严格的客观的描述，如同动物学家可能对蝴蝶所作的描述一样，总是抛开一切感情的术语，仅仅记录那些凡是具有正常感官的观赏者（或借助显微镜）都能观察到的事实，如蝴蝶的黄色等。实际上，在对艺术作品的批评分析中，不可能仅仅只有对事实的忠实描述，还包括情感的反应，甚至包括联想，而且这些反应和联想是与客体中的那些可观察到的特征是联系在一起的。

门罗反对把美学变成心理学，因为这按他的科学美学的主张再往前走一步便可

以了，不过他认为这是行不通的。首先，是没有足够的专门的心理学术语；其次，是会因此而对审美经验的特征抱错误的看法，或者把它看成是主体向艺术作品的一种投射，或者是把它看做是感觉到的艺术品本身所固有的某种性质。而且观照是忘我的，"假如批评家把自己的注意力过多地转移到自己的情感反应方面，这些情感反应很可能会立即停止，因为它们会被自我意识所窒息"。还有一个原因：艺术作品的结构是决定反应的本质的两种主要因素之一，起作用的还有观赏者的个性。可行的道路是：美学家有必要观察和描述各种艺术形式，但是描述时不完全脱离对这些形式的反应，而是把这些形式本身当做明确的刺激物，描述的实验方法是："首先以那些用批评术语标示出来的情感性质或'第三性质'作为描述的起点，然后逐渐清楚地识别出刺激物中究竟是哪些东西决定了这种'第三性质'。"② 门罗进一步指出，在某种意义上我们不可能把一件艺术作品的美的性质或其他任何知觉性质与情感性质区分开来。因为这些经验是一个不可分割的整体。这个整体是不可分析的。当然，这并不意味着对美的形式进行的一切分析都是不可能的。批评中重要的不是分析情感本身，而是分析产生情感的复杂刺激物。

---

① 托马斯·门罗：《走向科学的美学》，中国文联出版公司，1984年，第25页。
② 同上书，第26页。

他认为可以通过对产生情感的先决条件的发现，而达到对情感的部分解释。总之，批评中的描述态度强调的是：在试图对作品的价值进行评价之前，先要弄清楚在某种特定情况下作品及与作品有关的事实真相，而不能匆促地作出结论。

批评中重要的是要对作品形成有机性的知觉。作品作为统一体是一种复杂形式，对这种复杂形式的有机性知觉"不是一种被动的、梦幻般的静观，也不是把其中混杂在一起的特征一个接一个地辨识出来，而是对艺术作品的细节部分进行积极的、有选择的审视和组合。"门罗认为，在审视和组合中要交替采用分析和综合的方法，即完成一个过程：先把感觉到的复杂形式分解成一个一个的部分，然后再把这些部分组织成一个有机的整体。门罗认为"形式"一词除了人们平常使用的几种狭隘意义外，还有更广泛的含义，它又是指艺术作品任意一种组织材料的独特方式。它不是某种可以分离出来的构架，而是一种对题材和材料的独特"处理模式"。在音乐和诗歌中，仅识别出某种传统式样还不够、还必须识别和指出其独特之处。在绘画和雕塑中，"形式"一词有时局限于线条或体块的形状和式样，但广义上，它还包括线条、明暗、颜色和空间，甚至还包括它们的再现效果和表现效果——对观赏者产生的某种单独的总体效果。为了清楚地知觉起见，有必要在一定程度上识别出形式整体中的某种主要组合成分，这些主要组合成分是指某些感性材料（如单独的音乐、颜色、线条、体块、语音等），还指在某种构图（如十四行诗、建筑物的正面或奏鸣曲）中作为配合要素的材料；也指再现的自然景物及表达的思想和情感（如树木、房屋、阳光灿烂的景色；宗教道德或戏剧性的情趣；欢乐或悲伤的情绪等）。

要想发展一种灵活的和敏感的观察能力，唯一的途径是接触大量自己所不熟悉的形式，并形成一种"可塑性的和毫无成见"的态度及观察事物的形式。在对文学作品的欣赏中、作品的形式必须从它对表现材料的组织方式中寻找，而把各种联想的观念和意象有秩序地组织起来的方式是各不相同的。这时所应采取的合理态度就不是忽视所有表现性要素，而是尽量避免陷入一连串个人联想，我们要尽量把握艺术家所希望产生的联想和意象，而不是漂浮于白日梦中或陷入对一般理论和价值的思索之中。如果作品中似乎存在一种确定的模式，观赏者就应该设法用把那些明显的和反复出现的主题分离出来的方式对其进行分析。但是，具有明确特征的模式往往是找不到的，在印象派画中，这种模式可能是某些特殊的、彩虹般的光和色；在文学中，它可能是某种不可捉摸的情调；在音乐中，它可能是指某种被模糊地称为"音乐色彩"或是"气氛"的东西。要发展敏感的观察力，还必须打破固定的知觉习惯和喜好，作品是无限多样的，按习惯方式去理解和解释一切作品形式，肯定会陷入混乱。

观察也可以是实验性的。一是要保持高度的注意力，同时必须不断变化注意的方向；不能过分地固定于某一个方面或某一个主题上面，而是要由此及彼，"就好像在浓雾弥漫的大街上行走一样"，最理想的观察顺序是：首先运用一种不加选择的一般方式对客体进行观察，不能专注凝神于某种特殊的部分，也不要回想别人对作品曾经做过的评论，要远观一幅画，无目的地聆听一首诗或一首乐曲。为的是使客体尽可能地以一种随便和自然的形式给观察者留下印象。

在经过这种直接的感性观察之后，回过头来再对客体进行研究，找出其主要构成部分、主题和特殊性质，并且把这些部分看成一个整体，不要过多地注意那些次要的细节。经过这样的处理后，这些整体就可以被依次地解析为各个部分。在最后或反复出现的间隙进行一般的综合性观察，力求获得一种更加有机的知觉，以取代最初得到的那些模糊不清的和表面的印象。门罗还提醒人们，"在无意识的情况下，人们的神经机制可能会在观察的同时不断地对意象进行组织"。要分清作品的有意识的非连续性和无意识的非连续性，并注意作品的全部非连续性，从而在更大范围内把握作品的结构。

在形成有机性知觉之后，门罗认为仍不能过分急于寻找确切的词语来表达自己的感情经验，因为这种尝试会窒息和歪曲其他类型的反应，最好的办法是首先取得全面的经验，经过一段适当的时间再谈论和描述这些经验。当然这段时间不可太长，否则经验会变得模糊，而应在开始产生反应时就立刻进行谈话和描述，以便取得一种自然的表达。在这种活动中，感官的反应所造成的回响能够使潜藏的记忆和习惯活跃起来，能够把先天和后天的倾向调动起来，促成联想并给予恰当的词语表达。当然不能把这种经验及其描述作为习惯固定下来，不能把它当做最后判断，否则批评会变得千篇一律和陈腐起来。人们也可以把另一个批评家对同一对象的评判作为自己的假设，并依此作判断。对于判断得出的作品性质，人们可能不得不用带有感情色彩的词汇来描述它们。但是，要努力做到清楚地识别引起这些特殊的情感效果的有力因素，从而更加具体地识别和描述这种情感及引起这种情感的形式中的因素。这样人们便不会再用"美好的"、"讨厌的"之类的一般性词语，而改用"雅致的"、"灿烂夺目的"等词语了。这样一来，人们就可以把各种主题和因素区分开来。从某种意义上讲，这种尝试性的批评可以看成是对自己体验艺术品过程的自传性叙述，尽管此中仍然会有个人对客体的情感反应和看法，但它将逐渐变成对客体的一种独特见解。这种批评中作品是常见常新的。

门罗还强调了对形式和媒介进行比较的重要性。一种有分量的论述是指出作品的独特性质。我们不可能同时比较许多对象，他认为可以每次先比较二至三种对象，然后再继续增加两三种。比较不能受教条主义提出的"适当的目的和限度"的束缚。在经过许多比较之后，艺术批评中就会形成无数种不同类型的概念或反复出现的形式性质。例如"怪诞的"、"温文尔雅的"等。这类术语不仅是抽象的，它又指某种复合的意象。这种一般的术语是可用的，人们理解这些术语，但是美学与艺术批评之间存在很大区别，这要求美学对形式分类采取不同态度，它应通过实验和归纳来确定自己的分类，还应认识更多的类型，并且不能急于给各种类型立限和把它们排列。美学中的比较就是要寻找各种艺术之间的共同倾向和不同倾向。按照这种方法，人们可以归纳出某种艺术流派、时代和民族风格。

"语言的含糊不清，是澄清理论讨论的一大障碍。"[1] 因此有必要给词语重新下定义。所谓重新给词语下定义，也就是将某个词的几种模糊含义分离，然后用别的词语来标示出各种含义。这样做是为了使研究更加科学化和明确化，剔除含糊不清的语义障碍。不同的人用同一个词时意思不尽相同，同一个人在不同的情况下也会使某个词的意义有所改变。如人们每论一幅画的"美"或"丑"时，就容易产生混乱的结果。因为这两个概念本身含义就模糊。也许两个人都认为这幅画是"丑的"，但其中一个理解为"令人反感的"，另一个却理解为"怪诞的"（并不令人反感）。这种情况还表现在人们对同一对象有相同感受的情况下会使用不同的词语。实际生活中人们往往按照个人情绪确定某种"词一义"关系，而他认为确定这关系是唯一正确的，但在科学严格的意义上，一个词可以有多个定义，有必要对它们重新进行分解。在进行艺术批评时人们不应争论某个词究竟具有一种什么含义，而应设法发现它被用来表示哪几种概念，以及它表示的人们对各种艺术的态度和反应。对于每一个重要的批评用语，都应该列出它在其他语言中大致的同义词，以及它们的主要含义和实际用法，列出这个词所标示的各种对象以及与这个词有关的理论，还应该列出这个词的反义词，有时甚至可以造出崭新的词语。门罗认为，目前美学中需要一些更加狭义的和极其精确的词语，而并不缺少广义的和综合的词语，也不缺少模糊而具有诗意的词语。人们往往错误地把词语看做是事实本身，夸大它们概念的同一性而忽视它们之间的差别。那些具

---

① 托马斯·门罗：《走向科学的美学》，中国文联出版公司，1984年，第48页。

有哲学头脑的人倾向于夸大概念的顺序和等级的作用，而不去弄清各个词语的明确含义。

在谈到艺术史时，门罗指出了一种错误倾向，即专门家对具体实例的研究强调的不是这些实例的形式，而是其他方面，而且许多人把注意力集中在那些与审美性质没有直接关系的细小事实上面，如视觉艺术中的"归属"问题——哪些作品是作者的真迹，而哪些不是等，艺术史的大多数著作仅仅涉及作者的姓名、年代、个人经历等琐碎事实，而对艺术品本身性质只附带加以简要说明和评论。在实践中，艺术史所提供的大量事实常常成为学者与他研究的客体的可直接观察的性质之间的屏障。门罗主张艺术史必须建立在对艺术作品进行大量的直接分析和研究总的形式类型的基础之上，一味强调环境与艺术相互影响不利于形式分析，可以肯定，"艺术总是反映它所处的时代"，但一旦注重形式的差别，人们便可看出环境对艺术的影响不再显得那么突出和明确了。

门罗主张分析时使用问题调查表，但他要求防止两种倾向：一是通过口头或书面方式告诉初学者应该从艺术品中去寻找什么，应该运用哪些词语去表达他所找的东西。这种方法容易破坏他的独立思考力，养成人云亦云的习惯。另一种倾向是一种怀疑主义的态度，对一切教育方法的价值都表示怀疑。没有必要放弃教育，教育传授的是那些经过验证的组织个体行为的一般方式，而不是传授那些比较特殊的个人喜好，不是为了传授某些固定的技能或使人变得顺从。

门罗就美学现状提出，要对不同个人的艺术经验进行系统的比较，弄清人们在审美反应和批评性评价方面的一致看法和不同看法。要本着纯粹描述的精神和不能把自己的意见或行动方式强加于人的态度来进行这类比较。这种比较的可行性在于：人们进行情感反应的神经机制和腺体机制有相似之处，多样性并非绝对，而且表达用语是属于同一种语言。即使对审美经验难以做客观的研究和比较，但对简单的知觉反应是可以进行比较的。门罗还认为对此类工作应有另一个补充，即对过去和现代的作家关于同一作品、同一艺术家和同一学派的评论进行比较和研究。最后门罗要求从这些研究中得出的启示回到实践中去，不应把它们仅仅记录在书本上或存在档案里。要形成一种观察、假设、比较、再观察、再修改的循环往复、无穷无尽的合作活动。

总之，门罗的"实验美学"强调联系美学问题对悬体艺术作品进行大量的直接的研究，强调运用一般的比较达到协调，同时又专注于某些特殊的对象以及由这些对象对欣赏者产生的特殊批评效果的批评，强调积极收集和记录种种不同类型的观赏者所得到的新的审美经验领域。观察是描述性的，批评是尝试性的。这种研究方法与以往大多数艺术批评家、历史学家以及艺术鉴赏家们的研究大不相同，首先，它的著作不是用第二手材料写成的，例如利用非直接经验的教科书、照片或幻灯片等；其次，它重视对音乐、绘画、文学各种艺术的比较，而这是所有实验科学的关键。自然，重视直接经验并不等于怀疑理论上的假设，"对过去的一切美学理论持怀疑态度是明智的，但是，如果利用它们给我们作出的种种暗示，同样也是明智的"。实验美学的一项重要任务是利用过去的思辨理论，并把它们当做一项有待验证和发展的暗示。它们中当然会有许多过时的、错误的和毫无联系的成分，但也存在着一些合理的东西，如柏拉图认为音乐可以影响人的性格，亚里士多德的悲剧净化说等。科学需要验证，但对验证或证明的含义，门罗认为没必要固守它的确切含义，而应采取一种更加灵活的概念。他说："我们不能指望通过运用具体实例来证明审美理论是一定正确的或一定错误的，但在运用具体实例的方法和纯论证的方法之间却有一条中间道路"，这条道路便是他的科学美学。门罗声称，实验美学建立的意义，"其重要程度无论怎样估计都不过分"。任何一种理论，如果不是为了指导实践，就不能算是可靠的理论。美学来自于直接的感性经验，最终回到"实践"之中去。

门罗的科学美学尽管一再强调客观的描述，不带成见的观察，但实际这是不可能做到的，这一点连他自己也承认。这套原则和方法只是使传统的思辨美学研究向科学美学有一些靠近，而不可能真正达到科学化的要求。任何人都生活在具体的社会时代中，保持纯粹的观察态度的人是没有的。连观察对象的选择都带有主观性，何况观察过程中所获得的感受呢？在某种意义上说，门罗的科学美学是一种空想，它建立在一种假设的基础上，这种假设就是：存在着一种不受社会性制约的自然感受，人并且能精确地描述这种感受。人的自然能力也是受社会性制约的，而不是纯粹自然的。任何人通过内在心理机制获得的感受和经验都是一种历史的具体的存在，它总是与它所由以产生的文化相渗透和相融合的。门罗提出这套自然科学式的"实验方法"所做的努力是可贵的，但实际上难以做到。从根本的意义上讲，对审美进行自然主义的研究是行不通的。

第三节　自然主义的美的概念

门罗的美学范畴并不仅仅局限于"美"，而是涉及更广泛的审美经验领域。他说："在整个美学中，美的概念已不再占据中心和显要地位……即使人们偶然提到

'美'这个字眼，也常常带有嘲讽的味道。"① "美这个词已经不时兴了，并且为老练的批评家们所摒弃，这不仅是因为'美'这个词会造成理论上的困难，而且还因为它使人联想到那些多愁善感的艺术爱好者们所具有的天真和狂热的激情。"② 但他不主张彻底抛弃"美"这个范畴，他认为"美"应成为众多审美对象中的一种，"美"的概念现在仍然是值得研究的，这不仅是因为许多重要的问题和概念都直接与它有联系，而且还因为它是被用来检验所有其他批评性用语和所有表达审美价值或非审美价值或表达感情态度用语的概念。依照门罗自然主义的观点，美是由人们所有的情感和所受的教育与客体性质双方决定的，而客观主义和主观主义都各自抓住了美的一个方面。他认为，"美"一方面取决于一种审美态度，另一方面取决于艺术品或事物本身的结构形态。这二者相辅相成，互为表里，构成了美的本质。"一般说来，美和快乐既需要有适当的外界客体，又需要有能够欣赏这些客体的头脑。美的经验固然是一种心理的和情感的经验，但这不意味美就不需要外部的可见形式了。"③ 他把美比做食品的营养性质，营养存在于食品的有营养效力的性质和某些有机体的需要二者之间的关系中；美也一样，

"只有有了审美需要，审美对象的某些特征才具有了潜在的美或感召美的基因，从而产生美的经验"。门罗认为传统的美学对美所作的全部讨论，都充满了教条主义的断言和评价，自然主义美学对于为"美"下一个定义的事根本不感兴趣，而且也觉得没有必要，它所唯一关心的就是以一种不带成见的兴趣去了解和艺术与审美有关的事实，并把评价建立在这种验证的知识的基础之上。

门罗对各派美学理论中"美"的概念都作了评价。经验主义认为"美"是某一特定的事物或性质，它可以是客观的，也可以是主观的，可以是自然的，也可以是超自然的。总之，美就是而且只能是一种事物或性质。这种观点之所以错误，是因为这意味着，"美"的概念具有表明事物本质的含义，甚至它标示着的是某种独特和永恒的本质，而这本质是美学家发现和识别出来的。现代语义学认为词语是人创造的东西，是人们进行思维、观察、联络和理智活动时使用的工具。因其是工具，所以人们完全可以为了方便起见对它们进行更改或重新定义。这样关于"什么是美"的回答就成了"美是指那些曾经运用过'美'这一名称的许多不同的事物，对这些事物，人们至今尚未透彻地理解"。

① 托马斯·门罗：《走向科学的美学》，中国文联出版公司，1984年，第398页。
② 同上书，第398页。
③ 同上书，第421页。

这种定义也同样解决不了什么问题。托马斯主义认为美是"一种获得知识时的快乐",进而新柏拉图主义认为美是"神授的美在万物中的反射",是"一种神的属性"。这种观点看起来是客观主义的,把美看成是独立于人的趣味的东西,是同自然主义的经验主义相对立的,然而在具体应用时往往导致一些连自然主义者也可能同意的判断。M. 乔德埃坚持"美的客观性",认为美是一种永恒的和自足的客体,并且有自己的价值。H. 奥斯邦则坚持认为美学是"批评哲学的一个分支",它的目的"在于理解那些涉及美的概念的判断所具有的含义"。桑塔耶那有可能是被乔德埃和奥斯邦认为主观主义的,他认为"美是一种愉快,这种愉快被人们看成是一个事物的性质"。杜威认为,"美是思维对一种物质的完美的活动的反应,这种物质通过自己内在的联系结合成为一种独特性质的整体"。他又指出,美"意指一种典型的情感"。门罗认为,无论是极端的主观主义观点,还是极端的客观主义观点,都不能得出那种通用的、常识性的美的概念。这一概念似乎是介于这两个极端之间。他试图在二者之间寻找一条中间道路,即认为美产生于观赏者和外界客体之间的关系中,尽管这种学说像他所说的会被客观主义者看成是伪装的主观主义理论。门罗指出,客观主义的弱点在于它只是依赖于一种形而上学的理论,这种理论

的基础已被削弱,因为他背离了现代科学和学术活动中的主要经验主义潮流;主观主义的弱点在于它无视那些刺激和导致审美经验的客体,特别是艺术作品。门罗认为可以成功地吸收两种学说之长处,使自己的学说加强科学性和广泛性。

关于审美经验的本质,门罗按照自然主义的观点对之进行了较为充分的阐述。首先是审美态度,他认为这是一种复合的多样性的结构,它可能包括全部意识功能,任何一种或全部的感性知觉方式,还包括想象、推理、意动和情感。这种态度"如果以一种更简单的形式表现出来,便是感受食物和香水等作用于较低级的感官的刺激物时的态度"。它不同于实用的态度,很少有关于未来的行动计划,也很少把有效的手段运用于目的;它也不同于纯科学和哲学中的调查研究态度,它很少努力或根本就不去努力运用某种独创的方式解决理论和理智问题。总之,它对外界刺激物中的线索持一种"顺从"的态度,它的注意力大都集中在某种诉诸感性知觉的外部客体上。它甚至于同艺术的态度也有区别,因为后者的一部分是实用的,为了创造艺术作品,作家必须积极主动地运用媒介和手段。

通过审美观照取得的审美经验未必是令人满意的或令人愉悦的,尽管审美经验常常具有此类特征。门罗指出,在对艺术和其他客体作审美观照时,人们有时也会

感到厌倦、恼怒、不安或失望。审美经验中一种常见的和重要的机制和过程是投射。投射是一种把主体的感觉和情感反应转移到它们所针对的外部刺激物上，并把它们感受为（或看做）这一外部刺激物的属性或性质的机制和过程。这在其他美学著作中又叫做移情。洛克曾试图把这些性质区分为"第一性质"和"第二性质"。鲍桑葵和桑塔耶那在上述区分的基础上，找出了"第三性质"，并且把它们说成是情感性质而不是感性性质。如火光的红色是火光的"第二性质"，而那使人振奋的性质便是第三性质。门罗解释说，这种情感性质中的"感情"必须被理解为包括被投射在事物上面的意动或情绪，或许还包括概念性的反应。

门罗认为这种投射不仅仅发生在审美经验中，它也可能发生在其他任何状态中。一个战士可能觉得他的敌人是危险的和可憎的，因此要设法消灭敌人；一个情人可能觉得他的心上人是美丽的、合意的，因此要设法赢得她的欢心。因此推断，美的经验并不等于审美经验。上面所列的两种美的经验不是审美经验，进行某些实际的或理性的活动时得到的美的经验也不是审美经验。"只有用一种不受干扰、轻松悠闲的心情去欣赏艺术的美时，才最能称得上是一种审美态度"，才能获得审美经验。门罗认为，审美体验有助于加强人们对事物感性性质和形式的注意，同时有助加强对这些性质和形式的"意动"——情感反应。

关于审美经验的主观方面和客观方面，门罗仍把它们比做一种生理过程的营养作用和我们所说过的食品的营养性质，两类区别是相似的。营养性质并非完全和独立地存在于"食品之中"的性质，而是由于食品对人的肌体的滋补作用而被人们赋予食品的。同时营养性质又不是独立地存在于肌体内的一种纯主观的东西。它是在食品和肌体的相互作用中观察到的抽象的效力和倾向。营养性质还会因人、因环境而异；对不同的人有不同的营养要求，对同一个人也因健康状况的不同而不能一成不变。同理，审美经验也存在于人们主观方面的审美需要与客观形式特性之间的关系中，它不等于其中的任何一个方面。

门罗指出，传统中理解和界定美的两种主要方法，一是强调主观，一是强调客观。但从形而上学或认识论的意义上讲，这两种类型的性质都不是纯客观的，因为二者都是人类经验的某些方面。"从这种广泛的意义上讲，它们是主观的或者是在主观经验范围之内的现象。……但是，在人类经验的总范围内，人们都一致认为，某些现象在各个方面看来要比另外一现象更主观一些。对那些与梦幻、思想、感情和情绪等内在情感生活有关的现象，是不能从外界直接观察到的，它们与人们的外部行为和表情相比，也被看成是更为主观的东西。"① 这里，门罗否定了客观实在的存在，认为主观和客观的区分只是人类经验内部的区分。这是典型的实用主义哲学理论。

门罗认为，决定审美经验及其价值的因素有三组：客体（简称 O）的性质，主体或观赏者（简称 S）的性质和环境（简称 C）的性质。O 包括从客体中直接观察和理解到的一切性质，包括客体表现或暗示出来的性质，包括文化方面的含义以及它们在空间、时间、因果和其他组织模式中的形式排列。它不包括主体感受到的并被归结到客体上面的情感性质或评价性质（例如美），然而它可以包括第三性质暗示出来的一切确定含义。S 包括观赏者所具有的那些稳定的、永久的或变化缓慢的特征，如性别、体质、智力、个性结构、成熟阶段、特殊资质和所受的教育等；同时还包括那些暂时的和变化迅速的特征，如心境、兴趣和当时的活动等。C 包括主客体相互作用所处的环境，如客体被观看和聆听时的自然环境；周围有什么人，有什么知觉刺激物等；还包括一般的自然和文化背景，包括目前崇尚的风格和人们的趣味。环境对审美产生作用的途径有三条：①是部分地通过主体或观赏者而起作用，主体的个性、趣味和能力是在自然环境和文化环境的影响下产生的；②产生审美反应时主体所处的直接环境影响他的情绪和态度；③环境作为艺术作品的背景影响知觉。门罗指出，上述三种因素的相互作用在某一特定的情况下会产生一种特殊的反应或经验。这一过程可以用公式 OSC→R 来表示。根据这个公式，在对 O、S 和 C 有一定了解的情况下，便可以从理论上预测结果即特殊经验。需要强调的是，过去的美学认为在欣赏某种艺术时只能获得一种 R，而按照现代人的趣味，却应该有多种多样的 R。

关于美，门罗也强调其多样性。人们不能把传统美的含义中的某一种含义，或者想象出来的任何其他含义当做是"美"的唯一真正和正确的含义；也不能断言某一种体验美的方式是唯一正确的或较高级的；人们也不能先验地假设，审美经验比实用性的经验更好一些；也不能认为凡是高度统一和宁静的审美经验就一定更好。总之，解决争议的最好办法不是给"美"下定义，而是别的方法。

美作为价值标准，门罗认为，只有在应用其基本定义时，完全不附带评价的意图，而只是指出或描述某种经验，或者，仅仅指出能够引起这种经验的某种客体时，才能成为一种价值标准，一种艺术的目的或生活的理想。门罗反对在给美下定义时，

① 托马斯·门罗：《走向科学的美学》，中国文联出版公司，1984 年，第 426 页。

简单地从广泛的评价性意义上给"美"定义，使它等同于全部的审美价值，然后再断言美"存在于"这种或那种经验或艺术的某一特殊性质之中的教条主义做法。

综观门罗关于美和审美经验的主张，可以看出，他是试图站在主观和客观之间的中间立场上找出一条解决美学争议，并概括一切美学长处的道路，这条道路便是他的所谓科学的自然主义美学。他把"美"比做食物的营养，这是进化论和自然主义的推导。他认为客观最终也会统一于主观，而不是指主体实践与客观现实相互作用的统一。他的所谓主体是指人的感情、意识、意志等内在要素的综合；所谓客体是指客观自然，而这种客观自然也以人意识到的现象为限。这与马克思主义实践理论有根本不同，马克思主义实践论认为主体是一种经由主体的社会实践形成的合乎客观规律性的文化心理结构；所谓外部事物是指"人化的自然"，即积淀着人类一定的社会历史内容的自然，是合规律和合目的的统一。门罗的美的主张是折中主义的，它不能从根本上解决美的本质问题。

第四节　门罗关于美学研究范围的设想

门罗说："美学作为一门经验科学，它的经验领域主要由下面两组现象组成，一组包括艺术品（绘画、诗歌、舞蹈、建筑、交响乐等）或其他类型的产品的形式或作品；另一组包括与艺术作品有关的人类活动，如：外在的和内在的行为和经验方式、技巧、对刺激的反应、创造、生产和表演艺术的活动，还有领会、鉴赏、使用、欣赏、评价、管理、教学诸如此类的活动。第一组现象，即艺术作品的形式，属于审美形态学研究的范围；第二组现象则属于审美心理学的研究范围。当然还要求助于社会学、人类学和其他社会科学。"[①] 他进一步指出："审美形态学是根据艺术作品的形式类型或构成方式来对我们发现的东西分类；审美心理学则根据人类活动的类型，以及从事这些活动的个人或团体的类型进行分类；而旨在研究艺术的价值或无价值的审美价值学则倾向于把注意力集中在上述两个领域之间，时而涉及艺术作品，时而涉及艺术作品对人类产生的不同影响。"[②] 门罗自信地声称，他的这个大体的分类设想可以解决在传统美学中无法解决的问题。

审美形态学是用科学的方法对艺术进行分析、描述和分类的尝试性研究。"形态学"一词，专门指对艺术作品可观察到的形式的研究。"从排列方式来讲，'形式'包括物体和事件的物理和化学结构，即由

---

① 托马斯·门罗：《走向科学的美学》，中国文联出版公司，1984年，第273页。
② 同上书，第274页。

原子和分子构成的结构；同时还包括物体和事件的外部方面和表象，即知觉到的和想象到的表象。"门罗认为，艺术形态与自然、生物形态有类似之处。他从生物学中借来了"形态学"这一概念，又扩大了这个概念。生物"形态学"主要指对植物或动物结构的研究，是研究有机体之结构形态的科学，而审美形态学除此之外，还要研究部分与部分以及部分与整体之间的积极的和机能性的关系，研究整体形态刺激人们知觉和理解时的作用。

门罗认为审美形态学的一项重要任务是按照下述方法区分这些不同形式：(1)按照它们的要素、细节、组成部分、材料、概念或其他有关成分进行区分；(2)按照这些要素之间互相联系的方式——它们互相结合的暂时或永久的结构——进行区分。审美形态学虽然主要描写艺术领域中形式的本质和变化，有时也可扩展到描写起源于人类和自然的其他物体形式的本质和变化，只要这些物体是用于引起审美经验的刺激物。这门科学并不是一门研究艺术在社会中多样而广泛的全部功能的学科，它可能注意艺术作品的心理和文化背景，但并不对后者进行详细的分析。

审美形态学的主要困难来自于艺术品形式的复杂性、微妙性和多样式，还来自于艺术研究过分专门化造成的术语的模糊。其所要达到的目的主要是知识方面的和科学方面的，并非旨在提高人们的艺术鉴赏力或艺术创造力，也不是为了给传统的艺术制定几个诸如史诗、抒情诗、赋格曲、奏鸣曲、教堂建筑这样的抽象定义，也不是按照这样的一些标题来对特定的艺术作品进行分类。审美形态学与动物、植物及分子形态学的区别在于它更注重单个的形式——每一件艺术作品。门罗认为，在人们对形式和风格产生一般理解的同时又能提高人们认识和理解某一特定作品之独特本质的技能将是最理想的。他比较说，美学目前所处的时期如同18世纪初生物学所处的时期，那时里若斯还没有提出运用标本来分析植物的形式和建立分类的体系。在科学的方法出现之前，人们对标本的概念以及它们的相互关系的认识是模糊的和不连续的，并且充满了世代流传的神话和传说。现在艺术形式的讨论也是同样的情况。门罗认为，审美形态学的出现，是让学者或批评家的注意力回到他面前的具体物体上来，并推倒拦在他和自己的作品之间的由联想的概念和争论构成的屏障，"清新透彻"地观照或聆听艺术作品的本来状态。

从门罗关于审美形态学的提出及其任务也可以看出他的生物自然主义的倾向。

门罗对审美形式进行了概括性的论述，包括构成成分、传达方式、艺术的构成方式等几个方面。

先谈传达方式。门罗认为艺术传达的方式有两种：表露和暗示。艺术作品包含着某些刺激物，既可以刺激产生感性经验，也可以通过刺激产生回忆和联想。他举例说，绘画既可以刺激人们的视觉经验，如线条形状、色彩、明亮和暗淡等，从而将视觉形象直接呈现在人们面前，但它还能向有经验和受过教育的人暗示出其他形象和概念。这样，一幅画便可以分成某些表露性的因素和某些暗示性的因素。因而可以说表露和暗示是把艺术作品传送给观赏者的知觉器官的两种传达方式。在审美过程中，表露的因素相对容易验证，人们容易取得一致意见。至于暗示性因素，人们就容易在它们究竟意味着什么或表达了什么的含义上有较多的分歧。暗示的方式多种多样，可以是模仿或模拟的，也可以是象征的。此外还可以借助人们的经常性体验使某种视觉特征具有暗示性的力量。同一种艺术品往往同时使用两种或更多种上述的暗示方式。门罗根据艺术作品通常所用的方式，把艺术作品乃至艺术分为两类：一类是在表象方面专门化的，另一类是多样化的（混合的或多种结合的）。前者如绘画、雕塑和音乐，后者如歌剧、戏剧等。门罗认为，作为审美形式作用于某一低级感官的东西产生的愉快和价值不一定就低，如香水和烹调；这种刺激物有时还可能适合于一种复杂、作用于高级感官的形式，如烧香用于宗教仪式。

再谈艺术的构成成分。一件艺术品一般可以同时通过不同的方式进行组织，如同某种动物的生理构造可以被描述为神经系统的、血液循环系统的等组织方式一样。但描述艺术品的结构的方式之一，是描述它们的时空维度。各种艺术在这方面有明显的区分。油画在空间上是二度平面，但它可以暗示三度空间的内容；它在时间上是静止的，但它可以暗示出运动和顺序。音乐的呈现形式是运动的，并且按时间顺序发展。艺术作品的复杂程度，部分取决于它在各个维度内的确切发展程度，一种或几种维度上的复杂性是由各部分之间的互相区别和结合构成的，它不同于石质锥体的简单一致，也不同于废墟的毫无顺序的多重性。让艺术品呈现形象和暗示形象互相联系起来的另一种方法是因果组织法。文学作品常用这种方法，如故事中一个人物行动对另一行动的影响。这种方法在戏剧、电影中得到了高度的发展。

还有艺术的构成方式。艺术的构成方法一般有四种主要构成方式：功利性的，再现性的，解释性的，主题的。这四种构成方式在各门艺术中都有所应用，尽管在不同的阶段应用的程度不同。一件单纯的艺术品可能使用全部四种方式，许多艺术作品同时使用两种以上的方式。（1）功利性的构成方式，就是在安排艺术作品的细节时，尽量考虑到让它们服务于一些积极的目标或用途。（2）再现性的构成方式，是指在安排艺术细节时能够暗示人们想象出空间中的一个或一组具体的物体、人或场面。这种方式能在受过训练的和依存的观察者头脑中唤起特定的、具体的幻象。例如音乐即通过一系列声音的模仿，达到对一场战斗或一场马车比赛的再现。（3）解释性的构成方式是指在安排艺术细节时，能够说明一般的关系（例如因果的或逻辑的关系）、抽象的意义、普遍的性质、普通的或基本的原理。这种方式在文学中较视觉艺术中更为发达。（4）主题的或装饰性的构图，其目的在于或者说它明显适合于刺激观赏者的知觉经验，尤其是通过视觉的或听觉的本质和排列来达到这样的效果——构成美的形式。这种构图发展到一定程度时便被称为图案。大多数艺术品采用几种方式来构成，如哥特式教堂就是运用了这全部四种方式，它既有功利性的基础，又有对形体和表面的主调处理，它的雕刻和彩色玻璃中的再现性因素以及它的神学和道德的象征。门罗还指出，在人类早期社会，没有美术与应用艺术的区别，对美的和功用的、审美的和实际的、装饰性的和功利性的或有意义的等方面的明显区分，基本上是一种现代倾向。

关于审美心理学，门罗认为这是研究与艺术有关的人类心理活动的学科。它把艺术作品放在人类行为的范围内，弄清艺术家的创作心理动因，理解欣赏活动的整个过程和创造、欣赏活动与艺术之外的其他人类经验的关系，以及它们与人类机体结构的关系。审美心理学通常不从艺术形

式中，而是从与艺术形式有关的经验中寻找那些反复出现的现象和类型，从各种各样的不同关系中寻找相似的心理反应。它要求注意人们面对形式不同的艺术品或其他刺激物时所产生的相似的心理感受，以及不同的人面对同一件艺术品时产生的不同感受，还要注意同一个人在不同的时间产生的不同反应。有时审美心理学还需要追溯产生各种美学现象的人类机体方面的原因，它把人们的不同反应归结为人们在体质、性格、特殊训练和环境等方面存在着的差别。审美心理学要尽可能使用心理学概念，但不能依赖于这些概念，而应把它们当做自己研究的启示，随时准备重新给它们下定义。普通心理学迄今为止还没有详细而深入地研究那些较为深奥的情感和想象现象，因此美学不能从那里了解许多有关这些现象的解释。相反，美学可能会为心理学的发展提供许多有价值的资料。

门罗考察了现代心理学理论对美学研究的启示和影响。他认为，在美学中，对于实验心理学中精确的测量方法的使用，不管走得多远，都是可以的，但不能对此寄予过高的期望，而且必须以其他方法作为补充。人们可以把各种内分泌素同各种情态状况联系起来，但要对审美情况的化学状况进行描述可就太困难了。他认为，格式塔心理学以强调人类行为的整体统一性为宗旨的方式是研究美学的一种极有希望的方式。运用"结构"和"重新结合"

的概念可以清楚地了解某些审美反应的复杂性质。他对遗传心理学给予了很高评价，因为这种学说证明了艺术起源于原始的机体功能，并随同人类其他行为一起延续下来的假说。他认为心理学中把理智活动看做是受机体冲动驱使的活动的理论可以导致实用主义的学说，因为这种说法意味着推理能力是一种调和各种冲动之间的冲突的能力，而理智活动就是对可能采取的各种行动所产生后果的预测活动。这使得实用主义显示出了合理性：科学和哲学的思想不仅从一开头就是实用的，而且应该自觉地致力于实际目的。门罗承认自己就是尝试把这种思想引入美学领域的。对于精神分析学，门罗认为，弗洛伊德、荣格、阿德勒等人用科学的方法观察和描述了幻觉、意象、象征、梦幻等审美过程中的现象，并为解释这些现象发生的原因提出了"压抑冲动"、"里比多"、"自卑情结"等合理的理论是可取的、大胆的。但这种心理学说在视觉艺术和音乐艺术中的应用远不如在文学中那么妥当和普遍，而且有时是矫揉造作的。由于精神分析过分强调精神现象中的一些变态形式，限制了它在美学领域中的广泛运用。对于行为主义心理学，门罗认为他们否定内省法是过分了。内省法有其存在价值；同时肯定其建设性的观点，如他们强调人们外部行为的重要性，不相信人们的自我表述等，并指出了持这种学说的心理学家们所忘记了的一点：语言本身即一种行为方式。门罗还肯定了人类学研究的影响，它通过说明艺术价值标准在历史上的变化以及艺术和其他社会活动或存在（例如宗教）之间的关系，加强了审美价值中的相对主义倾向。

门罗认为，现代心理学通过详细说明包括美学在内的大量事实，大大加强了自然主义的世界观，改变了人们对艺术和审美经验的态度，使人们不再相信超自然的和超经验的解释，而认为艺术和审美是科学所揭示的自然次序的一个更加高级的阶段。总之，人们越来越要求对艺术现象作自然主义的回答。他认为审美心理学应该承担起这样的任务。

审美价值学，门罗界定为一种旨在研究艺术的价值或无价值的学科。它既涉及艺术品，也涉及艺术品对个体产生的不同影响。门罗认为，以往的价值理论把"价值"看做是一种脱离事物的自然秩序而存在的奇怪实体，因而对它不可能进行描述性的分析研究的态度是教条主义的，全然有害的，它使"价值"变得神秘化。门罗指出，对作品之价值的分析，要通过对作品的分析和对自我的分析相结合的方式进行。"通过形式分析和自我分析的结合，可以达到对作品进行更加仔细和直接评价的目的。形式分析可以使每个人对作品的评价更加可靠，因为它所评价的是艺术作品本身和它的整体，而不是某些片断或某些联想；而自我分析则可以使它们对自己已有的反应更有把握，使他确信他的那些反应代表了自己性格中的基本的和永久的成分，而不仅仅是某种暂时的情绪或突变，或者是某种单一的错误的推论。通过将自己的判断和其他人的判断进行比较，就可以进一步发现自己的判断在多大程度上符合整个社会经验中的那些共同意见。这时如果他最初作出的判断仍然被确定为正确的，这种判断就是一种更加自觉的和经验的判断，而较小可能是一种盲目冲动的产物。"① 门罗强调说，要克服固定的习惯就必须牢牢地抓住自己发现的最好反应，把大部分注意力集中在这一反应上；与此同时又要随时适当地接受其他事物中尚未被认识的可能性。

关于审美价值的标准，门罗既反对绝对主义给艺术制定的一些有约束力的限制，也反对相对主义否认任何标准的必要性。他强调要重视艺术所处的条件和艺术兴趣的多变性，对特定类型的艺术采取纯粹描述的态度，看到它们多样化的统一。他认为现代美学中取代原来所有绝对的标准和终极目的的东西，将是一些清晰的假设：关于某种类型形式会造成什么效果的假设和值得探索的边远领域某些形式种类的效果的假设。这些假设将作为一种初步的指南，在评价过程中进行预测。

门罗没有真正解决审美价值的标准问题。他强调通过对作品分析和自我分析从而得出可靠的评价和结论，但他在此同时又强调没有最好的艺术，标准是多样的，对此只能假设"某种形式在某种情况下对某种类型的人产生某种效果"。这个矛盾似乎无法解决，他提不出更好的方法。

总的来看，门罗关于美学研究范围的设想，是在他的自然主义美学观的基础上形成的，是成系统的。审美形态学是对作品自然本体的研究，审美心理学是把人作为自然生物链条中的最高级阶段上的存在来看待的，而审美价值学否定了绝对单一的标准，承认审美理想的多样性和艺术的多元化。

第五节　作为一门科学的美学在欧洲和美国的发展

门罗回溯了美学发展史。自从美学在 18 世纪初被承认为哲学的一个分支之日起，差不多一直到 1939 年，始终是德国的美学占据着领导地位。此后，玛克斯·德索和艾米尔·乌提兹等现代学者又继承了这种领导地位。他们编著了卷帙浩繁的《美学和一般艺术科学》杂志，撰写了大量的相当于世界其他国家总和的美学书籍和文章。在他们的领导下，一系列国际性的美学会议在德国和其他一些国家召开。但是自从第二次世界大战以来，美学的领导

---

① 托马斯·门罗：《走向科学的美学》，中国文联出版公司，1984 年，第 110—111 页。

权便转让给了法国和美国。20世纪30年代初，希特勒上台，大批德语学者流亡美国，这些人为美国带来了德国、奥地利、瑞士等国的美学、艺术史、心理学、音乐理论等新知识，推动了美国人文科学的发展。但门罗认为，美国美学主要是美国文化本身的某些倾向逐步成熟造成的，这种发展和欧洲的发展是相平行的。美国是历史悠久的英国哲学和艺术心理学传统的直接继承者，它的美学一方面继承了从培根到霍布斯直至桑塔耶那的自然主义和经验主义；另一方面继承了从赫尔伯特·斯宾塞到约翰·杜威的进化论、民主主义和自由主义。英国文化的影响不是导致游戏论和快乐论，它们不过是浪漫主义和那种把艺术看做是为了娱乐和欣赏的贵族式理论的变种，在自然主义和进化论占主导地位的英国美学中不占重要地位。英国美学的永久价值表现在导致了最近出现的对艺术和各种文化的心理学研究和人种学研究。门罗在自然主义和哲学基础之上，于1928年提出了一种科学的、描述性的和自然主义的美学研究方法。这种方法具有广泛的经验性和实验性，但不局限于数量上的测量，也不是把艺术批评和哲学的洞察仅仅当做假设，而主要是从以下两个方面去找客观的资料：一方面是对艺术形式的分析和对艺术形式发展史的研究；另一方面是对艺术的生产、欣赏和教育的心理研究，与此同时，还提出了一种研究美学价值和价值标准的经验主义和相对主义的方法。此外，对形式的分析也提出了大致的设想，这就是：不是仅仅局限于对艺术作品的轮廓和外壳的研究，而是对那个包括一定含义、情感和其他成分在内的有机整体的研究。但在当时，按照这一路线采取联合行动的时机还不成熟，直到14年后，才有可能这样做了。

19世纪末和20世纪初，有好几位学者曾试图使美学成为美国学术界的一门重要学科，威廉·奈特的《美的哲学》是一本关于美学史的书，于1891年至1893年出版，强调了赖得、斯科特和约翰·杜威等人及其美学著作的重要性。桑塔耶那于1896年发表的《美感》一书向自然主义和心理学方面迈出了关键的一步。1909年玛克斯·德索在圣路易斯发表了关于"艺术科学"及有关问题的展望性论文，然而这篇论文几乎全被忽视了。雨果·蒙斯特堡还为介绍德国的心理学和艺术哲学进行卓绝努力，但到1914年他们均受挫折。这一方面是由于战争和经济萧条，另一方面是由于美国人还没有产生对美学的广泛需要。

随着经济的复苏和艺术的发展，近几十年美国的艺术教育和对各种艺术的指导有了很大发展，这种发展主要表现为：一是强调艺术实践中的技术训练，强调通过学习而成为艺术家；二是强调对艺术的评价、欣赏和理解；三是强调艺术的发展史，特别是按年代顺序的发展史，强调艺术在一系列连续阶段的特征；四是强调整个艺术家、作家和作曲家的贡献。总之，艺术以及跟艺术有关的美学发展起来了。桑塔耶那创立了对美学进行全面哲学研究的体系，给艺术以相应的地位，并于1905年发表了《艺术的理性》一书。杜威是另一位杰出的哲学家，他有意避免建立体系，他在晚年发表的《经验与本质》和《艺术作为经验》两本著作中，对人类的广泛评论扩展到了美学领域。他主张具体的特殊的哲学研究，而他自己对艺术的评论却大都是抽象的和一般的。T. M. 格林的巨著《艺术与艺术批评》（1940）被门罗认为是最近美国对艺术做出全面的和哲学的考察的极少数尝试之一。S. C. 佩珀通过对艺术品的详细分析指出了不同哲学世界观（特别是经验主义和自然主义世界观）所具有的审美的和批评的含义，从而建立了一套灵活的体系。门罗撰述《各门艺术及其相互关系》也试图从艺术比较和艺术分类的角度，进行综合性研究。至此，美国美学的发展已达到了世界的水平。桑塔耶那和杜威都对世界美学的发展产生了重大影响。

门罗分析了目前美国美学中所出现的各种潮流，他认为，虽然下述这些潮流尚未完全占统治地位，但其重要性正在明显地增长。

（1）从狭隘的民族主义观点转向国际的和交叉文化的观点；从纯西方的世界观转向广泛的全人类文化观；对多种不同文化中的艺术态度进行选择性综合。门罗认为这种倾向是与艺术本身现存的折中主义潮流相互平行和互为补充的，它使美学成为一门国际性的课题。

（2）美学研究范围的进一步扩大。除了传统的审美价值问题之外，它还进一步包括了对艺术及与艺术有关的种种经验类型和行为的全部理论研究。

（3）美学研究不再局限于给"美"下定义，人们开始用一大批范围更加广泛的概念来解释不同的艺术现象和艺术行为，艺术心理学不再拘泥于对美感、趣味等的讨论而扩大到对大量艺术反应、体验和运用艺术的方式甚至扩大到对艺术生产等方面的讨论研究。

（4）伴随着对个性心理的持久兴趣，艺术的文化性质和社会性质又引起了人们更大兴趣。艺术不再被看做是一种天才或超自然的灵感的孤立产物，而是一种社会的表现方式。艺术也被当做一种社会问题和职责，为了普遍的社会福利而得到最好的使用和发展。

（5）伴随着对艺术特有的直观经验的美学内容的持久兴趣，又产生了对艺术的功利、工具、功能方面的内容的更大兴趣。人们不再把美的艺术与实用艺术、优美的艺术与有用的艺术对立起来，而是承认二者是经常结合在一起的；不再认为只有纯粹优雅的和美好的艺术及经验是优秀的和高尚的经验，放弃了贵族式的傲慢态度。同时人们认识到：美国文化过分强调狭隘的实用性而应注重一些审美的和理性的方面。

（6）对美学本身进行广泛的实用性探讨，从爱默生到杜威，在美国一直强调哲学和艺术应与日常生活保持密切的联系。美学理论应从日常生活和艺术的审美经验中产生，并反过来澄清和重新指导这一领域的信念和态度。就这一广泛意义而言，美学当然是实用性的和功利性的，尽管从寻求快速的物质效果的意义上美学是非功利性的。美国的美学家致力于使审美方法和概念发挥力量和作用，他们认为欧洲的纯粹抽象会使美学理论变得毫无生气和虚假做作。

（7）美国美学界采取一种民主的态度：认为艺术是为了所有能够创作、使用和欣赏它的人们的利益服务的，它尽可能扩大欣赏和创造的机会，给人们以最大限度的自由。人们一般认为艺术在个人表现方面有完全的自由，反对艺术附属于教会和国家的信念，但同时也强调艺术的宗教道德职责和公民职责。"为艺术而艺术"虽仍时兴，但人们普遍把艺术当做一种消遣和娱乐。

（8）采用广义的经验主义，而不是先验的理性主义或神秘主义；把判断建立在通过感觉和内省所进行的观察和个人、集体的经验的基础之上，而不是建立在那些被认为是自明的或由超自然性的神灵性揭示的"第一原则"中推导出来的东西的基础之上。这种经验主义与以往的任何经验主义不同，它不主张把资料局限于人们从外界直接观察到的东西。

（9）在价值理论方面，当代美国美学倾向于相对主义，否认存在着一种在任何情况下都可成为判定艺术价值的唯一标准，否定存在某种唯一的创造、表演和体验艺术的方法，而是认为艺术创造和体验有各种各样的方法，这些方法都有其独特的价值。承认审美评价既是个人的，又是社会的，它取决于人们共有的身体性能和需要，随着这些因素的变化，艺术就会在不同的时间里具有不同的价值，而且认为评价并非美学研究的全部内容，他们避免关于价值的无谓争论，力求客观准确地描述事实。

（10）在形而上学和普通哲学世界观中，倾向于自然主义。美学中的自然主义"是和自文艺复兴以来西方文明的一般倾向相一致的，即主张人们应该把注意力由那个假设中的另外一个世界转向本世界中那些以物质自然为基础的事物。"[①] "它尊重感性材料，认为感性材料是知识的源泉，同时，它也尊重感觉生活、身体的欲望和情感，认为它们有可能是良好的。"[②]

门罗对法国美学的发展动向也做了展望。他认为在某些方面，法国具有高度的国际性。巴黎由于其殖民帝国首都的地位

---

① 托马斯·门罗：《走向科学的美学》，中国文联出版公司，1984年，第164页。
② 同上书，第165页。

和世界性艺术传统的首府的地位，于是成为异国艺术和风俗的交流中心，各国艺术家和知识分子的聚合点。但法国由于具有"伟大世纪"的光荣传统，使得哲学家们很难摆脱陈旧思想习惯的束缚。

门罗指出，最近十几年在艺术研究中出现的专门化潮流，只不过是席卷整个现代哲学和美学本身的更大的专门化潮流的一部分。在艺术和科学中，作为加强研究和实验手段的专门化倾向是有其明显价值的，但是在英语国家的思想领域中，存在着极端的多元论和不统一的现象，因而更需要综合分析。为了与德国式的庞大的美学体系相对抗，美国的哲学家回避最低限度的广泛系统的思维方式，这又走到了另一个极端。在目前文化飞速变化和相互融合的阶段里，科学事实迫使人们产生新的庞大体系的和有组织的哲学思维方式。在英国、法国和美国，人们对建立理论体系所持的特别的反对态度，具有自由主义的一切优点，它主张"避免使用生硬的和不恰当的公式，鼓励沿着多种路线进行灵活的和实验性的探究"。直到最近几年德国哲学家还热衷于建立庞大的体系，而他们的命运则使大多数人望而生畏。其实，在极端专门化的研究方式与庞大体系中间，有许多中间阶段，人们可以在比较小的范围内进行综合的、有时甚至是哲学的探究。门罗还认为理论研究应利用当时重要的和"关键的"思想。把各个领域中的现象联合起来考察并对其进行解释。在19世纪，这种关键的思想是"进化论"，而在当代，这种关键的思想应推符号论。"如同苏珊·朗格指出的那样，符号论对当代的逻辑学、语义学、语言学、心理学、宗教和礼仪、视觉艺术、文学、音乐和伦理学都产生了重要的影响，甚至像心理分析、人种学和文艺复兴时期绘画史这样一些偏僻领域里的学者也运用符号和符号的含义，以便使自己所发现的东西条理化。"[①] 他认为在进行哲学的综合时可以在适当的范围里使用符号论这一新的手段，例如可以把心理分析的见解和艺术史或文学评论中对某种艺术品的符合意义的见解结合起来。符号论的影响固然很大，但它是否像门罗所说的那样，已成为20世纪的"关键思想"，"几乎成了我们思想的核心"，还有待于时间的证明。

总体看来，门罗关于美学在欧美一些国家的发展情况的总结和评价是基本符合事实的、客观的；但他也有以愿望代替现实之处，有时他把自己的主观取向说成是世界潮流，如他对美学研究中的思辨和抽象的看法就是这样，事实上，"美"的概念并没有被人们所抛弃，对美的本质的抽象探讨仍在进行。

---

① 托马斯·门罗：《走向科学的美学》，中国文联出版公司，1984年，第200页。

第十五章 实用主义美学

谈论实用主义，对中国读者来讲可以说是一件既陈旧又新鲜的事。早在20世纪20年代，中国文化界就曾掀起过一场实用主义热潮，实用主义一时成为在中国文化界影响最广的西方现代思潮之一。这种现象的出现很大程度上与实用主义大师杜威的影响有关。当时中国知识界的一些领袖人物曾先后就学于杜威门下，由于这批学生的积极活动，杜威曾于1919年5月1日，即"五四运动"爆发的前三天应邀访问中国，并在中国度过了长达两年零两个月的讲学生活。这可谓中国文化界的第一次实用主义热潮。30年以后，实用主义再次成为中国文化界谈论的热门话题，当然，这次不是传播、研究或学习实用主义，而是全面、彻底、猛力地批判实用主义。这次批判是由对杜威的中国学生胡适的思想清算所引起的。在这一前一后的两次实用主义热潮之后，中国文化界似乎把实用主义的存在看做是一个古老、陈旧的故事。大概是由于这个原因，在近十多年的文化运动中，生命哲学、精神分析学、存在主义、分析哲学等西方现代思潮都曾为人们所谈论，而实用主义则始终没有激起文化界的兴趣与关注。人们对于实用主义这一概念或杜威这一名字大多是很熟悉的，而对实用主义理论，要么是停留在20世纪50年代的理解水平，要么是十分陌生的。因此可以说，讨论实用主义对于今天中国文化界来说，还是一件颇为新鲜的事。

一般来讲，美学是哲学的一个组成部分，讨论一种美学总是要从与之相关的哲学谈起。这对于实用主义来讲，尤其如此。实用主义哲学在总体上讲有两个明显的特征，一是它对欧洲文化传统的强烈的批判态度，二是它追求一种全新的人生价值观念。在这两者之间，后者是更为基本的：惟其具有全新的价值观念，才引起了对传统的不满。实用主义哲学，与其说是在对一系列的形而上哲学问题的讨论中形成的，不如说是对美国文明中业已存在的价值观念的系统、深刻的哲学总结。实用主义哲学的强烈的价值追求使得实用主义哲学本身就带有浓厚的美学色彩。在这一点上，实用主义哲学更接近于柏拉图、奥古斯丁或黑格尔、尼采的哲学；在这类哲学家的笔下，哲学自身就是美学，就是对美的追求，就是一种用抽象语言构成的伟大艺术。可以这样说，存在着两种实用主义美学（Pragmatistic Aesthetics），一种是狭义的实用主义美学，即以讨论艺术现象为主体的艺术理论，它体现在一些受实用主义哲学影响的艺术理论家的著述中。另一种是广义的实用主义美学，即在实用主义哲学大师的理论著述中所透露出来的新的价值信念与人生追求。后者是实用主义美学的精髓。

第一节　实用主义的产生和发展

实用主义（pragmatism）这一概念源于希腊文 πρδγμδ，它的原义是"行动"。英文"实践的"（practical）和"重实效的"（pragmatic）两个词都由这个希腊文派生而来。在汉语中很难找到足以体现实用主义哲学精神的相应概念。"实用"一词的使用往往引来对实用主义哲学的种种误解，比如，人们常常把实用主义简单地理解为一种只顾眼前利益、只管当下效果、不择手段、唯利是图的市侩哲学、政客哲学。这种理解不能说与"实用"一词的使用无关。其实，即使在英文里也缺少一个合适的词汇。pragmatism 一词不足以表达实用主义哲学的基本精神。詹姆士就明确表示过，他不喜欢实用主义这个词，只是要改换它已经太晚了。杜威很少使用实用主义一词，他称自己的哲学为工具主义、实验主义或自然主义哲学。英国实用主义哲学家席勒（F. C. S. Schiller，1864—1937）则主张用人本主义代替实用主义这一概念。实用主义哲学的失误之一就是没有给自己选好一个理想的名称；当然，这从一个侧面也显示了实用主义哲学的丰富内涵与新颖追求。

实用主义的最早倡导者是皮尔士（Charles Sanders Peirce，1879—1914），创始人是詹姆士（William James，1842—1910），集大成者是杜威（John Dewey，1859—1952）。皮尔士首先是一个数学家、化学家和逻辑学家。他一生默默无闻地探索着，直到逝世之前，他还没有出版过一本哲学著作，他的名字还鲜为人知。他在科学，尤其是哲学方面的成就是在他逝世之后才为人所承认的。皮尔士第一个提出实用主义这一概念，最先提出实用主义哲学的基本思想，他在 19 世纪末（1878）发表的《怎样使我们的观念清晰》一文素来被认为是实用主义哲学的经典文献，尽管这种价值是在 20 世纪初才被认识到的。皮尔士所提出的学说，如有些研究者所说的，是由三个主要元素合成的。"首先是它的假设主义，这就是说，它坚持，我们应先将单称陈述翻译成假设的形式，然后才能发现其实用主义的意义。其次是它的动作主义，或者说，强调在'假如'的句子中，要提到人的一项动作，提到实验者所做的某种事情。第三，是它的实验主义，或者说，强调在'那么'的句子中，要提到实验者在试验条件安排好之后，所经验到或者观察到的某种事情。"① 假设主义、动作主义、实验主义的主旨是要把理解、思维活动与操作、行为活动统一起来。比如，要理解"这本书是重的"这一陈述句的内涵，就应引入一个操作过程：假如移去支持这本书的所有力量，这本书就会跌落下来。通过这一操作活动，原来句子的内涵就显现为可以直接感知的对象。这一学说在皮尔士看来，并非伟大的发现，它仅仅是对他的实验室活动的抽象概括。然而，全部实用主义的大厦正是以这一学说为基石。它的意义表现在，任何观念、概念都可以转化为一个操作性活动。不可见的、只可内在体验的、模糊的观念，可以外化为可见的、操作性的、可度量的行动。这种转化将使传统哲学中的精神与物质、思维与存在、脑力与体力的对立不复存在。主体的体验、感受只能是对特定的操作过程的体验、感受，而非其他。皮尔士没有意识到这些思想的美学意义；在这些思想上建立一种新的美学体系是杜威后来所做的工作。

把认知与行动统一起来，就意味着把事实与价值统一了起来。皮尔士意识到了这个问题。他坚持把真理与信仰视为同一性事物，真理即信仰，信仰即真理。信仰，皮尔士称之为人们的智力生活交响曲中结束一句乐句的半休止拍，它具有三重特性："第一，它是我们所觉察的某种东西；第二，它平息了怀疑的焦躁；第三，它包含有这样的意思，即在我们的本性中建立起一种行动的规则，或者说得简单一点，建立起一种习惯。它既然平息了怀疑，所以思想就松弛着，并在获得信仰时，达到一瞬间的平静。但是，既然信仰是行动的一种规则，而它的应用也包含着进一步的怀疑和进一步的思考，那么它就是思想的一个终点，同时又是思想的一个新的起点。"② 信仰平息了怀疑，它因此是真的；信仰同时还建立起一种行为规则，它关涉到实践活动，它因此还是好的。作为真，它是一个具有操作性过程的产物；作为好，它又将引起新的操作活动，因此说，信仰有半休止拍的作用。信仰或真理不是专供人静观、体验的，它们的价值来源于、也

---

① M. 怀特主编：《分析的时代》，商务印书馆，第139页。
② C.S. 皮尔士：《怎样使我们的观念清晰》，见 M. 怀特主编：《分析的时代》，商务印书馆，第141页。

体现于实践活动中。

皮尔士是一个科学家，他或许是为了探求科学家生活的价值享受问题而从事实领域走向信仰、价值领域的。紧随皮尔士的第二位实用主义大师詹姆士的情况与此不同。詹姆士的性格中同时存在着两种看上去是相互矛盾的追求，一种是对科学分析精神的追求，一种是对宗教体验的追求。詹姆士说，我们要事实、要科学，但也要宗教。这句话成为他哲学探索的主要目的。詹姆士早期从事科学研究，他最初学物理学，后转而研究心理学，这方面他为人类留下了著名巨著《心理学原理》。科学方面的成就没有能满足詹姆士的全部精神追求，他最后由科学走向哲学。作为一个具有宗教热情的哲学家，他希望看到世界的统一性，体验到人生的价值意义；而作为一个受过科学训练的哲学家，他不愿离开事实而到冥想沉思中体验价值。他紧紧地为事实、行动所吸引，他坚持在此岸世界、具象世界中寻找和体验素来被认为是彼岸世界、抽象世界中所拥有的一切。这些构成了詹姆士哲学探索的潜在动机，也决定了詹姆士哲学的主要特色。

詹姆士的最著名的哲学著作是《实用主义》。在这部著作中，詹姆士谈到，传统哲学是一部理性主义与经验主义的对峙和争吵的历史。理性主义始终是一元论的，它从整体和一般概念出发，最重视事物的统一性，最富有宗教色彩。经验主义则从局部出发，认为整体是一种集聚，因此并不讳称自己是多元的。理性主义者指责经验主义者不文雅、无情、残忍、刚性有余；经验主义者则反击说理性主义者太软弱、太重感情、柔性有余。詹姆士最后说："我提出的这个名称古怪的实用主义是一种可以满足两种要求的哲学。它既能像理性主义一样，含有宗教性，但同时又像经验主义者一样，能保持与事实最密切的关系。"[1] 詹姆士的这种尝试突出地体现在他关于真理的学说中。欧洲哲学中占统治地位的真理理论包含两种潜在观念：认识真理自身就是目的。真理是一种先于人的、惰性的、静止的关系，认识真理就是静观这种关系。詹姆士的真理观是对这种传统观念的彻底反叛。詹姆士谈到，掌握真理本身绝不是目的，它仅是导向其他重要满足的一个初步手段而已，真理是行动的工具。既然真理是行动的工具，谈论真理就离不开真理的使用过程，真理因此是在活动中被创造而又在活动中被否定的。"真理是对观念而发生的。它之所以变为真，是被许多事件造成的。它的真实性实际上是个事件或过程，就是它证实它本身的过程，

---

① 杜威：《实用主义》，商务印书馆，第20页。

就是它的证实过程，它的有效性就是使之生效的过程。"① 从逻辑的角度讲，这种真理观实际上取消了真理的存在：真理既然是一个使一种观念产生有效性的过程，那么，任何一个过程的开端就不可能存在有真，只有在过程结束的时候才能断言什么是真的。这种理解与关于真理的传统观念与大众常识是相背的。一般认为，认识真理的目的就是要用真理确保过程的圆满结束或行动的有效性，也就是说要求过程之初就确信某种观念是真的。詹姆士坚持，这种观念是虚妄的和危险的。承认在过程之初就存在有一个绝对可靠的真理，实际上意味着承认未来是被当下决定的，当下又是被过去决定的；这样的世界就是被造物主严密控制着的封闭的一元世界。为了确保世界的开放性、多元性与人的自由，詹姆士宁愿承认世界充满冒险，也不愿承认世界是一个完美无瑕的创造物。

詹姆士的真理观满足了他既要宗教又要事实的追求。詹姆士不像皮尔士或杜威那样回避甚至不谈真理，他是大谈真理的，他需要这种信念。但他坚持在行为过程中、在实际活动中体验真理，体验被经验到的世界的统一性，体验当下人生的价值，而不是静观独立于人的活动的绝对真理，静观宇宙的统一性。詹姆士的父亲是一个神学家，他有一批超验主义朋友；詹姆士是在这样一种家庭氛围中度过童年生活的，他因此喜欢谈论宗教体验问题。而事实上，当他接受了英国经验主义传统与科学研究训练之后，他的所谓宗教体验追求已经完全世俗化了。他的所谓既要事实又要宗教，实际上是既要不动感情的科学，又要充满情感的价值体验。把问题作这样的转换后就可以说，詹姆士是既要科学，又要美学；既要真，又要美——我们有理由把美学理解为一种世俗宗教。宗教追求对彼岸世界的体验，美学追求对此岸世界的体验，二者的体验对象相去甚远，而就体验主体而言，宗教与美学所讨论的完全是同一种精神需求。

从美学的高度理解和解释实用主义精神，是杜威所做的一项意义深远的工作。杜威具有皮尔士和詹姆士所具有的科学研究训练和对科学精神与科学方法之意义的深刻理解，但他不像皮尔士那样局限于对科学家生活的思考，也不像詹姆士那样喜欢谈论宗教问题。他是一个普通的人，他关注普通人的普通问题。在杜威看来，人们尽管在性别、职业、教养、地位方面各有不同，但人人都追求对人生价值的体验；在这一点上人类是有共同性的。而对人生价值的体验，正是杜威所理解的美。杜威的哲学著述可以看做是一部美学巨著，美可以看做是杜威全部追求的最后归

---

① 杜威：《实用主义》，商务印书馆，第103页。

宿。如何在人类一切活动中体验价值意义是杜威思考的重心，这一重心体现在他的不同时期、不同类别的著作中。杜威的最杰出的哲学著作《经验与自然》在某种意义上是一部美学著作，杜威的基本美学思想在这里都得到了充分的发挥。76 岁高龄时，杜威撰写了他的美学著作《艺术即经验》，对艺术领域中的问题作了实用主义的解释。

杜威不仅讨论美是什么的问题，而且更关注怎样创造美、怎样体验美的问题；不仅讨论艺术领域中的审美问题，而且更关注所有人类生活领域中的审美问题。广宽的视野、深刻的思想、崇高的追求、辛勤的探索使得杜威在实用主义美学、美国哲学以至西方哲学史上都占有重要的地位。在 20 世纪讲英语的哲学家中，杜威是一位足以与罗素相媲美的思想大师。他像罗素那样著述浩繁，一生写了 30 多部著作，近千篇论文。他像罗素那样关心人类事务。他是杰出的政治评论家、社会活动家，是全美大学教授联合会等几个全国性组织的主要创建人。他像罗素那样关心教育问题，这方面他的成就与影响远远超过罗素，他是西方教育史及西方教育哲学史上第一流的人物。他像罗素那样关心人类信念、价值问题。罗素是一个分析哲学家，喜欢具体问题具体讨论。作为实用主义大师的杜威则提出了一种系统的价值理论，这就是我们要重点讨论的实用主义美学；最后，

杜威像罗素那样是西方哲学史上少有的长寿哲学家，罗素活了 98 岁，杜威活了 92 岁。杜威直到告别人世的前夕还在挥笔著文，他的辛勤探索赢得了人们的尊重，他的巨大成就得到了人们的承认。他被称为"实用主义神圣家族中的家长"，"美国哲学领域中最杰出的人物"，"美国人民的良心和导师"。

杜威生活的时代是实用主义发展史上的峰巅时期。皮尔士提出实用主义基本原则，詹姆士力图运用实用主义原则解决哲学领域中的一些专门问题，杜威则把实用主义推广到人类文化的各个领域，对实用主义思想作了最为系统、最为严密的解释。杜威之后的实用主义趋向于对实用主义基本原理在具体领域中的具体应用。如胡克 (Sideny Hook) 把实用主义运用到社会科学领域，以实用主义反对各种形式的极权主义。布里奇曼 (Percy Williams Bridgman) 发展了实用主义哲学中的操作理论，提出了一种称为操作主义的科学哲学理论。在艺术理论领域，佩珀 (Stephen C. Pepper) 是一位比较有影响的实用主义理论家。他的主要著作有《艺术批评的基础》、《艺术的鉴赏原理》等。佩珀突出强调了审美活动中主观因素的意义。他认为，一般所说的艺术作品实际上可以分为物质的艺术品和审美的艺术品。前者指艺术的物质媒介；物质媒介不能等同于艺术，它并不是最后的审美感受对象。艺术作品的审美价

值是在艺术欣赏的过程中存在的，因此，艺术作品可以称作是一系列审美知觉的总和。

第二节 杜威美学阐释

一、在经验中探求艺术的本质

任何美学体系都必须直接或间接地回答这样一个基本的美学问题：美的本质是什么？而对这个问题的回答是以另一个同样基本的问题为前提的，即美的本质存在于何处？这实际上关涉到美学研究的基本方法。杜威美学与欧洲传统美学的全部分野都来源于杜威所采用的一种全新的美学研究方法。一般地讲，传统美学可分为主观派和客观派。主观派主张在审美主体中寻找美的本质，客观派则认为美的本质是一种客观的存在。这两派之间的争论构成了西方美学史的重要内容。杜威认为，这种争论完全是家庭内部的争吵，因为这些不同的理论是以共同的信仰为潜在基础的；这种信仰主要是：第一，"他们都盼望这个真实存在的世界具有完全的、已经完成了的和确切的特性"，也就是说，他们都相信，造物主已经把美的本质制造完毕，人所要做和所能做的全部工作就是去寻找这个本质。第二，主体与客体是两种相互独立的实在，世界正是由这两种基本实在构成的。美的本质要么存在于主体中，要么存在于客体中，除此之外，别无其他可能。

杜威的美学思考是从对传统美学的潜在信念的批判开始的。杜威坚决否认绝对、永恒本体的存在。他指出，承认世界有一个绝对永恒的本体，就意味着这个世界是被创造的，承认这个世界有一个既定的终极目的。然而，达尔文的生物进化论早已给了这种目的论信念以毁灭性的打击。世界在发展、进化过程中；这个过程同时包含了遗传与变异两种因素。变异的存在决定了这个世界的相对性、开放性和不可知性，这使得永恒本体、终极目的的存在成为完全不可能的事。达尔文的结论——世界作为整体归因于偶然，而就它的部分来说则归因于计划——为哲学研究带来的革命性变化是："为了探究特殊的价值以及产生这些价值的特殊条件，哲学摒弃了按照绝对的起因和绝对的终结所进行的研究。"[①]

哲学研究一旦从绝对走向相对，随之而来的就是对于存在、实体的重新理解。传统美学在理论上和方法上都是二元性的，美学家们都把主体或客体视为独立存在的实体。他们相信，决定事物特性的全部秘密都存在于这一实体中；只要找到了这一秘密，全部美学问题就迎刃而解了。因此，美学家们，不论是理性主义的还是经验主义的，都潜心于对所谓本体的艰辛探索。

---

① 杜威：《达尔文对哲学的影响》，见《杜威教育论著选》，华东师范大学出版社，第115页。

他们走得很深很远，以致出现了许多神秘的、令人费解的美学体系。假如研究方法是错误的，那么，越是探索，离真理就越远。杜威指出，遗憾的是，这个假设是事实。理论探索必须从经验事实开始，这是探索能否成功的基本保证。传统美学的根本错误在于，它们把并非经验事实的主体或客体视为基本存在。其实，并不存在有独立于主体的客体或独立于客体的主体。所谓主体和客体，完全是人类反省、思维的产物。传统美学正从这个反省的产物出发，把它当做好像是原始的、自然的，因而把主体和客体、心和物看成是独立的、封闭的、具有本质属性的，认为这些属性的存在才使美成为可能。

杜威摒弃了传统美学的基本方法，而从自然科学研究中引借来经验方法。经验方法没有任何神秘费解的地方，它仅仅要求，一切探索必须从所经验到的基本事实开始。探索是从疑惑、问题开始的，疑惑、问题是由人所经验到的事实引起的，探索因此就是感受事实、介入事实、剖解事实和把握事实。杜威讲道："经验方法的全部意义与重要性，就在于要从事物本身出发来研究它们，以求发现当事物被经验时所揭露出来的是什么。"[1]

那么，什么是这个"事物本身"呢？

什么是最基本、最真实的存在呢？杜威回答：是经验。经验不是反省的产物，经验就是人们直接体验到的活动，就是人与环境的相互作用与相互沟通。经验包含被经验的环境、经验着的人以及人与环境相互作用的过程。经验过程包含了人的欲求、意愿、认知、遭受、体验等多种心理活动。杜威说：经验"不仅包括人们在做些什么和遭遇些什么，他们追求些什么，爱些什么，相信和坚持些什么，而且也包括人们是怎样活动和怎样受到反响的，他们怎样操作和遭遇；他们怎样渴望和享受，以及他们观看、信仰和想象的方式，简言之，能经验的过程。"[2] "经验"（experience）是杜威哲学的核心概念，杜威对这个概念作过极其详尽的讨论。关于经验的种种性质，我们将在下文中作具体介绍。这里要指出的是，经验方法的应用和经验概念的引入，决定了杜威美学的几个显著特色。第一，杜威美学所研究的是审美经验，是进入经验的事物，是经验中的人和被经验的对象，而不是经验以外的、超经验的绝对本体。第二，经验是一段经历，一个过程；决定经验性质的不仅仅是何种元素参与经验，更重要的是何种方式持续经验。基于此，杜威将美学研究的重心从"什么"移向"怎样"，从对构成经验的元素的认识移向

---

① 杜威：《经验与自然》，商务印书馆，第5页。
② 同上书，第10页。

对经验过程的分析。问题的关键不再是认识什么、做什么、制作什么，而是怎样认识、怎样做、怎样制作。第三，经验是兼收并蓄的，因为生活本来如此。那种把生活分为认知活动、意志活动和审美活动的传统做法，完全是对活生生的经验的肆意宰割。因此杜威坚持认为，任何活动中都有认知、意志成分，同样，任何活动中也都有审美成分。

二、经验与艺术

经验是人与环境相互作用、相互沟通的过程。这个定义过于抽象，按照这种解释，似乎可以把人类所有的活动都称为经验。杜威认为，这是一个非常有意义的疑问，经验哲学的宗旨就是揭示人类生活中经验活动与非经验活动的区别，从而促进后者向前者转化。经验活动在类别上是没有界限的，人类的一切活动都可能成为经验活动，如科学研究、生产实践、艺术创作、艺术欣赏、一次谈话、一趟旅游，等等。而在质上，经验活动与非经验活动是有明显区别的。假如不具备一定特性，以上所谈的所有活动都可能是非经验的。概括地讲，经验活动首先必须是一个有开始、过程和结局的完整的活动。活动是富有圆满成果的，起点顺利地推向终点，终点完满地照应了起点。只有这样，一个经验才有它独特的性质和意义，才能从经验之流中分离出来，才能被人谈论与体验。其次，经验指那种有智慧参与、在智慧控制下的

活动。漫无目的地把手伸出去，受到某种刺激后又迅速收回来，这虽然是人与环境的相互作用，但不能称之为经验。手为何要伸出去？又为何缩回来？这一伸一缩的意义何在？对于这些问题，活动者是不曾思考过的。最后，经验活动是富有体验性的，它的价值意义是在活动过程中被体验到的。它起始于某种欲望，终了于这种欲望的满足。

从美学的角度讲，经验与非经验的区别，也就是审美经验与非审美经验的区别。具备以上特征的经验，同时也就具备了审美性质。审美性质不是高于或外在于经验的，它就是经验的一种性质。在杜威哲学中，经验与审美经验完全是同义语，经验必然具有审美性质，富有审美性质的活动也必然是一种经验。杜威坚信，科学研究、生产劳动、社会管理以及学生学习、教师授课，等等，只要是人的活动，就都可能具有审美性质。那种把审美享受限制在对理念的静观或对艺术的欣赏的理论，是贵族社会的残余。人类应该充分认识人类活动审美化的可能性，并努力把这种可能转化为现实。这是杜威一生为之奋斗的伟大理想，也是他所以称他的哲学为彻底的人本主义的主要原因。当然，这也是詹姆士的最后追求：既要事实，又要价值。

既然所有经验都具有审美性质，经验与艺术又是何种关系呢？杜威认为，艺术是一种经验。艺术的基本特征在于，一方

面，艺术关系到生产、行为和制作，它是人与环境相互作用的一个操作性过程；另一方面，这种活动的价值意义能为人们直接体验到，活动过程就是享受过程。艺术的这两个特性也正是一般经验的特性，因此，在经验与艺术之间不存在任何质的区别。如果一定要寻找差别的话，可以说，艺术是一种典范的经验，艺术最充分地运用了人类智慧，最完满地把手段与目的、活动与享受统一起来。在诸多人类活动中，艺术最先体现了人类经验可能有和应该有的审美特性。艺术成为一种范例，鼓励着、引导着人们去改造经验、完善经验、美化经验。

基于这种认识，杜威把经验与艺术视作两个等同的概念。当他强调艺术的经验性质时，他说，艺术是一种经验；而当他强调经验的审美性质时，他说，经验就是艺术。他在为艺术下定义时，完全根据经验过程的操作特性。凡具有一定操作特性的经验就是艺术。经验可分为两种，做的和制作的。前者指不制作产品的活动，如一次谈话；后者指生产活动，如艺术创作。在杜威的著作中，艺术一词包括了以上两种活动。杜威从不同的角度为艺术下过定义，其中有一处这样说："艺术指一种做或制作的过程。这在美术与技艺中都是如

此……由于艺术的活动或做的成分如此明显，许多词典常用技术熟练的行动、制作的能力来解释艺术。牛津词典用约翰·密尔的话解释说：艺术是追求完美制作的努力。"[1]

三、审美经验：手段和目的的相互渗透

经验是一种操作过程，操作过程必然由手段与目的构成。手段与目的的关系，因而就成了实用主义美学的最为基本的问题。在传统美学中，手段与审美价值没有任何关系，只有拥有目的的一刹那才是审美的。这种观念是这样一种社会现实的反映：享受目的的社会阶层高居于提供手段的社会阶层。目的阶层不可能、也不愿意谋求与手段阶层的沟通或渗透。这导致了在理论上目的与手段的相互脱节。杜威谈到，亚里士多德有一句话"概括地说明了手段和目的之间这种外在的和强迫的关系的全部原理"，亚里士多德说："当有一个东西是手段而另一个东西是目的的时候，在它们之间是没有什么共同之点的，而所有的只是：一个是手段，在生产；而另一个是目的，在接受所产生的结果。"[2] 手段与目的这两个词在传统观念中具有褒贬扬抑的色彩。手段是卑贱的、仆从的，仅是工具性的；它意味着艰辛、劳作，与变易的对象打交道。目的则是高尚的，自由的；

① 杜威：《艺术即经验》，第47页。
② 杜威：《经验与自然》，商务印书馆，第296页。

它意味着美感静观，认知实在，与和谐、永恒同在。由于这种区分，人成了两栖动物，"当人们与自然的险恶作斗争、受到自然的蹂躏、夺取自然资源以求生存的时候，他们是自然的一部分。但是在认识方向，人们便超出了这个感觉和时限的世界，便与神灵发生了理性的感通。人成了最后实在境界的真正参与者"①。这种观念决定了传统美学的基本思路：不在操作过程中而在实在领域中寻觅美的本质。

杜威坚持认为，手段与目的的分离完全是人为的，经验过程中的手段与目的是能够相互渗透的，这种渗透意味着人类的一次解放。他说："人们的一切理智活动，无论是表现在科学中的、美术中的或社会关系中的，都是以把因果结合、连续关系转变成为一种'手段—后果'的联系，转变成为意义作为它们工作任务的。这个任务完成的时候，结果就是艺术：在艺术中手段与目的是一致的。"手段与目的的统一也就是活动过程与活动产物的统一，工具性的东西与圆满终结性的东西的统一，意义与感受的统一；"如果任何活动同时是这两方面，那么这种活动就是艺术"。②

经验过程中手段与目的的相互渗透主要表现在，一方面，手段获得目的性，手段不再是外在的、强制的、仆从的，手段具有了直接享受的意义。另一方面，目的具备了手段性，目的弥漫于整个经验过程中，它的圆满终结为手段带来了新的意义。

手段是目的赖以实现的原因条件，是以目的为终点的操作过程。在富有审美性质的经验中，手段具有这样一些特性：第一，手段的意义来自对原因—结果的认识。要使一种远离目的的、作为手段的操作活动富有直接享受的意义，唯一的途径是在操作的同时就领悟到此刻的活动与未来目的的关系。这种关系越密切、越丰富，对这种关系的认识越深刻、越全面，操作活动的直接享受性就越大。这种情况下，手段不是外在于目的的，手段是目的在时间上的不同阶段，在空间上的不同部件。手段同时也不是强迫性的。尽管每一操作活动的价值意义并未实际显现，但这种意义已为操作者所领悟。它推动着、吸引着操作者，从而使得作为手段的经验过程充满情趣。第二，作为手段的操作活动孕育着目的。目的不是在手段中止的时候突然出现的，目的由预设到实现经历着一个生成的过程，这个过程就是作为手段的操作过程。手段不能等同于目的，但手段中包含了目的因素。目的随着手段的进展而不断显现，这种不断显现的目的既是对此前活动的报酬，又是对此后活动的激励，它使

---

① 杜威：《确定性的寻求》，上海人民出版社，第221页。
② 杜威：《经验与自然》，商务印书馆，第290页。

得整个活动有联系、有节奏地进行。这种活动过程既是创造的过程，也是欣赏的过程，因为它既含有理性领悟，又含有感性直观；既使人期望，又使人享受；既是间接的手段，又是直接的目的。杜威谈道："这种在我们指导下的事情就是我们所谓的'手段'，这个过程便是艺术。"①

当手段具备这些特性以后，目的相应地也呈现新的特色。既然手段—目的基于原因—结果，那么，目的就不是绝对的，永恒的，从外在强加于手段的。这是杜威关于目的理论的一个重要思想。杜威坚持把手段—目的的问题与原因—结果的问题联系起来考察。他认为，手段至少是原因条件，而目的就是原因所产生的结果。目的不是先于手段的，不是从经验之外强加于经验的，目的产生于经验之中。经验中首先出现的是原因条件，对原因条件的发展的展望产生了结果，把某种结果选择为行动的方向时，就构成了目的。杜威称这种目的为预见中的结果（end-in-view）。这样的目的，当它作为一种观念或理论存在时，它远远不及传统美学中的终极目的那样富有审美意义，但它是可以构成一般经验过程、可以圆满实现的目的。这种目的从两个方面赋予经验过程以审美性质。一方面，目的渗透在整个操作过程中。目的并非静候在终点；由于它是从原因—结果

转化而来的，它能在活动过程中选择手段、调节关系，保证经验过程的顺利进行。另一方面，目的的意义并非仅仅是活动的最后一刹那间的享受。目的是经验过程的终结；终结的出现，意味着参与活动的各种材料与因素的关系与意义的最充分、最完满的体现。手段没有由于目的的实现而被抛弃、被忘却，相反，目的的光辉返照在手段之上，给整个经验过程新的意义。这就是经验的审美特性：起点展望终点，终点返照起点，活动过程充满意义，活动结果又令人回味无穷。

四、审美经验：经验的圆满终结

从经验过程看，经验的审美性质体现在手段与目的的相互渗透；假如把经验作为一个整体来看，经验是一次活动的圆满终结，是一个有机的整体，是动荡中的宁静、组织中的形式，是多与一的协调、感性与理性的融合。这段话很容易使人联想到德国近代美学。有些英美哲学家曾批评杜威在这个问题上回到了传统。杜威认为，这是一个误会，在他与传统美学之间，区别是根本的。

杜威谈到，美学史上一个显眼的现象是把统一性、永恒性、完备性等理性的东西结合在一起，而把复杂性、变易性、片面性以及感觉和欲望放在一起。前者关涉到终极（end）问题，后者关涉到圆满终结

---

① 杜威：《经验与自然》，商务印书馆，第 299 页。

（consummation）问题。美学家们素来对后一类问题不屑一顾，而醉心于在永恒中寻求美的本质。这是人们认识世界的方法，也是人们的人生观念与审美追求的体现。这种趋向，从形式上看既高雅又深奥，而其心理根源则是原始而朴实的。它是人类在无能控制变易事物的状态下所产生的一种对稳定性的追求。杜威认为，真正值得划分的区别不是永恒与变异之间的区别，"而是在两种实践方式之间的区别；一种实践方式是不理智的，不是内在地和直接地可以享受的，而另一种实践方式则是富有为我们所享有的意义的"①。这种区别就是自然与艺术之间的区别，非审美活动与审美活动之间的区别，同时也是古代文明与现代文明之间的区别。古代文明是"凭借自然"的文明，它只在顺应自然、认识自然、静观自然。现代文明是"凭借艺术"的文明，它要剖解自然、组合自然、控制自然，它因此把人生理解为经验，即人与环境的不断的相互作用与相互沟通。经验由一系列的活动过程构成，而每一个过程都是有开始有结束的，圆满终结的问题由此而来。

圆满终结存在于一个有起点有终点的活动过程中。在经验活动中的人不愿去争辩世界的本体问题。这个世界或许是绝对稳定的理式，或许是变动不宁的生命流，或许都是都不是。人们知道的是，当下的经验活动是一个变异过程，智慧的参与可以使这个变异过程富有条理和秩序。圆满终结就是给特定的变异过程一个条理。终结不是一般的停顿或时间上的终点，它是一个经验整体的最后构成。它是一个一，一个形式，一个尽善尽美的统一体。它值得赞美，值得追求，值得体验；也许，用来赞颂绝对理念的那些词汇都可以用在这里。但是，二者是完全不同的。圆满终结是就一个活动过程而言的，它是经验的产物，是人的创造，而不是所谓宇宙实在。圆满终结意味着，此时此地的这个被体验到的经验是一个整体，而丝毫不能说明宇宙是一个理式。这种圆满终结只为此时此地所占有和享受，并不具有任何永恒、绝对的价值。当新的经验开始以后，此时此地的整一就成了彼时彼地的部分。人所期望的是创造和享受这种无限多的圆满终结，而不是要一劳永逸地进入永恒世界。

这是杜威美学与柏拉图传统的一个重要区别。在欧洲美学史上，亚里士多德的四因学说提出了另一条认识事物的思路。当康德讲"人为自然立法"的时候，他是在复活亚里士多德"形式范塑物质"的思想。这种观念构成了古代和近代理性主义哲学的中心内容之一。而这也正是杜威所要坚决否定的一种观念。杜威指出，事物

---

① 杜威：《经验与自然》，商务印书馆，第287页。

只因具有形式才能认识，与形式相对的内容是不合理的、混乱的、变动的，它有待于形式的规范——"这种内容与形式的形而上学的区分体现在欧洲思想数百年的哲学中。由于这个事实，它影响着有关形式与内容的关系的审美哲学"。[1]

杜威不否认形式的存在，杜威与传统美学的分歧在于对形式的产生、性质及作用的不同理解。一种经验一旦具有审美性质，它就从无尽的经验之流中独立出来，它是一个整体，一个一，因为它有了自己的形式、结构或叫条理，这些概念意义相同，都指经验过程的内在条理或关系。形式本是不存在的，它不是构成经验的最初因素。构成经验的原始材料是主体的欲求、观念与相应的客体环境，使二者从对抗走向平衡的是人的智慧。在智慧的作用下，参与经验的各种元素相互适应、相互配合，形成了一种最简洁、最经济、最有效应、最和谐有序的调节关系，这就是一事物的形式。当一个经验在操作过程中建立起必需的调节关系时，人们就称这种经验有了形式，有了生命，同时也有了审美性质。杜威说："在每一个完整的经验中都有形式，因为那里有动态的组织。所以这样说是因为它需要时间来完成，它是一种生长过程。"[2] 又说："每当获得一种稳定的、

尽管是运动的均衡，便构成了形式。变化是相互联系和相互依从的，有了这种连接性，也就有了持续性。秩序不是由外力强加给的，而是由相互作用的和谐关系产生的。由于秩序是活动的（并非那种与所进行的活动不相关的静态事物），它自身也在发展中。"[3] 杜威所要强调的是：形式不是外在于经验的，形式由经验而来，在经验中存在，随经验而发展，这是一个极其重要的思想，杜威以不同的方式，从不同的角度表述了存在主义哲学的主旨：存在先于本质。当然，实用主义与存在主义在许多方面是完全不同的。

形式对于艺术以至人生都是极其重要的，杜威甚至说过，形式就是艺术。但这里的形式一词毫无先验、绝对、神圣的色彩。形式，在杜威看来，几乎与"意义"是同义语。当我们说某物有意义时，是指这一事物对人、对未来或对其他事物有某种关联，我们可以通过这种关联而联想、领悟、唤起、体味到某种远远超出该事物自身的意蕴。这就是所谓在意义水平上认知事物。不难理解，与其他任何事物都没有联系的事物，不仅不能充分发挥它的存在价值，而且也难以为其他事物所接纳。因此，形式的建立是异常重要的。在一个

---

① 杜威：《艺术即经验》，第 116 页。
② 同上书，第 55 页。
③ 同上书，第 14 页。

经验过程中，形式的出现使得参与经验的各个元素得以充分地展示它们的功能、意义。这是因为，通过推理、想象、均衡调整，各种元素在总体结构中建立了纵横交错的关系。就个体元素讲，这种关系越丰富，它的意义就越大；就经验整体讲，它越具有形式，也就越具有凝聚力和独特性。但是，越是强调形式的重要性，就越要警惕形式的喧宾夺主。形式的全部价值都来自它的功能作用。它永远是产生于、服务于经验的。它是为经验、在经验中确立的条理，而不是强加于经验过程的范式。一个经验，从其结果看，是整体形式统摄着部分内容，而从其过程看，则是部分内容规定着整体形式。杜威说，形式越具有一致性，艺术就越优美，但有一个条件，"即这种一致性要跟对新颖事物的惊奇和对无有缘由的事物的容纳不可分辨地结合在一起"。① 只有这样，形式才不会蜕变为僵硬的桎梏。

五、审美经验：沟通和创造

以上两节侧重讨论审美经验的性质与特点。所谓审美经验，既指审美创造，也指审美欣赏。杜威不认为这两种活动之间有质的区别，也不认为二者是可以绝对分割的。他谈到，球场上精神高度集中、姿态优美自如的球员，田间专心致志、情趣满怀的农民，工棚中有条不紊、刻意求新的工匠，等等，他们既是在从事生产活动，也是在体验活动的审美性质。狭义的艺术除了这种二重性质以外，有一个独立的欣赏活动问题，因为这种艺术是专为欣赏而制作的。对艺术作品的欣赏与对经验活动的体验可以等同吗？杜威认为，艺术欣赏活动同样是人与环境的相互作用，同样是一种经验。它与制作性经验的不同之处在于，它的经验过程是在内在的意识领域中进行的，而不是外在的操作活动。像经验一样，艺术欣赏是手段与目的的有机统一，是一种沟通，也是一种创造。

关于这个问题，须从感受与领悟两种心理活动谈起。感受是人对心理状态的感知，如痛苦、悲惨、美丽、舒适。这些感受本身与嗅觉、味觉感受具有同等的性质，它仅仅是一种感受，它既是起点，也是终点，"它是怎样存在的，它就正是那个样子"。它自身对它所感受的事物不能作任何解释。可以说，感受是对对象的生物性的刺激——反应。领悟是在感受基础上的一种认识活动。"领悟就是承认尚未达到的可能性，它是把现在归因于后果，把透视归因于最后的结果，并且从而按照事情间的联系来行动。作为一种态度来说，领悟或觉察就是预测的期望和留意。"② 领悟的

---

① 杜威：《经验与自然》，商务印书馆，第288页。
② 同上书，第148页。

功能主要表现在：认识事物的原因条件，预测事物的未来后果，探求事物之间的关系。审美活动是感受和领悟的统一，凡感受和领悟同时活动的场合，就可能构成美感体验。杜威在这个问题上主要强调的是审美活动中的理智作用。他认为，仅有感受不能称为审美活动。不论是烦忧、痛苦还是幽默、壮丽，当没有领悟参与时，它们是单个的，封闭的。它们出现了，又消失了，仅此而已。幽默、壮丽一类的积极性感受虽然能给人一时的快感，但它游离不定，稍纵即逝。这种情况下，人与其说在体验感情，不如说是在受命运之神的摆弄。感受需要领悟。当领悟对感受作出某种界说、预测、调理、评价时，感受才能获得生命，成为稳定的、具有意义的整体经验。只有此时，"感受的直接状态才不再是一种默然无语的暗自销魂，不再是一种独立的直接占有，不再是一种潜藏的聚集组合，即不再是在感觉和情欲中所发现的种种情况了。它变成了能够为我们所探讨、思索以及在理想中或逻辑上加以阐发的东西"①。

这个过程也就是沟通的过程。关于沟通的性质及意义，杜威用一个浅显的比喻作了说明。据说北欧人在哥伦布发现新大陆之前已经到过美洲。但是，北欧人的发现与西欧人的发现在意义上是完全不同的。

北欧人的这一新知觉相似于一个偶然的心理感受，它没有改变欧洲人原有的观念，没有给欧洲人的生活带来任何变革。它因此不能算是一个发现，它与黑暗中跌倒在一张椅子上并无两样。同是看到一片新大陆，西欧人的北美之行则称得上是惊天动地的大发现。西欧人意识到这片新大陆的难以估量的价值，而且也由此改变了他们原有的地图，原有的观念，原有的生活方式以及整个信仰。对西欧人来说，这次发现就是一次沟通。杜威讲到，沟通是所有事情中最奇特的一件事。

沟通是人特有的一种心理活动。沟通包含了认识、调节、创造等复杂的心理过程。如同化学反应一样，沟通是两个独立的整体在特定情景中，通过重新分解、组合而产生新的整体的"精神物理"活动。欣赏者的心理既不是如洛克所说的一块白板，也不是如黑格尔所说的一个绝对概念框架，它是一个开放着的、富有变易性的观念体系。当它与审美客体发生作用时，它力图找到它与客体的某种联系，力图使对象成为它的一个组成部分。这就是沟通过程。客体在主体这一新的参照系的解释下获得了新的意义，与此同时，它的参与也改变了、丰富了主体的原有观念体系。就参与审美经验的主体与客体来讲，它们在这一活动过程中都有所变化。客体不再

---

① 杜威：《经验与自然》，商务印书馆，第136页。

是外在于主体的客体，主体也不再是未发生交互作用之前的主体。就审美活动的过程来讲，它是一个从变易、失调走向稳定、创新的过程。杜威说，沟通使得客体事物的意义从狂风急浪中折入了一个平静的可以通行的运河，跟主体这个主流会合在一起。这一会合使得客体这个支流归化入籍，成为主流的一部分，也使得主流染上了新的色彩。

六、四种缺乏审美性质的经验

经验是生活的同义语。任何人类活动都是主体与环境构成的，这种活动都可以称为经验。从理论上讲，一切经验都可以具有审美性质，而事实并非如此。从某种意义上说，人类尚生活在前审美时期，人类的绝大部分活动还是非审美的。这只要看看各种美学理论对于艺术的种种神秘、夸张的理解，就可见出问题的严重性。艺术本是经验的一种，而美学家们都不约而同地竭力拉大艺术与一般经验的距离。事实上，艺术越是高高在上，受人顶礼膜拜，就越反映出一般经验的艰辛、单调、强制等非人本主义性。关于非审美性经验，杜威主要讨论了以下四种：

第一，一个绝对变动着的世界中不会有审美经验存在。在理论领域，存在着一种与稳定哲学针锋相对的变化哲学。当赫拉克利特宣称人不能两次走进同一条河流的时候，当柏格森讨论"生命冲动"、"绵延性"的时候，他们都把世界看做一个绝对变动、无从把握的生命流。在实践生活领域，当人们受着外在强权的绝对控制而难以主宰自我命运的时候，当人们顺应于本能冲动而像动物一样生存的时候，人们必然把世界理解为一个混混沌沌的变异场。杜威认为，这样的世界不可能有美。杜威深受进化论与相对论的影响，相信万物都在运动、变化、发展之中。他与变动哲学的分歧在于，他坚持变化是有节奏和应该有节奏的。审美经验是原因与结果的统一，手段与目的的统一，相互作用与圆满终结的统一。这是一个有始有终的过程，这个过程自身就包含了变易与稳定。稳定意味着一个独立整体的存在。它是一个阶段的终止，一次劳动的收获。只有当整体出现的时候，人才能说：我拥有这种经验，体验这种经验。绝对变异的世界不是人拥有和体验的对象；在这样的世界面前，人只能感到茫然失措。

第二，一个完结或终止了的世界不会产生审美经验。这样的世界是柏拉图以来的许多哲学家们精心设计、执著追求的人生境界。他们认为，真正的美只能存在于统一、绝对的理念世界中。柏拉图的理式，亚里士多德的形式，普罗丁的太一，康德的纯粹理性，黑格尔的绝对理论，等等，都是对永恒境界的描述和规定。杜威认为，对于这种观念，无须作理论上的反驳，需要的仅仅是对它的出现给予社会学和心理学方面的解释。对于一个信仰美在经验中的人来说，静观一个完结了的世界是令人沮丧的事。永恒绝对的世界是没有矛盾、冲突、变易、危机的世界，这也就意味着人的创造机会、操作可能的消失。这样的世界留给人的只是被动的静观。而事实上，追求创造才是人的更本质的要求。人是在创造、操作、经验过程中体验人生真谛的。那种把统一、理念视为实在，把静观实在视为最高的美、最大的享受的观念，仅仅反映了人们对于动荡不安的社会现实无能为力这样一种历史事实。杜威说："处于一个烦恼的世界之中，我们渴望有完善的东西。我们忘了，使得完善这个概念具有意义的乃是这些产生渴望的事情。而离开了这些事情，一个'完善的'世界就会意味着一个不变化的、纯存在的事物。"① 而审美经验正包含了一种变化发展过程。哪里有矛盾、冲突，哪里才可能有操作、协调，才可能有圆满终结。因此，审美的态度就是对矛盾与冲突的敏锐感受、坦然接受的态度，它最喜欢的是有问题的情景，最遗憾的是达到了一个不能再产生问题的绝境。

第三，机械呆板的活动没有审美性质。机械呆板的活动意味着，一方面，操作对象高度地一致和毫无变化地重复；另一方面，主体对操作过程了如指掌，以致整个操作活动成了一种无须智慧参与的机械运动。这种活动所以没有审美性质，首先在于它使人的智慧成了多余的存在。活动千篇一律，毫无变化，既唤不起人的注意或兴趣，也没有需要智慧去解决的新矛盾。活动没有丰富人的生活，锻炼人的才干，反而使人蜕变为一架机器。其次，这种活动把活动过程与活动意义全然分隔开来。活动尽管有开始、过程和结束，但它们之间的联系仅是时间性的。活动者并没有在意义上把过程视为一个相互联系的整体，并没有意识到手段与目的之间的关系。"活动过分地自动化，以致活动者本人都不知道他在干什么和他为什么而干。活动虽然结束了，但那不是在意识上的完成或圆满终结，各种障碍被机敏的技巧所克服，但它无助于经验的生长。"② 活动成了一种纯粹的手段，它的目的不是在过程中逐渐显现，它的结束并非使活动走向圆满终结，相反，它使活动者像扔掉一张废纸一样忘掉全部活动，而去欣赏用这一活动换来的结果。

第四，漫不经心的活动没有审美性质。人们在谈话、在工作、在制作，但处于精神恍惚和意志涣散状态。他们对要干什么、该干什么等一系列问题没有周密的考虑，仅仅是听命于情感的驱使，凭一时的心血来潮而跃跃欲试；或者随遇而安，屈从于

---

① 杜威：《经验与自然》，商务印书馆，第53页。
② 杜威：《艺术即经验》，第40页。

外在的压力，被动地退缩、让步。整个活动紊乱无章，一盘散沙，"有开始和停顿，但没有真正的制作和完成。一件事情取代了另一件事情，但并没有吸收它或把它推向前进。这是经验，但它过于松散以致不能算经验。无须多说，它没有审美性质"①。这种经验，杜威认为，只有感知而没有领悟，人只是在感觉水平上认知对象，而不是在理智水平上领悟对象。人只是作为一个有欲望、有情绪的人参与经验，他没有在理智上把握自身和对象。这样的活动，就其过程讲，无从谈目的与手段的统一；就其结果讲，不可能出现圆满终结。杜威认为，人必须首先成为自己的主人，才可能成为对象的主人。他说："当我们过分为情感所驾驭时，如愤怒、恐惧、忌妒，这种经验完全是非审美的。人们感受不到产生这些情感的活动性质的关系。结果使得经验的材料缺少平衡与比例的因素。"②

七、智慧——审美经验的生命之源

哲学是理性的，但理性的哲学总是以近乎信仰的观念为基石的。哲学大厦是严密的，而大厦的基石则有浓厚的信仰成分。杜威美学的基石，概括地讲，就是科学意义上的探索、智慧。杜威视之为人类的希望、幸福的源泉、艺术的生命之源。

在和朋友的一次闲谈中，杜威如此总结了他一生的工作："这个世界是嘈杂的，愚蠢的丑陋的——但它就是如此。让我们找找原因吧。"③ 这就是杜威的使命。杜威相信科学，但他不像18世纪启蒙主义思想家那样过分地相信科学成就，他更相信科学精神和科学方法，即以怀疑的态度、实验的方法认识生存、改造生活。智慧不是万能的，但是，除了智慧之外，人类还可以信赖什么呢！杜威反复讲，方法的改进、智慧的完善，乃是当务之急的、具有最高价值的事情。杜威深感这项工作的重要性与艰巨性，他常把自己的事业与罗吉尔·培根和弗兰西斯·培根的事业相类比。近代科学的辉煌成果是以科学精神的深入人心和科学方法的不断成熟为基础的，而这个基础正是由罗吉尔·培根和弗兰西斯·培根这样的思想家奠定的。现代哲学面临着类似近代科学早期的任务，即对哲学方法的改造，"允许培根的志向得到一个自由而无碍的表现"④。杜威说："假使我们十分乐观的话，我们可以预见到哲学中也会有同样的结果。但这个日期似乎并不近在咫尺；在哲学理论方面，如果以罗吉尔·培根的时代与牛顿的时代相比的话，我们

---

① 杜威：《艺术即经验》，第40页。
② 同上书，第49页。
③ 博哲斯：《美国思想渊源》，山西人民出版社，第213页。
④ 杜威：《哲学的改造》，商务印书馆，第27页。

还是比较接近于前者的。"①

从这种信念出发，杜威对从古希腊到他的时代的各种美学都提出了尖刻的批判。古代和近代美学的核心概念是理性。柏拉图称之为理式，亚里士多德称之为形式，康德将理性分为悟性形式（优美）与理性律令（崇高），黑格尔把美规定为显现作感性的理念，等等。这些美学都建筑在理性这一基石上。何为理性？"理性一词既指超经验的、内在不变的自然秩序，也指掌握这个普遍秩序的心灵器官而言。从这两方面来讲，相对于变迁的事物而言，理性就是最后固定的标准——就是物理学现象所必须服从的法则，人类行为所应该服从的模式。"② 理性美学不否认人的智慧这种机能和对智慧的使用——探索这种活动，但它们都坚守一条法则：智慧的使用只能在理性之外或理性之下，不能涉及理性自身。这一法则在康德那里得到最充分最系统的表述：智慧（悟性）只能在形而下的因果世界中使用，形而上的理性世界无须智慧，美就是不凭概念而普遍和必然地令人愉快的。现代哲学以反理性主义为旗帜，全面否定了理性的神圣与尊严。但是，在打倒旧偶像以后，现代哲学又忙于树立新的偶像。意志哲学的意志，生命哲学的生命冲

动，存在哲学的存在，等等，纷纷登堂入室，踏上了本体、实在的宝座。这些新偶像有与理性同样的神圣与尊严，科学智慧在它们面前同样无能为力。从这个意义上讲，新旧哲学之间并没有实质性的区别，科学意义上的探索只能在物理领域进行，精神领域仍是一个封闭的独立王国。旧哲学崇尚不证自明的理性，新哲学信仰同样是不证自明的本能、感性、直觉。

杜威坚持，任何存在，不论理性或感性，都是可以探究的对象，在智慧面前不存在所谓最后的本体。他说：理性主义认为自然本身是有理性的，"这种主张所付出的代价是很高的。这种主张意味着，人的理性是一个外在的旁观者，他观望着一个自身既已十分完备的理性。这种主张使得人的理性丧失了主动的和有创造性的职能；人的理性的任务只是摹写，只是从符号上再呈现，只是观望一个既有的理性结构"③。杜威主张用智慧代替理性。理性意味着固定和限制，智慧则意味着解放和扩展。这是因为，"一个人之所以是有智慧的，并不是因为他有理性，可以掌握一些关于固定原因的根本而不可证明的真理，并根据这些真理演绎出它们所控制的特殊事物，而是因为他能够估计情境的可能性

① 杜威：《经验与自然》，商务印书馆，第 6 页。
② 杜威：《确定性的寻求》，第 160 页。
③ 同上书，第 158 页。

并能根据这种估计来采取行动。"① 智慧对现代哲学所谓的意志、本能也有同样的作用。无论何种本体都需要经过智慧的认识、把握、控制，否则，人类只能处于像动物一样的"自然状态"。"当人类认识到欲望的意义，认识到它所导致的后果，而这些后果又在反省的想象中加以试验，其中有些看来是彼此一致的，所以可以同时共存和排列成为一个系列的成就，而另有一些则看来是各不相容的，既不容许在同一时间结合起来，而在一个系列中又是彼此发生阻碍的——当我们达到了这样一种境界时，我们便生活在人类的水平上，我们在从事物的意义方面反映事物。"②

不仅任何存在都是可以认识的，任何可以享受的事物也必须经过探究。未经探究和理智把握的对象不能成为具有价值意义的对象，尽管有时它们是可以享受的。也就是说，可以享受的事物不一定是有价值的事物。有些事物是美的，但不一定具有审美价值。一种偶然的、不知所以然的经验可以给人带来某种享受，但它与真正意义上的艺术有质的区别，因为它没有受到智慧的剖解与认识。杜威说："我们不能把任何享受的东西都当作价值，而必须用作为智慧行动后果的享受来界说价值。如果没有思想夹入其间，享受就不是价值而

只是有问题的善。只有当这种享受以一种改变了的形式从智慧行为中重新产生的时候，它们才变成价值。"③ 杜威并不是一个禁欲主义者，并不否认偶然享受的存在。杜威所要强调的在于两方面。首先，要把自然的与艺术的两种享受区分开来。前者不为人所控制，过多地依赖它，人类只能停留在动物水平上，只能靠偶然、运气被动地接受自然的恩赐。真正属于人的享受是艺术的。这种享受依赖于人的智慧与努力，受人的控制。只有这种享受才标志着人的自由与解放。另一方面，智慧是高于一切的，没有任何存在是在智慧之外的。偶然的享受潜在着某种危机，因为它排斥智慧的作用，从而使得整个享受过程失去人的理智的指导与控制。哪里有智慧，哪里才可能有艺术，才可能有审美经验。

第三节　杜威美学与欧洲传统

作为一种现代思潮，实用主义美学的一个重要特色就是对欧洲传统美学的批判。实用主义与欧洲传统的分歧不是枝节问题上的，而是基本的价值观念上的。因此，要理解实用主义美学，就有必要了解实用主义美学对欧洲传统美学提出的种种挑战。我们这里采用比较的方法，通过杜威与柏拉图、休谟、黑格尔的比较研究，力图见

---

① 杜威：《确定性的寻求》，第160页。
② 杜威：《经验与自然》，商务印书馆，第297页。
③ 杜威：《确定性的寻求》，第195页。

出实用主义美学对古希腊传统、英国经验主义传统和大陆理性主义传统的继承和变革。

一、杜威与柏拉图：两种真善美境界

在某种意义上，杜威与柏拉图属于同一类型的美学家。他们都不是书斋先生，都不属于那种为解释某种现象或解决某个问题而标新立异、著书立说的人，他们是为了人，为了人类，为了未来而辛勤探索的思想家。柏拉图最初的理想是做政治家，中年以后他还两次去西西里为实现他的政治抱负而奔波。杜威始终是一个热心的社会活动家，他曾组建过美国自由同盟，他不满于美国民主党和共和党，曾致力于组织美国第三大党。作为思想大师，杜威和柏拉图都曾为人类的未来构造过一幅美好的蓝图，这两幅蓝图不约而同地都是真善美的完满统一。从对这两个真善美境界的分析中可以看到，杜威与柏拉图所以能构成一场伟大的对话，是因为他们的思想达到了同样高的境界层次，而他们所以争论不休，是因为这两个境界性质各异，互不相容。我们从以下几个方面来对比这两个境界。

第一，两个不同的核心。真善美三者在杜威和柏拉图的理论体系中都不是地位均等、平分秋色的。这两个境界各自都以一个更为核心的因素统摄着整体性质。在柏拉图的境界中，真是最核心的因素。柏拉图所理解的真不是科学意义上的真理，而是哲学意义上的本体。寻找现象世界背后的本体世界，是柏拉图哲学探索的基本任务。柏拉图坚信，现象世界的事物都以一个永恒不变的本体为范式。这个本体既包含了时间秩序，还包含了空间构架，因此它既有囊括万物的抽象性，又有和谐有序的直观性，柏拉图准确而形象地用"理式"这个概念来表述他所理解的万物本体。柏拉图的境界是纯一的，它只有理式这一种存在。理式首先是真的，其次也是善的和美的。善关涉到人的社会行为，而社会行为作为现象世界的一种存在，也是由相应的理式决定的，因此，认识了理式，也就把握了善。这是不难理解的。关于理式何以有审美属性的问题，亦即真何以是美的问题，柏拉图没有作详细解释，他相信这是不证自明的。

杜威所讲的经验，也是真善美三位一体的境界。杜威避免使用传统哲学中本体论的一套概念，其实，经验正是杜威所理解的本体。但经验这个本体不需要理性去发现，它是最基本的存在，每个人随时随地都在创造着和体验着经验。在经验这个真善美一体的境界里，善居核心的地位。善不指人类行为的先验范式（动机论），也不指可以为人享受的事物（效果论），善指事物的工具性质。凡能保证人类经验过程完满发展的事物就都是善的。智慧是善的，探索是善的，科学方法是善的，等等。杜威用善来定义和检验真理：一种理论或观念，只要能指导一个经验过程，使之达到圆满终结，它就是真的。有些哲学家指责杜威不曾为真理下过严格的定义，杜威回答，真是关于参与经验的各种事物之间因果关系的知识，知识的真理性只能在经验过程中检验，离开了善就无从谈真，真只能存在于有人参与、由人构成的经验中。一个经验如果同时具有真（因果关系）和善（对特定关系的实际应用），那么这个经验就必然具有审美属性，它作为感受对象就是美的。

可以看出，杜威与柏拉图都坚持，真善美是不可分割的整体，不存在独立的认识活动或审美活动，真善美永远共存，一损俱损，一荣俱荣。而他们对这个境界的理解则是完全不同的。杜威认为，经验是基本的存在，真善美是经验的属性；柏拉图则坚持，理式是唯一的本体，真善美是理式的属性。杜威把真善美的境界理解为一种经验过程；因而，保证这个过程圆满完成的善就成了核心的问题。柏拉图把他的境界看做一种静观对象；这样，对象是否真就成了首要问题。这是两种境界在理论形态上的分歧，这种分歧异源于杜威与柏拉图在人生观上的不同看法。

第二，两种人生观念。杜威与柏拉图以至整个希腊哲学的根本分歧在于他们对人生终极价值的不同理解。这是把握杜威及柏拉图的关键所在。对人生终极价值的理解才是真正的美学，或者叫潜美学。哲学体系大多是从这种潜在的美学观念开始，而以明晰的美学理论结束的。所谓本体论、认识论等，大可看做是对相应的美学观念的论证或演绎。为什么柏拉图能够通过凝神观照而获得欣喜若狂的审美感受呢？为什么柏拉图相信真就是美呢？理论的基石常常是信仰。柏拉图相信，人生的终极价值就是对永恒与和谐的占有，它是人生的起点和终点，第一因和终极因。因此，永恒与和谐就是真正的美，它享有终极的价值，它的意义远远超越于任何仅有工具价值的事物。永恒与和谐，柏拉图认为，只有在理式世界中才能找到，理式就是永恒与和谐。

杜威同样也有一个终极信念，这就是：完善经验，走向创新。杜威对人生的理解是生物学性的，他从达尔文那里得到启示，把人生的真谛理解为：运动、相互作用、新生事物。这是一个经验过程，人生即无数经验过程的综合体。确保每一个经验过程都具有直接的享受价值就是人生的追求，而工具性事件的参与就是真正的保证。因此，工具性与终极性、手段性与目的性的结合就是人生至高无尚的享受。这就是杜威所追求的美。这个美是世俗的，当下的，可以为人人享有的。你的活动不是强制的，而是自愿的；你的活动过程不是漫不经心的，而是在你的智慧控制之下有条不紊地进行的；你有开端与缺失，也有结束与收获；你经历了一个过程，同时也创造了一种事物。假如你拥有这一切，你就是在体验人生的终极价值，你就已经进入了真善美的境界。显然，与柏拉图的美不同，这种美只能存在于经验过程中，有经验才有美。因此，保证经验过程的圆满完成就成了美的存在前提，这使得杜威从美走向了善，从目的走向了手段。早有人指出，杜威太讲活动、操作而忽视了人生享受了。杜威回答，他的哲学是一种工具哲学，他不愿过多谈论终极价值、理想等问题。他坚持，只讲目的而不谈手段，是一种不诚实和病态的表现。那样的工作最好留给幻想家去做，哲学家当更多地谈论工具、手段问题。只有这样，理想才不至于成为空想，哲学才不至于成为宗教。

杜威与柏拉图在终极价值问题上的分歧导致了两种对待现实世界的态度。柏拉图在理式中找到了他所追求的永恒、和谐。理式是一种观念存在，占有它所需要的是理性思维和对现实世界的超脱。柏拉图对经验世界持有一种令人难以接受的轻视，因为在他看来这个世界是变异的、暂时的、杂乱的、现象的。面对生活，柏拉图会说：超越，超越，再超越；超越现实，进入审美世界。杜威对现实生活的态度与此恰恰相反，杜威会说：改造，改造，再改造；改造现实，使之成为审美世界。柏拉图宁愿舍弃现实世界也要保证理式世界的纯洁无瑕，杜威则宁愿降低审美世界的层次也要确保所有人类经验的审美化。

第三，两种文化背景。杜威与柏拉图都是乐观主义者，都相信人类未来是美好的。支撑他们这种信念的分别来自他们所处的时代中取得最高成就的文化。在柏拉图时代，这种文化是几何学和艺术。几何学与近代实验科学相比有许多特点，而这些特点无一不对希腊哲学有重大影响。几何学揭示数的关系与形的结构，它能给人提供一个具有空间构架性的抽象模式。几何学从不证自明的公理出发，依据演绎推理而达到直观经验不可把握的定理。几何学可以给人展现出一个和谐有序的静态直观世界。它使人相信，理性可以超越杂乱无章的感性世界而达到一个完善和谐的数的世界。柏拉图对于几何学的这些特性是了如指掌的，只要想想柏拉图学园门口刻着的那句话，就可以知道数学在柏拉图思想中所占的地位。希腊文明在实践领域方面的辉煌成就表现在以雕塑为主的艺术中。艺术作品包含了条理、比例、形式和理想。假如宇宙也是被创造出来的，那么它一定像艺术一样，也有永恒不变的条理和形式。希腊人正是这样理解问题的。数学与艺术中的条理与形式的存在使柏拉图有理由相信，理式世界是存在的。

杜威时代的文化成就主要表现在经验科学和工程技术方面。科学与技术都关涉到人的实践操作活动，它们是追求效益的工匠传统与追求知识的哲学传统的综合。科学与技术改变了人与自然的传统关系，人不再是被动地静观自然，承受自然，而是主动地认识、剖解和改造自然。科学与技术活动中所体现出来的态度与方法逐渐为人们普遍地接受，人们相信科学方法，相信探索的力量。杜威不仅通晓现代科学成就，而且深知自然科学方法的人本主义性质。他是经历过两次世界大战的思想家中对科学方法深信不疑的为数不多的思想家之一。他认为，经验科学的成功为彻底改善人类命运、消除人类阶层及职业的差别带来了希望。科学寓动手的工匠性操作与动脑的贵族性思维为一体，它的成功来源于此二者的结合。这为人类其他经验活动的审美化提供了典范。人类的极致不是平民贵族化，也不是贵族平民化，而是社会职业科学化与艺术化，即操作与思考、感受与领悟、目的与手段的结合。

二、杜威与黑格尔：两种圆满终结

杜威的哲学启蒙老师是一位崇拜黑格尔哲学的德国侨民。由于这位老师的影响，杜威对黑格尔发生了浓厚的兴趣，并一度成为一个黑格尔主义者。从黑格尔主义经由进化论而走上实用主义以后，杜威才开始以一个哲学大师的姿态活跃在美国学术界。尽管杜威后来完全抛弃了黑格尔主义，并转而成为一个坚强的反理性主义者，但黑格尔对杜威的影响始终没有消失。詹姆士有一次对杜威说：我从经验主义来，你从黑格尔来。杜威没有否定。也许正是由于黑格尔的影响才使杜威没有成为一个平庸的实用主义追随者。杜威应该说：正因为我从黑格尔来，我才创立了一种新的经验主义。这种新经验主义使人联想起康德的批判哲学。杜威做过类似康德的努力，尽管两人的倾向完全不同。康德曾在理性主义的框架下统一经验主义，杜威则是在经验主义的框架下吸收理性主义。杜威哲学的特色之一就是追求各种对立因素的统一，这显然是黑格尔的影响。杜威曾说过："黑格尔的综合主与客、心与物、神的与人的，并不仅仅是什么理智上的共式；他这个综合对我确曾发生了广大无边的开脱作用，不失为一种解放。黑格尔处理人类文化、论述社会制度与各种艺术的方法，同样地把坚不可摧的分裂隔离的铜墙铁壁给拆毁了，这曾非常地吸引了我。"[①] 在美学理论中，杜威从黑格尔哲学中引借来的主要是关于圆满终结的思想。

黑格尔对杜威的影响是不可否认的，但是，正像经验主义没能改造康德一样，黑格尔哲学没有改变了杜威美学的实用主义性质。杜威是一个多元论者，黑格尔是一个一元论者，这就是他们的互不相容所在。杜威曾这样谈过一元论与多元论的区别："一元论相当于一个坚实的宇宙，在那里，任何事物都是固定的，而且是不变地

---

① 罗素：《杜威的新逻辑》，见《资产阶级哲学资料选辑》第2辑，第218页。

和其他事物结合在一起。在那里，不决定、自由选择、新奇的事物以及经验中所不能预知的东西是没有地位的；这是这样一个宇宙，它需要为了一个建筑结构的简单与高贵性而牺牲事物的具体而复杂的多样性。在有关我们的信仰的东西方面，一元论要求导致固定的教条主义态度的理性主义性情。另一方面，多元论则为偶然性、自由、新奇的事物留有余地，并且给予了经验的方法以完全的行动自由，这种自由的余地是能够大大地扩展的。它在找到统一的地方承认统一性，但它并不企图强迫把事件与事物的巨大的多样性纳入单一的、理性的模型。"① 这段话可以看做是杜威与黑格尔哲学分歧的概括。下面就杜威的圆满终结与黑格尔的理念两种理论作几方面的分析比较：

第一，范式论的和动力论的。黑格尔美学的核心概念是理念。从某种角度讲，理念很近似于杜威的经验。像经验一样，理念不是静止不变的，理念是一个有始有终的运动过程。黑格尔反复讲，理念本质上是过程。这个过程从概念始，经由实在而达到了二者的统一。由于是运动过程，理念因此是具体的。以上这些观点与杜威美学相差无几，只需把理念换成经验。理念过程与经验过程的本质区别在于，理念过程受一个先在范式的决定，这个范式就

存在于过程起始的概念中。凡有事物存在的地方就有辩证过程，而辩证过程无不是从概念开始的。用黑格尔自己的话讲，理念过程是理念自身本质的外观过程。这意味着，对宇宙万物的认识实质上就是对概念及其演化过程的把握。黑格尔所构想的世界是一个和谐而封闭的世界，宽怀而僵硬的世界，它可以容纳和承认一切存在，但需将其归放于先于存在的概念框架之中。这就是那句名言的内涵：现实的都是合理的。

杜威的经验也是一个过程，但这个过程不是范式论的，而是动力论的。杜威是一个相对的绝对论者，一个不可知的可知论者。他坚持，先于经验的潜在意识和后于经验的未来世界都是不可谈论的。可谈论、可把握的就是经验世界。杜威认为，在局部的、当下体验着的经验中，目的是清晰明确的，经验过程是从起始走向目的的；而一个先于经验或后于经验的概念或理念是不存在的。即使在人类经验过程中，目的也不是概念式的先验存在。目的是基于原因——结果而产生的；这意味着，目的同时由来自理性之外的感性动力和来自理性之内的因果关系而决定。艺术不是要追寻人类未来的终极目的，也不是要为人类设计这样一个目的。艺术在探求促使人类行动的基本动因和这种动因得以发展的

---

① 杜威：《美国实用主义的发展》，见《资产阶级哲学资料选辑》第2辑，第7页。

原因条件。如果套用亚里士多德的概念，动力因与材料因（环境）是最基本的，其次是形式因（因果关系），最后才是目的因，要保证一个经验具有圆满终结，目的是重要的，但是，只有最后实现了的目的才是确定的，经验起始时的目的（黑格尔的概念）只是预设，它随着经验的进程而不断地受到调整。因此，经验过程不是所谓某种本质的自我实现过程，而是沟通、调节、创造过程。杜威的经验世界是一个和谐而开放着的世界，一个宽怀而富有柔性的世界，它随时接纳新生的、偶然的、变易的事物，并力求依据这些事物的特性来调节自己，以保证这些事物的发展与生长。

第二，和谐的与自由的。黑格尔哲学给杜威印象最深刻的就是对统一的追求。杜威对黑格尔的这种理解是正确的。黑格尔不像康德，他不能允许这个世界是二元的，分裂的。他醉心于统一世界的巨大工程。虽然黑格尔也讲对立、矛盾，但他是为统一、和谐、稳定而承认它们的。变异所以有价值，在于它是走向统一的中间环节。黑格尔的终极价值是追求世界的统一，即在繁多中体现统一，在矛盾中体现和解，在个别中体现整体。对统一的追求必然导致对和谐的偏爱，因为统一与和谐是对一种事物的两种表述方式：统一是对对象特性的描述，和谐是对对象所产生的主观感受的描述。黑格尔美学不允许崇高与美享有同样的地位，他认为，具有和谐性质的美才是纯粹的、完满的美。对和谐的偏爱使得黑格尔把概念视为远远高于实在的事物。概念是理念过程的起因和终因，概念所经历的辩证过程实际上是回归到自身的过程。在概念与实在的统一过程中，概念占统治的地位。所以如此，是因为概念自身就是和谐的，统一的，整体的。概念所以要否定自我而走向实在，仅仅因为它自己是抽象的，如同没有使用的设计图纸那样。黑格尔谈到，概念与实在的对立就是抽象与繁多的对立，灵性与感性的对立，道德意志与情欲冲动的对立。在使二者从对立走向统一的理念过程中，概念并没有舍弃了自己的什么，而是实现了自己；有所舍弃的是实在，实在受到了概念的规范和匡正。

杜威也十分重视和谐，他所使用的圆满终结这一概念就包含了和谐的特性。但是，在杜威美学中，和谐是第二性的，自由才是第一性的。和谐所以值得重视，在于它具有工具性价值。和谐是自由的存在前提，是实现自由的保证，也是自由的一种属性。经验起始于缺失、矛盾、疑问、束缚，经验过程就是摆脱困境、走向自由的过程。条理、结构、形式、关系为经验过程的圆满进行提供了可能。自由的实现离不开一个和谐有序的整体，但这个整体是由自由而产生、为自由而存在的。经验过程永远不是证实了什么，回到了什么，而是创造了什么。经验过程是一个调节过程，调节总包含有整规、增删成分，因此并非所有偶然的、新奇的、自由的因素都可能得到最充分的发展。它们可能是有所保留、有所更变的，但这样做不是为了保证外在于它们的某种概念框架的尊严与神圣，而是为了它们自己。杜威不像黑格尔那样热衷于谈论理念的绝对性，相反，杜威竭力回避真理一类字眼。任何既定的条理、规范都随时走向陈旧、腐朽，因而任何经验都需要寻找适合于自己的条理与规范。这就需要永恒的探索。探索在使用着条理，也在更新、创造着条理。这就是杜威所以特别要强调智慧的原因所在。杜威讲自由、也讲和谐。在他看来，没有和谐的自由是放纵，没有自由的和谐是桎梏，以和谐为目的的自由则是一种欺骗，只有以自由为目的的和谐才是真正的和谐与自由。

杜威与黑格尔的分歧可以称为理智主义与理性主义的分歧。理性主义就其奠基者笛卡儿的本意讲，指一种怀疑、批判的、崇尚推理论证的近代人文主义精神。到了黑格尔这里，理性主义原有的那种科学精神已逐渐为一种追求整体统一的范式倾向所代替。理性主义所强调的，不再是人的怀疑批判精神，而是统摄现象事物的理性框式。任何事情都是理性的演化，与理性相比，人是微不足道的。杜威是一个反理性主义者，但他取而代之的是理智主义，

工具主义，而不是感性主义。杜威不承认作为一种本体的绝对理性，但他珍惜作为认识机能的认识理性。他把理性从目的降位到手段，从而使僵硬的范式变成了具有柔性的调节关系。杜威不去考虑人类的终极问题，因为进化论使他知道，终极问题是一个没有答案的问题。他关注的是现实的、具体的经验，因为近代以来的自然科学的成功使他相信，智慧的正确使用是可以改造和美化人类经验的。

三、杜威与休谟：两种经验观

哲学史上常常出现这样的现象：大谈相对论、怀疑论的哲学家往往最相信人类理智能力，而自称信仰理性、绝对的哲学家却往往轻视人类的理智能力。杜威坚持相对论，而杜威是最少宗教气质而最多科学气质的；休谟以怀疑主义者著称，而休谟是最相信理智的。休谟这样概括自己的性格：和平而能自制，坦白而又和蔼，愉快而善于与人亲近，最不易发生仇恨，一切感情都是中和的。这段话可以看做是包括杜威在内的经验主义哲学家所共同追求的审美性格。在将杜威与休谟作比较的时候，我们遇到的情况与前两节相反：他们之间的共同点大于他们之间的差异点。杜威美学与休谟美学在基本信念、精神、风格上都是同一类型的。这两种理论最主要的共同点是：都极端重视理智的作用，但都把理智看做是情感的工具。休谟谈道："理性的永恒性、不变性和它的神圣来源已

经被人们渲染得淋漓尽致。情感的盲目性、变幻性和欺骗性，也同样地受到了极度的强调。为了指出一切这种哲学的谬误起见，我将力求证明……理性是、并且也应该是情感的奴隶，除了服务和服从情感之外，再不能有任何其他的职务。"[①] 在休谟的时代能讲出这种见解是伟大的，而休谟的最伟大之处则在于，他没有流连于对作为目的的情感的欣赏，他一生都在研究作为工具的理性。这种精神为杜威全面地继承。杜威在《确定性的寻求》一书的结尾写道："知识是具有工具性的，但我们全书讨论的主旨却在于颂扬器具、工具、手段，使这些东西和目的与后果具有同等的价值。因为没有工具和手段，后果就是偶然的、杂乱的和不稳定的。"[②] 感情与理智的并重是从培根和莎士比亚以来英国文明的伟大传统。

这里不能过多地谈论休谟与杜威的共同之处。本节的宗旨是通过比较研究而深入把握杜威美学的特色。接下来要讨论的是他们在美学问题上的主要分歧。

从培根到罗素的经验主义哲学家有这样一个特点：他们都曾不同程度地谈论过美学、艺术问题，但他们都没有构建过一套独立完整的美学体系。这与从康德到尼采的德国哲学形成鲜明的对比。德国哲学不能不谈美学，而英国哲学似乎把美学置于可有可无的地位。经验主义发展到实用主义以后出现了一种全新的现象：在杜威的思想体系里，美学不仅是哲学的一个构成部分，而且是哲学的起点与终点。这一变化说明了什么呢？

休谟是英国经验主义的代表人物。休谟所谈的经验主义是方法论、认识论的经验主义。经验指人对事物的认知，指人类知识的来源。在杜威哲学里，经验远远不限于认识，经验泛指人与环境的相互作用，经验即生活。这是杜威经验主义与休谟经验主义的主要区别。这种区别在理论上的表现可以从以下几个方面看出：第一，休谟的经验认识论有传统工匠认识事物的特性：人对事物的感知完全是被动地接受、印象、判断，认识全然是一种仅有感知与理智参与的相对静止的活动。杜威的经验主义体现了近代以来自然科学的方法与精神。经验是实验性质的，杜威在这个意义上称他的经验主义为实验的经验主义。他说："实验经验主义认为经验，即人类实际的经验，就是采取动作、从事操作，就是切割、区分、分隔、扩大、堆垒、接合、聚合与混合、积累与分配，总之，就是选择和调整事物，使之成为达到后果的手

---

① 休谟：《人性论》，商务印书馆，1983 年，第 451 页。
② 杜威：《确定性的寻求》，第 226 页。

段。"① 这样的经验不仅包含了对对象的感知与体验，而且包含了对对象的剖解、组合等操作性、创造性活动。第二，休谟在谈认识活动时把人看成一个纯粹在认识的动物，心灵是一块白板，人是为认识而认识的。杜威反对康德的先验论，但杜威坚持，认识活动总带有预设的目的，"总是既包含有暗中摸索和相对盲目的行动，又包含一种有意识的预见和意向的因素。"第三，休谟是以是否与既定实在相符合来检验认识结果的，这是上述思想的必然延伸。由于感知和归纳方法永远是有限的，休谟得出了知识永远是或然性的怀疑主义结论。杜威在总体上是一个相对论者，但他在具体问题上则持否定怀疑论的态度。杜威坚持把认识结果与活动目的联系起来考察问题。经验有起点也有终点，认识是从起点走向终点的。人无须以当下的认识去解释非当下的万事万物；当下认识的意义就是调节、控制当下的经验过程。凡能使经验具有圆满终结的知识就是可信的。因此，一种知识是否正确，其答案只存在于经验的结尾。这就是杜威"让我们试试"一语的精神体现。

以上这些区别的结果之一就是：在休谟那里，经验只是一种认识活动，因此难以在经验概念上建立美学体系。杜威则把经验理解为本体性存在，经验即生活。审美活动作为一种生活，必然包含在经验中。经验因而成了杜威美学的核心概念。英语世界不乏大大小小的美学体系，但真正建立在经验主义哲学基础上的美学体系只有杜威美学，当然，这是经过改造的经验主义美学，即所谓的实用主义美学。

对经验的不同理解导致了杜威与休谟对美的不同理解。罗素说过，休谟《人性论》的前半部分是谈怀疑论的，而到后半部分则是谈论伦理学与美学的，休谟早已把他的怀疑论忘到九霄云外去了。事实确实如此。休谟的美学思想完全建立在理智基础之上。他的美学理论以两个先在原理为支点，一是同构，二是同情。休谟认为，人与人有着共同的心理需求与认知机制，人类心理的原始组织与自然的秩序也有某种相似之处。这种同构现象是美感产生的基础。人同时还是理智动物，人能理解对象的心理。他人情感不能直接呈现于我，但我可以认知他人情感产生的原因与结果。由于同构原理，当我根据特定因果推断他人心理时，我心中也会产生相应的情感。美感的形成正依据这一原则。休谟的同情主要不是伦理学意义上的怜悯性同情，而是认识论意义上的理解性同情。休谟更多地使用同情一词的共振、共鸣内涵。不难看出，这些理论与休谟的经验认识论是完全统一的：像认识活动那样，审美活动也

① 杜威：《确定性的寻求》，第115页。

是主体对客体的静止的感知与理解，审美感受是伴随认识活动出现的情感现象。休谟美学是移情论的最初萌芽。

上文曾以"审美经验：沟通与创造"为题讨论了杜威的审美欣赏理论。仅从这个题目就可看出杜威与休谟的分歧所在。杜威坚持，审美欣赏不是简单的物我合一或情感移入，不是静止地观照对象。审美欣赏作为一种经验，也是人与对象相互作用的过程，主体总是在按照既定观念认知、理解对象，因此，对象的内涵意义并不是固定不变的，它随着接受者已有观念的不同而有所变化。同样，主体的既定观念并非永恒不变的绝对框架，它也受对象的影响。因此，整个审美欣赏过程是一个调节、适应、创造过程。欣赏活动的终结既不是再现活动前的主体观念，也不是移入某种情感，而是主客体相互作用的创造物。

杜威美学与休谟美学的分歧可以概括为：杜威寻求相异中的沟通与创造，休谟寻求相同中的理解与交流。不应该把这种区别仅仅看做是理论上的分歧，它们反映着欧洲文化在许多方面的重大变迁。休谟心目中的经典科学是数学，他始终向往着数学的精确性和必然性。杜威心目中的经典科学是物理学，他把实验室风格推广到人生的各个领域。休谟出生在贵族家庭，他的教养、生活方式是贵族性的。杜威所

生活的美国根本就不存在贵族这个阶层；杜威思想中丝毫没有贵族遗风。休谟的时代在欧洲范围讲还是君主专制时代，只有英国开始建立议会民主制度。杜威生活在西方主要国家民主制度基本完善的时代。社会民主、个性发展成了人们思考的主题之一。人与人之间更多地需要的是沟通而非求同。这些文化背景的不同决定了杜威与休谟对经验、美的不同理解。

第四节　简要的评价

罗素说过："在我看来，20 世纪中在哲学和心理学方面任何地方所曾做的最好的工作是在美国做的。它的优点，与其说是有关的个人能力而来的，不如说是由于免除了欧洲学者从中世纪继承下来的妨碍人的某些传统而来的……已习于思虑辩难的美国，凡在它能摆脱欧洲的奴役之处，已经发展了一种新的见解，这主要是詹姆士和杜威的工作的一种结果。"[①] 所谓詹姆士和杜威的工作，就是实用主义哲学。作为美国文化的产物，实用主义对欧洲文化传统持有一种特有的自由、通脱的态度，它脱胎于欧洲文化，但由于新大陆的特有条件，它没有沉重的包袱与不可摆脱的束缚。在英国传统与大陆传统之间，它试图开拓第三条道路：既要经验主义的科学精神、自由精神，又要理性主义的哲学精神、

---

① 《资产阶级哲学资料选辑》第 2 辑，第 258 页。

和谐精神；既要事实，又要价值；既要进步，又要秩序；既要多元化，又要统一性。这就是实用主义美学的潜在追求。如何评价这种追求及相应的理论呢？我们就实用主义美学的三个主要思想作一简要的讨论。

一、关于经验、超验与潜验

经验在杜威美学中占有本体的地位。把经验作为一种本体来看，杜威所理解的本体与欧洲哲学的本体有共同的性质。前苏格拉底哲学探求独立于人的宇宙始基，这种传统为后来的自然科学所继承，它探求作为构成世界万物基本元素的本体，如水、数、原子，等等。苏格拉底以来的本体与此不同，它实质上是一种以认识世界本源的形式出现的价值理论。本体论总是把价值论与宇宙论揉为一体，本体就是特定时代或特定文明的最基本的价值追求。罗素说过："哲学所能达到的最高目的是，第一，把我们的本能的信仰按确定性的深浅排列成一个阶层体系。第二，得到一个不矛盾的信仰体系。"① 作为哲学理论的核心，本体论实质上就是理论化了的人生信仰。从柏拉图的理式到杜威的经验无不如此。概括地讲，西方哲学本体论可分为超验本体论、潜验本体论和经验本体论。超验本体论把未来理想设定为本体，如柏拉图；潜验本体论把潜在于经验与理性的感性存在视为本体，如柏格森；经验本体论则把当下意识领域中的经验当做本体，杜威是这种本体论的典型代表。

杜威的经验本体论有何进步意义呢？我们从两个方面讨论这个问题：

第一，经验本体论富有最广泛地统一人类生活的特点。经验本体论是民主社会的产物。民主社会信仰人格平等、权利平等和机会平等。任何社会成员，从艺术家、哲学家到工人、农民，从国家总统到一般职员，他们的职业、社会地位可能各不相同，但他们都有享受人生终极价值的权利和机会。从这种信念出发来思考本体论，就必须考虑到本体的普遍概括性。超验的理式世界和潜验的绵延世界对柏拉图或柏格森来说，无疑是存在的，但正像柏拉图和柏格森所说，这样的世界只有天才或哲学家才能体验到。普罗丁是一个超验主义者，他在柏拉图理式论的基础上创造了太一境界，但据普罗丁自己讲，他一生才有四次机遇观照太一。这太让人失望了。按此推论，普通人一生连一次体验人生价值的机会都没有，终极享受完全是少数人谈论和占有的专利品。芸芸众生，意义何在？这种理论是任何一个民主主义者都难以接受的。民主社会需要与民主信仰相适应的本体理论，它要求本体理论所设定的人生终极价值是为全社会所有的人都可以体验到的。从这个角度看，杜威的经验美学不

---

① 罗素：《我的哲学的发展》，商务印书馆，1985 年，第 248 页。

失为一种有启发意义的尝试。杜威美学把终极享受设定在一切人与环境相互作用的经验过程中，凡有经验存在的地方都可能有终极享受。这意味着人人都有享受终极价值的机会，因为没有一个人是生活在真空而不与环境发生接触的。杜威美学在这个问题上称得上是一次哥白尼式的革命。如果说苏格拉底把哲学从天上拉回到人间，那么，杜威就是把哲学从超验的理式世界和潜验的直觉世界拉回到经验中，如果说文艺复兴使人类文化从以神为中心移向了以人为中心，那么，杜威美学就是力图使人类文化从以超人、天才为中心移向以普通人为中心。大多数人在大多数时间中是作为经验的人存在的。从量上讲，经验生活远远大于超验或潜验生活。即使是超验主义者或潜验主义者，他们也不可能完全超脱经验生活。然而，历史事实却是：理性主义哲学家忙于设计超验世界，感性主义哲学家则潜心于潜验世界的发现，实实在在存在的经验世界反而成了一块被人遗忘的角落。能否超脱经验成了衡量一种美学是否深刻、神秘、富有诗意的标准。这不能说是一种正常现象。超验世界与潜验世界确实是存在的，但它们不一定像哲学家所描写的那样美妙神奇。人们所以向往非经验世界，很大程度上由此所致，即人们无力改造或无心改造经验世界，从而造成了经验世界的灾难重重，满目疮痍。经验世界越是无人问津，就越丑陋嘈杂，而哲学家们也就越向往超验或潜验世界。这是一种恶性循环。杜威把思考的重心完全放在现实的经验世界；这对改造、完善经验生活有着重要意义。世界是全人类的，享受也当是全人类的。只有当人人都有机会、有权利享受终极价值的时候，人们才有积极性来改造这个社会；而只有当人人都来改造这个社会的时候，这个社会才可能是真正富有审美性质的社会。这也是一种循环，但它是良性的。

第二，经验本体论是一种开放性理论。欧洲大陆人称英美哲学是狐狸哲学；如果狐狸在这里意指聪明而非狡猾，那么这种评价是不无道理的。英美哲学素来表现出一种机智、通脱、随和的风格，这与大陆哲学的耿直、极端、体系化风格形成鲜明对照。洛克的白板论并没有低估人的能动性，相反，它显示了人对环境的适应性。杜威哲学对英国经验主义在理论上有很大的发展，但其基本精神与风格仍然是英国传统的。杜威把经验定义为人与环境的相互作用；他所以要始终强调"相互"二字，意在说明，人是既有意志又有感受的动物，在人的意志作用于环境的同时，人的感受也在接受环境的作用。经验过程因而是一个相互调节、沟通的过程，而不完全是来自主体的坚不可变的范式对对象的毫不含糊的范塑过程。杜威接受这样一种信念：人性是可变而且必须变的。这一信念来自达尔文的理论：适者生存。人固然是自然的主人，但是，培根说，要做自然的主人，首先要做自然的奴隶。杜威进一步说，要做自然的主人，首先要做自然的合作者。合作就有一个相互适应的问题。当铁的事实迫使人改变原有信念的时候，人要有气度敢于修正自我。人，如存在主义所说，是赤裸裸地来到这个世界的。信念是文化的产物，信念也应在文化发展中不断更变。人对他人需要宽容，对自然也需要有一种通脱的态度，因为只有适者才能生存。既然如此，为什么要明知不可为而为之呢？既然绝对、永恒是不存在的，那就应当坦然接受相对、变异的事实；既然有限的人生难以达到无限的境界，那就应该在有限的生活中创造价值、体验人生，为何要陷于虚无、痛苦、寂寞而不能自拔呢？不屈不挠不一定是强者的品质，有时它却是弱者在面对现实而无能为力时的虚张声势。

显然，这是一种全新的价值观念，是一种全新的审美性格。它对艺术的直接影响主要体现在：艺术的审美价值以理解、沟通取代共鸣、感人。传统美学和艺术理论所塑造的艺术家形象是富有激情、信仰、意志的贤者形象，艺术具有鼓动情感、坚定信念、激发斗志的作用。这种艺术在一个需要划一情感、划一思想的封闭社会中是备受欢迎的；当一个民族处于比如卫国战争的非常时期，这种艺术的作用也是不可低估的。但是，在多元化的开放社会里，人们更需要的是富有智者风格的艺术家和

艺术作品。划一是不可能、也不允许的。人与人的交往、合作是以相互沟通、理解为基础的。我也许永远不能接受你的信念或生活方式，但我能理解你，所以我宽容你，我不会把你视为异端、罪恶。这就是多元社会中的人所必需的开放性格。理解的途径很多，而艺术是交流情感、沟通思想的最好方式之一。这样的艺术所需要的是探索、批判、怀疑的精神，而不是一味地追求崇高、优美、以情动人。

四平八稳、面面俱到的理论没有片面性，但它毫无意义；真理都有意义，但真理都是片面的。杜威的经验本体论在理论和实践上都有种种不完善的地方。这里谈两点：第一，永恒、绝对、理念等超验存在可以在某种价值观念或理论体系中予以否定，但它作为一个理论问题是可以提出来的。世界是有限的还是无限的？永恒真理存在吗？人生意义何在？这样提问题在逻辑上是无可非议的。既然问题能提出来，就应该寻求问题的答案，因而也就有形而上学，有超验世界，有对超验世界的追求，有超验的美。而且，过去有、现在有、将来也会有这样的人，他们宁愿牺牲经验世界的欢乐，也要去探求、体验超验世界的奥秘。有些在经验领域中卓有成效的人常常转而成为神秘主义者。一位哲学家说过："初读哲学，使人倾向无神论，这是真的。但是深究哲理，又使人回到宗教去。"这种现象肯定是存在的。有意思的是，这句话

恰恰出自经验主义哲学的奠基人培根之口。超验世界存在吗？这是一个谜。第二，忽视对潜验（潜意识）世界的研究隐藏着某种危机。杜威所谈的经验主要指的是当下的经验，是进入意识层的观念、欲望、行为、事物。无疑，杜威的经验是一个自由开放的世界，这个世界随时准备接纳新发现或新生成的感性存在。而且随时在调整着自己的已有理性框架，以便适应新的感性存在的需要。这个思想非常重要。但是，随时接纳与主动探究是有所区别的。人在经验中生活，这是事实；但经验是从潜意识的感性发展、生长而来的，这也是无疑的。使经验永葆生命活力的，就是对潜验世界的敏锐地感受、发现、承认和接纳。承认、接纳的开放态度与否定、拒斥的封闭态度有质的区别，而被动地接纳与主动地感受之间也有程度的不同。在杜威哲学里，经验世界的大门是敞开着的，主人总是站在大门口笑迎来人，但主人没有走出门来寻访未来的主人。然而，人的一些兴趣与追求是相当敏感脆弱的，一旦缺少相应的环境，缺少积极的培养，它们就会被其他的兴趣与追求所取代，或被严酷的现实所否定，从而彻底枯竭、消失。这是对人性的一种无形的、不知不觉的扼杀。因此，彻底的人本主义所要求的不仅是对潜意识的感性存在的承认、接纳，而且还应主动地发现、培养它。艺术的重要职能之一就是感受、体验、表现潜验世界，从而

最大可能地保证人性的全面、健康的发展，完善人类的经验世界。

杜威很少谈论潜验世界的问题，他似乎对他那个时代早已为人们广泛地谈论的虚无、苦闷、孤独等所谓现代情绪所知甚少。这里没有对杜威的责难之意，假如杜威也大谈虚无之类，那杜威就不是杜威了。杜威在他自己所关注的领域中的思考、探索是深刻的，但多元的世界需要多元的理论。杜威的经验主义与欧洲的感性主义应当相互补充，这才是一种健全的文明体系。

二、关于手段和目的的渗透

手段—目的理论是杜威美学的核心问题，也是杜威美学最深刻、最精要的部分之一。理解这一思想的意义，需要从历史谈起。手段目的理论的出发点是人本主义。人本主义是一个永恒的话题。无论东方或西方，古代或现代，敢于否认人道主义和人本主义的理论家是少有的。儒家、墨家、基督教、近代资产阶级革命、理性主义、感性主义，等等，都以追求全人类的自由、平等、博爱为目标。这种追求如此普遍，以致我们不能把是否富有人道主义精神作为评价一种理论的标准。追求人道主义、人本主义是人同此心，心同此理的必然趋势，因而，问题的关键不在是否有这种追求，而在于是否能找到一条走向人本主义的道路，也就是说，目的是人本主义的，走向目的的手段也是人本主义的。这才是真正的人本主义，才是真正的自由、平等、

博爱。从这个意义上反省历史，我们看到，传统的人道主义和人本主义都难以摆脱这样的困境，即目的是人道的，而手段是非人道的，以非人道的手段实现人道的目的。基督教是这种理论的代表：尘世之城是手段，上帝之城才是目的。这是把人生分为赎罪的尘世和享受的来世两部分来实现目的的。古希腊人选择的方法是：奴隶是手段，自由人才是目的。这是把人分为劳作者和享受者两部分来实现目的的。艺术家们主张，现实是丑陋的，艺术才是目的。这是把生活分为现实的和想象的两部分来实现目的的。哲学家们则认为，物理因果世界是必然的，理念或感性世界才是自由的。这是把世界分为物质的和精神的两部分来实现目的的。

无须多说，这些理论与观念是非人道的。它们所设定的目的固然是令人陶醉的审美世界，而这个世界是建筑在丑恶、罪恶、艰辛、劳作之上的。为了美好的目的，人付出的代价太大了。为了一部分人的目的，人类不惜把另一部分人作为手段。为了彼时彼地的目的，人不惜把自己的此时此地作为手段。人类只能如此吗？手段与目的只能是对立的吗？

杜威的手段目的理论开辟了一条新的思路。这种思路是民主主义信念与经验本体论在美学与价值观念上的自然延伸。既然人生是有意义的，那就应该在实实在在的经验生活中寻求人生的意义；既然人是平等的，那人生的意义就应该为人人所享有。显然，传统文化中关于目的手段的理论与这种信念是相背的。杜威坚持，手段与目的的渗透是可能和必要的，渗透意味着人生的审美化，意味着人本主义的真正实现。这种学说在理论上为分裂的人生提供了统一的可能。不论何种职业、何种活动，它们都是由手段与目的构成的，都能显示人的存在价值，都富有审美性质。这意味着，人类社会不存在一个手段阶层和目的阶层，个人生活不存在有物质享受和精神享受之分。精神享受这种提法本身就是有问题的，它暗示着，精神与物质、享受与劳作是相互分离的。而事实上，真正的享受是在工作、活动等经验过程中体验到的。脱离了经验，享受就不复存在。假如把审美体验理解为人生的最高享受，那么，审美体验就不仅不限于艺术欣赏，而且，最高的审美体验是在艺术欣赏之外的。对于人来讲，与静观艺术相比，自我创造是更本质的追求。人希望生活在一个美的世界中，更希望自己参与这个美的世界的创造。假如某个人生活在一个无限完美的世界中，而这个世界是他人或上帝创造的，那么，这个人感受到的很可能是沮丧。真正的美感享受，如杜威所说，就在经验活动中，如果这种思想是有道理的，那么，人就无须想方设法去分裂人生，就无须千方百计超脱经验。美就在当下的经验中，改造现实、完善经验就是在创造美、体验美。

手段与目的的渗透在理论上是富有积极意义的，但理论与现实是有距离的。要使所有活动都审美化，即都能做到手段与目的的统一，起码有两个先在条件：第一，社会允许个人自由地选择目的；第二，个人具备主宰自然的素质、能力与知识。假如没有这两个条件，所谓手段与目的的渗透就是一句空话。杜威比谁都重视手段与目的的渗透问题。杜威同样比谁都清楚实现这一目的的先在条件。我们这里是把杜威作为一个美学家来讨论的，其实，在美国文化史上，杜威首先是一个杰出的教育学家、政治批评家和社会活动家。杜威深知，政治上的自由民主与通过教育而实现的人的素质的提高是更基本的问题。杜威一生更多地关注的是教育、政治、社会问题。他创办过用来验证他的教育理论的杜威学校，组建过多种形式的社会组织，89岁高龄时还出任过调查莫斯科审判托洛茨基案件委员会主席。杜威不能接受席勒的信念：先成为审美上自由的人，才能成为政治上自由的人。席勒是由艺术而美学的，杜威则是由教育、政治而美学的。

三、关于感性、智性和理性

德国近代哲学吸收了古希腊的理式论与基督教的上帝观念，从而对笛卡儿以来的理性主义作了重大的修正。从康德起，理论一概念的内涵逐渐由一种认识机能演变为一种本体存在。现代反理性主义哲学使用理性一词时，一般是就理性的本体意义而言的。与此相应，现代人所使用的感性这一概念既不指作为一种认识机能的感知活动，也不指与精神相对立的物质性追求。感性同样具有本体的意义，它指人的一种非理性存在。智性在英国哲学中与作为认识机能的理性是同一个概念；为与理性主义的理性相区别，杜威更多地使用智慧这一概念。本文在使用感性、理性和智性三概念时延用以上这些内涵。

在多数美学体系里，占核心地位的概念要么是理性，要么是感性，智性一般都被视为微不足道或干脆被否定的。杜威美学却把智慧抬到举足轻重的地位。如何评价杜威的这种理论呢？

每个哲学家都有自己的"轴心问题"，每种哲学体系都有自己的潜在信仰。读杜威的时候不应该忘记，杜威是一个坚定不移的民主主义者，是一个崇尚科学精神与科学方法、富有科学家风格的哲学家。从这个思路上理解问题，高度重视智慧的作用是有极其重要的意义的。传统美学轻视智慧是有道理的。在传统社会中，真正有资格享受人生终极价值和审美快乐的，是有教养、有闲暇的贵族文人阶层。他们可以通过静观或直觉理式世界或绵延世界而享受到普通人不能和不配享受的人生乐趣。这种享受所需要的当然不是科学意义上的智慧。相反，智慧是为工匠所拥有的。如果接受民主主义思想，如果承认手段与目的的渗透可以产生审美性质，那么，智慧与美就有密不可分的关系。人是在各种操作、实践等经验中体验人生意义的。要使一个活动过程获得圆满终结，首先必须在理智上认识、把握参与活动的诸因素。人不仅要做客体对象的主人，也要做主体自我的主人。只有这样，人才既不受情绪的控制，又不受自然的奴役，才是真正自由的人，才能创造和体验美。因此，人必须是一个拥有智慧的人。传统社会是封闭的社会，封闭社会需要的是划一，划一要求的是人们行为的规范与服从，规范与服从关涉到的是伦理道德问题，因此，传统美学与伦理学有难分难解的关系。"美即道德的象征"不仅仅是康德美学的一个命题，它反映了传统美学的本质特征。现代社会是开放的社会，开放社会鼓励人的个性发展、自由与创造，而个性、自由与创造需要的正是智慧。因此，现代文明更乐于接受这样的命题：美即智慧的象征。从这个意义上讲，杜威的理论是可以理解的：没有智慧就没有美。

现代感性哲学不满于理性哲学的封闭性，充分注意到人的欲望与情绪的复杂性。这是人认识自我的一次飞跃。但应当指出的是，仅仅停留在感受、直觉上是不够的。如杜威所说，世界就是如此，人所能做和所要做的就是去找找原因。所谓找找原因，就是运用智慧认识感性，就是依靠智慧促进感性的圆满实现。认识感性本体固然有

相当的困难，但它不是不可认知的。对人类智慧来讲，感性世界是一块尚待探索的新大陆。人类认识客体的历史呈现出由远而近、由外而内的现象：最先是天文学，其次是物理学，再次是生物学，复次是社会学、心理学，最后才是最内在于人的感性世界。感性世界是理智的有待开发的新大陆，而不是它的禁区。

问题的关键还不在于可认知，而在于必须认知。人是群体动物，人永远生活在文化与社会中，自由、审美是全社会的事。如果一个社会里的一部分人享有自由与美，另一部分人则处于奴役与丑陋状态，或者人的一部分生活是自由与美的，而另一部分生活是奴役与丑的，那这种自由与美就是值得怀疑的。真正的自由与美应该是：此时此地与彼时彼地的自由与美、此一部分人与彼一部分人的自由与美是相互统一、互为因果的，全社会的自由与美是一个有关联的整体。如果接受这种观点，那么就应当承认，把智慧排斥在感性之外是有危险的。感性本体作为一种存在是不可否认、不可扼杀的，感性就是潜在的人性，扼杀感性就是扼杀人性。但感性的实现是需要组织、调节与相应条件的。这就需要智性的作用。不经理智调节与把握的感性仅仅是一种存在，它既不可能相互传达，也不可能圆满实现，有时它还会产生强大的破坏作用。某位思想家说过，常使社会变成地狱的，正好是人们试图把社会变成天堂

的东西。这种情况下，总是有一种感性冲动彻底地控制了全社会的理性思考。而艺术对这种事实的形成常起推波助澜的作用。艺术表现感性，艺术也作用于人的感性。正因为如此，艺术一旦失去理智，它对社会情绪的鼓动作用就是无与伦比的。这种情况下，艺术为社会带来的灾难也是可想而知的。对感性美学的补救不是理性美学，即不能用既定的理性规范去匡正、统一感性，唯一的办法是依靠理智，即用人类理智去认识感性，调节感性，为感性的实现创造条件。

在智性、感性与理性问题上杜威谈论的最多，而正是在这些问题上，杜威美学可能引起的争论也最多。这里谈以下几点：第一，智慧能认识与把握参与经验的一切因素吗？不为智慧所认识的潜意识或信仰在人类生活中常常产生着重要的作用。许多存在，比如审美感受，人们体验到了，但并不能在理智上认识它，界说它。有时，这种朦胧的感受比清晰的认识更能给人带来回味无穷的审美乐趣。这种现象如何解释呢？第二，智慧在自然科学中的应用与在艺术探索中的应用有何不同？艺术不能没有智慧，这是无疑的，但艺术智慧等同于科学智慧吗？对物质世界的认识与对精神世界的认识是两种不同的认识活动。在认识物理世界方面，人类已经形成了一套成熟的方法，而在人的精神领域的认识方面，人类尚缺乏成熟的方法。杜威相信这两种科学是相通的。杜威或许过于乐观了。第三，直觉是一种认识活动吗？杜威的回答是否定的。杜威会同意波普尔的观点：直觉是重要的，但它是不可靠的。现代哲学家喜欢谈论直觉，而且对直觉寄以极大的希望。直觉到底是一种感受还是一种认识？如果是认识，它可靠吗？它与理智认识有何不同？这些问题的最后回答可能来自自然科学的研究。第四，作为一种审美对象的形式存在吗？由于对智慧、创造的重视，杜威否定了绝对形式的存在。然而，从康德以来，美学中的形式主义一直在探索着作为审美对象的形式构架。审美体验到底是沟通、创造，还是静观、共鸣？有无独立于内容之外的形式？等等，这些都是有待于今后进一步探索的问题。

第十六章　新实证主义美学

第一节　新实证主义哲学和美学概述

新实证主义美学（Neo-Positivistic Aesthetics）是形成于 20 世纪 20 年代的一个美学流派。所谓新实证主义，是为了和老的实证主义相区分。其哲学渊源，可追溯到 19 世纪 30 年代实证主义的第一代大师孔德。孔德继承了贝克莱、休谟的主观经验主义和怀疑主义哲学，拒绝传统哲学所关注的一些基本问题，诸如存在的本质、宇宙的起源等，主张哲学应当超越上述那些"形而上学"的命题，而研究那些实在有用的知识。在哲学史上孔德最早把自己的哲学称作"实证主义"或"实证哲学"。孔德有句名言："一切

本质属性都概括在实证这个词中。"[①] 他的所谓实证，指的是感觉也即感觉经验的实证，以此作为人类知识的基础，而取代传统哲学中"实在"这样的概念。他认为实证的、科学的哲学只基于主观经验，寻找确实、有用的知识，"用对现象的不变的规律的研究来代替所谓原因（不管是近因还是第一因）；一句话，用研究怎样来代替为何"。[②] 他进一步指出："在我们那些实证的说明中，甚至那些最完备的说明中，我们都是完全无意于陈述那些造成各种现象的动因的……；我们的企图只是精确地分析产生现象的环境，用一些合乎常规的先后关系和相似关系把它们互相联系起来。"[③] 哲学只能

---

① 孔德：《实证主义概论》，转引自全增嘏：《西方哲学史》（下），上海人民出版社，1985 年，第 430—431 页。
② 同上书，第 430—431 页。
③ 同上书，第 431—432 页。

陈述"是什么",不能说明"为什么",而一切企图追问本源的企图都是超越了人自身的认知能力的,因而也是没有意义的。

在孔德实证主义之后,以最新实证主义自命的是19世纪末20世纪初的马赫主义者。马赫主义强调"经验批判",所以又称"经验批判主义"。马赫主义坚持把知识局限在经验之内,排斥形而上学命题,这方面基本沿袭的是老实证主义的路子,哲学史一般把它作为第二代实证主义。然而马赫主义在另一些方面又不同于老的实证主义。孔德哲学排斥"形而上学"命题,追寻现象世界不变的规律,但并未否认本体世界的存在。这在马赫主义看来,还有形而上学的残余。要消除这种形而上学的残余,根本的途径是弥合现象世界和本体世界的巨大鸿沟,从而达到一种科学的认识论。怎么弥合呢? 基本办法是,把世界要素化,从而打通对象与感觉的关联,进而使对象统一于"要素",从而取消传统哲学的所谓心物对立。马赫在其《力学》中说:"感觉不是'物的符号',而'物'倒是具有相对稳定性的感觉复合的思想符号。世界的真正要素不是物(物体),而是颜色、声音、压力、空间、时间(我们通常称为感觉的那些东

西)。"[1] 他把世界归结为要素的复合,而这要素既来源于纯主观的感觉,又直接与对象同一——马赫排除了康德哲学中存在于表象之外的不可知的物自体的范畴,这样一来,传统哲学中一直得不到解决的现象与本体的对立、意识与存在的对立就被归结为要素内部的差别。这种要素既不同于纯粹的感觉经验,也不同于传统哲学中绝对的存在,它既关心又关物,同时又非心非物,超于心物的对立之上。于是马赫得出结论,认为"自我与世界、感觉(现象)与物体的对立就消失了,只需考虑 $\alpha\beta\gamma$……ABC……KLM……这些要素的联系,而那种对立只不过是对于这种联系的不完全的表示。"[2] "因此,照这样看,我们就见不到物体和感觉之间、内部和外部之间、物质和精神之间有以前所指的那种鸿沟了。"[3]

从后一句看出,马赫对于自己的结论十分谨慎。他当然知道,真能弥合现象和本体之间的鸿沟,该是多么了不起的事。事实上,马赫的理论也只是一种"意见"而已,讨论当然没有完。

通常被称之为新实证主义的就是20世纪二三十年代维也纳学派的逻辑实证主义。它是孔德实证主义和马赫经验批判主

---

① 马赫:《力学》转引自全增嘏:《西方哲学史》(下),上海人民出版社,1985年,第461页。
② 马赫:《感觉的分析》,转引自全增嘏:《西方哲学史》(下),上海人民出版社,1985年,第463页。
③ 同上书,第463页。

义的进一步发展，所以又被称为第三代实证主义。新实证主义哲学和新实证主义美学之间有着密切的关系。新实证主义强调经验，尊重事实，反对形而上学。维也纳学派曾经把他们活动的目的概括成一句话："捍卫科学，拒斥形而上学。"同时，新实证主义者既是哲学家，又是科学家，在 20 世纪的哲学浪潮中，他们像一般分析哲学家一样，对传统的思辨哲学抱有普遍的反感。他们强调改变传统哲学和科学之间的主仆关系，主张以严密的逻辑分析澄清概念的意义，研究语言的特性以及语义变化。这些努力使他们在很大程度上和旧的实证主义者有所不同。在排斥形而上学上，新实证主义也有自己的特点，他们不像维特根斯坦那样承认有某种应该对之保持沉默的"神秘的东西"。维也纳学派成员纽拉特针对维特根斯坦的"一个人对于不可说的事情就应该保持沉默"说："如果我们真正想彻底避免形而上学的态度的话，我们就应该沉默，但不是对某样东西沉默。"① 他们认为，"形而上学"，只是一种"哲学上的过分的进取心"，企图通过经验感觉达到超经验感觉的日常世界彼岸是徒劳的，没意义的。他们不像维特根斯坦那样想为思想划线，也不像马赫那样企图解决争端，而是根本拒绝接受任何

形而上学问题。石里克有一段话把这一立场表达得非常清楚：

"不论是肯定还是否定超越的外部世界的存在同样是形而上学的陈述。因此，彻底的经验主义者并不否定超越世界的存在，而只是表明：无论是肯定还是否定其存在，都是没有意义的。

最后这个区别极为重要。我确信，人们对我们观点的主要非难是由于他们没有看到假命题与无意义命题之间的区别。'关于一个形而上学的外部世界的讨论是没有意义的'，这个命题并不是说'不存在这样的外部世界'，它说的是完全不同的另一回事。经验主义者对形而上学家并不说，'你讲的话是错误的'，而是说：'你讲的话没有断定任何东西！'经验主义者并不反驳他，而是说：'我不懂你的意思'。"②

关注有意义的问题和命题，进而澄清其意义，这是逻辑实证主义的旨趣所在。石里克干脆把哲学定义为"意义的追逐"，他说：

"哲学的专门的任务是确定和澄清陈述和问题的意义。哲学在其过去的大部分历史上一片混乱，造成这种不幸的局面的原因在于，首先，它在小心地检查一些表述是否真正有意义之前就把它们当作真实的问题；其次，它相信对这些问题的回答能

---

① 全增嘏主编：《西方哲学史》（下），上海人民出版社，1985 年，第 633 页。
② 石里克：《实证主义和实在论》，转引自穆尼茨：《当代分析哲学》，复旦大学出版社，1986 年，第 296 页。

够借助于跟具体的各门科学的方法有所不同的特有的哲学的方法。"①

因此，至关重要的就是确立"意义标准"，这就引出了逻辑实证主义哲学著名的"证实原则"。

对形式科学（逻辑和数学）和经验科学（物理学、生物学、心理学）中的陈述进行分类，他们发现两类陈述：在形式科学中，陈述是先天分析的，它本身并不是关于事实的陈述，只具有形式上的意义，其真假可以逻辑上的是否矛盾加以判断，逻辑和数学的公式属于这一种；在经验科学中，陈述是后天综合的，它的真假，可通过经验的观察来判定，物理、化学中的命题属于这一种。只有上述两类陈述是有意义的陈述。"如果人们想构造任何不属于上述几种类型的陈述，那么它们将必然地是没有意义的。"② 形而上学正是属于这种情况。它之所以没有意义，是因为形而上学的目的是要提供关于超经验的实在或实体的知识，它既不想断定分析命题，又不想落入经验科学的范围，这样，"它就不得不使用一些无运用标准规定的，因而无意义的词，或者把一些有意义的词用某种方式组合起来，使它们既不产生分析的（或矛盾的）陈述，也不产生经验陈述。在这两种情况下，都将不可避免地产生伪陈述。"③

新实证主义者据此确立了判定意义的证实原则，那就是，能够用逻辑分析或经验证实的方法确定其真假的陈述就是有意义的陈述；不能用逻辑分析，也不能用经验证实的方法确定真假的必然是无意义的陈述。有无意义取决于能否证实。这就是证实原则的基本内核。

新实证主义美学是 20 世纪科学主义美学思潮中的一个流派，无论其思想基础还是研究方法，都受到新实证主义哲学的深刻影响。它反对黑格尔美学"从上到下"的思辨方法，认为传统美学对美的本质、艺术本质等问题的思辨的、形而上学的探讨是毫无意义的。理查兹说：

"许多聪明人事实上已放弃了美学的冥思，对有关艺术性质或对象的讨论不再感兴趣，因为他觉得，几乎不存在达到任何明确结论的可能性。就是物是美的这类判断而言，权威们在作判断方面似乎有如此巨大的分歧，这种时候，他们也同意，没有什么方法可以认识他们要取得一致的是什么东西。"

"他们所说的美实际上指什么呢？鲍桑葵教授和桑塔耶那博士，克罗齐和克莱

① 全增嘏主编：《西方哲学史》（下），上海人民出版社，1985 年，第 636 页。
② 卡尔纳普：《通过对语言的逻辑分析消除形而上学》，转引自穆尼茨：《当代分析哲学》，复旦大学出版社，1986 年，第 285 页。
③ 同上书，第 285 页。

夫·贝尔，更不必提罗斯金和托尔斯泰，每个人都以他自己的方式，教条的、热情的和大部头的，每个人都同样留下他自己的，同其前辈结论不相干的结论。"①

拒绝美学上的形而上学问题，强调从具体特殊的审美经验出发进行理论的、逻辑的概括推演。在这一点，新实证主义美学具有一般科学美学的特点。它强调对具体美感经验的观察描述，强调美感经验和日常生活经验的连续性，认为所谓的作为一种特殊的心理活动的审美状态只是一种没有经过批判的假设。而这一假设根本是错误的，并没有一种特殊的审美状态的存在。人们所谓的审美经验，不过是一种系统化、组织化了的日常经验。这种看法在思想基础上和桑塔耶那的自然主义美学，尤其和杜威的实用主义美学一脉相通。但是在对美感经验内涵的解释上，新实证主义美学有它自己的特色。这表现在对美感经验的价值进行界说时，新实证主义美学认为，在美感经验中，人的多种冲动都能得到满足，尤其是那些互相冲突的冲动能够得到满足。因为美感经验能够建立起一种秩序，那些在日常经验中由于相互冲突而无法同时满足的冲动，在这种秩序中却能够相互协调，达到一种中和状态而同时得到满足。这样，新实证主义美学就把美感经验界定为组织处理人的某种心理冲动的经验。

新实证主义哲学对美学的影响，不仅表现为对美的本质、美感等问题的经验主义立场的贯彻，还表现在对一系列传统美学问题进行逻辑、语义的实证分析，从而开创了 20 世纪科学主义美学以词语、概念、逻辑、结构的实证分析为主要特色的语义研究方向。

奥格登、理查兹和伍德在 1922 年的《美学基础》中，奥格登、理查兹在 1923 年的《意义的意义》中，都讨论了 16 种不同类型的关于美的本质的定义。但是，他们的目的却不是要通过这种讨论，去得出一个关于美的正确的定义，而是想通过对这种纷乱事实的揭露表明，试图给美下定义的这种形而上学企图是多么的荒谬。进而把美学研究引入实证的语义分析的轨道。

新实证主义美学的语义分析，有一个重要的逻辑前提，他们认为，语言产生于交际，然而运用语言的结果却使其充满了虚幻性和歧义性。因此，"必须认识到：我们所有的语言的自然倾向都是在哄骗，特别是我们用于讨论艺术作品的那些语言"。② 对语言符号的功能分析，使他们得出结论，语言符号具有双重的功能，这就是所谓"指称性"和"情感性"的分别。理查兹在 1924 年的《文学批评原理》中提

---

① 理查兹、奥格登：《意义的意义》，转引自蒋孔阳主编：《二十世纪西方美学名著选》（上），复旦大学出版社，1988 年，第 373 页。
② 同上书，第 367 页。

出，科学语言和文学语言的分别，就在于前者是指称性的，而后者是情感性的。他给文学语言确立了一个实证主义的鉴定标准，就是看它在严格的科学意义上是真的还是假的。如果与这个问题是相关的、对应的，那么这种使用就是符号式的，如果明显是不相干的，就属于情感式的。在1926年的《科学与诗》中，理查兹更进一步把诗定义作"非指称性伪陈述"，指出诗的陈述具有激发情感的功能，而诗中的理性因素则处于一种附属的地位。

新实证主义美学重视对意义的分析研究。通过对交流过程的考察分析，理查兹发现了语言意义的四种构成：意思、感情、语气和目的，并且研究了在不同的语用环境中这四种成分的组合变化。

新实证主义美学的语义研究有一重要特点，就是它不是就文学作品的文本自身进行孤立的语义研究，而是把文本置于一个广大的语言背景下进行考察。理查兹在《文学批评原理》和《实用批评》中指出，诗的意义不仅由它的语法结构和逻辑结构所唤起，读者的联想对意义的唤起起着重要的作用。这一思路后来发展成为他在1936年《修辞哲学》中得到系统论述的语境理论。这个理论的核心就是不满意只研究孤立修辞格的传统修辞学，强调把语境的范围从传统的"上下文"意义扩展为在共时态和历时态交织形成的体系中"与我们诠释某个词有关的一切事情"，以确立词

语意义，进而提出了把复义问题视为语言能力的必然结果这样富于包容性的见解。

在20世纪美学思潮中，新实证主义美学是一个重要的美学流派。它在美学基本问题上的经验主义立场以及美学研究的心理学方法从不同方面给后来的美学研究以深刻影响，尤其它首先开创了语义研究方向，成为后来分析美学的先导。

我们将把该派代表人物代表著作中所阐发的美学观点称之为"新实证主义美学理论Ⅰ"。这里的做法是采用"以书论"的方式，按代表作的线索逐次介绍其主要观点。第二部分是本文作者对该派观点的一些理解和简要的批评性意见，算作"新实证主义美学理论Ⅱ"。

第二节　新实证主义美学理论Ⅰ

一、理查兹和他的早期主张

新实证主义美学形成于20世纪20年代，其主要代表人物是英国的理查兹（Ivor Armstrong Richards，1883—1981）、奥格登（C. K. Ogden）和伍德（J. Wood），理查兹尤为新实证主义美学的中坚。

理查兹，英国新实证主义美学家、文学批评家、诗人和语言教育家。1918年毕业于剑桥大学，取得硕士学位并留校任教，成为创立于1917年的剑桥英文学院最早同时也是最重要的英文教师之一。理查兹在大学学习的是哲学专业，但他始终保持着对美学、心理学以及语义学的浓厚兴趣，

这使他的英语研究表现出一种在当时尚不多见的特殊风貌。理查兹在20年代初至30年代上半期写了7本美学和文学理论著作，尝试把心理学和现代语义学引入美学和文学理论研究：

《美学基础》(*The Foundation of Aesthetic*, 1922, 与C.K. 奥格登及J. 伍德合著)

《意义的意义》(*The Meaning of Meaning*, 1923, 与C.K. 奥格登合著)

《文学批评原理》(*Principles of Literary Criticism*, 1924)

《科学与诗》(*Science and Poetry*, 1926)

《实用批评》(*Practical Criticism*, 1929)

《孟子论心：多义性实验》(*Mencius on Mind：Experiment in Multiple Definition*, 1931)

《修辞哲学》(*Philosophy of Rhetoric*, 1936)

这些著作对现代英美的美学和文学批评产生了重大影响。

理查兹1929年至1930年来华，在清华大学担任客座教授。然后去哈佛，1929年在哈佛定居下来，以后长期担任哈佛大学教授。1980年理查兹再度访华，并作学术演讲。理查兹1935年后不再搞文学理论，转而研究Basic教学法。他的后期著作主要包括《柯勒律治和想象》(1934)和

《教学中的阐释》(1938)。此外，理查兹还出版过一些诗集。

和C.K. 奥格登及J. 伍德合著的《美学基础》是理查兹的第一部著作。它总结了当时流行的十六种关于美的定义，并加以分析，认为美是一种独特的心理状态。当认为某物很美时，实际是说，某物正处在某种心态的观照之下。因此，美被归结为一种心理状态。这本书大致已经体现出理查兹等人美学理论探讨的一些动向。首先，在美学基本问题上，它用对美感的描述取代了对美的本质的形而上学探讨，体现了鲜明的经验主义立场。其次，使用"冲动"、"平衡"、"自由"这样一些概念解释美感经验，这是把心理学方法引入美学研究的表现。再次，对美的定义的归纳总结，其中多少已蕴涵了美学研究对语义分析的内在要求。

在《意义的意义》中，理查兹和他的合作者运用语义学方法对美的16种定义进行考察，指出美的定义的混乱及其使用的歧义性和不确定性，批评了传统美学研究的混乱和错误。作者明确否定了作为一种客观品质的"美"的存在，认为"按照一种内在固有的素质'美'来讨论'美'，事实上是对原始词语迷信的残余的一个极好的例子，也是任何在符号意义上那种无批判的讨论冒种种风险的明显例子。"[1] 作者

---

① 理查兹、奥格登：《意义的意义》第7章，转引自蒋孔阳主编：《二十世纪西方美学名著选》(上)，复旦大学出版社，1988年，第376页。

的主要兴趣在于，通过对传统研究的反思批判，把语义方法引入进来，进而澄清由于不适当的理论方法造成的混乱。正如作者所说："对美的问题的思考，除了为下定义的任何一般技巧提供一个试验的例子外，也许还是研讨语言多功能问题的最好的入门。"① 还说，"语言的使用问题如此频繁地出现，以至于语言的一般识别竟成为一门符号学科学得以产生的最重要的结果之一。"② 把研究重心从美、美感转到语言问题上，这才是作者的主要动机。

作者从观察艺术批评中的语言和一般经验科学（物理学、生理学）的论述入手，发现根本不能以理解后者的"同样方式"去理解前者，对于后者的理解，需要不同的方法程式。作者写道："无论它们的作者是否知道这个事实，对这些作为例子的词语的使用完全不同于科学的使用。"③ 在平日运用的语言中，每个词语都有许多功能。作者采用了二重分割的方法从功能角度把词语的使用分作"符号学的使用"与"情感上的使用"。作者认为："对词语的符号学使用是陈述；是对有关事物的记录、证实、组织和传达。对词语的情感上的使用是较单纯的事，正是对词语的这种使用，

表达或激发情感和态度。"④ 具体一些说，符号性的语言是对某种事物、事态的陈述，它的对象是某种具体的所指客体，陈述和所指客体之间有一种严格意义上的对应关系。叙述或者是真，或者为假。但是无论真假，都可以在其严格意义上加以检验。作者举了"艾菲尔铁塔的高度是 900 英尺"的例子，这是一种符号学的使用。如果艾菲尔铁塔的确是 900 英尺，我们说，这个陈述是真的；如果不是 900 英尺，那么这个陈述便是假的。这一陈述非真即假，没有第三种可能。总之，这种陈述在理论上具有严格意义上的可验证性。而另一些例子则不属于这种情况。当我们说"诗是一种精神"或"人是一条虫"时，我们既不能说它是真，也不能说它为假。在这种情况下，"我们可能不在作陈述，甚至不在作假的陈述；我们最可能是仅仅为了唤起一定的态度而在使用词语。"⑤ 即是一种情感上的使用。而"诗是一种精神"、"人是一条虫"这样的词语组织就是所谓的"拟陈述"。

作者还讨论了语言符号双重功能在应用中错综交织的情况。作者认为，虽然词语在原则上具有两种不同的功能，但是在

---

① 理查兹、奥格登：《意义的意义》第 7 章，转引自蒋孔阳主编：《二十世纪西方美学名著选》（上），复旦大学出版社，1988 年，第 380 页。
② 同上书，第 380 页。
③ 同上书，第 381 页。
④ 同上书，第 381 页。
⑤ 同上书，第 381 页。

运用中这两种功能常常一起发生。即使在关于词语的感情上的使用范畴内，严格意义上的真也常常是间接地包括着的。比如诗，许许多多的诗，是由各种陈述、各种或真或假的符号组成。在这种情况下，词语的使用既是情感上的，又是符号学的。就是说双重功能是同时发生的。但是这不等于说，两种功能的地位是对等的。对于诗来说，"倘若唤起了态度或感情，则这种语言的最重要功用就完成了。"① 之所以没有排斥其符号功能，只是因为在这里，对唤起功能来说，符号功能起到辅助性罢了。同样的符号往往在某些情况下是"有说明力的"，而在另一些情况下则成了"诚挚的""美的"，这并不是语言本身的混乱，而是由于人们不知道这里实际上存在着两种不同的符号——用于指称客体和用于唤起感情，而这两种符号由于在真假问题上的一致倾向表现出一种同一的假象。

作者写道，"如果人们阻止这两种功用的相互干扰渗透，那么，对这两种功用的性质有一种更为普遍的意识是必要的；特别是，通过词语的伪装，每个词时常努力把自己冒充为另一物，所有词语的这种伪装，有必要加以揭露。"② 作者通过分析"知识"一词的双重功用，来说明这种词语冒充的情况。指出宗教和诗正是利用了这两种功能的混淆，当人们谈论宗教和诗时，就好像它们能够提供知识似的，实际上它们"同有限止的、被指定的事物关系毫不相干。它什么也不告诉我们，也不应该告诉我们"。③

《意义的意义》是一部重要的美学著作。它的语义方法的运用，对语言符号双重功能的分析解剖，以及它关于科学与文学分别的观点，使美学研究走进了一个新的领域，因此使它成为一般语义学派的奠基之作，对后来的分析美学和结构主义美学都产生了非常重要的影响。

二、美感经验和美感价值

1924 年，理查兹发表了《文学批评原理》一书。理查兹把语义学方法应用于文学批评，尝试为文学批评提供一个坚实而符合逻辑的理论基础，被公认为英美现代文学批评的开山之作。《文学批评原理》一书也是理查兹本人最重要的代表作品。

全书 35 章，从文学批评的基础、语言符号的心理基础到诗学等一系列相互关联的问题进行了系统的阐述。

理查兹十分强调批评的科学方法以及批评自身的理解属性。他在本书《序言》中写道，"批评就是努力区分各种经验，并且评价这些经验。如果缺少对经验本质的

---

① 理查兹、奥格登：《意义的意义》，转引自蒋孔阳主编：《二十世纪西方美学名著选》（上），复旦大学出版社，1988 年，第 382 页。
② 同上书，第 388 页。
③ 同上书，第 389 页。

理解，缺少关于价值的交流的理论，我们就无法进行批评。应用于批评的原理必须产生于这些更基本的研究之中。"① 那么这些"更基本的研究"指的是什么呢？理查兹说："批评的理论必须建立在两个支柱之上，关于价值的说明和关于交流的说明。"② 艺术的价值和艺术的传达，在理查兹看来，构成文学批评的基础，所以他花了许多篇幅来论述这两个问题。

艺术有什么价值呢？理查兹认为，现代美学的一个严重缺陷，是对价值因素的回避。固然，将错误的价值引入美学讨论会造成不良的后果，"然而，艺术所产生的经验是有价值的，艺术采用什么形式也与它们的价值有关，这却是一个事实。这个事实是否有助于对艺术的分析，自然取决于采取什么样的价值理论。然而，对这个事实视而不见却极有可能失去解决整个问题的线索，而实际上线索已经失去了。"③

理查兹并没有直接阐述他的价值理论，而是转入对审美经验的探讨。这个探讨是从对审美状态的怀疑开始的。理查兹说："所有现代美学都依赖着一个假定，这就是：有一种呈现于被称为审美经验之中的特殊的心理活动的存在。奇怪的是，这个假定几乎未被加以探讨。自从康德说了'关于美的第一个理性的词'以来，把'趣味判断'界定为关于愉快（的情感）这个企图一直持续着。这种愉快是无利害关系的、普通的、非知识的以及不能被混同于感官的愉快或普通的情感的，简言之，要使这种愉快（的情感）成为一种特殊的事物。这样就引出了虚幻的审美方式或者审美状态的问题——一份来自抽象地研究善、美和真的时代的遗产。"④

在西方哲学传统中，精神领域被划作如下三个部分：意志、情感和思想，它们分别对应于心灵的三种机能：欲求的机能、愉悦的机能和认识机能。随着善、真和意志、思想领域的同一，美很自然地被联系于情感领域。理查兹认为，这种分类形式的一致严重影响了思考，"使美和情感一起符合于一种明确的分类这种尝试却导致了许多灾难性的歪曲。"⑤ 对美的领域的错误界定，又导致了必须发现某种精神活动的

① 理查兹：《文学批评原理》，转引自赵宪章主编：《二十世纪外国美学文艺学名著精义》，江苏文艺出版社，1987年，第253页。
② 理查兹：《文学批评原理》第4章，转引自戴维·洛奇：《二十世纪文学评论》（上），上海译文出版社，1987年，第195页。
③ 理查兹：《文学批评原理》，转引自赵宪章主编：《二十世纪外国美学文艺学名著精义》，江苏文艺出版社，1987年，第253页。
④ 理查兹：《文学批评原理》，转引自蒋孔阳主编：《二十世纪西方美学名著选》（上），复旦大学出版社，1988年，第359—360页。
⑤ 同上书，第359—360页。

特殊方式，因此审美方式就被提了出来。

那么有没有像审美状态或者特殊的经验的审美特性这样的事物呢？

近现代许多美学家都主张审美状态的存在，并断言"审美经验是个别的和特殊的"。在这些美学家中，克莱夫·贝尔是极端的一个，他主张存在着一种唯一的情感——审美情感，它只能够进入审美经验而不能进入其他经验。和这种极端主张相对的是移情论者的主张，如浮龙·李认为移情可以进入到审美经验中去，也可以进入到其他无数的经验中去。这可以算是两种有代表性的观点。理查兹说："要么审美经验可能根本不包含唯一的成分，要么审美经验不过是通常的（经验）材料，不过伴随着一种特殊的形式。"① 理查兹解释说，后一种情况，正是通常假设的那种所谓审美状态。

在一般理解中，审美方式被假定为一种观照事物的特殊方式，在这种方式中发生的经验，企图涵盖丑的经验、美的经验和中间的经验。理查兹明确表示："我所希望提出的是并没有这样一种方式，丑的经验和美的经验没有任何共同之处，两者都不分享其他无数的经验，这无数的经验中没有一个（除了克罗齐不这样看待以外；不过这个限制通常是需要的）可以梦想被称为审美

的。"② 理查兹认为，通常所谓的审美状态，关键在它所伴随的形式，如不涉及利害、超然（物外）、距离感、非个体性、主观的普遍性等。他指出，这种形式有时是指美感经验所造成的一种影响和结果，有时又是指美感经验的价值得以确立的自身特征。而在流行的用法中，这两种性质不同的东西都被含糊地套上了审美的称号。

在清理了审美状态、审美方式这一用语的一系列混乱之后，理查兹才在一个较狭窄的意义上讨论审美问题。他把审美限制在美感经验的意义，并且把美感经验和美感价值联系起来，进而为他确立价值理论铺平了道路。

在审美经验的特殊性和普泛性这一点上，理查兹是不赞成贝尔那样极端的主张的。他认为，"包含在艺术的价值之中的有各种各样的经验，美来自各种各样的原因。"③ 他更强调美感经验普泛性的那一面。即使在承认美感经验能够和日常经验区分开来时，他也坚持认为，美感经验和其他许多经验没有本质的差别。有一段常为论者引用的话很能表达理查兹对美感经验的立场，引述如下：

"当承认这样的经验能被区别开来的时候，我将尽力表明，它们仍与其他许多经

---

① 理查兹：《文学批评原理》，转引自蒋孔阳主编：《二十世纪西方美学名著选》（上），复旦大学出版社，1988年，第363页。
② 同上书，第363页。
③ 同上书，第362页。

验极其相似，而它们与其他许多经验的不同则在于它们的成分之间的联系方面，它们仅仅是一个进一步的发展，是经过良好组织的普通经验，丝毫不是什么新的和不同的事物。当我们观赏一幅画，吟咏一首诗，或聆听音乐时，我们正在做的并不是某种与我们去看画展途中或在早晨穿衣服时所做的事情有什么不同。经验在我们身上被引起的方式是不同的。通常，（审美）经验是更复杂、更统一的。但是我们的活动并不是根本不同的。"①

理查兹认为，假设一种特殊的审美态度、审美方式是承认一种特殊的审美价值和纯粹的艺术价值的根本前提，而这种价值观导致了把审美价值、艺术价值绝对地孤立于普通经验价值之外的倾向。所以，要建立正确的审美价值理论和艺术价值理论，必须消除这个虚幻的逻辑假设。

他进一步分析造成这错误的原因，认为之所以如此，是因为我们对语言的本性缺乏理解，从而使用不当。理查兹写道：

"必须认识到，我们的自然的语言用法是误人的，尤其是我们用来讨论艺术作品的语言。我们对这种语言如此习惯，即使我们意识到它们是省略的说法，我们也容易忘掉这个事实。在很多情况下，发现省略的存在是特别困难的。我们习惯于说一幅画是美的，而不说它使我们产生了一种在某些方面有价值的经验。"②

理查兹认为，在多数情况下，批评语言在陈述某种经验时，采用的是一种省略暗示的方式，正如上述我们说一幅画是美的，实际不是在谈论某种客体品质，而是在暗示主体的美感经验。理查兹强调，批评的任务不仅要发现这批评语言所指的美感经验，还要进一步确定这种美感经验的价值内涵。

价值是什么呢？对艺术说来，它的价值又体现在什么地方呢？

理查兹说："任何东西，只要它能够满足一种欲望，而没有阻碍其他同样重要或更为重要的欲望，那么它就是有价值的。"③ 艺术之所以有价值，就在于它能够满足一种欲望，确切地说，在艺术经验中，"冲动的发展和综合达到了极点"。④ 在日常经验中，每个人都有多种多样的冲动，但是这些冲动由于错综复杂的原因不可能得到满足。或者因为这样那样的考虑使我们不能满足这些冲动，或者在满足某些冲动的同时却压抑了另一些冲动。这样，不

---

① 理查兹：《文学批评原理》，转引自蒋孔阳主编：《二十世纪西方美学名著选》（上），复旦大学出版社，1988年，第363—364页。
② 理查兹：《文学批评原理》，转引自赵宪章主编：《二十世纪外国美学文艺学名著精义》，江苏文艺出版社，1987年，第254页。
③ 同上书，第254页。
④ 同上书，第255页。

是造成冲动的压抑，便是造成冲动的冲突。艺术却能够起到完善地满足人的复杂冲动欲求的功用。因为，在艺术经验里，在现实生活中难以释怀的顾虑得到了排除，心灵处于一种无拘无束的状态，内心世界里杂乱的冲动在艺术经验中获得了一种组织，一种秩序，从而进入一个有序的和谐的状态。艺术有价值就在于，它使人接受这种经验。"伟大的艺术都有这种效果，伟大的艺术之所以在人类生活中占有无上的地位，其原因也正在于此。"①

也正是因为艺术有这种功能，所以在艺术经验中，我们更容易接受艺术中心灵经验的影响，从而达到心灵的交流。诚如理查兹所说："艺术是交流活动的最高形式。"②

三、艺术中的交流

艺术的交流问题是理查兹十分重视的问题。对交流问题的分析研究，深刻地影响了理查兹关于批评的看法。

理查兹说："因为我们是社会的动物，自幼习惯于交流，所以我们不能充分认识我们的大部分经验是如何获得目前的形式的。"③ 理查兹认为，习惯性的交流活动造成了一个错觉，使人们认为交流活动似乎是不言而喻的前提，而经验是一个孤立的事实。但是事实上错了。我们的思想、情感的方式固然在很大程度上得之于父母和周围的环境，但是交流活动的影响要更为深刻。理查兹写道：

"我们的思想的结构主要决定于这样一个事实：在数十万年当中，在整个人类发展的过程中，甚至更早以前，人一直在进行交流。思想的大部分显著特性是由它作为交流工具所决定的。毫无疑问，经验必须在传达给别人之前形成。可是它采取某种形式则主要因为它可能要传达给别人。"④

当然，把艺术活动视为交流活动，并不意味着艺术家也能自觉地这么认为。事实上，艺术家常常否认这一点，许多艺术家都喜欢强调创作本身只不过是要表现他自己的特殊感情，强调创作从来不曾考虑来自交流方面的因素。但是理查兹说，"艺术家不愿把交流当作他的主要目标之一，根本否认自己在创作中受到想感动他人的愿望的影响，并不足以证明交流不是他实际上的主要目标。"⑤

在交流问题上，艺术家和批评家的观

---

① 理查兹：《文学批评原理》，转引自赵宪章主编：《二十世纪外国美学文艺学名著精义》（上），江苏文艺出版社，1987年，第255页。
② 理查兹：《文学批评原理》，转引自戴维·洛奇：《二十世纪文学评论》（上），上海译文出版社，1987年，第195页。
③ 同上书，第195页。
④ 同上书，第195页。
⑤ 同上书，第197页。

点常常可能是相左的。这并不说明艺术家没有他自己的道理。在自觉的层面上，艺术家可能否认对交流因素的考虑，更关心艺术本身的完美无缺，恰到好处。因为对于艺术家来说，使作品能体现符合那种作为作品价值依据的经验的确占据着压倒一切的地位。如果他过分地分散注意去考虑交流时公众的看法，那么很可能会伤害主要经验的表达。在这种情况下，不过分去考虑交流因素是明智的。但是这并不排除艺术家在无意识层面的关注交流效果的意向，而这一点正是艺术家不自觉而批评家却要强调指出的。批评家看到，这种力图使作品完美无缺，恰到好处的过程本身蕴涵着巨大的交流效果。所以理查兹得出结论：

"当我们看到艺术家不断朝着非个人性方面努力，朝着为他的作品找到一种不考虑他个人的、偏执的、一时的癖好的形式方面努力，同时总是把那些最一致的对冲动发生影响的因素作为它的基础；当我们看到个人的艺术作品，使艺术家得到满足而为任何他人所不能理解的作品那么少，而作品受公众欢迎的程度同它对艺术家本人的魅力那么始终紧密联系在一起，很难相信交流的效力不是艺术家所考虑的那种

'恰到好处'的主要成分，尽管他也许认为是两码事。"①

由此，也使理查兹认识到，艺术家和批评家的工作属性存在着重大的分歧。批评家不能蒙蔽于艺术家所制造的各种烟幕，他关心的不是艺术家声明的或是未声明的动机，"批评所关心的是这样一个事实：在多数情况下艺术家的创作过程的确使作品的交流效力同他本人的满意程度和他对于作品怎样才算恰到好处的看法相符合。"②也出于这种看法，理查兹对弗洛伊德的精神分析学方法表示不满并提出了批评。理查兹认为，在文学产生的过程中，起作用的因素有很多是不自觉的，并且很可能不自觉的因素比自觉的因素更为重要。但是，"即使我们对于思想的活动方式了解得比现在多得多，企图仅仅以他的作品为依据展现诗人思想的内在活动也是冒着极大危险的。""无论精神分析学家如何断言，但诗人的思维过程不是一个获得丰富成果的调查领域。它给无拘束的遐想提供了能够纵横驰骋的猎场……精神分析家往往是特别不称职的批评家。"③ 为什么呢？理查兹认为，困难在于，关于艺术家头脑里进行什么活动的推测都是无从检验的，甚至比关于梦的经验的推测更加无从检验。有许多

---

① 理查兹：《文学批评原理》，转引自戴维·洛奇：《二十世纪文学评论》（上），上海译文出版社，1987年，第197页。
② 同上书，第198页。
③ 同上书，第199页。

解释貌似有理，但实际上是以由其他原因造成的特征为依据的。许多事实表明不谨慎地把精神分析学引入文学批评造成的破坏性恶果。

四、语言符号的双重功能

在《意义的意义》中，理查兹曾经讨论过语言符号的双重功能问题。《文学批评原理》一书，理查兹有意识尝试把这种语言观点贯彻到文学批评领域。他认为，语言有两种截然不同的用法，但是由于语言问题不受重视，人们对这种不同用法从不注意。"为了建立诗歌的理论，同时也为了达到理解许多有关诗歌的言论这一比较狭隘的目的，我们必须对这两种用法的区别有一个明确的了解。"①

理查兹认为，人们之所以不能认识两种用法的分别，是由于不适当的心理学方法的运用，比如，人们使用知识、信仰、申述、思想一类词，但是这些词的含义是模棱两可的，这些模模糊糊的术语伪装掩盖了事物的真相。但是理查兹没有抛弃心理学方法，他仍然把他关于语言两种用法的理论建立在心理学方法的基础之上。

同样的词语，为什么会产生两种不同的用法？理查兹是从这两种用法得以产生的内在心理机制入手进行探讨的。值得注意的是，理查兹抛弃了一般心理学按照思想、情感和意志这样三个范畴讨论心灵活动的模式，他使用的是"头脑活动的各种原因，它的各种特性以及各种效果"这样几个概念。他把大脑活动的原因分作两组：一组是刺激和联想，指的是眼前刺激通过神经到达大脑，唤起以前的刺激经验从而产生联想；另一组指感官的欲求、需要对刺激反应的准备情况。这两组原因的相互作用决定着由此而引起的种种心理冲动的属性和进程。

在不同的对比状态下，这两组原因的作用方式是不一样的。理查兹用吃东西打比方说明这种作用方式的活动情况。肚子非常饥饿的人，几乎什么都能吃而不加选择。在这种限度内，他的行为的性质是由肚子饥饿这一基本事实决定的，吃什么则几乎没什么影响。相反，肚皮吃饱的人吃东西必定非常讲究，他吃这或是吃那跟肚子状态无关，而取决于所吃食物的性质。

就心理过程来说，如果在某种程度上冲动的性质是被刺激物决定的，那么头脑的活动，也即这种冲动就主要表现为一种联想。然而并不是所有的头脑活动都表现为一种联想。当器官的欲望需求处在一种不满足的状态时，它往往出来干预这个冲动，使联想受到歪曲。所以当我们观察我们的行为，就发现不仅包含有我们接受的

---

① 理查兹：《文学批评原理》第 34 章，转引自伍蠡甫主编：《西方古今文论选》，复旦大学出版社，1984 年，第 426 页。

刺激，同时还包含着我们如何在利用这些刺激。

理查兹认为，在对联想受欲望需求干预的程度上，一般人是估计不足的。他说：

"我仍甚至对那些最普遍、最常见的事物也是按照我们主观意愿而不是按照事物本来面目去理会，只要虽犯错误但不直接损害我们的便宜就行。任何人想要对自己的外表获得正确的印象或对任何与他个人有利害关系的人的外表获得正确的印象都几乎是不可能的。"①

然而承认在许多时候，联想受到欲望、需求的严重歪曲，并不意味着这种歪曲绝对地是一种消极倾向。在有些领域，冲动尽可能与外界形势相符合是有利的，这时联想占主导地位而满足求真原则。但在有些领域，让冲动屈从于欲望反倒有利，满足求善原则。当人们说"什么是应该的"或"什么是善的"时，这本身就是让联想屈从于感情上的需要。比如对于一个垂死的病人，向他掩盖真相是不诚实的，但是就绝大多数人的选择来看，是宁肯违背不说假话的原则，而不向病人吐露真情。这显然是让求真的考虑服从于求善的考虑。人们并不觉得这种歪曲有什么不好。理查兹说，在这类问题上："最有趣的一点就在

于它们的糊涂混乱反倒使它们显得很有道理。"②

理查兹把这个作用模式引入对美的概念的解释，因而认为，"作为事物的内在品质的美往往是复杂的，正如不能分析的理念——善——一样。美和善两者都是最终导源于欲望的习惯对我们某些冲动所作的特殊歪曲。它们之所以不能从我们的头脑里被驱逐出去，是因为把一件事物想作是善的或美的，比起用联想来代替它，说它从这一特殊方面或那一特殊方面满足了我们的冲动，要能更直接地给我们以感情上的满足。"当头脑里想着美或善时，并不一定像联想那样指称一个东西，因为在这个冲动过程中，内部情感欲望的因素和外部刺激物相比，对冲动的性质更起着决定性的影响，所以它表明的只是内部情感欲望的一种需求状态。

理查兹继续使用这一模式分析科学和宗教的对立，他认为"科学和宗教发生冲突决不是偶然的。它们代表了组织冲动的两种不同原则，我们愈是仔细研究它们，愈会发现二者的互不相容是不可避免的。"③ 因为科学以惊人的速度开辟了许多联想领域，并把这些联想组织起来以推动联想，而宗教则存在一个把冲动进行系统

---

① 理查兹：《文学批评原理》，转引自伍蠡甫主编：《西方古今文论选》，复旦大学出版社，1984年，第429页。

② 同上书，第429页。

③ 同上书，第430页。

化，使它们从属于一种信仰性的东西，这恰恰是对联想的系统化的歪曲行为。

使联想不受到歪曲，这是科学的原则。但是，这不等于说，联想因此可以绝对地不受歪曲。看来，理查兹并不赞成把科学原则绝对化、普泛化的主张，而把科学原则置于人类全部的整体活动之内加以考察。他写道：

"正如有无数的人类活动，如果要满足它们，就需要未受歪曲的联想，同样，也有无数其他的人类活动（它们的重要性并不亚于前一类）同样需要歪曲了的联想，说得明白一些，需要虚构。"①

虚构不等于自我欺骗。自我欺骗在通常的意义上是一种伦理行为，虚构却体现了我们自身的某种需要。理查兹说："如果我们有足够的知识，我们有可能单单通过科学联想就获得所有我们需要的态度。"②但是，我们现在的知识还不够，还不可能仅仅通过科学联想去满足人的一切需要。因此，从这种意义上，虚构和科学的联想是不矛盾的，不仅不矛盾，而且具有一种内在的统一性。当然，这种统一性不在科学内部，不是按照科学的原则取得的，它存在于人类活动的整体需求这样一个更高

的层次。这样，理查兹就最终在一个统一的基础上对虚构和联想，进而对语言的科学用法和语言的情感用法作出了合理的解释：

"虚构与科学意义上的、可以证实的真理并不因此而处于对立地位。我们可以为了陈述所引起的联想，不论真联想或假联想，而用陈述。这就是语言的科学用法。但我们也可以为了陈述引起的联想所产生的感情和态度方面的效果而用陈述。这就是语言的情感用法。"③

人们在运用语言时，目的是不同的。有时是为了联想，有时则是为了它随之而来的态度和情感。在前者，联想必须正确，不仅如此，联想与联想之间的关系也必须符合逻辑法则。在后一种用法中，重要的是态度而不是联想，即使出现联想，其功能是为了引起进一步的态度和情感。所以在这里，联想的真假是无关紧要的；逻辑安排也不一定必需，有时它还往往是一种障碍。"重要的联想所引起的一系列的态度应有自己的正确组织，自己的感情的相互关系，而这并不依赖于产生态度时可能需要的联想之间的逻辑关系。"④

既然语言有这两种不同的用法，所以

① 理查兹：《文学批评原理》，转引自伍蠡甫主编：《西方古今文论选》，复旦大学出版社，1984年，第431页。
② 同上书，第431页。
③ 同上书，第432页。
④ 同上书，第432—433页。

在批评中，对此具有自觉的意识就是必要的。这直接涉及对一些批评概念的阐释。理查兹分析了批评中"真"的含义，他指出，文学批评中"真"的意义不同于科学中具有指称性可以实证，它最通常的意义是"可接受性"。理查兹所说的"可接受性"，是指相对于外在标准的内在可接受性。理查兹举《鲁滨逊漂流记》说，我们读这本书给它以"真"的评价，是因为它所叙述的事情可以被我们接受。而我们之所以接受它，并不是因为这里叙述的故事符合某个实际发生的故事，而是因为我们的感觉经验树立了一个标准，这里叙述的故事能够和这标准相吻合的缘故。"所谓'真'或'内在必然'的东西指的是能够完成或能够符合其余的经验的东西。"[①] 在阅读作品中，如果读者对其他部分作出充分的反应，那么，这部分经验和他以往的经验相互作用的结果，就必然要求作品的某些环节（比如结局处理）走向某一结果。这样处理，我们就认为它"真"，否则就认为它是"假的"。理查兹还分析了"真"在批评中的第二重含义，"真"等同于"诚"。他给这个含义从反面下的定义是"艺术家没有明显地企图想把不产生在自己身上的

效果加在读者身上"。[②] 可以看出，不管把"真"解作"可接受性"或者是解作"诚"，理查兹都反对"采用任何外在的标准"，从而把"真"的标准限制在主观经验感受的范围之内。

五、批评及其转换

为了把文学批评建立在一个坚实可靠的基础之上，理查兹作了大量基础性的清理工作。《文学批评原理》第一章即称作"批评理论的混乱"。理查兹分析批判了自亚里士多德以来众多的批评理论，强调批评理论基础的科学可靠。理查兹关注的是语言的双重功能，以及在不同文体中错综复杂的交叉运用情况。这种情况不仅仅是给人们理解文学带来巨大的障碍，还直接影响到批评语言本身。批评语言充满了歧义和混乱，使得对文学的理论把握变得不可能。

理查兹认为，由于语言的虚幻性，由于批评语言对流行态度的坚持，使得批评家真正强调的东西隐藏在语言的丛林之中。比如人们常常采用"结构、布局、形式、韵律、表现"等，而这些用语根本就是模糊不清的。"我们变得如此习惯于它们，甚至当我们知道它们是省略时，也容易忘记

① 理查兹：《文学批评原理》，转引自伍蠡甫主编：《西方古今文论选》，复旦大学出版社，1984年，第432—433页。
② 同上书，第435页。

这个事实。"① 因此，需要一种批评理论，它能够提供一套可以精确分析的方法以代替那些模糊不清的术语的运用。理查兹为此提出了"扩展"的方法。他说：

"语言这个工具产生于我们和我们确实正在与之打交道的事物之间。有用的，确实很宝贵的词语可以作为谈话时便利的临时工具，然而在它们被精确地使用之前，需要精心地加以扩展，这些词语就像人们的适当的姓名那样被简单地对待。"②

那么什么是"扩展"的确切内涵呢？这一点在理查兹对美的分析论述中很清楚地体现出来。理查兹分析鉴赏一件艺术作品的过程，他追问，当我们说"这是美的"时，这意味着什么呢？理查兹提到一种典型的"信念"，这"信念"认为"存在着'美'这样一个性质（或属性），它附属于我们有理由称为美的事物"。③ 理查兹认为，这是一种虚妄的信念，而"即使今天这样一个信念也是语法形式的力量在暗中起作用的结果"。④ 理查兹用图解来表示这种信念的虚妄：

"确实发生的是：A（一件艺术作品）引起 E（我们心灵上的一个印象，这种印象具有特性 b）；即 A 引起 Eb。而我们却说我们仿佛知觉到 A 有一种性质 B（美）；我们正知觉 AB。"⑤

理查兹认为，不只是在美的问题上，在文学、艺术、音乐等领域都普遍地存在着这种虚妄。像艺术批评里"构造、形式、均衡、构图、布局"，绘画批评中的"深度、结构"，文学批评中的"韵律、性格"，音乐批评中的"和谐、气氛、发展"等术语广泛流行，仿佛它们代表"心灵以外的事物中的固有性质。"⑥ 这种谬误使人们的思想变得暧昧不清。

理查兹断言，"直到最近，在几乎我们所谈及的所有事情中，语言确已成功地把实际意义隐藏了起来"。仿佛在谈论对象实际却不是对象。因此，"作为批评家，我们所作的评论不是应用到这样的对象上去，而是应用到心灵的状态上，应用到经验上去。"⑦

理查兹的用意是明显的，他希望把对象的批评还原到心灵的批评、经验的批评。"扩展"的意思，也许可以用这样的一句话

---

① 理查兹：《文学批评原理》第 3 章，转引自蒋孔阳主编：《二十世纪西方美学名著选》（上），复旦大学出版社，1988 年，第 367 页。
② 同上书，第 369 页。
③ 理查兹：《文学批评原理》第 3 章，转引自蒋孔阳主编：《二十世纪西方美学名著选》（上），复旦大学出版社，1988 年，第 367 页。
④ 同上书，第 367 页。
⑤ 同上书，第 367 页。
⑥ 同上书，第 368 页。
⑦ 同上书，第 368 页。

来概括，就是：打破语言结构，把虚妄的表达转换成经验事实。

由于批评家常常混淆带有某种特征的对象和由这个对象而产生的心理经验之间的区别，所以理查兹建议引进两个概念：批评的评论和技术的评论。理查兹是这样界定这两个概念的：

"一个充分的批评的陈述不仅指出，在某些方面一个经验是有价值的，而且也指出这个经验是由一个被观照的对象的某种特征引起的，我们将称描写经验的价值的那个部分为批评的部分，而描写对象本身的那个部分将被我们称为技术的部分。……关于经验产生或引起的方法和手段的所有评论是技术的，而批评的评论则是关于经验的价值和经验如何有价值或无价值的理由的。"①

技术的评论和批评的评论是理查兹关于批评的重要见解。理查兹认为正是这二者的混淆造成了艺术史的一系列谬误和混乱。

六、对立冲动的平衡

诗学是理查兹文学理论的重要组成部分。《文学批评原理》第32章《想象》，通过对"想象"一词的语义分析，阐发了一系列有关诗歌和诗歌经验的观点。

理查兹分析了"想象"一词的六种含义，指出最重要也是和诗关系最密切的含义是第六种含义。这种含义是由柯勒律治最早表述的。理查兹对这个定义推崇备至，认为"是柯勒律治对文艺理论的最伟大的贡献"。它是这么说的：

"我们把'想象'这个名称专门用来称谓那些综合的和魔术般的力量……这种力量的表现就是使对立的或不协调的品质取得平衡，或使它们协调……把新颖、清新的感觉和古旧、常见的事物，把不寻常的感情状态和不寻常的条理，把毫不懈怠的判断力、稳重的自持和狂热、深刻或炽热的感情协调起来。""意识到一种音乐的快感……并且有力量把纷纭的事物压缩为单一的效果，用某一种主导的思想或感情来变更一系列的思想。"②

这里所取的可能是"想象"一词最广义的理解，实际是诗歌经验的代名词。这是理查兹关于诗歌经验的最简赅也是最基本的表述。理查兹关于诗歌的一系列观点无疑都是受这段话的启发而来的。理查兹诗论的核心是对立冲动的平衡的观点。这不仅是理查兹关于诗歌经验的基本看法，也是他论述审美反应的基础。

理查兹认为，诗人和普通人的根本区

---

① 理查兹：《文学批评原理》第3章，转引自蒋孔阳主编：《二十世纪西方美学名著选》（上），复旦大学出版社，1988年，第370页。

② 理查兹：《文学批评原理》，转引自伍蠡甫主编：《现代西方文论选》，上海译文出版社，1983年，第296页。

别在于对冲动的处理能力。普通人没有能力有条不紊地处理众多的冲动。但是诗人"由于他有优越的组织经验的能力，就不受这种必然的限制。一般情况下相互干扰、相互冲突、相互独立、相互排斥的冲动，在诗人身上结合成一种稳定的平衡状态。"① 这些活跃的冲动虽然彼此变更对方，却不是处于尖锐的冲突状态，而是在很大程度上获得条理化。理查兹说，条理化在普通人身上是极为罕见的。当这种状态发生之时，"平常把十分之九的生活掩盖起来的'熟谙和个人考虑的薄膜'就好像被揭开了，他感觉特别清醒，意识到存在的现实性。在这种时刻，无穷无尽的抑制作用减弱了；他的反应，在过去，用一个不太恰当的比喻来说，是陷在生活常规和实际的但是狭隘的需要的窠臼之中的，现在冲破了樊笼，彼此组织成为一个新的条理；他觉得好像一切都又重新开始。"② 因此诗歌经验的实质，是打破习惯力量，唤醒人们内心深处受到压抑的冲动，使它们解放出来。伟大的诗歌之所以在人类生活中具有至高无上的地位，就在于它能使人获得这种经验。

理查兹通过对悲剧的分析来揭示冲动对立平衡的经验。悲剧能给人以在悲痛之中透一口气的感觉，一种平衡宁静的感觉。什么原因呢？就是因为，在悲剧经验中，作为趋就冲动的怜悯和作为退避冲动的恐惧，这两种对立的品质取得了协调和平衡，融合成了一个有条理的、单一的反应。理查兹认为，悲剧的"净化"、内涵就在于此。"在充分的悲剧经验中不存在压制作用"，"而悲剧的实质则正是在于它强迫我们在没有压制和升华的条件下生活片刻。"③ 理查兹强调，"悲剧的特性是由怜悯和恐惧这两组冲动之间的关系所规定的，悲剧经验中的特有的平衡状态也产生于这种关系。"④ 他认为悲剧经验具有特别的稳定性，"悲剧也许是我们所知道的最普遍、最能接纳一切、最能使一切条理化的经验了。悲剧能把任何东西结合到它自身的组织中去，予以改变，使之就位。"⑤ 但是，其主要组成部分的关系应当保持稳定，否则就会改变悲剧效应。理查兹也反对了在对象身上寻找悲剧经验稳定性原因的一贯立场。他说，"平衡状态不能到发生刺激作用的对象结构中去找，而是要到人的反应中去找。"⑥

理查兹认为，尽管有关的冲动之间存

① 同上书，第 297 页。
② 理查兹：《文学批评原理》，转引自伍蠡甫主编：《现代西方文论选》，上海译文出版社，1983 年，第 297 页。
③ 同上书，第 299 页。
④ 同上书，第 300 页。
⑤ 同上书，第 300 页。
⑥ 同上书，第 301 页。

在着不少差别，但是在这些冲动的极其微妙、极其完整的组织中还是存在某种"普遍的类似点"。这种类似点构成了所谓的"审美状态""审美情感"以及单一品质的美存在的理由。理查兹在这里对美感经验作了详细的分析。在通常，美感经验的特点一般被规定作：忘我的境界、排除利害观念、超然物外等。他认为，美感经验的种种特点实际是性质非常不同的两类。一类不过是交流的条件，而另一类则是组织冲动的方法。前者与价值无关。这里着重讨论的是后者。理查兹说，组织冲动有两种方法：一是排除法；二是包括法。两种办法对于每一种内部有联系的精神状态都是必需的，但是却具有不同的功能。理查兹更欣赏的是后一种。理查兹指出，用综合法组织冲动，是通过扩大反应而获得稳定和条理的经验。用排除法则是通过使反应狭隘化而获得稳定和条理的经验。虽然同样达到稳定和条理的经验，但两种经验中，冲动之间的关系以及经验的结构却迥然不同。用排除法组织冲动的诗，是由平行的、同向的几组冲动构成的。而用包括法组织冲动的诗，其冲动特别驳杂，不仅驳杂，而且对立。理查兹认为，相比之下，第一类诗是不稳定的，经不起用讽刺的态度加以观赏的，它们很难成为高级的

诗。而最高级的诗总是讽刺的。这就是说，用包括法组织冲动，即达到对立冲动的平衡，是美感经验的重要特点。所以理查兹说，"对立冲动的平衡，我们猜想就是最有价值的审美反应的基础，它比起一些明确的感情经验来更能使我们的人格起作用。"[①]

理查兹在此基础上论述了所谓"排除利害观念"和"超脱、客观"的确切含义。他指出，在对立冲动达到平衡的状态下，由于我们不是被导向某一特定方向，有更多的方面能影响我们，而我们能够通过许多道路，同时地、有连贯地对事物作出反应。这就是"排除利害观念"的真谛。同时，由于我们从四面八方去看这些事物，我们好像看到了它们的真相，它们可能引起我们某一种具体的兴趣，但我们却不只从一点去看它们。当某一具体兴趣愈是可有可无，我们态度也就愈超脱。说"我们是客观的"，不过是"我们的人格更加完全地被吸引住了"的别名而已。

七、诗歌经验及其心理基础

《科学与诗》一书，是理查兹 1926 年写的一本小册子。其主要思想是从《文学批评原理》和《意义的意义》中来的，但是论题非常集中，突出地体现了理查兹关于诗在人类生活中的地位以及诗与科学的

---

① 理查兹：《文学批评原理》，转引自伍蠡甫主编：《现代西方文论选》，上海译文出版社，1983 年，第 304 页。

关系等重大问题的观点。和《文学批评原理》相比，在有的问题上论述更加深入。全书共7章，除第1章分析世界情势外，其余6章各用一定的篇幅论述诗歌问题与科学对诗和诗人的影响问题。

对于诗在人类生活中的地位，理查兹给予了无与伦比的高度评价。他引述艾略特的话"诗歌是生命意识的最高点，具有最伟大的生命力和对生命的最敏锐的感觉"[1] 来说明诗歌的重要。他还用马修·阿尔诺德的话作为本书题词，给诗赋予了一种宗教信仰的地位：

"诗的未来是无限的，因为人类在诗里，即在人类理应获得崇高命运的诗里，随着时间的推移找到了越来越巩固的地位。世上没有不会动摇的信念；没有不会受到怀疑的放之四海的条律；没有不受到泯灭的威胁的传统。我们的宗教是通过事实——假定的事实而实现的；宗教将它的情感赋予了这个事实，可是现在，事实却使宗教发生变化。然而对于诗来说，思想就是这一切的一切。"[2]

阿尔诺德这段话体现的，是希望以诗取代宗教的思想。理查兹引此作为"题词"，用意是再明显不过了。

理查兹对诗的看法，来源于他对当代人生活和人的存在状态的理解。在第1章中，理查兹分析"世界一般的情势"，他说，最近由于人类自身所处环境的剧烈变动，引起了从政治经济到社会心理诸方面的危机。一方面生活方式剧烈地变化，另一方面流传了千百年的生活习惯尤其思想习惯不容易丢掉。生活的多元化、复杂化，人们愿望的多样化、错综化，导致了一系列无法克服的冲突，使得合理的生活变得愈来愈加困难。[3] 那么，什么算是合理的生活呢？理查兹认为，"合理的生活，并非只靠理智生活，而是一种理智（对于整个情势完全明白了然）所容许的生活"。[4] 要合理生活，先要对整个情势了然于心，要了解我们的生活，尤其了解我们自己。"思考自己，他自己的本性。因为合理的生活之第一步，乃是对于人生本性有一种更深的了解"。[5] 要达到这种了解是很不容易的。由于心灵知识的贫乏，使得在很多与我们自己有关的事物上，我们思想感觉的方法都与事实不符。我们思想诗歌和感觉诗歌的方法尤其如此。不过理查兹又认为，虽然心灵科学的最积极的步骤

---

① T. S. 艾略特：《诗歌的作用》，转引自麦·莱德尔主编：《现代美学文论选》，文化艺术出版社，1988年，第335页。
② 麦·莱德尔主编：《现代美学文论选》，文化艺术出版社，1988年，第317页。
③ 理查兹：《科学与诗》，曹葆华译本，商务印书馆，1937年，第2—5页。
④ 同上书，第5页。
⑤ 同上书，第6页。

一向来得很慢，但"它们已经在开始改变人类整个的观点了。"① 接下来的三章，理查兹就运用心理学方法，谈论有关诗歌的问题。

理查兹一开始就追问"要表现出诗歌是怎样重要，首先总必须发现出诗歌是什么东西"。② 从一系列论述看，理查兹是把诗归结为一种经验。理查兹分析诗歌经验的模式基本还是对立冲动的平衡的模式，但是在解释冲动的内容和活动方式上比以前更深入和详尽。他认为，诗歌经验大体由思想、情感、情绪和态度等因素组织而成。他重点分析论述了思想（智力）和情感在诗歌经验中的关系，认为诗歌经验主要分作两股，次要的一股是智力的思想的经验，主要的一股是情感的经验。后者是主动的，是整个激动的力量的所在，而前者并不重要。尽管人们给智能、思想一种与其自身不相称的地位，但是，智能只是"兴趣的一个助手，一种工具，兴趣借此更可成功地排整自己"。③ 因为在理查兹看来，"在任何意义上，人主要总不是一种智能，他乃是一种兴趣的系统。智能只能给人以帮助，而不能推动人"。④ 所以诗的本质不在思想，而在情感。如果把诗中思想成分看得太重，那么便是对诗的一种误解了。

理查兹结合具体的诗歌阅读来说这一观点。在诗歌阅读中，人们都是通过文字激发起充分的想象世界。那么在这个过程中发生了什么呢？理查兹的回答是，"在文字得到理智的了解和它们所引起的思想得以组合而被注意之前，文字之运动与声音已在兴趣上有了很深的密切的作用了"。⑤ 理查兹认为诗歌文字的声音感觉是激起冲动的重要因素，而诗歌的意义往往是非常含混的，并且常常受到诗歌声音、感觉这些形式因素的影响：

"差不多在一切诗中，文字之声音与感觉（即是所谓与内容相对的诗的形式）首先发生作用，而文字所包含的意义则被这种事实巧妙地影响着。大多数的文字，依其表面的意义而言是很模糊不清的，尤其是在诗中。在各种不同的意义中，我们可以随意选用。凡是我们所选择的意义，都是最能适合由诗歌之形体所激起的冲动的。"⑥

因为诗的使命不是传达观点和看法，所以思想不是诗的根本因素。为什么诗人

---

① 同上书，第6页。
② 同上书，第8页。
③ 理查兹：《科学与诗》，曹葆华译本，商务印书馆，1937年，第22—23页。
④ 同上书，第22—23页。
⑤ 同上书，第22—23页。
⑥ 同上书，第22—23页。

用这些文字而不用那些文字，并非因为它代表了一串思想，而在于它体现着诗整体的内在要求。

"诗人用这些文字，是因为情境所激起的兴趣聚合起来，把它们（就是这样）引入他的意识中作为一种工具以整理、管束和团结整个的经验。经验本身（横扫过心灵的冲动的潮流）乃是这些文字的本原和制裁。文字代表这个经验的本身，不是代表任何一组智觉或反思……对于一个适当的读者，这些文字（假如它们真从经验中发生出来，而不是由于言辞上的习惯、想感动他人的那种欲望、虚构的方略、模仿、不适合的计划或其它任何阻挠大多数人不写诗的疵点）在他的心灵中会再度引起兴趣同样的活动，同时把他放在同样的情境中而又引起同样的反应。"①

理查兹这大段话是从两方面说的。对作者来说，文字是诗人兴趣经验的直接表现，而不是其思想的记号；而对读者，则应穿透文字，而不拘于文字表面意思，直接把握那心灵经验本身，这样才能抓住诗歌整体的精神。

由于文字和心灵经验的这种特殊关系，所以，一方面文字的组织是由冲动的异常复杂的组合和结构决定，另一方面，这种文字组织又能引起相似组织和结构的冲动。从这种关系看，诗歌文字一方面是诗人经验的结果，另一方面又是造成新的经验的原因。然而理查兹强调说，诗歌文字在前者不仅是果，在后者又不仅是因。这是什么道理呢？因为理查兹并不把文字本身看做诗人经验被动、消极的结果。文字对经验有反作用，同时读者又是积极的，不能无所作为。所以理查兹说：

"文字是经验的一部分，把经验组合起来，给它一种确定的结构，并且防止它仅仅成为一种散漫无关的冲动的乱流。用马喀多噶尔的最有用的隐喻来讲，文字是组合这些冲动的钥匙。"②

《科学与诗》的诗歌价值论大体是一种心理功利主义的观点。他认为诗的经验的价值在于它所描写的生活的丰富和狭隘的不同。他说，"假若心灵是一种兴趣的系统，并且经验是兴趣的活动，那么一种经验的价值，就是在心灵借之能得到完全的平衡的程度问题。"③ 理查兹把诗歌价值建立在对现代人生活和自身处境的考察上，论述更加细密、完善，他认为人应该获得最丰富、敏锐、活泼、美满的生活。要获得这种生活，就必须让兴趣最大限度地激动起来。但是理查兹认为，"各种冲动间的冲

---

① 理查兹：《科学与诗》，曹葆华译本，商务印书馆，1937年，第25—26页。
② 同上书，第26—27页。
③ 同上书，第29页。

突，乃是使人类苦痛的最大的罪孽。"① 人的兴趣需要激动，但彼此又要尽量避免冲突。那么怎么克服这一矛盾呢？理查兹认为，"经验必须组织起来，能使其所有的冲动在可能范畴内得到最大的自由。"② 就是说，必须克服杂乱无章的冲动漫流，使对立的冲动避免冲突，取得条理化。这就是诗的经验。诗歌之所以有价值，就在于通过提供这种经验，使人获得最丰富、敏锐、活泼、美满的生活。

问题还在于，我们强调冲动的平衡和协调与冲动纯粹的对立和冲突，其区别在什么地方呢？理查兹在《文学批评原理》中曾谈到这一问题。但是他说两者究竟有何区别，我们也只能够模糊地加以揣测，大体特征可能是，"平衡保持的是单一的精神状态，但冲突则保持两个轮换的状态。"③

在内心冲动不能协调的状态下，一个人是无法保持安宁的。对立和冲突会造成思想的混乱和心灵的痛苦。因此处于这种状态的人总要设法消除对立和冲突。基本方法有两种：一是征服，二是调解。征服是靠压抑冲动来消除混乱。这在有些地方看来似乎是有效的，但是压抑有力的冲动却十分困难。心理分析表明，有些冲动看来压抑了，实际上还在活动，只不过处于另外的形式，同样令人烦恼的形式罢了，而压抑本身又造成了实际的二重对立和冲突。

理查兹指出，非常不幸的是多数人避免混乱恰恰是采用征服的办法。即使在自由的时候，他们也不加选择，只知道征服自己。理查兹说，"常常能克服自己的人，也可说是常常奴役自己的人。他们的生活变得过分的狭隘，许多圣贤的心灵好像水井，它们应当像大湖或大海。"④ 在过去的社会中，由于传统权威的巨大力量，人们只能在它们为兴趣划定的边界之内，依据征服原则，生活在一种适度而满意的状态。但是现在传统式微，权威也不再有信仰的后盾。因此，"我们需要一些东西以代替从前的秩序。但不是需要一种新的武力之平衡，或一种新的征服的力量，我们需要的是一种'国际联盟'来公正地整理我们的冲动，即是，依据着调解原则的新的秩序，绝不是依据着奋力的压抑原则。"⑤

理查兹认为，在一般经验里，达到精神的单一、和谐的状态，即取得对立冲动的平衡，使冲动最大限度地获得自由，是非常不易的。然而"在经验的一种特殊的

① 同上书，第32页。
② 同上书，第32页。
③ 《现代西方文论选》，第304页。
④ 理查兹：《科学与诗》，曹葆华译本，商务印书馆，1937年，第33—34页。
⑤ 同上书，第34页。

情况下，也曾有这种成功，并且许多人也曾把它记载下来。""诗歌即是这种记载相组合而成的。"①

关于诗歌创作，理查兹认为诗人的主要特点表现在文字的运用上。"他知道文字怎样相互限制。在心灵中文字各种不同的效力怎样组合，它们又怎样谐和于整个的反应。"②他强调诗歌不依赖于理智和思想，诗歌不是可以用智识研究、机巧可以写好的，因为"创作一首诗歌的动机是发于心灵的深处。诗人的作风是他组织兴趣时所依据的方法之直接表现。"③因此诗歌文字的安排应该"是出于一种经验之真实的至上的安排"，而诗之韵律"并不是玩弄音节，而是反映出作者的人格。它与其所附属的文字是不能分开的。诗中动人的韵律只是发生于真正被激动的冲动中；并且对于兴趣的整理，它比其他的东西，是一种更微妙的索引。"用一句话说，"诗人因为是经验的驾驭者，因此也是言辞的驾驭者。"④

八、科学与诗

《科学与诗》后面的三部分，着重讨论的是科学的发展及其掀起的革命对诗歌和现代精神生活的影响。

理查兹指出现代精神生活中一个核心的、处于主导地位的变化，是玄妙的自然观向科学自然观转变。理查兹所说的"玄妙的自然观"，实际就是指有神论的自然观。由于近代科学的发展，人类知识范围的扩大和驾驭自然能力的增强，这种观点日渐衰微而失去其统治地位。然而这一变化所带来的严重后果之一，便是对诗歌存在的危胁。因为"有一些证据证明诗和其他一些艺术是跟玄妙的观点同时产生出来的"，而它们赖以产生的基础却遭到了根本性的摧毁，因此，"可以慎重地认为，诗也会跟它们同时消失"。⑤

玄妙的自然观在人类生活中存在的依据是什么？科学能带给人什么？回答了这一系列问题，才能解决我们面临的诗歌存在的危机。

玄妙的自然观在人类生活中统治过一个漫长的时期，其存在显然是有其必然性的。理查兹显然并不就以科学独断的态度来处理这一复杂问题，他是从人类的需求和玄妙的自然观的功能相吻合的角度看到这种观念的存在合理性。他认为，玄妙的自然观之所以取得长久稳定性，就是因为

---

① 同上书，第35页。
② 同上书，第37页。
③ 同上书，第38页。
④ 理查兹：《科学与诗》，曹葆华译本，商务印书馆，1937年，第39页。
⑤ 理查兹：《科学与诗》，转引自麦·莱德尔主编：《现代美学文论选》，文化艺术出版社，1988年，第321页。

"它具有可以满足人们各种情感上的要求的能力，因其完全适应于人的各种看法。……这些玄妙的观点，作为一种对自然的解释，在人的最隐秘、最重要的事务中，很快就变得比其他的观点更适合精神上寄托的需要。"① 正由于此，人们对这些观点的兴趣并不完全取决于它实际上驾驭自然的程度，而在于"这些观点赋予生活以形式、规定性和一致性，可是这些形式、规定性和一致性却不可能用其他的方法如此轻易地就能得到保证。"②

理查兹接着指出，现在包围我们的不是那些玄妙的观点了，包围我们的是一个广大的知识的领域、理性的领域、科学的领域。人们渴望知识，认为知识本身会直接给他一个关于他的存在的正确的解释，人只消知道世界是什么，则这种知识本身就会告诉人应该怎样去理解这个世界，应该对这个世界采取什么立场，以及应该抱什么样的生活目的③。但是当人们面对着巨大的知识时，他突然明白，纯粹的知识并不是人生活的目的。科学摧毁了旧信念，却并没有同时树立起新的信念。理查兹写道：

"科学可以向我们讲述人在宇宙中的地位，以及人的各种可能性；它还会向我们说明，人的这种地位是不可靠的，人的种种可能性也是有疑问的。如果我们能非常高明地利用科学的话，那它还会在更大的程度上扩大我们的各种能力。不过，科学却不能告诉我们，我们是什么，或者我们的世界是什么。"④

这是人类所面临的巨大危机。正是这种危机，导致了社会生活中的种种困难，尤其是诗人所遇到的重重困难。理查兹认为，"这个危机，大概一方面要求我们深思熟虑，另一方面还需重新改造我们的思维方法才能加以克服的"。⑤

理查兹在《意义的意义》中，曾经把语言从功能上分为符号学的使用和情感的使用。这种观点的形成当然是基于他对科学语言和文学语言的分析比较。《科学与诗》则反过来把这种关于语言功能的观点用于对诗歌语言的研究。理查兹把诗歌语言称为"语言的虚拟的论断"（拟陈述）。

理查兹认为，"诗人的使命……就在于把秩序、和谐以及自由凝聚在感受里。诗人应该借助语言做到这一点"。⑥ 他认为诗

---

① 同上书，第321页。
② 同上书，第321页。
③ 理查兹：《科学与诗》，转引自麦·莱德尔主编：《现代美学文论选》，文化艺术出版社，1988年，第323页。
④ 同上书，第324—325页。
⑤ 同上书，第324—325页。
⑥ 同上书，第324—325页。

人在创作上"不会是在这样的意义上，即不会像处理人体结构的解剖学学术论文的那种意义上来说明他们的看法"。①诗人并非没有自己的看法，但诗一般不提什么看法。理查兹说，凡是"那些能够辨识科学的原理——在这里，真理是最终检验的结果——和传达情感之间的区别的人就会公认……作出正确的论断并不是诗人的使命"。所以理查兹强调，在诗歌里语言起着这样的双重作用——情感的刺激作用和象征的作用，这是诗歌语言最重要的作用。同时，为了这种作用，应该限制它说明方面的作用。

常常有些自然科学家对诗接受不了，他们常常发现诗所肯定的声明都是虚拟的，没有自然科学的那种实在的意义。理查兹认为，这本身就错了，错就错在他们所持的是一种跟诗不相干的态度，而对待拟陈述需要的是一种"诗的态度"。那么区别在哪儿呢？

理查兹指出，首先，诗人和读者所共同拥有的世界，是一个假设的、理性的、想象的、虚拟的并且被承认的虚构的世界，所谓拟陈述正是跟这个虚拟的世界相适应的陈述。事实上这个世界并非真正的理性世界。站在逻辑立场上用"联系论"来把握这个世界，是一开始就搞错了对象，因为这个世界的内部联系并不是逻辑的结果。如果进一步看，"在采取诗的态度的情况下，各种相应的后果并不都是逻辑性的，或者说，所造成的这些相应的后果，倒是由于逻辑上遭到部分的削弱"，"如果说这里也一般地存在着逻辑的话，那么逻辑就跟奴仆似的，从属于我们情感上的反应"。②

造成这种分别的根源，在于虚拟的陈述（诗的意义上）和真正的陈述（科学意义上）在构成上存在根本的差异。理查兹是这样进行分析的：

"虚拟的论断——这是文字上一种表达形式，这种形式只有在我们的动机和看法不受限制或者得以成立的意义上，以其所起的作用来证明它本身是正确的；从另一方面来看，论断（按即科学论断）通过其本身的真实性证实它是正确的论断，也就是在最完美的技术意义上来说，通过论断本身同它所指明的那个事实之间的相互适应的情况，来证明它是正确的论断。"③

理查兹这段话比较晦涩。他想说的是，拟陈述只能以它自身所起的作用——激发情感证实其存在的合理性，而无法通过实证的方法——通过它的字面意义同所指对

① 同上书，第 319 页。
② 理查兹：《科学与诗》，转引自麦·莱德尔主编：《现代美学文论选》，文化艺术出版社，1988 年，第 327 页。
③ 同上书，第 327 页。

象的符合情况断定其真假。拟陈述不是陈述,所以在实证的意义上,无所谓真,也无所谓假。这就是拟陈述和科学陈述的根本分别。

现在回到前面提到的危机上。由于科学的革命,导致和诗有着相同的观念基础的"关于神、宇宙、人的本性、这个人对另一个人的看法、灵魂、灵魂的所在地以及关于命运这样一些不可胜数的虚拟的论断,亦即那些在理性的机制里成为至关重要的,成为其幸福生活十分重大的关键的虚拟的论断,对于那些正直的、真诚的和有教养的人来说,却突然变成不可置信的论断了"。① 那么诗就悬在这危机的边缘。理查兹的看法是,他反对绝对地否定虚拟的论断。尤其在诗的问题上,他反对"把诗当作是对科学的否定"。理查兹认为真正的知识只能扩大我们对自然的统治能力,却不能建立起足以支撑现代人生活的牢固信念,而"挽救之法在于:既要使我们的虚拟的论断能够摆脱宗教,而同时又能使我们在摆脱宗教的这种情况下,把它们作为重要的工具掌握起来,使我们能够借助这些工具来制约我们彼此之间和我们对世界的看法"。② 理查兹认为,能够既摆脱宗教又能够作为工具制约我们彼此之间和我们对世界看法的就是诗歌。有许多人由于习惯于宗教观念,一旦这一基础遭到了摧毁,他们便手足无措。"他们对于诗没有真正的兴趣,大多数的人由于有这种习惯,只消承认大自然的中和作用(按即玄妙的自然观转向科学的自然观)就会割断同诗的关系。"③ 这就是导致许多人内心冲突而陷入精神危机的深刻根源。理查兹对诗充满了希望,他给诗歌在现代人类生活中赋予了崇高的使命。他写道:

"如果这种从来也不应该出现的冲突愈益扩大的话,就可能出现精神上的混乱,这种混乱是人从来也不曾经受过的。如马修·阿尔诺德(见题词)所坚持的那样,我们的自卫手段就在诗歌里。诗歌能挽救我们,或者说(因为有些人认为这个字眼丢人)会帮我们摆脱混乱和避免希望遭到毁灭。诗歌是一种源泉,传统诗歌是超科学想象的维护者。"④

本书的末章,理查兹分析了一些现代诗人的精神状况,指出他们有的退回到内心世界,有的沉溺于幻想,有的走向原始,有的企图寻求一种新的世界观以替代失去的信仰。现代人的精神陷入前所未有的混

---

① 同上书,第328—329页。
② 理查兹:《科学与诗》,转引自麦·莱德尔主编:《现代美学文论选》,文化艺术出版社,1988年,第328—329页。
③ 同上书,第330页。
④ 同上书,第334页。

乱。理查兹认为，不必对此抱悲观态度，旧的信仰在现代已失去其存在的基础，然而被这些信仰所支持的情感和态度，却还是能存在。"这是因为它们有着其他的更自然的扶助并且它们直接从生存之需要里产生出来。"①

九、意义的构成及其转换

20世纪20年代，当理查兹在剑桥任教时，他做了一项阅读试验。他定期印发各种不注明作者身份、姓名的诗作让学生评论。结果一些受过正规文学研究训练的学生，居然会大捧末流诗人而贬抑大诗人的杰作。这使理查兹得出结论，按照先作者、背景、历史背景然后进入文本阅读的传统文学研究方法，造成学生习惯于用先入之见去理解和评价作品，而失去了独立判断评价作品的能力。这也使理查兹考虑在阅读和理解作品时，需要有一套行之有效的方法。1929年，理查兹出版《实用批评》一书，在第一部分里，即记述了这次著名的试验。在第二部分，他分析了在阐释文学作品时一些具有代表性的障碍，并尝试提供一套从事文学分析的基本概念。理查兹的做法虽然被有些人指责为反历史的方法，但却为学生从事行之有效的作品分析

提供了一个具有很强实践价值的典范，对后来的实用批评产生很大的影响。这里要介绍的理查兹对"意义"的分析，是《实用批评》第三部分的内容，很能代表理查兹语义分析精微细致、逻辑严谨的特点。

理查兹认为，一切阅读的最根本的难点，即理解和评论的出发点，是"把意义弄懂"。② 但是，许多问题看上去很简单，实际上要回答它并不容易。看上去很简单的问题有时候恰恰是全部问题的基础和关键。拿"意义"来说吧，什么是"意义"呢？理查兹指出，"无论是研究文学还是研究其他交流形式，十分重要的事实就是，意义有好几种"。③ 理查兹进一步分析说：

"无论是在我们说话、写作时的主动状态或是听、读时的被动状态……我们参与交流的全部意义差不多总是由几种不同的意义结合而成的一种混合体。语言——特别是诗中所用的语言——同时要完成的不是一种而是多种任务。"④

理查兹把意义区分成四种成分：意思、感情、语气、目的。所谓"意思"是指"我们讲话是为了要说点什么，我们听是想要听别人说点什么。"⑤ 在一般情况下，意思也就是句子陈述中构成的骨干成分。"感

---

① 同上书，第73页。
② 理查兹：《实用批评》，转引自《二十世纪文学评论》（上），第210—211页。
③ 同上书，第210—211页。
④ 同上书，第211页。
⑤ 同上书，第211页。

情"指的是对我们提到的问题，或事物，或状态，我们对它们抱有一种态度，一种倾向，一种趣味上的差异，这些都会给我们使用的语言涂上一层来自主观的个性化的色彩，也就是感情色彩。"语气"是相对于听话人而言的，说话的人总是有意无意把他对于听话人的态度体现在说话的方式和措辞上，表明两者之间的关系。"语气反映出他意识到这种关系，意识到他是站在听他说话的人们面前的感觉。"[1] "目的"是指意图，一种自觉或不自觉的意图，说话人希望自己的言语会引起一种效果。目的通常是言语行为最重要的部分，了解了这个目的才算领会他的意思。说话人的目的，往往要通过与其他几种功能结合才能达到。目的往往被有的说话人巧妙地加以掩饰和淡化，但是，不管怎样地不露痕迹，它也始终在起作用。

理查兹指出，在他的学生们的他称之为"草评"的答卷中，经常出现对这四种成分的误解，而"往往一种作用的部分失误会导致其他几种作用的离轨"。[2] 他认为，"人们相互误解的种种可能性，的确构成了巨大的研究课题"。[3]

那么造成人们误解的原因何在呢？理查兹认为，基本原因是作为一个整体进行研究，意义的四种成分在不同的语境和运用中常常表现出复杂多样的组合关系和转换关系。了解这种语义组合的复杂性和功能转换的复杂性，才能恰切无误地阐释文学作品。他用几种典型的文体为例来说明这种复杂性。"比如一个人写一篇科学论文，他就会把意思摆在首位，把他对论题或其他有关观点的感情放在从属地位，而且小心翼翼地不掺入任何感情，以免歪曲他的论点或被人认为有偏见。他的语气是学术性论文中常见的那种语气。如果他是明智的，他就会对读者表示尊重，并流露出一种适度的急切心情，希望他的论点得以正确地理解和接受。"[4] 理查兹还以推广科学成果和政治性演说为例说明语言意义的"次要成分"对实现目的的重大作用。

功能转换起因于语言表面形式与潜在功能的错位。理查兹指出在会话中功能转换的大量存在。"一种作用的口头语言被另一种作用的口头语言所接替。我们已看到，目的可以压倒其他几种作用；同样，感情或语气有时也可通过意思来表达，用明白无误的话来说明他们对事或对人的感情与态度——这些话有时由于表达的方式方法而与真实的感情、态度不一致。外交辞令

---

① 同上书，第212页。
② 理查兹：《实用批评》，转引自《二十世纪文学评论》（上），第213页。
③ 同上书，第213页。
④ 同上书，第213—214页。

往往是最好的例子。"①

就诗而言，最常见的功能转换是拟陈述的非指称用法。理查兹说，"诗中许多（即使不是大多数）陈述是作为处理和表达感情与态度的一种手段，而绝不是为哪一种理论需要而写的。"② 他并且强调指出，尽管这些做法在诗中最为明显突出，却并不是诗所独有的。语言意义的感情、语气、目的常常以伪装形式或间接方式露面，给理解和评价制造了困难。"正是在这一点上，文学批评有大量的工作要做。"③

十、词语行为和语境

语境问题是理查兹语义分析的重要内容。在 20 年代他曾零零星星地谈起过这个问题。1936 年理查兹出版《修辞哲学》一书，把他的语境理论作为一条定理提出来，进行了系统的阐述。

理查兹反对人们不加选择地把过去的一些陈旧观点接受下来。他说，"词语如何表示意义，对于这个问题我们不能安心接受来自常识的对这种奇怪的产物的解答。或者说词语是被另一种科学，譬如心理学所证实的东西，因为其他学科在着手解答这些问题时本身也使用词语，所以这种解答就带有同样的虚假成分。"④ 所以理查兹

主张建立一门"研究词语理解正误的学科"，即一门新的修辞学，"这种探索不但要像旧修辞学那样在宏观的范围里讨论文体的大量要素采取不同的处理方法时所产生的不同效果，而且还要在微观的范围里利用关于意义的基本推测单位结构的原理，以及这些原理及其相互关系得以产生的条件。"⑤

理查兹对旧修辞学十分蔑视，他的批评相当尖刻，他说，"旧修辞学是辩论的产物，它是作为辩护和说明的基本原理而发展起来的"。因此，"旧修辞学给我们的最大教益也许就是使我们认识到，先入为主的偏见和辩论者的利益使这门学科日益狭隘和盲目"。⑥ 理查兹的话虽然刻薄了些，但却触到了旧修辞学的一些痛处。因为说明固然是论述的目的，但是过去强烈的说服冲动常常会妨害说明性的论述——它阐明观点，并不说明人表示赞同，而只要要求对观点加以检验，而这正是构成科学论辩的基础。

为了提出语境理论，理查兹首先提出如下的定理作为理论基础。定理认为，"所有的思维，从最低级的思维直至最高级的思维，不管它的发展程度如何，都是对事

① 同上书，第 215 页。
② 同上书，第 216 页。
③ 同上书，第 216 页。
④ 理查兹：《修辞哲学》，转引自赵毅衡主编：《"新批评"文集》，中国社会科学出版社，1988 年，第 288 页。
⑤ 同上书，第 289 页。
⑥ 同上书，第 288—289 页。

物进行分类的过程"，同时它认为，"意义从最初就有一种原生的一般性和抽象性"。① 理查兹这个定理的核心是想阐明意义产生的根源，亦即一事物获得意义的方式。这种方式正是理查兹生发其语境理论的基本接合点。

那么这定理的确切内涵是什么？它的特点是什么？这一切要追溯到理查兹对人类反应方式的研究上去。理查兹分析温度计和人的反应方式的差异指出，温度计过去的工作情况"与它对当前温度变化所作出的反应毫无关系，也不会对这种反应发生任何干扰"。② 但是人的反应方式却与此不同。过去反应情况都会在脑里留下痕迹并对后来的反应产生影响。另一个新的反应发生时，人们总是把这个反应看做是某种类型的反应，也就是说，知觉到一个新的反应总不是孤立的事件，而总是要把新反应纳入到和某种旧反应的联系中去。我们不仅仅说我们感知到一个新反应，我们更强调它有何类特征——而一个反应的意义正是由这种类特征赋予的。所以理查兹说，我们的知觉和反应的特性"不仅有它的现实原因，而且还有它的历史原因。知觉从来不是对个别的、孤立的事物而言；

知觉把它所感知到的任何事物都看作某类事物中的一例"。③

理查兹这一定理的核心是指出，意义不是一个孤立的现象。一般往往认为，意义产生于心理行为自身。恰恰相反，意义不是由它自身确定的，而是由这个心理行为所处的环境——它的历史的、现实的背景——所确定的。

不难设想，理查兹把这条定理用于对词语及其意义的阐释的基本轮廓。语境的内涵实际上已经由上述定理透露出来。说穿了，这个语境不仅是现实的，而且是历史的。按理查兹的定义，语境是"用来表示一组同时再现的事件的名称"。④ 所谓"同时"，指的是和文本中词语意义产生之时同时。那么这时这组事件又是哪些事件呢？理查兹主要指的是与诠释这个词有关的一切共时的和历时的事件。这些事件的绝大多数在文本里是不出现的，于是就有了理查兹所谓有"语境的节略形式"。按理查兹的理解，一方面语境主要的就表现为一种节略形式，它隐藏在词语背后，决定着词语的特性（意义）。反过来，"发生节略时，这个符号或这个词——具有表示特性功能的项目——就表示了语境中没有出

---

① 同上书，第293—294页。
② 同上书，第292页。
③ 理查兹：《修辞哲学》，转引自赵毅衡主编：《"新批评"文集》，中国社会科学出版社，1988年，第293页。
④ 同上书，第296页。

现的那些部分"。① 词语即由那个被节略的语境所决定，同时又是那个被节略语境的体现。

对于意义的语境定理，理查兹指出它是以标准的警察模式设计的，其作用就是运用规则赋予词语以意义，他同时也指出语境定理对复义问题的重视，反对那种"认为一个符号只有一个实在意义的迷信"。他说：

"如果说旧的修辞学把复义看作语言中的一个错误，希望限制或消除这种现象，那么新的修辞学则把它看成是语言能力的必然结果。我们表达思想的大多数重要形式都离不开这种手段，尤其是在诗歌和宗教用语中更离不开这种手段。"②

有研究者曾经指出过理查兹的语境理论和索绪尔结构主义语言学理论非常相似的问题。③ 索绪尔把语言符号组成的链条从横的和纵的方向称为组合关系和聚合关系，认为符号的价值是由两个关系所构成的系统所确定，确切地说，符号是借助相互之间的对立关系确定自身的意义，而"整个言语活动的机构都将以这种对立以及它们所包含的声音差别和观念差别为依据"。④ 看起来索绪尔的语言理论和理查兹的语境理论是极其相像的。但是实际上二

者的区别还是相当大的。理查兹的语境既有共时的一面，也有历时的一面，词语的行为是在共时和历时两个层面所构成的交叉体系中展开的。索绪尔语言学区分共时语言和历时语言。但是索绪尔强调，对一个交际过程来说，唯一存在的事实，是语言共时的一面——组合关系和聚合关系都是共时层面的概念——语言事实"在时间上的连续是不存在的"。语言学家要了解这状态，必须把历时时态置之度外而专注于共时态，"历史的干预只能使他的判断发生错误"。⑤ 赵毅衡指出，接过理查兹语义学理论的新批评派不知道索绪尔的理论。看来这是确实的。《普通语言学教程》一书法文原著虽于 1916 年初版，但英译本却迟至 1959 年才问世。所以写作《修辞哲学》时，理查兹是否看过原书，也还是个问题。共时历时问题，无论对于索绪尔还是理查兹的理论，都是非常重大的问题，二者的看法却截然不同。事实上理查兹的理论自有渊源，下文再论。对理查兹来说，在共时和历时态方面，似乎历时态更重要一些，因为复杂的历时因素是造成诗歌语言产生丰富的联想、隐喻意义的主要原因。"过去发生过的复现留下了一些残余的结果，这

---

① 同上书，第 301 页。
② 同上书，第 296 页。
③ 同上书，第 26 页。
④ 索绪尔：《普通语言学教程》，高名凯译本，商务印书馆，1980 年，第 168 页。
⑤ 同上书，第 120 页。

些结果然后和这个符号结合在一起，决定了我们的反应。"[1] 这种立场的差异，大概就是理查兹的语境理论更适合特定场合的单个作品的语义应用分析，而索绪尔的语言学更适合结构主义建立一个系统化的关系结构模式的内在原因。

第三节　新实证主义美学理论Ⅱ

一、经验主义和心理学方法

一般地说，哲学上的新实证主义是一种经验主义。新实证主义美学就其思想渊源当然是经验主义。它的基本观点和特色，前文概述中已经作过简要的说明，这里再补充一些看法。

理查兹理论的突出特色是把心理学和语义分析引入文学理论。它极大地影响了后来英美新批评的形成和发展。新批评接过理查兹的语义学方法，却对他的心理学方法提出激烈批评。这固然跟新批评重视艺术形式分析、强调艺术作品的内部研究的理论兴趣有关，但是主要地恐怕还在于他们的思想立场有较大的分歧。新批评派的思想基础比较驳杂。而理查兹是一个标准的经验主义者。他的全部理论，从他的美学观点、批评方法论到他的诗学，都弥漫着浓重的经验的气息。他关于美、美感的观点不用说了。他的批评方法论的核心是追问意义标准、澄清概念范畴，这正是逻辑实证主义的标准路子。由于对美感经验的高度重视，所以对心理学方法和成果的借重几乎是不可避免的。事实上，不同程度地借重心理学也是现代经验主义美学的共同特征。

理查兹的有些观点特别容易遭到误解，这主要可能归因于他所采用的比较特别的心理学方法，而理查兹哲学上的经验主义立场大多恰恰是通过他关于心理问题的表述体现出来的。在理查兹的理论中，心理学的方法和观点主要是贯彻在如下四个方面：美感经验；美感价值；语言符号的指称功能和情感功能；语境问题。让我们依次作些考察分析。

正如有的研究者指出的，近现代许多美学家在把心理学引入美学研究时，往往具有这样三方面的特点：一、认为美的对象并没有一种独立的美的特质；二、认为审美经验要依赖于一种"审美态度"，只要有了这种审美态度，任何对象都可以是美的；三、"审美对象"也只能是一种心理学性质的概念。[2] 理查兹赞成第一点、第三点，但是对第二点却断然加以拒绝。他根本否认有一种特殊的所谓审美方式、审美态度的存在，尤其对克莱夫·贝尔把美感经验的特殊性强调绝对的程度表示反感。

---

① 理查兹：《修辞哲学》，转引自赵毅衡主编：《"新批评"文集》，中国社会科学出版社，1988年，第297页。
② 朱狄：《当代西方美学》，人民出版社，1984年，第5页。

贝尔在《艺术》中曾写过这样的话："为了欣赏一个艺术作品，我们不需要从实际生活中带来什么，也根本不需要实际生活的概念和事务方面的知识，根本不需要对实际生活中的情感的熟悉。"① 理查兹认为，所谓特殊的审美方式、审美态度纯属假定，正是这种假定造成了美感经验神秘化、绝对化的观点。理查兹的做法是，把美感经验从绝对中解救出来，使它从根本上还原为日常生活经验。这就走向了一种和实用主义美学相近的立场。

应当说，理查兹强调美感经验和日常生活经验的连续性和同一性，反对把美感经验弄得神乎其神，从而保证美感和艺术能够和人及其自身的现实存在保持一种适度的联系，这无论从理论上还是实践上都是有意义的。不过理查兹显然有些做过头了。把美感经验完全还原为日常生活经验，无论在理论上还是实践上都有行不通的地方。当理查兹比较孤立地谈论美感问题时，他还比较能坚持这种立场。一旦涉及具体的艺术问题，如诗歌经验，理查兹的描述显然不能令人信服地表明，他不是在谈论一种特殊形式的经验，尽管关于这种经验有没有一个统一的质，人们没有一个一致的意见。我倒觉得，认可一种特殊形式的美感经验的存在应该是美学研究的起点，而不是它的终点。对起点的清理是必要的，

但不是消除起点。语义分析是一种工具，它能消除混乱，但无法消除感觉经验的存在。即使回到标准的经验主义立场，感觉经验是通过它自身证实其存在的。美感经验是一种伴随着巨大的历史过程而形成的特殊形态的感觉经验，这正是一个无法否认的心理事实，而不是语义的错乱。事实上，即便理论，理查兹也难自圆其说。他一方面声明美感经验和日常生活经验没有根本不同，另一方面又不能不承认美感经验是一种具有不同形式和良好组织的普遍经验。但是界限在哪儿呢？理查兹没有说，恐怕是无法说得清的。之所以如此，其最深层的原因在于那里横亘着一个无法消除的心理事实。

美感价值理论是理查兹观点中心理学立场体现最充分的部分之一。理查兹用冲动的满足来说明美感经验的价值，表露出明显的自然主义立场。他关于诗歌经验的观点就是从这种价值论中派生出来的。理查兹用对立冲动的平衡的模式来说明诗的经验，这成为新批评思想的最重要的源头之一，新批评的"张力诗学"即由此而来。但是心理学方法本身却受到一致批评。把诗看做对心理冲动的组织和协调，认为诗的价值就在于能使人获得一种对立冲动达到平衡的经验。这实质上把诗的价值归结为一种心理价值。这种理论，用韦勒克的

---

① 蒋孔阳主编：《二十世纪西方美学名著选》（上），复旦大学出版社，1988年，第364页。

话说，是一种"效果的理论"。把心理效果作为标准，必然导致价值观上的相对主义。强调目的，最终导致理查兹承认一首坏诗可以像一首好诗一样取得效果，作品本身成了无足轻重的东西。这正是新批评极力反对的"感受谬见"，即"将诗与其结果相混淆，即混淆诗本身与诗的所作所为……其始是从诗的心理效果推导批评标准，其终则是印象式批评与相对主义"（维姆萨特语）。

需要指出，新批评派的批评是从他们的文本中心立场出发的。应当说，这一批评是切中要害的。抛开文学作品的客观结构和价值面貌的心理批评很难说能达到"科学化"的文学批评。即使我们假定读者的心理感受和作品的结构和价值之间存在着较密切的对应，那么使用冲动这样的概念来解释复杂的美感经验也显得是过于简单了。

用组织冲动的概念来解释美感和艺术经验，跟理查兹诗学排斥思想成分的看法有关。在解释艺术经验时，理查兹也并不总是使用"冲动"的说法，有时候他采用"情感"这一概念。理查兹分析诗歌语言的功能，就主要采用后一种立场，认为诗歌语言的作用在于激发情感，这就有些接近表现论的意思。冲动也好，情感也好，根源都在理查兹重感受经验、轻思想理性的诗学立场。

把语言符号的功能分为符号学的用法和情感的用法是理查兹语义分析的重要内容。然而这里特别的还不是这种区分本身，而是理查兹引作理论基础的心理学的内容和方法。

理查兹抛弃了传统西方学术按思想、情感、意志三大范畴讨论心灵活动的模式，代之以"原因—特征—效果"的活动模式，认为各种原因之间的相互作用决定着由此而引起的种种心理冲动的特性和效果，进而把研究重心集中在对原因及其活动模式的分析探讨上。理查兹对语言符号两种功能的阐述就是建立在"联想—欲求"相互作用这一基本模式上。需要说明的是，理查兹这里的联想有固定的含义：它的第一种含义是指大脑在接受新刺激的时候，对相似旧刺激经验的唤起——这也是一般公认联想的基本含义。第二种含义是指语言符号唤起大脑对该符号所指客体的知觉——理查兹把这种含义限制在词语符号和所指客体永远能够——对应的科学领域，其实就是所谓"指称"。所以这里说的联想，主要是强调符号和所指客体一致的一面。文学中常用的联想、虚构，被理查兹视为欲求、兴趣冲动对语言符号指称功能的歪曲，强调的是符号从它和所指客体的联系中解脱出来，或者根本没有所指客体，纯粹表达一种情感。

理查兹尝试为他的理论寻找一个新的解释模式，就某种程度说，这尝试是成功的。理查兹的模式确实更适合于对活动的心灵状态的过程分析。然而理查兹的模式弱点也是明显的，它的视野比思想、情感、意志模式小得多了，对于文学理论来说尤其显得如此。文学语言的情感用法不仅仅是个技术性用语，它联系着对所指客体、真实性、文学本原等一系列问题的看法，这都不是单纯的心理活动过程分析能回答得了的。它需要纵的过程分析，同样也需要横的断面分析。对横的断面分析不以为然，恐怕还是理查兹对情感与理性的看法在作怪。

在传统修辞学中，语境问题是较少和心理学发生联系的。理查兹却不仅意在开拓一个更广阔的语境理论空间，还试图从心理学领域为他的观点提供理论支持。理查兹关于语境的全部观点，实质上是建立在这样一个定理的支持上。定理认为，在事物和意义之间，意义从它一产生就是以抽象的方式出现的。"我们是从一般的、抽象的事物出发，把它分解成各种类别，就像世界分裂我们一样，然后把这些类别加以重叠和归类，便得出了具体的、个别的事物。"[1] 一个更简洁的表述是，"事物是法则的实例。"[2]

就表述形式，这条定理很容易被当成是唯理论的观点。但是我们不要忘了，理查兹是一个经验主义者。事实上，这条定

理跟唯理论有根本的不同。就这条定理而言，理查兹有一种新的心理学背景。

理查兹分析意义的发生，是以对人的心理反应的方式的认识为前提的。理查兹的看法是，人的感知不是一张白纸，满足于简单的刺激—反应模式，过去的经验结果反过来对后来的经验产生重要影响。这种影响就是，在把握新的刺激时，人们总是把它纳入以往经验的轨道，依据某种一般性的概念赋予它意义。有意义的个体都是和一般性、抽象性连在一起的。理查兹就是以此作为出发点研究词语的行为的。理查兹这里的心理说，不同于完形心理学，也不同于精神分析学。认真分析就会发现，它大体是一种行为主义心理学的观点。现代行为主义心理学家不满意巴甫洛夫提出的刺激—反应的模式，而进一步深究反应行为的结果对反应自身的强化作用。斯金纳做过一个著名的黑箱实验，他让一个接受实验的白鼠按动一个可以弹出豆粒的机关，当白鼠按动机关时，它可以得到一颗豆粒。当它多次重复这一行为都能得到豆粒时，白鼠就学会主动地重复这一行为。这个实验最直观的意义，在于它表明了被动的应答行为向主动的操作行为的转变。

回过头考察理查兹对意义产生的心理过程的描述，他正是把意义的产生纳入到

---

[1] 理查兹：《修辞哲学》，转引自赵毅衡主编：《"新批评"文集》，中国社会科学出版社，1988年，第294页。
[2] 同上书，第298页。

这两种心理行为的转变过程中加以说明的。理查兹把人和温度计的反应方式加以比较，其用意就在突出人类行为具有强化作用的一面，把意义的产生视为一种主动的操作行为。所以当他所称事物是法则的实例时，他并不是向人们表明一种唯理论的立场，而是表明了他对人类心理活动强化作用的强调。唯理论的法则是先验的，而这里的法则也还是经验的产物。如果说一定要给理查兹的观念定性的话，与其说他是唯心的，那么在这一点上，不如说他是唯物的。当然理查兹的理论和行为主义毕竟是两码事，有许多地方是不一样的。理查兹作为一个重视经验、重视艺术活动中的心理体验和感受的美学家、文艺理论家，他受到的心理学观点的影响是多方面的，但是严格说来，理查兹并没有一个统一的心理学立场和方法。他所接受的影响和他所采用的方法都取决于他阐发自己的美学理论的需要，取决于他在一系列问题上经验主义立场的需要。理查兹的心理学和他的经验主义是联系在一起的。

二、批评科学化

批评科学化是现代文论的突出倾向。理查兹在他的理论生涯中非常热心于使文论科学化，为此做出了极大的贡献。韦勒克认为，英国文论在理查兹之前全是"纯唯美印象主义"。理查兹的突出地位由此可见一斑。

科学批评是相对于印象批评而言的。印象批评是19世纪唯美主义文学潮流的基本批评方法。印象批评重视悟性，强调感受，拒绝理性法则，热衷于鼓吹文学独一无二的品质，否认文学批评可以按照一定的理性法则规范进行。印象批评一直到20世纪初还保持着相当的影响。但是随着科学主义美学思潮的不断发展，科学批评逐渐占了上风。印象批评的衰落是必然的。这除了外部因素的作用外，还有内在的原因。因为把文学的个性品质绝对化，排斥任何理性理解的可能，等于把文学孤立起来，既割断了它与日常经验的连续性，也割断了它与人类经验的连续性。其弱点正如韦勒克指出的："反科学的方法，趋向极端时显然要冒一定的风险。因为个人的'直觉'可能导致仅仅诉诸感情的'鉴赏'（emotional 'appreciation'），导致十足的主观性。强调每一艺术作品的'个性'以至它的'独一无二'的性质，虽然对于那些轻率的和概念化的研究方法来说具有拨乱反正的作用，但它却忘记了这样的事实：任何艺术作用都不可能是'独一无二'的，否则就会令人无法理解。"[①]

早在19世纪，由于近代自然科学（牛顿的物理学和达尔文的进化论）的确立和发展，就开始了把自然科学方法移入文学

---

① 韦勒克、沃伦：《文学理论》，三联书店，1984年，第5页。

研究的思潮。但是19世纪文学研究领域的实证主义者,往往将科学上的因果律简单用于对文学和它的外部因素的讨论,甚至用生物进化的模式解释文学历史的演进。19世纪批评科学化的尝试基本是失败的。原因在于,人文科学和自然科学从研究对象到研究方法、目的都有许多重要的不同。直接地因袭自然科学的方法必然导致研究对于对象的脱离和歪曲。事实上,19世纪的研究者们也注意到人文科学与自然科学的差异,并且对这种差异作了相当深入的比较研究。20世纪批评科学化的步履比19世纪的那些尝试稳健得多,成就也突出得多。显然他们已经有了充足的理论支持和大量的经验借鉴。一句话,他们对科学化有了更成熟、更切合实际的见解。

那么科学化的含义是什么呢?

如果笼统地说,那么它的应有之义当是,适当地引进科学研究的方法和成果,使研究走上理论化的轨道,尽量排除其感性式、随意式、印象式的因素。当然究竟什么是"科学化",恐怕很难有统一的意见。因为"适当"本身是个非常模糊的字眼,所以在不同人那里可能有不同的理解。然而就理查兹关于科学化的见解,科学化大体可以包含有以下三个相互关联的层次。

首先,批评科学化意味着承认文学批评是一种科学或知识。韦勒克、沃伦在《文学理论》首章就开宗明义,表明了这一观点:

"我们必须首先区分文学和文学研究。这是截然不同的两种事情:文学是创造性的,是一种艺术;而文学研究,如果称为科学不太确切的话,也应该说是一门知识或学问。"①

这大体也道出了理查兹的基本立场。这种立场同时也决定了科学批评的目的及其采取的路径。韦勒克、沃伦把科学批评的目标概括得很清楚:

"研究者必须将他的文学经验转化成理智的形式,并且只有将它同化成首尾一贯的合理的体系,它才能成为一种知识。文学研究者研究的材料可能是非理性的,或者包含大量的非理性因素,但他的地位和作用并不因此便与绘画史家或音乐史家有所不同,甚至可以说与社会学家和解剖学家也没有什么不同。"②

批评科学化的第二层内涵是由上述目标决定的,即文学批评得有一定的规范,像科学那样有一套"客观上可以转换的方法系统"。理查兹并没有专门阐述这个规范系统,但是理查兹确实在一系列理论观点的论述中,致力于揭示科学化的文学批评规范。《文学批评原理》一开始就通过认定

---

① 韦勒克、沃伦:《文学理论》,三联书店,1984年,第1页。
② 同上书,第1页。

批评的性质以澄清批评理论的基础，并以此为起点展开他对美、美感、批评方法和诗学的全面论述。纵观这一系列论述，一个突出特点就是，理查兹始终如一地运用语义分析对语言的不同表达方式进行阐释。不管是他对审美方式的分析，对语言的符号学用法和情感的用法的分析，还是对批评语言的分析，理查兹实际都是在试图把传统文学、文学批评以及诗学中混乱而不统一的表达方式转换成一个具有共同基础和共同规范的表达方式系统。这些具体观点虽然不一定成为定论，但是理查兹通过他的理论实践以确立一种新的批评范式的尝试，却具有重大的理论意义。理查兹对后来文学批评的最重要的影响与其说是那些具体观点，毋宁说是这种批评范式以及它所演示的方法论。

批评科学化的第三层含义是指批评工具的科学化。工具科学化是批评科学化最根本的保证。传统批评之所以充满了混乱和虚幻，重要原因就是没有一种有力的批评工具。没有科学化的工具，就无法建立起统一的规范系统，当然谈不上批评的科学化。对批评工具理查兹用力最多，理查兹科学批评的声誉主要就建立在他对语义分析这一批评工具的富有开拓性的运用上。语义方法的运用对理查兹理论的意义是多方面的。首先，理查兹的语义分析导致了对一系列传统概念命题的富有启发性的见解，如对意义、想象等问题的分析，大大

加深了人们对这些问题的认识深度。语义分析还直接揭示了科学语言和诗的语言的对立性特征。我们固然不能说语义分析业已解决了一直分歧众多的科学区分问题，但是却不能不承认，理查兹的分析把人们的思考推到了一个比较深入的阶段上。自然语义分析最重要的价值是，它既是理查兹确立新的批评规范体系的手段，也是这个批评规范体系的基础。新实证主义美学有时又被称作语义学派，语义分析的地位可想而知了。

三、拟陈述和真实性

理查兹的诗学观点前文已经介绍过一些。这里再就几个主要问题作点简单的讨论。

拟陈述是理查兹关于文学语言的重要观点。这一观点受到许多批评。赵毅衡在论及这一问题时说："理查兹命题的重点其实不在'感情性'上，他是想说文学语言的真实性与现实无关。"这恐怕有进一步讨论的余地。在文学真实性问题上，平心而论，理查兹的主张基本是有倾向而不极端，不像后来的结构主义者那样一条道走绝，不留后路。他把文学作品和客观世界的分隔是有限的，理查兹不能满足他经验主义哲学立场的要求的起码幅度，然而正是由于经验的立场，使理查兹的理论表现出一种跟上述分隔背道而驰的倾向。用指称性和情感性来概括科学语言与文学语言的对立是否准确，这当然是一个问题。但是问

题的关键在于，能也好，不能也好，它都不能决定文学本身和现实是有关还是无关。作者关于文学与现实的观点主要是通过他关于美感价值、诗歌经验价值的立场来体现的。理查兹很少正面涉及文学和现实的关系问题，他专注的分析对象主要是对美感经验和艺术经验的描述和分析，理解经验、区分经验、评价经验。理查兹的理论主要集中在艾布拉姆斯那个著名的三角图式的作品——读者这一翼上，并且侧重的是读者的心理感受。理查兹的批评就曾被目为"感受式批评"。那么这种理论倾向的主要根源在于理查兹的经验主义立场——处理感觉经验，并且绝不把脚跟迈到感觉经验之外。如果说要割断作品和现实的关系，那么最好下刀的应该是这个地方，而不是语言的功能。理查兹不像新批评那样极力强调文本中心批评，他也不像结构主义者那样把文本作为一个封闭的符号体系。在对文学作品与外部现实世界的关系问题，理查兹大体持一种中和的看法。在《科学与诗》里，他谈到当代诗歌时，强调：

"诗歌应从当代出发。它应该与各种不同的需要、激情和态度相适应，而这些需要、激情和态度却不是像在过去时代的诗人身上那样产生出来的；就是连批评，也应该去注意当代的环境。我们对人、对自然界以及对世界的态度是一代一代地不同的，而且我们的这种态度在近几年里已经发生了鲜明的变化。在研究当代诗歌的时候，我们不能漠视这些变化。态度发生变化，无论是批评，也无论是诗歌，都不可能不发生变化。"①

固然，理查兹的见解与反映论的主张还相去甚远。然而说理查兹认为语言的真实性和现实无关是有些不公平的。让我们再回到"拟陈述"的问题上。拟陈述是理查兹对诗的语言的概括。用拟陈述来概括诗的语言不见得妥帖，用以概括一般文学语言漏洞就更多了。但是理查兹关于文学语言拟陈述的观点是有他自己的道理的。理查兹说诗的语言"其真理性主要是一种态度的可接受性（acceptability）。发表真实的陈述不是诗人的事"。这里所谓"真实的陈述"都是指严格科学意义上的陈述。理查兹的意思是，在科学文体中，如果是真实的陈述，那么必然有所指客体与之对应。但是当读者面对文学这种文体时，显然不能按照科学文体的方式要求对应的客体。文学就其作为一个具有复杂意义结构的符号体系来说，它和我们通常意义的生活有着千丝万缕的联系是不言而喻的。如果我们认为理查兹连这一点都看不到或看到了要加以否认，那就未免把问题弄得太简单

---

① 理查兹：《科学与诗》，转引自麦·莱德尔主编：《现代美学文论选》，文化艺术出版社，1988年，第318页。

化。理查兹之所以有那样的结论，首先，他是在阅读过程中讨论文学语言的非指称问题——跟关于文学源头这样的讨论有不同的背景和幅度；其次，理查兹是用严格科学意义上的陈述作标准来衡量文学语言，这种对比本身不一定有太多太大的理论意义，但是却引起了太多的误解；再次，阅读活动中文学语言符号体系对于读者的意义是一回事，文学语言如何通过作家的精神活动与现实保持一种复杂曲折的联系则是另外一回事——理查兹关注的是后者，而关注后者并不意味着一定否定前者。

如果上述分析不错，那么关于拟陈述我们可以这么说，诗歌语言用严格的科学标准衡量被称为拟陈述是正确的，尽管因拟陈述是否能准确地揭示诗性、文学性大有讨论的余地。

当然，导致人们对拟陈述批评的原因不仅由于上述复杂情况，理查兹本人对于真理性的主观论调又加强了清理上的难度。理查兹把真理性定义为"态度的可接受性"。对理查兹来说，这是自然的，因为他关心的就是读者的感受体验，在这个范畴内，他的标准可以说是对的。不能接受的东西当然很难说明其真理性。但是有时候真理不被接受，谬误反而迎合人意。理查兹声称他研究的是"理想读者"的心理反应。即使这么说，困难也是显然的。"理想读者"的标准太难定，所以真理性仍然是一个模糊不清的东西。理查兹的说法受到批评是必然的。因为依赖心理标准界说真理性即使理论上成立，实践上也很难避免走向相对主义。理查兹的错误不在于他把真理定义为"态度的可接受性"，事实上在一定范围内这个定义也不能说不对。理查兹的错误在于他的经验论立场使他过于忽略——尽管不是无视——真理标准客观性的一面。失去了客观性一面的参照，也就使他提出的真理性标准显得不那么标准了。

在20世纪的科学主义美学思潮中，新实证主义美学接受自然主义、实用主义美学的某些影响，它的美感经验理论、美感价值观点和上述流派的观点不乏相通之处。然而新实证主义美学的独特贡献在于它把心理学方法和语义分析方法引入美学研究，形成了一套独特的研究方法和美学理论，对后来的美学文学研究、英美现代批评，尤其是对新批评产生了根本性的影响。他的一系列观点通过新批评得到了更深入、系统的阐发。理查兹对许多问题的探讨，不仅把人们的认识带到了一个新的阶段，更重要的是通过他的研究，从而给美学文学的研究带来了一种新的方法和眼光。在20世纪初，正是新实证主义美学，以它突出的理论贡献，奠定了美学和文学研究的语义分析方向。

第十七章 分析美学

　　分析美学（Analytical Aesthetics），是将哲学上的分析哲学运用到美学研究领域，从而产生的一支美学流派。正如分析哲学在西方学术界所造成的巨大影响，分析美学也是当代美学界最令人瞩目的一种现象，可以说，近半个世纪以来的美学争论大都是在分析美学的名义下进行。要想了解分析美学的一系列命题，往往需要对作为它的理论基础的分析哲学有一个基本的认识，两者在指导思想及方法设置上也都是一致的。

　　许多西方哲学史家把 20 世纪的哲学称为"分析的时代"，并不是根据不足的，至少，采用这样概念，可以差不多标识出当代哲学与传统哲学的一些最主要分野。从某种意义上说，分析哲学在研究对象与方法等上的重新选择，都是直接针对传统哲学而发的，虽然 20 世纪以来仍然出现了许多不同的哲学派别，但就最主要的方面讲，

分析哲学所呈示出的那些开创性特征及其鲜明性，的确可以代表一个时代的总倾向。当其他派别都纷纷消歇的时候，直到目前不久，或近二三十年以来，分析哲学依然以不减的势头活跃于哲学研究的前沿。这种状况，也为随之而引发的分析美学提供了一个确认自身地位的时代背景。

　　从研究的方向上看，传统哲学的一个共同目标，便是主体与客体的对立问题，即认识着的心灵和它所面对着的、并试图加以认识的外部世界对立的问题。但自实用主义（皮尔士等）和早期分析哲学（弗雷格、穆尔、罗素）开始，考虑的重心便发生了转变，抛弃了过去那种心灵怎样或是否可能真正认识外部世界的问题，而是一开始就预先假定，我们已经以各种方式获得了知识，并且在任何情况下能去认识这个世界。这样，问题就大体成了在什么条件下，用什么样的方式更好地改进我们

对世界的认识。以至于最终把注意力置于思想交流的媒介，即语言和逻辑上，由此，其中的意义和概念便受到特别的关注。不管在分析哲学家内部曾有过多少分歧，但他们所具有的一个一致看法是，许多经典的哲学难题的存在，并不是由于缺少支持的证据和强有力的论证，而是不能在词的各种使用中作出必要的区别，当我们在用语词处理某一问题时，未能精细地区别各种微妙地联系在一起的意义关系；在形而上学哲学家那种热情雄辩，富有启发和表现力的语言中，实际上却包含了概念的模糊与混乱。因此，探讨真理的最基本的努力，就要澄清语言及其逻辑的多种用法，对它们的意义作出精细的分析，弄清楚一系列科学研究的必要步骤和程序。虽然这样的工作是艰巨的，但又是不可避免的，是当代哲学所面临的基本任务。

分析哲学也与孔德以来的科学实证精神密切相关，由孔德、穆勒，到马赫、奥斯特瓦尔德、彭加勒，及实用主义者皮尔士，分析哲学家弗雷格、穆尔、罗素、维特根斯坦、石里克、卡普纳尔等人，的确体现了一条一以贯之的思想发展线索，相较之下，则是从自然科学的实证向语言逻辑的实证的一种过渡和发展。但其中所体现出的一个总的精神原则，都是对经验和事实的重视。在分析哲学家看来，一切知识，当然包括哲学方面的知识，都是起源于经验的，任何一个可陈述的意义都必须经由经验的证实，研究哲学，也就是确定概念命题与经验事实的一致性，但历来的形而上哲学却都在这方面陷入了迷途，他们所采用和运用的概念往往是在未经分析和确定的情况下，先入为主地成立的，因而都是不可靠的。分析哲学的历史使命决定了他们要去重新审视一切旧有命题，从而在经验实证的基础上，通过科学的语言分析和逻辑规划，建立起可靠的意义体系。也正是因为这样，分析哲学有时又称为逻辑实证主义。

从分析哲学为自己确定的方向看，即它对语言、概念、意义等的实证分析，同样也适合于宗教、政治、艺术和法律等的研究。比如在伦理学上，穆尔把"好"分析为某种随情感变化的非自然属性，艾耶尔进一步以为伦理学判断不具有确定性，也不是一种真正的（明晰的）命题。当代分析美学也正是受到这样一个总的哲学思想的启发而诞生的，属于20世纪广泛流播的经验主义思潮的一部分。

在美学领域，经验主义主要是朝两个方面发展的，一方面是对于事实的直接解答，依赖于经验科学，如艺术心理学（心理分析艺术心理学和格式塔艺术心理学）、科学美学（德斯瓦尔、拉罗、苏里奥、门罗等人的主张）来实现；另一方面是关于概念和方法的问题，由哲学美学分析来解决。它们共同的任务都是反对传统的形而上哲学，而分析美学则又将重心放在澄清对"艺术"、"美"等基本概念的意义上。无论是过去的模仿说，还是后来兴起的表现说、直觉论、现象学、存在主义等美学流派，它们的一个共同思想，就是认为美学的中心问题就是给艺术下一个定义，发现艺术和美所共具的本质属性。因此，分析美学的旨趣及它所从事的工作，也就实际上是对整个传统美学倾向的一种逆动，并由这种逆动构成了一场旷日持久的论争，同时也进一步推进了分析美学本身的纵深发展。

要想完整地考察分析美学这一思潮的历史趋势，当然应该估计到新实证主义美学家理查兹、奥格登等人在早期的影响，虽然理查兹等人依然热衷于主体心理的研究，但他们至少在两个方面给未来的分析美学提供了启示，第一，他们将批评的重点放在语义学的分析上，这与后来的分析美学所选择的研究对象是一致的；第二，他们分辨了有实指客体的科学的"符号"与无实证可能的情感性的"记号"，这也是符合分析美学艺术无界定的思想的。奥格登与理查兹所著的那本名声卓著的《意义的意义》发表在1923年，差不多与维特根斯坦的《逻辑哲学论》同时，因而很难说是受到了后者的影响，但其方法的选择，却与更早的分析哲学家的主张无疑是有关系的，而且也更重要的是，它在一些主要方面与分析美学所具有的相似性，及对后者的影响。如在某些方面得益于分析美学

而成长起来的符号学美学的代表苏珊·朗格，她对艺术本性的看法就差不多与理查兹的意见吻合，这表现在诸如对"推论性"的符号和非推论性的"显现的"符号划分等一些方面。

但不论怎样，使分析美学得以真正成立，在理论上为分析美学提供了可遵循的坚实思路的，则是维特根斯坦。正如他的追随者莫里斯·魏茨所说的，维特根斯坦在哲学上所确立的方向，已给"当代美学的任何一种发展提供了出发点"。在此之后，这一流派中的魏茨、肯尼克、麦克唐纳、汉普夏尔、齐夫等的观点，也是其中最引人注目的，由他们进一步发展、充实、深化了维特根斯坦的思想，从而造成了一种可以"分析美学"一词来加以标榜的学术集团。

第一节 从"意义的界定"到"语言游戏" ——维特根斯坦的美学思想

大约可以将维特根斯坦（Ludwig Wittgenstein）的学术思想划分为前后两个时期。在第一个时期，他的思想体现在生前唯一一本出版的专著《逻辑哲学论》上。这本书是由一些类似于短小的格言，断断续续地写成的，在1921年发表在《自然哲学年鉴》上，取名为 *Logish-Philosophische Abhandlung*，次年被译成英文，由罗素推荐出版，摩尔将其书名改为 *Tractatus Logico-Philosophicus*，此后，在哲学文

献中一般都采用它的英译本题名。

《逻辑哲学论》虽然是按照早期分析哲学、特别是按照罗素的路子走下来的，但这本书之所以产生重大影响还在于他与早期分析哲学的鲜明差异之处。根据罗素的思想，它也和皮尔士、弗雷格一样，在完善的、即澄清以后的语言中，构成命题的语词除了像"或者"、"非"、"如果"、"那么"等之外，都是与相应事实的组成部分一一对应的。在这种语言中，对应于每一个简单的对象，只能由一个而不能有更多的词，而一切复合的对象则可以用组合起来的词语表达。由此，这种语言便是完全分析的，那个被肯定或否定的事实的逻辑结构可以一目了然地显现出来。因而，通过复杂、细致的实证分析，我们便可以清理出一切日常用语的混乱性，使完善后的语言命题与所表达的事物对象达到一致。维特根斯坦有条件地保留了罗素的这一思想，但他以为，实际存在的情况却是，有两类不同的命题，一类是罗素等人所说的有意义的命题，另一类是他独特标榜的无意义的命题。有意义的命题是与事实对象在逻辑构成上完全吻合的命题，即"事实逻辑图像"，因而，是可以说也可以证实的，因为在其中包含了意义。无意义的命题没有与事物"同一"的特征，因此无所标记也无可叙说。严格地讲，有意义的命题不仅意味着这种命题是有意义的，而且意味着这种命题因其有意义而成为命题；相反，无意义的命题不仅意味着这种命题无意义，而且意味着这种命题因其无意义而不成其为命题。

维特根斯坦的这一思想极其重要，因为通过对命题有无意义的划分，它给后来的分析哲学划出了一块新的地盘，而分析美学的几乎全部工作，也只有在理论上已经清理出这一地盘后，才有可能进行。那么"美"或"美学"是源于哪一类命题呢？虽然《逻辑哲学论》对分析美学曾产生了无可估计的影响，但在整本书中提到上面两个词的却只有两处：

4.003、关于哲学问题的大多数命题和问题不是虚假的，而是无意义的。因此，我们根本无法回答这一类的问题，我们只能认为它们是荒谬的。哲学家们的大多数问题和命题是由于我们不理解我们语言的逻辑而来的。

（它们是属于善多少和美同一这一类的问题的。）

因此最深刻的问题实际上不是问题，这是不足为怪的。

6.421、伦理学是不能表述的，这是很明白的。

伦理学是超验的。

（伦理学和美学是一个东西。）

在这些十分简要的话里，我们可以看出，"美"与"美学"都属于无意义的命题和问题，因而既无法去叙说，也无法去界定。那么又为什么会是这样的呢？这实际上又是与维特根斯坦对世界与人生的认识密切相关的。

首先从他对世界的认识看，他知道"这个世界存在"。其中，"有关［世界］的某种东西是成为问题的，这个东西我们称为世界的意义"。但世界的意义必定是在世界之外，而不在世界之内，因为它是已经被处在于世界的我们所认识了的，已成其为某种"价值"。反之，在世界中的一切东西都如它本来的面目，所发生的一切都是实际上发生的，它仅仅是偶然。一旦当我们从中抽象为普遍的东西，它就已成了非偶然的，不可能是世界之中的东西，"为了描述逻辑形式，我们就一定要能够带着命题伫立在逻辑以外的某处，也就是说世界以外"。这里的"逻辑"已不同于前期分析哲学的，它就是世界本身既然已是站立在世界之外，所以它就已不属于世界。因此，如果要保存自然美的完整性，就无法将它命题化，美由此而无法成为命题，成为命题美就不是美本身所属的东西了。

对于一部用语言来表现的文学作品也一样，它是无法进行"评价"的。就文学作品来说，当它一旦成为世界存在这个"艺术奇迹"，那么实在性的奇迹就不能再用语言表达，"本身是语言表达的东西，我们不能用语言来表达"。照维特根斯坦看来，艺术的实在性本身就已是最高的美学性了，因而批评家和美学家的反向思维只会破坏它作为"实在性"的存在。

从以上两处引证的材料看，维特根斯坦都是将美学和伦理学置于一起来看待的。这种认识极其重要，不仅仅是因为它们在实在性上的一致性，也是与维特根斯坦的人生思想不可分割的，毋宁说是由后者决定前者的。在美学与伦理学两者之间，则伦理学是更重要的，因为它直接与维特根斯坦所推崇的"幸福"观相连，而维氏的伦理学实际上就是幸福论，相比之下，美学则是幸福论的一种表现，所以才显得重要。对于"幸福"，维特根斯坦以为就是世界的"意志"先于个人的意志而存在，并完全超越于个人意志，"世界是离我的意志而独立的"，"我不能使世界上发生的事情听从我的意志：我是完全无能为力的"。然而这种感觉是不必使人感到绝望的，正相反，当我们接受了对超然之上帝的依赖时，人才能得到幸福和平静，因为在这样的时候，"我是在执行着上帝的意志"。这里，第一步，维特根斯坦将幸福与推理区分开来，幸福是一种无以言说的神秘，其后，美学正是因为能满足于这种神秘而又与幸福相连接，并达到一致。在另一部早期著作《笔记：1914—1916》（一般认为是《逻辑哲学论》的思想准备）中，维特根斯坦写道："文学作品 X 增加我对世界的存在如实的认识，它在同样的程度上也增加我对世界的接受；所以，在同样的程度上，它增加我生活中幸福的总和。到那个程度，我可以说 X 是美的，并相应地评价它：因为美是使人幸福的东西。"这种幸福的伦理学是作为实在而存在于艺术之中的，无须概括，而只要以沉默的姿态面对它，我们就能达到唯一的伦理目的。

这样，维特根斯坦就在事物的中间划了一条"界限"，界限的一边是无意义的，然而却是最高的"世界"，是不可言说的，对此，我们应该保持沉默；界限的另一边则是有意义的，因而也是可说的对象，但是在可说的范围内，依然有两种情况，一种是被日常语言搞混乱的种种陈述和命题，对此，便应该进行澄清，以便得到另一种更科学的命题，在哲学中，同样也在伦理学与美学中，"绝对正确的"方法将是仅仅使用科学的命题。这种命题表达准确，并且是以其一般形式即科学规律为依据的。但科学的命题依然与美和艺术本身无关，它不涉及世界的"为什么"，而只涉及"怎么样"，因而无法用以探讨实在的神秘，"神秘的不是世界是怎样的，而是它是这样的"。就此看来，过去哲学，也包括伦理学、美学所探讨的那些"本质"问题，都只是建立在一种世界本身的无知之上的，以至于敢于去说"这样"的东西，将"无意义的命题"，即实在作为命题来处理，越过"界限"的规定去寻找意义，由此，自然就导致了理论的"荒谬"，并最终一无所获。维特根斯坦的结论是，我们只能说我们能说的事情，只有当我们排除了这些命题之后，才能正确地看世界，而"对于一

个不能说的事情就应当沉默"，以防他在将来再犯同样的错误。

维特根斯坦后期思想的形成约在1930年，本期的代表作即《哲学研究》，原书用德文写成，并由他的得意门生安斯康女士译成英文，取名 Philosophical Investigations，在他死后的两年，即1953年出版。这本书表现了他后期哲学思想的一个重大转折，虽然其中论及美学的言论不多，但一般来说，他的哲学思想是与他的美学思想一致的，谈论哲学实际上也就是谈论美学。另外与后期分析美学思想直接有关的，还有诸如《维特根斯坦1930—1933年间的美学讲演》、《美学、心理学和宗教信仰讲演和对话集》（简称《美学对话集》）等，这些关于美学的讨论，几乎可以说也是完全由他的哲学研究中引申出来的。

一般评论认为，维特根斯坦的后期哲学是作为前期哲学的否定和修正而出现的，这也是维特根斯坦自己所加以表述的。在前期哲学中，也就是在谈到可说的命题或概念时，命题与世界的关系，就像一个几何图形从一个平面投射到另一个平面上一样，有一种同形关系，它的意义是由它的真值条件所决定的，在这里，每个名称都代表了一个对象，只是由于日常语言的混乱性使这种对应无法实现，因此需要通过分析，使之清晰起来。可是在后期，维特根斯坦抛弃了这种从理想形态的语言出发来规范日常语言的做法，转而表示出一种

对他所否定过的语言，即日常语言的重视，在《蓝皮书和棕皮书》中，他谈道，"说在哲学中我们考察一种与日常语言相反的理想语言，这种说法是错误的。因为这使得看起来好像我们认为我们可以对日常语言加以改造。但日常语言是完全正确的"。

这并不是因为，就一定的目的而言，我们无法找出某些常用语言工具的毛病，并用其他一些精心设计的，更适合于达到某一目的的语言工具来取代它。而是指，哲学应当保持与不断变化的活动语言的紧密关系，当日常语言在包含着种种特定的语言活动的生活形式中被成功地用来达到极其多样的目的时，它就是"完全正确的"。语言就是日常语言，它不是从具有基本命题形式的某种更为根本的目的中派生出来的，它是它自身，因而应当在全面考察中维持它所固有的多样性与复杂性，如实地描述和理解它，而不是把它归结为某种单一的结构。通过这样的研究，维特根斯坦就批判了传统哲学、也包括自己前期思想中所包含的那种"对于普遍性的渴望"，即相信和寻找任何一命题所具有的共同的、一致的、本质的属性。这种对普遍性的永久性信念，在维特根斯坦看来，只是一种哲学"病"，而他的哲学的任务就是要起到一种治疗的作用，以便根除自哲学诞生至今的形而上的病根。如果这一哲学推论是成立的话，它当然也适合于对美学的考察。

长期以来，传统美学都深信能通过研究找到一种关于美的本质、定义和标准等，然而，维特根斯坦却认为"就我所见到的范围而言，（美学）这一论题是极大地，甚至是完全地被误解了。如果你能察看一下句子的语言学形式，那么你立刻就会发现对'美的'这个词的用法甚至比其他绝大部分的词更容易被人误解"。因为"美"的这个词不过是日常语言中所用的一个形容词或感叹词，类似于"呵！"这样的用法，是随着情景的变动而其内涵也相应地发生变动，本身并无确定不移的定性，一方面，它可以极广泛地采用，比如对姿势、言谈、消遣等的赞美，另一方面，又可以大量的方式来代替这种赞美，"因此假如我用说一声'呵'，或用一丝微笑，或甚至用摸摸肚子去代替说'这是多么可爱呵'，这些都是完全一样的"。可是正是因为"'美的'这一词是个形容词，所以你就容易会误解地去说'这件东西有种美的性质'"，将其看做一种普遍规范的哲学命题，那就把形而上的规定强加给了实际运用的语言，对语言进行了误解。

那么真正的语言，即语言的实际状况是怎样呢？维特根斯坦是用"游戏"的概念来解释这一问题的。比如提到"游戏"的活动，诸如下棋、玩纸牌、打球、奥林匹克运动会等，什么是它们共同的东西呢？维特根斯坦认为，一定要有某种共同的东西，否则它们不会被称作"游戏"，而是要进行实证，首先就是去察看和看出是否有某种所有游戏共同的东西。事实上，一旦我们真正重新这样去看的时候，并不见得能看出它们所具有的共同性。比如看纸牌游戏，虽然能发现许多同第一组游戏一致的地方，但许多共同的特征消失了，其他一些共同的特征却出现了。又比如打球有输赢，但当一个孩子把球对着墙扔，然后又接住球时，这一输赢的特征便消失了。再比如玩圆环是一种娱乐的游戏，但再看看那些诸如打球之类的角逐的运动，这一娱乐的性质也开始消失了。通过这番比较，就可以得出两点启示：第一，即使所有的游戏都有某种共同之处，也不见得意味着这就是我们称为"游戏"时想表达的意思；第二，我们之所以把许多不同的活动系统称为游戏，其原因并不一定是它们之间存在着任何共同点，而是因为在一种活动与另一种活动之间有一种"相似"。对游戏的考察可以得出关于语言的一个重要结论，即一个词语所呈示的并非全是其中的共同性，而是一张复杂的、重叠交错在一起的相似性的网。这类同于"家族相似"这一现象，比如在一个家族中，由于亲缘关系，每个成员之间有着这样或那样的相像之处，如骨骼、相貌、眼珠颜色、走路的样子、性情，等等，但不论骨骼相像或相貌相像，还是其他部分的相像，都是部分的相像，这样那样或多或少的相像是每个家族成员共具的，但却没有一个相像之处是所有家族成员共具的。以此推及语言，就可以见到"它们是以许多不同的方式相互联系的。就是因为这种联系或这些联系，我们称它为'语言'"。

同样，维特根斯坦认为，在对"美的"这个词的各种用法中，也没有任何相同点。例如一张脸的美跟一张桌子的美、一朵花的美或是一本书的装帧的美，都是没有一致的共同点的。又比如，你在讨论一个花园里的花的布局是否美时说的话比在讨论紫丁香的香气是否美时多几句，这事实本身就说明这里美的意义是各不相同的。有时候我们可能不愿去观看一部剧作的演出，原因是"我们无法忍受它的伟大"，在这里的美不是"赏心悦目的"，而是"使人不快的"，比如去看《李尔王》的演出，绝不意味着这种经验是"愉快的"。当我们把两部乐曲作一比较，认为其中一部比另一部好时，可能认为自己中意的那部倒是"不怎么样的"。诸如此类的实际事例都表明，在"美的"一类词汇中，只存在于一种"相似"的而不是共同的关系。

语言中存在的这一情况其原因在于语言离不开生活和"生活世界"。因为世界本身的实在变异性，所以语言就会具有这种极为复杂多样和丰富多变的使用，故必须考察它的多种作用、功能和用途。传统形而上学的错觉，是认为那种深刻的本质的东西就是语言独一无二的本质，那种存在于命题、真理、概念中的不变的秩序，它的简单性会先于一切经验，必须贯穿于一切经验，是最纯粹的晶体。但是，如果我们不是基于先定的观念，而是去真切地"看"事物的时候，比如当有人问你："什么是视觉经验的标准?"而你回答："你所期待的标准就在你所见到的东西之中"的时候，你就会发现作为一种生活活动的语言的各种使用所展示的精确或不精确、清楚或模糊的程度。语言所具的多样性并不是某种固定不变、一劳永逸地给予了的东西，它是因时因地因情而发生、变化的，如果离开了所使用的场合的特殊性，语言本身便是无确定含义的，抽象地讨论"美"这样的词是毫无意思的。因而一方面，应该结合那创造和使用的语言的个人的实际情况，另一方面，则是要考察使用语言的整体环境，即一代的文化背景，它们对活动的语言起到了具体定性的作用。

由此出发，维特根斯坦进一步考察了语言的实际使用问题，总的来看，与其抽象地讨论诸如"美的本质"这样一些问题，还不如具体地识别它们在不同使用中的内涵。正如：重要的是游戏中每一类别各自的特征及同一类别中不同行为各自的特征。当我们的确回到语言本身的时候，"值得注意的是，在实际生活中，'美丽的'、'美好的'之类的美学形容词几乎不起什么作用。……你所用的字眼更近于'对的'和'正确的'（就如这些字被用于平常的说话中一样）而不近于'美丽的'和'优美

的'"。对于"艺术"也一样，不是首先去问"什么是艺术"，因为并没有这样一种共同的东西存在，而是应当对艺术的实际使用作出逻辑分析，包括使用这一概念的条件和与此相关的事物，因此，如果要问的，就应该是"'艺术'属于哪一种概念?""艺术的用法是什么?"这类问题。

维特根斯坦认为，在那些审美判断中，相比较"美的"这样的词语，我们用得更多是"对劲的"一词，如"那似乎有点不对劲"。或者，一些有关的别的词，如我们说一把低音大提琴"声音太大，大提琴手用力过猛"。在后一例子中，如果加以调整的话，就是让提琴手运弓轻缓一点，轻缓本身就是一种目的，而不是别的诸如"悦耳"的手段。当我们不是在讨论"美"，而是在讨论"合适"的时候，这已不是一种美学问题，而是涉及技巧的有关心理学和物理学问题，属于一些具体学科了，同样，如果我说自己画的一个面孔"笑过了头"，这意味着可以使它接近某种"恰如其分的程度"，其原因并不是它不够赏心悦目，而是由于使它接近理想程度更像解决一道数学难题。正如一个对服装有鉴赏力的人在裁缝那里试穿一套衣服时，他只能说"这里长短正合适"，"这里太短"或"这里太窄"，而说"美呀""不美"这类定性的抽象词是没什么作用的，因此学习服装裁剪应当是在掌握适当的尺寸方面受训练，学习音乐则应在和声和对位法上受训练，而

不是培养他什么是"美"这样抽象的概念。

到此为止，维特根斯坦就又一次回到了他前期讨论的一个基本点上去了，因为"美""艺术"这样一些有关本质的普遍性命题之无意义，所以是不可说的，由于它们的宽泛性或空泛性，所以即便说了也等于没说。一个可说的命题，无关于实在的"为什么"，而只涉及"怎么样"。因而在美学讨论中，我们所需要的就绝不是关于对象的"原因"，只要描述"理由"即可，原因是没法说的。例如在一首诗的某处为什么用这个词而不用那个，在一部乐曲的某处为什么用这个乐句而不是别的等。"美学上的讨论就像法庭上的辩论"，在法庭上作某种抽象判断是无意义的，应该根据既存的法律条文提供理由，以便逐个地努力去"澄清案子中的若干事实"，指望最终使法官信服。

这样，在强调美的主观性、变动性之后，维特根斯坦进一步提出了一种客观性和规范性，以此作为判断艺术品的标准。虽然一直有人以为维特根斯坦的这两个方面是矛盾的，但维特根斯坦自己则是在不同层次上讨论这一问题的，只是由于他自己没有明确地分辨其中的逻辑差异，所以显示了思路上的略于模糊。就客观规范性这方面讲，仍然是与语言的性质有关的，这毋宁说是语言规则的一种体现。规则不同于实在，不是建立在某种和实在同型的关系上的，否则，实在又成了可说的东西了。相反，语言及其规则只是人们"约定"而构造的，它把自己的结构带给了实在，正是通过应用这些规则，人们以一种具有意义的方式来对待实在。既然实在论是无法突破的，因而在哲学、美学、伦理学中只有约定论是合理的，可加以表述的。正如我们无法探讨游戏的本质，却可以通过各种既成的游戏规则来认识游戏一样。规则也就是一种"理由"、"怎么样"，是可具体操作和评价的东西，属于经验主义范围内的东西。进行美学分析，也就是分析各种艺术的规则，而规则不同于实在这一点，又决定着规则具有其独立自主性，同样，规则的特点也就是此一类型的事物不同于另一类型的特点，比如音乐不同于绘画，等等。当我们那种具体精细的分析被排斥在实在之外后，却是可以在约定的规则的范围里进行。

游戏的各种规则并不等同于游戏的共性，它们是建立在"家族相似"的基础上的，再由"相似"而引出鉴别的方法——"比较"。这样，从某种意义上看，比较也就成了识别、判断两类有相似性的事物的可循途径，它也是美学研究的基本手段。在讨论人类学问题时，维特根斯坦批评弗雷格，他认为后者在解释伯尔顿节时把一个真实的人被烧死看做是这个节日产生的唯一原因，这是不足以成立的。只有在找到其他与此相似的节日时，才能提供可靠的根据。同样，如果你要向另一个人解释勃拉姆斯的作品，这就有必要提供更多的而不是一部作品，或拿别的作曲家的作品与之比较，比较实际上就是按照规则提供证明，或是把其中的一个因素置于规则之中，以便呈示规则。反之，如果仅仅用"美的"这样的词来评价勃拉姆斯，这无异于在听了音乐演奏之后摇动尾巴的狗，绝不能说他是精通音乐的。从规则的立场看，每一件事实本质上的独特性是无足轻重的，要紧的是相似与差异，那么也只有通过特殊种类的比较才能消除"审美困惑"，在另一处，"我们解决审美困惑真正所需的东西，是一些特定的比较——一些特定事实的聚集"。也正是规则成为判断艺术唯一可循的最终事实，因而，维特根斯坦认为，"所有最伟大的作曲家都按照［和声的法则］写作"，是规则造成了一种高级的文化，比如18世纪和19世纪的德国音乐，由此，那些不曾按此规则写作的中世纪及当代作曲家就自然被排斥在伟大作曲家的行列之外了。

第二节　开放的艺术与开放的理论
——分析美学晚近的思潮

由于维特根斯坦的分析思想表现出的对传统的尖锐挑衅和巨大对立，加上他以后的分析哲学的蓬勃发展，从而给整个西方美学带来了崭新的启示。但准确地说，这种影响还主要是到了四五十年代才真正贯穿到学术界的，并造成了作为学派的

"分析美学"的产生。除了肯尼克、麦克唐纳、汉普夏尔、魏茨等人所发表的一系列专著之外，给人印象最深的还是那些专门讨论分析美学思想的编辑文集，正如马戈利斯所指出的那样，当代较早的分析美学时尚大约是与埃尔顿（Elton）所辑录的《美学与语言》（*Aesthetics and Language*）同时发生的，这部文选出版于1954年，它的显著特征便是笼统地吸收各种采用维特根斯坦思想来研究美学的理论观点，从中也可以见出分析哲学对美学影响的来龙去脉。另外，还有马戈利斯所编的《用哲学的观点看艺术》（*Philosophy Looks at the Arts*，1962）等，也影响较大。特别是魏茨的《理论在美学中的作用》、麦克唐纳的《文艺批评的论证方法的一些显著特征》、肯尼克的《传统美学是否基于一个错误?》、史蒂文森的《论什么是诗》等，已差不多成了分析美学的经典范例。特别是埃尔顿的文集的出版，由于其集中了那些具有鲜明挑衅性的思想，从而打击了美学中长期占据统治地位的形而上传统，并进一步助长了分析思想的兴盛，造成了整个美学界在研究重心和方法上的转移。

分析美学总的倾向实际上就是维特根斯坦思想在美学上的进一步反映与深化，集中在对艺术下定义的反对上，否认进行艺术及审美本质的概括，从而使得新的研究趋于更为具体与精细的方面，这样，也就把艺术讨论限在一个更小的范围内，而

不是像过去那样动不动就去构架一个包罗万象的理论体系。分析美学的兴起，也使得美学界对诸如风格、表现、趣味等概念趣味大减，而是转移到对艺术品基本规则的哲学规定之中，同时，关于艺术品独创性、独特性、真实性和统一性等问题也变得日益微不足道，尽管一些公设和假定仍未彻底抛弃，但人们在使用它们时也就变得明显地比以前小心谨慎了。再就是美学对语言学的空前重视，因为分析哲学的基础便是建立在语言及其有关的意义上面的，加上 21 世纪以来语言学在诸如人类学、文化学、政治学、伦理学、符号学、结构主义、新批评等方面的迅速发展和推广，这就自然反映到以语言学为立足点的分析美学之中，所有这些学科所获得的成就，又进一步推波助澜，酿成了更大的气候。这种语言学已经完全打破了过去狭义的语义学学科的有限模式，也打破了前分析哲学仅以科学语言作为探讨对象的僵化模式，而是作为更具弹性和开放的认识方式。

除了维特根斯坦，在分析美学一派中影响最大的就要数魏茨（Morris Weitz），他的主要思想集中在《艺术哲学》（*Philosophy of the Arts*，1950）、《美学问题》（*Problem in Aesthetics*，1959）等著作及一些单篇论文之中。他的理论的出发点便是维特根斯坦的"语言游戏"，在《理论在美学中的作用》一文中，他写道："至少在这些方面，艺术本性所面临的问题与游戏本性所面临的问题是一样的：如果我们实际地观察和思考我们称为'艺术'的是什么东西，那么我们就会发现其中并没有普遍的属性——只存在由相似性所组成的各个部分。了解艺术是什么，并非是让我们去包罗艺术的某些明显或潜在的本质，而是使我们有能力去认识、描述以及解释那些我们出于这些相似性而称为'艺术'的东西。"正是因为有这样一种理论前提，魏茨就进而认为一切对艺术本质的解释都将行告失败。这也可以由美学的历史发展来证明，最初的对艺术本质的解释体现在柏拉图、亚里士多德、普洛提诺的思想中，他们都试图通过一种普遍的概括把艺术看做是一种模仿，但到了近代，这种模仿说的思想为罗杰·弗莱、H. 帕克、雅克·马里顿、克罗齐等人所抛弃，代之而起的是表现说、直觉说等。尽管后起的学说不断占了上风，但对"艺术是什么"的问题非但没有解决，反而越益陷入了混乱，每一个时代，每一次运动，每一种理论，都一次次地想通过新的建构宣称已成功地创立了令人满意的艺术体系，但却总是事与愿违，只要检查一下大量的各种新的论著对艺术所作的界定，就会发现它们的说服力是如此之小。这些情况已经表明了，要回答"艺术是什么"的问题的不可能性。因而要紧的并不是再一次次地去做徒劳的努力，而是应该干脆放弃这一努力，与传统的做法决裂。

既然无法回答"艺术是什么"的问题，那么美学理论做什么呢？在魏茨看来，这一点已由维特根斯坦阐述清楚了，对不可以说的就应保持沉默，我们该说的应该是与所谓的本质概括无关的那些部分，即艺术的实际使用体系及其使用的条件，除此之外，纯属空谈。比如像贝尔所说的艺术是"有意味的形式"，它绝没有提供一个下定义所必需的必要性和充分性，因而根本不能看做是一个有效的定义，而只是类同于一种形容、评价，表示了值得赞美的那种心情。再比如用"成功的和谐统一"去讨论艺术，也只是说出了某一艺术品的某一方面，并不能由此而说明整个艺术的性质。

从维特根斯坦的"语言游戏"和"家族相似"出发，魏茨又进一步引进了一个新的概念，即"必要性和充分性"，以此来考察艺术本性的问题。既然，诚如维特根斯坦所指出的，艺术这一语词下的各类品目没有完全的共同性，那么也就不存在必要和充分的特征，这是一个基本原则，它表明了我们不可能用理论来探讨艺术的共同性，进而给它作一个完满的定义，因为这种东西根本就不存在。如果有一种美学认为某种关于艺术本质的理论是正确的，那么它实际上在逻辑上就是不恰当的。因此，历来美学的徒劳无益，都是因为对不能下定义的东西下定义。从实践上看也一样，艺术史发展的实践表明，它一次次地

打破着前人在理论上给它所设置的界限和对艺术本质的假定，以至于现代艺术的发展，突破了"艺术品已经是件人工制品"这样宽泛的界限，即一种起码的必要条件。比如一块没有经过任何加工的漂浮木有时也可以被人看成是件艺术品。解释这样的现象，依然可以回到上面提到的理论原则上去，即并没有一种认识的标准可以构成有关艺术品定义的必要和充分条件。这种理论原则和艺术实践是一致的。

魏茨以为，有两种概念可供考察，如果说，一个概念可以通过指出它的必要和充分条件，从而由此给它下定义的话，那么这就是个"封闭式"的概念。与之相反，如果一个概念无法通过概括而提供必要和充分的条件，并且无法对它下一个定义的话，那么它就是个"开放式"的概念。在逻辑或数学的领域中，由于它们的概念是被人为地构成，从而完全被规定了的，所以是存在着封闭式概念的。但是对于艺术领域，尽管我们可以罗列一些条件，但却无法将所有的条件统统罗列清楚，所以必然是属于一种开放式概念。其原因最终当然是由艺术的实践决定的，艺术是一种创造性的活动，艺术创造的条件绝不可能预先加以设定，否则就不可能有艺术的创新和进步了。封闭这种罗列也就封闭了创造的条件。实际的情况恰恰是，在艺术的范围内，不可预知的新情况和新条件总是不断地变化和涌现的，它的广延与探索都是

无限的，因而就不可能对它作出确凿的界定。美学尽管又是一种领域，但理论成立的可能性却是由不断变化的艺术实践决定的。

另外，还可以从另一角度来加以证明，在这里，魏茨提出了另一组概念，即关于艺术的总概念和关于诸如悲剧、小说、绘画之类的次属概念。在以上的讨论中，魏茨事实上已经论证了艺术总概念的这种开放性。在论证次属概念的时候，魏茨举了小说的例子，从而得出了小说类的成员之间不存在任何共同的本质或界定特征，因而像小说这样的次属概念也是开放的，并进而认为，小说的情况也为一切次属概念类艺术所有。

从思维类型的角度看，魏茨无疑在承袭性还是构建性上都有很强的能力，一方面他是基本上按照维特根斯坦的路子走下来的，另一方面，又在深化的过程中构创了一系列有关的概念。他的那些概念不仅给分析美学奠定了更坚实的基础，从而也引起了一场很大的纷争。其中马戈利斯、曼德尔鲍姆、西布利、迪基等人都是或者站在否定的立场上，或者试图加以修正，投入到对魏茨的理论的批评之中去的。

相比之下，莫格瑞特·麦克唐纳（Morgart Macdonald）要比魏茨来得更为激进，他以为，根本就不存在什么美学，能存在的只是文学的原理和音乐的原理，与其说为人们提供一些权威性的标准，还

不如在一部给定的作品中对所欣赏到的东西作些详细的说明，艺术品中的微妙之处及各种特征的探索，要远比什么"审美经验"实际得多。A. 伊森伯格（A. Isenberg）与麦克唐纳一样坚决认为，从大体上讲，对一部文艺作品的某一评价的依据无论怎样充足，其他人也没有必要接受这一评价，虽然每人从某种意义上讲都不否认评价有一定的依据可循，伊森伯格却更倾向于主张评价的趣味和感受标准。麦克唐纳的那篇《文艺批评的论证方法的一些显著特征》（1954）和伊森伯格的《批判交流》（1949）被选入埃尔顿的文集《美学与语言》之后，使得这以后几乎所有对文艺批评的语言的分析都差不多以此为依据。他们的影响是甚为广泛的，例如 J. 霍斯帕斯和 H. 艾肯在谈到文艺作品中引起争论的情感和表现特征时，便特别强调了麦克唐纳和伊森伯格所共具的主张。又史蒂文森（C. L. Stevenson）把对文艺作品的理解解释为是个人的好恶，都与他们的前辈有关，但是由于史蒂文森在作出这样的结论时，毫不关心相对而言不受个人好恶影响的专业标准，也不关心对艺术品的评价跟对它们的解释的评价的区别，从而流于简单化的倾向，并受到当代人的批评。在这一问题上，齐夫（P. Ziff）则引进了"相对视角"的概念，并着重指出，尽管由终归是个人的，但任何人都不能把对一部作品的评价的公然的个人理由强加给

别人。

这样，从艺术是否可以下定义，到艺术有没有一个统一的标准，实际上就由第一个问题引出了与此相关的第二个问题，它们都是分析美学所讨论的核心问题，也可以说，整个分析美学思潮差不多就是围绕着这两个不可分割的问题展开的。在这里，特别值得一提的是汉普夏尔和肯尼克的观点。

汉普夏尔（Stuart Hampshire）主要的学术活动集中在哲学方面，但由于他对美学所发表的一系列看法，人们自然就把他与分析美学联系在一起了。汉普夏尔的主要论点是，人们一直有一种道德判断与审美判断合二为一的设想，然而无论两者所具的目的还是其中的一些问题却是绝无类似之处的。先从审美看，一个艺术家总是会遇到创作手段上的技巧问题，这时他就去找自己的同行或十分了解他困难的人去探讨这些问题，他对自己该做什么总是有自己的见解的，并为自己确定目标，这些问题不是别人对他提出来的，而是他对自己的使命的看法的必然产物。他开始工作时，并不是想创造美，而是想创造某种"特殊的东西"。那么在这种意义上，如果他的作品要无愧于独创的艺术品的话，衡量成败的准则，完美与否的准则，就成了它的内在因素。如果衡量作品完美与否的标准是外在的标准，那么它就未被当做艺术品，而成了解决某种外在的问题的技术

成就。其次，艺术的这种内在因素还是非理性的，本质上它不是对任何外在问题的解答，任何人都可以为了任何理由、任何目的翩翩起舞，可是观众在观看他的动作时欣赏的却可能纯粹是其内在性质，根本不管其外在目的。

而道德判断却全然不是那么回事，一个人在早晨醒来的那刻起，就面对着要他采取任何行动的形势。即使他不采取任何积极行动，保持无所事事的状态，也是采取了一种行动方针。这里存在着至少两个问题：1. 情势及可能性；2. 当事者对问题的处置方法。对任何道德问题所采取的行动都不会是自发的，它是被迫的，但又是不可避免的。对于那些必然的问题，一个有理性的人就会去寻求解决它们的普遍方法。所谓理性的人，可以说就是一个坚持普遍方法的人，这与审美的独特性是不一样的。道德行为的实施，总得首先搞清它们的理由和目的，确定行为的某些普遍目标，或承认某些普遍原则，因此，任何讨论道德的人就必定要进行概括，将个别事物纳入普遍原则之下。美德和美行本质上是可以重复与模仿的。在同样的意义上，艺术品却不能。重复一项正确的行动，就是正确的行动，可是艺术品的复制却不一定是艺术品。

在道德判断中，人们需要于取舍的理由、类比和推荐等，但如果这件事是非理性的——比如艺术，那么我们就不可能对

取舍的理由进行探索。如果把艺术品看成自由的创造成果，无论褒贬都根据它们本身，那么是否有分等论级的标准就无关紧要了，除了它们本身的性质外，彼此之间无所谓比较。在这种意义上，批判评价就不承担任何义务。一个道德家必须设身处地为当事者着想，可是一位批评家却不是另一位批评家，也不是想成为当事者，只是旁观者，只要求准确地观察对象本身，他的任何判断、任何描述都不是排他的，不必考虑其他作品的优劣。

汉普夏尔当然主要是从批评的角度来分辨审美与道德之差异的，但他认为两者在目的上的差异却是要比以上所讨论的方法上的差异更重要，从目的上看，审美判断即批评不是要像道德判断或批评那样指望得出某种结论，给对象下定论，而是重视于找到和分析艺术品的某些特征，这种分析手段适用的结果便是批评家最重要的贡献。一旦人们的注意力被引到了某一特殊对象的特征上，重要的就是要使他们认识这些特征，而不是仅仅使他们说好与不好的结论语，因为在这样做的时候，实际上已是离开特殊事物的特殊性，用一种一般的公式去框架艺术品了。一定的准则存在于行为判断中，而对鉴赏则无什么益处。

或者也可以说，鉴赏者和批评家所需要的才能是以一种反常的形式体现出来的，他需要暂时放弃常人或道德家所固有的惯常目的感和意义感。比如从语言角度讲，常用语汇都是为了实际目的被创造出来的，按事物的用途得以分类，这样，它就必然妨碍我们不带任何偏见地去认识事物，当我们用这些语汇去辨认事物的时候，并没有真正地看见它或听见它。对任何事物在任何层次上的认识都不是千篇一律的，一些人看到的会比另一些人多些，可是常用语汇按确定性质来界定人们的思维方式，使人们不能真实地、具体地看，也不能自我个别地看。但是在艺术的领域中，因为与实际的需要与利用的隔离，所以就会以另一种引起注意的单位看待事物，用更直接的语汇，筛选出自己值得注意的"单位"来。任何艺术家都会建立起与他的日常语言习惯相对立的语汇系统，使自己相信它们具有某种非凡的性质，从而构成一种能反映事物特征的独特的组合。在这段叙述中，汉普夏尔实际是按照维特根斯坦后期的路子，反对前期分析哲学（如罗素等人）那种将科学语言作为事物对应方式的一切标准的观念，将艺术的语言与科学的语言划了一道界限，由此而看，他也是倡导一种艺术独有的、约定性规则的。总的看就是，我们不能用道德判断所具的方法、目的、规律来处理艺术判断，而这正是传统哲学所做的，假如将问题反过来看的话，我们就无法从艺术中找到一个根据定义作出的普遍标准。

继汉普夏尔之后，肯尼克（William E. Kennick）无疑在分析美学中占有着一个异常突出的位置，或许，他还是魏茨之后最重要的一位分析美学家。他的著作主要有自己所编的《艺术与哲学》（*Art and Philosophy*，1964）等，但他之为人注意，更重要的还是那篇发表在 1958 年的长篇文章《传统美学是否基于一个错误?》，在这篇长文中，有一种震聋发聩的声音，以一种毫不相让的挑战性姿态来处理美学问题。从整体上看，他是同时吸收了魏茨和汉普夏尔的思想，因而分别从传统美学下定义和设立标准两个方面对后者发难的。

因此，肯尼克就很自然地认为，传统美学是在两个错误的基点上来设立自己的艺术思想的。第一个错误，肯尼克认为，便是对艺术定义的寻找，并企图作出一种能够与之对应的界定，以为艺术品无论差异多大，都有一种共性，即使艺术有别于其他任何事物的显著特征，使它们成为艺术品的必要和充分条件。但是实际情况却未必如此，当我们在观看一幅画的时候，我们并不知道艺术是什么，我们所见的仅仅是这幅画、这首诗或这出剧，即使我们在诗歌或戏剧或绘画之间发现了某些相似之处，可是在面对别的诗歌、戏剧或绘画时，又会消失。但肯尼克又认为，困难的与其说是艺术品本身，还不如说是艺术的概念。因为我们之所以能将艺术品与其他事物区分开来，只是因为我们懂英语，就是说，知道如何正确地使用"艺术"一词和"艺术品"这一字眼。比如试想在一个

大仓库里堆放着各种东西，一切图画、交响乐谱、舞曲谱、赞美诗、机器、工具、船只、房屋、教堂、庙宇、塑像、花瓶、诗集等，并吩咐一个人到仓库里去把所有的艺术品取出来。虽然并没有向他提及以艺术品共性为标准的艺术定义，这个人也仍然会干得相当成功。反之，如果我们吩咐他把库房中一切"有意味的形式"或一切有"表现"的物体搬出来，那他一定会感到踌躇。当他看到一件艺术品时他一眼就能识别，但当给他一个关于艺术的定义时，他却茫然无措了。这就是说，我们无法找到任何简单或复杂的定义来准确表达艺术的有关内容，虽然存在着艺术这样的东西，但却不可能具备一个可加概括与表述的艺术定义。如果我们一方面提出"艺术是什么"的问题，一方面又想象回答"氦是什么"那样来回答它，当然会造成错误。

在肯尼克看来，试图将诸如"有意味的形式"这类命题当做艺术共同点的努力都会归于失败，它们实际上要比艺术或美的概念还要来得模糊，其他如表现、直觉、模仿以及美学家们津津乐道的术语莫不如此。将艺术看做是"审美经验"的观点也站不住脚，笼统的审美经验根本就不存在，人们把不同的经验称为审美经验这一点即可说明问题。但是也不得以此得出结论说一切美学理论都是无稽之谈，毫无用处。如果我们能将它们看做是对艺术相似性

（不是共同性）的探索，那么就会富有成效并发人深省。它有时就是共同性探讨的结果，只是我们不应叫它共同性。美学毕竟不是胡说八道，它是一种根据的结果，是有其道理所在的。因而，只要不概而论之，运用得当，就会引导我们去发现相似性，促进对艺术的了解。比如用"有意味的形式"去观察爱德华时代的英国绘画，意大利和荷兰早期的绘画、花瓶、地毯和雕塑等，就能教给人们一种感受艺术的方式。作为定义它们是寸步难行的，可是作为启迪与改良的工具，是能发挥作用的。

传统美学的第二个错误，就是认为如果没有一整套适用于一切艺术品的准则、规范、标准，即以美学理论为基础，就不可能有值得信赖的艺术批评。这第二个错误实际上是第一个错误的延伸，其中都是试图找到一个共同的东西，在前是定义，在此是标准。以"刀子"为例，当我们提到一把好刀时，我们想到的是它的某些特征，比如刀口的锋利、刀柄的牢固、金属的耐用、使用的方便等，虽然也应注意到在普遍的使用中，标准是无法确定的，数量有无穷无尽，但是我们仍然有普遍为人们接受的标准，放宽一点说，我们也可以从它的功能标准中派生出它的定义。但是我们是否可以以此推理说，对绘画和诗歌来说也是可以有相应的结论的，就像一些美学家所做的那样，以为既然刀子可以有标准，某种艺术品也同样会有标准。肯尼克认为这是不成立的，并非仅仅是因为艺术品比其他的价值更主观、更不可靠，而是因为它所适合的证明和论据类型很不一样，评价艺术切实可行的理由是与评价诸如工具、用品、专业服务机构、工作、职位或道德行为的理由迥然异违的。这也从一个方面决定了，当其他事物总有一定可辨认的、假定的普遍标准的时候，艺术品却不存在那种诸如规律、规范、准则、规定等的普遍适用性。

首先，艺术品并没有普遍适用的功能，除了那种"为艺术而艺术"之外，不能否认我们可以用小说、诗歌或交响曲催眠或使我们醒来，可以用图画来遮盖墙上的孔，可以用彩瓷插花，用雕塑来镇纸或制门等。其次，我们也无法以统一的方式来处理一切艺术品。艺术品有的用来悬挂，有的用来演奏，有的搬上舞台，有的朗读等。有人把雕塑品用做制门器时，并没有把它当做艺术品来使用，我们可以说这种方式不恰当，但艺术品毕竟不存在特殊的审美使用。对艺术品的正确处理因时因地而异，各种方式并没有使这些艺术品丧失身份，以我们对事物的处理方式来界定艺术当然是要失败的。

特别明显的还是对艺术品所采取的道德评价。迄今为止，大多数哲学家仍然相信美与善是同一来源，即价值的两个分支，基于此，目前有人主张，在这两者之间，存在着一种逻辑的对称，而其中的一个更深的原因，则是以为两者都有着统一的标准，正因为道德是统一的，所以规章法律才有必要，才会在道德评价中举足轻重。但在艺术领域里，除非我们像柏拉图那样，欲为艺术立法，对艺术有所要求，指望它完成某种指定的教育和社会服务，否则一般是对统一规范化不感兴趣的。没有那些美学家们所提供的标准，我们的艺术家和评论家依然可以干得很出色。没有普遍适用的金科玉律文艺批评并没受到障碍。那些戒律，往往要么像著名的悲剧三一律一样，被证明是荒诞之说，要么就像对平衡、和谐、多样性统一的要求一样，流于一般、含糊、空洞，因而也对批评实践毫无用处。我们称这部小说的逼真性，那部小说的诙谐幽默，另一部在情节和人物塑造时常常是无拘无束的济慈、雪莱跟唐恩和赫伯特相比都各有千秋，我们又为什么要用同样的尺度去衡量莎士比亚和埃斯库罗斯呢？不同的艺术品由于不同的原因，有的值得称道，有的该受贬斥，这些原因都不会是老一套的。在一幅画中值得称道，到了另一幅画中就可能成了缺点。真实并不总是优点，但这也不意味着它就永不会成为优点。

这一方面的原因是因为在审美判断中确有一种无法理喻的东西，这与道德和法律判断必然是现实的必然是不一样的。也正因此，人们才容忍了在艺术中"趣味就是一切"的提法，哪怕这趣味是错误的，

而这种情况在道德范围内是不可思议的。比如奈特夫人就正确地说过"我对一幅图画的喜爱绝不是一幅好画的标准"。也就是说，我对一幅画的喜爱并不说明它就是一幅好画，虽然这可能是我说它是幅好画的理由。这样的讨论就自然将艺术标准引到一种相对论之中了，而这也是符合实际的。一代人在绘画或文学中孜孜以求的东西会被另一代人忽略，一些人要求的，会被另一些人禁止，我们自己对艺术的要求有时会自相矛盾，这些都是正常的。不同的理由在不同的时代、不同的环境下才具有说服力，对此只需要一种解释，即艺术所满足的人们的需要和趣味因时而异，甚至因人而异。正是因为需要和趣味不同，我们衡量它们的标准和对它们的重视程度也不同。只有对于那些基于道德、坚持趣味统一的人，才是一种恶性的相对论。

从以上的论证看，肯尼克还是接受了维特根斯坦的一些提法，诸如艺术无共同性而只有相似性，无法下定义而只能具体实证，艺术的不可言喻性等。肯尼克关于审美与伦理有别的观点基本上是与汉普夏尔的立论相同，虽然看似与维特根斯坦的同一论相背，但却是在不同层次上讨论问题的结果。维特根斯坦在讨论审美与伦理同一时，采用的是一种体验的立场，而肯尼克则只是将审美看做是体验活动，将伦理划入某种原则、规范之例，这当然也就会呈示出不同的差异来。但他们两人都旨

在证明的一点则是：审美属于非理性的领域。当然，维特根斯坦在处理艺术时还是提出了另一可具体遵循并作为评判标准的"规则"系统，在这一点上，肯尼克又是更极端的，既然审美与道德的差异正好是在有无规则这一点上，那么审美就自然是无律可依的，除了个人与时代的需要与趣味外，并没有什么约定的规范。

与肯尼克的持论相近，夏皮罗（Meyer Schapiro）进一步具体地考察了一些长期以来被认为是不可怀疑和动摇的美学标准或规范。比如艺术品"完美性"、"一致性"、"形式与内容的统一"等标准，就一直被作为是"美"的条件，但有些伟大作品并没有这些性质。例如统一性在许多毫无魅力的作品中能找到，而一部精彩绝伦的作品可能恰恰就缺乏这一点。秩序之于艺术就如逻辑之于科学，它是内在的要求，却不是足以使一件艺术品出类拔萃的条件。秩序有的单调乏味，有的妙趣横生，有的平淡，有的优美，有的扑朔迷离，有的则冗长沉闷。

就完美性来讲，伦勃朗的《夜巡》看似完整、布局匀称，实际上残缺了一大块；参观沙尔特教堂的人当中，很少有人能把窗户上原来的彩色玻璃与后来尤其是现代装换的玻璃区分开来；荷马史诗、沙特尔教堂、"圣经"等作品都凝聚着许多能力各异、风格不同的艺术家的共同劳动，等等。事实上，最伟大的艺术品中的不完整和缺乏统一正是最严肃、最勇敢的艺术的诞生过程的证据，这种艺术极少一丝不差地按照固定计划完成的，而是经历了漫长的创作过程中的若干偶然事变。比较而言，倒是小作品更能达到完善、完整和严格的统一，长期的经验告诉我们，对艺术品中的完美的判断，只是一种假设的原理，并非直觉确认的事实。现代艺术的情况更能说明问题，即秩序的种类是甚多的，我们对之的印象则会受到某种模式的影响而取其一端为由。对于那些习惯了古典构思的人来说，明晰的对称和明显的平衡是秩序的先决条件，它们否定结构中的复杂性、不稳定性、融合性、分散性及破碎性，然而这些因素仍然能构成一个整体，比如从蒙德里安和康定斯基及更近的抽象画里，便能发现不规则因素和关系成为形式的多种对应。

夏皮罗同样否认内容与形式统一是客观的认识基础，而认为艺术品的这一标准及以上的完整、一致等都取决于人们的一种"选择性目光"，一种未加深思熟虑的，有时是肤浅的选择。给我们统一印象的并不是整个作品的形式和内容，而是它们的某一方面或某一部分，我们根据类推或表现上的对应现象，把它们拉扯到一起，内容和形式是复数概念，它们在同一作品中，就各自包括了许多部分，这一对术语之所以混乱，是由于人们无法明确指出在哪个部分存在着这些联系和统一。另外，在一定的作品中，形式和内容的比例也是不一致的，比如在小说中我们就极少注意形式，而在建筑、音乐和某些种类的绘画，尤其是诗中，形式就较为明显，并且是一目了然的作品表面，甚至于对有些艺术家来说，形式和内容是可以分割开来处理的，等等。

当然，分析美学思潮在其发展过程中，也影响了那些并不以之为标识的思想家，比如苏珊·朗格、特利·伊格尔顿等一大批人，尽管不能将他们纳入到狭义的分析美学中去，但他们的一些主要观点却是与分析美学一致的。伊格尔顿在《文学理论导引》一书中，否定历来各种给文学下定义的做法，他认为，如果说存在着一种叫做文学理论的东西，那么必定存在着文学。但是什么是文学呢？有人说文学是想象性和创造性的写作，那么难道历史、哲学和自然科学就不是想象性和创造性的吗？有人以"事实"和"虚构"来区分历史和小说，也行不通，文学常常会同时包含两种因素。从另一个角度，即俄国形式主义的角度来看待文学呢？似乎也行不通，文学语言具有"陌生化"的功能，它使日常语言发生变形，使之凝练简明，寓意无穷，不过，一则玩笑、一贴布告、一幅标语和球帽上的啦啦歌也够简洁明了的，但谁也没有把它们当做文学……总之，无论你举出文学的哪一个特点，并以此来充作文学本身，都是站不住脚的，可以列举出一些在这种界定之外的事实，这本身就证明了以往界定的无法涵盖性。

从语言学上看，文学并非永远指同类东西，而是不断在时代更替中赋有新义的。在 18 世纪，英语中的"文学"一词是一切写作的总称，它包括哲学、历史、论说文、书信及诗歌等，文本是否属于文学，取决于它的"纯文学"标准。从某种意义上看，文学的标准又是意识形态化的，当它合乎一定阶级的价值和趣味，那么就可能被奉为自己读者的文学，而那些街头歌谣、流行的罗曼司，甚至戏剧都不是文学。在 19 世纪，由于浪漫主义运动的功绩，文学才成为现代意义上的文学，即具有想象性和创造性的，同时，文学的价值也就更不确定了。在一个时代被看做哲学的东西，在另一个时代或许被看做文学，被一个时代推崇的作家，在另一个时代也许会弃如敝履。我们总是用自己的目光去选择文学的，我们的荷马不同于中世纪的荷马，我们的莎士比亚也不同于近代人的莎士比亚，不同的时代为着不同的目的，建构着不同的荷马和不同的莎士比亚。因而，文学根本就不是一种稳定的东西，既然如此，也就不可能有一种规范的文艺理论，而过去那些命定为是揭示本质的所谓文艺理论，也就会随着文学实践的演进而"消解"掉。

第三节　边缘地带的"热战"

分析美学对传统形而上美学那些最基本方面的责难，使得人们对一以贯之的关于"美"、"艺术"、"艺术的本质"等命题产生了普遍的怀疑，在分析美学的沉重打击下，整个美学研究趋于一种灾难性的消歇阶段，人们失去了对艺术与美进行概括的热情和勇气，甚至在用词上也有意地加以违避，而是更偏向具体求实的研究。但是，对分析美学的这种取向并不是一相情愿的，虽然其声势夺人，潮流所趋，但仍然有一些主张或者与其保持着对立的立场，或者试图通过修改那些最基本的分析思想，而以更宽容的姿态来对待传统美学。前者是在分析美学思想的启发下进而对它进行否定，后者也是在分析美学的思想启发下，却在保留一些合理成分的基础上，融合了分析与传统两个方面的内容，从某种意义上，也属于分析美学的旁流。也正是有这样一些不同观念的存在，从而引起了一场大规模的纷争，同时也推动着分析美学的深入。

曼德尔鲍姆（M. Mandelbaum）代表了这一批评逆流中的右翼，他认为维特根斯坦的语言游戏说，即人们使用同一名称的依据是不同事物和活动的交叉和重复的相似特征是站不住脚的。因为维特根斯坦的所谓"相似性"只是指出了事物的表面特征，而忽视了更重要的东西。比如家族相似的人背后就必然有一共同的遗传因素在起着作用，而它显然就不是一种外部特征。游戏也一样，如果我们考虑的不是球用于哪些游戏之类的，而是人的意图，如

引起参与者和旁观者的非实用性兴趣等，那么仍然能够发现它们之间的共同点。如果以上论证是正确的，那么，那些有关艺术的分析美学就只是建立在一种错误的基础上的。

从中也可以看出，我们无法假定说一切艺术品的某种共同点就必定是具体表面的特征，而是相反，这种共同点应该像具有家族相似的人之间的生物学关系，或像我们借以区别算命和纸牌游戏的它们各自包含的宗旨，属于一种"隐形特征"，或"关系属性"。通过这些探讨，曼德尔鲍姆进一步认为，当前的分析美学过多地排斥了这一领域中的许多课题，抛弃了对某些范围广泛的事实作出扼要的解释的哲学努力，而仅仅注重于语言方面分析，因此，也就自然使得诸如艺术是否忠实地反映了人性或人类命运的问题、审美价值与艺术的伟大的标准之间的关系方面的问题等都受到冷落，这事实上也就是那种不想正视实际问题也不想正视概括的任务的投机取巧的倾向。

乔治·迪基（George Dickie）对分析美学的评价和引申也颇为人注目。他认为，通过指示艺术的"必要条件和充分条件"来给艺术下定义的方法已经很古老，并被不断产生的新的定义理论证明为是行不通的，而且那些已有的理论提出艺术定义也都不过是些不足取的干瘪和肤浅的东西。分析美学看到了其中的症结，并对之进行

了较全面的清算。但后者，比如它的代表人物魏茨所借以证明的理论，即艺术的总概念与次属概念都是开放的这种看法也是有问题的，实际的情况倒可能是：艺术的一切次属概念都是开放的，而其总概念则是封闭的。也就是说，所有的，或者某些艺术的次属概念，如小说、悲剧、雕塑、绘画等没有充分条件和必要条件；而"艺术品"，作为以上各类的总称，却可以根据其必要条件和充分条件来界定。迪基试图通过对此的具体分析，最终给艺术重新下个更可靠的定义。

在这方面，迪基吸收了另一位美学家斯卡拉范尼（R. Sclafani）关于"艺术品"有类别（规范）意义、衍生（次属）意义、评价意义三种含义的理论。类别意义即是指那种典型的艺术品所包含的本质性内涵，是一个根本性的概念，但我们很难得感到有必要去追究一件物品是否是类别意义上的艺术品，一般来说，我们一眼便能看出一件东西是否艺术品，因此也就没有必要从归类的角度说："这是件艺术品"，但即使这样，它仍不失为构成和指导我们对自己的世界及其内容的认识的基本观念。所谓衍生意义，取决于这件东西是否与某一规范艺术品之间存在共同性质，比如魏茨所举的那块未经任何加工的艺术品，就与布朗库西的《太空之鸟》中的画面有相似之处，但它毕竟不是人工制品，只是从人工制品向非人工制品方面推设，因而也不是规范（类别）意义上的艺术品。所谓评价意义，取决于说这话的人在主观上是否认为这些共同性质有艺术价值，如果有人说"这幅伦勃朗的画是件艺术品"，这句话中就可能包括了类别意义和评价意义。"这幅伦勃朗的画"一语告诉我们，它的所指是在类别意义上的艺术品，而"是件艺术品"这几个字只有从评价意义上来理解方才合情合理。因此，尽管魏茨等人以为现代艺术的发展使得艺术的界定趋于无限开放之中，但那些破烂雕塑和捡来艺术只是衍生意义或评价意义上所说的，并不能动摇在规范意义上给艺术品下一个较为准确的定义。

根据以上讨论，迪基认为"人工性"便可以说是艺术的类别（规范）意义上的必要条件，它也是曼德尔鲍姆所说是那种"隐形特征"，不是呈露在表面上的。但是这又是一种什么样的"人工性"呢？即人工性有千差万别，而艺术品特有的人工性是什么呢？这就需要对这必要条件作进一步探讨。为此，迪基又采纳丹托（A. Danto）不久在《艺术世界》一书中提到的理论。丹托所用的术语"艺术世界"显然要比曼德尔鲍姆的"隐形特征"更具体化了，它是指艺术品赖以存在的庞大的社会制度。比如戏剧便有一个悠久的传统或持续不断的制度，它是不变的、类似于维特根斯坦所说的"约定俗成"的规则，比如动作和表现方式等，是戏剧本身的东西。而作家写剧的目的就是使它在戏剧系统中争得一席之地，使它作为戏剧存在，也即是那个系统范围内的艺术。同时，艺术世界的一切系统所共有的基本特征是：它们都是艺术品得以表现的框架。既然艺术世界存在着各种各样的系统，那艺术品之间没有共同的显形（表面）特征也就不足为怪了，然而，如果我们后退一步，把作品放到它们的制度背景上来考察，就会发现它们之间的基本共性。艺术世界的这些特征形成了一种伸缩性，使它能容纳那些最别出心裁的作品，例如雕塑中的破烂雕塑、戏剧中的发生戏剧等，这些次属系统一旦时机成熟就会发展起来，自成一家。

另外，还有艺术品充分条件的问题。以往一个画家作画时，同时做了几件事，如：1. 画了一个人；2. 画了一个具体的人；3. 完成了一项委托；4. 挣钱谋生等。除此之外，还有更重要的一点，即他还以艺术世界的代理人的身份来活动，授予自己的作品以艺术地位。可是美学家则只注意到了这些活动所赋予作品的某些性质，这些作品的描摹或表现特征，完全忽视了艺术品地位的隐形特征。当然在艺术世界中授予地位不同于法律那样的有明确的程序和权限规定，而是完全没有律令。在习俗惯例的水平上进行——这就是一件艺术品的充分条件。这样的两个条件，即必要条件和充分条件已经远远拓宽了过去一切关于艺术的定义，但只要它们确实存在，

那么艺术品的总概念就有了一种封闭式的界定。依此，迪基就接下去能给艺术下个定义了。

西布利（Frank Sibley）发表的文章虽不多，但其著文往往能引起西方美学家们的浓厚兴趣。他部分接受了分析美学的影响，并试图以一种更为谨慎的态度对待下定义的问题。西布利首先认为分析美学家们，尤其是魏茨提出的艺术是一开放概念的说法是错误的，并对其中的理由加以一定的反驳，1. 新的作品的不断涌现，没有任何固定的格式，所以无法为艺术下定义。但这一论点丝毫没有证明，以现有的艺术品的普遍性质来衡量，新作就称不上艺术。虽然传统的定义有些狭窄，但无法下定义的理论也不够全面。2. 艺术分类概念，如小说是开放的，并不意味着艺术的一般概念也必然如此，两者之间没有必然的逻辑关联。

西布利主要是通过一些有关的批评词语，并在构成"艺术价值"的"性质"上考虑"开放"问题的。他认为这些性质可分为三类：正面的有优美、雅致、统一、生动等；中性的有红的、方的、对角的、抑扬格的等；反面的有冗长、芜杂、伪诈、勉强等。各类的不可逾越性，如不能用反面价值来替代正面价值，表明了艺术价值的性质是有范围的，不可能无条件开放。这也可以从以下两个方面看出：其一是虽然意指艺术价值的词汇千变万化、搜罗不

尽，但说的都会是同一类性质的价值：其二是艺术的描绘可能变动不尽，但从多样性中不能推出价值词汇无穷尽的结论。从这一角度看，开放总还是有范围的；但是从另一角度看，开放又还是存在的，比如对一描写艺术价值性质的词语，会在人们的经验变化中发生更改，最合适的例子莫过于唐恩的评价，在一个时期里，人们批评他的作品过于严峻，另一个时期的人又为此对他大加称道。在前一个时期里，严峻一词的意义被扩大为生硬、粗鄙和笨拙，而在第二个时期严峻一词却意味着朴素无华、简洁有力。我们与其说是同一性质过去是缺点，现在成了优点，不如说这两个时期的批评家虽然用了同一个词，发现的却是不同的性质。

那么西布利的真正结论是什么呢？他想说的是：具有审美价值的性质的范围是有限制的，但从时代变动的主体经验看仍可能是开放的，因而，艺术的概念也可能是开放的。但是结论的得来却不像魏茨等人所说的是由于艺术的不断创新那样表面的事实，不能仅仅从一种广延性和探索性出发即可。还需要对更深层的原因，如"性质"之类的概念进行研究。

西布利对那些审美价值的具体研究，的确也在美学界引起了不小的波动，他的主要论点即审美价值的存在依赖于非审美价值，而不可能独立地存在。比如，我们常常可以看到在一幅画中对线条或色彩、

一段乐曲的音调、一首诗中的一个字眼做小小的改动，它们的审美性质就会消失或大大改观。一旦非审美性质的总体发生了变化，就自然会导致审美差异。虽然这些特征本身不显著，却至少保证了作品具有自己的那种审美特质，西布利把这种关系称为"整体的特殊依存关系"。但有时批评家所寻找的是某些特别重要的或特别突出的特征或细节，从作品中选出那些对它的性质作用最显著的特征来，因为一件艺术品中总有几种特征最为突出，它们的细小改变都会导致巨大的审美差异，这种关系可称为"明显的特殊依存关系"。但不管是什么关系，其目的在于强调审美特性的从属性。

在西布利看来，批评家的主要活动之一是发现这些非审美特征是如何造就审美特征的，即找出审美特征产生的原因，并提出一些非审美特征来证明某些判断。批评家的判断本身不是目的，他的目的是要帮助别人认识审美特征，批评家不是裁判和法官，而多半像个循循善诱的教师。因而，他必须掌握更充分的构造性、技术性的知识，用"感性证明"去对艺术品作更详尽的描述，提供说明而不是概念的推演。为此，西布利差不多是在维特根斯坦的层面上区别了英语中"reason"一词的两种用法：一是指因果关系的，这会损害批评的效果；另一是理由，它才适合于批评。这样，就自然将审美拉到了更具体的经验

层次，同时也取消了历来对审美价值的崇拜，只是将它看做是非审美价值所决定的一种东西，西布利的这些思想是纯属分析美学范畴的，虽然他并不全部赞成更早的分析美学家如魏茨等人提出的一些看法。

西布利的观点在 20 世纪 60 年代初的几年里曾引起了一场交战，如施维泽尔等人所提出的批评，I. 亨格兰德认为西布利关于审美价值的主要标准术语在实践中不能显示出表面现象和实质的差别，以至于一个人究竟是认识到一个客体可以用适当的方式进行描述呢，还是有权根据自己的趣味对客体作出有关判断，这问题始终悬而未决。马戈利斯基本上是同意亨格兰德的看法的，并同时认为关于所谓的美学概念是否确实显示了一种普遍的逻辑形式这点，在西布利那里也是值得怀疑的。因为，如若没有关于审美观点本身的逻辑标志以及关于感性鉴别本身的标志的普遍理论，就实在没有任何可信的当然理由。

尤斯（G. E. Yoos）以为传统美学和分析美学各自关于艺术品是否有统一标准的争论，都犯了一个共同的错误，这就是没能看到衡量作品的高低在艺术批评中是一种次要的活动，而较之将作品按优劣排出队来，还有一更基本的审美判断，即从艺术接受后发现主要特征。关于这方面，尤斯首先认为，文艺批评和合理的艺术判断不是把现有的什么标准或样板直接用于结论，而是产生于对一特定的艺术品的欣赏之后。批评所评价的是对欣赏的经验的回忆，并把艺术品的一些次要方面和分散的价值与一基本方面联系起来。除非这一基本方面为我们树立起一种标准，否则我们就无从衡量艺术品中那些分散的价值的多少。并只有当这种基本方面为基准的艺术判断实现后，比较判断才能顺理成章。

尤斯所提出的从批评对象本身提取出标准来，而不是把从作品之外获得的标准强加给作品这一点，实际上是反对传统形而上美学那种外在地给予和接受某种标准、原则或规范的观念。就这一点而言，对艺术品的判断是与伦理判断不同的：前者只能产生于经验之后，后者则既可在产生行动之前，也可在其后。尤斯这方面的论点和一些分析美学家很相似。另外一方面，尤斯也对分析美学那种反对概括、从而导致无标准的主张感到不安，企图寻找一更高的立足点，因此而提出一种以艺术品的主要或基本方面的行动后的判断标准的主张，以补分析美学之不足。比如，作品的标题就往往会体现出基本方面的特征，我们还可以通过比较艺术家对自己创作意图的陈述和作品实际的结构、形式等的一致，而认识作品的基本方面，但最终还是依赖于对作品的阅读经验。

尤斯认为这种基本方面可以在阅读基础上抽象出来，以获得那些处于主导地位的特征，正是它们导致了种类、风格和形式上的划分，并使我们对艺术的理解有了一个统一的方向，进而，我们可以对艺术品中由不同的艺术语汇来予以重复和表现的特征加以比较，即对那些抽象出的特征的比较，进入到更一般的认识。但尽管这样，这些提取的抽象特征仍然还只是间接的标准，根本的标准还应当是我们直接理解到的那一基本方向，这种标准是不可能诉诸文字的。这样，尤斯最终还是回到了维特根斯坦所力主的神秘论之中。

提吉拉（V. Tejera）在总结当代美学倾向时，对分析美学也作了一些批评。他将当代美学分成两类：第一类的哲学家是根据本身的哲学理论推导出自己的美学观点的，如推崇分析思想的那些人；第二类则是看到了艺术与人类境况的种种复杂关系，并在深入研究艺术以后提出自己的美学观，如卡西勒和克罗齐、杜威和桑塔耶那、海德格尔和胡塞尔、卡缪和萨特等。

提吉拉试图在两者之间打圆场，以为艺术型的哲学家应该正视既富于精确性又富于创造性的科学，并有必要运用它的方法来改进自己关于艺术和人的独创性的理论。而那些自封的"语言"哲学家们则需要学习归纳科学之外的大量其他领域的知识，如果能把科学看做创造性的活动，而不是一套孤立的、干巴巴的论断，对他们会更为有益。但不管怎样说，一种理论的生命力在根本上还取决于观察者对艺术的经验、取决于艺术在他身上唤起的对人类生活的认识在多大程度上导致他去发展和重建传统的理论模式。当然，提吉拉的发言在那些分析美学家看来远非结论，因为根据分析美学的基本思想，这种折中的观点在逻辑上是无效的，重要的不是吸取多少人类或艺术的经验，而是"说你该说的，不该说的就应保持沉默"。

第十八章　符号论美学

符号论美学（Symbolist Aesthetics）是盛行于 20 世纪四五十年代西方美学界的一支劲旅，它的奠基人是德国哲学家卡西尔。1933 年，在苏珊·朗格的主要美学著作还未问世之前，英国当代著名的艺术史家、艺术评论家赫伯特·里德就在《今日艺术》一书中提出了一个预言性的评价："艺术哲学通过卡西尔和朗格，获取了相当可信的和明确的形式，人们可以看到，现代艺术哲学从维柯和康德开始，接受了卢梭和歌德的决定性影响，经由艺术自身的发展一步一步地从整体上向前推进。"① 我们说，卡西尔和朗格的符号论美学的独特之处在于它是对以前的各执一端的表现论和形式论美学观点的一个新的综合。

第一节　符号——人类文化的基本形式

厄恩斯特·卡西尔（Ernst Cassirer，1874—1945）是西方学术界公认为 20 世纪以来最重要的哲学家之一，符号论美学的创始人。早年曾受业于新康德主义马堡学派首领海尔曼·柯亨，以后很快成为与柯亨、那托普齐名的马堡学派主将。但自 20 世纪 20 年代起，卡西尔在一系列问题上开始与马堡学派分离，并突破了马堡学派侧重于利用自然科学来论证先验唯心主义认识论的局限，而把新康德主义扩大到整个人文和社会科学领域，逐步创立了他自己的所谓"文化哲学体系"。诚如当代解释学大家伽达默尔所言："卡西尔把新康德主义的狭窄出发点亦即自然科学的事实，扩展为一种符号形式的哲学，它不仅囊括了自然科学和人文学科，而且企图为作为一个整体的人类文化活动提供一个先验的基

---

① H. 里德：《今日艺术》(The Arts of Today)，伦敦，1933 年，第 42 页。

础。"① 卡西尔一生著作甚丰，多达一百二十余种，最重要的有《符号形式的哲学》（*Philosophie der Symbolischen Formen*，1923—1929）、《语言与神话》（*Sprache und Mythos*，1925）、《文艺复兴时期哲学中的个人与宇宙》（*Individuum und Kosmos in der Philosophie der Rendissance*，1927）、《启蒙哲学》（*Diephilosophie der Aufklarung*，1932）、《人论——人类文化哲学引论》（*An Essay on Man, An Introduction to a Philosophy of Human Culture* 1945，本书是他晚年在美国用英文写的），以及他逝世后不久由查尔斯亨德尔（Charles W. Hendel）编辑出版的《国家的神话》（*The Myth of the State*，1946）。近年来美国耶鲁大学又整理出版了他1935—1945 年的论文讲演集《符号、神话、文化》（*Symbol*，*Myth and Culture*，1979）。卡西尔没写过美学专著，但在《符号形式的哲学》、《人论》、《符号、神话、文化》等有关神话和文化问题的著作中广泛地论及了美学和艺术问题，为符号论美学的创立提供了坚实的理论基础。

应加以说明的是，卡西尔的符号论美学与当代许多从语言学、语义学出发的符号学和结构主义（如索绪尔、列维-斯特劳斯、罗兰·巴尔特等）不同，从词义上看，卡西尔的"符号"一词的英文是"Symbol"，"Symbol"这个词译成"符号"并不确切，它更多地具有"象征"的含义，所以准确地说，卡西尔的美学应称为"象征符号"美学，而巴尔特等人的"符号学"一词的英文为"Semiology"，它更具有记号学的含意，另外从内容上看，卡西尔的符号论既是一种人类学哲学，又是一种文化哲学，它具有鲜明的现代人本主义色彩，这一点是巴尔特等的符号学所缺乏的。

卡西尔的哲学是康德认识论原则的推广和发展。我们知道，康德哲学是以精确科学为基础的。在他那里，够得上"科学"美名的只是数学、物理学等自然科学的"知识"。他的"理性批判"或"知识批判"所考察的实际上主要是"纯粹数学如何可能?""纯粹自然科学如何可能?"，无怪乎卡西尔在 1939 年的一篇论文中曾感叹地说，在西方传统中，人文研究"在哲学中仿佛一直处于无家可归的状态。这并不是偶然的，因为在近代的开端，知识的理想只是数学与数理自然科学，除了几何学、数学分析、力学以外，几乎就没有什么能当得上'严格的科学'之称"。② 所以要想克服传统的认识论的局限，为人文科学提供一个充分的方法论基础，就必须"扩大认识论"。他说，"认知"不过是心灵得以把握存在和解释存在的诸多形式之一，"就

① 伽达默尔：《哲学解释学》（Philosophic Hermeneutics），加利福尼亚大学，1976 年，第 76 页。
② 卡西尔：《语言与神话》，三联书店，第 3 页。

其本质而言，认知始终旨在达到这个本质目的，即将特殊事物归结入一个一般的法则和序列，然而，除了这种在一科学概念的体系之中发挥作用而表现自己的理智综合功能之外，作为一个整体的人类精神生活还有其他一些形式"。① 这些其他形式，就是语言、神话以及与之相连的宗教、艺术等。可见，卡西尔不仅推广了康德的认识论的范围，更重要的是，他还扩大了康德的主体能动的思想，即将它推广到整个的人类的文化领域。在卡西尔看来，理智和科学认识的本质无非在于它是人类把特殊事物提高到普遍法则的一种手段，但语言、神话、宗教、艺术等形式同样也都具有把特殊事物提高到普遍有效层次的功能。所以，除了要设法理解纯粹的认知功能之外，我们还必须设法理解语言思维的功能、神话思维和宗教思维的功能，以及艺术知觉的功能，这样一来"理性的批判就变成了文化的批判"；"我们就能够有一种系统的关于人类文化的哲学"。

我们知道，西方哲学自古希腊开始就一直在探讨理性的秘密，康德哲学力图扬弃唯理论和经验论的局限，因而把理性能动性本身看成一种能综合逻辑形式与感觉材料的能力。正是这种综合能力，才使科学知识具有普遍必然性，才能把感觉之繁多与规律之统一结合起来，就是说，正是这种综合能力，才使得人类知识既具有经验之内容又具有普遍之形式。但康德似乎并没有为这种"综合"铸造出一个概念，来满足于知性范畴、感性直观以及"先天综合判断"这类说法，而卡西尔则为这种统一和综合寻找出一种特殊的理性功能，即"符号"，在"符号"中，既有感觉材料，又有理性的意义，二者统一不可分。

"符号"的基本功能就在于把感性的具体内容抽象为某种普遍形式，使之代表一定的意义，因此"符号"这种构成物具有双重的本性："它们与感性结合，同时在其中又包含着脱离感性的倾向。在任何语言'记号'中，在任何神话和艺术的'形象'中，本质上超出全部感觉领域的精神内容被翻译成为可感觉的形式，成为看得见、听得见、摸得着的东西。"② 我们可通过符号去直接认识事物的意义和内容，因为符号或语言并不是对感性材料的简单重复，而是系统地阐述它们，使它们呈现出固定的形式，从而使它们能够按本身的样子被我们所理解。所以，符号作为一种"实在"，它既是一又是多。而人的能动性或综合能力就是制造和运用"符号"的能力，人的特点在于能以符号的形式来"解释"

---

① 卡西尔：《语言与神话》，三联书店，第 209 页。
② 同上书，第 243 页。

世界，因而在这个意义上，与其说人是有理性的动物，不如说人是使用符号的动物。卡西尔还认为，"符号"不是"事实性的"，而是"思想性的"，因而它也不是"实体性的"，而是"功能性的"，人由于有了运用"符号"这个特殊功能，才使他远远超越了动物的反应式功能，而能对世界作出主动的"解释"，形成人类的"文化"体系。符号活动使人根本上脱离了动物界，而进入了一个精神文化的世界。"人不再生活在一个单纯的物理宇宙中，而是生活在一个符号宇宙之中。语言、神话、艺术和宗教则是这个符号宇宙的各个部分，它们是组成符号之网的不同丝线，是人类经验的交织之网……他是如此地使自己被包围在语言的形式、艺术的想象、神话的符号以及宗教的仪式之中，以致除非凭借这些人为媒介物的中介，他就不可能看见或认识任何东西。"① 卡西尔正是由此推导出他的整个文化哲学体系。

要理解卡西尔的艺术和美学思想，必须考察一下艺术在他的文化符号体系中所处的地位。在卡西尔的文化哲学中，"神话"是处于整个文化结构的基层，在《人论》中，文化形态排列的次序依次为：神话、语言、艺术、历史和科学。早在三卷本的《符号形式的哲学》一书中，卡西尔

就对人类文化符号的起源和发展作出了一个历时性的描述。他把人类精神发展划分为两种形式：概念的符号形式和感性的符号形式。神话思维并不是人们创造出来要体现什么"超现实"的精神，而是人类早期认识世界的必然方式，"神话"在原始人中是一种真实的思维方式，原始人用它来认识世界，可以说"神话"是人类在认识世界中第一次运用的符号形式，神话符号的基本特点就在于主体与客体、存在与非存在不分，在那里，一切都带有感性存在的特点，神话在描述和说明实时，并不是像科学思维那样，采取分类和系统化方法，将生命与实在划分为各个独立的领域。原始人的生命观是综合的，不是分析的，它把生命看做是一个不中断的连续整体，各不同领域间的界限并不是泾渭分明、不可逾越的，而是流动不定的，它对待自然和现实的态度是一种"交感的"态度，卡西尔说"神话是感情的产物，它的情感背景使它的所有产品都染上了它自己所特有的色彩。原始人绝不缺乏把握事物的经验区别的能力，但是在他关于自然与生命的概念中，所有这些区别都被一种更强烈的情感湮没了：他深深地相信，有一种基本的不可磨灭的生命一体化沟通了多种多样形形色色的个别生命形式。"② 因而说，

---

① 卡西尔：《人论》，上海译文出版社，1985 年，第 33 页。
② 同上书，第 105 页。

"神话和原始宗教绝不是完全无条理性的，它们并不是没有道理或没有原因的。但是它们的条理性更多地依赖于情感的统一性而不是依赖于逻辑的法则，这种情感的统一性是原始思维最强烈最深刻的推动力之一。"① 卡西尔认为，神话和语言是最早的符号文化形式之一，艺术是稍后的一种符号形式，作为人类的一种活动，艺术最初的确与宗教活动结合在一起。阿波罗石像本是膜拜的对象，原始舞蹈最初只是宗教的仪式，由神话宗教的作品到艺术的作品，由神的制作者到艺术家，需要文化的进一步发展，这个发展的关键在于分清真假、分清真实世界与意象世界，艺术作为一种符号形式的出现，意味着人类文化的进步，因此说，艺术是从神话方式中发展、分化出来但又始终保持了神话的"交感"的思维方式某些重要特点的一种文化形式。卡西尔说："艺术的最大特权之一正在于它从未丧失过这种'神的时代'。在这里想象的创造力之源泉绝没有枯竭，因为它是取之不尽，用之不竭的。在每一个时代，每一位大艺术家那里，想象力的作用都以一种新的形式和新的力量再次出现。"② 符号发展的最高层次则是科学的概念的符号，科学的世界是一种建立在关系上，而非实体

上的体系世界。

卡西尔还从横向方面描述了神话、语言、艺术、宗教、历史、科学的特殊品性和特殊结构。卡西尔认为，在所有人类活动中都存在一种"基本的两极性"，这种两极性是"稳定化和进化之间的一种张力，它是坚持固定不变的生活形式的倾向和打破这种僵化格式的倾向之间的一种张力。"③ 人类文化的发展就是在传统与改革、复制力与创造力之间的无休止的斗争。卡西尔认为，神话与早期宗教突出地体现了稳定化与保守化的一极，因为在原始人的思想中，没有比年代的神圣性更神圣的东西了，正是年代的久远才使所有的东西都获得了它们的意义、尊严和价值。为了保持这种尊严和价值，就绝对必须使人类的秩序以同一不变的形态延续和保存下去。语言也是人类文化中最牢固的保守力量之一，这是由它的主要任务——信息交流决定的，信息交流需要严格的规则，因此"语言的符号和形式想要抵挡时间的消解性和破坏性的影响，就必须具有一种稳定性和经久性"。④ 但语言在一代代传递过程中又必然发生连续变化，这样，革新与保存成了语言的生命力的两个必不可少的成分和条件。在艺术这一文化形式中，"独创

---

① 卡西尔：《人论》，上海译文出版社，1985 年，第 104 页。
② 同上书，第 196 页。
③ 同上书，第 283 页。
④ 同上书，第 285 页。

性、个别性、创造性的因素"是占主导的一极。"在艺术中我们不满足于重复或复制传统的形式。我们意识到一种新的责任，引入了新的批判标准"。① 虽然传统在此也起作用，艺术的相同的基本主题也总是一再出现，但每一位伟大的艺术家在某种意义上都开辟了一个新纪元，诗人虽不能创造一种全新的语言，并必然尊重语言的基本规则，然而"诗人给所有这一切增添的不仅是一种新的特色而且还是一种新的生命"。② 伟大的诗人从不重复同样的语言，在这一点上，艺术与神话恰恰是相反的。至于科学，也充分体现了人的创造性，但在"主观性与客观性、个体性与普遍性之间的关系"上，艺术与科学不大一样。艺术更强调主体性与个体性，而科学发现虽也带有个人精神的印记，乃至体现了科学家的某种个人风格，"但是所有这一切都只有一种心理学上的而不是体系上的关联。在科学的客观内容中这些个人特色都被遗忘和抹去了，因为科学思想的主要目的之一就是要排除一切个人的和具有人的特点的成分"。③ 所以，科学的客观性与普遍性恰与艺术相反。

可见，卡西尔通过从纵横两方面对人类文化系统的揭示和描述，说明了艺术这一文化形态的发生过程和它的基本特征，为他的符号论美学奠定了理论出发点。

第二节 卡西尔的艺术理论

艺术是从神话和宗教中分化、解脱出来的一种文化形态，对这种形态的内部特征和特殊结构，卡西尔也根据自己的总的哲学原则作了考察。

一、对模仿说和表现说的批判

模仿说主张，艺术是对周围世界的模仿。对此，卡西尔指出，首先，如果模仿是艺术的真正目的，那么艺术家的自发性和创造力就是一种干扰性因素而不是一种建设性因素，因为它歪曲事物的样子而不是根据事物的真实性质去描绘它们。"这样，艺术模仿自然这个原则就不可能被严格而不妥协地坚持到底。"④ 其次，如果说"所有的美都是真"，所有的真却并不一定就是美。为达到最高的美，就不仅要复写自然，而且恰恰还必须偏离自然。虽然有人主张艺术应复写"美的自然"，但是，"若模仿是艺术的真正目的，则任何这种'美的自然'的概念本身就大有疑问。因为我们何以能使我们的模特儿变得更美却又

---

① 卡西尔：《人论》，上海译文出版社，1985年，第286页。
② 同上书，第286页。
③ 同上书，第288页。
④ 同上书，第177页。

不改变它的外形呢？我们何以能胜过了实在的事物却又不违反真实法则呢？"① 相反，表现说主张艺术都是强烈感情的自发流溢。卡西尔指出，如果我们不加保留地接受了这个定义，那我们得到的就只是"记号的变化，而不是决定性的意义的变化"。② 并且在这种情况下，"艺术就仍然是复写；只不过不是作为对物理对象的事物之复写，而成了对我们的内部生活、对我们的感情和情绪的复写"，③ 用语言哲学中的比拟来说，"我们只不过是把艺术的拟声说改换成了感叹说"。④ 在卡西尔看来，艺术确实是表现的，但是如果没有"构型"，它就不可能表现，而这种构型过程是在某种感情媒介物中进行的。所谓构型，实质上是把艺术家要表现的意念、情感通过一定的感性媒介物加以客观化，使之成为可传达的东西。据此，他批评了克罗齐的"直觉说"。卡西尔指出，直觉说只强调表现的事实，而不管表现的方式和表现过程中所使用的感性材料，但是，"对一个伟大的画家、一个伟大的音乐家，或一个伟大的诗人来说，色彩、线条、韵律和语词不只是他技术手段的一部分，它们是创造过程本身的必要要素。"⑤ 另外，表现说所强调的"表现"实际上是艺术家的个人情感的表现，正如科林伍德所说"我们每一个人发出的每一个声音、做的每一个姿势都是一种艺术品"，卡西尔认为，这同样忽视了作为创造和观照艺术品的一个先决条件的整个构造过程。他指出，每一个姿势并不就是一件艺术品，就像每一声感叹并不就是一个言语行为一样。因为"姿势和感叹声都缺乏一个基本的必不可少的特征。它们是非自愿的本能的反应，不具有任何真正的自发性。而对于语言的表达和艺术的表现来说，有目的性这个要素则是必不可少的。在每一种言语行为和每一种艺术创造中，我们都能发现一个明确的目的论结构。"⑥ 例如，一出戏剧中的男主角，他的每一句台词都是首尾一贯的结构整体的一部分，他的语词的重音和节奏，他的声音的抑扬顿挫，他的面部表情，他的身体的姿态，全都趋向一个共同的目的——使人的性格具体化。所有这些都不仅仅是"表现"，而且还是再现和解释。卡西尔指出，即使是抒情诗也不只是艺术家情绪的表现。只受情绪支配乃是多愁善感，而不是艺术。一个艺术家如果不是专注于对各

---

① 卡西尔：《人论》，上海译文出版社，1985年，第178页。
② 同上书，第180—181页。
③ 同上书，第180—181页。
④ 同上书，第180—181页。
⑤ 同上书，第180—181页。
⑥ 同上书，第181页。

种形式的观照和创造，而是专注于他自己的快乐或哀伤，那就成了一个哀伤主义者。因此即使是抒情诗的创造也还是一种构型过程。"因为它包含着同样性质的具体化以及同样的客观化过程……它是以形象、声音、韵律写成的"，这些形象、声音和韵律在作品中结合成一个具体的不可分划的统一整体。

可见，卡西尔认为，艺术在模仿性和表现性之上还有一个更重要的本质特性——构型性。艺术同样是人类的一种能动的结构活动。艺术家有一种特殊禀赋，能把日常语言的抽象名称掷进诗的想象的熔炉，铸出新的样式，以此表达人类一切微妙的情感：欢乐和悲伤、愉悦和苦恼、绝望与狂喜等别的表达方式不可及的和说不出的微妙情感，在这个意义上，艺术"拥有的不仅是再现的，而且是创造的和构造的特征和价值"，正是这特征使它在人类文化世界中占有了一个真正的位置。

二、"艺术是直觉或观照的客观化过程"

卡西尔认为，可以把人类文化界定为人类经验的渐次性的客观化。人与动物的区别就在于，动物的经验是不稳定的，它处在一种"液化状态"，而人则能把一个恒定不变的"本质"赋予外在对象，以便能对它们进行识别。"人不仅生活在实在中，而且开始意识到实在"。[①] 就是说，人是通过理性的力量而区别于动物的。人能运用其理性来构造符号世界，从而使人类经验客观化。但这种客观化过程在神话、语言、科学和艺术中又具有不同的特性。神话的世界是一个戏剧世界——一个行动的、超自然力的、神或鬼的世界。在神话世界中，人的各种情感——恐惧、哀愁、痛苦、激动、欢乐、狂喜——都具有自己的形状和面貌，就此而言，我们可以把神话界定为对"宇宙的面相学的解释而不是理论或因果的解释"。[②] 所以说，即使是神话思维对组织和客观化也不乏清晰敏锐的意识，只不过其客观化不是通过理智而是通过想象来实现的。在语言中，我们是通过赋予事物一个名称来描述或指示事物，这是一个崭新的和独立的功能，它意味着我们朝"客观化"又迈进了新的一步，"正是通过语言，我们才学会了把自己的感觉进行分类，把它们归在一些总的名称和总的概念之下，只有通过这一分类整理的工夫，我们才能理解和认识客观世界，即经验事物的世界。"[③] 语言首先把我们带进了概念世界，但为了构想世界，为了把自己的经验统一起来，加以系统化，人还必须将日常语言上升到科学语言，即上升到逻辑的、

---

① 卡西尔：《语言与神话》，三联书店，第 150 页。
② 同上书，第 153 页。
③ 同上书，第 161 页。

数学的和自然科学的语言。在科学语言中，每个术语都界定得清晰明确、毫不含混。通过科学语言，人可以描述思想的客观关系和事物的联系。它把日常语言中使用的符号上升到科学的符号，这又是客观化过程中决定性的一步。"但人也为这一成果付出了惨重的代价。在接近更高一级的智力目标的同时，人的直接具体的生活经验也在不断消失，两者是成正比的，剩下来的只是一个思想符号的世界，而不是一个直接经验的世界。"① 因为，除了语言之外还有另外一个人的世界，这个世界有着其自身的意义和结构，"事实上，在语言和文字符号的世界之上还有另外一个符号世界，即艺术——音乐、诗歌、绘画、雕塑、建筑——的世界。"②

艺术和语言一样，都是一种独立自足的活动，都是人类经验的客观化，但它们却走向了各不相同的方向，日常语言朝着抽象这一方向发展，最终上升为科学语言，艺术则不需要逐步上升到一般概念上去，"在艺术中，我们不是将世界概念化，而是将它感受化。"③ 但艺术引发的感受绝不是感觉主义所说的感觉的模仿或感觉的模糊印象，就是说"艺术不是印象的复制，而

是形式的创造，这些形式不是抽象的，而是诉诸感觉的。"④ 因而说，"艺术和艺术家既不是生活在概念世界中，也不是生活在感觉世界中，而是生活在自己的王国中的。我们如果想描述这个世界就必须引进一些新的术语。这个世界不是一个概念的世界，而是一个直觉的世界，不是一个感觉经验的世界，而是一个审美观照的世界。"⑤ 这种审美观照是客观化总过程中新的和决定性的一步。总之，"艺术王国是一个纯粹形式的王国。它并不是一个由单纯的颜色、声音和可以感触到的性质构成的世界，而是一个由形状与图案、旋律与节奏构成的世界。从某种意义上可以说一切艺术都是语言，但它们又只是特定意义上的语言，它们不是文字符号的语言，而是直觉符号的语言。"⑥ 综上所述，我们可以说，神话是"想象的客观化"，语言和科学是"概念的客观化"，而艺术则是"直觉或观照的客观化"。一句话，在人类活动的各种不同形式中——在神话和宗教、艺术、语言、科学中，人所追求和达到的就是将他的感情和情感、他的欲望、他的感觉、他的思想观念客观化。

---

① 卡西尔：《语言与神话》，三联书店，第165页。
② 同上书，第163页。
③ 同上书，第166页。
④ 同上书，第166页。
⑤ 同上书，第166页。
⑥ 卡西尔：《人论》，第166页。

三、"艺术是对实在的发现"

卡西尔认为，艺术是对自然形式的发现，"像所有其他的符号形式一样，艺术并不是对一个既成实在的单纯复写。它是导向对事物和人类生活得出客观见解的途径之一。它不是对实在的模仿，而是对实在的发现。"但是艺术所发现的自然，不是科学家所说的那种"自然"，艺术家用现实的材料，按照现实本身的形状和面目，塑造出一个意象的世界，这个世界是对现实世界的一种"解释"，因而是一个新世界，一个新发现，一种新创造，因为它借助于不同的符号形式展示了一个新的意蕴。

卡西尔通过对艺术与语言和科学加以比较进一步说明他的这个观点。首先，他认为，语言和科学是我们借以弄清和规定我们关于外部世界的概念的两种主要过程，为此，我们必须对我们的感官知觉进行分类并把它们置于一般概念和一般规则之下，以便给它们一个客观的意义。卡西尔认为，这种分类是追求简化的不懈努力的结果。艺术品也以同样的方式包含着这样一种凝聚浓缩的作用。就是说，语言、科学和艺术都是追求"繁多的统一"，但是在这两种情况中有一个着重点的不同，"语言和科学是对实在的缩写；艺术则是对实在的夸张。语言和科学依赖于同一个抽象过程，而艺术则可以说是一个持续的具体化过程。"① 就是说，语言和科学创造的是一个概念的世界，艺术创造的则是一个意象的世界。

其次，我们在对一个给定对象的科学描述中，是从大量的观察资料开始，这些观察资料初看起来只是各种孤立事实的松散聚集而已，但我们越是继续进行下去，这些个别现象也就越是趋向于呈现出一种明确的形态并成为一个系统的整体。因此，科学探索的是一个给定对象的某些主要特性，并从这些特性中可导出这个对象的所有特殊性质。"但是艺术由不得这样一种概念式的简化和推演式的概括，它并不追究事物的性质或原因，而是给我们以对事物形式的直观。但这也绝不是对我们原先已有的某种东西的简单复制。它是真正名副其实的发现。艺术家是自然的各种形式的发现者，正像科学家是各种事实或自然法则的发现者一样。"② 所以说，在艺术中，我们是生活在纯粹形式的王国中，而不是生活在对感性对象的分析解剖或对它们的效果进行研究的王国中。

最后，科学意味着抽象，而抽象总是使实在变得贫乏，事物的各种形式在用科学的概念来表述时趋于越来越成为若干简单的公式。一个单一公式，如牛顿的万有引力定律，似乎可以包含并解释我们物质

---

① 卡西尔：《人论》，上海译文出版社，1985年，第183页。
② 同上书，第187页。

宇宙的全部结构，看起来似乎实在不仅是我们的各种科学抽象所能够理解的，而且是能够被这些抽象穷尽的。但是一旦我们接近艺术领域，这就被证明是一种错觉，因为事物的各个方面是数不清的，而且它们时刻都在变化，任何想要用一个公式穷尽它们的企图都是徒劳无效的。艺术家并不描绘或复写某一经验对象——一片有着小丘和高山、小溪和河流的景色。他所给予我们的是这景色的独特的转瞬即逝的面貌。他想要表达事物的气氛、光和影的波动。一种景色在曙光中、在中午、在雨天或在晴天，都不是"相同的"。因此说，审美经验与普通的感官知觉相比要丰富得多，它孕育着在普遍感觉经验中永远不可能实现的无限的可能性。在艺术作品中，这些可能性成了现实性，它们被显露出来并且有了明确的形态。因此，"展示事物各个方面的这种不可穷尽性就是艺术的最大特权之一和最强的魅力之一。"[1]

卡西尔认为，艺术对实在的这种发现是通过构造一个与语言和科学完全不同的符号世界——形式的王国来实现的，"当我们沉浸在对一件伟大的艺术品的直观中时，并不感到主观世界和客观世界的分离，我们并不是生活在朴素平凡的物理事物的实在之中，也不是完全生活在一个个人的小圈子内。在这两个领域之外我们发现了一个新的王国——造型形式、音乐形式、诗歌形式的王国。"[2]

同时，这些形式又有着真正的普遍性，卡西尔吸收了康德关于审美普遍性的观点，指出审美的普遍性意味着，美的宾语不是局限于某一特殊个人的范围而是扩展到全部作评判的人们的范围。如果艺术品只是某一个人的激情的冲动，那它就不具有这种普遍的可传达性。卡西尔说："艺术家的想象并不是任意地捏造事物的形式。他以它们的真实形态来向我们展示这些形式，并使这些形式成为可见的和可认识的。艺术家选择实在的某一方面，但这种选择过程同时也就是客观化过程。当我们进入了他的透镜，我们就不得不以他的眼光来看待世界，仿佛就像我们以前从未从这种特殊的方面来观察过这世界似的，然而我们相信，这个方面并非只是瞬息即逝的，借助了艺术品它已经成为经久不变的了。一旦实在以这种特殊的方式呈现在我们面前以后，我们就一直以这种形态来看待它了。"[3] 这就是说，艺术作为一种符号形式，它具有一定的结构和功能，因而是公共的、社会的事，不是艺术家纯粹个人的事，因而它具有一种可传达性。

① 卡西尔：《人论》，上海译文出版社，1985年，第184页。
② 同上书，第185页。
③ 同上书，第185—186页。

由此，卡西尔指出，要想在客观的与主观的、再现的与表现的艺术之间作出泾渭分明的区别是不可能的。帕特侬神殿的中楣、巴赫的弥撒曲、米开朗琪罗的"西斯廷教堂天顶画"、贝多芬的奏鸣曲或陀思妥耶夫斯基的小说，都是既非单纯再现的亦非单纯表现的。在一个新的更深刻的意义上，它们都是对实在的发现。歌德、莎士比亚、莫里哀、塞万提斯等的作品给予我们的不是作者生活的乱七八糟、支离破碎的片断，它们并非只是强烈感情的瞬间突发，而是昭示着一种深刻的统一性和连续性。它们也不是短暂易逝的孤立场景的幻影，而是对整个人生和历史的新的发现。总之"这种对'现象的最强烈瞬间'的定形既不是对物理事物的模仿，也不只是强烈感情的流溢，它是对实在的再解释，不过不是靠概念而是靠直观、不是以思想为媒介而是以感情形式为媒介。"①

四、"艺术作品的静谧乃是动态的静谧"

卡西尔批评了柏拉图和托尔斯泰关于艺术的功能和作用的观点，指出他们实际上是取消了"艺术的一个基本要素——形式的要素"。② 审美经验——静观的经验——是与我们理论判断上的冷静态度和道德判断上的清醒态度不同的心智状态。审美体验确实充满了激情，但在艺术形式中，这种激情本身无论在性质上还是在正义上都被改变了。其力量"趋向于新的方向"，"它们仿佛变成了透明的了"，使人们可以"看到"而非"直接感受到"这种激情的力量。艺术形式似乎是"关于某种激情的形象"即激情的外观形式而非"激情本身"。审美不是受这种激情的支配，而是要"透过这些情绪去看，似乎是要洞察它们的真正本性与本质"。这样，卡西尔引申出艺术的功能不在情感传达与感染，而在形式的观照与认识的论点，他引用达·芬奇的话说艺术"教导人们学会观看"，"伟大的画家向我们显示外部事物的各种形式，伟大的戏剧家则向我们显示我们内部生活的各种形式。戏剧艺术从一种新的广度和深度上揭示了生活：它传达了对人类的事业和人类的命运、人类的伟大和人类的痛苦的一种认识，与之相比，我们日常的存在显得极为无聊和琐碎"，因此，"不是感染力的程度而是强化和照亮的程度才是艺术之优劣的尺度"。③ 这样，卡西尔就从艺术的本质是对实在形式的发现推演出艺术的功能是对实在形式的观照和认识，从而建立起他的艺术的观照、认识功能论。

由此出发，卡西尔对亚里士多德的"卡塔西斯"说（净化说）作出了新的独特

---

① 卡西尔：《人论》，上海译文出版社，1985 年，第 187 页。
② 同上书，第 187 页。
③ 同上书，第 187—188 页。

的解释。他指出，对于亚里士多德的卡塔西斯过程，不应从道德的意义上去理解，更不应从心理学的意义上去理解。它所指的根本就不是我们感情的净化或宣泄，而是我们灵魂本身的一种变化，"是我们的感情本身变成了我们的主动生活而不是被动生活的一部分，升华到了一个新境界。"① 他说，在悲剧诗中，灵魂获得了一种新的态度来对待它的情感，灵魂体验到了怜悯与恐惧的情感，但并没有被它们扰乱而产生不安，而是进入一种平静安宁的状态。"我们情感生活的最高度强化被看成同时也能给我们一种恬静感。"② 如果一个人在实际生活中亲身经历我们看索福克勒斯或莎士比亚的悲剧时所感受到的所有那些感情上的磨难，那么，他是要被这些感情压垮毁灭的，但艺术可使我们免遭此类危难。通过艺术，我们感觉到的是丰满的生活，以及虽则丰满却又没有物质内容的感情力量。我们所负担的感情的重担好像从我们肩上卸下来了，我们感觉到的只是没有重力的感情的内在运动，感情的颤动和摆动。就是说，在通过艺术的门槛时，我们所抛掉的是感情的难以忍受的压力和压制。悲剧诗人并不是他的情绪的奴隶而是其主人，并且他能把这种对情绪的控制传达给观众

们，因而我们在观看其作品时不会被自己的情绪所支配而变得神魂颠倒。"审美的自由并不是不要情感，不是斯多噶式的漠然，而是恰恰相反，它意味着我们的情感生活达到了它的最大强度，而正是在这样的强度中它改变了它的形式，因为在这里我们不再生活在事物的直接的实在之中，而是生活在纯粹的感性形式的世界中。在这个世界中，我们所有的感情在其本质和特征上都经历了某种质变过程。情感本身解除了它们的物质重负，我们感受到的是它们的形式和它们的生命而不是它们带来的精神重负。"③ 所以说，"艺术作品的静谧乃是动态的静谧而非静态的静谧"，④ 亦即艺术使我们看到的是人的灵魂最深沉和最多样化的运动。但是这些运动的形式、韵律、节奏是不能与任何单一情感状态同日而语的，我们在艺术中所感受到的不是那种单纯的或单一的情感性质，而是生命本身的动态过程，是在相反的两极——欢乐与悲伤、希望与恐惧、狂喜与绝望——之间的持续摆动过程。

卡西尔还论及了喜剧的卡塔西斯作用，他认为，伟大的喜剧诗人们绝非给人们一种"悠闲的美"，他们的作品常常充满了极大的辛辣感，阿里斯托芬是对人类本性最

---

① 卡西尔：《语言与神话》，第 193 页。
② 卡西尔：《人论》，上海译文出版社，1985 年，第 189 页。
③ 同上书，第 189 页。
④ 同上书，第 189 页。

尖锐最严厉的批评家之一，莫里哀的伟大则最好不过地体现在他的《愤世者》和《伪君子》中。然而喜剧家们的辛辣并不是讽刺作家的尖刻，也不是道学家的严肃，它并不导致对人类生活作出一个道德判断。他认为，伟大的喜剧艺术自来就是某种颂扬愚行的艺术，它最高程度地具有一切艺术共有的那种本能——同情感，由于这种本能，它能接受人类生活的全部缺陷和弱点、愚蠢和恶习，喜剧艺术则向我们展示这些人生的恶习，我们从这个世界的全部偏狭、琐碎和愚蠢方面来看待这个世界，"我们生活在这个受限制的世界中，但是我们不再被它所束缚了，这就是喜剧的卡塔西斯作用的独特性，事物和事件失去了它们的物质重压，轻蔑溶化在笑声中，而笑，就是解放。"①

卡西尔的艺术功能理论与他对人的能动性的说法是紧密相连的。他说，"使我们的情感赋有审美形式，也就是把它们变为自由而积极的状态，在艺术家的作品中，情感本身的力量已经成为一种构成力量"。② 正是这种"构成力量"，我们才能够领会各种感情的微妙的细微差别并进而把它们融进作品之中，也正是这种"构成力量"，我们才能够领会韵律和音调等的不断变化，才能在作品中听到和看到我们整个生命的运动和颤动，达到一种充满激情的亢奋状态，同时又正是这种"构成力量"，我们才不会是动物式的情感的发泄，而能够使灵魂在强烈的激情式的体验中进入一种平静安宁的状态。

由此，他又指出，"美并不是事物的一种直接属性，美必然地与人类的心灵有联系"。③ 但并非任何这种联系都可构成美，"美不能根据它的单纯被感知而被定义为'被知觉的'，它必须根据心灵的能动性来定义，根据知觉的功能并以这种功能的一种独特倾向来定义。它不是由被动的知觉构成，而是一种知觉化的方式和过程。但是这种过程的本性并不是纯粹主观的，相反，它乃是我们直观客观世界的条件之一。"④ 这就是说，要定义美，不能只从被动感知对象入手，而必须由知觉的能动性出发，把美看成人的知觉能动地构成对象世界的直观方式和过程。这样，美就是一种主体的构造活动，所以卡西尔说，"艺术家的眼光不是被动地接受和记录事物的印象，而是构造性的，并且只有借着构造活动，我们才能发现自然事物的美。"⑤ 这样

---

① 卡西尔：《人论》，上海译文出版社，1985年，第191—192页。
② 同上书，第189页。
③ 同上书，第192页。
④ 同上书，第192页。
⑤ 同上书，第192页。

美与美感之间并无严格的界限：美是知觉的构型（美感），美感就是审美的敏感和体验（美）。他说，"美感就是对各种形式的动态生命力的敏感性，而这种生命力只有靠我们自身中的一种相应的动态过程才可能把握。"① 进而他又把美分成自然的"机体的美"和艺术的"审美的美"，认为自然风景"机体的美"不一定具有审美品性，因为它是"活生生的事物的领域"而非"活生生的形式的领域"，但一旦我们面对着艺术家的风景画，以一个艺术家的眼观看风景时，我们就进入了审美的"活生生的形式"的领域，"我们不再生活在事物的直接实在性之中，而是生活在诸空间形式的节奏之中，生活在各种色彩的和谐和反差之中，生活在明暗的协调之中。审美经验正是存在于这种对形式的动态方面的专注之中。"② 可见，在这里，卡西尔回到了康德的"美在形式"的观点。

五、艺术创造是一种"外形化"活动

卡西尔认为，艺术创造中想象力是最重要的，但想象力不仅是一种"虚构的力量和普遍的活跃的力量"，艺术家不仅必须感受事物的"内在的意义"和它的"道德生命"，更重要的是"给他的感情以外形"，这是"艺术想象的最高最独特的力量"，这种构形或外形化不只是体现在看得见或摸得着的某种特殊的物质媒介，如黏土、青铜、大理石中，而是体现在"激发美感的形式中：韵律、色调、线条和布局以及具有立体感的造型"。③ 在艺术品中，正是这些形式的结构、平衡和秩序感染了我们。艺术家如果没有这种构型或外形化的力量，就不可能塑造艺术形式，但丁的《地狱篇》中的恐怖"就将是永远无法减轻的恐怖"，而《天堂篇》的狂喜"就是不可能实现的梦想"。并且这些形式不是复写一个给予的直观的纯粹外在的或技巧的手段，"而是艺术直观本身的基本组成部分"。

但是把艺术的这种想象力赋予普遍的形而上学价值也是不正确的，例如，浪漫主义诗人就把诗的想象看成是"发现实在的唯一线索"，甚至把诗本身就看成是绝对名副其实的实在（如诺瓦利斯），把无限看成是艺术唯一的和真正的主题。卡西尔指出，浪漫主义诗人的这个理论的基本特征就是将诗的领域与有限的、感性经验的世界加以二元化了。他认为，"这种诗的概念与其说是对艺术创造过程的真正说明还不如说是对它的限制约束"。④ 在这一点上，19世纪的伟大的现实主义作家们关于艺术创造和艺术形式的见解倒是深刻得多，现

① 卡西尔：《人论》，上海译文出版社，1985年，第192页。
② 同上书，第193页。
③ 同上书，第196页。
④ 同上书，第199页。

实主义主张表现平凡事物的真面目，在这里，想象力同样发挥着作用，但现实主义又忽视了艺术的符号特性。因此卡西尔指出，艺术确实是符号体系，但艺术的符号体系"必须以内在的而不是超验的意义来理解"！艺术的真正主题既不是谢林的形而上学的无限，也不是黑格尔的绝对。"我们应当从感性经验本身的某些基本的结构要素中去寻找；在线条、布局，在建筑的、音乐的形式中去寻找。"① 这些要素是看得见、摸得着、无所不在的，但又不是直接的感知的东西，所以说，艺术可以包含着并渗入人类经验的全部领域，没有任何东西能抵抗艺术的构成性和创造性过程。

六、对快乐主义和游戏说的批判

卡西尔主张，我们不能仅仅从艺术的心理活动的特点来看艺术的本质，相反要从艺术作为一种文化形态的特点来解释艺术心理活动的特点。以此为出发点，卡西尔批评了当时在美国颇为流行的桑塔耶那的快乐主义和其他的一些观点。

桑塔耶那认为，美是"客观化了的快感"，卡西尔指出，这意味着艺术的目的是为了愉快，而这是不可能的，因为"娱乐的要求"可以用其他的更好更容易得多的手段来满足，并且我们也不可能想象米开朗琪罗建造圣彼得大教堂、但丁或弥尔顿写诗都只是为了娱乐而已。他认为，"如果艺术是享受的话，它不是对事物的享受，而是对形式的享受"。② 这两者是绝然不同的，形式不可能只是被印在我们的心灵上，我们必须创造它们才能感受它们的美，而美感理论上的快乐主义的所谓愉快，只是一种被动的反应，而不是一种能动的创造，他说："一切古代的和现代的美学快乐主义体系的一个共同缺陷正是在于，它们提供了一个关于审美快感的心理学理论却完全没能说明审美创造的基本事实。"③ 因此，在卡西尔那里，审美的、艺术的愉快，实际上是一种创造的愉快，艺术家之所以伟大"不在于他对色彩或声音的敏感性，而在于他从这种静态的材料中引发出动态的有生命的形式的力量。只有在这种意义上，我们在艺术中所得到的快感才可能被客观化。"④

与快乐论相对立的还有一种理论，这种理论源于德国浪漫主义者，他们认为，艺术的境界是一种非理性的梦一般的境界，艺术家必须摆脱一切羁绊而寻求一种"自由"的放纵，因而艺术就是我们自愿地沉溺于其中的"醒着的梦"。与这个理论相连，卡西尔还批评了柏格森的直觉主义，

---

① 卡西尔：《人论》，上海译文出版社，1985年，第200页。
② 同上书，第203页。
③ 同上书，第203页。
④ 同上书，第203页。

柏格森把艺术境界描述成类似于催眠状态。在这条思想路线上，卡西尔还一直追溯到尼采，他认为尼采早期著作《从音乐的精神看悲剧的诞生》一书是针对文克尔曼的古典理想主义而发，强调希腊悲剧的伟大在于狂放不羁的情绪之深度和极度紧张状态，希腊悲剧是酒神崇拜和日神崇拜的产物，它的力量既是狂放的力量，又是梦幻的力量，是梦幻与大醉的相互渗合。卡西尔认为，这些理论都有一种片面性，就是没有强调人的心智的能动构造作用，而把审美能力（如艺术直觉）当做一种被动的接受力。实际上，艺术家的灵感并非酩酊大醉，艺术家的想象也不是梦想或幻觉，每一件伟大的艺术品都以一种深刻的结构统一为特征。

然而，并非任何能动活动都是艺术的活动，艺术理论中的游戏说的确抓住了能动性这一点，并且游戏与艺术也有一些相似之处，但这并不足以说它们之间具有真正的同一性。卡西尔认为，游戏给予我们的是"虚幻的形象"，艺术给予我们的则是"纯形式的真实"。

卡西尔认为，有三类不同的想象力："虚构的力量、拟人化的力量以及创造激发美感的纯形式的力量。"① 儿童游戏具备前两种力量却缺少后一种力量，真想把艺术与游戏相比的话，可以说"孩童是用事物做游戏，艺术家则是用形式作游戏，用线条和图案、韵律和旋律做游戏"②。在游戏中的改造活动只是那些感官材料的重新排列和对象本身的变形，而艺术则是另一种更深刻意义上的构造和创造活动。"艺术家把事物的坚硬原料熔化在他的想象力的熔炉中，而这种过程的结果就是发现了一个诗的、音乐的或造型的形式的新世界。"③

最后，卡西尔还指出，无论是日常经验、科学，还是艺术都是人们认识世界的一种途径，"科学在思想中给我们以秩序；道德在行动中给我们以秩序；艺术则在对可见、可触、可听的外观之把握中给我们以秩序。"④ 不过，艺术提供给我们的思想和情感以一种新的态度、新的倾向，给我们以实在的更丰富更生动的五彩缤纷的形象，也使我们更深刻地洞见了实在的形式结构，向我们展示了人性的丰富性。

从以上介绍中可以看出，卡西尔的符号论美学是在他的文化符号论的基础上建构起来的。他把人的哲学说成是文化哲学，把一切文化形式及其发展看做是人的解放历程，建立了他的人类文化哲学体系，而符号论正是这一体系的基石。卡西尔的人

---

① 卡西尔：《人论》，上海译文出版社，1985 年，第 209 页。
② 同上书，第 209 页。
③ 同上书，第 209 页。
④ 同上书，第 213 页。

类文化哲学体系充分突出了人在创造世界与历史中的主体性与能动作用。它是一种富有现代意义的人本主义学说，但又不像其他的人本主义学说那样，片面强调人的意志、情感等非理性的作用，而是一定程度上吸收了科学主义和经验主义的成果，将它们与人本主义交融在一起，所以相比较起来，它的合理性成分较多。

卡西尔把美看做是人类经验的组成部分，肯定了美和艺术的文化性、社会性；同时，他又从知觉的能动性出发，把艺术和美看成是人的知觉能动地构成对象世界的直观方式和过程，反对把美说成是客体的一种属性，这种对美和艺术的社会性及主体性的强调是卡西尔符号论美学的一个重要特征。

卡西尔从文化这个更高层次来认识艺术的本质，把艺术看做是人类的一种文化符号形式，这使我们能从艺术符号的角度加深对人的本性的创造性、动态性和丰富性的认识。

卡西尔对模仿说和表现说的批判是颇有见地的，他并不是否认艺术中的模仿性和表现性，他认为这两者在艺术品中是同时存在、相互渗透的。

卡西尔一方面承认艺术的想象性、可感性，另一方面又认为在这些感性形式之中融聚的是人类的丰富的、微妙的经验、情感等，这在现代西方美学中非理性主义泛滥的情况下，可算是独树一帜。

第三节　朗格美学形成的背景条件

卡西尔的符号论基本上是停留在人类的文化活动层次上，他较少把符号论的观点具体地运用于神话、艺术理论，因此，卡西尔的符号论美学是不彻底的。沿着卡西尔的思路，继续并完善符号论美学的是美国当代著名的女哲学家苏珊·朗格，故符号论美学在西方往往被看成是由"卡西尔-朗格"共同创造的。

苏珊·朗格（Susanne K. Langer，1895—1985），曾任教于美国哥伦比亚大学、纽约大学，美国当代著名的女哲学家、美学家，其主要美学著作有：《哲学新解》（*Philosophy in a New Key*，1942）、《情感与形式》（*Feeling and Form*，1953）、《心灵：论人类情感》（*Mind，An Essay on Human Feeling*，1967），另还有一本讲演稿专集《艺术问题》（*The Problem of Art*，1957）等。朗格不仅在哲学、美学上颇有建树，而且对符号逻辑、心理学、生理学、人类学等学科进行过专门研究，加上她在文学、音乐上也具有敏锐的感受力，因而她的著述思想深刻、逻辑严谨、旁征博引、饶有趣味。

朗格认为，她自己的美学思想是以《哲学新解》一书中的符号理论为基础的，并在《情感与形式》中作了全面展开，而在《心灵：论人类情感》中作了溯本求源的生理学、心理学和人类学的论证。在

《心灵：论人类情感》一书的序言中她曾说："本书是《情感与形式》的续篇，而《情感与形式》又是《哲学新解》的续篇"。① 不过其美学思想的主干在前两部书中已基本展现。

朗格自己也承认，她的艺术哲学或美学理论是前人的理论的继续。贝尔、弗莱、柏格森、克罗齐、科林伍德、卡西尔等都同她有着理论上的联系，尤其是卡西尔的符号论对她的影响最大，她的《情感与形式》一书就是献给这位恩师的，在书前献词中她写道：谨以此书纪念厄恩斯特·卡西尔。在本书结尾她曾说道："正是卡西尔——虽然他本人从不认为自己是一位美学家——在其渊博的、没有偏见的对符号形式的研究中，开凿出这座建筑的拱心石，至于我，则将要把这块拱心石放在适当的位置上，以连结并支撑我们迄今所曾建造的工程。"②

朗格十分重视哲学在艺术理论中的作用，她认为，虽然艺术实践本身显示着一种严密的统一性和逻辑性，但那些各样的艺术理论却是混乱不堪、支离破碎和脱离实际。之所以出现如此的状况，就在于人们都没有从哲学角度去对艺术本身的确切

含义进行认真的思考和认识。她认为，一个时代的哲学都有一个时代的问题和观念：从古希腊早先的物质观念到柏拉图、亚里士多德的理式、实体观念，从中世纪的上帝到十七八世纪的经验观念，到现代，"符号"又取代了"经验"，尤其是医学中的精神分析学和数学中的符号逻辑学的发展，"我们在这两个领域都有一个中心论题：人类经验应是建设性的而非消极的。认识论者和心理学家都承认符号表达是解决这个建设性过程的钥匙，尽管他们在符号的定义和作用等问题上可能准备相互厮杀。"③

朗格的哲学影响主要来自分析哲学和卡西尔的符号论。我们知道，分析哲学的一个基本观点就是反对给形而上学的概念下定义，维特根斯坦有句名言就是："全部哲学就是'语言批判'"，我们能做到的只是给一个概念提供一个说明其意义的观点和方法。朗格接受了这一观点，认为"哲学首先要从研究'意义'着手——从研究我们讲话的意思开始"。④ 她明确指出，《情感与形式》要做的事情，"是详细说明以下诸词的含义：表现、创造、符号、意义、直觉、生命力和有机形式……"⑤ 所以在西方，有些人把朗格归入分析哲学学

---

① Mind：An Essay on Human Feeling, p. 1.

② 苏珊·朗格：《情感与形式》，中国社会科学出版社，1986年，第477页。

③ 冈布里奇：《哲学新探》（Philosophy in a New Key），哈佛大学出版社，1957年，第42页。

④ 苏珊·朗格：《情感与形式》，中国社会科学出版社，1986年，第11页。

⑤ 同上书，第3页。

派，这不是没有道理的。

这里我们仅仅从朗格美学理论的出发点来看看分析哲学对她的影响。在《逻辑哲学论》一书中，维特根斯坦开宗明义地指出：世界是由一切发生的事件构成的，而且这些事件在外部世界中就是客体，以及处于这些客体之间的逻辑关系，而这些又都映现在语言中，因而，正是借助于对事实的这种映现和图像，语言才有意义。但朗格认为，至关重要的是，这些以命题形式表现出来的事实图像并非就是照片意义上的图像，而是逻辑意义上的图像。正是在这个意义上，朗格指出，语言是人类有史以来所发明的、最奇特的象征符号。在《逻辑哲学论》2.2节中，维特根斯坦说，"图像具有类同于它所描绘的东西的逻辑—图像形式"，同样，朗格也认为艺术符号通过形态学的相似性而具备与内在情感或生命形式的形似，但是，在维特根斯坦那里，是用命题与外部世界的对象和关系的逻辑形式的相似来描述命题的意义，朗格却是以艺术符号与生命的内在形式的相似去解释艺术的意义，所谓语言一筹莫展之时正是艺术大显身手之处的意思正在于此。而这正是朗格的美学理论的出发点。饶有兴趣的是，维特根斯坦用了一个同样著名并更富隐喻性的话结束他的《逻辑哲学论》：说你该说的，不该说的就应该保持沉默。朗格正是以此作为她阐述艺术意义的起点，同时又超越了这个起

点：凡是语言所不可言说的，我们就必须谱曲、绘画、写作、舞蹈等。在此她把符号区分为"推论性"符号和"非推论性的"符号，即情感符号，正是这个区分，使她能言说那不可言说的领域，能超越令维特根斯坦陶醉的"沉默"。当然，朗格对分析哲学的观点不是全盘接受。例如，按分析哲学关于"开放概念"的观点，最终结论是放弃和取消对美和艺术的本质的哲学分析。朗格则不以为然，她仍坚持对艺术本质作哲学上的思考。可见，朗格对分析哲学的吸收主要在于方法论意义上，而不是最后结论上。

如果说，朗格从分析哲学那里吸收的主要是方法论，那么，在卡西尔的符号论中，她吸收的是哲学基石。她直言不讳地说：只有卡西尔的符号论，才为现代艺术哲学提供了一把新的钥匙。当然，卡西尔的观点——正如朗格本人所说——毕竟只是一个"拱心石"或奠基，把符号论运用到美学领域去建造符号论美学大厦的还是朗格本人。她深感美学领域各种理论相互矛盾所造成的混乱大有在现代哲学新成果的基础上加以清理的必要，与其在那里发空洞的议论，不如回过头来对具体的艺术现象进行细致的分析。

第四节　朗格美学的基本内容和特征

朗格美学讨论的中心问题是情感与符号之间的关系，主张艺术是一种情感符号，

因此必须反对把艺术等同于情感本身的理论。无论是把艺术等同于特殊的情感——审美情感，还是把艺术等同于普通的情感——平衡、和谐的日常经验，朗格认为都不能建立起真正的艺术哲学。

把艺术等同于审美情感的理论代表是克莱夫·贝尔。他认为，所有美学体系的出发点必须是特殊感情的切身经验，并且认为审美情感与理智无关，我们不假思索就可以领会到一幅好的作品的形式上的恰当与必要，朗格不同意这种说法：第一，要指出某物是"恰当和必要"这本身就是一种理智行为，就已经具有"哲学意义的性质"，这说明贝尔的所谓"审美情感"是有理性基础的，因此，贝尔关于每一种艺术理论都始于"审美情感"的论断，"在我看来是完全错误的"。第二，详细研究一个人面对艺术品时的心理状态，无助于人们对作品及其价值的理解。"是什么赋予人情感的问题，确切地说就是什么使得物体成为艺术品的问题。在我看来，这正是哲学的艺术理论的起点。"①

这种批评同样指向以经验为出发点的美学理论。朗格认为，近半个世纪以来，由于心理学的影响，迫使所有的艺术哲学问题都纳入了行为主义和实用主义的范围，人们转向了"价值""趣味"等含糊问题，

具体的艺术问题丝毫也没有得到解决。例如实用主义就是把日常生活中的经验作为其美学理论的出发点。朗格指出，如果只是依据目前还不成熟的心理学和社会学来探讨美学，不仅会带来经验主义的观察、分析和证实方式，而且会使"审美价值不是被当做直接的满足，即快感，就是被当做手段，即生物需要得以实现的方法"，②其后果必然是，艺术完全等同于体育活动和嗜好，等同于世间的工作和道德的提高，完全与日常经验混为一谈，这恰恰漏掉了艺术的本质。朗格主张，应当以情感的符号作为艺术哲学的出发点。

朗格对贝尔和弗莱的"有意味的形式"这一概念加以吸收和改造，认为"有意味的形式"实质上是一种符号形式的表现，是一种情感的符号形式。在《哲学新解》的"论音乐的意味"一章中，朗格运用这个意义上的"有意味的形式"，首先对音乐进行了分析，认为音乐的作用不是情感刺激，而是情感表现；不是主宰着作曲家的情感征兆性表现，而是他所理解的感觉形式的符号性表现，它表现着作曲家的情感想象而不是他自身的情感状态，表现着他对于所谓"内在生命"的理解。通过音乐，他可以了解并表现人类的情感概念。在《情感与形式》一书中，朗格对

---

① 苏珊·朗格：《情感与形式》，中国社会科学出版社，1986年，第44—45页。
② 同上书，第46页。

《哲学新解》的这一章，有一个极为扼要的小结："我们叫做'音乐'的音调结构，与人类的情感形式——增强与减弱、流动与休止、冲突与解决，以及加速抑制、极度兴奋、平缓和微妙的激发、梦的消失等形式——在逻辑上有着惊人的一致。这种一致恐怕不是单纯的喜悦与悲哀，而是与二者或其中一者在深刻程度上、在生命感受到的一切事物的强度、简洁和永恒流动中的一致。这是一种感觉的样式或逻辑形式。"[①] 在这里，"有意味的形式"成了与人的情感形式有着极为相近的逻辑上的类似的符号。"音乐是'有意味的形式'，它的意味就是符号的意味，是高度结合的感觉对象的意味。音乐能够通过自己动态结构的特长，来表现生命经验的形式，而这一点是极难用语言来传达的，情感、生命、运动和情绪，组成了音乐的意义。"[②] 朗格认为，她的音乐理论可以作为符号论美学的一个先导，扩展到其他艺术门类。因为所有艺术之所以能统一，就在于它们有一种共同的意味，由此，朗格以情感符号为中心，把艺术定义为"人类情感的符号形式的创造"。[③] 这个定义是她的整个美学体系的核心，也是她的庞大的美学体系的缩影。

在《哲学新解》中，朗格从卡西尔的符号论出发，对信号与符号的本质作了进一步区分，她指出，尽管信号与符号有交叉和重叠之处，但在本质上，两者截然不同。信号是事件的一部分，是事态的征兆，符号则不同，它可以传达某种意味或某种内在含义，它不是事物的替身。另外信号与符号在对应形式上也有所不同：指示信号与其代表的物体一一对应，象征性符号的内涵则包括了多层意思。在基本要素上也有所不同，一般信号只包含主体、信号和客体三个方面，而符号则包含主体、符号、概念和客体四个方面。这样信号意义和符号意义的根本区别就被逻辑地显示出来了。信号为动物和人所共有，而符号为人所独有。

朗格指出，迄今为止，人类创造出的一种最为先进和最令人震惊的符号设计便是语言。人们运用语言不仅能表达感觉世界中的一切现实存在，表达我们知觉世界中那些隐蔽的事实，而且可以表达那些不可触摸的无有形体的东西。正是凭借语言，我们才能思维、记忆、想象，才能描绘事物，再现事物之间的关系，表现各种事物之间相互作用的规律，才能进行沉思、预言和推理，更为重要的是，我们还可以运用语言进行交流，并把这些词排列成能为

---

① 苏珊·朗格：《情感与形式》，中国社会科学出版社，1986年，第36页。
② 同上书，第42页。
③ 同上书，第42页。

大家所理解的"式样"，并以此来反映事物各式各样的概念，知觉对象以及它们之间的联系。朗格称这种语言"式样"为"推论的形式"。

但是语言并非万能，在人类内在生命中，还存在着大量的真实的、极为复杂的、即时性的、无形式和无意义的生命感受和冲动经验，"这些经验就是我们有时称为主观经验方面的东西或直接感受到的东西——那些似乎清醒和似乎运动着的东西，那些昏暗模糊和运动速度时快时缓的东西，那些要求与别人交流的东西，那些时而使我们感到自我满足时而又使我们感到孤独的东西……这样一些东西在我们的感受中就像森林中的灯光那样变幻不定、相互交叉和重叠，当它们没有互相抵消和掩盖时，便又聚集成一定的形状，但这种形状又在时时地分解着，或是在激烈的冲突中爆发为激情，或是在这种冲突中变得面目全非。所有这样一些交融为一体而不可分割的主观现实就组成了我们称为'内在生活'的东西。"① 对于这些东西语言是无法忠实地再现和表达的，也无法用推论性的形式去进行表现和交流。

语言所以不能表达人类的这些内在情感，完全取决于语言符号的性质特征。语言有着自己发生和发展的历史。最初的语言，不过用来表示某些人类感觉对象的简单称谓或关系，它与表示物一一对应。由于人类具有某种对形式要素进行抽象的能力，从而使语言功能出现飞跃，由单一的称谓分化出一般与个别、具体与抽象这种对立意义，由此产生了概念综合，而各概念之间必然形成某种关系，久而久之，这种关系得以固定，形成一定的语法、句法，形成一定的逻辑体系，这种由概念到判断，由判断到推理的过程，显然是一种逻辑推理过程，故朗格又称语言为推理性符号体系。由于推理性符号体系的内在结构，决定了其表达含义的明确和固定，进而决定了它可以胜任有余地表达确切的事物、确切的过程、确切的关系等，但恰恰又是这种表达含义的固定和明确，排除了它表达情感生命结构的可能。因为推论性形式遵循的是非此即彼的原则，显然，这种静态的、机械的结构，不可能有效地呈现那种你中有我、我中有你、非此非彼又亦此亦彼的有机状态，而这正是人类的情感特征。对此，我们只有诉诸于一种直觉能力，诉诸于隐喻或者说艺术符号，去完成情感表现，这就是一种"非推论的形式"。朗格说，"艺术品是将情感呈现出来供人观赏的，是由情感转化成的可见的或可听的形式，它是运用符号的方式把情感转变成诉诸人的知觉的东西，而不是一种征兆性的

① 苏珊·朗格：《艺术问题》，中国社会科学出版社，1983年，第21页。

东西或是一种诉诸推理能力的东西。"① 她还说，"语言能使我们认识到周围事物之间的关系以及周围事物同我们自身的关系，而艺术则是使我们认识到主观现实、情感和情绪。正是由于艺术给这些内部经验赋予了形式，所以它们才得以被表现出来，从而使我们能够真实地把握到生命的运动和情感的产生、起伏和消失的全过程。"② 所以"非推论的形式"又可称"表现性形式"。

艺术是情感的表现，但朗格认为，艺术表现的并不是个人情感。为此，她驳斥了克罗齐、柏格森等人的自我表现理论，指出，发泄情感的规律是自然的规律而不是艺术的规律，它是"征兆性的表现"，这些"征兆"标示着说话者本人有一种情绪、苦痛或别的什么个人经验，它们或许能向别人提供一点线索，让人联想到那些愉快或不愉快、激烈或温和的一般经验，但是"这种'征兆'无论如何也不能将'内心生活'客观地呈现在人们面前，以便让人们理解它那复杂的网络、节奏以及它的整个表面形式的变化"。③ 朗格举例说，以私刑为乐事的黑手党徒绕着绞架狂吼乱叫，母亲面对重病的孩子不知所措，刚把情人从危难中营救出来的痴情者浑身颤抖等，这些人都在发泄着强烈的情感，然而这些并非音乐需要的东西。她嘲笑说："一个号啕大哭的儿童所释放出来的情感要比一个音乐家释放出来的个人情感多得多，然而当人们步入音乐厅的时候，绝没有想到要去听一种类似于孩子的号啕的声音。"④ 并且在现实中，情绪悲哀的画家也可以画出轻松愉快的画像，寡言沉默的作家可以爆发出连珠炮般的长篇宏论，这也证明自我表现不是艺术的主题。"艺术家表现的绝不是他自己的真实情感，而是他认识到的人类情感……艺术品表现的是关于生命、情感和内在现实的概念，它既不是一种自我吐露，又不是一种凝固的'个性'，而是一种较为发达的隐喻或一种非推理性的符号，它表现的是语言无法表达的东西——意识本身的逻辑。"⑤ 这就是说，艺术表现的是一种艺术家所认识到的人类普遍的情感概念，是标示情感和其他主观经验产生、发展和消失过程的概念，是再现人类内心生活统一性、个别性和复杂性的概念。这些概念是语言所力不能及的，只有艺术才能把握它们。

艺术是表现人类情感的符号形式或表现性形式，朗格说，这个定义是完全可靠

---

① 苏珊·朗格：《艺术问题》，中国社会科学出版社，1983年，第24页。
② 同上书，第66页。
③ 同上书，第23页。
④ 同上书，第24页。
⑤ 同上书，第25页。

的，它不仅适用于原始艺术，也适用于现代艺术。既适用于古代洞穴壁画，又适用于雷诺阿的人物画；既适用于古代祭祀颂歌和非洲的鼓乐，又适用于莫扎特和瓦格纳的音乐……任何作品，只要它包含表现性形式，不管它是表现得很好还是很低劣，都可称为艺术品。

一件艺术品就是一种表现性形式，人类真实生命中那些相互交织的一会儿流动、一会儿凝固的东西，那些时而爆发、时而消失的欲望……总之凡是生命活动所具有的一切形式，从简单的感性形式到复杂奥妙的知觉形式和情感形式，都可以在艺术品中表现出来。正因如此，所以艺术形式或表现性形式与人类生命形式之间有着一种逻辑的相似，"符号与被符号化了的对象必须有共同的逻辑形式"。我们常说某某艺术品具有一个"有机的形式"就是这个意思。而所谓艺术"包含着情感"就是说它具有艺术的活力或展现出一种"生命的形式"。但这并不是把艺术品真正地等同于那些具有生物机能的有机体。绘画本身并不能呼吸，也没有脉搏的跳动，奏鸣曲本身也不能吃饭、睡眠。在这里，朗格阐发了她的"生命形式"这一重要概念。

朗格认为，感觉能力是组成生命有机体活动的一个方面，而不是生命活动的结果，在一定程度上，"生命本身也就是感觉能力"。有机体正是在此基础上产生出更为复杂的主观直觉能力，并且，这种作为感觉能力的生命与人们观察到的生命永远是一致的，它们看上去就好像是那生命湍流中的最为突出的浪峰。因此，它们的基本形式也就是生命的形式。它们的产生和消失形式也就是生命的成长和死亡过程中所呈现出来的那种形式。它们之间的相互关系和组合也就反映了生物存在的方式。因此，只有当在感觉基础上产生出来的直觉能力发现观照对象与自身有着某种一致的时候，观照对象才可能包含着某种情感，这就是说，"如果要想使得某种创造出来的符号（一个艺术品）激发人们的美感，它就必须以情感的形式展示出来，也就是说，它就必须使自己作为一个生命活动的投影或符号呈现出来，必须使自己成为一种与生命的基本形式相类似的逻辑形式。"①

那么，生命形式的基本特征又是什么呢？朗格对此进行了总结，把它概括为有机统一性、运动性、节奏性和生长性。

凡是一切具有生命的事物都是有机的，它们所具有的基本特征也就是有机体内有机活动的特征——不断地进行消耗和不断地补充营养的过程，在有机体内，细胞、由细胞组成的组织、由组织组成的器官以及由器官组成的整个有机体是相互联系、

---

① 苏珊·朗格：《艺术问题》，中国社会科学出版社，1983年，第43页。

相互依存的，它们都处在永不停息的、再生再灭的运动中。这种有机性实质上是一种变化着的式样，机体内各个部分的结合都有着难以形容的复杂性、严密性和深奥性。

正如瀑布展示的是一种运动形式，一个生命的形式也是一个运动的形式。一个有机体也如同一个瀑布，只有在不断的运动中才能存在，就是说，一个有机体要存在下去，它的基本生命活动就必须是持续不断。所谓基本的生命活动，朗格说，就是有机体每一个活的成分所经历的那种不断消亡和不断重建的过程，每一个有机体内无时不在同时进行着两种活动：生长活动和消亡活动。生命体总在不断地吸收，不断地消耗，运动一旦停止，有机体就解体，生命亦随之消失。

生命形式的第三个特征是节奏性。在一个活的有机体中，所有的活动都是有节奏的活动。最明显的节奏活动是心脏的跳动和呼吸的运动。在人类生命活动的全部过程中还有着更多精细、多样和复杂的节奏活动。一个生命现象所以能持续不断地存在和发展，就在于它按照各种方式的节奏、有条不紊地进行着生命交换。

生命形式的第四个特征是生长性，这就是说每一个生命体都有自己的生长、发展和消亡规律。

朗格认为，除以上特征外，高级有机体还有一个更为专门化的特征，即符号性反应特征。她说，当有机体发展到人的水平时，大多数本能便为直觉所取代，直接反应也被符号性反应所取代，而那种简单的情绪性兴奋也就被一种持续稳定的和富有个性特征的情感生活所取代。但即使在这种高级水平上，也仍能展示出深层的生命情绪的基本特征——"这就是它的能动性、不可侵犯性、统一性、有机性、节奏性和不断成长性，这些特征也就是一种生命的形式所应具有的基本特征"。[1]

接着，朗格指出，"如果说艺术是用一种独特的暗喻形式来表现人类意识的话，这种形式就必须与一个生命的形式相类似，我们刚才所描述的关于生命形式的一切特征都必须在艺术创造物中找到，事实也正是如此"。[2] 但这种类似并不是等同，一件艺术品的构成要素与一个有机体的构成要素之间并没有直接关系，艺术有自身的规律，即表现性规律。所谓艺术与生命形式之间的类似关系指的是这两种特征之间的"象征性联系"。

生命的有机统一性在艺术品中主要表现为：首先，艺术品是作为一个整体呈现在人们面前的，其中每一成分都与所有别

① 苏珊·朗格：《艺术问题》，中国社会科学出版社，1983年，第50页。
② 同上书，第50页。

的成分息息相关，它们不能离开整体而存在。其次，艺术的内在结构也呈现出一种有机形式，各构成要素之间，如材料的选择、情节、音韵、节奏的安排等都有一种神圣的契合，这种契合不可侵犯，也不能随意更换，假如硬要将它的各构成成分分离开来，它就不再是原来的样子了，整个形象也就随之消失了。

运动性在艺术品表现也很明显，音乐、舞蹈、戏剧等都表现为一种运动形式。纵使那些最初级的视觉形式，如一件纯属装饰的图案、一条用来装饰花瓶边缘的波浪形线条等，表面看起来是静止不动的，而实际上它们是在向四方扩展着。另一方面，线条可以作为分隔空间的界线或标示具体物质的轮廓线。它们虽然能表示静止，但由于虚空的创造，艺术品所描绘的事物与自然脱离。人们观赏艺术时，就会产生幻觉。静止的东西在直觉和想象的作用下成为运动的东西，"这个形式随时都可以按需要变成一个表现持久性和变化性之间的辩证关系的形象，即呈现生命活动的典型特征的形象"。①

艺术也具有节奏的模式。在动态的艺术方面，音乐、舞蹈中的节拍，戏剧中情节展开的速度等。在静态艺术中，朗格指出，一般人由于看到凡是节奏运动都有频率和周期，从而把周期当做节奏的本质，这是一种误解。周期性不过是节奏活动的一个特例。实际上，所谓节奏是指一种连续事件的机能性，是一种经历了开头和结尾的变化过程。"当前一个事件的结尾构成了后一个事件的开端时，节奏便产生了"。② 节奏主要是与机能有关而不是与时间有关。朗格的这个观点为说明静止艺术中确实存在的节奏现象做了理论准备，人们因此不难理解在静止艺术中行家们所说的节奏并非比喻，他们是在准确地说明着线条的断续、笔触的行止、色彩的落差、质料的粗细等。各类艺术都存在着可塑造的节奏因素。

最后，艺术作品中同样可以包含生长性这一形式。在音乐中，呈现、展开、重复、加强无时不强烈地反映出生命的这一特征。戏剧中的冲突，由发展、展开、激化直至最后解决，也形象地体现了这一规律。在静态艺术中，生长性特征表现为一种心理效果，这些实际静止的形式，却表现出一种永不停息的变化或持续不断的进程。

至此可以说明艺术结构与生命结构之间有着相似的逻辑形式。朗格说，"正是由于这两种结构之间的相似性，才使得一幅画、一支歌或一首诗与一件普通的事物区

① 苏珊·朗格：《艺术问题》，中国社会科学出版社，1983年，第52页。
② 同上书，第48页。

别开来，从而使它们看上去像是一种生命的形式"。①

综上所述，在朗格看来，语言不能传达内在生命的各种状态；表现情感需要非推论形式或表现性形式；艺术表现的不是个人情感而是人类情感的概念；因而艺术形式与人类生命形式有着内在的、逻辑上的相似。因此，艺术是人类情感符号的创造。这就是朗格关于艺术本质的思考。我们认为，朗格的这一分析的最大缺陷在于：她忽视了情感在不同时代、不同民族、不同阶层乃至不同的文化背景中的差异性，过分强调人类情感中的生理心理因素而排除了社会性因素，并错误地把社会运动的高级形式简单地归结于生命运动的最初级形式。

第五节 艺术和艺术创造

那么，艺术家是如何创造出表现人类情感的符号形式的呢？艺术家创造了什么呢？

朗格认为，这首先要了解艺术创造与其他类型的生产活动之间的区别。一件普通产品，如一双鞋子，它是用皮革制造出来的，不管怎样，它仍是一件皮革制品。然而一幅画就不同，虽然绘画是通过将色彩涂在画布上"创造"出来的，但绘画本身却不是一件"色彩—画布"构造物，而是一种特定的空间结构，这个空间结构是从可见的形状和色块中浮现出来的，不管是这个空间结构，还是这个结构中的事物，在此之前都是不存在的，就是说"画家们创造不出油彩和画布，音乐家创造不出震颤的乐音结构，诗人创造不出词语，舞蹈家也创造不出身体和身体的动态，他们只是发现和运用这些东西"。② 一幅画，其中的景物我们可以看到，但无法触摸到，存在于其中的那些坚固的主体虽然是显而易见的，但却不能像感觉普通的物理事物那样去感觉它们，整幅画都是一幅只能为视觉感知的空间，它不是别的，而是一种虚像。任何一件艺术品，不管它是一场舞蹈，还是一件雕塑或是一幅绘画、一部乐曲、一首诗，本质上都是一种虚像，或者说是一种"虚的实体"，艺术家正是凭借它来表现人类内在生命形式。说它是虚的，并不意味着它是非真实的，"在任何情况下，只要你与它相遇，你就能真正地知觉到它，而不是梦见或想象到它"。③ 另外，艺术中的虚像与我们在日常生活中见到的那些虚像（如镜像、海市蜃楼等）也有着本质的不同，例如，一幅绘画的虚幻形象与镜子中反映的映像相比，绘画空间与真实空间

① 苏珊·朗格：《艺术问题》，中国社会科学出版社，1983年，第55页。
② 同上书，第3页。
③ 同上书，第5页。

之间是毫无关联的，而某物的镜像是与此物息息相关的；我们在镜中看到的空间是实际空间的间接表象，而绘画中的虚空完全是创造的。因此我们在观看一幅画时，我们既不相信，也不假定我们面前是一个人、一座桥或一筐水果，"我们根本不会超出视觉把握到的空间去作推理，而是直接就把它理解为一种虚像"。[①] 简单地说，艺术形象是一种虚像，这仅仅指艺术形象是非物质的，就是说，它不是由画布、色彩等事物构成的，而是由相互达到平衡的形状所组成的空间构成的，这其中蕴涵着能动的关系、张力和弛力等，这个空间不是实际的空间，而是一种表现人类情感的、诉之于知觉的符号性空间。

朗格认为，一种虚像是一种仅为知觉而存在的"纯粹的形式"。这个形式并非指艺术品的物理形状，即使这个物理形状碰巧是组成这件艺术品的主要成分（如雕塑），而是一种具有象征意义的逻辑形式。但是逻辑形式往往又是一种看不见的概念性的东西，它是抽象的，但艺术中的逻辑形式又不是从体现它的艺术品中"抽象"出来的，因为当我们看到这个艺术品时，我们并不感到在它身外还有一个属于它的表现性形式，而是觉得它本身就是一个表现性形式。艺术的目的就是为了创造出一种表现性形式——"一种诉诸视觉、听觉、甚至诉诸想象的知觉形式，一种能将人类情感的本质清晰地呈现出来的形式"。[②] 如何创造呢？朗格说，通过艺术抽象，创造一种感性的幻象，就是运用一种正常的艺术手段使人们以一种正常的和抽象的方式去观看。"一切真正的艺术都是抽象的"，但是，艺术创作中的抽象却与科学、数学或逻辑学中的抽象不同，这种不同不是指"抽象"这个字眼的意义不同，不管是在艺术中，还是在逻辑中，"抽象"都是对某种结构关系或形式的认识，而不是对那包含着形式或结构关系的个别事物的认识。艺术抽象与科学抽象的不同是指艺术中的认识方法（对形式和结构关系的认识）和科学认识方法的不同。

科学的目的是对具体的物理世界作最富于概括性的陈述，其惯用方式是从具体的经验中获取抽象的概念或系统的关系模式，然后通过概括化过程进行的即通过使某一具体的和直接认识到的事物去代表它所属的那一类的全体事物的方式进行的。"科学的驱动原则就是概括"。艺术抽象则完全不同。艺术中抽象出来的形式不是那种帮助我们把握一般事实的理性推理形式，而是那种能表现动态的主观经验、生命的模式，感知、情绪、情感的复杂形式，这

---

① 苏珊·朗格：《艺术问题》，中国社会科学出版社，1983年，第30页。
② 同上书，第107页。

样的形式不能通过概括化方法得到。朗格认为，艺术抽象得到的仍是一个既不脱离个别，又完全不同于日常经验中的个别，而是比经验中的个别更具普遍意义，容纳更多意味的某种具体的东西，达到这个目的的唯一方法，就是使创造出的东西成为虚幻的，使一切实在性隐遁、排除，外观表象得以突出。换言之，"就是要断绝它与现实的一切关系"，与自然脱离，同时，"使它的外观表象达到高度自我完满，以便使人们见到它时，其兴趣不再超越作品本身"。① 与此同时，还必须使这件由纯粹形象构成的实体尽量简化，使其中每个部分都处在有机的联系中，以便使人们的知觉和想象在任何时候都能直接把握到它的整体式样。总之"当它们那本质的物质形象被创造出来的有机结构的幻象抵消之后，它的现象特征就变得突出了，只有这时，这件特殊事物的逻辑形式才算是被揭示出来了"。② 一句话，艺术抽象的过程就是制造幻象或称虚像的过程。

每一门艺术创造的都是一种独特的基本创造物——可塑性艺术创造的是一种纯粹的视觉空间，音乐创造的是一种纯粹的听觉时间。朗格称这种基本创造物为"基本幻象"或"首要幻象"，它不会因艺术家采取了反常的材料和手法而有所改变。"每

一门艺术都有自己的基本幻象，这种幻象不是艺术家从现实世界中找到的，也不是人们在日常生活中使用的，而是被艺术家创造出来的。"③ 另外，之所以把这种幻象说成是"基本的"，并不是说这一幻象在开始创造艺术品之前就已经存在了，而是说艺术家从第一笔到最后一笔的整个创造过程中都在创造着这个幻象。这种基本幻象便是每一门艺术的本质特征。除了基本幻象外，在艺术品中还存在一种次要幻象。并且每一种特定艺术的基本幻象都会以一种次要幻象在另一门艺术中出现，如可塑性艺术的基本幻象——虚幻空间——在音乐艺术中就只能以次要幻象出现，因为音的基本要素是虚幻时间而不是虚幻空间，所以朗格认为，某一门艺术的基本幻象既可说明此艺术的本质特征，又可显示它与其他种类的艺术的根本区别。因此，朗格在《情感与形式》一书中不惜笔墨，对各类艺术的"基本幻象"逐一进行了详细说明。

所有造型艺术（绘画、雕塑、建筑）的基本幻象是"虚幻空间"。它完全不同于我们生活和行动于其中的空间，它并非通过视觉和触觉、通过自由运动或抑制、通过或远或近的音响、通过消失或回声所意

---

① 苏珊·朗格：《艺术问题》，中国社会科学出版社，1983年，第170页。
② 同上书，第171页。
③ 同上书，第76页。

识到的空间。虚幻空间仅仅诉之于我们的视觉，并且它完全是自成一体、独立存在的，由于构成"虚幻空间"的方法的不同，也就导致了造型艺术的各个不同领域——绘画、雕塑、建筑。

绘画艺术创造的幻象是一种"虚幻的景致"。朗格认为，一幅绘画是一个完整的视觉区域，它的第一个作用就是创造一个独立的、内容齐备的感性空间，这个空间就像我们举目眺望现实世界，各种景致出现在眼前一样地自然。这里所谓的"景致"不是"风景"意义上的"景致"，因为"一幅画可能只再现一件物品，也可以画没有任何再现意义的纯粹装饰形式——但它总是创造了一个面对眼睛、与眼睛发生着直接的本质的联系的空间，这就是我所说的'景致'"。① 即使是低劣的绘画，也必须创造出这样一种空间，否则，"它看上去就不像是绘画了，而像是一种彩迹斑斑的平面了"。②

雕塑的幻象是一种"虚幻的能动的体积"。雕塑家很少按错落有致的理想视觉平面去规定深层空间，雕塑本身就是一个三维空间。但是这种三维空间形式或"体积"不像盒子中的空间那样是立方体的尺度，它比有形体要宽泛。它是一个可见的空间，比有形的体积实际占据的空间大得多。实际空间有一个有形的形式在支配着它，而雕塑体本身似乎与周围空间有着一种连续性，不论固体部分有多大，都与周围的空间组成了一个整体。朗格认为，雕塑的形式是一种生命的形式——虽然用来雕刻的材料是无生命的物质——它体现着生命有机体抵抗变异、维持自身的功能，因此，它是有机体的一种表象形式，"由它形成的可视空间被赋予了生命，就像被中心的有机活动赋予了生命一样。它是一个虚幻的能动的体积，由生命形式的表象创造并伴随"。③ 但是，雕塑未必一定再现一个天然有机体，它可以通过非再现造型，如简单凿就的石块，用于纪念的石柱等来体现生命的形式。另外，雕塑形式是对实物的有力抽象，也是对我们通过实物手段建立起的三维空间的有力抽象。它是将触觉空间转化为视觉空间，以形成视觉环境。因此确切地说，"雕塑是感觉空间的能动体积的意象"。④ 它只为我们的视觉而存在，只是那个自我和自我世界的表象。

创造虚幻空间的第三种方式是建筑，它是一种比虚幻景致和虚幻体积的建立更为奥妙、程度更高、更为壮观的艺术方式。它的幻象是"虚幻的种族领域"。朗格认

① 苏珊·朗格：《情感与形式》，中国社会科学出版社，1986年，第102页。
② 苏珊·朗格：《艺术问题》，中国社会科学出版社，1983年，第34页。
③ 苏珊·朗格：《情感与形式》，中国社会科学出版社，1986年，第106页。
④ 同上书，第108页。

为，实用不是建筑的本质，建筑是一种造型艺术，它首先获得的是一种幻象，一种转化为视觉印象的纯粹想象性的东西，"正像景致是绘画艺术的基本抽象、能动体积是雕塑艺术的基本抽象一样，一个种族领域是建筑的基本抽象"，"建筑则通过对一个实际的场所进行处理，从而描绘出'种族领域'或虚幻的'场所'"。① 建筑的幻象是通过一列直立的、圈画出超凡入圣的神秘范围的奇妙拱石来建立的，甚至通过一块标志着中心的石头——纪念碑便可建立。外部世界也同样受到这圣所的统治。朗格还认为，建筑家创造了它的意象：一个有形呈现的人类环境，它表现了组成某种文化的特定节奏的功能样式。就是说，建筑反映出某种文化的特征和状态：沉睡与苏醒、冒险与稳妥、约束与放任等，她说，"建筑创造了一个世界的表象，而这个世界则是自我的副本。这是一个被创造的可以看见的整体环境……一个建筑所创造的空间，也是一个功能性存在的符号……它不暗示要做的事，而是体现事情完成时所具有的情感和节奏：激动或冷静、轻浮或畏惧，这就是建筑中被创造的生命意象。它是一个'种族领域'的可见表象，在形式的力量与相互作用中将被发现的人类符号"。②

音乐的基本幻象是"虚幻时间"，每当从音乐材料中诞生出一种音乐印象时，这种幻象也就随之而产生了。音乐是流动着的，是"绵延"的，但这种"绵延"并不是一种实际的现象，不是一段时间——十分钟、半小时或一天中的某一片刻——而是根本不同于我们实际生活中时间的东西，它与普通事物的发生过程根本不同。同样，这种流动也不是物理振动的结果。它的节奏完全不同于物理振荡的节奏，我们在其中听到的完全是一种行进的、竞争性的前进运动，它不是从一个地方到另一个地方的移动，这个运动是虚幻的，"通过这种纯粹的外观运动，音乐就为听众展示出一种'时间'幻象，更准确地说，为听众展示出了一种'诉诸感受的时间'幻象，这种时间，并不像我们日常生活进程中所模糊感受到的时间；我们听到的是它的推移，但又不是一种简单的、一度的和连续的时间细流；换言之，这种时间根本不同于时钟标志的时间。它的广阔性、复杂性和多样性使得我们把它感受为一种完全不同于时钟测度的时间的另外一种时间。"③ 另外，时钟时间是纯粹的、单一的，可当做一种一维体系来看待，时间经验却包含了更为丰富的实质性内容。朗格说："我们对时间

<hr>

① 苏珊·朗格：《情感与形式》，中国社会科学出版社，1986年，第112页。
② 同上书，第116页。
③ 苏珊·朗格：《艺术问题》，中国社会科学出版社，1983年，第35页。

的直接经验本质上是一种对生命的机能和生活事件中的推移的感受，这种推移被我们内在地感受为一种张力——一种肉体的、情感的以及精神上的张力。"① 这种张力一般都有着自己的典型式样，它们总是从某一点开始，逐渐推进到一个高度紧张的点，一旦到达顶点之后，它就会趋于消失，或是接踵而来的另一种张力继续波动起伏。由于生物具有不可言传的复杂性，所以那组成生命活动的张力就绝不会是一种简单的连续，其中往往具有一种复杂的和不可测量的关系，这种关系形成一种极其稠密的网络。音乐时间是对这些张力的抽象，是对这些生命内容的抽象。总之，"音乐揭示的是一种由声音创造出来的虚幻时间，它本质上是一种直接作用于听觉的运动形式。这个虚幻的时间并不是由时钟标志的时间，而是由生命活动本身标示的时间，这个时间便是音乐的首要或基本幻象；在这个幻象中，乐曲在行进，和谐在生成，节奏在延续，而这一些活动都是以一个有机的生命结构所应具有的逻辑式样进行的。"②

舞蹈的基本幻象是"虚幻的力"。"舞蹈的基本幻象，是一种虚幻的力的王国——不是现实的、肉体所产生的力，而是由虚幻的姿势创造的力量和作用的表现"。③ 当我们在欣赏舞蹈的时候，我们并不是在观看眼前的物质体——往四处奔跑的人、扭动的身体等。我们看到的是几种相互作用着的力。正如音乐时间不同于时钟时间，舞蹈的力也不是物理学所指的那个"力场"，而是一种生命力，是意志和自由的媒介，是对异己的反抗，是顽强意志的主观体验。正是凭借这些力，舞蹈才显出上举、前进、退缩或减弱。不管是在单人舞中，还是在集体舞中，不管是在那激烈的旋转动作中，还是在那些缓慢、有力而又单一的动作中，仅仅靠人的身体，就可以把那种神秘力量的全部变幻展现殆尽。"我们从一个完美的舞蹈中看到、听到或感觉到的应该是一些虚的实体，是使舞蹈活跃起来的力，是从形象的中心向四周发射的力或从四周向这个中心集聚的力，是这些力的相互冲突和解决，是这些力的起落和节奏变化，所有这一切都是组成创造形象的要素，它们本身不是天然的物质，而是由艺术家人为地创造出来的。"④

接着，朗格在"虚幻的力"概念的基础上，吸收卡西尔的"神话意识"观点，讨论了原始舞蹈的产生、性质等问题，并由此得出原始舞蹈是一种"神秘的舞圈"。

---

① 苏珊·朗格：《艺术问题》，中国社会科学出版社，1983年，第35页。
② 同上书，第39页。
③ 苏珊·朗格：《情感与形式》，中国社会科学出版社，1986年，第200页。
④ 苏珊·朗格：《艺术问题》，中国社会科学出版社，1983年，第5—6页。

朗格认为，原始人是生活在一个充满各种可怕的、无形的和神秘的神灵主宰的现实之中，人们最初对于他们的认识，是通过人的力量和意志在人身上的感觉得到的，这些神最初是通过身体活动得到再现的，这种活动就是舞蹈的原始。"舞蹈创造了一种难以形容的、甚至是无形的力的形象，它注满了一个完整、独立的王国，一个'世界'，它是作为一个由神秘力量组成的王国的世界之最初表现。"① 舞蹈是原始生活中最为严肃的智力活动，是人类超越自己动物性存在那一瞬间对世界的观照，也是人类第一次把生命看做一个整体——连续的、超越个人生命的整体。

朗格同意杰出的舞蹈史家克尔特·萨哈斯的这一看法，即认为最古老的舞蹈形式是轮舞或圈舞。她指出，圈舞确实描绘了最初人类生活的现实——神圣的王国，神秘的领域。圈舞或轮舞的职能在于将神圣的范围与世俗存在区分开来。在这具有魔力的舞圈中，所有的精力都释放出来了，世俗的约束和礼仪都被排除了，现实世界与另一个世界的鸿沟被超越了。在这里，旋转、绕圈滑动、跳跃和平衡，仿佛是从情感的最深刻的源泉和肉体生命的节奏产生的基本姿势。由此朗格指出："在一个由各种神秘的力量控制的国土里，创造出来

的第一种形象必然是这样一种动态的舞蹈形象，对人类本质所作的首次对象化也必然是舞蹈形象。因此，舞蹈可以说是人类创造出来的第一种真正的艺术。"②

叙事艺术的基本幻象是"虚幻的生活"。"诗人务求创造'经验'的外观，感受和记忆的事件的外貌，并把它们组织起来，于是它们形成了一种纯粹而完全的经验的现实，一个虚幻生活的片断"。③ 这段虚幻生活可以是伟大的，也可以是渺小的——伟大至如《奥德赛》，渺小则仅含一桩小事，如一念之动、一景之露。叙事艺术从本来意义上说并不是一种叙述，而是创造出来的作用于知觉的人类经验。这种创造出来的幻象可以令人联想到真实的事件和真实的地方，而实际上，它却是一种不受真实事件、地区、行为和人物的约束的自由创造物。朗格认为"虚幻的生活"在小说、戏剧中又表现为不同的方式。

小说创造的是一种"虚幻的过去"。一首抒情诗的主题往往只是一缕思绪、一个幻想、一种心情或一次强烈的内心感受，这是一段真正的主观的历史。在这里记忆是"意识的伟大组织者"，它简化并组织我们的知觉，使之成为个人的知识单位，它

① 苏珊·朗格：《情感与形式》，中国社会科学出版社，1986年，第216页。
② 苏珊·朗格：《艺术问题》，中国社会科学出版社，1983年，第11页。
③ 苏珊·朗格：《情感与形式》，中国社会科学出版社，1986年，第242页。

是历史的真正制造者，不是记录历史，而是历史感本身，是对作为一个完整确立的事件结构的过去认识。朗格说，"回忆是一种特殊的体验"，"诗人必须用纯粹经验性的因素，代替他实际'过去'的一切非经验性成分……诗人创造了类似经验却普遍可理解的事件的表象；一个无论清晰还是模糊都极为相似的、对象化的、失去个性的'记忆'"。① 所以从严格意义上，文学是用"虚幻的过去"方式创造了生活的幻象。

文学是以"虚幻回忆"的方式表现生活形象，而戏剧呈现的却是一种与此不同的诗的幻象：一种没有完结的现实或"事件"，它以人类直接和形象的反应完成其对生活的模拟。其基本抽象是动作，这种动作产生了过去，却直接指向未来，并且往往对即将发生的事有着至关重大的意义。因此说，戏剧的幻象是一种"虚幻的未来"。"至于戏剧，虽然它暗示着过去的行为（'隋境'），却不像叙事性作品那样，意在（描述）现在，而是朝向某些更远的阶段，它主要是描述承诺和后果的……正如文学创造了虚幻的过去，戏剧则创造了虚幻的未来。文学的模式是回忆的模式，而戏剧的模式则是命运的模式"。②

在通常情况下，我们对由过去和现在的行为产生的完整经验的未来命运毫无所知，而在戏剧中，这种命运感是至高无上的，它使得现在的行为成了那种尚未展开的未来的不可分割的部分。总之，戏剧所要表现的是人的未来的命运感，据此，朗格讨论了喜剧和悲剧的形式特征。

朗格认为，喜剧所创造的未来，或者说喜剧的命运是一种"幸运"。她认为：人类生命有一种自我保护、自我恢复的功能。当生命节奏受到干扰时，有机体或者经过斗争克服障碍，或通过调整自身、使自身去适应环境。同时有机体还得靠捕捉生存机会、凭借机运去维持生存。和其他有机体一样，人也具有这种纯粹的生命感。喜剧所要表现的正是人的这种生命感。"喜剧诗人创造的生命幻象就是充满危险、充满机会、正在展开的未来。这就是说，其中充满了构成机遇和巧合的，并且作者按照自己的眼光加以处理的自然事件或社会事件……以幸运为表现形式的那种命运是喜剧的基调，它通过喜剧动作加以展开。喜剧动作则是主人公生活平衡的破坏与恢复，是他生活的冲突，是他凭借机智、幸运、个人力量甚至幽默、讽刺或对不幸所采取的富有哲理的态度取得的

---

① 苏珊·朗格：《情感与形式》，中国社会科学出版社，1986年，第307—308页。
② 同上书，第355—356页。

胜利。"①

喜剧的命运是"幸运"，悲剧的命运却是"厄运"，因为我们人类命中注定迟早要归于灭亡，每个个体生命都要经过生长、成熟、衰落和死亡的过程，悲剧形式反映的正是个人生活的这一基本结构。朗格指出，人具有各种潜能：精神上的、道德上的甚至身体上的，悲剧行为体现了他的一切可能性，在戏剧过程中，他展开和消耗了这种可能性，"他的人类本性就是他的厄运"。悲剧的中心是行动，不管他的行动具有什么动机，但只有行动才能构成悲剧的命运。悲剧行动具有自然的生和死的节奏，但悲剧行动并不涉及自然的生和死，只是对它们的能动的形式进行了抽象，所以说，悲剧表现了对生和死的意识，它必须使生命显得有价值，显得丰富而美妙，必须使死亡令人感到敬畏，它使得各种可能的感觉图式、生命力图式和精神图式对象化了。"这种功能把艺术与生活联系在一起了，但它不是当代生活、政治、道德态度的记录，它是情感在人类生命的升腾、成长、实现命运和面对厄运的有机的、个人的图式中的巨大展示，这就是悲剧。"②

在《情感与形式》一书的附录"电影简议"中，朗格讲了电影的基本幻象。她认为：电影结构与戏剧结构不同，"实际上与其说电影结构接近戏剧倒不如说它更接近叙事艺术"。③ 电影创造的是"虚幻的现在"，这是一种"梦的方式"，但又不同于做梦。梦境的主要特征就是梦者总是居于梦境的中心，总是"出现在现场"，他与各种事件的距离都相等。在这一点上，电影也是如此，"就其与形象、动作、事件以及情节等因素的关系而言，可以说，摄影机的位置与做梦者所处的位置是相同的"。④ 但摄影机却不等于做梦者。在做梦的时候，我们总是要参与其事，而摄影机本身，并不出现在银幕上，它只是心灵的眼睛。另外银幕上的画面也不可能像梦境中的结构。这是一种紧凑的、有机的、诗的创作，它不受实际情感压力的支配，而为一种明确意识到的情感所左右。所以说，电影是一种"梦幻中的现实"。

由此可见，朗格的理论线索很清楚：要表现情感概念就要抽象——抽象的结果必须既有具体知觉形式又具普遍意义——必须包含超越现实形式的内在意义——与现实相脱离——建立基本幻象，使抽象成为可能，经过这样的步骤，普遍的情感与形式终于被联系在一起了。这时的形式是有"意味"的、表现人类普遍情感的形式；这

---

① 苏珊·朗格：《情感与形式》，中国社会科学出版社，1986年，第383—384页。
② 同上书，第424页。
③ 同上书，第478—479页。
④ 同上书，第480页。

时的人类情感又是通过形式加以对象化的人类情感。这样，近现代美学中的表现论和形式说，终于被巧妙地结合在一起了。实际上，符号论美学（不管是卡西尔还是朗格）的主要特征之一就是企图把表现论和形式说，亦即情感与形式有机地结合在一起，不管他们的目的是否达到了，但他们的这一企图无疑是有意义的。

朗格认为，通过表现性形式或者说"有意味的形式"可以把情感与形式统一在一起，那么，我们又如何去了解形式的意味呢？朗格回答：依靠直觉。

朗格不同意克罗齐、柏格森等人的那种非理性的直觉理论。她认为，直觉是一种最基本的理性活动。它既不是非理性的，也不是特殊的天才对现实存在的一种神秘的直接触知，它是一种判断，而且是一种借助于个别符号进行的判断。她说"我所主张的直觉，就是洛克所说的'自然之光'……在我看来，所谓直觉，就是一种基本的理性活动，由这种活动导致的是一种逻辑的或语义上的理解，它包括着对各式各样的形式的洞察，或者说，它包括着对诸种形式特征、关系、意味、抽象形式和具体实例的洞察或识认，它的产生比起信仰更加古远，信仰关乎着事物的真假。而直觉则与真和假无关；直觉只与事物的

外观呈现有关。"①

朗格认为，艺术直觉是指人们对艺术品的意味的直接把握和评价，是借助于艺术符号对人类情感的直接判断。就直觉能力来说，它与那种"使得语言从毫无意义的咿咿呀呀的音节和密集排列在一起的阿拉伯式图案转变成为真正有意义的语言的洞察能力"是相同的，不同点在于艺术直觉更为复杂一些。艺术直觉不是那种从一个直觉或理解进入另一个直觉或理解，最后逐步构成某种较复杂直觉的过程。它是针对每一个有表现力的形式的直接把握或顿悟。总之"艺术知觉是一种直接的、不可言传的、然而又是一种合乎理性的直觉，它是'自然之光'的主要表现形式之一。"②

朗格的直觉理论比起克罗齐、柏格森等人的直觉理论要深刻得多。首先，她不是把直觉与理性活动对立起来，而是把它们联系起来。其次，她认为直觉是逻辑的开端，是语言和艺术产生的根源，把人的思维发展全过程置于直觉与逻辑的共同作用之下，这在现当代西方的美学和艺术理论中是难能可贵的。

虽然苏珊·朗格在系统阐发符号论美学体系上颇有建树，但是，由于她所受的分析哲学的影响，由于她的心理学、生理

---

① 苏珊·朗格：《艺术问题》，中国社会科学出版社，1986年，第62页。
② 同上书，第64页。

学功力的过分干扰，使得她在某种程度上偏离了卡西尔的文化哲学精神，也使得她的某些观点（如"生命的形式"等）暴露出很大的局限性。在当代西方，朗格的符号论美学已失去了往日的荣耀，正处于衰退期，而她的老师卡西尔的符号论观点倒是以另外的方式受到了人们的青睐，如当代西方文艺批评中有名的"神话—原型"批评学派就把卡西尔的符号论作为自己的理论基石之一。

第十九章　格式塔心理学美学

格式塔心理学美学（Gestalt Psychological Aesthetics）乃是现代西方美学思潮中的一个重要流派，其主要代表是德国的考夫卡（Kurt Koffka，1886—1941）和美国的鲁道夫·阿恩海姆（Rudolf Arnheim）。格式塔心理学因其德文发音（Gestalt）而得名。中国学者也有根据Gestalt的中文含义而将其译为"完形心理学美学"的。格式塔心理学美学的最基本的理论特征是：它运用格式塔心理学的方法和理论研究美学和艺术现象（如艺术作品的构成、创作和欣赏等）。格式塔心理学美学同时也是西方现代派抽象艺术的主要理论来源之一。这一美学流派以前在我国不太为人们所广泛了解，大约从20世纪80年代初期开始，我国美学界才逐渐对之予以关注和重视。同时，有关这一流派的主要理论代表的中文本也陆续被我国学者译介问世。通过近十多年来对这一流派的深入研究，尽管在我国美学界对之的评价论点种种，有的甚至彼此分歧还很大，但不管怎么说，我国学者对格式塔心理学美学的研究和认识比以前是大大的深化了，并且取得了一些可喜的成就。由于篇幅的限制，本章并不奢望于对这一美学流派作面面俱到的考察，而只是就格式塔心理学美学的基本内容和理论特征作一扼要的叙述。

第一节　格式塔心理学美学的心理学基础

格式塔心理学（Gestalt Psychology），作为现代德国的一个重要的心理学派别，它发轫于1912年。早在19世纪70年代，德国心理学家冯特[①]就已经把心理学发展成了一门独立的实验科学，并创造了一套

---

① 冯特（Wilhelm Wunat，1832—1920），德国心理学家，构造心理学创始人。

构造主义的心理学理论体系。这一体系的创立，曾遭到了当时国内外许多心理学家的攻击和非难，格式塔心理学就是当时攻击和非难冯特构造主义心理学理论体系的一支劲旅。该派的心理学家大多是依据现代物理科学的一些新概念，从整体的观点出发，对冯特的元素主义心理学理论体系予以批评和抨击。

"格式塔"是德文 Gestalt 一词的音译，这个词在德文中可以作"形成"或"形状"解。格式塔心理学派的主要代表之一柯勒①在其《格式塔心理学》一书中对之有这样的解释，他说："至少从歌德时代以来，尤其是在他自己的有关自然科学的论著中，Gestalt 一词具有下述两种含义：除了作为事物的一种特性的'形状'或'形式'这一含义外，它还具有作为某种被分离的和具有'形状'或'形式'这一属性的事物而存在的具体个性和独特实体这样一种含义。据此传统，在格式塔的学说中，Gestalt 一词的含义乃是指任何一种被分离的整体而言的。"② 概括言之，格式塔心理学其实就是一种反对元素分析而强调整体组织的心理学理论体系。格式塔心理学最早是由奥地利心理学家埃伦菲尔斯

（C. Von Ehrenfels，1859—1932）通过对音乐曲调性质的潜心研究，得出结论认为，音乐并不仅仅是曲调音响的总和，它除了音乐外，还有别的要素。这种要素就是"格式塔特质"。根据这一论点，那么，任何一首乐曲、任何一幅绘画或诗歌，它们所拥有的品质，也就是上述意义上的那种"格式塔特质"。格式塔心理学的主要代表是德国的韦特海默③、柯勒和考夫卡。他们都曾从师于与冯特同时代的德国著名心理学家司图姆夫（C. Stumpf，1838—1917）。司图姆夫是冯特"内容心理学"（content psychology）理论的反对者，他本人虽然不是格式塔派的心理学者，然而，他的心理学说对格式塔心理学派的产生和形成具有重大的影响。格式塔心理学是以极端强调格式塔现象的独特性和重要性为其基本特征的。它的最基本的特点是坚决反对元素分析，大力强调整体组织。这个学派的一个著名论点就是"部分相加并不等于整体"。该派主要理论代表韦特海默认为，"人们在曲调、空间图形等方面，必然会看到了所有孤立的内容（孤立的感觉、观念、动作等）的总和而外，还附加有别的东西"，④ 他还说，"有人曾断言，曲调、

---

① 柯勒（Wolfgang Kohlër，1887—1967），美国籍德国心理学家，格式塔心理学的主要代表人物之一。
② W. 柯勒：《格式塔心理学》，纽约，1929 年，第 191—192 页。
③ 韦特海默（Mat Wertheimer，1880—1943），格式塔心理学的创始人和主要代表，生于捷克斯洛伐克的布拉格。
④ Emilsaupe：Einfuhrung in die neuere Psychologie, 1928，pp. 47.

图形大于孤立内容的总和（埃伦菲尔斯语）"。[1] 柯勒进而认为："按照格式塔的最概括的定义来看，学习过程、复呈过程、努力过程、情绪态度的过程、思维过程、动作等，就它们都不是由若干独立的元素所组成而是决定于作为一个整体的情境这一点来说，都可以被包括在格式塔学说的题材范围之内。"[2] 正因为在格式塔派心理学家们看来，每一种心理现象都是一个格式塔，都是一个"被分离的整体"，或者换言之，不同的格式塔是有不同的组织或结构水平的，知觉者必然伴随着不同的感受，这些感受不是由于联想到某些生活经验而获得的，而是大脑皮层对外界刺激进行了积极组织的结果。因此，某些组织或结构得最好、最规则（如对称、统一、和谐等）和最简单明了的格式塔被他们称为"优格式塔"。在这里，我们必须应该明确指出：格式塔心理学与那种行为主义心理学、构造主义心理学（尤其是铁钦纳[3]的内省主义心理学）是格格不入的。柯勒在其著名代表作《格式塔心理学》一书中曾专门对之予以了批判，他写道："行为主义的主要概念，是反射和条件反射的概念"。柯勒通过一系列的仔细比照和研究，最后得出结论认为，"我看不出为什么内省主义会比行为主义好些，或者行为主义会比内省主义好些。它们在它们的基本见解方面和它们的一般态度方面是如此地相似，以致它们的全部争论在旁观者看来仿佛是一种家务的争吵，恰好是在它们所不争吵的那些论题中，我们将要找到格式塔心理学的问题。"[4] 柯勒等格式塔心理学家不但对行为主义和构造主义心理学以及前苏联的巴甫洛夫条件反射学说等提出了异议和批评，同时，他们对联想主义的心理学也持同样的批判态度，这一点，我们可以从柯勒的《格式塔心理学》一书中清楚地看到。在此书中，柯勒不惜笔墨对联想主义和艾宾浩斯（H. Ebbinghaus, 1850—1909）的研究工作做了精细入微的分析和批驳。格式塔心理学派是极其重视心理现象的整体性分析的，他们视之为生命。同样，在他们看来，任何一种忽视心理现象的整体性分析而只专注于对结构分析的心理学理论，都是元素主义理论，对于这种理论，他们是坚决不能容忍的。由此看来，格式塔心理学是强调整体而反对局部，中文的"完形"也正是从这个意义上来说的。

格式塔心理学的另一个特点是与现代数理概念有关，即它诉诸某些现代的数理概念来对心理现象及其机制问题做出说明。

---

① Emilsaupe：Einfuhrung in die neuere Psychologie, 1928, pp. 47.

② W. Köhler：Gestalt Psychology, New York. 1929, pp. 193.

③ 铁钦纳（Bradford Titchener, 1867—1927），构造心理学派的主要代表，生于英国。

④ W. Köhler：Gestalt Psychology, New York 1929. pp. 101—102.

我们知道，大约在 19 世纪末至 20 世纪初，由于物理学界已开始重视对电磁现象的研究，故"场"（field）就成为当时物理学中的一个重要概念。格式塔心理学依据现代物理学中的这一新概念来反对冯特的"要素"理论。考夫卡在其《格式塔心理学原理》一书中，根据现代物理学中的场的概念，为现代心理学创造了一系列的新名词，如"心理场"、"物理场"、"行为场"、"生理场"、"人心物理场"、"环境场"，等等。我们知道，"场"这个概念，在严格意义的物理学家那里，一般是指下述三种内涵：一、它是指某空间一点的场值；二、它是指所有场值的聚合；三、它是指空间领域中的某一区域（这种区域意义上的场是有其"量值"的，场就是一个相互作用的区域）。格式塔心理学认为，一切心理现象都与一切物理现象一样是一种完整的格式塔。人有心理场，物理场与心理场的交互作用便形成了一种"心理—物理场"，正是从这个意义上，作为主体的知觉也是一个"场"，也是一个完整的格式塔。由于物理场中蕴涵着某种动力结构，故作为主体的意识经验也同样存在着与之类似的动力结构，正是由于这种心理现象与物理现象存在着同形（场）同构（动力结构）的关系，

所以，主体能对物理对象做出整体性的反映。把物理学中的"场"引进"心理学"领域，这是格式塔心理学的一个主要特征，也是这一流派的主要理论贡献。和心理学史上的其他理论流派[①]一样，格式塔心理学将场引进心理学领域是不足为奇的。这一流派之所以要将现代物理科学中的场的理论引入其中，乃是由于该心理学派构建的需要。对之，我们可以从该派主要代表考夫卡的以下论述中得以证明："我们的心理学的假定之一，即认为心理学是科学的。所以，让我们寻找一个能应用于我们的工作的基本概念。我们稍稍浏览一下科学史，就会获得这一发现。……马克斯威尔（Clerk Maxwell）采用了法拉第（Michad Farady）的观念，予以加工，并赋予数学的形式，他又引进了两个更一般的术语：电场和磁场，作为力的传递者……在爱因斯坦（Einstein）的引力学说中，超距作用已经消失，正如它们以前早已从电磁学消失了那样，而且引力场取代了它们的地位。作为纯粹几何学的一无所有的空洞的空间已从物理学中灭迹，而代之以一个应变和应力（strains and stresses）的明确分布的系统，应变和应力是属于引力的和电磁的，这个应变和应力的系统决定空间的真正几

---

① 如创始于 17 世纪中叶的英国联想主义心理学，最初是由霍布斯根据当时物理学的力学概念创建起来的。诞生于 19 世纪末的美国机能主义心理学则是以当时生物学中的进化和顺应等概念为其基本依据的。再如，诞生于 20 世纪初的行为主义心理学则是以当时生理学的刺激和反应等概念为基本依据而得以创立的，如此等等。

何学。在一个已知的环境内应变和应力的分布将要决定某种组织的物体在那个环境内的活动。反之，当我们知道这一物体并且观察它在某一环境内的场的特性……因此，场与一个物体的行为是相关的。因为场决定物体的行为，而这个行为则可用作场的特性的指示者……我们能把场的概念引入心理学之中，用它来表明一个应力和应变的系统，将会决定真正的行为吗？如果我们能够，那么，我们就为所有我们的一切解释找到一个变通的和科学的范畴。"① 这就是格式塔心理学为何要将物理学中的"场"引进其中的基本原因。

我们知道，格式塔心理学的奠基和创立，主要归功于韦特海默、柯勒和考夫卡，但真正标志着格式塔心理学的形成和确立则是韦特海默写了他的《关于运动知觉的实践研究》一文。所谓的格式塔心理学美学则是在格式塔心理学基础上发展出来的一个现代西方美学流派。关于这一点，可以追溯到 20 世纪 30 年代的晚些时候，即 1938 年，在这一年，柯勒将他潜心研究的力作《价值在实际世界中的地位》论文公之于世。在这篇著名的心理学论文中，作者提出了一种包括审美价值在内的价值理论。继此之后，1940 年，考夫卡的《艺术心理学问题》论著问世，在这部书中，作者力图用格式塔心理学的基本原理来对各种审美现象做出解释。考夫卡认为，艺术作品是以一种结构的形式出现的。人们通过这种结构形式达到艺术感染的目的。就这种结构的性质特征而言，它不是各个组成部分的简单结合，而是互相依存的统一体。作为审美对象的艺术作品所唤起的情感就在于艺术作品的结构本身。尽管格式塔心理学美学产生和形成于 30 年代末 40 年代初，但真正得以充分发育成熟是在 50 年代及其以后的 20 年。在这方面，表现得最出色的是美国的鲁道夫·阿恩海姆（R. Arnheim），是他将格式塔心理学美学的发展推进到一个崭新的阶段。因此，从某种意义上来说，真正能全面深刻地体现格式塔心理学美学的是鲁道夫·阿恩海姆。换一句话说，鲁道夫·阿恩海姆是运用格式塔心理学的理论和方法来研究美学和艺术现象的最杰出的代表。他在这方面的美学代表作主要有：《艺术与视知觉》(1954)、《走向艺术的心理学》(1956)、《视觉思维》(1971) 等。就在格式塔心理学美学的发展过程中，除了一路领先的阿恩海姆外，还有几位著名的美学家在这方面也做出了重大的理论贡献，如奥地利的心理学家和美学家埃伦茨韦格（A. Ehrenzweig）采用格式塔心理学分析的理论研究视觉、听觉艺术。他在这方面的代表作是《对艺术视觉和艺术听觉的精神分析》(1953) 和《艺术

---

① 考夫卡：《格式塔心理学原理》，伦敦，1962 年，第 41—42 页。

的潜在次序》（1961）。在埃伦茨韦格的上述两部代表作中，有不少地方体现了作者对艺术心理结构和状态的独到分析。此外，美国音乐家迈耶（Leonard B. Meyer）也同样试图用格式塔心理学理论解释音乐现象。迈耶的《关于音乐中价值和气势的若干意见》、《音乐中的情感和意义》（1956）两部论著都从不同的侧面反映了作者为格式塔心理学美学理论所做的贡献。下面，我们选择在整个格式塔心理学美学体系中最有代表性的美学家阿恩海姆的美学理论，再结合其他与之有关的美学理论作一阐述。

第二节　格式塔心理学美学的基本内容和特征

格式塔心理学美学作为现代西方美学中的一个特殊流派，主要是由于它是从心理学角度出发来研究一切审美现象，也就是说，它是一种以探讨具体的审美体验问题为己任的自下而上的美学。相反，西方绝大多数的现代美学流派，一般都是从哲学的角度出发，对美的本质进行哲学意义上的思辨、解释和论证。因此，学界往往将这种美学称之为"自上而下"的美学。同样，我们也可以这样说，以心理学的观点或者更确切地说，以格式塔心理学的观点来思考审美体验是格式塔心理学美学的最基本特征。对之，我们拟从以下四个方面来分别加以论证。

一、关于艺术与知觉及其表现性

这个题目对于格式塔心理学美学来说，实是一个大题目。我们知道，精神分析美学与意识流的文艺心理学侧重于对意识内容的研究，与之相对应的是以考夫卡和阿恩海姆等为代表的格式塔心理学美学则侧重于对文艺形式的研究。因此，我们也完全可以将这一理论流派理解成是形式主义意义上的理论流派。正如 J. P. 查普林和 T. S. 克拉威克在其著名的《心理学体系和理论》一书中所说的那样，所谓的格式塔心理学，其实就是形式心理学。与之相一致的所谓"格式塔心理学美学"就是注重用格式塔心理学的手段和方法解释审美现象。阿恩海姆把格式塔心理学具体而又系统地运用于艺术，尤其是视觉和艺术两者之间关系的分析和研究。在格式塔心理学美学中，视觉与艺术之间是有一种特殊的关系。正是这种特殊的关系规定了格式塔心理学美学意义上的知觉和艺术具有其特殊的内涵。

阿恩海姆是格式塔心理学美学的最杰出的代表，他的一系列理论都标志着这一理论流派已进入了成熟的阶段。在阿恩海姆看来，艺术作品的价值和意义是建立在知觉的规律基础上的。那么阿恩海姆所说的知觉又是一种什么东西呢？对之，阿恩海姆在其《走向艺术的心理学》一书中作了这样的解说："知觉是种抽象过程，在这个过程中，知觉通过一般范畴的外形再现个别的事实。这样，抽象就在一种最基本的认识水平上开始，即以感性材料的获得来开始。"[①] 这是一个比较成熟的定义，这个定义是经历了一个逐步完善的发展过程。早在1954年，阿恩海姆就发表了他的美学代表作：《艺术与视知觉》。在这部美学大著中，他曾许多次地提出了所谓的"知觉"简化原则。在阿恩海姆看来，一些复杂的刺激模式（这种刺激模式即是审美对象）在观察者那里都会趋向简化。因此，一切属于艺术形象范畴的东西都是原型的一种简化。到了1971年，在《视觉思维》一书中，阿恩海姆对其早期关于"知觉"的观点做了某种补充、修正和发展。这时，他认为，艺术理应是知觉的产物，或者说，艺术应是在知觉的基础上产生的。如果谁要对艺术进行分析研究，那他首先就应该从对知觉结构的分析研究入手。对之，阿恩海姆又做了进一步的说明，他说，在"知觉"的内涵中，应该包含着"概念"这个范畴，这对于视觉艺术来说尤其如此。人类，作为一种具有高度精密思维的灵性，他与动物的一个显著区别就是：他具有把各种不同的概念和知觉活动联系起来的能力（注：这种概念自然是一种经验性的东西）。在艺术鉴赏中，这一点体现得尤为充分。比如，当一个人在审视一件艺术作品时，如果他认为这件东西很美，那么，在

得出这样一个结论之前，除了这个人自己进行了知觉活动这个前提条件外，还必须包括他以往对美的事物的经验。这种经验就是一种概念性的东西。在以后的知觉活动中，这种概念性的东西必定是介入其中的。因此，正是在这个意义上，阿恩海姆极力主张知觉和概念是不可分的这样一种理论。在他看来，把知觉和概念截然分开是绝对有害的。因为那样是不利于知觉和艺术的表现性的。人们不要说在鉴赏一件复杂的艺术品，哪怕就是欣赏一件最为简单的东西，也总免不了有原先的概念介入其中，这也是不以人的意志为转移的。阿恩海姆所说的那个"知觉的概念"就是指上述意义来说的。知觉，作为审美主体的人接触、把握外在事物的基本过程或基本手段，在艺术创作和艺术欣赏中尤其显得重要。在格式塔心理学美学家们看来，知觉不是一种对客观事物的简单的直观性感知，相反，它也是一种创造性的活动。这种创造性活动的最基本特征是它所具有的那种主体特征。而那种所谓的艺术意义上的知觉，则是体现为在某种具体的审美态度制约下的知觉活动。对之，我们也可以称之为审美知觉。审美知觉的最大特征就是将它的知觉对象——外在世界，按照审美情感（带有概念性质）的标准重新加以有条理的构建，从而产生一种新的形式。

---

① R.阿恩海姆：《走向艺术的心理学》，加利福尼亚大学出版社，1966年，第33页。

格式塔心理学美学要求艺术家在其创作时，要求艺术欣赏在其艺术鉴赏时必须以上述原则进行。任何一部艺术都是与某种具体生动的形象有关。而知觉则是艺术家们获取艺术形象的一种最基本有效的手段和途径。艺术家要表现时代，反映生活，就要诉诸他所创造的艺术形象。而他们之所以能创造出各种各样的艺术形象，这在相当程度上取决于艺术家自身对生活的经验和理解。这种对生活的经验和理解作为一种"概念"的形式时时伴随着他对生命（或曰对世界的形象）的感知。换言之，艺术家（包括艺术家意义上的其他人）对世界形象的知觉，在相当程度上取决于他们对世界的经历（从这个意义上说，这种知觉既是主观的——相对于他所积累的经验而言，又是客观的——相对于这种经验形成的实践条件而言）。当然，从艺术家（或艺术家意义上的人）对他所处的那个现实世界形象的知觉结果而言，这种感知应该说是一种主体的（或者说是一种心理的）张力所致。就拿绘画艺术来说吧，无论是中国画还是西洋画，尽管二者的风格和反映的对象不同，但它们都代表着这两种不同风格画的艺术创造者的知觉层面。我国古代的山水画家们，他们一般都钟情于山岭河川，偏爱于花草虫鸟，其艺术透视的角度往往定向于与人为雕琢无关的素朴无华的大自然。因此，反映在中国画中，我们所看到的往往是不乏奇丽的山峰、奔啸的江涛、蝶飞鸟鸣、花红叶绿以及小桥流水人家、老树枯藤乌鸦之类的极富自然气息的风光景观，而很少去画那些以人体为主的人文性景观。这一点，却在西洋画中得到了充分的体现。在西方（尤其是在以法国、意大利等国为代表的西欧国家），自文艺复兴后，由于人的价值得到了重新的重视和强调，因此崇尚人体之美的观念深入人心，画家们便把艺术创造的注意力聚集到"人体"这个主题上，这些我们从文艺复兴后意大利雕塑家米开朗琪罗的作品《大卫》和《垂死的奴隶》、画家拉斐尔的作品《西斯廷圣母》和《花园中的圣母》、提香的作品《花神》和《基督与伪君子》、达·芬奇的作品《最后的晚餐》和《蒙娜·丽莎》、波提切利的作品《春》和马萨乔的作品《失乐园》等的代表性伟大作品中看得很清楚。这些作品的诞生，除了与作者所处的时代、历史条件有关外，其中一个相当重要的前提条件就是这与由作者自身的经历（或者说生活阅历和视野）所决定的知觉习惯有关。在以往人们的常规理解中，知觉似乎仅仅是相对于人的感觉器官而言，如耳朵能听到音乐，眼睛能看得见景象，鼻子能嗅到气味等。而格式塔心理学美学家提出的"知觉"则具有更新更深刻的含义。最早提出这一新论点的是韦特海默，据说他通过对一种动影器玩具①的实践考察，得出结论认为，造成知觉的因素并非局限于五官的感觉。韦特海默的这一论点在当时引起了轰动。因为这一论点的提出是对传统"知觉"论的一种挑战。早在17世纪80年代，英国著名唯物主义哲学家约翰·洛克在其哲学代表作《人类理解论》一书中就曾这样指出："除了声音、滋味、香气、同可见可触的性质以外，任何人都不会想象物体中其他任何性质，不论那些物体的组织如何。"② 在洛克看来，人是从个别知觉中去抽象出普通表象的，个别知觉是第一位的，共相才是后起的和主观性的东西。冯特学派也曾提出了"知觉是各种感觉要素的复合"的理论。格式塔心理学的奠基者们（主要是指韦特海默和考夫卡）在他们的实验基础上得出结论认为，知觉不是各种感觉要素的复合。它并不是先感知到个别成分而注意到整体，而是相反，先感知到整体的现象，而后才注意到构成整体的各个部分。阿恩海姆则对"知觉"做了更全面成熟的阐述。他的这些观点主要是在对联想主义美学观的批判过程中提出来的。按照联想主义③的观点，主体的审美知觉都是一些初级的、零散的和无意义的东西，只有通过主观的联想才能将审

美知觉中的各个因素联结起来，从而成为完整的审美情感的体验。因而，在联想主义美学家看来，主观联想乃是审美体验的真正根源，唯有它才是将审美对象和审美情感二者得以联结的纽带。然而，阿恩海姆根本不同意联想主义的这种观点，他在《艺术与视知觉》一书中明确写道："我对这种联想主义的理解一直是持反对态度的。我认为，对于艺术家所要达到的目的来说，那种纯粹由学问和知识把握到的意义，充其量不过是第二流的东西。作为一个艺术家，他必须依靠那些直接的和不言而喻的知觉力来影响和打动人们的心灵。十分幸运的是，我上面所引用的那些关于运动知觉的作用的试验，大都是通过一些与日常生活没有多大联系的事例进行的。这样一来，就能真正发现，当运动呈现时，究竟在什么样的条件下，才能产生出富有表情的形象。"④ 看来，阿恩海姆在对审美联想主义的批评过程中已经涉及了知觉与艺术的表现性问题。在西方美学史上，对与审美对象的情感表现性历来存在着不同的看法。例如，有的人认为，表现性取决于审美对象自身所具有的那种固有性质，如米开朗琪罗的杰作《哀悼基督》这尊作于

---

① 这种动影器玩具是一种利用静态图片迅速地连续出现而造成一种动态错觉的机械。

② 洛克：《人类理解论》上册，商务印书馆，1981年，第85页。

③ 无论是主观联想主义（主要表现于对过去历史经验的联想）、主观推论（从已有的知识或概念做出的一种推论），还是移情论（主观情感的外射）从心理学角度说来都应属于联想主义。

④ 阿恩海姆：《艺术与视知觉》，中国社会科学出版社，1984年，第546页。

1498—1500 年间、高 1.75 米，台座宽 1.68 米、取材于《圣经》故事的大理石群雕，其主题旨在表现圣母玛丽亚对儿子基督殉难的悲痛与哀悼，寄托了作者对萨伏那罗拉牺牲的哀悼和怀念。在文艺复兴时期，类似于《哀悼基督》的题材比比皆是。米开朗琪罗作品的特征就是：艺术家别开生面，他运用雕刻特有的高度集中的优点，只塑造圣母玛丽亚和基督两个人物。圣母是作为主要刻画的对象（哀悼基督的主体），但动作不大，每个细微动作都显得十分简练、概括，富有典型性，致使作品充分显示了一种崇高的母爱和母亲哀悼儿子的悲哀心情。艺术家在这部作品中不仅旨在表现圣母的哀伤，而且也旨在表现圣母之美。米开朗琪罗在对待圣母形象的处理上，并不是采用写实的手法将她刻画成一个年迈体衰的老妪，而是一反常规将其描绘得异常的年轻、端庄而又秀美，甚至看上去比她死去的儿子基督还要年轻。作者为什么要这样处理圣母的形象呢？对此，米开朗琪罗对他的学生作了如是解释：圣母在人们的心目中是纯洁、崇高和神圣的，因此，应该让圣母的形象永葆青春，这样做不仅是艺术家的需要，也符合一般人们的心灵愿望。正是米开朗琪罗对圣母的形象做了"既哀又美"的双重刻画，所以，我们所看到的《哀悼基督》这部杰作给欣赏者以一种哀中含美，美中藏哀，哀美兼备的形象特征。无疑，艺术家在当时对题材内容本身也许并不予以十分关注，而他关注的是要借此题材来注入崭新的人文主义思想内容，从而肯定人的优美品质。

当然，美学史上的那种认为表现性导源于对象自身固有性质的观点相对于米开朗琪罗的《哀悼基督》这样的作品来说，的确是有其一定道理的，但这种观点并不普遍适用。它相对于那些纯粹的风景画或抽象画来说就显得没有说服力。与此相反，另一种观点则认为：任何审美对象的情感表现性都是主体投射或赋予的这一论点，在 19 世纪后半叶的西方美学界是颇为盛行的。其中以德国的美学家立普斯、谷鲁斯和英国的浮龙·李以及法国的巴希为代表。在这些美学家们看来，审美对象本身是无所谓表现性的。它们的表现性是完全有赖于主体的固有情感，或者更确切地说，它有赖于主体情感的外射作用，即把原来在主体的情感外射或投入到对象的身上，从而使客体（物）也拥有主体的这份情感。正是由于这种主体的外射作用，使原来没有生命的东西变得有了生命，仿佛它也像人一样具有感觉、思想、情感、意志和活动，这种物我同一（物就是我，我就是物）是移情论的最基本特征。移情学派的美学家们把这种审美移情论当做他们美学的一条基本原理，并将其普遍应用于艺术审美领域。无论是我们以上所述的"表现性导源于对象自身的固有性质"说，还是立普斯等所主张的"感情移入"说，尽管它们都有其自身固有的理论价值，但在阿恩海姆看来，上述两种美学论点都是不可取的，因为前者过分强调对象自身的固有表现性而无视审美主体的知觉的能动作用，后者则从另一个极端否定对象固有的表现性属性而一味强调审美主体的情感建构作用。

阿恩海姆从格式塔心理学和"同型律"原则出发对之做出了崭新的解释。他认为，物理—生理—心理之间存在着某种同型（isomorphic）的对应关系，事物的整体性及其形状的知觉完全是神经过程的一种原始性的组织作用。主体的大脑皮层乃是一个有机的动力系统，大脑的机能不是消极被动的，而往往是积极主动地组织或变更着它所接受的感觉要素，知觉和它的神经活动对应物之间是一一对应的。一定的物理属性或刺激会激起相应的生理反抗，从而进一步达到相应的心理效应。大脑的皮层活动是一种定型的整体过程，心理的或意识的经验和作为基础的"大脑经验"之间也必然是相对应的。为了进一步说明这一点，我们不妨以舞蹈为例。为了表现某种处于"哀伤"状态中的形象，舞蹈者的动作往往是呈缓慢、低沉、曲折、柔弱状态，且动作幅度小，方向多变。正是这种动作造型的物理特点给观赏者造成一种相应的生理反应，这种生理反应必然导致主体的

心理效应——从中体悟到某种悲伤哀愁的情感。阿恩海姆将物理学中"力"的概念引入了它的理论领域。他认为，正是舞蹈者的那种低沉、柔弱、曲折、多变等动作所形成的那种物理学意义上的"力"，在主体的心理上产生了相应的"式样或型式"（pattern），也正是在这个意义上，阿恩海姆把他所引入的那种物理学中的"力"假设为同时存在于"物理领域和心理领域"。具体地说，就是物理学意义上的对象的那种张力结构（舞蹈演员的上述舞蹈动作或舞蹈形态）对主体产生刺激作用后，经由主体知觉的建构组织作用，使上述的"物理张力"成为一种生理力的型式。当这种生理力型式一旦生成，随之而来的是主体心理力型式的诞生。所谓心理力型式的诞生就是完形结构的全部完成。因此，阿恩海姆认为，其中，知觉是十分重要的，它是审美体验的基础。没有这种知觉结构，舞蹈演员的一切动作都是毫无意义的。所以，他在《艺术与视知觉》一书的引言中就着力强调："无论在什么情况下，如果不能把握事物的整体或统一结构，就永远也不能创造和欣赏艺术品。"[①] 同时，他又指出，艺术是"建立在知觉的基础上的"。[②]而"一切知觉对象都应被看做是一种力的

---

① 阿恩海姆：《艺术与视知觉》，中国社会科学出版社，1984年，第5页。
② R. 阿恩海姆：《走向艺术的心理学》，加利福尼亚大学出版社，1966年，第33页。

结构"。① 这样看来，相对于审美主体来说，一切艺术形象统统都是"力的结构"的东西。米开朗琪罗的《大卫》雕像是一种力的结构，达·芬奇的《最后的晚餐》是一种力的结构，布鲁涅列斯的《佛罗伦萨圣玛丽亚教堂》也是一种力的结构，甚至像提香的《花神》这样的作品也体现为一种力的结构。总之，一切艺术都为阿恩海姆的"力的结构"所涵盖。因此，格式塔心理学美学把审美创造看做是一种力的创造，把对美的欣赏看做是一种对力的欣赏，把审美体验看做是一种对力的体验。阿恩海姆认为，审美对于对象来说无疑是一种情感体验，而只有对象中所含有的那种"力"才能给主体以刺激，并产生情感体验（如以上关于舞蹈演员悲哀动作的表演），没有这种"力"就无法实现某种"表现性"。

在谈到表现性的优先地位时，阿恩海姆这样写道："一个视觉式样所造成的力的冲击作用，是这个式样固有的性质，正如形状和色彩也是知觉式样本身的固有性质一样。事实上，这种表现性还是视觉对象的一种最基本的性质。"② 阿恩海姆这里所说的那种"最基本的性质"就是指对象自身所固有的那种力的结构。表现性在人的

知觉活动中之所以能占据优先地位，靠的就是这种"力的结构"。在对之作进一步的具体解释时，阿恩海姆指出："外部表现性在人的知觉活动中所占的这种优先地位，其实是不足为奇的。我们的视觉并不是一台能够自动进行调节的摄影机，而是有机体在生存斗争中发展出来的对外界环境做出适当反应的工具。与机体关系最为密切的东西，莫过于那些在它周围活跃着的力——它们的位置、强度和方向。这些力的最基本属性是敌对性和友好性。这样一些具有敌对性和友好性的力对我们感官的刺激，就造成了它们的表现性。"③ 这是阿恩海姆对表现性生成原则的最基本解释。接着他又进一步对表现性的特征做了如下的刻画："如果说表现性是人的日常视觉活动的主要内容，那么，在特殊的艺术观看方式中，就更是如此了。我们看到，事物的表现性，是艺术家传达意义时所依赖的主要媒介，他总是密切地注意着这些表现性质，并通过这些性质来理解和解释自己的经验，最终还要通过它们去确定自己所要创造的作品的形式。因此，在培养艺术家的时候，就要特别注重学生们对表现性的反应能力，并培养他们把表现性作为使用铅笔、画笔和雕刻凿刀时的用力基

① R. 阿恩海姆：《走向艺术的心理学》，加利福尼亚大学出版社，1966 年，第 324 页。
② 同上书，第 619 页。
③ 阿恩海姆：《艺术与视知觉》，中国社会科学出版社，1984 年，第 620 页。

准。"① 阿恩海姆用生活现实与艺术现象比较的方式，提醒人们应该去注意到这样一个事实，即表现性不仅体现于人们的日常生活，它更体现于艺术审美领域。而作为艺术家，其中的一个重要基本功就是善于对表现性做出及时灵敏的反应。那么，无论是作为一般美学意义上的审美欣赏者，还是作为严格意义上的艺术创作者，他们又怎样去发现表现性（或者说对表现性做出积极灵敏的反应）呢？表现性赖以生存的基础又是什么呢？对此，阿恩海姆做了如下的回答："表现性的唯一基础，就是张力"，换一句话说，"表现性取决于我们在知觉某种特定形象时所经验到的知觉力的基本性质——扩强和收缩、冲突和一致、上升和下降、前进和后退等。当我们认识到这些能动性象征着某种人类命运时，表现性就呈现出一种更为深刻的意义，而且，在涉及任何一件个别艺术品时，我们也都会不可避免地涉及这种深刻意义。"② 阿恩海姆这里所说的那种"深刻意义"，是为形式和色彩所固有的。因此，主体的知觉模式能带来主题。对对象的表现性的把握不是一种理智功能，而是一种知觉功能，理智活动包括知识与经验等成分，而知觉它无须去诉诸判断、推理等程序，因此，表现性是艺术知觉活动的主要内容和基本特征。不言而喻，它在艺术创作中自然就占

有重要的地位。艺术家在其创造活动中必须时时牢记自己的每一步创作行为都要从能否体现"表现性"这一基本原则出发。雕塑家在其创作过程中，无论是从对大理石或青铜块的选择，还是对具体雕像设计的正确与否，以及对能否正确地捕捉题材的表现性有着至关重要的意义。在阿恩海姆看来，从一定意义上说，艺术创作的主要工作，就是捕捉并传达事物的"表现性"。

从上所述，我们可以概括地说，"力的结构"及其"表现性"观点构成了阿恩海姆整个艺术表现理论的支撑点。按照这种理论，那么，世上的万事万物，不管它们是属于什么性质的，即不管它们是自然的或非自然的，社会的或非社会的，如此等等，只要它们具有"力的结构"，它们就必然具有某种与之相应的"表现胜"。也正是由于这个理论支点，阿恩海姆才从捍卫自己崭新的理论需要出发，对联想主义移情学说、泛灵论等持批判和否定的态度，那么，阿恩海姆为什么要如此重视事物的"表现性"呢？究其原因，我们不难发现，在阿恩海姆看来，"表现性"是"艺术的一个基本特性"。一切自然事物之所以具有"表现性"，那是因为这种表现性内容必定存在于其视觉式样的"力的结构"中，在

---

① 阿恩海姆：《艺术与视知觉》，中国社会科学出版社，1984 年，第 620 页。
② 同上书，第 640 页。

谈到自然事物的外部表现性时，阿恩海姆写道："尤其值得指出的是，一件艺术品的表现性内容，既不存在于舞蹈者本人所体验到的心理状态中，也不存在于观赏者观看玛丽·玛格达伦或赛也斯提安的画像时所进行的想象中。一个艺术品的实体就是它的视觉外观形式。按照这样一个标准去衡量，不仅我们心目中那些有意识的有机体具有表现性，就是那些不具有意识的事物——一块陡峭的岩石、一棵垂柳、落日的余辉、墙上的裂缝、飘零的落叶、一汪清泉，甚至一条抽象的线条、一片孤立的色彩或是在银幕上起舞的抽象形状——都和人体具有同样的表现性，在艺术家的眼里也都具有和人体一样的表现价值。有时甚至比人体还更加有用。"[①] 现在的问题是，既然造成表现性的基础是一种"力的结构"，那么，这种结构又为何能使我们引起兴趣呢？阿恩海姆认为，原因"不仅在于它对那个拥有这种结构的客观事物本身具有意义，而且在于它对于一般的物理世界和精神世界均有意义。像上升与下降、统治与服从、软弱与坚强、和谐与混乱、前进与后退等基调，实际上乃是一切存在物的基本存在形式。不论是在我们自己的心灵中还是在人与人之间的关系中，不论是在人类社会中还是在自然现象中，都存在着这样一些基调。那诉之于人的知觉的表现性，要想完成它自己的使命，就不能仅仅是我们自己感情的共鸣。我们必须认识到，那推动我们自己情感活动起来的力，与那些作用于整个宇宙的普遍性的力，实际上是同一种力。只有这样去看问题，我们才能意识到自身在整个宇宙中所处的地位，以及这个整体的内在统一。"[②] 阿恩海姆的以上论述，我们认为是他整个"表现性"理论的核心，它不但表明世间一切事物均具有"力的结构"和"表现性"，同时从格式塔心理学角度揭示了它们之间的关系，那就是事物的"力的结构"乃是一切艺术表现的真正奥秘所在。

二、对大脑力场说和同形同构理论的简要考释

在上述"关于艺术与知觉及其表现性"的小节中，我们已经论及了阿恩海姆的"大脑力场"说和"同形同构"理论。只是囿于小节主题，故未能详尽展开。下面，我们的主要任务就是对阿恩海姆美学中的这两个主要论题作一考察。先谈谈"大脑力场"说。

这是一个同生理学、物理学和心理学有着密切关系的论题。格式塔心理学美学十分看重物化意义上的生理力（它由外在刺激而产生）。没有这种生理力，那么，所

---

① 阿恩海姆：《艺术与视知觉》，中国社会科学出版社，1984年，第623页。
② 同上书，第625页。

谓的"心理对应物"也就无从谈起。正是从这个意义上，格式塔心理学美学把它看做是审美体验的关键。生理力导源于外界条件（或外界环境）的刺激，但它同时也是"心理对应物"的前提条件。韦特海默在其《现代心理学史》中曾有过这样的阐述，他说："如果研究纲领是把有机体和环境看做一个大场中的一部分，那么，就必须把问题重新表述为有机体和环境之间的关系问题。刺激—感觉的联系必然要由场内条件的转变，即生活情境和有机体通过其态度、斗争及感情的变化而发生的总的反应之间的联系来代替。"[1] 这种联系是艺术表现性的基础。外界事物的"力的结构"之所以能与大脑皮层生理力结构一致，其根本原因就在于它们为某种共同的组织规律所支配。换言之，客观上确实存在着这样一种现状，即主体的那种视觉感知外物的方式与外在事物的实存方式是一致的，而造成这种极其有意义的一致的原因就是：那反映着大脑视觉区域中所进行的生理活动的视觉经验，与自然界的物体一样，都服从着同一个基本的组织规律。阿恩海姆的这一观点无疑是对韦特海默心理学观点的进一步深化和发展。韦特海默在其长期的心理学研究中已早就得出结论认为，知觉结构与物理结构之间的一致完全是由进

化过程中神经系统对周围环境的适应造成的。[2] 这是一个涉及用同形同构（或曰"异质同构"）理论来解释审美经验的形成机制和心理活动规律的问题。接下来，我们将着重考察这一点。

由于我们在前面对格式塔心理学美学的"大脑力场"说做了简要的阐述，因此，对与之关系十分密切的同形同构理论的理解也就显得比较容易了。同形同构理论的最早提出，也许同样要溯源于韦特海默。他在自己实验的基础上，正式提出了格式塔心理学的最基本思想，认为既然从视觉的角度来看似动与真动是同一的，那么，也就证明似动与真动的大脑的相同皮质过程也必然是类似的。问题的关键就在于如何去解释这种奇妙的视觉现象。韦特海默认为，由于这种似动现象不可能是个别感觉元素的总和，所以，传统意义上的分析不可能对之做出合理的解释。相反，人们必须注意下述事实：被我们真正看到的就是这样一个直观现象：它的本质就是这种被知觉的存在即似动，似动无须解释，因为这是一个普遍的不变的结构，一种动力整体的"完形"，而这种动力整体的"完形"是不可能再分解还原为任何更简单的东西。阿恩海姆正是在认同韦特海默等人观点的前提下，进一步得出结论认为：凡

---

① 韦特海默：《现代心理学史》，第289页。
② 韦特海默：《格式塔心理学探索》，第336页。

是引起大脑的相同皮质过程的事物，尽管在性质上截然不同，但就"力的结构"而言，它们都是毫无二致。这就是格式塔心理学美学中的"同形同构"或"异质同构"理论的最核心思想。[①] 阿恩海姆把"同形同构"或"异质同构"视为艺术表现性的基石。由于在本文第一小节我们对艺术与知觉及其表现性做了较大篇幅的阐述，因此，这里对"同形同构"或"异质同构"与艺术表现性的关系就不再赘述。

三、艺术论

格式塔心理学美学的最基本特征就是用格式塔心理学的理论观点去分析、解释一切文艺现象和指导文艺创作。那么，格式塔心理学美学家又是怎样对待艺术的呢？他们是怎样对艺术做出解释的呢？

1. 关于艺术的本质

与其他历史上的或现代的美学家们一样，格式塔心理学美学家们在对待艺术的问题上，首先遇到的就是对艺术本质的解释。我们知道，在西方美学史上，对艺术本质的解释是众说纷纭的。如同是古代希腊的哲学家柏拉图和亚里士多德，他们从其自身的哲学立场出发，对艺术的本质做出了截然不同的解释，前者认为，艺术即是理念，从而否定了艺术的真实性和创造

性，而后者则对柏拉图的"理念论"提出了尖锐的批判，认为艺术是对自然的模仿。现实世界是真实存在的，所以，艺术对现实生活的模仿必定是以客观事物和现象为蓝本。他强调诗人的责任并不在于描写已发生的事，而在于描写可能发生的事。再如在近代，西方一些美学家们认为，艺术就是主体的一种移情，艺术是艺术家意义上的人处于"迷狂"状态下的灵感产物。有人则认为，艺术就是理念的感性显现。也有的人则认为，艺术不是客观的，它仅仅存在于天才人物的直觉中，如此等等。那么，作为反传统的格式塔心理学美学，它对艺术的本质又是如何看的呢？对此，最有代表性的答案要数阿恩海姆在《艺术与视知觉》一书中的一段论述："艺术的本质，就在于它是理念及理念的物质显现的统一。"[②] 特别要说明的是，阿恩海姆这里所说的"理念"，同古希腊柏拉图和近代德国黑格尔古典哲学中的"理念"不同，它指的是客体在主体知觉中整体把握的情感表现性和思想意义等。而所谓的"理念的物质显现"则是指艺术家诉诸某种特定物质媒介所选取的用以表现这整体把握的形式结构，"在这个结构中，所有细节不仅各

---

① 关于这一点，韦特海默在其 1912 年发表的《关于运动知觉的实验研究》论文、1923 年发表的《知觉群》和 1945 年（逝世后）出版的《创造性思维》等论著中有更进一步的详尽阐发，限于篇幅，故正文中不再详述。

② 阿恩海姆：《艺术与视知觉》，中国社会科学出版社，1984 年，第 185 页。

得其所，而且各有分工。"①

从上所述，不难看出，在阿恩海姆看来，艺术，说到底是一种表现——一种作为外部世界和内部世界本质的"力的表现"。在说到艺术的象征作用时，阿恩海姆这样写道："如果艺术创作的目的仅仅在于运用直接的或类似的方式把自然再现出来，或是仅仅在于愉悦人的感官，那么，它在任何一个现存的社会中所占据的那种显赫地位，就会使人感到茫然不可理解。我认为，艺术的极高的声誉，就在于它能够帮助人类去认识外部世界和自身。它在人类的眼睛面前呈现出来的是它能够理解或相信是真实的东西。在我们生活的这个世界上，每一件事物都是一种独特的个体，我们从来就找不到两件完全相同的东西。然而，任何事物也都是可以认识的，因为它的组成成分并不是它所独有的，而是许多事物或全部事物所共有的。在科学中，当我将所有存在的现象都归纳在一个共同规律之中时，就会获得最完善的知识。艺术中发生的事情其实也是如此，最成熟的艺术品，能够成功地使其中的一切成分服从于一个主要的结构规律。在完成这一步骤时，它并不是将现存事物的多样性歪曲为千篇一律性，而是通过将各种不同的事物相互比较，使它们的差别性更加清晰地显示出来。"② 看来，艺术和艺术品的表现，外部世界和内部世界的本质，归根到底取决于"力"的作用。换言之，离开了"力"的表现，那么，所谓的艺术和艺术的表现、外部世界和内部世界的本质就无从谈起。此外，艺术还有一个任务就是如何再现现实和解释现实的问题，这里就牵涉到艺术的象征性问题。阿恩海姆说："在一件艺术品中，每一个组成部分都是为表现主题思想服务的，因为存在的本质最终还是由主题体现出来的。即使作品看上去似乎完全是由中性的物体排列起来的，我们也能从中发现象征性。"③ 但是，在这里我们必须强调指出，阿恩海姆所说的"象征性"并不意味着艺术是对客观现实世界的模仿或复制。相反，艺术与客观现实世界是两个截然不同的范畴，因此，必须将它们二者严格地加以分离。明确这一点，并在实践中严格地将它们区别开来，这对于从事艺术创作的艺术家来说是至关重要的。

这里，就牵涉到怎样来看待艺术逼真性问题。按照艺术即是模仿的传统观点，如果一部作品（例如一幅绘画）越是与原型酷似，作品就越好。这种艺术译制标准在古代希腊乃至我们古代中国都是十分流行的。这种逼真的艺术在西方有人将其称之为"媚的艺术"。这种"媚的艺术"有的

---

① 阿恩海姆：《艺术与视知觉》，中国社会科学出版社，1984年，第67页。
② 同上书，第636页。
③ 同上书，第637页。

逼真到可以乱真的程度，越乱真越能受到评论家们的高度礼赞。阿恩海姆十分反感这种"模仿艺术"，他说："这种理论（指"艺术模仿"理论）经过进一步提炼和发展之后，艺术品就被它说成是艺术家从现实事物选取出来的最美、最有意义的形象。但是，即便这种形象十分理想，它最多也不过是对应该如此或能够如此存在的事物所进行的真实模仿。"① 这种模仿其实是一种拙劣、消极的艺术创作，其不良后果就在于它"妨碍眼睛对于艺术形象的理解"，更进一步说，"用这样的方法去创作艺术品无异是艺术生命的自杀"。② 看来，阿恩海姆对自然主义的艺术创作方法是持完全否定的态度。他把这种创作方法看做是艺术创作的大忌。既然阿恩海姆反对那种自然主义的写真创作方法，那么，他又是主张什么样的创作手段呢？由于阿恩海姆反对艺术逼真地模仿原型，因此，艺术形象也完全可以不必是生活的图画，而只要表现出某种"力的结构"就算是完成其基本使命了。由此看来，尽管阿恩海姆的这种格式塔心理学艺术论与以往传统的自然主义创作论格格不入，但它与现代流行的抽象艺术倒是颇为合拍。

2. 关于现代派艺术的思考

前面我们已经论及了阿恩海姆的基本艺术观点。由于其格式塔心理学的基本立场所决定，阿恩海姆在美学和艺术创作问题上不可能对自然主义或现实主义的艺术（及其创作）持肯定或认同的态度。相反，他的"力的结构"学说决定了他的理论在现代派艺术中将会更有市场。因此，就阿恩海姆的基本美学观而言，否定现实主义而走向现代派艺术对他来说也是其理论之使然。面对着现实中有人仍然提倡现实主义的艺术及其创作而对现代艺术及其创作持轻视或否定态度这样一种状况，阿恩海姆极其严肃地指出："现在，我们所面临的是一种极其反常的现象，这就是：现代派艺术被认为远离了现实，而投影幻象却被认为充分表现了现实。事实果真是如此吗?"③ 答案当然是否定的。因为这里牵涉到"基本的视觉概念"问题，传统的写真或现实主义的艺术家们视忠实地模仿或复制现实事物的艺术为好作品，然而，阿恩海姆却不这么看，他认为，尽管现实主义的艺术作品与原型或现实事物极相似，但这种逼真地模仿是非常可怕的。由于持这种创作风格的艺术家往往是用透视法将主体原型予以平面化的表现，尽管由之而产生的作品给人粗看起来似乎显得十分逼真，但这种作品仅仅是从一个角度对事物某一

---

① 阿恩海姆：《艺术与视知觉》，中国社会科学出版社，1984年，第160页。
② 同上书，第165页。
③ 同上书，第159页。

瞬间形态记录的结果，它所反映的也只能是该事物的一个特定的侧面，而根本谈不上对于对象整体性反映的知觉概念。我们在这里尤其要注意阿恩海姆所说的视觉概念。现实主义的艺术家只是机械地，甚至是死板地去认真模仿或复制现实事物，他们以此为己任。这种逼真模仿现实的绘画艺术进一步发展的标志，就是电影艺术的出现，这是一种"高度再现幻象"的艺术，但这种艺术仍然是从一个角度来表现事物的一个简单的侧面，而不能体现那种"视觉概念"。阿恩海姆说："在特定的文化环境中，人们对那些自己熟悉的特定的绘画表现风格往往显得无动于衷。在他们看来，所谓的幻象，就是对事物本身进行忠实的再现。在我们的文明中，'现实主义'艺术品就遇到了这样的命运。对于那些不了解这一风格的高度复杂性的人来说，这种作品就是'与自然酷似'，如此而已。然而，这种'艺术的真实性水准'（注：着重号为本章作者所加）都是时时在改变的。举例说，今天我们就难以想象，仅仅在几十年之前，塞尚和雷诺阿的画还被人们指责为不真实。"[1]

看来，对艺术表现"真实"这一点，无论是写实主义的艺术家还是现代派艺术家，对此都是持认同态度的。然而，问题的关键就在于：艺术家们究竟要表现一种什么样的真实？很显然，薄伽丘在其名作《十日谈》中言及的画家吉托的作品与塞尚或毕加索的作品所理解和追求的真实性一定是截然不同的。前者是通过用铅笔、钢笔、毛笔以及有关的颜料对自然事物或现实事物以精细的描绘，以致达到与原物相似甚至达到"它们本身看上去就是原物"的欺骗性程度来表现真实性，后两者则是通过现代绘画的风格来表现真实性。就拿毕加索来说，他自 1907 年后，与当时的画坛大师布拉克一道进行立体主义的绘画创作，这种创作的主要风格特征就在于：主张画家的使命并不在于诉诸具体的现实原型来表现现实，而是通过创造抽象的形象来表现那种所谓"科学的真实"。在具体的画法中，他采用同时从各个不同的角度来表现物象的"真实"特征，并用实物（如报纸、火柴盒等）贴至"画面"上，从而取得形式上的怪诞奇异。[2] 同是在追求真实性，但这里就牵涉艺术与真实性的关系及其本质。上面我们已经简略地讲到，以往的现实主义绘画创作都是在"逼真"、"酷似"上下工夫，都是在"欺骗人们的眼睛"。然而，以塞尚、毕加索等为代表的现代派艺术家，他们则是站在一个全新的立

---

[1]　阿恩海姆：《艺术与视知觉》，中国社会科学出版社，1984 年，第 161 页。
[2]　对此，我们可以参见毕加索的一幅著名代表作《格尔尼卡》。这是一幅抗议德意法西斯入侵西班牙的油画作品。它结合了立体主义、现实主义和超现实主义的风格，主要表现痛苦、受难和兽性等。

场和视角来对待艺术创作。在他们看来，"艺术真实性水准"不是固定不变的，相反，它们是在不断地变化着的。也正是鉴于这一点，阿恩海姆才这样写道："看来，只有在'艺术真实性水准'不断变化的情况下，毕加索、布拉克和柯勒的画才能被看做是与现实酷似。任何一个从事现代艺术的人都能体会到，继续与那种能给一切新手留下极其深刻印象的现实主义表现方式分离下去将会变得愈来愈困难。虽然在我们的日常生活中大量地充斥着由那些设计家设计出来的现代派艺术品，甚至把这些现代派玩意儿放置在墙报、厨窗、封面、标语和包装中，但普通人所持的真实性水准仍然没有超过1850年左右的水平（指绘画和雕塑艺术）。必须声明：我们在这里指的不是鉴赏力，而是最基本的知觉经验。在欣赏凡·高的同一幅静物画时，一个现代派批评家所看到的东西肯定与凡·高在19世纪90年代的同事们所看到的东西十分不同。就艺术家本身而言，他们在自己的作品中所看到的东西，毫无影响与客观事物十分酷似。从艺术家所发表的一些见解中，我们可以清楚地看出，艺术家所指的'风格'，其实就是指那种达到与现实酷似的手段，他们所讲的'独到'，其实就是那些天才的艺术家们为获取真实性和诚实性做了不断探索之后所进行的那些自发的

或无意识的创造。相反，故意追求个人风格必然会大大影响作品的质量，因为，这种有意识的追求在一种由必然性所支配的创作活动中掺杂进主观任意的成分。"① 阿恩海姆对于艺术真实性的标准持有独特的看法，那就是，所谓的"艺术真实性"，它不是一种在我们看来固定不变的东西，相反，它是在随时随地发生着变化的。如果艺术家们用一成不变的形而上学观点去从事其创作活动，那么，他所创作出来的作品必然是没有生命力的或者说是失败的，换一句话说，用这样的观点或手法创作出来的艺术作品，不可能真正反映生活中的真实。因此，艺术家不能根据自己的主观意识来从事其创作活动，因为艺术家的主观意识往往总是与实际变化着的真实性标准有距离的，艺术家应该时时意识到这种差距，并在其创作实践中尽量使自己摆脱或超越这种主观成分而走向更高的客观和自由。在艺术家的创作活动中，凡是过多地掺入个人风格的作品，都是一些不会太成功的作品。因此，阿恩海姆对为现实主义画家们所普遍采用的那种中心透视法持一种坚决否定的态度。他说："如果我们从知觉和艺术的角度去看待这个问题，就必然会得出中心透视法比别的空间表现法更严重地损害了事物的基本视觉概念的结论。正因为如此，一幅用中心透视法画出来的

---

① 阿恩海姆：《艺术与视知觉》，中国社会科学出版社，1984年，第161—162页。

作品结构显得更为复杂。这样说来，只有当人类头脑经过一段漫长时间的改造之后，才能适应这种结构。然而，当我们从另外一个角度去看待它时，它就是有一种积极的作用。正如我们在第三章①中所论述过的，正是由于变形所产生的那种真实感，才使中心透视法发挥了一种把艺术家从拘泥于表现客观形状和大小的方法中解脱出来的作用（看起来好像是前后矛盾的作用）。也正是这种作用，才为现代艺术的自由性打下了基础。"②

由此可见，现实主义的或传统的艺术与现代派艺术的最基本区别之一就在于：现实主义的或传统的艺术着重表现有形的物质性或立体性的事物，而现代派艺术则是对物质性的或立体性的事物的抛弃而走向对知觉概念的表达。下面，我们继续来分析与知觉概念关系十分密切的视觉思维问题。

四、关于视觉思维

阿恩海姆的"视觉思维"理论，集中体现在他的《视觉思维》一书中，此书初版于1971年，也是与《艺术与视知觉》并驾齐驱的另一部重要的心理学美学大著。我们知道，阿恩海姆的《艺术与视知觉》一书的理论特点在于：它重点考察了艺术形式与人的视觉的关系，通过对人的视觉简化机制的考察来揭示完形的性质。而《视觉思维》一书则是通过对人的视知觉的无穷无尽的奥秘和理性特征的揭示来弥合感性与理性之间，感知与思维之间以及艺术与科学之间业已存在的鸿沟。这种情形诚如作者阿恩海姆自己所言："在那些致力于培养感性能力的人中——尤其是艺术家中——有不少人对理性采取不信任的态度，认为它是艺术的敌人；另一方面，那些从事理性思维的人，又喜欢把理性思维说成是一种完全超越了感知范围的活动。"③显然，在阿恩海姆看来，这纯粹是一种狭隘的偏见，这种偏见对于整个人类的认识事业和艺术创造事业无疑已经造成并且将继续造成危害。譬如，这种偏见导致了艺术与科学的互相对立、情感与理智的互相排斥、社会轻视艺术、教育忽略艺术这样一些不良状况的出现，从而有可能使人类丧失了通向真理、通向认识自身的重要途径。针对上述这些不良现状，阿恩海姆指出，事实上，早在遥远的古代中国和古代希腊，哲学大师们就已经发现并强调知觉在人类生活中所发挥的巨大作用，并被人们认为是发现真理的源泉和起点，知觉中就已经包含着高贵的理性和真理的发现。④ 阿恩

---

① 第三章是专讲"形式"的。

② 阿恩海姆：《艺术与视知觉》，中国社会科学出版社，1984年，第396页。

③ 赵宪章主编：《二十世纪外国美学文艺学名著精义》，江苏文艺出版社，1987年，第93页。

④ 同上书，第93页。

海姆的《视觉思维》一书就是力图对知觉与艺术及其科学的关系作详尽的阐述。在该书中，阿恩海姆创造性地发展了其中期著作中的一些基本概念，认为作为审美对象的艺术是"建立在知觉基础上的"①，所以说，对知觉结构的分析是对艺术分析的基础或前提条件，并且认为，"概念"也是属于"知觉"的范畴，它尤其是在绘画、雕塑等视觉艺术中更是如此。人类的心灵是一种很神圣、很微妙的东西，它的最基本特征就是具有把概念和知觉活动联系起来的能力。这种能力是人类认识事物和从事其艺术创造活动的前提条件。一切"聪明能干"的动物之所以不能进行其"艺术创造"，其中一个主要的原因就是它们没有这种将概念和知觉联系起来的能力。因此，阿恩海姆认为，任何一种试图将概念和知觉分离或割裂开来的做法都将是错误的和有害的。人们的一切视觉活动都离不开概念和知觉的作用，即便是在观看一个最简单的图形（例如观看一张用水曲柳制成的长方形的办公桌，或观看一块用纯丝编织而成的白色的电影银幕），其中都必然有"概念"的介入。我们在上面所论及的所谓"知觉的概念"正是在上述意义上说的。

在传统的西方哲学中，哲学家们往往把感性与理性视为两股道上跑的车，很难将其合到一起。而自从 18 世纪的启蒙运动后，由于哲学家们对理性的崇尚而致使感性处于被压抑的地位。针对西方哲学史上的这种理性与感性的对立、割裂，或者说褒扬理性、贬抑感性的不良传统，阿恩海姆对之做出了全新的反思，并明确提出了与传统观念截然不同的新的理论主张，他写道："被称为'思维'的认识活动并不是那些比知觉更高级的其他心理能力的特权，而是知觉本身的基本构成成分。我所说的这些认识活动是指积极的探索、选择、对本质的把握、简化、抽象、分析、综合、补足、纠正、比较、问题解决，还有结合、分离、在某种背景或上下文关系中做出识别等。这样一些活动并不是哪一种心理作用特有的，它们是动物与人的意识对任何一个等级上的认识的处理方式。在这方面（在处理认识材料的方面），一个人直接观看世界时发生的事情，与他坐在那儿闭上眼睛'思考'时发生的事情，并没有本质的区别。"②

这是一个破旧立新的崭新的理论建树。根据这个理论，包括视知觉在内的一切知觉活动本身都具有思维的一切机能。既然如此，它就必然是一种具有可靠性的理性的认识方式。正是在上述"一个人直接观看世界时发生的事情，与他坐在那儿闭上

---

① R. 阿恩海姆：《视觉思维》，1971 年，第 3 页。
② 同上书，第 56 页。

眼睛'思考'时发生的事情，并没有本质的区别"这个意义上，阿恩海姆提出了"视觉思维"这样一个重要的审美哲学命题。从传统的哲学观点看，所谓的"视觉思维"是不可思议的。因为，视觉同思维这两个概念之间不存在什么组合和联系。阿恩海姆一反传统的固定观念，认为视觉之所以是有思维的一切功能，其根本原因就在于它有一种抽象概括整体把握的组织功能。尽管它是以意象而非语言为其媒介的，但意象本身在知觉水平上已不是外物的被动模仿，而是抽象概括。阿恩海姆力图证明：心灵没有意象就永远不能思考，创造性思维是以心灵中的意象为基础的，它是超越于科学和艺术界限的。心灵中意象的形成离不开敏锐的感知能力，艺术是增强这种感知能力的最有效手段，没有这种敏锐的感知能力，就谈不上"意象"的形成，故在任何领域中的创造性思维活动都是不可能产生的。

当然，在阿恩海姆的视觉思维论中，他对"心灵的意象"也是有其特殊的解释。首先，这种"意象"不是一般人们通常所说的那种意象，而是通过知觉的选择作用而生成的意象。这种意象带有某种概括、提炼的性质，即它是一种被思维者简化了的东西，它具有抽象性而欠缺具象性。例如，某人在高空俯瞰一条大江，他只知道这条大江蜿蜒曲折，但对于在江中航行的船只和两岸的高山峡谷往往是模糊的；当某人观看一座建筑，他往往得到的是这座建筑式样的别致、雄伟，而对于这座建筑的具体颜色是什么，究竟有多少窗户，具体高度多少等特征往往是模糊的；再如，当某人在某个大饭店看到服务员对旅客毕恭毕敬的样子，他往往不会注意到他穿的是什么衣服，衣服的颜色是什么，而只是给他一种弯腰点头的"弓"字形状，如此等等。

这些都说明，在人们的"视觉思维"中，业已获得的意象都是有选择的和经过提炼的。这些通过思维的选择或提炼而生成的意象，就是一种具有"抽象"特征的东西。它是一种简化的结果。如果我们用最简单明了的例子来加以说明，那就是，当某人看到一座高山时，通过心灵的抽象思维，将其最本质的东西提炼（或抽象）出来，那么，在他的视觉思维中将会仅仅生成一个与山形状相似的△图形。这是一种最简练最典型的视觉思维抽象。这个△已经是作为那座山的一种符号出现在观看者的心灵中，他也可以用这个△符号去印证所有类似的山。因此，阿恩海姆认为，像△这种呈几何状的图形符号，这是一种既具体又抽象、既清晰又模糊、既完整又不完整的形象。就其本质而言，它是一种"力"的图像，代表着事物的表现性质或本质。正是由于这种符号所具有的那种动力性质，所以，意象本身的"逻辑"便成了创造性思维活动的首要推动者。记得在

《走向艺术的心理学》一书中，阿恩海姆对上述的知觉特征做了这样的解释，他说："知觉是一种抽象的过程，在这个过程中，知觉通过一般范畴的外形再现个别的事实。这样，抽象就在一种最基本的认识水平上开始，即以感性材料的获得来开始。"[①] 抽象化是观看者获得"一般形式结构"的条件，它同时也是一个把复杂多样的知觉对象加以简化并使之条理有序的过程，如一座山，它有高度，有颜色，山上还长有各种花草树木，甚至还有寺庙院落，最终通过知觉者的简化，最后达到其条理化的极限——成了△的形状。就人的眼睛的视觉而言，阿恩海姆在用其完形理论解释时同样这样认为：人的眼睛也"倾向于把任何的刺激式样看成已知条件所允许的最简单的形状"。这就是说，抽象或简化并不一定是指意识脱离开具体的事物的具体形象，相反，在眼睛看到一种事物的具体形象时，"抽象"也许就已经发生。一些复杂的刺激模式在观察者那里都往往是趋向简化。在这样的意义下，一切艺术形象都是其原型的一种"简化"。阿恩海姆的艺术视知觉的简化理论尽管颇为独特新颖，但也有人鉴于知觉虽然是概念的，然而它并不意味着所有的概念都是知觉这种情形而对之提出了质疑。

以上所述，我们至少有一点可以明确，那就是：确证知觉与思维的同一性和确证任何认识活动中知觉与思维的互相交织是阿恩海姆视觉思维的出发点。现在的问题是：在这种同一性中，语言是否也介入其中发挥作用，对之，阿恩海姆没有持排斥态度，相反，他也提出了比较独特的看法，尽管他以为视觉思维的主要媒介是意象，但词语同时也是必然介入其中。也正因为词语这个要素的介入，故同时构成了意象与词语之间的复杂关系。那么，词语介入其中究竟起到一种什么作用，或者说发挥什么功能呢？阿恩海姆对之的解答是：词语的最大功能就是将业已生成而获得的意象明确固定并将其编目、分类。由于词语具有保守、贫乏、强制和线性排列等特点，而意象的特点则表现为灵活多变、丰富多样和空间的广延性。所以，正是由于词语的介入，使之与意象处于互相制约、互相丰富补充的有机协调状态，这就给视觉思维起到一种平衡和完善的作用。阿恩海姆不主张在意象和词语之间持亲近谁疏远谁的态度，而是把这二者视为视觉思维中必须具备的配合双方。他认为，"正是通过两者之间对对方不足的相互补偿，才使得这两种媒介——语言和意象——配合得相当成功。"[②] 不过，对于语

---

① 阿恩海姆：《走向艺术的心理学》，加利福尼亚大学出版社，1971年，第33页。
② R. 阿恩海姆：《视觉思维》，加利福尼亚大学出版社，1971年，第359页。

言和意象的地位，仅仅是在上述互相补偿、配合的意义上是平等的，但就视觉思维的总体过程而言，阿恩海姆还是看重意象而轻视语言，用他自己的话来表述，那就是："语言只不过是思维的主要工具（意象）的辅助者，因为，只有清晰的意象才能使思维更能再现有关的物体和关系。"① 这个论点，显然是与以往传统理论观点相背的。

关于阿恩海姆的《视觉思维》理论的具体内容，我们就择要论及到此。这一理论在阿恩海姆的整个格式塔心理学美学中所处的地位极其重要。如果说阿恩海姆发表于 1954 年的《艺术与视知觉》与《视觉思维》是姊妹篇的话，那么，后者在许多理论问题上更比前者成熟和深化。这位格式塔心理学美学家在对视觉思维作深入探讨的基础上，对解决感性与理性的矛盾、思维活动的规律以及艺术在教育和科学活动中的重大作用等问题做出了科学的阐述，从而使他的理论实现了由审美向非审美一般领域的过渡和延伸，为格式塔心理学美学奠定了认识论基础。我们这里所说的"视觉思维"理论的重要性也正是在上述意义上说的。西方有的学者甚至认为，阿恩海姆的"视觉思维"理论是他全部美学思想在哲学上的反思和概括。我们认为，这种研究结论也是有其一定道理的，值得我们作进一步深思。

第三节 简要的评价

以上是我们对格式塔心理学美学基本内容和特征所作的简要论述。这一美学流派在现代西方美学中所处的地位颇为独特，也很重要。说它独特是因为在流派林立的诸多现代西方美学流派中，将自己的理论建立在心理学基础上的并不多，而格式塔心理学美学则是与众不同，独树一帜。与其他任何别的西方美学流派一样，格式塔心理学美学也不是孤立地产生和发展的，而是特定社会历史发展的必然产物。凡是稍有西方美学史常识的人都会知道，作为反传统的意识形态，早在 19 世纪就已经出现，但那时尚未形成一股席卷世界的浪潮，而到了 20 世纪，才真正成为一种独立的现代观念和巨大的理论思潮登上了社会历史发展的舞台。格式塔心理学美学，从总体上说，就是在这种全面反传统的社会历史背景下产生、形成和发展起来的，同时也体现了这种反传统的时代特征和基本倾向。综观整个格式塔心理学美学体系，我们没有理由忽略或轻视为这个学派的创立立下汗马功劳的开山鼻祖韦特海默和考夫卡等人，当人们一提起格式塔心理学美学，人们就自然不会忘记韦特海默和考夫卡的功

---

① R. 阿恩海姆：《视觉艺术》，1971 年，第 357 页。

勋之作《格式塔理论》和《艺术心理学问题》二书。此二书无疑是整个格式塔心理学美学的奠基之作。然而，如果人们要问，究竟又是谁将格式塔心理学美学在韦特海默和考夫卡理论的基础上发展成枝繁叶茂的参天大树，即是谁真正将这一学派的理论原则应用于艺术领域，并且产生了广泛而又深远的影响，答案可能只有一个，那就是鲁道夫·阿恩海姆。阿恩海姆的《艺术与视知觉》和《视觉思维》两部经典性的哲学美学著作，标志着他在这个领域所做的开创性研究。正是阿恩海姆通过上述著作所做出的理论建树，使考夫卡等人开创的格式塔心理学美学在西方声誉鹊起。如果说能真正代表格式塔心理学美学精神的究竟是哪部著作，那么，我们完全可以理直气壮地说，非《艺术与视知觉》莫属。这是一部运用格式塔心理学理论解释艺术现象的顶峰之作。此著的最大理论特征就在于：它是第一部将格式塔心理学原理运用于美学或艺术（主要是视觉艺术）领域的心理学美学论著。此著的诞生在现代西方美学界尤其是在西方的审美心理学领域所产生的影响是巨大而又深远的，并且也因此而引起了西方学者的广泛关注和高度评价，如当代英国著名学者、杰出的艺术评论家赫伯特·里德在谈到阿恩海姆的理论贡献和《艺术与视知觉》一书的理论价

值时这样写道：《艺术与视知觉》一书是"系统地将格式塔心理学应用于视觉艺术的一部极为重要的著作，艺术心理学的各个课题在该书中第一次获得了科学的基础，它势必会产生极其深远的影响。"①

里德的上述评价并不过分。阿恩海姆的美学理论的确包含着许多新的思想。就拿"场"说和"张力"说而言，这两个概念本身并非是阿恩海姆的独创，但他将物理学中的这些概念运用到美学和艺术研究领域，用"力"的概念去解释诸多的艺术（审美）现象，这是为前人所没有做过的。他的"力的结构"说，更是体现了其理论的创造性。他把"力的结构"视为"艺术表现性"的基础。阿恩海姆的"力的结构"说从一个全新的角度对艺术表现的奥秘做了不同凡响的揭示。细细辨析，我们觉得，"力的结构"说在解释艺术表现性时，确实有它独到的优越之处。例如，它能较好地解决艺术中的暗喻等问题，提出了一种注重表现性的艺术教育法，强调了艺术作品与事物本身的表现性等。这显然要比那种仅仅从艺术作品和事物的外部条件中去寻找表现性根源的人格说、移情说要更为科学得多、合理得多。

此外，格式塔心理学美学尽管对传统的心理学美学进行反叛和更新，但它同时也标志着传统心理学美学发展到了一个崭

---

① 转引自阎国忠主编：《西方著名美学家评传》（下），第 474—475 页。

新的阶段——格式塔心理学美学的阶段。回顾传统心理学美学所走过的历程，从以培根、霍布士、洛克和博克等为代表的经验主义美学开始，心理学美学经历了一个较为漫长的发展历程。早期的心理学家们（如洛克、博克等），他们普遍重视审美活动的心理基础，重视审美的感性特征以及情欲和本能的作用，忽视理性在审美活动中的地位。格式塔心理学美学正是在对传统心理学美学反叛、更新（同时也包括有选择地继承）基础上开创了新的理论领域。在这一方面，"大脑力场"说和"同形同构"（或"异质同构"）说就是格式塔心理学美学发展的一大贡献。前者对审美心理的生理基础进行了更充分更科学的研究，后者则在审美体验的内在心理机制方面打破了传统的审美联想说。这两个学说的创立，使心理学美学研究的历史发展进入了一个全新的阶段。当然，由于格式塔心理学美学是特定社会历史发展阶段的产物，因此，它也必然有其历史的局限，它也必定存在着种种的缺陷或不足，例如，阿恩海姆过分强调"力的结构"而忽视了人体和自然事物在表现性方面的区别。再如，

格式塔心理学美学强调知觉的组织、编排和条理化的作用，从而在此基础上肯定了知觉概念的能动作用，这一论点是很有见地的，但是，它们不承认审美经验在知觉的整体性组织中的作用，而只强调组织的原始性。这一点，又显示出其理论的深刻局限。

总之，与其他现代西方美学流派一样，格式塔心理学美学有其进步的、积极的一面，又有其历史局限性和消极的一面，但作为一个重要的美学流派，我们更多的则是要对其独立存在的价值做出基本的肯定。格式塔心理学美学主要是从心理学角度对人们的审美知觉进行探索，而在阿恩海姆那里，主要是对视知觉进行分析。当然，格式塔心理学美学也并没有到阿恩海姆这里就停步不前了，相反，它仍在继续发展和演进。例如，该派的后继者 L. B. 迈耶在其《音乐的情感与意义》（1956）一书中，用格式塔心理学的观点去解释音乐作品，这种崭新的独创性的研究方法迄今仍在发展中，并一直为国际研究界所关注，对此，也完全应该引起我们中国学者的重视。

第二十章 结构主义美学

结构主义美学（Structualistic Aesthetics）是 20 世纪西方具有科学主义倾向的一个美学流派。它盛于 60 年代的法国，并在欧美国家有广泛的影响。结构主义美学是结构主义哲学在美学领域中的运用、延伸、发展，因此，要想了解结构主义美学，首先要对结构主义的哲学观和方法论有一个大概的了解。

第一节 结构主义的观念和方法

结构主义是 20 世纪 60 年代取代存在主义而风行一时的一种哲学运动。它兴盛于法国，并广泛地流行到许多欧美国家，成为现代西方哲学中一个松散而又不容忽视的流派。

一、历史背景

结构主义的兴起有着深刻的历史原因。20 世纪 50 年代出现的科技革命促进了科学的大分化与大综合，各学科在各自深入发展的基础上加强了相互间的渗透与合作。哲学同自然科学、社会科学的"对话"也日益加强，自然科学中的系统、整体观念与方法逐步为哲学家们所接受，他们对知识被分解为孤立的专门学科的近代倾向感到不满，同时，对存在主义过分突出主观性和个体性的人本主义，及其倡导"介入"社会政治生活的态度日益失去兴趣，要求用一种寻求人类普遍心灵模式与行为结构的新观点、新方法来取而代之。结构主义正是在这样的背景下产生的。结构主义者福科曾回顾道：

"大约在十五年前，人们突然地、没有明显理由地意识到自己已经远离、非常远离上一代了，即萨特和梅洛-庞蒂的一代——那曾经一直作为我们思想规范和生活楷模的《现代》期刊一代。萨特一代……他们热情地投入生活、政治和存在中去。而我们却为自己发现了另一种东西，另一种热情，即对概念和对我愿称之为系统的那种东西的热情。"①

福科的这番话道出了结构主义与存在主义相比而显示出来的某些特点：相信理性、追求整体性、对现实社会与政治生活失去热情。

二、索绪尔和现代语言学

一般认为，索绪尔创立的现代语言学是结构主义运动的先驱。索绪尔（Ferdinand de Saussure，1857—1913）是瑞士语言学家，生于日内瓦，自幼便表现出对学习语言的偏好。他先在日内瓦大学学习自然科学，后转到莱比锡和柏林去攻读语文学。1881—1891年间，他在巴黎高等研究实验学院讲学，后回到日内瓦大学任教，直到逝世。索绪尔虽然发表过不少论文，但他主要凭着一本在他死后根据其学生的课堂笔记整理出版的《普通语言学教程》（*Cours de Linguistique Général*，1916），被公认为现代语言学之父和结构主义运动的先驱者。在这本《教程》中，索绪尔阐述了一些深刻影响了后来所有结构主义者的重要概念。

首先，索绪尔区分了语言与言语，从而确立了现代语言学的对象：语言系统。所谓"言语"（parole）是语言的个人方面，表现于特殊言语行为的具体心理—生理的和社会的现实之中。"语言"（language）是语言的社会部门，个体既不能创造语言，又不能修正语言，它是独立于个体说话者之外的一个稳定系统。在索绪尔看来，欲使语言学成为一门科学，我们必须在具体言语的基础之上建立该语言及其模式，这种从言语进到语言的研究方法，也就是从认识现象进到研究制约这些现象的系统的方法，它成为结构主义普遍遵循的研究法则。

其次，索绪尔创立了一系列描述与建构语言系统的概念。他重新分析了语言系统的基本成分：符号。他强调，符号并不简单地是一件事物的名称，而且是联系音响表象与概念的一个复杂整体。其音响表象是能指（significant），概念即所指（signifié），二者之间的联系是任意的。例如"树"这个概念可以与不同的音响表象相联系。符号的任意性一方面意味着所有符号的音响表象都不能被概念所决定，另一方面也意味着符号与它所指称的现实事物之间并无本质必然的联系，因此，语言符号的示意功能只能完全依赖这一符号与其他符号之间的关系，更确切地说，我们是依赖对这一符号与其他符号之间的差异的辨别而赋予事物以意义的。按索绪尔的思路，语言符号的上述任意性和差异性决定了语言学应实现一个转变：从对单个符号本身或符号与现实关系的研究转向对符

---

① 布洛克曼：《结构主义》，商务印书馆，1980年，第12—13页。

号之间关系的研究。索绪尔确信，语言符号系统的研究具有某种超越语言学的广泛适用性：

"语言是一种表达观念的符号系统，因此可以比之于书写系统、聋哑人的字母、象征仪式、礼仪规则、军事信号等。但它是所有这些系统中最重要的一个。

因此，建立一门研究符号在社会中的生命的科学是可以设想的……"①

他的这种信念对于后来的结构主义者将他的观点和方法应用于广泛的社会生活研究领域是有启示和激励作用的。

由于把语言看做是一个具有内在关联的整体系统，索绪尔认为，语言学应从传统的历时性（diachronic）研究走向共时性（synchronic）研究，也就是说，要从注重对语言系统的动态、外部、变化的方面转向注重其静态、内在、稳定的结构关系。在他看来，任何一种语言在它的每一个历史发展阶段都是完整的，语言学正是通过揭示某一特定时期的语言系统的内在结构关系，来说明它是如何作为一个系统而发挥功能的。

索绪尔提出的组合（syntagmatic）与聚合（paradigmatic）一对概念，对于描述语言系统十分重要。所谓"组合"就是语言符号按时间顺序横向排列的关系，其中每一成分都在前后成分形成对立中显示出意义。聚合是各词项的关联或联想关系，这是指在话语中，彼此具有某些共同性的单元在人的记忆中被联系起来，每一组词形成一个潜在的记忆系列，各词项以不在的形式结合在一起，可以通过分类的方法加以分析。例如，"tree"这个单词的三个音素的横向排列是组合关系，而由"tree"（作为能指）联想到不在的"free"、"fry"等音响表象，或由"树"（作为所指）联想"灌木"、"苗木"等概念，就构成了纵向的聚合关系。实质上，索绪尔是要求在纵横交错的复杂关系中来确认某一序列中某一单词的意义。

索绪尔的上述概念和方法实际上成了结构主义者们建立各自学说的出发点和脚手架。

对于结构主义运动的形成具有重要意义的语言学家还有美国的乔姆斯基（Noam Chomsky）。他的语言学理论的特点是对"深层结构"（deep structure）的注重。他指出语言有两个结构层次：表层结构（surface structure）和深层结构。表层结构即语言的语法结构，属句子的形式方面，是可感知的；深层结构即语言的句法结构，属句子的意义方面，是不可直接感知的。乔姆斯基认为各民族语言各有不同的语音和语言规则，呈现为各不相同的句子的形式，亦即不同的表层结构。各表层结构之

---

① 索绪尔：《普通语言学教程》，高名凯译本，商务印书馆，1980年，第169页。

间是互相独立、互不相干的，但由于各民族语言有着共同的句法规则，即共同的深层结构，各民族语言之间也可以进行意义的互相转译。这种转译实质就是一种民族语言的表层结构，经转换成共同的深层结构，再转换成另一种民族语言的表层结构的过程。

乔姆斯基认为，过去的结构主义语言学只研究语言的表层结构，忽略了它的深层结构，而语言的真正意义在于其深层结构。他倡导对深层结构的研究，并对之作了先验论的解释。他认为，在人类的心灵中先验地具有一种创造和理解语言的深层结构的能力，正是这种能力在无意识中支配着人的语言行为，因而人们才能不自觉地按照语言的深层结构，生成各种句子，互相交流思想。

乔姆斯基的上述思想与方法影响了许多结构主义者，以至于表层结构与深层结构的概念在许多学科领域中被广泛地运用。

现代语言学是结构主义思潮的发源地，而作为一种哲学思潮的结构主义运动则是以法国人类学家列维-斯特劳斯为重要代表的。

三、列维-斯特劳斯和结构主义哲学

列维-斯特劳斯（Claud Lévi-Strauss）是犹太人的后裔。他生于比利时，6岁时随全家迁居巴黎。1927—1932年在巴黎大学学习法律，获法学硕士学位，并取得了教师的任职资格，以后在一所公立中学任

教。1934—1937年被聘任为巴西圣保罗大学的人类学教授。在这一任期中，列维-斯特劳斯曾到巴西内地考察了原始的印第安人部落，积累了一些印第安人的民族志材料，并于1936年，发表了第一篇人类学论文。后来他辞去圣保罗大学的教职，由法国资助进行民族志调查。1940年，巴黎陷落后，他就去了纽约，在那里教书，并结识了布拉格学派的语言学家雅各布森，对结构主义方法产生了兴趣。不久，他在由雅各布森等人创办的杂志上发表了第一篇结构主义社会学的论文：《语言学与人类学的结构分析》。1944年开始，他出任法国驻美大使馆文化参赞。1947年回国，任巴黎人类学博物馆副馆长。1950年任教于巴黎大学高等研究院，1953—1960年任国际社会科学理事会常任秘书。1959年以后，一直任法兰西学院社会人类学主任，1968年获法国最高科学荣誉奖——全国科学研究中心金质奖章。

列维-斯特劳斯一生著作甚丰，主要有《亲属关系的基本结构》（1949）、《郁闷的热带》（1955）、《结构人类学》（二卷，1958、1973）、《野蛮人的心灵》（1962）、《神话学》（四卷，1964—1971）。

列维-斯特劳斯是法国结构主义运动的奠基人，他之所以取得这个地位是由于他首先从现代语言学吸取了结构观点和方法，运用于人类学的研究领域，使之成为一种普遍的哲学观点和方法，他创建的结构主

义人类学正是这种探索的巨大成果。

列维-斯特劳斯的基本思维方式是寻找藏于社会生活现象之后起支配作用的深层结构。他进一步发挥了结构主义语言学家的观点，把人看做意指性的生物，即能说话，能用记号（或符号）表示意义的生物；因而语言是人类社会的纽带，人类世界是普遍的记号化的世界。他借用乔姆斯基的深层结构理论，并加以扩展，认为乔姆斯基所说的心灵中先验的创造深层结构的能力，不仅无意识地支配着语言活动，而且支配着所有由人的行为所构成的社会生活现象。这就是说，在人类社会中，与在语言中一样，潜藏着某种支配表面现象的深层结构。因此，他指出，社会科学和人文科学都应该像结构主义语言学一样，不只是描述社会生活的表面现象，而应深入探寻支配表面现象的深层结构。

列维-斯特劳斯论述了他的结构观和结构分析方法。他认为，结构具有下列特点：

"①结构展示了一个系统的特征，它由几个成分构成，其中任何一个成分的变化都要引起其他成分的变化。

②对于任何一个给定模式都应有可能排列出由同一类型的一组模式中产生的一个转换系列。

③上述特性使它能预测模式将如何反应，如果一种或数种成分发生了变化的话。

④模式应这样组成，以使一切被观察到的事实都成为直接可理解的。"①

根据这种结构观，他给出了结构分析方法，即借助模式认识对象的方法。其策略是根据在以往经验基础上形成的认识模式，在认识过程中不断对该模式进行调整，然后建立起一种可以说明一切同类对象的普遍模式；其步骤是先把认识对象分解为一系列单位元素，然后再按某些主观原则把它们重新组合成一定的模式，借以揭示对象的深层结构。他用这种方法研究了原始部落的亲属关系、图腾制度、神话传说以及艺术作品等，成为法国结构主义运动的创始人。以他为先导，结构主义的方法被广泛地运用于人类学、社会学、政治学、心理学、美学、史学等学科领域，产生了以拉康（Jacques Lacan）为代表的结构主义精神分析学，以福科（Michel Foucault，1926—1984）为代表的结构主义史学，以戈德曼（Lucien Goldmamm，1913—1970）为代表的"发生学结构主义"，以阿尔都塞（Louis Althusser）为代表的"结构主义的马克思主义"，以巴尔特（Roland Barthes，1915—1980）为代表的结构主义美学等。就美学领域来说，结构主义的方法被应用于神话、童话、诗歌、小说、戏剧、音乐、电影等许多艺术部门的研究，产生了相当的影响。

① 列维-斯特劳斯：《结构人类学》第1卷，英译本，第279—280页。

四、结构主义的基本特点

结构主义是一种哲学观，它认为，世界是由各种关系，而不是由个别事物构成的，因此，事物的真正本质不在于事物本身，而在于我们在各种事物之间所构造的、然后又在它们之间感觉到的那种关系。在一个既定的情境中，一个因素的本质就其本质而言是没有意义的，它的意义事实上由它和既定情境中的其他因素之间的关系所决定。而事物之间或各因素之间的关系就是构成结构的基础。结构主义的这一基本观点体现了系统和整体的观念。

结构主义一般把结构看做是一个自给自足、自我封闭的系统，即组成结构的各个成分之间相互制约、互为条件，但结构本身却不受任何外部因素的影响，它是完全自律的。例如，语言是一个自我调节的封闭系统，它不是通过与现实的对应来构词，而是根据自己内部的规则来构词的。"狗"这个词的意义和作用不在于指称现实存在的某一种动物，而在于它作为名词在纵横交错的语言结构中的独特地位。结构主义的这种观点体现了它试图寻求每一事物或社会现象之独特构成规律与法则的要求，但由于把结构孤立起来、封闭起来，割断了它与其他系统的有机联系，实际上又走向了其系统和观念的反面。

结构主义之所以可能把结构封闭起来，并与现实隔绝，根本的原因在于它把"结构"理解为心灵的或无意识的结构，即所谓的"深层结构"，而人类社会现象只是这种"深层结构"的投射，即"表层结构"。这是一种唯心主义的观点。由于把结构根本上理解为"无意识"的，而这种结构又决定着人们的活动，因此，人在不知不觉中受着结构的支配，没有主观能动性可言，在这一点上，结构主义与存在主义形成了重要分歧。在存在主义者看来，个人是能动的、自由的，例如萨特认为，个人是绝对自由的，他可以选择自己的道路，从存在进而获得其本质，这就是他的人本主义。而列维-斯特劳斯则强调，人与人之间的亲属关系是由一种先验的亲属结构所决定的，它不依赖于人的主观活动，却控制着人们的思想和行为。甚至神话创作也不是人的主观能动性的产物，而是在神话结构的控制下产生的，福科甚至说，人是不需要的，它终将消失。由此可见，结构主义具有鲜明地反人本主义倾向，在结构的普遍性和无意识性中消融了人的个体性和主观能动性。

结构主义又是一种确立关系、构成整体的科学方法论。"结构"（structure）一词源于拉丁文"structura"，它由动词"struére"（构成）演变而成，原义为部分构成整体的方法。结构主义的结构分析一般先将对象分解成一些单位元素，然后将它们按二元对立（binary opposition）建立关系，最后建立一种整体的结构模式。可以说，二元对立是结构主义构成模式的典型方法，它同样也充分体现在结构主义美学中。

索绪尔的语言学自觉运用了二分法。语言、言语、纵向聚合-横向组合、共时性-历时性、能指-所指等概念均是二元对立的。雅各布森、列维-斯特劳斯、巴尔特等也都研究和运用了二元对立的结构分析和重建方法。因此，我们可以说，二元对立实际上是结构主义者处理材料和建立模式的基本原则，他们以此方式把一些单元联系起来，以构成一定的结构关系。他们把这一原则看做是人类心灵的基本活动方式。一般地说，结构主义者并不认为对立的两项是绝然分离的，而是肯定他们的互相依赖和转换的辩证关系。不过，在他们看来，言语和社会现象是零碎的，只有通过独特的处理，才能使它们的本质——深层结构——得到揭示。二元对立正是先强调了对立，在对立中建立联系，然后形成整体的结构。

结构主义具有语言学色彩，这不仅是因为结构主义最初产生于语言学，更深层的原因还在于结构主义者普遍认为语言结构最接近人的心灵结构或无意识结构，而文化现象无非是人的内心结构的投射。因而结构主义的语言学观点和方法对于人类社会现象的研究具有广泛的适用性。他们把文化、历史、无意识等都看做是以语言为本质、必然受语言的一般结构法则的制约。例如，作为结构主义创始人的列维-施特劳斯就认为，语言是文化产生的成果，又是文化形成的条件，语言的结构与文化的结构、社会的结构具有同一性。揭示了语言的结构便揭示了文化的结构，也等于揭示了社会的结构和人的本质。基于这样的认识，结构主义者便可以在社会学、历史学、美学、心理学等领域的研究中顺理成章地运用现代语言学的观点和方法。这种横向移植一方面给上述学科带来了独特的研究成果，另一方面也有不少牵强附会、生搬硬套之弊。

有的结构主义者与马克思主义亦有一定的联系。例如列维-斯特劳斯曾说他 17 岁时，便是马克思的一个热情的学生。阿尔都塞把结构主义方法用于研究马克思的著作，对马克思的思想作了结构主义的解释，认为马克思主张在政治、经济、文化等方面有结构的因果性，因而用多元决定论代替了一元决定论。法国的另一位结构主义者戈德曼青年时代深受马克思主义以及卢卡契的思想影响，着重研究文学与社会意识的辩证关系，创立了"文学辩证社会学"，后更名为"发生学结构主义"，戈德曼的理论对结构主义的终结与后结构主义的兴起具有一定的推动作用。"结构主义的马克思主义"理论很值得我们深入研究，但应当指出，这种理论往往在不同程度上对马克思主义有所歪曲，在"结构"观上是同马克思主义背道而驰的。

到了 20 世纪 60 年代中期，正当结构主义席卷法国，同时其内在矛盾也随着它的影响的扩大而不断暴露出来的时候，后结构主义出现了。后结构主义（post-structuralism）是结构主义的继续和反叛。说它是结构主义的继续是因为后结构主义是从结构主义内部来攻击结构主义的，一些后结构主义代表人物（如福科、巴尔特等）原先也是著名的结构主义者。结构主义提出的一些问题，如能指与所指、共时性与历时性，意义与符号、语言与无意识等都被吸收到后结构主义的争论之中。结构主义的一些理论前提、方法、术语也不同程度地被后结构主义者所吸收，只是有一些改变。

然而，后结构主义与结构主义又有重要分歧。首先，后结构主义针对结构主义的一个致命弱点，即结构的发展问题，试图把静止的结构重新描绘成历史发展的过程，将结构的共时性概念和历时性概念结合起来。其次，在结构观上，后结构主义倾向于发展索绪尔的"差别"理论，要求把封闭的、自足的整体结构加以消解，使之成为一个流动过程。例如德里达用"意义链"代替"结构"概念。与此相关，后结构主义认为文本也不像结构主义认为的那样是一种静态的结构，而是一个动态的生成过程，而意义只是过程的一部分，它处于流动之中。因此，文本是开放的，意义是不稳定的，它们都是在写作或阅读过程中不断生成的，这样，被结构主义排斥在外的主体写作与阅读的能动性和创造性又重新恢复了一定的地位。

后结构主义重新审视了结构主义的理论基础和重要观点，对结构主义的某些偏狭与失误作了一定程度的修正。不过，后结构主义并未形成一种波及许多学科领域的哲学运动，其影响要比结构主义小得多。

第二节　结构主义美学的形成

结构主义美学的形成与发展与结构主义哲学的形成与发展基本上是同步的，它也可以说是整个结构主义运动中的一个有机组成部分。一方面，结构主义美学是结构主义哲学观点与方法在美学与艺术批评中创造性应用和发展的产物；另一方面，结构主义美学理论，特别是结构主义文学理论本身也丰富和推动了结构主义哲学运动，结构主义（与后结构主义）的一些重要哲学概念（如文本、叙事、阅读、写作等）都与文学有着不解之缘。因此，结构主义哲学的一些基本特点也同样适合于结构主义美学。与结构主义哲学一样，结构主义美学也直接源于索绪尔创立的结构主义语言学。但是，从美学自身发展的角度来考察，结构主义美学是西方美学的科学分析传统、德国的精密美学、俄国形式主义等的历史沿续和更新发展。

一、与西方美学传统的联系

19世纪以后，西方美学一直存在着自

律论与他律论、科学方法与形而上的方法之间的对抗。这两种不同倾向经常交替出现，轮流占上风。例如，针对以历史—哲学方法为主导的黑格尔美学，新康德主义者要求建立一种用近代科学方法武装起来的关于审美或艺术的科学，鲍桑葵称之为"精密美学"或"纯形式美学"。[1] 在他们看来，历史—哲学方法总是在我们要求提供最细微的部分的时候给我们以整体，因此，这种方法是一种规避直接问题的手段。而他们恰恰要求对具体作品的形式分析入手，发现其各要素之间的关系，从而更细致准确地把握审美对象的整体。"精密美学"的代表人物之一赫尔巴特（Herbart，1776—1841）认为，审美对象作为纯形式就是一种单纯地呈现出、完全同环境脱离开来的关系，而且仅仅在于这种关系。这些关系就是"审美上的基本关系"，列举这些事实乃是美学科学的任务。[2] "精密美学"的另一位代表人物齐美尔曼（Zimmermann）则认为审美对象中有一种固定、普遍、先验的"形式"，它由对立与同一的两项构成，是美感的来源，而美学应以此为研究对象。[3] 鲍桑葵总结说，精密美学"既是对于普遍美的结构的观察，又把这种结构分析为抽象的关系……"[4] 我们引述

精密美学的观点不仅仅是为了说明结构主义美学与西方美学史上的科学分析传统和形式主义倾向有着内在的联系，而且也为了说明美学史上对科学方法和形式主义的强调往往起于对形而上的方法和观念论的反动。

结构主义美学的兴起也是上述思想辩证发展的体现。结构主义与存在主义美学的形而上的方法和观念论，特别是其将艺术等同于哲学研究、把美等同于真的他律论倾向是格格不入的。与"精密美学"用形式中的"关系"范畴来代替内容与形式范畴一样，结构主义也是用"结构"来调和内容与形式之间的对立；与"精密美学"试图用细致的科学分析来克服历史—哲学方法只有整体而忽视细节的弊病一样，结构主义美学也试图通过对一些单元（要素）的分析和组合来克服存在主义美学只重艺术的定性研究，而忽视其定量分析的缺陷。在某种意义上说，精密美学和结构主义美学都表现了在康德美学中早已体现出来的建立"自律论美学"的欲望。不过，与康德的做法不同，它们致力于"客观的"、科学的分析，试图从审美对象本身导出普遍的美或审美特性，反对用审美或艺术之外的东西来解释审美或艺术。法国结构主义

---

① 鲍桑葵：《美学史》，第13章"德国的"精密"美学"。
② 同上书，第474页。
③ 同上书，第485页。
④ 同上书，第501页。

者托多罗夫（Tzvetan Todorov，1939——   ）曾扼要地把结构主义文学批评归纳为两个方面，即批评的内在性和抽象性。批评的内在性是指批评的出发点和依据是具体作品，即通过作品自身的语言、结构等内在因素来说明作品，反对用作品之外的任何因素（包括历史、社会条件、作者生平等）来解释作品。批评的抽象性是指批评的任务是找出作品的文学性，即作品之所以为文学作品的因素，批评的目的在于说明而不是判断优劣。① 在这一点上，它们与20世纪俄国形式主义和注重内部研究的新批评有某种相通之处，都体现了科学主义和唯美主义的倾向。

人们一般认为，结构主义的一个重要源头是俄国形式主义，这不仅是由于一些结构主义文学理论家（如雅各布森、穆卡洛夫斯基等）先前曾是俄国形式主义流派的成员，或深受其影响，雅各布森事实上正是俄国形式主义向结构主义美学发展的桥梁，而且还由于形式主义的某些重要观点和努力，如追求文学研究的科学化、认为文学研究的重要任务即在于深入了解文学作品的"文学性"，而"文学性"又主要体现在与现实和作者无关的作品的形式方面，认为文学作品的形式法则本质上就是语言法则，以及把文学看做各因素组合关

系的系统等，都在结构主义美学中得到了继承和发展。正如英国学者杰斐逊所指出的：

"结构主义者们旨在建立一种独树一帜的诗学的欲望，他们的富有科学精神的理想，以及——更具体地说——他们关于叙述理论的著作在相当大的程度上都归功于俄国形式主义。"②

关于俄国形式主义与结构主义美学的联系，在讨论雅各布森的诗学理论和列维-斯特劳斯的神话学时还将进一步谈到。

一些西方学者曾指出，结构主义美学与浪漫主义美学有着某种深刻的联系。例如，美国文学理论家、结构主义者休斯（Robert Scholes）在《文学结构主义》一书中曾指出，"浪漫主义和结构主义语言观之间有着重要的联系"，"假如我们过去没有浪漫主义的话，我们今天就绝不会有结构主义"。③ 他指出，在柯勒律治和雪莱的诗歌理论中，已经显示出一种与传统的原子论语言观不同的语言观，即一种注重上下文关系的现代语言观，这种语言观在浪漫主义和结构主义的诗歌理论中都占据了主导地位。柯勒律治和雪莱都认为，诗歌的重要特征之一是使令人熟悉的物体显得不很熟悉，这种观点通过俄国形式主义的

---

① 王泰来主编：《叙事美学》，重庆出版社，1987年，第2页。
② 杰斐逊等：《西方现代文学理论概述与比较》，湖南人民出版社，1986年，第3页。
③ 休斯：《文学结构主义》，三联书店，1988年，第268页。

"陌生化"原理而影响到结构主义诗学。浪漫主义诗学还认为人类的语言和行为都遵守着某种固定的、普遍的法则，而这种法则的根源又在于心灵的想象功能，这同结构主义关于深层结构的理论又有一定程度上的近似。这种分析是合乎事实的，然而，假如我们把眼光放远一点，那么就会发现，结构主义美学那种寻求永恒、普遍、心灵性的结构的思维方式在西方美学史上是有悠久传统的。

西方哲学和美学史上有一个形而上意义的"形式"概念，它与作为内容之表现手段的、感性的"形式"概念不同，具有永恒、普遍性和心灵性的意义。亚里士多德提出构成事物的"四因"原理，即质料因、形式因、动力因和目的因。他认为，质料因是被动的，一定要由具有能动性的"形式因"来推动它，才能由可能成为现实。能动的"形式"即使质料由可能成为现实，因此它也就是"动力因"；同时，它又是质料在这一转化中所要追求的东西，因此它又是"目的因"。这就是说，"形式"具有了形而上的意义，它是事物之所以成为该事物的根据和理由，与柏拉图所说的"理念"没有多大差别。① 亚氏的这种"形式"观深刻地影响了整个西方哲学和美学。例如康德给人类的认识规定了这样的通用

公式：科学知识＝普遍必然性＋新内容。所谓普遍必然性就是与经验无关的"先验形式"，为人的认识能力所固有；而新内容就是由感觉经验得来的质料。从这种认识原理出发，康德实质上是把美理解为对象感觉质料与主观先验形式（"心意状态"）相符合。席勒进一步发挥了康德的思想，把美（活的形象）理解为感性质料与理性形式的和谐。其中，形式被说成是人格中永恒不变的、理性的因素。克罗齐把艺术理解为直觉，而所谓直觉就是心灵给质料（包括感觉、情感等）赋予形式，使无形式的情感转化为意象。② 格式塔心理学美学通过对知觉的构形力量的强调，而把知觉对象的表现性归结为主体赋予感觉材料以完整的形式的创造功能。卡西尔（Ernst Cassirer，1874—1945）从符号学人类学的立场出发，强调艺术的理性就是"形式的理性"，而审美情感与想象本身就具有一种"构形力"（formative power），它们把事物的坚硬原料加以熔化，而构成一个形式的新世界。③

根据上述关于形而上意义上的"形式"的观点，以寻求审美对象或艺术作品内在审美特性为宗旨的结构主义美学专注于"深层结构"的研究是顺理成章的了。因为

① 朱德生、李真：《欧洲哲学史》，人民出版社，1979年，第33—34页。
② 朱光潜：《西方美学史》（下卷），人民文学出版社，1979年，第632—633页。
③ 卡西尔：《人论》，上海译文出版社，1985年，第九章。

这种"形式"是构成审美对象的本质的、内在的、能动的因素，而"结构"一语的本义正是部分构成整体的方法。从这种意义上说，结构主义美学是西方美学上述传统思维方式的进一步发展，只不过把这种"形式"因素加以静态的和孤立的理解，并上升为包容一切的绝对地位，吸收了大量现代科学方法来加以多层次地分析，以揭示审美对象构成的普遍法则。

当然，指出结构主义美学与西方美学传统的联系并不意味着否认结构主义美学的独特性，如自觉的系统、整体观念、从现代语言学吸收过来的语言结构分析方法等。与20世纪两个相似的美学派别——俄国形式主义和新批评相比，俄国形式主义把语言与文学的关系理解为相互否定、相互对立的关系，而结构主义认为二者的关系是平行的或对应的关系，文学具有与语言相似的结构层次；新批评具有经验主义和人本主义倾向，它肯定文学意义结构与现实的某种联系，强调文学的情感效果，而结构主义美学则具有理性主义和反人本主义倾向，它否认艺术作品与现实和艺术家的联系，把作品描述成一个自我封闭的系统。结构主义美学正是以上述特征而成为20世纪西方独树一帜的美学流派。

结构主义美学是在直接继承和改造俄国形式主义美学，将结构主义语言学方法自觉地应用于文学艺术系统之研究的过程中形成的。而较早进行这种尝试并有重要理论建树的是雅各布森的诗学和列维-斯特劳斯的神话学。

二、雅各布森和结构主义诗学

雅各布森（Roman Jakobson, 1896—1982）俄国人，早年在莫斯科大学东方语言系获学士学位，1916年在该校创立了莫斯科语言学派，是俄国形式主义的主要代表人物。当时艺术领域里的先锋派运动，特别是俄国未来派诗人维·赫列勃尼科夫对他有很大影响，1920年他移居布拉格，在布拉格大学学习和任教，成为捷克结构主义的主要理论家之一。后来他再次移居，去了美国。在第二次世界大战期间，他认识了列维-斯特劳斯，他们的相识是一种知识上的联系，法国的结构主义就由此发展而来。1949年，雅各布森去哈佛大学，并从1957年起与邻近的麻省理工学院建立了密切的联系。他的主要著作有《儿童语言：失语症及音位学普遍原则》(1941)、《语言的基本原理》(1956)、《语言学与诗学》(1960)、《查尔斯·波德莱尔的〈猫〉》（与列维-斯特劳斯合著，1962)、《著作选集》(1962—　　　)、《莎士比亚的语言艺术》(1970)。

雅各布森的学术兴趣极为广泛：从对多种语言的音位和语法分析到语言的数学和物理现象研究，以及结构主义诗学和对斯拉夫民间故事的研究，等等。然而，在他的研究中始终贯穿着一条红线，即他认为在各种文化产物（如各种语言或诗歌流派）表面上的多种形式下面存在着一些抽象的结构上的不变因素。承认在复杂具体的现实表面之下有着简单抽象的模式是结构主义者们的共同思想基础。在某些领域中也有人预见到这些模式是稳定不变的（如普罗普对童话结构形态的分析），但把这些模式是不变的思想作为一条具有普遍意义的指导原则乃是雅各布森对结构主义运动所做的特殊贡献，这一原则几乎为所有的结构主义者所接受。

雅各布森是作为一个继承了索绪尔学说的语言学家来阐发他的诗学理论的，他从功能语言学的立场出发，主要致力于说明语言的诗歌功能，而方法主要是语言学的。他指出：

"假如一些批评家仍然怀疑语言学家进入诗学领域的能力，那么，我个人认为，这是因为一些偏执的语言学家的拙劣诗歌分析能力被错当成了语言学科学本身的不足。然而，我们在这里都明确地认识到：一个对语言的诗歌功能充耳不闻的语言学家和一个对语言学问题毫无兴趣，对其他方法也知之甚微的文学学者都同样是全然不合时宜的。"①

这里，雅各布森提出要将语言学与文学批评结合起来的要求，这成了结构主义文学理论的共同信条。

雅各布森试图解释语言在什么情况下具有了审美功能，而这正是西方诗学理论中十分重要的问题，西方学者几乎总是从语言的特殊使用方式来解释诗歌的审美特性的。根据俄国形式主义的观点，诗歌是用词语塑造的，而不是由"诗意的"题材构成的。什克洛夫斯基（Viktor Shklovesky）就提出，诗歌的目的是颠倒习惯化过程，使我们如此熟悉的东西"陌生化"（ostranenie），"创造性地损坏"习以为常的惯例，以便把一种新的、生气盎然的景观呈示给我们。因此，俄国形式主义者就在语言格式、韵脚、节奏、格律和音响等要素本身去寻找产生"陌生化"效果的条件，认为"文学性"就在这种文学语言的构成手法本身。② 雅各布森也把诗歌语言看做是一种非同寻常的使用语言的方式。在《语言学与诗学》中，他指出，诗歌性首先存在于某种具有自觉的内在关系的语言之内，而语言的诗歌功能表现为最大限度地凸显话语，提高符号的具体可感性。

这个结论是以一种独特的交流理论为基础的。雅各布森发现，任何一次言语事件都由六个成分构成，它们可以图示如下：

---

① 雅各布森：《语言学与诗学》，转引自休斯：《文学结构主义》，三联书店，1988年，第34—35页。
② 霍克斯：《结构主义与符号学》，上海译文出版社，1987年，第61—62页。

语　境

信　息

说话者……………受话者

接　触

代　码

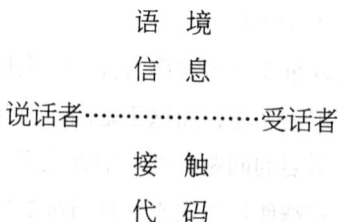

他指出，任何交流都是由说话者所引出的信息构成的，其终点是受话者。但这一过程是复杂的。信息需要说话者与受话者的接触，而接触必须以代码为形式：言语、数字、书写、音响构成等。信息又涉及说话者和受话人都能理解的语境，因为语境使信息具有意义。单独的词句在此语境有意义，在其他语境就可能无意义。总之，信息并不提供也不可能提供交流的全部意义，意义存在于包括信息、语境、代码和接触手段在内的整个交流行为中。

雅各布森指出，上述六要素在交流过程中各自具有独特功能，它们决定了话语的性质与结构，于是上述六要素图示又可以转化为下列图示：

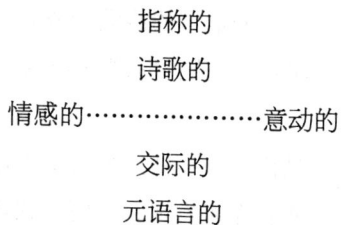

指称的

诗歌的

情感的………………意动的

交际的

元语言的

雅各布森提出，由于交流过程的六个要素永远不会处于绝对平衡的状态，它们中某一个要素总是在诸要素中起支配作用，或倾向于语境、或倾向于代码、或倾向于接触等，因此，意义不是一个自由自在地

从发送者传递到接收者的稳定不变的实体。他认为，信息的性质最终取决于这样的事实：信息把六个因素中恰好占统治地位的那个因素的功能特征占为己有。如果交流倾向于语境，那么，指称功能就占支配地位，这就决定了诸如“从加迪夫到伦敦的距离是一百五十英里”这种信息的一般特征，这个信息意在指出自身之外的一个语境，并传达有关这一语境的具体的、客观的情况。如果交流倾向于信息的发送者，那么情感功能便会占支配地位，于是上述信息会产生诸如“伦敦离家很远”的意义，意在传达说话人对特定情境的情绪反应。如果交流倾向于信息本身，那么语言的诗歌（审美）功能就占支配地位。

雅各布森认为，语言艺术的本质正在于对信息本身的关注，它具有自我意识，首先关心的是把大家的注意力集中到自己的本质，自己的音响格式、措辞、句法等上来，而不是先指出外在的现实。语言的诗歌的功能正是增强符号与对象之间任何自然的或明显的联系，加剧了符号对象之间的基本对垒。语言艺术在方式上不是指称性的，它的功能不是作为透明的“窗户”，可以让读者借以遇见诗歌或小说的主题。它的方式是自我指称的：它就是自己的主题。雅各布森这一种观点成为结构主义文本分析的理论基础。

雅各布森强调指出，语言的诗歌功能是语言艺术的主要和起决定意义的功能。

另外，他又指出，语言的诗歌功能不只在语言艺术中才存在。在他看来，诗歌的功能在语言艺术之外的交流行为中处于从属、辅助的地位，只有在诗歌中，它才起支配的作用。从语言学的角度来说，诗歌通过强调声音、韵律、意象的相似处强调了语言，使得人们将注意力从它的关联意义转到它的形式特点上。雅各布森的这种观点表面上看起来只重复了俄国形式主义的文学理论，但是，作为一个结构主义者，他对语言自身形式的理解要比俄国形式主义更深入。如果说后者只要停留在纯粹文学技巧的水平上来理解文学语言的形式的话，那么雅各布森则同时还深入到它的内在的、不可感的关系方面。在他看来，语言的诗歌功能不是孤立的，而是处于同其他五种要素的互相关联之中。语言之所以获得了审美功能只是由于在整个交流系统中，符号自身被突出了，而不是符号从整个交流系统中分离出来。因此，雅各布森所理解的文学的语言形式是一个以具体可感的符号占主导地位的，纵横交错地组合起来的系统。这种理论既包含了俄国形式主义的思想，又包含着结构主义美学的观点，它成了从前者过渡到后者的重要桥梁。

在雅各布森的结构主义诗学中还有两个重要的概念：隐喻（metaphor）和转喻（metonymy）。雅各布森认为，隐喻是一个字面词与其修辞替代词以相似或类比为基础的替换，如"汽车甲壳虫般地行驶"；而转喻是一个字面词与其替代词在联想基础上的替换，如"白宫在考虑一项新政策"。他认为，这两种修辞都是"等值"（equivdlence）的，因为它们都独特地提出一个与己不同的实体，而这个实体同形成修辞格主体的实体相比具有"同等的"地位。如上例，在隐喻的句子中，甲壳虫的运动与汽车的运动等值；在转喻的句子中，特定的建筑物（白宫）与美国总统等值。

雅各布森的这一对概念与索绪尔关于语言活动的横向组合与纵向关联概念有关。隐喻从本质上讲一般是联想的，它涉及语言的纵向或垂直的关系；转喻从本质上讲一般是横向组合式的，它涉及语言的平面的关系。雅各布森把隐喻和转喻看成是二元对立的典型模式，它们构成了语言系统得以形成的选择和组合的双重过程。平面的组合过程表现在邻近性中，其方式是转喻的；垂直的选择（聚合）过程表现在相似性中，其方式是隐喻的。所以，隐喻和转喻的对立其实代表了语言的共时性模式与历时性模式的根本对立。

从上述基本认识出发，雅各布森认为，体现语言两种基本向度（纵与横）的修辞方式——隐喻和转喻——为诗歌独特而出色地吸取，语言的诗歌功能就是：它既吸收选择的方式也吸取组合的方式，以此来发展等值原则：诗歌功能把等值原则从选择轴投射到组合轴上去。在任何一部文学作品中，话语都是根据相似或邻近关系——也就是根据隐喻或转喻——来转换主题的。而且，隐喻或转喻的模式可以作为某种艺术运动或风格的大致标志，例如，隐喻的模式适用于俄国的抒情歌曲、浪漫主义和象征主义的作品、超现实主义的绘画、卓别林的电影等。转喻的模式适合于夸张的史诗、现实主义作品、格里菲斯的电影（特写、蒙太奇、镜头角度的变化）等。

雅各布森以结构主义语言学的方法揭示了语言艺术的结构特征，它们正是非语言学批评家觉察不到的。这些特征的确是文学作品发生审美效果的重要源泉。这正是雅各布森的结构主义诗学广为传播，深受重视的主要原因。另外，语言艺术中的语言问题毕竟只涉及语言艺术的一部分，而不能概括全部；而且，尽管雅各布森拓展了俄国形式主义的研究视野，但终究不能克服将文本封闭、孤立起来，只在语言形式本身寻求"文学性"的弊病。另外，雅各布森从语言学家的立场出发研究文学，不仅忽略了文学作品丰富的个性差异，而且也忽略了文学语言与一般语言的差异，从而把个别作品的结构等同于文学作品的一般原则，把文学语言的问题还原为一般语言学问题，这种追求普遍性而忽视个别性是一切科学主义美学思潮的通病，也是结构主义美学在形成之初最突出的特点之一。这一点也同样表现在雅各布森与列维-斯特劳斯的文本分析实践中。

他们二人合作对波德莱十四行诗《猫》的分析是按雅各布森的诗歌理论的基本框架进行的，具体地说，就是按等值原则对起诗歌功能的符号本身进行分析。他们试图发现某些重要规则，正是这些规则决定了韵律形式、句法模式以及在词语的选择和放置中所需使用的许多其他模式。由于对语义问题并不给予真正的关注，所以其文本分析只是分析，而不是解释。但是，如果我们把诗作为一个审美对象，并充分考虑到它的审美价值和美感效果，那么就可以发现这种分析方式的一个明显失误，即它似乎满足了语言学研究的要求，却在一定程度上抛弃了文学批评应负的责任。针对这一点，法国文学批评家里法泰尔（Michael Riffatterre）提出了深刻的质疑：未加改造的结构主义语言学是否与诗歌分析有任何关联，结构主义语言学是否有能力把语言艺术作品的结构与一般语言结构区分开来？[①] 在我们今天看来，结构主义语言学必须经过一番精心的改造才能适应文学艺术作品的文本分析，但不幸的是，这种改造的结果恰恰是对经典结构主义方法的反动：它成为后结构主义文学理论产生的重要动力。

---

① 埃尔曼编：《结构主义》，Garden City，1970 年，第 191 页。

三、列维-斯特劳斯和结构主义神话学

如果雅各布森是在结构主义语言学和俄国形式主义的基础上建立了结构主义诗学，那么，列维-斯特劳斯则是在结构主义语言学和结构主义人类学的基础上建立了结构主义的神话学。这两种理论的方法论基础虽然相似，但它们又各执文学的两极：诗歌与神话。正如结构主义批评家 R. 休斯所指出的：在诗歌中占主导地位的是语言的词汇和纵向聚合方面，诗歌颂扬一种文化、一种语言、一个人使用其语言的方法的独特性。而在神话中，语言的结构和横向组合方面占主导地位，不同语言在这个层次上拥有许多共同点。因此，神话与语言结构都具有普遍性，这正是神话材料在结构主义运动中占有重要地位的原因所在。[①] 这就是说，结构主义者把神话看做比诗歌更接近语言结构的符号系统，它更适合于用结构主义语言学的方法来进行分析。神话领域之所以吸引结构主义者的另一个原因是由于结构主义者普遍认为，人类文化的深层结构是某种类似于荣格"集体无意识"的深层结构，他们把这看做是永恒不变和普遍的。因此，对于原始人或古代人的神话思维逻辑的探索，与他们对于人类普遍深层意识结构的探索是一致的，甚至可以说是相当重要的。巴尔特就扩展了神话的概念，把它理解为"大众文化语言"，这样一来，语言、神话和文化就被统一了起来。这也表明神话学在结构主义人类学、美学和哲学中的重要地位。

西方的神话学（mythology）大致有三种类型，在普通的分析传统中，神话被看做是一种"神秘的"记叙体，凌驾于解释之上。在以马林诺夫斯基（B. Malinowski，1884—1942，波裔美国人类学家）为代表的人类学传统中，神话被看做是对制度、权力等的合法性的辩护。而列维-斯特劳斯的神话学则开辟了一个崭新的天地：神话被看做是充满对立的、信仰的价值储藏领域，是人类心灵的无意识投射的产物。他试图用结构主义语言学的方法，深入地探索人类神话的普遍深层结构，提出了结构主义神话学的纲领性原则，即不以对单个神话文本的解释为目的，而力求发现使单个的神话文本之所以成为神话的普遍结构规则和意指模式，进而揭示人类神话思维的普遍逻辑。因此，结构主义神话学是神话研究从经验描述和解释走向科学分析和逻辑概括的重要转折。

在美学的意义上说，神话学的结构分析也不是突然冒出来的"怪物"。在俄国形式主义理论中，就已出现了神话结构分析的雏形。普罗普（Vladimir Propp）在其名著《民间故事形态学》（*Morflolgiia Skazki*，1928）中，就开始了童话形态结

---

① 休斯：《文学结构主义》，三联书店，1988 年，第 96—97 页。

构的研究。他认为，童话形态是一种横向组合的叙事结构，与抒情诗式的垂直（纵向聚合）结构有别，这种结构体现于人物的各种功能及其相互关系之中。所谓"功能"就是指"根据人物在情节过程中的意义而规定的人物行为"。童话的特征就是"经常把同一的行为分配给各式各样的人物"，因此，可以根据情节中人物的各种不同的功能来分析童话。他指出，尽管童话表面上错综复杂，实际人物的数目极多，而功能的数目却极小。这就是童话的二重性：一方面千姿百态，另一方面又千篇一律。

普罗普在对童话的二重性因素的分析中发现：任何童话在结构上都是同质的，并包含以下四原则：

①人物的功能在童话中是稳定的、不变的因素，它如何得以实现，由谁来实现，均与它毫无关系。它们构成童话的基本要素。

②童话中已知的功能数量有限。

③功能的次序总是一致的。

④就结构而言，所有童话都属于一种类型。普罗普曾找出了三十一种功能，如"获得神奇力量"、"反面角色被击败"、"英雄遇难题"、"伪英雄或反面角色被揭露"、"英雄完婚并登王座"等，认为它们分布于七个"行动范围"之内。"行动范围"也就是人物功能发生的几个方面，相应的角色为：

①反面角色

②施物者

③帮助者

④公主（被追求者）和她的父亲

⑤送信人

⑥英雄（追求者或受难人）

⑦伪英雄

普罗普认为，一个人物可能卷入数种行动范围，而若干人物又可能卷入同一行动范围，属于同一行动范围的各种人物在叙述中可以互相替换而不影响叙事结构。

普罗普对童话的形态结构分析旨在超越经验范畴，把握童话更能引起读者（听者）审美反应的形式结构方面。尽管他对"功能"及"行动范围"的分类与定量往往受到结构主义者的批评，但他却为后来的叙事结构理论奠定了两个基本方法论基础：一是辨认和划分叙事的基本单位；二是分析和描述叙事的基本单位的组合规则。另外，他的"功能"理论也为小说叙事学把人物作为结构性"行为者"来研究提供了重要启示。因此，他的童话形态结构理论成为后来托多罗夫、巴尔特、热奈特等人的小说叙事学的先导。

列维-斯特劳斯认为，神话传说的表层结构虽然杂乱无章、却有着内在逻辑，否则就不能解释全世界的神话都相似的事实。神话的逻辑与现代科学的逻辑同样严密，但它是原始人的思维方式，不是分析性的抽象逻辑，而是一种具体的形象思维，具有以此物比拟彼物的类比性。原始思维有一种"拼合"（bricolage）能力，可以直接用具体形象的经验范畴去代替抽象逻辑的范畴。这种"拼合"往往具有对立特征，它用自然事物在两项对应中代表抽象的关系，以满意地解释世界。这种体现"原始思维"的神话逻辑是神话内在的"深层结构"，神话研究就是要深入地把握这种"结构"。

列维-斯特劳斯对神话的结构研究引进了雅各布森和乔姆斯基的结构主义语言学方法。为探寻神话普遍具有的深层结构，他往往把不同民族的神话或同一神话的各种变体加以比较，找出功能上类似的关系，并且效法音位学术语，把这些关系的组合称为"神话素"（mythemes）。值得注意的是，"神话素"虽同普罗普说的"功能"有相似之处，但有时又只是一种解释性的细节，这种细节不是叙事功能，而是语义性的，具有深层的意义。他认为，神话在叙述性展开的同时，与它的变体或不同的神话是有关联的，神话研究应该充分考虑到这种历时性与共时性纵横交错的关系，就像认识由立体音响交会构成的交响曲那样认识神话。

为得到令人满意的结构模式，列维-斯特劳斯和许多结构主义者一样，把神话简单地分成与故事情节一致的片断或小情节，然后根据需要来分类组合，从而把握神话的内在结构，例如，在其名著《结构人类学》（*Anthropologie Structurale*，1958）中，他把古希腊关于俄狄浦斯的三个神话分解为十一个片断，分成四列（见本书第 243 页上的表）。列维-斯特劳斯指出，要理解神话，就必须打破叙述神话的历时性范畴，不是竖着读，而是要由左向右，一个栏目一个栏目地读，把每一栏目作为一个单位。这就是神话素读法。而每一栏目都有其隐喻的或转喻的含义。Ⅰ列中的情节（○、⊘、⊗）都有乱伦性的违礼行为，这意味着过分重视亲属关系。Ⅱ列中的情节（⊜、⊕、⊖）都有杀父母或杀兄弟的犯罪，这意味着与Ⅰ列相反的过分看轻亲属关系。Ⅲ列中的情节（⊜、⊕）是消灭了妖怪，这是否定人类起源于大地，因为人与大地所生的妖怪对抗。Ⅳ列中的情节都说人不会很好地行走，而这正是人类诞生于大地的特征。通过一系列烦琐的分析，列维-斯特劳斯终于说明这三个神话所具有的共同深层结构。他认为，这个深层结构是两种对立观念在想象中的调和，即人类生于大地与人类生于男女血缘这两种彼此冲突的观念和调和，这便是上述三个神话的基本意义。

I	II	III	IV
㊀卡德摩斯与欧罗巴		㊀卡德摩斯与毒龙	
	㊂斯巴托		
	㊃俄狄浦斯与拉伊俄斯		㊈瘸腿拉布达科斯
㊅俄狄浦斯与伊俄卡斯忒		㊄俄狄浦斯与斯芬克斯	
	㊆埃托克利斯与斯芬克斯		左拐子拉伊俄斯
㊇安提戈涅与波吕尼刻斯			肿脚俄狄浦斯

列维-斯特劳斯的神话结构研究显然与普罗普的方法有相似之处，主要表现在超越经验范畴，力求把握文本的内在形式结构，以及对文本进行简化等方面。不过，普罗普的旨趣主要是美学的，他试图揭示童话之所以唤起读者（听者）美感反应的叙事形式，而列维-斯特劳斯的旨趣则主要是人类学的，他追求一种逻辑形式，旨在揭示人类原始的、普遍的思维结构。这也正是俄国形式主义与结构主义美学的重要差异所在：前者专注于文本的符号形式，而后者更强调深层结构。因此，尽管普罗普的理论和方法对结构主义叙事学有直接影响，但列维-斯特劳斯却从哲学的高度，为叙事学提供了最基本的方法论原则，尽管他的神话结构研究在一定程度上已越出了美学的领域，但他的神话学和文本分析直接为法国结构主义美学的发展兴盛奠定了重要基础，在这个意义上说，列维-斯特劳斯与雅各布森一样，是结构主义美学的重要开创者。

第三节 结构主义美学的发展

结构主义美学的发展主要在法国。在列维-斯特劳斯的直接影响下，一些文学理论家和批评家自觉地运用结构主义方法来分析文学艺术现象，形成了独树一帜又影响甚广的法国结构主义美学思潮。结构主义美学的许多重要理论成果都与法国的这一思潮密不可分，而这一思潮的代表人物则首推巴尔特。

一、巴尔特和法国结构主义美学

巴尔特是法国当代著名文学理论家、批评家和作家。他生于一个新教的中产阶级家庭，9 岁时随母亲迁居巴黎，家境贫寒。1934 年中学毕业后，本想竞争高等师范学院的名额，但因肺结核而被送往比利牛斯山区疗养。一年后，他返回巴黎，续修法语、拉丁文和希腊文的大学学位，并热衷于古典戏剧的排练和演出活动。1939 年战争爆发时，他因病免役，在中学教书，1941 年肺结核复发，中止工作。在此后 5 年的疗养生活中，他阅读了大量书籍，自称当时还是一名萨特主义和马克思主义者。病愈后，他获得了去海外教授法文的职位，先后到过罗马尼亚和埃及。在埃及，在同事 A. 格雷马斯（结构主义语言学家）的影响下，了解了现代语言学。

1952 年，巴尔特获得了一笔基金，去撰述有关词汇学的论著，随后他出版了《写作的零度》（1953）和《米歇莱自述》（1954）。1955 年，他又获得一笔基金，用以从事时装的社会学研究，此项研究成果就是后来出版的《时装的系统》（1967）一书。1960 年，他得到巴黎高等研究实验学院的一个职位，两年后成为该院正式教师。1962—1972 年任该院研究室主任，1976 年任法兰西学院文字符号学教授。在这一生活相对稳定的时期里，巴尔特先后撰写出版了大量著作，如《论拉辛》(1963)、《符号学原理》（1964)、《批评与真实》(1966)、

《S/Z》(1970)、《萨得、傅立叶、罗约拉》(1971)、《文本的快乐》(1973)、《巴尔特自述》(1975)、《情人絮语》（1977）等。1980 年 2 月，他因一次车祸受重伤，4 周后去世。

巴尔特多才多艺，研究领域十分广泛，一人而兼多种角色，美国康奈尔大学英语系教授卡勒尔（J. Culler）曾在名为《罗兰·巴尔特》的小册子里把他描绘成文学史家、神话学家、批评家、论战家、符号学家、结构主义者、享乐主义者、作家和文士。事实上，巴尔特最突出的特点是用一种源于结构主义语言学的方法来分析一系列文化产品，其中又以对文学的结构分析影响最大，所以我们可以说，巴尔特主要是一位广义的结构主义美学家。之所以说"广义的"，是由于巴尔特一生思想变化较大，他既是从存在主义转向结构主义的一个过渡性人物，又是从结构主义转向后结构主义的推波助澜者。巴尔特的这种一身兼有多种角色和思想多变的现象，也在一定程度上体现了现代西方美学的跨学科性质和各种学术思潮快速起落更迭的特点。这一方面给我们对他的研究带来了不易概括全貌的困难，但也向我们展示了其美学思想的丰富性。在某种意义上说，巴尔特代表了法国结构主义美学的发展历程，因此，了解巴尔特的美学思想及其发展是把握结构主义美学发展的重要途径。

巴尔特的研究重点有过两次重大的移

动,从而形成了思想发展的三个阶段。在第一阶段,巴尔特用一种语言学的观点和方法来阐发他对资产阶级文化的批判性观点。巴尔特青年时代,受到马克思主义和存在主义的影响,所以在早年的研究中,他比较注重对文学与社会意识的联系的分析。在《写作的零度》中,他着力破除对资产阶级文化体系的神秘感,其批判态度是存在主义的,但分析方法却近似语言学。"零度"(degré-zero)原为音位学概念。巴尔特把处在二元对立中的两项之间的第三项称为中性项或零项。他认为,对立的零度正确说来不是一种虚无,而是一种有意指作用的欠缺,一种纯区分性状态。

巴尔特指出,在虚拟式和命令式之间似乎存在着一个像是非语式形式的直陈式。而零度的写作根本上是一种直陈式写作,或者说,是非语式的写作。他认为,可以正确地把零度的写作看做新闻式写作,这种中性的写作方式存在于各种呼声的汪洋大海之中而毫不介入,它正好是由后者的"不在"所构成。这种"纯洁的写作"形成了一种"不在"的风格,即零度的风格。

然而,巴尔特断然认为"纯洁的写作"实际上是不存在的。写作就是一种风格:在特定时间、特定地点发展起来的一种特定的、经过深思熟虑而采纳的写作"方式"。

巴尔特为了说明写作的特性,区别了语言形式和写作形式。语言是社会强制性系统,它对作家的规定是否定性的,同作家在艺术和社会价值方面的选择无关。"写作"则是独立的文化概念,尽管它具有语言的物质性、社会历史性与身心方面的特性,但它又是超语言和心理的。一位作家除了历史道德的选择之外,还有写作方式方面的选择。不过,早期曾受马克思主义影响的巴尔特认为,写作方式的选择不是纯粹个人的,而是受历史和社会等因素制约的。由于写作方式的选择包含着个性自由和社会历史制约的辩证关系,所以,他认为写作方式是从历史可能性中进行选择的结果,是一种对文学形式的社会性使用,这实际上强调了文学形式的意识形态含义。

根据上述基本看法,巴尔特揭露了那种认为写作可以脱离具体时间与地点、可以超越社会历史性的观点的虚伪性。他指出,这种"纯艺术"的观点旨在为资产阶级生活所有方面悄悄地披上自然性、正义性、普遍性和必不可免性的外衣。事实上,在特定时间和地点中经过选择的写作所形成的特定风格才是必然的,资产阶级的写作不是天真无邪的,它并不简单地反映现实,而是以自己的形象塑造现实,作为资产阶级生活方式和价值观的合法传播者与编码者。他特别指出,写作即风格,即使是那些试图想要达到风格的"零度",即"无风格"、空白的、透明的写作方式,实质上很快就成为一种引人注目的风格。这就证明"无风格"的写作不存在也不可能存在。他说，写作绝不是交流工具，它不是一条只供说话的动机通过的康庄大道。所谓"明晰"、"精确"是修辞的属性，而不是超越时间和地点而存在的语言的一般属性。

作为结构主义者，巴尔特所理解的写作的意识形态性并不是通过写作去澄明社会历史的本质，或表现作家的思想观念。恰恰相反，他反对在写作方式之外去理解写作。这使他选择了一条既与唯美主义对立，又与文艺社会学对立的道路。在后来写的《写作是及物动词吗?》一文中，他认为，写作不应该是为达到一种隐秘目的而使用的工具的载体。有的作家把写作活动当做及物的行为，它引向写作之外的东西。而对另一种作家来说，写作这一动词是不及物的，他的主要兴趣不在于带领我们穿过其作品来到另一个世界，而在于生产"写作"。他才是真正的作家。这种作家与一般作家的全部区别在于：一般作家写的是某种东西，真正的作家只是写，他把我们的注意力引向写作活动本身，而不是作品之外。这种看法的一个来源是雅各布森对语言的指称功能和诗歌功能所作的区别。不过，如前所述，巴尔特理解的写作形式不是由唯美主义美学所设想的那种"纯形式"，它本身处在与社会历史的某种关联之中。

由于巴尔特强调文学语言的历史条件，肯定写作活动不可避免的介入性质，因此与存在主义美学有某种相通之处。然而，他所理解的写作的介入与萨特所讲的"介入"又有重要区别。巴尔特在著写《写作的零度》时，虽未系统地接触结构主义语言学，但它的方法基本上与之相似。他不满萨特从文学的外部来研究文学的方法，力求深入到文学的内部，从写作的语言形式本身揭示其介入性，从而解剖资产阶级文学生命的内在危机，揭示写作与社会意识的内在联系，而不是像萨特那样，把文学或写作看做传达社会意识的工具或手段，从而强调其介入性。巴尔特与萨特的这种区别正显示了结构主义美学与存在主义美学的分歧。不过，应当特别指出的是，尽管巴尔特后来曾转向典型的结构主义，但他早年对关于文学语言和写作与社会意识相联系的思想却一直内含在他的整个结构主义美学之中，使之成为最关注社会学的结构主义理论，而且，他早年的这种思想还为他最终抛弃封闭、孤立的本文观念埋下了种子。

巴尔特思想发展的第二个阶段被称为(语言)符号的阶段，从1956年巴尔特阅读索绪尔的著作开始。在美学方面，以《符号学原理》(1964)和《叙事作品的结构分析导论》(1966)为主要代表，(关于巴尔特的叙事美学理论将在"叙事学"部分论述)。在这一阶段，巴尔特自觉地将结构主义的方法运用于美学和批评领域，扩大了结构主义美学的成果。但是，作为主要是美学家和批评家的巴尔特，与雅各布森和列维-斯特劳斯有一个重要的差别，那就是他在文学的结构分析中，比较自觉地对结构主义语言学的方法进行改造和发展。因此，一方面他坚持认为文学艺术乃至时装、食品、汽车等系统都是以语言为本质的，因而可以用语言学的方法进行分析；另一方面，他自觉区别了自然语言系统和人工（第二性）语言系统，试图在语言学的基础上，寻求分析后一种系统的方法。对此，有的研究者评论说："作为结构主义者，他向文学研究提出严肃的方法论问题，首先是要廓清研究的各个范围以及各范围间可能出现的转化。"[①] 正是在他的这种努力和影响下，法国结构主义美学具有了相对纯粹的美学色彩。

在《符号学原理》的引言中，巴尔特提出，文化系统都是依赖语言而存在的，现代文明比过去任何时候更显得是文字的文明。然而，他又认为，"真正的语言"不是自然的语言，不是语言学家们研究的那种语言，而是一种第二性语言。这种第二性语言不是凭空制造的，而是从自然语言派生出来的。关于第二性语言，他提出了"含蓄意指"（connotation）的概念。这个概念由现代语言学的哥本哈根学派代表人物叶姆斯列夫（Louis Hjelmeslev）创造，巴尔特又作了专门阐述，用它来指称严格

意义的语言结构的第二层或附属层的意义系统，它与自足的意指系统——直接意指——相对立。

巴尔特认为，一切意指系统都包含三个成分：能指（E），即表达方面；所指（C），即内容方面；意指作用（R），即能指与所指之间的关系。于是意指系统便可用 ERC 表示。这种意指系统是直接意指系统，它基本上属于第一性的天然语言系统。然而，在第二性的非天然语言系统中，情况就复杂了。如果把第一性的三个方面作为第二性系统的专门语言要素，就产生了两个相反的情况：（1）第一系统（ERC）成为第二系统的表达方面或能指（E）：

$$
\begin{array}{cccc}
 & & E & \\
2 & 1 & R & C \\
1 & & | & \\
 & & ERC & \\
\end{array}
$$

或表示为：（ERC）RC。也就是说，含蓄意指系统是一个由被意指系统构成其能指的复合系统。（2）第一系统（ERC）成为第二系统的内容方面，即所指：

$$
\begin{array}{cccc}
2 & E & R & C \\
1 & & & \overbrace{ERC} \\
\end{array}
$$

或表示为：ER（ERC）。一切元语言均属此类，一种元语言是一个系统，它的内容方面本身是由一个意指系统构成的，或者说，它是一种以符号为研究对象的符号学。

① 佛克马、易布恩：《二十世纪文学理论》，三联书店，1988年，第67页。

巴尔特认为，含蓄意指系统的单元和直接意指系统的单元大小不同，被直接意指的话语的较大片段可构成含蓄意指系统的一个单元。但含蓄意指不可能将直接意指的信息完全吸收，因此含蓄意指系统总带有多义性。这就涉及巴尔特对文学作品的看法。

在巴尔特看来，一部作品的所指由若干个第一系统的所指构成。作为一个含蓄意指系统，作品的所指在数值上小于第一系统的所指。这就产生了含蓄意指的第二性（或多重性）含义，即文学作品所特有的涵义。以"衷心哀悼"这个短语为例。从对死者亲属的关系上说，这表示"礼节上的周到"，这正是"衷心哀悼"这一短语直接意指之外的意义，即含蓄意指的第二性含义。也就是说，作为含蓄意指的能指的"衷心哀悼"，它的所指是"礼节周到"。如果这一短语运用于悼文，那么它的那种非直接意指"哀思"、"悲恸"的性质，恰恰构成了文学性文本的性质。巴尔特认为，隐含在天然语言里的这种第二记号系统，就是文学中的"文学性"。因此，文学中含蓄意指的含义也是无理据的、约定的、非理性的。

由于含蓄意指系统的多义性，巴尔特主张对文学作品文本进行多重角度的分析研究，而不要求对作品作确定的解释，因为这是不可能的。他不仅认为文学批评的任务是"勾勒出一幅作家写法的球面空间图"，而且还以作品含义的多义性或单义性来区别作品的优劣。他说，说一不二的文学是"坏"文学，反之，公开反对单义蛊惑的文学是"好"文学。

巴尔特思想发展的第三个阶级以《S/Z》（1970）的出版为确立标志，此时，他开始转向文本理论。文本（texte）原为语言学概念，意指构成某种语言中实际话语的一系列词句组合体，它是进行语言分析和语言描写的基础。结构主义者一般用"文本"这一概念来指称文学作品以及其他艺术性作品，表明他们所研究的文学作品不是其他的范畴，而是作为语言的、多层次纵横组合起来的话语结构。因此，在结构主义美学中，"文本"概念实质上类似于"结构"概念，只不过文本多指具体的文学艺术作品或审美对象，而结构则多指文本的本质或文本诸要素之间的关系。在《S/Z》中，巴尔特把文本看做是一个有读者积极参与的、开放的、生成的过程。这种新的文本观点集中体现在他的代码理论和文本阅读理论中。

《S/Z》是对巴尔扎克短篇小说《撒拉逊》的分析，在这部著作中，巴尔特提出了系统的代码理论。代码（code，又译信码）一般指从一种符号系统到另一种符号系统变换信息的一套预定规则，巴尔特则把它理解为构成文学作品以及所有文化产品的手段。他认为，文化的所有方面都有编码活动，文学作品的写作与阅读也有编码活动。这些代码包括文本的横向组合和语义两个方面，即它的各个部分之间相互关联的方式以及它们与外部世界发生关联的方式。他认为，代码不外乎是一种"引用关系"，它的唯一逻辑是"已做了"和"已读了"的逻辑。所以巴尔特讲的代码与结构主义的诗学模式不同：其一，结构主义诗学模式注重在文本的纯形式关系方面，而巴尔特引入了叙事的语义方面；其二，诗学模式往往是一种封闭的、静态的形式结构规则，而巴尔特的代码不能降为一种结构，也不能把文本本身降为一种代码在结构上的对应物。它只是不能被归结为语言的言语实例。代码参与文本的构造过程，但它自身并不完整。

巴尔特试图证明，文本是一种意指系统，完全具有能指作用的性质，而构成文本的代码就承担了意指功能。为此，他把《撒拉逊》拆解为 561 个词汇单位，然后用五种代码来说明文本的能指作用：

①阐释性代码。它是叙事的代码，其功能是提出问题，制造悬念和秘密，然后随故事发展而将问题解决。

②寓意代码。它决定小说的主题或"主题性结构"。

③象征代码。它是关于文本中以不同方式和用不同手段有规律地重复的可辨认的"集合"或结构，是使意义在其中变得多义和可逆的领域。

④行动代码。根据这个代码，我们可能考察故事的所有行动。行动是横向组合性的。

⑤文化代码。它提供社会的和科学的信息。

巴尔特把五种代码综合地运用于文本分析，认为：这五种代码构成了一种网络，一种整篇文本贯穿于其中的"图样"，可以说是文本在这种贯穿过程中成其为文本的。

巴尔特的代码理论固然有不少毛病，如分类不够合理，巴尔特把所有代码都理解为文化性质的，但又专列"文化代码"一类，似乎不能成立；更严重的是，他和其他结构主义者一样，在方法上有简单化之弊，把代码仅概括为五种类型，也常常遭到他人的非议。然而，他的代码理论证明了"纯粹"反映现实的现实主义之不可能。由于代码具有意指作用，因此，作为编码活动的文学只提供关于世界的符号而不是事实本身，而编码方式的选择必然表露出文本自身的社会意识倾向性。再则，由于文本是意指系统，它不是静态、封闭的结构，而是在代码相互作用关系中的一系列意指过程，它是生成的，因此，文本分析不是寻找或建构一个稳固、既定的结构，而是一种"抽绎"意义之线的拆散活动，而这种拆散活动就是创造性阅读。

巴尔特对文本的理解与一种阅读理论有关，虽然巴尔特似乎把拆散性的阅读看做是应文本自身的要求而产生的，因为文本自身是一个松散的生成结构，是一个生成过程；但从思想发展的角度来看，他的这种文本观念却是由一种独特的阅读理论派生而来的，也就是说，他把文本看做是在创造性地阅读或批评过程中产生的东西。

较早将阅读范畴引入结构主义美学的是托多罗夫。他把阅读看做是一种认识和批评作品的行为。他在《散文的诗学》中提出，阅读活动不应是寻找"隐蔽"意义的活动，阅读应关心意义的不同层次间的关系，关心文本作为一个系统所享有的复杂性。阅读是在显露的内容之外寻找"地毯上的图案"，即系统法则，因此，文本的结构与阅读行为有直接联系。他进一步认为，阅读是我们使自己的全部经验与文化相接触，获得"文化化"的一种行为，因此，他实际上通过阅读范畴把文本与文化联合了起来。托多罗夫的阅读理论几乎全部为巴尔特所吸收，不过，富于创造力的巴尔特更进了一步，他直接从读者和阅读行为的角度对文本进行分类。

在《S/Z》中，巴尔特提出了他的文学类型学。他把文学作品（文本）分为两大类：阅读的（lisible）文本和写作的（scriptible）文本。阅读的文本使读者无所事事，成为多余，所剩的唯一的自由是要么接受文本，要么拒绝。这样，文本使读者被动地消费它。而写作的文本则赋予读者一种角度，一种功能，让他去积极地创造，"参与"并意识到写作和阅读的相互关系，因而给读者提供了共同创作文本的乐趣。应当指出，巴尔特所说的写作的文本主要不是指我们通常说的为读者的能动再创造提供可能的作品，毋宁说这种文本本身就是一种创造性写作的实践，它本身就是在一种写作式的创造性阅读活动过程中生成的。巴尔特对文本的上述分类旨在破除结构主义传统的文本观，把静态、封闭、可预定的文本转化为动态、开放和不可预定的文本。

晚年的巴尔特成了一个享乐论者。他在《萨得、傅立叶、罗约拉》（1971）一书中宣称："文本是一种快乐的对象。"所谓"文本的快乐"（le plaisir du texte）是指阅读文学作品所获得的经验。在《S/Z》中，巴尔特把文本分为阅读和写作的；在《文本的快乐》中，他相应地提出了两种快乐：快乐（plaisir）和极乐（jouissance）。他分析说，快乐来自较直接的阅读过程，而极乐则来自中止或打断的感觉。他借用精神分析学的术语"断续性"，认为外衣裂开的地方正是身体最富性感的部分，而在阅读过程中，文本的高潮往往发生在那种秩序中止时。在公开的语言目的被突然破坏，并被极度兴奋地超越时，便会产生一种阅读的狂喜。巴尔特的"极乐"概念显然包含着性快乐。在他看来，作品中的缺失、缝隙、切口、收缩的处所是色情式的，这种裂隙就如同"外衣裂开的地方"一样，由于造成一种明暗的对立，而极富暗示性。他认为语言和文本都存在着色情式的蓄意，这正是引起极乐的主要原因。

巴尔特试图建立一种享乐主义美学和关于阅读快乐或关于快乐的读者的类型学。按照这种美学,每一次阅读的精神过程都充满了一种特殊的文本快乐:恋物欲者是片断、引语、短语修辞的热爱者;偏执狂是元语言、注释和阐释的操纵者;妄想狂是对隐秘和繁复过程的深刻的解释者和追求者;歇斯底里患者是抛弃了一切批评的距离而投入文本的狂热者。为了把文本引入快乐领域,巴尔特从"身体"的意义上去理解读者,认为文本的欢悦发生于我的身体追求它本身的观念之时。这种观点显然来自梅洛-庞蒂把言语与身体相类比,并把身体看做是一种对世界开放并与世界相联系的结构的思想。由于把身体看做是知觉的中心,所以,巴尔特可以把阅读文本产生的快乐看做是一种肉体的、心理的、无意识的、非理性的体验。

巴尔特关于文本的快乐的理论体现了其美学思想的另一种倾向,与其理智化、科学化的倾向是矛盾的。他一直是资产阶级既有文化的批判者。不过,他早年的批判具有一定的政治色彩,而到了晚年,由于法国左派在 1968 年 5 月至 6 月的造反已证明政治行动的"徒劳",他愈来愈转向非政治化。如果说《写作的零度》试图通过文学语言自身的形式结构来揭露资产阶级意识形态的虚伪性的话,那么,《文本的快乐》则试图通过享乐主义的语言符号游戏来瓦解维护资产阶级文化合法性的"结构"。他和著名的西方马克思主义者马尔库塞(Herbert Marcuse, 1898—1979)一样,从精神分析学中看到了性欲的破坏力量,不过后者设想把性欲作为浪漫的社会革命的内在动力,而他则把性的快乐("极乐")作为颠覆既定结构的语言力量,显示了其结构主义者的本色。他试图用这种语言的力量来改造语言本身,从而改造文化,以实现其隐秘的政治目的。而事实上,"随着他的语言游戏越来越离开符号学而转到享乐主义,巴尔特避免参与政治"。[①]

从结构主义美学自身的发展来看,巴尔特的文本理论已显示出与传统的结构主义方法的严重分歧。从《S/Z》开始,"结构"已被拆解成一系列断片,文本成为一个开放的、生成的过程,而文本分析成了拆散活动。这一切都表明巴尔特在其思想发展的第三阶段已开始转向后结构主义,正是这种过渡、转化的特征,使巴尔特的美学思想更显其独创性和丰富性,可以说,他对结构主义美学的最重要贡献是在这一时期做出的。

二、结构主义叙事美学

如果要找出法国结构主义美学最突出的成果的话,那就是叙事学。19 世纪的法

---

① 库兹韦尔:《结构主义时代》,上海译文出版社,1988 年,第 186—187 页。

国文学是以小说为主要代表的，而到了 20 世纪，法国小说又有了新的发展。然而，20 世纪法国的小说理论和批评仍停留在对作品中人物、情节以及作品的认识价值的分析上，很少对小说本身的特点，它的文学性的构成进行深入剖析。而结构主义理论家们却借助语言学的方法，试图科学地揭示小说的本质特征。他们把小说看做是一种叙事语言形式，用一种独特的结构分析方法对此进行研究，从而带来小说研究的革命，其革命性的成果便是叙事学 (la narratologie)。

如前所述，结构主义的叙事研究起源于普罗普和列维-斯特劳斯对童话或神话的研究。在《叙事作品的结构分析导论》中，巴尔特就像列维-斯特劳斯把结构主义语言学方法应用于人类学研究那样，主张把语言学方法扩展到叙事作品的研究方面。他认为，叙事作品有一套超越了国家、历史和文化的共同模式，它"存在于一切言语的最具体、最历史性的叙述形式里"，是一切叙述文学作品（小说、童话、神话、正剧、悲剧等）的潜在构成规则。因此，要探讨叙事的共同模式或潜在规则，首先就要学习语言学的方法，研究叙事的语言形式，即对它进行结构分析。叙事作品的结构在所有的叙事作品中，而叙事作品数量极大，无法用纯归纳的方法来研究。因此，

叙事结构的研究应该像现代语言学那样，"明智地"采用"演绎的方法"：先假设一个描述模式，然后逐步深入到与该模式既同又异的诸种类。从既一致又有差别的角度，获得统一的描述性的叙述分析，进而发现多样的叙事作品及其在历史、地理、文化方面的不同。他说："在目前的研究阶段，把语言学本身作为叙事作品分析模式的基础，看来是合乎情理的。"[1] 巴尔特的上述叙事结构分析原则代表了结构主义叙事学的基本方法论：即借助结构主义语言学方法，通过建立某种叙事语言模式来探索叙事作品的深层结构规则。

保裔法国结构主义文学理论家托多罗夫从语法的角度来探索叙事结构。在他看来，文学的话语无非是一个大句子，它受到一种普遍的语法规则的决定，这种规则就是叙述语法。所以，文学的结构研究把文学的话语作为对象就意味着把普遍、深层的叙述语法作为对象。他把普罗普提出的七个"行动范围"抽象提炼为三个层次：语义（内容）、句法（各种结构单位的组合）、语词（对具体的词和词组的使用）。他的主要兴趣是在句法层次上概括地提出一部叙述语法。

他在代表作《〈十日谈〉的语法》中，对《十日谈》各个故事的句法分析揭示了叙事结构的两个基本单位：陈述和序列。

---

① 转引自《美学文艺学方法论》（下），文化艺术出版社，1985 年，第 534 页。

陈述是句法的基本要素，即一个不可简化的基本叙述句。序列是可以构成完整而独立的故事的各种有关陈述的汇集或排列，即每个完整故事中的小故事。然后，他根据分割、组合、分布、构成的步骤来具体透视《十日谈》中的各个故事，使用从语法角度提出的模式：把构成陈述和序列的单位看成是各种词类、陈述和序列分别起着"句子"和"段落"的功能，构成整个叙述或作品。这样，可以把人物看做专有名词，把他们的特征看做形容词（分表状态、性质、身份三类），而他们的行为则是动词（可最后归结为改变情境、犯过错、惩罚三种）。这就得出了支配陈述和序列的组成规则，它们以句法规则的模式起作用。

在上述分类与组成规则基础上，托多罗夫把各种要素再重新综合起来得到叙述或作品的基本结构。名词（人物）与形容词（特征）或动词（行动）组合成陈述，三者的不同组合形成五种（三类）陈述语式：直陈式；命令式和祈使式；条件式和假设式。这三类陈述关系赋予序列以特征：时间关系；处理因果的逻辑关系；空间关系。这些关系决定序列（段落）的结构。序列又可分为属性的（涉及人物描写的故事）或惩罚的（涉及"法律程序"的故事）。①

托多罗夫的叙事语法研究实际上强调了文学作品的叙事形式方面，至于意义或内容却被不适当地排斥了。他指出，叙述等于生命，没有叙述就等于死亡。作品是通过它编选的事件来叙述自己的创造过程，作品的意义在于它讲述自身，在于它谈论自身的存在。

巴尔特的叙事学理论有一个发展过程。《叙事作品的结构分析导论》是其前期的代表作，在一定程度上概括了当时叙事美学的基本成果。在方法上，基本沿用结构语言学的模式。他把叙事作品看做一个大句子（话语），指出语言学为叙事作品的结构分析提供了一个关键的概念，即"描述层"。他认为，叙事作品由三个描述层构成，它们是：功能层，即普罗普所描述的人物功能，指基本叙述单位及其相互关系；行动层，即各类行动者及其关系；叙述层，相当于托多罗夫所说的"话语层"，指叙述者，作者和读者的关系。他认为，这三个层次是以逐步结合的方式互相连接起来的，只有在这种互相关联的结构中，功能、行动和叙述才有意义。但在《S/Z》中，他背离了这种基本照搬语言学模式的结构分析方法，转而把叙事文本看做是一个意指系统，叙事结构不再具有稳固的内在关系，而是代码相互作用的意指过程。

对叙事学做出重要贡献的还有法国文学理论家热奈特（Gérard Genette）。在其代表

① 霍克斯：《结构主义与符号学》，上海译文出版社，1987年，第97—99页。

作《叙事话语》(*Discours du Nécit*, 1972)中，热奈特首先对叙事概念进行了分析，区分出三个层次的含义：第一层含义是指叙述性文本中的叙述话语，这是最常见、最明显也最有意义的叙事；第二层含义是指话语表述的对象，即真实或虚构事件的连续；第三层含义是指叙述动作。为了避免将叙事的这三层含义相混淆，他提出分别以不同的单义词来表示叙事的这三个方面：用"故事"表示所指或叙述内容；用"叙事"表示能指，即文字、话语或叙述文本本身；用"叙述"表示创造性的叙述动作和功能。

热奈特的一个基本思想是，叙述是其不同组成层次间的相互作用的产物，叙事科学要分析它们之间的关系。这种整体的、全面的叙事研究是热奈特理论的最突出特征。他虽然以叙事话语为主要研究对象，但他所说的叙述话语分析，时而涉及话语和所述事件（故事）关系的探讨，时而又涉及对话语和创造话语的叙述动作两者关系的研究。他认为，没有叙事这一中介，故事和叙述就不可能存在。但与此相应的情况是，只有通过讲述一个故事，叙事话语才能成为叙事；只有经过某人的讲述，它才能成为话语。没有故事，它就将不是叙事（而是诸如斯宾诺莎《伦理学》之类的东西）；没有某人的叙述，它就不是话语（而是诸如考古学文件之类的东西）。作为叙事，它之所以能够存在，是由于它与它

们所讲述的故事的关系；作为话语，它之所以能够存在，是由于它与它所提供的叙述关系。由此可见，热奈特主张的是以叙事话语为中介的系统全面的叙事研究。

在分析叙述性文本三个层次的关系时，热奈特还深入考察了叙事话语的三个方面，它们与语言中动词的三个特点有关，即时态（tense）、语气（mood）和语态（voice）。时态指故事与叙事间的时间关系，即时间差再排列和节奏（频率）。语气涉及距离与视角、特写与叙事，它与时态一样是故事的关系，但更多地与视角有关，而不是与事件有关。语态涉及叙述文本的第三层次，即叙述以及叙述与另外两个层次的关系：首先是叙述人所述故事与话语之间的关系，然后是他与他的观众（读者与故事中的人物）之间的关系。

叙事学在整个结构主义美学的发展中占有很重要的位置。首先，它标志着结构主义美学领域的拓展。雅各布森的诗学乃至捷克结构主义的美学理论主要集中在诗歌领域，而叙事学则拓展到小说和包括戏剧、电影在内的叙事艺术领域，从而大大丰富了结构主义美学理论。其次，它带来了结构主义美学方法论的丰富和发展。通过以上对叙事学发展的概略描述，我们可以看到，叙事的结构分析经历了一个从照搬语言学方法，到对它加以发展、改造和丰富的过程。在对叙事结构进行多层次、多角度的分析过程中，一种更适合于文学

艺术作品分析的结构主义方法被逐步地建立起来。巴尔特愈来愈强调文学语言与天然语言的差异，而热奈特甚至认为具体的文学文本可以变更或破坏一般的叙事语法。而且，正是在叙事结构的研究中，意义、阅读等范畴才被引入到结构分析中来。事实上，叙事美学的一个基本思想是把叙事看做一个复杂的通信过程，它必然包含着说话人（叙事者）与受话者（读者），这样，叙事范畴本身就意味着静态、封闭、既定的结构趋向解体。在这个意义上说，叙事学及其自身发展内在包含着由结构主义向后结构主义转化的因素。

三、戈德曼与小说社会学

我们知道，结构主义美学代表着自俄国形式主义以来的一种艺术观和批评方法，即拒绝把艺术作品与社会现实、作者生平及创造意图结合起来研究的实证主义方法，要求把艺术作品与社会历史、作者分离。结构主义者继承索绪尔语言学的观点，认为艺术作品与社会现实无对应性关系，作品的审美特质就在其语言形式之中。这种方法的致命弱点是从反对实证式研究走向另一极端，即割裂了艺术作品与社会历史的联系。而戈德曼提出了一种发生学结构主义理论，他一方面不同意把作品和社会现实或作家个人作"简单对位"的"传记式研究方法"，另一方面又反对把作品与社会历史完全割裂开来，而是试图寻找作品结构与社会意识结构之间的辩证关系。他的学说虽然并不代表结构主义美学的主流，但又以观念和分析的独特性而引人注目。

戈德曼的发生学结构主义运用皮亚杰的发生学结构主义原理来说明社会结构的功能和来源，并把说明社会结构的来源（发生或转换）作为说明社会结构的主要方面。同样，他也侧重于文学结构来源的研究。在颇有影响的著作《隐蔽的上帝》（1955）中，戈德曼指出："一种思想、一部作品只有当它融合于一种生活、一个行为的整体中，才会显示出它的真正的含义。"因此，只有通过对一定历史时期某一个社会集团的行为的研究，才能使我们理解作品的意义，而作品与一个社会集体的联系是与其意识形态上的联系。他说：

"文学创作的集体特征出自于这样一个事实：作品世界的结构与某些社会集团的精神结构是对应的，或者说它与它们有心智上的联系。"[①]

他所说的"精神结构"不是语言结构，而是概念的相互联系样式。它指某些有特权地位的社会集团所具有的一种起支配作用的意识形态形式。他受卢卡契（Georg Lukács，1885—1971，西方马克思主义的创始人之一）的影响，把现实与思想、客体与主体看做是一个相互关联的辩证整体，

---

① 戈德曼：《小说社会学》（*Pour une sociologie du roman*），巴黎，1964 年，第 345 页。

而作品的研究应放在这个整体中来进行，具体地说，就是要研究作品的结构与"精神结构"之间对应的"统一连贯性"。

因此，他认为对作品的研究应通过两个相关的步骤——理解和解释——来完成。理解是揭示作品内在意义结构的过程，它仅限于作品本身；解释是把作品的意义结构放在"精神结构"的关联中来考察，关键在于阐明"精神结构"如何既包容作品的内在结构，又超越作品本身而具有普遍意义。

戈德曼的上述理论体现了试图在结构主义方法与历史—社会方法之间架设桥梁的努力，这与他自觉地吸取马克思主义学说很有关系。不过，戈德曼并不像马克思主义那样强调经济基础对作为意识形态的文艺的决定作用，而是作为一个结构主义者努力探索作品结构与意识结构之间的关系。当然，他的"精神结构"超越了结构主义者普遍追求的"深层结构"，它不是某种永恒不变的无意识形式，而是一定社会集团的世界观形式。从马克思主义美学发展的角度来说，戈德曼对作品与精神结构辩证关系的探讨为我们深入研究艺术与社会意识和经济基础的关系，提供了某些启示。卢卡契曾着力探讨了文学作品的形式与社会现实的结构之间的对应性关系，而戈德曼又探讨了作品结构与社会意识之间的对应性关系。如果把"精神结构"作为作品结构与经济关系结构之间的一个中介

环节，对于克服美学中的庸俗社会学，丰富我们对艺术与社会现实之间关系的复杂性的认识是有帮助的。另外，从结构主义美学发展的角度来说，戈德曼强调作品结构与社会意识之间的对应关系，是对严格意义上的结构主义的挑战，它为结构主义向后结构主义转化起了某种推动作用。

第四节　后结构主义美学

后结构主义的主要代表是以巴黎"太凯尔"（Tel Quel）杂志为中心的一群哲学家和文学理论家。德里达、德勒兹、巴尔特、索勒和克莉斯蒂娃都是"太凯尔"团体的领袖人物或主要成员，福科和拉康也与该团体有较密切的关系。

我们在描述结构主义美学的发展历程时，已经多次指出过一些结构主义者向后结构主义转向的迹象，特别是巴尔特，在进入20世纪70年代以后，愈来愈明显地背离了结构主义的某些基本原则，而这些原则却是他在60年代所赞同和实践过的。结构主义与后结构主义的这种复杂关系使我们很难在它们二者之间划一条明确的界线。

然而，后结构主义对结构主义强有力的挑战和批判则体现了它们之间的严重分歧，这主要集中在三个原则问题上：(1) 对静态、封闭、居中心地位的结构或文本进行拆解；(2) 对完全排斥历时性研究的结构分析方法加以改造；(3) 对以"二元对立"关系为基础的建立模式的方法

加以批判。包含在后结构主义理论中的社会政治意义是试图通过对封闭、稳固结构的拆解或颠覆，对资产阶级既有文化和制度的合理性加以否定，以达到一种曲折的社会批判目的。因此，后结构主义者一般都强调文学与文化、社会意识的联系，试图从文学语言形式本身揭示出它的历史文化性质。

后结构主义美学以德里达的解构主义为代表。德里达生于阿尔及利亚的比亚尔，1949年去法国求学，50年代中期去美国哈佛大学深造，1960—1964年在巴黎大学执教，1965年以后一直在巴黎高等师范学校讲授哲学史，并任哲学系主任。他还是美国约翰·霍布金斯大学和耶鲁大学的客座教授。因此，德里达的学说不仅在法国有较大影响，而且在美国也有不少追随者。美国的解构主义文学批评就是在德里达的影响下发展起来的。

1962年，德里达翻译了胡塞尔的《几何学起源》，并为之写了一篇很长的导论，文中包含了他后来一些为人熟知的观点的萌芽。这篇论文和他后来写的《言语与现象》（1967）、《写作与差别》（1967）等，都是从研究胡塞尔的现象学入手，开始对西方传统哲学进行批判。他的其他主要著作还有《播撒》、《哲学的边缘》、《观点》（1972）、《丧钟》（1974）、《激励》（1976）、《绘画的真理》（1978）、《明信片：从苏格拉底到弗洛伊德和彼世》（1978）等。

德里达以其对结构主义乃至欧洲哲学传统的尖锐批判而引人注目，成为当代法国最重要的哲学家之一。他的后结构主义是一种解构主义（deconstructalism），其基本出发点是对"逻各斯中心论"（logocentrism）的批判。他指出，自柏拉图以来的欧洲哲学一直被"逻各斯中心论"（亦即词义中心论）模式统治着。他把这种模式看做是以现时为中心的本体论和以口头语言为中心的语言学的结合体。这种模式以某种外在的绝对参照物为核心，把人的观念、理论看做是某种本质、真理或上帝的意志等外在绝对物的显现。这种模式的一个语言学前提是语言从属于外在的某种思想观念，又能完善地表现思想观念。德里达认为，索绪尔的语言学由于切断了语言与外在之物的对应性联系，所以是一种革命性的思想。但是，他又进一步指出，索绪尔仍未能摆脱上述模式的影响。例如，把文学看做语言的表现，把书写看做是言语的机械模仿，正表明了某种"逻各斯中心论"的存在，德里达把这称为"语音中心论"（phonocentrism）。他认为，这两种中心论是要求书写服从言语、言语服从语言、语言服从存在，这是一种"粗暴的等级观念"。他试图颠倒一系列既定关系，从而颠覆这种等级制度。

为此，他倡导一种解构主义的批评方法。解构一词源于海德格尔《存在与时间》中所用的"destruktion"一词，意为分解、翻掘和揭示，指的是一种文本阅读方法。而德里达把阅读看做是一种写作活动。他认为，写作本身存在着某种最终逃避一切系统和逻辑的控制的东西，它像任何语言过程一样，也依靠区别进行工作。在写作过程中，意义不断地隐现、流溢和扩散，它们不能完全纳入文本的结构范畴。这种情况在文学的话语中最为显著，但其他一切类型的写作亦是如此。例如哲学也是某种类型的写作，这种写作把语言的能指幻想地埋没下去，而让所指显示出来，结果造成了某些超出准确、规范意义的"剩余"。这就消除了文学与非文学的对立，于是写作这个解构的概念，以其无穷尽的区别活动和延缓活动，对经典的封闭、确定、稳固、单一的结构概念提出了挑战。

德里达认为，文本自身也是零散的。他指出，结构主义用于建立模式的基本原则，即二元对立的认识方式，恰恰是结构消解的内在机制。他指出，二元对立的两项在文本意义过程中是互相颠覆的。对于男性统治的社会来说，男人是基本原则，女人是受排斥的对立项，只要牢牢保持这一区别，似乎就构成了稳定、严密的结构关系。然而，男人与女人实质是相互规定的，男人对女人的排斥最终会导致对自身以及与女人的既定关系的威胁。因此，二元对立项为了保持自己，有时竟会导致自己的崩溃，使似乎稳固的结构趋向消解。只要我们认识到在对立的二项中，一方怎

样秘密地内在于另一方，我们就可能拆散这些对立面。解构批评的基本思想方法就是揭示以二元对立为模式的文本怎样妨碍它自己起支配作用的逻辑系统；使它的自相矛盾之处自行显露出来，这种显露也就是解构。

依据这种思想方法，德里达十分注意作品中某些游离于二元对立组之中的边缘性碎片，诸如脚注、反复出现的小词或意象、偶尔使用的典故等，然后把它推向致使二元对立组本身被拆卸的地步。在这个意义上说，解构就意味着否定：它否认有恒定的结构和明确的意义，否认语言有明确的指称功能，否认作者有权威，否认理性、科学和法则。因此，解构的阅读就成为一种非理性主义的游戏，一种享乐主义的快感。这种观点在巴尔特的后期著作中也有充分的体现。

德里达的解构主义批评理论较集中地体现在关于"缓别"、"播撒"和"踪迹"的理论之中。

缓别（différance）是德里达自创的新词，是由法文的 differer 变过来的。它本身可以分解为两个意思：一个意思是差异，即"与……不同"或"不同于"，主要诉诸空间；一个意思是延缓，即"推迟"、"延期"、"耽误"，主要诉诸时间。这个词的这两种意思都得用，一方面用以解释语言的任何一个成分都与文本中其他成分有关，另一方面用以解释该成分与其他成分又有

区别。这个概念表明：一种成分的功能或意义从来都不会充分表现出来，因为它得依靠与其他成分的联系。它与其他成分的关系是一种承前启后的关系；同时，它又是作为一个成分而存在，因为它与其他成分不同。德里达解释说，différance 是一个结构，一种运动，它不能基于现在与未来的对立来设想。它是各种差异及其踪迹的系统游戏，是各种元素据以相互关联的空间游戏。由此可见，语言的差异和延缓导致了解构式阅读的多元性和未完成性。

后来，德里达又提出了一个"播撒"（dissémination）的概念，它实际上就是différance 的扩展。他认为，由于文本存在着差异和间隔，因而造成延缓，所以信息的传达（写作）不是直接的一次性呈现，而是如同播种一样，这儿撒一点、那儿撒一点，不形成中心地带。

德里达认为，"文本"不是一个业已完成的写作集子，不是一本书里或书边空白之间的存在的内容，它是一种起区别作用的网状结构，是由各种踪迹织成的织品。而写作就是制造踪迹的活动，它像在沙漠中旅行，沙漠可说到处有路，也可说到处都没路，作者面对沙漠，就要寻找道路。他在写作中发现了一座不可见的迷宫，在沙漠中建筑一个城市。读者可以追循作家在沙漠上留下的足迹，去搜寻茫茫沙漠中的意义之城。事实上，德里达认为文本和写作不提供既定的结构和明确的意义，而

只是提供了我们借以追寻意义的一系列"踪迹"。这些"踪迹"以无限多样的方式构成一定的网络，阅读就是循着"踪迹"而对文本进行不断解构，并进行新的组合。因此，文本的意义是多重的，也是无限的，它要求我们发挥想象力，以便自由地让作品显露出自身的意义。

德里达认为，意义是由差异的游戏产生的，这种游戏又依赖于某些名词的不出场。"踪迹"是区别性的，它在"不出场—出场"的差异游戏中起作用。他指出，"踪迹"是写下而又抹去的、意义半隐半现的标记或文字。"踪迹"原来意味着一个不出场的物的现在的符号，一个为这种不出场在其过去之后，在已经出场的场合留下的符号，因此，"踪迹"是出场与不出场的差异和矛盾。而且由于此，文本为解构的阅读提供了可能。

解构主义批评乃至整个后结构主义美学在文本、写作、阅读等问题上修正了结构主义美学的某些缺陷，但并未从根本上给结构主义美学提出新的发展方向。后结构主义美学虽然强调文本的开放性，阅读和写作的能动性，并肯定文学作品与文化、历史等方面的联系，但在某种意义上说，它比结构主义美学更远离现实，对文学语言结构的理解更狭隘。所以，列维-斯特劳斯把后结构主义者称为"小结构主义者"，认为他们运用结构分析方法，局限于文本、话语叙事方面的研究，而不与真实现象相

联系，所以不能找到"真正的结构"（人类普遍的深层结构）。① 这种批评是有一定合理性的。后结构主义并未真正使文本与人类生活和历史联系起来，而是从语言形式本身把文化理解为既泛化又稀薄的东西，最终把文学作品理解为一连串能指的差别性游戏。这种美学理论一方面继承了法国哲学的社会批判传统，具有社会、文化批判的意味；但它另一方面又是对社会现实的逃避，显示了一种享乐主义倾向。这种"醉翁之意"既不在酒，又不在山水之间的怪现象，正表明了后结构主义美学是"介入"与"回避"的奇妙结合。英国文学理论家伊格尔顿（Terry Eagleton）曾评论说："后结构主义是兴奋与幻灭、解放与纵情、狂欢与灾难——这就是1968年——的混合产物。后结构主义无力打破国家权力结构，但是他们发现，颠覆语言结构还是有可能的。……学生运动从街上消失了，它被驱入地下，转入话语领域。"② 这段话能帮助我们理解后结构主义何以极端地仇恨"中心论"、"等级制"，乃至一切稳定结构，但这种批判又仅仅限于语言形式的深刻原因。

在方法论上，后结构主义美学也常常陷入两难困境：一方面反对"逻各斯中心论"和理性的阅读、批评方式，另一方面自己又要建立起一套解构主义的文学理论，并要以解构批评的态度去阅读；一方面反对传统的哲学和语言学模式，另一方面又只能沿用传统的概念术语来表达更传统的思想，并提出了一种反模式的模式——解构模式；一方面否定了个体的主观性和个性，另一方面又追求放纵的文本游戏，追求写作与阅读的随心所欲和享乐主义。这不仅造成了后结构主义美学批判力较强，而理论建树较弱的尴尬局面，而且潜伏着自我颠覆和解体的危险。这种危险在巴尔特的《情人絮语》（1977）中有明显的体现。该书以"片断"的文本形式，表达了后结构主义的美学观，它自身也是实践解构主义理论的文学作品。巴尔特试图以文本的多义性和解读的无终止性反对文学中的个性主义，但它造就的这个文本的无拘无束的个性自由写作方式，以及这个文本所要求的自由阅读方式却又具有强烈的个性主义倾向。在这种悖论的格局中，我们可以看到巴尔特和其他后结构主义者既批判传统又否定自身的特点。

第五节　结语

结构主义美学是运用结构主义语言学的模式来分析、研究作品构成法则的现代西方美学思潮。它未曾建立起完整的美学

---

① 库兹韦尔：《结构主义时代》，上海译文出版社，1988年，第248页。
② 伊格尔顿：《二十世纪西方文学理论》，陕西师范大学出版社，1986年，第178页。

理论体系，而主要是体现于以文学为主要领域的各种艺术理论和批评实践中的一种独特哲学观和方法论。结构主义美学思潮在20世纪六七十年代盛极一时，不久便消退了。但结构主义分析方法却已渗透到西方美学的各个方面，其影响至今仍清晰可见。因此，了解和深入研究结构主义美学对于我们认识这一美学流派，把握现代西方美学的总体格局和某些方法，并加以批判地吸收，都是很有必要的。

结构主义美学的基本哲学观和方法论是同结构主义哲学相一致的，其基本特点已在前面论及。下面，我们主要对运用结构主义方法于美学研究的得失作一简略的评论。

结构主义美学把艺术作品的语言形式看做是其审美特性的唯一来源，从而把它孤立起来，加以"客观的"结构分析，这种分析的结果是，艺术作品被描述成一个服从审美目的的多层次的符号系统或语言结构。在结构主义者看来，作品中的素材是无意义的，作品的意义产生于各要素的相互关系之中。这种整体的、系统的观点旨在克服古典美学中长期存在的内容与形式的对峙，对我们深入探讨作品的构成是有一定启发的。但是，结构主义美学把作品这一系统与它之外的其他系统分离开来，只讲作品对现实生活和主体的独立，而不讲它们之间的联系，这就使作品成了一个非价值的、无生命的怪物。当然，对艺术作品本身的审美特性进行研究是完全必要的，正如当代结构主义批评家休斯说的："在把'文学性'与'非文学性'相对立之前，我们根本无法解释文学性。"① 但是，我们要补充说：在把"文学性"与"非文学性"相互联系起来之前，我们照样无法充分解释文学性，而且"文学性"是否仅仅源于作品也是大有问题的。只有在艺术作品结构与意识—无意识结构、社会现实结构等一系列联系和区分的双向活动中，才可能揭示作品的审美特性。在这方面戈德曼、拉康和后结构主义的一些理论显示出了打破封闭、静态的作品结构的趋向，但他们最终囿于"语言的囚牢"而未能有所突破。

结构主义美学受索绪尔语言学的影响，注重对艺术作品作静态的共时性分析，忽略了历时性描述。这种方法的优点是便于集中、精密地剖析某一历史时期艺术作品系统的内部结构关系和构成法则，避免将发生学的描述代替对该系统现存状况的分析，因为一个事物的形成过程与该事物形成之后的结构关系与功能是有别的。但是，世界处于不断变化发展的过程之中，作为人文学科的美学应当把艺术发展过程的研究作为自己的一个重要组成部分。而且，

---

① 休斯：《文学结构主义》，三联书店，1988年，第16页。

由于事物的发生过程与事物的现存结构毕竟是有关系的，对这个过程的认识也有助于更好地把握事物的结构。在这方面，结构主义美学存在着明显的缺陷。造成这种缺陷的原因主要有二：第一，结构主义者照搬索绪尔的语言学模式。但是索绪尔强调语言的共时性研究，是以符号的能指与所指之间关系的任意性为条件的，而文学艺术的语言符号，作为一种人工创造的产物，它的能指与所指是否也完全是任意的关系呢？它的语言形式与审美心理表现之间是否也没有对应性关系呢？如果承认艺术语言与自然语言在上述问题上有差异，那么，对艺术作品只作封闭、静态的分析就成问题了。第二，结构主义者一般都相信，支配着艺术作品构成形式的深层结构是永恒不变的。这种反历史的观点导致了结构主义美学对结构发展的漠视。当然也有个别的例外。如托多罗夫就曾提出过一种结构主义的文学史观，主张与共时性的内在性研究不同的"历时性"研究。应当指出，这种"历时性"研究与历史的方法是有别的，因为托多罗夫认为，文学史不应该以作品在与社会现实联系中的起源为对象，而应以一种文学系统与另一种文学系统的辩证对立运动为对象。他认为，文学史是一种文学话语系统代替另一种文学话语系统的历史，它的发展是一个系统逐步成长，最终辩证地否定自己的过程。这种文学史观与库恩著名的科学思想发展史

观类似，为我们分析文学发展的内部规律提供了一种可行的方法。但是，由于托多罗夫仍把文学与社会历史割裂开来，于是文学发展的动力只能归于人类永恒的深层结构，在这种悖论中，托多罗夫不可能全面揭示文学的发展规律。

对文学语言的特性与规律的研究是结构主义美学最突出的成果。文学作为语言艺术与语言的直接联系为使用语言学方法的结构主义者提供了充分施展其特长的研究领域。从雅各布森的诗学到法国的叙事学和解构主义批评理论，都对文学语言的特性，构成法则和作用方式作了精密细致的分析研究，为我们探索文学作品的审美特征构成提供了十分有效的手段。从西方美学发展的历史来看，尽管结构主义美学出现之前，对于文学语言的研究已有一定成就，但结构主义美学却是把文学的语言本性放在最突出地位，并对它进行了最深入细致研究的一种理论。另一方面，我们也发现，结构主义者把文学语言归属于普通语言模式，虽然后结构主义也曾自觉地探索文学语言的独特性质与功能，但他们基本上是用一种改变了的语言模式来类比地描述文学作品。因此，结构主义者虽然宣称要从文学作品的语言形式中概括出"文学性"来，但实际上，结构主义美学从来也没有真正确定文学的特性。这主要是因为，结构主义者认为构成文学之生命的不是别的，正是语言本身，因此，他们对

文学和其他艺术作品的审美特征的分析最终总是还原为语言学问题。在这一点上，结构主义从反面告诉我们，借鉴其他学科的研究模式或方法，必须对它进行充分的改造，使之与不同的研究对象相适应。然而，结构主义者毕竟为美学引入了一种科学方法，这种方法为美学对审美对象、审美心理和艺术作品的内部研究提供了某些途径，为美学超越经验形态、克服主观独断论提供了某些可资借鉴的手段。不过，科学方法有一种追求可分析性和可简约性的倾向，这在结构主义美学中体现得相当充分。结构主义者往往武断地将艺术作品中某些缺乏普遍性或难以模式化的个性因素抛弃掉，因此，他们所得到的作品的结构模式与我们经验到的审美对象之间有很大的差异。结构主义者似乎过分追求分析的清晰性和模式的普遍性，忽视了作为审美对象的艺术作品本来就具有的模糊性和个性，它们往往拒绝精密的分析。在这一点上，后结构主义者力求加以补救，但尚

未得出满意的结论。美学作为一门人文学科，在吸取科学方法的过程中如何保持和发挥自身的特性，这是值得我们认真思考的问题。

结构主义美学在自身发展的过程中，虽然对语言形式本身的分析愈来愈复杂，但有一种愈来愈远离现实和历史的狭隘化倾向。如果说，在列维-斯特劳斯的神话结构研究中，还有一种将作品的语言形式与人类普遍的精神结构和生活信念相联系的努力的话，那么，在具有唯文本论倾向的叙事学和后结构主义美学中，这种深层的联系也被切断：作品成为一种语言游戏的享乐对象。福科和女权主义文学理论虽较注重文学与社会、政治的联系，但这种联系也很不牢固，而且这种倾向并不能代表结构主义美学发展的主流。从理论自身发展的角度来说，结构主义美学的狭隘化发展正是它生命力衰竭的表征。结构主义美学的这种命运不正从反面给我们以启示，应该注重观念的开放和方法的多元化吗？

第二十一章　解释学美学

最近二三十年来以伽达默尔为代表的现代解释学美学（Hermeneutic Aesthetics）的兴起是不可忽视的一股潮流。解释学美学方面的著述真可谓是比比皆是，不仅如此，受解释学美学的影响，近一二十年来也出现了一些可称之为解释学美学分支的美学或文艺学流派，像"接受美学"、"读者反应批评理论"等。

解释学美学主要是由解释学这个名称而来的，而解释学本身与美学就具有着极其密切的关系，这一方面是由于解释学本身具有着明显的美学意义，解释学所阐述的一些原则和理论直接地就能运用于美学研究。美国哲学家帕尔马（R. E. Palmer）指出："解释学是所有人文科学——所有那些解释人们作品的学科——的基础。"① 另一方面是由于历史上的解释学思想家们大多都直接地对一些美学问题进行解释学思考，从而推出了一些属于解释学美学的思想。

本章所述的解释学美学包括前者，但主要是指后者，即历史上的一些解释学思想家们对美学问题所作的一些解释学思考。

第一节　解释学和解释学美学的历史发展

解释学（Hermeneutic）一词来源于古希腊文 hermēneuein，意指用某事物来说明其他事物的解释活动，出自于古希腊神话中的传信神赫耳墨斯（Hermes）的名字。在古希腊神话中，传信神赫耳墨斯的主要工作是给人间传递神的消息，从而使人们能够理解神的意旨。因此，在最早的古希腊时期，解释学一词就具有向人们作解释的意思。美国哲学家帕尔马对此阐述道：

---

① 帕尔马：《解释学》，伊文斯顿，1969 年，英文版，第 10 页。

"若追踪回到古希腊文中最早所知的词根，现代'解释学'与'解释学的'一词的来源表达了一种'使知'的过程。"① "使知"就是使人们明白，向人们说明、解释等。

在中世纪，解释学主要成了一门解释《圣经》的宗教解释学。当时，在宗教研究中出于对《圣经》经文理解的需要，曾出现有关文义解释的标准、方法和目的等方面的争议，于是形成了有关《圣经》经文的"释义学"（exegesis）和考证古典资料的"文献学"（philology）。所以，解释学在整个中世纪主要是以神学解释学的面貌出现的。1898年版的《大英百科全书》所界定的解释学主要是就这种中世纪的神学解释学而言的，该版《大英百科全书》就"解释学"条目写道："解释学是探讨有关《圣经》教义的解释的神学科学分支；它被不同地描述为〈1〉《圣经》思想的发展与交流理论；〈2〉在理解和解说《圣经》作者的思想方面使之清晰化的科学；〈3〉《圣经》译者注释方法的研究，以及〈4〉消除读者与《圣经》作者之间分歧的科学。"② 可见，古希腊和中世纪的解释学尽管也是对人类理解和解释活动的研究，但当时的研究明显地是狭义的。所以，我们说，在古希腊和中世纪只有解释学，而没有解释

学美学。

解释学美学的出现是解释学触及解释中的普遍性问题，从而获得了哲学特性，成为哲学解释学以后的事。由于哲学解释学的诞生始于施莱尔马赫，经过狄尔泰的改造，在海德格尔和伽达默尔那里成形。因此，解释学美学也始于施莱尔马赫。

一、施莱尔马赫的哲学解释学

德国浪漫主义宗教哲学大师施莱尔马赫（F. Schleiermacher）在西方解释学史上，首次将以前古典释义学和文献学的一些个别规则作为理解和解释的一般原则去研究，从而首次使解释学以哲学解释学的面貌出现。基于此，后人就称他为现代哲学解释学的创始人。西方学者麦道克斯（R. Maddox）就指出："现代解释学的讨论起始于这位被普遍认为是在一种系统化和普遍化方式中创立解释学的人——施莱尔马赫。"③ 另一位学者艾玛斯（M. Ermarth）也同样指出："施莱尔马赫被普遍认为系统地创立了解释学的基本原则。"④

施莱尔马赫于1768年降生于一位加尔文派的神甫之家。早年热心于研究康德哲学。1810年成为柏林大学神学教授，并被授予普鲁士皇家科学院院士衔。以后，他作了大量有关解释学方面的讲演，其中有

---

① 帕尔马：《解释学》，伊文斯顿，1969年，英文版，第13页。
② 《大英百科全书》，第2卷，芝加哥，1898年，英文版，第741页。
③ 麦道克斯：《解释上的循环》，见《今日哲学》，1983年，第27卷，第66—67页。
④ 艾玛斯：《解释学的改造》，见《一元论者》，1981年，第64卷，第178页。

不少直接触及美学问题。1834 年，施莱尔马赫突染肺病，一周后便离开人世。施莱尔马赫在世时，很少有他的著作出版。在他逝世后的第四年，他的第一部解释学著作《解释学与批评》（*Hermeneutik and Kritik*）才由他的学生吕克（F. Lücke）根据他的笔记、讲稿整理出版。施莱尔马赫的全部著作直到 1958 年，即他逝世后的一百二十多年，才由伽达默尔的一位学生基姆尔勒（H. Kimmerle）整理出齐，其中包括一部《美学讲演集》。

施莱尔马赫在历史上首次将解释学作为一种"理解的艺术"① 去看待。他认为，由于我们所使用的词义以及所具有的知识的变化，典籍本文直接呈现的东西就不会是作者真实的原义。解释学研究必须通过批评的解释来恢复本文产生时的历史情况和揭示原作者的心理个性，从而达到对作品的真正理解。他指出，解释学不是为了克服解释者对文义偶然的"不理解"，而是为了解决由于作者与读者的时间间距所导致的必然的"误解性"。在施莱尔马赫看来，要解决这种误解性具体方法有二：其一，从本文所用语言的语法关系上去进行解释；其二，从本文作者创作该本文时的心理构成上去进行解释。后来的伽达默尔非常赞赏施莱尔马赫所述的这种语法解释

和心理解释。伽达默尔认为，施莱尔马赫的这种语法解释首次揭示了理解的语言性，而心理解释则首次把以往解释学最为忽略的个人心理特性部分引入到解释学中。由于施莱尔马赫所阐述的一些解释学原则具有普遍意义，它是就理解的一般性问题而言的，因此这些原则本身就具有美学意义。不仅如此，施莱尔马赫还专门对一些美学问题作出直接论述，著有著名的《美学讲演集》。

施莱尔马赫认为：美学所涉及的是人类精神的自由活动，因此美学首先要对人类精神的自由活动作一般的把握。他指出，人类精神的一般活动中既有普遍的共性存在，也有个体差异存在。他在其《美学讲演集》一书中说道："人类认识的历史清楚地表明，在一个时代中属正确的认识，到另一个时代就会成为错误。在一段时间里，某种认识形态得到了普遍承认，但随着另一个时代的到来，这种曾得到普遍承认的认识又会遭到废弃。随着旧认识的废弃，一般又会使另一些与之相反的方法被大多数人所接受……这样一来，法则乃至在某个时代得到认可的思想体系，都必须被视为是暂时的东西。"② 施莱尔马赫将这样的观点推及艺术就指出："从自在和自为角度

---

① 施莱尔马赫：《解释学》，米苏拉，1977 年，英文版，第 99 页。
② 施莱尔马赫：《美学讲演集》，见《施莱尔马赫全集》第 4 卷，莱比锡，弗里克斯·韦纳出版社，1911 年，第 94—95 页。

看，艺术不是为了创造同一性，而是为了创造某种特定的印象。"① 他还指出，艺术具有多样性特点，"而多样性表现在民族差异上，因为，没有一个民族会与另一个民族具有相同的审美观，因此，不同民族对事物的感觉方式也不会相同。这样，创造本身就会体现某个群体的倾向，因此，从根本上看，创造就不是个人的活动，而是一个民族的活动。……艺术是与民族差异性相关的，艺术在本质上含有民族差异性。"② 基于此，施莱尔马赫甚至指出："我们不应努力去寻求普遍的艺术概念，也许根本就没有普遍的艺术概念存在。我们必须对各个领域作专门的考虑，或者必须采取另一种方式。"③ 施莱尔马赫的解释学原则与其美学主张的内在联系在此表现在将艺术理解视为一种由不同心理构成所制约的活动，正由于此，艺术才呈现出差异性。艺术由人的心理构成所决定，所以施莱尔马赫非常推重艺术活动中的心理因素。他说："我们到处都能分辨出纯粹的内心活动，这就是真正的艺术活动，外在表达是第二性的，真正的艺术活动绝不属于它。"④ 他还说："真正的艺术活动是在内部完成的，外部制作是第二性的，是用机械方式进行的活动，所以，不能将其归之于艺术范畴中。"⑤ 施莱尔马赫在西方解释学史上是第一位对美学问题作出直接论述的解释学哲学家，因而他不仅是西方哲学解释学的创始人，同时，他也是西方解释学美学的第一位代表。

二、狄尔泰的历史哲学解释学

施莱尔马赫之后，狄尔泰（W. Dilthey）是西方解释学史上的一位重要人物，他把解释学与历史哲学融为一体，从而发展了施莱尔马赫的哲学解释学。

狄尔泰于 1833 年 11 月 19 日生于德国莱茵河畔的一个名为比布里希（Biebrich）的小镇，父亲是一位基督教神甫，因此，家庭宗教气氛很浓。起初，狄尔泰尽管受家庭传统的影响学习神学，但由于受人文主义思想的启蒙，他很少有宗教信仰的热情，于是便转向学术与哲学。大学毕业后便开始在大学讲坛执教。1882 年，狄尔泰年仅 49 岁便开始主持在当时哲学界最负声望的柏林大学哲学讲座。狄尔泰在学术界的出名最初是从研究施莱尔马赫开始的，狄尔泰在学生时代便对施莱尔马赫产生了浓厚兴趣。由施莱尔马赫，他接触到了解释学，并将整个一生的学术热情投注于其

---

① 施莱尔马赫：《施莱尔马赫全集》，第 100 页。
② 同上书，第 100、102、105、106 页。
③ 同上书，第 100、102、105、106 页。
④ 同上书，第 100、102、105、106 页。
⑤ 同上书，第 100、102、105、106 页。

中。在著述方面，狄尔泰除写了大量解释学著作外，还于 1905 年出版过一部艺术文集：《诗歌与经验》，该书中的美学思想对后人产生了深远影响。1911 年 9 月 30 日，狄尔泰在一家旅馆度假时突然去世。当时，他还在制订长远研究计划。从他所留下的大量著作来看，狄尔泰已鲜明地成为解释学史上一位举足轻重的重要人物。

狄尔泰对解释学的主要贡献在于，发展了施莱尔马赫的哲学解释学，把对解释问题的研究扩展为对历史现实本身的探讨，从而使解释学以一种历史哲学解释学的面貌出现。在施莱尔马赫那里，解释学主要是对本文的注释之学，施莱尔马赫的解释学主要是试图通过对本文的内部联系及其所处的环境的分析，进而把握本文的原意。而在狄尔泰那里，解释学则不再是对本文的消极注释之学，而成为对历史现实本身的探讨。狄尔泰指出：作为人类伟大生活记载、作为生命基本表现的历史，应成为对本文理解的最终对象。他认为，解释学的任务应从作为历史内容之文献、作品、行为记载出发，复现它们所象征的原初生活世界，并从而使解释者达到像理解自己一样地理解他者的目的。狄尔泰将解释学问题扩展到了整个生活中，他说过这样一句名言：“理 解 与 解 释 总 在 生 活 本 身

之中。”①

与施莱尔马赫一样，狄尔泰除了进行专门的解释学探讨外，他也直接对一些美学问题作了解释学思考。他认为，既然对本文的解释问题植根于生活本身之中，那么，对艺术品本文的理解和解释也必然要依循一种从历史和现实生活角度出发的认识方法。他指出：解释学美学实际上就是整个人文科学中的一个有机组成部分，用狄尔泰本人的话来说就是“我们知识的理论组成”。② 狄尔泰认为，解释学美学的方法论基础应是一种“超然的历史观”，因为，解释学美学是通过对显现于历史过程的人类本质的深刻了解而建成的，而“超然的历史观”在狄尔泰看来则可以说明具体历史现象与人类本质得以存在的诸条件的关联性。他指出，人的存在总是包含在人的经验方式之中。所以，解释学美学的任务就是说明人类本质的这种经验的历史性。具体来说，作为历史组成部分的艺术品都是由人的具体生活经验所塑造出来的，艺术家只能从他的生活经验出发去进行创作，即使他的创作来自于纯粹的想象，那么，这种想象也是由他的实际生活经验所造就的。因此，像艺术创作一样，艺术理解在狄尔泰看来也是植根于人的实际生活经验的。他说：“人对他自己和外部世界的

---

① 《狄尔泰全集》，哥廷根，1977 年，德文版，第 5 卷，第 319 页。
② 《狄尔泰全集》，德文版，第 1 卷，第 26 页。

理解总是依据他自身的生活经验与他所接触客观世界以及科学和哲学观念对他的影响之间的相互作用。"① 在对一部作品的理解中,作品把作者的自我传递给读者,读者则也从作品中"发现自我"。② 可见,狄尔泰在解释学美学上的贡献也像在一般解释学上一样,将对艺术的理解和解释问题扩展到作为生活经验的历史现实本身中。解释学美学在狄尔泰那里具有了鲜明的历史哲学色彩。

三、海德格尔的本体论解释学

继施莱尔马赫和狄尔泰之后,德国存在主义哲学家海德格尔(M. Heidegger)又一次使解释学的研究方向发生了根本转变,即把解释学变为一种本体论的研究。法国当代著名解释学哲学家利科(P. Ricoeur)在描述这一转变过程时指出:"当代解释学理论越来越远离狄尔泰所喜好的观点。虽然狄尔泰明确地把作品的概念同从主体相互理解(比如对话关系)到对已成文的生活表达的解释的转变联系起来,但他从来没有明确地把理解问题与语言问题联系起来,由此,解释学便不能不从简单的心理学问题当中转而去更多地注意理解自身的本体论问题。这个转变体现在海德格尔的《存在与时间》当中。理解不再是一个心理学概念了,它从移情与异化概

念当中分离出来,而在作为存在的组成之一的本体论意义上被说明。作为存在的理解也不再是一种意识,而是一种实在。"③ 也就是说,到了海德格尔那里,解释学研究成了一种本体论研究,即成了一种研究理解本身的哲学,这是海德格尔为解释学所带来的一个根本变化。

海德格尔 1889 年 9 月出生于德国默斯基尔希。早年在弗莱堡大学攻读哲学,以后便留校任教,并跟随现象学创始人胡塞尔进行研究。除了在 1923 至 1928 年这一段时间海德格尔转去马堡大学任哲学教授外,他的一生主要在弗莱堡大学度过,直到 1957 年退休辍教。1976 年 5 月,海德格尔逝世于他的家乡默斯基尔希。海德格尔一生给后人留下许多著述,其中在解释学方面较著名的有:《存在与时间》、《诗·语言·思》、《荷尔德林与诗歌的本质》等。

在一般解释学理论上海德格尔认为,狄尔泰的基本缺陷在于没有使"生命"概念成为一个本体论上的概念,也就是没有把在者(seiendes)和存在(sein)分开。在海德格尔那里,在者指世界万物,它是一种已生成、已被规定的东西;而存在则是一种流动的、生成的过程。首先有存在,然后才有在者,因而哲学探讨的最根本问

---

① 《狄尔泰全集》,德文版,第 5 卷,第 274—275 页。
② 同上书,第 274—275 页。
③ 利科:《哲学的主流》,纽约,1979 年,英文版,第 266—267 页。

题就是存在问题。海德格尔认为，狄尔泰对经验性的在者的研究，只能达到理论上的概括，只有研究存在本身，才能达到本体论的理解。因此，在海德格尔看来，要理解存在，不能由一般的在者出发，而必须从一种独特的在者——人出发。他进一步指出，从此在出发研究存在，在方法上不应采取从现象到本质的理性认识的方法，而应采取现象学的方法，即排除对象一切虚假的、外在的成分，让对象以它的本来面貌在人的意识中呈现出来。在这个现象学的本体论层面上，解释学所探讨的理解就不再像在古典解释学那里一样是个心理学概念，而只是此在的组成部分，即人的本质构成。基于此，海德格尔指出，理解不是要把握某个事实，而是要理解某种可能性和我们极度的潜在性，它是作为此在的人与世界最基本的关系。基于这个本体论层面，海德格尔具体指出：解释学所探讨的理解本身受制于决定着它的一系列"前理解"（vorständnis）。① 他认为，理解并不只是一种仅仅涉及对象的活动，它更多地属于那种把当下解释与先前的理解结合起来的过程。海德格尔的这一本体论解释学原则对他的学生伽达默尔产生了深远影响。伽达默尔正是在海德格尔的这一本体论解释学思想的影响下，才又一次引起了解释学领域内的革命，推出了在当代世界引起广泛反响的现代哲学解释学，这个以伽达默尔为标志的现代哲学解释学的出现，同时也标志着现代解释学美学的形成，因为，伽达默尔不仅明确地用现代哲学解释学的原则对一些美学问题作出了较全面的探讨，而且，他还是历史上第一位将其美学探讨视为其解释学理论有机组成部分的解释学思想家。因此，本章的解释学美学主要以伽达默尔为主。

第二节　伽达默尔的解释学美学

伽达默尔（Hans-Georg Gadamer）1900年生于德国马堡。20年代就学于马堡大学和弗莱堡大学，专攻哲学和古典哲学。1937年开始任教于马堡大学，1938年转去莱比锡大学任教，1946年、1947年曾任莱比锡大学校长，1949年又转到法兰克福大学任教，同年又转去海德堡大学任教，自1949年以后一直为海德堡大学教授。其中在1953年以后的一段时间里，曾主持过在德国负有盛名的《哲学评论》杂志的工作。伽达默尔一生著述繁多，这些著述主要集中在哲学美学和历史哲学两个方面，他的哲学解释学就是在这两个领域中体现出来的。伽达默尔的主要著作有：《柏拉图的辩证伦理学》（1931）、《柏拉图与诗人》（1934）、《赫尔德尔思想中的民族与历史》（1941）、《歌德与哲学》（1947）、《论哲学的本原性》（1948）、《真理与

① 海德格尔：《存在与时间》，三联书店，1987年，第32节，"理解与解释"。

方法》(1960)、《短论集》三卷本，（1967—1971)、《魏尔纳·索尔茨》(1968)、《黑格尔的辩证法》(1971)、《概念史和语言哲学》(1971)、《我是谁，你是谁》(1973)。在伽达默尔的所有著作中，《真理与方法》一书是其构思时间最长、影响最大的著作，这一著作的问世标志着现代哲学解释学的诞生。美国哲学家帕尔马说："随着《真理与方法》一书的出现，解释学理论发展到了一个重要的崭新阶段。"① 这个"崭新阶段"就是现代哲学解释学的阶段。因此，《真理与方法》一书不容置疑地就成了现代哲学解释学的经典著作。伽达默尔的解释学美学思想也在该书中得到了完整的体现，因此，本节对伽达默尔解释学美学的论述主要以该书为主。

一、出发点及其方法论基础

伽达默尔的《真理与方法》一书由三大部分组成，他的解释学美学思想主要在该书的第一部分："艺术经验中的真理问题"中得到体现。而伽达默尔的整个哲学解释学就开始于该部分体现出来的对艺术经验的本体论分析，这个分析不仅展开了"理解"现象的一般特征，而且如伽达默尔本人所述，还揭示了艺术经验的哲学真谛。伽达默尔的解释学美学探讨主要就集中在对这个艺术经验之哲学真谛的揭示上。

当然，像任何理论的出现一样，伽达默尔对艺术经验的分析，并不是孤立地进行的。他一手拿着胡塞尔的现象学方法，一手展开了海德格尔式的本体论视界。本体论视界构成了其分析的出发点，现象学方法构成了其分析的方法论基础。

1. 作为出发点的本体论视界

我们知道，海德格尔对在者和存在的区分已经为解释学探讨开辟了本体论的道路。作为海德格尔的学生，伽达默尔就自觉地在这本体论视界上去界定其解释学思考的出发点。他在其《真理与方法》第二版序言的开首就明确指出：他写作此书的目的不在所探讨的"理解"现象本身，而在"理解"现象背后的东西，即"理解"现象的本体论问题。② 伽达默尔反复强调了他的这一本体论的视点，他说："我的意图并不在于某种古老的解释学所从事的那种有关理解的'技法'，……我的意图也不是为了把我的发现付诸实践而去探讨精神科学的理论基础，……我真正的要求过去和现在都是一种哲学上的要求，也就是说，成为问题的并不是我们所从事的东西，也不是我们应从事的东西，而是超越我们的意愿和行为对我们所发生的东西。"③ 具体来说，伽达默尔所关注的是所有"理解"现象中存在的普遍本质，而不

---

① 帕尔马：《解释学》，英文版，第163页。
② 伽达默尔：《真理与方法》，图宾根，1975年，德文版，第16页。
③ 同上书，第16页。

是关于理解的认识论和方法论。他说："我的意图并不是提供一个有关解释的一般理论和一个有关解释方法多样学说，我的意图而是探寻所有'理解'方式的普遍性。"①

显然，伽达默尔在其进行解释学思考的出发点上是明显把持着本体论方向的。这一点就使他克服了现代哲学和美学中实证主义和经验主义的弊端。正由于此，他的解释学美学也具有明显的本体论特征。

2. 作为方法论基础的现象学方法

伽达默尔在方法问题上同样步海德格尔后尘，他站在海德格尔的立场上，既反对当时盛行的自然科学或实证主义的方法，也反对当时在精神科学领域产生相当影响的黑格尔历史学派的历史方法。前者指古典解释学和以意大利贝蒂为代表的现代解释学理论学派所共同坚持的客观主义立场。伽达默尔认为，这种方法把理解活动中的一切主观因素都视为应予克服的东西，这是错误的，是违背事实的。伽达默尔指出："理解从来不是一种达到某个所给定'对象'的主体行为"②，理解活动中必有主观因素掺杂于内。伽达默尔所不满的历史方法是指由黑格尔开始的历史主义，为了反对这种历史主义，伽达默尔专门写了长篇

论文《解释学与历史主义》，以划清与"历史主义"的界限。因而，伽达默尔认为，研究"理解"现象的精神科学，在方法上既不能效法于自然科学，也不能效法于历史学派的历史观点和方法，精神科学是作为一门独立的学科而被建立的，因而，它在方法上也应是独立的。伽达默尔所指的这一独立的方法就是现象学的方法，即通过无意识的内心体验去把握直接呈现在人的意识中的经验。如他自己所说："精神科学的推论方法是一种无意识的推断，因此，精神科学上归纳的进行就与独特的心理条件连在一起了，它要求有一种合适感，并且又需要其它的精神能力，如丰富的体验和对势的承认。"③ 而这种方法则"是纯粹的现象学的"。④

可见，伽达默尔对方法的选择和探讨，确实克服了前人肤浅的经验主义，并且表现出探求精神科学独立方法的积极愿望。但是，他最终所获得的现象学方法是不能令人满意的，从伽达默尔所展开的分析中将看到，正是他所择取的这一现象学方法，使他在理论上陷入了唯心主义。

二、对艺术真理问题的重新审视

伽达默尔对艺术经验的分析，首先是从前人的启示出发，对艺术真理问题进行

---

① 伽达默尔：《真理与方法》，图宾根，1975年，德文版，第19页。
② 同上书，第19页。
③ 同上书，第3页。
④ 同上书，第24页。

了重新审视，然后广泛提出了他关于艺术作品的本体论。

在伽达默尔之前，西方美学思想史上有许多人对艺术经验中的真理问题进行了探讨，而伽达默尔由于其强烈的反客观主义的精神，并没有纯客观地按历史意义去考察前人的思想，他显然是从其哲学解释学的精神出发，有所偏爱地只选取了人文主义和康德及其学派的美学思想，并以此作为解释学美学的历史注脚。

A. 人文主义传统的意义

西方的整个人文主义传统内容相当丰富，同样，伽达默尔是按照其拒斥自然科学方法的需要，只考察了四个基本概念，而这四个基本概念恰恰表明了艺术经验中"理解"活动的种种特征。这些特征表明了对艺术经验中理解活动的研究，不能由客观的、固定的概念去分析，这样也就表明了拒斥自然科学方法的必要性。

首先，伽氏提出了"教化"这个概念。他对这个概念的理解是：它描述了一种深刻的精神转变，这个转变的具体内涵就是由个别性上升到普遍性。伽达默尔还进一步领会到，这个转变是个永不停止的过程，他说，教化更多的是把精神转变的结果，描述为转变的过程本身，① 教化的结果本身处于不断的和进一步的教化之中。② 伽达默尔敏锐地看到了，教化虽然使人扬弃了个别性，达到了一个普遍的精神，但并不能说它抛弃了感觉因素。教化使人达到普遍性是指它使人对其他区域敞开了自身，教化使人能和异己者融为一体，使人能在其中见出自身。因而，伽达默尔强调，教化仍具有感觉的特质，教化实际上表明，人在感觉中扬弃自己的个别性，从而与他者相融合。这无疑表明，人在感觉活动中也有"理解"现象产生，艺术经验就是在感觉中所发生的"理解"现象。所以，伽达默尔指出，教化实际上就是某种普遍的和共有的感觉③。这样，伽达默尔就转入了他所关注的另一个概念，共通感概念中。

对于共通感这个概念，伽达默尔首先指出：教化的过程就是对共通感的培养和教化。伽达默尔极力强调共通感的重要性，认为"共通感在此显然不仅仅是指那种存在于一切人之中的普遍能力，而且它同时又是指导致共同性的感觉"。④ 在共通感概念中，伽达默尔所强调的是它的感觉特性。共通感概念表明：艺术经验中的"理解"活动是在感觉中与对象构成共同体的，是在感觉中与对象达到一致的。基于这一点，对艺术经验的研究来说，"从普通事物和有

---

① 伽达默尔：《真理与方法》，图宾根，1975年，德文版，第8页。
② 同上书，第9、14页。
③ 同上书，第9、14页。
④ 同上书，第20页。

根据的证明出发去推论便是不够的，因为，决定性的关键在于具体情形。"① "人类的激情不能由理性的一般准则所控制，对此就格外需要令人信服的事例。"② 这里，不难看到现象学方法的影子，即强调认识对象的直接性。共通感概念揭示了，艺术经验中的"理解活动"在感觉中达到共同性的特征，这就必然涉及判断力问题，因为，在感觉中达到共同性，根本地是由判断力所决定的。

判断力是伽达默尔所考察的人文主义的第三个基本概念。在伽达默尔看来，判断力实际上就是对审辩力的相应复述，它的内容就是："把一个特殊事物纳入到一个普遍事物中，把一些东西认知为某个定理的表现。"③ 在这里，伽达默尔所推重的是，在判断力中"并不存在某个概念，而是单个事物'内在地'被判断了"。④ 这就是说，在判断力中"并没有简单地运用一个对事物的预先概念，而是由于在感性的单个事物中见出了多和一的统一，这感性的单个事物就在自身中被领会了，因而在这里并不存在对某个普遍事物的运用，内

在的统一就是决定性的东西。"⑤ 这说明，艺术经验中的"理解"活动，不是用概念去证明、去推导的，艺术经验中的"理解"活动只是在单个的感性事物本身中"内在地"完成的，也就是说，以趣味的方式完成的，这就又推出了伽达默尔所关注的第四个概念："趣味"。

在伽达默尔看来，趣味就是一种认识方式，它是以"反思判断力的方式在对其应进行概括的单个事物中领会到了普遍的东西"。⑥ 这就是说在趣味的认识方式中，并没有某个普遍准则存在，而且在伽达默尔看来，即使有这样的普遍准则存在，人们也不是一下子看到它的。趣味只是"顾及到某个整体地对单个事物的判断"。⑦ 因而，在趣味的认知方式中，关键的、起决定作用的并不是普遍准则，而是具体情形。伽达默尔还进一步看到，具体情形对普遍准则具有一种独特的创造性功能，即修正和充实普遍准则，"对具体情形的判断，并不是简单地运用了它据此而发生的普遍事物的准则，而是这判断本身一同规定了这准则，充实和表达了这准则。"⑧ 由此出

---

① 伽达默尔：《真理与方法》，图宾根，1975年，德文版，第20页。
② 同上书，第20页。
③ 同上书，第27—28页。
④ 同上书，第27—28页。
⑤ 同上书，第27—28页。
⑥ 同上书，第33页。
⑦ 同上书，第35—36页。
⑧ 伽达默尔：《真理与方法》，图宾根，1975年，德文版，第35—36页。

发，艺术经验中的理解活动必然具有一种创造性的功能，"理解"活动能够修正和充实对象。

可见，伽达默尔所择取的人文主义的四个基本概念，逐次揭示了艺术经验中理解活动的一系列特征。教化概念告诉我们，由于人处于不断的教化过程中，因而在人的艺术经验中就有"理解"现象发生；共通感概念进一步告诉我们：艺术经验中的理解活动是在感觉中发生的，它是一种在具体情形中达到共同性的感觉；而共通感的发生，又是由判断力所决定的，判断力的活动就是在个别中见出一般的活动；这个判断力的活动又是以趣味的方式进行的，即它并没有依据某个普遍准则，而是"内在地"以反思判断力的方式完成的。显然，伽达默尔所考察的人文主义的四个基本概念揭示了艺术经验中"理解"活动的一系列特征，这些特征概而言之有二：其一，艺术经验中的理解活动是理解者和对象交融成一个新的共同体，理解就是和对象达成共同性；其二，艺术经验中的"理解"活动，不是依据某个抽象概念进行的，而是在对单个事物的感觉中，在具体情形中发生的。所以伽达默尔在考察了人文主义的四个基本概念之后就强调指出：精神科学研究必须摆脱自然科学的方法，必须摆脱概念性知识。这样，伽达默尔就得出结论：对艺术经验中"理解"活动的考察，必须走美学的道路，因为前人

的美学探讨已摆脱了对自然科学方法的运用，而且与概念性知识划清了界限。伽达默尔认为，康德及其后继者的美学思想，推重艺术经验中的主体性精神，便突出地体现出了这一点，这样伽达默尔的论述就自然转向了康德及其后继者的美学思想。

B. 康德美学思想的启示

伽达默尔对人文主义四个基本概念的考察，尽管揭示了艺术经验中的"理解"活动在感觉中达到对象、在感性的单个事物本身中达到共同性的特点，但是在这揭示中又潜伏着一个悬而未决、可又迫切需要解决的问题，即艺术经验中的"理解"活动，既然不依赖于概念，它又是怎样在感觉中达到共同性的；尽管对人文主义四个基本概念的考察又得出了艺术经验中的"理解"活动是以趣味的方式、以反思判断力的方式达到共同性的结论，但是这个"趣味的方式"和"反思判断力的方式"的具体内容又是怎样的呢？康德及其后继者的美学思想，一步步地使这个问题逐次明确化了。

a. 康德美学中的主体性精神

在伽达默尔眼中，康德美学创立了审美意识的自主性，揭示了美学中的主体性精神。具体来说，在伽达默尔眼中，康德关于趣味、美的理想、天才等学说，揭示了艺术经验中于单个的感性事物见出共同性的秘密在主体，尽管康德的主体是先验的主体。

对于康德，伽达默尔首先所看重的是，在康德那里，"美的效用并不来自一种普遍原则，也不由这普遍原则所证明"，① 这显然是符合伽达默尔心目中艺术经验原则的。由此，他就提及了康德关于趣味的学说，在康德关于趣味的学说中，伽达默尔所推重的是，在趣味中没有任何东西是从对象中见出的，但也没有发生一种单纯主观的反应，……趣味就是"反思趣味"。这就是说在趣味那里，主体的审美判断力本身就是法则，给趣味立法的是先验主体，这在康德关于"美的理想"和"天才"的学说中，更明确地表现了出来。所以伽达默尔在考察了康德的趣味概念之后，紧接着就去论述了他关于"美的理想"和"天才"的学说。在康德那里"美的理想"其实就是对人的表现，是以人为中心的。伽达默尔认为，康德关于"美的理想"的学说将证实，"某些东西为了作为艺术作品而令人喜爱，它就不能仅仅是富有趣味而令人喜爱的"，② "艺术的使命便不再是对自然理想的表现——而是人在自然以及人类历史世界中的自我发现"。③ 人是艺术经验的中心，这个主体到了康德关于天才的学说中就具体表现为天才，天才就是一个主体性范畴，在审美趣味上，决定性的东西就是

天才，就是生命情感的扩充，天才就是趣味所具有的"必要之项"。④

可见，伽达默尔在康德关于"趣味"、"美的理想"、"天才"等学说中，看到了美学中主体性精神的诞生，这个主体性精神揭示了，在艺术经验中共通感的发生、判断力和趣味的实现，起决定作用的不是对象而是主体。但是伽达默尔又清楚地意识到，康德的主体是一个先验的主体，所以为了把这个先验的主体从天上拉到人间，伽达默尔又把视点进一步转向了康德的后继者。

b. 体验艺术

康德美学由趣味概念出发，推重的是先验主体，即天才。依循康德精神前进的席勒，把趣味的立足点演变成了天才的立足点，所推重的仍是天才。而稍后的新康德主义者们，为了从先验的主体性中推导出一切对象的效用，又推出了"体验"概念，用"体验"来表明意识的本来事实。伽达默尔非常看重新康德主义的这一创举，他花了大量篇幅去论述"体验"概念的含义及其美学意义，并由此进而提出了体验艺术这个概念。

体验这个概念是从"经历"发展而来的，体验是主体经历在主体身上所留存下

---

① 伽达默尔：《真理与方法》，图宾根，1975 年，德文版，第 39—40 页。

② 同上书，第 44、45、50 页。

③ 同上书，第 44、45、50 页。

④ 同上书，第 44、45、50 页。

来的结果，它的形成过程是，"只要某些东西不仅仅是被经历了，而且其所经历的存在获得了一个使自身具有永久意义的铸造，那么这些东西就成了体验。"① 因而伽达默尔指出，体验是一种给定性，这种给定性是对历史对象的解释所追溯到的感知统一体。这样，体验和生命又是直接相联的，体验的内容就是生命，"每一种体验……就是'无限之生命的一个要素'"。② 在伽达默尔看来，体验概念具有重要美学意义，他认为"在体验结构和审美特征的存在方式之间存在着一种亲合势"。③ 伽达默尔指出了体验概念对艺术经验的重要性，从而推出了体验艺术这个概念。他指出："体验概念对确定艺术的立足点来说，就成了决定性的东西，由此，艺术作品就被理解为生命之完美的象征性再现，每一种体验似乎正走向这种再现。因此艺术作品本身就被表明为审美经历的对象，这便得出了一个美学结论：所谓的体验艺术则是真正的艺术。"④ 体验艺术就是指，由主体的体验所决定的艺术。可以说体验艺术的概念，具体地表明了主体因素对艺术经验的决定性意义，因而为了进一步揭示体验艺术的主体性特征，伽达默尔不惜笔墨地阐述了艺术表现中惯用的象征和比喻。象征和比喻就表明了艺术经验中起决定作用的并不是客观的对象性的东西，而是由主体所造成的东西。

显然，伽达默尔对康德及其后继者的美学思想的考察，通过由天才概念到体验概念的演化，进一步揭示了在艺术经验中起决定作用的是主体，而且这个主体并不是先验的，而是处于历史演化中的。在此又可明显地见出，海德格尔对伽达默尔的影响，海德格尔正是由于不满于胡塞尔的从先验主体出发，而提出了从此时此地存在的人、即此在出发。同样伽达默尔在艺术经验中所推崇的主体，也不是先验的、亘古不变的主体，而是处于过程中的主体。可以说，伽达默尔对前人美学思想的考察贯穿着一条主线便是，使艺术经验摆脱普遍的概念性的东西，把它归之于特定的具体情形；使艺术经验中起决定作用的主体摆脱它的先验性，把它归之于具体的、处于过程中的主体。正是基于这种主体性精神，伽达默尔对艺术真理问题进行了重新审视。

c. 艺术真理问题的重新提出

既然在艺术经验中，起主导作用的是主体，那么艺术经验中的主体，就必然具有一种抽象功能，即抽开艺术经验对象的

---

① 伽达默尔：《真理与方法》，图宾根，1975 年，德文版，第 57、65、66 页。
② 同上书，第 57、65、66 页。
③ 同上书，第 57、65、66 页。
④ 同上书，第 57、65、66 页。

各种非艺术因素，使对象系之于经验主体。伽达默尔指出："我们称之为一部艺术作品并审美地体验的东西，就是建立在抽象化的结果上的。"① 这种抽象是指：撇开"一部作品为其本源的生命关联而扎根于其中的一切东西，撇开一部作品存在于其中并于其中获得其意义的一切宗教或世俗的功能"，② 从而使一部艺术作品成为纯粹的作品而和主体相通。所以伽达默尔认为，艺术经验中的感知，"从来不是对诉诸于感官事物的简单反映"，③ 艺术经验中的感知，始终是一种"视为……的解释"。④ 总之艺术经验中的决定性因素是主体，而主体又有一种抽象功能，这种抽象功能就是撇开对象所从出发的自身世界，把对象视为……这样一来，艺术作品的意义就依赖于主体，依赖于主体的理解了。正是立足在这一点上，伽达默尔重新审视了艺术真理问题。

由上述分析出发，伽达默尔首先指出：作品只是当它被观照、被理解的时候，才具有意义；同样，作品只有在被理解、被感知的时候，它的意义才实现。伽达默尔指出："艺术的万神庙并不是一个向纯粹审美意识呈现出来的永恒的现在，而是某个

历史地积累和会聚着的精神活动。"⑤ 艺术的真理问题既不孤立地在作品上，也不孤立地在作为审美意识的主体上，而在审美意识与作品相互交融的具体理解活动中。伽达默尔指出："无论如何我们不是从审美意识出发，而只是在精神科学这个广泛的范围内，才能正确对待艺术问题"，⑥ 这就是说，我们只有在艺术经验的理解活动中，才能正确揭示艺术的真理问题，艺术真理问题只存在于这种特定的理解活动中。

综上可见，伽达默尔由前人启示出发对艺术真理问题的重新提出，蕴涵着两个彼此相关的潜在原则：相对主义的原则和主体性的原则。伽达默尔对艺术经验的考察和分析，极力拒斥由永恒、绝对出发的自然科学方法。无论是对人文主义传统的阐述，还是对康德及其后继者的美学思想的分析，伽达默尔最深层的目的就是要揭示，感性的具体的艺术经验活动的重要性。这个具体的艺术经验活动无时无刻不在发生变化，就是面对同一作品，感知也会出现差异。在具体的艺术经验活动中，丝毫不存在永恒的绝对的东西，每次感知都是特定的、相对的，艺术的真理或意义，也

① 伽达默尔：《真理与方法》，图宾根，1975 年，德文版，第 81、85、86 页。
② 同上书，第 81、85、86 页。
③ 同上书，第 81、85、86 页。
④ 同上书，第 81、85、86 页。
⑤ 同上书，第 92 页。
⑥ 同上书，第 94 页。

就存在于特定的此时此地的感知活动中。这显然是一种极端的艺术经验中的相对主义论调。伴随着这种相对主义，必然出现主体性原则，既然艺术真理赖以显现的每一个感知都是相对的，那么艺术经验中起主导作用的就不会是客体，而是主体，因为艺术感知的不同，在很大程度上就来自于主体的不同。伽达默尔就是由这样的原则出发，阐述了其关于艺术作品本体论的思想。

三、艺术作品的本体论

伽达默尔由对前人美学思想的考察出发推出了考察艺术真理的主体性视角之后，便对艺术问题展开了解释学思考。在西方历史上，整个解释学（无论是古典解释学，还是现代哲学解释学）都是以本文（text）的意义问题作为探讨对象的，也就是说，所有解释学关注的共同问题就是对"本文"的理解问题。本文在伽达默尔对艺术问题的解释学探讨中就演化成了艺术作品，所以伽达默尔对艺术问题的解释学思考是以艺术作品为核心的，他对艺术问题的所有正面阐述几乎都是对艺术作品而发的。所以，伽达默尔解释学美学主要是由他关于艺术作品的本体论思想组成。概而言之，这个思想主要由三方面内容组成：艺术作品本质论、特征论和欣赏论。

1. 艺术作品本质论

关于艺术作品的本质问题，人们一般把作品作为一个凝固的存在物去作静态的考察，从而把艺术作品界定为人审美意识的物化，或是艺术家审美创造的物质产物。伽达默尔的解释学美学则独特地对艺术作品作了动态的阐述，也就是说，他把艺术作品作为一个人理解的对象，放在欣赏关系中去考察，这样，对艺术作品他所谈的，严格来说，就不是艺术作品本身的静态规定，而是艺术作品存在方式的规定，这个规定是伽达默尔首先通过把作品比做游戏，然后再通过把作品视为创造物而一步一步作出的。

首先，伽达默尔把艺术作品比做游戏，而且，他进一步指出，他用游戏概念"是指艺术作品本身的存在方式"。[1] 这样，他由游戏概念出发就首先指出，艺术作品是在进入人的理解活动中，在与主体构成现实关系中获得存在的。他具体是通过对游戏活动之主体的理解来明确这一思想的。他指出："游戏的存在方式并不是指，在游戏中必须有一个采取游戏态度的主体存在，以使游戏能被进行。"[2] "游戏的真正主体并不是在所从事的其他活动中也能存在的主体性，而是游戏活动本身。"[3] 游

---

① 伽达默尔：《真理与方法》，图宾根，1975年，德文版，第97页。
② 伽达默尔：《真理与方法》，图宾根，1975年，德文版，第99页。
③ 同上书，第99页。

戏活动的进行本身，就居于主导地位。他甚至说："重复做的活动显然对游戏的本质规定来说是如此地重要，以致谁或什么东西从事着这种活动则是无关紧要的。"① 作为游戏的作品，既然是在主体的欣赏活动中获得其存在的，那么，就欣赏者来看，作品本身就必然具有作为自我表现的主体性特征。伽达默尔指出，艺术作品作为游戏就"必定有一个他者在那儿存在，游戏活动者就是与这他者进行着游戏"。② 这他者就具体表现为游戏活动者的意愿、可能性等非实存的精神性内容。正是基于这一点，伽达默尔才指出："我们对某人或许可以说，他是在与可能性或意愿进行着游戏。"③ 这样一来，游戏就成了活动者的自我表现，"游戏的自我表现就这样导致了，游戏活动者通过他玩味某种东西，即表现某种东西，仿佛达到了他特有的自我表现。"④ 由此出发就可明显地看到，作为艺术作品的游戏是依赖于观者的，"游戏本身便是由游戏者和观者所组成的，这样，游戏最根本地就是由观者去感知的。"⑤ 因而，"对于观者来说，并在观者

中，游戏才进行着。"⑥

可见，伽达默尔把艺术作品比做游戏，通过对游戏活动进行本身的主体性以及游戏中主体自我表现的阐述，揭示了艺术作品在存在上依赖于观者的这个本质规定。

其次，伽达默尔通过进一步把艺术作品比做创造物，论述了艺术作品在存在方式上不同于一般游戏的独特规定。这些规定主要有三：其一，艺术作品是一种创造物，而"创造物就是在自身中封闭的另一个世界，游戏活动就是在这世界中发生的。"⑦ 这就是说，创造物意味着把创造者自身的世界转化为他者，成了对象世界，艺术作品就是主体把自身的转化成对象世界。其二，艺术作品作为创造物，它的真实性就不同于模拟关系上的真实性而超越了现实的真实性。艺术作品的真实是一种愿望的真实，它表现人的愿望，因而符合人的愿望。伽达默尔指出，艺术作品的真实性始终立于某种可能性的未来视野中，而且"这种真实性必定是立于期望背后的"。⑧ 其三，艺术作品作为创造物，它的

---

① 同上书，第 99 页。
② 同上书，第 100 页。
③ 同上书，第 101 页。
④ 同上书，第 103 页。
⑤ 同上书，第 105 页。
⑥ 同上书，第 105 页。
⑦ 同上书，第 107 页。
⑧ 伽达默尔：《真理与方法》，德文版，第 107 页。

意义是无限的，能反复不断地被理解，在伽达默尔看来，任何一个创造物的内涵都只是激发新的内涵的中介。艺术作品作为创造物，它源出于往日，但在历史长河中，它不断地与无限的现在之物结合成了新的意义。

显见，对于艺术作品自身本质特征问题，伽达默尔是把作品放在主体和作品的欣赏关系中去考察的，他作这种动态考察的用心就是把艺术作品与一般物质存在区分开来，突出它对欣赏者的依赖，以及自身意义上的不确定性。其实，伽达默尔的这个用心，在其整个解释学美学中是贯穿始终的，他对艺术作品特征的论述就是这样。

2. 艺术作品特征论

同样，对于艺术作品的特征问题，伽达默尔也是把作品放在与主体的欣赏关系中去阐述的，因而对于艺术作品的特征，他所看到的就与我们通常所描述的形象性、典型性这些静态特征不同，他所阐述的特征是动态的，揭示了艺术作品的历史性和变动性，伽达默尔对艺术作品的特征所阐述的主要有三点。

第一，艺术作品的时间性

在伽达默尔看来，艺术作品的意义并不是凝固不变的，一部艺术作品一旦被制成以后，它在后世不同时空中被不同欣赏者所欣赏，其意义不会全然相同，因为，就作品来看，它的实际意义是依赖于欣赏者的。就欣赏者来看，欣赏主体在欣赏活动中必定参与作品意义的实现，因而，艺术作品必然是随着观者而在演变中获得其实际存在的，作品的意义也就随着观者而成了时间性的了，因为，照伽达默尔看来，作为观者的"此在，就是理解自身的存在方式，这种存在方式在此就被揭示为时间性"。[1]

第二，艺术作品的存在转换力

由于艺术作品具有时间性特点，这也就"使艺术作品从其所有生活关联中脱离了出来，作品就像一幅绘画一样地被置入到了一个框架中，而且似乎被挂了起来"。[2] 基于作品的这一绘画性特点，伽达默尔就具体通过绘画去言说作品的存在转换力。这里，伽达默尔的出发点是，"艺术作品的存在方式就是表现"。[3] 在伽达默尔看来，绘画作为表现就是比原型还要多的东西。在艺术表现中，"原型就能不同于它所是的东西而表现出来"。[4] "原型通过表

---

① 同上书，第116页。
② 同上书，第128页。
③ 同上书，第131页。
④ 伽达默尔：《真理与方法》，图宾根，1975年，德文版，第133页。

现，仿佛就经验到了一种对存在的扩充"。① 这个"对存在的扩充"，就是伽达默尔所说的艺术作品的存在转换力。伽达默尔认为："艺术根本上，而且在某种广泛的意义上，给存在带来了一种形象性的扩充。语词和绘画并不是单纯效仿性的说明，而是让它们所表现的东西随着它所是的事物而完全存在。"② 因此，伽达默尔指出："绘画具有一种对原型也有影响的独立性，因为，绘画是如此严格地被对待的，以致原型通过绘画才真正地成了原初画像，也就是说，以致从绘画出发，所表现事物才真正地成了形象性的。"③ 总之，伽达默尔所指出的是，艺术作品不是模仿存在的消极产物，它对存在还有一种积极的扩充能力。

第三，艺术作品的随机性

艺术作品的存在转换力告诉我们，作品的意义并非依赖于存在，作品的意义具有独立自足性。由此，伽达默尔就进一步看到了，作品在意义上具有一种随机性。"随机性就是指，意义从它于其中展现出的机遇出发，在内容上不断规定着自身，以致它比没有这种机遇包含着更多的东西。"④ 作品在意义上的这种随机性，并不

是人外加于作品的，这种随机性实际上就是存在于作品本身中的未实现的、但在根本上可实现的指令。由此，伽达默尔就进一步指出，对艺术作品人们必须从"由其达到表现的机遇出发去经验某种对意义的不断规定"。⑤ 这样，伽达默尔就得出了一个一般结论，即作品的意义本身是不断变化的。他说："艺术作品本身就是那种在不断变化的条件下不同地呈现出来的东西，现在的观赏者不仅仅是不同地去观赏着，而且也看到了不同的东西。"⑥ 因而，在伽达默尔心目中，作品的真正本质就是从属于现时，即从属于对作品所表现物的现时的记忆。这就是说，作品的意义是一个无限的过程，它永远从属于一次次演变的现时。

由此可见，时间性、存在转换力、随机性这些特征所揭示的一个共同点就是作品意义的不确定性和变动性以及作品意义对观者的从属，这些都是把作品放到其意义流变的过程中去作动态考察的结果。可以说，这一点是伽达默尔解释学美学的精神核心所在，这在伽达默尔对艺术欣赏问题的论述中也可见出。

3. 艺术作品欣赏论

对艺术作品的欣赏问题，伽达默尔是

① 同上书，第133页。
② 同上书，第136页。
③ 同上书，第135页。
④ 同上书，第137页。
⑤ 同上书，第140页。
⑥ 同上书，第141页。

从上述作品意义的不确定性和作品意义对观者的从属出发去阐述的。他首先指出："每一部艺术作品——不仅仅是文学的艺术作品——都必须像每一个不同地被理解着的本文一样被理解，而且，这样的理解应是能成立的。"① 接着，伽达默尔进一步指出，在把艺术作品作为一个本文去理解之后就要看到，作品的意义是依赖于理解者的传导的。他说："一切流传物、艺术以及一切往日的其他精神创造物，法律、宗教、哲学等，都是异于其原始意义的，而且是依赖于解释和传导着的精神的。"② 这样，伽达默尔就明确指出，对艺术作品的欣赏，不是被动地去把握作品的意义，而是要积极地去再造和组合作品的意义。这里，再造和组合并不像施莱尔马赫所要求的那样，是对作品本来意义的再造和组合，伽达默尔认为，施莱尔马赫所提出的"这样一种解释学规定最终就像所有对逝去生命的修补和恢复一样是无意义的。对本来条件的重建，就像所有修补一样，鉴于我们存在的历史性，便是一种无效的工作。被重建的，从疏异化唤回的生命，并不就是本来的生命。"③ 艺术欣赏中，对作品意义的这种重建和组合，在伽达默尔看来，如黑格尔所述是"对现时生命的思维性沟通，而且，这种思维性沟通并不是外在的和后加的，而是艺术真实所在"。④ 显见，在伽达默尔心目中，艺术欣赏就是要重建和创造作品与现时生命的融通，这个现时生命，就是在特定时空中欣赏某部艺术作品的主体的生命。

综上所述，我们不难看到，伽达默尔的解释学美学是围绕着艺术作品而展开的。艺术作品问题在美学上并不是一个新的课题。古往今来，有无数的学者、思想家对其作过描述，然而，伽达默尔是从新的角度对这个传统问题进行阐述的，这就使得他以自身的特点在西方当代美学思潮中独树一帜。

四、伽达默尔解释学美学的历史特点及其意义

伽达默尔的解释学美学作为当代西方美学思潮中一个独立的思潮，它的特点是显然的。这个特点总的来说体现在它的解释学上，即对传统美学问题进行解释学研究，也就是说，把艺术作品视为一件"本文"放在与理解者的欣赏关系中去考察。这个考察又具有着一系列的具体特点。下面我们准备从三个方面去阐述伽达默尔解释学美学的具体特点。

1. 顺应当代美学的主体性潮流，反对古典解释学的客观主义态度

---

① 伽达默尔：《真理与方法》，图宾根，1975 年，德文版，第 157 页。
② 同上书，第 157 页。
③ 同上书，第 159、161 页。
④ 同上书，第 159、161 页。

我们知道，伽达默尔之前的古典解释学在理论观点上所持的是明显的客观主义态度，即试图通过解释学努力去把握本文中的客观原意。而伽达默尔的解释学理论则明确反对古典解释学中的这种客观主义态度，它以其鲜明的主体性被称为有别于古典解释学的现代哲学解释学。伽达默尔认为，古典解释学的客观主义态度是通过"科学方法论"使认知者与自己的历史性疏离，结果历史性就被看做是应予克服的主观因素了。在伽达默尔看来，历史性是人类的存在方式，无论是认知主体还是作为对象的作品都内在地嵌于历史性中，所以，真正的理解不是去克服，而是去正确地适应这一历史性。在理解活动中，主体所把握的真实并不是本文的原意，而是在理解者的参与下对象本文所新生成的意义。显见，这一主体性特点在其解释学美学中也得到了鲜明的体现。伽达默尔的解释学美学在对艺术作品的解释学阐述中，无论是在作品的本质上或特征论上、还是在作品的欣赏论上都贯穿着这一精神实质：艺术作品的意义并不是孤立地存在的，艺术作品的实际意义是依赖于欣赏者参与的，也就是说，在艺术品与欣赏者的审美关系中，作为欣赏者的主体一同参与了对象意义的实现，这就是美学中的主体性精神。伽达默尔的解释学美学是自始至终以这个主体性精神为潜在原则的。这一点，就美学本身来看，不能不说它是顺应了当代美学的主体性潮流。

西方美学研究，自近代开始出现了一个明显的转机，即古代美学研究大多是深入客体，在客体对象中去探寻审美现象的奥秘，而近代美学则开始转而深入主体，在主体中探寻决定审美的要素。这个在近代开始萌发的主体性倾向，到了20世纪便开始聚成了一股势不可挡的主体性潮流。20世纪以来的现代西方美学界，看上去是一个混乱的世界，各种各样的流派五花八门同时并存，但在着手于主体、从主体出发去研究美学问题这一点上则是共同的，所不同的只是阐述美学问题所抓住的主体要素不同，有的抓住主体的心理要素，有的推崇主体的情感要素，有的推崇主体的潜意识要素。现代西方美学的现状是，不同的支流汇成了一股声势浩大的主体性潮流，即推崇主体在审美活动、在艺术活动中的意义。伽达默尔的解释学美学把艺术作品放到与主体的欣赏关系中去考察，并进而强调艺术作品的实际意义对观者的从属，这无疑是顺应了现代美学的主体性潮流，即从主体内容出发去阐释审美对象的意义。

就伽达默尔的解释学美学顺应了现代美学的主流这一点来看，他是明智的、顺从历史必然的。应该说，西方美学史上主体性潮流的出现是美学研究向前发展的表现。回顾一下西方美学史，我们可以看到，西方美学的研究走过了一个曲折的"之"字路。最早，由古希腊的毕达哥拉斯派开始，美学研究表现出鲜明的客体倾向，即专注于审美客体，试图在对象本身中揭示审美对象的奥秘所在，这种美学研究的客体倾向，在艰苦探索之时就有人已看出了它的不足，从而把视点从审美客体抽出，试图从客体之外的超客体的某种因素去阐释审美对象的奥秘，这样，在西方美学史上就出现了从柏拉图始的美学研究的超然倾向。随着时间的推移，人们很快便又看到了这种超然倾向的臆想性，因而在历史走过了这样一段曲折的历程之后，人们便能够看到，审美对象并不是独立于主体而孤立存在的，审美对象是相对于主体而言的，唯有深入主体、从主体出发才是揭示审美奥秘的一条有效途径。从休谟、康德始，美学上的主体倾向便开始活跃于美学讲坛，此后在几百年的历史中，这股美学研究的主体倾向，不仅经久未衰，而且愈演愈烈、蓬勃发展，直至在当代汇成了一股势不可当的主体性潮流。所以我们说，主体性潮流是美学研究发展的必然，它体现了美学研究的现代水平。伽达默尔清楚地领会到了这一点，因而，他明确反对古典解释学的客观主义态度。由欣赏主体出发去言说艺术作品的意义，这是对历史潮流的顺应、对历史必然的顺应。

2. 承袭海德格尔对此在的时间性分析，力主美学中的历史性精神

伽达默尔系海德格尔 1923 年主持的"亚里士多德伦理学"研究班的学员，两人师生关系十分密切，海德格尔的现象学解释学理论，尤其是他对此在的时间性分析对伽达默尔产生了深远的影响，伽达默尔在其《真理与方法》一书中多次明确指出，他的哲学解释学理论是直接从海德格尔对此在的时间性分析出发的。

在海德格尔看来，哲学的最根本问题就是存在的问题，而且要理解存在的意义，不能由一般的在者出发，而必须从一种独特的在者出发，海德格尔称这个在者为此在（dasein）。所以，海德格尔的整个理论思考就是通过对此在的时间性考察去揭示"存在"的意义。这个考察所得出的根本结论是："此在的存在即烦。"① 海德格尔认为，作为人的此在，与人之外的其他事物的存在是不同的，其他事物的存在是凝固的、被确定了的存在，如一张桌子被制造出来后便一下子被规定好了，作为人的此在则不然，他永远不会一下子被确定好，人的存在是不断使自己变为存在、不断实现其存在，因而，人就是在无数的可能性中存在，人不断和这些可能性打交道，人就是他的可能性。海德格尔说："此在不是一种仿佛能作为这事那事为其附加成分的现成的东西，此在原本就是可能之在。此在总是它所能成为的东西，总是按照它的

① 海德格尔：《存在与时间》，1962 年，英文版，第 235 页。

可能性来存在。"① 这样一来，时间性就成了人生存的基本形式。海德格尔指出，既然"此在的存在即烦"，那么，时间性也就是烦的本体论依据。海德格尔说："只有此在被规定为时间性的时候，此在才为它本身使先行决断之已经标明的本质的整个在成为可能。时间性自己表明即为本身的烦的意义。"② 显然，时间有过去、现在和将来，海德格尔赋予此在的时间性无疑表明，此在是沟通过去、现在、将来的环节。此在带着过去的印迹，立于现在，同时它又不会停留于现在，它是指向将来的。因此，此在无论在哪方面，它都是一个过程，这显然强调了此在的历史性。所以，我们可以说，海德格尔对此在的时间性分析，实际上就是把此在放到它的历史性中去考察。

伽达默尔直接沿袭了海德格尔对此在的时间性考察，因而，也就是把所考察对象、艺术作品当做海德格尔意义上的此在去看待，也就是说，把艺术作品放在它的演变过程中、放到它的历史性中去考察，并进而从时间性角度去界定艺术作品。这一点，在如上所述的伽达默尔解释学美学中是显而易见的。我们说，伽达默尔对艺术作品所进行的探讨，在总体上就是把艺术作品作为一个变动的存在放在其历史演变中去考察。可以说，历史性构成了伽达默尔整个解释学美学的核心之一（另一核

心便是主体性），伽达默尔对艺术作品所阐述的一切都离不开这个历史性轴心。说艺术作品是一种游戏，它的意义是无限的；说艺术作品是一种创造物，它的意义来自于主体；论述作品意义的时间性、存在转换力、随机性乃至对欣赏活动所提出的解释学要求，这一切都离不开艺术作品意义的历史性。正是由于艺术作品的意义是不确定的，由于作品的意义是在历史时间中获得其存在的，所以才能说，作品是一种无限的意义整体，它随着接受者的演变而呈现出时间性和随机性，并在其演变中不断扩充存在。在此所述的一切，其实都是立足在艺术作品的历史性这个潜在原则上的。再进一步看，这个原则就直接受启于海德格尔对此在的时间性分析。

可见，伽达默尔在其解释学美学中是力主历史性精神的，这不能不说是在历史上的首创。在西方美学史上，前人一般认为，艺术作品的意义，就是艺术家创造该作品时的原意，或该作品的最初接受者所理解的意义，艺术欣赏活动，就是接受者把握、理解该作品的原意。伽达默尔则相反，他首次打破了对作品原意的迷信，他认为，作品的原意是不存在的，作品的意义是以时间性或历史性的方式存在的，从而首先推出了艺术作品问题上的历史性原

① 海德格尔：《存在与时间》，1962年，英文版，第183页。
② 同上书，第374页。

则。显见，伽达默尔对艺术作品问题上的这种历史性原则的倡导，揭示了作品实际意义所固有的存在方式，消除了艺术理论与实际艺术活动相脱离的状况。

3. 开创了美学研究的新道路

伽达默尔解释学美学的两个基本核心便是作品的主体性和历史性。作品历史性由作品接受者的历史性和时间性而来，所以，伽达默尔解释学美学的两个基本核心又可归之于在艺术活动中推重理解者或欣赏者的精神实质。伽达默尔的解释学美学在精神实质上就是在艺术作品的实际意义问题上对理解者或欣赏者的重视。他的整个解释学美学在理论实质上就是从欣赏者的具体理解活动出发去言说艺术作品的意义问题，这在西方美学史上不能不说是一个创举。当然，就伽达默尔所提出的欣赏者参与作品的意义实现这些具体结论来看，伽达默尔并没有提出什么全新的观点。在西方美学史上已有不少人或是直接或是间接地指出过，例如，德国 18 世纪末、19 世纪初文艺批评家施莱格尔在其《论莱辛》一文中就曾提出过"效果批评"的概念。E. 茹尔茨在 20 世纪初就提出过要在读者身上进行分析，研究读者的哪些精神状态使他容易接受某一部作品、欣赏者在作品具体意义实现过程中的参与作用。但是，没有一个人像伽达默尔那样以欣赏者的参与作用为本体立足点去全面阐述艺术作品，伽达默尔的创新也就体现在这一点上，即

以读者对作品意义参与为原则，换句话说，以艺术作品的实际意义对欣赏者的从属为原则去阐述艺术作品本质、特征等问题。这是前所未有的，因而我们说，他开创了美学研究的新道路。

不仅就前人来看，而且就当代西方美学思潮来看，伽达默尔的解释学美学在现代西方美学讲坛上也开创了注重读者、接受者的美学新思潮，它典型地表现在 20 世纪 70 年代初在伽达默尔影响下所出现的接受美学中。接受美学对艺术作品问题的研究主要把注意力放在读者身上，从一部艺术作品如何被读者理解、接受的角度去阐述这部艺术作品在不同读者群中的意义结构，主要代表是沃尔夫冈·伊泽尔（Wolfgang Iser）和汉斯·罗伯特·姚斯（Hans Robert Jauss）。显然，这股接受美学的思潮在精神实质上与伽达默尔解释学美学是一脉相承的，即：都从接受者出发去阐述艺术作品的意义问题，这一点是为伊泽尔和姚斯所承认的。

因此我们说，伽达默尔的解释学美学开创了注重读者的美学研究新道路。这美学研究的新思潮，不仅体现在接受美学上，而且在美国同样也出现了类似于"接受美学"的注重读者的理论，即"读者反应批评"理论，这也可以视为伽达默尔解释学美学在美洲大陆所引起的反响。

至于伽达默尔解释学美学对我们的意义，在此需要指出的也有三点。

第一，创立了美学中的解释学方法

当今我国的美学理论研究似乎处于这样一个状态中，即只专注于美学理论中那些老问题，很难再把美学研究向前推进，于是，大家都把注意力转到方法上，试图通过新方法的引进来促动理论的突破。我们说，伽达默尔的解释学美学在历史上创立了美学研究中的解释学方法，这至少为我们提供了一种可资借鉴的新方法。

从历史上看，西方美学理论中占统治地位的历来是如何理解、把握作品的原意，即作者的本意问题。伽达默尔反传统地否认作品原意的存在，他把艺术作品解释学放到它的实际动态过程中去考察，从而得出了作品意义的时间性、随机性等一系列解释学美学的结论，也就是说，他在美学理论中提供了这样一种观点：一部艺术作品的意义，是永远无法被穷尽的，当一部作品从一种文化或历史背景转到另一种文化或历史背景时，人们可以发现一个作者和当时的读者未曾预料到的新的意义，这个新意义的出现与接受者的积极参与是分不开的。这是一种理论，同时，也是一种方法论，这就是说，对艺术作品的考察在方法上不能把作品作为一个凝固不变的对象去看，而要把作品作为一个意义变动体、放到它的演变过程中去考察，而且，在考察过程中还要看到，作品意义的演变是在接受者的积极参与下发生的。

美学研究中这种解释学的方法规定，使我们既看到了作品意义的历史性，而且也看到了艺术活动中欣赏者的主体性，这无疑有助于更准确地把握作品的实际意义。

第二，创立了艺术鉴赏的新原则

在艺术鉴赏论上，人们一般所着力的是欣赏者如何准确地把握作品的原意。伽达默尔的解释学美学宣告了作品原意纯属虚无，一部艺术作品的意义是欣赏关系中在欣赏者的积极参与下所实现的意义。这样一来，艺术鉴赏论就不能再去要求鉴赏者如何克服种种因素的干扰去把握作品的原意。

根据伽达默尔的原则，在艺术欣赏活动中，欣赏者不是纯然被动的，他能够、而且实际上必然是积极地参与了作品意义的实现。这样，在艺术欣赏活动中欣赏者就要打破对作品原意的迷信，而要积极地由自身现时的生命体验出发去再造和组合作品的意义。在欣赏活动中欣赏者具有显然的主体性，这是伽达默尔的解释学美学所创立的又一富有意义的原则。

第三，应注意的几个问题

伽达默尔的解释学美学尽管在当代美学思潮中开辟了美学研究的新道路，但是，由于这一理论本身并不是尽善尽美的，所以我们在借鉴、消化中还应注意以下两个问题：

首先，艺术经验中的价值标准问题。这是伽达默尔的解释学美学所忽视的。伽达默尔的解释学美学只注意到了多种理解的可能，但他却忽略了对多种理解之间价值标准问题的研究。我们说，一部作品当然不必只有一种理解或一种解释，可是，各种理解或解释之间还是应有优劣、高低之分，否则，对艺术经验的探讨就会陷入一种相对主义和怀疑主义。

其次，作品本身的意义问题。伽达默尔的解释学美学所着力描述的是欣赏者对作品之意义实现的参与，而没有适当地论述作品本身对其意义实现的作用。这一点同样也应引起我们的注意，因为在欣赏活动中，欣赏者的参与对作品意义的实现尽管起了很大作用，但是，作品本身也不是全然被动的，否则，同一个主体对不同作品就不会产生不同的感受。

以上所述的两个问题共同体现了伽达默尔解释学美学的这样一个明显的不足，即在对传统解释学之客观主义的超越中走向了另一个极端，也就是说，在对理解和解释活动之主体性原则的肯定中，一同否定了其中的客观因素，具体来说，伽达默尔的解释学美学在对艺术活动之主体创造性的肯定中，既一同否定了作者本文原意在作品中的存在，又一同否定了解释之客观标准的存在。这一明显的不足，在西方现代解释学中很快引起了后人的不满，在

这些不满中，较著名的就是美国当代文论家赫施（E. D. Hirsch）对伽达默尔解释学理论的批判。

第三节　赫施对解释学美学的贡献

伽达默尔的解释学美学从前人的启示出发，将艺术的真谛放在作品与读者的关系中，即放在读者的具体理解活动中去考察，从而推出了一套具有明显新意的解释学美学理论，这套理论不仅在当时的德语地区，而且在整个欧洲以及大西洋彼岸的美洲地区都产生了巨大反响，在这些反响中，附声应和者居多，例如美国当代著名美学家马戈利斯就在其著名的《艺术与哲学》一书中沿袭伽达默尔的论调指出，解释"是一种艺术操作，一种从特点既定的对象到其特点不定的对象的转移，这种转移基于对对象疑难点的解决，基于当下语言的习惯运用，基于解释者自己观点的输入以及基于一种作品对所有可能的解释的开放性。"[1] 如果说，马戈利斯的伽达默尔论调还有点隐蔽的话，那么，美国"读者反应批评"的主将费什则直露无遗地展现了自己的伽达默尔思想。他说："读者的反应不是对着作品意义的，相反地，这种反应就是作品意义本身。"[2] 他甚至说："正

①　马戈利斯：《艺术与哲学》，新泽西，1980年，英文版，第156页。
②　费什：《作品在此分类当中吗?》，美国剑桥，1980年，英文版，第3、11页。

是读者制造了文学作品。"① 美国当代著名文论家赫施在当时美国学术界对伽达默尔《真理与方法》的一片赞扬声中，于1967年推出了《解释的有效性》一书，针锋相对地张扬了被伽达默尔所摒弃的传统解释学中的客观主义精神。为此，赫施所做的主要努力就是把本文的含义（meaning）和意义（significance）区分了开来。

在赫施看来，人们一般所说的对同一本文的理解发生着历史变化，并不是指本文作者的原初含义发生了变化，而是指本文的意义发生了变化。他说："发生变化的实际并不是本文的含义，而是本文对读者来说的意义。"② 他认为："本文含义始终未发生变化，发生变化的只是这些含义的意义。"③ 含义和意义不同。"含义存在于作者用一系列符号所要表达的事物中……而意义则是指含义与某个人、某个系统、某个情况或与某个完全任意的事物之间的关系。"④ "作者对其本文所作的新理解虽然改变了本文的意义，但却并没有改变本文的含义。"⑤ 在赫施看来，如果看不到本文含义与本文意义的这种区别，那么，也就无法正确解释理解的历史性，从而像伽达默尔那样走向对本文作者原初含义的否定，似乎本文的整个含义都是变动不居，无法确定的。赫施承认，本文的意义处于变动不居的历史演变中，而本文的含义则是确定的。他说，本文所用语言的"语言规范使词义受到了某种程度上的限制"。⑥ 他由此含义的确定性出发进一步指出：正由于本文含义具有这种确定性，因而，它是可复制的。他说："我们正是根据含义的确定性才说，含义是可复制的。"⑦ 含义能够被理解者把握。至此，赫施进一步指出：人们之所以认为本文含义是不确定的，不可复制的，那是由两个原因所致：其一，人们误把对含义体验的不可复制性视为含义本身的不可复制性。在赫施看来，这两者是不同的，不能混淆。他说："对含义体验的不可复制性与含义的不可复制性还是有所不同的，不能从心理学角度把本文含义和对含义的体验视为相同的东西。对含义的体验具有个人特点，它并不是含义本身。"⑧ 赫施认为，对含义的体验属于精神活动，它具有个人特点。人之间的精神活动是不尽相同的，但不同的精神活动可以

---

① 同上书，第3、11页。
② 赫施：《解释的有效性》，德文版，第23、268、25页。
③ 同上书，第23、268、25页。
④ 同上书，第23、268、25页。
⑤ 同上书，第23、268、25页。
⑥ 同上书，第49、66页。
⑦ 同上书，第49、66页。
⑧ 同上书，第33、59页。

指向共同的客体，那就是本文含义。赫施借用胡塞尔的术语指出："无数各不相同的意向性行为能够求得同样的意向性客体，也就是说，能够指向同样的意向性客体。"① 其二，人们之所以认为含义无法被理解者把握，在赫施看来，那是由于把确切理解的不可能性误当成理解的不可能性。他进一步指出，人们能够理解本文，这并不是说，人们能对本文获得确定的理解。认识与确定性并不是一回事。"把确切理解的不可能性与理解的不可能性完全混淆，在逻辑上是错误的，而把认识与确定性相提并论也同样是错误的。"②

显见，在赫施看来，对含义体验的不可复制性以及对含义确切理解的不可能性，这些丝毫不能说明含义的不可复制性。无论本文的意义如何发生变化，无论含义体验如何不可复制，确切理解如何不可能，含义本身还是确定的，可复制的，这是解释活动得以进行的一个前提条件。赫施指出："所有解释性目标都要求具备这样一个条件，即作者意指的含义不仅是确定的，而且也是可复制的。"③

本文含义既然是确定的，可复制的，那么，如何去确定或复制本文的含义呢？在赫施看来，唯一能决定本文含义的只有创造该本文的作者。他说："一件本文只能复现某个陈述者或作者的言语，或者换句话来说，没有任何一个含义能离开它的创造者而存在。"④ 他甚至直截了当地指出："本文含义就是作者意指含义。"⑤ 尽管作者创作本文所用的语词会传达出与意指含义不同的方面，但是，确定本文含义的唯一标准还是在作者的意指含义上。"词义就是某人用特定语言符号序列意欲表达以及该语言符号所能分有的东西。"⑥ 这种东西就是本文作者的意欲类型。赫施认为，"词义就是一种意欲类型。"⑦ "词义具有类型质，一个类型就含有着一系列具体化事物，而且类型在每个具体化事物中都是相同的。"⑧ 赫施把本文中保持不变的含义宽泛地界定为作者意欲类型，这就道出了本文含义的可复制性。本文含义如果仅仅是作者的意指含义，那就有可能不可复制，因为在具体表达中，意指的东西和实际所表达的东西往往会发生偏离，这就

---

① 赫施：《解释的有效性》，德文版，第 33、59 页。
② 同上书，第 34 页。
③ 同上书，第 47 页。
④ 同上书，第 289、44、51、73、22 页。
⑤ 同上书，第 289、44、51、73、22 页。
⑥ 同上书，第 289、44、51、73、22 页。
⑦ 同上书，第 289、44、51、73、22 页。
⑧ 同上书，第 289、44、51、73、22 页。

使作者具体意指的东西无法被复制，而意欲类型则无论如何是可复制的，因为，在实际表达过程中与意指的东西发生偏差不可能在整个类型上偏得面目全非，偏差只能是在类型范围内的偏差，而不可能连整个类型都偏离掉。类型思想的鲜明特点是：第一，是个整一的概念，它具有明确的界限。这种确定性不是传统解释学所理解的那种不容忍任何变量的确定性，而是一种类型确定性，是宽泛的确定性。第二，类型可以在多种情况中得到体现，它包括并产生着它并未明确包含的部分。用赫施的话来说，"它总是能由一个以上的事物去再现。"① 这包含了被后人复制的可能，因为，作者创造该本文时的原初含义只是其意欲类型在当时的一个具体表现，作者创造该本文时的具体意指含义尽管无法被后人准确复制，但是，该意指含义所属的类型，即本文含义，还是能由现时的具体情形去体现。在此，类型思想起着一个沟通过去与现在、沟通作者与读者的桥梁作用。所以赫施指出："强调'类型'这个概念是很重要的，因为，只有通过'类型'这个概念，才可能把词义视为受到确定的意识对象。"②

在《解释的有效性》一书中，赫施还具体用"范型"（genre）概念去说明类型。他说，决定本文含义的意欲类型又由"范型"所决定。他认为，决定作者意欲类型的"范型就是这样一种整体含义，通过这整体含义，一个解释者就能正确地理解这种具有确定性之整体的每个部分。"③ 进一步说："范型就是一个构成并决定含义的被传达的类型。"④ 对词义的每一种选择都必然地是由这种范型所决定的。用范型概念去说明类型，目的是要说明，作为本文含义的作者意欲类型在读者的理解过程中所具有的引导性的决定作用。由此，赫施又进一步区分出了在对本文读解过程中的两种性质截然不同的活动：解释和批评。在他看来，解释的对象是本文含义，批评的对象是本文意义。解释是为了揭示含义，批评是为了阐发意义，因此，解释必须以对象本文为准，批评则必须把本文放到本文之外的某个系统中去加以考察。

赫施认为，"正确的解释始终是由对类型的正确揭示所决定"。⑤ 解释与作为本文含义的类型一样具有宽泛特点，它不具有那种一目了然的确定性，它是由一系列反复所构成的猜测，这种猜测是对某种无法

---

① 赫施：《解释的有效性》，德文版，第72页。
② 同上书，第72页。
③ 同上书，第113、134页。
④ 同上书，第113、134页。
⑤ 同上书，第102、175页。

直接体验的客体所作的"有根据的猜测，……它是在缺乏直接经验证明时达到结论的一种理性手段"。① 它是对可能性的判断，是对作者可能意欲类型的判断，这个判断不是一次性完成的，其中有一系列反复。所以赫施指出，在解释任何本文过程中，最关键的就是读者对作者意欲类型所作的猜测，这种猜测的正确性在很大程度上取决于读者过去的经验以及他所掌握的类型。因此，赫施反对传统解释学的那种技艺学做法，他不认为解释学能为人们提供一套达到正确解释的确定的方法。他说："没有什么整套的规则或现成的惯例能够使人洞悉或迫使人洞悉作者意指的含义。理解行为首先是一种天才的（或错误的）猜测，而猜测不可能有什么方法。"② 解释具有这种宽泛的不确定性和反复性，而批评则相反地是确定的。批评的对象（本文意义）是确定的。它是在确定了本文含义之后将该含义与某个系统联系起来的一种活动。因此，批评所运用的不是不确定的猜测，而是确定的判断，它是对两个系统（本文与读者）之关联的判断，是一次性完成的。

可见，赫施通过对本文含义和本文意义的区分，通过对本文含义的确定性和可复制性的论证，确实捍卫了被伽达默尔彻底铲除的解释学中的客观主义精神。在赫施所推出的这些理论中，我们可以明显地窥见其中狄尔泰的影子，甚至胡塞尔和索绪尔的一些原则。例如，狄尔泰在其1900年写的论文《解释学的诞生》中，就把理解活动视为"在外部世界物质符号的基础上理解内在东西"③ 的活动。这一点与赫施对理解和解释的界定几乎是完全吻合的，甚至赫施对解释学的理论要求也与狄尔泰的要求一脉相承。赫施在《解释的有效性》中所作的解释学努力，目的就是要为确定解释的有效性提供一套原则。狄尔泰对解释学所规定的要求同样是，要"为确定解释的普遍有效性提供一个历史确定性可以依循的理论基础，避免浪漫任意的冲动与怀疑的主观性。"④ 此外，赫施所提出的不同意向性活动可以指向同样的意向性客体的论断，不仅在内容上，而且在表达形式和所用术语上，都是由胡塞尔的现象学而来的。同样，我们也不能不说，索绪尔对语言和言语的区分，也给赫施区分本文含义和本文意义以重要启示，两者在理论的抽象内容上是一致的。其实，赫施本人在其《解释的有效性》附注 I 的脚注中就已直接指出："我的整个论述在根本

---

① 赫施：《解释的有效性》，德文版，第102、175页。
② 同上书，第203页。
③ 《狄尔泰全集》，哥廷根，1977年，德文版，第5卷，第318页。
④ 同上书，第331页。

上就是企图把狄尔泰的一些解释学原则建立在胡塞尔认识论和索绪尔的语言学基础上。"①

概括起来看，赫施的解释学努力对现代解释学美学的贡献主要有三点：第一，赫施的解释学努力，解决了解释学理论中的一个难题，即如何去解释理解的历史性问题，在美学中也就是如何去解释在艺术读解活动中的个体差异和历史差异问题。伽达默尔的解释学理论虽然正确揭示了理解的历史性，但他没有正确解释这种现象，以致否定了本文作者原初含义在本文中的存在。我们知道，面对一件本文会得出诸种各有所异的理解，这是理解的历史性使然，但是，无论解释出现多大差异，在对本文的理解活动中总有共同可循的价值判断标准存在。伽达默尔的理论由本文的历史性和时间性进而否定本文作者原义在本文中的存在，这无异于否认价值判断标准的可能，如此下去，面对本文的解释活动就必然处于一种混乱的无序状态中。赫施把本文含义和本文意义区分开来，便独到地解决了这一理论难题，他既正确肯定了理解之历史性的存在，又避免了有关理解之非确定性和相对主义的错误结论，这一点对我们无疑具有重要启示。由此我们可以看到，在阅读本文的过程中，包括在艺术欣赏中，差异现象的发生并不是由于对

象本身是不确定的，没有统一的标准。差异只是我们在作品中所见出之意义的差异，对象本身的含义还是确定的，不变的。第二，赫施对现代解释学美学的贡献还鲜明地表现在：他在论述本文含义确定性的同时，并没有使这确定性凝固化，甚至僵化，而是把这确定性规定为本文作者意欲类型或范型的确定性。类型或范型这个概念就很好地既揭示了确定性的存在，同时，又没有抹杀确定性中所存在的差异性。赫施在《解释的有效性》一书中多次明确指出，类型就在许多各有所异的具体事物中得到体现，它能由一个以上的不同事物得到具体体现。我们在对本文的理解活动中，尤其是在对艺术本文的领会中便可发现，尽管人们无法确切地严格界定所面对的本文含义，但是，人们能去确定本文宽泛的类型含义。本文含义的确定性就在它的类型含义上。第三，赫施在《解释的有效性》一书中，由对本文含义和本文意义的区分出发，进一步界定了解释和批评的各自特点，这也是他对现代解释学美学的一个贡献所在。他认为，本文含义和本文意义分别是解释和批评的各自对象，解释是为了揭示含义，批评是为了阐发意义。这些规定无疑正确地揭示了解释和批评的各自特点。解释的对象是本文含义，这就决定了解释必须以对象为准；批评的对象是意义，

① 赫施：《解释的有效性》，德文版，第248页。

这就决定了批评必须把本文放到本文之外的某个世界中去看待。这无疑是解释和批评的主要区别所在。

解释学美学思考在西方历史上尽管早已有之，而且在不同时期经历了不同形态，但是，解释学美学作为一种独立的美学思潮并产生广泛影响，那还是近二三十年的事，也就是说，自伽达默尔始，解释学美学才进入它的顶峰时期，而且这个顶峰时期刚刚开始，它还在不断扩展着。也就是说，在当今西方世界，解释学美学正处于发展中，它越来越引起更多人的兴趣，随着时间的推移和认识的深入，它必然还会得到不断的充实。

第二十二章　接受美学

就现代西方诸美学流派而言，接受美学（Reception Aesthetics）实际上应当被称之为"接受理论"（Reception Theory）。它是当今世界上最新并且也是传播最广的美学流派之一。它于 20 世纪 60 年代中期在联邦德国南部博登湖畔的康斯坦茨大学崛起，其创始人是 5 位年轻的理论家，他们是：汉斯·罗伯特·姚斯（Hans Robert Jauss）、沃尔夫冈·伊泽尔（Wolfgang Iser）、曼弗雷德·弗尔曼（Manfred Fuhrmann）、沃尔夫冈·普莱森丹茨（Wolfgang Preisendanz）和尤里·斯特里德（Jurij Striedter）。其中，贡献最大的是姚斯和伊泽尔，由于他们以康斯坦茨大学为基地四处传播其学术观点，所以被学术界称为"康斯坦茨学派"（die Konstanzer Schule）。从学术渊源来看，对接受美学的诞生影响最大的学术思潮有以下四种：那就是以维克多·什克洛夫斯基（Виктор·

Ъ. Шклвскчй）为代表的俄国形式主义，以詹·穆卡洛夫斯基（Jan Mukarovsky）为代表的布拉格结构主义，以汉斯·格奥尔格·伽达默尔（Hans-Georg Gadamer）为代表的解释学理论，以及以罗曼·英伽登（Roman Ingarden，1893—1970）为代表的现象学美学。虽然后两者对接受美学的影响极为突出，但是总的说来，接受美学并没有构成自己所特有的理论基础和方法论。

从学术特征的角度来看，接受美学在文学理论领域中从激烈抨击传统的文学本体论理论入手，突出强调读者在文艺欣赏和文学发展过程中发挥的关键性作用，突出强调文学理论的研究应当以读者对文学作品的接受和文学作品产生效果的过程为研究核心；这样，它就从读者接受的角度重新强调了文学与社会现实的联系。从学术阵营的角度来看，虽然随着接受美学的迅速传播，研究它的专家学者如雨后春笋般纷纷出现，但是，其中最杰出的接受美学家无疑只有姚斯和伊泽尔；前者不仅以其《作为向文学理论挑战的文学史》[1]宣告了接受美学的诞生而成为这个学派的创始人，而且在从社会历史的宏观角度研究读者对文学艺术作品的接受方面做出了无与伦比的贡献；后者则以"本文—读者相互作用"为主线，以对文学艺术作品系统、严谨、深入的微观研究为接受美学的发展和完善立下了汗马功劳。正因为如此，国外有人在论述接受美学代表人物时主要论述姚斯和伊泽尔，视其为接受美学的一对交相辉映的明星。[2]如果我们拓展眼界，把接受美学的发展对马克思主义文艺理论的挑战和马克思主义者的回答考虑在内，那么我们就必须提及民主德国著名文艺理论家曼弗雷德·瑙曼（Manfred Nanmann）及其马克思主义接受美学理论。由于篇幅所限，其他接受美学家的思想就只好暂付阙如了。

这里需要强调指出两点：第一，虽然接受美学自崛起以来迅速向东西方传播，其蓬勃发展颇为引人注目，但是，与其他美学流派相比，接受美学并没有形成自己所特有的哲学理论模式。具体说来，以从社会历史角度宏观地研究读者接受文学作品而著称的姚斯，其主要理论渊源是伽达默尔的现代解释学、马克思的生产与消费理论，以及于尔根·哈贝马斯[3]的沟通理论，此外还受过美国著名科学哲学家托马斯·库恩有关科学革命"范式"思想的影响，但是，这些理论素材在他那里并没有被熔为一炉而形成他自己的哲学模式。这不仅表现在他的观点在具有鲜明突出的开拓性的同时缺乏坚实的理论基础，而且突出表现在他的研究模式不断发生蜕变，他不断提出新概念、新观点以纠正自己以前的观点；这实际上正是理论准备不足、基本理论框架不完善的表现。另外，就从微观角度研究读者接受文学作品的伊泽尔而言，虽然他在接受英伽登和伽达默尔影响的情况下，在全面研究"本文—读者相互作用"的基础上建立起系统深入具体全面的"响应美学"理论体系，而不像姚斯那样不断地纠正和改变自己的学术观点，但是，他同样也没有形成自己特有的基本理论框架，这不仅表现在他只是在照搬英伽登现象学美学模式的条件下，把伽达默尔的"问题—回答"模式附加于其上，"以现

① Literaturgeschichte als Provokation der Literaturwissenschaft，1967.
② 罗伯特·C. 哈鲁伯（Robert C. Holub）：《接受理论—批评导论》（Reception Theory. A Critical Introduction，1984，Methuen Inc. London and New York）。
③ 哈贝马斯（Jurgen Habermas）：西德当代著名哲学家，法兰克福学派第二代主要代表，主要著作有：《沟通与社会进化》和《沟通行动理论》等。

象学为经、以解释学为纬"构造出他的理论体系，同时也表现在他没有得心应手的理论武器去应付他所涉及的其他学术领域的研究成果，诸如言语—活动理论、心理分析理论、完形心理学等；也就是说，他只是把这些成果拿来"为我所用"，而未能博采众长，熔于一炉，从而开创出真正属于自己的理论体系。正因为如此，他的学术研究只能从微观角度补充完善接受美学理论，而无法在美学研究领域做出超越英伽登等美学大师的新突破。第二，前面曾经提及，与其把以姚斯、伊泽尔为代表的这种新思潮称为"接受美学"，还不如称为"接受理论"。我们这里也称之为"接受美学"，不仅是因为姚斯和伊泽尔为自己的理论戴上了这顶"桂冠"，而且也因为国内外理论界在这一点上已经是约定俗成了。不过，这种称谓确有言过其实之处，不如称为"接受理论"或者"文学接受理论"更名副其实。因为美学之所以能够成为"美学"，不仅需要有深刻完善的哲学理论基础，有充分的理论深度，而且还应当能够涵盖人类审美活动的诸领域、诸方面。就"接受美学"而言，上面已经提到，它并没有自己所特有的哲学理论基础、理论框架；不仅如此，无论是从姚斯的宏观接受美学来看，还是就伊泽尔的微观"响应美学"

而言，抑或对于瑙曼的马克思主义接受美学来说，都没有超出专门研究读者欣赏接受文学作品这个范围，都几乎从未论述过作为欣赏者的审美主体对其他艺术门类的艺术作品的接受，① 更不用说得出具有开拓性意义和具有普遍理论价值的结论了。这一点我们在后面会看得更清楚。因此，虽然接受美学的崛起和传播拓展了文学理论研究的视野，把理论研究的重心从文学本文研究转移到读者接受研究上来，并且因此对艺术评论、艺术欣赏研究乃至美学研究产生了重大影响，因而得到了理论界的广泛重视，但是，称它为名副其实的"美学"（或者像"现象学美学"那样既有理论深度又有特色的美学）是很勉强的。②

从理论发展角度来看，虽然接受美学的崛起也和其他美学流派一样，既具有现实根源、也具有学术上的渊源，但是，姚斯、伊泽尔和瑙曼的关系却不像现象学美学家盖格尔、英伽登和杜夫海纳那样，在时间顺序和理论进展上表现出明显的先后递进顺序；具体说来，姚斯和伊泽尔在理论上呈现出同时互补关系，而瑙曼则与他们构成了批判扬弃关系，尽管这种批判扬弃是初步的。下面我们就先考察一下接受美学崛起的时代背景和理论渊源，为分别

---

① 从广义上说，作为审美主体的欣赏者对任何艺术作品的欣赏都是"接受"。

② 顺便说一下，目前国内理论界大有把"美学"作为标签四处张贴之势，然而，无视美学的理论科学性和全面性只能损害美学而非发展美学。

叙述评价这三位接受美学家的思想做些准备。

第一节　接受美学的崛起

一、社会背景

任何学术思潮的蓬勃兴起都离不开一定的社会背景，都有着源远流长的学术渊源，它们共同构成该思潮崛起的现实背景，接受美学当然不例外。从社会背景角度来看，联邦德国 20 世纪 60 年代社会生活诸方面的政治化倾向与接受美学的崛起有密切关系。因为进入 60 年代以后，国际上美苏争霸造成的强烈震荡不安，国内随着工业和经济的高速发展出现的生存危机感，新旧价值观念、思想体系的冲突撞击，以及反对僵化的旧教育体制、争取更多民主权利的此起彼伏的学潮，推动联邦德国的社会生活从 50 年代以来的精心建设高福利社会、摒弃一切政治活动和政治动乱的社会生活趋势，发展成为人们强烈关注政治事件、抨击怀疑以往制度、要求得到更多民主自由、激烈批判社会现实的社会生活趋势。这种转折无疑会给联邦德国意识形态诸方面带来巨大的影响。我们这里只从与接受美学的崛起关系最密切的哲学和文艺两方面考察一下这种影响。

在这个时期，联邦德国出现的具有世界性影响的哲学思潮是伽达默尔的哲学解释学和法兰克福学派的社会批判理论。前者虽然侧重从学术角度进行探索和研究，但是它强调主体从"当下的视界"出发进行理解和解释，所以，它不仅从纯学术的角度曲折反映了这种社会生活趋势，而且还直接为姚斯沟通读者与现实联系的"接受理论"奠定了理论基础。从后者来说，法兰克福学派的社会批判理论全面攻击资本主义制度，认为它压抑人的心灵和本性，使人全面异化，因而必须进行使人全面解放的"现代革命"。这种观点虽然没有对姚斯造成直接的理论影响，但是，它作为一种对时代精神的确切反映却对伊泽尔的"本文—读者相互作用"论产生了很大影响。后面我们还会论述到，"文学冲击现实"既是伊泽尔理论研究的出发点，也是我们理解和把握其"响应美学"理论的契机。

从文学艺术的角度来看，这个时期具有明显政治倾向的作品逐渐增多（诸如 M. 瓦尔泽的《独角兽》、K. 盖斯勒的《质问》、P. 韦斯的《调查》等）；在这种情况下，文学理论研究若想跟上时代，就必须抛弃以沃尔夫冈·凯塞尔（Wolfgang Kayser）为代表的、脱离现实的"文体批评"学派的做法，顺应意识形态"政治化"这个时代潮流。但是，要做到这一点，就需要从研究角度、研究模式、研究方法上来一个根本性的转折，从新的层次上准确地表现这种时代精神、这种社会生活趋势。时代把这副担子放在了接受美学的肩上；它通过研究欣赏者对文学作品的接受，努力从历史与现实辩证统一的角度全面把握主体的审美活动，以期揭开审美之谜。但是，它之所以能够做到这一点，是与它吸收借鉴俄国形式主义、布拉格结构主义、伽达默尔解释学，以及英伽登的现象学美学的研究成果分不开的。

二、学术渊源

1. 俄国形式主义

初看起来，俄国形式主义似乎不应当对接受美学产生促进影响，因为它主要侧重于分析文学作品的构成、分析作品的节奏韵律，这是与接受美学"侧重读者接受"的基本意向相悖的。这只是表面印象；实际上，接受美学研究文学作品只是实现了从纯语言学的角度向历史解释角度的转移，它并没有同时抛弃对文学作品结构的条分缕析，只不过这种分析是为阐明读者接受活动服务的；后面我们会看到，伊泽尔的"响应美学"理论充分体现了这一点。具体说来，以什克洛夫斯基为代表的俄国形式主义主要在以下两个方面推动了接受美学的产生：对"设计"的论述；对文学作品"陌生化"及其作用的论述。

文学理论研究的重大转折是从专一研究文学作品转向研究作品—读者的关系。俄国形式主义对"设计"的论述恰好推动了这一点。他们把艺术作品视为创作者"设计"的总和，把"形式"概念加以扩展，使之包含审美感知，这样就把研究的注意力引向了解释作品的具体过程。在此基础上，什克洛夫斯基指出，人们日常感觉的习惯方式很容易使他们去认识客体、剖析客体，使之变成支离破碎的没有生命的东西；艺术的作用就在于扼制和改变这种感觉习惯，使审美客体活生生地呈现在他们面前。从这种意义上说，只有使主体摆脱习惯性感知，被当做艺术作品感知的对象才配得上"艺术"称号。而要做到这一点，就需要艺术家进行"设计"。具体来说，"设计"具有三层含义：首先，它是一种形式因素，是艺术家构造艺术作品的方式；其次，它的功能是使作品内容，进而使欣赏者摆脱其特定的背景，使其"陌生化"；在此基础上，"设计"本身就可以通过激发欣赏者的好奇心形成架设在作品与读者之间的桥梁，使读者能够在改变自己感觉习惯的同时决定艺术作品的本质，使作品真正成为审美客体。

可见，"设计"的作用也就是使艺术作品内容"陌生化"。什克洛夫斯基认为，这样就可以增加欣赏者感觉的长度和难度，一方面把社会传统和语言规范暴露在欣赏者面前，使他能够从新的角度批判地对待它们；同时也可以使欣赏者把注意力集中在这些打破其感觉习惯的艺术"设计"上，从而使他不再关注社会生活中的那些事件，把整个身心都投入到审美情境之中。

可见，以什克洛夫斯基为代表的俄国形式主义从文学作品结构及其作用这个特定的角度提出了对接受美学的崛起非常有促进意义的观点，这样，他们不仅为接受美学强调研究作品—读者关系、突出读者的作用做了准备工作，而且他们关于文学作品"设计"和"陌生化"的观点直接构成了伊泽尔"响应美学"理论的有机组成部分，只要我们翻阅一下伊泽尔最主要的接受美学著作《阅读活动》，[①] 就可以清楚地看到这一点。

2. 布拉格结构主义

与以什克洛夫斯基为代表的俄国形式主义从文学作品结构功能的角度影响接受美学的诞生不同，以穆卡洛夫斯基为代表的布拉格结构主义则是从文学作品与社会历史的相互关系角度为接受美学的产生做了准备工作。有趣的是，人们多把穆卡洛夫斯基视为什克洛夫斯基理论的发扬光大者，实际上穆卡洛夫斯基扬弃了后者的理论——他一方面肯定后者对传统文艺理论的批判，另一方面通过把艺术作品结构视为语义构造而抛弃了"内容—形式"两分法模式，并通过强调文学本文与社会现实的相互影响、相互渗透反驳了单纯注重文学作品形式结构的形式主义。在这样的前提条件下，以穆卡洛夫斯基为首的布拉格结构主义就从艺术符号的社会意义和艺术评价的社会尺度两个方面推动了接受美学的诞生。

穆卡洛夫斯基强调指出，艺术作品是一个由复杂的符号构成的结构；这种符号不仅具有沟通的功能，而且也具有构成独立结构的功能。就前者而言，艺术作品是一种调节艺术家和接受者（作为社会关系产物的观众、听众等）的"符号学事实"，所以艺术作品必然同时是一种社会符号，欣赏者接受艺术作品的过程必然具有社会性的一面。这样，穆卡洛夫斯基就把艺术作品视为非但不独立于社会历史，反而构成一种历时系列，与社会现实相互影响、相互渗透的符号结构，使符号学社会学化了。就后者而言，正因为艺术作品是一种独立自足的符号结构，它才能发挥调节艺术家和接受者的作用。后面我们将会看到，穆卡洛夫斯基在这里论述的观点与姚斯对文学作品产生社会效果的论述是非常接近的。

艺术作品是一种社会符号，那么，评价艺术的标准当然也具有社会性的一面。穆卡洛夫斯基指出，文学作为一种社会现象是由许多结构组成的，但是它绝不会完全独立于社会现实。相反，不仅确立审美标准必须考虑社会的相互作用，而且社会阶级关系与存在于审美领域之外的诸社会关系在确立和变更艺术标准方面发挥着举足轻重的作用。所以，建立艺术标准、评价艺术作品绝不能无视产生艺术的特定社

[①] 拙译《阅读活动》中文版已于 1988 年 12 月由中国人民大学出版社出版，书名改为《审美过程研究》；为行文简洁，我提到该书仍称《阅读活动》。

会环境。穆卡洛夫斯基由此得出了两个重要结论：艺术作品不是一成不变的；相反，不同、甚至相互矛盾的几个艺术标准共存倒是常见的。同样，这种观点与姚斯从社会历史角度对文学接受的论述相当接近，我们甚至可以说姚斯把这种观点进一步精确化、具体化，变成他自己理论的组成部分了。因此，以穆卡洛夫斯基为首的布拉格结构主义为接受美学的出现做了准备工作，这是毫无疑义的了。我们在下面具体涉及姚斯和伊泽尔的接受美学思想时，将还会看到上述这两个学派思想的影子。

3. 英伽登的现象学美学

如果说以什克洛夫斯基为代表的俄国形式主义和以穆卡洛夫斯基为首的布拉格结构主义对接受美学诞生的影响和推动主要表现在观点和内容方面，那么，英伽登的现象学美学和我们下面将要谈到的伽达默尔的解释学美学对接受美学的影响则不仅表现在观点内容方面，而且更重要的是表现在理论模式和方法论方面。具体来说，伊泽尔的"响应美学"无论从理论框架来说，还是就具体观点而言，都可以看做是英伽登现象学美学理论的延伸和进一步具体化（尽管他广泛吸收了其他学派的成果，并且依据分析现代艺术提出了自己的见解），而姚斯则明确承认伽达默尔的哲学解释学方法直接构成了他的接受美学理论框

架的顶梁柱。下面我们先来考察一下英伽登的现象学美学在这里所发挥的作用。

与什克洛夫斯基和穆卡洛夫斯基不同，英伽登的学术研究首先关注的不是美学或者文学理论，而是哲学现象学、是如何通过研究艺术作品本体论补充和完善由胡塞尔开创的现象学哲学。我们不但可以通过他的主要著作《文学艺术作品》和《对文学艺术作品的认识》看到这一点，而且仅仅从《文学艺术作品》一书的副标题"对本体论、逻辑学和文学理论诸界限的研究"就可以充分看出这一点。从这种基本意向出发，英伽登突出强调对文学艺术作品的研究和论述必须摆脱"唯心主义—唯物主义"两分法的窠臼，从主体客体直接统一的原则出发进行分析研究。他对接受美学（特别是伊泽尔的理论）产生直接重大影响的观点——文学作品是包含"不确定性的点"的分层有机结构和读者对文学作品的"具体化"——就是在此基础上提出的。

英伽登指出，文学艺术作品是一种既不同于真实物质客体，也有别于理想观念客体的"纯粹意向性客体"，它是一种由不同层次构成的复合有机结构。具体来说，它包括："语音构造层"、"意义单位层"、"图式化的方面层"和"再现的客体层"。[①]他指出，这四个层次构成了文学艺术作品的"图式化结构"，等待着读者通过阅读和

---

① 参见本书第9章"现象学美学"中的第3节"英伽登的文学本体论和文学认识论"。

欣赏去进行补充和"具体化";其中,"图式化的方面层"和"再现的客体层"都包含着许许多多"不确定性的点";这样,读者就可以在阅读和欣赏文学作品的过程中充分发挥想象力,调动自身的诸方面经验消除这些"不确定性的点",填补"空白",使文学作品成为名副其实的文学艺术作品,从而获得审美享受,获得直观深刻的人生启迪。后面我们会看到,英伽登这里的思想不仅直接构成了伊泽尔"本文—读者相互作用"论结构的主干,而且伊泽尔还直接继承了英伽登有关"不确定性的点"的思想。

由于文学艺术作品是包含着"不确定性的点"的分层有机结构,所以,它只有经过读者的"具体化"才能成为现实的艺术作品,使读者相应获得审美享受。英伽登对"具体化"的用法有以下两个方面:一方面,是指读者在阅读和欣赏文学艺术作品的过程中,通过发挥自己的想象力消除作品"不确定性的点"、填补"空白",使文学艺术作品的"图式"结构转化成有血有肉的现实艺术作品。从这个方面来说,读者在阅读过程中通过填补"空白"就可以把上述四个层次协调起来,使之转化成具有审美特性的"复调和声"的有机统一体,在获得审美快乐的基础上感悟审美客体的"形而上学特性",获得人生启迪。另一方面,"具体化"指的是读者把文学艺术作品诸方面潜在要素予以实现的结

果;就这种意义而言,文学艺术作品与其"具体化"有所不同,前者只是包含诸多潜在要素的分层有机结构而非严格意义上的艺术作品,只有后者才是真正的艺术作品。英伽登指出,虽然不同读者对同一文学艺术作品的具体化有所不同,但是,作品的分层有机结构可以保证这些"具体化"基本上一致。

英伽登从上述两大方面对文学艺术作品的论述,不仅构成了他那庞大的现象学文艺美学体系,而且直接为伊泽尔的接受美学理论奠定了基础。正如姚斯把自己的"接受理论"视为伽达默尔哲学解释学在文学研究领域中的具体运用那样,伊泽尔首先把自己视为把现象学美学进一步发扬光大的接受美学家,把《阅读活动》这部他最主要的学术著作称为"现象学著作",这已经能够说明英伽登对接受美学的影响非同寻常了;后面我们从伊泽尔那里还可以更清楚地看到这种影响。

4. 伽达默尔的解释学

如果说英伽登的现象学文艺美学直接构成了伊泽尔接受美学的理论基础和基本理论框架,那么,伽达默尔的哲学解释学(解释学美学也包含在其中)——基本观点和基本方法——却对姚斯建立其"接受理论"产生了巨大的影响;姚斯不仅把伽达默尔的哲学解释学方法视为他确立"接受理论"基本框架不可或缺的"顶梁柱",而且也把自己的理论研究成果视为"文学解

释学"。具体说来，伽达默尔的哲学解释学对接受美学的影响主要表现在以下三个方面："效应史"理论；"理解和解释的历史有效性"；"视界"与"期待的视界"；强调解释即应用的主体意识能动性思想。

发源于海德格尔现象学解释学的伽达默尔解释学，也像英伽登的现象学一样，它首先关注的是哲学本体论问题，是对我们存在的本质进行理解和解释的问题；它不仅激烈反对长期以来在西方学术史上居于统治地位的主体与客体、思维与存在截然分裂的思维模式，而且也极力抨击掩盖这种截然分裂、并为由之造成的主体和客体的异化辩护的自然科学思维方法，力图摧毁这种思维方法占据的至高无上的地位。伽达默尔认为，只有通过强调理解及其历史本质，把它看做是主体与客体通过现在与过去的沟通所进行的相互作用，我们才有可能真正揭示存在的本质。真正的解释学必须注意自身的历史性。因为只有证明了理解本身的历史有效性，作为"效应史"（wirkungsgeschichte）而存在的解释学才是真正的解释学。可见，他从海德格尔强调存在的历史性出发把理解的历史性提到了多么高的地位；而这一点恰好构成了姚斯论述"文学史就是文学作品接受史"的理论前提。

伽达默尔具体通过对"视界"（hori-zont）和"期待视界"（erwartungs hori-zont）的论述展开了他关于解释学就是"效应史"的思想。他指出，人们都认为要进行正确理解必须先消除偏见，实际上，由于偏见属于历史现实本身，所以它们不是理解的障碍，反而是理解得以进行的条件。实际上，所谓"视界"就是由这些偏见构成的，它们把我们在社会历史中所处的地位清楚地揭示了出来。伽达默尔正是在这种意义上指出，人们的理解活动也就是个人目前的"视界"与历史"视界"的"视界融合"（horizont verschmelzung）。而所谓"期待视界"所指的即是主体在理解客体以前由其以往的知识和经验构成的先在结构。需要指出的是，伽达默尔这里论述的"视界融合"和"期待视界"构成了姚斯文学史理论的基本思想；后者所谓"作品的延续只是作为作品现实经验的史前史才有意义"① 完全是从伽达默尔这里的观点脱胎而来的。

除上述两个方面外，伽达默尔对主体在理解过程中发挥能动性的强调也对接受美学产生了重大影响，这一点也是伽达默尔对现代解释学所做出的突出贡献。他指出，任何一种解释同时又都是一种"应用"（anwendung），它意味着主体现时的"应用"。不过，这里需要指出，所谓"应用"并非指"学以致用"，而是指解释者使解释

---

① 姚斯：《走向接受美学》，美国明尼苏达大学出版社，1983年，英文版，第1章，第5节。

的本文现实化、使意义显现出来的过程。具体来说，"应用"指的是主体在理解过程中与过去的对话，是对过去和现在的调节；这样，通过开诚布公地对他人（本文可视为"他人"的代替物）提问和回答、付出与获得，主体就可以形成理解，并且在此基础上做出解释。后面我们可以看到，伽达默尔在这里对主体意识能动性和"问—答"模式的论述，在姚斯和伊泽尔那里都发挥了极其重要的作用。它们不仅构成了姚斯接受美学的基本意向和基本研究模式，而且对于伊泽尔论述"本文—读者相互作用"而言也是不可或缺的，我们说伊泽尔的"响应美学以解释学为纬"所指的就是这一点。

三、接受美学的靶子

任何一个学术流派都是在时代召唤下产生出来的，就这种时代召唤而言，它不仅包括正面促进该学术流派产生的社会背景和学术渊源，而且也包括从反面激发这个学术流派产生的媒介。这种媒介多以当下的学术难题或者学术缺陷的形式表现出来，从而构成即将产生的学派攻击的靶子。就接受美学而言，情况也同样如此。具体来说，接受美学的靶子是长期以来在文学研究领域中占据统治地位的、以"新批评派"和结构主义为代表的文学本文中心论（也可以叫做本体论文学理论）。具体来说，它表现在以下四个方面：

①文学作品本体化。这种理论认为，文学的实体是作家创作过程的结果——文学作品；它的各种成分、整体构造、内容意义、审美价值等都是作品自身固有的一成不变的要素。因此，文学作品中既包含了读者欣赏它所需要的全部前提条件，也构成了评论家分析认识文学作品的出发点。所以，文学作品是一种不依赖于主体而具有独立自足存在的实体。毋庸置疑，这是接受美学绝对要攻击的观点。

②以认识客体和认识主体的关系类比文学作品与读者的关系。由于把文学作品本体化，所以这种理论把艺术作品与审美主体的关系完全等同于认识客体与认识主体的关系，这样就造成了两个方面的后果：其一是把艺术作品视为独立存在的、完全决定审美主体的东西，后者则只有被动的从属、服从属性，因而以认识主客体的分裂、对立代替了审美主客体的相互作用和统一，具有浓厚的实证主义色彩；其二则是认为主体欣赏文学作品的目的在于从中得出作品的真正意义，把主体的审美欣赏过程视为主体认识作家的意图和作品的意义的过程，主体由此获得的审美享受、发挥的作用则是次要的。

③就艺术创作和艺术评论而言，这种理论认为文学存在并且发挥作用的唯一方式是作家的创作及其结果，艺术作品本身是独立存在、亘古不变的；所以，它不仅是读者欣赏的出发点，而且也是评论家进行评论的出发点。评论家若想保证艺术评

论的客观性和科学性，就必须从作品出发最大限度地抛弃主观因素的参与和干扰。

④就文学作品的历史接受和评价而言，这种理论认为，由于文学作品的成分、结构、意义和审美价值是其内在固有的、一成不变的，所以，它自身所包含的思想内容和审美内涵就决定了它的艺术效果，因而决定了它在艺术史和人类历史上的地位。从这种意义上说，读者的欣赏接受只处于次要地位，它对于评价艺术作品的艺术价值和历史地位来说是无关紧要的。

可见，这种本体论文学理论的根本特征就在于以作品为中心、以割裂主体客体统一的实证主义思维方式考察审美活动、无视读者能动的参与创造活动。虽然它自20世纪以来不断受到诸学术流派的攻击，但是，接受美学在这个方面的所作所为无疑是最激进的，它完全构成了接受美学的靶子。下面我们就来分别看一看，从宏观社会角度研究读者接受的姚斯和从微观角度研究"本文—读者相互作用"的伊泽尔是怎样针对这个靶子提出他们自己的观点的。

第二节 姚斯的"接受"理论

谈到接受美学，人们首先想到的是姚斯，而不是伊泽尔；甚至国内外都有这样一种倾向，似乎只有姚斯的观点，才是接受美学理论的真正代表。这种观点无疑是偏颇的，甚至可以说是错误的；因为它只看到姚斯从社会历史角度对读者接受的突出强调，就以为接受美学只重视读者而根本不重视文学本文在读者接受过程中的地位和作用。这实在是一个重大的偏见。实际上，接受美学对文学本文地位和作用的强调主要是通过伊泽尔对读者接受文学作品的微观研究表现出来的。然而，人们之所以形成这样一种偏见也是有现实原因的；这种原因就在于，姚斯不仅是接受美学的首发轫者，以其1967年在康斯坦茨大学就任教授职时的论文《作为向文学理论挑战的文学史》宣布了接受美学的诞生，而且还因为他态度激进、观点鲜明，不断运用新概念、提出新观点，加强接受美学的攻势，这就在当时沉闷压抑的学术研究领域刮起了一股强有力的飓风，这引起学术界的充分注意是理所当然的。具体来说，姚斯自1967年发表《作为向文学理论挑战的文学史》以后，先后发表的文章著作有：《文艺学范式的转变》（1969）、《审美经验小辩》（1972）、《审美经验与文学解释学》（1977）。根据这些著作，我们大致可以把姚斯的接受美学研究分为前后两个时期：前期是"文学史"时期，以《作为向文学理论挑战的文学史》为突出代表；后期是"审美经验"时期，以《审美经验与文学解释学》为标志。下面我们就从这两个阶段入手具体考察一下姚斯对读者接受文学作品所作的社会历史研究。

一、从文学史入手提出挑战

1. 悖论的提出

在姚斯心目中，出现在 20 世纪 60 年代的联邦德国、他和"康斯坦茨学派"其他成员置身其中的社会意识形态（包括文学和文学理论）政治化是绝对应当加以肯定的。一方面，它重要就重要在把文学（从更抽象的意义上说，把艺术和美学）与社会现实的关系问题更鲜明突出地摆在人们面前；另一方面，突出强调文学本身审美独立自足性的文学本文中心论则从反面起了突出的映衬作用。就这个问题而言，文学（或者更抽象的，艺术）必须通过读者（欣赏者）才能实际发挥作用是题中应有之义；虽然说文学作品本身不会随着历史的推移而发生变化，但是读者本身却是历史的、又是具体的。这样，文学与社会现实的关系问题就自然而然地转化成文学作品与读者的关系问题，转化成读者接受文学的历史与人类一般社会历史的关系问题。

在这里，姚斯从文学理论研究的角度提出了一个悖论（所谓"文学史悖论"）：为什么在时间上看早已成为过去的文学艺术作品对于今天的读者依然具有巨大的魅力？这既是一个文学理论研究难题，同时也是一个文学史与一般人类历史关系方面的难题，因为它具体涉及的是过去的文学作品为什么在当代条件下发挥作用的问题，

是文学史与社会史同步与否、如何相互作用的问题。实际上，姚斯从这个问题入手研究接受问题是与马克思对古代艺术的论述分不开的；马克思指出："困难不在于理解希腊艺术和史诗同一定社会发展形式结合在一起。困难的是，它们何以仍然能够给我们以艺术享受，而且就某方面说还是一种规范和高不可及的范本。"① 由于文学艺术作品本身是稳定不变的，随时间改变的只能是欣赏主体，所以姚斯就从这个悖论入手，通过反对和抨击文学本文中心论倾向，从社会历史与文学接受史的相互关系角度来研究读者的接受，创立适合时代要求的、"政治化"的文艺美学理论体系，把理论研究的重心真正转移到读者接受过程上来。

初看起来，似乎联邦德国 60 年代的时代风潮足以促成以接受美学为代表的这次文艺美学方法论变革（从研究创造结果到研究接受），实际上这只是这种方法论变革的外因而已。从哲学美学的高度来看，美学（当然也包括文艺美学）的研究对象无疑是审美主体和审美客体辩证统一、走向融合的活动过程；它不仅包含艺术家创作艺术作品的过程，更重要的是包含处于特定社会历史条件和文化背景之下的欣赏主体的接受（欣赏）活动。因此，真正有价值的美学研究不仅要克服片面强调审美客

---

① 《〈政治经济学批判〉导言》，载《马克思恩格斯选集》第 2 卷，第 114 页。

体的重要性、进而割裂审美主客体统一的倾向（这种克服已经发展成主要学术趋势），而且还要肯定审美主体首先是实践主体，是处于特定的社会历史条件和文化背景之中、处于特定人生修养境界的主体，正是这些"附加"条件使审美主体成为真正具体的、现实的审美主体（从这种意义上说，现象学美学之所以功亏一篑，就因为它基本上"悬置"了这些"附加"条件），决定了欣赏者对艺术作品的接受。因此，从根本上说，姚斯从社会历史角度研究读者接受不仅是时代的产物，而且也是由他所秉承的具有强烈历史感的德国文化传统所促成，[①] 是美学、文艺理论研究大趋势的产物。不过，最新的研究往往也是迄今为止最困难的研究，在下文中我们将会看到，由于姚斯没有在强调文学史与社会史关系的同时进一步使研究深入具体化，加上前边提到的，他在基础理论方面准备不足，没有建立起深刻系统并富有独创性的理论体系，所以，他的理论发展后来自然会由盛转衰、使接受美学面目全非了。

2. 对四种文学史观的批判

就具体研究和解决上述悖论而言，姚斯首先批判了包括实证主义历史观，具有唯心主义色彩的"精神史"历史观，形式主义文学史观，以及马克思主义文学反映论在内的四种思潮，批判它们把文学与社会历史、美学思考与历史思考割裂对立（或者简单同一）起来的倾向。在此基础上突出强调重建文学与历史之间的本质联系，论述他自己对"文学历史性"的看法。

首先，姚斯指出，实证主义文学史观力图从纯粹理智的角度出发，用编写自然科学编年史的方法来编写文学史。于是，人们或者根据总的发展趋势、类型以及各种属性安排材料，把文学史搞成一个依据年代系列而堆砌的事实系列。这种编写历史的形式常见于现代，因为现代文学作品正在不断发展，很难定论；或者人们根据那些伟大作家的生卒年表，依照"生平和作品"模式直线形地排列材料，并在此基础上做出相应的评价。这种编写历史的形式适用于那些已有定评的古典文学作家。姚斯指出，前一种方法对作家及其作品的评价只是作为附属物一带而过，后一种作法则不仅忽略（至少是无意中忽视）了那些二流作家，而且完全割断了文学流派的发展线索。但是总的说来，这两种方法都以寻求"描述的客观性"为目的，把文学史视为纯粹客观的历史因果链条；这样，它们既忽视了艺术家艺术创造的意图和特性，也把读者这个至关重要的因素抛在一边了。这样的文学史只能是一种封闭的事实系列，是"伪文学史"。可见，姚斯在这里对实证主义文学史观的批判从一个特定

---

① 由于篇幅所限，这里不再展开论述。

的角度体现了接受美学对文学本文中心论的批判；同时，他对读者至关重要性的强调则体现了接受美学的基本意向。

与这种既忽视作家又无视读者的实证主义文学史观相对立，具有唯心主义色彩的"精神史"历史观崛起了。就主要流行于德国的这种"精神史"而言，它不仅包括以杰文纳斯（Georg Gottfried Gervinus）为代表的、为社会历史假定一个终极目标的目的论历史观，而且也包括以兰克（Leopold von Ranke）为首的循环论历史观，后者抨击为历史设定一个终极目的，主张每一个时代都是独立自足的，都具有自身的尊严和地位。姚斯指出，总的说来，"精神史"反对用历史的直线形因果链条解释和编写文学史，强调从作家和作品那些非时间性的思想和主题的重现中寻找纯文学的系统性和内聚力，从而确立关于非理性的艺术创造的美学。显然，这种"精神史"从实证主义文学史观无视艺术家和读者的极端走上了单纯地片面强调艺术非理性方面的另一个极端，所以，它不仅没有把文学与社会现实、美学思考与历史思考有机融汇在一起，而且具有非历史、非理性以及反评价的特征。因此，在姚斯看来，这种历史观也在被克服之列。

随着历史的发展和学术的进步，超越上述两种文学史观的形式主义文学史观来到人们面前。姚斯指出，形式主义文学史观把文学发展的历史描绘成新文学形式与旧文学形式相互斗争、更替演进的历史，从而使上述封闭且互不相关的文学作品系列联系起来，使分散的文学史"事实"体现为一个"动态发展的历史"过程。这样，它不仅克服了实证主义文学史观片面强调理智"事实"、割裂历史、抽象封闭的弊病，也克服了"精神史"文学史所具有的唯心主义色彩，突出了文学史"史"的特征。但是，姚斯指出，由于这种文学史观仅仅把文学的发展归结为"形式"的发展，而没有兼及文学与社会和其他文化形态在本质内容上的密切联系，所以从根本上说，这种文学史观仍然是封闭的，没有把文学与社会现实有机统一起来，更没有为人们揭示美学思考与历史思考之间的本质联系，所以它在理论上仍然是蹩脚的、片面的。

需要强调指出的是，姚斯为了沟通美学与历史之间的联系、填补以往学术理论研究在二者之间造成的鸿沟，不仅批判了上述三种文学史观，而且还对马克思主义文学反映论提出了批判。[①] 他指出，一方面，马克思认为艺术生产也是人类征服自然过程的有机组成部分，必须以人的物质生产和社会实践为前提，这样确实从社会

---

① 或许是为了褒扬姚斯及其"接受理论"，国内的绝大多数涉及接受美学的文章都没有谈论这一点，由此造成的偏颇和片面是显而易见的。

作用的角度把文学与社会现实统一起来、使文学史成为人类一般历史的组成部分；但是，整个马克思主义美学仍然以研究现实主义、研究文学"反映"（wiederspiegelung）社会现实为主，因此，它基本上是一种接近实证主义文学史观的类型学研究，没有予文学艺术的历史性（特别是历史接受）以充分的重视。另一方面，由于后来的马克思主义美学家们过分强调"文学反映现实"，把"现实"放在与"艺术模仿自然"的"自然"同样的地位上，只把社会经济因素解释成实质性、决定性的东西，这样，就读者对文学的接受而言，文学作品就只能发挥一种次要的作用，即把人们已经知道的现实再重新表现一遍；所以，只要把文学艺术限定为对社会现实的"反映"，就会限制甚至消除它对人们已经形成的认识的影响。因此，姚斯认为，正统的马克思主义美学不加区别地对待作家和读者，同样没有充分重视欣赏者的接受，没有深入挖掘读者的接受和作品的审美特征、社会作用之间的有机联系，因此必须予以批判扬弃。

实际上，姚斯在这个问题上对马克思主义文学反映论的批判既不完全是真理，也不绝对是谬误。就前一方面而言，他不仅误解了马克思关于社会经济基础决定社会意识形态诸方面的理论（一般地说，他之所以宏观研究读者接受而不得深入，甚至现象学美学的功亏一篑，都与没有科学

的社会历史观直接相关），而且也误解了马克思主义反映论对现实主义、艺术与社会现实辩证关系的论述，所以他对马克思主义的"批判"、评价不乏片面偏颇之处。但是就后一方面而言，姚斯的上述看法并非一派信口胡言，而是有感而发的——马克思恩格斯播下的龙种确实收获了不少跳蚤：这些"马克思主义理论家"确实在理解和运用马克思主义上述理论时，犯了严重的机械、抽象、片面性错误，使本来充满生命力的科学理论在具体研究文艺理论的过程中变成了僵死的、漏洞百出的教条，不仅没有显示出马克思主义反映论的科学威力，反而败坏其声誉，对具体研究起了妨碍和破坏作用。不仅如此，马克思主义反映论文艺理论以往确实没有对欣赏者的接受过程进行过具体深入的理论探索和研究，更不用说得出某些具体结论或重大转折了，这一点也确实值得每一个马克思主义美学家和文艺理论家深思。

3. 文学史的挑战

在分别批判了上述四种文学史观各自的缺陷的基础上，姚斯提出了他自己的文学史观，亦即突出强调读者的地位和作用、以读者对文学作品的社会历史接受为中心的文学史观。他强调指出，如果没有接受者的积极参与活动，那么任何一部文学作品的历史生命和地位都是不可思议的。无论哪一个时代的文学艺术作品，都只有通过欣赏者所作的阅读和接受，才能变成现

实的、真正的文学艺术作品，表现出它所特有的艺术价值、艺术意味、艺术魅力。因此，一般说来，文学史不单纯是作家艺术创造的结果——文学作品的历史，而是由作家、文学作品和读者三个方面构成的历史。如果从文学作品的社会作用和读者的地位角度①来看，文学艺术作品现实存在的构成离不开读者的接受和理解，而且读者接受和理解文学艺术作品的过程也就是他有意识地调节历史意识和现实意识、亦即文学作品发挥其社会作用的过程。因此，文学史就是读者接受和消费文学作品的历史，就是作为文学消费主体的读者的历史。不仅如此，由于读者对文学作品的接受必然涉及以前的接受历史形成的经验，所以任何一种文学研究从本质上说都是文学史研究，或者说都可以归结为文学史研究。这就是姚斯文学史观的基本思想。

可见，姚斯在这里正面阐述的关于文学史的基本思想，不仅把所有文学理论研究都归结为文学史的研究，把文学史归结为作为欣赏者的读者接受、欣赏、消费文学作品的历史，把读者的地位和作用提到了前所未有的高度，而且他也从这个特定的角度对前边谈到的文学本文中心论"靶子"予以了猛烈的攻击，其结果是把文学本文（作家进行艺术创造的结果；我们后面谈到伊泽尔的"响应美学"理论时将涉

及这两者及其与审美客体的区别）从以往文学研究的核心地位降低到既依赖于作家、更须臾离不开读者的次要从属地位，同时把读者由以往的被动、从属地位提高到具有决定性意义的核心支配地位。这实际上实现了对以文学本文为研究重心的传统文学理论的根本反驳；不仅拓展了文学理论研究的视野，而且实现了文学研究角度的根本转变、推动了研究重心的重大转移，确实具有极其重要的开拓创新意义。不过，由于理论准备不足，由于曲解马克思主义科学的唯物史观而没有形成对人类社会历史具体深入的科学认识，所以姚斯在这里只是开辟了新的研究角度，通过提出新问题为人们树立了进一步深化文艺美学研究的路标，而没有通过对欣赏者进行深入具体的社会历史研究实际完成这个研究中心的重大转移。他的理论于 20 世纪 70 年代末由盛转衰，以及"接受理论"后来流于完全否定文学本文地位和作用的新"新批评派"，都充分说明了这一点。因此，说姚斯及其"接受理论"是美学研究的一座里程碑显然是溢美之词，尽管他的开拓进取功不可没。

具体说来，姚斯独具特色的文学史观是通过论述"期待视界"及其转变这个核心概念展开的。"期待视界"并不是一个新术语，不仅伽达默尔从其哲学解释学的角

---

① 这正是接受美学矫枉过正、区别于以往诸文艺美学的特征之所在。

度对这个术语进行过细致的阐述，而且在姚斯以前，著名科学哲学家波普尔（Karl R. Popper）、著名社会学家曼海姆（Karl Mannheim）以及著名艺术史家冈布里奇（Ernst H. Gombrich）都曾经从各自的研究角度运用过这个术语；而在姚斯这里，它指的是由读者以往的欣赏经验、欣赏趣味以及个人素质构成的欣赏期待，它随时存在并且在具体文学接受活动中作为期望模式表现出来。姚斯指出，所谓文学史是读者接受和消费文学作品的历史，指的就是它是由作家、文学作品和读者三方以"期待视界"及其转化为中介而构成的；因此，独立存在的文学作品通过作家（有时还包括评论家）和读者的"期待视界"的相互作用而获得生命，并且相互联系起来体现"文学的历史性"，构成文学史的基本链条。

关于"期待视界"在读者具体接受文学作品过程中所发挥的作用，姚斯指出，读者接受文学作品并不像传统理论所认为的那样是一种被动的反映，而是以"期待视界"为基础的积极参与；而作品问世时适应、驳斥或者超越读者"期待视界"的方式，则为人们确定其审美价值提供了标准（因为文学作品的社会作用就来源于此）；随着历史的发展，不仅文学作品的影响会发生重大变化，而且读者的"期待视界"也会由于艺术家创作和社会的影响而不断变化和更新。从这种意义上说，文学

史是一般人类历史的一个有机组成部分，研究读者对文学作品的接受必须与其全部生活经验以及世界观联系起来。就读者的具体接受过程而言，它既有"历时性"的一面，又有"共时性"的一面。就前者而言，一方面，由于读者的"期待视界"会不断发生变化，同时也由于读者领会文学作品的"潜在含义"是一个循序渐进的过程，因此，同一部作品在不同的时代会产生不同的效果，引起不同的理解和评价；就后者而言，同一个时代的不同读者对同一部作品的接受理解不同，它产生的效果也有所不同；另一方面，由于处于同一时代的不同类型作品同时在文学发展历史链条上是前后相继的，具有"历时性"的方面。所以，从总的方面来说，读者的具体接受过程既是"历时的"，又是"共时的"。最后，姚斯指出，文学的社会作用取决于作品产生的影响；具体来说，作品的伦理意味和审美意味被读者发现和接受以后，就可以作为一种潜在的力量改变读者的"期待视界"，最终通过读者这个中介改造社会现实。

这样，姚斯就通过"期待视界"及其转变把他的文学史观系统地展现在我们面前。从某种意义上说，他的论述提出了接受美学的纲领，举起了接受美学的大旗，而且他作为接受美学的创始人所产生的影

响也正是从这个角度表现出来的。① 不过，我们在这里已经可以清楚地看到，姚斯在这里仅仅讲到研究读者接受必须涉及其全部生活经验和世界观，而没有追究其中更深刻的实质性原因，更没有从这里出发做出更具体的探索和研究。这就不仅使姚斯的学术研究浮在一般抽象的理论上，而且还使它带上了明显的唯心色彩。实际上，当他明确肯定科林伍德的名言"历史什么也不是，只是历史学家在头脑中把过去重新整理一番而已"时，这一点已经表现得相当明确了。因此，就他与伊泽尔相比较而言，他的"接受理论"的唯心色彩显然更浓厚一些；而且从这里也可以看出，新"新批评派"全盘否定文学本文的地位和作用而流于赤裸裸的唯心主义，其源头即在于此。需要指出的是，虽然姚斯在具体论述审美经验的过程中没有把这种根本缺陷明确表现出来，但是，由于他的基本意向并未改变，所以唯心主义总的来说还是存在的，只不过没有这里表现得明显而已。

二、对读者接受的具体研究

由历史地研究读者接受理解文学作品的基本状况、基本模式到从文学的角度对读者的审美经验做出解释，虽然这并不意味着姚斯的"接受理论"研究方向发生了根本性的转变（尽管这种转变是与他改变某些基本观点同时进行的②），但是这种研究重点的变化却清楚地标志着姚斯后期理论研究的开始，这就是以《审美经验与文学解释学》为突出标志的时期；而在这以后，不仅姚斯的理论研究渐渐失去了咄咄逼人的气势，逐渐被人肢解、淡忘，而且接受美学也慢慢变得面目全非了。当然，从理论研究发展逻辑角度来看，姚斯从研究文学史到研究读者的审美经验过程是顺理成章、由一般理论研究深入到研究具体接受过程；总的说来，他对文学史的研究只是粗略地勾勒出读者阅读接受过程（审美经验过程）的社会历史框架，为进一步研究审美经验奠定理论基础，所以，姚斯后期研究审美经验过程只不过表明他的理论研究进一步具体化了。需要指出的是，姚斯在这里所进行的研究的具体化，仍然是"宏观的"具体化，即只是粗线条地描述审美经验诸方面的特征，而不做更深入细致的探索工作。这与伊泽尔是有很大区别的，后面我们就会看到这一点。

具体说来，姚斯对审美经验的研究论述是通过对阿多尔诺（Theodor W. Adorno）"否定性美学"提出异议具体展开的。阿多尔诺认为，艺术作品只有通过否定产生它的特定的社会现实，才能真正发挥社会作用；艺术只有斩断了它与习惯性语言

---

① 我们之所以用这么大的篇幅论述姚斯的"文学史观"及其来龙去脉，原因就在于此。

② 罗伯特·C. 哈鲁伯：《接受理论—批评导论》，英文版，1984年，第3章第1节对姚斯理论观点转变的论述。

和意象的联系纽带，才能成为真正的艺术。因此，不仅肯定社会现实、讴歌时代进步的艺术（包括文学）在艺术领域中无立锥之地，而且更重要的是，艺术由于这种"否定性"而与审美快乐、审美享受毫不相干了。如果说阿多尔诺的其他观点只不过使姚斯感到为难的话，那么，阿多尔诺认为艺术与审美快乐毫不相干则是姚斯所无法容忍的。姚斯认为，阿多尔诺这样做不仅流于艺术上的禁欲主义而与艺术实际不符，而且更重要的是，他这样做只是单纯的否定，既没有充分展示出新社会现实的根据，又使艺术失去了大多数公众而无法充分发挥其社会作用，所以，不仅必须重新引进审美快乐和审美享受，而且必须把它当做审美经验的实质核心予以充分强调；正是以这一点为基础，姚斯通过阐述"诗意的创造"（poiesis）、"审美"（aisthesis）和"净化"（catharsis），对审美经验进行了比较系统全面的论述。

就"诗意的创造"（poiesis）而言，姚斯主要用它来表示审美经验的生产、创造方面，具体来说指的是主体（作为欣赏者）通过自身的创造能力而获得快乐。在这里和在以前一样，姚斯把研究兴趣仍然放在历史地追根溯源上。他指出，从古希腊到中世纪，poiesis 首先指的是生产性制造活动，同时也含有"诗"的含义；从文艺复兴时期到 18 世纪，这个术语发生了含义上的变化：它不仅指完善地模仿和再现真理，而且也指艺术创造能力——创造"美的外观"的实际能力；到 19 世纪，在青年马克思那里，poiesis 成为扬弃异化的主要手段；而到了 20 世纪，它不仅是指艺术家创造诗意的能力，而且也指读者通过发挥自身创造力获得审美快乐的过程。可见，姚斯这样讲是为了突出强调读者的创造力在当代变得特别重要，考虑到审美活动的逐渐独立和当代艺术欣赏实际，这种观点当然有合理的一面；不过，任何时代的艺术欣赏都要求欣赏者发挥其创造力进行共同创造，只是以往的美学和艺术理论研究没有涉及这个方面而已。因此，姚斯仅仅从 20 世纪着眼强调读者的共同创造也并非没有偏颇之处。

审美（aisthesis）是姚斯论述审美经验提出的第二个范畴，指的是审美经验的接受方面，包含"感觉"、"愉悦"等含义，故这里译为"审美"。姚斯指出，aisthesis 在古代作为审美好奇心与认知好奇心混在一起，人们既领会意义又感知形象；到了中世纪，它分裂出来，但只受基督教艺术的支配；它在文艺复兴时期表现为人的内在灵魂与外在自然的完满契合；随着现代的来临和发展，浪漫主义通过 aisthesis 更加强调静观和皈依自然，但却失于对过去的追忆和思恋；就现代而言，aisthesis 表现出两种发展趋势：一种趋势以福楼拜、瓦莱利、贝克特等人为代表，他们发挥其艺术作品的批判性语言功能，对社会现实提出诘难、进行破坏，这样实际上取消了人们进行审美的可能性。另一种趋势以波德莱尔、普鲁斯特等人为代表，他们的作品可以发挥一种使人们体会"宇宙感"的功能，通过调节审美主体的感知回忆，使之能够进行审美。姚斯指出，为了反抗现代物质文明造成的人的全面异化，必须强调发展后一种趋势，用 aisthesis 重新确立审美经验的地位。可见，虽然姚斯在这里突出强调 aisthesis 在当代的作用有合理的一面（能够启发人们行动起来"维护一个共同的视界"），但是这里也暴露出明显的唯心色彩：认为仅通过强调审美经验的地位、强调主体在艺术接受过程中形成 aisthesis，无须诉诸变革现实社会就可以抵制和消灭日益加重的人的全面异化，这显然是一相情愿的幻想。

"净化"（catharsis）是姚斯论述读者审美经验涉及的第三个范畴，指的是接受者通过审美经验与艺术作品进行沟通的方面，接受者通过这种沟通就可以获得心灵的升华。就这种沟通而言，姚斯提出了以下五种接受者与作品主人公相互影响的模式：①联想模式：接受者通过发挥联想进入角色而获得审美快乐；②敬慕模式：接受者由于主人公为贤哲、楷模而形成敬仰、仿效的审美心态；③接受者由于主人公不完美而形成设身处地的同情心；④净化模式：

接受者通过审美距离与主人公同悲共喜，从而使自己的心灵获得解放和超越；⑤讽刺模式：作品中消失的主人公或反主人公使接受者期望受挫或者破灭，从而疏远作品甚至与之形成对立。[①] 姚斯指出，第五种沟通模式在西方现代文学艺术中表现得最为突出，是"否定性美学"的典型代表。实际上，姚斯这种观点不仅表明他对现代西方文学艺术怀有某种不满和忧虑，而且也暗示出他试图用这五种模式概括读者接受史的基本意向。由此可见，尽管他不断使用新概念、推出新观点，但是他要从历史的宏观角度来探索和概括读者对文学作品的接受和欣赏则是始终不渝的宗旨，只不过这种研究仍是就文学史而论文学接受，没有找到更深刻的原因和更坚实的基础而已。

这样，姚斯就通过对"诗意的创造"、"审美"以及"净化"的论述，结束了他对读者审美经验历史内涵的研究和探索，从而也使他的"接受理论"在新的高度上暂时止步了。需要强调指出的是，虽然姚斯从社会历史和文学史的角度探索、研究和概括读者接受的宗旨一直没有发生变化，但是他后期研究审美经验的观点却与他前期研究文学史的观点有很大不同。这种不同突出表现在"期待视界"的变化与肯定审美快乐的矛盾上：前者无疑是他的文学

---

① 关于这五种模式的详细内容，参见《审美经验与文学解释学》，英文版，第159页。

史理论（其实也是他的整个"接受理论"）的支点，但是这个支点的存在却是以暗中承认"否定性美学"为前提的，这就与对审美快乐的肯定对立起来了。从根本上来说，这种对立对于姚斯的"接受理论"而言是致命的：它不仅暴露了姚斯在基本理论方面准备不足、捉襟见肘，而且也从一个特定的角度反映了传统审美规范与现代艺术的矛盾、人类寻求自由的永恒性与现代人全面异化之间的矛盾。只有以科学的唯物史观为基础，人们才有可能在正确认识和解释上述矛盾的基础上，建立真正科学的美学理论；这是姚斯所无能为力的，所以他只是提出了问题而没有树立什么美学发展的里程碑，问题的具体解决尚待后来人。

第三节 伊泽尔的"响应美学"

如果说作为接受美学的创始人和主要代表，姚斯侧重宏观研究读者接受的"接受理论"构成了接受美学双飞翼之一翼，那么，伊泽尔侧重于微观研究读者响应的"响应美学"则构成了另一翼。其实，接受美学这一对主将不仅在理论研究侧重点上不同，而且他们在理论渊源和理论发展特色方面也有所不同。就前者而言，姚斯直接继承了伽达默尔哲学解释学的研究成果，从某种程度上说可谓伽氏的授业弟子；伊泽尔则继承了英伽登现象学美学的衣钵，在英伽登研究成果的基础上进一步开拓创

新。就后者而言，姚斯的"接受理论"不断运用新概念、提出新观点，伊泽尔的"响应美学"则立论严谨、系统连贯，不断深入具体、精益求精。由于接受美学的攻势主要通过姚斯前期思想那咄咄逼人的气势表现出来，加之姚斯的理论不断推陈出新，更加引人注目，所以，国内外似乎都有贬低伊泽尔"响应美学"的倾向。实际上，由于姚斯只是从社会历史的宏观角度论述读者接受，而没有对读者的具体接受过程进行深入研究，所以我们从这种意义上甚至可以说，正是伊泽尔对读者"响应"文学作品过程的具体分析使接受美学强调读者的根本意旨落在了实处。

具体来说，伊泽尔是作为英国语言文学专家、现象学学者走上接受美学这座大舞台的。1967年他在康斯坦茨大学发表的著名演讲《本文的召唤结构》（这个演讲翌年以德文出版，标题为《本文的召唤结构·不确定性作为读者响应文学散文的前提条件》），就奠定了伊泽尔作为接受美学创始人和最主要理论家的地位。此后，他把他在这篇演讲中提出的基本观点具体贯彻到对读者具体欣赏过程的分析研究中去，其结果是他于1972年出版了以分析阐述读者具体欣赏文学作品例证为主的重要德文版接受美学著作《隐含的读者：从班扬到贝克特长篇小说的交流结构》，引起了学术界的广泛重视，两年后由伦敦约翰·霍布金斯大学出版社出版英文版。在这种具体

研究基础上，伊泽尔又于 1976 年推出其最重要的接受美学著作《阅读活动：审美响应理论》德文版；这部著作不仅集中了他以往的所有研究成果，而且把它们推到了新的高度，集中、系统、充分、全面地体现了他的接受美学思想；1978 年这部著作的英文版由约翰·霍布金斯大学出版社和卢特莱支与吉甘·保罗出版社出版，成为研究伊泽尔美学理论、也是研究接受美学理论最重要的学术著作。我们分析评述伊泽尔的美学思想即以此书为依据。下面，我们将分"研究的出发点"、"对英伽登学说的扬弃"、"分析文学本文构成"、"对'本文—读者相互作用'动力的论述"以及"对'本文—读者相互作用'过程的揭示"五个部分概括评述一下伊泽尔的"响应美学"思想。

一、研究的出发点

伊泽尔和姚斯所处的社会现实背景完全相同，因此总的说来，他面对的难题也是如何正确处理文学艺术与现实的关系，以推进文学艺术与现实联姻、对现实施加影响，他所攻击的"靶子"也是具有浓厚实证主义色彩的文学本文中心论理论。然而，由于伊泽尔的学术渊源、特别是研究重点与姚斯不同，所以，他进行学术研究的出发点也具有自己鲜明的特色。下面我们分别从"文艺与现实的关系"和"对文学本文中心论的批判"两个方面看一下这种特色。

就"文艺与现实的关系"这方面而言，伊泽尔的态度比姚斯要激进得多。他立足于对读者欣赏近现代文学作品过程的具体分析明确指出，无论哪一种社会体制和文化背景都具有特殊的局限性，具体表现在它具有限制人性自由发展的呆板僵死的方面，现代西方社会尤其是如此。因此，现代西方艺术的基本功能之一是揭示，甚至也许是抵消由处于支配地位的社会体制造成的缺陷。文学作品更是如此，伊泽尔明确指出，文学作品是一种沟通形式，其作用在于冲击社会世界，冲击处于主导地位的社会体制，冲击现实文学，以此展示被时代湮没的东西，重新确立那些被时代异化和否定的东西，成为对现实的补充。文学之所以能够发挥这种作用，首先，在于它以被社会现实否定的东西作为自身的出发点而建立与现实社会的唯一联系；其次，文学是通过"本文—读者相互作用"、通过不断挫败读者在阅读过程中形成的期望，通过改变读者的思维模式，使之认识到现实社会的种种弊端，进而去改造世界。因此，伊泽尔全盘肯定了以阿多尔诺为代表的"否定性美学"，把"文学冲击现实"作为他研究论述的基本出发点和根本原则，这就理所当然地把欣赏者的审美快乐和审美享受拒之门外了。从这种根本意向出发对艺术欣赏进行理论概括显然是以偏概全的，伊泽尔在这一点上显然比姚斯更激进、更片面。

实际上，虽然伊泽尔立足于当代艺术欣赏实际和当代社会现实得出上述基本观点有合理之处，但是，他立论的出发点是相当片面的。的确，任何一个历史时代都有限制人性自由发展的消极的一面，但是只有到这个时代日暮途穷的时候，这个侧面才会充分暴露出来并发挥作用，因此，仅以反映这个时代侧面的艺术为依据概括出艺术欣赏的模式、规律是片面的。就当代西方社会现实而言，它确实在日益加重人的全面异化，而且艺术（包括文学）也确实应当揭露这种社会现实，将其阴暗面暴露在人们面前，催人警醒，但是，以为文学艺术这样就可以抵消现实的缺陷，对现实进行"补充"，则无疑带有浓厚的乌托邦色彩，而由此认定文学与现实的唯一联系就在于此就更失之偏颇了。

从对"文学本文中心论的批判"角度来说，伊泽尔是作为一个现象学文艺美学家而出现的。首先，他从强调审美主体与审美客体的直接统一出发，突出强调审美主体通过"本文—读者相互作用"过程体验审美情境，体验本文的意义和意味，反对把审美主体和审美客体区别开来考察，特别是反对片面强调审美客体的考察。其次，伊泽尔反对文学本文中心论把作品客观化的实证主义做法，认为文学本文是虚构的东西，是由包含"空白"和"不确定

性的点"的"图式化的方面层"构成的；只有通过读者的阅读和积极参与，文学本文才能成为现实的艺术作品。因此，读者①需要做的不是像认识客体那样千方百计挖掘其中的意义，而是在文学本文的激发引导下进行"本文—读者相互作用"，最终展现审美客体，获得人生启迪。最后，也是最重要的，伊泽尔激烈抨击把读者置于被动的受支配地位的传统做法。他指出，读者在文学本文的激发引导下，积极发挥想象力参与文学本文表现的事件，填补文学本文的"空白"，不仅使文学本文成为真正的艺术作品，而且也使自身获得审美感受。因此，读者不仅不是被动的，不仅发挥了积极参与、共同创造作用，而且是文学艺术作品存在和发挥作用必不可少的先决条件。

一方面，与姚斯相比，伊泽尔这里是在充分强调文学本文对读者的制约和引导作用的基础上，充分强调读者在审美过程中发挥能动性的，这就在把接受美学突出强调读者的根本意向付诸实现的同时，避免了具体研究结论直接表现出唯心主义色彩。另一方面，这也使他的理论显得比姚斯的"接受理论"全面、公允得多，尽管这种貌似公允是建立在基本前提的偏颇片面基础之上的。从理论渊源上看，伊泽尔这样做是与他作为一个现象学学者、与他

---

① 评论家是读者的一种类型。

是英伽登的理论继承人分不开的。

二、对英伽登学说的扬弃

伊泽尔是作为一个现象学文艺美学家，作为英伽登现象学文艺美学的扬弃者开始研究接受美学并且成为其最重要代表的，这无疑会使他的"响应美学"理论体系表现出鲜明的特色。就这种特色而言，国内外都有一些人认为伊泽尔只不过是对英伽登的文艺美学研究做了一些修修补补的工作，从根本上来说他的研究工作没有多少创新。① 这种观点显然是片面的，因为即使从表面上看我们也会认为，果真如此，伊泽尔就没有资格做接受美学的理论主将（然而事实恰好相反）。这就需要我们切实了解伊泽尔与英伽登的批判继承关系，为进一步把握伊泽尔的"响应美学"理论、分析其优劣得失做必要的准备。具体说来，伊泽尔对英伽登的批判继承主要表现在以下四个方面：

①伊泽尔继承了英伽登关于文学艺术作品存在方式的思想，并且提出了自己的观点。英伽登认为文学艺术作品是既不同于物质实体、也不同于观念实体的"纯粹意向性客体"，它只有在阅读过程中通过读者的"具体化"才能成为实际存在的艺术作品；这样，英伽登就把文学作品与其"具体化"区分开来、为进一步研究读者欣赏过程奠定了基础。伊泽尔在此基础上进一步把"文学本文"、"文学艺术作品"和"审美客体"严格区分开来。他指出，文学作品有艺术极和审美极这两个极端；其中前者是作家创作的结果，是一种虚构性叙述，后者则是读者对文学作品的实现。因此，不仅文学本文不同于现实的（经过读者"具体化"的）文学作品，而且现实的文学作品也不同于"审美客体"，后者是通过"本文—读者相互作用"而存在于读者主观意识之中的审美感受和启迪。这样，伊泽尔就在使读者欣赏对象进一步具体化的同时，使审美客体完全主观化了。

②伊泽尔继承了英伽登关于文学艺术作品具体构成的思想，提出了他自己的文学本文结构理论。英伽登认为，文学艺术作品是由"语音构造层"、"意义单位层"、"图式化的方面层"和"再现的客体层"构成的图式化分层有机结构；伊泽尔则认为，文学本文的内容成分反映了作家本人的世界观，它通过相互交织的四种"视野"②（"叙述者视野"、"作品人物视野"、"作品情节视野"以及"虚构的读者视野"）具体表现出来。这些"视野"在"本文—读者相互作用"过程中不断相互影响、相互转

---

① 需要指出的是，这种观点是与视姚斯为接受美学唯一杰出代表的观点同时存在的，这就更容易造成人们对伊泽尔思想的片面看法。
② perspective 这个词的原意是"透视、远景、景象"，实际上指的是主体视力所追寻的东西；伊泽尔用以指文学本文展示给读者的欣赏线索，所以我们取其动态意味而译为"视野"。

化、相互交织，构成一个使读者处于其中的动态系统，使读者通过体验本文情景获得人生启迪。由此可见，伊泽尔的四种"视野"显然带有英伽登文学作品四"层次"的影子。不过，伊泽尔在这里激烈反对英伽登的观点所具有的静态和谐特色，强调建立符合现代艺术欣赏实际的、具有动态冲突特色的理论规范，这当然是与他那"文学冲击现实"的基本意向分不开的。

③伊泽尔继承了英伽登关于文学艺术作品包含"不确定性的点"和"空白"、有待于读者具体化的思想，认为"空白"是推动"本文—读者相互作用"的根本动力。在英伽登看来，"不确定性的点"和"空白"是文学艺术作品所特有的，是作家不得已而为之造成的结果；只有通过读者在阅读过程中发挥想象力积极"参与"填补"空白"，文学作品才能"具体化"，读者才能获得审美享受。因此，"不确定性的点"是一种有待于读者克服的缺陷；而在伊泽尔看来情况刚好相反。他认为，"不确定性的点"和"空白"不仅不是文学本文的缺陷，而且还是"本文—读者相互作用"的先决条件、基本要素和动力；作家为了改变读者的习惯性意向，有意在创作文学本文的时候把"空白"设置在"本文视野"之中，使读者介入本文情境时处于"不再如何"和"尚未如何"之间的状态，从而有意识地激发和引导读者响应文学本文，最终达到以文学"冲击现实"的目的。可

见，同是论述"不确定性的点"和"空白"，但是伊泽尔赋予它们的地位和作用却与英伽登大不相同了。

④伊泽尔与英伽登最大的不同表现在他们对待现代艺术和传统审美规范（这是同一个问题的两个方面）的态度不同。具体说来，英伽登对传统审美规范持赞许态度，他对文学艺术作品四层次构成"复调和声"的论述突出表明了这一点；与此同时，他对以否定性为突出特征的现代艺术则持回避和反对态度，因此，总的说来，英伽登是一个以肯定现实（同时否定现实的弊病）为主的传统型现象学美学家。与此相反，笃信"文学冲击现实"的伊泽尔则极力推崇近现代艺术，特别是那些冲击和否定社会现实的近现代艺术，把它们视为他建立"响应美学"理论体系的唯一物质前提；与此同时，他对和谐、对称、均衡、多样统一等传统审美规范则极尽攻击之能事，视其为落后保守的因素，是为社会现实之弊病辩护、粉饰太平的因素，因此必须不遗余力地进行攻击。这当然是由他的基本意向（同时也是由接受美学的基本倾向）所决定的。因此，我们可以说，这种不同是英伽登现象学文艺美学与伊泽尔现象学"响应美学"的分水岭，他们的一切其他区别都是导源于此。

从实质上说，英伽登和伊泽尔的根本意向没有什么不同：前者通过肯定传统审美规范和古典艺术肯定人对自由的追求，

后者通过肯定现代艺术对束缚人自由发展的社会现实的攻击、通过否定传统审美规范的粉饰太平肯定人对自由的追求；因此，他们之间的不同是研究立足点的不同，而不是根本意向的不同。但是，这种不同不仅决定了他们都无法站在更高层次上统一古典艺术和现代艺术，而且也决定了伊泽尔的"响应美学"理论确实在英伽登的研究成果基础上有所前进，而不是没有多少创新。下面我们就来具体看一看伊泽尔的理论吧。

三、分析文学本文构成

文学本文是由反映作家世界观的"叙述者视野"、"作品人物视野"、"作品情节视野"以及"虚构的读者视野"构成的，其作用在于通过引起和进行"本文—读者相互作用"改变读者的思维习惯和思维模式，使之认识和体验社会现实的种种缺陷，最终实现对社会现实的冲击和补充。那么，文学本文通过怎样的构造才能发挥这种作用呢？伊泽尔继承前人反对从"内容—形式两分法"角度分析文学作品的思想，从结构与功能相统一的角度出发，指出文学本文是由"剧目"（repertoire）和"策略"（strategies）①构成的。

伊泽尔指出，构成文学本文的"图式化的方面层"实际上就是文学本文的"剧目"，它把文学本文的交流意图概括表达出来，等待读者的"具体化"。实际上，所谓"剧目"（也有人译作"保留剧目"或者"节目"，不妥）指的就是文学本文的内容成分；伊泽尔运用这个术语的目的在于强调文学本文的内容既具有结构，也具有一定的功能，反对传统文艺理论只把作品内容视为意义要素的做法。具体来说，伊泽尔认为"剧目"主要包括三个方面内容：①"社会历史规范"；②"文学引喻"；③"文化形式"。其中，"文学引喻"的作用与其他两者有所不同，但是总的说来，这三方面的内容成分都是作家从社会诸方面挑选出来的，而且它们在被挑选出来构成文学本文的过程中，都因为经历了一种转化（作家悬置了它们原来的有效性）而带上了陌生的色彩，这样就可以激发读者进行阅读了。

所谓"社会历史规范"和"文化形式"指的分别是文学本文反映的在现实中处于支配地位的思想体系（行为规范），以及作家创作文学本文所依靠的文化传统和文化背景。伊泽尔指出，作家把前者经过转化安排在文学本文之中，就可以表现它如何以有限的能力应付纷繁的社会现实，使读者能够从新的角度认识它所具有的缺陷；而读者在现实生活中是无法认识到这些缺

---

① 这两个术语都是伊泽尔首先用于接受美学的；使用大量新鲜术语而又不予确切定义是伊泽尔理论的一大特色，我们也只好勉为其难而译述之。

陷的。"文化形式"与"社会历史规范"一起构成文学本文所表现的现实（读者最后所要攻击的目标），因此，它们存在的目的就是为了反映现实缺陷，引起读者的反思。需要指出的是，作家在创作过程中使它们都经历转化而变成确定性和不确定性的统一，而且，后面我们要谈到的"不确定性的点"、"空白"、"否定"都来源于这种转化。

作为"剧目"另一种构成成分的"文学引喻"则具有不同的作用；它是文学本文对以往"文学冲击现实"的具体做法和风格的参考，目的是帮助读者在阅读过程中针对文学本文暴露出来的社会现实的缺陷作出自己的抉择。另外，作为文学本文"剧目"的组成部分，它也经历了同样的转化：由于脱离了原来的文学本文并被安置在新文学本文中，它不再表述或者"冲击"原来的现实，只对读者提供某种启发。

另外，所谓文学本文的"策略"（strategies 这个词也可译为"战略、计谋"）实际上指的就是文学本文的叙述技巧。伊泽尔明确指出："策略不仅组织本文材料，而且也组织制约这些材料使之得以交流的那些条件。因此，……它们包含了本文的内在结构，以及由这种结构在读者方面引起的理解活动。"[1] 在他看来，"策略"不仅组织"剧目"所含诸方面内容之间的结构和联系，而且更重要的是，它通过这样做预先构造了读者阅读和理解文学本文的方式，勾勒出读者通过与文学本文进行相互作用体验文学本文情境所遵循的轨迹。伊泽尔指出，"策略"与文学本文的艺术效果息息相关，当我们把小说提炼成简短的"内容提要"或者把诗歌意译成散文的时候，"策略"的重要性就可以突出表现出来。那么，从根本上说"策略"的作用是什么？伊泽尔的回答简明扼要："使读者熟悉的东西陌生化。"[2] 我们前面谈到的俄国形式主义的"陌生化"思想对接受美学的影响在这里表现得再清楚不过了，那么，"策略"在"本文—读者相互作用"过程中怎样发挥作用呢？

伊泽尔指出，作家在构造文学本文的"剧目"时，通过转化本文内容成分，使它们原来的内容受到悬置而成为其背景；它们在新的文学本文中表现为前景。这样，"策略"就可以通过组织、调节文学本文内容成分诸前景——背景关系，使之形成各种各样的张力，从而激发和引导"本文—读者相互作用"；一旦读者到最后领悟了人生真谛、展现了"审美客体"，这些张力就会随之消失，"策略"的作用也就完全实现了。

---

[1] 《审美过程研究》，中国人民大学出版社，1988年，第117页。
[2] 同上书，第118页。

为了从文学本文构成的角度论述"本文—读者相互作用",更便于说明读者阅读文学本文所表现出来的差异性,伊泽尔还引进了"隐含的读者"这个概念,用于指文学本文预先为读者确定的角色。他认为,"隐含的读者"首先,是一种本文结构,它展示了文学本文能够激发阅读它的网络结构,能够迫使读者理解文学本文;其次,这种文学本文结构为我们研究读者实现文学本文的差异提供了一个参照系;我们根据它就可以把所有各种类型的读者实现本文联系起来进行对比分析。

通过上述三个方面的理论,伊泽尔全面论述了文学本文的构成,为进一步论述"本文—读者相互作用"准备了条件。显而易见,伊泽尔强调"研究的核心是读者"是以严密分析文学本文的结构为前提的,这是其"响应美学"有别于姚斯"接受理论"的主要特色。

四、对"本文—读者相互作用"动力的论述

要想论述"本文—读者相互作用",当然首先需要论述文学本文和读者的特点,其次阐明"本文—读者相互作用"的动力,在此基础上再揭示这种相互作用的具体过程。但是,伊泽尔在其《阅读活动》中的论述顺序却与我们这种理解略有不同:他首先分析文学本文的构成,继而描述读者领会文学本文("本文—读者相互作用")过程,最后以分析这种相互作用的动

力—"否定"和"空白"总括全书,建立起系统而又严谨的现象学美学理论体系。为了理解和评述的方便,我们特意作了上述调整,把他对这种相互作用的具体描述放到最后再谈。

就论述"本文—读者相互作用"的动力而言,伊泽尔的出发点有两个侧面:首先(也是最根本的)是"文学冲击现实",这是他始终坚持的基本意向,他在这里的论述突出体现了这种基本意向;其次是英伽登关于文学艺术作品中包含"不确定性的点"的思想。前面已经谈到,由于伊泽尔对英伽登观点的扬弃,后一方面在意义上已经与以前大相径庭了。具体来说,伊泽尔认为,"不确定性的点"是作家为了使文学本文发挥社会作用而有意为之的,它在文学本文中表现为"否定"和"空白"两种基本结构,能够引起并制约"本文—读者相互作用",是推动文学本文与读者进行沟通的基本结构。在论述过程中,伊泽尔侧重从功能方面讲"否定",从结构角度讲"空白"。

伊泽尔指出,"不确定性的点"之表现为"否定"具有三层含义:①作家把构成文学本文"剧目"的内容成分从其各自的环境中抽取出来,悬置其实际意义和功能,这就是对它们的"否定","不确定性的点"就是由此产生的。作家这样做就在文学本文"剧目"之中造成了许多"空白",形成了激发和推动读者阅读的"前景—背景"

之间的张力。②作者通过"策略"精心安排和组织文学本文的内容成分，否定其某些方面，从而把它们所暗示的社会现实的缺陷展现在读者面前；这样，读者就可以在"文学引喻"的启发下，通过体验文学本文情境重新认识和评价这种"现实"。③在作家的精心安排下，存在于文学本文各叙述部分之间的"空白"否定读者不断形成的期望；这一点具体表现为，文学本文的情境和故事情节突然转换，使读者在阅读过程中形成的期望不断受到挫折、抵制、甚至被取消。这种否定不仅可以打破读者在日常生活中形成的思维模式，而且还可以把读者完全卷入到文学本文的情境之中，使文学本文的主题转化成读者活生生的体验。

可见，在伊泽尔看来，"否定"是与"本文—读者相互作用"息息相关的；这充分体现了他的观点所具有的"否定性美学"的特色。不仅如此，伊泽尔认为通过文学本文的结构具体表现出来、制约读者阅读的"空白"也是由"否定"造成的。

具体来说，伊泽尔认为"空白"是在文学本文结构中处处存在的、等待读者占据的一种"空位"，它使文学本文的"视野"处于开放状态，激发读者整理"视野"以展示文学本文的意义。"空白"的作用包括以下三个方面：①把文学本文的内容成分安排到一个违反实际、支离破碎的叙述系列之中，从而激发读者的想象力，迫使

他在阅读过程中不断填补"空白"、构造想象客体；②它通过阻碍读者把零散的内容成分联想成为一体，本身转化成推动读者想象的动力，使读者在想象中系统展示和体验被文学本文否定的方面；③在"本文—读者相互作用"的具体过程中，它不仅可以使读者把"视野"联系起来，为"游移视点"（读者在阅读过程中不断前进的注意中心）提供参考，而且由于读者不断填补"空白"，所以"空白"本身就勾勒出"游移视点"前进的轨迹，从而制约读者阅读和理解文学本文的过程。

这样，一方面，通过具体分析和阐述来源于"不确定性的点"的"否定"和"空白"，伊泽尔系统论述了他关于"本文—读者相互作用"动力的观点；显而易见，伊泽尔的"空白"和英伽登的"空白"无论就意义而言还是对于作用来说，都是大相径庭的。另一方面，在伊泽尔看来，来源于"否定"的"空白"在读者阅读文学本文的过程中发挥着核心动力的作用；它不仅激发起"本文—读者相互作用"，而且还通过不断调节读者的想象活动和注意中心，引导和制约着全部阅读过程。那么，具体来说，这种"相互作用"过程又是如何进行的呢？

五、对"本文—读者相互作用"过程的揭示

伊泽尔是通过论述"游移视点"及其运动，来论述"本文—读者相互作用"过

程的。他认为，读者阅读文学本文永远不可能一蹴而就，因此只能是一个过程，一个"相互作用"过程。在这个过程中，读者的"游移视点"沿着"空白"划出的轨迹不断在文学本文视野中穿插前行；由于本文的各种"视野"不断相互交叉、相互影响、相互转化，"游移视点"就使读者的期望不断受挫又不断重新形成，从而造成了期望与记忆之间不断的相互作用。其结果不仅表现为受挫而发生变化的期望转化为记忆，使记忆不断得到修改；而且还表现为记忆的东西作为背景不断影响期望，表现为新旧期望之间的相互作用过程。需要指出的是，伊泽尔在这里论述期望和记忆之间（以及后面的主题与视界、意义与意味之间）的相互作用，运用的是伽达默尔哲学解释学的"问—答"式模式。我们之所以说伊泽尔"以解释学为纬"建立其"响应美学"理论体系，原因就在于此。

具体来说，伊泽尔指出，"游移视点"在文学本文"视野"中穿行，为的是使读者能够组织和整理被"空白"分割得七零八落的文学本文的内容成分，从而体验其中隐含的意义。在这个过程中，"游移视点"在某一特定时刻所针对的"视野"即是"主题"，而它以前涉及的"主题"则构成了影响读者具体理解过程的"视界"。他认为，"主题"与"视界"的关系也是相互作用关系：一方面，"视界"是由"主题"不断转化而成的，因此，它必然会不断受到新转化的"主题"的影响，并且发生相应的变化；另一方面，不断变化的"视界"作为背景也会不断影响读者对新"主题"的态度和理解。这样，文学本文的"视野"在这种具体过程中都变成了相互影响、相互反映的"双向镜"。它们因此相互联系起来，不仅为读者通过阅读在内容迥异的文学本文"视野"之间建立连贯性、展示审美客体奠定了基础，而且也使它们各自的意味得到了扩展和延伸。

在"游移视点"的前进过程中，同时发生的是读者不断进行想象、建立意象填补"空白"、进行意象综合的过程。伊泽尔指出，读者在阅读过程中，通过发挥想象力构造意象，填补"主题"之中的"空白"，就能够体验文学本文描绘的情境，把它暗示出来的意义吸收到自己的存在之中，并且体验到由此而产生的效果。但是就这个体验过程而言，读者是在文学本文的激发和引导下建构意象、并且不断重新建构意象，进行综合活动的；由于这种综合不是读者有意识地进行、而是在意识界限之下自然而然地发生发展的，所以伊泽尔称之为"被动的综合"。这样，意象的不断建构和重新建构过程也是一个新旧意象相互转化、相互影响的过程。只有当读者把建立文学本文内容连贯性的活动进行到底，领悟了它的意义、展示并且体验了审美客体之后，这个过程才能圆满结束。因此总的说来，"本文—读者相互作用"的过程也就是读者阅读、理解和体验文学本文的全过程。在伊泽尔看来，只有实现了这个过程，文学才能真正发挥其冲击社会现实、弥补后者缺陷的作用，才有资格被称为艺术作品。

我们认为，虽然伊泽尔深入系统地论述了"本文—读者相互作用"全面贯彻了接受美学"以读者为研究中心"的根本意旨，许多具体结论都称得上真知灼见，对于我们深入研究文艺理论、特别是深入研究审美欣赏具体过程很有启发；[1]虽然他以"文学冲击现实"为根本出发点对近现代西方文学艺术的分析可以为我们阅读、理解和欣赏当代西方艺术提供一把宝贵的钥匙，但是，从根本上来说，他和姚斯一样，都充分意识到必须把文艺学美学（一般地说，也就是美学）研究方向转向读者，转向社会化的全方位的人本身；既提出了转移研究重心的要求，也进行了初步探索，确实功不可没。此外，由于没有科学的社会历史观，找不到研究人、研究社会化的人所不可或缺的立足点和突破口，所以只能提出问题，只能为解决问题的后来人做一些探索工作了。也正因为如此，接受美学才在广泛传播的同时表现出了颓势。

第四节 传播与扬弃

自 20 世纪 60 年代末联邦德国康斯坦茨大学崛起以来，接受美学由于研究角度新颖、研究态度激进、研究成果开拓创新，很快即产生了广泛的影响。随着姚斯和伊泽尔的主要著作面世并被译成多种文字广泛传播，它迅速走向世界，不仅向东方扩展，同时也在西方蔓延。一方面，在与各国学术理论界的美学理论、文艺流派切磋交流过程中，它使人们耳目一新。由于转变研究角度和研究重心产生了巨大的影响，并且沿着各国理论界特定的方向得到发展；另一方面，由于研究对象本身的难度，以及接受美学本身在基本理论方面的不成熟，还有各国学术理论界都是从自己的角度出发理解和研究接受美学的，所以接受美学也就随着传播领域的不断扩大而逐渐面目全非了。所以总的说来，接受美学的传播过程同时也就是它不断被扬弃的过程，虽然这种扬弃并不一定都正确，也不一定在学术研究方面真正取得了突破性进展。

具体说来，接受美学的向东扩展和向西蔓延呈现出对比十分鲜明的特色。就其向东——向前民主德国、苏联以及中国——的扩展而言，研究者们基本上是在充分肯定文学本文的决定性地位的基础上，在充分强调文学本文与欣赏者并重、并且相互影响的基础上，强调对欣赏过程进行具体研究，其中最出色的研究成果当推瑙曼建立的马克思主义接受美学理论体系。

---

[1] 关于这一点，可参见国内外有关学者的论述，我们在这里只能作一点理论概括。

而从它向西蔓延来看情况则刚好相反：无论法国以德里达为代表的解构主义还是美国以费施为代表的"读者反应批评"学派，都主张彻底取消文学本文对读者的支配和制约作用，把读者的地位和作用提到至高无上的地位。不过总的说来，正像接受美学从文学研究中崛起、并且主要研究文艺美学诸方面问题那样，它在东西方各国学术理论界的传播也主要是在文艺美学领域展开的；它的基本思想究竟如何运用于研究欣赏者对其他门类艺术的欣赏依然是一个有待于人们进一步探索的问题。

就接受美学在西方的传播而言，受它影响并且最引人注目的是法国以雅克·德里达和罗兰·巴尔特为代表的解构主义学派，以及美国费施和卡勒尔为首的"读者反应批评"学派。前者从反对结构主义和形式主义、强调研究读者的阅读和接受出发，认为文学本文的结构和意指并非独立存在的客观事实，而是随着读者的分解阅读才发生、才暂时存在的东西；因此，本文永远处于变动之中，读者的批判性阅读不仅分解文学本文，而且也创造文学本文。所以，无论是文学本文还是创作它的作家，在这里都是毫无地位、无关紧要的。在他们看来，最重要的是读者，是他所具有的反传统、反权威、反社会、反中心的强烈批判意向。这种理论实际上反映了当代西方人对抗异化了的社会现实的偏激心理。

相比较而言，以费施和卡勒尔为代表的美国"读者反应批评"学派走得更远。他们根本不再关心文学本文，而只关注读者本身。从激烈抨击结构主义文学理论的角度出发，费施认为，阅读是需要读者来进行的活动；作为这种活动的最终结果，意义完全可以不是文学本文的客观内容，而是读者参与这种活动获得的体验。所以，文学本文并不提供意义，意义是由读者生产和创造出来的；这种创造受已经形成并且在读者心灵中发挥作用的语言规则制约。卡勒尔的观点则相对全面一些，他认为，文学本文的意义、结构、特性只是潜在的可能性，当读者根据文学叙述原则去阅读它的时候，它才能实现这种可能性，变成真正的艺术作品。因此，读者阅读文学本文的方式决定文学本文是否能够成为文学艺术作品，而这种阅读方式又是由读者的文字能力（精通某种语言的能力）决定的。可见，无论是费施还是卡勒尔，都以或直截了当、或间接曲折的方式否定文学本文的地位、意义和作用，把最重要的决定权交给读者；无论如何解释，这种倾向的唯心色彩和偏激特征都是显而易见的。

另外，就接受美学的向东方扩展而言，最引人注目的是前民主德国从马克思主义立场出发对接受美学的研究、吸收和改造；另外，苏联学术理论界的研究进展也比较快。就前者而言，民主德国著名文艺评论家、民主德国科学院文学研究所所长瑙曼以马克思主义反映论为基础，运用马克思关于生产与消费辩证关系的基本原理全面研究接受美学的各个方面，努力把接受美学马克思主义化，建立了比较系统完整的马克思主义接受美学理论体系。由他主编的重要著作《社会—文学—阅读：理论视界中的文学接受》突出反映了他们的研究成果。

首先，瑙曼强调指出，接受美学的基本思想在马克思那里早就已经存在了；不仅如此，从马克思在《〈政治经济学批判〉导言》中论述的生产与消费的辩证关系可以看出，马克思主义没有、而且也不应当像康斯坦茨学派那样把读者对文学本文的接受提到决定一切的高度，而应当把作家的创作与读者的阅读，把作家、作品、读者当做相互联系和相互影响的整体来研究，在这种前提条件下进一步考察文学的发展和社会作用。

具体来说，瑙曼指出，我们首先必须看到没有作家便没有作品，更没有读者的接受过程。因此，文学的生产在文学交流过程中是起点，是首要的、决定性的方面；就文学接受过程而言，文学作品是首要的、第一位的，是被认识的客观对象，读者则是次要的，是认识文学作品的主体。因此，文学作品对任何一种读者接受过程都发挥着"驾驭作用"：它不仅创造了读者接受文学作品的现实需要，同时也创造了满足这种需要的材料，决定了读者通过阅读满足其自身需要的方式和途径；因为每一部文学作品都是由特定的内在意义、特殊结构、以及一系列个性特征构成的，这些方面不仅决定了读者接受它的具体方式，同时也决定了它产生的效果以及人们对它的评价。所以，每一部作品都构成了读者接受的基本前提，片面夸大读者的自由、过高估计读者所发挥的能动作用而无视这种基本前提，都是主观唯心主义的，是错误的。

其次，瑙曼指出，作家创作文学作品只创造了读者接受文学的前提，它的意义内涵和艺术效果都是潜在的，是作品的"潜能"，只有通过读者对它的阅读、理解和反思，依赖于读者能动的接受欣赏过程，它的艺术效果才能够具体、现实地实现出来。就读者的具体欣赏过程而言，文学作品的内在意义、结构和诸方面特征对读者的全部心理意识形成一种"召唤"，从而调动他的思想和情感，推动他在作品情节具体展开的过程中充分发挥想象力对文学作品进行再创造，把作品塑造的形象实现得更加生动、具体、全面，并且在此基础上得出自己的感受与结论。因此，文学作品与接受者的关系既是作用者与被作用者、被占有者与占有者之间的关系，也是意义、潜在的艺术效果与其具体的实现关系。所以，接受过程也就是文学作品与读者对立统一的过程。

最后，瑙曼指出，就文学接受的社会效果而言，我们可以把它视为通过阅读和接受文学作品，通过获得审美享受，读者就可以获得新的认识、新的经验以及新的价值观和审美观，并且因此而改变其知觉模式、认识模式、情感模式和思维模式，潜在、普遍而又持久地影响人们的行为和活动。因此，革命的、社会主义的文学创作和文学研究必须把文学作品的社会效果放到至关重要的地位上，使其为推动社会主义事业的健康发展、培养和造就全面发展的共产主义新人发挥积极作用。

可见，以瑙曼为杰出代表的民主德国学术理论界系统扬弃了康斯坦茨学派的接受美学思想，建立了比较系统全面的马克思主义接受美学理论体系；虽然这种研究还停留在一般理论的水平上，既没有深入具体地探索读者接受文学作品历史演进的方方面面，又没有就读者欣赏文学艺术作品的具体过程进行深入细致、鞭辟入里的分析，但它毕竟是马克思主义者从自己的立场观点出发，扬弃他人研究成果，具体研究探索接受美学诸方面跨出的宝贵而又可喜的一步，是一个良好的开端。相比之下，虽然前苏联也有人自20世纪60年代末即开始研究接受美学问题，著名文艺理论家梅拉赫先后发表《构思—电影—接受：作为动态过程的创作过程》、《论艺术接受》等著名文章，并且在20世纪70年代前期形成了以研究"艺术接受"为主攻方向的苏联接受美学学派，在艺术创作与艺术接受的关系、否定"读者决定一切"、深入研究艺术欣赏心理机制等方面做了一些具体的研究工作，但是他们的研究不仅没有成为"显学"，而且也同样没有在基础理论研究方面取得根本性的突破，没有建立起系统严密的接受美学理论体系，因此可以说目前仍处于探索阶段。而就我国理论研究界的情况而言，对接受美学的研究和探索工作，则刚刚开始。

总之，到了20世纪80年代初，正统的接受美学学派——以姚斯和伊泽尔为杰出代表的康斯坦茨学派已经在开始走下坡路了，但是，由他们明确提出的"以读者为研究核心"的要求并没有因此而过时。与此相反，从美学研究大趋势来看，真正把研究中心放在人身上、具体深入地研究人及其社会化过程与审美活动的关系，这项工作正方兴未艾。我们可以满怀信心地说，这是美学研究新世纪的曙光，而以姚斯和伊泽尔为代表的接受美学正是一颗光华璀璨的启明星。

全书主要参考书目

马克思:《1844 年经济学—哲学手稿》,人民出版社,1979。

马克思、恩格斯:《德意志意识形态》,《马克思恩格斯全集》,第 3 卷,人民出版社,1960。

马克思:《关于费尔巴哈的提纲》,《马克思恩格斯全集》,第 3 卷,人民出版社。1960。

马克思:《资本论》(第 1 卷),《马克思恩格斯全集》,第 23 卷,人民出版社,1975。

里夫希茨:《马克思论艺术和社会理想》,人民文学出版社,1983。

黑格尔:《美学》,商务印书馆,1979,"汉译世界学术名著"版。

康德:《判断力批判》(上卷),商务印书馆,1964,"汉译世界学术名著"版。

叔本华:《作为意志和表象的世界》,商务印书馆,1982,"汉译世界学术名著"版。

尼采:《悲剧的诞生》,三联书店,1980。

托尔斯泰:《艺术论》,人民文学出版社,1958。

鲍桑葵:《美学史》,商务印书馆,1985,"汉译世界学术名著"版。

科林伍德:《艺术原理》,中国社会科学出版社,1985。

阿恩海姆:《艺术与视知觉》,中国社会科学出版社,1984。

苏珊·朗格:《情感与形式》,中国社会科学出版社,1986。

桑塔耶那:《美感》,中国社会科学出版社,1982。

托马斯·门罗:《走向科学的美学》,中国文联出版公司,1984。

维柯:《新科学》,商务印书馆,1989。

克莱夫·贝尔:《艺术》,中国文联出版公司,1984。

杜夫海纳:《美学与哲学》,中国社会科学出版社,1985。

克罗齐:《美学原理、美学纲要》,人民文学出版社,1983。

克罗齐:《美学的历史》,中国社会科学出版社,1984。

沃林格:《抽象与移情》,辽宁人民出版社,1987。

卢卡契:《审美特性》(第一卷),中国社会科学出版社,1986。

考夫曼:《存在主义》,商务印书馆,1987。

今道友信:《存在主义美学》,辽宁人民出版社,1987。

今道友信:《美的相位与艺术》,中国文联出版公司,1988。

李普曼:《当代美学》,光明日报出版社,1986。

帕克:《美学原理》,商务印书馆,1965。

奥尔德里奇:《艺术哲学》,中国社会科学出版社,1986。

英伽登:《对文学的艺术作品的再认识》,中国文联出版公司,1988。

特罗菲莫夫:《近代美学思想史论丛》,商务印书馆,1965。

什克洛夫斯基:《俄国形式主义文论选》,三联书店,1989。

吉尔伯特、库恩:《美学史》,上海译文出版社,1989。

杜卡斯:《艺术哲学新论》,光明日报出版社,1988。

德索:《美学与艺术理论》,中国社会科学出版社,1987。

舍斯塔科夫:《美学史纲》,上海译文出版社,1986。

保罗·利科:《哲学主要趋向》,商务印书馆,1988。

施太格缪勒:《当代哲学主流》,商务印书馆,1989。

丹纳:《艺术哲学》,人民文学出版社,1983。

伽达默尔:《真理与方法》,辽宁人民出版社,1987。

弗洛伊德:《弗洛伊德美学论文选》,上海译文出版社,1986。

荣格:《寻找心灵奥秘的现代人》,社会科学文献出版社,1987。

列维·布留尔:《原始思维》,商务印书馆,1985,"汉译世界学术名著"版。

康定斯基:《论艺术的精神》,中国社会科学出版社,1987。

卡西尔:《人论》,上海译文出版社,1985。

冈布里奇:《艺术与错觉》,浙江摄影出版社,1987。

冈布里奇:《秩序感》,浙江摄影出版社,1987。

姚斯等:《接受美学与接受理论》,辽宁人民出版社,1987。

梯利:《西方哲学史》,商务印书馆,1975。

维戈茨基:《艺术心理学》,上海文艺出版社,1985。

巴尔特:《符号学美学》,辽宁人民出版社,1987。

麦·莱德尔主编:《现代美学文论选》,文化艺术出版社,1988。

鲍姆嘉敦:《美学》,文化艺术出版社,1987。

霍夫曼:《弗洛伊德主义与文学思想》,三联书店,1987。

保罗·利科:《解释学与人文科学》,河北人民出版社,1987。

韦勒克、沃伦:《文学理论》,三联书店,1984。

马尔库塞:《现代美学析疑》,文化艺术出版社,1987。

马斯洛:《存在心理学探索》,云南人民出版社,1987。

约翰·雷华德:《印象画派史》,人民美术出版社,1983。

李斯托威尔:《近代美学史述评》,上海译文出版社,1980。

立普斯:《移情作用,内模仿和器官感觉》,伍蠡甫主编:《现代西方文论选》,上海译文出版社,1983。

布洛:《作为艺术要素与审美原则的"心理距离"》,《美学译文》,第2辑,中国社会科学出版社,1982。

欧根·希穆涅克:《美学与艺术总论》,文化艺术出版社,1988。

布克哈特:《意大利文艺复兴时期的文化》,商务印书馆,1981。

博厄斯:《原始艺术》,上海文艺出版社,1989。

罗素:《我的哲学的发展》,商务印书馆,1985,"汉译世界学术名著"版。

肯尼斯·克拉克:《裸体艺术》,中国青年出版社,1988。

伊泽尔:《审美过程研究》,中国人民大学出版社,1988。

科利奇:《罗马艺术鉴赏》,北京大学出版社,1988。

孔蒂:《希腊艺术鉴赏》,北京大学出版社,1988。

高佐莉:《哥特艺术鉴赏》,北京大学出版社,1988。

斯托洛维奇:《审美价值的本质》,中国社会科学出版社,1984。

阿瑞提:《创造的秘密》,辽宁人民出版社,1987。

罗素:《西方哲学史》,商务印书馆,1976,"汉译世界学术名著"版。

黑格尔:《哲学史讲演录》,商务印书馆,1981,"汉译世界学术名著"版。

马赫:《感觉的分析》,商务印书馆,1986,"汉译世界学术名著"版。

弗洛伊德:《精神分析引论》,商务印书馆,1986,"汉译世界学术名著"版。

巴克:《社会心理学》,南开大学出版社,1986。

苏珊·朗格:《艺术问题》,中国社会科学出版社,1983。

黑格尔:《精神现象学》,商务印书馆,1986,"汉译世界学术名著"版。

奥古斯丁:《忏悔录》,商务印书馆,1986,"汉译世界学术名著"版。

达尔文:《人类的由来》,商务印书馆,1981,"汉译世界学术名著"版。

笛卡儿:《第一哲学沉思集》,商务印书馆,1986,"汉译世界学术名著"版。

文德尔班:《哲学史教程》,商务印书馆,1987,"汉译世界学术名著"版。

斯宾诺莎:《伦理学》,商务印书馆,1986,"汉译世界学术名著"版。

洛克:《人类理解论》,商务印书馆,1981,"汉译世界学术名著"版。

休谟:《人性论》,商务印书馆,1983,"汉译世界学术名著"版。

格罗塞:《艺术的起源》,商务印书馆,1984,"汉译世界学术名著"版。

波林:《实验心理学史》,商务印书馆,1982,"汉译世界学术名著"版。

贝格:《论德国古典美学》,上海译文出版社,1988。

伯恩斯、拉尔夫:《世界文明史》,商务印书馆,1987。

斯坦纳:《存在主义祖师爷——海德格尔》,湖南人民出版社,1988。

麦克伦泰:《"青年造反哲学"创始人——马尔库塞》,湖南人民出版社,1988。

约尔:《"西方马克思主义"的鼻祖——葛兰西》,湖南人民出版社,1988。

沙夫:《人的哲学》,江苏人民出版社,1988。

科林伍德:《艺术哲学新论》,工人出版社,1988。

荣格:《人·艺术和文学中的精神》,工人出版社,1988。

维特根斯坦:《文化和价值》,清华大学出版社,1987。

肖尔斯:《结构主义与文学》,春风文艺出版社,1988。

阿纳森:《西方现代艺术史》,天津人民美术出版社,1986。

达尔文:《人类的由来》,商务印书馆,1986,"汉译世界学术名著"版。

黑格尔:《自然哲学》,商务印书馆,1986,"汉译世界学术名著"版。

谢林:《先验唯心论体系》,商务印书馆,1981,"汉译世界学术名著"版。

理德:《现代绘画简史》,上海人民美术出版社,1979。

赖尔:《心的概念》,上海译文出版社,1988。

马尔库塞:《爱欲与文明》,上海译文出版社,1987。

冈布里奇:《艺术发展史》,天津人民美术出版社,1986。

海德格尔:《存在与时间》,三联书店,1987。

亚里士多德:《诗学》,人民文学出版社,1982。

贺拉斯:《诗艺》,人民文学出版社,1982。

奥夫夏尼科:《大学美学教程》,北京大学出版社,1989。

雅洪托娃等:《法国文学简史》,辽宁教育出版社,1986。

伊格尔顿:《二十世纪西方文学理论》,陕西师范大学出版社,1986。

穆尼茨:《当代分析哲学》,复旦大学出版社,1986。

霍克斯:《结构主义与符号学》,上海译文出版社,1987。

休斯:《文学结构主义》,三联书店,1988。

祁雅理:《二十世纪法国思潮》,商务印书馆,1987。

萨特:《存在主义是一种人道主义》,上海译文出版社,1985。

雅斯贝尔斯:《悲剧的超越》,工人出版社,1988。

克罗齐:《黑格尔哲学中的活东西和死东西》,商务印书馆,1959。

让·华尔:《存在主义简史》,商务印书馆,1964。

库兹韦尔:《结构主义时代》,上海译文出版社,1988。

戈布尔:《第三思潮:马斯洛心理学》,上海译文出版社,1987。

布拉德雷:《逻辑学原理》,商务印书馆,1960。

舒尔茨:《现代心理学史》,人民教育出版社,1985。

杰斐逊等:《西方现代文学理论概述与比较》,湖南人民出版社,1986。

弗兰契、哈里森编:《现代艺术和现代主义》,上海人民美术出版社,1988。

勒费弗尔:《狄德罗的思想和著作》,商务印书馆,1985。

布洛克曼:《结构主义》,商务印书馆,1980。

《缪灵珠美学译文集》,中国人民大学出版社,1987。

《西方美学家论美和美感》,商务印书

馆,1980。

《现代美学问题译丛》,商务印书馆,1964。

《古典文艺理论译丛》,人民文学出版社,1964。

Elton, W., Aesthetics and Language. New York:Philosophical Library, Inc. ,1954.

W. 埃尔顿:《美学和语言》,哲学图书馆,1954。

Langer, S. K. Reflections on Art Baltimort: The Johns Hopkins Press,1958.

S. K. 朗格:《对艺术的思考》,巴尔的摩:约翰斯·霍普金斯出版社,1958。

Margolis, J., Philosophy Looks at the Arts. New York:Chals. Scribner's Sons,1962.

J. 马戈利斯:《用哲学的观点看艺术》,纽约:查尔斯. 斯克里布纳文学出版社,1962。

Bronowski, J., The Origins of Knowledge and Imagination, New Haven and London Yale University Press. 1978.

J. 布罗诺夫斯基:《认识和想象的起源》,纽黑文和伦敦耶鲁大学出版社,1978。

Rader, M., A Modern Book of Aesthetics, 3rd ed. New York:Holt,Rinehart & Winston,Inc. ,1960.

M. 雷德:《现代美学论》(第三版),纽约:霍尔特、莱因哈特和威斯顿出版公司,1960。

Vivas, E. and M. Krieger, The Problems of Aesthetics. New York: Holt, Rmehart & Winston,Inc. ,1953.

E. 维瓦斯和 M. 克里格:《美学问题》,纽约:霍尔特、莱因哈特和威斯顿出版公司,1953。

Adorno. T. W. Philosophie der Neuen Musik. Tübingen:J. C. B. Mohr.

T. W. 阿多尔诺:《新音乐的哲学》,图宾根:1949。

Arnheim, R. Toward a Psychology Art. Berkeley-Las Angeles:Univ. of Calif. Press. 1966.

R. 阿恩海姆:《走向艺术的心理学》,加利福尼亚大学出版社,1966。

Weiz, M. ,Problems in Aesthetics. New York:The Macmillan Company,1959.

M. 魏茨:《美学中的难题》,纽约:麦克米伦出版公司,1959。

Barthes, R. Le Degré Zéro de l'Écriture. Paris:Seuil. 1953.

R. 巴尔特:《写作的零度》,巴黎,1953。

Beardsley, M. Aesthetics. New York:Harcourt-Brace. 1958.

M. 比尔兹利:《美学》,纽约,1958。

Knox, I. Aesthetic Theories of Kant, Hegel and Schopenhauer. New York:Hamanities Press,1958.

I. 诺克斯:《康德、黑格尔和叔本华的美学理论》,纽约:人文科学出版社,1958。

Hertz, R. ,Theories of Contemporary Art. Prentie-Hall,Inc. ,1985.

R. 赫尔茨:《当代艺术理论》,普伦蒂斯-霍尔出版公司,1985。

Hauser, A. The Sociology of Art. London:Routledge & Kegan Paul,1982.

A. 豪瑟尔:《艺术社会学》,伦敦,1982。

Aylwin, S. , Structure in Thousht and Feeling Methuen. London & New York,1985.

S. 艾尔温:《思想和情感的结构》,伦敦·纽约,1985。

Cambridge, Philosophy in a New Key. Harvard University Press,1957.

冈布里奇:《哲学新探》,哈佛大学出版社,1957。

Kennick, W. E. , Art and Philosophy. St. Martin's Press. New York. 1979.

W. E. 肯尼克:《艺术和哲学》,纽约,圣·马丁出版社,1979。

Jauss, H. R. ed. Die Nicht Schönen Künste Grenzphanonene des Ästhetischen. München:W. Fink. 1968.

H. R. 姚斯:《不美的艺术,审美的边缘现象》,1968。

Philipson, M. ed. Aesthetics Today. New York. 1961.

M. 菲里普森:《今日美学》,纽约,1961。

Dufrenne, M. ed. Main Trends in Aesthetics and the Sciences of Art. Holmes & Meier Publishers, Inc. New York. London. 1979.

M. 杜夫海纳:《美学和艺术科学主潮》,纽约·伦敦,1979。

朱光潜:《西方美学史》,人民文学出版社,1979。

汝信:《西方的哲学和美学》,山西人民出版社,1987。

全增嘏主编:《西方哲学史》,上海人民出版社,1985。

蒋孔阳主编:《二十世纪西方美学名著选》,复旦大学出版社,1988。

叶朗:《现代美学体系》,北京大学出版社,1988。

缪朗山:《西方文艺理论史纲》,中国人民大学出版社,1985。

朱铭:《外国美术史》,山东教育出版社,1986。

胡经之、张首映:《西方二十世纪文论史》,中国社会科学出版社,1988。

赵宪章主编:《二十世纪外国美学文艺学名著精义》,江苏文艺出版社,1987。

马奇主主编:《西方美学史资料选编》,上海人民出版社,1987。

朱狄:《当代西方美学》,人民出版社,1984。

朱伯雄:《世界美术史》,山东美术出版社,1989。

陈醉:《裸体艺术论》,中国文联出版公司,1987。

郑振铎:《文学大纲》,上海书店,1986。

朱光潜:《朱光潜全集》,安徽教育出版社,1987。

贺麟:《黑格尔哲学讲演集》,上海人民出版社,1986。

蒋孔阳:《德国古典美学》,商务印书馆,1980。

李泽厚:《批判哲学的批判》,人民出版社,1980。

刘放桐等:《现代西方哲学》,人民出版社,1982。

杨柄:《马克思恩格斯论文学和美学》,文化艺术出版社,1981。

董学文:《马克思与美学问题》,北京大学出版社,1983。

现代西方美学主要概念(范畴)
汉西对照表

(按汉语音序排列)

表现主义美学(Expressionistic Aesthetics)

表现　expression

超验实体　super substance

风格　style

感觉　feeling

鉴赏力　taste

建筑　architecture

具体与抽象　concrete and abstract

历史　history

美与丑　beauty and ugly

模态　modle

内容与形式　content and form

判断　judgment

起源　origin

情感　emotion

认识活动与实践活动　theoretical activity and practical activity

社会存在　social existence

设计　design

审美　aesthetic

天才　genius

无装饰的装饰　the ornament of no-decorated

想象　imagination

一般条件　general condition

艺术与非艺术　art and no-art

语言　language

真实　authenticity

直觉　intuition

存在主义美学　(Existentialist Aesthetics)

悲剧　tragédie

悲剧的知　das tragische wissen

大地与世界　earth, world

反抗　révolté

荒谬　absurd

介入　engagement

临界境况　grenzsituation

密码　chiffre

散文与诗　prose poème

审美阶段　aesthetic stage

思　denken

物与艺术作品　ding, kunstwerk

想象力　imagination

阅读　read

艺术作品的媒介　véhicule

艺术作品即非现实　the work of art is
an unreality

艺术作品的本源　der ursprung des
kunstwerkes

语言与诗　sprache; gedicht

真理　wahrheit

知觉　perception

哲学研究　philosophieren

**法兰克福学派美学　(Aesthetics of Frank-
furt School)**

惊颤效果　schockwirkung

精神中介　geistige vermittlung

具体否定　bestimmte negation

美的艺术与后审美的艺术　asthetische
kunst und nachasthetische kunst

美学的历史性　die geschichtlichkeit
der ästhetik

美学的第三条道路　der dritte weg
der ästhetik

美的转化　ästhetische verwandlung

凝神专注式接受和消遣性接受　die
rezption in der kontemplation und in
der zerstreuung

视觉无意识　visuelle unbewuβte

无概念性　die konzeptionslosigkeit

新感性　die neue sensibilität

艺术的肯定与否定　die position und
negation der kunt

艺术的膜拜价值和展示价值　der kultw-
ert und ausstellungswert der kunt

艺术的解放功能　die befreiungs funk-
tion der kunst

艺术的主观性　die subjektivität der kunst

艺术的继语特质　der rätselcharakter
der kunstwerke

艺术的真实内容　der wahrheitsinhalt
der kunstwerke

艺术生产理论　der kunst produktions
theoric

异样事物　das andere

有韵味的艺术和机械复制艺术　die
kunst mit der aura und die technische
reprodzierbare kunst

拯救绝望　die rettung der hoff-
nungslosigkeit

作为肯定性文化的艺术　die kunst als
affirmative kultur

作为现实形式的艺术　art as form
of reality

分析美学　(Analytical Aesthetics)

呈现与呈现群　showing and showing
ground

规则　rule

家族相似　family resemblance

开放性结构　open-texture

人工语言分析　artificial language analysis

日常语言分析　daily language analysis

神秘的东西　mysterious thing

艺术的"相关特征"与"本质特征"　the linked feature and substance of art

艺术的"一般概念"与"亚概念"　the general concept and sub-concept of art

艺术地位授予说　the theory of confering art status

艺术世界　the art world

符号论美学　(Symbolist Aesthetics)

表现性　expressivity

表现性形式　expressive form

纯形式的力量　the power of pure forms

厄运的命运　mischief fate

幻象　illusion

基本幻象　elementary illusion

激情的形象不就是激情本身　the image of a passion is not the passion itself

神秘的舞圈　mystical dance-cycle

生命的形式　life's form

同化原则　assimilation

幸运的命运　fortunate's fate

虚幻的记忆　visionary memory

虚幻的景致　visionary scene

虚幻的力　visionary force

虚幻的能动体积　visionary active volume

虚幻的生活　visionary life

虚幻的时间　visionary time

虚幻的现实　visionary reality

虚幻的未来　visionary future

虚幻的空间　visionary space

艺术不传达超出其自身的意义　art don't express the meaning outside itself

艺术抽象　abstraction of arts

艺术是对现实的发现　arts are discover of reality

艺术意味　significance of art

艺术直觉　intuition of arts

种族领域　ethnic domain

装饰　decoration

自我保护的生命力节奏　self-preservation vital rhythm

自我完结的生命力节奏　self-consummation's vital rhythm

格式塔心理学美学　(Gestalt Psychological Aesthetics)

分离　separation

光线　light

简化　simplification

美　beauty

平衡　balance

色彩　colour

视知觉　visual perception

完形　configuration

形式　form

形状　shope

艺术　art

艺术家　artist

艺术品　work of art

运动　notion

再现概念　representative concept

张力　tension

秩序　order

组合　composition

接受美学　（Reception Aesthetics）

被动的综合　passive syntheses

本文　text

本文视野　textual perspectives

策略　strategies

成对的相互作用　dyadic interaction

范式　paradigms

否定　negation

否定性　negativity

净化　catharsis

剧目　repertoire

空白　blanks

期待视界　erwartungs horizont

前景 - 背景关系　foreground-back-ground relationship

审美　aesthesis

诗意的创造　poiesis

文学生产与文学消费　literatur produktion und literatur konsūm

文学史　literatur geschichte

响应美学　wirkungs ästhetik

意象　image

隐含的读者　the implied reader

游移视点　wondering viewpoint

主题与视界　theme and horizon

主题与意味　theme and significance

结构主义美学　（Structualistic Aesthetics）

表层结构与深层结构　surface structure, deep structure

代码　code

差异　différance

共时性与历时性　synchronic, diachronic

含蓄意指　connotation

话语　discourse

结构　structure

解构　deconstruction

精神结构　mental structure

零度　degré-zero

神话的结构　the structure of the myth

童话的形态结构　morphology of the fairy tale

文本　texte

文本的快乐　le plaisir du texte

文学系统　literary system

学史　history of literature

写作　écriture

叙文话语　narrative discourse

叙文语法　la grammair du récit

隐喻与转喻　metaphor and metonymy

语言的诗歌功能　poetic function

of language

阅读 reading

踪迹 trace

解释学美学 （Hermeneutic Aesthetics）

猜测 die vermutung

重新体验 das wieder-erleben

此在的时间性 die zeitlichkeit das da-seins

含义的确定性和可复制性 die bestimmtheit und reproduzier-barkeit das sinns

含义和意义 meaning and significance

教化 die bildung

精神科学 geisteswissenschaften

客观精神 der objecktive geist

理解的历史性 dic geschichtlichkeit des vestchens

前理解 vorständnis

审美意识的抽象 die abstraktion das ästhetischen bewußtseins

时间间距 die zeitenabstand

视界融合 die horizont verschmelzung

体验 das erlebnis

问答逻辑 die logik von frage und antwort

效果历史 die wirkungsgeschichte

艺术真理问题的重新提出 wiedergewinnung der frage nach der wahrheit der kunst

艺术品的存在活性 die seinsvalenz der kunstwerke

艺术品的时间性 die zeitlichkeit der kunstwerke

艺术品的随机性 die okkasionalität der kunstwerke

意欲类型 der gewollte tye

游戏 das spiel

游戏向创造物的转化 die verwandlung des spiels ins gebilde

语法解释与心理解释 grammatische interpretation und psychologische interpretation

在者与存在 seiendes und sein

作为解释学使命的再造和组合 rekonstruktion und integration als hermeneutische aufgaben

精神分析美学（Psychoanalytical Aesthetics）

本能 instinct

抽象 abstraction

刺激性的钓饵 incitement premium

俄狄浦斯情结 Oedipus complex

非客观艺术 non-objective art

非永恒性 non-eternal

幻觉的创作模式 model of create of illusion

幻想中的满足 satisfied of delusion

集体无意识 collective unconscious

里比多 libido

"论幽默" On humor

内倾型艺术 introversive art

升华 sublimition

外倾型艺术　extroversive art

无意识　unconscious

无意识命令　unconsious imperative

象征　symbol

心理剧　psychodrame

心理学的创作模式　model of create of psychology

移情　einfuhlung

艺术幻觉　illusion of art

抑制与转移　repression and displacement

原始意象　primordial image

原型　archetype

自我异化　self-alienation

自主情结　autonomous complex

人本心理学美学　（Humanist Psychological Aesthetics）

创造力　ability to creation

创造性的态度　attitude of creation

高峰体验　peak-experience

人的潜力　person's potential

审美需要　aesthetic need

需要满足　satisfaction at need

自我实现的方式　manners of self-actualization

自我实现者　seif-actualizer

Z理论　z theory

神学美学　（Theological Aesthetics）

阐释　hermeneutik

超越与先验　transcend and a priori

存在与非存在　existence and no-existence

理性　rationality

灵魂　soul

启示　revelation

人道　humanity

人格　personality

神　god

诗　poetry

相像　analogy

相遇　meet

象征　symbol

形式　form

信仰　belief

艺术　art

意志　will

终极关怀　ultimate concern

自由　freedom

罪与恶　guilt and evil

实用主义美学　（Pragmatistic Aesthetics）

创造　creation

沟通　communication

价值　value

经验法　experiential method

领悟　perceive

批评　criticism

审美经验　aesthetic experience

生长　growth

手段与目的　means and ends

形式　form

艺术即经验　art as experience

艺术与科学　art and science

意义　meaning

圆满终结　consummation

智慧　intelligence

"西方马克思主义"美学　（Western Marxist Aesthetics）

单向度　one dimension

反艺术　anti-art

机械复制　mechanical reproduction

模仿　imitation

气韵　aura

认识论的分裂　oupure epistëmologique

社会批判理论　the theory of social critique

社会总体模式　modele global de la sociéte

审美之维　the aesthetic dimension

实践哲学　practical philosophy

"民族—人民"的文学　literature of nation-people

特殊性　particularity

同构模式　modèle de la même structure

文本的离心结构　structure centrifuge du texte

文化工业　cultural industry

文学生产理论　theorie productive de la literature

向度　dimension

意识形态的辨认　identification de lëtat de conscience

依照症候的阅读　lecture symptomale

总体性　totality

现象学美学　（Phenomenological Aesthetics）

不确定性的点　spots of indeterminacy

纯粹意向性客体　the purely intentional object

复调和声　polyphonic harmony

积极记忆　active memory

积极内容价值　the positive values

具体化　concretizations

美感要素　the sensuous element

模仿价值　the imitative values

内在的专注　inner concentration

审美对象　aesthetic object

审美感知　aesthetic perception

审美享受　aesthetic enjoyment

抒情主体　lyric subject

图式化的方面层　the stratum of schematized aspects

形而上学特性　metaphysical qualities

形式价值　the formal values

外在的专注　outer concentration

意义单位层　the stratum of meaning units

有机结构　organic structure

语音构造层　the stratum of linguistic sound formation

再现的客体层　the stratum of represented object

主动阅读　active reading

主题的对象化　thematic objectification

准判断　quasi-judgements

最初的情感　the original emotion

新批评派美学　（The New Criticism）

传达谬见　fallacy of communication

反讽　irony

非个性论　impersonality

感受谬见　affective fallacy

感受性解体　dissociation of sensibility

公设象征　public symbol

构架—肌质论　structure-texture

含混七型　seven types of ambiguity

具体共相　the concrete universal

客观对应物　objective correlative

浪漫反讽　romantic irony

理趣　wit

诗歌真理 poetic truth

私设象征　private symbol

文类批评　generic criticism

戏剧化论　dramatism

形象和语象　image and icon

相信　belief

玄学诗　metaphysical poetry

意图谬见　intentional fallacy

意象主义　imagism

印象式批评　impressionistic criticism

隐喻　metaphor

有机论　organicism

姿势论　gesture

新实证主义美学（Neo-Positivistic Aesthetics）

包容诗　poetry of inclusion

冲动　impulse

措辞　diction

分析　analysis

交流　communication

情感语言　emotive language

实践批评　practical criticism

伪陈述　pseudo-statement

相信　belief

喻体　vehicle

喻指　tenor

语境　context

指称性语言　referential language

综感论　synaesthesis

新自然主义美学　（Neo-Naturalistic Aesthetics）

重新给词语下定义　redefinition of terms

科学的实验态度　the experimental attitude in science

历史风格　historical style

"美"的概念　the concept of "beauty"

批评中的描述态度　a descriptive attitude in criticism

商业艺术　commercial art

审美价值学　the theory of aesthetic values

审美经验　aesthetic experience

审美鉴赏的态度　attitude of aesthetic appreciation

审美心理学　aesthetic psychology

审美形态的结构　the aesthetic form structure

审美形态分析　the aesthetic analysis of form

实验美学　experimental aesthetics

心理测量美学　mental tests aesthetics

艺术传达的方式　modes of art communication

艺术构成的方式　modes of organizing form

艺术控制　control of art

有机性知觉　organic perception

形式主义美学　(Formalistic Aesthetics)

纯观照　pure contemplation

复合的情感　multiple feeling

感情上的误置　pathetic fallacy

构图　design

后期印象主义　post-impressionism

简化　simplification

具体艺术　concrete art

内在需要　interior need

坡道　solpe

审美的狂喜　aesthetic rapture

审美移情　aesthetic emotion

双重生活　double life

统一性　unity

物质美　material beauty

新的艺术学　new science of art

形式　form

意味　significance

有意味的形式　significant form

原始艺术　primitive art

自然主义美学　(Naturalistic Aesthetics)

表现　expression

崇高　sublime

第二项的价值　the second term value

第一项的价值　the first term value

典型的价值和范本的价值　the value of type and model

功用　function

恋爱激情　sexual excitement

联想　association

美的材料　beauty of materal

平民主义美学　democratic aesthetics

审美价值　aesthetic value

审美快感　aesthetic pleasure

审美趣味　aesthetic taste

形式美　beauty of form

无定形制作　undefinited creation

无限完美　absolute perfectness

性格　personality

一般原理的审美崇拜　aesthetic admiration according to general principle

艺术的基础　foundation of art

一致之繁多　the diversity of unification

幽默　humour

自我解放　sclf-liberation

中性状态转向快感　from neutral state to pleasure

人名译名对照表

A

Adorno, T. W. 阿多尔诺

Aldrich, V. 奥尔德里奇

Allbort, G. W. 奥尔波特

Althusser, L. 阿尔都塞

Aquinas, T. 阿奎那

Aristopnanes 阿里斯托芬

Aristoties 亚里士多德

Arnheim, R. 阿恩海姆

Augustine, S. 奥古斯丁

B

Balanchine 巴兰钦

Bach, J. S. 巴赫

Bacon, F. 培根

Balzac. 巴尔扎克

Barthes, R. 巴尔特

Batteux, A. 巴托

Baudelaire, C. 波德莱尔

Bauhaus, G. 包豪斯

Baumgarten, A. C. 鲍姆嘉敦

Beardsley, M. 比尔兹利

Beethoven 贝多芬

Bell, C. 贝尔

Benjamin, W. 本雅明

Benn, G. 贝恩

Berger, K. 伯尔格

Bergson, H. 柏格森

Berkeley, G. 贝克莱

Bernard, S. 贝尔纳德

Blackmur, R. P. 布莱克墨

Bloom, H. 布鲁姆

Bochenski, J. 波亨斯基

Boethius 波依修斯

Bonaparte, M. 波拿巴

Bonaventura, S. 波拿文图拉

Bosanquet, B. 鲍桑葵

Botticelli, S. 波提切利

Bradley, A. C. 布拉德雷

Bradley, F. H. 布拉德雷

Brecht, B. 布莱希特

Bridgman, P. W. 布里奇曼

Brooks, C. 布鲁克斯

Buber, M. 布伯

Bullough, E. 布洛

Burgum, E. B. 伯根

Burke, E. 博克

Byron, G. G. 拜伦

C

Camus, A. 卡缪

Cassirer, E. 卡西尔

Cervantes 塞万提斯

Cezanne, P. 塞尚

Cicero, M. T. 西塞罗

Clark, K. 克拉克

Clatt, G. 克拉特

Claudel, P. 克劳德

Collingwood, R. G. 科林伍德

Colombo, C. 哥伦布

Comte, A. 孔德

Copernicus, N. 哥白尼

Corbiere 科贝叶

Corneille, P. 高乃依

Cowley, M. 考利

Croce, B. 克罗齐

Culler, J. 卡勒尔

D

Dante 但丁

Danto, A. 丹托

Da Vinci 达·芬奇

Darwin, C. R. 达尔文

Democritus 德谟克里特

Descartes, R. 笛卡儿

Dessoir, M. 德索

Dewey, J. 杜威

Dickie, G. 迪基

Diderot 狄德罗

Dilthey, W. 狄尔泰

Dionysius 丢尼修

Donne, J. 邓恩

Dryden, J. 德莱顿

Dufrenne, M. 杜夫海纳

Durer, A. 丢勒

E

Eagleton, T. 伊格尔顿

Edschmid, K. 埃德施米特

Eliot, T. S. 艾略特

Elton 埃尔顿

Empson, S. W. 燕卜荪

Engels, F. 恩格斯

Ermarth, M. 艾玛斯

Euclid 欧几里德

Euripides 幼里庇德斯

F

Fechner 费希纳

Foucault, M. 福科

France, A. 佛朗士

Freud, S. 弗洛伊德

Fromm, E. 弗洛姆

Fry, R. 弗莱

Frye, N. 佛莱

Fuhrmann, M. 弗尔曼

G

Gadamer, H. G. 伽达默尔

Gauguin 高更

Geiger, M. 盖格尔

Genette, G. 热奈特

Gentile, G. 金蒂雷

Gervinus, G. G. 杰文纳斯

Gilbert, K. E. 吉尔伯特

Gilson, E. 吉尔

Giotto 乔托

Goethe, J. W. 歌德

Goldmamm, L. 戈德曼

Gombrich, E. H. 冈布里奇

Gottsched 高特雪特

Gramsci, A. 葛兰西

Gray, T. 格雷

Green, T. H. 格林

Grierson, H. 格里厄森

Groos, K. 谷鲁斯

Gropius, W. 格鲁比亚斯

Grosse, E. 格罗塞

Grünberg, C. 格律恩伯格

Guarini, B. 瓜里尼

H

Habermas, J. 哈贝马斯

Hamann, R. 哈曼

Hamburger, K. 汉姆布尔格

Hampshire, S. 汉普夏尔

Hanslick, E. 汉斯利克

Hazlitt, W. 黑兹利特

Hegel, G. W. F. 黑格尔

Hendel, C. W. 亨德尔

Herakleitos 赫拉克利特

Herodotus 希罗多德

Hermes 赫耳墨斯

Heidegger, M. 海德格尔

Herbart 赫尔巴特

Hirsch, E. D. 赫施

Hjelmeslev, L. 叶姆斯列夫

Hofstadter, A. 霍夫施塔特

Hogarth, W. 荷迦兹

Holland, N. 霍兰德

Hook, S. 胡克

Horkheimer, M. 霍克海默

Hulme, T. E. 休谟

Husserl, E. 胡塞尔

Hutcheson, F. 哈奇生

Hynes, H. 海因斯

I

Ingarden, R. 英伽登

Isenberg, A. 伊森伯格

Iser, W. 伊泽尔

J

Jakobson, R. 雅各布森

James, W. 詹姆士

Jaspers, K. 雅斯贝尔斯

Jauss, H. R. 姚斯

Johnson, S. 约翰逊

Jones, E. 琼斯

Joyce, J. A. 乔伊斯

Jung, C. G. 荣格

K

Kafka, F. 卡夫卡

Kandinsky 康定斯基

Kant, I. 康德

Kayser, W. 凯塞尔

Keats, J. 济慈

Kennick, W. E. 肯尼克

Kierkegaard, S. 克尔凯郭尔

Kimmerle, H. 基姆尔勒

Koffka, K. 考夫卡

Konrad, W. 康拉德

Kris, E. 克里斯

Kuhnan, J. 库瑙

L

Laforgue 拉法格

Lamb, C. 拉姆

Langer, S. 朗格

Leibnitz, G. W. 莱布尼茨

Lentricchia, F. 兰屈里齐亚

Lessing, G. E. 莱辛

Lévi-Strauss, C. 列维-斯特劳斯

Lipman, M. 李普曼

Lipps, T. 立普斯

Listowel 李斯托威尔

Longinus 朗吉弩斯

Lukács, G. 卢卡契

Lützeler, H. 吕采勒

M

Macdonald, M. 麦克唐纳

Mach, E. 马赫

Maddox, R. 麦道克斯

Malinowski, B. 马林诺夫斯基

Mandelbaum, M. 曼德尔鲍姆

Mannheim, K. 曼海姆

Marcuse, H. 马尔库塞

Maritain, J. 马里旦

Marx, K. 马克思

Masaryk, T. 马萨里克

Maslow, A. H. 马斯洛

Matisse 马蒂斯

May, R. R. 梅伊

Mecherey, P. 马谢雷

Merlean-Ponty, M. 梅洛-庞蒂

Meyer, L. B. 迈耶

Michelangelo 米开朗琪罗

Milton, J. 弥尔顿

Molière 莫里哀

Monet, C. 莫奈

Moore, G. E. 穆尔

Moritz 莫里茨

Mozart, W. A. 莫扎特

Muirhead, J. H. 缪尔赫德

Mukarovsky, J. 穆卡洛夫斯基

Munro. T. 门罗

Muratori, L. A. 缪越陀里

N

Naumann, M. 曼

Nietzche, F. 尼采

O

Odebrecht, R. 奥德布莱希特

Ogden, C. K. 奥格登

Oidipous 俄狄浦斯

P

Palmer, R. E. 帕尔马

Parker, D. H. 帕克

Peirce, C. S. 皮尔士

Pelagius 伯拉鸠

Pepper, S. C. 佩珀

Pfänder, A. 普凡德尔

Piaget, J. 皮亚杰

Picasso, P. 毕加索

Plato 柏拉图

Plotinus 普罗丁

Pollock, F. 卜洛克

Pope, A. 蒲柏

Popper, K. R. 波普尔

Pound, E. L. 庞德

Preisendanz, W. 普莱森丹茨

Propp, V. 普罗普

Pythagoras 毕达哥拉斯

R

Racine, J. B. 拉辛

Rank, O. 兰克

Ranke, L. von. 兰克

Ransom, J. C. 兰塞姆

Raphael 拉斐尔

Recoeur, P. 利科

Reid, L. A. 理德

Rembrandt 雷姆卜兰特

Richards, I. A. 理查兹

Richter, H. 里柯特

Ricoeur, P. 利科

Riffatterre, M. 里法泰尔

Rilke, R. M. 里克尔

Rodin, A. 罗丹

Rogers, C. R. 罗杰斯

Rousseau, J. J. 卢梭

Rubens, P. P. 鲁本斯

Ruskin, J. 拉斯金

Russell, B. 罗素

S

Sanctis 桑克梯斯

Santayana, G. 桑塔耶那

Sartre, J-P. 萨特

Saussure, 索绪尔

Scheler, M. 舍勒尔

Schelling, F. W. 谢林

Schiller, F. C. S. 席勒

Schleiermacher, F. 施莱尔马赫

Scholes, R. 休斯

Schopenhauer, A. 叔本华

Schutz, A. 舒茨

Sclafani, R. 斯卡拉范尼

Shaftesbury 夏夫兹博里

Shakespeare, W. 莎士比亚

Shelley, P. B. 雪莱

Shklovsky, V. 什克洛夫斯基

Sibley, F. 西布利

Socrates. 苏格拉底

Sophokles 索福克勒斯

Spencer, H. 斯宾塞

Spingarn, J. E. 斯平加恩

Spinoza, B. 斯宾诺莎

Steinkraus, W. E. 斯坦克劳斯

Stevenson, C. L. 史蒂文森

Strawson, P. F. 斯特劳森

Striedter, J. 斯特里德

Sullivan, J. W. N. 沙利文

T

Taine, H. A. 丹纳

Tate, A. 退特

Tejera, V. 提吉拉

Thomas, D. 托马斯

Tillich, P. 蒂利希

Todorov, T. 托多罗夫

Tolstoi, L. N. 托尔斯泰

V

Van Gogh 凡·高

Viglino, H. 维吉利诺

Vivas, E. 维瓦斯

W

Wagner, R. 瓦格纳

Waismann, F. 韦斯曼

Walden, H. 瓦尔登

Warren, R. P. 沃伦

Warren, A. 沃伦

Weil, F. 威尔

Wellek, R. 韦勒克

Weiss, P. 韦斯

Weitz, M. 魏茨

Wilde, O. 王尔德

Wilson, E. 威尔逊

Wimsatt, W. K. 维姆萨特

Winckelmann 文克尔曼

Winters, Y. 温特斯

Wittgenstein, L. 维特根斯坦

Wölfflin, H. 沃尔夫林

Wood, J. 伍德

Wordsworth, W. 华兹华斯

Y

Yeats, W. B. 叶芝

Yoos, G. E. 尤斯

Z

Ziff, P. 齐夫

Zimmermann 齐美尔曼